이산수학과 응용

박승안

KM 경문사

머 리 말

이 책을 집필한 목적은 이산수학(離散數學, Descrete Mathematics)의 주요 논제를 중심으로 하여와 그 응용인 암호학(暗號學, cryptology) 부호이론(符號理論, coding theory), 그래프 이론(graph theory), Boole 다원환(Boolean algebra)과 Boole 환(Boolean ring)의 특성, 조합이론(組合理論, combinatorics), 디자인 이론(design theory)에 대한 기초 지식을 독자로 하여금 쉽게 터득하게 하여 이들 논제의 중요성을 인식하게 하려는 데 있다.

이 책은 이미 출간된 본인의 저서 '박승안, 이산수학, 제 3 판, 경문사, 2012'의 내용을 대폭 보완하고 추가하여 수학을 전공하는 학생뿐만 아니라, 컴퓨터 공학, 전산학, 전자공학 등 공학을 전공하는 학생들에게 한 한기 또는 두 학기 동안에 이산수학과 그 응용을 학습할 수 있도록 집필하였다.

이 책의 내용을 공부하는 데 필요한 기초 사항인 수체계, 정수의 기본 성질에 대한 정리에 대해서는 제 1 장과 제 2 장에서 체계적으로 논하고 합동식의 기본 성질, 행렬의 연산, 연립일차방정식에 대해서는 제 3 장과 제 6 장, 제 11 장에서 논하며 순열, 조합, 중복순열, 중복조합에 대해서는 제 5 장에서 논한다.

각 장에서 다룬 내용을 좀더 상세히 말하면 다음과 같다.

제 1 장에서는, 집합과 명제, 수체계, 수학적 귀납법에 대하여 논하고 함수와 사상에 대하여 간단히 논한다.

제 2 장에서는, 정수의 성질, 약수와 배수, 최대공약수와 최소공배수, 素數, 정수의 소인수분해, 정수의 여러 가지 표현에 대하여 논한다.

제 3 장에서는, 정수의 합동 관계와 합동식에 대하여 간단히 논하고 합동식을 이용한 여러 가지 암호체제를 소개한다.

제 4 장에서는, 체와 무한수열과 형식적 멱급수를 소개하고 동차 선형점화식과 동차 선형점화수열의 고유다항식, 생성 함수, 최대주기수열과 스트림 암호체계와 선형 Shift Register에 대하여 논한다.

제 5 장에서는, 유한집합의 원소의 개수, 비둘기집의 원리, 순열과 조합, 중복순열과 중복조합, 이항정리, 다항정리, 특수한 순열의 개수, 양의 정수의 분할의 개수, 점유 문제에 대하여 논한다.

제 6 장에서는, 표본공간, 사건, 확률과 공리론적 확률의 여러 가지 성질에 대하여 논하고 조건부 확률, Bayes 의 정리, 독립사건 등 확률에 관한 기본 사항을 논한다.

제 7 장에서는, 덧셈과 곱셈, 다항식에 관한 알고리즘과 검색 알고리즘, 정렬 알고리즘, 순열과 조합의 정렬에 관한 알고리즘을 소개하고, 알고리즘의 시간 복잡도에 대하여 논한다.

제 8 장에서는, 행렬에 대하여 논하고 정사각행렬과 이에 관련된 여러 가지 사항에 대하여 논한다.

제 9 장에서는, 그래프, 다중 그래프와 유향 그래프의 특성을 논하고, 동형인 그래프, 그래프의 인접행렬, 경로, 회로, Euler 회로, Hamilton 회로, 평면그래프와 색칠하기에 대하여 논하며 가중 그래프에서의 최단거리에 대한 여러 가지 알고리즘을 논한다.

제 10 장에서는, 수형도의 특성과 생성수형도에 대하여 논하고 또 가중 연결 그래프의 최소 생성수형도를 구하는 알고리즘에 대하여 상세히 논한다.

제 11 장에서는, 행렬의 기본변형, 연립일차방정식의 해공간, 벡터공간과 부분공간에 대하여 논하고 선형부호, Hamming 거리, Hamming 무게, 선형부호의 복호와 오류 수정, 이진 Hamming 부호에 대하여 논한다.

제 12 장에서는, 아핀평면과 사영평면 그리고 체 위의 아핀평면과 사영평면을 논하고 또 이들 사이의 관계를 논하며 타원곡선의 특성과 타원곡선을 이용한 몇 가지 암호체계에 대하여 논한다.

제 13 장에서는, 관계, 관계의 합성, 관계의 행렬 표현, 동치 관계, 동치관계에 의한 분할에 대하여 논하고 반순서와 반순서 집합과 격자의 특성에 대하여 논한다.

제 14 장에서는, 멱집합의 특성을 일반화하여 Boole 다원환과 Boole 환의 특성에 대하여 논하고 이 특성를 기초 사항으로 하여 Boole 함수와 조합회로에 대하여 논한다.

제 15 장에서는, 형식적 언어와 문법과 유한상태 기계 그리고 결정적 유한상태 자동장치와 비 결정적 유한상태 자동장치의 특성을 논하고 또 유한상태 자동장치에 의하여 인식되는 언어에 대하여 논한다.

제 16 장에서는, 게임, 영합 게임, $m \times n$ 게임의 맥시민값, 미니맥스값, 최적전략, 게임의 값, 결정적 게임에 대하여 논하고, 또 비결정적 게임의 혼합전략, 맥시민값, 미니맥스값, 맥시민전략, 미니맥스전략, 최적전략, 게임의 값, 게임의 축약에 대하여 논한다. 그리고, Nim 의 게임과 Nim 덧셈을 이용하여 Nim 의 게임의 수학적 특성을 밝힌다.

제 17 장에서는, 여러 가지 유형의 디자인의 특성과 디자인을 구성하는 방법에 대하여 논하고 특히 유한 덧셈군 위의 등차집합으로부터 얻는 디자인에 대하여 논한다.

각 장의 앞에서는 그 장의 내용을 간단히 소개하고, 또 각 절의 마지막에는 많은 연습문제를 실었다. 그리고, 본문에 대한 해설과 수학자 소개, 연습문제 및 보충문제의 풀이를 pdf 파일로

북이오 (https://buk.io/@kc5876)

에 올려놓아 학습에 도움이 되도록 하였다.

오랜 세월 동안 보관해 두었던 '호글 97' 과 32 bit version PC 를 이용하여 이 책의 본문과 그림 그리고 해설과 수학자 소개, 연습문제와 보충문제의 풀이를 직접 입력하였다.

이 책을 집필하는 동안에 격려해준 여러 친우들과 전적인 응원과 뒷받침해 준 처에게 감사하고 끊임없는 열성으로 도움을 준 경문사의 박종화 상무에게 진심으로 감사 드린다.

2021 년 10 월

박 승 안

차 례

제 5 장 세는 방법

제 6 장 확 률

제 7 장 알고리즘

제 8 장 행 렬

제 9 장 그래프

제 10 장 수형도

제 11 장 부호이론

제 12 장 사영평면과 타원곡선

제 13 장 관계와 반순서

제 14 장 Boole 다원환과 Boole 함수

제 15 장 유한상태 자동장치

제 16 장 게임 이론

제 17 장 디자인

그리스 문자

A	α	(alpha)	I	ι	(iota)	P	ρ	(rho)
B	β	(beta)	K	κ	(kappa)	Σ	σ	(sigma)
Γ	γ	(gamma)	Λ	λ	(lambda)	T	τ	(tau)
Δ	δ	(delta)	M	μ	(mu)	Y	υ	(upsilon)
E	ε	(epsilon)	N	ν	(nu)	Φ	φ, ϕ	(phi)
Z	ζ	(zeta)	Ξ	ξ	(xi)	X	χ	(chi)
H	η		O	o	(omicron)	Ψ	ψ	(psi)
Θ	θ		Π	π	(pi)	Ω	ω	(omega)

제 1 장

기초 사항

이 장에서는, 집합과 명제, 수체계, 함수에 대하여 간단히 논한다.

실제로, 집합, 명제, 전체집합과 멱집합, 순서쌍에 대하여 논하며 정수, 유리수, 실수, 복소수의 수체계에 대하여 설명하고 또 수학적 귀납법을 이용한 증명 방법을 소개하며 함수와 사상, 일대일 사상과 위로의 사상, 일대일 대응에 대하여 논한다.

§1.1 집 합

집합 A에 대하여 x가 A의 **원소**(element)일 때 이 사실을

$$x \in A \quad \text{또는} \quad A \ni x$$

로 나타내고, 또 x가 A의 원소가 아닐 때 이 사실을

$$x \notin A \quad \text{또는} \quad A \not\ni x$$

로 나타낸다. 그리고, **공집합**(空集合, empty set)을 $\varnothing$으로 나타낸다.

집합 A가 유한 개의 원소를 가진 집합일 때, A를 **유한집합**(有限集合, finite set)이라 하고 유한집합이 아닌 집합을 **무한집합**(無限集合, infinite set)이라고 한다.

유한집합 A에 속해 있는 원소의 개수를 $|A|$로 나타내고 이것을 A의 **농도**(濃度, cardinality)라고 한다. 특히, 공집합은 유한집합이라고 생각하고 $|\varnothing| = 0$이다.

두 집합 A, B에서 모든 원소 $x \in B$에 대하여 $x \in A$일 때, B를 A의 **부분집합**(部分集合, subset)이라 하고, 이 사실을

$$B \subseteq A \quad \text{또는} \quad A \supseteq B$$

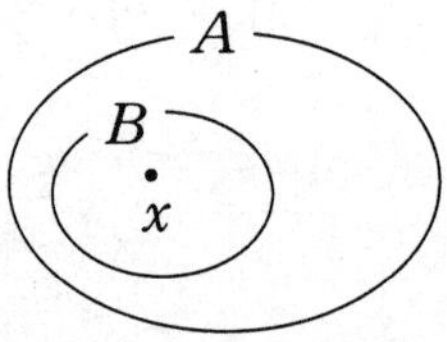

로 나타낸다. 특히, A는 A 자신의 부분집합이고, $\varnothing \subseteq A$로 정한다. 그리고,

$$B \subseteq A, \ A \subseteq B$$

일 때, A와 B는 **서로 같다**고 하고 이 사실을 $A = B$로 나타낸다.

그리고,

$$B \subseteq A, \quad B \neq A$$

일 때, B를 A의 **진부분집합**(眞部分集合, proper subset)이라 하고 이 사실을

$$B \subsetneq A, \ A \supsetneq B \quad \text{또는} \quad B \subset A, \ A \supset B$$

로 나타낸다.

집합 사이의 포함관계를 비교할 때에는 위의 그림과 같은 **Venn 다이어그램**(Venn diagram)을 이용하면 편리하다.

두 조건 p, q 에 대하여 명제 'p 이면 q 이다' 가 참일 때, 사실을

$$p \Longrightarrow q$$

로 나타내고 이때 p 를 q 이기 위한 **충분조건**(充分條件, sufficient condition)이라 하고 q 를 p 이기 위한 **필요조건**(必要條件, necessary condition)이라고 한다. 그리고, $p \Longrightarrow q$ 인 동시에 $q \Longrightarrow p$ 인 경우에 이 사실을

$$p \Longleftrightarrow q$$

로 나타내고

'p 일 때 그리고 이때에만 q 이다(p if and only if q)'

라고 한다. 또, $p \Longleftrightarrow q$ 일 때,

'p 는 q 이기 위한 (q 의) **필요충분조건**이다.',
'q 는 p 이기 위한 (p 의) 필요충분조건이다.'

라 하고, 두 조건 p 와 q 는 서로 **동치**(同値, equivalent)라고 한다.

조건 $p(x)$ 를 만족시키는 원소 전체의 집합을

$$\{x \mid p(x)\}$$

로 나타내고, 특히 집합 A 의 원소 중에서 조건 $p(x)$ 를 만족시키는 원소 전체의 집합을

$$\{x \in A \mid p(x)\} \quad \text{또는} \quad \{x \mid x \in A,\ p(x)\}$$

로 나타낸다. 그리고, 두 집합 A, B 에 대하여

$$A \cup B = \{x \mid x \in A \text{ 또는 } x \in B\},$$
$$A \cap B = \{x \mid x \in A,\ x \in B\},$$
$$A - B = \{x \in A \mid x \notin B\}$$

를 각각 A 와 B 의 **합집합**(合集合, union), **교집합**(交集合, intersection), **차집합**(差集合, difference)이라고 한다.

특히, $A \cap B = \varnothing$ 일 때, A 와 B 는 **서로 소**(disjoint)라고 한다.

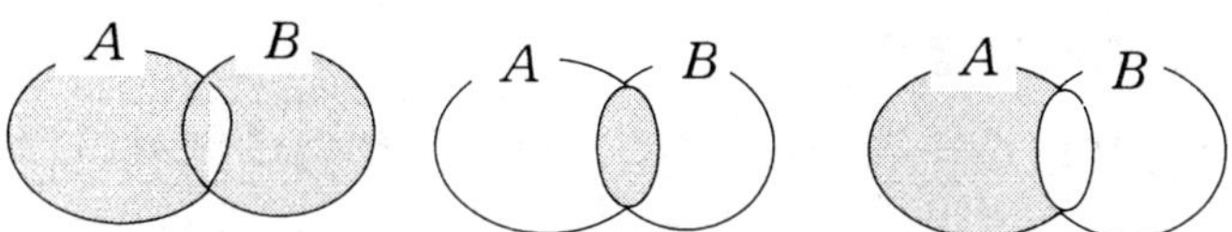

$A \cup B$ $\quad$ $A \cap B$ $\quad$ $A - B$

정리 1.1.1 세 집합 A, B, C에 대하여 다음이 성립한다.

(1) $(A\cup B)\cup C = A\cup(B\cup C)$, $(A\cap B)\cap C = A\cap(B\cap C)$ (결합법칙)

(2) $A\cup B = B\cup A$, $A\cap B = B\cap A$ (교환법칙)

(3) $A\cup(A\cap B) = A$, $A\cap(A\cup B) = A$ (흡수법칙)

(4) $A\cap(B\cup C) = (A\cap B)\cup(A\cap C)$, $A\cup(B\cap C) = (A\cup B)\cap(A\cup C)$ (분배법칙)

(5) $A\cup\varnothing = A$, $A\cap\varnothing = \varnothing$

(6) $A\cup A = A$, $A\cap A = A$

증 명 정의에 의하여 (1) ~ (3), (4), (5)가 성립함을 쉽게 알 수 있다.

(4) 정의에 의하여 다음이 성립한다.

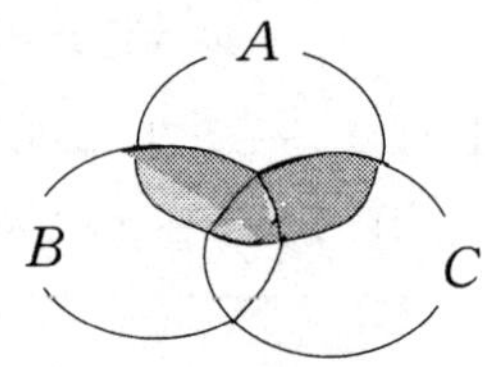

$A\cap(B\cup C)$

$$
\begin{aligned}
& x\in A\cap(B\cup C) \\
\Leftrightarrow\ & x\in A \text{이고 } x\in B\cup C \\
\Leftrightarrow\ & x\in A \text{인 동시에 } x\in B \text{ 또는 } x\in C \\
\Leftrightarrow\ & x\in A\cap B \text{ 또는 } x\in A\cap C \\
\Leftrightarrow\ & x\in (A\cap B)\cup(A\cap C)
\end{aligned}
$$

따라서 $A\cap(B\cup C) = (A\cap B)\cup(A\cap C)$이다.

그리고, 다음이 성립한다.

$$
\begin{aligned}
& x\in A\cup(B\cap C) \\
\Leftrightarrow\ & x\in A \text{ 또는 } x\in B\cap C \\
\Leftrightarrow\ & x\in A \text{ 또는 } x\in B \text{인 동시에 } x\in C \\
\Leftrightarrow\ & x\in A\cup B \text{ 동시에 } x\in A\cup C \\
\Leftrightarrow\ & x\in (A\cup B)\cap(A\cup C)
\end{aligned}
$$

따라서 $A\cup(B\cap C) = (A\cup B)\cap(A\cup C)$이다.

위의 정리에서 두 등식

$$(A\cup B)\cup C = A\cup(B\cup C),\quad (A\cap B)\cap C = A\cap(B\cap C)$$

가 성립한다는 의미에서 위의 각각을 $A\cup B\cup C$, $A\cap B\cap C$로 나타낸다.

한 집합 U 의 부분집합과 이들 부분집합에 대한 연산을 논할 때 U를 **전체집합**(全體集合, universal set)이라고 하며, U 의 모든 부분집합 전체로 이루어진 집합을 U 의 **멱집합**(冪集合, power set)이라 하고 이것을 $\mathscr{P}(U)$로 나타낸다. 임의의 부분집합 $A \in \mathscr{P}(U)$ 에 대하여

$$A' = \{x \in U \mid x \notin A\} = U - A$$

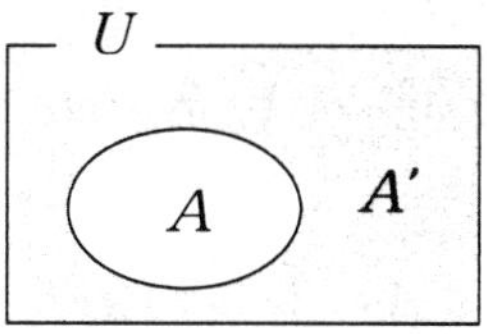

를 A 의 **여집합**(餘集合, complement)이라 하고 여집합 A' 을

$$A^c \text{ 또는 } \overline{A}$$

로 나타내기도 한다.

임의의 두 부분집합 $A, B \in \mathscr{P}(U)$ 에 대하여

$$A \cup B \in \mathscr{P}(U), \quad A \cap B \in \mathscr{P}(U), \quad A' \in \mathscr{P}(U)$$

이고, 또 다음 정리가 성립한다(정리 1.1.1 참조).

정리 1.1.2 전체집합 U의 멱집합 $\mathscr{P}(U)$ 위에 두 이항연산 $\cup$, $\cap$ 과 일항연산(一項演算) $'$ 이 정의되어 있고, 즉

$$A, B \in \mathscr{P}(U) \Longrightarrow A \cup B,\ A \cap B,\ A' \in \mathscr{P}(U)$$

이고, 또 임의의 $A, B, C \in \mathscr{P}(U)$ 에 대하여 다음이 성립한다.

(1) $(A \cup B) \cup C = A \cup (B \cup C)$,
$(A \cap B) \cap C = A \cap (B \cap C)$ (결합법칙)

(2) $A \cup B = B \cup A$,　$A \cap B = B \cap A$ (교환법칙)

(3) $A \cup (A \cap B) = A$,　$A \cap (A \cup B) = A$ (흡수법칙)

(4) $A \cap (B \cup C) = (A \cap B) \cup (A \cap C)$,
$A \cup (B \cap C) = (A \cup B) \cap (A \cup C)$ (분배법칙)

(5) $A \cup \varnothing = \varnothing \cup A = A$,　$A \cap U = U \cap A = A$
$A \cup U = U \cup A = U$,　$A \cap \varnothing = \varnothing \cap A = \varnothing$

(6) $A \cup A' = A' \cup A = U$,　$A \cap A' = A' \cap A = \varnothing$

(7) $(A')' = A$,　$\varnothing' = U$,　$U' = \varnothing$

(8) $A \cup A = A$,　$A \cap A = A$

공집합이 아닌 두 집합 A, B에서 A의 임의의 원소 a와 B의 임의의 원소 b를 택하여 이 순서대로 늘어놓아 괄호로 묶어 놓은 (a, b)를 a, b의 **순서쌍**(順序雙, ordered pair)이라 하고 이러한 순서쌍 전체의 집합을

$$A \times B$$

로 나타내며 이 집합을 A, B의 **곱집합** 또는 **데카르트 곱**(Cartesian product)이라고 한다. 즉,

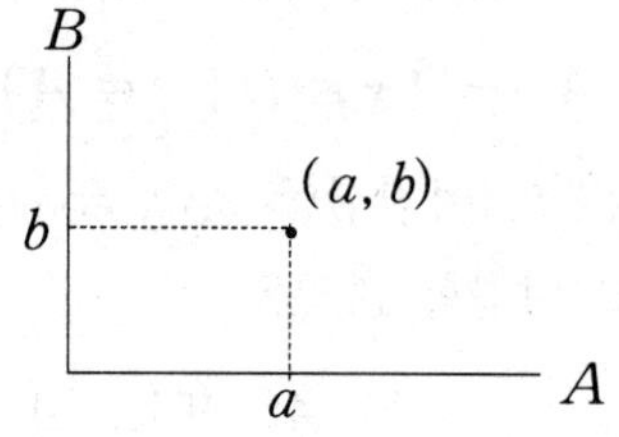

$$A \times B = \{(a, b) \mid a \in A,\ b \in B\}$$

$$(a, b) = (c, d) \Leftrightarrow a = c,\ b = d$$

또, 공집합이 아닌 집합 $A_1, \cdots, A_n$에서 원소 $a_1 \in A_1, \cdots, a_n \in A_n$을 택하여 이 순서대로 늘어놓아 괄호로 묶어놓은 $(a_1, \cdots, a_n)$을 **순서 $\boldsymbol{n}$조**(順序 n 組, ordered n-tuple)라고 한다. 그리고, 이와 같은 순서 n조 전체의 집합을

$$A_1 \times \cdots \times A_n$$

으로 나타내며 이 집합을 $A_1, \cdots, A_n$의 **곱집합** 또는 **데카르트 곱**이라고 한다. 즉,

$$A_1 \times \cdots \times A_n = \{(a_1, \cdots, a_n) \mid a_1 \in A_1, \cdots, a_n \in A_n\}$$

$$(a_1, \cdots, a_n) = (b_1, \cdots, b_n) \Leftrightarrow a_1 = b_1, \cdots, a_n = b_n$$

특히, $A_1 = \cdots = A_n = A$일 때, $A_1 \times \cdots \times A_n$을 A^n으로 나타낸다. 즉,

$$A^n = \{(a_1, \cdots, a_n) \mid a_1, \cdots, a_n \in A\}$$

§1.2 수체계

집합 $A\ (\neq \varnothing)$의 임의의 두 원소 $x, y \in A$에 대하여 한 원소 $z \in A$가 대응할 때, 이 사실을 $\circ$ 과 같은 기호를 사용하여

$$x \circ y = z$$

로 나타내고 A 위에 **이항연산**(二項演算, binary operation) 또는 **연산** $\circ$ 이 정의되어 있다고 한다. 그리고, A 위에 이항연산 $\circ$ 이 정의되어 있고 A의 부분집합 B에 대하여

$$a, b \in B \Longrightarrow a \circ b \in B$$

일 때 B는 연산 $\circ$ 에 관하여 **닫혀 있다**(closed)고 한다.

연산 기호로는 $+$, $\times$, $\cdot$, $\circ$, $\vee$, $\wedge$ 등이 사용된다.

정리 1.2.1 정수 전체의 집합 $\mathbb{Z} = \{\cdots, -2, -1, 0, 1, 2, 3, \cdots\}$ 위에는 덧셈과 곱셈이 정의되어 있고 이에 관하여 다음이 성립한다.

A.1 : $(a+b)+c = a+(b+c)$ (덧셈에 관한 결합법칙)

A.2 : $a+b = b+a$ (덧셈에 관한 교환법칙)

A.3 : $a+0 = 0+a = a$

A.4 : $a+(-a) = (-a)+a = 0$

M.1 : $(a\,b)\,c = a\,(b\,c)$ (곱셈에 관한 결합법칙)

M.2 : $a\,b = b\,a$ (곱셈에 관한 교환법칙)

M.3 : $a\,1 = 1\,a = a$

M.4 : $a\,b = a\,c$, $a \neq 0$ 이면, $b = c$ 이다. (소약법칙)

$ab = 0$ 이면, $a = 0$ 또는 $b = 0$ 이다.

D : $a(b+c) = a\,b + a\,c$, $(a+b)\,c = a\,c + b\,c$ (분배법칙)

정수 전체의 집합 $\mathbb{Z}$ 위에는 **순서**(順序, order) $<$ 가 정의되어 있고 임의의 정수 a, b, c 에 대하여 다음이 성립한다.

O.1 : (三一律, trichotomy) 다음 중 하나 그리고 단 하나가 성립한다.

(i) $a < b$ (ii) $a = b$ (iii) $b < a$

O.2 : $a < b$, $b < c$ 이면, $a < c$ 이다.

O.3 : $a < b$, $0 < c$ 이면, $a + c < b + c$, $ac < bc$ 이다.

정수 a 에 대하여 $0 < a$ 일 때 a 를 **양**(陽)**의 정수**(positive integer) 또는 **자연수**(自然數, natural number) 라 하고, $a < 0$ 일 때 a 를 **음**(陰)**의 정수**(negative integer) 라고 한다.

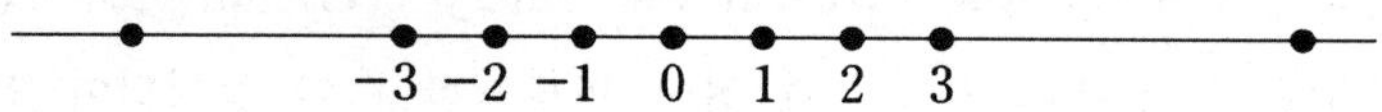

양의 정수(자연수) 전체의 집합을 $\mathbb{N}$ 또는 $\mathbb{Z}^+$ 로 나타내고, 0 을 포함한 양의 정수 전체의 집합을 흔히 W 로 나타낸다. 즉,

$$\mathbb{Z} = \{\cdots, -2, -1, 0, 1, 2, 3, 4, \cdots\},$$
$$\mathbb{N} = \mathbb{Z}^+ = \{1, 2, 3, 4, 5, 6, 7, \cdots\},$$
$$\mathrm{W} = \{0, 1, 2, 3, 4, 5, 6, \cdots\},$$
$$\mathbb{N} \subset \mathrm{W} \subset \mathbb{Z}$$

책에 따라서는 양의 정수 전체의 집합을 $\mathbb{Z}^+$ 로 나타내고 W 를 $\mathbb{N}$ 으로 나타내기도 한다.

정수의 여러 가지 성질에 대해서는 제 2 장에서 상세히 논하기로 한다.

자연수에 관한 이론은 독일 수학자 데데킨트(J.W.R. Dedekind)와 이탈리아 수학자 페아노(Giuseppe Peano) 에 의하여 완성되었다([해설102] 참조).

다음에 소개할 I 와 정리 1.2.2 는 그대로 인정하기로 한다([2] 참조).

I 수학적 귀납법의 원리(歸納法의 原理, principle of mathematical induction)

양의 정수 전체의 집합 $\mathbb{N}$ 의 부분집합 S 에 대하여 다음 조건이 성립한다고 하자.

(i) $1 \in S$

(ii) $n \in S$ 이면, $n + 1 \in S$ 이다.

이 때, $S = \mathbb{N}$ 이다.

정리 1.2.2 (정수의 整列性, well-ordering property) 양의 정수 전체의 집합을 $\mathbb{N}$ 이라고 할 때, $\mathbb{N}$의 부분집합 $S\ (\neq \varnothing)$ 에는 가장 작은 양의 정수 l 이 단 하나 존재한다.

다시 말하면, $\varnothing \neq S \subseteq \mathbb{N}$ 일 때, 모든 원소 $s \in S$ 에 대하여 $l \leq s$ 인 원소 $l \in S$ 이 단 하나 존재한다.

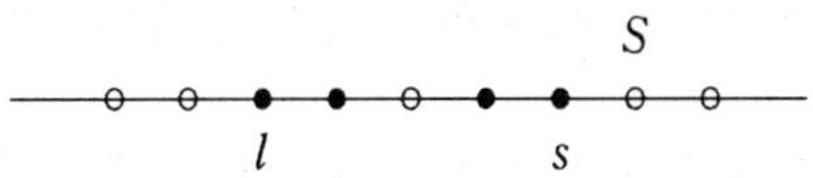

수학적 귀납법의 원리를 이용하여 다음 정리를 증명할 수 있다.

정리 1.2.3 (수학적 귀납법) 양의 정수 n 에 관한 명제 $p(n)$ 에 대하여 다음 두 조건이 성립한다고 하자.

(i) $p(1)$ 은 참이다.

(ii) $p(n)$ 이 참이면, $p(n+1)$ 도 참이다.

이 때, 모든 양의 정수 n 에 대하여 $p(n)$ 은 참이다.

다음 두 정리도 특정한 양의 정수 n 에 관한 명제 $p(n)$ 이 참임을 증명하는 데 이용된다.

정리 1.2.4 (제 2 수학적 귀납법) 양의 정수 n 에 관한 명제 $p(n)$ 에 대하여 다음 두 조건이 성립한다고 하자.

(i) $p(1)$ 은 참이다.

(ii) $n > 1$ 일 때, $1 \leq k < n$ 인 모든 정수 k 에 대하여 $p(k)$ 가 참이면 $p(n)$ 도 참이다.

이 때, 모든 양의 정수 n 에 대하여 $p(n)$ 은 참이다.

정리 1.2.5 정수 n 에 관한 명제 $p(n)$ 에 대하여 다음이 성립한다고 하자.

(i) 특정한 정수 c 에 대하여 $p(c)$ 는 참이다.

(ii) $n \geq c$ 인 정수 n 에 대하여 $p(n)$ 이 참이면 $p(n+1)$ 도 참이다.

이 때, $n \geq c$ 인 모든 정수 n 에 대하여 $p(n)$ 은 참이다.

두 정수 $a, b\ (b \neq 0)$ 에 대하여

$$u = \frac{a}{b}$$

와 같은 분수(分數, fraction)의 꼴로 표현되는 수를 **유리수**(有理數, rational number)라고 하고, 유리수 전체의 집합을 $\mathbb{Q}$로 나타낸다. 임의의 정수 a 는 $a = \frac{a}{1}$ 과 같이 나타낼 수 있으므로 정수는 유리수이기도 하다. 즉,

$$\mathbb{Q} = \{ \frac{a}{b} \mid a, b \in \mathbb{Z},\ b \neq 0 \}, \quad \mathbb{Z} \subset \mathbb{Q}$$

$$\begin{array}{c}\mathbb{R}\\ | \\ \mathbb{Q} \\ | \\ \mathbb{Z}\end{array}$$

유리수와 **무리수**(無理數, irrational number)를 통틀어 **실수**(實數, real number)라 하고, 또 실수 전체의 집합을 $\mathbb{R}$로 나타내기로 한다. 이 때, $\mathbb{Z} \subset \mathbb{Q} \subset \mathbb{R}$ 이고 또 다음 정리가 성립한다.

정리 1.2.6 실수 전체의 집합 $\mathbb{R}$ 위에는 덧셈과 곱셈이 정의되어 있고 이에 관하여 다음이 성립한다.

A.1 : $(a+b)+c = a+(b+c)$ (덧셈에 관한 결합법칙)

A.2 : $a+b = b+a$ (덧셈에 관한 교환법칙)

A.3 : $a+0 = 0+a = a$

A.4 : $a+(-a) = (-a)+a = 0$

M.1 : $(a\,b)\,c = a\,(b\,c)$ (곱셈에 관한 결합법칙)

M.2 : $a\,b = b\,a$ (곱셈에 관한 교환법칙)

M.3 : $a1 = 1a = a$

M.4 : 각 실수 $a\ (\neq 0)$ 에 대하여 $a a^{-1} = a^{-1}a = 1$ 인 $a^{-1} \in \mathbb{R}$ 가 단 하나 존재한다. 실수 a^{-1} 를 a 의 곱셈에 관한 역원이라고 한다.

D : $a(b+c) = ab+ac, \quad (a+b)c = ac+bc$ (분배법칙)

실수 전체의 집합 $\mathbb{R}$ 위의 뺄셈과 나눗셈은 다음과 같이 정의된다.

$$a-b = a+(-b), \qquad a \div b = ab^{-1} \quad (b \neq 0)$$

실수 전체의 집합 $\mathbb{R}$ 에는 순서 $>$ 가 정의되어 있고 또 이에 관하여 앞에서 논한 O.1, O.2, O.3 가 성립한다.

두 실수 a, b 에 대하여 $a \leq b$ 는

$$`a < b \text{ 또는 } a = b'$$

임을 뜻하고, 또 $a \geq b$ 는

$$`a > b \text{ 또는 } a = b'$$

임을 뜻한다. 그리고, 실수 a 의 **絶對값**(absolute value) $|a|$ 를

$$|a| = \begin{cases} a & (a \geq 0 \text{ 일 때}) \\ -a & (a < 0 \text{ 일 때}) \end{cases}$$

으로 정의하면, 임의의 두 실수 a, b 에 대하여 다음이 성립한다.

$$|ab| = |a||b|$$

한편, $a^2 + 1 = 0$ 인 실수 a 가 존재하지 않는다. 이제

$$i^2 + 1 = 0 \quad \text{즉} \quad i^2 = -1$$

인 새로운 수 i 를 도입하여

$$a + bi \qquad (a, b \text{는 실수})$$

와 같은 꼴의 수를 **복소수**(複素數, complex number)라 하고 이와 같은 복소수 전체의 집합을 $\mathbb{C}$ 로 나타낸다. 즉,

$$\mathbb{C} = \{a + bi \mid a, b \in \mathbb{R}\}, \quad \mathbb{R} \subset \mathbb{C}$$

그리고, 집합 $\mathbb{C}$ 위에 상등관계 및 덧셈과 곱셈을 다음과 같이 정의하자.

$$a + bi = c + di \Longleftrightarrow a = c, \ b = d$$

$$(a + bi) + (c + di) = (a + c) + (b + d)i,$$

$$(a + bi)(c + di) = (ac + bd\,i^2) + (ad + bc)i$$
$$= (ac - bd) + (ad + bc)i$$

복소수 $\alpha = a + bi$ 에 대하여

$$\overline{\alpha} = a - bi, \quad N(\alpha) = \alpha\overline{\alpha} = a^2 + b^2, \quad |\alpha| = \sqrt{N(\alpha)}$$

를 각각 α 의 **켤레복소수**(conjugate), **노름**(Norm), **絶對값**이라고 한다.

복소수 전체의 집합 $\mathbb{C}$ 에 대해서도 덧셈과 곱셈에 관하여 앞의 정리 1.2.6 과 유사한 정리가 성립함을 밝힐 수 있다.

특히, $\alpha \neq 0$ 일 때, $\alpha^{-1} = \dfrac{\overline{\alpha}}{N(\alpha)} = \dfrac{a}{a^2+b^2} + \dfrac{-b}{a^2+b^2}\, i$ 이다.

복소수 전체의 집합 $\mathbb{C}$ 위의 뺄셈과 나눗셈은 다음과 같이 정의된다.

$$\alpha - \beta = \alpha + (-\beta), \qquad \alpha \div \beta = \alpha\beta^{-1} \ \ (\beta \neq 0)$$

한편, 복소수 전체의 집합 $\mathbb{C}$ 에는 순서 $>$ 가 정의되지 않는다.

집합 $A_1, A_2, \cdots, A_n$ $(n \geq 2)$ 에 대하여 다음과 같이 귀납적으로 정의된

$$A_1 \cup A_2 \cup \cdots \cup A_n = (A_1 \cup A_2 \cup \cdots \cup A_{n-1}) \cup A_n$$

$$A_1 \cap A_2 \cap \cdots \cap A_n = (A_1 \cap A_2 \cap \cdots \cap A_{n-1}) \cap A_n$$

를 각각 $A_1, A_2, \cdots, A_n$ 의 **합집합**, **교집합**이라고 한다.

다음 정리는 수학적 귀납법으로 증명한다(정리 1.2.3).

정리 1.2.7 집합 $A, A_1, A_2, \cdots, A_n$ $(n \geq 2)$ 에 대하여 다음이 성립한다.

(1) $(A_1 \cup \cdots \cup A_n) \cap A = (A_1 \cap A) \cup \cdots \cup (A_n \cap A)$

(2) $(A_1 \cap \cdots \cap A_n) \cup A = (A_1 \cup A) \cap \cdots \cap (A_n \cup A)$

증 명 (1) 정리 1.1.1 에 의하여 $(A_1 \cup A_2) \cap A = (A_1 \cap A) \cup (A_2 \cap A)$ 이므로 $n = 2$ 일 때 (1) 이 성립한다.

다음에 $n = k$ 일 때 (1) 이 성립한다고 가정하자. 이 때,

$$(A_1 \cup \cdots \cup A_k) \cap A = (A_1 \cap A) \cup \cdots \cup (A_k \cap A)$$

이므로

$$\begin{aligned}
&(A_1 \cup \cdots \cup A_k \cup A_{k+1}) \cap A \\
&= \{(A_1 \cup \cdots \cup A_k) \cup A_{k+1}\} \cap A \\
&= \{(A_1 \cup \cdots \cup A_k) \cap A\} \cup (A_{k+1} \cap A) \\
&= \{(A_1 \cap A) \cup \cdots \cup (A_k \cap A)\} \cup (A_{k+1} \cap A) \\
&= (A_1 \cap A) \cup \cdots \cup (A_k \cap A) \cup (A_{k+1} \cap A)
\end{aligned}$$

이고 따라서 $n = k+1$ 일 때도 (1) 은 성립한다.

그러므로, 모든 정수 n (≥ 2) 에 대하여 (1) 이 성립한다(정리 1.2.3).

마찬가지로, 정리 1.1.1 을 이용하여 (2) 가 성립함을 증명할 수 있다.

정의 1.2.8 실수 또는 복소수 $a_0, a_1, a_2, \cdots, a_n$ 에 대하여 합

$$a_0 + a_1 + a_2 + \cdots + a_n, \qquad a_1 + a_2 + \cdots + a_n$$

을 총합기호 $\sum$ 를 사용하여 각각 $\sum_{i=0}^{n} a_i$, $\sum_{i=1}^{n} a_i$ 로 나타낸다. 즉,

$$\sum_{i=0}^{n} a_i = a_0 + a_1 + a_2 + \cdots + a_n, \quad \sum_{i=1}^{n} a_i = a_1 + a_2 + \cdots + a_n$$

위의 정의에서 첨자 i 대신에 k, r 로 바꾸어 놓을 수 있다. 즉,

$$\sum_{k=0}^{n} a_k = \sum_{r=0}^{n} a_r = \sum_{i=0}^{n} a_i = a_0 + a_1 + a_2 + \cdots + a_n$$

$$\sum_{k=1}^{n} a_k = \sum_{r=1}^{n} a_r = \sum_{i=1}^{n} a_i = a_1 + a_2 + \cdots + a_n$$

보기 1.2.1 양의 정수에 대하여 다음 등식이 성립한다.

(1) $\sum_{i=1}^{n} i = 1 + 2 + 3 + \cdots + n = \dfrac{n(n+1)}{2}$

(2) $\sum_{i=1}^{n} i^2 = 1^2 + 2^2 + 3^2 + \cdots + n^2 = \dfrac{n(n+1)(2n+1)}{6}$

보기 1.2.2 실수 또는 복소수 $r\ (\neq 1)$ 에 대하여 다음 등식이 성립한다.

$$\sum_{i=0}^{n-1} r^k = 1 + r + r^2 + \cdots + r^{n-1} = \frac{r^n - 1}{r-1}$$

정의 1.2.9 실수 $a_1, a_2, \cdots, a_n$ 의 최대값과 최소값을 각각

$$\max\{a_1, a_2, \cdots, a_n\}, \quad \min\{a_1, a_2, \cdots, a_n\}$$

으로 나타낸다.

보기 1.2.3 실수 5, 7, 3, 2, 8 에 대하여 다음이 성립한다.

$$\max\{5, 7, 3, 2, 8\} = 8, \quad \min\{5, 7, 3, 2, 8\} = 2$$

§1.3 함수와 사상

두 집합 A, B가 공집합이 아닐 때, A의 각 원소 A에 대하여 단 하나의 B의 원소를 대응시키는 규칙을 A에서 B로의 **함수**(函數, function) 또는 **사상**(寫像, map, mapping)이라 하고 이것을

$$f:\ A \longrightarrow B$$

와 같이 나타낸다. 그리고, A, B를 각각 f의 **정의역**(定義域, domain), **공역**(共域, codomain)이라고 한다.

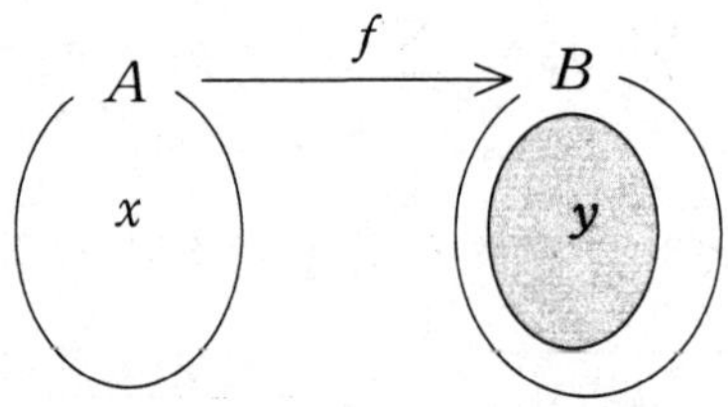

함수 $f:\ A \longrightarrow B$에서 각 원소 $x \in A$에 대하여 원소 $y \in B$가 대응할 때, y를 f에 의한 x의 **상**(像, image)이라 하고 이 사실을 $y = f(x)$로 나타낸다. 그리고,

$$\operatorname{im} f = f(A) = \{ f(x) \mid x \in A \}$$

을 함수 f의 **상**이라고 한다. 즉,

정의역과 공역이 각각 A, B인 두 함수

$$f:\ A \longrightarrow B,\quad g:\ A \longrightarrow B$$

에서, 모든 원소 $x \in A$에 대하여 $f(x) = g(x)$일 때 f, g는 **서로 같다**고 하고 이 사실을

$$f = g$$

로 나타낸다. 그리고, 함수

$$1_A:\ A \longrightarrow A,\ \ 1_A(x) = x$$

를 A 위의 **항등함수**(恒等函數, identity function) 또는 **항등사상**(恒等寫像, identity map)이라고 한다.

두 사상 $f : A \longrightarrow B$, $g : B \longrightarrow C$에 대하여 함수

$$g \circ f : A \rightarrow C, \ (g \circ f)(x) = g(f(x))$$

를 f와 g의 **합성함수**(合成函數, composite) 또는 **합성사상**(合成寫像)이라고 한다.

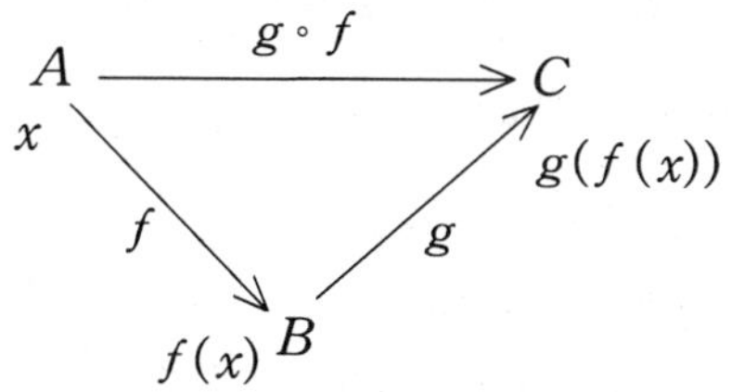

정의 1.3.1 함수 $f : A \rightarrow B$에서, 임의의 원소 $x_1, x_2 \in A$에 대하여

$$x_1 \neq x_2 \Rightarrow f(x_1) \neq f(x_2)$$

즉,
$$f(x_1) = f(x_2) \Longrightarrow x_1 = x_2$$

일 때, 함수 f를 **일대일 함수**(一對一 函數) 또는 **일대일 사상**(一對一 寫像, one-to-one map, injective map, injection)이라고 한다. 또,

$$\text{im} f = B \quad 즉 \quad \{f(x) \mid x \in A\} = B$$

일 때 f를 A에서 B **위로의 함수** 또는 **위로의 사상**(onto map, surjective map, surjection)이라고 한다.

그리고, $f : A \rightarrow B$가 일대일인 동시에 위로의 함수일 때, f를 **일대일 대응**(一對一 對應, one-to-one correspondence)이라고 한다.

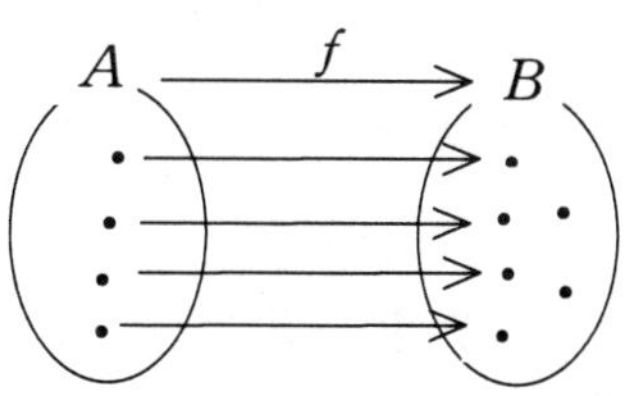

일대일 함수

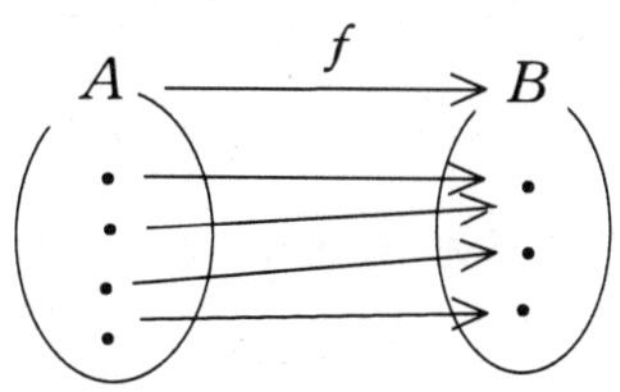

위로의 함수

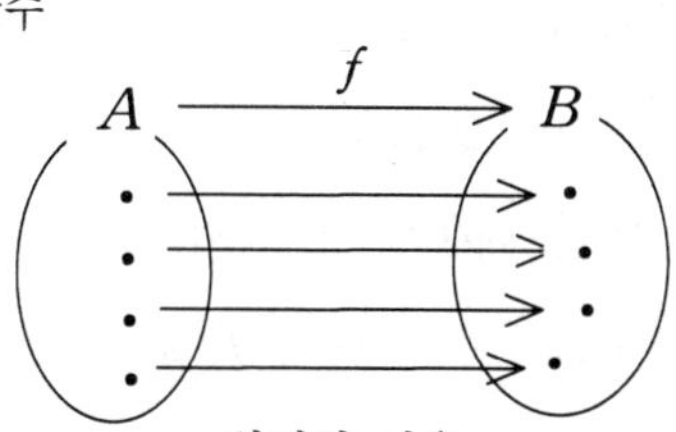

일대일 대응

정의 1.3.2 함수 $f : A \longrightarrow B$가 일대일 대응일 때, 각 $b \in B$에 대하여

$$b = f(a)$$

인 원소 $a \in A$가 존재하고 또 이와 같은 원소 a는 단 하나뿐이므로 다음과 같이 함수 $g : B \longrightarrow A$를 정의할 수 있다.

$$g(b) = a \Longleftrightarrow f(a) = b$$

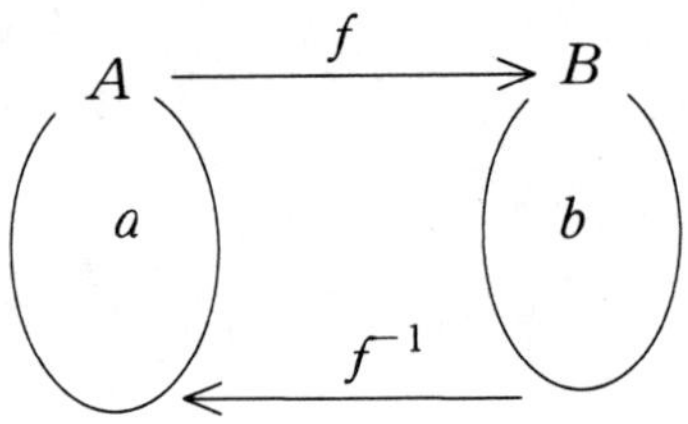

이와 같이 정의된 함수 g를 f의 **역함수**(逆函數, inverse function) 또는 **역사상**(逆寫像, inverse map)이라 하고 g를 f^{-1}로 나타낸다. 즉,

$$f(a) = b \Longleftrightarrow f^{-1}(b) = a \qquad (a \in A,\ b \in B)$$

$$(f^{-1}(f(a)) = a, \quad (f(f^{-1}(b)) = b \qquad (a \in A,\ b \in B)$$

위의 등식은 다음 등식이 성립함을 뜻한다.

$$f^{-1} \circ f = 1_A, \quad f \circ f^{-1} = 1_B, \qquad (f^{-1})^{-1} = f$$

정리 1.3.3 두 함수 $f : A \rightarrow B$, $g : B \rightarrow A$에 대하여

$$g \circ f = 1_A, \qquad f \circ g = 1_B$$

이면, f와 g는 일대일 대응이고 또 $g = f^{-1}$, $f = g^{-1}$이다.

증 명 두 원소 $a_1, a_2 \in A$에 대하여 $f(a_1) = f(a_2)$이라고 가정하면,

$$a_1 = g(f(a_1)) = g(f(a_2)) = a_2$$

이므로 f는 일대일 함수이다.

또, 임의의 원소 $b \in B$에 대하여 $a = g(b)$라고 하면

$$f(a) = f(g(b)) = (f \circ g)(b) = 1_B(b) = b$$

이므로 f는 위로의 함수이다. 따라서 f는 일대일 대응이다.

마찬가지로, g는 일대일 대응이다. 그리고,

$$g(b) = a \Longleftrightarrow f(a) = b$$

이므로 $g = f^{-1}$, $f = g^{-1}$이다(정의 1.3.2 참조).

이제 실수 전체의 집합을 $\mathbb{R}$로 나타내고, 두 실수 a, b에 대하여

$$[a, b] = \{x \in \mathbb{R} \mid a \leq x \leq b\}$$

을 **폐구간**(閉區間, closed interval)이라고 하자.

함수 $f: A \longrightarrow B$에서 $A \subseteq \mathbb{R}$, $B \subseteq \mathbb{R}$일 때, 이 함수를 간단히

$$y = f(x) \qquad (x \in A)$$

으로 나타내고, 또

$$G = \{(x, f(x)) \mid x \in A\}$$

를 함수 f의 **그래프**(graph)라고 한다.

보기 1.3.1 아래 그림은 다음 두 함수의 그래프를 좌표평면 위에 나타낸 것이다.

(1) $f: \mathbb{R} \longrightarrow \mathbb{R}$, $f(x) = \dfrac{1}{3}x^2$

즉, $y = \dfrac{1}{3}x^2$

(2) $g: [-1, 3] \longrightarrow \mathbb{R}$, $g(x) = 2x$

즉, $y = 2x \qquad (-1 \leq x \leq 3)$

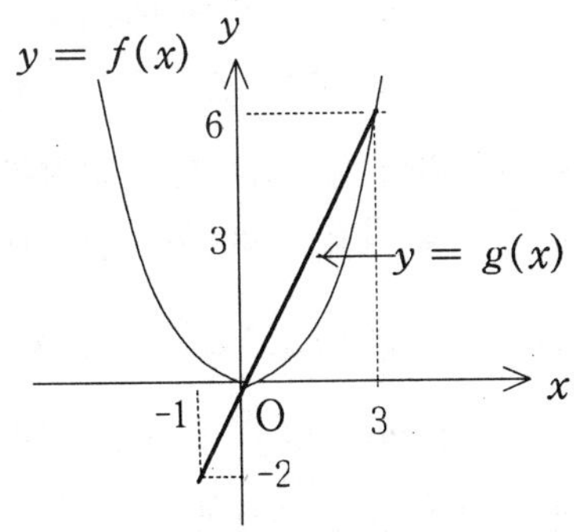

보기 1.3.2 실수 전체의 집합을 $\mathbb{R}$로 나타내고 다음 두 함수를 생각해 보자.

$$f: \mathbb{R} \to \mathbb{R},\ f(x) = x + 1,$$
$$g: \mathbb{R} \to \mathbb{R},\ g(x) = x^2$$

합성함수 $g \circ f: \mathbb{R} \longrightarrow \mathbb{R}$, $f \circ g: \mathbb{R} \longrightarrow \mathbb{R}$는 각각

$$(g \circ f)(x) = g(f(x)) = g(x+1) = (x+1)^2,$$
$$(f \circ g)(x) = f(g(x)) = f(x^2) = x^2 + 1$$

으로 정의된 함수이다. 따라서 예를 들면,

$$(g \circ f)(1) = 2^2 = 4, \quad (f \circ g)(1) = 1 + 1 = 2$$

이므로 $g \circ f \neq f \circ g$이다.

보기 1.3.3 실수 전체의 집합과 양의 실수 전체의 집합을 각각 $\mathbb{R}$, $\mathbb{R}^+$로 나타내고, 1 보다 큰 실수 a에 대하여 f, g를 다음과 같이 정의된 함수라고 하자.

$$f : \mathbb{R} \longrightarrow \mathbb{R}^+,\ f(x) = a^x$$
$$g : \mathbb{R}^+ \longrightarrow \mathbb{R},\ g(x) = \log_a x$$

이 때, $g = f^{-1}$, $f = g^{-1}$이다. 즉,

$$y = a^x \Longleftrightarrow x = \log_a y \qquad (x \in \mathbb{R}, y \in \mathbb{R}^+)$$
$$y = \log_a x \Longleftrightarrow x = a^y \qquad (x \in \mathbb{R}, y \in \mathbb{R}^+)$$
$$a^0 = 1 \Longleftrightarrow \log_a 1 = 0,$$
$$a^1 = a \Longleftrightarrow \log_a a = 1$$

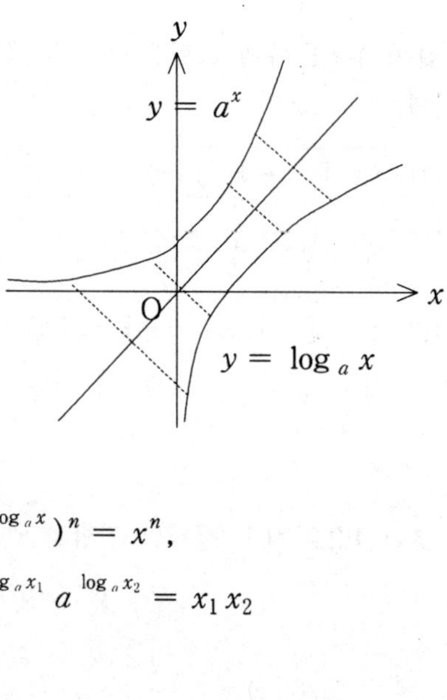

그리고, $g \circ f$와 $f \circ g$는 각각 $\mathbb{R}$, $\mathbb{R}^+$ 위의 항등함수이므로 양의 실수 x에 대하여 다음이 성립한다.

$$\log_a a^x = x,\quad a^{\log_a x} = x$$

그런데, 양의 실수 x, x_1, x_2와 양의 정수 n에 대하여

$$a^{n \log x} = (a^{\log_a x})^n = x^n,$$
$$a^{\log_a x_1 + \log_a x_2} = a^{\log_a x_1} a^{\log_a x_2} = x_1 x_2$$

이므로 다음이 성립한다.

$$\log_a x^n = n \log_a x, \quad \log_a x_1 x_2 = \log_a x_1 + \log_a x_2$$

그리고, 1 보다 큰 두 실수 a, b에 대하여

$$\log_a x = \log_a b \log_b x$$

이고, 또 Euler 상수 e ($\fallingdotseq 2.718$)에 대하여 $\ln x = \log_e x$으로 정한다.

제 2 장

정 수

이 장에서는, 정수의 성질과 素數에 대하여 간단히 논한다.

실제로, 정수의 나눗셈 알고리즘, 약수와 배수, 최대공약수와 최소공배수, 유클리드 알고리즘, 素數, 정수의 소인수분해와 Mersenne 素數와 Fermat 素數에 대하여 간단히 논하고 또 정수를 나타내는 몇 가지 방법에 대하여 논한다.

정수의 성질에 대하여 좀더 알고 싶을 때에는 다음 책을 참조하기 바란다.

박승안 · 김응태, 정수론 제 9 판, 경문사, 2019 년

§ 2.1 약수와 배수

이 절에서는, 정수 전체의 집합 $\mathbb{Z}$ 에 대하여 논하기로 한다.

정수의 정렬성(정리 1.2.2) 을 이용하여 다음 정리를 증명할 수 있다.

정리 2.1.1 (나눗셈 알고리즘, division algorithm) 두 정수 $a, b\ (b \neq 0)$ 에 대하여

$$a = bq + r, \qquad 0 \leq r < |b|$$

인 두 정수 q, r 가 존재하고 이와 같은 정수 q, r 는 각각 하나뿐이다.

이와 같은 두 정수 q, r 을 각각 a 를 b 로 나누었을 때의 **몫**(quotient), **나머지**(remainder) 라고 한다.

보기 2.1.1 $a = 43,\ b = 8$ 일 때, 다음이 성립한다.

$$\begin{aligned} a &= 43 = b \cdot 5 + 3, & q &= 5, & r &= 3 \\ -a &= -43 = b \cdot (-6) + 5, & q &= -6, & r &= 5 \\ a &= 43 = (-b) \cdot (-5) + 3, & q &= -5, & r &= 3 \\ -a &= -43 = (-b) \cdot 6 + 5, & q &= 6, & r &= 5 \end{aligned}$$

임의의 정수 a 는 양의 정수 m 에 대하여

$$a = mk + r \qquad (k \in \mathbb{Z},\ 0 \leq r < m)$$

와 같은 꼴로 나타내어지고 따라서 정수 a 를 m 으로 나누었을 때의 나머지는 $0, 1, \cdots, m-1$ 중의 하나이다. 임의의 정수 a 는 $2k$ 또는 $2k+1$의 꼴로 나타낼 수 있다. 여기서, $2k$ 의 꼴인 정수를 **짝수**(even number)라 하고 $2k+1$ 의 꼴인 정수를 **홀수**(odd number)라고 한다.

예를 들면, $\cdots, -8, -6, -4, -2, 0, 2, 4, 6, 8, 10, \cdots$ 는 짝수이고 $\cdots, -5, -3, -1, 1, 3, 5, 7, 9, \cdots$ 는 홀수이다.

마찬가지로, 임의의 정수는 $3k$, $3k+1$ 또는 $3k+2$ 의 꼴로 나타낼 수 있다.

정의 2.1.2 두 정수 a, b에 대하여

$$b = ac$$

인 정수 c가 존재할 때, a를 b의 **약수**(約數, divisor) 또는 **인수**(因數, factor)라 하고 b를 a의 **배수**(倍數, multiple)라고 한다. 그리고, 이 사실을

$$a \mid b$$

로 나타내고 'a는 b를 나누어 떨어뜨린다'고 말한다.

그리고, $a|b$가 아닌 경우에 이 사실을 $a \nmid b$로 나타낸다.

보기 2.1.2 정수 6과 -6의 약수 전체의 집합은 $\{\pm 1, \pm 2, \pm 3, \pm 6\}$이고, 또 6과 -6의 배수 전체의 집합은 $\{0, \pm 6, \pm 12, \pm 24, \cdots\}$이다.

정리 2.1.3 정수 a, b, c, d에 대하여 다음이 성립한다.

(1) $1 \mid a$ 이고, 또 $a \mid 1$ 이면 $a = \pm 1$ 이다.

(2) $a \mid 0$ 이고, 또 $0 \mid a$ 이면 $a = 0$ 이다.

(3) $a \mid a$

(4) $a \mid b$, $b \mid a$ 이면, $a = \pm b$ 이다.

(5) $a \mid b$, $b \mid c$ 이면, $a \mid c$ 이다.

(6) $d \mid a$, $d \mid b$ 이면, 임의의 두 정수 x, y에 대하여 $d \mid (ax + by)$ 이고 특히, $d \mid (a+b)$, $d \mid (a-b)$ 이다.

증 명 (1) 분명히 $a = a \cdot 1$ 이므로 $1 \mid a$ 이다.

또, $a \mid 1$ 이면 적당한 정수 s에 대하여 $1 = as$ 이므로 $a = \pm 1$ 이다.

(2) 분명히 $0 = a \cdot 0$ 이므로 $a|0$ 이다.

또, $0 \mid a$ 이면, 적당한 정수 s에 대하여 $a = 0 \cdot s$ 이므로 $a = 0$ 이다.

(3) 분명히 $a = a \cdot 1$ 이므로 $a|a$ 이다.

(4) $a \mid b$, $b \mid a$ 이면, 적당한 정수 s, t에 대하여 $b = as$, $a = bt$ 이므로 $b = b(st)$ 이다. 그런데, $b = 0$ 이면, $a = 0 = \pm b$ 이다.

한편, $b \neq 0$ 이면, $st = 1$ 이므로 $s = \pm 1$ 이고 따라서 $a = \pm b$ 이다.

(5) $a \mid b$, $b \mid c$ 이면, 적당한 두 정수 s, t에 대하여 $b = as$, $c = bt$

이고 이때 $c = a(st)$ 이므로 $a|c$ 이다.

(6) $d|a$, $d|b$ 이면, 적당한 두 정수 s, t 에 대하여 $a = ds$, $b = dt$ 이고 이때

$$ax + by = d(sx + ty)$$

이므로 $d|(ax + by)$ 이다.

정리 2.1.4 정수 a, b, c, d 에 대하여 다음이 성립한다.

(1) $a|b$ 이면, $a|(-b)$, $(-a)|b$, $(-a)|(-b)$ 이다.

(2) $a|b$, $b \neq 0$ 이면, $1 \leq |a| \leq |b|$ 이다.

(3) $a|b$, $c|d$ 이면, $ac|bd$ 이다.

(4) $a|b$ 이면, $a|bc$, $ac|bc$ 이다.

(5) $ac|bc$, $c \neq 0$ 이면, $a|b$ 이다.

(6) $a|b$ 이면, 모든 양의 정수 n 에 대하여 $a^n|b^n$ 이다.

증 명 (1) $a|b$ 이면, 적당한 정수 s 에 대하여 $b = as$ 이고 이때

$$-b = a(-s), \quad b = (-a)(-s), \quad -b = (-a)s$$

이므로 $a|(-b)$, $(-a)|b$, $(-a)|(-b)$ 이다.

(2) 이제 $a|b$, $b \neq 0$ 이면, 적당한 정수 s 에 대하여 $b = as$ 이므로 $a \neq 0$, $s \neq 0$ 이고 따라서

$$|b| = |a||s|, \ |a| \geq 1, \ |s| \geq 1$$

이므로 $1 \leq |a| \leq |b|$ 이다.

(3) $a|b$, $c|d$ 이면, 적당한 두 정수 s, t 에 대하여 $b = as$, $d = ct$ 이고 따라서 $bd = (ac)st$ 이므로 $ac|bd$ 이다.

(4) 분명히 $1|c$, $c|c$ 이므로 (3) 에 의하여 (4) 가 성립한다.

(5) $ac|bc$, $c \neq 0$ 이면, 적당한 정수 s 에 대하여 $bc = asc$, $c \neq 0$ 이므로 $b = as$ 이고 따라서 $a|b$ 이다.

(6) $a|b$ 이면, 적당한 정수 s 에 대하여 $b = as$ 이고 이때 모든 양의 정수 n 에 대하여 $b^n = a^n s^n$ 이므로 $a^n|b^n$ 이다.

정의 2.1.5 실수 x 보다 작거나 같은 정수 중에서 가장 큰 정수를 $[x]$ 또는 $\lfloor x \rfloor$ 로 나타내고 $x-[x]$ 를 $\{\{x\}\}$ 로 나타낸다. 즉,

$$x = [x] + \{\{x\}\}, \qquad [x] \in \mathbb{Z}, \quad 0 \le \{\{x\}\} < 1$$

여기서, $[x]$ 를 x 의 **정수부분**(整數部分, integral part) 또는 **최저한도**(最低限度, floor)라 하고 $\{\{x\}\}$ 를 x 의 **소수부분**(小數部分, decimal part)이라고 한다. 또 x 보다 크거나 같은 정수 중에서 가장 작은 정수를 $\lceil x \rceil$ 로 나타내고 이것을 x 의 **최고한도**(最高限度, ceiling)라고 한다.

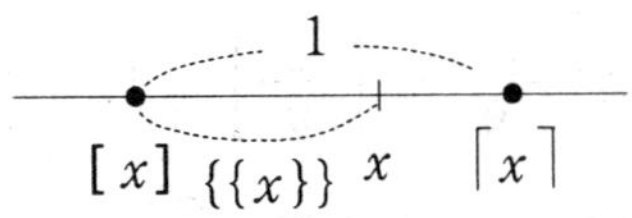

(x 가 정수가 아닌 경우)

정의에 의하여 다음 정리가 성립함을 쉽게 알 수 있다.

정리 2.1.6 실수 x 에 대하여 $[x]$ 와 $\lceil x \rceil$ 는 정수이고 다음이 성립한다.

(1) $x = [x] + \{\{x\}\}, \quad [x] \le x < [x]+1, \quad 0 \le \{\{x\}\} < 1$

(2) $\lceil x \rceil - 1 < x \le \lceil x \rceil$

(3) 실수 x 가 정수이면 $[x] = x = \lceil x \rceil$ 이고, x 가 정수가 아닌 실수이면 $[x] < x < \lceil x \rceil = [x]+1$ 이다.

보기 2.1.3 다음이 성립한다.

$$1.6 = [1.6] = 1, \quad [-1.6] = -2, \quad \lceil -1.6 \rceil = -1$$
$$[7] = \lceil 7 \rceil = 7, \quad \lceil 1.6 \rceil = 2$$

오른쪽 그림에서 실선과 점선은 두 함수

$f : \mathbb{R} \longrightarrow \mathbb{R}, \ f(x) = [x]$

$g : \mathbb{R} \longrightarrow \mathbb{R}, \ g(x) = \lceil x \rceil$

의 그래프를 나타내며, f 를 **최대 정수 함수**(最大整數函數, greatest integer function) 또는 **Gauss 함수**라고 한다.

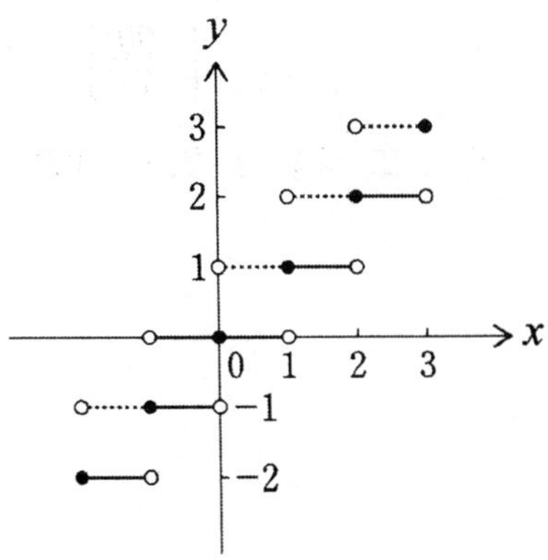

정리 2.1.7 정수 a를 양의 정수 m으로 나누었을 때의 몫과 나머지를 각각 q, r라고 할 때, 즉

$$a = qm + r, \quad 0 \leq r < m$$

이라고 할 때, 다음이 성립한다.

(1) $\left[\dfrac{a}{m}\right] = q$

(2) $\dfrac{a}{m} < \left[\dfrac{a}{m}\right] + 1, \quad \left\lceil\dfrac{a}{m}\right\rceil - 1 < \dfrac{a}{m}$

(3) $r = 0$ 이면 $\dfrac{a}{m} = q$ 이고, 또 $r \neq 0$ 이면 $\left\lceil\dfrac{n}{m}\right\rceil = q + 1$ 이다.

(4) $a \geq m$일 때, 정수 $1, 2, \cdots, a$ 중에서 m의 배수인 것은 q개 있다.

증 명 (1), (2), (3) 가정에 의하여

$$\frac{a}{m} = q + \frac{r}{m}, \quad 0 \leq \frac{r}{m} < 1$$

이므로 정의와 정리 2.1.6에 의하여 (1), (2), (3)이 성립한다.

(4) 분명히 $qm \leq a < (q+1)m$ 이므로 $1, 2, \cdots, a$ 중에서 m의 배수인 것은 q개의 정수 $m, 2m, \cdots, qm$ 뿐이다.

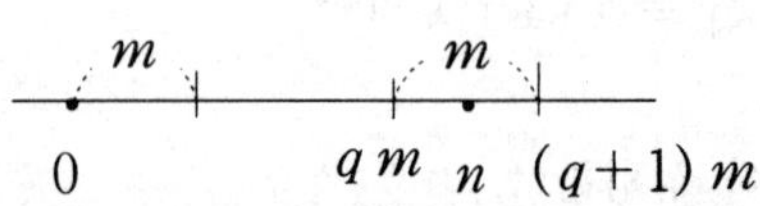

보기 2.1.4 분명히 $100 = 14 \cdot 7 + 2$ 이므로

$$\left[\frac{100}{7}\right] = 14, \quad \left\lceil\frac{100}{7}\right\rceil = 14 + 1 = 15$$

이고, 또 정수 $1, 2, \cdots, 100$ 중에서 7의 배수인 것은 14개 있다.

연 습 문 제 (2.1)

1. 정수 a, b, c 에 대하여 다음이 성립하는지를 판정하여라.
   (1) $a \mid bc$ 이면, $a \mid b$ 또는 $a \mid c$ 이다.
   (2) $a \mid c,\ b \mid c$ 이면, $(a+b) \mid c$ 이다.
   (3) $a \mid c,\ b \mid c$ 이면, $ab \mid c$ 이다.

2. 모든 정수 a 에 대하여 $a^3 - a$ 는 3 의 배수임을 증명하여라.

3. 임의의 정수의 제곱은 $3k$ 또는 $3k+1$ 의 꼴임을 밝혀라.

4. 정수 $a_1, a_2, \cdots, a_n, b_1, b_2, \cdots, b_n$ 에 대하여 $a_1 \mid b_1,\ a_2 \mid b_2,\ \cdots,\ a_n \mid b_n$ 이면, $a_1 a_2 \cdots a_n \mid b_1 b_2 \cdots b_n$ 임을 증명하여라.

5. 정수 $a_1, \cdots, a_n, d$ 에 대하여 $d \mid a_1,\ \cdots,\ d \mid a_n$ 일 때, 모든 정수 $x_1,\ \cdots,\ x_n$ 에 대하여 $d \mid (a_1 x_1 + \cdots + a_n x_n)$ 임을 증명하여라.

6. 실수 x 와 두 양의 정수 a, b 에 대하여 다음이 성립한다.
   (1) $\left[\dfrac{x}{a}\right] = \left[\dfrac{[x]}{a}\right]$
   (2) $\left[\dfrac{x}{ab}\right] = \left[\dfrac{\left[\frac{x}{b}\right]}{a}\right]$, $\left[\dfrac{x}{a^2}\right] = \left[\dfrac{\left[\frac{x}{a}\right]}{a}\right]$

7. 문제 6 의 결과를 이용하여 다음을 구하여라.
   (1) $\left[\dfrac{100}{2}\right]$, $\left[\dfrac{100}{4}\right]$, $\left[\dfrac{100}{12}\right]$
   (2) $\left[\dfrac{100}{3}\right]$, $\left[\dfrac{100}{6}\right]$, $\left[\dfrac{100}{3^2}\right]$, $\left[\dfrac{100}{3^3}\right]$

§2.2 최대공약수와 최소공배수

이 절에서는, 정수 전체의 집합 $\mathbb{Z}$ 안에서 생각한다.

정의 2.2.1 두 정수 a, b에 대하여

$$e \mid a, \quad e \mid b$$

인 정수 e를 a와 b의 **공약수**(公約數, common divisor)라고 한다. 또, 다음 세 조건을 만족시키는 정수 d를 a와 b의 **최대공약수**(最大公約數, greatest common divisor)라 하고 $\gcd(a, b)$ 또는 (a, b)로 나타낸다.

(i) $d \geq 0$

(ii) $d \mid a, \ d \mid b$

(iii) 정수 e에 대하여 $e \mid a, \ e \mid b$이면, $e \mid d$이다.

정의 2.2.2 두 정수 a, b에 대하여

$$a \mid c, \quad b \mid c$$

인 정수 c를 a와 b의 **공배수**(公倍數, common multiple)라고 한다. 또, 다음 세 조건을 만족시키는 정수 l을 a와 b의 **최소공배수**(最小公倍數, least common multiple)라 하고 $\operatorname{lcm}(a, b)$ 또는 $[a, b]$로 나타낸다.

(i)' $l \geq 0$

(ii)' $a \mid l, \ B \mid l$

(iii)' 정수 c에 대하여 $a \mid c, \ b \mid c$이면 $l \mid c$이다.

정의에 의하여 다음이 성립한다(정리 2.1.3, 정리 2.1.4 참조).

$$\gcd(a, b) = \gcd(b, a), \quad \operatorname{lcm}(a, b) = \operatorname{lcm}(b, a),$$

$$\gcd(a, b) = \gcd(a, -b) = \gcd(-a, b) = \gcd(-a, -b),$$

$$\operatorname{lcm}(a, b) = \operatorname{lcm}(a, -b) = \operatorname{lcm}(-a, b) = \operatorname{lcm}(-a, -b),$$

$$\gcd(a, 0) = |a|, \quad \operatorname{lcm}(a, 0) = 0$$

따라서 두 정수의 최대공약수와 최소공배수를 논할 때에는 두 양의 정수에 대해서만 생각하여도 좋다.

정리 2.2.3 네 정수 a, b, c, k 사이에 등식 $a = kb + c$가 성립할 때, 다음이 성립한다.

$$\gcd(a, b) = \gcd(c, b) \quad \text{즉} \quad \gcd(kb + c, b) = \gcd(c, b)$$

증 명 이제 $a = kb + c$, $d = \gcd(a, b)$, $e = \gcd(b, c)$ 이라고 하자. 이 때, $d \mid a$, $d \mid b$ 이므로 정리 2.1.3에 의하여 $d \mid c$, $d \mid b$ 이고 따라서 $d \mid e$ 이다. 마찬가지로, $e \mid c$, $e \mid b$ 이므로 $e \mid a$, $e \mid b$ 이고 따라서 $e \mid d$ 이다.
그런데, $d \geq 0$, $e \geq 0$ 이므로 이 결과는 $d = e$ 임을 뜻한다.

보기 2.2.1 두 정수 20, 14에 대하여 다음이 성립한다.

$$\gcd(20, 14) = \gcd(6, 14) = \gcd(6, 8) = \gcd(6, 2) = 2$$

정리 2.2.4 (유클리드의 알고리즘, Euclidean algorithm) 두 양의 정수 a, b에 대하여 $r_0 = a$, $r_1 = b$라 하고 또 다음이 성립한다고 하자.

$$\begin{array}{ll} r_0 = a_0 r_1 + r_2, & 0 < r_2 < r_1 \\ r_1 = a_1 r_2 + r_3, & 0 < r_3 < r_2 \\ r_2 = a_2 r_3 + r_4, & 0 < r_4 < r_3 \\ \vdots & \vdots \\ r_{m-1} = a_{m-1} r_m + r_{m+1}, & 0 < r_{m+1} < r_m \\ r_m = a_m r_{m+1} & \end{array}$$

$$\begin{array}{r|cc|l} a_0 & r_0 & r_1 & a_1 \\ & \underline{a_0 r_1} & \underline{a_1 r_2} & \\ & \vdots & \vdots & \\ a_{m-1} & r_{m-1} & r_m & a_m \\ & \underline{a_{m-1} r_m} & \underline{a_m r_{m+1}} & \\ & r_{m+1} & 0 & \end{array}$$

이 때, $\gcd(a, b) = r_{m+1}$ 이다.

그리고,

$$\begin{array}{lll} s_0 = 1,\ s_0 = 0, & s_i = s_{i-2} - a_{i-2} s_{i-1} & \\ t_0 = 0,\ t_1 = 1, & t_i = t_{i-2} - a_{i-2} t_{i-1} & (2 \leq i \leq m+1) \end{array}$$

이라고 하면,

$$r_i = a s_i + b t_i \quad (0 \leq i \leq m+1)$$

a_i	a_0	a_1	a_2	$\cdots$	a_{m-1}		
s_i	1	0	s_2	$\cdots$	s_{m-1}	s_m	s_{m+1}
t_i	0	1	t_2	$\cdots$	t_{m-1}	t_m	t_{m+1}

이고 특히 다음이 성립한다.

$$\gcd(a, b) = a s_{m+1} + b t_{m+1}$$

증 명 나눗셈 알고리즘(정리 2.1.1) 에 의하여 정리의 정수 $a_0, a_1, \cdots, a_m$ 과 $r_2, r_3, \cdots, r_{m+1}$ 이 존재하고, 또 정리 2.2.3 에 의하여 다음이 성립한다.

$$\begin{aligned} \gcd(a, b) &= \gcd(b, r_2) = \gcd(r_2, r_3) \\ &= \cdots = \gcd(r_m, r_{m+1}) = r_{m+1} \end{aligned}$$

그리고, $i = 0$, $i = 1$ 인 경우에 다음 등식이 성립한다.

$$r_0 = a = 1 \cdot a + 0 \cdot b = a s_0 + b t_0,$$

$$r_1 = b = 0 \cdot a + 1 \cdot b = a s_1 + b t_1$$

이제 $1 \leq k \leq m$ 일 때,

$$r_i = a s_i + b t_i \qquad (i = 0, 1, \cdots, k)$$

라고 가정하면 다음이 성립한다.

$$\begin{aligned} r_{k+1} &= r_{k-1} - a_{k-1} r_k \\ &= a s_{k-1} + b t_{k-1} - a_{k-1}(a s_k + b t_k) \\ &= a(s_{k-1} - a_{k-1} s_k) + b(t_{k-1} - a_{k-1} t_k) \\ &= a s_{k+1} + b s_{k+1} \end{aligned}$$

따라서 수학적 귀납법에 의하여 다음이 성립한다(정리 1.2.3 참조).

$$r_i = a s_i + b t_i \qquad (i = 0, 1, \cdots, m+1)$$

보기 2.2.2 두 정수 710, 68 에 대하여 다음이 성립한다.

10	710	68	2
	680	60	
3	30	8	1
	24	6	
3	6	2	
	6		
	0		

a_i	10	2	3	1		
s_i	1	0	1	-2	7	-9
t_i	0	1	-10	21	-73	94

$$\gcd(710, 68) = 2,$$

$$710 \cdot (-9) + 68 \cdot 94 = 2$$

따라서 다음이 성립한다.

$$\gcd(710, -68) = \gcd(-710, 68) = \gcd(710, 68) = 2,$$

$$710 \cdot (-9) + (-68) \cdot (-94) = 2, \quad (-710) \cdot 9 + 68 \cdot 94 = 2$$

보기 2.2.3 두 정수 73, 14 의 최대공약수를 구할 때, 아래와 같이 이 두 정수를 크기순으로 놓으면 계산이 번거롭다.

0	14	73	5
	0	70	
4	14	3	1
	12	2	
2	2	1	
	2		
	0		

a_i	0	5	4	1		
s_i	1	0	1	-5	21	-26
t_i	0	1	0	1	-4	5

$$\gcd(14, 73) = 1,$$
$$14 \cdot (-26) + 73 \cdot 5 = 1$$
$$14 \cdot (-26 + 73k) + 73 \cdot (5 - 14k) = 1$$
(k는 임의의 정수)

정의 2.2.5 두 정수 a, b의 최대공약수가 1 일 때, 즉 $\gcd(a, b) = 1$ 일 때, a와 b는 **서로 소**(relatively prime)라고 한다.

정리 2.2.6 두 정수 a, b에 대하여 다음 두 조건은 서로 동치이다.

(1) $\gcd(a, b) = 1$ 즉, a와 b는 서로 소이다.

(2) $as + bt = 1$ 인 두 정수 s, t가 존재한다.

증 명 정리 2.2.4 에 의하여 $\gcd(a, b) = 1$ 이면, (2) 가 성립한다.

역으로, $as + bt = 1$ 인 정수 s, t가 존재할 때, $d = \gcd(a, b)$ 라고 하면 $d \mid as$, $d \mid bt$ 이므로 $d \mid 1$ 이고 따라서 $d = 1$ 이다(정리 2.1.4).

따름정리 2.2.7 두 정수 a, b에 대하여 $d = \gcd(a, b) \geq 1$ 이라고 할 때, $\frac{a}{d}$ 와 $\frac{b}{d}$ 는 정수이고 또 $\gcd\left(\frac{a}{d}, \frac{b}{d}\right) = 1$ 이다.

증 명 정리 2.2.4 에 의하여 $d = as + bt$인 정수 s, t가 존재한다. 이 때, $d \mid a$, $d \mid b$, $d \geq 1$ 이므로 $\frac{a}{d}, \frac{b}{d}$ 는 정수이고 또 다음이 성립한다.

$$\frac{a}{d} s + \frac{b}{d} t = 1$$

따라서 정리 2.2.6 에 의하여 $\gcd\left(\frac{a}{d}, \frac{b}{d}\right) = 1$ 이다.

정리 2.2.8 정수 a, b, m 에 대하여 다음이 성립한다.

$$\gcd(ab, m) = 1 \iff \gcd(a, m) = \gcd(b, m) = 1$$

증 명 먼저 $\gcd(ab, m) = 1$ 이면, $(ab)s + mt = 1$ 인 두 정수 s, t 가 존재하고 이때

$$a(bs) + mt = 1, \quad b(as) + mt = 1$$

이므로 $\gcd(a, m) = \gcd(b, m) = 1$ 이다(정리 2.2.6).

역으로, $\gcd(a, m) = \gcd(b, m) = 1$ 이면, 적당한 정수 s, t, u, v 에 대하여 $as + mt = 1$, $bu + mv = 1$ 이고(정리 2.2.6) 이때

$$(as + mt)(bu + mv) = 1$$

즉, $$ab(su) + m(asv + but + mtv) = 1$$

이므로 $\gcd(ab, m) = 1$ 이다(정리 2.2.6).

위의 정리에 의하여 다음 따름정리가 성립힌다.

따름정리 2.2.9 정수 $a, b, a_1, \cdots, a_n$ $(n \geq 2)$ 과 양의 정수 m, n 에 대하여 다음이 성립한다.

(1) $\gcd(a, b) = 1 \iff \gcd(a^n, b) = 1 \iff \gcd(a, b^n) = 1$

(2) $\gcd(a, b) = 1 \iff \gcd(a^m, b^n) = 1$

(3) $\gcd(a_1 \cdots a_n, b) = 1 \iff \gcd(a_1, b) = \cdots = \gcd(a_n, b) = 1$

정리 2.2.10 세 정수 a, b, c 에 대하여 다음이 성립한다.

(1) $\gcd(a, b) = 1$ 일 때, $a \mid bc$ 이면 $a \mid c$ 이다.

(2) $\gcd(a, b) = 1$ 일 때, $a \mid c,\ b \mid c \iff ab \mid c$ 이다.

증 명 (1) 이제 $\gcd(a, b) = 1$ 이라고 하자. 이 때, 정리 2.2.6 에 의하여 적당한 정수 s, t 에 대하여 $as + bt = 1$ 이고 따라서

$$a(cs) + (bc)t = c$$

이므로, $a \mid bc$ 이면 $a \mid c$ 이다.

(2) 먼저 gcd $(a, b) = 1$ 이라고 하자. 이 때, 정리 2.2.6 에 의하여 적당한 정수 s, t 에 대하여 $as + bt = 1$ 이고 따라서 다음이 성립한다.

$$(ac)s + (bc)t = c$$

그러므로, $a \mid c$, $b \mid c$ 이면, $ab \mid ac$, $ab \mid bc$ 이고 따라서 $ab \mid c$ 이다.

역으로, $ab \mid c$ 이면, $a \mid ab$, $b \mid ab$ 이므로 $a \mid c$, $b \mid c$ 이다.

보기 2.2.4 앞의 정리에서 'gcd $(a, b) = 1$' 은 반드시 필요한 조건이다. 예를 들어, $a = 6$, $b = 3$, $c = 4$ 일 때, $a \mid bc$ 이지만 $a \nmid c$ 이다. 그리고, $a = 4$, $b = 6$, $c = 12$ 일 때, $a \mid c$, $b \mid c$ 이지만 $ab \nmid c$ 이다.

정의 2.2.11 정수 $a_1, \cdots, a_n$ $(n \geq 2)$ 에 대하여

$$\gcd(a_i, a_j) = 1 \qquad (1 \leq i \neq j \leq n)$$

일 때, $a_1, \cdots, a_n$ 은 **쌍마다 서로 소**(mutually relatively prime) 라고 한다.

정리 2.2.12 정수 $a_1, \cdots, a_n$ $(n \geq 2)$ 이 쌍마다 서로 소일 때, 정수 c 에 대하여 다음이 성립한다.

$$a_1 \mid c,\ a_2 \mid c,\ \cdots,\ a_n \mid c \Leftrightarrow a_1 a_2 \cdots a_n \mid c$$

증 명 먼저 정리 2.2.10 에 의하여 $n = 2$ 일 때 정리가 성립한다.
다음에 정수 $n = k \geq 2$ 일 때 정리가 성립한다고 가정하자. 즉,

$$a_1 \mid c,\ \cdots,\ a_k \mid c \Leftrightarrow a_1 \cdots a_k \mid c$$

이 때, $\gcd(a_1, a_{k+1}) = \cdots = \gcd(a_k, a_{k+1}) = 1$ 이므로 따름정리 2.2.9 에 의하여 $\gcd(a_1 \cdots a_k, a_{k+1}) = 1$ 이고, 따라서 정리 2.2.10 에 의하여

$$a_1 \cdots a_k \mid c,\ a_{k+1} \mid c \Leftrightarrow (a_1 \cdots a_k) a_{k+1} \mid c$$

이므로 다음이 성립한다.

$$a_1 \mid c,\ \cdots,\ a_k \mid c,\ a_{k+1} \mid c \Leftrightarrow a_1 \cdots a_k a_{k+1} \mid c$$

그러므로, 수학적 귀납법에 의하여 정리가 성립한다.

연 습 문 제 (2.2)

1. 유클리드의 알고리즘을 이용하여 $\gcd(78, 32)$를 구하고 다음 등식을 만족시키는 정수 s, t와 u, v를 한 벌씩 구하여라.

$$\gcd(78, 32) = 78s + 32t, \quad \gcd(-78, 32) = (-78)u + 32v$$

2. 유클리드의 알고리즘을 이용하여 $\gcd(105, 300)$를 구하고 다음 등식을 만족시키는 정수 s, t와 u, v를 한 벌씩 구하여라.

$$\gcd(105, 300) = 105s + 300t, \quad \gcd(105, -300) = 105u + (-300)v$$

3. 정수 a, b, c에 대하여 $\gcd(a, b) = 1$일 때, $\gcd(a, bc) = \gcd(a, c)$임을 증명하여라.

4. 정수 a, b, c, d에 대하여 $\gcd(a, b) = 1$일 때, 다음이 성립함을 밝혀라.
   (1) $c \mid a,\ d \mid b$이면, $\gcd(c, d) = 1$이다.
   (2) $\gcd(ab, c) = \gcd(a, c)\gcd(b, c)$

5. 두 정수 a, b가 서로 소일 때, 다음이 성립함을 증명하여라.
   (1) $d = \gcd(a+b, a-b)$라고 할 때, a, b가 모두 홀수이면 $d = 2$이고 그 밖의 경우에는 $d = 1$이다.
   (2) $e = \gcd(a+b, a^2+b^2)$이라고 할 때, a, b가 모두 홀수이면 $e = 2$이고 그 밖의 경우에는 $e = 1$이다.

6. 양의 정수 a, b, k에 대하여 다음이 성립한다.
   (1) $\gcd(ka, kb) = k\gcd(a, b)$
   (2) $\operatorname{lcm}(ka, kb) = k\operatorname{lcm}(a, b)$

7. 두 양의 정수 a, b에 대하여 다음이 성립한다.
   (1) $a = b$이면, $\gcd(a, b) = a$이다.
   (2) a, b가 모두 짝수이면, $\gcd(a, b) = 2\gcd\left(\frac{a}{2}, \frac{b}{2}\right)$이다.
   (3) a가 짝수이고 b가 홀수이면, $\gcd(a, b) = \gcd\left(\frac{a}{2}, b\right)$이다.
   (4) a, b가 모두 홀수이고 $a > b$이면, $\gcd(a, b) = \gcd(a-b, b)$이다.

§2.3 素數와 소인수분해

이 절에서는, 특수한 성질을 가진 정수에 대하여 간단히 논한다.

정의 2.3.1 정수 $p\ (\geq 2)$ 의 양의 약수가 1과 p 뿐일 때, p를 **素數** (prime number)라고 한다.

그리고, 정수 $a\ (\geq 2)$ 가 素數가 아닐 때, 즉

$$a = de, \qquad 1 < d \leq e < a$$

인 정수 d, e가 존재할 때, a를 **합성수**(合成數, composite number)라고 한다.

짝수인 素數는 2뿐이고, 다음 홀수는 모두 素數이다.

$$3, 5, 7, 11, 13, 17, 19, 23, 29, 31, 37, 41, 43, 47, \cdots$$

다음 정리가 성립한다(따름정리 2.2.9 참조).

정리 2.3.2 정수 p가 素數일 때, 정수 a와 양의 정수 n, m에 대하여 다음이 성립한다.

(1) $p \mid a \Longleftrightarrow \gcd(a, p) = p, \qquad p \nmid a \Longleftrightarrow \gcd(a, p) = 1$

(2) $\gcd(a, p^n) = 1 \Longleftrightarrow \gcd(a, p) = 1$

(3) $\gcd(a^n, p) = 1 \Longleftrightarrow \gcd(a, p) = 1$

정리 2.3.3 정수 p가 素數일 때, 두 정수 a, b에 대하여 $p \mid ab$이면, $p \mid a$ 또는 $p \mid b$이다.

증 명 素數 p에 대하여 $p \mid ab$일 때, $p \nmid a$이라고 가정하자,
이 때, $\gcd(a, p) = 1$이고 $p \mid ab$이므로 정리 2.2.10에 의하여 $p \mid b$이다.
따라서 $p \mid ab$이면, $p \mid a$ 또는 $p \mid b$이다.

위의 정리에 의하여 다음 따름정리가 성립한다.

따름정리 2.3.4 정수 p가 素數일 때, 다음이 성립한다.

(1) 정수 a와 양의 정수 n에 대하여 $p|a^n$이면, $p|a$이다.

(2) 정수 $a_1, a_2, \cdots, a_n$에 대하여 $p|a_1a_2\cdots a_n$이면, 적당한 $i\ (1\le i\le n)$에 대하여 $p|a_i$이다.

정의 2.3.5 양의 정수 a의 素數인 인수(약수)를 a의 **소인수**(素因數, prime factor) 라고 한다.

정수 $a\ (\ge 2)$에 대하여 a의 소인수가 적어도 하나 존재한다.

정리 2.3.6 양의 정수 n이 합성수이면, n의 소인수 중에는 $p\le[\sqrt{n}]$인 소인수 p가 존재한다.

증 명 양의 징수 n이 합성수이면, $n=de,\ 2\le d\le e<n$인 두 정수 d, e가 존재하며 $2^2\le d^2\le de=n$이므로 $2\le d\le[\sqrt{n}]$이다. 한편, d의 한 소인수를 p라고 하면 $p\le d$이므로 $p\le d\le[\sqrt{n}]$이다.

그런데, $p\,|\,d,\ d\,|\,a$이므로 $p\,|\,a$이고, 따라서 p는 a의 소인수이다.

보기 2.3.1 정수 89가 素數인지를 판정해 보자.

먼저 $9<[\sqrt{89}]<10,\ [\sqrt{89}]=9$이고 9 이하의 素數는 2, 3, 5, 7 뿐이므로 89가 합성수이면 그 소인수를 2, 3, 5, 7 중에서 찾을 수 있다. 한편,

$$89=2\cdot 44+1,\qquad 89=3\cdot 29+2,$$
$$89=5\cdot 17+4,\qquad 89=7\cdot 12+5$$

이므로 2, 3, 5, 7은 89의 소인수가 아니다.

따라서 89는 素數이다.

素數는 공식을 이용하여 구하는 것이 아니라, 일종의 체(sieve)로 걸러낸다. 이러한 체 중에서 널리 알려진 체는 고대 그리스의 수학자 에라토스테네스(Eratosthenes)가 고안해낸 것으로 정리 2.3.6에 그 근거를 두고 있다.

보기 2.3.2 정수 50 보다 작은 素數를 모두 구해 보자. 먼저

$$7^2 < 50 < 8^2, \qquad [\sqrt{50}\,] = 7$$

이므로 $\sqrt{50}$ 이하인 素數는 2, 3, 5, 7 뿐이다.

따라서 50 이하인 합성수의 소인수는 2, 3, 5, 7 중에 있다.

	2	3	~~4~~	5	~~6~~	7	~~8~~	~~9~~	~~10~~
11	~~12~~	13	~~14~~	~~15~~	~~16~~	17	~~18~~	19	~~20~~
~~21~~	~~22~~	23	~~24~~	~~25~~	~~26~~	~~27~~	~~28~~	29	~~30~~
31	~~32~~	~~33~~	~~34~~	~~35~~	~~36~~	37	~~38~~	~~39~~	~~40~~
41	~~42~~	43	~~44~~	~~45~~	~~46~~	47	~~48~~	~~49~~	~~50~~

한편, 위의 표에서와 같이 2, 3, 4, …, 50 중에서 2, 3, 5, 7 의 배수인 정수를 차례로 지워나가면, 50 이하인 素數는 다음과 같다.

$$2,\ 3,\ 5,\ 7,\ 11,\ 13,\ 17,\ 19,\ 23,\ 29,\ 31,\ 37,\ 41,\ 43,\ 47$$

마찬가지 방법으로, 120 이하인 素數 전체는 다음과 같음을 알 수 있다.

$$2,\ 3,\ 5,\ 7,\ 11,\ 13,\ 17,\ 19,\ 23,\ 29,\ 31,\ 37,\ 41,\ 43,\ 47,\ 53,$$
$$59,\ 61,\ 67,\ 71,\ 73,\ 79,\ 83,\ 89,\ 97,\ 101,\ 103,\ 107,\ 109,\ 113$$

정의 2.3.7 양의 정수 n 에 대하여

$$n\,! = 1 \cdot 2 \cdot \cdots (n-1) \cdot n$$

을 n 의 **계승**(階乘, factorial) 이라고 한다.

보기 2.3.3 양의 정수 n 에 대하여 $a_n = n\,! - 1$ 이라고 할 때, 정수

$$a_3 = 3\,! - 1 = 5, \qquad a_4 = 4\,! - 1 = 23,$$
$$a_6 = 6\,! - 1 = 719, \qquad a_7 = 7\,! - 1 = 5039$$

은 모두 素數이지만 다음 두 정수는 모두 素數가 아니다.

$$a_5 = 5\,! - 1 = 119 = 7 \cdot 17,$$
$$a_8 = 8\,! - 1 = 40319 = 23 \cdot 1753$$

정리 2.3.8 (유클리드의 정리) 素數는 무한히 많다.

증 명 유한 개의 素數 $p_1, p_2, \cdots, p_n$ 만이 존재한다고 가정하자. 이 때,

$$N = p_1 p_2 \cdots p_n + 1$$

이라고 하면, $N \geq 2$ 이므로 N의 소인수 p가 존재한다. 한편, 가정에 의하여 p는 $p_1, p_2, \cdots, p_n$ 중의 어느 하나와 같으므로 $p \mid N$, $p \mid p_1 p_2 \cdots p_n$ 이고 따라서 $p \mid (N - p_1 p_2 \cdots p_n)$ 즉 $p \mid 1$ 로 되어 모순이 생긴다.

그러므로, 素數는 무한히 많다.

보기 2.3.4 素數 중에 $4k+1$ 의 꼴인 素數는 무한히 많고, 또 $4k+3$ 의 꼴인 素數도 무한히 많다. 다음은 모두 $4k+1$ 의 꼴인 素數이다.

5, 13, 17, 29, 37, 41, 53, 61, 73, 89, 97, 101, 109, 113

그리고, 다음은 모두 $4k+3$ 의 꼴인 素數이다.

3, 7, 11, 19, 23, 31, 43, 47, 59, 67, 71, 79, 83, 103, 107

다음 정리의 증명은 생략하기로 한다.

정리 2.3.9 (유일 인수분해 정리(唯一 因數分解 定理, Unique Factorization Theorem)) 정수 n (≥ 2) 은 유한 개의 素數 $p_1, \cdots, p_k$ 의 곱

$$n = p_1 \cdots p_k$$

로 **소인수분해**(素因數分解, prime factorization)된다.

그리고, n (≥ 2) 의 소인수분해는 본질적으로 단 한 가지뿐이다. 다시 말하면, $n = p_1 \cdots p_s$, $n = q_1 \cdots q_t$ 가 n 의 소인수분해이면, $s = t$ 이고 n 의 소인수 $p_1, \cdots, p_s$ 와 $q_1, \cdots, q_t$ 는 그 순서만이 다르다.

양의 정수 n 이 서로 다른 소인수 $p_1, p_2, \cdots, p_r$ $(p_1 < p_2 < \cdots < p_r)$ 를 가질 때, n 은 다음과 같은 꼴로 나타내어진다.

$$n = p_1^{e_1} p_2^{e_2} \cdots p_r^{e_r} \qquad (e_1 \geq 1,\ e_2 \geq 1,\ \cdots,\ e_r \geq 1)$$

이와 같이 나타낸 것을 n 의 **표준분해**(標準分解, standard factored form)라고 한다([해설203] 참조).

보기 2.3.5 양의 정수 360 의 표준분해는 $360 = 2^3 \cdot 3^2 \cdot 5$ 이다.

보기 2.3.6 표준분해 $720 = 2^4 \cdot 3^2 \cdot 5$, $4725 = 3^3 \cdot 5^2 \cdot 7$ 에 나타나 있는 소인수를 이용하여 이들 두 정수를 다음과 같이 나타낼 수 있다.

$$720 = 2^4 \cdot 3^2 \cdot 5^1 \cdot 7^0,$$
$$4725 = 2^0 \cdot 3^3 \cdot 5^2 \cdot 7^1$$

두 정수의 소인수 2, 3, 5, 7 의 지수 4 와 0, 2 와 3, 1 과 2, 0 과 1 중에서 가장 작은 수와 가장 큰 수는 각각 0, 2, 1, 0 과 4, 3, 2, 1 이다.
따라서 720 과 4725 의 공약수와 공배수는 각각

$$2^0 \cdot 3^r \cdot 5^s \cdot 7^0 \qquad (0 \le r \le 2,\ 0 \le s \le 1)$$
$$2^{4+t} \cdot 3^{3+u} \cdot 5^{2+v} \cdot 7^{1+w} \qquad (t \ge 0,\ u \ge 0,\ v \ge 0,\ w \ge 0)$$

와 같은 꼴이므로 720 과 4725 의 공약수는 모두

$$2^0 \cdot 3^2 \cdot 5^1 \cdot 7^0$$

의 약수이고 720 과 4725 의 공배수는 모두

$$2^4 \cdot 3^3 \cdot 5^2 \cdot 7^1$$

의 배수이다. 그러므로, 다음 결과를 얻는다.

$$\gcd(720, 4725) = 2^0 \cdot 3^2 \cdot 5^1 \cdot 7^0 = 45,$$
$$\mathrm{lcm}(720, 4725) = 2^4 \cdot 3^3 \cdot 5^2 \cdot 7^1 = 75600$$

일반적으로, 다음 정리가 성립한다(정의 1.2.9 참조).

정리 2.3.10 양의 정수 a, b 가 서로 다른 素數 $p_1, p_2, \cdots, p_t$ 에 대하여

$$a = p_1^{m_1} p_2^{m_2} \cdots p_t^{m_t}, \quad b = p_1^{n_1} p_2^{n_2} \cdots p_t^{n_t} \quad (m_i \ge 0,\ m_i \ge 0)$$

일 때,

$$r_i = \min\{m_i, n_i\},\ s_i = \max\{m_i, n_i\} \quad (1 \le i \le t)$$

이라고 하면 다음이 성립한다.

(1) $\gcd(a, b) = p_1^{r_1} p_2^{r_2} \cdots p_t^{r_t}$, $\mathrm{lcm}(a, b) = p_1^{s_1} p_2^{s_1} \cdots p_t^{s_t}$

(2) $\gcd(a, b)\,\mathrm{lcm}(a, b) = ab$

증 명 (1) 보기 2.3.6 과 마찬가지 방법으로 (1) 을 증명할 수 있다.

(2) $r_i = \min\{m_i, n_i\}$, $s_i = \max\{m_i, n_i\}$ 이므로

$$r_i + s_i = m_i + n_i \qquad (1 \le i \le t)$$

이고, 따라서 (1) 에 의하여 다음이 성립한다.

$$\gcd(a, b)\,\mathrm{lcm}(a, b) = p_1^{r_1} p_2^{r_2} \cdots p_t^{r_t} p_1^{s_1} p_2^{s_1} \cdots p_t^{s_t}$$

$$= p_1^{r_1+s_1} p_2^{r_2+s_2} \cdots p_t^{r_t+s_t} = p_1^{m_1+n_1} p_2^{m_2+n_2} \cdots p_t^{m_t+n_t}$$

$$= p_1^{m_1} p_2^{m_2} \cdots p_t^{m_t} p_1^{n_1} p_2^{n_1} \cdots p_t^{n_t} = ab$$

연 습 문 제 (2.3)

1. 素數 p 에 대하여 다음이 성립함을 증명하여라.

   (1) 적당한 양의 정수 n 에 대하여 $p = n^3 + 1$ 이면, $p = 2$ 이다.

   (2) 적당한 양의 정수 n 에 대하여 $p = n^3 - 1$ 이면, $p = 7$ 이다.

2 보기 2.3.1 과 같은 방법으로 $2^7 - 1 = 127$ 가 素數임을 밝혀라.

3. 수학적 귀납법을 이용하여 다음이 성립함을 증명하여라.

   (1) 모든 양의 정수 n 에 대하여 $n < 2^n$ 이다.

   (2) $n \ge 4$ 인 모든 정수 n 에 대하여 $n! > 2^n$ 이다.

4. 다음 정수의 표준분해를 구하여라.

   (1) 111 (2) 289 (3) 424

5. 정수 $a_n = 2^{2^n} - 1$ $(n \ge 1)$ 은 적어도 n 개의 서로 다른 소인수를 가짐을 수학적 귀납법으로 증명하여라.

6. 정리 2.3.9 를 이용하여 다음을 증명하여라.

   (1) $(\frac{3}{2})^a = 2^b$ 을 만족시키는 양의 정수 a, b 는 존재하지 않는다.

   (2) 등식 $a^2 = 2b^2$ 을 만족시키는 양의 정수 a, b 는 존재하지 않는다.

§2.4 Fermat 素數와 Mersenne 素數

일반적으로, 두 실수 x, y 에 대하여 다음 등식이 성립한다.

(1) 정수 n 이 양의 정수일 때,

$$x^n - y^n = (x-y)(x^{n-1} + x^{n-2}y + \cdots + xy^{n-2} + y^{n-1})$$

(2) 정수 k 가 양의 홀수일 때,

$$x^k + y^k = (x+y)(x^{k-1} - x^{k-2}y + \cdots - xy^{k-2} + y^{k-1})$$

정리 2.4.1 양의 정수 m 에 대하여 정수 $2^m + 1$ 이 素數이면, 적당한 정수 n (≥ 0) 에 대하여 $m = 2^n$ 이다.

증 명 양의 정수 m 은 다음과 같은 꼴로 나타낼 수 있다(정리 2.3.9).

$$m = 2^n k \qquad (n \geq 0,\ k\text{는 홀수})$$

이 때, k 는 홀수이므로 다음이 성립한다.

$$2^m + 1 = (2^{2^n} + 1)\{2^{2^n(k-1)} - 2^{2^n(k-2)} + \cdots - 2^{2^n} + 1\},$$

$$2^{2^n} + 1 \geq 2^{2^0} + 1 = 3$$

따라서 $2^m + 1$ 이 素數이면, $2^m + 1 = 2^{2^n} + 1$ 이므로 $m = 2^n$ 이다.

정의 2.4.2 다음과 같은 정수를 **페르마 수**(Fermat number)라고 한다.

$$F_n = 2^{2^n} + 1 \qquad (n \geq 0)$$

특히, F_n 이 素數일 때, F_n 을 **페르마 素數**(Fermat prime)라고 한다.

Fermat 素數는 2021 년 현재 다음 5 개만이 알려져 있다.

$$F_0 = 2^1 + 1 = 3, \qquad F_1 = 2^2 + 1 = 5,$$

$$F_2 = 2^4 + 1 = 17, \qquad F_3 = 2^8 + 1 = 257,$$

$$F_4 = 2^{16} + 1 = 65537$$

아래에서 보는 바와 같이 F_5, F_6 는 素數가 아니다.

$$F_5 = 2^{32} + 1 = 4294967297 = 641 \cdot 6700417, \quad 641 = 2^7 \cdot 5 + 1,$$

$$F_6 = 2^{64} + 1 = 274177 \cdot 67280421310721, \quad 2742177 = 2^8 \cdot 1071 + 1$$

정리 2.4.3 Fermat 수 $F_n = 2^{2^n} + 1$ 에 대하여 다음이 성립한다.

(1) $F_0 F_1 \cdots F_{n-1} = F_n - 2 \qquad (n \geq 1)$

(2) 서로 다른 양의 정수 m, n 에 대하여 $\gcd(F_m, F_n) = 1$ 이다.

증 명 (1) 먼저 $n = 1$ 일 때, $F_0 = 3 = 5 - 2 = F_1 - 2$ 이다.

다음에 $n = k \geq 1$ 일 때 (1) 이 성립한다고 가정하면,

$$F_0 F_1 \cdots F_{k-1} = F_k - 2$$

이므로

$$F_0 F_1 \cdots F_{k-1} F_k = (F_k - 2) F_k = (2^{2^k} - 1)(2^{2^k} + 1)$$
$$= 2^{2^{k+1}} - 1 = F_{k+1} - 2$$

이고 따라서 $n = k+1$ 일 때에도 (1) 이 성립한다.

그러므로, 모든 양의 정수 n 에 대하여 (1) 이 성립한다.

(2) 이제 $1 \leq m < n$ 일 때, $d = \gcd(F_m, F_n)$ 이라고 하자.

위의 (1) 에 의하여

$$F_0 F_1 \cdots F_m \cdots F_{n-1} = F_n - 2$$

이고 또 $d \mid F_m$, $d \mid F_n$ 이므로 $d \mid 2$ 이고 F_m 과 F_n 은 모두 홀수이므로 $d = 1$ 이다.

보기 2.4.1 Fermat 수를 이용하여 素數가 무한히 많음을 밝힐 수 있다.

실제로, 각 정수 $n \, (\geq 0)$ 에 대하여 Ferma 수 $F_n = 2^{2^n} + 1$ 에는 적어도 한 개의 소인수 p_n 이 존재한다. 그런데, m, n 이 서로 다른 양의 정수이면, $\gcd(F_m, F_n) = 1$ 이므로 p_m 과 p_n 은 서로 다른 素數이다.

그러므로, p_0, p_1, $\cdots$, p_n, $\cdots$ 은 모두 서로 다른 素數이다.

정리 2.4.4 양의 정수 a 와 정수 $m(\geq 2)$ 에 대하여 $a^m - 1$ 이 素數이면, $a = 2$ 이고 또 m 은 素數이다.

증 명 먼저 $m \geq 2$ 이므로

$$a^m - 1 = (a-1)(a^{m-1} + a^{m-2} + \cdots + a + 1),$$
$$a^{m-1} + a^{m-2} + \cdots + a + 1 \geq a + 1 \geq 2$$

이고, 따라서 $a^m - 1$ 이 素數이면, $a - 1 = 1$ 즉 $a = 2$ 이어야 한다.

한편, m 이 합성수일 때, $m = de$ $(2 \leq d \leq e < m)$ 이라고 하면

$$2^m - 1 = (2^d)^e - 1 = (2^d - 1)(2^{d(e-1)} + 2^{d(e-2)} + \cdots + 2^d + 1)$$

이고 우변의 두 항은 모두 1 보다 큰 정수이다.

따라서 $2^m - 1$ 이 素數이면, m 도 素數이다.

정의 2.4.5 정수 $M_m = 2^m - 1$ $(m \geq 2)$ 를 **메르센 수**(Mersenne number) 라고 한다. 특히,

$$M_p = 2^p - 1 \qquad (p \text{ 는 素數})$$

가 素數일 때, M_p 를 **메르센 素數**(Mersenne prime) 라고 한다.

보기 2.4.2 다음 정수는 모두 Mersenne 素數이다(보기 2.3.4 참조).

$$M_2 = 2^2 - 1 = 3, \qquad M_3 = 2^3 - 1 = 7,$$
$$M_5 = 2^5 - 1 = 31, \qquad M_7 = 2^7 - 1 = 127$$

한편, 아래에서 보는 바와 같이 M_{11}, M_{23} 은 素數가 아니다.

$$M_{11} = 2047 = 23 \cdot 89, \qquad 23 = 2 \cdot 11 + 1,$$
$$M_{23} = 8388607 = 47 \cdot 178481, \qquad 47 = 2 \cdot 23 + 1$$

정리 2.4.6 정수 a 와 양의 정수 m, n 에 대하여 다음이 성립한다.

(1) m 이 n 의 약수이면, $a^m - 1$ 은 $a^n - 1$ 의 약수이다.

(2) $\gcd(a^m - 1, a^n - 1) = a^{\gcd(m,n)} - 1$

증 명 (1) 이제 $m = nk$ 이라고 하면

$$a^m - 1 = (a^n)^k - 1 = (a^n - 1)(a^{n(k-1)} + \cdots + a^n + 1)$$

이므로 $a^n - 1$ 은 $a^m - 1$ 의 약수이다.

(2) 먼저 $m = qn + r,\ 0 \le r < n$ 이라고 하면,

$$\begin{aligned} a^m - 1 &= a^{qn} a^r - 1 = (a^{qn} - 1) a^r + a^r - 1 \\ &= (a^n - 1)(a^{n(q-1)} + \cdots + a^n + 1) a^r + a^r - 1 \end{aligned}$$

이므로 $a^m - 1$ 을 $a^n - 1$ 로 나누었을 때의 몫과 나머지는 다음과 같다.

$$(*) \qquad A = (a^{n(q-1)} + \cdots + a^n + 1) a^r, \qquad R = a^r - 1$$

이제 $r_0 = m,\ r_1 = n$ 이라 하고 $a_0, \cdots, a_k, r_2, \cdots, r_{k+1}$ 을 다음과 같은 정수라고 하자(정리 2.2.4 참조).

$$\begin{aligned} r_0 &= a_0 r_1 + r_2, & 0 < r_2 < r_1 \\ r_1 &= a_1 r_2 + r_3, & 0 < r_3 < r_2 \\ &\ \vdots & \vdots \\ r_{k-1} &= a_{k-1} r_k + r_{k+1}, & 0 < r_{k+1} < r_k \\ r_k &= a_k r_{k+1} \end{aligned}$$

이 때, $R_0 = a^m - 1$, $R_1 = a^n - 1$ 이라고 하면, 위의 $(*)$ 에 의하여 다음과 같은 정수 $A_0, \cdots, A_k, R_2, \cdots, R_{k+1}$ 이 존재한다.

$$\begin{aligned} R_0 &= A_0 R_1 + R_2, & R_2 &= a^{r_2} - 1 \\ R_1 &= A_1 R_2 + R_3, & R_3 &= a^{r_3} - 1 \\ &\ \vdots & &\ \vdots \\ R_{k-1} &= A_{k-1} R_k + R_{k+1}, & R_{k+1} &= a^{r_{k+1}} - 1 \\ R_k &= A_k R_{k+1} \end{aligned}$$

따라서 유클리드 알고리즘(정리 2.2.4) 에 의하여

$$\gcd(m, n) = r_{k+1}, \qquad \gcd(a^m - 1, a^n - 1) = R_{k+1}$$

이므로 $\gcd(a^m - 1, a^n - 1) = a^{r_{k+1}} - 1 = a^{\gcd(m,n)} - 1$ 이다.

앞의 정리로부터 다음 따름정리를 얻는다.

따름정리 2.4.7 양의 정수 m, n 에 대하여 다음이 성립한다.

(1) $\gcd(2^m - 1, 2^n - 1) = 2^{\gcd(m, n)} - 1$

(2) $\gcd(m, n) = 1 \Leftrightarrow \gcd(2^m - 1, 2^n - 1) = 1$

보기 2.4.3 정수 $3^{12} - 1$ 에서 $1, 2, 3, 4, 6$ 은 12 의 양의 약수이므로

$$3^1 - 1,\quad 3^2 - 1,\quad 3^3 - 1,\quad 3^4 - 1,\quad 3^6 - 1$$

은 모두 $3^{12} - 1$ 의 약수이다.

보기 2.4.4 위의 따름정리 2.4.7 은 쌍마다 서로 소인 큰 양의 정수가 필요할 때 이용된다.

예를 들면, 세 정수 $10, 13, 17$ 은 쌍마다 서로 소이므로 세 Mersenne 수

$$M_{10} = 2^{10} - 1,\quad M_{13} = 2^{13} - 1,\quad M_{17} = 2^{17} - 1$$

은 쌍마다 서로 소이다.

현재까지 Mersenne 素數가 무한히 많은지는 알려져 있지 않다.

그리고, 2021 년 9 월 현재 알려진 가장 큰 Mersenne 素數는 2018 년 12월에 발견된

$$M_{82589933} = 2^{82589933} - 1$$

이며 이는 24862048 자리의 素數이다. 또, 2018 년에 발견된 Mersenne 素數

$$M_{77232917} = 2^{77232917} - 1$$

은 23249425 자리의 素數이고 2016 년에 발견된 Mersenne 素數

$$M_{74207281} = 2^{74207281} - 1$$

은 22338618 자리의 素數이다([해설204] 참조).

素數에 대한 최신 정보는 다음 사이트에서 찾아보기 바란다.

www.utm.edu/research/primes, www.mersenne.org/prime.htm

연 습 문 제 (2.4)

1. Fermat 수 $F_5 = 2^{2^5} + 1$ 에서, $a = 2^7 = 128$, $b = 5$ 라고 할 때,

$$1 + ab = 1 + 2^7 \cdot 5 = 641,$$
$$1 + ab - b^4 = 1 + (a - b^3)b = 1 + 3b = 2^4$$

임을 이용하여 641 이 F_5 의 약수임을 밝혀라.

2. Fermat 수 F_n 에 대하여 $F_n = (2^{2^{n-1}} + 1)^2 - (2^{2^{n-1}})^2$ 임을 확인하여라.

3. Mersenne 수 $M_{12} = 2^{12} - 1 = 4098$ 의 약수 중에서 Mersenne 수인 약수를 모두 구하여라.

4. 정수 $a\ (\geq 2)$ 와 양의 정수 m, d 에 대하여 $m = dk$ (k 는 홀수) 일 때, $a^d + 1$ 은 $a^m + 1$ 의 약수임을 증명하여라.

5. 양의 정수 m 에 대하여

$$R_m = \frac{10^m - 1}{9} = 111 \cdots 11 \qquad (1 \text{ 이 } m \text{개})$$

이라고 할 때, 양의 정수 m, n 에 대하여 다음이 성립함을 증명하여라.

(1) m 이 n 의 약수이면, R_m 은 R_n 의 약수이다.

(2) R_m 이 素數이면, m 도 素數이다.

(3) $R_{m+n} = R_m 10^n + R_n$

(4) $d \mid R_n$, $d \mid R_n$ 이면, $d \mid R_{m+n}$ 이다.

(5) $\gcd(m, n) = 1$ 이면, $\gcd(R_m, R_n) = 1$ 이다.

6. 양의 정수 a 에 대하여 $a_n = a^{2^n} + 1$ $(n \geq 0)$ 이라고 할 때, 다음이 성립함을 밝혀라.

(1) $n \geq 1$ 일 때, $(a-1)\, a_0\, a_1 \cdots a_{n-1} = a_n - 2$ 이다.

(2) $1 \leq m < n$ 일 때, a 가 짝수이면 $(a_m, a_n) = 1$ 이다.

(3) $1 \leq m < n$ 일 때, a 가 홀수이면 $(a_m, a_n) = 2$ 이다.

§2.5 정수의 표현

이 절에서는, 양의 정수를 나타내는 몇 가지 표현 방법에 대하여 논한다.

정리 2.5.1 양의 정수 a와 정수 $b\ (\geq 2)$에 대하여 정수 $m\ (\geq 0)$을 $b^m \leq a < b^{m+1}$인 정수라고 할 때, 다음과 같은 정수 $r_0, r_1, \cdots, r_m$이 단 하나씩 결정된다.

$$a = r_m b^m + r_{m-1} b^{m-1} + \cdots + r_1 b + r_0$$

$$1 \leq r_m < b, \quad 0 \leq r_i < b \ \ (0 \leq i \leq m-1)$$

위의 등식을 a의 ***b*진법**(進法)**에 관한 전개식**(展開式) (base b expansion of a)라고 하며 이 전개식을

$$a = r_m r_{m-1} \cdots r_1 r_{0\ (b)}$$

로 나타내고 b를 **밑수**(base)라고 한다.

증 명 나눗셈 알고리즘(정리 2.1.1)에 의하여

$$\begin{aligned} a &= q_1 b + r_0, & 0 \leq r_0 < b \\ q_1 &= q_2 b + r_1, & 0 \leq r_1 < b \\ q_2 &= q_3 b + r_2, & 0 \leq r_2 < b \\ &\vdots \\ q_{m-1} &= q_m b + r_{m-1}, & 0 \leq r_{m-1} < b \end{aligned}$$

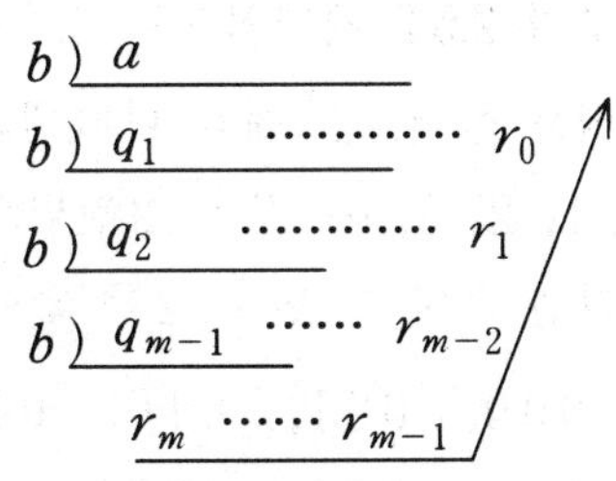

인 정수 $q_1, \cdots, q_m, r_0, \cdots, r_{m-1}$이 유일하게 결정되고 다음이 성립한다.

$$\begin{aligned} a &= q_1 b + r_0 = q_2 b^2 + r_1 b + r_0 \\ &= q_3 b^3 + r_2 b^2 + r_1 b + r_0 = \cdots \\ &= q_m b^m + r_{m-1} b^{m-1} + \cdots + r_1 b + r_0 \end{aligned}$$

특히, $m = 0$이면, $a = r_0$, $1 \leq r_0 < b$이다.

한편, $m \geq 1$일 때, $b^m \leq a < b^{m+1}$, $q_1 b = a - r_0$, $0 \leq r_0 < b$이므로

$$b^m - b < q_1 b < b^{m+1} \quad 즉 \quad b^{m-1} - 1 < q_1 < b^m$$

이고 따라서 $b^{m-1} \leq q_1 < b^m$ 이고 마찬가지로

$$b^{m-1} \leq q_1 < b^m, \quad b^{m-2} \leq q_2 < b^{m-1}, \quad \cdots, \quad b^0 \leq q_m < b$$

이므로, $r_m = q_m$ 이라고 놓으면 다음 등식이 성립한다.

$$a = r_m b^m + r_{m-1} b^{m-1} + \cdots + r_1 b + r_0, \qquad 1 \leq r_m < b$$

보기 2.5.1 다음이 성립한다.

(1) $30 = 2^4 + 2^3 + 2^2 + 2 + 0 = 11110_{(2)}$,

$2^4 < 30 < 2^5$

```
2 ) 30
2 ) 15   ··· 0
2 )  7   ··· 1
2 )  3   ··· 1
     1   ··· 1
```

(2) $346 = 2 \cdot 5^3 + 3 \cdot 5^2 + 4 \cdot 5^1 + 1 = 2341_{(5)}$,

$5^3 < 346 < 5^4$

```
5 ) 346
5 )  69   ··· 1
5 )  13   ··· 4
      2   ··· 3
```

보기 2.5.2 체계적으로 2^n 개의 원소를 나타내려면 2진법을 이용한다.

예를 들어, 2^3 개를 나타내려면, 0, 1, 2, 3, ⋯, 7을 2진법으로 나타낸 후에 그 밑수 2를 없애고

000, 001, 010, 011

100, 101, 110, 111

로 나타낸다(앞에 0을 허용하여).

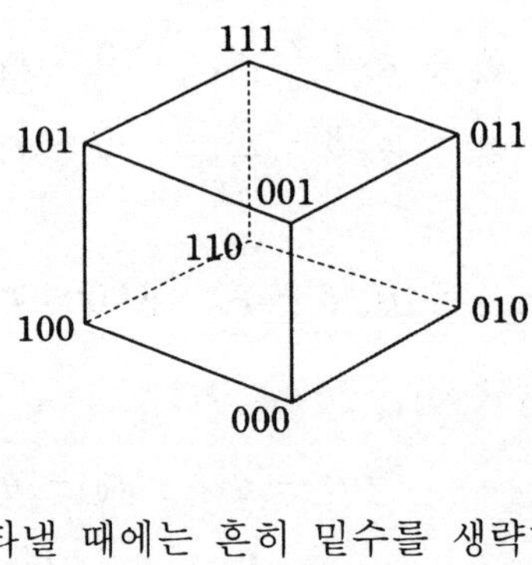

정수를 십진법(decimal notation)으로 나타낼 때에는 흔히 밑수를 생략한다.

앞의 정리에서 $b^m \leq a < b^{m+1}$ 일 때, a를 b진법으로 나타낼 때의 자리의 개수는 $m+1$ 이고, $m \leq \log_b a < m+1$ 이므로 $[\log_b a] = m$ 이다.

진법은 수를 나타내는 방법에 지나지 않으므로, 예를 들어 이진법(binary notation)으로 나타낸 것을 '이진법의 수' 라고 표현하는 것은 옳지 않다.

보기 2.5.3 정수 $b\ (\geq 2)$ 와 $1 \leq c < b$ 인 정수 c 에 대하여 다음이 성립한다.

$$\frac{c(b^m - 1)}{b-1} = c(b^{m-1} + b^{m-2} + \cdots + b + 1) = c\,c \cdots c_{(b)} \quad (m\text{ 개})$$

$$M_p = 2^p - 1 = 2^{p-1} + \cdots + 2 + 1 = 11 \cdots 11_{(2)} \quad (1\text{ 은 } p\text{ 개})$$

$$N_p = 2^{p-1}(2^p - 1) = 11 \cdots 1100 \cdots 0_{(2)} \quad (1\text{ 은 } p\text{ 개, } 0\text{ 은 } p-1\text{ 개})$$

보기 2.5.4 다음 표는 10 진법, 16 진법, 8 진법, 2 진법 사이의 관계를 보여주고 있다.

10 진법	1	2	3	4	5	6	7	8	9	10	11	12	13	14	15
16 진법	1	2	3	4	5	6	7	8	9	A	B	C	D	E	F
8 진법	1	2	3	4	5	6	7	10	11	12	13	14	15	16	17
2 진법	1	10	11	100	101	110	111	1000	1001	1010	1011	⋯		1110	1111

(1) $5_{(8)} = 101_{(2)}$, $6_{(8)} = 110_{(2)}$, $4_{(8)} = 100_{(2)}$

따라서 $564_{(8)} = 101\,110\,100_{(2)}$ 이다.

(2) $A_{(16)} = 1010_{(2)}$, $8_{(16)} = 1000_{(2)}$, $D_{(16)} = 1101_{(2)}$

따라서 $A8D_{(16)} = 1010\,1000\,1101_{(2)}$ 이다.

(3) $11111010111010_{(2)}$ 을 8 진법으로 나타내려면, 오른쪽부터 세 자리씩 묶으면(필요하다면, 맨 앞에 0 을 보태어),

$$011_{(2)},\ 111_{(2)},\ 010_{(2)},\ 111_{(2)},\ 010_{(2)}$$

이고 이들은 각각 8 진법으로 3, 7, 2, 7, 2 를 나타내므로 다음을 얻는다.

$$11111010111100_{(2)} = 37272_{(8)}$$

한편, $11111010111010_{(2)}$ 을 16 진법으로 나타내려면, 오른쪽부터 네 자리씩 묶으면 다음 결과를 얻는다(필요하다면, 맨 앞에 0 을 보태어).

$$0011_{(2)},\ 1110_{(2)},\ 1011_{(2)},,\ 1010_{(2)}$$

이고 이들은 각각 16 진법으로 3, E, B, A 를 나타내므로 다음을 얻는다.

$$11111010111010_{(2)} = 3EBA_{(16)}$$

아래와 같이 b 진법으로 나타낸 두 정수를 합하거나 빼거나 곱할 때에는 받아올림과 받아내림의 원칙을 적용한다.

$$\begin{array}{r} 1\ 8\ 7 \\ +\ 4_1\,5_1\,6 \\ \hline 6\ 4\ 3 \end{array} \qquad \begin{array}{r} 110_{(2)} \\ +\ 101_{(2)} \\ \hline 1011_{(2)} \end{array} \qquad \begin{array}{r} 123 \\ \times\ \ 18 \\ \hline 984 \\ 123\ \ \\ \hline 2214 \end{array} \qquad \begin{array}{r} 110_{(2)} \\ \times\ 111_{(2)} \\ \hline 110 \\ 110\ \ \\ 110\ \ \ \ \\ \hline 101010_{(2)} \end{array}$$

정리 2.5.2 양의 정수 a 에 대하여 $m! \le a < (m+1)!$ 인 양의 정수 m 이 단 하나 존재하고, 또 다음과 같은 정수 $c_1, \cdots, c_m$ 이 유일하게 결정된다.

$$a = c_m m! + c_{m-1}(m-1)! + \cdots + c_2 2! + c_1 1!$$

$$1 \le c_m \le m, \quad 0 \le c_i \le i \ \ (0 \le i \le m-1)$$

위의 등식을 a 의 **칸토어 전개식**(Cantor expression)이라고 한다.

증 명 무한수열 $1!, 2!, 3!, 4!, \cdots$ 은 단조 증가수열이므로 양의 정수 a 에 대하여 $m! \le a < (m+1)!$ 인 양의 정수 m 이 단 하나 존재한다.

또, 나눗셈 알고리즘에 의하여 다음과 같은 정수 $q_2, \cdots, q_m, c_1, \cdots, c_{m-1}$ 이 유일하게 결정된다.

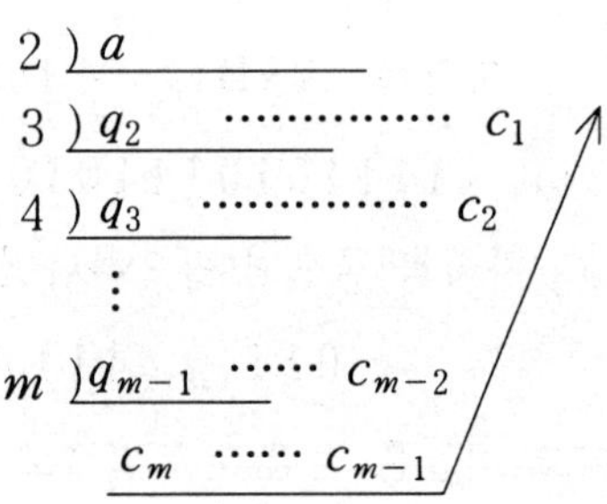

$$\begin{aligned} a &= 2q_2 + c_1, \quad 0 \le c_1 \le 1 \\ q_2 &= 3q_3 + c_2, \quad 0 \le c_2 \le 2 \\ q_3 &= 4q_4 + c_3, \quad 0 \le c_3 \le 3 \\ &\ \vdots \\ q_{m-1} &= mq_m + c_{m-1}, \ 0 \le c_{m-1} \le m-1 \end{aligned}$$

이 때,

$$\begin{aligned} a &= 3 \cdot 2q_3 + 2c_2 + c_1 \\ &= 4!\,q_4 + 3!\,c_3 + 2!\,c_2 + 1!\,c_1 = \cdots \\ &= m!\,q_m + (m-1)!\,c_{m-1} + \cdots + 3!\,c_3 + 2!\,c_2 + c_1, \end{aligned}$$

이고, 또 분명히

$$(m-1)!(m-1) + \cdots + 3!3 + 2!2 + 1 = m! - 1$$

이므로

$$0 \le (m-1)!\,c_{m-1} + \cdots + 2!\,c_2 + c_1 \le m! - 1$$

이고 또 $m! \le a < (m+1)!$ 이므로 다음이 성립한다.

$$1 \le m!\,q_m < (m+1)! = (m+1)\,m! \quad 즉 \quad 1 \le q_m \le m$$

따라서 $c_m = q_m$ 이라고 하면, $1 \le c_m \le m$ 이다.

그러므로, 정리의 등식이 성립한다.

보기 2.5.5 오른쪽 표에 의하여 다음 결과를 얻는다.

2) 63
3) 31 …… 1
4) 10 …… 1
  2 …… 2

$$63 = 2 \cdot 4! + 2 \cdot 3! + 1 \cdot 2! + 1 \cdot 1!,$$

$$4! < 63 < 5!$$

그리고, 정수 $m\ (\ge 2)$ 에 대하여 다음이 성립한다.

$$m! - 1 = (m-1) \cdot (m-1)! + \cdots + 2 \cdot 2! + 1 \cdot 1!$$

정의 2.5.3 다음과 같이 정의된 정수 f_n 을 **피보나치 수**(Fibonacci number)라고 한다.

(i) $f_1 = 1,\ f_2 = 1$

(ii) $f_{n+2} = f_n + f_{n+1} \qquad (n \ge 1)$

또, 이와 같이 정의된 무한수열 $\{f_n\}$ 을 **Fibonacci 수열**(數列) (Fibonacci sequence)이라고 한다.

$$\{f_n\} : 1, 1, 2, 3, 5, 8, 13, 21, 34, 55, 89, 144, 233, 377, \cdots$$

정리 2.5.4 Fibonacci 수열 $\{f_n\}$ 에 대하여 다음이 성립한다.

(1) $f_1 + f_2 + f_3 + \cdots + f_n = f_{n+2} - 1 \qquad (n \ge 1)$

(2) $f_1 + f_3 + f_5 + \cdots + f_{2n-1} = f_{2n} \qquad (n \ge 1)$

(3) $f_2 + f_4 + f_6 + \cdots + f_{2n} = f_{2n+1} - 1 \qquad (n \ge 1)$

증 명 (1) 먼저 $n = 1$ 일 때, $f_1 = 1 = 2-1 = f_3 - 1$ 이므로 (2) 가 성립한다. 다음에 $n = k \geq 1$ 일 때 (1) 이 성립한다고 가정하면,

$$f_1 + f_2 + \cdots + f_k + f_{k+1} = f_{k+2} - 1 + f_{k+1} = f_{k+3} - 1 = f_{(k+1)+2} - 1$$

이므로 $n = k+1$ 일 때에도 (1) 이 성립한다.

그러므로, 모든 양의 정수 n 에 대하여 (1) 이 성립한다.

(2) 먼저 $n = 1$ 일 때, $f_1 = 1 = f_2$ 이므로 (2) 가 성립한다.

그리고, $n = k \geq 1$ 일 때 (2) 가 성립한다고 가정하면,

$$f_1 + f_3 + f_5 + \cdots + f_{2k-1} + f_{2(k+1)-1} = f_{2k} + f_{2k+1} = f_{2(k+1)}$$

이므로 $n = k+1$ 일 때에도 (2) 가 성립한다.

그러므로, 모든 양의 정수 n 에 대하여 (2) 가 성립한다.

(3) 등식 (1), (2) 를 이용하여 등식 (3) 을 얻을 수 있다.

아래의 표는 정수를 Fibonacci 수들의 합으로 나타내되 동일한 Fibonacci 수가 되풀이되지 않고 이웃하는 Fibonacci 수가 들어있지 않도록 한 것이다.

$$\begin{array}{ll} 3 = f_4, & 4 = 3 + 1 = f_4 + f_2, \\ 5 = f_5, & 6 = 5 + 1 = f_5 + f_2, \\ 7 = 5 + 2 = f_5 + f_3, & 8 = f_6, \\ 9 = 8 + 1 = f_6 + f_2, & 10 = 8 + 2 = f_6 + f_3 \end{array}$$

정리 2.5.5 Fibonacci 수열 $\{f_n\}$ 에 대하여 다음이 성립한다.

$$\gcd(f_n, f_{n+1}) = 1 \qquad (n \geq 1)$$

증 명 먼저 $n = 1$ 일 때, $\gcd(f_1, f_2) = (1, 1) = 1$ 이다.

다음에 $n = k \geq 1$ 일 때 $\gcd(f_k, f_{k+1}) = 1$ 이라고 가정하면, 정리 2.2.3 에 의하여 다음이 성립한다.

$$\gcd(f_{k+1}, f_{k+2}) = \gcd(f_{k+1}, f_k + f_{k+1}) = \gcd(f_{k+1}, f_k) = 1$$

따라서 수학적 귀납법(정리 1.2.3) 에 의하여 모든 양의 정수 n 에 대하여 $\gcd(f_n, f_{n+1}) = 1$ 이다.

일반적으로, 다음 정리가 성립한다.

정리 2.5.6 모든 양의 정수 a는 서로 다르면서 어느 둘도 이웃하지 않는 Fibonacci 수들의 합으로 나타낼 수 있다. 즉,

$$a = f_{n_1} + f_{n_2} + \cdots + f_{n_r} \qquad (n_i - 1 > n_{i+1})$$

정리 2.5.7 (Binet 의 공식) Fubonacci 수 f_n 에 대하여 다음이 성립한다.

$$f_n = \frac{1}{\sqrt{5}}\left\{\left(\frac{1+\sqrt{5}}{2}\right)^n - \left(\frac{1-\sqrt{5}}{2}\right)^n\right\} \qquad (n \geq 1)$$

증 명 이차방정식 $x^2 - x - 1 = 0$ 은 두 실근

$$\alpha = \frac{1+\sqrt{5}}{2}, \qquad \beta = \frac{1-\sqrt{5}}{2}$$

를 가지며 $\alpha^2 = \alpha+1$, $\beta^2 = \beta+1$, $\alpha+\beta = 1$ 이므로 다음이 성립한다.

$$\alpha^{n+2} = \alpha^{n+1} + \alpha^n, \qquad \beta^{n+2} = \beta^{n+1} + \beta^n \qquad (n \geq 1)$$

$$\frac{\alpha^{n+2} - \beta^{n+2}}{\alpha - \beta} = \frac{\alpha^{n+1} - \beta^{n+1}}{\alpha - \beta} + \frac{\alpha^n - \beta^n}{\alpha - \beta} \qquad (n \geq 1)$$

특히,

$$\frac{\alpha^1 - \beta^1}{\alpha - \beta} = 1 = f_1, \qquad \frac{\alpha^2 - \beta^2}{\alpha - \beta} = \alpha + \beta = 1 = f_2$$

이므로 위의 등식과 정의 2.5.3 에 의하여 다음이 성립한다.

$$\frac{\alpha^n - \beta^n}{\alpha - \beta} = f_n \qquad (n \geq 1)$$

즉, $$f_n = \frac{1}{\sqrt{5}}\left\{\left(\frac{1+\sqrt{5}}{2}\right)^n - \left(\frac{1-\sqrt{5}}{2}\right)^n\right\} \qquad (n \geq 1)$$

위의 증명에서 $0 < |\beta| < 1$, $\alpha - \beta = \sqrt{5}$ 이므로 다음이 성립한다.

$$\left| f_n - \frac{\alpha^n}{\sqrt{5}} \right| = \left| \frac{\alpha^n - \beta^n}{\sqrt{5}} - \frac{\alpha^n}{\sqrt{5}} \right| = \left| \frac{\beta^n}{\sqrt{5}} \right| < \frac{1}{\sqrt{5}} < \frac{1}{2} \qquad (n \geq 1)$$

따라서 f_n 은 $\frac{1}{\sqrt{5}}\left(\frac{1+\sqrt{5}}{2}\right)^n$ 에 가장 가까운 정수이다.

素數인 Fibonacci 수가 무한히 많은지는 알려져 있지 않으며, Fibonacci 수는 암호학, 생물학, 전산과학, 지리학, 물리학 등에 이용된다. Fibonacci 수열 $\{f_n\}$ 과 Lucas 수열 $\{l_n\}$ 에 대해서는 [해설205] 를 참조하기 바란다.

연 습 문 제 (2.5)

1. 정수 $1, 2, 3, \cdots, 30, 31$ 을 2 진법으로 나타내어라. 그리고, 다섯 손가락을 사용하여 1 부터 31 까지의 정수를 나타내는 방법을 생각해 보아라.

2. 두 정수 $27, 39$ 를 2 진법으로 나타내고 $27+39$ 를 2 진법으로 나타내어라.

3. 두 정수 $27, 39$ 를 5 진법으로 나타내고 $27+39$ 를 5 진법으로 나타내어라.

4. 정수 100, 719 의 Cantor 전개식을 구하여라.

5. 정수 100 을 Fibonacci 수들의 합으로 나타내어라.

6. 양의 정수 a 에 대하여 $a = r_m r_{m-1} \cdots r_1 r_{0\,(b)}$ 일 때 다음 물음에 답하여라.

   (1) 양의 정수 k 에 대하여 정수 ab^k 를 b 진법으로 나타내어라.

   (2) 정수 a 를 b 로 나누었을 때의 몫과 나머지를 b 진법으로 나타내어라.

7. 다음 등식을 증명하여라.

   (1) $f_{m+n} = f_{m+1}f_n + f_m f_{n-1} \qquad (m \geq 2,\ n \geq 2)$

   $f_{m+n} = f_m f_{n+1} + f_{m-1}f_n \qquad (m,\ m \geq 2)$

   (2) $f_{n+1}f_{n-1} - {f_n}^2 = (-1)^n \qquad (n \geq 2)$

   (3) $f_{n+2}f_{n-1} - f_n f_{n+1} = (-1)^n \qquad (n \geq 2)$

8. 문제 7 의 등식 (1) 을 이용하여 다음 등식을 유도하여라.

   (1) $f_{2n+1} = {f_{n+1}}^2 + {f_n}^2, \quad f_{2n+2} = {f_{n+2}}^2 - {f_n}^2 \qquad (n \geq 1)$

   (2) $f_{2n} = f_n f_{n+1} + f_{n-1}f_n \qquad (n \geq 2)$

   (3) $f_{2n-1} = f_{n-1}f_{n+1} - f_{n-2}f_n \qquad (n \geq 3)$

제 3 장

합동식과 암호체계

이 장에서는, 정수의 합동 관계와 합동식에 대하여 간단히 논하고 합동식을 이용한 암호체계를 소개한다. 실제로, 합동에 관한 여러 가지 성질과 일차합동식의 해, 연립일차합동식의 해, Fermat 의 정리, 원시근과 이산로그에 대하여 간단히 논하고, 합동식의 성질을 이용한 아핀 암호아핀 암호체계, RSA 암호체계와 ElGamal 암호체계를 소개한다.

합동식과 암호체계에 대한 상세한 논의는 다음 책을 참고하기 바란다.

박승안 · 김응태, 정수론 제 9 판, 경문사, 2019 년

박승안, 암호학과 부호이론, 제 2 판, 경문사, 2008 년

§3.1 합동식

이 절에서 논할 합동 개념은 독일의 수학자 가우스(Karl Friedrich Gauss, 1777 − 1855)가 19 세기 초에 처음으로 도입한 개념이다.

정의 3.1.1 고정된 양의 정수 m에 대하여, 정수 a, b의 차가 m의 배수일 때, 즉 $m|(a-b)$ 일 때, a와 b는 **법**(法, modulus) m에 관하여 **합동**(合同, congruence)이라 하고 이 사실을 $a \equiv b \pmod{m}$ 으로 나타낸다. 즉,

$$a \equiv b \pmod{m} \iff m\,|\,(a-b)$$

$$\iff \text{적당한 정수 } k\text{에 대하여 } a = km + b$$

합동 기호 $\equiv$가 들어 있는 식을 **합동식**(合同式, congruence)이라고 한다. 그리고, $a \equiv b \pmod{m}$ 이 아닐 때, 즉 $m \nmid (a-b)$ 일 때 이 사실을 $a \not\equiv b \pmod{m}$ 으로 나타낸다.

보기 3.1.1 정의에 의하여 다음이 성립한다.

$$7 \equiv 4 \pmod{3}, \quad 3 \equiv 0 \pmod{3}, \quad a \equiv -a \pmod{2}$$

$$10 \equiv 6 \pmod{4}, \quad 5 \equiv 1 \pmod{4}, \quad 7 \equiv -1 \pmod{4}$$

시계에서 시간을 가리키는 짧은 바늘은 12 또는 24를 법으로 하여 같은 시간을 나타내고, 달력에서는 7을 법으로 하여 같은 요일이 되풀이된다.

그리고, 정수 a를 양의 정수 m으로 나누었을 때의 몫과 나머지를 각각 q, r라고 하면,

$$a = qm + r, \ 0 \le r < m, \quad q = \left[\frac{a}{m}\right]$$

이고 이때 다음이 성립한다(정의 2.1.5, 정리 2.1.7 참조).

$$a \equiv r \pmod{m}, \quad 0 \le r < m$$

역으로, 정수 a가 위의 조건을 만족시키면, a를 m으로 나누었을 때의 나머지는 r이다.

정리 3.1.2 양의 정수 m과 정수 a, b에 대하여 $a \equiv b \pmod{m}$이면, $\gcd(a, m) = \gcd(b, m)$이다.

증 명 정의에 의하여 $a \equiv b \pmod{m}$이면 적당한 정수 k에 대하여

$$a = km + b$$

이고 따라서 정리 2.2.3에 의하여 $\gcd(a, m) = \gcd(b, m)$이다.

정리 3.1.3 양의 정수 m과 정수 a, b, c에 대하여 다음이 성립한다.

(1) $a \equiv a \pmod{m}$

(2) $a \equiv b \pmod{m}$이면, $b \equiv a \pmod{m}$이다.

(3) $a \equiv b \pmod{m}$, $b \equiv c \pmod{m}$이면, $a \equiv c \pmod{m}$이다.

증 명 (1) 분명히 $m \mid (a-a)$이므로 $a \equiv a \pmod{m}$이다.

(2) $a \equiv b \pmod{m}$이면, $m \mid (a-b)$이므로 $m \mid (b-a)$이고 따라서 $b \equiv a \pmod{m}$이다.

(3) $a \equiv b \pmod{m}$, $b \equiv c \pmod{m}$이면, 정의에 의하여

$$a - c = (a-b) + (b-c), \quad m \mid (a-b), \quad m \mid (b-c)$$

이므로 $m \mid (a-c)$이고 따라서 $a \equiv c \pmod{m}$이다(정리 2.1.3 (6) 참조).

정리 3.1.4 양의 정수 m과 정수 a, b, c, d에 대하여 다음이 성립한다.

(1) $a \equiv b \pmod{m}$, $c \equiv d \pmod{m}$일 때,

$$a \pm c \equiv b \pm d \pmod{m}, \quad ac \equiv bd \pmod{m}$$

(2) $a \equiv b \pmod{m}$일 때,

$$a \pm c \equiv b \pm c \pmod{m}, \ ac \equiv bc \pmod{m}$$

증 명 (1) $a \equiv b \pmod{m}$, $c \equiv d \pmod{m}$일 때,

$$m \mid (a-b), \quad m \mid (c-d),$$
$$(a \pm c) - (b \pm d) = (a-b) \pm (c-d),$$
$$ac - bd = (a-b)c + b(c-d)$$

이므로, 정리 2.1.3에 의하여

$$m \mid \{(a \pm c) - (b + d)\}, \quad m \mid (ac - bd)$$

이고 따라서 다음이 성립한다.

$$a \pm c \equiv b \pm d \pmod{m}, \quad ac \equiv bd \pmod{m}$$

(2) 분명히 $c \equiv c \pmod{m}$ 이므로 (1)에 의하여 (2)가 성립한다.

앞의 정리 3.1.4에 의하여 다음 두 따름정리가 성립한다.

따름정리 3.1.5 두 양의 정수 m, n과 정수 $a_1, \cdots, a_n, b_1, \cdots, b_n$에 대하여 다음이 성립한다.

(1) $a_1 \equiv b_1 \pmod{m}, \cdots, a_n \equiv b_n \pmod{m}$ 일 때,

$$a_1 + \cdots + a_n \equiv b_1 + \cdots + b_n \pmod{m},$$

$$a_1 \cdots a_n \equiv b_1 \cdots b_n \pmod{m}$$

(2) $a \equiv b \pmod{m}$ 이면, $a^n \equiv b^n \pmod{m}$ 이다.

따름정리 3.1.6 양의 정수 m과 정수를 계수로 가지는 두 다항식

$$f(x) = a_0 + a_1 x + \cdots + a_n x^n, \quad g(x) = b_0 + b_1 x + \cdots + b_n x^n$$

에 대하여 다음이 성립한다.

(1) $a \equiv b \pmod{m}$ 이면, $f(a) \equiv f(b) \pmod{m}$ 이다.

(2) $a_0 \equiv b_0 \pmod{m}, a_1 \equiv b_1 \pmod{m}, \cdots, a_n \equiv b_n \pmod{m}$ 이면, $f(a) \equiv g(a) \pmod{m}$ 이다.

보기 3.1.2 다항식 $f(x) = x^{32} + 3x + 4$ 에 대하여 생각해 보자.
먼저 $15 \equiv 2 \pmod{13}$ 이므로 $f(15) \equiv f(2) \pmod{13}$ 이다. 그리고,

$$2^4 \equiv 16 = 3 \pmod{13}, \quad 2^{12} \equiv (2^4)^3 \equiv 3^3 \equiv 27 \equiv 1 \pmod{13},$$

$$2^{32} \equiv 2^{24} 2^8 \equiv (2^{12})^2 \cdot (2^4)^2 \equiv 1^2 \cdot 3^2 \equiv 9 \pmod{13},$$

$$f(15) \equiv f(2) \equiv 2^{32} + 3 \cdot 2 + 4 \equiv 9 + 6 + 4 \equiv 6 \pmod{13}$$

이므로, $f(15)$를 13으로 나누었을 때의 나머지는 6이다.

정리 3.1.7 양의 정수 m에 대하여 다음이 성립한다.

(1) 법 m에 관하여 $0, 1, \cdots, m-1$은 어느 둘도 합동이 아니다.

(2) 임의의 정수 a는 법 m에 관하여 $0, 1, \cdots, m-1$ 중의 단 한 정수와 합동이다. 실제로, 임의의 정수 a를 m으로 나누었을 때의 나머지가 r이면, $a \equiv r \pmod{m}$, $0 \le r < m$ 이고 이러한 정수 r는 단 하나뿐이다.

증 명 (1) 정수 $0, 1, \cdots, m-1$ 중의 i, j 에 대하여 $i \equiv j \pmod{m}$ 이면,

$$m \mid (i-j), \qquad -m < i-j < m$$

이므로 $i-j=0$ 즉 $i=j$이다. 따라서 (1)이 성립한다.

(2) 가정에 따라 $a = qm + r$, $0 \le r < m$인 정수 q가 존재하고 이때

$$a \equiv r \pmod{m}, \qquad 0 \le r < m$$

이고, (1)에 의하여 이러한 r는 하나뿐이다.

정의 3.1.8 양의 정수 m에 대하여 $\mathbb{Z}_m = \{0, 1, \cdots, m-1\}$이라 하고, 또 임의의 정수 a에 대하여 $a \equiv r \pmod{m}$, $r \in \mathbb{Z}_m$일 때 이 사실을 $(a \ \mathbf{mod} \ m) = r$로 나타내기도 한다.

보기 3.1.3 임의의 정수 a는 법 $m=4$에 관하여 $\mathbb{Z}_4 = \{0, 1, 2, 3\}$에 속해 있는 어느 하나와 합동이다. 실제로, 다음이 성립한다.

$$\cdots \equiv -4 \equiv 0 \equiv 4 \equiv 8 \equiv 12 \equiv \cdots \pmod{4}$$
$$\cdots \equiv -3 \equiv 1 \equiv 5 \equiv 9 \equiv 13 \equiv \cdots \pmod{4}$$
$$\cdots \equiv -2 \equiv 2 \equiv 6 \equiv 10 \equiv 14 \equiv \cdots \pmod{4}$$
$$\cdots \equiv -1 \equiv 3 \equiv 7 \equiv 11 \equiv 15 \equiv \cdots \pmod{4}$$

$$(12 \ \mathbf{mod} \ 4) = 0, \quad (23 \ \mathbf{mod} \ 4) = 3, \quad (-2 \ \mathbf{mod} \ 4) = 2$$

정리 3.1.9 양의 정수 m과 정수 a, b, c에 대하여 $\gcd(a, m) = 1$일 때, 다음이 성립한다.

(1) $ab \equiv ac \pmod{m}$ 이면, $b \equiv c \pmod{m}$ 이다.

(2) $ab \equiv 0 \pmod{m}$ 이면, $b \equiv 0 \pmod{m}$ 이다.

증 명 (1) $\gcd(a, m) = 1$ 일 때, $ab \equiv ac \pmod{m}$ 이면 $m \mid a(b-c)$ 이므로 정리 2.2.10 에 의하여 $m \mid (b-c)$ 이고 따라서 $b \equiv c \pmod{m}$ 이다.
(2) 위의 (1) 에서 $c = 0$ 인 경우를 생각하면, (2) 를 얻는다.

정리 2.3.2 와 앞의 정리에 의하여 다음 정리가 성립한다.

정리 3.1.10 素數 p 와 정수 a, b 에 대하여 다음이 성립한다.

(1) $a \not\equiv 0 \pmod{p} \Longleftrightarrow p \nmid a \Longleftrightarrow \gcd(a, p) = 1$

$a \equiv 0 \pmod{p} \Longleftrightarrow p \mid a \Longleftrightarrow \gcd(a, p) = p$

(2) $a \not\equiv 0 \pmod{p}$ 일 때 즉 $\gcd(a, p) = 1$ 일 때,

$$ab \equiv ac \pmod{p} \Longleftrightarrow b \equiv c \pmod{p}$$

$$ab \equiv 0 \pmod{m} \Longleftrightarrow b \equiv 0 \pmod{m}$$

(3) $ab \equiv 0 \pmod{p} \Longleftrightarrow a \equiv 0 \pmod{p}$ 또는 $b \equiv 0 \pmod{p}$

보기 3.1.4 $\gcd(a, m) \neq 1$ 인 경우에는 위의 정리가 성리하지 않는다.

$2 \not\equiv 0 \pmod{6}$, $2 \cdot 1 \equiv 2 \cdot 4 \pmod{6}$, $1 \not\equiv 4 \pmod{6}$

$2 \not\equiv 0 \pmod{6}$, $2 \cdot 3 \equiv 0 \pmod{6}$, $3 \not\equiv 0 \pmod{6}$

정리 2.2.10 과 정리 2.2.12 에 의하여 다음 두 정리가 성립한다.

정리 3.1.11 양의 정수 m, n 이 서로 소일 때 즉 $\gcd(m, n) = 1$ 일 때, 정수 a, b 에 대하여 다음 두 조건은 서로 동치이다.

(1) $a \equiv b \pmod{mn}$

(2) $a \equiv b \pmod{m}$, $a \equiv b \pmod{n}$

정리 3.1.12 양의 정수 $m_1, \cdots, m_n$ $(n \geq 2)$ 이 쌍마다 서로 소일 때, 두 정수 a, b 에 대하여 다음 두 조건은 서로 동치이다.

(1) $a \equiv b \pmod{m_1}, \cdots, a \equiv b \pmod{m_n}$

(2) $a \equiv b \pmod{m_1 \cdots m_n}$

연 습 문 제 (3.1)

1. 다음 합동식이 성립하는지를 판정하여라.
   (1) $24 \equiv 12 \pmod{6}$　　(2) $2 \cdot 2 \equiv 0 \pmod{4}$
   (3) $3 \cdot 3 \equiv 0 \pmod{9}$　　(4) $3 \cdot 10 \equiv 0 \pmod{12}$

2. 다음 명제 중에서 참인 명제를 찾아라.
   (1) 모든 정수 a 에 대하여 $a \equiv -a \pmod{2}$ 이다.
   (2) 모든 정수 a 에 대하여 $a^2 \equiv a \pmod{3}$ 이다.
   (3) 정수 a 에 대하여 $a^2 \equiv 0 \pmod{4}$ 이면, $a \equiv 0 \pmod{4}$ 이다.

3. 정수를 계수로 가지는 다항식 $f(x) = 13x^4 - 8x^3 + 4x^2 + 5x + 2$ 에 대하여 $f(2)$ 와 $f(15)$ 를 각각 7 로 나누었을 때의 나머지를 구하여라.

4. 다음이 성립함을 밝혀라.
   (1) Fermat 수 $F_n = 2^{2^n} + 1$ 의 끝자리의 수는 7 이다.
   (2) Fermat 수 $F_5 = 2^{2^5} + 1$ 에 대하여 $F_5 \equiv 0 \pmod{641}$ 이다.
   (3) Mersenne 수 $M_{80} = 2^{80} - 1$ 은 17 의 배수이다.

5. 합동식 $2^r \equiv 1 \pmod{11}$ 을 만족시키는 가장 작은 양의 정수 r 의 값을 구하고, 또 $2^{200} + 1$ 을 11 로 나누었을 때의 나머지를 구하여라.

6. 합동식 $3^r \equiv 1 \pmod{13}$ 을 만족시키는 가장 작은 양의 정수 r 의 값을 구하고, 또 3^{603} 을 13 으로 나누었을 때의 나머지를 구하여라.

7. 다음 명제가 참임을 증명하여라.
   (1) 임의의 정수 a 에 대하여 다음 중 하나가 성립한다.
   $$a^2 \equiv 0 \pmod{8},\quad a^2 \equiv 1 \pmod{8},\quad a^2 \equiv 4 \pmod{8}$$
   (2) 모든 홀수 a 에 대하여 $a^2 \equiv 1 \pmod{8}$ 이다.
   (3) 방정식 $x^2 + y^2 + z^2 = 1007$ 을 만족시키는 정수는 존재하지 않는다.

§3.2 일차합동식과 연립일차합동식

미지수 x 에 관한 합동식

$$a_n x^n + \cdots + a_1 x + a_0 \equiv 0 \pmod{m}, \quad a_n \not\equiv 0 \pmod{m}$$

을 법 m 에 관한 **n 차의 합동식**이라고 한다.

예를 들어, 일차합동식 $2x+2 \equiv 0 \pmod{4}$ 을 생각해 보자.

이제 $f(x) = 2x+2$ 이라고 놓으면, 다음이 성립한다.

$x \equiv 0 \pmod{4}$ 이면, $f(0) = 2 \cdot 0 + 2 \equiv 2 \pmod{4}$ 이다.

$x \equiv 1 \pmod{4}$ 이면, $f(1) = 2 \cdot 1 + 2 \equiv 0 \pmod{4}$ 이다.

$x \equiv 2 \pmod{4}$ 이면, $f(2) = 2 \cdot 2 + 2 \equiv 2 \pmod{4}$ 이다.

$x \equiv 3 \pmod{4}$ 이면, $f(3) = 2 \cdot 3 + 2 \equiv 0 \pmod{4}$ 이다.

따라서 $x \equiv 1 \pmod{4}$ 을 만족시키는 정수 전체와 $x \equiv 3 \pmod{4}$ 을 만족시키는 정수 전체는 합동식 $f(x) \equiv 0 \pmod{4}$ 을 만족시킨다. 그러나, $x \equiv 0 \pmod{4}$ 또는 $x \equiv 2 \pmod{4}$ 인 정수 x 는 $f(x) \equiv 0 \pmod{4}$ 을 만족시키지 않는다. 이러한 의미에서

$$x \equiv 1 \pmod{4}, \quad x \equiv 3 \pmod{4}$$

를 합동식 $f(x) \equiv 0 \pmod{4}$ 의 **해**(解, solution) 라 하고 $1 \not\equiv 3 \pmod{4}$ 이므로 이 두 해는 서로 다르다고 생각한다.

일반적으로, 합동식 $f(x) \equiv 0 \pmod{m}$ 에 대하여 $f(c) \equiv 0 \pmod{m}$ 일 때, $x \equiv c \pmod{m}$ 를 $f(x) \equiv 0 \pmod{m}$ 의 해라 하고 또 해

$$x \equiv c_1 \pmod{m}, \quad x \equiv c_2 \pmod{m}$$

에 대하여 $c_1 \not\equiv c_2 \pmod{m}$ 이면, 이 두 해는 서로 다르다고 생각한다.

여기서는, 특수한 일차합동식에 대하여 논하기로 한다.

정리 3.2.1 일차합동식

$$ax \equiv b \pmod{m}, \qquad \gcd(a, m) = 1$$

은 단 한 개의 해 $x \equiv c \pmod{m}$, $0 \le c \le m-1$ 을 가진다.

증 명 가정에 의하여 $\gcd(a, m) = 1$ 이므로, 적당한 정수 s, t 에 대하여 $as + mt = 1$ 이고 이때 $asb + mtb = b$ 이므로 다음이 성립한다.

$$a(sb) \equiv b \pmod{m}$$

이제 sb 를 m 으로 나누었을 때의 나머지를 c 라고 하면, $0 \le c \le m-1$ 이고 $x \equiv sb \equiv c \pmod{m}$ 는 합동식 $ax \equiv b \pmod{m}$ 의 해이다.

또, $x \equiv c_1 \pmod{m}$, $x \equiv c_2 \pmod{m}$ 가 합동식 $ax \equiv b \pmod{m}$ 의 해이면,

$$ac_1 \equiv b \equiv ac_2 \pmod{m}, \quad \gcd(a, m) = 1$$

이므로 정리 3.1.9 에 의하여 $c_1 \equiv c_2 \pmod{m}$ 이다.

보기 3.2.1 일차합동식 $7x \equiv 5 \pmod{31}$ 의 해를 구해 보자.

유클리드 알고리즘(정리 2.2.4) 에 의하여

$$\gcd(31, 7) = 1,$$

$$31 \cdot (-2) + 7 \cdot 9 = 1,$$

$$31 \cdot (-10) + 7 \cdot 45 = 5$$

이므로 $7 \cdot 45 \equiv 5 \pmod{31}$ 이다.

따라서 일차합동식 $7x \equiv 5 \pmod{31}$ 의 해는 $x \equiv 45 \equiv 14 \pmod{31}$ 이다.

4	31	7	2
	28	6	
3	3	1	
	3		
	0		

a_i	4	2		
s_i	1	0	1	-2
t_i	0	1	-4	9

따름정리 3.2.2 양의 정수 m 과 $\gcd(a, m) = 1$ 인 정수 a 에 대하여

$$ab \equiv ba \equiv 1 \pmod{m}, \quad 0 \le b \le m-1$$

인 정수 b 가 단 하나 존재하고 이때 $\gcd(b, m) = 1$ 이다.

증 명 가정에 의하여 $\gcd(a, m) = 1$ 이므로 정리 3.2.1 에 의하여

$$ab \equiv ba \equiv 1 \pmod{m}, \quad 0 \le b \le m-1$$

인 정수 b 가 단 하나 존재한다.

또한, 정리 3.1.2 에 의하여 $\gcd(ab, m) = \gcd(1, m) = 1$ 이고 따라서 정리 2.2.8 에 의하여 $\gcd(b, m) = 1$ 이다.

합동식

$$f_1(x) \equiv 0 \pmod{m_1}, \cdots, f_n(x) \equiv 0 \pmod{m_n}$$

을 동시에 만족시키는 해를 구하는 경우에, 이들 합동식을 한 데 묶어

$$\begin{cases} f_1(x) \equiv 0 \pmod{m_1} \\ \qquad \vdots \\ f_n(x) \equiv 0 \pmod{m_n} \end{cases}$$

으로 나타내고 이것을 **연립합동식**(聯立合同式, system of congruences)이라 하며 이들 합동식을 동시에 만족시키는 해를 이 연립합동식의 **해**라고 한다.

특히, 일차합동식으로 이루어진 연립합동식을 **연립일차합동식**이라고 한다.

정리 3.2.3 (중국인의 나머지 정리, Chinese Remainder Theorem) 양의 정수 $m_1, m_2, \cdots, m_n$ $(n \geq 2)$ 이 쌍마다 서로 소일 때, $M = m_1 m_2 \cdots m_n$ 이라고 하면 연립일차합동식

$$\begin{cases} x \equiv b_1 \pmod{m_1} \\ x \equiv b_2 \pmod{m_2} \\ \qquad \vdots \\ x \equiv b_n \pmod{m_n} \end{cases}$$

은 법 M에 관하여 단 한 개의 해 $x \equiv c \pmod{M}$를 가진다.

증 명 양의 정수 $m_1, m_2, \cdots, m_n$ 이 쌍마다 서로 소이므로

$$M = m_1 M_1 = m_2 M_2 = \cdots = m_n M_n$$

이라고 하면, 따름정리 2.2.9 에 의하여 각 정수 i $(1 \leq i \leq n)$ 에 대하여 $\gcd(M_i, m_i) = 1$ 이고 따라서 정리 3.2.1 에 의하여 $M_i N_i \equiv 1 \pmod{m_i}$ 인 정수 N_i 가 존재한다. 이제

$$c = M_1 N_1 b_1 + M_2 N_2 b_2 + \cdots + M_n N_n b_n$$

이라고 놓으면

$$M_j \equiv 0 \pmod{m_i} \qquad (1 \leq i \neq j \leq n)$$

이므로 다음이 성립한다.

$$c \equiv M_i N_i b_i \equiv b_i \pmod{m_i} \qquad (1 \leq i \leq n)$$

따라서 주어진 연립일차합동식의 각 합동식은

$$x \equiv c \pmod{m_1},\ x \equiv c \pmod{m_2},\ \cdots,\ x \equiv c \pmod{m_n}$$

으로 고쳐 쓸 수 있고, 이 사실은 $x \equiv c \pmod{M}$ 임을 뜻한다(정리 3.1.12).

그리고, $x \equiv u \pmod{M}$ 가 주어진 연립일차합동식의 해이면,

$$u \equiv b_i \equiv c \pmod{m_i} \qquad (1 \le i \le n)$$

이므로 $u \equiv c \pmod{M}$ 이다(정리 3.1.12).

따라서 주어진 연립일차합동식는 단 하나의 해 $x \equiv c \pmod{M}$ 를 가진다.

보기 3.2.2 다음 연립일차합동식의 해를 구해 보자.

$$\begin{cases} x \equiv 2 \pmod{3} \\ x \equiv 1 \pmod{5} \end{cases}$$

1	5	3	1
	3	2	
2	2	1	
	2		
	0		

1	1		
1	0	1	-1
0	1	-1	2

유클리드의 알고리즘에 의하여

$$\gcd(5, 3) = 1,\ 5 \cdot (-1) + 3 \cdot 2 = 1$$

이고 따라서 구하는 해는 다음과 같다.

$$\begin{aligned} x &\equiv 5 \cdot (-1) \cdot 2 + 3 \cdot 2 \cdot 1 \\ &\equiv -4 \equiv 11 \pmod{15} \end{aligned}$$

보기 3.2.3 다음 연립일차합동식의 해를 구해 보자.

$$\begin{cases} 4x \equiv 2 \pmod{7} \\ 5x \equiv 3 \pmod{11} \end{cases}$$

유클리드의 알고리즘에 의하여

$$7 \cdot 3 + 4 \cdot (-5) = 1,$$
$$4 \cdot (-5) \equiv 1 \pmod{7},$$
$$4 \cdot (-10) \equiv 2 \pmod{7}$$

1	7	4	1
	4	3	
2	3	1	1
	2	1	
	1	0	

1	1	2		
1	0	1	-1	3
0	1	-1	2	-5

이므로 합동식 $4x \equiv 2 \pmod{7}$ 의 해는 $x \equiv -10 \equiv 4 \pmod{7}$ 이다.

마찬가지로, 일차합동식 $5x \equiv 3 \pmod{11}$ 에서 $\gcd(11, 5) = 1$ 이고 또

$11 \cdot 1 + 5 \cdot (-2) = 1, \quad 11 \cdot 3 + 5 \cdot (-6) = 3$ 이므로

$$5 \cdot (-6) \equiv 3 \pmod{11}$$

이고 따라서 일차합동식 $5x \equiv 3 \pmod{11}$ 의 해는 $x \equiv -6 \equiv 5 \pmod{11}$ 이다. 그러므로, 주어진 연립일차합동식은 다음 연립일차합동식과 동치이다.

$$\begin{cases} x \equiv 4 \pmod{7} \\ x \equiv 5 \pmod{11} \end{cases}$$

한편, $\gcd(7, 11) = 1$ 이고

$$11 \cdot 2 + 7 \cdot (-3) = 1$$

이므로 주어진 연립일차합동식의 해는 다음과 같다.

1	11	7	1
	7	4	
1	4	3	3
	3	3	
	1	0	

1	1	1		
1	0	1	-1	2
0	1	-1	2	-3

$$x \equiv 11 \cdot 2 \cdot 4 + 7 \cdot (-3) \cdot 5 \equiv 60 \pmod{77}$$

보기 3.2.4 다음 연립일차합동식의 해를 구해 보자.

$$\begin{cases} x \equiv 1 \pmod{4} \\ x \equiv 3 \pmod{5} \\ x \equiv 2 \pmod{7} \end{cases}$$

유클리드 알고리즘을 이용하여 다음 결과를 얻는다.

$$4 \cdot 5 \cdot 7 = 4 \cdot 35 = 5 \cdot 28 = 7 \cdot 20 = 140$$

$\gcd(35, 4) = 1,\ 35 \cdot (-1) + 4 \cdot 9 = 1,\ \ 35 \cdot (-1) \equiv 1 \pmod{4},$

$\gcd(28, 5) = 1,\ 28 \cdot 2 + 5 \cdot (-11) = 1,\ \ 28 \cdot 2 \equiv 1 \pmod{5},$

$\gcd(20, 7) = 1,\ 20 \cdot (-1) + 7 \cdot 3 = 1,\ \ 20 \cdot (-1) \equiv 1 \pmod{7}$

따라서 주어진 연립합동식의 해는 다음과 같다.

$$\begin{aligned} x &\equiv 35 \cdot (-1) \cdot 1 + 28 \cdot 2 \cdot 3 + 20 \cdot (-1) \cdot 2 \\ &\equiv -35 + 168 - 40 \equiv 93 \pmod{140} \end{aligned}$$

8	35	4	1
	32	3	
3	3	1	
	3		
	0		

8	1		
1	0	1	-1
0	1	-8	9

5	28	5	1
	25	3	
1	3	2	2
	2	2	
	1	0	

5	1	1		
1	0	1	-1	2
0	1	-5	6	-11

정리 3.2.4 양의 정수 $m_1, m_2, \cdots, m_n$ $(n \geq 2)$ 이 쌍마다 서로 소일 때, $M = m_1 m_2 \cdots m_n$ 이라 하고 $x \equiv c \pmod{M}$, $x \equiv d \pmod{M}$ 를 각각 다음 연립일차합동식의 해라고 하자.

$$\begin{cases} x \equiv c_1 \pmod{m_1} \\ \quad \vdots \\ x \equiv c_n \pmod{m_n} \end{cases} \qquad \begin{cases} x \equiv d_1 \pmod{m_1} \\ \quad \vdots \\ x \equiv d_n \pmod{m_n} \end{cases}$$

이 때, 두 연립일차합동식

$$\begin{cases} x \equiv c_1 + d_1 \pmod{m_1} \\ \quad \vdots \\ x \equiv c_n + d_n \pmod{m_n} \end{cases} \qquad \begin{cases} x \equiv c_1 d_1 \pmod{m_1} \\ \quad \vdots \\ x \equiv c_n d_n \pmod{m_n} \end{cases}$$

의 해는 각각 $x \equiv c + d \pmod{M}$, $x \equiv cd \pmod{M}$ 이다.

증 명 가정에 의하면, 각 정수에 대하여

$$c \equiv c_i \pmod{m_i}, \quad d \equiv d_i \pmod{m_i} \qquad (1 \leq i \leq n)$$

이므로

$$c + d \equiv c_i + d_i \pmod{m_i}, \quad cd \equiv c_i d_i \pmod{m_i} \quad (1 \leq i \leq n)$$

이고 따라서 정리가 성립한다(정리 3.2.3).

전자계산기에서 2^{35} 보다 큰 정수를 다룰 때에는 쌍마다 서로 소인 양의 정수 $m_1, m_2, \cdots, m_n$ 을 적당히 택하여 정리 3.2.4를 이용한다. 예를 들어, 양의 정수 $r_1, r_2, \cdots, r_n$ 이 쌍마다 서로 소이면, Mersenne 수

$$m_1 = 2^{r_1} - 1, \quad m_2 = 2^{r_2} - 1, \cdots, \quad m_n = 2^{r_n} - 1$$

는 상당히 큰 정수이고 이들 정수는 쌍마다 서로 소이다(따름정리 2.4.7).

예를 들어, 29, 31, 33, 34 는 쌍마다 서로 소이므로 네 정수

$$m_1 = 2^{29} - 1, \quad m_2 = 2^{31} - 1, \quad m_3 = 2^{33} - 1, \quad m_4 = 2^{34} - 1$$

는 쌍마다 서로 소이고 또 $m_1 m_2 m_3 m_4 \fallingdotseq 2^{29} \cdot 2^{31} \cdot 2^{33} \cdot 2^{34} = 2^{127}$ 이다.

쌍마다 서로 소인 양의 정수 $m_1, m_2, \cdots, m_n$ $(n \ge 2)$ 에 대하여

$$M = m_1 m_2 \cdots m_n$$

이라고 할 때, $0 \le a < M$ 인 정수 a 에 대하여 a 를 m_i 로 나누었을 때의 나머지를 r_i 라고 하면

$$a \equiv r_i \pmod{m_i}, \quad 0 \le r_i < m_i \qquad (1 \le i \le n)$$

인 정수 $r_1, r_2, \cdots, r_n$ 는 단 하나씩 결정된다.

역으로, $r_1, r_2, \cdots, r_n$ 를

$$0 \le r_i < m_i \qquad (1 \le i \le n)$$

인 정수라고 하면, 중국인의 나머지 정리(정리 3.2.3) 에 의하여

$$\begin{cases} a \equiv r_1 \pmod{m_1} \\ a \equiv r_2 \pmod{m_2} \\ \quad \vdots \\ a \equiv r_n \pmod{m_n} \end{cases}$$

$$0 \le a < M$$

인 정수 a 가 단 하나 존재한다.

따라서 각 $a \in \mathbb{Z}_M = \{0, 1, 2, \cdots, M-1\}$ 에 대하여 순서 n 조

$$(r_1, r_2, \cdots, r_n) \in \mathbb{Z}_{m_1} \times \mathbb{Z}_{m_2} \times \cdots \times \mathbb{Z}_{m_n}$$

를 대응시키는 함수

$$f: \mathbb{Z}_M \longrightarrow \mathbb{Z}_{m_1} \times \mathbb{Z}_{m_2} \times \cdots \times \mathbb{Z}_{m_n}, \quad f(a) = (r_1, r_2, \cdots, r_n)$$

는 일대일 대응이다(정의 1.3.1 참조). 이러한 의미에서 각 정수 $a \in \mathbb{Z}_M$ 를 $(r_1, r_2, \cdots, r_n)$ 와 동일시하여(同一視, identify)

$$a = (r_1, r_2, \cdots, r_n)$$

로 나타낼 수 있다.

이와 같이 동일시하는 경우에 임의의 두 정수 $a, b \in \mathbb{Z}_M$ 에 대하여

$$a = (r_1, r_2, \cdots, r_n), \quad b = (s_1, s_2, \cdots, s_n)$$

이라고 할 때,

$$a+b \equiv c \pmod{M}, \quad 0 \le c < M$$
$$ab \equiv d \pmod{M}, \quad 0 \le d < M$$
$$r_i + s_i \equiv t_i \pmod{m_i}, \quad 0 \le t_i < m_i \quad (1 \le i \le n)$$
$$r_i s_i \equiv u_i \pmod{m_i}, \quad 0 \le u_i < m_i \quad (1 \le i \le n)$$

이면 정리 3.2.4에 의하여 다음이 성립한다.

$$c = (t_1, t_2, \cdots, t_n), \quad d = (u_1, u_2, \cdots, u_n)$$

보기 3.2.5 두 양의 정수 3, 4는 서로 소이고 $3 \cdot 4 = 12$이다. 그리고, $\mathbb{Z}_{12} = \{0, 1, 2, \cdots, 11\}$에 속한 정수에 대하여

$$\begin{array}{lll} 0 \equiv 0 \pmod{3}, & 1 \equiv 1 \pmod{3}, & 2 \equiv 2 \pmod{3} \\ 3 \equiv 0 \pmod{3}, & 4 \equiv 1 \pmod{3}, & 5 \equiv 2 \pmod{3} \\ 6 \equiv 0 \pmod{3}, & 7 \equiv 1 \pmod{3}, & 8 \equiv 2 \pmod{3} \\ 9 \equiv 0 \pmod{3}, & 10 \equiv 1 \pmod{3}, & 11 \equiv 2 \pmod{3} \end{array}$$

$$\begin{array}{lll} 0 \equiv 0 \pmod{4}, & 1 \equiv 1 \pmod{4}, & 2 \equiv 2 \pmod{4} \\ 3 \equiv 3 \pmod{4}, & 4 \equiv 0 \pmod{4}, & 5 \equiv 1 \pmod{4} \\ 6 \equiv 2 \pmod{4}, & 7 \equiv 3 \pmod{4}, & 8 \equiv 0 \pmod{4} \\ 9 \equiv 1 \pmod{4}, & 10 \equiv 2 \pmod{4}, & 11 \equiv 3 \pmod{4} \end{array}$$

이므로 $\mathbb{Z}_{12}$에 속한 정수는 다음과 같이 순서쌍으로 나타낼 수 있다.

$$\begin{array}{llll} 0 = (0, 0), & 1 = (1, 1), & 2 = (2, 2), & 3 = (0, 3) \\ 4 = (1, 0), & 5 = (2, 1), & 6 = (0, 2), & 7 = (1, 3) \\ 8 = (2, 0), & 9 = (0, 1), & 10 = (1, 2), & 11 = (2, 3) \end{array}$$

그리고, 다음이 성립한다.

$$\begin{array}{ll} 5 + 7 \equiv 12 \equiv 0 \pmod{12}, & 5 \cdot 7 \equiv 35 \equiv 11 \pmod{12}, \\ 2 + 1 \equiv 3 \equiv 0 \pmod{3}, & 2 \cdot 1 \equiv 2 \pmod{3}, \\ 1 + 3 \equiv 4 \equiv 0 \pmod{4}, & 1 \cdot 3 \equiv 3 \pmod{4} \\ 0 = (0, 0), & 11 = (2, 3) \end{array}$$

연 습 문 제 (3.2)

1. 네 정수 a, b, c, d에 대하여 $a \equiv b \pmod{m}$, $c \equiv d \pmod{m}$일 때, 다음 합동식이 성립하는지를 판정하여라.

(1) $2a \equiv 2b \pmod{m}$　　(2) $a \equiv b \pmod{2m}$

(3) $a + d \equiv b + c \pmod{m}$　　(4) $ad \equiv bc \pmod{m}$

2. 다음 일차합동식의 해를 구하여라.

(1) $12x \equiv 25 \pmod{97}$　　(2) $85x \equiv 2 \pmod{97}$

3. 다음 일차합동식의 해를 구하여라.

(1) $15x \equiv 3 \pmod{26}$　　(2) $11x \equiv 1 \pmod{26}$

4. 다음과 같은 정수 s $(1 \le s < 160)$를 구하여라.

(1) $23s \equiv 1 \pmod{160}$　　(2) $101s \equiv 1 \pmod{160}$

5. 다음 연립합동식의 해를 구하여라.

(1) $\begin{cases} x \equiv 4 \pmod{13} \\ x \equiv 2 \pmod{17} \end{cases}$　　(2) $\begin{cases} 3x \equiv 7 \pmod{11} \\ 5x \equiv 2 \pmod{17} \end{cases}$

6. 다음 각 연립합동식의 해를 구하여라.

(1) $\begin{cases} x \equiv 1 \pmod{2} \\ x \equiv 2 \pmod{3} \\ x \equiv 3 \pmod{5} \end{cases}$　　(2) $\begin{cases} x \equiv 4 \pmod{7} \\ 2x \equiv 2 \pmod{9} \\ 2x \equiv 1 \pmod{5} \end{cases}$

7. 두 양의 정수 2, 5로 나누었을 때의 나머지는 1이지만 3으로는 나누었을 때의 나머지는 2인 정수를 모두 구하여라.

8. 보기 3.2.5와 같이 일대일 대응

$$f : \mathbb{Z}_6 \longrightarrow \mathbb{Z}_2 \times \mathbb{Z}_3,\ f(a) = (r_1, r_2)$$

를 정의하여라.

§3.3 Fermat 의 정리

이 절에서는, 페르마(Fermat) 의 정리와 그 응용에 대하여 논한다.

정리 3.3.1 (Fermat 의 정리) 정수 p가 素數일 때, 다음이 성립한다.

(1) $\gcd(a, p) = 1$ 인 정수 a에 대하여 $a^{p-1} \equiv 1 \pmod{p}$ 이다.

(2) 모든 정수 a에 대하여 $a^p \equiv a \pmod{p}$ 이다.

증 명 (1) 가정에 의하여 $\gcd(a, p) = 1$ 이므로 정리 3.1.9 에 의하여

$$1a,\ 2a,\ \cdots,\ (p-1)a$$

중에서 어느 둘도 p에 관하여 합동이 아니고 또 이들 정수는 모두 법 p에 관하여 0 과 합동이 아니므로 이들 정수는 법 p에 관하여 $1, 2, \cdots, p-1$와 합동이다(정리 3.1.7 참조).

따라서

$$(1a)(2a)\cdots(p-1)a \equiv 1\cdot 2\cdot \cdots \cdot(p-1) \pmod{p}$$

즉, $$a^{p-1}(p-1)! \equiv (p-1)! \pmod{p}$$

이고 $(p-1)! \not\equiv 0 \pmod{p}$ 이므로 $a^{p-1} \equiv 1 \pmod{p}$ 이다(정리 3.1.9).

(2) 먼저 $\gcd(a, p) = 1$ 이면, (1) 에 의하여

$$a^{p-1} \equiv 1 \pmod{p}$$

이고 따라서 $a^p \equiv a \pmod{p}$ 이다.

다음에 $\gcd(a, p) \neq 1$ 이면, $\gcd(a, p) = p$ 즉 $a \equiv 0 \pmod{p}$ 이고 따라서 $a^p \equiv 0 \equiv a \pmod{p}$ 이다.

보기 3.3.1 정수 p가 素數일 때, 일차합동식

$$ax \equiv b \pmod{p}, \qquad \gcd(a, p) = 1$$

는 단 하나의 해 $x \equiv a^{p-2}b \pmod{p}$ 를 가진다.

실제로, Fermat 의 정리에 의하여

$$a(a^{p-2}b) \equiv a^{p-1}b \equiv b \pmod{p}$$

이므로 $x \equiv a^{p-2}b \pmod{p}$ 는 일차합동식 $ax \equiv b \pmod{p}$ 의 해이다.

그러므로, 정리 3.2.1 에 의하여 주어진 일차합동식 $ax \equiv b \pmod{p}$ 의 해는 $x \equiv a^{p-2}b \pmod{p}$ 뿐이다.

보기 3.3.2 Fermat 의 정리에 의하여 $5^{10} \equiv 1 \pmod{11}$ 이다. 따라서

$$27^{32} \equiv 5^{32} \equiv 5^{30+2} \equiv (5^{10})^3 \cdot 5^2 \equiv 1^3 \cdot 5^2 \equiv 3 \pmod{11}$$

이고 따라서 27^{32} 을 11 로 나누었을 때의 나머지는 3 이다.

Fermat 의 정리(정리 3.3.1) 에 의하면 p 가 素數일 때 모든 정수 a 에 대하여 $a^p \equiv a \pmod{p}$ 이므로, 정수 $m\ (\geq 2)$ 에 대하여 $b^m \not\equiv b \pmod{m}$ 인 정수 b 가 존재하면 m 은 합성수이다. 그러나, 역은 성립하지 않는다.

정의 3.3.2 양의 합성수 m 과 양의 정수 b 에 대하여

$$b^m \equiv b \pmod{m}$$

일 때, m 을 **밑수 b 에 대한 유사素數**(類似素數, pseudoprime to the base b) 라고 한다. 특히, 양의 합성수 m 이 밑수 2 에 대한 유사素數일 때, 즉

$$2^m \equiv 2 \pmod{m}$$

일 때, m 을 **유사素數**라고 한다.

보기 3.3.3 정수 $341 = 11 \cdot 31$ 는 밑수 2 에 대한 유사 素數이다.

실제로, $2^{10} \equiv 1 \pmod{11}$, $2^5 \equiv 32 \equiv 1 \pmod{31}$ 이므로

$$2^{341} \equiv (2^{10})^{34} \cdot 2 \equiv 1^{34} \cdot 2 \equiv 2 \pmod{11},$$

$$2^{341} \equiv (2^5)^{68} \cdot 2 \equiv 32^{68} \cdot 2 \equiv 1^{68} \cdot 2 \equiv 2 \pmod{31}$$

이고 $\gcd(11, 31) = 1$ 이므로 $2^{341} \equiv 2 \pmod{11 \cdot 31}$ 이다(정리 3.1.12).

따라서 341 은 유사素數이다.

마찬가지로,

$$2^{3 \cdot 11 \cdot 17} \equiv 2 \pmod{3 \cdot 11 \cdot 17},$$

$$2^{3 \cdot 5 \cdot 43} \equiv 2 \pmod{3 \cdot 5 \cdot 43}$$

이므로 $561 = 3 \cdot 11 \cdot 17$ 과 $645 = 3 \cdot 5 \cdot 43$ 은 밑수 2 에 대한 유사素數이다. 실제로, 밑수 2 에 대한 유사素數는 무한히 많다.

정의 3.3.3 합성수 m 과 $\gcd(b, m) = 1$ 인 모든 양의 정수 b 에 대하여

$$b^{m-1} \equiv 1 \pmod{m}$$

일 때, m 을 **카마이클 수**(Carmichael number)라고 한다.

위의 정의에서, $\gcd(b, m) = 1$ 이므로 정리 3.1.9 에 의하여

$$b^{m-1} \equiv 1 \pmod{m} \Longleftrightarrow b^m \equiv b \pmod{m}$$

이고, 따라서 합성수 m 이 Carmichael 수이면, $\gcd(b, m) = 1$ 인 모든 양의 정수 b 에 대하여 m 은 밑수 b 에 대한 유사素數이다.

보기 3.3.4 정수 $561 = 3 \cdot 11 \cdot 17$ 은 합성수이다.

한편, $\gcd(b, 561) = 1$ 인 모든 양의 정수 b 에 대하여

$$\gcd(b, 3) = 1, \quad \gcd(b, 11) = 1, \quad \gcd(b, 17) = 1$$

이고(따름정리 2.2.9), 따라서 Fermat 의 정리(정리 3.3.1) 에 의하여

$$b^2 \equiv 1 \pmod{3}, \quad b^{10} \equiv 1 \pmod{11}, \quad b^{16} \equiv 1 \pmod{17}$$

이고 따라서 다음이 성립한다.

$$b^{560} \equiv (b^2)^{280} \equiv 1^{280} \equiv 1 \pmod{3},$$

$$b^{560} \equiv (b^{10})^{56} \equiv 1^{56} \equiv 1 \pmod{11},$$

$$b^{560} \equiv (b^{16})^{35} \equiv 1^{35} \equiv 1 \pmod{17}$$

그러므로 $b^{560} \equiv 1 \pmod{561}$ 이다(정리 3.1.12 참조).

따라서 561 은 Carmichael 수이고, 따라서 $\gcd(b, 561) = 1$ 인 모든 양의 정수 b 에 대하여 561 은 밑수 b 에 대한 유사素數이다.

연 습 문 제 (3.3)

1. Fermat 의 정리를 이용하여 다음이 성립함을 확인하여라.
   (1) 999999 는 7 의 배수이다. (2) $2^{50}+3^{50}$ 은 13 의 배수이다.

2. 정수 3^{10000} 을 35 로 나누었을 때의 나머지를 구하여라.

3. 정수 4^{600} 을 77 로 나누었을 때의 나머지를 구하여라.

4. $561 = 3 \cdot 11 \cdot 17$ 임을 이용하여 $2^{561-1} \equiv 1 \pmod{561}$ 임을 밝혀라.

5. 홀수인 素數 p 에 대하여 다음이 성립함을 밝혀라.
   (1) $1^p + 2^p + \cdots + (p-1)^p \equiv 0 \pmod{p}$
   (2) $1^{p-1} + 2^{p-1} + \cdots + (p-1)^{p-1} \equiv -1 \pmod{p}$

6. Fermat 의 정리를 이용하여 다음이 성립함을 증명하여라.
   (1) 모든 정수 a 에 대하여 $a^7 \equiv a \pmod{42}$ 이다.
   (2) 모든 정수 a 에 대하여 $a^{13} \equiv a \pmod{3 \cdot 7 \cdot 13}$ 이다.

7. 정수 91 이 밑수 3 에 대한 유사 素數임을 밝혀라.

8. 정수 45 가 밑수 17 에 대한 유사 素數임을 밝혀라.

9. 양의 정수 m 과 정수 a, b 에 대하여 $\gcd(a, m) = 1$ 일 때,
   $$a^m \equiv a \pmod{m}, \quad (ab)^m \equiv ab \pmod{m}$$
   이면 $b^m \equiv b \pmod{m}$ 임을 증명하여라.

10. 합성수 m 의 표준분해가
   $$m = p_1 p_2 \cdots p_k \quad (k \geq 2)$$
   일 때, 각 素數 p_i 에 대하여 $(p_i - 1) \mid (m-1)$ 이면 m 은 Carmichael 수임을 증명하여라.
   그리고, 이 결과를 이용하여 6601 은 Carmichael 수임을 밝혀라.

§3.4 덧셈군과 가환환

이 절에서는, 특수한 수체계에 대하여 논한다.

정의 3.4.1 집합 A 위에 덧셈이 정의되어 있고 또 이 덧셈에 관하여 다음이 성립할 때, A를 **덧셈군**(덧셈群, additive group)이라고 한다.

A.1 : $(a+b)+c = a+(b+c)$ (덧셈에 관한 결합법칙)

A.2 : $a+b = b+a$ (덧셈에 관한 교환법칙)

A.3 : 특정한 원소 $0 \in A$이 존재하여 모든 원소 $a \in A$에 대하여 등식 $a+0 = 0+a = a$가 성립한다.

A.4 : 각 원소 $a \in A$에 대하여 $a+(-a) = (-a)+a = 0$인 원소 $-a \in A$가 존재한다.

그리고, 집합 R 위에 덧셈과 곱셈이 정의되어 있고, 이 두 연산에 관하여 다음이 성립할 때, R를 **가환환**(可換環, commutative ring)이라고 한다.

A : R는 덧셈에 관하여 덧셈군을 이룬다.

M.1 : $(a\,b)\,c = a\,(b\,c)$ (곱셈에 관한 결합법칙)

M.2 : $a\,b = b\,a$ (곱셈에 관한 교환법칙)

M.3 : 특정한 원소 $1 \in R$, $1 \neq 0$이 존재하여 모든 원소 $a \in R$에 대하여 등식 $a\,1 = 1\,a = a$가 성립한다.

D : $a(b+c) = a\,b + a\,c$, $(a+b)\,c = a\,c + b\,c$ (분배법칙)

보기 3.4.1 정수 전체의 집합 $\mathbb{Z}$는 덧셈과 곱셈에 관하여 가환환을 이룬다(정리 1.2.1). 이러한 의미에서, $\mathbb{Z}$를 **정수환**(整數環, ring of integer)이라 한다.

정수 $m\ (\geq 2)$에 대하여 $\mathbb{Z}_m = \{0, 1, \cdots, m-1\}$ 위에 덧셈과 곱셈을 다음과 같이 정의하자.

$a+b = r$ (r는 합 $a+b$를 m으로 나누었을 때의 나머지)

$a \cdot b = s$ (s는 곱 ab를 m으로 나누었을 때의 나머지)

앞의 두 등식은 정수환 $\mathbb{Z}$ 에서

$$a+b\equiv r \pmod{m},\quad 0\le r\le m-1,$$

$$ab\equiv s \pmod{m},\quad 0\le s\le m-1$$

임을 뜻하고 따라서 정리가 성립함을 쉽게 확인할 수 있다(§3.1 참조).

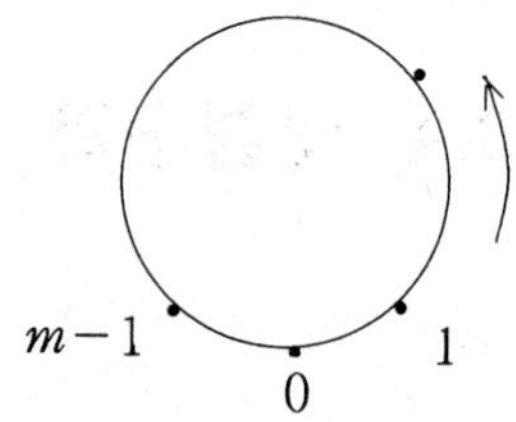

정리 3.4.2 정수 $m\ (\ge 2)$ 에 대하여 $\mathbb{Z}_m = \{0, 1, \cdots, m-1\}$ 는 다음과 같이 정의된 덧셈과 곱셈에 관하여 가환환을 이룬다.

$a + b = r$ (r 는 합 $a+b$ 를 m 으로 나누었을 때의 나머지)

$a \cdot b = s$ (s 는 곱 ab 를 m 으로 나누었을 때의 나머지)

정수환 $\mathbb{Z}$ 에서 $0+0=0$ 이고 또 $1\le a\le m-1$ 인 정수 a 에 대하여 $a+(m-a)=0$, $1\le m-a\le m-1$ 이다.

따라서 가환환 $\mathbb{Z}_m$ 에서 $-0=0$ 이고, $a\ne 0$ 이면 $-a=m-a$ 이다.

보기 3.4.2 두 가환환 $\mathbb{Z}_2=\{0,1\}$, $\mathbb{Z}_3=\{0,1,2\}$ 의 덧셈표와 곱셈표는 각각 다음과 같다.

+	0	1
0	0	1
1	1	0

·	0	1
0	0	0
1	0	1

$0+1=1+0=1$,
$1+1=0$, $-1=1$

+	0	1	2
0	0	1	2
1	1	2	0
2	2	0	1

·	0	1	2
0	0	0	0
1	0	1	2
2	0	2	1

$1+2=0$, $2+2=1$,
$-1=2$, $-2=1$,
$1\cdot 2=2$, $2\cdot 2=1$

보기 3.4.3 가환환 $\mathbb{Z}_4=\{0,1,2,3\}$ 의 덧셈표와 곱셈표는 다음과 같다.

+	0	1	2	3
0	0	1	2	3
1	1	2	3	0
2	2	3	0	1
3	3	0	1	2

·	0	1	2	3
0	0	0	0	0
1	0	1	2	3
2	0	2	0	2
3	0	3	2	1

$-1=3$, $-3=1$,
$-2=2$, $2\cdot 2=0$,
$2\cdot 3=2$, $3\cdot 3=1$

정리 3.4.3 가환환 $\mathbb{Z}_m = \{0, 1, \cdots, m-1\}$ 에서 원소 $a \in \mathbb{Z}_m$ 에 대하여 $\gcd(a, m) = 1$ 이면, $ab = ba = 1$ 인 원소 $b \in \mathbb{Z}_m$ 가 단 하나 존재하고 이때 $\gcd(b, m) = 1$ 이다.

역으로, 원소 $a \in \mathbb{Z}_m$ 에 대하여 $ab = ba = 1$ 인 원소 $b \in \mathbb{Z}_m$ 가 존재하면, $\gcd(a, m) = \gcd(b, m) = 1$ 이다.

증 명 먼저 $\gcd(a, m) = 1$ 이면, 따름정리 3.2.2 에 의하여

$$(*) \qquad ab \equiv ba \equiv 1 \pmod{m}, \quad 0 \leq b \leq m-1$$

인 정수 $b \in \mathbb{Z}_m$ 가 단 하나 존재하고 이때 $\gcd(b, m) = 1$ 이며, 이 사실은 가환환 $\mathbb{Z}_m$에서 $ab = ba = 1$ 임을 뜻한다.

역으로, $\mathbb{Z}_m$ 에서 등식 $ab = ba = 1$ 이 성립하면, (*)가 성립하고 따라서 따름정리 3.2.2 의 증명에 의하여 $\gcd(a, m) = \gcd(b, m) = 1$ 이다.

정의 3.4.4 가환환 $\mathbb{Z}_m = \{0, 1, \cdots, m-1\}$ 에서 원소 $a \in \mathbb{Z}_m$ 에 대하여

$$ab = ba = 1$$

인 $b \in \mathbb{Z}_m$ 가 존재할 때, b를 a의 **곱셈에 관한 역원**(逆元, multiplicative inverse)이라 하고 b를 a^{-1}로 나타낸다. 즉, $aa^{-1} = a^{-1}a = 1$

그리고, 가환환 $\mathbb{Z}_m$ 에서 곱셈에 관한 역원을 가지는 원소 전체의 집합을 $\mathbb{Z}_m^*$ 로 나타낸다. 즉, $\mathbb{Z}_m^* = \{a \in \mathbb{Z}_m \mid \gcd(a, m) = 1\}$

보기 3.4.4 가환환 $\mathbb{Z}_9$ 에서 $\mathbb{Z}_9^* = \{1, 2, 4, 5, 7, 8\}$ 이고 다음이 성립한다.

$$1^{-1} = 1,\ 2^{-1} = 5,\ 4^{-1} = 7,\ 5^{-1} = 2,\ 7^{-1} = 4,\ 8^{-1} = 8$$

보기 3.4.5 정수 p가 素數일 때, 가환환 $\mathbb{Z}_p = \{0, 1, \cdots, p-1\}$ 에서 곱셈에 관한 역원을 가지는 원소 전체의 집합은 $\mathbb{Z}_p^* = \{1, 2, \cdots, p-1\}$ 이다.

예를 들면, 가환환 $\mathbb{Z}_5 = \{0, 1, 2, 3, 4\}$ 에서 $\mathbb{Z}_5^* = \{1, 2, 3, 4\}$ 이다. 실제로, $1^{-1} = 1$, $2^{-1} = 3$, $3^{-1} = 2$, $4^{-1} = 4$ 이다.

§3.5 암호체계

전자계산기를 이용한 통신에 대한 요구와 수요가 확대됨에 따라 군사 및 외교 분야에서만 사용되어 왔던 **암호**(暗號, cipher)를 이용한 통신은 오늘날에 와서는 통신망을 통한 정보의 전송(傳送, transmission)과 정보의 수록에 이용될 뿐만 아니라 제삼자에 의한 도청 또는 노출을 방지하기 위하여 상업용 통신이나 개인 사이의 통신 또는 전자계산기 보안(保安, security) 분야에 이르기까지 널리 이용되고 있는 추세이다.

전자계산기의 보급과 통신망을 통한 수많은 전자계산기와 단말기 사이의 연결로 종합적인 정보체계 구축이 실현되었고, 또 전자계산기의 데이터 은행(data base)에 저장된 정보를 분산 처리함으로써 보다 효율적인 데이터 이용이 실용화되었으며 이에 따른 전자계산기 사이의 원활한 정보 교환을 달성하기 위한 요구가 급격히 확산되고 있다. 이러한 전자계산기를 이용한 통신 환경은 인가 받지 않은 공격자가 통신 중인 정보를 도청하여 데이터를 변조(變造, modification)하거나 삽입, 첨가, 삭제하여 악용하는 새로운 문제점을 야기하고 있다. 이와 같은 문제점을 해결하는 안전 보호책의 유일한 방법은 정보를 **암호화**(暗號化, encryption)하는 것이다.

비밀 유지를 요하는 통신문을 **평문**(平文, plaintext)이라 하고, 이 평문을 일정한 기호나 수로 고쳐 놓은 것을 **암호문**(暗號文, ciphertext)이라고 한다. 송신자는 여러 개의 **열쇠**(key) 중에서 적당한 열쇠를 택하여 평문을 암호문으로 전환시켜 전송하고, 합법적인 수신자는 이 열쇠 또는 다른 열쇠를 이용하여 수신된 암호문을 본래의 평문으로 **복호**(復號, decryption)한다.

암호문의 비밀 유지에 유의하여 공격자가 암호문을 평문으로 복원하는 일이 대단히 어렵거나 거의 불가능하도록 평문을 암호화하는 방법을 **암호기법**(暗號技法, cryptography)이라고 한다. 그리고, 열쇠에 대한 지식 없이 평문이나 열쇠를 알아내거나 한정된 자료만을 이용하여 암호문으로부터 평문과 열쇠를 모두 탐지해내는 것을 **암호해독**(暗號解讀, cryptanalysis)이라고 한다. 암호기법과 암호해독 모두를 연구하는 학문을 **암호학**(暗號學, cryptology)이라고 한다. 암호는 외교, 군사, 행정에서 기밀을 요하는 문서 또는 자료를 통신망을 통하여 송신하는 문제뿐만 아니라 여러 가지 업무에 이용된다.

아래 그림은 평문을 암호화하여 암호문으로 송신하고 또 수신된 암호문을 다시 평문으로 복호하는 방식을 나타낸다.

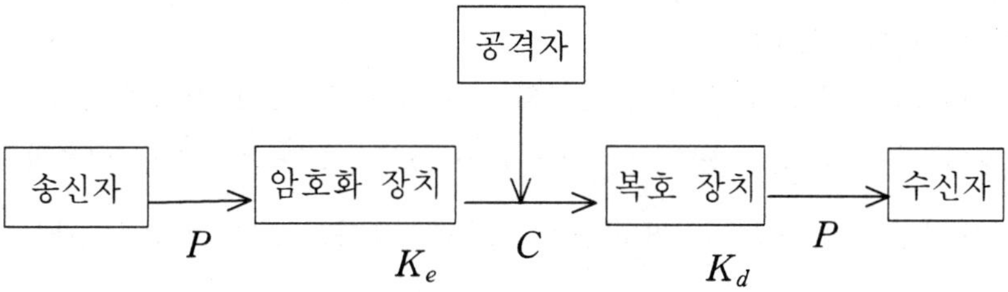

위의 그림에서 P, C는 각각 평문과 암호문을 뜻하고 또 K_e, K_d는 각각 암호화 열쇠, 복호 열쇠를 뜻한다.

송신자는 전송하려는 평문을 적당한 유한집합 A의 원소로 이루어진 유한수열 $a_1 a_2 \cdots a_k$로 나타내고, 평문을 암호문으로 전환시키는 암호화 알고리즘으로서 열쇠 K_e에 따라 결정되는 암호화 함수

$$E_{K_e} : A \longrightarrow A$$

를 사용한다. 또한, 암호문을 받은 수신자는 암호문을 평문으로 복원하기 위한 복호 알고리즘으로서 열쇠 K_d에 따라 결정되는 복호 함수

$$D_{K_d} : A \longrightarrow A$$

를 사용하여 암호문을 본래의 평문으로 복원한다. 여기서 유한집합 A로는 여러 가지 대수적 체계를 가진 집합을 택한다. 그리고, 함수 E_{K_e}는 A에서 A로의 일대일 대응이고 D_{K_d}는 E_{K_e}의 역함수이다.

암호체계는 평문을 암호화하는 방법에 따라 다음 두 가지로 나눈다.

비밀 열쇠 암호체계(secret-key cipher system),

공개 열쇠 암호체계(public-key cipher system)

비밀 열쇠 암호체계에서는 암호화하는 열쇠 K_e와 복호하는 열쇠 K_d가 동일하고 이 두 열쇠는 송신자와 수신자만이 공유하는 비밀 열쇠이다. 이러한 의미에서 비밀 열쇠 암호체계를 **대칭 암호체계**(對稱暗號體系, symmetric cipher system)라고 한다.

공개 열쇠 암호체계에서 암호화 열쇠 K_e와 복호 열쇠 K_d는 서로 다르고 암호화 열쇠는 공개하지만 복호 열쇠는 비밀로 보관한다.

여기서는 간단한 비밀 열쇠 암호체계를 소개하고, §3.6과 §3.8에서는 두 가지 공개 열쇠 암호체계에 대하여 논한다. 그리고, §4.8에서는 스트림 암호체계에 대하여 논하고, §12.7에서는 타원곡선을 이용한 비밀 열쇠 교환에 대하여 간단히 소개한다.

일반적으로, 평문에 사용된 문자의 종류에 따라 문자 전체의 집합은 적당한 양의 정수 m에 대한 $\mathbb{Z}_m = \{0, 1, \cdots, m-1\}$과 일대일로 대응한다. 또, 가환환 $\mathbb{Z}_m$에서 임의의 원소 $a \in \mathbb{Z}_m^*$에 대하여 a의 곱셈에 관한 역원 $a^{-1} \in \mathbb{Z}_m^*$가 존재한다(정리 3.4.3, 정의 3.4.4). 이제 두 원소 $a \in \mathbb{Z}_m^*$, $b \in \mathbb{Z}_m$로 이루어진 집합 $K = \{a, b\}$를 열쇠로 택하고 이 열쇠에 의하여 정의되는 암호화 함수 E_K와 복호 함수 D_K를 각각 다음과 같이 정의하자.

$$E_K : \mathbb{Z}_m \longrightarrow \mathbb{Z}_m,\ E_K(x) = ax + b$$

$$D_K : \mathbb{Z}_m \longrightarrow \mathbb{Z}_m,\ D_K(x) = a^{-1}(x - b)$$

이 때, 임의의 원소 $x \in \mathbb{Z}_m$에 대하여

$$D_K(E_K(x)) = D_K(ax + b) = a^{-1}(ax + b - b) = x,$$

$$E_K(D_K(x)) = E_K(a^{-1}x - a^{-1}b) = a(a^{-1}x - a^{-1}b) + b = x$$

이므로 $E_K^{-1} = D_K$이고 E_K와 D_K는 일대일 대응이다(정리 1.3.3).

위에서 정의한 함수 $E_K : \mathbb{Z}_m \longrightarrow \mathbb{Z}_m$를 가환환 $\mathbb{Z}_m$ 위의 **아핀변환**(affine transformation)이라고 한다. 그리고, 이러한 함수를 이용하여 암호문을 작성하는 암호체계를 **아핀 암호체계**(affine cipher system)라 하고 또 이와 같이 작성된 암호문을 **아핀 암호문**(affine cipher)이라고 한다.

특히, 가환환 $\mathbb{Z}_m = \{0, 1, \cdots, m-1\}$에서 원소 $k \in \mathbb{Z}_m$로 이루어진 열쇠 $K = \{k\}$에 의하여 정의되는 암호화 함수와 복호 함수인

$$E_K : \mathbb{Z}_m \longrightarrow \mathbb{Z}_m,\ E_K(x) = x + k$$

$$D_K : \mathbb{Z}_m \longrightarrow \mathbb{Z}_m,\ D_K(x) = x - k$$

를 써서 암호문을 작성하는 암호체계를 **평행이동 암호체계**(平行移動 暗號體系, shift cipher system)라 하고 또 이와 같이 작성된 암호문을 **평행이동 암호문**(shift cipher)이라고 한다.

영문자를 사용하여 작성된 평문을 암호문으로 변환시킬 때에는 평문에 들어 있는 대문자는 소문자로 고치고 구두점이나 문자와 문자 사이의 간격을 없앤 다음에 아래와 같이 각 영문자에 0 부터 25 까지의 정수를 대응시키면, 영문 알파벳 전체의 집합은

$$\mathbb{Z}_{26} = \{0, 1, 2, \cdots, 25\}$$

과 일대일로 대응한다.

문자	a	b	c	d	e	f	g	h	i	j	k	l	m
숫자	0	1	2	3	4	5	6	7	8	9	10	11	12
문자	n	o	p	q	r	s	t	u	v	w	x	y	z
숫자	13	14	15	16	17	18	19	20	21	22	23	24	25

그리스 시대 시저(Julius Caesar)는 평문에 있는 문자

a, b, c, d, e, f, g, h, i, j, k, l, m, n,
o, p, q, k, r, s, t, u, v, w, x, y, z

를 그 순서를 유지한 채 각각 3 단계씩 옮겨(shift) 각각

d, e, f, g, h, i, j, k, l, m, n, o, p, q,
k, r, s, t, u, v, w, x, y, z, a, b, c

로 바꾸어 놓는 방법으로 평문을 암호문으로 변환시켰다. 예를 들어, 평문

'Send me a document.'

는 암호문

'vhqgphdgrfxphqw'

로 변환된다. 여기서 위의 표에 따라 각 영문자를 $\mathbb{Z}_{26}$ 의 원소로 나타내면, 평문과 암호문은 각각 다음과 같은 유한수열로 나타내어진다.

18 4 13 3 12 4 0 3 14 2 20 12 4 13 19

21 7 16 6 15 7 3 6 17 5 23 15 7 16 22

이고 이때 이용한 암호화 함수와 복호 함수는 각각 다음과 같다.

$$E_K : \mathbb{Z}_m \longrightarrow \mathbb{Z}_m, \quad E_K(x) = x + 3$$

$$D_K : \mathbb{Z}_m \longrightarrow \mathbb{Z}_m, \; D_K(x) \equiv x - 3$$

이와 같이 작성된 암호문을 **시저 암호문**(Caesar cipher)이라고 한다.

보기 3.5.1 집합 $\mathbb{Z}_{26} = \{0, 1, 2, 3, \cdots, 24, 25\}$ 에서

$$\mathbb{Z}_{26}^{*} = \{1, 3, 5, 7, 9, 11, 15, 17, 19, 21, 23, 25\}$$

이며, $K = \{7, 10\}$ 일 때 $\mathbb{Z}_{26}$ 위의 다음과 같이 아핀변환을 생각해 보자.

$$E_K : \mathbb{Z}_{26} \longrightarrow \mathbb{Z}_{26},\ E_K(x) = 7x + 10$$

$$D_K : \mathbb{Z}_{26} \longrightarrow \mathbb{Z}_{26},\ D_K(x) = 7^{-1}(x - 10)$$

유클리드 알고리즘(정리 2.2.4)에 의하여

$$\gcd(26, 7) = 1,\ \ 26 \cdot 3 + 7 \cdot (-11) = 1$$

3	1	2		
1	0	1	-1	3
0	1	-3	4	-11

3	26	7	1
	21	5	
2	5	2	2
	4	2	
	1	0	

이므로

$$7 \cdot (-11) \equiv 1 \pmod{26},$$
$$7 \cdot 15 \equiv 1 \pmod{26}$$

이고, 따라서 가환환 $\mathbb{Z}_{26}$ 에서

$$7^{-1} = 15,\quad -7^{-1} \cdot 10 = -15 \cdot 10 = 6$$

이므로 D_K 는 다음과 같이 정의된 함수이다.

$$D_K : \mathbb{Z}_{26} \longrightarrow \mathbb{Z}_{26},\ D_K(x) = 15(x - 10) = 15x + 6$$

예를 들면, 다음이 성립한다.

$$E_K(15) = 7 \cdot 15 + 10 = 1 + 10 = 11$$

$$D_K(11) = 15 \cdot 11 + 6 = 9 + 6 = 15$$

그리고, 평문

'Please send money.'

를 $\mathbb{Z}_{26}$ 의 원소로 이루어진 유한수열로 나타내면

15 11 4 0 18 4 18 4 13 3 12 14 13 4 24

이고 이 유한수열은 아핀변환

$$E_K : \mathbb{Z}_{26} \longrightarrow \mathbb{Z}_{26},\ E_K(x) = 7x + 10$$

에 의하여 다음과 같이 변환된다.

11 9 12 10 6 12 6 12 23 5 16 4 23 12 22

따라서 평문에 대응하는 암호문은 ljmkgmgmfqexmw 이다.

아핀 암호체계의 암호화 함수

$$E_K \ : \ \mathbb{Z}_m \longrightarrow \mathbb{Z}_m, \quad E_K(x) = ax + b$$

에서 서로 다른 두 원소 $u, v \in \mathbb{Z}_m$ 에 대한 함수값 $E_K(u)$, $E_K(v)$ 를 알면 a, b 를 알 수 있다.

보기 3.5.2 집합 $\mathbb{Z}_{26}$ 위의 아핀변환

$$E_K \ : \ \mathbb{Z}_{26} \longrightarrow \mathbb{Z}_{26}, \ E_K(x) = ax + b$$

에 대하여 $E_K(4) = 11$, $E_K(19) = 20$ 이라고 하자.

이 때, 정수 전체의 집합 $\mathbb{Z}$ 에서

$$4a + b \equiv 11 \pmod{26},$$
$$19a + b \equiv 20 \pmod{26}$$

이고, 둘째 합동식에서 첫째 합동식을 빼면,

$$15a \equiv 9 \pmod{26}$$

이므로 이로부터 a 를 구할 수 있다.

실제로,

$$26 \cdot (-4) + 15 \cdot 7 = 1,$$
$$15 \cdot 7 \equiv 1 \pmod{26}$$
$$15 \cdot 63 \equiv 9 \pmod{26}$$

따라서 $a \equiv 63 \equiv 11 \pmod{26}$ 이고,

$$4 \cdot 11 + b \equiv 11 \pmod{26}$$

이므로 $b \equiv -33 \equiv 19 \pmod{26}$ 이다.

그러므로, $a = 11$, $b = 19$ 이다.

1	26	15	1
	15	11	
2	11	4	1
	8	3	
3	3	1	
	3		
	0		

1	1	2	1		
1	0	1	-1	3	-4
0	1	-1	2	-5	7

이 절에서 논한 암호체계와 관련이 있는 암호체계에 대하여 [해설305] 에서 소개하기로 한다.

연 습 문 제 (3.5)

1. 평문

'Send me a document.'

를 $\mathbb{Z}_{26}$ 의 원소로 이루어진 유한수열로 나타내어라.

그리고, 암호화 함수

$$E_K : \mathbb{Z}_{26} \longrightarrow \mathbb{Z}_{26}, \ E_K(x) = x + 10$$

를 이용하여 이 평문을 암호문으로 바꾸어라.

2. 암호화 함수

$$E_K : \mathbb{Z}_{26} \longrightarrow \mathbb{Z}_{26}, \ E_K(x) = 7x + 10$$

을 이용하여 평문 'cryptology' 를 암호문으로 바꾸어라.

3. 암호화 함수가

$$E_K : \mathbb{Z}_{26} \longrightarrow \mathbb{Z}_{26}, \ E_K(x) = 3x + 5$$

일 때, E_K 의 역함수인 복호 함수

$$D_K : \mathbb{Z}_{26} \longrightarrow \mathbb{Z}_{26}, \ D_K(x) = cx + d$$

를 구하여라.

4. 집합 $\mathbb{Z}_{26}$ 위의 아핀변환

$$T_{a,b} : \mathbb{Z}_{26} \longrightarrow \mathbb{Z}_{26}, \ T_{a,b}(x) = ax + b$$

에 대하여 $T_{a,b}(4) = 5$, $T_{a,b}(3) = 6$ 일 때 a 와 b 를 구하여라.

5. 두 미지수 x, y 사이에 합동식

$$y \equiv 23x + 10 \pmod{26}$$

이 성립할 때,

$$x \equiv cy + d \pmod{26}, \quad 0 \le c \le 25, \ 0 \le d \le 25$$

인 정수 c, d 를 구하여라.

§3.6 RSA 암호체계

공개 열쇠 암호체계 중에서 가장 널리 사용되는 암호체계는 RSA 암호체계와 ElGamal 암호체계이다. 이 절에서는, RSA 암호체계에 대하여 논하고 Elgamal 암호체계에 대해서는 §3.8 에서 논하기로 한다.

정리 3.6.1 서로 다른 홀수인 두 素數 p, q 에 대하여

$$m = pq, \quad \varphi(m) = (p-1)(q-1)$$

이라 하고

$$\gcd(e, \varphi(m)) = 1, \quad 1 \le e < \varphi(m)$$

인 정수 e 에 대하여 d 를

$$ed \equiv 1 \pmod{\varphi(m)}, \quad 1 \le d < \varphi(m)$$

인 정수라고 할 때, 임의의 정수 a 에 대하여 $b \equiv a^e \pmod{m}$ 이라고 하면 $a \equiv b^d \pmod{m}$ 이다.

증 명 정리 3.2.1 에 의하여 조건을 만족시키는 정수 d 가 존재하고, 이때

$$(*) \qquad ed - 1 > 0, \quad \varphi(m) \mid (ed-1)$$

이므로 다음이 성립한다.

$$(**) \qquad (p-1) \mid (ed-1), \quad (q-1) \mid (ed-1)$$

이제 임의의 정수 a 에 대하여 $b \equiv a^e \pmod{m}$ 이라고 하자.

이 때, $m = pq$ 이므로 $\gcd(a, m)$ 는 $1, p, q, m$ 중의 어느 하나와 같고 따라서 다음과 같은 네 가지 경우를 생각한다.

(1) $\gcd(a, m) = 1$ 인 경우

이 경우에 정리 2.2.8 에 의하여 $\gcd(a, p) = 1$, $\gcd(a, q) = 1$ 이고 따라서 Fermat 의 정리에 의하여 $a^{p-1} \equiv 1 \pmod{p}$, $a^{q-1} \equiv 1 \pmod{q}$ 이고, 또 $(*)$ 에 의하여

$$ed = \varphi(m)k + 1 = (p-1)(q-1)k + 1$$

인 양의 정수 k 가 존재하므로 다음이 성립한다.

$$b^d \equiv a^{ed} \equiv a^{(p-1)(q-1)k+1} \equiv 1^{(q-1)k} a \equiv a \pmod{p},$$
$$b^d \equiv a^{ed} \equiv a^{(p-1)(q-1)k+1} \equiv 1^{(p-1)k} a \equiv a \pmod{q}$$

따라서 정리 3.1.11 에 의하여 $b^d \equiv a \pmod{m}$ 이다.

(2) $\gcd(a, m) = p$ 인 경우

이 경우에 $p \mid a$ 즉 $a \equiv 0 \pmod{p}$ 이므로 다음이 성립한다.

$$b^d \equiv a^{ed} \equiv 0^{ed} \equiv 0 \equiv a \pmod{p}$$

또, $\gcd(a, q) = 1$ 이므로 Fermat 의 정리에 의하여 $a^{q-1} \equiv 1 \pmod{q}$ 이고 (**) 에 의하여 $ed = (q-1)s + 1$ 인 양의 정수 s 가 존재하고 이때 다음이 성립한다.

$$b^d \equiv a^{ed} \equiv a^{(q-1)s+1} \equiv (a^{q-1})^s a \equiv 1^s a \equiv a \pmod{q}$$

따라서 정리 3.1.11 에 의하여 $b^d \equiv a \pmod{m}$ 이다.

(3) $\gcd(a, m) = q$ 인 경우

위의 (2) 의 경우와 마찬가지로 $b^d \equiv a \pmod{m}$ 이다.

(4) $\gcd(a, m) = m$ 인 경우

이 경우에 $a \equiv 0 \pmod{m}$ 이므로 다음이 성립한다.

$$b^d \equiv a^{ed} \equiv 0^{ed} \equiv 0 \equiv a \pmod{m}$$

따라서 위의 네 결과에 의하여 정리가 성립한다.

보기 3.6.1 서로 다른 두 素數 $p = 11$, $q = 17$ 에 대하여

$$m = pq = 187, \quad \varphi(m) = (p-1)(q-1) = 10 \cdot 16 = 160$$

이고 $e = 7$ 이라고 놓으면 $\gcd(e, \varphi(m)) = \gcd(7, 160) = 1$ 이므로

$$ed \equiv 1 \pmod{\varphi(m)}, \quad 1 < d < \varphi(m)$$

인 정수 d 는 존재한다. 실제로,

$$160 \cdot (-1) + 7 \cdot 23 = 1$$

이므로 $7 \cdot 23 \equiv 1 \pmod{160}$ 이고 따라서 $d = 23$ 이다.

22	160	7	1
	154	6	
6	6	1	
	6		
	0		

22	1		
1	0	1	-1
0	1	-22	23

이제 $a = 3$, $b \equiv a^e \pmod{187}$ 이라고 하면 다음이 성립한다.

$$b \equiv 3^7 \equiv 130 \pmod{187}, \quad b^d \equiv 130^{23} \equiv 3 \equiv a \pmod{187}$$

RSA 암호체계는 R.L. River, A. Shamir 와 L.M. Adleman 이 1978 년에 고안한 것이다. 이 암호체계는 정리 3.6.1 에 그 근거를 두고 있다.

[RSA 암호체계]

(1) 수신자 A 는 상당히 큰 서로 다른 두 素數 p, q 를 적당히 택하여 $m = pq$ 를 계산한 후에 m 은 공개하지만 p, q 는 공개하지 않는다.

(2) A 는 $\varphi(m) = (p-1)(q-1)$ 의 값을 구하고

$$\gcd(e, \varphi(m)) = 1, \quad 1 < e < \varphi(m)$$

인 정수 e 를 택하고

$$ed \equiv 1 \pmod{\varphi(m)}, \quad 1 < d < \varphi(m)$$

인 정수 d 를 구하여 e 의 값은 공개하고 d 의 값은 공개하지 않는다.

즉, A 의 공개 열쇠는 (m, e) 이고 비밀 열쇠는 (p, q, d) 이다.

(3) 송신자 U 는 송신하려는 평문을 아래 표에 따라 $0 \le a < m$ 인 정수 a 로 나타낸다(앞 부분에 0 이 들어 있는 것을 허용하여).

문자	A	B	C	D	E	F	G	H	I	J	K	L	M
숫자	00	01	02	03	04	05	06	07	08	09	10	11	12
문자	N	O	P	Q	R	S	T	U	V	W	X	Y	Z
숫자	13	14	15	16	17	18	19	20	21	22	23	24	25

여기서, 공개된 m 이 n 자리의 수인 경우에 정수 a 를

$$a_1 a_2 \cdots a_k$$

와 같이 처음부터 차례로 길이가 $n-1$ 인 블록으로 나누고, 또 필요하다면 평문에 적당한 문자를 첨가한다.

(4) 사용자 S 는 공개된 e 를 이용하여 각 a_i 에 대하여

$$b_i \equiv a_i{}^e \pmod{m}, \quad 0 \le b_i < m$$

인 b_i 를 구한 다음에

$$b_1,\ b_2,\ \cdots,\ b_k$$

를 차례대로 연이어 늘어놓아 만든 정수 b 를 U 에게 송신한다.

(5) 사용자 U 는 본인만이 알고 있는 d 를 이용하여 각 b_i 에 대하여

$$a_i \equiv b_i^{\,d} \pmod{m}, \qquad 0 \le a_i < m$$

를 구한 다음에 $a_1,\ a_2,\ \cdots,\ a_k$ 를 차례대로 연이어 늘어 놓아 만든 정수 a 를 구한다. 이제 앞의 표를 이용하여 정수 a 에 대응하는 평문을 얻는다.

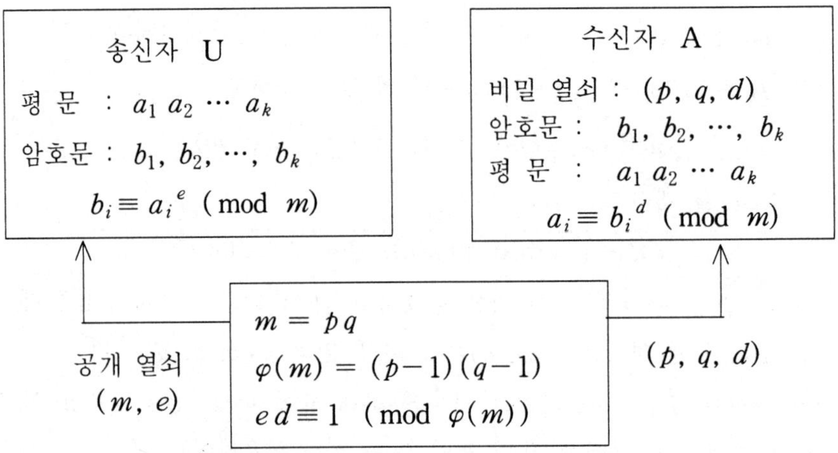

보기 3.6.2 서로 다른 두 素數 $p = 1733$, $q = 2347$ 에 대하여

$$m = pq = 4067351, \quad \varphi(m) = (p-1)(q-1) = 1732 \cdot 2346$$

이고, 또 $e = 31$ 일 때, $\gcd(e,\ \varphi(m)) = 1$ 이므로

$$ed \equiv 1 \pmod{\varphi(m)}, \qquad 1 \le d < \varphi(m)$$

인 d 를 구하면 $d = 3145759$ 이다(정리 3.2.1 참조).

이제 평문이

'public key cryptography.'

일 때, 이 평문을 앞의 표에 따라 정수 a 로 나타내고 이 정수 a 를 길이가 6 인 블록으로 나누면 다음과 같이 된다.

$$a = \underbrace{152001}_{a_1} : \underbrace{110802}_{a_2} : \underbrace{100424}_{a_3} : \underbrace{021724}_{a_4} : \underbrace{151914}_{a_5} : \underbrace{061700}_{a_6} : \underbrace{150724}_{a_7}$$

그리고, 각 i $(1 \le i \le 7)$ 에 대하여

$$b_i \equiv a_i^{31} \pmod{m}, \quad 1 \le b_i < m$$

인 정수 b_i 를 차례로 늘어놓아 만든 정수를 b 라고 하면 다음 결과를 얻는다.

$$b = \underbrace{2721372}_{b_1} : \underbrace{3969831}_{b_2} : \underbrace{2416419}_{b_3} : \underbrace{1795753}_{b_4} : \underbrace{2110079}_{b_5} : \underbrace{0242624}_{b_6} : \underbrace{0889174}_{b_7}$$

한편, 수신한 암호문 $b_1, b_2, \cdots, b_7$ 과 d 를 이용하여 각 b_i 에 대하여

$$a_i \equiv b_i^{3145759} \pmod{m}, \quad 1 \le a_i < m$$

인 정수 a_i 를 구하여 이들을 차례로 늘어놓으면 a 를 얻고 이로부터 평문을 얻게 된다.

RSA 암호체계의 안전성은 정수의 인수분해 문제가 어렵다는 사실에 근거를 두고 있다([해설1207] 참조).

앞에서 논한 RSA 암호체계 프로토콜의 단계 (1), (2) 에서 A 가 상당히 큰 서로 다른 두 素數 p, q 를 택하는 경우에 합당한 시간 안에 $m = pq$ 의 두 소인수를 구하는 일은 대단히 어렵고 따라서 $\varphi(m) = (p-1)(q-1)$ 의 값을 계산해내는 일은 대단히 어려우므로 공개된 e 의 값을 이용하여 d 를 구하는 일은 대단히 어렵다.

한편, 두 素數 p, q 는 다음과 같은 조건을 만족시켜야 한다.

(1) p 와 q 는 서로 다르고 상당히 커야 한다.

(2) p 와 q 의 자리의 수가 거의 같아야 한다.

(3) $p-1$ 과 $q-1$ 의 소인수는 모두 상당히 커야 한다.

(4) $p-1$ 과 $q-1$ 의 최대공약수는 작아야 한다.

그리고, 서로 다른 두 홀수인 素數 p, q 에 대하여 $m = pq$ 일 때, m 을 소인수분해하여 p, q 를 알아내는 일은 그리 쉽지 않다. 한편,

$$\varphi(m) = (p-1)(q-1) = pq - (p+q) + 1$$

이므로 $p+q = m - \varphi(m) + 1$ 이다.

따라서 p, q 는 이차방정식

$$x^2 - (m - \varphi(m) + 1)x + m = 0$$

의 두 근이다. 따라서 m 과 $\varphi(m)$ 의 값을 알면, 위의 이차방정식의 두 근을 구하여 p, q 의 값을 얻을 수 있다.

이와 같이 추가적인 정보 $\varphi(m)$ 의 값을 이용하여 m 의 두 소인수 p, q 의 값을 결정할 수 있으므로 $\varphi(m)$ 의 값이 바로 **덫문**(trap door)이다.

RSA 암호체계를 실행할 때에는 다음 몇 가지 사항에 유의하여야 한다.

(1) 여러 수신자가 동일한 정수 m 을 이용하는 일은 피하는 것이 좋다.

실제로, 둘 이상의 수신자가 동일한 정수 $m = pq$ 를 이용하는 경우에 이들이 서로 다른 암호화 함수를 써서 동일한 평문 a 를 암호문으로 변환시키면, 공격자는 m 의 두 소인수 p, q 의 값이나 복호 함수를 모르더라도 암호문을 이용하여 평문 a 를 알아낼 수 있다.

예를 들어, 두 수신자 A, B 가 각각

$$\gcd(e_1, \varphi(m)) = 1, \quad \gcd(e_2, \varphi(m)) = 1,$$

$$\gcd(e_1, e_2) = 1$$

인 양의 정수 e_1, e_2 를 공개했을 때, 송신자 U 가 평문 a 를 각각

$$b_1 \equiv a^{e_1} \pmod{m}, \quad 1 \le b_1 < m$$

$$b_2 \equiv a^{e_2} \pmod{m}, \quad 1 \le b_2 < m$$

인 정수 b_1, b_2 로 변환시켜 이를 각각 A, B 에게 전송하는 경우를 생각하자.

이 때, $\gcd(e_1, e_2) = 1$ 이므로 $e_1 s + e_2 t = 1$ 인 정수 s, t 가 존재하고 (정리 2.2.6), 이때

$$a \equiv a^{e_1 s + e_2 t} \equiv (a^{e_1})^s (a^{e_2})^t$$

$$\equiv b_1{}^s b_2{}^t \pmod{m}$$

이므로, 공격자가 이미 공개된 e_1, e_2 의 값과 암호문 b_1, b_2 를 알고 있으면 위의 합동식을 이용하여 a 를 알아낼 수 있다.

(2) 암호화 함수에서 지수 e 의 값은 상당히 커야 한다.

예를 들어, 세 수신자 A, B, C 가 각각 쌍마다 서로 소인 세 양의 정수 m_1, m_2, m_3 를 공개하고 세 사용자가 모두 $e = 3$ 을 공개했을 때, 송신자 U 가 평문 a 를 세 암호화 함수

$$E_1 : \mathbb{Z}_{m_1} \longrightarrow \mathbb{Z}_{m_1},\ E_1(x) = x^3$$
$$E_2 : \mathbb{Z}_{m_2} \longrightarrow \mathbb{Z}_{m_2},\ E_2(x) = x^3$$
$$E_3 : \mathbb{Z}_{m_3} \longrightarrow \mathbb{Z}_{m_3},\ E_3(x) = x^3$$

를 이용하여 암호문 b_1, b_2, b_3 로 변환시켜 이를 각각 A, B, C 에게 송신하는 경우를 생각하자. 이 때,

$$\begin{cases} b_1 \equiv a^3 \pmod{m_1}, & 1 \le b_1 < m_1 \\ b_2 \equiv a^3 \pmod{m_2}, & 1 \le b_2 < m_2 \\ b_3 \equiv a^3 \pmod{m_3}, & 1 \le b_3 < m_3 \end{cases}$$

이므로, 연립일차합동식

$$(*) \qquad \begin{cases} x \equiv b_1 \pmod{m_1} \\ x \equiv b_2 \pmod{m_2} \\ x \equiv b_3 \pmod{m_3} \end{cases}$$

의 유일한 해는 $x \equiv a^3 \pmod{m_1 m_2 m_3}$ 이다.

한편, $1 \le a < m_1$, $1 \le a < m_2$, $1 \le a < m_3$ 이므로

$$1 \le a^3 < m_1 m_2 m_3$$

이고, 따라서 공격자가 m_1, m_2, m_3 의 값과 암호문 b_1, b_2, b_3 를 알고 있을 때, 중국인의 나머지 정리(정리 3.2.3)를 이용하여 (*) 의 해

$$x \equiv b \pmod{m_1 m_2 m_3}, \qquad 1 \le b < m_1 m_2 m_3$$

를 구하면 $b = a^3$ 이고, 이로부터 a 를 알아낼 수 있다.

암호화 함수에서 지수 e 를 흔히 Fermat 素數

$$F_4 = 2^{16} + 1 = 65537$$

로 택하는 경우가 많다(정의 2.4.2 참조).

이와 같은 경우에 $\gcd(e, \varphi(m)) = 1$ 일 때, $1 \le a < m$ 인 정수 a 에 대하여

$$b \equiv a^e \equiv a^{65537} \equiv a^{2^{16}} a \pmod{m}, \qquad 1 \le b < m$$

인 정수 b 를 구하려면 정수를 제곱하는 일을 되풀이하여 계산할 수 있다.

(3) 복호 함수

$$a_i \equiv b_i^{\,d} \pmod{m}, \qquad 0 \le a_i < m$$

에서 지수 d 의 값은 적당히 커야 한다.

(4) 평문 a 는 상당히 큰 것이 좋다.

평문 a 가 비교적 작은 정수일 때에는 a 의 앞 부분과 뒷 부분에 적당한 정수를 이어 놓아 그 자리의 수를 늘려 놓으면 좋다.

연 습 문 제 (3.6)

1. 두 素數 11, 17 에 대하여

$$m = 11 \cdot 17 = 187, \quad \varphi(m) = 10 \cdot 16 = 160$$

일 때, $e = 7$ 에 대하여

$$ed \equiv 1 \pmod{\varphi(m)}, \quad 1 \le d < \varphi(m)$$

인 정수 d 를 구하여라.

2. 두 素數 17, 19 에 대하여

$$m = 17 \cdot 19 = 323, \quad \varphi(m) = 16 \cdot 18 = 288$$

일 때, $e = 55$ 에 대하여

$$ed \equiv 1 \pmod{\varphi(m)}, \quad 1 \le d < \varphi(m)$$

인 정수 d 를 구하여라.

§3.7 원시근과 이산로그

Fermat의 정리(정리 3.3.1)에 의하면, p가 素數일 때, $a \not\equiv 0 \pmod{p}$인 정수 a에 대하여 $a^{p-1} \equiv 1 \pmod{p}$이다.

정의 3.7.1 정수 p가 素數일 때, $a \not\equiv 0 \pmod{p}$인 정수 a에 대하여

$$a^r \equiv 1 \pmod{p}, \qquad 1 \le r \le p-1$$

인 가장 작은 양의 정수 r가 존재한다. 이러한 양의 정수 r를 a의 법 p에 관한 **위수**(位數, order)라 하고 r를 $\mathrm{ord}_p\, a$로 나타낸다.

특히, $a \equiv 1 \pmod{p}$일 때 그리고 이때에만 $\mathrm{ord}_p\, a = 1$이다.

보기 3.7.1 素數 7에 대하여 $\mathrm{ord}_7\, 2 = 3$이다. 실제로 다음이 성립한다.

$$2^1 \equiv 2 \pmod{7},\ \ 2^2 \equiv 4 \pmod{7},\ \ 2^3 \equiv 1 \pmod{7},$$
$$2^4 \equiv 2 \pmod{7},\ \ 2^5 \equiv 4 \pmod{7},\ \ 2^6 \equiv 1 \pmod{7}$$

정리 3.7.2 素數 p와 $\gcd(a, p) = 1$인 정수 a에 대하여 $\mathrm{ord}_p\, a = r$일 때, 음이 아닌 정수 i, j에 대하여 다음이 성립한다.

(1) $a \equiv b \pmod{p}$이면, $\mathrm{ord}_p\, a = \mathrm{ord}_p\, b$이다.

(2) $a^i \equiv 1 \pmod{p} \Longleftrightarrow r \mid i$

(3) $r \mid (p-1)$

(4) $a^i \equiv a^j \pmod{m} \Longleftrightarrow i \equiv j \pmod{r}$

(5) 정수 $a^0, a^1, \cdots, a^{r-1}$은 법 p에 관하여 어느 둘도 합동이 아니다.

증 명 (1) 따름정리 3.1.5에 의하여 $a \equiv b \pmod{m}$이면 모든 양의 정수 k에 대하여 $a^k \equiv b^k \pmod{m}$이므로

$$a^k \equiv 1 \pmod{m} \Longleftrightarrow b^k \equiv 1 \pmod{m}$$

이고, 따라서 $\mathrm{ord}_m a = \mathrm{ord}_m b$ 이다.

(2) $a^i \equiv 1 \pmod{p}$ 일 때, $i = rs + t$, $0 \le t < r$ 라고 하면,

$$1 \equiv a^i \equiv a^{rs} a^t \equiv (a^r)^s a^t \equiv (1^s) a^t \equiv a^t \pmod{p}$$

이므로 r 의 最小性에 의하여 $t = 0$ 이고 따라서 $r \mid i$ 이다.

역으로, $r \mid i$ 일 때, $i = rk$ 이라고 하면 다음이 성립한다.

$$a^i \equiv a^{rk} \equiv (a^r)^k \equiv 1^k \equiv 1 \pmod{m}$$

(3) Fermat 의 정리에 의하여 $a^{p-1} \equiv 1 \pmod{p}$ 이므로, (2) 에 의하여 $r \mid (p-1)$ 이다.

(4) 일반성을 잃지 않고 $i \ge j$ 이라고 가정해도 좋다. 이 때, 가정에 의하여 $\gcd(a, p) = 1$ 이므로 정리 3.1.9 와 위의 (2) 에 의하여 다음이 성립한다.

$$\begin{aligned} a^i \equiv a^j \pmod{p} &\Longleftrightarrow a^{i-j} \equiv 1 \pmod{m} \\ &\Longleftrightarrow r \mid (i-j) \quad \text{즉} \quad i \equiv j \pmod{r} \end{aligned}$$

(5) 위의 (4) 에 의하여 (5) 가 성립한다.

정의 3.7.3 홀수인 素數 p 에 대하여 $\mathrm{ord}_p g = p-1$ 인 정수 g 가 존재한다. 즉,

$$g^i \not\equiv 1 \pmod{p} \quad (1 \le i \le p-2), \qquad g^{p-1} \equiv 1 \pmod{p}$$

이러한 정수 g 를 p 의 **원시근**(原始根, primitive root) 이라고 한다.

보기 3.7.2 素數 $p = 7$ 에 관하여 다음이 성립한다.

$$3^1 \equiv 3 \pmod{7},\ 3^2 \equiv 2 \pmod{7},\ 3^3 \equiv 6 \pmod{7},$$
$$3^4 \equiv 4 \pmod{7},\ 3^5 \equiv 5 \pmod{7},\ 3^6 \equiv 1 \pmod{7}$$
$$5^1 \equiv 5 \pmod{7},\ 5^2 \equiv 4 \pmod{7},\ 5^3 \equiv 6 \pmod{7},$$
$$5^4 \equiv 2 \pmod{7},\ 5^5 \equiv 3 \pmod{7},\ 5^6 \equiv 1 \pmod{7}$$

따라서 $\mathrm{ord}_7 3 = 6 = p-1$, $\mathrm{ord}_7 5 = 6 = p-1$ 이다.

정수 $1, 2, \cdots, 6$ 중에서 7 의 원시근인 것은 3 과 5 뿐이다.

a	1	2	3	4	5	6
$\mathrm{ord}_7 a$	1	3	6	3	6	2

정리 3.7.4 홀수인 素數 p에 대하여 g가 p의 원시근일 때, 음이 아닌 정수 i, j에 대하여 다음이 성립한다.

(1) $g \equiv h \pmod{p}$ 이면, h는 p의 원시근이다.

(2) $g^i \equiv 1 \pmod{p} \Leftrightarrow (p-1) \mid i$

(3) $g^i \equiv g^j \pmod{p} \Leftrightarrow i \equiv j \pmod{p-1}$

위의 정리는 정리 3.7.2를 원시근에 대한 정리로 고쳐 쓴 것이다.

이 정리에 의하여 $g^0, g^1, \cdots, g^{p-2}$는 각각 $1, 2, \cdots, p-1$중 어느 하나와 법 p에 관하여 합동이다. 따라서 $a \not\equiv 0 \pmod{p}$인 정수 a에 대하여 $a \equiv g^i \pmod{p}$, $0 \le i < p-1$인 정수 i가 존재한다.

정의 3.7.5 素數 p에 대하여 g가 p의 원시근일 때, $a \not\equiv 0 \pmod{p}$인 정수 a에 대하여

$$a \equiv g^i \pmod{p}, \qquad 0 \le i < p-1$$

인 정수 i가 단 하나 존재한다. 이러한 정수 i를 (g를 밑수로 가지는) 법 p에 관한 a의 **이산로그**(離散로그, discrete logarithm) 또는 **지수**(指數, index)라 하고 이것을 $\mathrm{ind}_g\, a$로 나타낸다. 즉,

$$\mathrm{ind}_g\, a = i \Leftrightarrow a \equiv g^i \pmod{p}, \quad 0 \le i < p-1$$

보기 3.7.3 素數 $p = 7$에 대하여 3은 7의 원시근이다. 실제로,

$$3^1 \equiv 3 \pmod{7}, \quad 3^2 \equiv 2 \pmod{7},$$
$$3^3 \equiv 6 \pmod{7}, \quad 3^4 \equiv 4 \pmod{7},$$
$$3^5 \equiv 5 \pmod{7}, \quad 3^6 \equiv 1 \equiv 3^0 \pmod{7}$$

이므로 3을 밑수로 기지는 법 7에 관한 이산로그표는 아래 표와 같다.

$3^1 \equiv 3 \pmod{7} \Leftrightarrow \mathrm{ind}_3\, 3 = 1,$

$3^3 \equiv 6 \pmod{7} \Leftrightarrow \mathrm{ind}_3\, 6 = 3$

a	1	2	3	4	5	6
$\mathrm{ind}_3\, a$	0	2	1	4	5	3

이산로그의 성질은 자주 사용하는 로그(logarithm)와 유사하다(보기 1.3.3).

정리 3.7.6 정수 g가 홀수인 素數 p의 원시근일 때, $\gcd(a, m) = 1$, $\gcd(b, m) = 1$인 정수 a, b와 양의 정수 n에 대하여 다음이 성립한다.

(1) $\text{ind}_g 1 = 0, \quad \text{ind}_g g = 1$

(2) $a \equiv b \pmod{p} \Longleftrightarrow \text{ind}_g a = \text{ind}_g b$

(3) $\text{ind}_g ab \equiv \text{ind}_g a + \text{ind}_g b \pmod{p-1}$

(4) $\text{ind}_g a^n \equiv n\, \text{ind}_g a \pmod{p-1}$

증 명 (1) $g^0 \equiv 1 \pmod{p}$, $g^1 \equiv g \pmod{p}$이므로 (1)이 성립한다.

(2) 이제 $i = \text{ind}_g a$, $j = \text{ind}_g b$이라고 하면,

$$a \equiv g^i \pmod{p}, \quad b \equiv g^j \pmod{p}, \quad 0 \le i, j < p-1$$

이므로 다음이 성립한다(정리 3.7.4 참조).

$$a \equiv b \pmod{p} \Longleftrightarrow i \equiv j \pmod{p-1} \Longleftrightarrow i = j$$

(3), (4) 이제 $i = \text{ind}_g a$, $j = \text{ind}_g b$이라고 하자.

이 때, $a \equiv g^i \pmod{p}$, $b \equiv g^j \pmod{p}$이고, 또 r, s를

$$i + j \equiv r \pmod{p-1}, \quad 0 \le r < p-1,$$
$$in \equiv s \pmod{p-1}, \quad 0 \le s < p-1$$

인 정수라고 하면,

$$ab \equiv g^i g^j \equiv g^{i+j} \equiv g^r \pmod{p}, \quad a^n \equiv g^{in} \equiv g^s \pmod{p}$$

이므로 다음 결과를 얻는다(정리 3.7.4).

$$\text{ind}_g ab \equiv r \equiv i + j \equiv \text{ind}_g a + \text{ind}_g b \pmod{p-1},$$
$$\text{ind}_g a^n \equiv s \equiv ni \equiv n\, \text{ind}_g a \pmod{p-1}$$

보기 3.7.4 다음 표는 법 17에 관한 3을 밑으로 가지는 이산로그표이다.

a	1	2	3	4	5	6	7	8	9	10	11	12	13	14	15	16
$\text{ind}_3 a$	0	14	1	12	5	15	11	10	2	3	7	13	4	9	6	8

이 이산로그표를 이용하여 다음 결과를 얻는다.

$$\text{ind}_3\,6^{20} \equiv 20\,\text{ind}_3\,6 \equiv 20\cdot 15 \equiv 12 \pmod{16},$$

$$\text{ind}_3\,6^{20} = 12 = \text{ind}_3\,4, \qquad 6^{20} \equiv 4 \pmod{17}$$

$$\text{ind}_3\,54 \equiv \text{ind}_3\,9 + \text{ind}_3\,6 \equiv 2 + 15 \equiv 17 \equiv 1 \pmod{16}$$

$$\text{ind}_3\,54 = 1 = \text{ind}_3\,3, \qquad 54 \equiv 1 \pmod{17}$$

素數 p 의 원시근과 이산로그표는 [해설307] 에서 찾아 볼 수 있다.

연 습 문 제 (3.7)

1. 법 31 에 관한 2 의 위수를 구하여라. 그리고,

$$2^{32} \equiv b \pmod{31}, \quad 0 \le b < 31$$

인 정수 b를 구하여라.

2. 보기 3.7.2 를 이용하여 다음 합동식의 해를 구하여라.

(1) $3\cdot x \equiv 1 \pmod 7$ (2) $3^2\cdot x \equiv 1 \pmod 7$

(3) $5^3\cdot x \equiv 1 \pmod 7$ (4) $5^4\cdot x \equiv 1 \pmod 7$

3. 정수 6 이 素數 11 의 원시근임을 밝혀라. 그리고, $g = 6$ 을 밑으로 가지는 법 11 에 관한 이산로그표를 만들고, 다음 물음에 답하여라.

(1) $6^e \equiv 8 \pmod{11}$, $1 \le e \le 10$ 인 정수 e를 구하여라.

(2) $\text{ind}_6\,a = 7$, $1 \le a \le 10$ 인 정수 a를 구하여라.

4. 보기 3.7.4 의 이산로그표를 이용하여 다음과 같은 정수 a를 구하여라.

(1) $\text{ind}_3\,a = 7$, $1 \le a \le 16$

(2) $a \equiv (3^{10})^3 \pmod{17}$, $1 \le a \le 16$

(3) $a \equiv (3^5)^{20} \pmod{17}$, $1 \le a \le 16$

5. 보기 3.7.4 의 이산로그표를 이용하여 합동식 $27\,x^{21} \equiv 3 \pmod{17}$ 의 해를 구하여라.

§3.8 ElGamal 암호체계

정수 p가 홀수인 素數일 때, 집합 $\mathbb{Z}_p = \{0, 1, \cdots, p-1\}$는 다음과 같이 정의된 덧셈과 곱셈에 관하여 가환환을 이룬다(정리 3.4.2).

$$a + b = r \quad (r\text{는 합 } a+b\text{를 } p\text{로 나누었을 때의 나머지})$$

$$a \cdot b = s \quad (s\text{는 곱 } ab\text{를 } p\text{로 나누었을 때의 나머지})$$

그런데, Fermat의 정리에 의하면, $a \not\equiv 0 \pmod{p}$인 정수 a에 대하여 $a^{p-1} \equiv 1 \pmod{p}$이다. 따라서 가환환 $\mathbb{Z}_p$에서 모든 $a \in \mathbb{Z}_p, a \neq 0$에 대하여 $a^{p-1} = 1$이고, 또 가환환 $\mathbb{Z}_p$에서

$$\mathbb{Z}_p^* = \{1, 2, \cdots, p-1\} = \mathbb{Z}_p^* - \{0\}$$

이라고 할 때, $g\ (2 \le g < p-1)$가 p의 원시근이라는 말은

$$\mathbb{Z}_p^* = \{g^0, g^1, \cdots, g^{p-2}\}, \quad g^{p-1} = 1$$

임을 뜻하고 따라서 $g^{-1} = g^{p-2}$이다(정의 3.7.3, 정리 3.7.4).

보기 3.8.1 素數 $p = 7$에 대하여 3은 7의 원시근이다(보기 3.7.3). 따라서 가환환 $\mathbb{Z}_7 = \{0, 1, 2, 3, 4, 5, 6\}$에서 다음이 성립한다.

$$\mathbb{Z}_7^* = \{3^0, 3^1, 3^2, 3^3, 3^4, 3^5, 3^6\}$$

$$3^1 = 3,\ 3^2 = 2,\ 3^3 = 6,\ 3^4 = 4,\ 3^5 = 5,\ 3^6 = 1 = 3^0,$$

$$3 \cdot 3^5 = 3^6 = 1,\ 3^{-1} = 3^5 = 5,\quad 2^{-1} = (3^2)^{-1} = 3^4 = 4$$

정리 3.8.1 홀수인 素數 p에 대하여 g가 법 p에 관한 원시근일 때, 양의 정수 r에 대하여 $d = g^r$이라고 하면 양의 정수 s에 대하여 두 함수

$$E : \mathbb{Z}_p^* \longrightarrow \mathbb{Z}_p^*,\ E(x) = d^s x$$

$$D : \mathbb{Z}_p^* \longrightarrow \mathbb{Z}_p^*,\ D(x) = d^{-s} x$$

는 일대일 대응이고 또 $E^{-1} = D,\ D^{-1} = E$이다.

증 명 임의의 원소 $a \in \mathbb{Z}_p^* = \{1, \cdots, p-1\}$ 에 대하여

$$D(E(a)) = D(d^s a) = d^{-s} d^s a = a,$$
$$E(D(a)) = E(d^{-s} a) = d^s d^{-s} a = a$$

이므로 E, D 는 일대일 대응이고 $E^{-1} = D,\ \ D^{-1} = E$ 이다(정리 1.3.3).

다음에 논할 ElGamal 암호체계는 ElGamal 이 1985 년에 개발해낸 것으로, 이 암호체계는 정리 3.8.1 에 그 근거를 두고 있다.

[ElGamal 암호체계 프로토콜]

(1) 수신자 A 는 상당히 큰 홀수인 素數 p 를 택하고 법 p 에 관한 원시근 g 를 택한다. 그리고, $1 \leq r \leq p-1$ 인 정수 r 를 임의로(randomly) 택하고

$$d \equiv g^r \pmod{p}, \qquad 1 \leq d < p$$

인 d 의 값을 구하여 p, g, d 는 공개하지만 r 는 공개하지 않는다.
즉, 사용자 A 의 공개 열쇠는 p, g, d 이고 비밀 열쇠는 r 이다.

(2) 송신자 U 는 평문을 $1 \leq a < p$ 정수 a 로 나타낸다.

(3) 송신자 U 는 $1 \leq s < p$ 정수 s 를 임의로(randomly) 택하여

$$b \equiv g^s \pmod{p}, \qquad 1 \leq b < p$$
$$c \equiv a d^s \pmod{p}, \qquad 1 \leq c < p$$

인 정수 b, c 를 구하여 암호문 (b, c) 를 A 에게 송신한다.

(4) 수신자 A 는 수신한 암호문 (b, c) 와 비밀 열쇠 r 를 이용하여

$$b b^{-1} \equiv 1 \pmod{p}, \qquad 1 \leq b^{-1} < p$$

인 b^{-1} 를 구하고

$$a \equiv (b^{-1})^r c \pmod{p}, \qquad 1 \leq a < p$$

인 정수 a 를 구하여 평문 a 를 얻는다.

여기서 p, g, r, d 는 A 에 따라 달라지고 s 는 U 에 따라 달라진다.

송신자 U

비밀 열쇠 : s
평 문 : a
암호문 : (b, c)
$b \equiv g^s \pmod{p}$
$c \equiv a d^s \pmod{p}$

수신자 A

비밀 열쇠 : r
암호문 : (b, c)
평문 : a
$b b^{-1} \equiv 1 \pmod{p}$
$a \equiv (b^{-1})^r c \pmod{p}$

p 홀수인 素數
g 법 p 에 관한 원시근
r $1 \leq r \leq p-1$
s $1 \leq s \leq p-1$
$d \equiv g^r \pmod{p}$

s 공개 열쇠 (p, g, d) → 송신자 U
r → 수신자 A

보기 3.8.2 素數 $p = 37$ 에 대하여 $g = 2$ 는 법 p 에 관한 원시근이고 2를 밑으로 가지는 법 37에 관한 이산로그표는 다음과 같다.

a	1	2	3	4	5	6	7	8	9	10	11	12	13	14	15	16	17
$\text{ind}_g a$	0	1	26	2	23	27	32	3	16	24	30	28	11	33	13	4	7

a	18	19	20	21	22	23	24	25	26	27	28	29	30	31	32	33	34	35	36
$\text{ind}_g a$	17	35	25	22	31	15	29	10	12	6	34	21	14	9	5	20	8	19	18

위의 표에 의하여 $r = 31$, $s = 7$, $a = 19$ 일 때,

$$d \equiv g^r \equiv g^{31} \equiv 22 \pmod{37} \quad \text{즉} \quad \text{ind}_g 22 = 31 = r$$

$$b \equiv g^s \equiv g^7 \equiv 17 \pmod{37}$$

$$\begin{aligned} c \equiv a d^s &\equiv 19 \cdot 22^7 \equiv g^{35} \cdot (g^{31})^7 \\ &\equiv g^{252} \equiv (g^{36})^7 \equiv 1^7 \equiv 1 \pmod{37} \end{aligned}$$

이라고 하면, 다음이 성립한다.

$$b^{-1} \equiv b^{35} \equiv (g^7)^{35} \equiv g^{245} \equiv (g^{36})^6 g^{29} \equiv g^{29} \equiv 24 \pmod{37},$$

$$\begin{aligned} (b^{-1})^r c &\equiv 24^{31} \cdot 1 \equiv (g^{29})^{31} \equiv 2^{899} \\ &\equiv (g^{36})^{24} g^{35} \equiv g^{35} \equiv 19 \pmod{37} \end{aligned}$$

ElGamal 암호체계의 단계 (3) 에서 평문 a에 대한 암호문 (b, c)의 길이는 a의 길이의 2 배 정도가 된다. 그리고 단계 (4) 에서 다음이 성립한다.

$$(b^{-1})^r c \equiv g^{-sr} a d^s \equiv g^{-sr} g^{rs} a \equiv a \pmod{p}$$

이 암호체계는 이산로그 문제에 근거를 두고 있다.

실제로, $d \equiv g^r \pmod{p}$ 이므로 공개된 d의 값을 이용하여 비밀 열쇠 r를 구하는 것은 이산로그 문제로 이 문제를 해결하는 일은 상당히 어렵다. 최근에 이산로그 알고리즘에 대한 연구가 활발하게 진행됨에 따라 素數 p의 크기를 768 비트 이상일 것을 권하고 있다.

그리고, 단계 (2) 에서 r를 임의로 택하는 이유는 암호문이 노출되는 경우에 통계적 분석에 의한 공격의 가능성을 줄이기 위한 것이다.

ElGamal 암호체계의 안전성과 관련하여 한 가지 중요한 특징은 임의로 택한 정수 s이다. 여러 개의 평문에 동일한 s를 사용할 경우에는 특정한 한 개의 평문의 내용을 알면 다른 평문의 내용을 모두 알아낼 수 있으므로, 서로 다른 평문에 대하여 동일한 s를 사용하는 것을 피하는 것이 좋다.

예를 들어, 서로 다른 두 평문 a, a'에 대하여 동일한 s를 사용하는 경우에 a, a'에 대응하는 암호문을 각각 (b, c), (b', c')이라고 하면,

$$b \equiv g^s \pmod{p}, \qquad c \equiv a d^s \pmod{p},$$
$$b' \equiv g^s \pmod{p}, \qquad c' \equiv a' d^s \pmod{p}$$

이고 또 $1 \le d < p$, $1 \le c < p$ 이므로

$$d d^{-1} \equiv 1 \pmod{p}, \quad 1 \le d^{-1} < p$$
$$c c^{-1} \equiv 1 \pmod{p}, \quad 1 \le c^{-1} < p$$

인 정수 d^{-1}, c^{-1}이 존재하고 이때 다음이 성립한다.

$$a' \equiv (d^{-1})^s c' \equiv a c^{-1} c' \pmod{p}$$

그러므로, 공격자가 비밀 열쇠 r의 값을 모르더라도 한 평문 a와 이에 대응하는 c를 알고 있을 때, 다른 평문 a'에 대응하는 c'을 알게 되면 이로부터 a'을 알아낼 수 있다.

타원곡선을 이용한 ElGamal 암호체계에 대해서는 §12.7 에서 논한다.

공개 열쇠 암호체계는 문서를 인증(authentication)하는 데에도 이용된다. 각 문서에는 그 내용에 근거한 독특한 전자 서명(디지탈 서명, digital signature)이 지정된다. 각 문서에 첨부되는 서명은 비밀 열쇠를 이용하여 암호화되며 문서를 수신한 사람은 공개 열쇠를 이용하여 서명이 유효하다는 것을 검증할 수 있다. 전자 서명에 대해서는 [해설308]에 설명하기로 한다.

연 습 문 제 (3.8)

1. 다음은 $g = 2$ 를 밑으로 가지는 법 $p = 37$ 에 관한 이산로그표이다.

a	1	2	3	4	5	6	7	8	9	10	11	12	13	14	15	16	17
$\text{ind}_g\, a$	0	1	26	2	23	27	32	3	16	24	30	28	11	33	13	4	7

a	18	19	20	21	22	23	24	25	26	27	28	29	30	31	32	33	34	35	36
$\text{ind}_g\, a$	17	35	25	22	31	15	29	10	12	6	34	21	14	9	5	20	8	19	18

위의 이산로그표를 이용하여 다음 물음에 답하여라.

(1) $r = 15$ 일 때, $d \equiv g^r \pmod{37}$, $1 \le d < 37$ 인 정수 d 를 구하여라.

(2) $s = 22$, $a = 19$ 일 때,

$$b \equiv g^s \pmod{37}, \qquad 1 \le b < 37$$

$$c \equiv a d^s \pmod{37}, \qquad 1 \le c < 37$$

인 정수 b, c 를 구하고 $b^{-r} c \equiv a \pmod{37}$ 임을 확인하여라.

2. 보기 3.7.4 의 이산로그표를 이용하여 다음 물음에 답하여라.

(1) $r = 5$ 일 때, $d \equiv 3^r \pmod{17}$, $1 \le d < 17$ 인 정수 d 를 구하여라.

(2) $s = 9$, $a = 15$ 일 때,

$$b \equiv 3^s \pmod{17}, \qquad 1 \le b < 17$$

$$c \equiv a d^s \pmod{17}, \qquad 1 \le c < 17$$

인 정수 b, c 를 구하고 $b^{-r} c \equiv a \pmod{17}$ 임을 확인하여라.

제 4 장

선형점화수열

이 장에서는, 동차 선형점화식과 동차 선형점화수열의 고유다항식, 생성함수 그리고 최대주기수열과 스트림 암호체계에 대하여 논한다.

실제로, 체와 다항식, 무한수열, 형식적 멱급수와 유한체에 대하여 논하고 체 $\mathbb{F}_p$ 위의 선형점화수열의 주기와 최대주기수열의 특성과, 선형 Shift Register, 스트림 암호체계, $\frac{1}{p}$의 소수 표현에 대하여 논한다.

동차 선형점화수열과 최대주기수열에 대한 상세한 논의는 다음 책을 참조하기 바란다.

박승안, 암호과 부호이론, 제 2 판, 2008 년

§4.1 체와 다항식

이 절에서는, 특수한 수체계를 정의한다.

정의 4.1.1 집합 F 위에 덧셈과 곱셈이 정의되어 있고, 또 이 두 연산에 관하여 다음이 성립할 때, F를 **체**(體, field)라고 한다.

A.1 : $(a+b)+c = a+(b+c)$ (덧셈에 관한 결합법칙)

A.2 : $a+b = b+a$ (덧셈에 관한 교환법칙)

A.3 : 특정한 원소 $0 \in R$이 존재하여 모든 원소 $a \in R$에 대하여 등식

$$a+0 = 0+a = a$$

가 성립한다.

A.4 : 각 원소 $a \in R$에 대하여

$$a+(-a) = (-a)+a = 0$$

인 원소 $-a \in R$가 존재한다.

M.1 : $(a\,b)\,c = a\,(b\,c)$ (곱셈에 관한 결합법칙)

M.2 : $a\,b = b\,a$ (곱셈에 관한 교환법칙)

M.3 : 특정한 원소 $1 \in R$, $1 \neq 0$ 이 존재하여 모든 원소 $a \in R$에 대하여 다음 등식이 성립한다.

$$a\,1 = 1\,a = a$$

M.4 : 각 원소 $a \in F$, $a \neq 0$ 에 대하여 a의 곱셈에 관한 역원 $a^{-1} \in F$가 존재한다. 즉,

$$a\,a^{-1} = a^{-1}\,a = 1$$

D : $a(b+c) = a\,b + a\,c$,
$(a+b)\,c = a\,c + b\,c$ (분배법칙)

다시 말하면, 체는 가환환인 동시에 M.4가 성립하는 체계이다.

체 F에서 뺄셈과 나눗셈을 각각 다음과 같이 정의된다.

(i) $a-b = a+(-b)$ (ii) $a \div b = \dfrac{a}{b} = a\,b^{-1}$ $(b \neq 0)$

보기 4.1.1 유리수 전체의 집합 $\mathbb{Q}$, 실수 전체의 집합 $\mathbb{R}$, 복소수 전체의 집합 $\mathbb{C}$는 덧셈과 곱셈에 관하여 체를 이룬다(정리 1.2.6). 체 $\mathbb{Q}$, $\mathbb{R}$, $\mathbb{C}$를 각각

유리수체(有理數體, rational number field),
실수체(實數體, real number field),
복소수체(複素數體, complex number field)

라고 한다.

정리 3.4.2 와 정리 3.4.3 에 의하여 다음이 성립한다(보기 3.4.2 참조).

정리 4.1.2 정수 p가 素數일 때, $\mathbb{Z}_p = \{0, 1, \cdots, p-1\}$는 다음과 같이 정의된 덧셈과 곱셈에 관하여 체를 이룬다.

$a + b = r$ (r는 합 $a + b$를 p로 나누었을 때의 나머지)

$a \cdot b = s$ (s는 곱 ab를 p로 나누었을 때의 나머지)

보기 4.1.2 체 $\mathbb{Z}_2 = \{0, 1\}$의 덧셈표와 곱셈표는 다음과 같다.

+	0	1
0	0	1
1	1	0

·	0	1
0	0	0
1	0	1

$1 + 1 = 0, \ -1 = 1$

$1 \cdot 1 = 1, \ 1^{-1} = 1$

그리고, 체 $\mathbb{Z}_3 = \{0, 1, 2\}$의 덧셈표와 곱셈표는 다음과 같다.

+	0	1	2
0	0	1	2
1	1	2	0
2	2	0	1

·	0	1	2
0	0	0	0
1	0	1	2
2	0	2	1

$1 + 2 = 0, \ 2 + 2 = 1,$

$-1 = 2, \ -2 = 1,$

$2 \cdot 2 = 1, \ 2^{-1} = 2$

체 F 위의 순서 n조 전체의 집합을 F^n으로 나타낸다. 즉,

$$F^n = \{(x_1, x_2, \cdots, x_n) \mid x_1, x_2, \cdots, x_n \in F\}$$

그리고, F^n의 두 원소 $v = (a_1, a_2, \cdots, a_n)$, $w = (b_1, b_2, \cdots, b_n)$에 대하여 상등관계(相等關係), 합과 차 그리고 $a \in F$에 의한 v의 스칼라 배(scalar multiple) av를 다음과 같이 정의한다.

$$v = w \Longleftrightarrow a_1 = b_1,\ a_2 = b_2,\ \cdots,\ a_n = b_n$$
$$v + w = (a_1 + b_1,\ a_2 + b_2,\ \cdots,\ a_n + b_n),$$
$$v - w = (a_1 - b_1,\ a_2 - b_2,\ \cdots,\ a_n - b_n),$$
$$av = (aa_1,\ aa_2,\ \cdots,\ aa_n), \quad -v = (-1)v$$

이 때, 다음 정리가 성립함을 쉽게 확인할 수 있다.

정리 4.1.3 체 F 위에서 임의의 $v, w, u \in F^n$ 와 $a, b \in F$ 에 대하여 다음이 성립한다. 여기서, $\mathbf{0} = (0, 0, \cdots, 0)$ 이다.

A.1 : $(v+w) + u = v + (w+u)$

A.2 : $v + w = w + v$

A.3 : $v + \mathbf{0} = \mathbf{0} + v = v$

A.4 : $v + (-v) = (-v) + v = \mathbf{0}$

SM : $a(v+w) = av + aw, \quad (a+b)v = av + bv$

$(ab)v = a(bv), \quad 1v = v$

보기 4.1.3 집합 $\mathbb{R}^2 = \{(x_1, x_2) \mid x_1, x_2 \in \mathbb{R}\}$ 에서 다음이 성립한다.

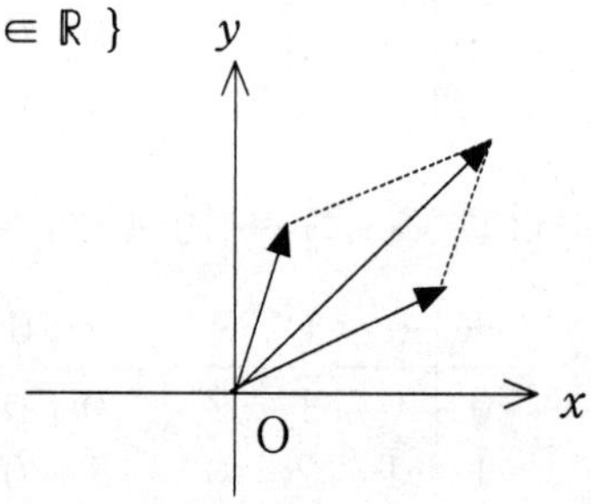

$(1, 3) + (4, -2) = (5, 1),$

$3(1, 2) = (3, 6),$

$(5, 10) - (4, 6) = (1, 4)$

또, 집합 $\mathbb{R}^3$ 에서 다음 등식이 성립한다.

$$(1,2,3) + (4,-2,0) = (5,0,3), \quad 4(1,2,3) = (4,8,12),$$
$$3(1,2,3) + 2(1,-2,0) = (3,6,9) + (2,-4,0) = (5,2,9)$$

체 F 의 원소 $a_0, a_1, \cdots, a_n$ 와 부정원(不定元, indeterminate) x 로 이루어진 식

$$f(x) = a_0 + a_1 x + \cdots + a_n x^n$$

을 체 F 위의 (x 에 관한) **다항식**(多項式, polynomial)이라고 한다.

다항식 $f(x) = a_0 + a_1x + \cdots + a_nx^n$ 에서

$$a_0,\ a_1,\ \cdots,\ a_n$$

을 $f(x)$ 의 **계수**(係數, coefficient) 라 하고 $a_0,\ a_1x,\ \cdots,\ a_nx^n$ 을 $f(x)$ 의 **항**(項, term)이라고 하며 a_0 를 **상수항**(常數項, constant term)이라고 한다.

위의 다항식 $f(x)$ 에서 상수항 a_0 를 제외한 계수 $a_1,\ \cdots,\ a_n$ 이 모두 0 인 경우에 $f(x)$ 를 **상수다항식**(常數多項式, constant polynomial)이라 하고, 특히 $a_0,\ a_1,\ \cdots,\ a_n$ 이 모두 0 인 경우에 이 다항식을 **영다항식**(零多項式, zero polynomial)이라고 한다.

위의 다항식 $f(x)$ 에서 $a_n \neq 0$ 일 때, n 을 $f(x)$ 의 **차수**(次數, degree)라 하고 이 사실을

$$\deg f(x) = n$$

으로 나타내며 $f(x)$ 를 ***n* 차의 다항식**이라고 하며 a_n 을 다항식 $f(x)$ 의 **최고차 항의 계수**(最高次 項의 係數, leading coefficient)라고 한다.

정의에 의하여 영다항식이 아닌 상수다항식의 차수는 0 이다.

한편, 영다항식의 차수는 $-\infty$ 로 정한다.

체 F 위의 (x 에 관한) 다항식 전체의 집합을 $F[x]$ 로 나타낸다.

그리고, 두 다항식 $f(x),\ g(x) \in F[x]$ 와 $a \in F$ 가 주어져 있을 때, 필요하다면 계수가 0 인 항을 첨가하여 이들 두 다항식을

$$f(x) = a_0 + a_1x + \cdots + a_nx^n,$$
$$g(x) = b_0 + b_1x + \cdots + b_nx^n$$

의 꼴로 나타낼 수 있고 이때 상등관계, 합과 차 그리고 원소 $a \in F$ 에 의한 다항식 $f(x)$ 의 스칼라 배 $af(x)$ 를 다음과 같이 정의한다.

$$f(x) = g(x) \Leftrightarrow a_0 = b_0,\ a_1 = b_1,\ \cdots,\ a_n = b_n$$
$$f(x) + g(x) = (a_0 + b_0) + (a_1 + b_1)x + \cdots + (a_n + b_n)x^n$$
$$f(x) - g(x) = (a_0 - b_0) + (a_1 - b_1)x + \cdots + (a_n - b_n)x^n$$
$$a\,f(x) = a\,a_0 + a\,a_1x + \cdots + a\,a_nx^n,$$
$$-f(x) = (-1)\,f(x)$$

그리고, 체 F 위의 두 다항식

$$f(x) = a_0 + a_1x + \cdots + a_nx^n,$$

$$g(x) = b_0 + b_1x + \cdots + b_mx^m$$

의 곱 $f(x)g(x)$ 는 다음과 같이 정의된 다항식이다.

$$f(x)\,g(x) = c_0 + c_1x + \cdots + c_{n+m}x^{n+m},$$

$$c_i = \sum_{k=0}^{i} a_k b_{i-k} = a_0 b_i + a_1 b_{i-1} + \cdots + a_i b_0$$

다항식에 대하여 다음 정리가 성립함을 쉽게 알 수 있다.

정리 4.1.4 체 F 위의 다항식 전체의 집합을 $F[x]$ 로 나타낼 때, 다항식 $f(x),\ g(x),\ h(x) \in F[x]$ 와 원소 $a, b \in F$ 에 대하여 다음이 성립한다. 여기서, 0 은 영다항식을 뜻한다.

A.1 : $(f(x)+g(x)) + h(x) = f(x) + (g(x)+h(x))$

A.2 : $f(x) + g(x) = g(x) + f(x)$

A.3 : $f(x) + 0 = 0 + f(x) = f(x)$

A.4 : $f(x) + (-f(x)) = (-f(x)) + f(x) = 0$

M.1 : $(f(x)\,g(x))\,h(x) = f(x)\,(g(x)\,h(x))$

M.2 : $f(x)\,g(x) = g(x)\,f(x)$

M.3 : $1 \cdot f(x) = f(x) \cdot 1 = f(x)$

D : $f(x)\,(g(x)+h(x)) = f(x)\,g(x) + f(x)\,h(x),$
$(f(x)+g(x))\,h(x) = f(x)\,h(x) + g(x)\,h(x)$

SM : $(a+b)\,f(x) = af(x) + bf(x),$
$(ab)\,f(x) = a(bf(x)),$
$a(f(x)+g(x)) = af(x) + ag(x),\ \ 1\,f(x) = f(x)$

SM.M : $a(f(x)\,g(x)) = (af(x))\,g(x) = f(x)\,(ag(x))$

체 F 위의 다항식 전체의 집합 $F[x]$ 는 정수 전체의 집합 $\mathbb{Z}$ 와 유사한 성질을 가지고 있다. 여기서는 몇 가지 사항만 간단히 논한다(제 2 장 참조).

정의 4.1.5 체 F 위의 다항식

$$f(x) = a_n x^n + a_{n-1}x^{n-1} + \cdots + a_1 x + a_0$$

와 원소 $u \in F$에 대하여 $f(u)$는 다음과 같은 원소를 나타낸다.

$$f(u) = a_n u^n + a_{n-1}u^{n-1} + \cdots + a_1 u + a_0 \in F$$

그리고, $f(u) = 0$일 때, u를 다항식 $f(x)$의 **근**(根, root) 또는 **방정식**(方程式, equation) $f(x) = 0$의 **근**이라고 한다.

정리 4.1.6 (나눗셈 알고리즘) 체 F 위에서 다항식 $f(x)$와 영다항식이 아닌 다항식 $g(x)$에 대하여 다음과 같은 다항식 $q(x),\ r(x) \in F[x]$가 단 하나씩 존재한다.

$$f(x) = q(x)g(x) + r(x),$$

$$r(x)\text{는 영다항식 또는 } 0 \le \deg r(x) < \deg g(x)$$

여기서, 다항식 $q(x),\ r(x)$를 각각 $f(x)$를 $g(x)$로 나누었을 때의 **몫**, **나머지**라고 한다.

정리 4.1.7 (인수 정리) 체 F 위의 다항식 $f(x)$와 $u \in F$에 대하여

$$f(x) = (x-u)g(x) + r$$

인 다항식 $g(x) \in F[x]$와 $r \in F$가 존재하고 이때 $r = f(u)$이다.

특히, $f(u) = 0$이면, $f(x) = (x-u)g(x)$이다.

체 F 위의 다항식 $f(x) = a_n x^n + \cdots + a_1 x + a_0$와 $u \in F$에 대하여

$$f(x) = (x-u)(b_{n-1}x^{n-1} + \cdots + b_1 x + b_0) + r$$

이라고 할 때, 우변을 전개하여 계수를 비교하면

$$a_n = b_{n-1},\ \ a_{n-1} = b_{n-2} - ub_{n-1},$$
$$\cdots,\ a_1 = b_0 - ub_1,\ \ a_0 = r - ub_0$$

이므로 다음 결과를 얻는다.

$$b_{n-1} = a_n,\ b_{n-2} = a_{n-1} + ub_{n-1},\ \cdots,\ b_0 = a_1 + ub_1,\ \ r = a_0 + ub_0$$

오른쪽 표를 이용하여

$b_{m-1}, \cdots, b_1, b_0, r$

를 구하는 방법을 **조립제법** (組立除法, synthetic division) 이라고 한다.

u	a_n	a_{n-1}	a_{n-2}	$\cdots\cdots$	a_1	a_0
		ub_{n-1}	ub_{n-2}	$\cdots\cdots$	ub_1	ub_0
	b_{n-1} $(=a_n)$	b_{n-2}	b_{n-3}	$\cdots$ b_1	b_0	r

보기 4.1.4 실수체 $\mathbb{R}$ 위의 다항식

$$f(x) = x^3 + 2x - 11$$

를 다항식 $x-2$ 로 나누었을 때의 몫과 나머지는 $g(x) = x^2 + 2x + 6$, $f(2) = 1$ 이다.

2	1	0	2	-11
		2	4	12
	1	2	6	1

정의 4.1.8 체 F 위의 두 다항식 $f(x)$, $g(x)$ 에 대하여

$$g(x) = f(x)\,h(x)$$

인 다항식 $h(x) \in F[x]$ 가 존재할 때, $f(x)$ 를 $g(x)$ 의 **약수**(約數, divisor) 또는 **인수**(因數, factor)라 하고 $g(x)$ 를 $f(x)$ 의 **배수**(倍數, multiple)라고 한다. 그리고, 이 사실을 $f(x) \mid g(x)$ 로 나타낸다.

연 습 문 제 (4.1)

1. 실수체 $\mathbb{R}$ 위에서 다음이 성립하는지 확인하여라(n 과 r 는 양의 정수).

(1) $(1-x)(1+x+x^2+x^3+\cdots+x^{n-1}) = 1-x^n$

(2) $(1-x^r)(1+x^r+x^{2r}+x^{3r}+\cdots+x^{(n-1)r}) = 1-x^{nr}$

2. 실수체 $\mathbb{R}$ 위에서 다항식

$$f(x) = x^3 - 3x^2 + 2x - 5$$

를 $x-3$ 으로 나누었을 때의 몫과 나머지를 구하여라.

§4.2 무한수열과 형식적 멱급수

이 절에서는, 앞으로 사용할 용어를 소개한다.

정의 4.2.1 체 F 의 무한 개의 원소 $a_0, a_1, a_2, a_3, \cdots$ 로 이루어진 수열을 체 F 위의 **무한수열**(無限數列, infinite sequence)이라 하고 이것을 $\{a_t\}$ 로 나타내고 $a_0, a_1, a_2, a_3, \cdots$ 을 $\{a_t\}$ 의 **항**(項, term)이라고 한다. 즉,

$$\{a_t\} : \quad a_0, a_1, a_2, a_3, \cdots$$

여기서, a_0 은 첫째 항(제 1 항), a_1 은 제 2 항이고 a_t 는 제 $(t+1)$ 항이다.

무한수열 중에서 모든 항이 똑같은 무한수열을 **상수수열**(常數數列, constant sequence)이라고 한다. 특히, 모든 항이 a 인 상수수열을 $\{a\}$ 로 나타내며, 또 모든 항이 0 인 상수수열 $\{0\}$ 을 **영수열**(零數列)이라고 한다. 즉,

$$\{a\} : a, a, a, a, a, \cdots \qquad \{0\} : 0, 0, 0, 0, 0, \cdots$$

그리고, 체 F 위의 무한수열 전체의 집합을 F^{ω} 로 나타낸다.

[참고] 첫째 항이 a_1 이고 제 n 항이 a_n 인 무한수열은 $\{a_n\}$ 으로 나타내기로 한다. 즉,

$$\{a_n\} : a_1, a_2, a_3, \cdots, a_n, \cdots$$

두 무한수열 $\{a_t\}, \{b_t\} \in F^{\omega}$ 에 대하여 상등관계와 합, 차 그리고 원소 $a \in F$ 에 의한 $\{a_t\}$ 의 스칼라 배 $a\{a_t\}$ 를 각각 다음과 같이 정의한다.

$$\{a_t\} = \{b_t\} \Leftrightarrow a_t = b_t \quad (t = 0, 1, 2, \cdots)$$

$$\{a_t\} + \{b_t\} : a_0 + b_0, a_1 + b_1, a_2 + b_2, a_3 + b_3, \cdots$$

$$\{a_t\} - \{b_t\} : a_0 - b_0, a_1 - b_1, a_2 - b_2, a_3 - b_3, \cdots$$

$$a\{a_t\} : a a_0, a a_1, a a_2, a a_3, \cdots, a a_t, \cdots$$

$$-\{a_t\} = (-1)\{a_t\} : -a_0, -a_1, -a_2, \cdots, -a_t, \cdots$$

보기 4.2.1 실수체 $\mathbb{R}$ 위의 두 무한수열

$$\{a_t\}: \quad 2,\ 3,\ 2,\ 5,\ 6,\ 4,\ 5,\ 8,\ 10,\ \cdots$$

$$\{b_t\}: \quad 1,\ 1,\ 2,\ 3,\ 5,\ 8,\ 13,\ 21,\ 25,\ \cdots$$

에 대하여 다음이 성립한다.

$$\{a_t\}+\{b_t\}: \quad 3,\ 4,\ 4,\ 8,\ 11,\ 12,\ 18,\ 29,\ \cdots$$

$$3\{a_t\}: \quad 6,\ 9,\ 6,\ 15,\ 18,\ 12,\ 15,\ 24,\ \cdots$$

정의에 의하여 다음 정리가 성립함을 쉽게 알 수 있다.

정리 4.2.2 체 F 위의 무한수열 전체의 집합을 F^{ω}로 나타낼 때, 무한수열 $\{a_t\}, \{b_t\}, \{c_t\} \in F^{\omega}$와 원소 $a, b \in F$에 대하여 다음이 성립한다.

A.1 : $(\{a_t\}+\{b_t\})+\{c_t\} = \{a_t\}+(\{b_t\}+\{c_t\})$

A.2 : $\{a_t\}+\{b_t\} = \{b_t\}+\{a_t\}$

A.3 : $\{a_t\}+\{0\} = \{0\}+\{a_t\} = \{a_t\}$

A.4 : $\{a_t\}+(-\{a_t\}) = (-\{a_t\})+\{a_t\} = \{0\}$

SM.1 : $(a+b)\{a_t\} = a\{a_t\}+b\{a_t\}$,

SM.2 : $(ab)\{a_t\} = a(b\{a_t\})$

SM.3 : $a(\{a_t\}+\{b_t\}) = a\{a_t\}+a\{b_t\}$,

SM.4 : $1\cdot\{a_t\} = \{a_t\}$

정의 4.2.3 체 F에서의 무한수열 $\{a_t\}$와 정수 d (≥ 0)에 대하여

$$b_t = a_{d+t} \qquad (t = 0, 1, 2, \cdots)$$

으로 정의된 무한수열 $\{b_t\}$를 본래의 무한수열 $\{a_t\}$를 d 만큼 **평행이동시킨**(平行移動, translate by d) 무한수열이라 하고 이 무한수열을 ${}_d\{a_t\}$로 나타낸다. 특히, ${}_0\{a_t\} = \{a_t\}$이다. 즉,

$${}_d\{a_t\}\ :\ a_d,\ a_{d+1},\ a_{d+2},\ a_{d+3},\ a_{d+4},\ a_{d+5},\ \cdots$$

보기 4.2.2 실수체 $\mathbb{R}$ 위의 무한수열

$$\{a_t\} : 0, 1, 2, 3, 4, 5, 6, 7, 8, 9, \cdots$$

에 대하여 $_1\{a_t\}$, $_2\{a_t\}$, $_3\{a_t\}$는 다음과 같은 무한수열이다.

$$_0\{a_t\} : 0, 1, 2, 3, 4, 5, 6, 7, 8, 9, \cdots$$

$$_1\{a_t\} : 1, 2, 3, 4, 5, 6, 7, 8, 9, 10, \cdots$$

$$_2\{a_t\} : 2, 3, 4, 5, 6, 7, 8, 9, 10, 11, \cdots$$

$$_3\{a_t\} : 3, 4, 5, 6, 7, 8, 9, 10, 11, 12, \cdots$$

정의 4.2.4 체 F 위의 무한수열 $\{a_t\}$에서 적당한 양의 정수 r에 대하여

$$a_{t+r} = a_t \qquad (t = 0, 1, 2, \cdots)$$

일 때, $\{a_t\}$를 **순환수열**(循環數列, periodic sequence)이라고 한다. 즉,

$$\{a_t\} : \ a_0, a_1, a_2, \cdots, a_{r-1}, a_0, a_1, a_2, \cdots, a_{r-1}, \cdots$$

이와 같은 양의 정수 중에서 가장 작은 정수 r를 $\{a_t\}$의 **주기**(週期, period)라 하고 또 $\{a_t\}$의 처음 r개의 항 $a_0, a_1, \cdots, a_{r-1}$을 **생성순환마디**(generating cycle)라고 한다.

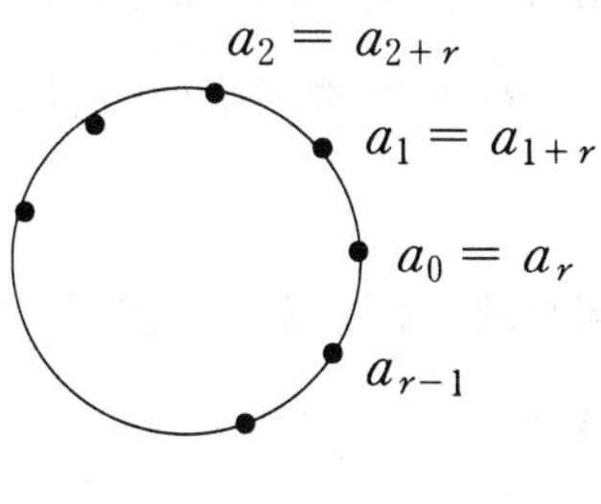

보기 4.2.3 체 F 위의 무한수열

$$\{a_t\} : 0, 1, 1, 0, 1, 1, 0, 1, 1, 0, 1, 1, \cdots$$

는 주기 3인 순환수열이고, 또 무한수열

$$_1\{a_t\} : 1, 1, 0, 1, 1, 0, 1, 1, 0, 1, 1, 0, \cdots$$

$$_2\{a_t\} : 1, 0, 1, 1, 0, 1, 1, 0, 1, 1, 0, 1, \cdots$$

도 주기 3인 순환수열이며 다음이 성립한다.

$$_0\{a_t\} = {}_3\{a_t\} = {}_6\{a_t\} = {}_9\{a_t\} = \cdots,$$

$$_1\{a_t\} = {}_4\{a_t\} = {}_7\{a_t\} = {}_{10}\{a_t\} = \cdots,$$

$$_2\{a_t\} = {}_5\{a_t\} = {}_8\{a_t\} = {}_{11}\{a_t\} = \cdots$$

정리 4.2.5 체 F 위의 무한수열 $\{a_t\}$ 가 주기 r 인 순환수열일 때, 다음이 성립한다.

(1) 정수 $k\ (\geq 0)$ 가 r 의 배수일 때 그리고 이때에만 다음이 성립한다.

$$a_{t+k} = a_t \qquad (t = 0, 1, 2, \cdots)$$

(2) 임의의 정수 $d\ (\geq 0)$ 에 대하여 $d = rh + s,\ 0 \leq s < r$ 라고 하면, ${}_d\{a_t\} = {}_s\{a_t\}$ 이고 또 ${}_d\{a_t\}$ 는 주기 r 인 순환수열이다..

(3) 다음 r 개의 무한수열 ${}_0\{a_t\},\ {}_1\{a_t\},\ \cdots,\ {}_{r-1}\{a_t\}$ 는 모두 서로 다른 주기 r 인 순환수열이다. 그리고, 임의의 정수 $d\ (\geq 0)$ 에 대하여 ${}_d\{a_t\}$ 는 이들 중 단 하나와 동일하다.

증 명 (1) 무한수열 $\{a_t\}$ 는 주기 r 인 순환수열이므로 다음이 성립한다.

$$a_{t+r} = a_t \qquad (t = 0, 1, 2, \cdots)$$

민저 적딩한 정수 $h\ (\geq 0)$ 에 대하여 $k - rh$ 이면, 다음이 성립힌다.

$$a_{t+k} = a_{t+rh} = a_{t+r(h-1)} = \cdots = a_{t+2r} = a_{t+r} = a_t$$
$$(t = 0, 1, 2, \cdots)$$

역으로, 정수 $k\ (\geq 0)$ 에 대하여 다음이 성립한다고 하자.

$$(*) \qquad a_{t+k} = a_t \qquad (t = 0, 1, 2, \cdots)$$

이 때, h, s 를 $k = rh + s,\ 0 \leq s < r$ 인 정수라고 하면, 위의 결과에 의하여

$$a_t = a_{t+k} = a_{(t+s)+rh} = \cdots = a_{(t+s)+r} = a_{t+s}$$
$$(t = 0, 1, 2, \cdots)$$

이므로 r 의 最小性에 의하여 $s = 0$ 이고 따라서 $r | k$ 이다.

(2) 정수 $d\ (\geq 0)$ 에 대하여 h, s 를 $d = rh + s,\ 0 \leq s < r$ 인 정수라고 하자. 이 때,

$$a_{d+t} = a_{rh+s+t} = a_{(s+t)+rh} = \cdots = a_{(s+t)+r} = a_{s+t}$$
$$(t = 0, 1, 2, \cdots)$$

이고 따라서 ${}_d\{a_t\} = {}_s\{a_t\}$ 이다.

다음에 $\{b_t\} = {}_s\{a_t\}$ 이라고 하자. 먼저 다음이 성립한다.

$$b_{t+r} = a_{s+t+r} = a_{(s+t)+r} = a_{s+t} = b_t \qquad (t = 0,1,2,\cdots)$$

이제 정수 $k\ (\geq 0)$ 에 대하여 다음이 성립한다고 가정하자.

$$b_{t+k} = b_t \quad \text{즉} \quad a_{s+t+k} = a_{s+t} \qquad (t = 0,1,2,\cdots)$$

이 때, $r - s = e$ 이라고 하면, $r = s + e,\ e \geq 1$ 이고 위의 가정에 의하여

$$a_{s+(e+t)+k} = a_{s+(e+t)} \qquad (t = 0,1,2,\cdots)$$

이므로

$$\begin{aligned} a_{t+k} &= a_{r+t+k} = a_{(s+e)+t+k} = a_{e+(s+t)+k} \\ &= a_{s+(e+t)} = a_{r+t} = a_t \qquad (t = 0,1,2,\cdots) \end{aligned}$$

이고 따라서 (1) 에 의하여 $r \mid k$ 이다.

그러므로, $\{b_t\}$ 즉 ${}_d\{a_t\}$ 는 주기 r 인 순환수열이다.

(3) 두 정수 $i, j\ (0 \leq i \leq j < r)$ 에 대하여 ${}_i\{a_t\} = {}_j\{a_t\}$ 라고 가정하자. 이 때,

$$a_{i+t} = a_{j+t} \qquad (t = 0,1,2,\cdots)$$

이고, $r - i = e$ 이라고 하면 $i + e = r,\ e \geq 1,\ 0 \leq j - i < r$ 이므로

$$\begin{aligned} a_t &= a_{t+r} = a_{t+i+e} = a_{i+(t+e)} = a_{j+(t+e)} \\ &= a_{j+(t+r-i)} = a_{t+(j-i)+r} = a_{t+(j-i)} \qquad (t = 0,1,2,\cdots) \end{aligned}$$

이고 따라서 (1) 에 의하여 $r \mid (j-i),\ 0 \leq j - i < r$ 이므로 $j - i = 0$ 즉 $i = j$ 이다.

그러므로, ${}_0\{a_t\},\ {}_1\{a_t\},\ \cdots,\ {}_{r-1}\{a_t\}$ 는 모두 서로 다르다.

앞의 정리에서

$$\begin{aligned} {}_0\{a_t\} &: \ a_0,\ a_1,\ \cdots,\ a_{r-1},\ a_r,\ a_{r+1}.\ \cdots,\ a_{2r-1},\ \cdots \\ {}_1\{a_t\} &: \ a_1,\ \cdots,\ a_{r-1},\ a_r,\ a_{r+1}.\ \cdots,\ a_{2r-1},\ a_{2r},\ \cdots \\ &\ \ \vdots \\ {}_{r-1}\{a_t\} &: \ a_{r-1},\ a_r,\ a_{r+1}.\ \cdots,\ a_{2r-1},\ a_{2r},\ \cdots,\ a_{3r-1},\ \cdots \end{aligned}$$

는 모두 서로 다른 주기 r 인 순환수열이다.

정의 4.2.6 체 F 의 원소 $a_0, a_1, \cdots, a_t, \cdots$ 에 대하여

$$A(x) = \sum_{t=0}^{\infty} a_t x^t = a_0 + a_1 x + a_2 x^2 + a_3 x^3 + \cdots$$

를 체 F 위의 (x 에 관한) **형식적 멱급수**(形式的 冪級數, formal power series) 라 하고, 또 체 F 위의 멱급수 전체의 집합을 $F[[x]]$ 로 나타낸다.

형식적 멱급수 $A(x)$ 는 그 수렴성과 아무 관계없는 무한급수이다. 그리고, $A(x)$ 는 첨자를 바꾸어 다음과 같이 나타낼 수도 있다.

$$A(x) = \sum_{t=0}^{\infty} a_t x^t = \sum_{i=0}^{\infty} a_i x^i = \sum_{k=0}^{\infty} a_k x^k$$

체 F 위의 다항식

$$a_0 + a_1 x + \cdots + a_n x^n$$

을 형식적 멱급수

$$a_0 + a_1 x + \cdots + a_n x^n + 0 \cdot x^{n+1} + 0 \cdot x^{n+1} + \cdots$$

와 동일시(同一視) 하여 $F[x] \subset F[[x]]$ 으로 생각한다.

체 F 위의 두 형식적 멱급수

$$A(x) = \sum_{t=0}^{\infty} a_t x^t, \quad B(x) = \sum_{t=0}^{\infty} b_t x^t$$

에 대하여 상등관계, 합, 차, 곱 그리고 원소 $a \in F$ 에 의한 $A(x)$ 의 스칼라배 $aA(x)$ 를 각각 다음과 같이 정의한다.

$$A(x) = B(x) \iff a_t = b_t \quad (t = 0, 1, 2, 3, \cdots)$$

$$A(x) + B(x) = \sum_{t=0}^{\infty} (a_t + b_t) x^t,$$

$$A(x) - B(x) = \sum_{t=0}^{\infty} (a_t - b_t) x^t,$$

$$aA(x) = \sum_{t=0}^{\infty} a\, a_t x^t,$$

$$A(x)\, B(x) = \sum_{t=0}^{\infty} c_t x^t, \quad c_t = a_0 b_t + a_1 b_{t-1} + \cdots + a_t b_0$$

$$(t = 0, 1, 2, 3, \cdots)$$

보기 4.2.4 체 F 위에서

$$A(x) = \sum_{t=0}^{\infty} x^t = 1 + x + x^2 + x^3 + \cdots, \qquad B(x) = 1 - x$$

에 대하여 다음이 성립한다.

$$\begin{aligned} A(x) + B(x) &= (1+1) + (-1+1)x + x^2 + x^3 + x^4 + \cdots \\ &= 2 + x^2 + x^3 + x^3 + x^4 + \cdots \\ A(x)B(x) &= 1 + (1-1)x + (1-1)x^2 + (1-1)x^3 + \cdots \\ &= 1 \\ 5A(x) &= \sum_{t=0}^{\infty} 5x^t = 5 + x + 5x^2 + 5x^3 + \cdots \end{aligned}$$

형식적 멱급수에 대하여 다음 정리가 성립함을 쉽게 알 수 있다.

정리 4.2.7 체 F 위의 형식적 멱급수 전체의 집합을 $F[[x]]$ 라고 할 때, $A(x)$, $B(x)$, $C(x) \in F[[x]]$ 와 $a, b \in F$ 에 대하여 다음이 성립한다.

A.1 : $(A(x) + B(x)) + C(x) = A(x) + (B(x) + C(x))$

A.2 : $A(x) + B(x) = B(x) + A(x)$

A.3 : $A(x) + 0 = 0 + A(x) = A(x)$ (0 은 영멱급수)

A.4 : $A(x) + (-A(x)) = (-A(x)) + A(x) = 0$

M.1 : $(A(x)B(x))C(x) = A(x)(B(x)C(x))$

M.2 : $A(x)B(x) = B(x)A(x)$

M.3 : $1 \cdot A(x) = A(x) \cdot 1 = A(x)$

D : $A(x)(B(x) + C(x)) = A(x)B(x) + A(x)C(x)$,

$(A(x) + B(x))C(x) = A(x)C(x) + B(x)C(x)$

SM.1 : $(a + b)A(x) = aA(x) + bA(x)$

SM.2 : $(ab)A(x) = a(bA(x))$

SM.3 : $a(A(x) + B(x)) = aA(x) + aB(x)$

SM.4 : $1A(x) = A(x)$

SM.M : $a(f(x)g(x)) = (af(x))g(x) = f(x)(ag(x))$

정리 4.2.8 체 F 위의 형식적 멱급수 $A(x) = \sum_{t=0}^{\infty} a_t x^t$ 에 대하여

$$A(x)B(x) = 1$$

인 형식적 멱급수 $B(x) = \sum_{t=0}^{\infty} b_t x^t \in F[[x]]$ 가 존재하기 위한 필요충분조건은 $a_0 \neq 0$ 인 것이다.

증 명 체 F 위의 형식적 멱급수 $A(x) = \sum_{t=0}^{\infty} a_t x^t$, $B(x) = \sum_{t=0}^{\infty} b_t x^t$ 에 대하여 $A(x)B(x) = 1$ 이기 위한 필요충분조건은 다음이 성립하는 것이다.

$$\begin{gathered} a_0 b_0 = 1 \\ a_0 b_1 + a_1 b_0 = 0 \\ a_0 b_2 + a_1 b_1 + a_2 b_0 = 0 \\ \vdots \\ a_0 b_t + a_1 b_{t-1} + \cdots + a_t b_0 = 0 \\ \vdots \end{gathered}$$

먼저 $A(x)B(x) = 1$ 이면, 위의 모든 등식이 성립하므로 $a_0 \neq 0$ 이다.

역으로, $A(x) = \sum_{t=0}^{\infty} a_t x^t$ 에서 $a_0 \neq 0$ 이면, 위의 모든 등식을 만족시키는 $b_0, b_1, b_2, b_3, \cdots$ 가 차례로 결정되고 이때 $B(x) = \sum_{t=0}^{\infty} b_t x^t$ 라고 놓으면 $A(x)B(x) = 1$ 이다.

형식적 멱급수 $A(x)$ 에 대하여 $A(x)B(x) = 1$ 인 형식적 멱급수 $B(x)$ 가 존재하는 경우에 $B(x)$ 를 $\frac{1}{A(x)}$ 로 나타내고, 또 $C(x)$, $D(x)$ 에 대하여 $A(x)D(x) = C(x)$ 일 때 이 사실을 $D(x) = \frac{C(x)}{A(x)}$ 로 나타낸다. 즉,

$$A(x)B(x) = 1 \Leftrightarrow B(x) = \frac{1}{A(x)},$$

$$A(x)D(x) = C(x) \Leftrightarrow D(x) = \frac{C(x)}{A(x)}$$

보기 4.2.5 체 F 위에서 다음 등식이 성립한다. 여기서, $a \in F$ 이고 n 은 양의 정수이다.

$$(1-x)(1+x+x^2+\cdots+x^{n-1}) = 1-x^n,$$

$$(1-x)(1+x+x^2+x^3+x^4+\cdots) = 1$$

$$\frac{1}{1-x} = 1+x+x^2+x^3+x^4+\cdots = \sum_{t=0}^{\infty} x^t$$

$$\begin{array}{r@{\,}l} & \underline{\;1+x+x^2+\cdots\;} \\ 1-x\,) & 1 \\ & \underline{1-x} \\ & \quad x \\ & \quad \underline{x-x^2} \\ & \qquad x^2 \\ & \qquad \underline{x^2-x^3} \\ & \qquad\quad x^3 \end{array}$$

$$\frac{1}{1-ax} = 1+ax+a^2x^2+a^3x^3+\cdots = \sum_{t=0}^{\infty} a^t x^t$$

$$\frac{1}{1+x} = 1-x+x^2-x^3+x^4++\cdots = \sum_{t=0}^{\infty} (-1)^t x^t$$

$$\frac{1}{1-x^r} = 1+x^r+x^{2r}+x^{3r}+x^{4t}+\cdots = \sum_{t=0}^{\infty} x^{rt}$$

보기 4.2.6 실수체 $\mathbb{R}$ 위에서 다음 등식이 성립한다(보기 4.2.5 참조).

$$\begin{aligned} \frac{1}{(1-x)^2} &= \frac{1}{1-x} \cdot \frac{1}{1-x} \\ &= (1+x+x^2+x^3+\cdots)(1+x+x^2+x^3+\cdots) \\ &= 1+(1+1)x+(1+1+1)x^2+(1+1+1+1)x^3+\cdots \\ &= 1+2x+3x^2+4x^3+5x^4+\cdots \\ &= \sum_{t=0}^{\infty} (t+1)x^t \end{aligned}$$

$$\begin{aligned} \frac{x}{(1-x)^2} &= x \cdot \frac{1}{(1-x)^2} = x+2x^2+3x^3+4x^4+5x^5+\cdots \\ &= \sum_{t=0}^{\infty} (t+1)x^{t+1} = \sum_{t=1}^{\infty} t\,x^t \end{aligned}$$

$$\frac{1}{(1-ax)^2} = 1 + 2ax + 3a^2x^2 + 4a^3x^3 + \cdots$$
$$= \sum_{t=0}^{\infty} (t+1)\, a^t x^t$$
$$\frac{ax}{(1-ax)^2} = ax + 2a^2x^2 + 3a^3x^3 + 4a^4x^4 + \cdots$$
$$= \sum_{t=0}^{\infty} (t+1)\, a^{t+1} x^{t+1} = \sum_{t=1}^{\infty} t\, a^t x^t$$

연습문제 (4.2)

1. 실수체 $\mathbb{R}$ 위의 두 무한수열

$$\{a_t\} : \quad 1, 2, 3, 4, 1, 2, 3, 4, 1, 2, 3, 4, \cdots$$
$$\{b_t\} : \quad 4, 5, 6, 4, 5, 6, 4, 5, 6, 4, 5, 6, \cdots$$

에 대하여 다음 무한수열을 구하여라.

(1) $\{a_t\} + \{b_t\}$　　(2) $2\{a_t\}$

(3) $\{a_t\} - \{b_t\}$　　(4) $2\{a_t\} + 3\{b_t\}$

2. 실수체 $\mathbb{R}$ 위의 순환수열

$$\{a_t\} : \quad 1, 2, 3, 4, 1, 2, 3, 4, 1, 2, 3, 4, \cdots$$

에 대하여 ${}_0\{a_t\}$, ${}_1\{a_t\}$, ${}_2\{a_t\}$, ${}_3\{a_t\}$ 를 구하여라.

3. 실수체 $\mathbb{R}$ 위에서 두 형식적 멱급수

$$A(x) = \sum_{t=0}^{\infty} (t+1)\, x^t = 1 + 2x + 3x^2 + 4x^3 + 5x^4 + \cdots,$$
$$B(x) = \sum_{t=0}^{\infty} x^t = 1 + x + x^2 + x^3 + x^4 + \cdots$$

에 대하여 $A(x)+B(x)$, $A(x)B(x)$ 를 구하여라.

4. 실수체 $\mathbb{R}$ 위에서 다음을 형식적 멱급수로 나타내어라.

(1) $\dfrac{1}{x-1}$　　(2) $\dfrac{1}{(x-1)(x-2)}$

§4.3 점화식과 점화수열

이 절에서는, 특수한 성질을 가진 무한수열에 대하여 논하기로 한다.

정의 4.3.1 체 F와 양의 정수 n에 대하여 체 F 위의 무한수열 $\{a_t\}$가 다음 두 조건을 만족시키는 무한수열이라고 하자.

(i) $a_0, a_1, \cdots, a_{n-1}$의 값은 미리 정해진다.

(ii) 각 t $(t = 0, 1, 2, \cdots)$에 대하여 a_{t+n}은 $a_t, a_{t+1}, \cdots, a_{t+n-1}$에 관한 식으로 결정된다.

이 때, (i)의 $a_0, a_1, \cdots, a_{n-1}$의 값을 $\{a_t\}$의 **초기조건**(初期條件, initial condition)이라 하고 (ii)의 식을 $\{a_t\}$의 **점화식**(黠化式, recurring relation)이라고 한다. 그리고, 점화식에 의하여 정의되는 무한수열 $\{a_t\}$를 **점화수열**(黠化數列, recurring sequence)이라고 한다.

보기 4.3.1 체 F 위의 무한수열 $\{a_t\}$가 다음과 같은 초기조건과 점화식에 의하여 정의된 점화수열이라고 하자.

(i) $a_0 = a$

(ii) $a_{t+1} = a_t + d \quad (t = 0, 1, 2, \cdots)$

이 때,

$$\begin{aligned} a_1 &= a_0 + d = a + d, \\ a_2 &= a_1 + d = (a + d) + d = a + 2d, \\ a_3 &= a_2 + d = (a + 2d) + d = a + 3d \\ &\vdots \end{aligned}$$

이고 따라서 $\{a_t\}$는 다음과 같은 무한수열이다.

$$\{a_t\} : \quad a,\ a + d,\ a + 2d,\ a + 3d,\ \cdots,\ a + td,\ \cdots$$

이 무한수열은 첫째 항이 a이고 **공차**(公差, common difference)가 d인 **등차수열**(等差數列) 또는 **산술수열**(算術數列, arithmetic sequence)이다.

보기 4.3.2 체 F 위의 무한수열 $\{a_t\}$ 가 다음과 같은 초기조건과 점화식에 의하여 정의된 점화수열이라고 하자.

(i) $a_0 = a$

(ii) $a_{t+1} = r a_t \quad (t = 0, 1, 2, \cdots)$

이 때,

$$a_1 = r a_0 = r a,$$
$$a_2 = r a_1 = r(r a) = r^2 a,$$
$$a_3 = r a_2 = r(r^2 a) = r^3 a$$
$$\vdots$$

이고 따라서 $\{a_t\}$ 는 다음과 같은 무한수열이다.

$$\{a_t\} : \quad a,\ r a,\ r^2 a,\ r^3 a,\ \cdots,\ r^t a,\ \cdots$$

이 무한수열은 첫째 항이 a 이고 **공비**(公比, common ratio)가 r 인 **등비수열**(等比數列) 또는 **기하수열**(幾何數列, geometric sequence)이다.

보기 4.3.3 실수체 $\mathbb{R}$ 위의 무한수열 $\{a_t\}$ 가 다음과 같은 초기조건과 점화식에 의하여 정의되는 점화수열이라고 하자.

(i) $a_0 = 0$

(ii) $a_{t+1} = 2 a_t + 1 \quad (t = 0, 1, 2, \cdots)$

이 때,

$$a_1 = 2 a_0 + 1 = 2 \cdot 0 + 1 = 1,$$
$$a_2 = 2 a_1 + 1 = 2 \cdot 1 + 1 = 3,$$
$$a_3 = 2 a_2 + 1 = 2 \cdot 3 + 1 = 7,$$
$$a_4 = 2 a_3 + 1 = 2 \cdot 7 + 1 = 15,$$
$$\vdots$$

이고 따라서 $\{a_t\}$ 는 다음과 같은 무한수열이다.

$$\{a_t\} : \ 0,\ 1,\ 3,\ 7,\ 15,\ 31,\ 63,\ \cdots$$

이 무한수열은 프랑스의 수학자 Édouard Lucas 가 1883 년에 제시한 이른바 'Hanoi 탑' 에 관한 수수께끼와 관련이 있다.

정리 4.3.2 체 F 위의 무한수열 $\{a_t\}$ 가 점화식

$$a_{t+1} = b\,a_t + c \qquad (t = 0, 1, 2, \cdots)$$

을 만족시키는 점화수열일 때, $\{a_t\}$ 는 다음과 같은 무한수열이다.

$b = 1$ 인 경우 : $a_t = a_0 + ct \qquad (t = 0, 1, 2, \cdots)$

$b \neq 1$ 인 경우 : $a_t = a_0 b^t + \dfrac{c(b^t - 1)}{b-1} \qquad (t = 0, 1, 2, \cdots)$

증 명 점화식에 의하여 $t \geq 1$ 일 때 다음이 성립한다.

$$\begin{aligned} a_t &= b\,a_{t-1} + c = b(b\,a_{t-2} + c) + c \\ &= b^2 a_{t-2} + c(1+b) = b^2(b\,a_{t-3} + c) + c(1+b) \\ &= b^3 a_{t-3} + c(1+b+b^2) = b^3(b\,a_{t-4} + c) + c(1+b+b^2) \\ &= b^4 a_{t-4} + c(1+b+b^2+b^3) \end{aligned}$$

따라서 모든 양의 정수 t에 대하여 다음이 성립한다고 예측할 수 있다.

$$(*) \qquad a_t = a_0 b^t + c(1 + b + b^2 + \cdots + b^{t-1})$$

먼저 $a_1 = ba_0 + c$ 이므로, $t = 1$ 일 때 $(*)$ 는 성립한다.

이제 $t = k \geq 1$ 일 때 등식 $(*)$ 가 성립한다고 가정하자.

이 때, $a_k = a_0 b^k + c(1 + b + b^2 + \cdots + b^{k-1})$ 이므로

$$\begin{aligned} a_{k+1} &= b\,a_k + c \\ &= b\{a_0 b^k + c(1 + b + b^2 + \cdots + b^{k-1})\} + c \\ &= a_0 b^{k+1} + c(1 + b + b^2 + b^3 + \cdots + b^k) \end{aligned}$$

이고 따라서 등식 $(*)$ 는 $t = k+1$ 일 때에도 성립한다.

그러므로, 모든 양의 정수 t에 대하여 $(*)$ 가 성립한다(정리 1.2.3 참조).

그리고, $(*)$ 는 $t = 0$ 일 때에도 성립한다.

그러므로, $(*)$ 에 의하여 $b = 1$ 이면

$$a_t = a_0 + ct \qquad (t = 0, 1, 2, \cdots)$$

이고, $b \neq 1$ 이면 다음이 성립한다(보기 1.2.2 참조).

$$a_t = a_0 b^t + \frac{c(b^t - 1)}{b-1} \qquad (t = 0, 1, 2, \cdots)$$

보기 4.3.4 실수체 $\mathbb{R}$ 위의 무한수열 $\{a_t\}$ 가 두 조건

(i) $a_0 = 0$

(ii) $a_{t+1} = 2a_t + 1 \quad (t = 0, 1, 2, \cdots)$

을 만족시키는 점화수열이면, $\{a_t\}$ 는 다음과 같이 정의된다(정리 4.3.2).

$$a_t = 2^t - 1 \qquad (t = 0, 1, 2, \cdots)$$

보기 4.3.5 체 F 위의 무한수열 $\{a_t\}$ 가 동차 선형점화식

$$a_{t+2} = c_0 a_t + c_1 a_{t+1} \qquad (t = 0, 1, 2, \cdots)$$

을 만족시키는 동차 선형점화수열이라고 하자.

(1) $c_0 = 0$ 이면, $a_{t+2} = c_1 a_{t+1}$ $(t = 0, 1, 2, \cdots)$ 이고 따라서 $\{a_t\}$ 는 다음과 같은 무한수열이다.

$$\{a_t\} : \ a_0,\ a_1,\ c_1 a_1,\ c_1^2 a_1,\ c_1^3 a_1,\ c_1^4 a_1,\ \cdots$$

(2) $c_1 = 0$ 이면, $a_{t+2} = c_0 a_t$ $(t = 0, 1, 2, \cdots)$ 이고 따라서 $\{a_t\}$ 는 다음과 같은 무한수열이다.

$$\{a_t\} : \ a_0,\ a_1,\ c_0 a_0,\ c_0 a_1,\ c_0^2 a_0,\ c_0^2 a_1,\ \cdots$$

[참고] 체 F 위의 무한수열

$$\{a_n\} : \ a_1,\ a_2,\ a_3,\ a_4,\ a_5,\ \cdots$$

가 점화식

$$a_{n+1} = b a_n + c \qquad (n = 1, 2, 3, \cdots)$$

를 만족시키는 점화수열이면, 다음이 성립한다(정리 4.3.2 참조).

$b = 1$ 인 경우 : $a_n = a_1 + c(n-1) \qquad (n = 1, 2, 3, \cdots)$

$b \neq 1$ 인 경우 : $a_n = a_1 b^{n-1} + \dfrac{c(b^{n-1} - 1)}{b-1} \qquad (n = 1, 2, 3, \cdots)$

연 습 문 제 (4.3)

1. 실수체 $\mathbb{R}$ 위의 무한수열 $\{a_t\}$에 대하여

$$a_{t+1} = a_t + 2t \qquad (t = 0, 1, 2, \cdots)$$

일 때, 다음 물음에 답하여라.

(1) $a_0 = 0$ 일 때, a_1, a_2, a_3, a_4 를 구하여라.

(2) $a_0 = 1$ 일 때, a_1, a_2, a_3, a_4 를 구하여라.

2. 실수체 $\mathbb{R}$ 위의 무한수열 $\{a_t\}$가 다음과 같은 점화수열일 때, 이 무한수열의 초기조건과 점화식을 구하여라.

(1) $7, 5, 3, 1, -1, -3, \cdots$ (2) $1, 4, 4^2, 4^3, 4^4, 4^5, \cdots$

3. 실수체 $\mathbb{R}$ 위의 무한수열 $\{a_t\}$가 다음 조건을 만족시키는 점화수열일 때, a_t를 구하여라.

(1) $a_0 = 3, \quad a_{t+1} = 2a_t + 1 \quad (t = 0, 1, 2, \cdots)$

(2) $a_0 = 1, \quad a_{t+1} = 3a_t - 4 \quad (t = 0, 1, 2, \cdots)$

4. 실수체 $\mathbb{R}$ 위의 무한수열 $\{a_t\}$가 다음 두 조건을 만족시키는 점화수열일 때, a_2, a_3, a_4, a_5 의 값을 구하여라.

(i) $a_0 = 2, \; a_1 = 1$ (ii) $a_{t+2} = {a_t}^2 + 2a_{t+1} \quad (t = 0, 1, 2, \cdots)$

5. 실수체 $\mathbb{R}$ 위의 무한수열 $\{a_t\}$에 대하여

$$a_t = 2^t\left(1 - \frac{t}{2}\right) \qquad (t = 0, 1, 2, \cdots)$$

일 때, 다음이 성립함을 확인하여라.

(i) $a_0 = a_1 = 1$ (ii) $a_{t+2} = -4a_t + 4a_{t+1} \quad (t = 0, 1, 2, \cdots)$

6. 다음과 같이 정의된 무한수열 $\{a_t\}$를 결정하여라.

(1) $a_0 = 4, \; a_{t+1} \equiv 2a_t + 3 \pmod 6, \; 0 \le a_t < 6 \quad (t = 0, 1, 2, \cdots)$

(2) $a_0 = 1, \; a_{t+1} \equiv 3a_t + 1 \pmod 7, \; 0 \le a_t < 7 \quad (t = 0, 1, 2, \cdots)$

§4.4 선형점화수열과 고유다항식

이 절에서는, 특수한 점화수열에 대하여 논한다.

정의 4.4.1 체 F 위의 무한수열 $\{a_t\}$가 다음과 같은 점화식 (*)에 의하여 정의된 점화수열이라고 하자. 여기서, n은 양의 정수이다.

$$(*)\quad a_{t+n} = c + c_0 a_t + c_1 a_{t+1} + \cdots + c_{n-1} a_{t+n-1} \quad (t = 0, 1, 2, \cdots)$$
$$(c, c_0, c_1, \cdots, c_{n-1} \in F)$$

이러한 점화수열 $\{a_t\}$를 체 F 위의 (n 차의) **선형점화수열**(線型點化數列, linear recurring sequence)이라 하고 (*)를 체 F 위의 (n 차의) **선형점화식**(線型點化式, linear recurring relation)이라고 한다.

특히, $c = 0$일 때, 즉

$$a_{t+n} = c_0 a_t + c_1 a_{t+1} + \cdots + c_{n-1} a_{t+n-1} \qquad (t = 0, 1, 2, \cdots)$$

일 때, $\{a_t\}$를 **동차**(同次, homogeneous) **선형점화수열**이라 하고 위의 식을 **동차 선형점화식**이라고 한다.

위의 정의에서 선형점화수열 $\{a_t\}$는 처음 n개의 항 $a_0, a_1, \cdots, a_{n-1}$의 값에 따라 다음과 같이 순차적으로 결정된다.

$$\begin{aligned} a_n &= c + c_0 a_0 + c_1 a_1 + \cdots + c_{n-1} a_{n-1}, \\ a_{n+1} &= c + c_0 a_1 + c_1 a_2 + \cdots + c_{n-1} a_n, \\ a_{n+2} &= c + c_0 a_2 + c_1 a_3 + \cdots + c_{n-1} a_{n+1}, \\ &\ \vdots \end{aligned}$$

정리 4.4.2 체 F에서의 무한수열 $\{a_t\}$가 선형점화식

$$a_{t+n} = c + c_0 a_t + c_1 a_{t+1} + \cdots + c_{n-1} a_{t+n-1} \qquad (t = 0, 1, 2, \cdots)$$

을 만족시키는 선형점화수열일 때, $c \neq 0$이면 무한수열 $\{a_t\}$는 $n+1$ 차의 동차 선형점화식을 만족시키는 동차 선형점화 수열이다.

증 명 모든 정수 t $(t=0,1,2,3,\cdots)$ 에 대하여

$$a_{t+n}=c+c_0a_t+c_1a_{t+1}+\cdots+c_{n-1}a_{t+n-1}$$

$$a_{t+n+1}=c+c_0a_{t+1}+\cdots+c_{n-2}a_{t+n-1}+c_{n-1}a_{t+n}$$

이므로 이로부터 다음과 같은 $n+1$ 차의 동차 선형점화식을 얻는다.

$$a_{t+n+1}=-c_0a_t+(c_0-c_1)a_{t+1}+\cdots+(c_{n-2}-c_{n-1})a_{t+n-1}$$
$$+(c_{n-1}+1)a_{t+n} \qquad (t=0,1,2,\cdots)$$

결국 선형점화수열을 논할 때에는 동차 선형점화수열만을 다루어도 좋다.

보기 4.4.1 실수체 $\mathbb{R}$ 위의 무한수열 $\{a_t\}$ 가 동차 선형점화식

$$a_{t+2}=2a_t-a_{t+1} \qquad (t=0,1,2,\cdots)$$

을 만족시키는 동차 선형점화수열일 때, 다음 결과를 얻는다.

(1) $a_0=1$, $a_1=0$ 이면, $\{a_t\}$ 는 다음과 같은 무한수열이다.

$$1,\ 0,\ 2,\ -2,\ 6,\ -10,\ 22,\ -42,\ \cdots$$

(2) $a_0=2$, $a_1=1$ 이면, $\{a_t\}$ 는 다음과 같은 무한수열이다.

$$2,\ 1,\ 3,\ -1,\ 7,\ -9,\ 23,\ -41,\ \cdots$$

보기 4.4.2 실수체 $\mathbb{R}$ 위의 무한수열 $\{a_t\}$ 가 다음 두 조건을 만족시키는 동차 선형점화수열이라고 하자.

(i) $a_0=0$, $a_1=1$

(ii) $a_{t+2}=2a_t+a_{t+1}$ $(t=0,1,2,\cdots)$

이 때,

$$a_2=a_{0+2}=2a_0+a_1=2\cdot 0+1=1,$$
$$a_3=a_{1+2}=2a_1+a_2=2\cdot 1+1=3,$$
$$a_4=a_{2+2}=2a_2+a_3=2\cdot 1+3=5,$$
$$\vdots$$

이고, 따라서 $\{a_t\}$ 는 다음과 같은 동차 선형점화수열이다.

$\{a_t\}$: 0, 1, 1, 3, 5, 11, 21, $\cdots$

정의 4.4.3 체 F 위의 무한수열 $\{a_t\}$ 가 n 차의 동차 선형점화식

$$a_{t+n} = \sum_{i=0}^{n-1} c_i a_{t+i} \qquad (t = 0, 1, 2, \cdots)$$

을 만족시키는 동차 선형점화수열일 때, 즉

$$-c_0 a_t - c_1 a_{t+1} - \cdots - c_{n-1} a_{t+n-1} + a_{t+n} = 0 \qquad (t = 0, 1, 2, \cdots)$$

일 때, 체 F 위의 n 차의 다항식

$$f(x) = -c_0 - c_1 x - \cdots - c_{n-1} x^{n-1} + x^n$$

을 $\{a_t\}$ 의 **고유다항식**(固有多項式, characteristic polynomial)이라 하고 또

$$f(x) = 0 \quad \text{즉} \quad -c_0 - c_1 x \cdots - c_{n-1} x^{n-1} + x^n = 0$$

을 $\{a_t\}$ 의 **고유방정식**(固有方程式, characteristic equation)이라고 한다.

정리 4.4.4 체 F 위의 n 차의 다항식

$$f(x) = -c_0 - c_1 x - \cdots - c_{n-1} x^{n-1} + x^n$$

을 고유다항식으로 가지는 동차 선형점화수열 전체의 집합을 $\Omega(f(x))$ 로 나타내자. 즉,

$$\{a_t\} \in \Omega(f(x)) \iff a_{t+n} = \sum_{i=0}^{n-1} c_i a_{t+i} \quad (t = 0, 1, 2, \cdots)$$

이 때, 다음이 성립한다.

(1) 임의의 두 동차 선형점화수열 $\{a_t\}, \{b_t\} \in \Omega(f(x))$ 와 임의의 원소 $a \in F$ 에 대하여 $\{a_t\} + \{b_t\} \in \Omega(f(x))$, $a\{a_t\} \in \Omega(f(x))$ 이다.

(2) 임의의 $\{a_t\} \in \Omega$ 와 $d\ (\geq 0)$ 에 대하여 $_d\{a_t\} \in \Omega(f(x))$ 이다.

(3) 사상

$$\phi : \Omega(f(x)) \longrightarrow F^n, \quad \phi(\{a_t\}) = (a_0, a_1, \cdots, a_{n-1})$$

는 일대일 대응이고, 또 임의의 $\{a_t\}, \{b_t\} \in \Omega$ 와 임의의 $a \in F$ 에 대하여 $\phi(\{a_t\} + \{b_t\}) = \phi(\{a_t\}) + \phi(\{b_t\})$, $\phi(a\{a_t\}) = a\phi(\{a_t\})$ 이다.

여기서, $\Omega(f(x))$ 를 $f(x)$ 의 **해공간**(解空間, solution space)이라고 한다.

증 명 (1) 이제 $\{a_t\}, \{b_t\} \in \Omega(f(x))$ 라 하고 $a \in F$ 라고 하자. 이 때,

$$a_{t+n} = \sum_{i=0}^{n-1} c_i a_{t+i}, \quad b_{t+n} = \sum_{i=0}^{n-1} c_i b_{t+i} \qquad (t = 0, 1, 2, \cdots)$$

이므로

$$a_{t+n} + b_{t+n} = \sum_{i=0}^{n-1} c_i (a_{t+i} + b_{t+i}) \qquad (t = 0, 1, 2, \cdots)$$

$$a\, a_{t+n} = \sum_{i=0}^{n-1} c_i (a\, a_{t+i}) \qquad (t = 0, 1, 2, \cdots)$$

이고 따라서 $\{a_t\} + \{b_t\},\ a\{a_t\} \in \Omega(f(x))$ 이다.

(2) 이제 $\{a_t\} \in \Omega(f(x))$ 이면,

$$a_{t+n} = c_0 a_t + c_1 a_{t+1} + \cdots + c_{n-1} a_{t+n-1} \quad (t = 0, 1, 2, \cdots)$$

이므로, 특히, 모든 정수 $d\ (\geq 0)$ 에 대하여

$$a_{t+d+n} = c_0 a_{t+d} + c_1 a_{t+d+1} + \cdots + c_{n-1} a_{t+d+n-1} \quad (t = 0, 1, 2, \cdots)$$

이고 따라서 $b_t = a_{t+d}$ 이라고 놓으면

$$b_{t+n} = c_0 b_t + c_1 b_{t+1} + \cdots + c_{n-1} b_{t+n-1} \qquad (t = 0, 1, 2, \cdots)$$

이므로 $\{b_t\} \in \Omega(f(x))$ 이다. 그러므로, $_d\{a_t\} = \{b_t\} \in \Omega(f(x))$ 이다.

(3) 임의의 $\{a_t\}, \{b_t\} \in \Omega(f(x))$ 와 $a \in F$ 에 대하여 다음이 성립한다.

$$\begin{aligned}\phi(\{a_t\} + \{b_t\}) &= \phi(\{a_t + b_t\}) = (a_0 + b_0, \cdots, a_{n-1} + b_{n-1}) \\ &= (a_0, \cdots, a_{n-1}) + (b_0, \cdots, b_{n-1}) \\ &= \phi(\{a_t\}) + \phi(\{b_t\}),\end{aligned}$$

$$\begin{aligned}\phi(a\{a_t\}) &= \phi(\{a a_t\}) = (a\, a_0, \cdots, a\, a_{n-1}) \\ &= a(a_0, \cdots, a_{n-1}) = \phi(\{a_t\})\end{aligned}$$

그리고, 임의의 $(a_0, a_1, \cdots, a_{n-1}) \in F^n$ 에 대하여 점화식

$$(*) \quad a_{t+n} = c_0 a_t + c_1 a_{t+1} + \cdots + c_{n-1} a_{t+n-1} \qquad (t = 0, 1, 2, \cdots)$$

을 이용하여 $a_n, a_{n+1}, a_{n+2}, \cdots$ 를 순차적으로 정하여 얻게 되는 $\{a_t\}$ 는 단 하나뿐이고 이 무한수열은 (*)를 만족시키므로 $\{a_t\} \in \Omega(f(x))$ 이고 또 $\phi(\{a_t\}) = (a_0, \cdots, a_{n-1})$ 이다.

이 사실을 이용하면, ϕ 가 일대일 대응임을 알 수 있다(정의 1.3.1).

보기 4.4.3 실수체 $\mathbb{R}$ 위의 다음 두 무한수열은 동차 선형점화식

$$a_{t+2} = 2a_t - a_{t+1} \qquad (t = 0, 1, 2, \cdots)$$

을 만족시키는 동차 선형전화수열이다(보기 7.4.1 참조).

$$\{a_t\} : 1, 0, 2, -2, 6, -10, 22, -42, \cdots$$

$$\{b_t\} : 2, 1, 3, -1, 7, -9, 23, -41, \cdots$$

따라서 다음 무한수열은 모두 위의 동차 선형점화식을 만족시킨다.

$$\{a_t\} + \{b_t\} : 3, 1, 5, -3, 13, -19, 45, -83, \cdots$$

$$3\{a_t\} : 3, 0, 6, -6, 18, -30, 66, -126, \cdots$$

$${}_1\{a_t\} : 0, 2, -2, 6, -10, 22, -42, 86, \cdots$$

$${}_2\{a_t\} : 2, -2, 6, -10, 22, -42, 86, -130, \cdots$$

$${}_3\{a_t\} : -2, 6, -10, 22, -42, 86, -130, \cdots$$

정리 4.4.5 체 F 위의 n차 다항식

$$f(x) = -c_0 - c_1 x - \cdots - c_{n-1}x^{n-1} + x^n$$

에 대하여 방정식 $f(x) = 0$이 근 $r \in F$를 가질 때, 무한수열

$$\{a_t\} : 1, r, r^2, r^3, r^4, \cdots, r^t, \cdots$$

는 $f(x)$를 고유다항식으로 가지는 선형 점화수열이다.

증 명 가정에 의하여 $r^n - c_{n-1}r^{n-1} - \cdots - c_1 r - c_0 = 0$이므로,

$$a_t = r^t \qquad (t = 0, 1, 2, \cdots)$$

이라고 놓으면 다음이 성립한다.

$$\begin{aligned} & a_{t+n} - c_{n-1}a_{t+n-1} - \cdots - c_1 a_{t+1} - c_0 a_t \\ &= r^{t+n} - c_{n-1}r^{t+n-1} - \cdots - c_1 r^{t+1} - c_0 r^t \\ &= r^t(r^n - c_{n-1}r^{n-1} - \cdots - c_1 r - c_0) \\ &= 0 \end{aligned}$$

따라서 $\{a_t\}$는 $f(x)$를 고유다항식으로 가지는 동차 선형점화수열이다.

정리 4.4.6 체 F 위의 무한수열 $\{a_t\}$가 동차 선형점화식

$$(*) \qquad a_{t+2} = c_0 a_t + c_1 a_{t+1} \qquad (t = 0, 1, 2, \cdots)$$

을 만족시키는 동차 선형점화수열이라고 하면 다음이 성립한다.

(1) $c_0 = 0$ 이면, $\{a_t\}$는 다음과 같은 무한수열이다.

$$\{a_t\} : \quad a_0, \ a_1, \ c_1 a_1, \ c_1^2 a_1, \ c_1^3 a_1, \ c_1^4 a_1, \ \cdots$$

(2) $c_0 \neq 0$ 일 때, 무한수열 $\{a_t\}$의 고유방정식

$$x^2 - c_1 x - c_0 = 0$$

이 체 F 안에서 두 근 α, β를 가지면 $\{a_t\}$는 다음과 같은 무한수열이다.

(2-1) $\alpha \neq \beta$ 인 경우 : $a_t = a\alpha^t + b\beta^t \qquad (t = 0, 1, 2, \cdots)$

(2-2) $\alpha = \beta$ 인 경우 : $a_t = (a + bt)\alpha^t \qquad (t = 0, 1, 2, \cdots)$

여기서, a, b는 a_0, a_1의 값에 따라 결정되는 상수이다.

증 명 (1) 먼저 보기 4.3.5 에 의하여 (1)이 성립한다.

(2-1) 다음에 $c_0 \neq 0$ 이고 $\alpha \neq \beta$라고 하자.

이 때, 정리 4.4.5 에 의하여 무한수열 $\{\alpha^t\}$, $\{\beta^t\}$는 동차 선형 점화식 (*)를 만족시키므로 정리 4.4.3 에 의하여

$$a_t = a\alpha^t + b\beta^t \qquad (t = 0, 1, 2, \cdots)$$

로 정의된 $\{a_t\}$는 동차 선형점화식 (*)를 만족시킨다.

한편, $\alpha \neq \beta$이고 또

$$\begin{cases} a_0 = a + b \\ a_1 = a\alpha + b\beta \end{cases}$$

이므로

$$a = \frac{\beta a_0 - a_1}{\beta - \alpha}, \qquad b = \frac{a_1 - \alpha a_0}{\beta - \alpha}$$

이고, 따라서 무한수열은 $\{a_t\}$는 완전히 결정된다.

(2-2) 다음에 $c_0 \neq 0$ 이고 $\alpha = \beta$라고 하자.

이 때, $c_0 \neq 0$, $\alpha^2 - c_1\alpha - c_0 = 0$ 이고,

$$x^2 - c_1 x - c_0 = (x-\alpha)^2 = x^2 - 2\alpha x + \alpha^2$$

이므로 $c_1 = 2\alpha$, $\alpha^2 = -c_0 \neq 0$ 이다. 따라서 $\alpha \neq 0$ 이다.

그리고, 정리 8.4.6 에 의하여 $\{\alpha^t\}$ 는 동차 선형점화식 (*)를 만족시키고,

$$\begin{aligned}&(t+2)\,\alpha^{t+2} - c_1(t+1)\,\alpha^{t+1} - c_0\,(t\alpha^t)\\&= (t+2)\,\alpha^{t+2} - 2\,(t+1)\,\alpha^{t+2} + t\alpha^{t+2} = 0 \qquad (t = 0, 1, 2, \cdots)\end{aligned}$$

이므로 무한수열 $\{t\alpha^t\}$ 는 동차 선형점화식 (*)를 만족시킨다.

따라서 정리 8.4.3 에 의하여

$$a_t = a\alpha^t + bt\alpha^t = (a+bt)\,\alpha^t \qquad (t = 0, 1, 2, \cdots)$$

으로 정의된 무한수열 $\{a_t\}$ 는 동차 선형점화식 (*) 를 만족시킨다. 한편,

$$\begin{cases} a_0 = a \\ a_1 = a\alpha + b\alpha \end{cases}$$

이므로

$$a = a_0, \quad b = \frac{a_1 - \alpha a_0}{\alpha}$$

이고, 따라서 무한수열 $\{a_t\}$ 는 완전히 결정된다.

보기 4.4.4 실수체 $\mathbb{R}$ 위의 무한수열 $\{a_t\}$ 가 다음과 같은 초기조건과 동차 선형점화식에 의하여 정의되는 동차 선형점화수열이라고 하자.

(i) $a_0 = 1$, $a_1 = 2$

(ii) $a_{t+2} = -6\,a_t + 5\,a_{t+1} \qquad (t = 0, 1, 2, \cdots)$

이 때, $\{a_t\}$ 의 고유다항식은 $f(x) = x^2 - 5x + 6$ 이고 고유방정식

$$x^2 - 5x + 6 = 0$$

은 실수체 $\mathbb{R}$ 안에서 두 근 $x = 2$, $x = 3$ 을 가지므로, 정리 4.4.6 에 의하여

$$a_t = a2^t + b3^t \qquad (t = 0, 1, 2, \cdots)$$

으로 놓을 수 있다.

그런데, $a_0 = 1$, $a_1 = -2$ 이므로

$$a + b = 1, \quad 2a + 3b = -2$$

이고 따라서 $a = 5$, $b = -4$ 이다. 그러므로, 다음이 성립한다.

$$a_t = 5 \cdot 2^t - 4 \cdot 3^t \qquad (t = 0, 1, 2, \cdots)$$

보기 4.4.5 실수체 $\mathbb{R}$ 위에서 다음 두 조건을 만족시키는 동차 선형점화수열을 생각해 보자.

(i) $a_0 = 1$, $a_1 = 1$

(ii) $a_{t+2} = a_t + a_{t+1} \quad (t = 0, 1, 2, \cdots)$

이와 같이 정의된 무한수열 $\{a_t\}$를 피보나치 수열(Fibonacci sequence)이라 하고 각 a_t를 피보나치 수(Fibonacci number)이라고 한다.

여기서, a_t는 정의 2.5.3 에서의 f_{t+1}과 동일하다.

위의 두 조건에 의하여

$$\begin{aligned} a_2 &= a_0 + a_1 = 1 + 1 = 2, \\ a_3 &= a_1 + a_2 = 1 + 2 = 3, \\ a_4 &= a_2 + a_3 = 2 + 3 = 5, \\ a_5 &= a_3 + a_4 = 3 + 5 = 8, \\ &\vdots \end{aligned}$$

이고, 따라서 $\{a_t\}$는 다음과 같은 무한수열이다.

$$\{a_t\} : 1, 1, 2, 3, 5, 8, 13, 21, 34, 55, 89, 144, 233, \cdots$$

Fibonacci 수열 $\{a_t\}$ 의 고유방정식은 $x^2 - x - 1 = 0$ 이고, 이 방정식은 실수체 $\mathbb{R}$ 안에서 두 근

$$\alpha = \frac{1+\sqrt{5}}{2}, \qquad \beta = \frac{1-\sqrt{5}}{2}$$

를 가지므로 정리 4.4.6 에 의하여 다음과 같이 놓을 수 있다.

$$a_t = a\left(\frac{1+\sqrt{5}}{2}\right)^t + b\left(\frac{1-\sqrt{5}}{2}\right)^t \qquad (t = 0, 1, 2, \cdots)$$

그런데, $a_0 = 1$, $a_1 = 1$ 이므로

$$a + b = 1, \quad \left(\frac{1+\sqrt{5}}{2}\right)a + \left(\frac{1-\sqrt{5}}{2}\right)b = 1$$

이고 따라서

$$a = \frac{1+\sqrt{5}}{2\sqrt{5}}, \quad b = -\frac{1-\sqrt{5}}{2\sqrt{5}}$$

이므로 다음이 성립한다

$$a_t = \frac{1}{\sqrt{5}}\left\{\left(\frac{1+\sqrt{5}}{2}\right)^{t+1} - \left(\frac{1-\sqrt{5}}{2}\right)^{t+1}\right\}$$

$$(t = 0, 1, 2, \cdots)$$

이 결과는 정리 2.5.6 에서의 결과와 동일하다.

보기 4.4.6 실수체 $\mathbb{R}$ 위에서 다음과 같이 정의된 동차 선형점화수열 $\{a_t\}$ 를 생각해 보자.

(i) $a_0 = 2,\ a_1 = 1$

(ii) $a_{t+2} = -4a_t + 4a_{t+1}$ $(t = 0, 1, 2, \cdots)$

먼저 $\{a_t\}$ 의 고유방정식 $x^2 - 4x + 4 = 0$ 은 중근 $x = 2$ 를 가지므로 정리 4.4.6 에 의하여 다음과 같이 놓을 수 있다.

$$a_t = (a + bt)2^t \qquad (t = 0, 1, 2, \cdots)$$

그런데, $a_0 = 2$, $a_1 = 1$ 이므로

$$a = 2, \quad 2(a + b) = 1$$

이고 따라서 $a = 2,\ b = -\frac{3}{2}$ 이므로 다음이 성립한다.

$$a_t = \left(2 - \frac{3}{2}t\right)2^t \qquad (t = 0, 1, 2, \cdots)$$

정리 4.4.6 은 3 차 이상의 동차 선형점화점화실을 만족시키는 선형점화수열에 관한 정리로 확장할 수 있다.

이에 대해서는 [해설404] 를 참조하기 바란다.

연 습 문 제 (4.4)

1. 실수체 $\mathbb{R}$ 위의 무한수열 $\{a_t\}$가 다음과 같이 정의된 동차 선형점화수열일 때, a_t를 구하여라.

(1) $a_0 = 1, \quad a_{t+1} = 5a_t \quad (t = 0, 1, 2, \cdots)$

(2) $a_0 = 4, \quad a_{t+1} = a_t \quad (t = 0, 1, 2, \cdots)$

2. 실수체 $\mathbb{R}$ 위의 무한수열 $\{a_t\}$가 다음과 같이 정의된 동차 선형점화수열일 때, a_t를 구하여라.

(1) $a_0 = 2,\ a_1 = 3, \quad a_{t+2} = 4a_{t+1} \quad (t = 0, 1, 2, \cdots)$

(2) $a_0 = 0,\ a_1 = 8, \quad a_{t+2} = 3a_t + 2a_{t+1} \quad (t = 0, 1, 2, \cdots)$

3. 실수체 $\mathbb{R}$ 위의 무한수열 $\{a_t\}$가 다음과 같이 정의된 동차 선형점화수열일 때, t가 짝수인 경우와 홀수인 경우에 a_t를 구하여라.

(i) $a_0 = 2,\ a_1 = 3$ (ii) $a_{t+2} = 4a_t \quad (t = 0, 1, 2, \cdots)$

4. 실수체 $\mathbb{R}$ 위의 무한수열 $\{a_t\}$가 다음과 같이 정의된 동차 선형점화수열일 때, a_t를 구하여라.

(i) $a_0 = -5,\ a_1 = 3$

(ii) $a_{t+2} = -9a_t + 6a_{t+1} \quad (t = 0, 1, 2, \cdots)$

5. 실수체 $\mathbb{R}$ 에서의 무한수열 $\{a_t\}$가 다음과 같이 정의된 동차 선형점화수열일 때, a_t를 구하여라.

(i) $a_0 = 1,\ a_1 = 3$

(ii) $a_{t+2} = 6a_t + a_{t+1} \quad (t = 0, 1, 2, \cdots)$

6. 실수체 $\mathbb{R}$ 위의 무한수열 $\{a_t\}$가 다음과 같이 정의된 동차 선형점화수열일 때, a_t를 구하여라.

(i) $a_0 = 1,\ a_1 = 1$

(ii) $a_{t+2} = -a_t + a_{t+1} \quad (t = 0, 1, 2, \cdots)$

§4.5 무한수열의 생성함수

체 F 에서의 무한수열 $\{a_t\}$ 에 대하여 형식적 무한급수

$$G(x) = \sum_{t=0}^{\infty} a_t x^t = a_0 + a_1 x + a_2 x^2 + \cdots + a_t x^t + \cdots$$

가 대응하고, 역으로 형식적 멱급수 $G(x)$ 에 대하여 무한수열 $\{a_t\}$ 가 대응한다.

정의 4.5.1 체 F 에서의 무한수열 $\{a_t\}$ 에 대하여 형식적 무한급수

$$G(x) = \sum_{t=0}^{\infty} a_t x^t = a_0 + a_1 x + a_2 x^2 + \cdots + a_t x^t + \cdots$$

를 무한급수 $\{a_t\}$ 의 **생성함수**(生成函數, generating function)라고 한다.

보기 4.5.1 실수체 $\mathbb{R}$ 위의 무한수열

$\{a_t\}$: 1, 2, 0, 1, 2, 0, 1, 2, 0, ⋯

에 대하여 $\{a_t\}$ 의 생성함수 $G(x)$ 는 다음과 같다.

$$\begin{aligned} G(x) &= \sum_{t=0}^{\infty} a_t x^t = 1 + 2x + x^3 + 2x^4 + x^6 + 2x^7 + x^9 + 2x^{10} + \cdots \\ &= (1 + 2x)(1 + x^3 + x^6 + x^9 + \cdots) \end{aligned}$$

보기 4.5.2 실수체 $\mathbb{R}$ 에서의 무한수열 $\{a_t\}$ 가 다음과 같은 초기조건과 점화식에 의하여 정의되는 점화수열이라고 하자(정리 8.3.2 참조).

(i) $a_0 = 10$

(ii) $a_{t+1} = 3a_t + 2 \quad (t = 0, 1, 2, \cdots)$

이 점화수열의 생성함수를 $G(x)$ 라고 하면,

$$\begin{aligned} &G(x) - 3x\,G(x) \\ &= a_0 + (a_1 - 3a_0)x + (a_2 - 3a_1)x^2 + (a_3 - 3a_2)x^3 + \cdots \end{aligned}$$

이고 또 두 조건에 의하여

$$a_0 = 10, \qquad a_{t+1} - 3a_t = 2 \quad (t = 0, 1, 2, \cdots)$$

이므로

$$\begin{aligned} G(x) - 3xG(x) &= 10 + 2x + 2x^2 + 2x^3 + 2x^4 + \cdots \\ &= 8 + 2(1 + x + x^2 + x^3 + x^4 + \cdots) \\ &= 8 + \frac{2}{1-x} \end{aligned}$$

이고 따라서 다음이 성립한다(보기 4.2.5 참조).

$$G(x) = \frac{8}{1-3x} + \frac{2}{(1-3x)(1-x)}$$

한편, 적당한 두 실수 A, B에 대하여

$$\frac{2}{(1-3x)(1-x)} = \frac{A}{1-3x} + \frac{B}{1-x}$$

이라고 놓으면,

$$2 = A(1-x) + B(1-3x)$$

즉
$$2 = (A+B) - (A+3B)x$$

이므로

$$A + B = 2, \qquad A + 3B = 0$$

이고, 따라서 $A = 3,\ B = -1$ 이다. 그러므로,

$$\begin{aligned} G(x) &= \frac{8}{1-3x} + \frac{2}{(1-3x)(1-x)} \\ &= \frac{8}{1-3x} + \frac{3}{1-3x} - \frac{1}{1-x} \end{aligned}$$

이고 따라서 보기 4.2.5에 의하여

$$\begin{aligned} G(x) &= \frac{11}{1-3x} - \frac{1}{1-x} \\ &= 11\sum_{t=0}^{\infty} 3^t x^t - \sum_{t=0}^{\infty} x^t = \sum_{t=0}^{\infty} (11 \cdot 3^t - 1)x^t \end{aligned}$$

이므로 다음 결과를 얻는다.

$$a_t = 11 \cdot 3^t - 1 \qquad (t = 0, 1, 2, 3, \cdots)$$

정의 4.5.2 체 F 위의 n 차의 다항식

$$f(x) = a_0 + a_1 x + \cdots + a_{n-1}x^{n-1} + a_n x^n$$

의 계수의 순서를 바꾸어 놓은 다항식

$$f^*(x) = x^n f(\frac{1}{x}) = a_n + a_{n-1}x + \cdots + a_1 x^{n-1} + a_0 x^n$$

를 $f(x)$ 의 **상반다항식**(相反多項式, reciprocal polynomial)이라고 한다.

보기 4.5.3 실수체 $\mathbb{R}$ 위의 무한수열 $\{a_t\}$ 가 다음과 같은 동차 선형점화식을 만족시키는 동차 선형점화수열이라고 하자.

$$a_{t+2} = -6a_t + 5a_{t+1} \qquad (t = 0, 1, 2, \cdots)$$

이 때, $\{a_t\}$ 의 고유다항식은 $f(x) = 6 - 5x + x^2$ 이고 그 상반다항식은

$$f^*(x) = 1 - 5x + 6x^2 = (1 - 2x)(1 - 3x)$$

이며, $\{a_t\}$ 의 생성함수를 $G(x)$ 라고 하면 다음이 성립한다.

$$\begin{aligned} G(x) &= a_0 + a_1 x + a_2 x^2 + a_3 x^3 + a_4 x^4 + a_5 x^5 + \cdots \\ -5x\,G(x) &= \quad -5a_0 x - 5a_1 x^2 - 5a_2 x^3 - 5a_3 x^4 - 5a_4 x^5 + \cdots \\ 6x^2 G(x) &= \qquad\qquad 6a_0 x^2 + 6a_1 x^3 + 6a_2 x^4 + 6a_3 x^5 + \cdots \end{aligned}$$

따라서

$$\begin{aligned} & f^*(x)\, G(x) \\ &= (1 - 5x + x^2)\, G(x) \\ &= a_0 + (a_1 - 5a_0)x + (a_2 - 5a_1 + 6a_0)x^2 + (a_3 - 5a_2 + 6a_1)x^3 \\ &\qquad + (a_3 - 5a_2 + 6a_1)x^4 + (a_4 - 5a_3 + 6a_2)x^5 + \cdots \end{aligned}$$

이고, 또

$$a_{t+2} - 5a_{t+1} + 6a_t = 0 \qquad (t = 0, 1, 2, \cdots)$$

이므로 다음이 성립한다.

$$f(x)^* G(x) = a_0 + (a_1 - 5a_0)x,$$

$$G(x) = \frac{a_0 + (a_1 - 5a_0)x}{f^*(x)} = \frac{a_0 + (a_1 - 5a_0)x}{(1 - 2x)(1 - 3x)}$$

예를 들어, 다음과 같은 무한수열 $\{a_t\}$ 를 생각해 보자.

(i) $a_0 = 1,\ a_1 = -2$

(ii) $a_{t+2} = -6a_t + 5a_{t+1} \qquad (t = 0, 1, 2, \cdots)$

이 경우에 $\{a_t\}$ 의 생성함수 $G(x)$ 는 다음과 같다.

$$G(x) = \frac{1-7x}{(1-2x)(1-3x)}$$

한편, 적당한 두 실수 A, B 에 대하여

$$\frac{1-7x}{(1-2x)(1-3x)} = \frac{A}{1-2x} + \frac{B}{1-3x}$$

이라고 놓으면,

$$\begin{aligned} 1-7x &= A(1-3x) + B(1-2x), \\ &= (A+B) - (3A+2B)x \end{aligned}$$

이므로

$$A + B = 1, \quad 3A + 2B = 7$$

이고 따라서 $A = 5,\ B = -4$ 이다. 그러므로,

$$G(x) = \frac{5}{1-2x} - \frac{4}{1-3x}$$

이고 또 보기 4.2.5 에 의하여

$$\frac{1}{1-2x} = \sum_{t=0}^{\infty} 2^t x^t, \quad \frac{1}{1-3x} = \sum_{t=0}^{\infty} 3^t x^t$$

이므로

$$\begin{aligned} G(x) &= 5\sum_{t=0}^{\infty} 2^t x^t - 4\sum_{t=0}^{\infty} 3^t x^t \\ &= \sum_{t=0}^{\infty} (5 \cdot 2^t - 4 \cdot 3^t)\, x^t \end{aligned}$$

이고 따라서 다음 결과를 얻는다(보기 4.4.4 참조).

$$a_t = 5 \cdot 2^t - 4 \cdot 3^t \qquad (t = 0, 1, 2, \cdots)$$

위의 보기에서와 마찬가지로, 동차 선형점화식에 의하여 정의된 동차 선형점화수열에 대해서는 다음 정리가 성립한다.

정리 4.5.3 체 F 위의 n 차의 다항식

$$f(x) = -c_0 - c_1 x - \cdots - c_{n-1}x^{n-1} + x^n$$

에 대하여 다음이 성립한다.

(1) 체 F 위의 무한수열 $\{a_t\}$ 가 $f(x)$ 를 고유다항식으로 가지는 동차 선형점화수열이면, $\{a_t\}$ 의 생성함수 $G(x) = \sum_{t=0}^{\infty} a_t x^t$ 는

$$G(x) = \frac{g(x)}{f^*(x)}, \qquad \deg g(x) \le n-1$$

와 같은 꼴로 나타내어진다. 여기서, $g(x) \in F[x]$ 는 $f^*(x)\,G(x)$ 를 전개한 식에서 상수항부터 $n-1$ 차의 항까지의 항을 더한 다항식이다.

(2) 임의의 다항식 $g(x) \in F[x]$, $\deg g(x) \le n-1$ 에 대하여

$$G(x) = \frac{g(x)}{f^*(x)} = \sum_{t=0}^{\infty} a_t x^t$$

이면, 무한수열 $\{a_t\}$ 는 $f(x)$ 를 고유다항식으로 가지는 동차 선형점화수열이고 또 $\{a_t\}$ 의 생성함수는 $G(x)$ 이다.

증 명 먼저 $c_n = -1$ 이라고 하면, $f(x)$ 의 상반다항식 $f^*(x)$ 에 대하여

$$\begin{aligned} f^*(x) &= 1 - c_{n-1}x - \cdots - c_1 x^{n-1} - c_0 x^n \\ &= -(c_n + c_{n-1}x + \cdots + c_1 x^{n-1} + c_0 x^n) \end{aligned}$$

이므로 $G(x) = \sum_{t=0}^{\infty} a_t x^t$ 에 대하여 다음이 성립한다.

$$\begin{aligned} & f^*(x)\,G(x) \\ = & -(c_n + c_{n-1}x + \cdots + c_1 x^{n-1} + c_0 x^n) \\ & (a_0 + a_1 x + \cdots + a_{n-1}x^{n-1} + a_n x^n + a_{n+1}x^{n+1} + a_{n+2}x^{n+2} + \cdots) \\ = & -c_n a_0 - (c_{n-1}a_0 + c_n a_1)x - \cdots - (c_1 a_0 + c_2 a_1 + \cdots + c_n a_{n-1})x^{n-1} \\ & -(c_0 a_0 + c_1 a_1 + \cdots + c_n a_n)x^n - (c_0 a_1 + c_1 a_2 + \cdots + c_n a_{n+1})x^{n+1} \\ & \cdots - (c_0 a_t + c_1 a_{t+1} + \cdots + c_n a_{t+n})x^{n+t} + \cdots \\ = & -c_n a_0 - (c_{n-1}a_0 + c_n a_1)x - \cdots - (c_1 a_0 + c_2 a_1 + \cdots + c_n a_{n-1})x^{n-1} \\ & -\sum_{t=0}^{\infty} (c_0 a_t + c_1 a_{t+1} + \cdots + c_{n-1}a_{t+n-1} + c_n a_{t+n})x^{n+t} \end{aligned}$$

(1) 체 F 위의 무한수열 $\{a_t\}$ 가 $f(x)$ 를 고유다항식으로 가지는 동차 선형점화수열이라 하고 $G(x) = \sum_{t=0}^{\infty} a_t x^t$ 이라고 하자. 이 때,

$$a_{t+n} = c_0 a_t + c_1 a_{t+1} + \cdots + c_{n-1} a_{t+n-1} \qquad (t = 0, 1, 2, \cdots)$$

$$c_0 a_t + c_1 a_{t+1} + \cdots + c_{n-1} a_{t+n-1} + c_n a_{n+t} = 0 \quad (t = 0, 1, 2, \cdots)$$

이고 따라서 앞의 결과에 의하여 다음 등식이 성립한다.

$$f^*(x)\,G(x)$$
$$= -c_n a_0 - (c_{n-1} a_0 + c_n a_1)x - \cdots - (c_1 a_0 + c_2 a_1 + \cdots + c_n a_{n-1})x^{n-1}$$

이 등식의 우변을 $g(x)$ 라고 놓으면, $f^*(x)\,G(x) = g(x)$ 이다.

그런데, $f^*(0) = 1 \neq 0$ 이므로 정리 4.2.5 에 의하여 체 F 위의 형식적 멱급수 $\frac{1}{f^*(x)}$ 가 존재하고 따라서 다음이 성립한다.

$$G(x) = \frac{g(x)}{f^*(x)}, \qquad \deg g(x) \le n-1$$

(2) 임의의 다항식 $g(x) \in F[x]$, $\deg g(x) \le n-1$ 에 대하여

$$G(x) = \frac{g(x)}{f^*(x)} = \sum_{t=0}^{\infty} a_t x^t$$

이면, $g(x) = f^*(x)\,G(x)$ 이고 앞의 결과에 의하여 다음이 성립한다.

$$g(x) = f^*(x)\,G(x)$$
$$= -c_n a_0 - (c_{n-1} a_0 + c_n a_1)x - \cdots - (c_1 a_0 + c_2 a_1 + \cdots + c_n a_{n-1})x^{n-1}$$
$$- \sum_{t=0}^{\infty} (c_0 a_t + c_1 a_{t+1} + \cdots + c_{n-1} a_{t+n-1} + c_n a_{t+n})\,x^{n+t}$$

그런데, $\deg g(x) \le n-1$ 이므로 위의 등식에 의하여

$$c_0 a_t + c_1 a_{t+1} + \cdots + c_{n-1} a_{t+n-1} + c_n a_{n+t} = 0 \quad (t = 0, 1, 2, \cdots)$$

이고 또 $c_n = -1$ 이므로 다음이 성립한다.

$$a_{t+n+1} = c_0 a_t + c_1 a_{t+1} + \cdots + c_{n-1} a_{t+n-1} \qquad (t = 0, 1, 2, \cdots)$$

따라서 $\{a_t\}$ 의 고유다항식은 $f(x)$ 이고 $G(x)$ 는 $\{a_t\}$ 의 생성함수이다.

보기 4.5.4 실수체 $\mathbb{R}$ 위의 무한수열 $\{a_t\}$ 가 다음과 같은 초기조건과 동차 선형 점화식을 만족시키는 동차 선형점화수열이라고 하자.

(i) $a_0 = 2,\ a_1 = 1$

(ii) $a_{t+2} = -4\,a_t + 4\,a_{t+1} \quad (t = 0,1,2,\cdots)$

동차 선형점화수열 $\{a_t\}$ 의 고유다항식은

$$f(x) = 4 - 4x + x^2$$

이고 그 상반다항식 $f^*(x)$ 는 다음과 같다.

$$f^*(x) = 1 - 4x + 4x^2 = (1 - 2x)^2$$

이제 $\{a_t\}$ 의 생성함수를 $G(x)$ 라고 하면,

$$\begin{aligned} f^*(x)\,G(x) &= (1 - 4x + 4x^2)(a_0 + a_1x + a_2x^2 + a_3x^3 + \cdots) \\ &= a_0 + (a_1 - 4\cdot a_0)x = 2 - 7x \end{aligned}$$

이므로

$$G(x) = \frac{2-7x}{f^*(x)} = \frac{2}{(1-2x)^2} - \frac{7x}{(1-2x)^2}$$

이고, 또 보기 4.2.6 에 의하여

$$\frac{2}{(1-2x)^2} = \sum_{t=0}^{\infty}(t+1)\,2^{t+1}x^t, \quad \frac{7x}{(1-2x)^2} = \frac{7}{2}\sum_{t=1}^{\infty}t\,2^t x^t$$

이므로 $G(x)$ 는 다음과 같다.

$$\begin{aligned} G(x) &= 2 + \sum_{t=1}^{\infty}(t+1)\,2^{t+1}x^t - \frac{7}{2}\sum_{t=1}^{\infty}t\,2^t x^t \\ &= 2 + \sum_{t=1}^{\infty}\{2(t+1) - \frac{7}{2}t\}\,2^t x^t \\ &= 2 + \sum_{t=1}^{\infty}(2 - \frac{3}{2}t)\,2^t x^t \\ &= \sum_{t=0}^{\infty}(2 - \frac{3}{2}t)\,2^t x^t \end{aligned}$$

따라서 다음 결과를 얻는다(보기 4.4.7 참조).

$$a_t = (2 - \frac{3}{2}t)\,2^t \qquad (t = 0,1,2,\cdots)$$

연 습 문 제 (4.5)

1. 실수체 ℝ 에서의 무한수열 $\{a_t\}$ 의 생성함수 $G(x)$ 가 다음과 같을 때, $\{a_t\}$ 를 구하여라.

(1) $G(x) = (x+1)^2$ (2) $G(x) = (2-3x)^2$

(3) $G(x) = \dfrac{x^4}{1-x}$ (4) $G(x) = \dfrac{1}{1-x^3}$

2. 다음 무한수열의 생성함수 $G(x)$ 를 다항식 또는 유리식의 꼴로 나타내어라.

(1) $\{a_t\}$: $1, 2, 5, 0, 0, 0, 0, 0, 0, \cdots$

(2) $\{a_t\}$: $1, 2, 3, 1, 2, 3, 1, 2, 3, \cdots$

(3) $\{a_t\}$: $1, -2, 3, -4, 5, -6, 7, -8, \cdots$

(4) $\{a_t\}$: $1, 2, 2^2, 2^3, 2^4, 2^5, 2^6, 2^7, \cdots$

3. 실수체 ℝ 에서의 무한수열 $\{a_t\}$ 가 다음 조건을 만족시키는 동차 선형점화 수열일 때, 이 수열의 생성함수 $G(x)$ 를 이용하여 a_t 를 구하여라.

(i) $a_0 = 1$,

(ii) $a_{t+1} = 2a_t$ $(t = 0, 1, 2, \cdots)$

4. 실수체 ℝ 에서의 무한수열 $\{a_t\}$ 가 다음 조건을 만족시키는 동차 선형점화 수열일 때, 이 수열의 생성함수 $G(x)$ 를 이용하여 a_t 를 구하여라.

(i) $a_0 = 0$,

(ii) $a_{t+1} = 2a_t + 1$ $(t = 0, 1, 2, \cdots)$

5. 실수체 ℝ 에서의 무한수열 $\{a_t\}$ 가 다음 조건을 만족시키는 동차 선형점화 수열일 때, 이 수열의 생성함수 $G(x)$ 를 이용하여 a_t 를 구하여라.

(i) $a_0 = 3$, $a_1 = -2$

(ii) $a_{t+2} = -a_t + 2a_{t+1}$ $(t = 0, 1, 2, \cdots)$

6. 실수체 $\mathbb{R}$ 에서의 무한수열 $\{a_t\}$ 가 다음 조건을 만족시키는 동차 선형점화수열일 때, 이 수열의 생성함수 $G(x)$ 를 이용하여 모든 $t = 0, 1, 2, \cdots$ 에 대한 a_t 를 구하여라.

   (i) $a_0 = 1,\ a_1 = 4$

   (ii) $a_{t+2} = 10a_t - 3a_{t+1} \quad (t = 0, 1, 2, \cdots)$

7. 실수체 $\mathbb{R}$ 에서의 무한수열 $\{a_t\}$ 가 다음 조건을 만족시키는 동차 선형점화수열일 때, 이 수열의 생성함수 $G(x)$ 를 이용하여 모든 $t = 0, 1, 2, \cdots$ 에 대한 a_t 를 구하여라.

   (i) $a_0 = 5$

   (ii) $a_{t+1} = a_t + 2^t \quad (t = 0, 1, 2, \cdots)$

8. 실수체 $\mathbb{R}$ 에서의 무한수열 $\{a_t\}$ 가 다음 조건을 만족시키는 동차 선형점화수열일 때, 이 수열의 생성함수 $G(x)$ 를 이용하여 모든 $t = 0, 1, 2, \cdots$ 에 대한 a_t 를 구하여라.

   (i) $a_0 = 6,\ a_1 = 18,\ a_2 = 36$

   (ii) $a_{t+3} = -2a_t + a_{t+1} + 2a_{t+2} \quad (t = 0, 1, 2, \cdots)$

9. 실수체 $\mathbb{R}$ 에서 다음 등식을 만족시키는 α, β 를 구하여라.

$$1 - x - x^2 = (1 - \alpha x)(1 - \beta x), \qquad \alpha < \beta$$

   그리고, 다음 등식을 만족시키는 A, B 를 구하여라.

$$\frac{1}{1 - x - x^2} = \frac{A}{1 - \alpha x} + \frac{B}{1 - \beta x}$$

§4.6 유한체 위의 선형점화수열

정수 p가 素數일 때, 집합 $\mathbb{Z}_p = \{0, 1, \cdots, p-1\}$는 다음과 같이 정의된 덧셈 $+$ 와 곱셈 $\cdot$ 에 관하여 체를 이룬다(정리 4.1.2 참조).

$$a + b = r \quad (r\text{는 합 } a+b\text{를 } p\text{로 나누었을 때의 나머지})$$
$$a \cdot b = s \quad (s\text{는 곱 } ab\text{를 } p\text{로 나누었을 때의 나머지})$$

유한 개의 원소를 가진 체를 **유한체**(有限體, finite field) 라고 한다. 위의 정리에 의하면, 모든 素數 p에 대하여 $\mathbb{Z}_p = \{0, 1, \cdots, p-1\}$는 p 개의 원소를 가진 유한체를 이룬다.

체 F가 유한체이면, 적당한 素數 p와 적당한 양의 정수 m에 대하여 $|F| = p^m$ 이고, 임의의 素數 p와 임의의 양의 정수 m에 대하여 $q = p^m$이라고 할 때 q개의 원소를 가진 유한체는 본질적으로 단 하나 존재한다 ([1], §5.8 참조). 이와 같이 $q = p^m$ 개의 원소를 가진 유한체를 **갈루아 체**(Galois field)라 하고 이 체를 $\mathbb{F}_q$로 나타낸다.

앞으로, 유한체에 대하여 논할 때에는

$$\mathbb{F}_p = \mathbb{Z}_p = \{0, 1, \cdots, p-1\}$$

만을 다루기로 한다.

보기 4.6.1 체 $\mathbb{F}_2 = \{0, 1\}$와 체 $\mathbb{F}_3 = \{0, 1, 2\}$의 덧셈표와 곱셈표는 각각 다음과 같다(보기 4.1.2 참조).

+	0	1
0	0	1
1	1	0

·	0	1
0	0	0
1	0	1

$1 + 1 = 0,\quad -1 = 1,$
$1 \cdot 1 = 1,\quad 1^{-1} = 1$

+	0	1	2
0	0	1	2
1	1	2	0
2	2	0	1

·	0	1	2
0	0	0	0
1	0	1	2
2	0	2	1

$-1 = 2,\quad -2 = 1,$
$1 \cdot 1 = 1,\quad 1^{-1} = 1,$
$2 \cdot 2 = 1,\quad 2^{-1} = 2$

보기 4.6.2 체 $\mathbb{F}_5 = \{0, 1, 2, 3, 4\}$ 의 덧셈표와 곱셈표는 다음과 같다.

+	0	1	2	3	4
0	0	1	2	3	4
1	1	2	3	4	0
2	2	3	4	0	1
3	3	4	0	1	2
4	4	0	1	2	3

·	0	1	2	3	4
0	0	0	0	0	0
1	0	1	2	3	4
2	0	2	4	1	3
3	0	3	1	4	2
4	0	4	3	2	1

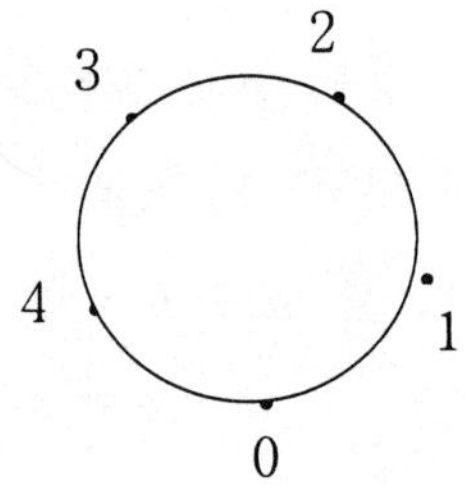

$$-1 = 4, \quad -4 = 1, \quad -2 = 3, \quad -3 = 2,$$
$$1^{-1} = 1, \quad 2^{-1} = 3, \quad 3^{-1} = 2, \quad 4^{-1} = 4$$

정리 4.4.4 와 정리 4.2.5 에 의하여 다음이 성립한다.

정리 4.6.1 정수 p가 素數일 때, 체 $\mathbb{F}_p = \{0, 1, \cdots, p-1\}$ 위의 n 차의 다항식

$$f(x) = -c_0 - c_1 x - \cdots - c_{n-1}x^{n-1} + x^n$$

을 고유다항식으로 가지는 동차 선형점화수열 전체의 집합을 $\Omega(f(x))$ 로 나타내자. 즉,

$$\{a_t\} \in \Omega(f(x)) \Longleftrightarrow a_{t+n} = \sum_{i=0}^{n-1} c_i a_{t+i} \quad (t = 0, 1, 2, \cdots)$$

이 때, 다음이 성립한다.

(1) 임의의 두 동차선형점화수열 $\{a_t\}, \{b_t\} \in \Omega(f(x))$ 와 임의의 원소 $a \in F$ 에 대하여 $\{a_t\} + \{b_t\} \in \Omega(f(x))$, $a\{a_t\} \in \Omega(f(x))$ 이다.

(2) 임의의 $\{a_t\} \in \Omega$ 와 $d\ (\geq 0)$ 에 대하여 ${}_d\{a_t\} \in \Omega(f(x))$ 이다.

(3) 사상

$$\phi : \Omega(f(x)) \longrightarrow \mathbb{F}_p{}^n, \quad \phi(\{a_t\}) = (a_0, a_1, \cdots, a_{n-1})$$

는 일대일 대응이므로 $|\Omega(f(x))| = |\mathbb{F}_p{}^n| = p^n$ 이다.

(4) 영수열이 아닌 수열 중에서 주기 r 인 순환수열 $\{a_t\} \in \Omega(f(x))$ 가 존재하면, ${}_0\{a_t\}$, ${}_1\{a_t\}$, $\cdots$, ${}_{r-1}\{a_t\}$ 는 모두 $\Omega(f(x))$ 에 속하고 주기 r 인 순환수열이며 $1 \leq r \leq p^n - 1$ 이다.

흔히 체 $\mathbb{F}_2 = \{0, 1\}$ 위의 수열을 **이진수열**(二進數列, binary sequence)이라고 한다.

앞으로, 초기조건 $a_0, a_1, \cdots, a_{n-1}$ 을 $(a_0, a_1, \cdots, a_{n-1})$ 로 나타내자.

보기 4.6.3 체 $\mathbb{F}_2 = \{0, 1\}$ 위의 다항식

$$f(x) = -1 - x + x^2 \quad \text{즉} \quad f(x) = 1 + x + x^2$$

를 고유다항식으로 가지는 동차 선형점화수열 전체의 집합을 $\Omega(f(x))$ 이라고 하자. 즉,

$$\{a_t\} \in \Omega(f(x)) \Longleftrightarrow a_{t+2} = a_t + a_{t+1} \quad (t = 0, 1, 2, \cdots)$$

이 때,

$$\mathbb{F}_2{}^2 = \{(0, 0), (0, 1), (1, 0), (1, 1)\}$$

이고 동차 점화수열 $\{a_t\} \in \Omega(f(x))$ 는 그 초기조건 (a_0, a_2) 에 따라 결정되므로 $|\Omega(f(x))| = |\mathbb{F}_2{}^2| = 4$ 이다.

초기조건이 $(a_0, a_1) = (0, 0)$ 이면, $\{a_t\} = \{0\}$ 이고 이 수열은 주기가 1 인 순환수열이다.

다음에 초기조건이 $(a_0, a_1) = (0, 1)$ 이면, 이진수열

$$\{a_t\} : 0, 1, 1, 0, 1, 1, 0, 1, 1, 0, 1, 1, \cdots$$

을 얻으며, 이 수열은 주기 3 인 순환수열이고 그 생성마디는 0, 1, 1 이다.

그리고, 이로부터 얻은 세 이진수열

$$\{a_t\} : 0, 1, 1, 0, 1, 1, 0, 1, 1, 0, 1, 1, \cdots$$
$${}_1\{a_t\} : 1, 1, 0, 1, 1, 0, 1, 1, 0, 1, 1, 0, \cdots$$
$${}_2\{a_t\} : 1, 0, 1, 1, 0, 1, 1, 0, 1, 1, 0, 1, \cdots$$

의 초기조건은 각각

$$(0, 1), (1, 1), (0, 1)$$

이고 이들 이진수열은 모두 주기 3 인 순환수열이며 $\Omega(f(x))$ 에 속한다.

따라서 다음 결과를 얻는다.

$$\Omega(f(x)) = \{\{0\}, \{a_t\}, {}_1\{a_t\}, {}_2\{a_t\}\}$$

보기 4.6.4 체 $\mathbb{F}_2 = \{0,1\}$ 위의 5 차의 다항식

$$f(x) = -1 - x + x^5 \quad 즉 \quad f(x) = 1 + x + x^5$$

를 고유다항식으로 가지는 동차 선형점화수열 전체의 집합을 $\Omega(f(x))$ 이라고 하자 즉,

$$\{a_t\} \in \Omega(f(x)) \iff a_{t+5} = a_t + a_{t+1} \quad (t = 0, 1, 2, \cdots)$$

이 때, 다음이 성립한다.

(1) 초기조건이 $(a_0, a_1, a_2, a_3, a_4) = (0, 0, 0, 0, 0)$ 이면, $\{a_t\}$ 는 영수열이고 그 주기는 1 이다.

(2) 초기조건이 $(a_0, a_1, a_2, a_3, a_4) = (1, 1, 0, 1, 1)$ 인 경우에

$$\begin{aligned} a_5 &= a_0 + a_1 = 1 + 1 = 0, \\ a_6 &= a_1 + a_2 = 1 + 0 = 1, \\ a_7 &= a_2 + a_3 = 0 + 1 = 1, \\ a_8 &= a_3 + a_4 = 1 + 1 = 0 \\ &\vdots \end{aligned}$$

이므로 이진수열 $\{a_t\}$ 는 다음과 같은 주기 3 인 순환수열이다.

$$1,\ 1,\ 0,\ 1,\ 1,\ 0,\ 1,\ 1,\ 0,\ 1,\ 1,\ 0,\ 1,\ 1,\ 0,\ \cdots$$

이 이진수열을 평행이동시키면, 다음과 같이 $\Omega(f(x))$ 에 속하는 3 개의 이진수열을 얻고 이들 수열은 모두 주기 3 인 순환수열이다.

$$\begin{array}{l} 1,\ 1,\ 0,\ 1,\ 1,\ 0,\ 1,\ 1,\ 0,\ 1,\ 1,\ 0,\ 1,\ 1,\ 0,\ \cdots \\ 1,\ 0,\ 1,\ 1,\ 0,\ 1,\ 1,\ 0,\ 1,\ 1,\ 0,\ 1,\ 1,\ 0,\ 1,\ \cdots \\ 0,\ 1,\ 1,\ 0,\ 1,\ 1,\ 0,\ 1,\ 1,\ 0,\ 1,\ 1,\ 0,\ 1,\ 1,\ \cdots \end{array}$$

이들 세 이진수열의 초기조건은 각각

$$(1, 1, 0, 1, 1), \quad (1, 0, 1, 1, 0), \quad (0, 1, 1, 0, 1)$$

이므로 새로운 이진수열을 얻으려면 다른 초기조건을 생각하여야 한다.

(3) 초기조건이 $(a_0, a_1, a_2, a_3, a_4) = (1, 1, 1, 0, 1)$ 이면, $\{a_t\}$ 는 다음과 같은 주기 7 인 순환수열이다.

$$1,\ 1,\ 1,\ 0,\ 1,\ 0,\ 0,\ 1,\ 1,\ 1,\ 0,\ 1,\ 0,\ 0,\ 1,\ 1,\ 1,\ 0,\ 1,\ 0,\ 0,\ \cdots$$

이 이진수열을 평행이동시키면 $\Omega(f(x))$ 에 속하는 7 개의 이진수열을 얻고, 이들 이진수열은 모두 주기 7 인 순환수열이며 그 초기조건은 각각 다음과 같다.

$$(1,1,1,0,1),\ (1,1,0,1,0),\ (1,0,1,0,0),\ (0,1,0,0,1),$$
$$(1,0,0,1,1),\ (0,0,1,1,1),\ (0,1,1,1,0)$$

(4) 초기조건이 $(a_0, a_1, a_2, a_3, a_4) = (0,0,0,0,1)$ 일 때, $\{a_t\}$ 는 다음과 같은 주기 21 인 순환수열이다.

$$0,\ 0,\ 0,\ 0,\ 1,\ 0,\ 0,\ 0,\ 1,\ 1,\ 0,\ 0,\ 1,\ 0,\ 1,\ 0,\ 1,\ 1,\ 1,\ 1,\ 1,\ \cdots$$

이 이진수열을 평행이동시키면, $\Omega(f(x))$ 에 속하는 21 개의 이진수열을 얻고 또 이들 이진수열은 모두 주기 21 인 순환수열이다.

위에서 얻은 이진수열 전체의 개수는

$$1 + 3 + 7 + 21 = 2^5 = |\Omega(f(x))|$$

따라서 위의 과정을 통하여 $\Omega(f(x))$ 에 속하는 32 개의 동차 선형점화수열을 모두 구한 셈이다.

보기 4.6.5 체 $\mathbb{F}_3 = \{0,1,2\}$ 위의 2 차의 다항식

$$f(x) = -2 - 2x + x^2 \quad \text{즉} \quad f(x) = 1 + x + x^2$$

를 고유다항식으로 가지는 동차 선형점화수열 전체의 집합을 $\Omega(f(x))$ 이라 하자 즉,

$$\{a_t\} \in \Omega(f(x)) \iff a_{t+2} = 2a_t + 2a_{t+1} \quad (t = 0,1,2,\cdots)$$

먼저 초기조건이

$$(0,0),\ (1,1),\ (2,2)$$

인 경우에 $\{a_t\}$ 는 각각 다음과 같은 주기 1 인 순환수열이다.

$$0,\ 0,\ 0,\ 0,\ 0,\ 0,\ 0,\ 0,\ 0,\ 0,\ 0,\ 0,\ \cdots$$
$$1,\ 1,\ 1,\ 1,\ 1,\ 1,\ 1,\ 1,\ 1,\ 1,\ 1,\ 1,\ \cdots$$
$$2,\ 2,\ 2,\ 2,\ 2,\ 2,\ 2,\ 2,\ 2,\ 2,\ 2,\ 2,\ \cdots$$

다음에 초기조건이 $(a_0, a_1) = (0, 1)$ 이면,

$$a_2 = 2a_0 + 2a_1 = 2 \cdot 0 + 2 \cdot 1 = 0 + 2 = 2,$$

$$a_3 = 2a_1 + 2a_2 = 2 \cdot 1 + 2 \cdot 2 = 2 + 1 = 0,$$

$$a_3 = 2a_1 + 2a_2 = 2 \cdot 2 + 2 \cdot 0 = 1 + 0 = 1,$$

$$a_4 = 2a_2 + 2a_3 = 2 \cdot 0 + 2 \cdot 1 = 0 + 2 = 2,$$

이므로 $\{a_t\}$ 는 다음과 같은 주기 3 인 순환수열이다.

$$\{a_t\} \; : \; 0,\ 1,\ 2,\ 0,\ 1,\ 2,\ 0,\ 1,\ 2,\ 0,\ 1,\ 2,\ \cdots$$

마찬가지로, 초기조건이 $(b_0, b_1) = (0, 2)$ 이면, $\{b_t\}$ 는 다음과 같은 주기 3 인 순환수열이다.

$$\{b_t\} \; : \; 0,\ 2,\ 1,\ 0,\ 2,\ 1,\ 0,\ 2,\ 1,\ 0,\ 2,\ 1,\ \cdots$$

이 두 수열을 평행이동시키면, 다음과 같이 $\Omega(f(x))$ 에 속하는 3 개씩의 주기 3 인 순환수열을 얻는다.

$$\{a_t\} \; : \; 0,\ 1,\ 2,\ 0,\ 1,\ 2,\ 0,\ 1,\ 2,\ 0,\ 1,\ 2,\ \cdots$$

$${}_1\{a_t\} \; : \; 1,\ 2,\ 0,\ 1,\ 2,\ 0,\ 1,\ 2,\ 0,\ 1,\ 2,\ 0,\ \cdots$$

$${}_2\{a_t\} \; : \; 2,\ 0,\ 1,\ 2,\ 0,\ 1,\ 2,\ 0,\ 1,\ 2,\ 0,\ 1,\ \cdots$$

$$\{b_t\} \; : \; 0,\ 2,\ 1,\ 0,\ 2,\ 1,\ 0,\ 2,\ 1,\ 0,\ 2,\ 1,\ \cdots$$

$${}_1\{b_t\} \; : \; 2,\ 1,\ 0,\ 2,\ 1,\ 0,\ 2,\ 1,\ 0,\ 2,\ 1,\ 0,\ \cdots$$

$${}_2\{b_t\} \; : \; 1,\ 0,\ 2,\ 1,\ 0,\ 2,\ 1,\ 0,\ 2,\ 1,\ 0,\ 2,\ \cdots$$

위에서 얻은 9 개의 동차 선형점화수열은 $\Omega(f(x))$ 를 이룬다.

실제로, $|\Omega(f(x))| = |\mathbb{F}_3{}^2| = 3^2 = 9$ 이다.

보기 4.6.6 체 $\mathbb{F}_2 = \{0, 1\}$ 위의 4 차의 다항식

$$f(x) = 1 + x + x^3 + x^4$$

를 고유다항식으로 가지는 동차 선형점화수열 전체의 집합을 $\Omega(f(x))$ 이라고 하자. 즉,

$$\{a_t\} \in \Omega(f(x)) \Longleftrightarrow a_{t+4} = a_t + a_{t+1} + a_{t+3} \quad (t = 0, 1, 2, \cdots)$$

이 때, 이진수열 $\{a_t\} \in \Omega(f(x))$ 의 생성함수를 $G(x)$ 라고 하면,

$$\begin{aligned} & f^*(x)\, G(x) \\ &= (1 + x + x^3 + x^4)(a_0 + a_1 x + a_2 x^2 + a_3 x^3 + a_4 x^4 + \cdots) \\ &= a_0 + (a_0 + a_1)\, x + (a_1 + a_2)\, x^2 + (a_0 + a_2 + a_3)\, x^3 \end{aligned}$$

이므로 다음이 성립한다(정리 4.5.3 참조).

$$G(x) = \frac{a_0 + (a_0 + a_1)x + (a_1 + a_2)x^2 + (a_0 + a_2 + a_3)x^3}{1 + x + x^3 + x^4}$$

예를 들어, 초기조건이 $(a_0, a_1, a_2, a_3) = (1, 1, 0, 1)$ 인 경우에 다음과 같이 $\{a_t\}$ 는 주기 3 인 순환수열이다.

$$\begin{aligned} f^*(x)\, G(x) &= 1 + (1+1)\, x + (1+0)\, x^2 + (1+0+1)\, x^3 \\ &= 1 + x^2, \end{aligned}$$

$$\begin{aligned} G(x) &= \frac{1 + x^2}{f^*(x)} = \frac{1 + x^2}{1 + x + x^3 + x^4} \\ &= 1 + x + x^3 + x^4 + x^6 + x^7 + x^9 + x^{10} + \cdots \\ &= (1 + x)(1 + x^3 + x^6 + x^9 + \cdots) \end{aligned}$$

$\{a_t\}$: 1, 1, 0, 1, 1, 0, 1, 1, 0, 1, 1, 0, 1, 1, 0, $\cdots$

$$\begin{array}{r|l} & 1 + x + x^3 + x^4 + \cdots \\ \hline 1 + x + x^3 + x^4 & 1 + x^2 \\ & \underline{1 + x + x^3 + x^4} \\ & \quad x + x^2 + x^3 + x^4 \\ & \quad \underline{x + x^2 + x^4 + x^5} \\ & \qquad\quad x^3 + x^5 \end{array}$$

연 습 문 제 (4.6)

1. 체 $\mathbb{F}_2 = \{0, 1\}$ 에서의 무한수열 $\{a_t\}$ 가 동차 선형점화식

$$a_{t+3} = a_t + a_{t+1} + a_{t+2} \qquad (t = 0, 1, 2, \cdots)$$

를 만족시키는 선형점화수열일 때, 다음 물음에 답하여라.

(1) 점화수열 $\{a_t\}$ 의 고유다항식 $f(x)$ 를 구하여라.

(2) 초기조건이 $(a_0, a_1, a_2) = (0, 0, 1)$ 일 때, 이진수열 $\{a_t\}$ 의 주기와 그 생성순환마디를 구하여라.

2. 체 $\mathbb{F}_2 = \{0, 1\}$ 위의 무한수열 $\{a_t\}$ 가 다음 두 조건을 만족시키는 이진수열이라고 하자.

(i) $(a_0, a_1, a_2, a_3, a_4, a_5) = (0, 0, 0, 0, 0, 1)$

(ii) $a_{t+6} = a_t + a_{t+1} + a_{t+2} + a_{t+4} \qquad (t = 0, 1, 2, \cdots)$

이 때, $\{a_t\}$ 는 다음과 같은 주기 21 인 순환수열임을 확인하여라.

$0, 0, 0, 0, 0, 1, 0, 1, 0, 0, 1, 0, 0, 1, 1, 0, 0, 1, 0, 1, 1, 0, 0, 0, 0, 0, 1, \cdots$

3. 보기 4.6.4 에서 이진수열 $\{a_t\}$ 의 초기조건이 $(a_0, a_1, a_2, a_3) = (0, 0, 0, 1)$ 인 경우에 $\{a_t\}$ 의 생성함수는 다음과 같음을 밝혀라.

$$G(x) = (x^3 + x^4 + x^5)(1 + x^6 + x^{12} + \cdots)$$

그리고, 이로부터 $\{a_t\}$ 가 주기 6 인 순환수열임을 밝혀라.

4. 다음과 같이 주기 3 인 이진수열의 생성함수 $G(x)$ 를 구하여라.

$\{a_t\} : \quad 1, 1, 0, 1, 1, 0, 1, 1, 0, 1, 1, 0, 1, 1, 0, \cdots$

5. 체 $\mathbb{F}_2 = \{0, 1\}$ 위에서의 무한수열 $\{a_t\}$ 가 다음 두 조건을 만족시킬 때, 이 무한수열의 생성함수 $G(x)$ 를 구하고 이를 이용하여 $\{a_t\}$ 를 구하여라.

(i) $(a_0, a_1, a_2, a_3) = (0, 0, 0, 1)$

(ii) $a_{t+4} = a_t + a_{t+2} + a_{t+3} \quad (t = 0, 1, 2, \cdots)$

§4.7 최대주기수열

동차 선형점화수열인 이진수열에 대하여 다음 정의를 생각할 수 있다.

정의 4.7.1 체 $\mathbb{F}_p = \{0, 1, \cdots, p-1\}$ 위의 n 차의 다항식

$$f(x) = -c_0 - c_1 x - \cdots - c_{n-1} x^{n-1} + x^n$$

를 고유다항식으로 가지는 동차 선형점화수열 전체의 집합을 $\Omega(f(x))$ 이라고 하자. 즉,

$$\{a_t\} \in \Omega(f(x)) \iff a_{t+n} = \sum_{i=0}^{n-1} c_i a_{t+i} \quad (t = 0, 1, 2, \cdots)$$

여기서, 주기 $p^n - 1$ 인 순환수열 $\{a_t\} \in \Omega(f(x))$ 가 존재할 때, $\{a_t\}$ 를 주기 $p^n - 1$ 인 **최대주기수열**(最大週期數列, maximal period sequence) 또는 **PN 수열**(pseudo-noise sequence)이라고 한다.

또, 이 경우에 다항식 $f(x)$ 를 체 $\mathbb{F}_p$ 위의 n 차의 **원시다항식**(原始多項式, primitive polynomial)이라고 한다.

보기 4.7.1 체 $\mathbb{F}_2 = \{0, 1\}$ 위에서 3 차의 다항식

$$f(x) = -1 - x + x^3 \quad 즉 \quad f(x) = 1 + x + x^3$$

를 고유다항식으로 가지는 동차 선형점화수열 전체의 집합을 $\Omega(f(x))$ 라고 하자. 즉,

$$\{a_t\} \in \Omega(f(x)) \iff a_{t+3} = a_t + a_{t+1} \quad (t = 0, 1, 2, \cdots)$$

이 때, 초기조건이 $(a_0, a_1, a_2) = (0, 0, 1)$ 이면,

$$\{a_t\} : \quad 0, 0, 1, 0, 1, 1, 1, 0, 0, 1, 0, 1, 1, 1, \cdots$$

이고 $\{a_t\}$ 는 주기 $2^3 - 1$ 인 최대주기수열이다.

그러므로, 다음 7 개의 이진수열은 모두 $\Omega(f(x))$ 에 속하는 주기 7 인 최대주기수열이다(정리 4.6.1 참조).

$${}_0\{a_t\} : \ 0,\ 0,\ 1,\ 0,\ 1,\ 1,\ 1,\ 0,\ 0,\ 1,\ 0,\ 1,\ 1,\ 1,\ \cdots$$
$${}_1\{a_t\} : \ 0,\ 1,\ 0,\ 1,\ 1,\ 1,\ 0,\ 0,\ 1,\ 0,\ 1,\ 1,\ 1,\ 0,\ \cdots$$
$${}_2\{a_t\} : \ 1,\ 0,\ 1,\ 1,\ 1,\ 0,\ 0,\ 1,\ 0,\ 1,\ 1,\ 1,\ 0,\ 0,\ \cdots$$
$${}_3\{a_t\} : \ 0,\ 1,\ 1,\ 1,\ 0,\ 0,\ 1,\ 0,\ 1,\ 1,\ 1,\ 0,\ 0,\ 1,\ \cdots$$
$${}_4\{a_t\} : \ 1,\ 1,\ 1,\ 0,\ 0,\ 1,\ 0,\ 1,\ 1,\ 1,\ 0,\ 0,\ 1,\ 0,\ \cdots$$
$${}_5\{a_t\} : \ 1,\ 1,\ 0,\ 0,\ 1,\ 0,\ 1,\ 1,\ 1,\ 0,\ 0,\ 1,\ 0,\ 1,\ \cdots$$
$${}_6\{a_t\} : \ 1,\ 0,\ 0,\ 1,\ 0,\ 1,\ 1,\ 1,\ 0,\ 0,\ 1,\ 0,\ 1,\ 1,\ \cdots$$

$$\Omega(f(x)) = \{\{0\},\ {}_0\{a_t\},\ {}_1\{a_t\},\ {}_2\{a_t\},\ \cdots,\ {}_6\{a_t\}\}$$

따라서 $f(x) = 1 + x + x^3$ 는 체 $\mathbb{F}_2$ 위의 3 차의 원시다항식이다.

여기서, $\{a_t\}$ 의 생성순환마다 0, 0, 1, 0, 1, 1, 1 에는 0 과 1 이 각각 2^2-1 개, 2^2 개 들어 있다. 마찬가지로, ${}_1\{a_t\}$, ${}_2\{a_t\}$, $\cdots$, ${}_6\{a_t\}$ 의 생성순환마다에는 0 과 1 이 각각 2^2-1 개, 2^2 개 들어 있다.

정리 4.7.2 素數 p 에 대하여 체 $\mathbb{F}_p = \{0, 1, \cdots, p\}$ 위의 n 차의 다항식

$$f(x) = -c_0 - c_1 x - \cdots - c_{n-1}x^{n-1} + x^n, \quad c_0 \neq 0$$

가 n 차의 원시다항식일 때, $\{a_t\} \in \Omega(f(x))$ 를 영수열이 아닌 동차 선형점화수열이라고 하면 다음이 성립한다.

(1) $\{a_t\}$ 는 주기 p^n-1 인 최대주기수열이다.

(2) $\Omega(f(x)) = \{\{0\},\ \{a_t\},\ {}_1\{a_t\},\ {}_2\{a_t\},\ \cdots,\ {}_{p^n-2}\{a_t\}\}$

그리고, 영수열을 제외한 $\Omega(f(x))$ 에 속하는 동차 선형점화수열은 모두 주기 p^n-1 인 최대주기수열이다.

(3) $\{(0, \cdots, 0)\} \cup \{(a_k, a_{k+1}, \cdots, a_{k+n-1}) \mid 0 \le k \le p^n-2\} = \mathbb{F}_p^{\ n}$

(4) 순환수열 $\{a_t\} \in \Omega(f(x))$ 의 생성순환마다 $a_0, a_1, a_2, \cdots, a_{p^n-2}$ 에는 0 이 $p^{n-1}-1$ 개 들어 있고 $1, \cdots, p-1$ 이 각각 p^{n-1} 개씩 들어 있다. 또, 순환수열 ${}_1\{a_t\}$, ${}_2\{a_t\}$, $\cdots$, ${}_{p^n-2}\{a_t\}$ 에 대해서도 마찬가지이다.

증 명 앞에서 알아본 바와 같이 (1), (2) 가 성립한다.

(3) 정리 4.4.4 에 의하여 사상

$$\phi : \Omega \longrightarrow \mathbb{F}_p{}^n, \ \phi(\{s_t\}) = (s_0, s_1, \cdots, s_{n-1})$$

는 일대일 대응이고 또 $_k\{a_t\}$ 의 처음 n 개의 항으로 이루어진 순서 n 조는 $(a_k, a_{k+1}, \cdots, a_{k+n-1})$ 이므로 (2) 에 의하여 (3) 이 성립한다.

(4) 집합 $\mathbb{F}_p{}^n$ 에 속해 있는 원소 중에서 $(0, 0, \cdots, 0)$ 이 아닌 원소 전체는

$$(a_k, a_{k+1}, \cdots, a_{k+n-1}) \qquad 0 \le k \le p^n - 2$$

이고 이들 $p^n - 1$ 개의 원소의 첫째 성분은 각각 a_0, a_1, a_2, $\cdots$, a_{p^n-2} 이다.

한편, $\mathbb{F}_p{}^n$ 의 원소 중에서 $(0, 0, \cdots, 0)$ 이 아닌 것은 $p^n - 1$ 개 있고 이러한 원소 중에서 $(0, b_1, \cdots, b_{n-1})$ 과 같은 꼴의 원소는 $p^{n-1} - 1$ 개 있고 또 각 $k = 1, 2, \cdots, p-1$ 에 대하여 $(k, c_1, \cdots, c_{n-1})$ 과 같은 꼴의 원소는 p^{n-1} 개 있다. 따라서 (4) 가 성립한다.

보기 4.7.2 체 $\mathbb{F}_2 = \{0, 1\}$ 위의 4 차의 다항식

$$f(x) = -1 - x + x^4 \quad \text{즉} \quad f(x) = 1 + x + x^4$$

를 고유다항식으로 가지는 동차 선형점화수열 전체의 집합을 $\Omega(f(x))$ 라고 하자. 즉,

$$\{a_t\} \in \Omega(f(x)) \Longleftrightarrow a_{t+4} = a_t + a_{t+1} \quad (t = 0, 1, 2, \cdots)$$

이 때, 초기조건이 $(a_0, a_1, a_2, a_3) = (0, 0, 0, 1)$ 이면, 이진수열 $\{a_t\}$ 는 다음과 같은 주기 15 $(= 2^4 - 1)$ 인 최대주기수열이다.

$$\{a_t\} : \ 0\,0\,0\,1\,0\,0\,1\,1\,0\,1\,0\,1\,1\,1\,1 \ \ 0\,0\,0\,1 \cdots$$

따라서 $\Omega(f(x)) = \{\{0\}\} \cup \{\, _k\{a_t\} \mid 0 \le k \le 14 \,\}$ 이다.

그러므로, 각 k $(0 \le k \le 14)$ 에 대하여 $_k\{a_t\}$ 는 모두 주기 15 인 최대주기수열이다. 그리고 최대주기수열 $\{a_t\}$ 의 생성순환마디

$$0, 0, 0, 1, 0, 0, 1, 1, 0, 1, 0, 1, 1, 1, 1$$

에는 0 이 7 $(= 2^3 - 1)$ 개 들어 있고 1 이 8 $(= 2^3)$ 개 들어 있다.

또, 다항식 $f(x) = 1 + x + x^4$ 는 체 $\mathbb{F}_2$ 위의 4 차의 원시다항식이다.

마찬가지로, 체 $\mathbb{F}_2 = \{0, 1\}$ 위에서 다항식

$$g(x) = 1 + x^3 + x^4$$

는 4 차의 원시다항식이다.

이제 $\{a_t\} \in \Omega(g(x))$ 이라고 하면, $\{a_t\}$ 는 체 $\mathbb{F}_2$ 위에서 동차 선형점화식

$$a_{t+4} = a_t + a_{t+3} \qquad (t = 0, 1, 2, \cdots)$$

를 만족시키는 이진수열이고 특히 초기 상태벡터가 $(0, 0, 0, 1)$ 인 경우에 $\{a_t\}$ 는 다음과 같은 주기 $2^4 - 1 = 15$ 인 최대주기수열이다.

$$\{a_t\} : \ 0\ 0\ 0\ 1\ 1\ 1\ 1\ 0\ 1\ 0\ 1\ 1\ 0\ 0\ 1 \ \ 0\ 0\ 0\ 1 \cdots$$

그리고, 주기 15 인 최대주기수열 $\{a_t\}$ 의 생성순환마디

$$0\ 0\ 0\ 1\ 1\ 1\ 1\ 0\ 1\ 0\ 1\ 1\ 0\ 0\ 1$$

에는 각각 0 이 $2^3 - 1$ 개 들어 있고 1 이 2^3 개 들어 있다.

보기 4.7.3 체 $\mathbb{F}_2 = \{0, 1\}$ 위의 5 차 다항식

$$f(x) = -1 - x^2 + x^5 \quad \text{즉} \quad f(x) = x^5 + x^2 + 1$$

를 고유다항식으로 가지는 동차 선형점화수열 전체의 집합을 $\Omega(f(x))$ 라고 하자. 즉,

$$\{a_t\} \in \Omega(f(x)) \Longleftrightarrow a_{t+5} = a_t + a_{t+2} \quad (t = 0, 1, 2, \cdots)$$

먼저 초기조건이 $(a_0, a_1, a_2, a_3, a_4) = (0, 0, 0, 0, 0)$ 이면, $\{a_t\}$ 는 영수열이고 그 주기는 1 이다.

다음에 초기조건이 $(a_0, a_1, a_2, a_3, a_4) = (0, 0, 0, 0, 1)$ 이면, $\{a_t\}$ 는 다음과 같이 주기 $31 \,(= 2^5 - 1)$ 인 최대주기수열이다.

$$\begin{array}{l} 0\ 0\ 0\ 0\ 1\ 0\ 0\ 1\ 0\ 1\ 1\ 0\ 0\ 1\ 1\ 1\ 1\ 1\ 0\ 0\ 0 \\ 1\ 1\ 0\ 1\ 1\ 1\ 0\ 1\ 0\ 1\ 0\ 0\ 0\ 0\ 1\ 0\ 0\ 1\ 0\ 1\ 1\ 0 \cdots \end{array}$$

따라서 $f(x)$ 는 체 $\mathbb{F}_2$ 위의 5 차의 원시다항식이다.

그리고, 각 $k \ (0 \le k \le 30)$ 에 대하여 ${}_k\{a_t\}$ 는 모두 주기 31 인 최대주기수열이다.

또, 최대주기수열 $\{a_t\}$ 의 생성순환마디

$$\begin{matrix} 0&0&0&0&1&0&0&1&0&1&1&0&0&1&1&1 \\ 1&1&0&0&0&1&1&0&1&1&1&0&1&0&1 \end{matrix}$$

에는 0 이 15 $(=2^4-1)$ 개 들어 있고 1 이 16 $(=2^4)$ 개 들어 있다.

보기 4.7.4 체 $\mathbb{F}_3 = \{0,1,2\}$ 위의 2 차의 다항식

$$f(x) = -1-2x+x^2 \quad 즉 \quad f(x) = 2+x+x^2$$

를 고유다항식으로 가지는 동차 선형점화수열 전체의 집합을 $\Omega(f(x))$ 이라고 하자 즉,

$$\{a_t\} \in \Omega(f(x)) \Longleftrightarrow a_{t+2} = a_t + 2a_{t+1} \quad (t = 0,1,2,\cdots)$$

먼저 초기조건이 $(a_0, a_1) = (0, 0)$ 이면, $\{a_t\}$ 는 영수열이고 그 주기는 1 이다.

다음에 초기조건이 $(a_0, a_1) = (0, 1)$ 이면,

$$\begin{aligned}
a_2 &= a_0 + 2a_1 = 0 + 2 = 2, \\
a_3 &= a_1 + 2a_2 = 1 + 2\cdot 2 = 1 + 1 = 2, \\
a_4 &= a_2 + 2a_3 = 2 + 2\cdot 2 = 2 + 1 = 0, \\
a_5 &= a_3 + 2a_4 = 2 + 2\cdot 0 = 2 + 0 = 2, \\
a_6 &= a_4 + 2a_5 = 0 + 2\cdot 2 = 0 + 1 = 1, \\
a_7 &= a_5 + 2a_6 = 2 + 2\cdot 1 = 2 + 2 = 1, \\
a_8 &= a_6 + 2a_7 = 1 + 2\cdot 1 = 1 + 2 = 0, \\
a_9 &= a_7 + 2a_8 = 1 + 2\cdot 0 = 1 + 0 = 1, \\
&\vdots
\end{aligned}$$

이므로 $\{a_t\}$ 는 다음과 같은 주기 8 인 순환수열이다.

$$0,\ 1,\ 2,\ 2,\ 0,\ 2,\ 1,\ 1,\ 0,\ 1,\ 2,\ 2,\ 0,\ 2,\ 1,\ 1,\ \cdots$$

이 수열을 평행이동시키면, 다음과 같이 $\Omega(f(x))$ 에 속하는 체 $\mathbb{F}_3$ 위의 8 개의 동차 선형점수열을 얻고 이들 수열은 모두 주기 8 인 순환수열이다.

0, 1, 2, 2, 0, 2, 1, 1, 0, 1, 2, 2, 0, 2, 1, 1, ⋯
1, 2, 2, 0, 2, 1, 1, 0, 1, 2, 2, 0, 2, 1, 1, 0, ⋯
2, 2, 0, 2, 1, 1, 0, 1, 2, 2, 0, 2, 1, 1, 0, 1, ⋯
2, 0, 2, 1, 1, 0, 1, 2, 2, 0, 2, 1, 1, 0, 1, 2, ⋯
0, 2, 1, 1, 0, 1, 2, 2, 0, 2, 1, 1, 0, 1, 2, 2, ⋯
2, 1, 1, 0, 1, 2, 2, 0, 2, 1, 1, 0, 1, 2, 2, 0, ⋯
1, 1, 0, 1, 2, 2, 0, 2, 1, 1, 0, 1, 2, 2, 0, 2, ⋯
1, 0, 1, 2, 2, 0, 2, 1, 1, 0, 1, 2, 2, 0, 2, 1, ⋯

첫째 동차 선형점화수열의 생성마디

0, 1, 2, 2, 0, 2, 1, 1

에는 0 이 2 $(=3^1-1)$ 개 들어 있고 1 과 2 가 각각 3 $(=3^1)$ 개 들어 있으며 위의 다른 동차 선형점화수열도 마찬가지이다.

다음은 체 $\mathbb{F}_2=\{0,1\}$ 위의 35 차 이하의 원시다항식이다([35] 의 부록).

x^2+x+1, x^3+x+1, x^4+x+1,
x^5+x^2+1, x^6+x+1, x^7+x+1,
$x^8+x^4+x^3+x^2+1$, x^9+x^4+1, $x^{10}+x^3+1$,
$x^{11}+x^2+1$, $x^{12}+x^6+x^4+x+1$,
$x^{13}+x^4+x^3+x+1$, $x^{14}+x^5+x^3+x+1$,
$x^{15}+x+1$, $x^{16}+x^5+x^3+x^2+1$,
$x^{17}+x^3+1$, $x^{18}+x^5+x^2+x+1$, $x^{19}+x^5+x^2+x+1$,
$x^{20}+x^3+1$, $x^{21}+x^2+1$, $x^{22}+x+1$,
$x^{23}+x^5+1$, $x^{24}+x^4+x^3+x+1$, $x^{25}+x^3+1$,
$x^{26}+x^6+x^2+x+1$, $x^{27}+x^5+x^2+x+1$, $x^{28}+x^3+1$,
$x^{29}+x^2+1$, $x^{30}+x^6+x^4+x+1$, $x^{31}+x^3+1$,
$x^{32}+x^7+x^5+x^3+x^2+x+1$, $x^{33}+x^6+x^4+x+1$,
$x^{34}+x^7+x^6+x^5+x^2+x+1$, $x^{35}+x^2+1$

연 습 문 제 (4.7)

1. 체 $\mathbb{F}_2 = \{0, 1\}$ 위의 무한수열 $\{a_t\}$ 가 동차 선형점화식

$$a_{t+3} = a_t + a_{t+2} \qquad (t = 0, 1, 2, \cdots)$$

을 만족시키는 동차 선형점화수열이라고 할 때, 다음 물음에 답하여라.

(1) 초기조건이 $(a_0, a_1, a_2) = (0, 0, 1)$ 인 경우에 이 수열의 처음 14 개의 항을 구하여 $\{a_t\}$ 가 주기 7 인 최대주기수열임을 확인하여라.

(2) 위의 동차 선형점화식을 만족시키는 동차 선형점화수열 전체의 집합을 Ω 라고 할 때, Ω 를 구하여라.

2. 체 $\mathbb{F}_2$ 위의 무한수열 $\{a_t\}$ 가 동차 선형점화식

$$a_{t+4} = a_t + a_{t+3} \qquad (t = 0, 1, 2, \cdots)$$

을 만족시키는 이진수열일 때, 초기조건이 $(a_0, a_1, a_2, a_3) = (0, 0, 0, 1)$ 인 경우에 $\{a_t\}$ 는 최대주기수열임을 확인하고 그 생성순환마디를 구하여라.

3. 체 $\mathbb{F}_2$ 위의 무한수열 $\{a_t\}$ 가 다음 두 조건을 만족시키는 선형점화수열일 때, $\{a_t\}$ 의 주기와 생성순환마디를 구하여라.

(i) $(a_0, a_1, a_2, a_3) = (0, 0, 0, 1)$

(ii) $a_{t+4} = a_t + a_{t+1} + a_{t+2} + a_{t+3} \qquad (t = 0, 1, 2, \cdots)$

4. 체 $\mathbb{F}_2$ 에서 다음 두 조건을 만족시키는 동차 선형점화수열 $\{a_t\}$ 가 최대주기수열임을 확인하고 그 생성순환마디를 구하여라.

(i) $(a_0, a_1, a_2, a_3, a_4) = (0, 0, 0, 0, 1)$

(ii) $a_{t+5} = a_t + a_{t+2} \qquad (t = 0, 1, 2, \cdots)$

5. 체 $\mathbb{F}_2$ 위의 6 차의 다항식 $f(x) = x^6 + x + 1$ 은 원시다항식이다. 이 사실을 이용하여 체 $\mathbb{F}_2$ 위에서 주기 $2^6 - 1$ 인 최대주기수열을 구하여라.

§4.8 순환수열의 합과 곱

체 F 위의 두 무한수열 $\{a_t\}$, $\{b_t\}$에 대하여 이들의 합 $\{a_t\}+\{b_t\}$과 곱 $\{a_t\}\{b_t\}$은 각각 다음과 같이 정의된 무한수열이다.

$$\{a_t\}+\{b_t\}=\{a_t+b_t\} : a_0+b_0,\ a_1+b_1,\ a_2+b_2,\ a_3+b_3,\ \cdots$$

$$\{a_t\}\{b_t\}=\{a_t b_t\} \qquad : a_0 b_0,\ a_1 b_1,\ a_2 b_2,\ a_3 b_3,\ a_4 b_4,\ \cdots$$

이 절에서는, 두 순환수열의 합과 곱에 대하여 논하기로 한다.

정리 4.8.1 체 F 위의 무한수열 $\{a_t\}$, $\{b_t\}$가 각각 주기 r, s인 순환수열일 때, 합 $\{v_t\}=\{a_t\}+\{b_t\}$에 대하여 다음이 성립한다.

(1) $\{v_t\}$는 순환수열이고 그 주기는 $l=\mathrm{lcm}(r,s)$의 약수이다.

(2) r, s가 서로 소이면, $\{v_t\}$는 주기 rs인 순환수열이다.

증 명 최소공배수의 정의에 의하여 $l=rk=sm$인 양의 정수 k, m이 존재한다.

(1) 정리 4.2.5에 의하면, 각 $t\ (t=0,1,2,\cdots)$에 대하여

$$v_{t+l}=a_{t+l}+b_{t+l}=a_{t+rk}+b_{t+sm}=a_t+b_t=v_t$$

이므로 $\{v_t\}$는 순환수열이고, 또 $\{v_t\}$의 주기를 ρ라고 하면 $\rho\,|\,l$이다.

(2) r, s가 서로 소라고 하자. 이 때, 정리 2.3.10에 의하여 $l=rs$이고, $\{v_t\}$의 주기를 ρ라고 하면 (1)에 의하여 $\rho\,|\,l$이므로 ρ를 다음과 같은 꼴로 나타낼 수 있다.

$$\rho=de \qquad (d\,|\,r,\ e\,|\,s,\ d>0,\ e>0)$$

이 때, $\rho\,|\,ds$, $\rho\,|\,re$이므로 정리 4.2.5에 의하여

$$v_{t+sd}=v_t,\quad v_{t+re}=v_t \qquad (t=0,1,2,\cdots)$$

즉,

$$\begin{cases} a_{t+sd}+b_{t+sd}=a_t+b_t \\ a_{t+re}+b_{t+re}=a_t+b_t \end{cases} \qquad (t=0,1,2,\cdots)$$

이고 또

$$b_{t+sd} = b_t, \quad a_{t+re} = a_t \qquad (t = 0, 1, 2, \cdots)$$

이므로

$$a_{t+sd} = a_t, \quad b_{t+re} = b_t \qquad (t = 0, 1, 2, \cdots)$$

이고, 따라서 정리 4.2.5 에 의하여 $r \mid sd$, $s \mid re$ 이다.

한편, r 와 s 는 서로 소이므로 정리 2.2.10 에 의하여 $r \mid d$, $s \mid e$ 이고, 또 $d \mid r$, $e \mid s$ 이므로 $d = r$, $e = s$ 이고 따라서 $\rho = de = rs$ 이다.

정리 4.8.2 체 F 위의 무한수열 $\{a_{1t}\}, \{a_{2t}\}, \cdots, \{a_{nt}\}$ 가 각각 주기 $r_1, r_2, \cdots, r_n$ 인 순환수열일 때, $r_1, r_2, \cdots, r_n$ 이 쌍마다 서로 소이면 합

$$\{v_t\} = \{a_{1t}\} + \{a_{2t}\} + \cdots + \{a_{nt}\}$$

는 주기 $r_1 r_2 \cdots r_n$ 인 순환수열이다.

증 명 먼저 $n = 2$ 일 때 정리 4.8.1 에 의하여 정리가 성립한다. 다음에 $n = k$ 일 때 정리가 성립한다고 가정하면, $\{a_{1t}\} + \{a_{2t}\} + \cdots + \{a_{kt}\}$ 는 주기 $r_1 r_2 \cdots r_k$ 인 순환수열이다. 그런데, $r_1, r_2, \cdots, r_k, r_{k+1}$ 은 쌍마다 서로 소이므로 따름정리 2.2.9 에 의하여 $r_1 r_2 \cdots r_k$ 와 r_{k+1} 는 서로 소이고 따라서 정리 4.8.1 에 의하여 $(\{a_{1t}\} + \{a_{1t}\} + \cdots + \{a_{kt}\}) + \{a_{k+1\,t}\}$ 는 주기 $(r_1 r_2 \cdots r_k) r_{k+1}$ 인 순환수열이다.

그러므로, 모든 양의 정수 n 에 대하여 정리가 성립한다.

보기 4.8.1 체 $\mathbb{F}_2$ 에서의 두 무한수열

$$\{a_t\} : \quad 1, 0, 1, 1, 0, 1, 1, 0, 1, 1, 0, 1, \cdots$$

$$\{b_t\} : \quad 1, 0, 1, 0, 1, 0, 1, 0, 1, 0, 1, 0, \cdots$$

는 각각 주기가 3, 2 인 순환수열이고, 이 두 순환수열의 합

$$\{a_t\} + \{b_t\} : \quad 0, 0, 0, 1, 1, 1, 0, 0, 0, 1, 1, 1, \cdots$$

는 주기 6 인 순환수열이다.

정리 4.8.3 체 F 위의 영수열이 아닌 무한수열 $\{a_t\}$, $\{b_t\}$가 각각 주기 r, s인 순환수열일 때, 이 두 무한수열의 곱 $\{w_t\} = \{a_t\}\{b_t\}$에 대하여 다음이 성립한다.

(1) $\{w_t\}$는 순환수열이고 그 주기는 $l = \mathrm{lcm}\{r, s\}$의 약수이다.

(2) r, s가 서로 소이면, $\{w_t\}$는 주기 rs인 순환수열이다.

증 명 최소공배수의 정의에 의하여 $l = rk = sm$인 양의 정수 k, m이 존재한다.

(1) 정리 4.2.5에 의하면, 각 t $(t = 0, 1, 2, \cdots)$에 대하여

$$w_{t+l} = a_{t+l} b_{t+l} = a_{t+rk} b_{t+sm} = a_t b_t = w_t$$

이므로 $\{w_t\}$는 순환수열이고, 또 그 주기를 ρ라고 하면 정리 4.2.5에 의하여 $\rho \mid l$이다.

(2) r, s가 서로 소라고 하자. 이 때, r, s의 최소공배수는 $l = rs$이고, $\{w_t\}$의 주기를 ρ라고 하면 (1)에 의하여 $\rho \mid l$이므로 ρ를 다음과 같은 꼴로 나타낼 수 있다.

$$\rho = de \qquad (d \mid r,\ e \mid s,\ d > 0,\ e > 0)$$

이 때, $\rho \mid ds$, $\rho \mid re$이므로

$$w_{t+sd} = w_t, \quad w_{t+re} = w_t \qquad (t = 0, 1, 2, \cdots)$$

즉,

$$\begin{cases} a_{t+sd}\, b_{t+sd} = a_t b_t \\ a_{t+re}\, b_{t+re} = a_t b_t \end{cases} \qquad (t = 0, 1, 2, \cdots)$$

이고 또

$$b_{t+sd} = b_t, \ a_{t+re} = a_t \qquad (t = 0, 1, 2, \cdots)$$

이므로 다음이 성립한다.

$$(*) \qquad a_{t+sd}\, b_t = a_t b_t \qquad (t = 0, 1, 2, \cdots)$$

$$(**) \qquad a_t b_{t+re} = a_t b_t \qquad (t = 0, 1, 2, \cdots)$$

한편, $\{a_t\}$, $\{b_t\}$는 영수열이 아니므로 적당한 정수 i, j $(i \geq 0,\ j \geq 0)$

에 대하여 $b_i \neq 0$, $a_j \neq 0$ 이다. 그런데, r 와 s는 서로 소이므로, 중국인의 나머지 정리(정리 3.2.3) 에 의하여 i와 각 정수 t $(t \geq 0)$ 에 대하여

$$\begin{cases} \tau \equiv i \pmod{s} \\ \tau \equiv t \pmod{r} \end{cases}$$

인 양의 정수 τ가 존재한다. 그런데, $\tau \equiv i \pmod{s}$ 이므로 $b_\tau = b_i \neq 0$ 이고, 앞의 (*) 에 의하여 특히 $a_{\tau+sd}\, b_\tau = a_\tau b_\tau$ 이므로 $a_{\tau+sd} = a_\tau$ 이다.

마찬가지로, $\tau \equiv t \pmod{r}$ 이므로

$$a_t = a_\tau, \quad a_{t+sd} = a_{\tau+sd} \qquad (t = 0, 1, 2, \cdots)$$

이고, 따라서 $a_{t+sd} = a_{\tau+sd} = a_\tau = a_t$ 이다.

따라서 앞의 증명에 의하여

$$a_{t+sd} = a_t \qquad (t = 0, 1, 2, \cdots)$$

이므로 정리 4.2.5 에 의하여 $r \mid sd$ 이고, 또 r 와 s는 서로 소이므로 $r \mid d$ 이다(정리 2.2.10). 그런데 $d \mid r$ 이므로 $d = r$ 이다.

마찬가지로, j와 각 정수 t $(t \geq 0)$ 에 대하여

$$\begin{cases} \tau' \equiv j \pmod{r} \\ \tau' \equiv t \pmod{s} \end{cases}$$

인 양의 정수 τ' 이 존재하므로 등식 (**) 를 이용하여 $e = s$임을 증명할 수 있다. 그러므로, $\rho = de = rs$ 이다.

정리 4.8.3 을 이용하여 정리 4.8.2 의 증명과 마찬가지 방법으로 다음 정리를 증명할 수 있다.

정리 4.8.4 체 F 에서 영수열이 아닌 무한수열 $\{a_{1t}\}$, $\{a_{2t}\}$, $\cdots$, $\{a_{nt}\}$ 가 각각 주기 r_1, r_2, $\cdots$, r_n 인 순환수열일 때, $r_1, r_2, \cdots, r_n$ 이 쌍마다 서로 소이면 $\{a_{1t}\}$, $\{a_{2t}\}$, $\cdots$, $\{a_{nt}\}$ 의 곱

$$\{w_t\} = \{a_{1t}\}\{a_{2t}\} \cdots \{a_{nt}\}$$

는 주기 $r_1 r_2 \cdots r_n$ 인 순환수열이다.

보기 4.8.2 체 $\mathbb{F}_2$ 에서의 두 무한수열

$$\{a_t\}: \quad 1, 0, 1, 1, 0, 1, 1, 0, 1, 1, 0, 1, \cdots$$

$$\{b_t\}: \quad 1, 0, 1, 0, 1, 0, 1, 0, 1, 0, 1, 0, \cdots$$

는 주기가 각각 3, 2 인 순환수열이고, 이 두 무한수열의 곱

$$\{a_t\}\{b_t\} : \quad 1, 0, 1, 0, 0, 0, 1, 0, 1, 0, 0, 0, \cdots$$

는 주기 6 인 순환수열이다.

보기 4.8.3 체 $\mathbb{F}_2$ 위의 두 다항식 $f(x)$, $g(x)$ 가 각각 m차, n차의 원시다항식이고 $\gcd(m, n) = 1$ 일 때, $\{a_t\}$, $\{b_t\}$ 가 각각 $f(x)$, $g(x)$ 를 고유다항식으로 가지는 최대주기수열이면 합 $\{a_t\}+\{b_t\}$ 과 곱 $\{a_t\}\{b_t\}$ 는 모두 주기 $(2^m-1)(2^n-1)$ 인 순환수열이다.

실제로, 따름정리 2.4.7 에 의하여 2^m-1 과 2^n-1 는 서로 소이고 따라서 정리 4.8.1 과 정리 4.8.3 에 의하여 위의 결과를 얻는다.

연 습 문 제 (4.8)

1. 체 $\mathbb{F}_2$ 위의 두 다항식

$$f(x) = x^{23} + x^5 + 1, \quad g(x) = x^{25} + x^3 + 1$$

가 모두 원시다항식이고 두 무한수열 $\{a_t\}$, $\{b_t\}$ 가 각각 $f(x)$, $g(x)$ 를 고유다항식으로 가지는 최대주기수열일 때, 합 $\{a_t\}+\{b_t\}$ 과 곱 $\{a_t\}\{b_t\}$ 의 주기를 구하여라.

2. 체 $\mathbb{F}_2$ 위의 두 다항식

$$f(x) = x^{28} + x^3 + 1, \quad g(x) = x^{29} + x^9 + 1$$

가 모두 원시다항식이고 두 무한수열 $\{a_t\}$, $\{b_t\}$ 가 각각 $f(x)$, $g(x)$ 를 고유다항식으로 가지는 최대주기수열일 때, 합 $\{a_t\}+\{b_t\}$ 과 곱 $\{a_t\}\{b_t\}$ 의 주기를 구하여라.

§4.9 스트림 암호체계

다음 그림은 체 F 에서의 무한수열 $\{s_t\}$ 를 생성해내는 장치를 보여준다.

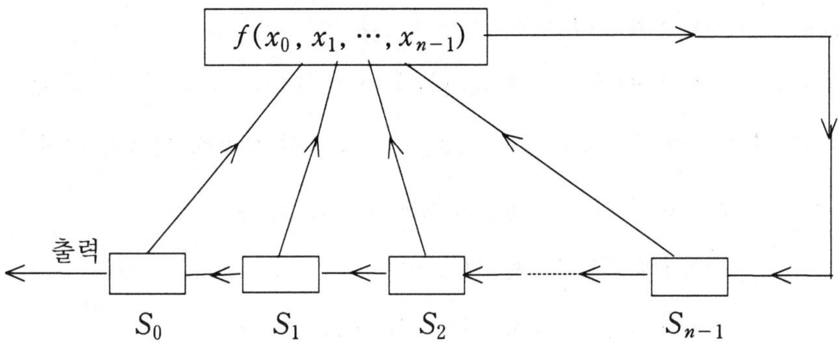

이 장치를 체 F 위의 **n 단계**(段階, stage) **Shift Register** 라 하고, 또 함수

$$f: \ F^n \longrightarrow F, \quad y = f(x_0, x_1, \cdots, x_{n-1})$$

를 이 Shift Register 의 **feedback 함수**(feedback function)라고 한다.

이 그림에서 단위 시각 $t = 0, 1, 2, \cdots$ 에 따라 t 시각일 때의 각 단계(stage) S_i 의 내용을 $s_i(t)$ 라고 하면 다음 두 조건이 성립한다.

(i) $s_i(t+1) = s_{i+1}(t), \qquad (0 \le i \le n-2)$

(ii) $s_{n-1}(t+1) = f(s_0(t), s_1(t), \cdots, s_{n-1}(t))$

따라서 t 시각에서의 $S_0, S_1, \cdots, S_{n-2}, S_{n-1}$ 의 내용은 각각

(1) $\qquad s_0(t), \ s_1(t), \ \cdots, \ s_{n-2}(t), \ s_{n-1}(t)$

이고 $t+1$ 시각에서의 $S_0, S_1, \cdots, S_{n-2}, S_{n-1}$ 의 내용은 각각 다음과 같다.

(2) $\quad s_1(t), \ s_2(t), \ \cdots, \ s_{n-1}(t), \ f(s_0(t), s_1(t), \cdots, s_{n-1}(t))$

여기서, (2) 의 처음 $n-1$ 개의 항은 (1) 의 첫째 항을 제외한 항을 차례로 왼쪽으로 평행이동시킨(shift) 것이고 또 (2) 의 끝항은 (1) 의 n 개의 항과 feedback 함수 f 에 의하여 결정된다.

시각 t 에서의 S_0 의 내용 $s_0(t)$ 를 s_t 로 나타내면,

$$
\begin{aligned}
s_t &= s_0(t) \\
s_{t+1} &= s_0(t+1) = s_1(t) \\
&\vdots \\
s_{t+n-1} &= s_0(t+n-1) = \cdots = s_{n-1}(t) \\
s_{t+n} &= s_0(t+n) = \cdots = s_{n-1}(t+1) = f(s_t, s_{t+1}, \cdots, s_{t+n-1})
\end{aligned}
$$

이므로 각 시각 t 에서의 $S_0, S_1, \cdots, S_{n-2}, S_{n-1}$ 의 내용은 다음과 같다.

$t=0$ 일 때 : $s_0, s_1, \cdots, s_{n-2}, s_{n-1}$

$t=1$ 일 때 : $s_1, s_2, \cdots, s_{n-1}, s_n$

$t=2$ 일 때 : $s_2, s_3, \cdots, s_n, s_{n+1}$

$t=3$ 일 때 : $s_3, s_4, \cdots, s_{n+1}, s_{n+2}$

$\vdots \qquad\qquad \vdots$

그리고 $t=0,1,2,\cdots$ 일 때의 S_0 의 내용으로부터 무한수열

$$\{s_t\} : \; s_0, s_1, s_3, s_4, \cdots, s_t, \cdots$$

를 얻는다. 결국 feedback 함수가 $f : F^n \longrightarrow F$ 인 n 단계 Shift Register 에 의하여 생성된 무한수열 $\{s_t\}$ 는 초기조건 $(s_0, s_1, \cdots, s_{n-1})$ 과 관계식

$$s_{t+n} = f(s_t, s_{t+1}, \cdots, s_{t+n-1}) \qquad (t=0,1,2,\cdots)$$

에 의하여 완전히 결정된다.

보기 4.9.1 체 $\mathbb{F}_2 = \{0,1\}$ 위의 무한수열 $\{s_t\}$ 가 함수

$$f : \mathbb{F}_2{}^3 \longrightarrow \mathbb{F}_2, \; f(x_0, x_1, x_2) = x_0 + x_1 + x_1x_2$$

를 feedback 함수로 가지는 Shift Register 에 의하여 생성된 이진수열이면, $\{s_t\}$ 는 (s_0, s_1, s_2) 와 다음 관계식에 의하여 결정된다.

$$s_{t+3} = f(s_t, s_{t+1}, s_{t+2}) = s_t + s_{t+1} + s_{t+1}s_{t+2} \qquad (t=0,1,2,\cdots)$$

예를 들어, $(s_0, s_1, s_2) = (0,0,1)$ 일 때, $\{s_t\}$ 는 다음과 같이 결정된다.

$s_3 = 1 + 0 + 0 + 0 = 1,$

$s_4 = 1 + 0 + 1 + 1 = 1,$

$s_5 = 1 + 1 + 1 + 1 = 0,$

$s_6 = 1 + 1 + 1 + 0 = 1,$

$s_7 = 1 + 1 + 0 + 0 = 0,$

$s_8 = 1 + 0 + 1 + 0 = 0$

t	s_t	s_{t+1}	s_{t+2}
0	0	0	1
1	0	1	1
2	1	1	1
3	1	1	0
4	1	0	1
5	0	1	0
6	1	0	0

정의 4.9.1 체 F에 대하여 다음과 같이 정의된 함수 $f : F^n \longrightarrow F$를 체 F 위의 **동차 선형함수**(同次 線型函數, homogeneous linear function)라고 한다.

$$f(x_0, x_1, \cdots, x_{n-1}) = c_0x_0 + c_1x_1 + \cdots + c_{n-1}x_{n-1}$$

$$(c_0, c_1, \cdots, c_{n-1} \in F)$$

그리고, 체 F에서의 동차 선형함수 $f : F^n \longrightarrow F$를 feedback 함수로 가지는 Shift Register를 ***n* 단계 동차 선형 Shift Register**라고 한다.
다음 그림은 n단계 동차 선형 Shift Register를 나타내는 그림이다.

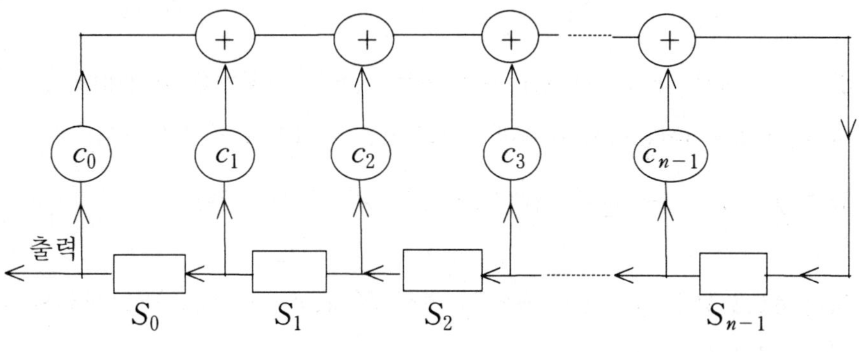

위의 그림의 n단계 동차 선형 Shift Register에서

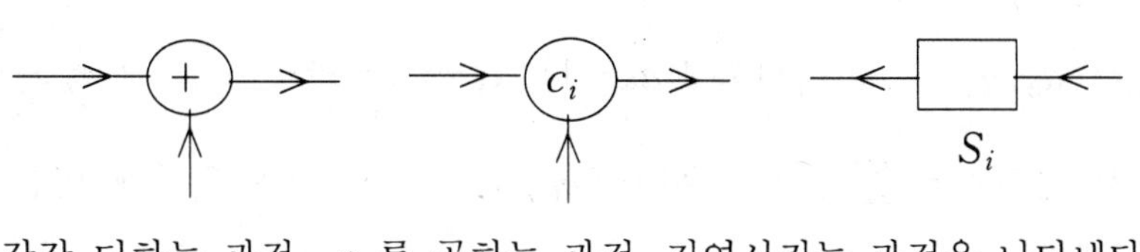

는 각각 더하는 과정, c_i를 곱하는 과정, 지연시키는 과정을 나타낸다.

이 동차 선형 Shift Register 에 의하여 생성된 무한수열 $\{s_t\}$ 는 다음 동차 선형점화식을 만족시키는 n 차의 동차 선형점화수열이다

$$s_{t+n} = c_0 s_t + c_1 s_{t+1} + \cdots + c_{n-1} s_{t+n-1} \qquad (t = 0, 1, 2, \cdots)$$

특히, 체 $\mathbb{F}_2 = \{0, 1\}$ 위의 동차 선형함수

$$f: \ \mathbb{F}_2{}^n \longrightarrow \mathbb{F}_2, \ f(x_0, x_1, \cdots, x_{n-1}) = c_0 x_0 + c_1 x_1 + \cdots + c_{n-1} x_{n-1}$$

를 feedback 함수로 가지는 Shift Register 를 ***n* 단계 이진 동차 선형**(二進同次 線型) **Shift Register** 라고 한다.

다음 그림은 이러한 Shift Register를 나타낸다.

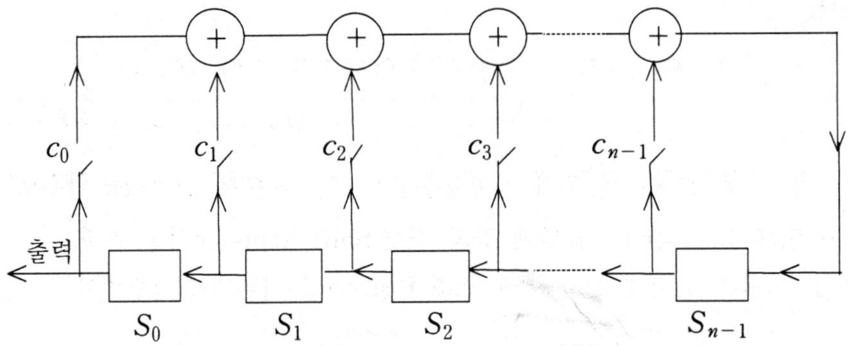

위의 그림에서 각 c_i 의 오른쪽에 있는 기호는 스위치를 나타내며 c_i 의 값이 0, 1 임에 따라 이에 대응하는 스위치는 열리거나 닫히게 된다.

함수 $f : \mathbb{F}_2{}^n \longrightarrow \mathbb{F}_2$ 에 대해서는 다음 정리가 성립한다.

정리 4.9.2 함수 $f : \mathbb{F}_2{}^n \longrightarrow \mathbb{F}_2$ 에서 $f(x_0, x_1, \cdots, x_{n-1})$ 는 다음과 같은 꼴로 나타내어진다.

$$f(x_0, x_1, \cdots, x_{n-1})$$
$$= \sum f(a_0, a_1, \cdots, a_{n-1})(x_0 + a_0 + 1)(x_1 + a_1 + 1) \cdots (x_{n-1} + a_{n-1} + 1)$$

여기서, 총합기호 $\sum$ 는 모든 원소 $(a_0, a_1, \cdots, a_{n-1}) \in \mathbb{F}_2{}^n$ 에 대한 총합을 나타낸다.

증 명 정리의 등식의 우변을 $g(x_0, x_1, \cdots, x_{n-1})$ 이라고 하자.

이 때, 임의의 $(b_0, b_1, \cdots, b_{n-1}) \in \mathbb{F}_2{}^n$ 에 대하여

$$b_i + a_i + 1 = 1 \Leftrightarrow a_i = b_i \qquad (0 \le i \le n-1)$$

이므로

$$\begin{aligned} & g(b_0, b_1, \cdots, b_{n-1}) \\ &= \sum f(a_0, a_1, \cdots, a_{n-1})(b_0 + a_0 + 1)(b_1 + a_1 + 1) \cdots (b_{n-1} + a_{n-1} + 1) \\ &= f(b_0, b_1, \cdots, b_{n-1}) \end{aligned}$$

이고, 따라서 정리가 성립한다.

보기 4.9.2 함수

$$f : \mathbb{F}_2{}^3 \longrightarrow \mathbb{F}_2, \quad y = f(x_0, x_1, x_2)$$

의 함수값이 오른쪽 표와 같을 때,

x_0 x_1 x_2	$f(x_0, x_1, x_2)$
0 0 0	0
0 0 1	0
0 1 0	1
0 1 1	1
1 0 0	1
1 0 1	1
1 1 0	0
1 1 1	0

$$\begin{aligned} & f(x_0, x_1, x_2) \\ &= (x_0 + 1) x_1 (x_2 + 1) + (x_0 + 1) x_1 x_2 \\ &\quad + x_0 (x_1 + 1)(x_2 + 1) + x_0 (x_1 + 1) x_2 \end{aligned}$$

이고, 모든 $a \in \mathbb{F}_2$ 에 대하여 $a + a = 0$ 이므로 다음이 성립한다.

$$\begin{aligned} f(x_0, x_1, x_2) &= x_0x_1x_2 + x_0x_1 + x_1x_2 + x_1 + x_0x_1x_2 + x_1x_2 \\ &\quad + x_0x_1x_2 + x_0x_1 + x_0x_2 + x_0 + x_0x_1x_2 + x_0x_2 \\ &= x_0 + x_1 \end{aligned}$$

집합 $\mathbb{B} = \{0, 1\}$ 위에 세 연산 $+$, $\cdot$, $\oplus$ 를 다음 표와 같이 정의하자.

$+$	0	1
0	0	1
1	1	1

$\cdot$	0	1
0	0	0
1	0	1

$\oplus$	0	1
0	0	1
1	1	0

$$0 + 0 = 0, \quad 0 + 1 = 1 + 0 = 1 + 1 = 1,$$

$$0 \oplus 0 = 0, \quad 0 \oplus 1 = 1 \oplus 0 = 1, \quad 1 \oplus 1 = 0$$

이 때, $\mathbb{B}$ 는 두 연산 $+$, $\cdot$ 에 관한 **Boole 다원환**(Boolean algebra) 이라고 한다(보기 14.2.2 참조).

한편, $\mathbb{B}$ 는 두 연산 $\oplus$, $\cdot$ 에 관하여 체를 이루며 이 체는 본질적으로 체 $\mathbb{F}_2$ 와 동일하다. 이러한 의미에서 체 $\mathbb{F}_2$ 에서의 덧셈 기호 $+$ 를 $\oplus$ 로 나타내기도 한다.

Boole 다원환 $\mathbb{B} = \{0, 1\}$ 에 대하여 함수

$$f : \mathbb{B}^n \longrightarrow \mathbb{B}, \quad y = f(x_1, x_2, \cdots, x_n)$$

를 n 개의 변수를 가진 **Boole 함수**(Boolean function) 또는 **스위칭 함수**(switching function) 또는 **출력함수**(output function)라고 한다(정의 14.4.1).

암호는 평문을 암호화하는 방법에 따라 다음 두 가지로 분류된다(§3.5).

블록 암호(block cipher), **스트림 암호**(stream cipher)

블록 암호는 평문을 일정한 길이의 블록으로

$$a = \underbrace{\bigcirc\cdots\bigcirc}_{a_1}\underbrace{\bigcirc\cdots\bigcirc}_{a_2}\cdots\cdots\underbrace{\bigcirc\cdots\bigcirc}_{a_k}$$

와 같이 분할하고 각 블록마다 동일한 열쇠를 이용한 암호화 알고리즘 E_K 를 써서 암호화하여

$$b = \underbrace{\bigcirc\cdots\bigcirc}_{b_1}\underbrace{\bigcirc\cdots\bigcirc}_{b_2}\cdots\cdots\underbrace{\bigcirc\cdots\bigcirc}_{b_k}$$

와 같이 한 데 묶어 암호문으로 전환시키고, 이와 같은 암호문의 각 블록마다 동일한 열쇠를 써서 복호하여 본래의 평문을 얻는다(§3.5 참조).

스트림 암호체계(stream cipher system) 에서는 적당한 素數 p 에 대한 체 $\mathbb{F}_p = \{0, 1, \cdots, p-1\}$ 위의 동차 선형 shift register 를 사용하여 열쇠에 따라 결정되는 알고리즘을 써서 무한수열

$$\{s_t\} \ : \quad s_0,\ s_1,\ s_2,\ \cdots,\ s_t,\ \cdots$$

를 생성하고 전송할 평문을 체 $\mathbb{F}_p$ 위의 유한수열

$$a_0,\ a_1,\ \cdots,\ a_k$$

로 나타내어

$$b_0 = a_0 + s_0, \quad b_1 = a_1 + s_1, \quad \cdots, \quad b_k = a_k + s_k$$

로 결정되는 유한수열 $b_0, b_1, \cdots, b_k$를 암호문으로 전송한다.

그리고, 전송된 이 암호문은

$$a_0 = b_0 - s_0, \quad a_1 = b_1 - s_1, \quad \cdots, \quad a_k = b_k - s_k$$

으로 결정되는 평문 $a_0, a_1, \cdots, a_k$로 복호된다.

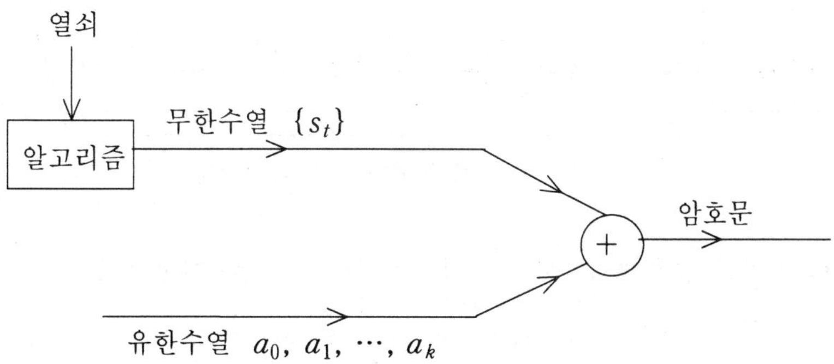

이러한 스트림 암호체계는 상업용으로도 사용되고 있고, 또 이동통신 환경에서 구현하기가 용이하고 그 안전성을 수학적으로 엄밀하게 분석할 수 있다는 장점이 있어 무선 데이터를 보호하는 데 적합하다.

스트림 암호체계에서는 다음 조건이 만족되어야 한다.

A.1 열쇠(key)를 선택할 수 있는 방법의 개수를 충분히 크게 하여 공격자로 하여금 열쇠 전부를 시험해 볼 수 없도록 하여야 한다.

A.2 보안이 유지되기 위해서는 생성되는 무한수열들의 주기를 미리 알 수 있어야 한다.

A.3 암호문은 반드시 任意性(randomness)이 있어야 한다.

다음 그림이 나타내는 스트림 암호체계는 체 $\mathbb{F}_p$ 위의 n차의 원시다항식

$$f(x) = -c_0 - c_1 x - \cdots - c_{n-1} x^{n-1} + x^n, \quad c_0 \neq 0$$

를 고유다항식으로 가지는 n단계 동차 선형 Shift Register를 한 대만 사용하는 암호체계이다.

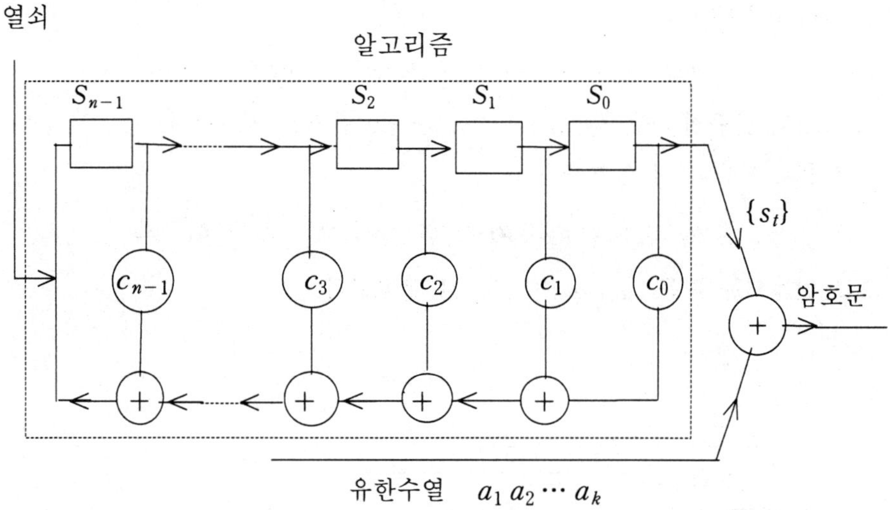

이 스트림 암호체계에서는 체 $\mathbb{F}_p = \{0, 1, \cdots, p\}$ 에서 택한 $2n$ 개의 원소

$$c_0,\ c_1,\ \cdots,\ c_{n-1};\quad s_0,\ s_1,\ \cdots,\ s_{n-1}$$

이 한 개의 열쇠를 정해준다. 그리고, 체 $\mathbb{F}_p$ 위의 n 차의 원시다항식 $f(x)$ 에 대하여 $(0, 0, \cdots, 0)$ 을 제외한 $p^n - 1$ 개의 $(s_0, s_1, \cdots, s_{n-1}) \in \mathbb{F}_p{}^n$ 를 초기조건으로 가지는 주기 $p^n - 1$ 인 최대주기수열 $\{s_t\}$ 가 결정된다.

그런데, 공격자가 이 최대주기수열의 연이은 $2n$ 개의 항의 값을 알게 되면, $c_0,\ c_1,\ \cdots,\ c_{n-1}$ 의 값과 $\{s_t\}$ 의 모든 항을 알게 된다는 사실이 알려져 있다. 그러므로, 스트림 암호체계에서는 다음 조건이 만족되어야 한다.

A.4 스트림 암호체계는 비선형적(非線型的, nonlinear)이어야 한다.

스트림 암호체계가 선형적이 되지 않도록 하는 방법으로는 두 대 이상의 선형 Shift Register 를 결합하는 방법과 非 선형함수(nonlinear function)를 feedback 함수로 택하는 방법이 있다.

스트림 암호체계에서 공격자가 침입하여 얻게 되는 것은 수열의 극히 작은 부분이므로, 수열의 항 전체에 대한 임의성(任意性, 난수성 randomness)이 좋아야 할 뿐만 아니라 수열의 작은 부분 하나 하나의 局所的인 임의성도 좋아야 한다.

다음 그림에서 LSR 1, LSR 2 를 각각 체 $\mathbb{F}_2 = \{0, 1\}$ 위의 m 차의 원시다항식 $f(x)$ 와 n 차의 원시다항식 $g(x)$ 를 고유다항식으로 가지는 이진 선형 Shift Register 라고 하자.

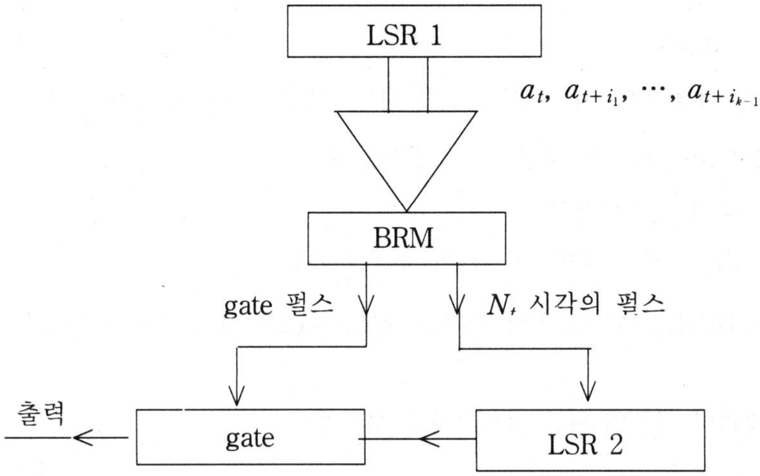

그리고 k 를 $1 \le k < m$ 인 양의 정수라 하고 $i_1, i_2, \cdots, i_{k-1}$ 를

$$0 < i_1 < i_2 < \cdots < i_{k-1} < m$$

인 $k-1$ 개의 정수라고 하고 $\{a_t\}$, $\{b_t\}$ 를 각각 LSR 1, LSR 2 에 의하여 생성되는 주기 $2^m - 1$, $2^n - 1$ 인 최대주기수열이라고 하자. 이 때, t 시각일 때 LSR 1 의 제 0 단계, 제 i_1 단계, 제 i_2 단계, $\cdots$, 제 i_{k-1} 단계의 내용은 각각 $a_t, a_{t+i_1}, a_{t+i_2}, \cdots, a_{t+i_{k-1}}$ 이고 이 유한수열이 2 진법으로 나타내는 정수를 N_t 라고 하자. 즉,

$$N_t = a_t 2^{k-1} + a_{t+i_1} 2^{k-2} + \cdots + a_{t+i_{k-1}}$$

$$0 \le N_t \le 2^k - 1 < 2^m - 1 \qquad (t = 0, 1, 2, \cdots)$$

각 t 시각마다 LSR 2 에서 N_t 시각만큼 지체하도록 조정하면, 다음과 같이 정의된 이진수열 $\{u_t\}$ 가 생성된다.

$$u_t = b_{d_t}, \qquad d_t = t + \sum_{i=0}^{t} N_i \qquad (t = 0, 1, 2, \cdots)$$

이와 같이 정의된 $\{u_t\}$ 를 **BRM**(binary rate multiplier) **수열**이라고 한다. 이러한 수열에 대해서는 다음 정리가 성립한다(증명 생략).

정리 4.9.3 앞에서와 같은 조건 아래에서

$$n \geq m \geq 2, \qquad 1 \leq k < m$$

$$M = 2^m - 1, \quad N = M + 2^{m-1}(2^k - 1), \quad L = 2^n - 1$$

이라 하고 또 다음 두 조건이 성립한다고 하자.

(i) N 과 L 은 서로 소이다.

(ii) M 의 모든 소인수는 L 의 소인수이다.

이 때, BRM 수열 $\{u_t\}$ 의 주기는 $ML = (2^m - 1)(2^n - 1)$ 이다.

위의 정리에 의하여 다음 따름정리가 성립한다.

따름정리 4.9.4 앞에서와 같은 조건 아래에서

$$m = n \geq 2, \ 1 \leq k < m, \quad \gcd(k, m) = 1$$

이면, BRM 수열 $\{u_t\}$ 의 주기는 $(2^m - 1)^2$ 이다.

보기 4.9.3 두 선형 Shift Register LSR 1, LSR 2 가 각각 체 $\mathbb{F}_2$ 위에서 3 차와 6 차의 원시다항식

$$f(x) = x^3 + x + 1, \quad g(x) = x^6 + x + 1$$

를 고유다항식으로 가지는 선형 Shift Rgister 라 하고 $k = 4$ 라고 할 때,

$$M = 2^3 - 1 = 7, \qquad L = 2^6 - 1 = 63$$

$$N = M + 2^2(2^2 - 1) = 7 + 4(3) = 19$$

이므로 N과 L은 서로 소이고 M 의 소인수 7 은 L의 약수이다.

따라서 BRM 수열 $\{u_t\}$ 의 주기는 다음과 같다.

$$(2^3 - 1)(2^6 - 1) = 7 \cdot 63 = 441$$

보기 4.9.4 두 선형 Shift Register LSR 1, LSR 2 가 각각 체 $\mathbb{F}_2$ 위에서 33 차의 원시다항식 $f(x) = g(x) = x^{33} + x^6 + x^4 + x + 1$ 를 고유다항식으로 가지는 선형 Shift Register 라 하고 $k = 4$ 라고 하자.

이 때, 4 와 33 은 서로 소이므로 따름정리 4.10.2 에 의하여 BRM 수열 $\{u_t\}$ 의 주기는 $(2^{33}-1)^2$ 이다.

연 습 문 제 (4.9)

1. 이진수열 $\{s_t\}$ 가 함수 $f : \mathbb{F}_2{}^3 \longrightarrow \mathbb{F}_2$, $f(x_0, x_1, x_2) = x_0 + x_1 + x_1x_2$ 를 feedback 함수로 가지는 선형 Shift Register 에 의하여 생성될 때, $\{s_t\}$ 가 만족시키는 점화식과 $(s_0, s_1, s_2) = (1, 0, 1)$ 일 때의 $\{s_t\}$ 를 구하여라.

2. 체 $\mathbb{F}_3 = \{0, 1, 2\}$ 에서의 무한수열 $\{s_t\}$ 가 선형함수

$$f : \mathbb{F}_3{}^3 \longrightarrow \mathbb{F}_3, \; f(x_0, x_1, x_2) = x_0 + x_1 + 2x_1$$

를 feedback 함수로 가지는 선형 Shift Register 에 의하여 생성될 때, $\{s_t\}$ 가 만족시키는 점화식과 $(s_0, s_1, s_2) = (0, 0, 1)$ 일 때의 $\{s_t\}$ 를 구하여라.

3. 두 함수

$$f : \mathbb{F}_2{}^2 \longrightarrow \mathbb{F}_2, \; g : \mathbb{F}_2{}^2 \longrightarrow \mathbb{F}_2$$

의 함수값이 오른쪽 표와 같을 때, $f(x_0, x_1)$, $g(x_0, x_1)$ 를 x_0, x_1 에 관한 식으로 나타내어라.

x_0 x_1	$f(x_0, x_1)$	$g(x_0, x_1)$
0 0	0	1
0 1	1	1
1 0	0	0
1 1	1	1

4. 함수

$$f : \mathbb{F}_2{}^3 \longrightarrow \mathbb{F}_2$$

의 함수값이 오른쪽 표와 같을 때, $f(x_0, x_1, x_2)$ 를 x_0, x_1, x_2 에 관한 식으로 나타내어라.

x_0 x_1 x_2	$f(x_0, x_1, x_2)$
0 0 0	1
0 0 1	1
0 1 0	0
0 1 1	1
1 0 0	0
1 0 1	0
1 1 0	1
1 1 1	0

§4.10 $\frac{1}{p}$의 소수표현

양의 실수 x가 정수 $b\ (\geq 2)$에 대하여 다음과 같이 나타내어진다고 하자.

$$x = r_m b^m + \cdots + r_1 b + r_0 + \frac{s_1}{b} + \frac{s_2}{b^2} + \cdots + \frac{s_n}{b^n} + \cdots$$

$$0 \leq r_i < b \quad (i = 0, 1, \cdots, m), \quad 0 \leq s_j < b \quad (j = 0, 1, \cdots, n, \cdots)$$

이 때, 위의 식을 x의 b진법에 관한 **전개식**이라 하고 이 사실을

$$x = r_m \cdots r_1 r_0 . s_1 s_2 \cdots s_n \cdots_{(b)}$$

로 나타낸다. 그리고, b를 밑수(base)라 하고 x를 b진법에 관하여 **소수**(小數, decimal fraction)의 꼴로 나타낸다고 한다.

특히, 적당한 양의 정수 n에 대하여

$$s_{n+1} = s_{n+2} = s_{n+3} = \cdots = 0$$

인 경우에 x를

$$x = r_m \cdots r_1 r_0 . s_1 s_2 \cdots s_n\ _{(b)}$$

로 나타내고 x는 b진법에 관하여 **유한소수**(terminating decimal fraction)의 꼴로 나타내어진다고 한다. 한편, 적당한 정수 $d\ (\geq 0)$와 양의 정수 r에 대하여 s_{d+1}부터 차례로 r개의 항 $s_{d+1}, \cdots, s_{d+r}$가 이 순서대로 무한히 되풀이되는 경우에 x를

$$x = r_m \cdots r_1 r_0 . s_1 s_2 \cdots s_d \overline{s_{d+1} \cdots s_{d+r}}\ _{(b)}$$

로 나타내고 b진법에 관하여 **순환소수**(循環小數, periodic decimal fraction)의 꼴로 나타내어진다고 한다. 여기서, r가 이러한 양의 정수 중에서 가장 작은 양의 정수일 때, r를 **주기**(週期, period)라 하고 또 $s_{d+1}, \cdots, s_{d+r}$를 **순환마디**라고 한다. 특히, 다음이 성립한다.

$$0 . \overline{s_1 s_2 \cdots s_r}\ _{(b)} = 0 . s_1 \cdots s_r s_1 \cdots s_r \cdots_{(b)}$$

밑수가 10인 경우에는 이 밑수를 생략한다.

정리 4.10.1 양의 실수 x가 b진법에 관하여 유한소수 또는 순환소수의 꼴로 나타내어지면, x는 유리수이다.

증 명 먼저 $x = r_m \cdots r_1 r_0 . s_1 s_2 \cdots s_{n\,(b)}$ 이면,

$$x = r_m b^m + \cdots + r_1 b + r_0 + \frac{s_1}{b} + \frac{s_2}{b^2} + \cdots + \frac{s_n}{b^n}$$

이므로 x는 분명히 유리수이다.

한편, $x = r_m \cdots r_1 r_0 . s_1 \cdots s_d \overline{s_{d+1} s_{d+2} \cdots s_{d+r}}_{\,(b)}$ 일 때,

$$\begin{aligned} & 0 . s_1 \cdots s_d \overline{s_{d+1} s_{d+2} \cdots s_{d+r}}_{\,(b)}, \\ &= \frac{s_1}{b} + \cdots + \frac{s_d}{b^d} + \left(\frac{s_{d+1}}{b^{d+1}} + \cdots + \frac{s_{d+r}}{b^{d+r}}\right)\left(1 + \frac{1}{b^r} + \frac{1}{b^{2r}} + \cdots\right) \\ &= \frac{s_1}{b} + \cdots + \frac{s_d}{b^d} + \left(\frac{s_{d+1}}{b} + \frac{s_{d+2}}{b^2} + \cdots + \frac{s_{d+r}}{b^r}\right) \cdot \frac{b^r}{b^r - 1} \\ &= \frac{s_1 b^{d-1} + \cdots + s_d}{b^d} + \frac{s_{d+1} b^{r-1} + + \cdots + s_{d+r}}{b^d (b^r - 1)} \end{aligned}$$

이므로 x는 유리수이다.

실제로, 유한소수 또는 순환소수로 나타내어지는 실수는 유리수뿐이다.

보기 4.10.1 유리수 $\frac{1}{8}$, $\frac{1}{6}$. $\frac{1}{3}$ 를 소수의 꼴로 나타내면 다음과 같다.

$\frac{1}{8} = 0.125$, $\frac{1}{7} = 0.142857142857142857 \cdots = 0.\overline{142857}$

$\frac{1}{3} = 0.3333 \cdots = 0.\overline{3}$,

```
     0. 1 2 5
  8) 1·10
       8
       2·10
        16
         4·10
          40
           0
```

```
      0.142857 ···
  7 ) (1)0  <-----+
       7          |
       30         |
       28         |
        20        |
        14        |
         60       |
         56       |
          40      |
          35      |
           50     |
           49     |
           (1) <--+
```

素數 p에 대하여 b를 p의 원시근이라고 하자(정의 3.7.3). 즉,

$$b^i \not\equiv 1 \pmod{p} \quad (1 \le i \le p-2), \qquad b^{p-1} \equiv 1 \pmod{p}$$

정리 4.10.2 홀수인 素數 p에 대하여 양의 정수 b가 p의 원시근인 경우에 정수 $\dfrac{b^{p-1}-1}{p}$은

$$(*) \quad \frac{b^{p-1}-1}{p} = s_1 b^{p-2} + s_2 b^{p-3} + \cdots + + s_{p-2} b + s_{p-1}$$

$$0 \le s_i < b \qquad (1 \le i \le p-1)$$

과 같은 꼴로 나타내어지고, 이 경우에 다음이 성립한다.

(1) $\dfrac{1}{p} = 0.\overline{s_1 s_2 \cdots s_{p-2} s_{p-1}}_{(b)}$ 이고 그 주기는 $p-1$이다.

(2) $c_i \equiv b^i \pmod{p}$, $1 \le c_i \le p-1$ $(0 \le i < p-1)$이라고 하면,

$$\frac{c_i}{p} = 0.\overline{s_{i+1} \cdots s_{p-1}\, s_1 \cdots s_i}_{(b)}$$

(3) 정수 $t\ (\ge 0)$에 대하여 $b^t < p < b^{t+1}$이면, 다음이 성립한다.

$$0 \le t < p-1, \quad s_1 = \cdots = s_t = 0, \quad s_{t+1} \ne 0$$

(4) $s_i + s_{\frac{p-1}{2}+i} = b-1 \qquad (1 \le i \le \dfrac{p-1}{2})$

증 명 (1) 가정에 의하여 $b^{p-1} \equiv 1 \pmod{p}$이고 따라서 $p \mid (b^{p-1}-1)$이므로 $\dfrac{b^{p-1}-1}{p}$는 양의 정수이고 따라서 이 정수는 (*)와 같이 나타내어진다(정리 2.5.1). 그리고, 다음이 성립한다(정리 4.10.1의 증명 참조).

$$\begin{aligned}
\frac{1}{p} &= \frac{(b^{p-1}-1)}{p} \cdot \frac{1}{b^{p-1}} \cdot \frac{b^{p-1}}{b^{p-1}-1} \\
&= (s_1 b^{p-2} + s_2 b^{p-3} + \cdots + + s_{p-2} b + s_{p-1}) \cdot \frac{1}{b^{p-1}} \cdot \frac{b^{p-1}}{b^{p-1}-1} \\
&= \left(\frac{s_1}{b} + \frac{s_2}{b^2} + \cdots + \frac{s_{p-2}}{b^{p-2}} + \frac{s_{p-1}}{b^{p-1}}\right)\left(1 + \frac{1}{b^{p-1}} + \frac{1}{b^{2(p-1)}} + \cdots\right) \\
&= 0.\overline{s_1 s_2 \cdots s_{p-2} s_{p-1}}_{(b)}
\end{aligned}$$

이제 양의 정수 k에 대하여 $\frac{1}{p} = 0.\overline{s_1 s_2 \cdots s_k}_{(b)}$ 이라고 하자. 이 때,

$$\frac{1}{p} = (\frac{s_1}{b} + \frac{s_2}{b^2} + \cdots + \frac{s_k}{b^k})(1 + \frac{1}{b^k} + \frac{1}{b^{2k}} + \cdots)$$

$$= (\frac{s_1}{b} + \frac{s_2}{b^2} + \cdots + \frac{s_k}{b^k})\frac{b^k}{b^k - 1} = \frac{s_1 b^{k-1} + s_2 b^{k-2} + \cdots + s_k}{b^k - 1}$$

즉, $$p(s_1 b^{k-1} + s_2 b^{k-2} + \cdots + s_k) = b^k - 1$$

이므로 $p \mid (b^k - 1)$ 이므로 $b^k \equiv 1 \pmod{p}$ 이고 따라서 정리 3.7.4 에 의하여 $(p-1) \mid k$ 이다. 그러므로, $0.\overline{s_1 s_2 \cdots s_{r-1} s_r}_{(b)}$ 의 주기는 r 이다.

(2) $c_i \equiv b^i \pmod{p}$, $1 \le c_i \le p-1$ $(0 \le i < p-1)$ 이라고 하면,

$$\frac{c_i}{p} = 0.\overline{s_{i+1} \cdots s_{p-1}\, s_1 \cdots s_i}_{(b)}$$

이라고 하면, $b^i = pk_i + c_i$ 인 정수 k_i 가 존재하고 이때 다음이 성립한다.

$$k_i + \frac{c_i}{p} = \frac{pk_i + c_i}{p} = \frac{b^i}{p} = b^i(0.\overline{s_1 s_2 \cdots s_{p-2} s_{p-1}}_{(b)})$$

$$= b^i(\frac{s_1}{b} + \frac{s_2}{b^2} + \cdots + \frac{s_{p-1}}{b^{p-1}} + \frac{s_1}{b^p} + \frac{s_2}{b^{p+1}} + \cdots + \frac{s_{p-1}}{b^{2(p-1)}} + \cdots)$$

$$= s_1 b^{i-1} + s_2 b^{i-2} + \cdots + s_{i-1} b + s_i$$

$$+ \frac{s_{i+1}}{b} + \cdots + \frac{s_{p-1}}{b^{p-1-i}} + \frac{s_1}{b^{p-1-i+1}} + \cdots + \frac{s_i}{b^{p-1}}$$

$$+ \frac{s_{i+1}}{b^{p-1+1}} + \cdots + \frac{s_r}{b^{2(p-1)-i}} + \frac{s_1}{b^{2(p-1)-i+1}} + \cdots + \frac{s_i}{b^{2(p-1)}} + \cdots$$

따라서 $\frac{c_i}{p} = 0.\overline{s_{i+1} \cdots s_{r-1} s_r\, s_1 \cdots s_i}_{(b)}$ 이다.

(3) 정수 $t\ (\ge 0)$ 에 대하여 $b^t < p < b^{t+1}$ 이라고 하자.

먼저 $b^{p-1} \equiv 1 \pmod{p}$ 이므로 $p \mid (b^{p-1} - 1)$, $p \le b^{p-1} - 1 < b^{p-1}$ 이고 이고 따라서 $b^t < p < b^{p-1}$ 이므로 $0 \le t < p-1$ 이다. 그런데,

$$p\, b^{p-2-t} < b^{t+1} b^{p-2-t} = b^{p-1}$$

이므로, $p\, b^{p-2-t} \le b^{p-1} - 1$ 이고 따라서 다음이 성립한다.

$$b^{p-2-t} \le \frac{b^{p-1}-1}{p} < \frac{b^{p-1}}{p} < \frac{b^{p-1}}{b^t} = b^{p-1-t},$$

$$\frac{b^{p-1}-1}{p} = s_1 b^{p-2} + \cdots + s_t b^{p-1-t} + s_{t+1} b^{p-2-t} + \cdots + s_{p-1}$$

따라서 $s_1 = \cdots = s_t = 0,\ s_{t+1} \neq 0$ 이다.

(4) $r = \dfrac{p-1}{2}$ 이라고 하자. 이 때, b 는 p 의 원시근이므로

$$(b^{\frac{p-1}{2}})^2 \equiv b^{p-1} \equiv 1 \pmod{p}, \quad b^{\frac{p-1}{2}} \not\equiv 1 \pmod{p}$$

이고 따라서

$$c_r \equiv b^r \equiv b^{\frac{p-1}{2}} \equiv -1 \equiv p-1 \pmod{p}, \quad 1 \le c_r \le p-1$$

이므로 $c_r = p-1$ 이다. 그러므로 (2) 에 의하여 다음이 성립한다.

$$\begin{aligned}
1 &= \frac{1}{p} + \frac{p-1}{p} \\
&= 0.\overline{s_1 s_2 \cdots s_r s_{r+1} s_{r+2} \cdots s_{2r}}_{(b)} + 0.\overline{s_{r+1} s_{r+2} \cdots s_{2r} s_1 s_2 \cdots s_r}_{(b)} \\
&= \Big(\frac{s_1 + s_{r+1}}{b} + \frac{s_2 + s_{r+2}}{b^2} + \cdots + \frac{s_r + s_{2r}}{b^r} \\
&\quad + \frac{s_{r+1} + s_1}{b^{r+1}} + \frac{s_{r+2} + s_2}{b^{r+2}} + \cdots + \frac{s_{2r} + s_r}{b^{2r}} \Big)\Big(1 + \frac{1}{b^{2r}} + \frac{1}{b^{4r}} + \cdots\Big) \\
&= \Big(\frac{s_1 + s_{r+1}}{b} + \frac{s_2 + s_{r+2}}{b^2} + \cdots + \frac{s_r + s_{2r}}{b^r} \Big) \\
&\quad \Big(1 + \frac{1}{b^r}\Big)\Big(1 + \frac{1}{b^{2r}} + \frac{1}{b^{4r}} + \cdots\Big) \\
&= \Big(\frac{s_1 + s_{r+1}}{b} + \frac{s_2 + s_{r+2}}{b^2} + \cdots + \frac{s_r + s_{2r}}{b^r} \Big)\Big(1 + \frac{1}{b^r} + \frac{1}{b^{2r}} + \frac{1}{b^{3r}} + \cdots\Big) \\
&= \Big(\frac{s_1 + s_{r+1}}{b} + \frac{s_2 + s_{r+2}}{b^2} + \cdots + \frac{s_r + s_{2r}}{b^r} \Big) \frac{b^r}{b^r - 1}
\end{aligned}$$

따라서

$$\begin{aligned}
&(s_1 + s_{r+1}) b^{r-1} + (s_2 + s_{r+2}) b^{r-2} + \cdots + (s_r + s_{2r}) \\
&= b^r - 1 = (b-1)\{b^{r-1} + b^{r-2} + \cdots + b + 1\} \\
&= (b-1) b^{r-1} + (b-1) b^{r-2} + \cdots + (b-1) b + (b-1)
\end{aligned}$$

이므로 $s_1 + s_{r+1} = s_2 + s_{r+2} = \cdots = s_r + s_{2r} = b-1$ 이다(정리 2.5.1).

정리 4.10.2 에서 $\{c_0, c_1, \cdots, c_{p-2}\} = \{1, 2, \cdots, p-1\}$ 이다(정리 3.7.4). 한편, $\frac{1}{p}$ 은 b 진법에 관하여 주기 $p-1$ 인 순환소수의 꼴로 나타내어지므로 이로부터 다음과 같이 $0, 1, \cdots, b-1$ 로 이루어진 $p-1$ 개의 주기 $p-1$ 인 순환수열을 얻는다.

$$s_1,\ s_2,\ s_3,\ \cdots,\ s_{p-1},\ s_1,\ s_2,\ s_3,\ \cdots,\ s_{p-1},\ \cdots$$
$$s_2,\ s_3,\ \cdots,\ s_{p-1},\ s_1,\ s_2,\ s_3,\ \cdots,\ s_{p-1},\ s_1,\ \cdots$$
$$\vdots$$
$$s_{p-1},\ s_1,\ s_2,\ s_3,\ \cdots,\ s_{p-1},\ s_p,\ s_1,\ s_2,\ \cdots,\ s_{p-2},\ \cdots$$

보기 4.10.2 정수 2 는 13 의 원시근이고 다음이 성립한다.

$$\frac{2^{12}-1}{13} = 315 = 100111011_{(2)},\quad 2^3 < 13 < 2^4,$$
$$\frac{1}{13} = 0.\overline{000100111011}_{(2)}$$

i	0	1	2	3	4	5	6	7	8	9	10	11
2^i	1	2	4	8	3	6	12	11	9	5	10	7

따라서 $\frac{1}{13}, \frac{2}{13}, \cdots, \frac{12}{13}$ 은 각각 다음과 같이 나타내어진다.

$$0.\overline{000100111011}_{(2)},\quad 0.\overline{001001110110}_{(2)},\quad 0.\overline{010011101100}_{(2)},$$
$$0.\overline{100111011000}_{(2)},\quad 0.\overline{001110110001}_{(2)},\quad 0.\overline{011101100010}_{(2)},$$
$$0.\overline{111011000100}_{(2)},\quad 0.\overline{110110001001}_{(2)},\quad 0.\overline{101100010011}_{(2)},$$
$$0.\overline{011000100111}_{(2)},\quad 0.\overline{110001001110}_{(2)},\quad 0.\overline{100010011101}_{(2)}$$

이로부터 다음과 같은 12 개의 주기 12 인 순환수열을 얻는다.

$$0\,0\,0\,1\,0\,0\,1\,1\,1\,0\,1\,1\,0\,0\,0\,1\,0\,0\,1\,1\,1\,0\,1\,1\cdots$$
$$0\,0\,1\,0\,0\,1\,1\,1\,0\,1\,1\,0\,0\,0\,1\,0\,0\,1\,1\,1\,0\,1\,1\,0\cdots$$
$$\vdots$$
$$1\,0\,0\,0\,1\,0\,0\,1\,1\,1\,0\,1\,1\,0\,0\,0\,1\,0\,0\,1\,1\,1\,0\,1\,1\cdots$$

보기 4.10.3 素數 37 에 대하여 2 는 37 의 원시근이다.

그리고, $2^5 < 37 < 2^6$ 이고 다음이 성립한다.

$$\frac{2^{36}-1}{37} = 1857283155$$

$$= 110111010110011111001000101001 1_{(2)}$$

$$\frac{1}{37} = 0.\overline{000001101110101100111110010001010011}_{(2)}$$

이로부터 다음과 같은 주기 36 인 순환수열을 얻는다.

$$000001101110101100111110010001010011\,00000\cdots$$

$$00001101110101100111110010001010011\,000001\cdots$$

$$\vdots$$

$$100000110111010110011111001000101001 10000\cdots$$

보기 4.10.4 정수 2 는 素數 9851 의 원시근인 동시에 素數 9949 의 원시근이다. 따라서 $\frac{1}{9851}$, $\frac{1}{9949}$ 은 2 진법으로 주기가 각각 9850, 9948 인 순환소수의 꼴로 나타내어진다.

素數 p 가

$$7,\ 17,\ 19,\ 23,\ 29,\ 47,\ 59,\ 61,\ 97,\ \cdots,\ 503$$

일 때, 10 은 素數 p 의 원시근이다. 한편, 素數 p 가

$$3,\ 5,\ 11,\ 13,\ 19,\ 29,\ 37,\ \cdots,\ 9851,\ 9949$$

일 때, 2 는 素數 p 의 원시근이고 이 경우에 0, 1 로 이루어진 $p-1$ 개의 주기 $p-1$ 인 순환수열을 얻는다.

이 절에 대한 좀더 상세한 사항은 [2] 의 §5.4, §5.5 를 참조하기 바라다.

스트림 암호체계에서는 열쇠에 따라 결정되는 알고리즘을 써서 무한수열을 생성하게 되는데, 상당히 큰 素數 p 에 대하여 2 가 p 의 원시근인 경우에 $\frac{1}{p}$ 을 2 진법으로 전개했을 때 얻게 되는 0, 1 로 이루어진 주기가 $p-1$ 인 순환수열이 이용된다.

제 5 장

세는 방법

이 장에서는, 여러 가지 세는 방법에 대하여 논한다. 실제로, 유한집합의 원소의 개수, 비둘기집의 원리, 순열과 조합, 중복순열과 중복조합, 이항정리, 다항정리, 특수한 순열의 개수, 양의 정수의 분할과 점유 문제와 두 종류의 Stirling 수에 대하여 간단히 논한다.

이 장에서 §5.7 과 §5.8 은 독립된 절이므로 이 책을 처음 읽을 때에는 이 두 절을 생략하여도 좋다.

§5.1 유한집합

이 절에서는, 유한집합에 속해 있는 원소의 개수에 대하여 논한다.
다음 정리가 성립함을 쉽게 알 수 있다.

정리 5.1.1 두 유한집합 A, B 에 대하여 다음이 성립한다.

(1) $|A\cup B| = |A| + |B| - |A\cap B|$

특히, $A\cap B = \varnothing$ 이면, $|A\cup B| = |A| + |B|$ 이다.

(2) $A\supseteq B$ 이면, $|A| \geq |B|$ 이고 또 $|A-B| = |A| - |B|$ 이다.

(3) $A - B = A - (A\cap B)$ 이고 또 $|A-B| = |A| - |A\cap B|$ 이다.

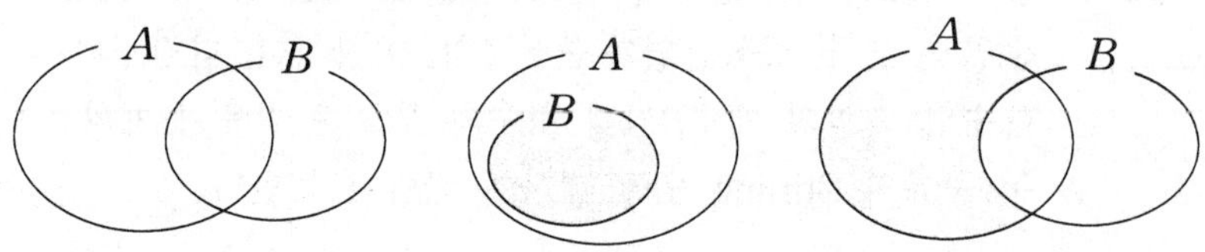

$A\cup B,\ A\cap B$ $B\subseteq A$ $A-B$

따름정리 5.1.2 유한집합 U 의 부분집합 A 에 대하여

$$A' = U - A = \{x\in U \mid x\notin A\}$$

이라고 하면 다음이 성립한다.

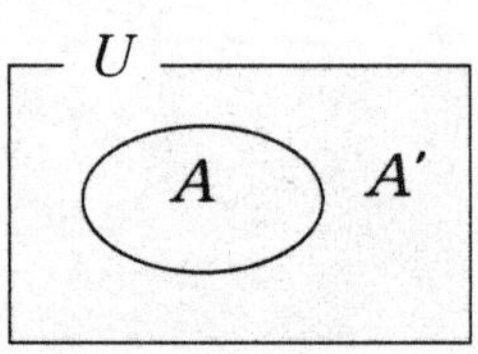

$$|U| = |A| + |A'|,$$
$$|A'| = |U| - |A|$$

정리 5.1.3 세 유한집합 $A,\ B,\ C$ 에 대하여 다음이 성립한다.

$$\begin{aligned}&|A\cup B\cup C|\\ &= |A| + |B| + |C|\\ &\quad - (|A\cap B| + |A\cap C|| + |B\cap C|)\\ &\quad + |A\cap B\cap C|\end{aligned}$$

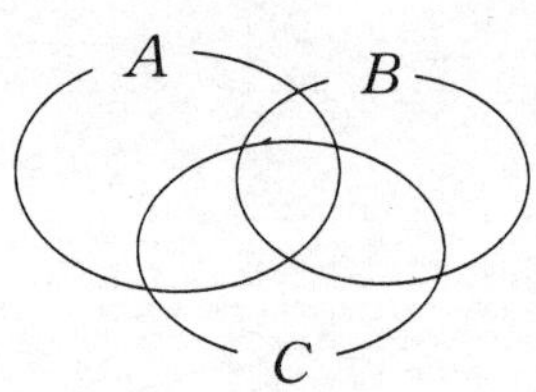

증 명 정리 5.1.1 에 의하여 다음 등식이 성립한다.

$$\begin{aligned}
&|A \cup B \cup C| \\
&= |(A \cup B) \cup C| \\
&= |A \cup B| + |C| - |(A \cup B) \cap C| \\
&= |A \cup B| + |C| - |(A \cap C) \cup (B \cap C)| \\
&= |A| + |B| - |A \cap B| + |C| - |A \cap C| - |B \cap C| \\
&\qquad\qquad\qquad + |(A \cap C) \cap (B \cap C)| \\
&= |A| + |B| + |C| - |A \cap B| - |A \cap C| - |B \cap C| \\
&\qquad\qquad\qquad + |A \cap B \cap C|
\end{aligned}$$

보기 5.1.1 총 30 대의 PC(개인 전자계산기) 중에서 20 대는 B 드라이브를 장착하였고 8 대는 19 인치 모니터를 구비하였으며 25 대는 window XP를 깔았다고 하자. 그리고, 20 대는 이들 세 가지 특성 중에서 적어도 두 가지 특성을 가졌고 6 대는 이들 세 가지 특성을 모두 가졌다고 하자.
이 때, 이 세 가지 특성 중에서 적어도 한 가지 특성을 가진 PC 와 꼭 한 가지 특성만을 가진 PC 가 각각 몇 대 있는지 알아보자.

이제 30 대의 PC 전체의 집합을 U 라 하고 이 중에서 앞에서 말한 특성을 가진 PC 전체의 집합을 각각 A, B, C 라고 하면, 가정에 의하여

$$|A| = 20, \quad |B| = 8, \quad |C| = 25$$
$$|(A \cap B) \cup (A \cap C) \cup (B \cap C)| = 20, \quad |A \cap B \cap C)| = 6$$

이고 구하는 값은 다음과 같다.

$$|A \cup B \cup C|, \qquad |A \cup B \cup C| - |(A \cap B) \cup (A \cap C) \cup (B \cap C)|$$

먼저 $A \cap B, A \cap C, B \cap C$ 에 정리 5.1.3 을 적용하면 등식이 성립한다.

$$\begin{aligned}
20 &= |(A \cap B) \cup (A \cap C) \cup (B \cap C)| \\
&= |A \cap B| + |A \cap C| + |B \cap C| - |(A \cap B) \cap (A \cap C)| \\
&\quad - |(A \cap B) \cap (B \cap C)| - |(A \cap C) \cap (B \cap C)| \\
&\quad + |(A \cap B) \cap (A \cap C) \cap (B \cap C)| \\
&= |A \cap B| + |A \cap C| + |B \cap C| - |A \cap B \cap C| \\
&\quad - |A \cap B \cap C| - |A \cap B \cap C| + |A \cap B \cap C| \\
&= |A \cap B| + |A \cap C| + |B \cap C| - 2 \cdot 6
\end{aligned}$$

그러므로, 다음 결과를 얻는다(정리 5.1.3).

$$|A\cap B| + |A\cap C| + |B\cap C| = 20 + 12 = 32,$$

$$\begin{aligned}|A\cup B\cup C| &= |A| + |B| + |C| \\ &\quad - (|A\cup B| + |A\cup C| + |B\cup C|) + |A\cap B\cap C| \\ &= 20 + 8 + 25 - 32 + 6 = 27\end{aligned}$$

$$\begin{aligned}&|A\cup B\cup C| - |(A\cap B)\cup(A\cap C)\cup(B\cap C)| \\ &\quad = 27 - 20 = 7\end{aligned}$$

따라서 세 가지 특성 중에서 적어도 한 가지 특성을 가진 PC 는 27 대 있고, 또 세 가지 특성 중에서 꼭 한 가지 특성만을 가진 PC 는 7 대 있다.

정의 5.1.4 집합 $A_1, A_2, \cdots, A_n$에 대하여

$$A_i\cap A_j = \varnothing \qquad (1\le i\ne j\le n)$$

일 때, $A_1, A_2, \cdots, A_n$은 **쌍마다 서로 소**(mutually disjoint)라고 한다.

또, 집합 $A\ (\ne\varnothing)$의 공집합이 아닌 부분집합 $A_1, A_2, \cdots, A_n$에 대하여 다음이 성립할 때, $\{A_1, A_2, \cdots, A_n\}$를 A의 **분할**(分割, partition)이라고 한다.

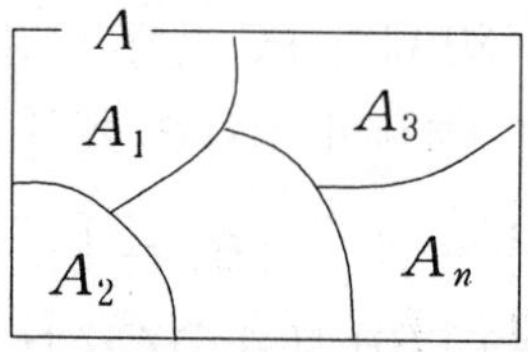

(i) $A = A_1\cup A_2\cup\cdots\cup A_n$

(ii) $A_i\cap A_j = \varnothing\ \ (1\le i\ne j\le n)$

그리고, 이 경우에 A는 $A_1, A_2, \cdots, A_n$으로 분할된다고 한다.

정리 5.1.5 유한집합 $A_1, A_2, \cdots, A_n\ (n\ge 2)$이 쌍마다 서로 소일 때 다음이 성립한다.

$$|A_1\cup A_2\cup\cdots\cup A_n| = |A_1| + |A_2| + \cdots + |A_n|$$

증 명 정리 5.1.1 에 의하여 위의 등식은 $n = 2$일 때 성립한다.

이제 $n = k\ge 2$일 때 정리가 성립한다고 가정하면,

$$|A_1\cup A_2\cup\cdots\cup A_k| = |A_1| + |A_2| + \cdots + |A_k|$$

이고 또 정리 1.2.7 에 의하여

$$
\begin{aligned}
&(A_1 \cup A_2 \cup \cdots \cup A_k) \cap A_{k+1} \\
&= (A_1 \cap A_{k+1}) \cup (A_2 \cap A_{k+1}) \cup \cdots \cup (A_k \cap A_{k+1}) \\
&= \varnothing \cup \varnothing \cup \cdots \cup \varnothing = \varnothing
\end{aligned}
$$

이므로 다음이 성립한다(정리 5.1.1).

$$
\begin{aligned}
&|A_1 \cup A_2 \cup \cdots \cup A_k \cup A_{k+1}| \\
&= |A_1 \cup A_2 \cup \cdots \cup A_k| + |A_{k+1}| \\
&= |A_1| + |A_2| + \cdots + |A_k| + |A_{k+1}|
\end{aligned}
$$

따라서 $n = k+1$ 일 때에도 정리의 등식이 성립한다.
그러므로, 수학적 귀납법에 의하여 정리가 성립한다.

정리 5.1.6 유한집합 $A_1, A_2, \cdots, A_n$ $(n \geq 2)$ 에 대하여 이들의 곱집합 $A_1 \times A_2 \times \cdots \times A_n$ 은 유한집합이고 다음 등식이 성립한다.

$$|A_1 \times A_2 \times \cdots \times A_n| = |A_1|\,|A_2| \cdots |A_n|$$

특히, 두 유한집합 A, B 에 대하여 다음이 성립한다.

$$|A \times B| = |A|\,|B|, \qquad |A^n| = |A|^n$$

증 명 곱집합 $A_1 \times A_2 \times \cdots \times A_n$ 의 원소는

$$(x_1, x_2, \cdots, x_n)$$

와 같은 꼴이고 각 x_i 는 A_i 의 원소이다.

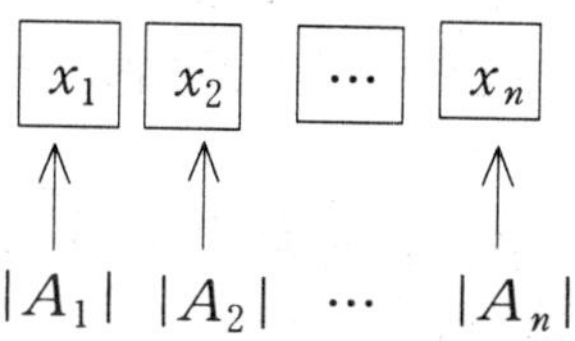

따라서 $|A_1 \times A_2 \times \cdots \times A_n| = |A_1|\,|A_2| \cdots |A_n|$ 이다.

정리 5.1.7 두 유한집합 $A = \{a_1, a_2, \cdots, a_n\}$, $B = \{b_1, b_2, \cdots, b_m\}$ 에서 $|A| = n$, $|B| = m$ 일 때, A 에서 B 로의 사상 $f : A \longrightarrow B$ 전체의 개수는 $|B|^{|A|}$ 이다.

증 명 사상 $f : A \longrightarrow B$ 는

$$f(a_1),\ f(a_2),\ \cdots,\ f(a_n)$$

의 값에 의하여 완전히 결정되고 $f(a_1), f(a_2), \cdots, f(a_n)$은 각각 B의 m개의 원소 $b_1, b_2, \cdots, b_m$ 중의 하나이고 같은 원소가 중복되어도 좋다.

따라서 A에서 B로의 사상 전체의 개수는 m^n 즉 $|B|^{|A|}$이다.

연 습 문 제 (5.1)

1. 두 유한집합 A, B에 대하여 다음이 성립함을 확인하여라(정의 1.2.9 참조).
   (1) $|A \cup B| \geq \max\{|A|, |B|\}$,
   $|A \cap B| \geq \min\{|A|, |B|\}$
   (2) $|A \cup B| = |A| + |B|$이면, $A \cap B = \emptyset$이다.
   (3) $|A \times B| = |B \times A|$

2. 유한집합 A, B, C, D 에 대하여
$$D = A \cap B = A \cap C = B \cap C = A \cap B \cap C$$
일 때, $|A \cup B \cup C| = |A| + |B| + |C| - 2|D|$ 임을 증명하여라.

3. 정수 1000 부터 9999 사이의 정수 중에서 짝수이면서 각 자리의 수가 서로 다른 정수의 개수를 구하여라.

4. 정수 1000 에서 9999 까지의 양의 정수 중에서 7 의 배수인 정수 전체의 개수를 구하여라.

5. 정수 1 에서 300 까지의 정수 중에서 다음과 같은 정수의 개수를 구하여라.
   (1) 3, 5, 7 중의 어느 한 정수의 배수인 정수 전체
   (2) 3 의 배수인 동시에 5 의 배수이지만 7 의 배수는 아닌 정수 전체
   (3) 5 의 배수이지만 3 의 배수도 아니고 7 의 배수도 아닌 정수 전체
   (4) 105 ($= 3 \times 5 \times 7$) 와 서로 소인 정수 전체

6. 두 집합 $A = \{1, 2, 3, 4\}$, $B = \{2, 4, 6, 8, 10\}$에 대하여 A에서 B로의 사상 $f: A \longrightarrow B$ 전체의 개수를 구하여라.

§5.2 비둘기집 원리

두 유한집합 A, B에 대하여 다음 정리가 성립한다.

정리 5.2.1 두 유한집합 A, B에 대하여 다음이 성립한다.

(1) 일대일 사상 $f: A \longrightarrow B$가 존재하면, $|A| \leq |B|$ 이다.

(2) 일대일 대응 $f: A \longrightarrow B$가 존재할 때 그리고 이때에만 $|A| = |B|$ 이다.

증 명 두 유한집합 A, B가 다음과 같다고 하자.

$$A = \{a_1, a_2, \cdots, a_n\}, \quad |A| = n$$
$$B = \{b_1, b_2, \cdots, b_m\}, \quad |B| = m$$

(1) 일대일 사상 $f: A \longrightarrow B$가 존재하면,

$$f(a_1), f(a_2), \cdots, f(a_n)$$

은 모두 서로 다르고 또 $\{f(a_1), f(a_2), \cdots, f(a_n)\} \subseteq B$ 이므로 분명히 $|A| = n \leq |B|$ 이다(정의 1.3.1 참조).

(2) 일대일 대응 $f: A \longrightarrow B$가 존재한다고 하자.

이 때, $f(a_1), f(a_2), \cdots, f(a_n)$은 모두 서로 다르고

$$\{f(a_1), f(a_2), \cdots, f(a_n)\} = B$$

이므로 $|B| = n = |A|$ 이다.

역으로, $|A| = |B|$일 때, 사상 $f: A \longrightarrow B$를

$$f(a_i) = b_i \qquad (1 \leq i \leq n)$$

으로 정의하면, $f(a_1), f(a_2), \cdots, f(a_n)$은 모두 서로 다르고

$$\{f(a_1), f(a_2), \cdots, f(a_n)\} = \{b_1, b_2, \cdots, b_n\} = B$$

이므로 f는 일대일 대응이다.

위의 정리에 의하여 다음 정리가 성립한다.

아래 정리에서 집합 A, B를 각각 비둘기, 비둘기집으로 이루어진 집합이라고 생각하고 또 사상 $f : A \longrightarrow B$를 각 비둘기를 비둘기집으로 보내는 사상이라고 생각하면 이해하기 쉽다.

정리 5.2.2 (비둘기집 원리, pigeonhole principle) 두 유한집합 A, B에 대하여 $|A| > |B|$이면, 모든 사상

$$f : A \longrightarrow B$$

는 일대일 사상이 아니고 따라서

$$f(a) = f(a'), \quad a \neq a'$$

인 원소 $a, a' \in A$가 존재한다.

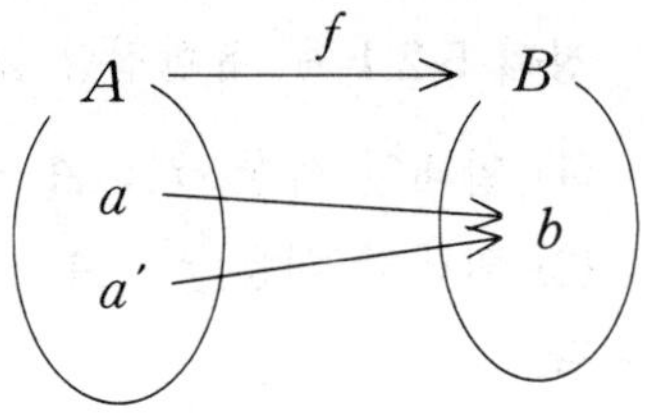

보기 5.2.1 양의 정수 $a_1, a_2, a_3, \cdots, a_{10}$에서 한 개 이상의 연이은 정수를 택하여 만든 합

$$a_j + a_{j+1} + \cdots + a_k \qquad (1 \leq j \leq k \leq 10)$$

중에는 10의 배수인 것이 적어도 하나 존재함을 밝혀 보자.

양의 정수 a_1부터 시작하여 연이은 정수로 만든 10개의 합

$$s_1 = a_1, \ s_2 = a_1 + a_2, \ \cdots, \ s_{10} = a_1 + a_2 + \cdots + a_{10}$$

을 생각할 때, 이들 정수는 모두 서로 다르므로 $S = \{s_1, s_2, \cdots, s_{10}\}$이라고 하면 $|S| = 10$이다. 그리고, $s_1, s_2, \cdots, s_{10}$을 10으로 나누었을 때의 나머지를 각각 $r_1, r_2, \cdots, r_{10}$이라고 하면, $r_1, r_2, \cdots, r_{10}$은 $0, 1, 2, \cdots, 9$ 중의 어느 하나와 같다.

먼저 적당한 k $(1 \leq k \leq 10)$에 대하여 $r_k = 0$이라고 하자.

이 때, $s_k \equiv r_k \equiv 0 \pmod{10}$이므로

$$s_k = a_1 + a_2 + \cdots + a_k$$

는 10의 배수이다.

다음에 $r_i \neq 0$ $(1 \leq i \leq 10)$이라고 하자. 이 때, $B = \{1, 2, 3, \cdots, 9\}$라고 하면, 다음과 같이 사상 $f : S \longrightarrow B$가 정의된다.

$$f(s_i) = r_i \qquad (1 \leq i \leq 10)$$

한편, $|S| = 10 > 9 = |B|$ 이므로 정리 5.2.2 에 의하여 f 는 일대일 사상이 아니다. 그러므로, 서로 다른 두 원소 s_j, $s_k \in S$ 에 대하여

$$f(s_j) = f(s_k) \quad \text{즉} \quad r_j = r_k$$

이고, 이때 $s_j \equiv r_j \pmod{10}$, $s_k \equiv r_k \pmod{10}$ 이므로

$$s_j \equiv r_j \equiv r_k \equiv s_k \pmod{10}$$

이고 따라서 $s_k - s_j$ 는 10 의 배수이다. 그런데,

$$\begin{aligned} s_k - s_j &= (a_1 + a_2 + \cdots + a_k) - (a_1 + a_2 + \cdots + a_j) \\ &= a_{j+1} + a_{j+2} + \cdots + a_k \end{aligned}$$

이므로 $a_{j+1} + a_{j+2} + \cdots + a_k$ 는 10 의 배수이다.

따라서 a_1, a_2, $\cdots$, a_{10} 에서 한 개 이상의 연이은 정수를 택하여 만든 합

$$a_j + a_{j+1} + \cdots + a_k \qquad (1 \le j \le k \le 10)$$

중에는 10 의 배수인 것이 적어도 하나 존재한다.

보기 5.2.2 양의 정수 a_1, a_2, a_3, $\cdots$, a_{77} 에 대하여

$$a_1 + a_2 + \cdots + a_{77} \le 132$$

일 때, 이 77 개의 정수 a_1, a_2, a_3, $\cdots$, a_{77} 에서 한 개 이상의 연이은 정수를 택하여 만든 합

$$a_j + a_{j+1} + \cdots + a_k \qquad (1 \le j \le k \le 77)$$

중에는 21 인 것이 존재함을 밝혀 보자.

이제 a_1 부터 시작하여 연이은 정수로 만든 77 개의 합

$$b_1 = a_1, \quad b_2 = a_1 + a_2, \ \cdots, \ b_{77} = a_1 + a_2 + \cdots + a_{77}$$

을 생각하자. 먼저 적당한 정수 k $(1 \le k \le 77)$ 에 대하여 $b_k = 21$ 인 경우에 $a_1 + a_2 + \cdots + a_k = b_k = 21$ 이다.

다음에 $b_k \ne 21$ $(1 \le k \le 77)$ 이라고 하자.

이 때, 154 개의 정수

$$b_1,\ b_2,\ \cdots,\ b_{77},$$

$$c_1 = b_1+21,\ c_2 = b_2 = 21,\ \cdots,\ c_{77} = b_{77}+21$$

중에서 가장 큰 정수는 c_{77} 이고

$$c_{77} = b_{77} + 21 \leq 132 + 21 = 153$$

이므로 정리 5.2.2 에 의하여 이들 정수 중에는 서로 같은 것이 적어도 한 벌 있다. 그런데, $1 \leq i < j \leq 77$ 인 두 정수 i, j 에 대하여 $b_i < b_j$, $c_i < c_j$ 이므로 $1 \leq i < j \leq 77$ 인 적당한 두 정수 i, j 에 대하여 $b_k = b_j + 21$ 이어야 하고 이때 $b_k - b_j = 21$ 이고 따라서 다음이 성립한다.

$$a_{j+1} + a_{j+2} + \cdots + a_k = b_k - b_j = 21$$

보기 5.2.3 양의 정수 n 에 대하여 $2n$ 개의 정수

$$1,\ 2,\ 3,\ \cdots,\ 2n-1,\ 2n$$

중에서 서로 다른 $n+1$ 개의 정수를 택하여 만든 집합을

$$A = \{a_1,\ a_2,\ \cdots,\ a_n,\ a_{n+1}\}$$

이라고 할 때, A 에는 $a|b$ 인 두 정수 a, b 가 존재한다(정의 2.1.2 참조).

실제로, 각 양의 정수 $a_i \in A$ 는

$$a_i = 2^{k_i} \cdot q_i \qquad (k_i \geq 0,\ \ q_i \text{는 홀수})$$

와 같은 꼴로 나타낼 수 있고(정리 2.3.9), 이때 각 정수 i $(1 \leq i \leq n+1)$ 에 대하여 $1 \leq a_i \leq 2n$ 이므로 $1 \leq q_i \leq 2n-1$ 이다. 따라서

$$B = \{q_1, q_2, \cdots, q_{n+1}\}, \qquad C = \{1, 3, 5, \cdots, 2n-1\}$$

이라고 하면 $B \subseteq C$, $|C| = n$ 이므로 $|B| \leq n$ 이다.

따라서 $1 \leq s \neq t \leq n+1$ 인 두 정수 s, t 에 대하여 $q_s = q_t$ 이고 이때

$$a_s = 2^{k_s} q_s, \quad a_t = 2^{k_t} q_t = 2^{k_t} q_s$$

이므로 $a_s \mid a_t$ 또는 $a_t \mid a_s$ 이다.

예를 들면, $A = \{3, 4, 5, 6, 7\}$ 인 경우에 $3, 6 \in A$ 이고 $3|6$ 이다.

실수 x 보다 크거나 같은 정수 중에서 가장 작은 정수를 $\lceil x \rceil$ 로 나타내고 이것을 x 의 최고한도(ceiling)라고 한다(정의 2.1.5 참조).

정리 5.2.3 (비둘기집 원리의 일반화)
이제 n 개의 물건을 m 개의 상자에 분배한다면, 이들 m 개의 상자 중에서 적어도 한 상자에는 $\left\lceil \frac{n}{m} \right\rceil$ 개 이상의 물건이 들어 있다.

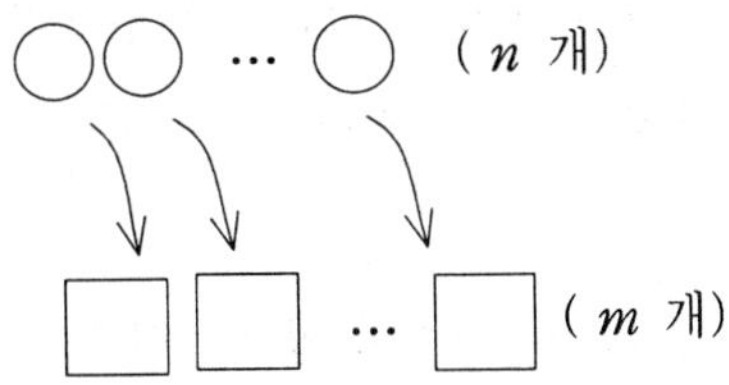

증 명 정리 2.1.7 에 의하여 $\left\lceil \frac{n}{m} \right\rceil - 1 < \frac{n}{m}$ 이므로 다음이 성립한다.

$$\left(\left\lceil \frac{n}{m} \right\rceil - 1\right) m < \frac{n}{m} \cdot m = n$$

따라서 모든 m 개의 상자에 $\left(\left\lceil \frac{n}{m} \right\rceil - 1\right)$ 개 이하의 물건이 들어 있다고 가정하면 모순이 생긴다. 그러므로 정리가 성립한다.

보기 5.2.4 어느 57 명의 합창 단원이 지방 공연을 하는 동안에 이들 단원이 개인주택 16 채에 머무른다면, 16 채 집 중에서 적어도 한 집에는 4 명이 머물러야 한다. 실제로, $57 = 3 \cdot 16 + 9$ 이므로

$$\left\lceil \frac{57}{16} \right\rceil = 3 + 1 = 4$$

이고, 따라서 정리 5.2.3 에 의하여 16 채 집 중에서 적어도 한 집에는 4 명이 머물러야 한다.

보기 5.2.5 의자 44 개가 5 개의 책상 둘레에 놓여 있을 때, 이들 5 개의 책상 중에서 적어도 한 책상 둘레에는 9 개 이상의 의자가 놓여 있다.

실제로, $44 = 8 \cdot 5 + 4$ 이므로

$$\left\lceil \frac{44}{5} \right\rceil = 8 + 1 = 9$$

이고 따라서 정리 5.2.3 에 의하여 결론은 얻는다.

실수로 이루어진 유한수열(有限數列, finite sequence) $a_1, a_2, \cdots, a_n$ 에서

$$a_1 < a_2 < \cdots < a_n \quad [\, a_1 > a_2 > \cdots > a_n \,]$$

일 때 이 수열을 **단조증가수열**(單調增加數列) [**단조감소수열**(單調減少數列) 이라고 한다. 그리고, 유한수열 $a_1, a_2, \cdots, a_n$ 에서 순서를 유지하면서 k 개의 항을 택하여 만든 수열

$$a_{i_1}, a_{i_2}, \cdots, a_{i_k} \qquad (i_1 < i_2 < \cdots < i_k)$$

를 (*) 의 **부분수열**(部分數列, subsequence)이라고 한다.

정리 5.2.4 양의 정수 n 에 대하여 서로 다른 n^2+1 개의 실수로 이루어진 수열 $a_1, a_2, \cdots, a_{n^2+1}$ 에서, 이 수열의 $n+1$ 개의 항으로 이루어진 부분수열 중에는 단조증가 부분수열 또는 단조감소 부분수열이 존재한다.

증 명 주어진 수열에서 길이가 $n+1$ 인 증가 또는 감소하는 부분수열이 존재하지 않는다고 가정하고 각 a_i 에 대하여 k_i, l_i 를 다음과 같이 정하자.

$k_i =$ (첫째 항이 a_i 이면서 그 길이가 가장 긴 증가 부분수열의 길이)

$l_i =$ (첫째 항이 a_i 이면서 그 길이가 가장 긴 감소 부분수열의 길이)

이 때, 각 정수 i $(1 \le i \le n^2+1)$ 에 대하여

$$1 \le k_i \le n, \quad 1 \le l_i \le n$$

이므로 집합 $\{(k_i, l_i) \mid 1 \le i \le n^2+1\}$ 에 속해 있는 서로 다른 순서쌍은 n^2 개 이하이고, 따라서 다음과 같은 두 항 a_r, a_s 가 존재한다.

$$1 \le r < s \le n^2+1, \quad k_r = k_s, \quad l_r = l_s$$

한편, 주어진 수열의 항은 서로 다르므로 $a_r < a_s$ 또는 $a_r > a_s$ 이다.

이제 $a_r < a_s$ 이라고 하자. 이 때, a_s 를 첫째 항으로 하고 길이가 k_s 인 단조증가 부분수열을 $a_s, \cdots, a_t$ 이라고 하면, $k_r = k_s$ 이므로

$$a_r, a_s, \cdots, a_t$$

는 길이 k_r+1 인 단조증가 부분수열이므로 모순이 생긴다.

마찬가지로, $a_r > a_s$ 인 경우에도 모순이 생긴다. 따라서 정리가 성립한다.

보기 5.2.6 정수 10 개로 이루어진 유한수열

$$8,\ 11,\ 9,\ 1,\ 4,\ 6,\ 12,\ 10,\ 5,\ 7$$

에서 길이가 4 인 단조증가 부분수열은

$$1,\ 4,\ 6,\ 12; \quad 1,\ 4,\ 6,\ 7; \quad 1,\ 4,\ 6,\ 7$$

이고, 또 길이가 4 인 단조감소 부분수열은 11, 9, 6, 5 이다.

연 습 문 제 (5.2)

1. 두 유한집합 A, B 에서 $|A| = |B| = n$ 일 때, 사상

$$f : A \longrightarrow B$$

에 대하여 다음 세 조건은 서로 동치임을 증명하여라.

(1) f는 일대일 사상이다.

(2) f는 위로의 사상이다.

(3) f는 일대일 대응이다.

2. 양의 정수 $a_1, a_2, \cdots, a_{21}$ 에 대하여

$$a_1 + a_2 + a_3 + \cdots + a_{21} \leq 41$$

일 때, 이들 21 개의 정수 $a_1, a_2, \cdots, a_{21}$ 에서 한 개 이상의 연이은 정수를 택하여 만든 합

$$a_j + a_{j+1} + \cdots + a_k \qquad (1 \leq j \leq k \leq 21)$$

중에는 21 인 것이 존재함을 증명하여라.

3. 양의 정수 $a_1, a_2, \cdots, a_{35}$ 에 대하여

$$a_1 + a_2 + a_3 + \cdots + a_{35} \leq 60$$

일 때, 이들 35 개의 정수 $a_1, a_2, \cdots, a_{35}$ 에서 한 개 이상의 연이은 정수를 택하여 만든 합

$$a_j + a_{j+1} + \cdots + a_k \qquad (1 \leq j \leq k \leq 35)$$

중에는 35 인 것이 존재함을 증명하여라.

4. 학생 100 명 중에서 적어도 몇 명의 학생의 생일이 같은 달에 있겠는가 ?

5. 학생 13 명이 모여 있을 때, 이들 학생 중에서 태어난 달이 같은 학생은 적어도 2 명 이상 있음을 설명하여라.

6. 학생 6 명이 모여 있을 때, 이들 적어도 세 사람은 서로 친한 친구이거나 또는 서로 낯선 학생임을 설명하여라.

7. 한 변의 길이가 2 인 정사각형 안에 5 개의 점이 들어 있을 때, 이들 점 중에서 적어도 두 개의 점은 이들 사이의 거리가 $\sqrt{2}$ 이하임을 밝혀라.

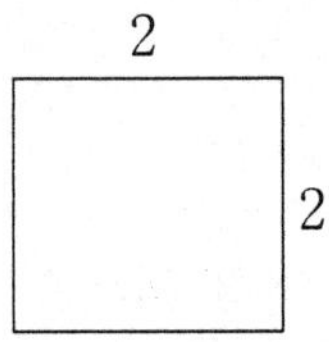

8. 어느 소규모 회사가 12 일 동안에 고객에게 청구서를 195 장 발송했다고 할 때, 이 회사는 어느 한 연이은 사흘 동안에 청구서를 적어도 49 장을 발송했음을 밝혀라.

9. 서로 다른 200 개의 양의 정수로 이루어진 집합 $U = \{1, 2, 3, 4, \cdots, 200\}$ 에서 101 개의 정수를 택할 때, 한 정수는 다른 정수의 배수임을 밝혀라.

10. 한 방에 모여 있는 51 명의 어린 아기들의 나이의 합이 100 이하일 때, 이들 아기 중에서 적어도 두 아기의 나이가 같거나 또는 적어도 두 아기의 나이가 연이은 정수임을 밝혀라.

11. 집합 $U = \{2, 3, 5, 7, 11, 13, 17, 19\}$ 의 공집합이 아닌 부분집합에 속하는 정수 전체의 합을 생각하는 경우에, U의 부분집합 중에는 그 합이 동일한 부분집합이 4 개 존재함을 밝혀라.

12. 서로 다른 10 개의 100 이하의 양의 정수로 이루어진 집합 U에 대하여 U의 공집합이 아닌 부분집합에 속하는 정수 전체의 합을 생각하는 경우에 U의 부분집합 중에 그 합이 동일한 두 부분집합 A, B가 존재함을 밝혀라.

§5.3 순열과 조합

이 절에서는, 순열과 조합에 대하여 논한다.

정의 5.3.1 서로 다른 n의 원소 $a_1, a_2, \cdots, a_n$ 중에서 서로 다른 r개의 원소를 택하여

$$a_{i_1},\ a_{i_2},\ \cdots,\ a_{i_r} \qquad (1 \leq r \leq n)$$

와 같이 일렬로 늘어놓은 것을 **순열**(順列, permutation) 또는 **r-순열**이라 하고, 서로 다른 n개의 원소에서 서로 다른 r개의 원소를 택하여 일렬로 늘어놓은 순열 전체의 개수를 $_n\mathbf{P}_r$ 또는 $\boldsymbol{P(n, r)}$ 로 나타낸다.

다음 정리가 성립함을 쉽게 알 수 있다(정의 2.3.7 참조).

정리 5.3.2 서로 다른 n개의 원소에서 서로 다른 r $(1 \leq r \leq n)$ 개의 원소를 일렬로 택하여 늘어놓은 순열의 개수는 다음과 같다.

$$\begin{aligned} {}_n\mathrm{P}_r &= n(n-1)\cdots(n-r+1) \\ &= \frac{n!}{(n-r)!} \end{aligned}$$

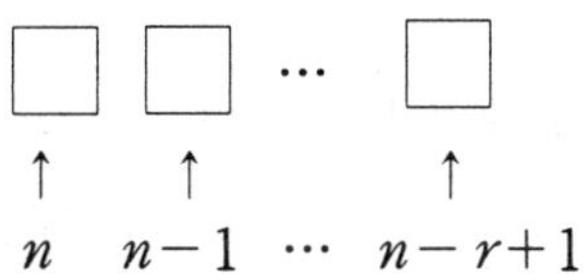

특히, $_n\mathrm{P}_n = n! = 1 \cdot 2 \cdot \cdots \cdot n$

보기 5.3.1 서로 다른 4개의 문자 a, b, c, d 중에서 서로 다른 2개의 문자를 택하여 일렬로 늘어놓은 순열 전체는

$$\begin{array}{cccccc} a\,b, & a\,c, & a\,d, & b\,a, & b\,c, & b\,d, \\ c\,a, & c\,b, & c\,d, & d\,a, & d\,b, & d\,c \end{array}$$

이고 따라서 $_4\mathrm{P}_2 = 12$이다. 실제로, 첫째 위치에 놓을 수 있는 문자는 4가지가 있고 둘째 위치에 놓을 수 있는 문자는 이미 첫째 위치에 있는 문자를 제외한 3가지가 있으므로 $_4\mathrm{P}_2 = 4 \times 3$이다.

보기 5.3.2 양의 정수 $1, 2, 3, \cdots, n$ 을 일렬로 늘어놓은 순열 전체의 개수는 $n!$ 이다. 특히, 4 개의 정수 $1, 2, 3, 4$ 를 일렬로 늘어놓은 순열 전체의 개수는 $4! = 24$ 이다.

보기 5.3.3 어른 6 명과 어린이 3 명을 한 줄로 세우되 어느 두 어린이도 서로 이웃하지 않도록 세우는 방법의 가짓수를 구해 보자.

이와 같이 세우려면, 먼저 어른 6 명을 한 줄로 세운 다음에 이때 생기는 7 개의 자리 중에서 3 자리를 택하여 어린이 3 명을 한 줄로 세우면 된다.

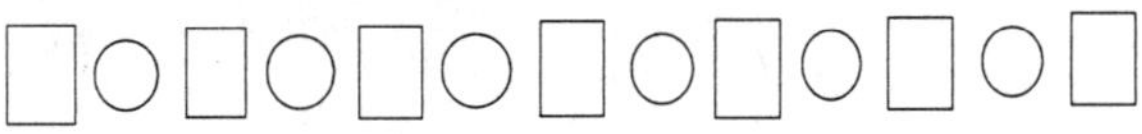

그런데 어른 6 명을 한 줄로 세우는 방법은 ${}_6\mathrm{P}_6$ 가지이고, 7 개의 자리 중에서 세 자리를 택하여 3 명를 세우는 방법은 ${}_7\mathrm{P}_3$ 가지이므로 구하는 가짓수는 다음과 같다.

$${}_6\mathrm{P}_6 \times {}_7\mathrm{P}_3 = 6! \times 7 \cdot 6 \cdot 5 = 151200$$

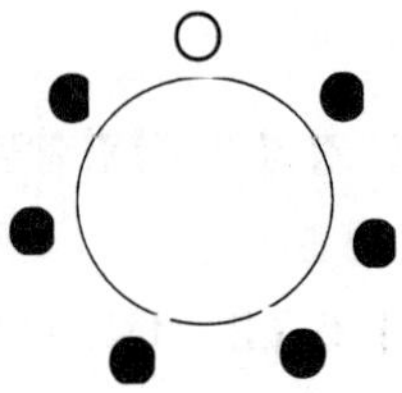

한편, 어른 6 명이 둥근 책상에 앉으려면, 먼저 한 사람이 앉은 다음에 이 사람의 오른쪽에 나머지 5 명이 차례로 앉으면 된다.

따라서 이와 같이 앉는 가짓수는 $5!$ 이다.

정리 5.3.3 유한집합 $A = \{a_1, \cdots, a_n\}$, $|A| = n$ 에 대하여 A 에서 A 자신 위로의 일대일 대응 전체의 개수는 $n!$ 이다.

증 명 사상 $f : A \to A$ 에 다음 세 조건은 서로 동치이다(정의 1.3.1).

(1) f 는 일대일 대응이다.

(2) $f(a_1), \cdots, f(a_n)$ 은 모두 서로 다르고 또 $\{f(a_1), \cdots, f(a_n)\} = A$ 이다.

(3) $f(a_1), \cdots, f(a_n)$ 은 서로 다른 n 개의 원소 $a_1, \cdots, a_n$ 을 일렬로 늘어놓은 순열이다.

그러므로, A 에서 A 위로의 일대일 대응 전체의 개수는 서로 다른 n 개의 원소 $a_1, a_2, \cdots, a_n$ 의 순열 전체의 개수 $n!$ 과 같다.

보기 5.3.4 집합 $A = \{1, 2, 3\}$ 에서 A 로의 일대일 대응은 다음과 같이 정의된 6 개의 사상 $f_i : A \longrightarrow A$ 뿐이다.

$$f_1(1) = 1,\quad f_1(2) = 2,\quad f_1(3) = 3; \qquad 1,\ 2,\ 3$$
$$f_2(1) = 1,\quad f_2(2) = 3,\quad f_2(3) = 2; \qquad 1,\ 3,\ 2$$
$$f_3(1) = 2,\quad f_3(2) = 1,\quad f_3(3) = 3; \qquad 2,\ 1,\ 3$$
$$f_4(1) = 2,\quad f_4(2) = 3,\quad f_4(3) = 1; \qquad 2,\ 3,\ 1$$
$$f_5(1) = 3,\quad f_5(1) = 2,\quad f_5(2) = 1; \qquad 3,\ 1,\ 2$$
$$f_6(1) = 3,\quad f_6(2) = 2,\quad f_6(3) = 1 \qquad 3,\ 2,\ 1$$

보기 5.3.5 유한집합 $U = \{x_1, x_2, \cdots, x_n\}$, $|U| = n$ 에서 A 가 U 의 부분집합일 때, 각 x_i $(1 \leq i \leq n)$ 는 A 의 원소이거나 또는 원소가 아니므로 U 의 부분집합 전체의 개수는 $2 \times 2 \times \cdots \times 2 = 2^n$ 이다.

즉, $\mathscr{P}(U)$ 를 U 의 멱집합이라고 하면, $|\mathscr{P}(U)| = 2^n$ 이다.

정의 5.3.4 서로 다른 n 개의 원소 $a_1, a_2, \cdots, a_n$ 중에서 서로 다른 r 개 $(1 \leq r \leq n)$ 원소를 택하여 모아놓은 부분집합 $\{a_{i_1}, a_{i_2}, \cdots, a_{i_r}\}$ 을 **조합**(組合, combination)이라 하고 또 이와 같은 조합 전체의 개수를 $\boldsymbol{\binom{n}{r}}$ 또는 $\boldsymbol{{}_nC_r}$ 또는 $\boldsymbol{C(n, r)}$ 로 나타낸다.

정리 5.3.5 서로 다른 n 개의 원소에서 서로 다른 r $(1 \leq r \leq n)$ 개의 원소를 택하여 모아놓은 조합 전체의 개수는 다음과 같다.

$$\binom{n}{r} = {}_n\mathrm{C}_r = \frac{{}_n\mathrm{P}_r}{r!} = \frac{n!}{r!\,(n-r)!}$$

특히, $\binom{n}{1} = n$, $\binom{n}{n} = 1$ 이다. 그리고,

$$0! = 1, \quad {}_n\mathrm{P}_0 = 1, \quad \binom{n}{0} = {}_n\mathrm{C}_0 = 1$$

로 정하면, 다음이 성립한다.

$${}_n\mathrm{P}_r = \frac{n!}{(n-r)!}, \qquad \binom{n}{r} = \frac{n!}{r!\,(n-r)!} \qquad (0 \leq r \leq n)$$

보기 5.3.6 카드 52 장에서 네 장씩 같은 숫자 $1, 2, \cdots, 13$ 이 써 있을 때, 이 중에서 7 장을 택하되 숫자 8 이 써 있는 카드가 꼭 한 장 들어 있도록 택하는 방법의 가짓수를 구해보자.

숫자 8 이 써 있는 네 장의 카드 중에서 한 장을 택하는 방법은 4 가지가 있고, 또 카드 52 중에서 네 장을 제외한 48 장의 카드에서 6 장을 택하는 방법은 $\binom{48}{6}$ 가지가 있으므로, 구하는 방법의 가짓수는 다음과 같다.

$$4 \cdot \binom{48}{6} = 4 \cdot \frac{48\,!}{6\,!\,(48-6)\,!} = 4 \cdot \frac{48\,!}{6\,!\,42\,!} = 49086048$$

정리 5.3.6 정수 $n\ (\geq 3)$ 에 대하여 다음이 성립한다.

(1) $1 \leq i < j < k \leq n$ 인 정수 i, j, k 전체의 개수는 $\binom{n}{3}$ 이다.

(2) $1 \leq i \leq j \leq k \leq n$ 인 정수 i, j, k 전체의 개수는 $\binom{n+2}{3}$ 이다.

증 명 (1) 구하는 개수는 n 개의 정수 $1, 2, \cdots, n$ 중에서 서로 다른 3 개의 정수를 택하여 만든 조합의 개수와 일치하므로, 구하는 개수는 $\binom{n}{3}$ 이다.

(2) 정수 $1, 2, \cdots, n$ 과 문자 S, L 이 써 있는 $n+2$ 개의 공 중에서 서로 다른 3 개의 공을 꺼내는 방법의 개수는 $\binom{n+2}{3}$ 이다.

이 때, 꺼낸 3 개의 공에 써 있는 것이 $i < j < k$ 인 정수 i, j, k 인 경우에는 이에 대하여

$$1 \leq i < j < k \leq n$$

인 i, j, k 를 대응시키자. 그리고, 3 개의 공에 써 있는 것이 $i < k$ 인 두 정수 i, k 와 S 인 경우에는 $j = i$ 라 놓고 이에 대하여

$$1 \leq i = j < k \leq n$$

인 정수 i, j, k 를 대응시키자.

$$i,\ k\ (i < k),\ S \;\longrightarrow\; (i,\ j,\ k) \quad 1 \leq i = j < k \leq n$$

한편, 꺼낸 3 개의 공에 써 있는 것이 $i < k$ 인 두 정수 i, k 와 L 인 경우에는 $k = j$ 라

놓고 이에 대하여

$$1 \le i < j = k \le n$$

인 정수 i, j, k를 대응시키자. 또, 꺼낸 3개의 공에 써 있는 것이 정수 i와 S, L인 경우에는 $j = k = i$라 놓고 이에 대하여

$$i = j = k$$

인 정수 i, j, k를 대응시키자.

$$\begin{array}{c} i,\ k\ (i<k),\ L \\ \downarrow \\ (i,\ j,\ k) \\ 1 \le i < j = k \le n \end{array}$$

이와 같이 대응시키면, $1 \le i \le j \le k \le n$인 세 정수 i, j, k가 모두 대응하고 따라서 이러한 i, j, k 전체의 개수는 $\binom{n+2}{3}$이다.

보기 5.3.7 양의 정수 $n = 4$에 대하여 $1 \le i \le j \le k \le 4$인 정수 i, j, k를 택하여 만든 순서 3조 (i, j, k)는 다음과 같이 20개가 있다.

(1, 2, 3), (1, 2, 4), (1, 3, 4), (2, 3, 4),
(1, 1, 2), (1, 1, 3), (1, 1, 4), (2, 2, 3), (2, 2, 4), (3, 3, 4),
(1, 2, 2), (1, 3, 3), (1, 4, 4), (2, 3, 3), (2, 4, 4), (3, 4, 4),
(1, 1, 1), (2, 2, 2), (3, 3, 3), (4, 4, 4)

정리 5.3.7 양의 정수 n과 $0 \le r \le n$인 정수 r에 대하여 다음 등식이 성립한다.

$$\binom{n}{r} = \binom{n}{n-r}, \qquad \binom{n+1}{r} = \binom{n}{r-1} + \binom{n}{r}$$

증 명 정리 5.3.5에 의하여 다음 두 등식이 성립한다.

$$\binom{n}{r} = \frac{n!}{r!\,(n-r)!} = \frac{n!}{(n-r)!\,[n-(n-r)]!} = \binom{n}{n-r},$$

$$\begin{aligned} \binom{n}{r-1} + \binom{n}{r} &= \frac{n!}{(r-1)!\,(n-r+1)!} + \frac{n!}{r!\,(n-r)!} \\ &= \frac{n!\,r + n!\,(n-r+1)}{r!\,(n-r+1)!} = \frac{n!\,(n+1)}{r!\,(n-r+1)!} \\ &= \frac{(n+1)!}{r!\,[(n+1)-r]!} = \binom{n+1}{r} \end{aligned}$$

정리 5.3.8 (이항정리(二項定理, Binomial theorem)) 체 F의 두 원소 a, b와 양의 정수 n에 대하여 다음이 성립한다.

$$(a+b)^n = \sum_{r=0}^{n} \binom{n}{r} a^r b^{n-r}, \quad (a+b)^n = \sum_{r=0}^{n} \binom{n}{r} a^{n-r} b^r$$

증 명 이제 n개의 $(a+b)$ 의 곱 $(a+b)^n = (a+b)(a+b)\cdots(a+b)$ 에서 각 정수 r $(0 \le r \le n)$ 에 대하여 r개의 인수 $(a+b)$ 에서는 a를 택하고 나머지 인수 $(a+b)$ 에서는 b를 택하여 곱하면 $a^r b^{n-r}$ 을 얻는다. 그런데, 이와 같이 택하는 방법은 $\binom{n}{r}$ 가지이므로

$$(a+b)^n = \sum_{r=0}^{n} \binom{n}{r} a^r b^{n-r}$$

이고, 또 $\binom{n}{n-r} = \binom{n}{r}$ 이므로 다음이 성립한다(정리 5.3.7).

$$(a+b)^n = \sum_{r=0}^{n} \binom{n}{n-r} a^{n-r} b^r = \sum_{r=0}^{n} \binom{n}{r} a^{n-r} b^r$$

양의 정수 n과 $0 \le r \le n$인 정수 r에 대하여

$$\binom{n}{r} = \frac{n!}{r!\,(n-r)!}$$

를 **이항계수**(二項係數, binomial coefficient)라고 한다.

오른쪽 표와 같이 등식

$$\binom{n+1}{r} = \binom{n}{r-1} + \binom{n}{r}$$

를 이용하여 순차적으로 이항계수의 의 값을 구할 수 있다. 이러한 표를 **Pascal 의 삼각형**이라고 한다.

$$\begin{array}{ccccccccccccc}
 & & & & & 1 & & 1 & & & & & \\
 & & & & 1 & & 2 & & 1 & & & & \\
 & & & 1 & & 3 & & 3 & & 1 & & & \\
 & & 1 & & 4 & & 6 & & 4 & & 1 & & \\
 & 1 & & 5 & & \mathbf{10} & & 10 & & 5 & & 1 & \\
1 & & 6 & & 15 & & 20 & & 15 & & 6 & & 1
\end{array}$$

$$(a+b)^2 = a^2 + 2ab + b^2$$
$$(a+b)^3 = a^3 + 3a^2b + 3ab^2 + b^3$$
$$(a+b)^4 = a^4 + 4a^3b + 6a^2b^2 + 4ab^3 + b^4$$
$$(a+b)^5 = a^5 + 5a^4b + 10a^3b^2 + 10a^2b^3 + 5ab^4 + b^5$$

보기 5.3.8 이항정리에 의하여 다음 등식이 성립한다.

$$(1+x)^n = \sum_{r=0}^{n} \binom{n}{r} x^r = \binom{n}{0} + \binom{n}{1} x + \cdots + \ + \binom{n}{n} x^n$$

(1) 위의 등식에 $x = 1$ 를 대입하면 다음 등식을 얻는다.

$$\sum_{r=0}^{n} \binom{n}{r} = 2^n \text{ 즉 } \binom{n}{0} + \binom{n}{1} + \cdots + \binom{n}{n-1} + \binom{n}{n} = 2^n,$$

유한집합 U에서 $|U| = n$일 때, 각 정수 r $(0 \le r \le n)$에 대하여 r개의 원소를 가진 U의 부분집합의 개수는 $\binom{n}{r}$이므로 앞의 등식에 의하여 U의 부분집합 전체의 개수는 다음과 같다(보기 5.3.5 참조).

$$|\mathscr{P}(U)| = \sum_{r=0}^{n} \binom{n}{r} = 2^n$$

(2) 위의 등식에 $x = -1$ 를 대입하면 다음 등식을 얻는다.

$$\sum_{r=0}^{n} (-1)^r \binom{n}{r} = 0 \text{ 즉 } \binom{n}{0} - \binom{n}{1} + \cdots + (-1)^n \binom{n}{n} = 0$$

(3) 위의 등식에 $x = 2$ 를 대입하면 다음 결과를 얻는다.

$$\sum_{r=0}^{n} 2^r \binom{n}{r} = 3^n$$

즉 $$\binom{n}{0} + 2\binom{n}{1} + \cdots + 2^{n-1}\binom{n}{n-1} + 2^n\binom{n}{n} = 3^n$$

보기 5.3.9 이항정리에 의하여 다음 두 등식을 얻는다.

$$1 = (2-1)^n = \sum_{r=0}^{n} \binom{n}{r} 2^r (-1)^{n-r} = \sum_{r=0}^{n} \binom{n}{r} (-1)^r 2^{n-r}$$

$$2^n = (3-1)^n = \sum_{r=0}^{n} \binom{n}{r} 3^r (-1)^{n-r} = \sum_{r=0}^{n} \binom{n}{r} (-1)^r 3^{n-r}$$

정리 5.3.9 (Vandemonde의 항등식) 양의 정수 n, m과 $0 \le r \le n$, $0 \le r \le m$인 정수 r에 대하여 다음 등식이 성립한다.

$$\binom{m+n}{r} = \sum_{i=0}^{r} \binom{m}{i} \binom{n}{r-i}$$

증 명 먼저 m개의 빨간 공과 n개의 파란 공 중에서 r개의 공을 택하여 만든 조합의 개수는 $\binom{m+n}{r}$ 이다.

이와 같이 택한 조합 중에 빨간 공이 i개 들어있다면 $0 \le i \le r$이고 이 조합에는 파란 공이 $r-i$개 있다. 그런데, 각 i $(0 \le i \le r)$에 대하여 m개의 빨간 공 중에서 i개를 택하여 만든 조합의 개수는

$$\binom{m}{i}$$

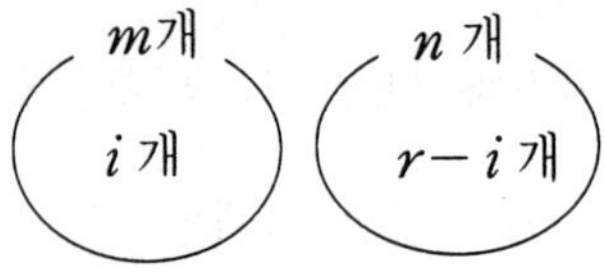

이고 n개의 파란 공 중에서 $r-i$개를 택하여 만든 조합의 개수는

$$\binom{n}{r-i}$$

이므로 각 i $(0 \le i \le r)$에 대하여 $m+n$개의 공 중에서 r개의 공을 택하여 만든 조합 가운데 i개의 빨간 공이 들어 있는 조합의 개수는

$$\binom{m}{r}\binom{n}{r-i}$$

이다. 그러므로, 다음 등식이 성립한다.

$$\binom{m+n}{r} = \sum_{i=0}^{r} \binom{m}{i}\binom{n}{r-i}$$

보기 5.3.10 양의 정수 n에 대하여 다음 등식이 성립한다.

$$\binom{2n}{n} = \sum_{i=0}^{r} \binom{n}{i}\binom{n}{n-i} = \sum_{i=0}^{r} \binom{n}{i}^2$$

실제로, Vandermonde 의 항등식

$$\binom{m+n}{r} = \sum_{i=0}^{r} \binom{m}{i}\binom{n}{r-i}$$

에서 $m = n$, $r = n$이라고 놓으면, 위의 등식을 얻는다.

연 습 문 제 (5.3)

1. 학생 13 명에게 서로 다른 책 8 권을 분배하는데 한 학생에게 한 권 이상은 분배하지 않는다면 이와 같은 분배 방법은 몇 가지나 있는가 ?

2. 총 10 명으로 이루어진 모임에서 회장 1 명, 부회장 1 명, 총무 1 명을 선출하는 방법은 모두 몇 가지가 있는가 ?

3. 학생 8 명을 세 팀으로 나누어 첫째 날에는 3 명, 둘째 날에는 3 명, 셋째 날에는 2 명이 각각 순서를 정하여 논문을 발표한다고 할 때, 이와 같이 세 팀으로 나누어 발표하는 방법은 모두 몇 가지가 있는가 ?

4. 어느 학회의 지부가 경기도 출신 6 명, 강원도 출신 7 명, 충청도 출신 8 명으로 이루어져 있다고 한다. 이 때, 다음과 같은 방법의 가짓수를 구하여라.
   (1) 각 도에서 2 명씩 뽑아 6 명으로 이루어진 위원회를 만드는 방법
   (2) 각 도에서 적어도 2 명씩 뽑아 7 명으로 이루어진 위원회를 만드는 방법

5. 동전을 10 번 던져 나오는 앞면과 뒷면의 횟수를 관찰할 때, 일어날 수 있는 경우는 모두 몇 가지가 있는지 말하여라. 그리고, 이 중에서 앞면이 꼭 4 번 나오는 경우는 모두 몇 가지가 있는지 말하여라.

6. 기호 0 과 1 를 써서 만들 수 있는 12 개 항의 유한수열 중에서 꼭 5 개의 항만이 1 인 유한수열은 모두 몇 개가 있는지 말하여라.

7. 연이은 n 개의 양의 정수 $m, m+1, \cdots, m+n-1$ 의 곱은 $n!$ 의 배수임을 증명하여라.

8. 정수 $n\ (\geq 4)$ 에 대하여 다음을 구하여라.
   (1) $1 \leq i < j \leq n$ 인 정수 i, j 전체의 개수
   (2) $1 \leq i \leq j \leq n$ 인 정수 i, j 전체의 개수
   (3) $1 \leq i < j < k < l \leq n$ 인 정수 i, j, k, l 전체의 개수
   (4) $1 \leq i \leq j \leq k \leq l \leq n$ 인 정수 i, j, k, l 전체의 개수

9. 이항정리를 이용하여 다음 식을 전개하여라.

(1) $(x^2+1)^4$ (2) $(3x^2+2y)^4$

10. 이항정리를 이용하여 다음 식을 전개하여라.

(1) $\left(x-\dfrac{x^2}{2}\right)^3$ (2) $\left(2x^2-\dfrac{1}{x}\right)^4$

11. 다음 식을 전개했을 때의 x^{16} 의 계수를 구하여라.

(1) $\left(2x-\dfrac{x^2}{2}\right)^{12}$ (2) $\left(2x^3-\dfrac{1}{x^2}\right)^{12}$

12. 양의 정수 n 에 대하여 다음 등식이 성립함을 증명하여라.

$$\sum_{i=n+1}^{2n+1}\binom{2n+1}{i} = \sum_{r=0}^{n}\binom{2n+1}{r}$$

13. 양의 정수 n 에 대하여 다음 등식이 성립함을 증명하여라.

$$\sum_{r=0}^{n}\binom{n}{r}^2 = \binom{2n}{n}$$

14. 양의 정수 n, m, k 에 대하여 $m+k \le n$ 일 때 다음이 성립함을 밝혀라.

$$\binom{n}{m}\binom{n-m}{k} = \binom{n}{k}\binom{n-k}{m}$$

15. 양의 정수 n 과 $0 \le r \le m \le n$ 인 정수 r, m 에 대하여 다음 등식이 성립함을 증명하여라.

$$\binom{n}{m}\binom{m}{r} = \binom{n}{m-r}\binom{n-m+r}{r}$$

16. 양의 정수 n 과 $0 \le r \le n$ 인 정수 r 에 대하여 다음이 성립함을 밝혀라.

$$\binom{n+1}{r+1} = \sum_{k=r}^{n}\binom{k}{r}$$

§5.4 중복순열과 중복조합

이 절에서는, 중복수열과 중복조합에 대하여 논한다.

정의 5.4.1 서로 다른 n개의 원소 $a_1, a_2, \cdots, a_n$중에서 중복을 허락하여 몇 개의 원소를 택하여 일렬로 늘어놓은 것을 **중복순열**(重複順列, permuta-tion with repetition)이라고 한다.

그리고, 서로 다른 n개의 원소 중에서 중복을 허락하여 r개의 원소를 택하여 만든 중복순열 개수를 $\boldsymbol{{}_n\Pi_r}$로 나타낸다.

서로 다른 n개의 원소 중에서 중복을 허락하여 몇 개의 원소를 택하여 모아놓은 것을 **중복조합**(重複組合, combination with repetition)이라고 한다.

그리고, 서로 다른 n개의 원소 중에서 중복을 허락하여 r개의 원소를 택하여 만든 중복조합 전체의 개수를 $\boldsymbol{{}_n\mathrm{H}_r}$로 나타낸다.

다음 정리가 성립함을 쉽게 알 수 있다.

정리 5.4.2 서로 다른 n개의 원소 중에서 중복을 허락하여 r개의 원소를 택하여 일렬로 늘어놓는 중복순열의 개수는 다음과 같다.

$$ {}_n\Pi_r = n^r $$

보기 5.4.1 학생 4명이 6가지 영화를 동시에 상영하는 대형 영화관에서 각각 한 가지 영화를 관람하는 방법은 6가지 중에서 중복을 허락하여 4가지를 택하는 방법과 같으므로 구하는 방법은 ${}_6\Pi_4 = 6^4$ 가지이다.

보기 5.4.2 두 문자 a, b중에서 중복을 허락하여 세 문자를 택하여 만든 중복조합은

$$ a\,a\,a,\ \ a\,a\,b,\ \ a\,b\,b,\ \ b\,b\,b $$

의 4가지뿐이므로 ${}_2\mathrm{H}_3 = 4$ 이다.

서로 다른 다섯 문자 a_1, a_2, a_3, a_4, a_5 중에서 중복을 허락하여 세 문자를 택하여 만든 중복조합의 개수 ${}_5\mathrm{H}_3$ 를 구해 보자.

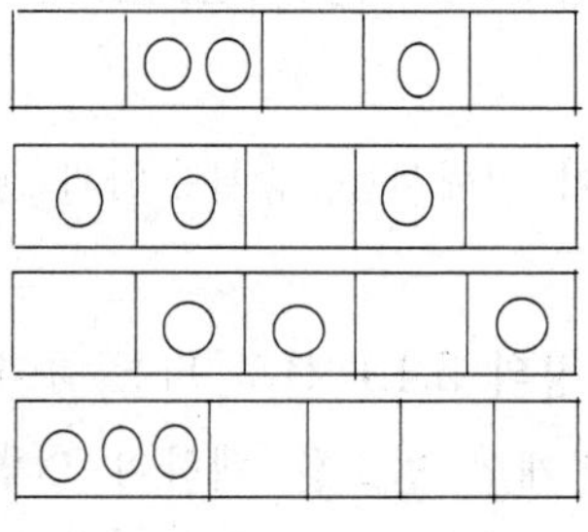

오른쪽 그림에서 연이은 5 개의 빈 네모가 차례로 a_1, a_2, a_3, a_4, a_5 를 나타낼 때, 이 상자에 3 개의 동그라미를 그리되 한 네모에 들어 있는 동그라미는 동일한 것으로 생각하면 ${}_5\mathrm{H}_3$ 은 이 상자에 3 개의 동그라미를 그려 넣는 방법의 가짓수와 같다.

예를 들면, 첫째 그림은 a_1, a_2, a_3, a_4, a_5 중에서 3 개의 원소를 택하되 a_2 는 두 번 택하고 a_4 는 한 번 택한 것을 나타낸다. 한편, 네모의 내부 벽을 막대로 나타내면, 이 그림은 4 개의 막대와 3 개의 동그라미를 써서 나타낼 수 있다. 여기서 막대는 a_1, a_3, a_5 를 택하지 않았음을 뜻한다.

그런데, 이 상자에는 내부 벽이 4 개 있고 동그라미는 3 개 있으며 이들 7 (= 4 + 3) 개의 막대와 동그라미의 위치에 따라 어떤 원소를 몇 번 택할 것인지가 결정된다. 따라서 이들 7 개의 막대 또는 동그라미를 모두 서로 다르다고 생각하면, 구하는 ${}_5\mathrm{H}_3$ 는 서로 다른 7 개의 원소 중에서 서로 다른 3 개의 원소를 택하여 만든 조합의 개수와 같으므로 다음 결과를 얻는다.

$$ {}_5\mathrm{H}_3 = \binom{7}{3} = {}_7\mathrm{C}_3 = \frac{7 \cdot 6 \cdot 5}{3 \cdot 2 \cdot 1} = 35 $$

위와 마찬가지 방법으로, 다음 정리를 증명할 수 있다.

정리 5.4.3 서로 다른 n 개의 원소 $a_1, a_2, \cdots, a_n$ 에서 중복을 허락하여 r 개의 원소를 택하여 만든 중복조합의 개수 ${}_n\mathrm{H}_r$ 는 다음과 같다.

$$ {}_n\mathrm{H}_r = \binom{n+r-1}{r} = {}_{n+r-1}\mathrm{C}_r = \frac{(n+r-1)\,!}{r\,!\,(n-1)\,!} $$

보기 5.4.3 번호를 써 놓은 10 개의 상자에 모양이 똑같은 3 개의 구슬을 나누어 분배하는 방법을 다음 각 경우에 대하여 생각해 보자.

(I) 세 구슬이 각각 빨간 구슬, 파란 구슬, 노란 구슬인 경우

(I-1) 각 상자에 1 개 이하의 구슬이 들어가는 경우

이 경우에 빨간 구슬이 들어갈 수 있는 상자는 10 개, 파란 구슬이 들어갈 수 있는 상자는 9 개, 노란 구슬이 들어갈 수 있는 상자는 8 개 있으므로 분배하는 방법의 가짓수는 ${}_{10}\mathrm{P}_3 = 10 \cdot 9 \cdot 8 = 720$ 이다.

(I-2) 각 상자에 들어가는 구슬의 개수에 아무런 제한이 없는 경우

이 경우에 각 구슬이 들어갈 수 있는 상자는 10 가지씩이므로, 분배하는 방법의 가짓수는 ${}_{10}\Pi_3 = 10^3$ 이다.

(II) 구슬의 색깔이 모두 같은 경우

(II-1) 각 상자에 1 개 이하의 구슬이 들어가는 경우

이 경우의 분배 방법은 10 개의 상자 중에서 3 개의 상자를 택하여 구슬을 한 개씩 넣는 방법과 같으므로, 분배 방법의 가짓수는 다음과 같다.

$$\binom{10}{3} = \frac{10 \cdot 9 \cdot 8}{3!} = 120$$

(II-2) 각 상자에 들어가는 구슬의 개수에 아무런 제한이 없는 경우

이 경우의 분배 방법은 10 개의 상자에서 중복을 허락하여 3 개를 택하여 구슬을 넣는 방법과 같으므로, 분배 방법의 가짓수는 다음과 같다.

$${}_{10}\mathrm{H}_3 = \binom{10+3-1}{3} = \binom{12}{3} = \frac{12 \cdot 11 \cdot 10}{3 \cdot 2 \cdot 1} = 220$$

위의 보기로부터 다음 정리가 성립함을 알 수 있다.

정리 5.4.4 서로 구별되는 n 개의 상자에 k 개의 물건을 분배하는 방법의 가짓수는 다음과 같다.

(I) 물건이 구별되는 경우

(1) 상자 안에 1 개 이하의 물건이 들어가는 경우 : ${}_n\mathrm{P}_k$ 가지

(2) 상자 안에 들어가는 물건의 개수에 제한이 없는 경우 : n^k 가지

(II) 물건이 구별되지 않는 경우

(1) 상자 안에 1 개 이하의 물건이 들어가는 경우 : $\binom{n}{k}$ 가지

(2) 상자 안에 들어가는 물건의 개수에 제한이 없는 경우 : $\binom{n+k-1}{k}$ 가지

보기 5.4.4 번호를 매긴 10 개의 상자에 구슬을 넣되 각 상자에 1 개 이하의 구슬이 들어가도록 분배하는 방법을 다음 경우에 대하여 생각해 보자.

(1) 빨간 구슬 2 개와 파란 구슬 1 개를 넣는 경우에 구하는 분배 방법의 가짓수는 다음과 같다.

$$\binom{10}{2}\binom{8}{1} = \frac{10!}{2!8!}\ \frac{8!}{1!7!} = \frac{10!}{2!1!7!}$$

(2) 빨간 구슬 2 개, 파란 구슬 5 개, 노란 구슬 3 를 넣는 경우에 분배 방법의 가짓수는 다음과 같다.

$$\binom{10}{2}\binom{8}{5}\binom{3}{3} = \frac{10!}{2!8!}\ \frac{8!}{5!3!}\ \frac{3!}{3} = \frac{10!}{2!5!3!}$$

정리 5.4.5 원소 n 개 중에서 n_1 개의 원소는 같은 종류의 원소이고 n_2 개의 원소는 같은 종류의 원소이며, $\cdots$, n_k 개의 원소는 같은 종류의 원소일 때, 이들 n 개의 원소를 일렬로 늘어놓는 방법의 가짓수는 다음과 같다.

$$\frac{n!}{n_1!\cdot n_2!\cdot\cdots\cdot n_k!} \qquad (n = n_1 + n_2 + \cdots + n_k)$$

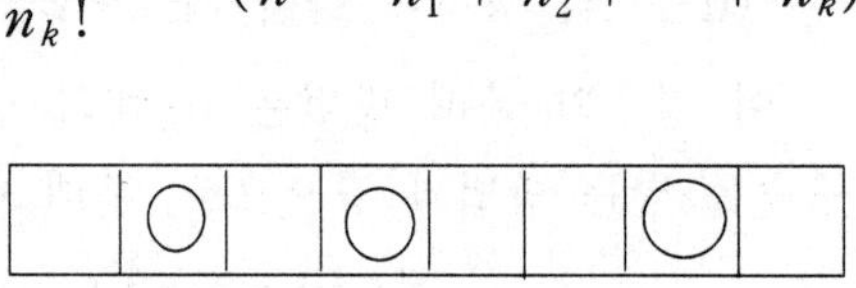

증 명 일렬로 늘어놓은 n 개의 자리 중에서 n_1 개의 자리를 택하여 이 자리에 서로 같은 n_1 개의 원소를 늘어놓는 방법은 $\binom{n}{n_1}$ 가지이고 또 나머지 $n-n_1$ 개의 자리 중에서 n_2 개의 자리를 택하여 이 자리에 서로 같은 n_2 개의 원소를 늘어놓는 방법은 $\binom{n-n_1}{n_2}$ 가지이며 마지막으로 n_k 개의 자리에 서로 같은 n_k 개의 원소를 늘어놓는 방법은 1 가지이다.

따라서 이들 n 개의 원소를 일렬로 늘어놓는 방법의 가짓수는 다음과 같다.

$$\begin{aligned}
&\binom{n}{n_1}\binom{n-n_1}{n_2}\cdots\binom{n-n_1-\cdots-n_{k-1}}{n_k} \\
&= \frac{n!}{n_1!\cdot(n-n_1)!}\ \frac{(n-n_1)!}{n_2!\cdot(n-n_1-n_2)!}\cdots\frac{n_k!}{n_k!} \\
&= \frac{n!}{n_1!\cdot n_2!\cdot\cdots\cdot n_k!}
\end{aligned}$$

앞의 정리와 마찬가지 방법으로 다음 정리가 성립함을 증명할 수 있다.

정리 5.4.6 서로 다른 n 개의 원소를 서로 구별이 되는 k 개의 상자에 각각 n_1 개, n_2 개, …, n_k 개씩 분배하는 방법의 가짓수는 다음과 같다.

$$\frac{n!}{n_1! \cdot n_2! \cdot \cdots \cdot n_k!}$$

보기 5.4.5 학생 4 명 중에서 2 명은 문예반, 1 명은 과학반, 나머지 1 명은 체육반으로 배치하는 방법의 가짓수는 $\dfrac{4!}{2! \cdot 1! \cdot 1!} = 12$ 이다.

마찬가지로, 남자 8 명을 세 방에 각각 3 명, 3 명, 2 명씩 배치하는 방법의 가짓수는 $\dfrac{8!}{3! \cdot 3! \cdot 2!} = 560$ 이다.

이항정리의 증명과 마찬가지 방법으로 다음 정리를 증명할 수 있다(정리 5.4.6 참조).

정리 5.4.7 (다항정리(多項定理, multinomial theorem)) 체 F 의 k 개의 원소 $x_1, x_2, \cdots, x_k$ 와 양의 정수 n 에 대하여 다음 등식이 성립한다.

$$(x_1 + x_2 + \cdots + x_k)^n = \sum_{\substack{0 \le n_1, n_2, \cdots, n_k \le n \\ n_1 + n_2 + \cdots + n_k = n}} \frac{n!}{n_1!\, n_2! \cdots n_k!} x_1^{n_1} x_2^{n_2} \cdots x_k^{n_k}$$

여기서, 총합 기호 $\sum$ 는

$$0 \le n_1 \le n, \cdots, \le n_k \le n, \quad n = n_1 + n_2 + \cdots + n_k$$

인 정수 $n_1, n_2, \cdots, n_k$ 전체에 대한 합을 나타낸다.

위의 정리에서

$$\frac{n!}{n_1!\, n_2! \cdots n_k!} \quad (n = n_1 + n_2 + \cdots + n_k)$$

를 **다항계수**(多項係數, multinomial coefficient)라고 한다.

보기 5.4.6 다항정리에 의하여 다음 등식이 성립한다.

(1) $(x_1+x_2+x_3)^2 = {x_1}^2+{x_2}^2+{x_3}^2+2x_1x_2+2x_1x_3+2x_2x_3$,

(2) $(x_1+x_2+x_3)^3 = {x_1}^3+{x_2}^3+{x_3}^3+3{x_1}^2x_2+3{x_1}^2x_3$
$+3{x_2}^2x_1+3{x_2}^2x_3+3{x_3}^2x_1+3{x_3}^2x_2+6x_1x_2x_3$

(3) $(x_1+x_2+x_3)^4 = {x_1}^4+{x_2}^4+{x_3}^4+4{x_1}^3x_2+4{x_1}^3x_3$
$+4{x_2}^3x_1+4{x_2}^3x_3+4x_3^3x_1+4{x_3}^3x_2$
$+6{x_1}^2{x_2}^2+6{x_1}^2{x_3}^2+6{x_2}^2{x_3}^2$
$+12{x_1}^2x_2x_3+12{x_2}^2x_1x_3+12{x_3}^2x_1x_2$

$$\frac{3!}{3!}=1,\quad \frac{3!}{2!1!}=3,\quad \frac{3!}{1!1!1!}=6,$$
$$\frac{4!}{4!}=1,\quad \frac{4!}{3!1!}=4,\quad \frac{4!}{2!2!}=6,\quad \frac{4!}{2!1!1!}=12$$

예를 들어, 다항식 $(x_1+x_2+x_3)^3$ 을 전개했을 때 생기는 x_1, x_2, x_3 에 관한 3 차의 동차식(同次式)은 다음의 10 개뿐이다.

$$ {x_1}^3,\ {x_2}^3,\ {x_3}^3,\ {x_1}^2x_2,\ {x_1}^2x_3, $$
$$ {x_2}^2x_1,\ {x_2}^2x_3,\ {x_3}^2x_1,\ {x_3}^2x_2,\ x_1x_2x_3 $$

실제로, 이들 각 곱은 세 문자 x_1, x_2, x_3 에서 중복을 허락하여 3 개를 택하여 곱한 곱이므로 3 차의 동차식의 개수는 ${}_3\mathrm{H}_3 = \binom{5}{3} = 10$ 이다.

이것은 $(x_1+x_2+x_3)^3$ 을 전개했을 때의 항의 개수와 일치한다.

일반적으로, 서로 다른 n 개의 문자 $x_1, x_2, \cdots, x_n$ 에서 중복을 허락하여 r 개를 택하여 만든 곱인 r 차의 동차식은 모두 다음과 같은 꼴이다.

$$ {x_1}^{e_1}{x_2}^{e_2}\cdots{x_n}^{e_n} $$

여기서, $e_1, e_2, \cdots, e_n$ 은 다음과 같은 정수이다.

$$ e_1+e_2+\cdots+e_n = r \qquad (0 \le e_i \le n) $$

위의 방법과 마찬가지로, 다음 정리가 성립함을 증명할 수 있다.

정리 5.4.8 서로 다른 n개의 문자 $x_1, x_2, \cdots, x_n$에서 중복을 허락하여 r개를 택하여 만든 r차의 동차식 전체의 개수는 ${}_n\mathrm{H}_r = \binom{n+r-1}{r}$이다.

보기 5.4.7 음이 아닌 정수 r에 대하여 n개의 미지수 $x_1, x_2, \cdots, x_n$에 관한 일차방정식

$$x_1 + x_2 + \cdots + x_n = r$$

의 해 중에서 $x_1, x_2, \cdots, x_n$의 값이 모두 음이 아닌 정수인 해 전체의 개수는 ${}_n\mathrm{H}_r$이다.

실제로, 이러한 해 $x_1 = e_1,\ x_2 = e_2, \cdots, x_n = e_n$에 대하여 서로 다른 n개의 문자 $y_1, y_2, \cdots, y_n$에 관한 r차의 동차식 $y_1^{e_1} y_2^{e_2} \cdots y_n^{e_n}$이 대응하고, 역으로 $y_1, y_2, \cdots, y_n$에 관한 r차의 동차식 $y_1^{e_1} y_2^{e_2} \cdots y_n^{e_n}$에 대하여 조건을 만족시키는 일차방정식의 해가 대응한다.

따라서 정리 5.4.8 에 의하여 이와 같은 해 전체의 개수는 ${}_n\mathrm{H}_r$이다.

위의 보기와 관련하여 형식적 멱급수의 전개에 대해서는 [해설504]를 참조하기 바란다.

연 습 문 제 (5.4)

1. 흰 공 10 개, 빨간 공 10 개, 파란 공 10 개 모두 30 개의 공을 서로 다른 60 개의 상자에 넣되 각 상자에 많아야 1 개가 들어가도록 넣는 방법은 모두 몇 가지가 있는가?

2. 다음과 같은 경우에 똑같은 공 3 개를 서로 다른 10 개의 상자에 넣는 방법은 은 모두 몇 가지 있는지 말하여라.
   (1) 세 공을 서로 다른 상자에 넣는 경우
   (2) 두 공은 한 상자에 넣고 나머지 공은 다른 상자에 넣는 경우
   (3) 세 공 모두 한 상자에 넣는 경우
   (4) 각 상자에 들어가는 공의 개수에 제한이 없는 경우

3. 똑같은 공 10 개를 3 개의 상자에 넣는 방법은 모두 몇 가지가 있는지 말하여라. 여기서, 각 상자에 들어가는 공의 개수에는 제한이 없다고 한다.

4. 똑같은 모양의 인형 30 개를 서로 다른 7 개의 선반 위에 올려놓는 방법은 모두 몇 가지가 있는지 말하여라.

5. 주머니에 10 원짜리, 100 원짜리, 500 원짜리 등 세 종류의 동정이 들어 있을 때, 이 주머니에서 동전 10 개를 택하는 방법은 모두 몇 가지가 있는가 ?

6. 장난감 차 9 대 중에서 4 대는 빨간 차, 3 대는 파란 차, 2 대는 노란 차일 때, 이 장난감 차 9 대를 일렬로 늘어놓는 방법의 가짓수를 구하여라.

7. 다항정리를 이용하여 다음 식을 전개하여라.

(1) $(2x+3y-z)^3$ (2) $(2a-b+3c)^3$

(3) $(a+b+c+d)^2$ (4) $(a+b+c+d)^3$

8. 미지수 a, b, c, d 에 관한 3 차의 동차식 전체의 개수를 구하여라.
그리고, 미지수 a, b, c, d 에 관한 5 차의 동차식 전체의 개수를 구하여라.

9. 미지수 x, y, z, w 에 관한 다항식 $(x+y+z+w)^5$ 을 전개했을 때의 항 전체의 개수를 구하여라.

10. 세 미지수 x, y, z 에 관한 일차방정식 $x+y+z=10$ 의 해에 관한 다음 물음에 답하여라.

(1) 해 중에서 x, y, z 가 모두 음이 아닌 정수인 해 전체의 개수를 구하여라.

(2) 해 중에서 x, y, z 가 모두 양의 정수인 해 전체의 개수를 구하여라.

11. 미지수 x_1, x_2, x_3, x_4 에 관한 일차방정식 $x_1+x_2+x_3+x_4=19$ 의 해에 관한 다음 물음에 답하여라.

(1) 해 중에서 x_1 가 $x_1 \geq 7$ 인 해이고 x_2, x_3, x_4 가 모두 음이 아닌 정수인 해 전체의 개수를 구하여라.

(2) 해 중에서 x_1, x_2 가 각각 $x_1 \geq 7$, $x_2 \geq 6$ 인 정수이고 또 x_3, x_4 가 모두 음이 아닌 정수인 해 전체의 개수를 구하여라.

§5.5 특수한 순열

정리 5.1.1과 정리 5.1.3은 다음 정리의 특수한 경우이다.

정리 5.5.1 유한집합 $A_1, A_2, \cdots, A_n$ $(n \geq 2)$에 대하여 다음이 성립한다.

$$\begin{aligned}|A_1 \cup A_2 \cup \cdots \cup A_n| = &\sum_{i=1}^{n} |A_i| - \sum_{1 \leq i < j \leq n} |A_i \cap A_j| \\ &+ \sum_{1 \leq i < j < k \leq n} |A_i \cap A_j \cap A_k| \\ &- \cdots + (-1)^{n+1} |A_1 \cap A_2 \cap \cdots \cap A_n|\end{aligned}$$

증 명 정리 5.1.1과 정리 5.1.3에 의하여 $n = 2$일 때와 $n = 3$일 때 정리가 성립한다. 이제 $n = m \geq 2$일 때, m개의 유한집합 $A_1, A_2, \cdots, A_m$에 대하여 정리가 성립한다고 하자. 이 때, 유한집합 $A_1, A_2, \cdots, A_m, A_{m+1}$에 대하여 정리 5.1.1, 정리 1.2.7과 귀납법 가정에 의하여 다음이 성립한다.

$$\begin{aligned}&|A_1 \cup \cdots \cup A_m \cup A_{m+1}| \\ &= |(A_1 \cup \cdots \cup A_m) \cup A_{m+1}| \\ &= |A_1 \cup \cdots \cup A_m| + |A_{m+1}| - |(A_1 \cup \cdots \cup A_m) \cap A_{m+1}| \\ &= |A_1 \cup \cdots \cup A_m| + |A_{m+1}| - |(A_1 \cap A_{m+1}) \cup \cdots \cup (A_m \cap A_{m+1})| \\ &= \sum_{i=1}^{m} |A_i| - \sum_{1 \leq i < j \leq m} |A_i \cap A_j| + \sum_{1 \leq i < j < k \leq m} |A_i \cap A_j \cap A_k| \\ &\qquad - \sum_{1 \leq i < j < k < l \leq m} |A_i \cap A_j \cap A_k \cap A_l| \\ &\qquad - \cdots + (-1)^{m+1} |A_1 \cap A_2 \cap \cdots \cap A_m| + |A_{m+1}| \\ &\qquad - \sum_{i=1}^{m} |A_i \cap A_{m+1}| + \sum_{1 \leq i < j \leq m} |A_i \cap A_j \cap A_{m+1}| \\ &\qquad - \sum_{1 \leq i < j < k \leq m} |A_i \cap A_j \cap A_k \cap A_{m+1}| \\ &\qquad + \cdots - (-1)^{m+1} |A_1 \cap A_2 \cap \cdots \cap A_m \cap A_{m+1}|\end{aligned}$$

$$= \sum_{i=1}^{m+1} |A_i| - \sum_{1 \le i < j \le m+1} |A_i \cap A_j|$$
$$+ \sum_{1 \le i < j < k \le m+1} |A_i \cap A_j \cap A_k|$$
$$- \sum_{1 \le i < j < k < l \le m+1} |A_i \cap A_j \cap A_k \cap A_l|$$
$$- \cdots + (-1)^{m+2} |A_1 \cap A_2 \cap \cdots \cap A_{m+1}|$$

따라서 정리의 등식은 $n = m+1$ 일 때도 성립한다.

그러므로 $n \ge 2$ 인 모든 정수 n 에 대하여 정리가 성립한다.

이 정리에서 총합기호 $\sum$ 는 각각 $\binom{n}{1}$ 개, $\binom{n}{2}$ 개, …, $\binom{n}{n}$ 개의 항의 합을 나타낸다(정리 5.3.6 참조).

정의 5.5.2 양의 정수 $1, 2, \cdots, n$ 의 순열 $i_1\ i_2\ \cdots\ i_n$ 에서

$$i_1 \ne 1,\ i_2 \ne 2,\ \cdots,\ i_n \ne n$$

일 때, 이 순열을 $1, 2, \cdots, n$ 의 **교란**(derangement)이라고 한다.

앞으로, $1, 2, \cdots, n$ 의 순열 전체의 집합을 S_n 으로 나타내고 $1, 2, \cdots, n$ 의 교란 전체의 집합을 D_n 으로 나타내기로 한다(정리 5.3.2 참조).

보기 5.5.1 두 정수 1, 2 의 순열은 1 2 와 2 1 이고, 이 중에서 교란은 2 1 뿐이므로 $|S_2| = 2! = 2$, $|D_2| = 1$ 이다.

또, 세 정수 1, 2, 3 의 순열은 모두 6 개 있고 이 중에서 교란은 꼭 2 개 있다. 즉, $|S_3| = 3! = 6$, $D_3 = \{2\ 3\ 1,\ \ 3\ 2\ 1\}$, $|D_3| = 2$ 이다.

보기 5.5.2 네 정수 1, 2, 3, 4 의 순열은 24 개 있고 이 중에서 교란은

2 3 4 1, 2 4 1 3, 2 1 4 3,
3 1 4 2, 3 4 1 2, 3 4 2 1,
4 1 2 3, 4 3 1 2, 4 3 2 1

뿐이다. 따라서 $|S_4| = 4! = 24$, $|D_4| = 9$ 이다.

이제 네 정수 1, 2, 3, 4 의 순열 중에서 교란 전체의 개수 $|D_4|$ 를 구하는 방법에 대하여 생각해 보자.

먼저 1, 2, 3, 4 의 순열 전체의 집합 S_4 에서, S_4 의 부분집합 A_1, A_2, A_3, A_4 를 다음과 같이 정하자.

A_1 : 1 a b c 와 같은 꼴의 순열 전체로 이루어진 부분집합

A_2 : a 2 b c 와 같은 꼴의 순열 전체로 이루어진 부분집합

A_3 : a b 3 c 와 같은 꼴의 순열 전체로 이루어진 부분집합

A_4 : a b c 4 와 같은 꼴의 순열 전체로 이루어진 부분집합

이 때, 다음이 성립한다(정리 5.5.1 참조).

$$D_4 = S_4 - (A_1 \cup A_2 \cup A_3 \cup A_4),$$

$$|D_4| = |S_4| - |A_1 \cup A_2 \cup A_3 \cup A_4|,$$

$$|A_1 \cup A_2 \cup A_3 \cup A_4| = \sum_{i=1}^{4} |A_i| - \sum_{1 \le i < j \le 4} |A_i \cap A_j| + \sum_{1 \le i < j < k \le 4} |A_i \cap A_j \cap A_j| - |A_1 \cap A_2 \cap A_3 \cap A_4|$$

그런데, A_1 은 1 a b c 와 같은 꼴의 순열 전체로 이루어져 있으므로 $|A_1| = 3!$ 이고 마찬가지로 $|A_1| = |A_2| = |A_3| = |A_4| = 3!$ 이다.

또, $A_1 \cap A_2$ 는 1 2 b c 와 같은 꼴의 순열 전체로 이루어져 있으므로 $|A_1 \cap A_2| = 2!$ 이며, 마찬가지로 $1 \le i < j \le 4$ 인 정수 i, j 에 대하여 $|A_i \cap A_j| = 2!$ 이고 이러한 정수 i, j 전체의 개수는 $\binom{4}{2}$ 이다. 그리고, $A_1 \cap A_2 \cap A_3$ 에 속하는 순열은 1 2 3 4 뿐이므로 $|A_1 \cap A_2 \cap A_3| = 1$ 이며 $1 \le i < j < k \le 4$ 인 정수 i, j, k 에 대하여 $|A_i \cap A_j \cap A_k| = 1!$ 이고 이러한 정수 i, j, k 전체의 개수는 $\binom{4}{1}$ 이다.

그리고, 분명히 $|A_1 \cap A_2 \cap A_3 \cap A_4| = 1$ 이다.

따라서 다음이 성립한다.

$$|A_1 \cup A_2 \cup A_3 \cup A_4| = 4 \cdot 3! - \binom{4}{2} 2! + \binom{4}{3} 1! - 1,$$

$$|D_4| = 4! - 4 \cdot 3! + \binom{4}{2} 2! - \binom{4}{3} 1! + 1$$
$$= 4! - 4! + \frac{4!}{2!2!} 2! - \frac{4!}{3!} + 1$$
$$= 4!(1 - \frac{1}{1!} + \frac{1}{2!} - \frac{1}{3!} + \frac{1}{4!}) = 9$$

이와 마찬가지 방법으로 다음 정리를 증명할 수 있다.

정리 5.5.3 양의 정수 n 에 대하여 $1, 2, \cdots, n$ 의 교란 전체의 개수는 다음과 같다.

$$|D_n| = n!(1 - \frac{1}{1!} + \frac{1}{2!} - \frac{1}{3!} + \cdots + (-1)^n \frac{1}{n!})$$

임의의 실수 x 에 대하여 $\exp(x) = e^x$ 는 다음과 같이 정의된 실수이다.

$$\exp(x) = e^x = 1 + \frac{x}{1!} + \frac{x^2}{2!} + \frac{x^3}{3!} + \cdots + \frac{x^n}{n!} + \cdots$$

여기서, $e = \lim_{n \to \infty} (1 + \frac{1}{n})^n = 2.718281828459045235360287 \cdots$ 이다.

그런데,

$$e = \exp(1) = 1 + \frac{1}{1!} + \frac{1}{2!} + \frac{1}{3!} + \cdots + \frac{1}{n!} + \cdots \fallingdotseq 2.718,$$
$$e^{-1} = \exp(-1) = 1 - \frac{1}{1!} + \frac{1}{2!} - \frac{1}{3!} + \cdots + (-1)^n \frac{1}{n!} + \cdots$$
$$\fallingdotseq 0.368$$

이므로 다음이 성립한다.

$$|D_n| = n!\left(1 - \frac{1}{1!} + \frac{1}{2!} - \frac{1}{3!} + \cdots + (-1)^n \frac{1}{n!}\right)$$
$$= n!\, e^{-1},$$
$$\frac{|D_n|}{|S_n|} = \frac{n!\, e^{-1}}{n!} = e^{-1} \fallingdotseq 0.368$$

따라서 $1, 2, \cdots, n$ 을 일렬로 늘어놓은 $n!$ 개의 순열 중에서 약 36.8 % 가 교란인 셈이다.

보기 5.5.3 정수 $1, 2, 3, \cdots, 8, 9$ 를 일렬로 늘어놓은 순열 중에서, 모든 홀수가 본래의 위치에 있지 않은 순열 전체의 개수를 구해 보자.

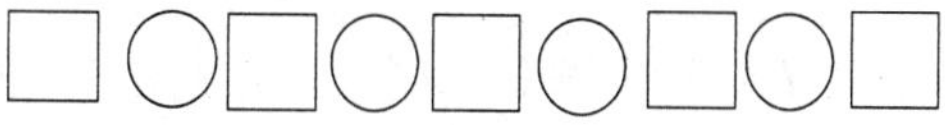

이제 정수 $1, 2, 3, \cdots, 8, 9$ 의 순열 전체의 집합 S_9 에서, S_9 의 부분집합 A_1, A_2, A_3, A_4, A_5 를 다음과 같이 정하자.

A_1 : 첫째 위치에 1 이 놓인 순열 전체의 집합

A_2 : 셋째 위치에 3 이 놓인 순열 전체의 집합

A_3 : 다섯째 위치에 5 가 놓인 순열 전체의 집합

A_4 : 일곱째 위치에 7 이 놓인 순열 전체의 집합

A_5 : 아홉째 위치에 9 가 놓인 순열 전체의 집합

이 때, 구하는 개수는 다음과 같다(정리 5.5.1 참조).

$$
\begin{aligned}
&|S_9| - |A_1 \cup A_2 \cup A_3 \cup A_4 \cup A_5| \\
&= \sum_{i=1}^{5} |A_i| - \sum_{1 \le i < j \le 5} |A_i \cap A_j| \\
&\qquad + \sum_{1 \le i < j < k \le 5} |A_i \cap A_j \cap A_k| \\
&\qquad - \sum_{1 \le i < j < k < l \le 5} |A_i \cap A_j \cap A_k \cap A_l| \\
&\qquad + |A_1 \cap A_2 \cap A_3 \cap A_4 \cap A_5|
\end{aligned}
$$

한편, $1, 2, 3, \cdots, 8, 9$ 의 순열 중에서 첫째 위치에 1 이 놓인 순열의 개수는 $8\,!$ 이므로 $|A_1| = 8\,!$ 이다. 마찬가지로, 모든 $i = 1, 2, 3, 4, 5$ 에 대하여 $|A_i| = 8\,!$ 이다. 또, $1, 2, 3, 4, \cdots, 9$ 의 순열 중에서 첫째 위치와 셋째 위치에 각각 1, 3 이 놓인 순열의 개수는 $7\,!$ 이므로 $|A_1 \cap A_2| = 7\,!$ 이다.

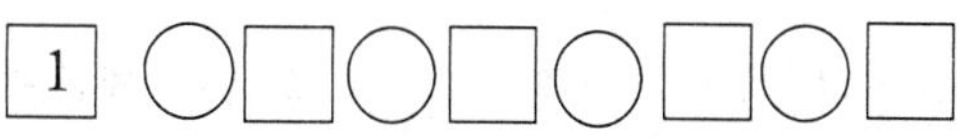

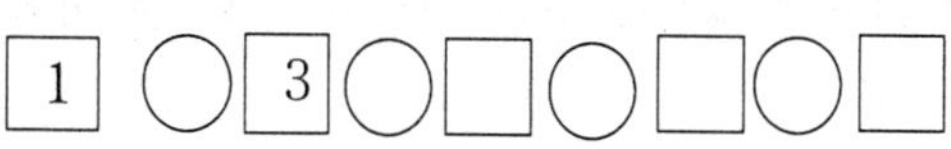

마찬가지로, $1 \le i < j \le 5$ 인 모든 i, j 에 대하여 $|A_i \cap A_j| = 7\,!$ 이다.

그리고, $1 \le i < j < k \le 5$ 인 모든 정수 i, j, k 에 대하여

$$|A_i \cap A_j \cap A_k| = 6!$$

이고, $1 \le i < j < k < l \le 5$ 인 모든 정수 i, j, k, l 에 대하여

$$|A_i \cap A_j \cap A_k \cap A_l| = 5!$$

이며 $|A_1 \cap A_2 \cap A_3 \cap A_4 \cap A_5| = 4!$ 임을 쉽게 알 수 있다.

따라서 다음이 성립한다.

$$\begin{aligned}
&|A_1 \cup A_2 \cup A_3 \cup A_4 \cup A_5| \\
&= \sum_{i=1}^{5} |A_i| - \sum_{1 \le i < j \le 5} |A_i \cap A_j| + \sum_{1 \le i < j < k \le 5} |A_i \cap A_j \cap A_k| \\
&\quad - \sum_{1 \le i < j < k < l \le 5} |A_i \cap A_j \cap A_k \cap A_l| \\
&\quad + |A_1 \cap A_2 \cap A_3 \cap A_4 \cap A_5| \\
&= 5 \cdot 8! - \binom{5}{2} 7! + \binom{5}{3} 6! - \binom{5}{1} 5! + 4! \\
&= 5 \cdot 8! - 10 \cdot 7! + 10 \cdot 6! - 5 \cdot 5! + 4!
\end{aligned}$$

그러므로 구하는 개수는 다음과 같다.

$$\begin{aligned}
&|S_9| - |A_1 \cup A_2 \cup A_3 \cup A_4 \cup A_5| \\
&= 9! - \{5 \cdot 8! - 10 \cdot 7! + 10 \cdot 6! - 5 \cdot 5! + 4!\} = 205056
\end{aligned}$$

연습문제 (5.5)

1. 다음 값을 구하여라.

   (1) $|D_6|, \ \dfrac{|D_6|}{6!}$ (2) $|D_7|, \ \dfrac{|D_7|}{7!}$ (3) $|D_8|, \ \dfrac{|D_8|}{8!}$

2. 책장 선반 위에 8 권의 책이 제목의 가나다 순으로 정돈되어 있을 때, 이들 책을 본래의 위치와 다르게 배열해 놓는 방법은 모두 몇 가지가 있는가?

3. 편지 7 장을 7 사람에게 전달해야 하는 우체부가 무심코 편지를 전할 때, 적어도 한 사람에게 제대로 전달하는 방법은 모두 몇 가지가 있는가?

4. 정수 n (≥ 2) 에 대하여 다음이 성립함을 증명하여라.

(1) $|D_n| \equiv (-1)^n \pmod{n}$

(2) 정수 n 이 홀수일 때 그리고 이때에만 $|D_n|$ 은 짝수이다.

5. 정수 n (≥ 2) 에 대하여 다음 등식이 성립함을 증명하여라.

$$|D_n| = n|D_{n-1}| + (-1)^n$$

6. 정수 n (≥ 3) 에 대하여 다음 등식이 성립함을 증명하여라.

$$|D_n| = (n-1)(|D_{n-1}| + |D_{n-2}|)$$

7. 정수 $1, 2, 3, 4, 5, 6, 7, 8, 9$ 를 일렬로 늘어놓은 순열 중에서 $2, 4, 6, 8$ 이 본래의 위치에 있지 않은 순열 전체의 개수를 구하여라.

8. 정수 $1, 2, 3, 4, 5, 6, 7, 8, 9, 10$ 을 일렬로 늘어놓은 순열 중에서 모든 홀수 $1, 3, 5, 7, 9$ 가 본래의 위치에 있지 않은 순열 전체의 개수를 구하여라.

9. 정수 $1, 2, 3, 4, 5, 6, 7, 8, 9, 10$ 을 일렬로 늘어놓은 순열 중에서 모든 짝수 $2, 4, 6, 8$ 이 본래의 위치에 있지 않은 순열 전체의 개수를 구하여라.

10. 미지수 $x_1,\ x_2,\ x_3,\ x_4$ 에 관한 일차방정식

$$x_1 + x_2 + x_3 + x_4 = 35$$

의 해 중에서 x_1, x_2, x_3, x_4 가 모두 정수이면서 $0 \leq x_i \leq 10$ $(i = 1, 2, 3, 4)$ 인 해 전체의 개수를 구하여라.

11. 집합 U가 75 개의 원소를 가진 유한집합이고 또 U의 네 부분집합에 대하여 다음이 성립한다고 하자.

(i) 각 부분집합은 28 개의 원소를 가지고 있다.

(ii) 임의의 두 부분집합의 교집합에는 12 개의 원소가 있다.

(iii) 임의의 세 부분집합의 교집합에는 5 개의 원소가 있다.

(iv) 네 부분집합의 교집합에는 1 개의 원소가 있다.

이 때, 네 부분집합 중의 어느 부분집합에도 속하지 않는 원소의 개수를 구하고, 또 꼭 두 부분집합에만 속하는 원소의 개수를 구하여라.

§5.6 양의 정수의 분할

정수 5 는 다음과 같이 몇 개의 양의 정수의 합으로 나타낼 수 있다.

$$5 = 5,$$
$$5 = 1+4, \qquad 5 = 2+3,$$
$$5 = 1+1+3, \qquad 5 = 1+2+2,$$
$$5 = 1+1+1+2,$$
$$5 = 1+1+1+1+1$$

그런데, 더하는 순서는 무시하고 예를 들어

$$5 = 1+4, \qquad 5 = 4+1$$

을 한 가지 표현 방법이라고 생각한다면, 5 를 양의 정수의 합으로 나타내는 방법은 모두 7 가지 있다. 그리고, 이러한 표현 중에서

$$5 = 1+1+3, \qquad 5 = 1+2+2$$

과 같이 5 를 세 항의 합으로 나타내는 방법은 2 가지이다.

정의 5.6.1 양의 정수 n 을 양의 정수의 합

$$n = a_1 + a_2 + \cdots + a_k \qquad (a_1 \leq a_2 \leq \cdots \leq a_k)$$

으로 나타내는 것을 n 의 **분할**(分割, partition)이라고 한다.

양의 정수 n 을 양의 정수들의 합으로 나타내는 분할의 개수를 $\boldsymbol{p(n)}$ 으로 나타내고, 양의 정수 n, k 에 대하여 n 을 꼭 k 개의 양의 정수의 합으로 나타내는 분할의 개수를 $\boldsymbol{p(n, k)}$ 로 나타낸다.

그리고, $p(n, 0) = 0$ 으로 정한다.

보기 5.6.1 앞에서 본 바와 같이 $p(5) = 7$ 이고, 또 다음이 성립한다.

$$p(5,1) = 1, \ p(5,2) = 2, \ p(5,3) = 2,$$
$$p(5,4) = 1, \ p(5,5) = 1$$

정리 5.6.2 두 양의 정수 n, k에 대하여 다음 등식이 성립한다.

(1) $p(n,0) = 0$, $p(n,1) = 1$, $p(n,n) = 1$

(2) $k > n$이면, $p(n,k) = 0$이다.

(3) $\sum_{k=1}^{n} p(n,k) = p(n,1) + p(n,2) + \cdots + p(n,n) = p(n)$

증 명 (1) 정의에 의하여 $p(n,0) = 0$이다.

그리고 n을 한 개의 양의 정수의 합으로 나타내는 방법은 $n = n$뿐이고 또 n을 n개의 양의 정수의 합으로 나타내는 방법은

$$n = 1 + 1 + \cdots + 1$$

뿐이므로 $p(n,1) = 1$, $p(n,n) = 1$이다.

(2) $k > n$일 때, k개의 양의 정수들의 합은 n보다 크므로 n을 k개의 양의 정수의 합으로 나타낼 수 없고 따라서 $p(n,k) = 0$이다.

(3) 정의 5.6.1에 의하여 (3)이 성립한다.

보기 5.6.2 보기 5.6.1과 다음 결과에 의하여 아래의 표를 얻는다.

$1 = 1$,

$2 = 2$, $2 = 1 + 1$,

$3 = 3$, $3 = 1 + 2$, $3 = 1 + 1 + 1$

$4 = 4$, $4 = 1 + 3$, $4 = 2 + 2$,

$4 = 1 + 1 + 2$, $4 = 1 + 1 + 1 + 1$,

$6 = 6$, $6 = 1 + 5$,

$6 = 2 + 4$, $6 = 3 + 3$

$6 = 1 + 1 + 4$,

$6 = 1 + 2 + 3$, $6 = 2 + 2 + 2$,

$6 = 1 + 1 + 1 + 3$,

$6 = 1 + 1 + 2 + 2$,

$6 = 1 + 1 + 1 + 1 + 2$,

$6 = 1 + 1 + 1 + 1 + 1 + 1$

$p(n,k)$와 $p(n)$

$n \backslash k$	1	2	3	4	5	6	$p(n)$
1	1	0	0	0	0	0	1
2	1	1	0	0	0	0	2
3	1	1	1	0	0	0	3
4	1	2	1	1	0	0	5
5	1	2	2	1	1	0	7
6	1	3	3	2	1	1	11

정리 5.6.3 정수 $n\ (\geq 2)$과 $1 \leq k < n$인 양의 정수 k에 대하여 다음 등식이 성립한다.

(1) $p(n, k) = p(n-1, k-1) + p(n-k, k)$

(2) $p(n, k) = p(n-k, 1) + p(n-k, 2) + \cdots + p(n-k, k)$

증 명 (1) 정수 n을 k개의 양의 정수들의 합으로 나타내는 분할 전체의 집합을 S라 하고, 이러한 분할 중에서 1을 포함하는 분할 전체의 집합을 A, 그리고 1을 포함하지 않는 분할 전체의 집합을 B라고 하자. 이 때,

$$|S| = p(n, k), \qquad S = A \cup B,\ A \cap B = \varnothing$$

이므로 $p(n, k) = |A| + |B|$이다. 그런데, A에 속해 있는 n의 분할

$$n = 1 + a_2 + a_3 + \cdots + a_k \quad (1 \leq a_2 \leq \cdots \leq a_k)$$

에 대하여

$$n - 1 = a_2 + a_3 + \cdots + a_k$$

는 $n-1$을 $k-1$개의 양의 정수의 합으로 나타낸 분할이고, 역으로 $n-1$을 $k-1$개의 양의 정수의 합으로 나타낸 등식

$$n - 1 = a_2 + a_3 + \cdots + a_k \quad (1 \leq a_2 \leq \cdots \leq a_k)$$

에 대하여 $n = 1 + a_2 + a_3 + \cdots + a_k$는 A에 속하는 n의 분할이다.

따라서 $|A| = p(n-1, k-1)$이다.

그리고, B에 속해 있는 n의 분할

$$n = a_1 + a_2 + \cdots + a_k \quad (2 \leq a_1 \leq a_2 \leq \cdots \leq a_k)$$

에 대하여

$$n - k = (a_1 - 1) + (a_2 - 1) + \cdots + (a_k - 1)$$

은 $n-k$를 k개의 양의 정수의 합으로 나타낸 분할이고, 역으로

$$n - k = b_1 + b_2 + \cdots + b_k \quad (1 \leq b_1 \leq b_2 \leq \cdots \leq b_k)$$

가 $n-k$을 k개의 양의 정수들의 합으로 나타낸 분할이면,

$$n = (b_1 + 1) + (b_2 + 1) + \cdots + (b_k + 1)$$

은 n의 분할이고 $2 \leq b_1 + 1 \leq b_2 + 1 \leq \cdots \leq b_k + 1$이므로 이 분할은 B에 속한다. 따라서 $|B| = p(n-k, k)$이다. 그러므로, 다음이 성립한다.

$$p(n, k) = |A| + |B| = p(n-1, k-1) + p(n-k, k)$$

(2) 위의 (1) 에 의하여 다음이 성립한다.

$$\begin{aligned} p(n, k) &= p(n-1, k-1) + p(n-k, k), \\ p(n-1, k-1) &= p(n-2, k-2) + p(n-k, k-1), \\ p(n-2, k-2) &= p(n-3, k-3) + p(n-k, k-2), \\ &\vdots \\ p(n-(k-1), k-(k-1)) &= p(n-k, 0) + p(n-k, 1) \\ &= p(n-k, 1) \end{aligned}$$

이들 등식의 양변을 더하여 정리하면 다음 결과를 얻는다.

$$\begin{aligned} p(n, k) &= p(n-k, k) + p(n-k, k-1) + \cdots + p(n-k, 1) \\ &= p(n-k, 1) + p(n-k, 2) + \cdots + p(n-k, k) \end{aligned}$$

보기 5.6.3 정리 5.6.3 (2) 에 의하여 다음 결과를 얻는다.

$p(7, 2) = p(5, 1) + p(5, 2) = 1 + 2 = 3,$

$p(7, 3) = p(4, 1) + p(4, 2) + p(4, 3) = 1 + 2 + 1 = 4,$

$p(7, 4) = p(3, 1) + p(3, 2) + p(3, 3) = 1 + 1 + 1 = 3,$

$p(7, 5) = p(2, 1) + p(2, 2) = 1 + 1 = 2,$

$p(7, 6) = p(1, 1) = 1$

$n \backslash k$	1	2	3	4	5	6	7	$p(n)$
1	1	0	0	0	0	0	0	1
2	1	1	0	0	0	0	0	2
3	1	1	1	0	0	0	0	3
4	1	2	1	1	0	0	0	5
5	1	2	2	1	1	0	0	7
6	1	3	3	2	1	1	0	11
7	1	3	4	3	2	1	1	15

이 절의 내용과 관련하여 형식적 멱급수의 전개에 대해서는 [해설506]을 참조하기 바란다.

연습문제 (5.6)

1. 양의 정수 7 의 분할을 모두 구하고, 이로부터 $1 \le k \le 7$ 인 정수 k에 대하여 $p(7, k)$ 의 값을 구하고 또 $p(7)$ 을 구하여라.

2. 다음이 성립함을 밝혀라, 여기서, $n \ge 2$ 이다.
   (1) $p(3) - p(2) = p(2) - p(1), \quad p(4) - p(3) > p(3) - p(2)$
   (2) 정수 $n+1$ 의 분할 중에서
   $$n+1 = a_1 + a_2 + \cdots + a_k \qquad (2 \le a_1 \le a_2 \le \cdots \le a_k)$$
   와 같은 꼴의 분할 전체의 개수는 $p(n+1) - p(n)$ 이다.
   (3) $p(n+1) - p(n) \ge p(n) - p(n-1),\ p(n) \le \dfrac{1}{2}\{p(n+1) + p(n-1)\}$

3. 보기 5.6.3 의 표를 이용하여 다음이 성립함을 확인하여라.
   (1) $p(5, 1) = p(4, 1)$
   (2) $p(5, 2) = p(3, 1) + p(3, 2)$
   (3) $p(5, 3) = p(2, 1) + p(2, 2) + p(2, 3)$
   (4) $p(5, 4) = p(1, 1) + p(1, 2) + p(1, 3) + p(1, 4)$

4. 보기 5.6.3 의 표를 확장하여 $n = 8$ 인 경우가 포함되도록 하여라.

5. 양의 정수 n 의 분할 중에서
   $$n = a_1 + \cdots + a_r + k \qquad (1 \le a_1 \le \cdots \le a_r \le k)$$
   와 같은 꼴의 분할 전체의 개수를 $q(n, k)$ 라 하고 또 $q(n, 0) = 0$ 이라고 할 때, 다음이 성립함을 증명하여라.
   (1) 모든 정수 k $(1 \le k \le 5)$ 에 대하여 $q(5, k) = p(5, k)$ 이다.
   (2) $q(n, 0) = 0$ 이고 $q(n, 1) = 1,\ q(n, n) = 1$ 이다.
   (3) $k > n$ 이면, $q(n, k) = 0$ 이다.
   (4) $1 \le k < n$ 일 때, $q(n, k) = \sum_{i=1}^{k} q(n-k, i)$ 이다.
   (5) $1 \le k \le n$ 일 때, $p(n, k) = q(n, k)$ 이다.

§5.7 점유 문제

이 책을 처음 읽을 때에는 이 절을 생략하여도 좋다.

유한 개의 물건을 유한 개의 상자에 넣는 방법의 가짓수는 이 물건과 상자가 각각 서로 구별될 수 있는 것인지에 따라 다르고, 또한 각 상자에 1 개 이상의 물건이 들어가야 하는지 또는 빈 상자를 허용하는지에 따라 다르다.

이러한 문제를 **점유 문제**(占有 問題, occupancy problem)라고 한다.

정의 5.7.1 양의 정수 n, k에 대하여 서로 구별되는 n개의 물건을 구별할 필요가 없는 k개의 상자에 넣되 빈 상자가 없도록, 즉 각 상자에 1 개 이상의 물건이 들어가도록 분배하는 방법의 가짓수를

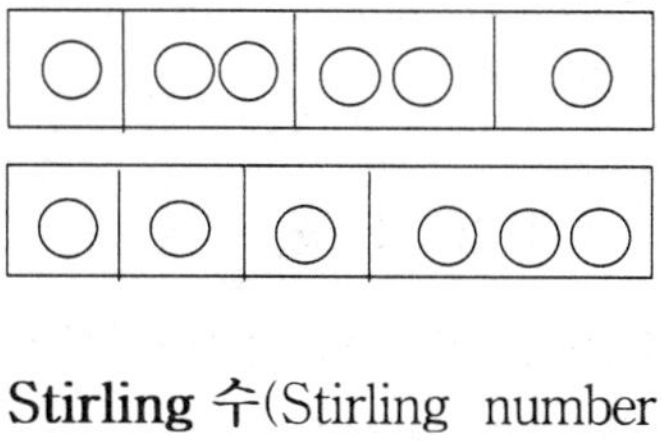

$$\boldsymbol{S(n, k)}$$

로 나타내고, $S(n, 0) = 0$ 으로 정한다.

이와 같이 정의된 $S(n, k)$를 **제 2종의 Stirling 수**(Stirling number of the second kind)라고 한다.

정리 5.7.2 유한집합 A의 원소의 개수가 n일 때, A를 공집합이 아닌 k개의 부분집합 $A_1, A_2, \cdots, A_k$의 합집합으로 분할하는 방법은 $S(n, k)$ 가지 있다.

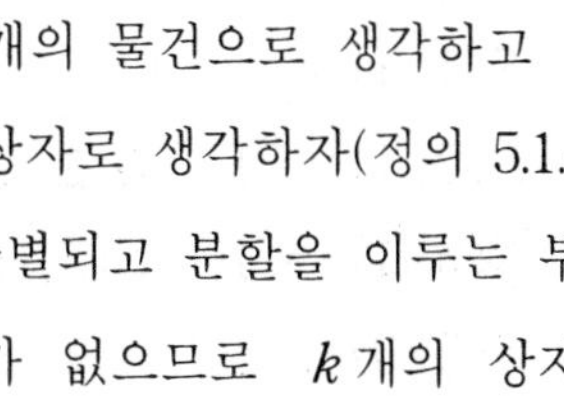

증 명 집합 A의 원소 $a_1, a_2, \cdots, a_n$을 n개의 물건으로 생각하고 A의 분할을 이루는 부분집합 $A_1, A_2, \cdots, A_k$를 상자로 생각하자(정의 5.1.4).

이 때, n개의 물건 $a_1, a_2, \cdots, a_n$은 서로 구별되고 분할을 이루는 부분집합 $A_1, A_2, \cdots, A_k$는 그 순서를 정할 필요가 없으므로 k개의 상자는 구별할 필요가 없으며 각 부분집합은 공집합이 아니므로 각 상자에는 1 개 이상의 물건이 들어 있다. 따라서 정의에 의하여 정리가 성립한다.

보기 5.7.1 번호 1, 2, 3 을 매긴 3 개의 물건에 대하여 다음이 성립한다.

(1) 이들 3 개의 물건을 1 개의 상자에 넣는 방법은 1 가지뿐이다.

(2) 이들 3 개의 물건을 모양이 같은 2 개의 상자에 넣되 빈 상자가 없도록 넣는 방법은 다음 3 가지뿐이다.

$$1 \mid 2\ 3, \qquad 2 \mid 1\ 3, \qquad 3 \mid 1\ 2$$

(3) 이들 3 개의 물건을 모양이 같은 3 개의 상자에 넣되 빈 상자가 없도록 넣는 방법은 1 가지뿐이다.

보기 5.7.2 번호 1, 2, 3, 4 를 매긴 4 개의 물건에 대하여 다음이 성립한다.

(1) 이들 4 개의 물건을 1 개의 상자에 넣는 방법은 1 가지뿐이다.

(2) 이들 4 개의 물건을 모양이 같은 2 개의 상자에 넣되 빈 상자가 없도록 넣는 방법은 다음 7 가지뿐이다.

$$1 \mid 2\ 3\ 4, \quad 2 \mid 1\ 3\ 4, \quad 3 \mid 1\ 2\ 4, \quad 4 \mid 1\ 2\ 3,$$

$$1\ 2 \mid 3\ 4, \quad 1\ 3 \mid 2\ 4, \quad 1\ 4 \mid 2\ 3$$

(3) 이들 4 개의 물건을 모양이 같은 3 개의 상자에 넣되 빈 상자가 없도록 넣는 방법은 다음 6 가지뿐이다.

$$1 \mid 2 \mid 3\ 4, \quad 1 \mid 3 \mid 2\ 4, \quad 1 \mid 4 \mid 2\ 3,$$

$$2 \mid 3 \mid 1\ 4, \quad 2 \mid 4 \mid 1\ 3, \quad 3 \mid 4 \mid 1\ 2$$

(4) 이들 4 개의 물건을 모양이 같은 4 개의 상자에 넣되 빈 상자가 없도록 넣는 방법은 1 가지뿐이다.

위의 두 보기에 의하여 다음 결과를 얻는다.

$S(1, 1) = 1,$

$S(2, 1) = 1, \quad S(2, 2) = 1$

$S(3, 1) = 1, \quad S(3, 2) = 3,$

$S(3, 3) = 1$

$S(4, 1) = 1, \quad S(4, 2) = 7,$

$S(4, 3) = 6, \quad S(4, 4) = 1$

$S(n, k)$

n \ k	1	2	3	4
1	1	0	0	0
2	1	1	0	0
3	1	3	1	0
4	1	7	6	1

다음 정리에서 '빈 상자 없음' 은 각 상자에 1 개 이상의 물건이 들어가 있음을 뜻하고 '빈 상자 허용' 은 각 상자에 들어가는 물건의 개수에 제한이 없음을 뜻한다. 정리 5.4.4 에서는 서로 구별되는 n 개의 상자에 k 개의 물건을 넣는 방법을 다루고 있어서 아래 정리의 (I-2), (III-2) 의 경우에 n 과 k 의 역할이 바뀌어 있다.

정리 5.7.3 각 경우에 따라서 n 개의 물건을 k 개의 상자에 넣는 방법의 가짓수는 다음과 같다.

(I) 물건은 서로 구별되고 상자도 서로 구별되는 경우

(I-1) 빈 상자 없음	(I-2) 빈 상자 허용
$k!\,S(n, k)$ 가지	k^n 가지

(II) 물건은 서로 구별되지만 상자는 구별할 필요가 없는 경우

(II-1) 빈 상자 없음	(II-2) 빈 상자 허용
$S(n, k)$ 가지	$\sum_{i=1}^{k} S(n, i)$ 가지

(III) 물건은 구별할 필요가 없지만 상자는 서로 구별되는 경우

(III-1) 빈 상자 없음	(III-2) 빈 상자 허용
$\binom{n-1}{k-1}$ 가지	$\binom{k+n-1}{n}$ 가지

(IV) 물건은 구별할 필요가 없고 상자도 구별할 필요가 없는 경우

(IV-1) 빈 상자 없음	(IV-2) 빈 상자 허용
$p(n, k)$ 가지	$\sum_{i=1}^{k} p(n, i)$ 가지

증 명 (I-1) 정의 5.7.1 에 의하여 서로 구별되는 n 개의 물건을 구별할 필요 없는 k 개의 상자에 빈 상자가 없도록 넣는 방법의 가짓수는 $S(n, k)$ 이다. 그런데, 이들 k 개의 상자를 구별하기 위하여 번호를 매기는 방법은 모두 $k!$ 가지가 있다.

따라서 서로 구별되는 n 개의 물건을 서로 구별되는 k 개의 상자에 넣되 빈 상자가 없도록 넣는 방법의 가짓수는 $k!\,S(n, k)$ 이다.

(I-2) 서로 구별되는 n개의 물건을 서로 구별되는 k개의 상자에 넣되 빈 상자를 허용하는 경우에, 각 물건은 아무 제한 없이 어느 한 상자에 들어갈 수 있고 여러 물건이 한 상자에 함께 들어갈 수도 있다. 따라서 이와 같이 넣는 방법의 가짓수는 ${}_k\Pi_n = k^n$ 이다.

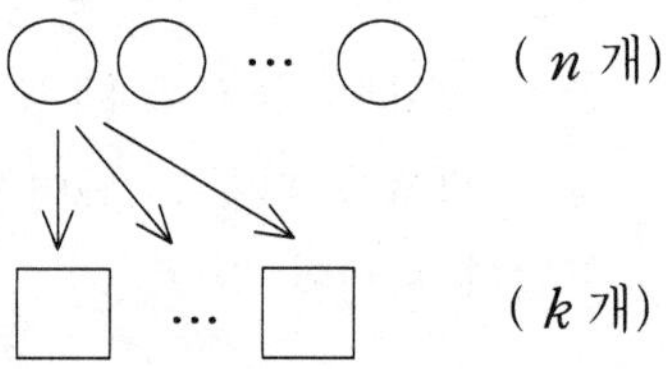

(II-1) 이와 같이 넣는 방법의 가짓수는 $S(n, k)$ 이다(정의 5.7.1).

(II-2) 서로 구별되는 n개의 물건을 구별되지 않는 k개의 상자에 넣되 빈 상자를 허용하는 경우에, 1 개 이상의 물건이 들어간 상자의 개수를 i라고 하면 $1 \le i \le k$이다.

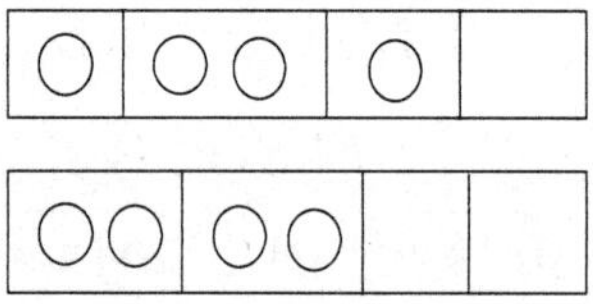

한편, 정의 5.7.1 에 의하여 서로 구별되는 n개의 물건을 구별할 필요가 없는 i개의 상자에 넣되 빈 상자가 없도록 넣는 방법은 $S(n, i)$ 가지가 있다.

따라서 서로 구별되는 n개의 물건을 구별되지 않는 k개의 상자에 넣되 빈 상자를 허용하여 넣는 방법의 가짓수는 다음과 같다.

$$S(n, 1) + S(n, 2) + \cdots + S(n, k) = \sum_{i=1}^{k} S(n, i)$$

(III-2) 구별할 필요가 없는 n개의 물건을 서로 구별되는 k개의 상자에 넣되 빈 상자를 허용하는 경우에, 구별되는 k개의 상자에 번호 $1, 2, \cdots, k$를 매겨 놓고 또 n개의 물건 하나 하나에 대하여 이 물건이 들어간 상자의 번호를 기록하면 번호 $1, 2, \cdots, k$ 중에서 중복을 허락하여 n개가 기록된다. 여기서 기록되지 않은 번호에 해당하는 상자는 비어 있다.

따라서 이와 같이 넣는 방법은 서로 다른 k개의 원소 중에서 중복을 허락하여 n개를 택하는 중복조합과 같다.

그러므로, 이와 같은 넣는 분배 방법의 가짓수는 다음과 같다(정리 5.4.3 참조).

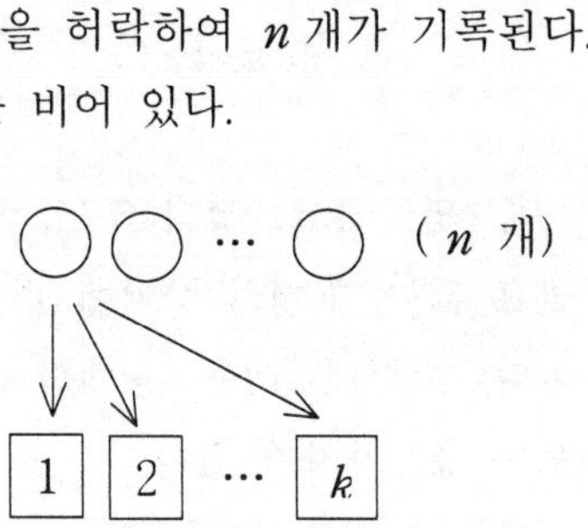

$${}_k\mathrm{H}_n = \binom{k+n-1}{n}$$

(III-1) 구별할 필요가 없는 n개의 물건을 서로 구별되는 k개의 상자에 넣되 빈 상자가 없도록 넣으려면, 먼저 k개의 상자 하나 하나에 물건을 1개씩 넣은 후에 나머지 $n-k$개의 물건을 서로 구별되는 k개의 상자에 넣되 비어 있는 상자를 허용하여 넣으면 된다. 따라서 (III-2) 에 의하여 이와 같이 넣는 분배 방법의 가짓수는 다음과 같다(정리 5.4.3, 정리 5.3.7).

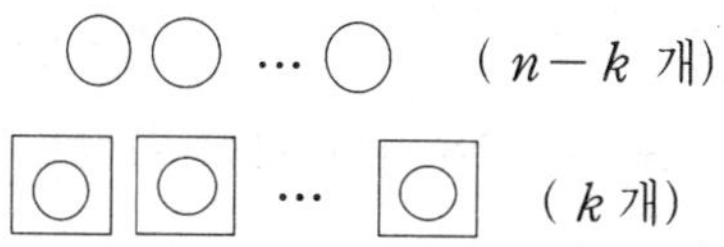

$$ {}_k\mathrm{H}_{n-k} = \binom{k+(n-k)-1}{n-k} = \binom{n-1}{n-k} = \binom{n-1}{k-1} $$

(IV-1) 구별할 필요가 없는 n개의 물건을 구별할 필요 없는 k개의 상자에 넣되, 빈 상자가 없도록 넣는 경우에 k개의 상자에 들어있는 물건의 개수가 각각 $a_1, a_2, \cdots, a_k$이면

(*) $\quad n = a_1 + a_2 + \cdots + a_k$

이므로, 이와 같이 넣는 방법에 대하여 n을 k개의 양의 정수의 합으로 나타내는 분할이 대응한다.

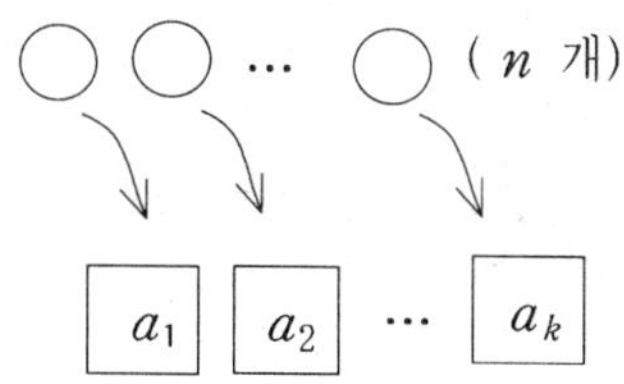

역으로, n을 꼭 k개의 양의 정수의 합으로 나타내는 분할 (*) 에 대하여 구별할 필요가 없는 n개의 물건을 구별할 필요가 없는 k개의 상자에 각각 $a_1, a_2, \cdots, a_k$씩 물건을 넣는 방법이 대응한다.

그러므로 이와 같이 넣는 방법은 $p(n, k)$ 가지가 있다(정의 5.6.1).

(IV-2) 구별할 필요가 없는 n개의 물건을 구별할 필요 없는 k개의 상자에 넣되 빈 상자를 허용하는 경우에, 1개 이상의 물건이 들어간 상자의 개수를 i라고 하면 $1 \le i \le k$이다.

한편, (IV-1) 에 의하여 구별할 필요 없는 n개의 물건을 구별할 필요 없는 i개의 상자에 넣는 방법은 $p(n, i)$ 가지가 있으므로 이와 같은 방법의 가짓수는 다음과 같다.

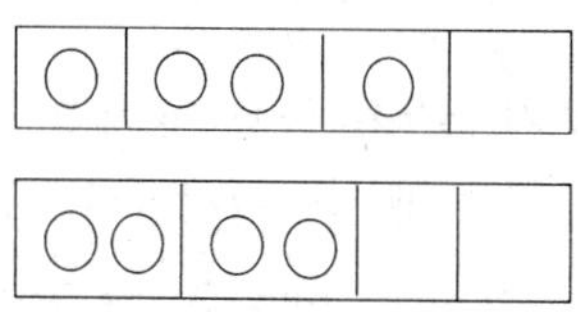

$$ p(n, 1) + p(n, 2) + \cdots + p(n, k) = \sum_{i=1}^{k} p(n, i) $$

보기 5.7.3 여학생 4 명의 이름이 써 있는 서류를 A, B, C 라고 쓴 세 서류함에 넣는다고 하자. 이 때, 각 서류함마다 적어도 서류 한 장이 들어가도록 넣는 방법의 가짓수는 다음과 같다(보기 5.7.2 참조).

$$3\,!\,S(4,3) = 6 \cdot 6 = 36$$

그러나, 서류함이 비어 있어도 좋은 경우에 서류를 넣는 방법의 가짓수는 $3^4 = 81$ 이다.

보기 5.7.4 학생 4 명의 이름이 써 있는 서류를 구별할 필요가 없는 3 개의 서류함에 넣는다고 하자.

이 때, 각 서류함마다 적어도 서류 한 장이 들어가도록 넣는 방법의 가짓수는 $S(4,3) = 6$ 이다(보기 5.7.2). 한편, 서류함이 비어 있어도 좋은 경우에 세 서류함에 서류를 넣는 방법의 가짓수는 다음과 같다(보기 5.7.2).

$$\sum_{i=1}^{3} S(4,i) = S(4,1) + S(4,2) + S(4,3) = 1+7+6 = 14$$

보기 5.7.5 사과 6 개를 A, B, C 라고 쓴 세 접시에 나누어 놓을 때, 각 접시마다 적어도 사과 한 개가 들어있도록 나누어놓는 방법의 가짓수는

$$\binom{n-1}{k-1} = \binom{6}{2} = 15$$

이고, 빈 접시를 허용하는 경우에 사과 6 개를 세 접시에 나누어놓는 방법의 가짓수는 다음과 같다.

$$\binom{k+n-1}{n} = \binom{3+6-1}{6} = \binom{8}{6} = \binom{8}{2} = 28$$

보기 5.7.6 사과 6 개를 구별할 필요가 없는 세 접시에 나누어 놓는다고 하자. 이 때 각 접시마다 적어도 사과 한 개가 들어있도록 나누어놓는 방법의 가짓수는 $p(6,3) = 3$ 이다(보기 5.6.2 참조).

한편, 빈 접시를 허용하는 경우에 사과 6 개를 세 접시에 나누어놓는 방법의 가짓수는 다음과 같다(보기 5.6.2 참조).

$$\sum_{i=1}^{3} p(6,i) = p(6,1) + p(6,2) + p(6,3) = 1 + 3 + 3 = 7$$

다음 절에서는 Stirling 수 $S(n, k)$ 의 값을 구하는 방법에 대하여 논한다. 아래의 연습문제를 풀 때에는 보기 5.8.1 과 보기 5.6.3 을 이용하기 바란다.

연 습 문 제 (5.7)

1. 회사 간부 6 사람이 공항에 도착하여 이미 요금을 지불하고 예약한 세 대의 택시에 나누어 타고 회의장에 가려고 할 때, 누구와 함께 타고 가는가를 고려하는 경우에 이와 같이 나누어 타는 방법은 모두 몇 가지가 있는지 말하여라.

2. 어느 사람이 손님 6 분을 집으로 초대하여 거실, 식당, 안뜰 중 어느 한 곳에 앉아 있을 수 있도록 자리를 마련하였다.
   이 세 곳은 모두 6 명이 함께 앉아도 좋을 정도로 넓다고 할 때, 이들 손님이 자리를 잡는 방법은 모두 몇 가지가 있는지 말하여라.

3. 같은 크기의 사과 6 개를 모양이 같은 3 개의 접시에 나누어놓을 때, 다음 물음에 답하여라.
   (1) 각 접시에 적어도 한 개의 사과가 들어있도록 나누어놓을 때, 이와 같이 나누어놓는 방법은 모두 몇 가지가 있는지 말하여라.
   (2) 빈 접시가 있을 수 있을 때 이와 같이 나누어놓는 방법은 모두 몇 가지가 있는지 말하여라.

4. 어느 학생이 똑같은 공책 10 권을 사서 친구 6 명 가운데 몇몇 사람에게 이 공책을 모두 선물로 줄 때, 몇 가지 방법으로 선물할 수 있는지 말하여라.

5. 똑같은 책 8 권과 같은 모양의 종이 가방이 4 개 있을 때, 이 종이 가방의 일부 또는 전부를 사용하여 책 8 권을 담을 수 있는 방법이 모두 몇 가지나 있는지 말하여라.

§5.8 Stirling 수

이 책을 처음 읽을 때에는 이 절을 생략하여도 좋다.

제 2 종의 Stirling 수에 대해서는 다음 정리가 성립한다(정의 5.7.1 참조).

정리 5.8.1 양의 정수 n 과 정수 k 에 대하여 다음이 성립한다.

(1) $S(n,0) = 0$ 이고, 또 $S(n,1) = 1$, $S(n,n) = 1$ 이다.

(2) $k > n$ 이면, $S(n,k) = 0$ 이다.

증 명 (1) 정의에 의하여 $S(n,0) = 0$ 이다.

먼저 n 개의 물건을 한 상자에 넣는 방법은 물건을 모두 이 상자에 넣는 방법뿐이므로 $S(n,1) = 1$ 이다. 또, n 개의 물건을 n 개의 상자에 넣으면서 각 상자에 1 개 이상의 물건이 들어가도록 넣는 방법은 각 상자에 물건 한 개씩을 넣는 방법뿐이므로 $S(n,n) = 1$ 이다.

(2) $k > n$ 일 때, n 개의 물건을 k 개의 상자 하나 하나에 1 개 이상의 물건이 들어가도록 넣을 수는 없으므로 $S(n,k) = 0$ 이다.

정리 5.8.2 정수 n (≥ 2) 과 $1 \leq k < n$ 인 정수 k 에 대하여 다음 등식이 성립한다.

$$S(n,k) = S(n-1,k-1) + k\,S(n-1,k)$$

증 명 서로 구별되는 n 개의 물건을 구별할 필요가 없는 k 개의 상자에 넣되 빈 상자가 없도록 넣는 방법 전체의 집합을 S 로 나타내면, 정의 5.7.1 에 의하여 $|S| = S(n,k)$ 이다.

이제 이들 n 개의 물건 중에서 한 물건을 택하여 이것을 a 로 나타내자. 그리고, S 에 속하는 방법 중에서 물건 a 를 넣은 상자에는 a 만이 들어가도록 넣는 방법 전체의 집합을 A 로 나타내고, a 를 넣은 상자에 a 이외의 물건이 한 개 이상 들어가도록 넣는 방법 전체의 집합을 B 라고 하자. 이 때, $S = A \cup B$, $A \cap B = \varnothing$ 이므로 $S(n,k) = |S| = |A| + |B|$ 이다.

한편, A 에 속해 있는 방법 하나 하나에 대하여 물건 a 와 이 물건이 들어 있는 상자를 제외시키면, $n-1$ 개의 물건을 $k-1$ 개의 상자에 넣되 빈 상자가 없도록 넣는 방법이 대응한다. 그리고, 물건 a 를 제외한 $n-1$ 개의 물건을 $k-1$ 개의 상자에 넣되 빈 상자가 없도록 넣은 다음에 나머지 상자에 a 를 넣는 방법은 A 에 속하는 방법이다.

(물건 n 개, 상자 k 개)　　　　(물건 $n-1$ 개, 상자 $k-1$ 개)

따라서 A 는 서로 구별되는 $n-1$ 개의 물건을 구별할 필요가 없는 $k-1$ 개의 상자에 넣되 각 상자에 적어도 한 물건이 들어가도록 넣는 방법 전체와 일대일로 대응하므로 $|A| = S(n-1, k-1)$ 이다(정의 5.7.1).

이제 a 를 제외한 서로 다른 $n-1$ 개의 물건을 구별할 필요가 없는 k 개의 상자에 넣되 빈 상자가 없도록 넣는 방법 전체의 집합을 C 로 나타내자. 이 때, $|C| = S(n-1, k)$ 이다(정의 5.7.1).

그런데, B 에 속해 있는 방법 하나 하나에 대하여 a 를 제외시키면 C 에 속하는 방법이 대응하는데, a 는 k 개의 상자 중 어느 한 상자에 들어있고 또 k 개의 상자는 구별되지 않으므로, B 에 속하는 방법 중에서 k 가지는 C 에 속하는 방법 하나에 대응한다. 역으로, C 에 속해 있는 방법 하나 하나에 대하여 a 를 k 개의 상자 중 어느 한 상자에 넣으면 B 에 속하는 방법이 대응하는데, a 를 어느 상자에 넣느냐에 따라 k 가지의 방법이 생긴다.

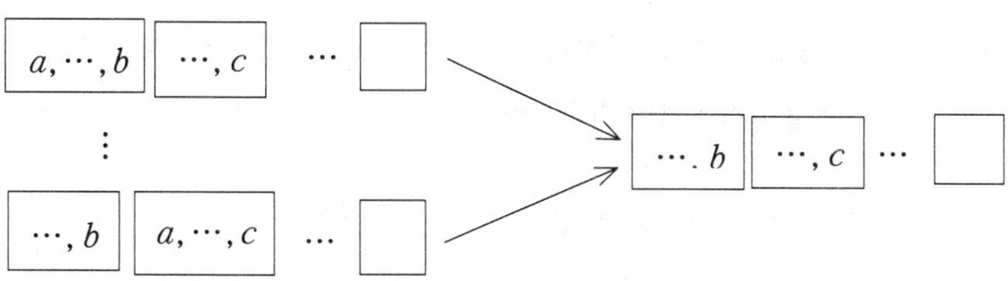

(물건 n 개, 상자 k 개)　　　　(물건 $n-1$ 개, 상자 k 개)

그러므로 $|B| = k|C| = kS(n-1, k)$ 이고, 따라서 다음이 성립한다.

$$S(n, k) = |A| + |B| = S(n-1, k-1) + k\,S(n-1, k)$$

보기 5.8.1 보기 5.7.2 에 의하여 $1 \le n \le 4$, $1 \le k \le 4$ 일 때의 $S(n, k)$ 의 값은 오른쪽 표와 같다.

$n \backslash k$	1	2	3	4
1	1	0	0	0
2	1	1	0	0
3	1	3	1	0
4	1	7	6	1

그리고, 정리 5.8.2 의 공식

$$S(n, k) = S(n-1, k-1) + k\,S(n-1, k)$$

에 의하여 다음 결과를 얻는다.

$$S(5, 2) = S(4,1) + 2\,S(4,2) = 1 + 2 \cdot 7 = 15,$$
$$S(5, 3) = S(4,2) + 3\,S(4,3) = 7 + 3 \cdot 6 = 25,$$
$$S(5, 4) = S(4,3) + 4\,S(4,4) = 6 + 4 \cdot 1 = 10,$$
$$S(6, 2) = S(5,1) + 2\,S(5,2) = 1 + 2 \cdot 15 = 31,$$
$$S(6, 3) = S(5, 2) + 3\,S(5, 3) = 15 + 3 \cdot 25 = 90,$$
$$S(6, 4) = S(5, 3) + 4\,S(5,4) = 25 + 4 \cdot 10 = 65,$$
$$S(6, 5) = S(5, 4) + 5\,S(5,5) = 10 + 4 \cdot 1 = 14$$

$S(n, k)$

$n \backslash k$	1	2	3	4	5	6
1	1	0	0	0	0	0
2	1	1	0	0	0	0
3	1	3	1	0	0	0
4	1	7	6	1	0	0
5	1	15	25	10	1	0
6	1	31	90	65	14	1

정의 5.8.3 양의 정수 n 에 대하여

$$(x)_n = x(x-1)(x-2)\cdots(x-(n-1))$$

으로 정하고 $(x)_0 = 1$ 로 정한다. 그리고, 이와 같이 정한 것을 **낙하 계승**(落下階乘, falling factorial)이라고 한다.

위의 정의에서 $(x)_n$ 은 x 에 관한 n 차의 다항식이다.

$$(x)_1 = x$$
$$(x)_2 = x(x-1) = -x + x^2$$
$$(x)_3 = x(x-1)(x-2) = 2x - 3x^2 + x^3$$
$$(x)_4 = x(x-1)(x-2)(x-3) = 6x + 11x^2 - 6x^3 + x^4$$

정리 5.8.4 양의 정수 n에 대하여 다음 등식이 성립한다.

$$\begin{aligned} x^n &= \sum_{k=1}^{n} S(n,k)\,(x)_k \\ &= S(n,1)\,(x)_1 + S(n,2)\,(x)_2 + \cdots + S(n,n)\,(x)_n \end{aligned}$$

증 명 먼저 $x = (x)_1$, $S(1,1) = 1$이므로 $x = S(1,1)\,(x)_1$이고, 따라서 이 등식은 $n = 1$일 때 성립한다.

이제 $n \geq 1$일 때 $x^n = \sum_{k=1}^{n} S(n,k)\,(x)_k$이라고 가정하자. 이 때,

$$(x)_k(x-k) = x(x-1)(x-2)\cdots(x-(k-1))(x-k) = (x)_{k+1}$$

이므로 다음이 성립한다.

$$\begin{aligned} x^{n+1} &= x \cdot x^n = x \cdot \sum_{k=1}^{n} S(n,k)\,(x)_k \\ &= \sum_{k=1}^{n} S(n,k)\,(x)_k \cdot x = \sum_{k=1}^{n} S(n,k)\,(x)_k \cdot \{(x-k)+k\} \\ &= \sum_{k=1}^{n} S(n,k)\,(x)_k \cdot (x-k) + \sum_{k=1}^{n} S(n,k)\,(x)_k \cdot k \\ &= \sum_{k=1}^{n} S(n,k)\,(x)_{k+1} + \sum_{k=1}^{n} k\,S(n,k)\,(x)_k \end{aligned}$$

그런데, $\sum_{k=1}^{n} S(n,k)\,(x)_{k+1} = \sum_{i=2}^{n+1} S(n,i-1)\,(x)_i$이고 또 정리 5.8.2와 정리 5.8.1에 의하여

$$k\,S(n,k) = S(n+1,k) - S(n,k-1) \qquad (1 \leq k \leq n)$$

$$S(n,n) = 1,\ S(n,0) = 0,\ S(n+1,n+1) = 1$$

이므로 다음 등식이 성립한다.

$$\begin{aligned} & x^{n+1} \\ &= \sum_{i=2}^{n+1} S(n,i-1)\,(x)_i + \sum_{k=1}^{n} \{S(n+1,k) - S(n,k-1)\}\,(x)_k \\ &= \sum_{i=2}^{n+1} S(n,i-1)\,(x)_i + \sum_{k=1}^{n} S(n+1,k)\,(x)_k - \sum_{k=1}^{n} S(n,k-1)\,(x)_k \\ &= \sum_{k=1}^{n} S(n+1,k)\,(x)_k + \sum_{i=2}^{n+1} S(n,i-1)\,(x)_i - \sum_{k=1}^{n} S(n,k-1)\,(x)_k \end{aligned}$$

$$= \sum_{k=1}^{n} S(n+1, k)(x)_k + S(n, n)(x)_{n+1} - S(n, 0)(x)_1$$

$$= \sum_{k=1}^{n} S(n+1, k)(x)_k + (x)_{n+1} = \sum_{k=1}^{n+1} S(n+1, k)(x)_k$$

따라서 모든 양의 정수 n에 대하여 정리의 등식이 성립한다.

보기 5.8.2 정리 5.8.4 과 보기 5.8.1 에 의하여 다음이 성립한다.

$$x = S(1,1)(x)_1 = (x)_1$$

$$x^2 = S(2,1)(x)_1 + S(2,2)(x)_2 = (x)_1 + (x)_2,$$

$$x^3 = S(3,1)(x)_1 + S(3,2)(x)_2 + S(3,3)(x)_3$$

$$= (x)_1 + 3(x)_2 + (x)_3$$

정의 5.8.5 양의 정수 n에 대하여 다항식 $(x)_n$를 x에 관하여 전개했을 때의 x^k의 계수를 $\boldsymbol{s(n, k)}$로 나타내고 또 이것을 **제 1종의 Stirling 수** (Stirling number of the first kind)라고 한다. 즉,

$$(x)_n = x(x-1)(x-2)\cdots(x-(n-1))$$

$$= s(n, 0) + s(n, 1)x + s(n, 2)x^2 + \cdots + s(n, n)x^n$$

정리 5.8.6 양의 정수 n, k에 대하여 다음 등식이 성립한다.

(1) $s(n,0) = 0, \quad s(n, n) = 1$

(2) $k > n$이면, $s(n, k) = 0$이다.

증 명 등식

$$\sum_{k=0}^{n} s(n, k)x^k = x(x-1)(x-2)\cdots(x-(n-1))$$

의 양변에 $x = 0$을 대입하여 비교하면 $s(n,0) = 0$을 얻고, 이 다항식의 최고차 항은 x^n이므로 $s(n, n) = 1$이며 $k > n$이면 $s(n, k) = 0$이다.

정리 5.8.7 정수 $n\ (\geq 2)$와 $k\ (1 \leq k < n)$에 대하여 다음이 성립한다.

$$s(n, k) = s(n-1, k-1) - (n-1)s(n-1, k)$$

증 명 정리 5.8.5와 정의 5.8.3에 의하여 $n \geq 2$일 때,

$$s(n-1,0) = 0, \quad s(n-1,n) = 0, \quad (x)_n = (x)_{n-1}(x-(n-1))$$

이므로 다음 등식이 성립한다.

$$\begin{aligned}
\sum_{k=0}^{n} s(n,k)\,x^k &= (x)_n \\
&= \{x-(n-1)\}(x)_{n-1} \\
&= \{x-(n-1)\}\sum_{k=0}^{n-1} s(n-1,k)\,x^k \\
&= \sum_{k=0}^{n-1} s(n-1,k)\,x^{k+1} - \sum_{k=0}^{n-1}(n-1)\,s(n-1,k)\,x^k \\
&= \sum_{i=1}^{n} s(n-1,i-1)x^i - \sum_{k=0}^{n-1}(n-1)\,s(n-1,k)\,x^k \\
&= \sum_{k=1}^{n} s(n-1,k-1)x^k - \sum_{k=1}^{n-1}(n-1)\,s(n-1,k)\,x^k \\
&= \sum_{k=1}^{n} s(n-1,k-1)x^k - \sum_{k=1}^{n}(n-1)\,s(n-1,k)\,x^k \\
&= \sum_{k=1}^{n}\{s(n-1,k-1)-(n-1)\,s(n-1,k)\}\,x^k
\end{aligned}$$

이 등식의 양변의 x^k의 계수를 비교하면 정리의 등식을 얻는다.

보기 5.8.3 다음 등식이 성립한다.

$$(x)_1 = x, \qquad (x)_2 = -x + x^2,$$

$$(x)_3 = 2x - 3x + x^3, \qquad (x)_4 = -6x + 11x^2 - 6x^3 + x^4$$

그리고, 정리 5.8.7에 의하여 다음 결과를 얻는다.

$$s(5,1) = s(4,0) - 4\cdot s(4,1) = -4\cdot(-6) = 24,$$

$$s(5,2) = s(4,1) - 4\cdot s(4,2) = -6 - 4\cdot 11 = -50,$$

$$s(5,3) = s(4,2) - 4\cdot s(4,3) = 11 - 4\cdot(-6) = 35,$$

$$s(5,4) = s(4,3) - 4\cdot s(4,4) = -6 - 4\cdot 1 = -10,$$

$$s(5,5) = 1$$

$s(n, k)$

$n \backslash k$	1	2	3	4	5
1	1	0	0	0	0
2	-1	1	0	0	0
3	2	-3	1	0	0
4	-6	11	-6	1	0
5	24	-50	35	-10	1

연 습 문 제 (5.8)

1. 정리 5.8.3 을 이용하여 보기 4.8.1 의 표를 $n = 7$ 인 경우와 $n = 8$ 인 경우가 포함되도록 확장하여라.

2. Stirling 수 $S(8, 4)$ 를 $S(6, 1)$, $S(6, 2)$, $S(6, 3)$, $S(6, 4)$ 에 관한 식으로 나타내어라.

3. 보기 5.8.1 의 표와 정리 5.8.4 를 이용하여 다항식
$$f(x) = 5x^3 + 4x^2 + 3x$$
를 $(x)_1$, $(x)_2$, $(x)_3$ 에 관한 식으로 나타내어라.

4. 보기 5.8.1 의 표와 정리 5.8.4 를 이용하여, 다항식
$$f(x) = 2x^4 + x^3 - 2x^2 + 5x - 4$$
를 $(x)_0$, $(x)_1$, $(x)_2$, $(x)_3$, $(x)_4$ 에 관한 식으로 나타내어라.

5. 다음 식을 전개하여라.
$$(x)_5 = x(x-1)(x-2)(x-3)(x-4)$$
그리고, 이 결과를 이용하여
$$s(5, 1),\ s(5, 2),\ s(5, 3),\ s(5, 4),\ s(5, 5)$$
의 값을 구하여라.

6. 정리 5.8.7 을 이용하여 보기 5.8.1 의 표를 $n = 6$ 인 경우와 $n = 7$ 인 경우가 포함되도록 확장하여라.

7. 문제 5 의 결과를 이용하여, 다항식
$$(x)_6 = x(x-1)(x-2)(x-3)(x-4)(x-5)$$
를 전개할 때의 x 의 계수, x^2 의 계수, x^3 의 계수, x^4 의 계수, x^5 의 계수를 구하여라.

제 6 장

확 률

이 장에서는, 표본공간, 사건, 확률에 대하여 논한다.

실제로, 표본공간, 사건, 확률, 배반사건 등에 대하여 논하고 공리론적 확률, 확률의 여러 가지 성질, 기대값, 조건부 확률, Bayes 의 정리, 독립사건 등 확률에 관한 기본 사항을 논한다.

§6.1 확 률

한 실험이나 관찰에서 일어나는 가능한 모든 결과(結果, outcome) 전체로 이루어진 집합 S를 **표본공간**(標本空間, sample space)이라고 한다.

그리고, 표본공간 S의 부분집합을 **사건**(事件, event)이라고 한다. 즉, 표본공간 S에서 사건 전체의 집합은 S의 멱집합 $\mathscr{P}(S)$ 이다.

이 장에서는, 표본공간이 유한집합인 경우만을 논하기로 한다.

정의 6.1.1 실험이나 관찰에서 가능한 모든 결과가 같은 정도로(equally likely) 일어나는 경우에 표본공간 S에서 사건 E에 대하여

$$P(E) = \frac{|E|}{|S|}$$

이라 하고 $P(E)$를 사건 E의 **확률**(確率, probability)이라고 한다.

또, 사건 E에 대하여 $E' = S - E$를 E의 **여사건**(餘事件, complement)이라고 한다.

정리 6.1.2 표본공간 S에서 사건 E에 대하여 다음이 성립한다.

(1) $0 \leq S(E) \leq 1$

(2) $P(\varnothing) = 0, \quad P(S) = 0$

(3) $E' = S - E$이면, $P(E') = 1 - P(E)$ 이다.

증 명 (1), (2) 정의에 의하여 $0 \leq |E| \leq |S|$ 이고 따라서

$$0 \leq \frac{|E|}{|S|} \leq 1$$

이므로 $0 \leq P(E) \leq 1$ 이다. 그리고, 다음이 성립한다.

$$P(\varnothing) = \frac{0}{|S|} = 0, \qquad P(S) = \frac{|S|}{|S|} = 1$$

(3) 정의에 의하여 $|E'| = |S| - |E|$ 이고 따라서 다음 등식이 성립한다.

$$P(E') = \frac{|E'|}{|S|} = \frac{|S| - |E|}{|S|} = 1 - \frac{|E|}{|S|} = 1 - P(E)$$

정리 6.1.3 표본공간 S에서 두 사건 E_1, E_2에 대하여 다음이 성립한다.

$$P(E_1 \cup E_2) = P(E_1) + P(E_2) - P(E_1 \cap E_2)$$

증 명 분명히 $|E_1 \cup E_2| = |E_1| + |E_2| - |E_1 \cap E_2|$이므로 다음이 성립한다.

$$\begin{aligned} P(E_1 \cup E_2) &= \frac{|E_1 \cup E_2|}{|S|} \\ &= \frac{|E_1| + |E_2| - |E_1 \cap E_2|}{|S|} \\ &= \frac{|E_1|}{|S|} + \frac{|E_2|}{|S|} - \frac{|E_1 \cap E_2|}{|S|} \\ &= P(E_1) + P(E_2) - P(E_1 \cap E_2) \end{aligned}$$

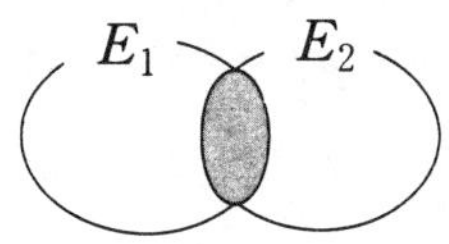

$E_1 \cup E_2$, $E_1 \cap E_2$

표본공간 S에서 사건 $E_1, E_2, \cdots, E_n$ $(n \geq 2)$이 쌍마다 서로 소이면 이들 중에서 어느 두 사건도 동시에 일어나지 않는다. 이와 같은 경우에 사건 $E_1, E_2, \cdots, E_n$은 **서로 배반적**(背叛的, mutually exclusive)이라 하고, 이들 사건을 **배반사건**(背叛事件, exclusive event)이라고 한다.

정리 6.1.4 표본공간 S에서 사건 $E_1, E_2, \cdots, E_n$ $(n \geq 2)$이 배반사건일 때 다음이 성립한다.

$$P(E_1 \cup E_2 \cup \cdots \cup E_n) = P(E_1) + P(E_2) + \cdots + P(E_n)$$

증 명 정리 5.1.5에 의하여

$$|E_1 \cup E_2 \cup \cdots \cup E_n| = |E_1| + |E_2| + \cdots + |E_n|$$

이므로 다음 등식이 성립한다.

$$\begin{aligned} P(E_1 \cup E_2 \cup \cdots \cup E_n) &= \frac{|E_1 \cup E_2 \cup \cdots \cup E_n|}{|S|} \\ &= \frac{|E_1| + |E_2| + \cdots + |E_n|}{|S|} \\ &= \frac{|E_1|}{|S|} + \frac{|E_2|}{|S|} + \cdots + \frac{|E_n|}{|S|} \\ &= P(E_1) + P(E_2) + \cdots + P(E_n) \end{aligned}$$

보기 6.1.1 크고 작은 두 개의 주사위를 동시에 던지는 실험에서 나오는 눈의 합이 6 인 사건을 E 라고 하자. 또, 두 주사위에서 나오는 눈이 각각 i, j 일 때 이것을 (i, j) 로 나타내고 E_1, E_2, E_3 를 다음과 같은 사건이라고 하자.

E_1 : 두 주사위에 나오는 눈이 (3, 3) 인 사건

E_2 : 두 주사위에 나오는 눈이 (2, 4), (4, 2) 인 사건

E_3 : 두 주사위에 나오는 눈이 (1, 5), (5, 1) 인 사건

이 때, 이 실험의 표본공간을 S 라고 하면,

$$S = \{(i, j) \mid 1 \le i \le 6,\ 1 \le j \le 6\}$$

이므로 $|S| = 36$ 이다.

그런데, $E = E_1 \cup E_2 \cup E_3$ 이고 E_1, E_2, E_3 는 배반사건이므로

$$|E| = |E_1| + |E_2| + |E_3| = 1 + 2 + 2 = 5$$

이고 따라서 $P(E) = \dfrac{|E|}{|S|} = \dfrac{5}{36}$ 이다.

보기 6.1.2 세 자리 자연수를 써 놓은 카드를 임의로 택했을 때, 그 숫자가 5 의 배수일 확률을 구해 보자.

세 자리 자연수는 100 부터 999 까지의 900 개이고 이들 자연수 중에서 5 의 배수인 것은 다음과 같다(정리 2.7.9).

$$\left[\frac{999}{5}\right] - \left[\frac{99}{5}\right] = 199 - 19 = 180$$

따라서 구하는 확률은 $\dfrac{180}{900} = \dfrac{1}{5}$ 이다.

$$\begin{array}{ccccccc} 95 & \cdots & 100 & \cdots\cdots\cdots & 995 & \cdots & 999 \\ \uparrow & & \uparrow & & \uparrow & & \\ 5 \cdot 19 & & 5 \cdot 20 & & 5 \cdot 199 & & \end{array}$$

한 실험에서 일어난 결과가 두 가지 뿐일 때, 이 실험을 **베르누이 실험**(Bernoulli trial)이라고 한다. 이 실험에서 한 가지 결과가 일어날 확률이 p

이면, 다른 하나가 일어날 확률은 $q = 1 - p$ 이다.

예를 들면, 동전을 던지는 실험에서 일어나는 결과는 앞면이 나오거나 또는 뒷면이 나오므로 이 실험은 베르누이 실험이다.

정리 6.1.5 한 Bernoulli 실험에서 성공할 확률이 p 일 때, 이러한 실험을 독립적으로 n 번 시행하여 k 번 성공할 확률은 다음과 같다.

$$\binom{n}{k} p^k (1-p)^{n-k}$$

증 명 이 실험을 n 번 시행할 때 일어나는 결과를 순서 n 조

$$(t_1, t_2, \cdots, t_n)$$

으로 나타내자. 여기서 각 t_i 는 성공 또는 실패를 뜻한다.

그런데, 순서 n 조 $(t_1, t_2, \cdots, t_n)$ 에서 k 개의 성분이 성공인 경우의 수는 n 개 중에서 k 를 택하는 조합의 개수 $\binom{n}{k}$ 와 같고 이 각각에 대하여 이러날 확률은 $p^k (1-p)^{n-k}$ 이다.

따라서 n 번 시행하여 k 번 성공할 확률은 다음과 같다.

$$\binom{n}{k} p^k (1-p)^{n-k}$$

보기 6.1.3 어떤 동전을 한 번 던질 때 앞면이 나올 확률이 $\frac{2}{3}$ 인 경우에, 이 동전을 독립적으로 7 번 던져 앞면이 4 번 나올 확률은 다음과 같다.

$$\begin{aligned} &\binom{7}{4} (\frac{2}{3})^4 (\frac{1}{3})^3 \\ &= \frac{7 \cdot 6 \cdot 5 \cdot 4}{4 \cdot 3 \cdot 2 \cdot 1} \frac{2^4}{3^7} \\ &= 35 \cdot \frac{16}{3^7} = \frac{560}{2187} \end{aligned}$$

연 습 문 제 (6.1)

1. 크고 작은 두 주사위를 동시에 던지는 실험에서 나오는 눈의 합이 6 인 사건과 두 눈의 합이 8 인 사건을 각각 E, F 라고 할 때, 다음 물음에 답하여라.
   (1) 확률 $P(E)$ 와 확률 $P(F)$ 를 구하여라.
   (2) 나오는 눈의 합이 6 또는 8 일 확률을 구하여라.

2. 빨간 공, 파란 공, 흰 공이 각각 한 개씩 들어 있는 두 주머니에서 주머니를 무심코 택한 후에 공 한 개를 꺼내 그 색을 확인한 후에 도로 집어넣은 다음에 다시 공 한 개를 꺼내 보는 실험에 대하여 다음 물음에 답하여라.
   (1) 이 실험의 표본공간 S를 말하여라.
   (2) 꺼낸 공이 빨간 공과 파란 공인 사건을 S 의 부분집합 E 로 나타내고 E 의 확률을 구하여라.
   (3) 꺼낸 두 공의 색이 서로 다른 사건을 S 의 부분집합 F 로 니타내고 또 F 의 확률을 구하여라.

3. 두 자리 자연수 중에서 3 의 배수인 수는 모두 몇 개 있는지 말하고, 두 자리 자연수 중에서 임의로 택한 수가 3 의 배수일 확률을 구하여라.
   또, 두 자리 자연수 중에서 임의로 택한 수가 4 의 배수일 확률을 구하여라.

4. 주사위의 여섯 면 가운데 두 면씩 빨간 색, 파란 색, 노란 색을 칠한 후에 이 주사위를 세 번 던졌을 때 나오는 색을 확인하는 실험에서 다음 물음에 답하여라.
   (1) 세 번 모두 서로 다른 색이 나오는 사건의 확률을 구하여라
   (2) 두 번만 서로 같은 색이 나오는 사건의 확률을 구하여라.

5. 한 Bernoulli 실험에서 성공할 확률이 p 일 때, 이 실험을 독립적으로 n 번 시행하는 경우에 다음 확률을 구하여라.
   (1) 한 번도 실패하지 않을 확률 (2) 적어도 한 번 실패할 확률
   (3) 많아야 한 번 실패할 확률 (4) 적어도 두 번 실패할 확률

§6.2 공리론적 확률

이제까지는 표본공간의 가능한 모든 결과가 같은 정도로 일어난다는 전제 아래에서 확률을 논하였다. 이 절에서는, Kolmogorov가 제안한 공리(公理, axiom)로 확률을 정의하고 이에 관한 성질을 논하기로 한다.

표본공간 S에서 사건 전체의 집합은 S의 멱집합 $\mathscr{P}(S)$ 이다.

공리 6.2.1 (확률 공리, 確率 公理) 표본공간 S에서 각 사건 E에 대하여 실수 $P(E)$ 를 대응시키는 함수

$$P: \ \mathscr{P}(S) \longrightarrow \mathbb{R}$$

가 다음 세 조건을 만족시킬 때, 이 함수를 **확률함수**(確率函數, probability function)라고 한다.

(i) $0 \leq P(E) \leq 1$

(ii) $P(\varnothing) = 0, \quad P(S) = 1$

(iii) E, F가 서로 소이면, $P(E \cup F) = P(E) + P(F)$ 이다.

그리고, $P(E)$ 를 사건 E의 **확률**(確率, probability)이라고 한다.

정리 6.2.1 표본공간 S에서 두 사건 E, F에 대하여 다음이 성립한다.

(1) $E' = S - E$이면, $P(E') = 1 - P(E)$ 이다.

(2) $F \subseteq E$이면, 다음 두 등식이 성립한다.

$$P(E) = P(F) + P(E-F), \quad P(E-F) = P(E) - P(F)$$

증 명 (1) 분명히 $E \cup E' = S$, $E \cap E' = \varnothing$이므로 공리 6.2.1에 의하여

$$1 = P(S) = P(E) + P(E')$$

이고 따라서 $P(E') = 1 - P(E)$ 이다.

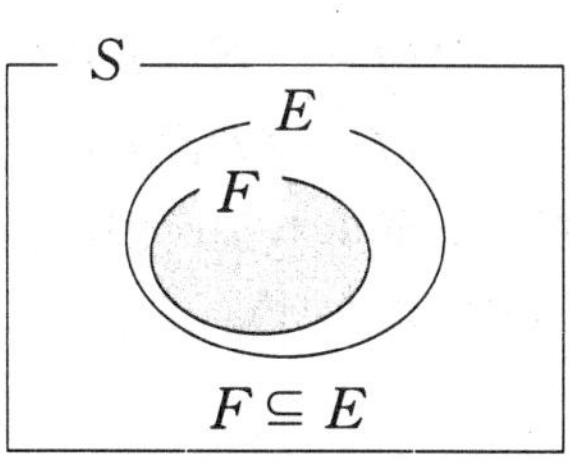

(2) $F \subseteq E$이면,

$$E = F \cup (E-F), \quad F \cap (E-F) = \varnothing$$

이므로 공리 6.2.1에 의하여 다음이 성립한다.

$$P(E) = P(F) + P(E-F) \quad \text{즉} \quad P(E-F) = P(E) - P(F)$$

정리 6.2.2 표본공간 S에서 사건 $E_1, E_2, \cdots, E_n$ $(n \geq 2)$ 이 쌍마다 서로 소일 때 다음이 성립한다.

$$P(E_1 \cup E_2 \cup \cdots \cup E_n) = P(E_1) + P(E_2) + \cdots + P(E_n)$$

증 명 공리 6.2.1 에 의하여 $n = 2$ 일 때 정리가 성립한다.

이제 $n = k \geq 2$ 일 때 정리가 성립한다고 가정하자. 이 때,

$$P(E_1 \cup E_2 \cup \cdots \cup E_k) = P(E_1) + P(E_2) + \cdots + P(E_k)$$

이고 또 정리 1.2.7 에 의하여

$$\begin{aligned}&(E_1 \cup E_2 \cup \cdots \cup E_k) \cap E_{k+1}\\ &= (E_1 \cap E_{k+1}) \cup (E_2 \cap E_{k+1}) \cup \cdots \cup (E_k \cap E_{k+1}) = \varnothing\end{aligned}$$

이므로 공리 6.2.1 에 의하여 다음이 성립한다.

$$\begin{aligned}&P(E_1 \cup E_2 \cup \cdots \cup E_k \cup E_{k+1})\\ &= P((E_1 \cup E_2 \cup \cdots \cup E_k) \cup E_{k+1})\\ &= P(E_1 \cup E_2 \cup \cdots \cup E_k) + P(E_{k+1})\\ &= P(E_1) + P(E_2) + \cdots + P(E_k) + P(E_{k+1})\end{aligned}$$

따라서 모든 양의 정수 n에 대하여 정리가 성립한다(정리 1.2.3 참조).

정리 6.2.3 표본공간 S에서 두 사건 E, F 에 대하여 다음이 성립한다.

$$P(E \cup F) = P(E) + P(F) - P(E \cap F)$$

증 명 사건 $E \cup F$ 는 쌍마다 서로 소인 세 사건

$E - (E \cap F)$, $E \cap F$, $F - (E \cap F)$

로 분할되고

$$(E - (E \cap F)) \subseteq E,$$
$$(F - (E \cap F)) \subseteq F$$

이므로 공리 6.2.1, 정리 6.2.2 에 의하여 다음이 성립한다

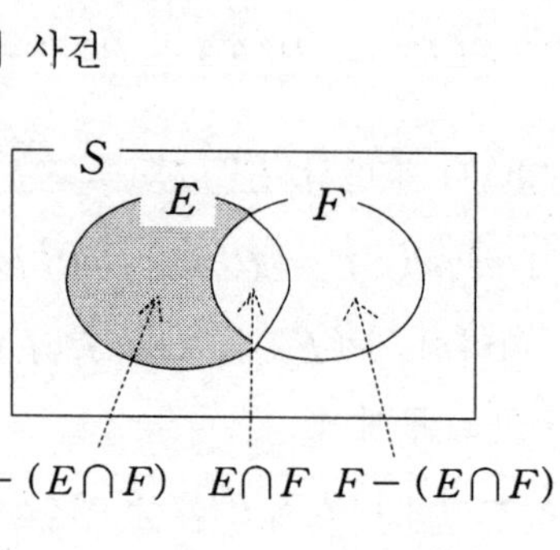

$$\begin{aligned} P(E \cup F) &= P(E-(E \cap F)) + P(E \cap F) + P(F-(E \cap F)) \\ &= P(E) - P(E \cap F) + P(E \cap F) + P(F) - P(E \cap F)) \\ &= P(E) + P(F) - P(E \cap F) \end{aligned}$$

보기 6.2.1 표본공간 S에서 세 사건 A, B, $C = S - (A \cup B)$에 대하여

$$P(A) = 0.4, \ P(B) = 0.5, \ P(A \cap B) = 0.2$$

일 때, 다음이 성립한다.

$$\begin{aligned} P(A \cap B) &= P(A) + P(B) - P(A \cap B) \\ &= 0.4 + 0.5 - 0.2 = 0.9, \\ P(C) &= 1 - P(A \cup B) = 1 - 0.7 = 0.3 \end{aligned}$$

이제까지 공리에 따라 전개한 정리는 앞 절에서 논한 정리와 동일하다. 실제로, 표본공간이 $S = \{s_1, s_2, \cdots, s_n\}$, $|S| = n$일 때, n개의 사건 $\{s_1\}$, $\{s_2\}$, $\cdots$, $\{s_n\}$은 쌍마다 서로 소이므로 정리 6.2.2, 공리 6.2.1에 의하여 다음이 성립한다.

$$\begin{aligned} &P(\{s_1\}) + P(\{s_2\}) + \cdots + P(\{s_n\}) \\ &= P(\{s_1, s_2, \cdots, s_n\}) = P(S) = 1 \end{aligned}$$

이제 $s_1, s_2, \cdots, s_n$이 모두 같은 정도로 일어난다고 가정하면,

$$P(\{s_1\}) = P(\{s_2\}) = \cdots = P(\{s_n\})$$

이므로 $P(\{s_1\}) = P(\{s_2\}) = \cdots = P(\{s_n\}) = \dfrac{1}{n}$이다.

따라서 $E = \{s_{i_1}, s_{i_2}, \cdots, s_{i_m}\}$, $|E| = m$일 때, 다음이 성립한다.

$$P(E) = P(\{s_{i_1}\}) + P(\{s_{i_2}\}) + \cdots + P(\{s_{i_m}\}) = \frac{m}{n} = \frac{|E|}{|S|}$$

이 결과는 정의 6.1.1과 일치한다.

보기 6.2.2 도박꾼이 동전을 한 번 던질 때마다 앞면이 나오면 1000원의 이득을 얻고 뒷면이 나오면 1000원의 손실을 본다고 하고, 1000 M원이 되면 동전 던지기를 그만 두기로 작정했다고 하자.

그리고, $1000m$ 원이 남아 있을 때 동전 던지기를 행하여 망할 확률을 P_m 이라고 하면, $P_0 = 1$, $P_M = 0$ 이고 $1000(t+1)$ 원을 가지고 있을 때 동전 던지기를 행하는 경우에 앞면과 뒷면이 나오는 확률은 각각 $\frac{1}{2}$ 이고 앞면이 나오면 $1000(t+2)$ 원을 기지고 있게 되고 뒷면이 나오면 $1000t$ 원을 가지고 있게 되므로 다음이 성립한다.

$$P_{t+1} = \frac{1}{2}P_{t+2} + \frac{1}{2}P_t \qquad (0 \le t \le M-2)$$

즉

$$P_{t+2} = 2P_{t+1} - P_t \qquad (0 \le t \le M-2)$$

그런데, 위의 선형점화식을 만족시키는 무한수열 $\{P_t\}$ 의 고유방정식

$$x^2 - 2x + 1 = 0$$

은 중근 $x = 1$ 을 가지므로 정리 4.4.6 에 의하여 P_t 는 다음과 같다.

$$P_t = (a + bt)1^t = a + bt \qquad (t = 0, 1, 2, \cdots)$$

그런데, $P_0 = 1$, $P_M = 0$ 이므로

$$1 = a, \qquad 0 = a + bM$$

이고 따라서 다음이 성립한다.

$$P_t = 1 - \frac{t}{M} = \frac{M-t}{M} \qquad (t = 0, 1, 2, \cdots)$$

예를 들어 지참한 돈이 $1000 \cdot 100$ ($= 100000$) 원이 되면 동전 던지기를 그만 두기로 작정한 사람이 $1000 \cdot 20$ ($= 20000$) 원을 가지고 있을 때 동전 던지기를 행하여 망할 확률은 다음과 같다.

$$P_{20} = \frac{100-20}{100} = \frac{80}{100} = 0.8$$

정의 6.2.4 한 실험의 표본공간이 $S = \{s_1, s_2, \cdots, s_n\}$, $|S| = n$ 이고 $s_1, s_2, \cdots, s_n$ 이 실수이고 이들이 일어날 확률이 각각 $p_1, p_2, \cdots, p_n$ 일 때,

$$\sum_{i=1}^{n} s_i p_i = s_1p_1 + s_2p_2 + \cdots + s_np_n$$

을 이 실험의 **期待값**(expected value)이라고 한다.

보기 6.2.3 다음과 같은 상금이 걸려 있는 500 원짜리 복권을 500,000명이 샀다고 하자.

1 등 한 장	상금 1 억,
2 등 10 장	1 장당 상금 10만원,
3 등 1000 장	1 장당 상금 5 만원,
4 등 10000 만장	1 장당 1000 원

이 때, 각 복권 한 장이 당첨될 확률은

$$\frac{1}{500000}$$

이고 이 복금을 구입한 사람의 이익금은 다음과 같다(복권값 500 원 삭감).

1등 당첨자 1 명	:	99,999,500 원
2등 당첨자 10 명	:	99,500 원
3등 당첨자 1000 명	:	49,500 원
4등 당첨자 10000 명	:	500 원
비당첨자 488989 명	:	− 500 원

따라서 期待값은 다음과 같다.

$$\begin{aligned}&(99999500 + 995000 + 49500000 + 5000000 \\ &\qquad + (-500)\,488989)\frac{1}{500000} \\ &= -178\ (\text{원})\end{aligned}$$

연 습 문 제 (6.2)

1. 표본공간 S에서 세 사건 A, B, C가 쌍마다 서로 소이고 또

$$S = A \cup B \cup C, \quad P(A) = 0.3, \quad P(B) = 0.5$$

일 때, 다음 확률을 구하여라

(1) $P(A \cup B)$ (2) $P(C)$

2. 표본공간 S에서 두 사건 E, F에 대하여 다음이 성립함을 증명하여라.

(1) $F \subseteq E$이면, $P(F) \leq P(E)$이다.

(2) $P(E-F) = P(E) - P(E \cap F)$

3. 표본공간 S에서 두 사건 E, F에 대하여 다음이 성립함을 증명하여라.

$$P(E) + P(F) - 1 \leq P(E \cap F)$$

4. 표본공간 S에서 사건 $E_1, E_2, \cdots, E_n$ $(n \geq 2)$에 대하여 다음이 성립함을 증명하여라.

$$P(E_1) + P(E_2) + \cdots + P(E_n) - (n-1) \leq P(E_1 \cap E_2 \cap \cdots \cap E_n)$$

5. 표본공간 S에서 두 사건 E, F에 대하여 다음이 성립함을 증명하여라.

$$P(E \cup F) \leq P(E) + P(F)$$

6. 표본공간 S에서 사건 $E_1, E_2, \cdots, E_n$ $(n \geq 2)$에 대하여 다음이 성립함을 증명하여라.

$$P(E_1 \cup E_2 \cup \cdots \cup E_n) \leq P(E_1) + P(E_2) + \cdots + P(E_n)$$

7. 두 주사위를 동시에 던졌을 때 나오는 눈의 합의 期待값을 구하여라.

8. 주머니에 들어 있는 4개의 공에 각각 숫자 2, 2, 5, 6가 써 있을 때, 이 주머니에서 무심코 공 두 개를 꺼내어 나오는 숫자의 합의 期待값을 구하여라.

§6.3 Bayes 의 정리

이 절에서는, 조건부 확률과 Bays 의 정리, 독립사건 등에 대하여 논한다.

정의 6.3.1 표본공간 S 에서 두 사건 E, F 에 대하여 $P(E) \neq 0$ 일 때,

$$P(F|E) = \frac{P(E \cap F)}{P(E)}$$

를 사건 E 에 대한 F 의 **조건부 확률**(條件附 確率, conditional probability)이라고 한다.

위에 정의에서 $P(F|E)$ 는 사건 E 가 일어났는 때 F 가 일어날 확률을 뜻하고 $P(E \cap F) = P(F|E)P(E)$ 이다. 마찬가지로, $P(F) \neq 0$ 일 때 다음이 성립한다.

$$P(E|F) = \frac{P(E \cap F)}{P(F)}, \quad P(E \cap F) = P(E|F)P(F)$$

보기 6.3.1 서로 다른 두 주사위를 동시에 던지는 실험에서 두 주사위에 모두 짝수가 나온다는 전제 아래 이 두 수의 합이 8 일 확률을 구해 보자.

이 실험의 표본공간을 S 라고 하면

$$S = \{(i, j) \mid 1 \leq i \leq 6,\ 1 \leq j \leq 6\}$$

이므로 $|S| = 36$ 이다. 그리고,

$$E = \{(i, j) \in S \mid i, j \text{는 모두 짝수}\},$$
$$F = \{(i, j) \in S \mid i + j = 8\}$$

이라고 하면,

$$E = \{(2, 2), (2, 4), (2, 6), (4, 2), (4, 4), (4, 6)$$
$$(6, 2), (6, 4), (6, 6)\},$$
$$F = \{(2, 6), (3, 5), (4, 4), (5, 3), (6, 2)\},$$
$$E \cap F = \{(2, 6), (4, 4), (6, 2)\}$$

이고, 따라서

$$P(E) = \frac{9}{36}, \quad P(F) = \frac{5}{36}, \quad P(E \cap F) = \frac{3}{36}$$

이므로 구하는 확률은 다음과 같다.

$$P(F|E) = \frac{P(E \cap F)}{P(E)} = \frac{3}{36} \cdot \frac{36}{9} = \frac{3}{9} = \frac{1}{3}$$

정리 6.3.2 (Bayes 의 정리) 표본공간 S 에서 사건 B 와 사건 E 에 대하여 $P(B) \neq 0$, $P(E) \neq 0$ 일 때, $B' = S - B$ 이라고 하면 다음 등식이 성립한다.

$$P(E) = P(E \mid B)P(B) + P(E \mid B')P(B'),$$

$$P(B \mid E) = \frac{P(E \cap B)}{P(E)}$$

$$= \frac{P(E \mid B)P(B)}{P(E \mid B)P(B) + P(E \mid B')P(B')}$$

증 명 정의 6.3.1 에 의하여

$$P(B \mid E) = \frac{P(E \cap B)}{P(E)}$$

이고 또 $P(E \mid B) = \dfrac{P(E \cap B)}{P(B)}$ 이므로 다음이 성립한다.

$$P(E \cap B) = P(E \mid B)P(B)$$

그리고, $S = B \cup B'$, $B \cap B' = \varnothing$ 이므로 정리 1.2.7 에 의하여

$$E = S \cap E = (B \cup B') \cap E = (B \cap E) \cup (B' \cap E)$$

$$(B \cap E) \cap (B' \cap E) = (B \cap B') \cap E = \varnothing \cap E = \varnothing$$

이므로 공리 6.2.1 에 의하여 다음이 성립한다.

$$P(E) = P(B \cap E) + P(B' \cap E)$$

$$= P(E \mid B)P(B) + P(E \mid B')P(B')$$

그러므로, 다음 등식이 성립한다.

$$P(B \mid E) = \frac{P(E \cap B)}{P(E)} = \frac{P(E \mid B)P(B)}{P(E \mid B)P(B) + P(E \mid B')P(B')}$$

보기 6.3.2 주머니 1 에는 빨간 공 3 개와 파란 공 4 개가 들어 있고, 주머니 2 에는 빨간 공 5 개와 파란 공 3 개가 들어 있다고 하자.

이 때, 두 주머니 중에서 임의로 하나를 택하고 택한 주머니에서 임의로 공 한 개를 꺼냈을 때 빨간 공이 나온 경우에 이 공이 첫째 주머니에서 나왔을 확률을 구해 보자. 이제 이 실험의 표본공간 S 를

$$S = \{(1, \text{빨간 공}), (1, \text{파란 공}), (2, \text{빨간 공}), (2, \text{파란 공})\}$$

이라고 하자. 이 때, 주머니 1 을 택하는 사건을 B 라 하고 또 빨간 공을 택하는 사건을 E 라고 하면 다음이 성립한다.

$$B = \{(1, \text{빨간 공}), (1, \text{파란 공})\}$$
$$B' = \{(2, \text{빨간 공}), (2, \text{파란 공})\}$$
$$E = \{(1, \text{빨간 공}), (2, \text{빨간 공})\}$$
$$E \cap B = \{(1, \text{빨간 공})\},$$
$$E \cap B' = \{(2, \text{빨간 공})\},$$
$$P(B) = \frac{1}{2}, \qquad P(B') = 1 - \frac{1}{2} = \frac{1}{2}$$
$$P(E \mid B) = \frac{3}{7}, \quad P(E \mid B') = \frac{5}{8}$$

그러므로,

$$P(E \cap B) = P(E \mid B)\,P(B) = \frac{3}{7} \cdot \frac{1}{2} = \frac{3}{14},$$
$$P(E \cap B') = P(E \mid B')\,P(B') = \frac{5}{8} \cdot \frac{1}{2} = \frac{5}{16},$$
$$P(E) = P(E \mid B)P(B) + P(E \mid B')P(B')$$
$$= \frac{3}{14} + \frac{5}{16} = \frac{59}{112}$$
$$P(B \mid E) = \frac{P(E \cap B)}{P(E)} = \frac{3}{14} \cdot \frac{112}{59} = \frac{336}{826} = 0.407$$

이고, 따라서 빨간 공이 나온 경우에 이 공이 첫째 주머니에서 나왔을 확률은 0.407 이다.

앞에서 논한 Bayes 의 정리는 다음과 같이 일반화할 수 있고, 이에 대한 증명은 정리 6.3.2 의 증명과 본질적으로 동일하다.

정리 6.3.3 (Bayes 의 정리의 일반화) 표본공간 S가 쌍마다 서로 소인 n 개의 사건 $B_1, B_2, \cdots, B_n$ 으로 분할되어 있다고 하자. 즉,

$$S = B_1 \cup B_2 \cup \cdots \cup B_n, \quad B_i \cap B_j = \varnothing \quad (1 \le i \ne j \le n)$$

그리고, 모든 i $(1 \le i \le n)$ 에 대하여 $P(B_i) \ne 0$ 일 때, 사건 E 에 대하여 $P(E) \ne 0$ 이면

$$P(E) = P(E \mid B_1)P(B_1) + P(E \mid B_2)P(B_2) + \cdots + P(E \mid B_n)P(B_n)$$

이고 각 i $(1 \le i \le n)$ 에 대하여 다음이 성립한다.

$$P(B_i \mid E) = \frac{P(E \cap B_i)}{P(E)}$$

$$= \frac{P(E \mid B_i)\,P(B_i)}{P(E \mid B_1)P(B_1) + P(E \mid B_2)P(B_2) + \cdots + P(E \mid B_n)P(B_n)}$$

증 명 정의 6.3.1 에 의하여

$$P(B_i \mid E) = \frac{P(E \cap B_i)}{P(E)} \qquad (1 \le i \le n)$$

이고 또 $P(E \mid B_i) = \dfrac{P(E \cap B_i)}{P(B_i)}$ 이므로 다음이 성립한다.

$$P(E \cap B_i) = P(E \mid B_i)P(B_i) \qquad (1 \le i \le n)$$

그런데, 가정에 의하여

$$S = B_1 \cup B_2 \cup \cdots \cup B_n, \quad B_i \cap B_j = \varnothing \quad (1 \le i \ne j \le n)$$

이므로 정리 1.2.7 에 의하여

$$E = S \cap E = (B_1 \cup B_2 \cup \cdots \cup B_n) \cap E$$
$$= (B_1 \cap E) \cup (B_2 \cap E) \cup \cdots \cup (B_n \cap E)$$

이고 또 다음이 성립한다.

$$(B_1 \cap E) \cap (B_2 \cap E) \cap \cdots \cap (B_n \cap E)$$
$$= (B_1 \cap B_2 \cap \cdots \cap B_n) \cap E = \varnothing \cap E = \varnothing$$

그러므로, 정리 6.2.2 에 의하여 확률 $P(E)$ 는 다음과 같다.

$$P(E)$$
$$= P(E \cap B_1) + P(E \cap B_2) + \cdots + P(E \cap B_n)$$
$$= P(E \mid B_1)P(B_1) + P(E \mid B_2)P(B_2) + \cdots + P(E \mid B_n)P(B_n)$$

그러므로, 각 정수 i $(1 \le i \le n)$ 에 대하여 다음이 성립한다.

$$P(B_i \mid E) = \frac{P(E \cap B_i)}{P(E)}$$
$$= \frac{P(E \mid B_i)P(B_i)}{P(E \mid B_1)P(B_1) + P(E \mid B_2)P(B_2) + \cdots + P(E \mid B_n)P(B_n)}$$

정의 6.3.4 표본공간 S 에서 두 사건 E, F 에 대하여

$$P(E \cap F) = P(E)P(F)$$

일 때, 이 두 사건은 **독립사건**(獨立事件, independent event)이라고 한다.

앞의 정의에서

$$P(E \cap F) = P(E \mid F)P(F), \quad P(E \cap F) = P(F \mid E)P(E)$$

이므로 $P(E) \neq 0$, $P(F) \neq 0$ 인 경우에 다음 두 조건은 서로 동치이다.

(1) E, F 는 독립사건이다. 즉, $P(E \cap F) = P(E)P(F)$

(2) $P(E \mid F) = P(E)$

(3) $P(F \mid E) = P(F)$

동전 두 개를 동시에 임의로(randomly) 던지는 실험에서 첫째 동전의 결과와 둘째 동전의 결과는 서로 아무런 영향을 주지 않는다. 예를 들어, 첫째 동전에서 앞면이 나오는 사건을 E 라 하고 또 둘째 동전에서 앞면이 나오는 사건을 F 라고 하면,

$$P(E \mid F) = P(E), \quad P(F \mid E) = P(F)$$

라는 의미에서 두 사건 E, F 는 서로 독립적(獨立的, independent)이다.

정리 6.3.5 표본공간 S 에서 두 사건 E, F 가 독립사건이면, E 의 여사건 E' 과 F 는 독립사건이다.

증 명 가정에 의하여 $P(E \cap F) = P(E)\,P(F)$ 이고, 또

$$F = S \cap F = (E \cup E') \cap F = (E \cap F) \cup (E' \cap F),$$
$$(E \cap F) \cap (E' \cap F) = E \cap E' \cap F = \varnothing \cap F = \varnothing$$

이므로 정리 6.2.1 에 의하여

$$P(F) = P(E \cap F) + P(E' \cap F), \quad P(E') = 1 - P(E)$$

이므로 다음이 성립한다.

$$\begin{aligned} P(E' \cap F) &= P(F) - P(E \cap F) \\ &= P(F) - P(E)\,P(F) \\ &= (1 - P(E))\,P(F) = P(E')\,P(F) \end{aligned}$$

그러므로, 두 사건 E', F 는 독립사건이다.

앞의 정리에 의하여 표본공간 S 에서 두 사건 E, F 가 서로 독립사건이면, 두 사건 E', F 는 독립사건이고 또 두 사건 E, F' 도 독립사건이며 두 사건 E', F' 도 독립사건이다.

보기 6.3.3 두 동전을 동시에 던지는 실험에서 각 동전을 던질 때 앞면이 나올 확률이 0.7 이라고 하자. 이 때, 표본공간은

$$S = \{(\text{앞면}, \text{앞면}), (\text{앞면}, \text{뒷면}), (\text{뒷면}, \text{앞면}), (\text{뒷면}, \text{뒷면})\}$$

이고 첫째 동전에서 앞면이 나오는 사건을 E 라 하고 둘째 동전에서 앞면이 나오는 사건을 F 라고 하면

$$E = \{(\text{앞면}, \text{앞면}), (\text{앞면}, \text{뒷면})\},$$
$$F = \{(\text{앞면}, \text{앞면}), (\text{뒷면}, \text{앞면})\}$$

이고 두 사건 E, F 는 서로 독립사건이고 따라서 두 사건 E', F 는 서로 독립사건이며 두 사건 E', F' 도 서로 독립사건이다(정의 6.3.4 의 아래).

(1) 두 동전에서 모두 앞면이 나오는 사건은 $E \cap F$ 이다.

그런데, 두 사건 E, F 는 서로 독립사건이므로 두 동전에서 모두 앞면이 나올 확률은 다음과 같다.

$$P(E \cap F) = P(E)\,P(F) = (0.7) \cdot (0.7) = 0.49$$

(2) 한 동전에서만 앞면이 나오는 사건은 $(E' \cap F) \cup (E \cap F')$ 이고 $(E' \cap F) \cap (E \cap F') = \varnothing$ 이다.

따라서 두 동전 중에서 하나에서만 앞면이 나올 확률은 다음과 같다.

$$\begin{aligned} & P((E' \cap F) \cup (E \cap F')) \\ &= P(E' \cap F) + P(E \cap F') \\ &= P(E')P(F) + P(E)P(F') \\ &= (0.3) \cdot (0.7) + (0.7) \cdot (0.3) = 0.42 \end{aligned}$$

(3) 두 동전에서 모두 뒷면이 나오는 사건은 $E' \cap F'$ 이고 또 E', F' 은 서로 독립사건이므로, 두 동전에서 모두 뒷면이 나올 확률은 다음과 같다.

$$P(E' \cap F') = P(E')P(F') = (0.3) \cdot (0.3) = 0.09$$

정의 6.3.6 표본공간 S 에서 사건 $E_1, E_2, \cdots, E_m$ 에 대하여 다음이 성립할 때, $E_1, E_2, \cdots, E_m$ 은 **쌍마다 서로 독립적**(pairwise independent) 이라고 한다.

$$p(E_i \cap E_j) = p(E_i)p(E_j) \qquad (1 \le i < j \le m)$$

정의 6.3.7 표본공간 S 에서 사건 $E_1, E_2, \cdots, E_n$ $(n \ge 2)$ 에 대하여 다음이 성립할 때, 사건 $E_1, E_2, \cdots, E_n$ 은 **상호 독립적**(相互獨立的, mutually independent)이라고 한다.

$$p(E_{i_1} \cap E_{i_2} \cap \cdots \cap E_{i_k}) = p(E_{i_1})p(E_{i_2}) \cdots p(E_{i_k})$$
$$(2 \le k \le n,\ 1 \le i_1 < i_2 < \cdots < i_k \le n)$$

위의 정의에서 $E_1, E_2, \cdots, E_m$ 이 상호 독립적인 사건이면,

$$p(E_i \cap E_j) = p(E_i)p(E_j) \qquad (1 \le i \ne j \le n)$$

$$p(E_1 \cap E_2 \cap \cdots \cap E_n) = p(E_1)p(E_2) \cdots p(E_n)$$

이므로 $E_1, E_2, \cdots, E_n$ 은 쌍마다 서로 독립적인 사건이고 또 어느 한 사건이 일어나고 일어나지 않음이 다른 사건의 일어나고 일어나지 않음에 영향을 미치지 않는다.

보기 6.3.4 동전 두 개를 동시에 던지는 실험에서

첫째 동전에서 앞면이 나오는 사건을 E_1,

둘째 동전에서 앞면이 나오는 사건을 E_2,

두 동전 모두 앞면이 나오거나 뒷면이 나오는 사건을 E_3

이라고 하자. 이 때, 표본공간은

$$S = \{(\text{앞면}, \text{앞면}), (\text{앞면}, \text{뒷면}), (\text{뒷면}, \text{앞면}), (\text{뒷면}, \text{뒷면})\}$$

이고

$$E_1 = \{(\text{앞면}, \text{앞면}), (\text{앞면}, \text{뒷면})\},$$
$$E_2 = \{(\text{앞면}, \text{앞면}), (\text{뒷면}, \text{앞면})\},$$
$$E_3 = \{(\text{앞면}, \text{앞면}), (\text{뒷면}, \text{뒷면})\}$$

이므로

$$E_1 \cap E_2 = \{(\text{앞면}, \text{앞면})\},$$
$$E_1 \cap E_3 = \{(\text{앞면}, \text{앞면})\},$$
$$E_2 \cap E_3 = \{(\text{앞면}, \text{앞면})\},$$
$$E_1 \cap E_2 \cap E_3 = \{(\text{앞면}, \text{앞면})\}$$

이고 따라서 다음이 성립한다.

$$P(E_1 \cap E_2) = \frac{1}{4} = \frac{1}{2} \cdot \frac{1}{2} = P(E_1)\,P(E_2),$$
$$P(E_1 \cap E_3) = \frac{1}{4} = \frac{1}{2} \cdot \frac{1}{2} = P(E_1)\,P(E_3),$$
$$P(E_2 \cap E_3) = \frac{1}{4} = \frac{1}{2} \cdot \frac{1}{2} = P(E_2)\,P(E_3)$$

그러므로, 세 사건 E_1, E_2, E_3 는 쌍마다 서로 독립적이다. 그러나,

$$P(E_1 \cap E_2 \cap E_3) = \frac{1}{4},$$
$$P(E_1)\,P(E_2)\,P(E_3) = \frac{1}{2} \cdot \frac{1}{2} \cdot \frac{1}{2}$$

이고 따라서

$$P(E_1 \cap E_2 \cap E_3) \neq P(E_1)\,P(E_2)\,P(E_3)$$

이므로 E_1, E_2, E_3 는 상호 독립적인 사건이 아니다.

연 습 문 제 (6.3)

1. 표본공간 S에서 두사건 E, F에 대하여 $P(E \mid F) = \frac{1}{2}$, $P(E \cap F) = \frac{1}{6}$ 일 때, $P(F)$ 를 구하여라.

2. 두 차례 치른 시험에서 첫 번째 시험에서 A를 받은 학생은 전체의 25퍼센트이고 첫 번째와 두 번째 시험에서 모두 A를 받은 핵생은 전체의 15 퍼센트라고 한다. 첫 번째 시험에서 A를 받은 학생 중에서 두 번째 시험에서도 A를 받은 학생은 몇 퍼센트인지 말하여라.

3. 표본공간이 S에서 두 사건 E, B에 대하여 $P(E) \neq 0$, $B' = S - B$일 때, $P(B' \mid E) = 1 - P(B \mid E)$ 임을 증명하여라.

4. 표본공간이 S에서 두 사건 E, F에 대하여 $F' = S - F$일 때 다음 등식이 성립함을 증명하여라.

$$P(E \mid F') = \frac{P(E) - P(E \mid F)\, P(F)}{1 - P(F)}$$

5. 빨간 공 25개와 파란 공 15가 들어 있는 주머니에서 두 차례 연이어 공을 꺼내 보는 실험에 대하여 다음 확률은 구하여라.

   (1) 두 번 모두 빨간 공이 나올 확률
   (2) 첫 번째에 빨간 공이 나오고 두 번째에는 파란 공이 나올 확률
   (3) 첫 번째에 파란 공이 나오고 두 번째에는 빨간 공이 나올 확률
   (4) 두 번 모두 파란 공이 나올 확률
   (5) 두 번째에 빨간 공이 나올 확률
   (6) 적어도 한 번 빨간 공이 나올 확률

6. 빨간 공 7와 파란 공 3개가 들어 있는 주머니에서 공을 임의로 한 개씩 연이어 두 번 꺼낼 때 다음 확률을 구하여라.

   (1) 두 번 모두 빨간 공이 나올 확률
   (2) 두 번 모두 파란 공이 나올 확률
   (3) 한 번은 빨간 공이 나오고 한 번은 파란 공이 나올 확률

7. 첫째 주머니에 파란 공 12개와 흰 공 7개가 들어 있고 둘째 주머니에 파란 공 8개와 흰 공 19개가 들어 있을 때, 임의로 주머니 한 개를 택하여 그 주머니에서 공 한 개를 꺼낸다고 하자.

(1) 꺼낸 공이 파란 공일 확률을 구하여라.

(2) 꺼낸 공이 파란 공인 경우에 그 공이 첫째 주머니에서 나왔을 확률을 구하여라.

8. 표본공간 S에서 두 사건 E, F에 대하여

$$P(E \mid F) = P(E), \qquad P(E) \neq 0$$

이면, $P(F \mid E) = P(F)$ 임을 증명하여라.

9. 표본공간 S에서 두 사건 E, F에 대하여

$$P(E \cap F) = P(E)\,P(F), \qquad P(E) \neq 0,\ P(F) \neq 0$$

이면,

$$P(E \mid F) = P(E), \quad P(F \mid E) = P(F)$$

임을 증명하여라.

10. 크기가 다른 두 주사위를 동시에 던져서 큰 주사위에서 눈금 2가 나오는 사건을 E라 하고 작은 주사위에서 눈금 4 또는 5가 나오는 사건을 F라고 할 때,

$$P(E \mid F) = P(E), \quad P(F \mid E) = P(F)$$

임을 밝혀라.

11. 큰 동전을 던져서 앞면이 나올 확률은 $\frac{1}{3}$이고 작은 동전을 던져서 앞면이 나올 확률이 $\frac{1}{5}$ 인 경우에 이들 두 동전을 던졌을 때 다음 확률을 구하여라.

(1) 두 동전에서 모두 앞면이 나올 확률

(2) 한 동전에서만 앞면이 나올 확률

(3) 두 동전에서 모두 뒷면이 나올 확률

제 7 장

알고리즘

이 장에서는, 여러 가지 유형의 알고리즘을 소개하고 또 알고리즘의 시간 복잡도에 대하여 논한다.

실제로, 덧셈과 곱셈, 다항식에 관한 몇 가지 알고리즘을 소개하고 또 여러 가지 검색 알고리즘과 정렬 알고리즘의 특성에 대하여 논하며 순열과 조합의 정렬에 관한 알고리즘을 소개한다. 또한, 알고리즘의 시간 복잡도에 대하여 논하고

$$f(x) = O(g(x)), \quad f(x) \asymp g(x)$$

에 관한 정리를 증명하며, 유클리드 알고리즘의 시간 복잡도를 구체적으로 계산한다.

§7.1 알고리즘

알고리즘(algorithm)은 주로 산술적 법칙을 뜻하였으나, 오늘날에 알고리즘은 보다 더 일반적인 의미로 일련의 정확한 계산 또는 문제해결의 절차(節次, procedure)와 동일한 의미로 사용된다. 알고리즘의 요체는 입력(入力, input), 출력(出力, output)과 입력을 출력으로 전환시키는 일련의 명확한 단계들로 이루어져 있다.

이 절에서는 몇 가지 알고리즘을 전자계산기 프로그래밍 언어가 아닌 일상적인 표현으로 설명하기로 한다.

알고리즘 7.1.1 다음은 정수 $a_1, a_2, \cdots, a_n$ 의 합

$$S = a_1 + a_2 + \cdots + a_n$$

의 값을 구하는 알고리즘이다.

단계 1 : $S = 0$ 으로 놓는다.

단계 2 : $i = 1$ 에서 $i = n$ 까지에 대하여(for $i = 1$ to n) $S + a_i$ 를 계산하고 이것을 새로 S 로 바꾸어 놓는다.

단계 3 : S 를 출력한다.

여기서, 단계 2를 **루프**(loop)라고 한다. 위의 알고리즘에서

$$a_1,\ a_1 + a_2,\ (a_1 + a_2) + a_3,\ (a_1 + a_2 + a_3 + \cdots + a_{n-1}) + a_n$$

을 순차적으로 계산한다.

보기 7.1.1 알고리즘 7.1.1 에 따라 합 $S = 2 + 3 + 4 + 5$ 을 구해 보자.

단계 1 에서 $S = 0$ 부터 시작한다.

단계 2 에서, $i = 1$ 로 놓고 $S + 2 = 0 + 2$ 를 새로 S 로 바꾼다.

다음에 $i = 2$ 로 $S + 3 = 2 + 3 = 5$ 를 새로 S 로 바꾼다.

마찬가지로, $i = 3$ 으로 되고 $S + 4 = 5 + 4 = 9$ 를 새로 S 로 바꾸고,

다음에 $i = 4$ 로 바꾸고 또 $S + 5 = 5 + 5 = 10$ 을 새로 S 로 바꾼다.

이제 $i = 4$ 이므로, 단계 3 으로 넘어가서 $S = 10$ 을 출력한다.

알고리즘 7.1.2 ($b = a^n$ 인 b 의 계산)

단계 1 : $b = 1$ 이라고 놓는다.

단계 2 : $n = 0$ 이면, b 로 돌아와서 계산을 끝낸다.

단계 3 : n 이 홀수인 경우에는 $c = ba$ 를 구하여 이 값을 새로 b 로 놓고, $n-1$ 을 새로 n 으로 놓아 단계 2 로 간다.

단계 4 : n 이 짝수인 경우에는 $c = a^2$ 을 구하여 이 값을 새로 a 로 놓고, 또 $\frac{n}{2}$ 을 n 으로 놓아 단계 2 로 간다.

보기 7.1.2 오른쪽 표는 알고리즘 7.1.2 에 따라

$$b = a^{37}$$

을 계산하는 과정을 보여 주고 있다.

계산 횟수	a	b	n	n (2 진법)
0	a	1	37	100101
1	a	a	36	100100
2	a^2	a	18	10010
3	a^4	a	9	1001
4	a^4	a^5	8	1000
5	a^8	a^5	4	100
6	a^{16}	a^5	2	10
7	a^{32}	a^5	1	1
8	a^{32}	a^{37}	0	0

제 1 회 : a, $c = ba = 1 \cdot a = a$, $b = c$, $n = 37 - 1 = 36$

제 2 회 : $c = a^2$, $a = c$, $b = a$, $n = 18$

제 3 회 : $c = (a^2)^2 = a^4$, $a = c$, $b = a$, $n = 9$

제 4 회 : a^4, $c = ba^4 = aa^4 = a^5$, $b = c$, $n = 9 - 1 = 8$

제 5 회 : $c = (a^4)^2 = a^8$, $a = c$, $b = a^5$ $n = 4$

제 6 회 : $c = (a^8)^2 = a^{16}$, $a = c$, $b = a^5$ $n = 2$

제 7 회 : $c = (a^{16})^2 = a^{32}$, $a = c$, $b = a^5$ $n = 1$

제 8 회 : a^{32}, $c = ba^{32} = a^5 a^{32} = a^{37}$, $b = c$, $n = 1 - 1 = 0$

알고리즘 7.1.3 ($b = a^n$ 인 b 의 계산)

단계 1 : 양의 정수 n 을 2 진법으로 나타낸다(정리 2.5.1 참조).

먼저 $m = [\log_2 n]$ 를 계산하고 n 을 다음과 같이 나타낸다(p. 46).

$$n = r_m \cdots r_2 r_1 r_{0\,(2)} = r_m 2^m + \cdots + r_2 2^2 + r_1 2^1 + r_0$$

단계 2 : $b = 1$ 이라고 놓는다.

단계 3 : 각 $i = m, m-1, \cdots, 2, 1$ 에 대하여

$$b_i = b^2 a^{r_i}$$

을 계산하여 그 값을 b 로 놓고 $i-1$ 을 i 로 놓는다.

그리고, $i = 0$ 이면, b 로 돌아와서 끝낸다.

위의 알고리즘에서는 n 을 2 진법으로 나타낸 후에

$$1, \quad 1^2 a^{r_m}, \quad a^{r_m 2 + r_{m-1}}, \quad \cdots\cdots, \quad a^{r_m 2^m + \cdots + r_1 2^1 + r_0} = a^n$$

의 값을 순차적으로 계산한다.

알고리즘 7.1.4 이 알고리즘은 정수를 계수로 가지는 다항식

$$f(x) = a_0 + a_1 x + \cdots + a_n x^n$$

과 정수 a 에 대하여 $b = f(a)$ 의 값을 구하는 알고리즘이다.

단계 1 : $P = 1$ 로 놓는다.

단계 2 : $i = 1$ 에서 $i = n$ 까지에 대하여 $P \cdot a$ 를 계산하여 이 값을 새로 P 로 놓고 $c_i = P$ 로 놓는다. 이 때, $c_i = a^i$ 이다.

단계 3 : $b = a_0$ 로 놓는다.

단계 4 : $i = 1$ 에서 $i = n$ 까지에 대하여 $b + a_i c_i$ 를 계산하여 이 값을 새로 b 로 바꾸어 놓는다.

단계 5 : b 를 출력한다.

위의 알고리즘에서는 $x, x^2, \cdots, x^n$ 의 값을 먼저 계산하고 이어서

$$a_0, \ a_0 + a_1 a, \ a_0 + a_1 a + a_2 a^2, \ \cdots, \ a_0 + a_1 a + a_2 a^2 + \cdots + a_n a^n$$

의 값을 순차적으로 계산한다. 한편,

$$\begin{aligned} & a_0 + a_1 x + a_2 x^2 + \cdots + a_n x^n \\ &= a_0 + (a_1 + a_2 x + \cdots + a_n x^{n-1})x \\ &= a_0 + (a_1 + (a_2 + a_3 x + \cdots + a_n x^{n-2})x)x \\ &\vdots \\ &= a_0 + (a_1 + (a_2 + \cdots + (a_{n-1} + a_n x)x)\cdots x \end{aligned}$$

임을 이용하면 다음과 같은 알고리즘을 얻을 수 있다.

알고리즘 7.1.5 (Honer 의 알고리즘) 이 알고리즘은 정수를 계수로 가지는 다항식

$$f(x) = a_0 + a_1 x + \cdots + a_n x^n$$

과 정수 a 에 대하여 $b = f(a)$ 의 값을 구하는 알고리즘이다.

단계 1 : $b = a_n$ 으로 놓는다.

단계 2 : $i = 1$ 에서 $i = n$ 까지에 대하여

$$c = a_{n-i} + b \cdot a$$

인 정수 c 를 구하고 이것을 다시 b 로 바꾸어 놓는다.

단계 3 : b 를 출력한다.

보기 7.1.3 Honor 의 알고리즘에 따라

$$f(x) = 1 + 2x - 3x^2 + 4x^3$$

에 대하여 다음과 같이 $f(-1)$ 의 값을 계산하면 $f(-1) = -8$ 이다.

단계 1 : $b = a_3 = 4$

단계 2 : $i = 1$ 일 때, $c = a_2 + b \cdot (-1) = -3 + 4 \cdot (-1) = -7$ 를 계산하여 이 값을 b 로 바꾸어 놓으면 $b = -7$ 이다.

$i = 2$ 일 때, $c = a_1 + b \cdot (-1) = 2 - 7 \cdot (-1) = 9$ 를 계산하여 이 값을 b 로 바꾸어 놓으면 $b = 9$ 이다.

$i = 3$ 일 때, $c = a_0 + b \cdot (-1) = 1 + 9 \cdot (-1) = -8$ 를 계산하여 이 값을 b 로 바꾸어 놓으면 $b = -8$ 이다.

단계 3 : $b = -8$ 을 출력한다.

알고리즘 7.1.6 (나눗셈 알고리즘) 다음은 두 양의 정수 a, b에 대하여

$$a = bq + r, \quad 0 \le r < b$$

인 두 정수 q, r를 구하는 알고리즘이다(정리 2.1.1 참조).

단계 1 : $q = 0$으로 놓고 $r = a$로 놓는다.

단계 2 : $r \ge b$인 경우에는 $r - b$와 $q + 1$을 구하여 이들을 각각 새로 r, q로 놓는다.

단계 3 : $r < b$이면, q와 r를 출력한다.

알고리즘 7.1.7 (유클리드의 알고리즘) 두 양의 정수 a, b에 대하여 $r_0 = a$, $r_1 = b$라 하고 다음과 같이 $\gcd(a, b)$를 구한다(정리 2.2.4).

단계 1 : a를 x로 놓고, b를 y로 놓는다.

단계 2 : $y \neq 0$인 경우에는

$$x = qy + r, \quad 0 \le r < y$$

인 정수 r를 구하여 y를 새로 x로 놓고 또 r를 새로 y로 놓는다.

단계 3 : $y = 0$이면, r를 출력한다. 이 때, $\gcd(a, b) = r$이다.

위에서 $x = qy + r$이면, $\gcd(x, y) = \gcd(y, r)$이다(정리 2.2.3).

알고리즘 7.1.8 (b진법에 관한 전개) 양의 정수 a와 정수 b (≥ 2)에 에 대하여 다음과 같이 a를 b진법으로 나타낸다(정리 2.5.1 참조).

단계 1 : $q = a$, $m = 0$으로 놓는다.

단계 2 : $q > b$이면,

$$q = q'b + r, \quad 0 \le r < b$$

인 정수 q', r를 구하여 q'과 r를 각각 q, r_m로 놓고 또 m을 새로 $m+1$로 놓는다.

단계 3 : $q < b$이면, q를 r_m으로 놓고 $r_m, r_{m-1}, \cdots, r_1, r_0$를 출력한다.

이 때, $a = r_m b^m + \cdots + r_1 b + r_0 = r_m \cdots r_1 r_{0\,(b)}$이다.

알고리즘 7.1.9 다음은 입력 $a_1, a_2, \cdots, a_n$ 에 대하여 이들 중에서 서로 다른 것을 출력하는 알고리즘이다.

단계 1 : a_1 을 출력한다.

단계 2 : $n = 1$ 이면, 멈춘다.

$n > 1$ 인 경우에 $i = 2$ 에서 $i = n$ 까지에 대하여 a_i 가 $a_1, a_2, \cdots, a_{i-1}$ 과 같지 않으면 a_i 를 출력한다.

다음 두 알고리즘은 알고리즘 7.1.1, 알고리즘 7.1.2 를 각각 합동식에 관한 알고리즘으로 고쳐 쓴 것이다

알고리즘 7.1.10 다음은 정수 $a_1, a_2, \cdots, a_n$ 과 양의 정수 m 에 대하여

$$b \equiv a_1 + a_2 + \cdots + a_n \pmod{m}, \quad 0 \le b < m$$

인 b 를 구하는 알고리즘이다.

단계 1 : $b = 0$ 으로 놓는다.

단계 2 : $i = 1$ 에서 $i = n$ 까지에 대하여

$$c \equiv b + a_i \pmod{m}, \quad 0 \le c < m$$

인 c 를 구하여 이것을 새로 b 로 바꾸어 놓는다.

단계 3 : b 를 출력한다.

알고리즘 7.1.11 ($b \equiv a^n \pmod{m}$, $0 \le b < m$ 인 b 의 계산)

단계 1 : $b = 1$ 이라고 놓는다.

단계 2 : $n = 0$ 이면, b 로 돌아와서 계산을 끝낸다.

단계 3 : n 이 홀수인 경우에, $c \equiv ba \pmod{m}$, $0 \le c < m$ 인 정수 c 의 값을 구하여 이 값을 새로 b 로 놓고, 또 $n-1$ 을 새로 n 으로 놓아 단계 2 로 간다.

단계 4 : n 이 짝수인 경우에, $c \equiv a^2 \pmod{m}$, $0 \le c < m$ 인 정수 c 의 값을 구하여 이 값을 새로 a 로 놓고, 또 $\frac{n}{2}$ 을 n 으로 놓아 단계 2 로 간다.

다음 보기는 보기 7.1.2 를 합동식으로 고쳐 쓴 것이다

보기 7.1.4 오른쪽 표는 알고리즘 5.1.11 에 따라

$$b \equiv a^{37} \pmod{m},$$
$$0 \leq b < m$$

을 계산하는 과정을 보여주고 있다.

계산 횟수	a	b	n	n (2 진법)
0	a	1	37	100101
1	a	a	36	100100
2	a^2	a	18	10010
3	a^4	a	9	1001
4	a^4	a^5	8	1000
5	a^8	a^5	4	100
6	a^{16}	a^5	2	10
7	a^{32}	a^5	1	1
8	a^{32}	a^{37}	0	0

제 1 회 : $a, \quad c \equiv ba \equiv 1 \cdot a \equiv a \pmod{m}, \quad 0 \leq c < m,$

$$b = c, \quad n = 37 - 1 = 36$$

제 2 회 : $c \equiv a^2 \pmod{m}, \quad 0 \leq c < m,$

$$a = c, \quad b = a, \quad n = 18$$

제 3 회 : $c \equiv (a^2)^2 \equiv a^4 \pmod{m}, \quad 0 \leq c < m,$

$$a = c, \quad b = a, \quad n = 9$$

제 4 회 : $c \equiv ba^4 \equiv a\,a^4 \equiv a^5 \pmod{m}, \quad 0 \leq c < m,$

$$b = c, \quad n = 9 - 1 = 8$$

제 5 회 : $c \equiv (a^4)^2 \equiv a^8 \pmod{m}, \quad 0 \leq c < m,$

$$a = c, \quad b = a^5 \quad n = 4$$

제 6 회 : $c \equiv (a^8)^2 \equiv a^{16} \pmod{m}, \quad 0 \leq c < m,$

$$a = c, \quad b = a^5 \quad n = 2$$

제 7 회 : $c \equiv (a^{16})^2 \equiv a^{32} \pmod{m}, \quad 0 \leq c < m,$

$$a = c, \quad b = a^5 \quad n = 1$$

제 8 회 : $c \equiv ba^{32} \equiv a^5 a^{32} \equiv a^{37} \pmod{m}, \quad 0 \leq c < m,$

$$b = c, \quad n = 1 - 1 = 0$$

다음은 알고리즘 7.1.3 을 합동식에 관한 알고리즘으로 고쳐 쓴 것이다.

알고리즘 7.1.12 ($b \equiv a^n \pmod m$, $0 \le b < m$ 인 b 의 계산)

단계 1 : 양의 정수 n 을 2 진법으로 나타낸다.

먼저 $m = [\log_2 n]$ 를 계산하고 n 을 다음과 같이 나타낸다.

$$n = r_m \cdots r_2 r_1 r_{0\,(2)} = r_m 2^m + \cdots + r_2 2^2 + r_1 2^1 + r_0$$

단계 2 : $b = 1$ 이라고 놓는다.

단계 3 : 각 $i = m, m-1, \cdots, 2, 1$ 에 대하여

$$b_i \equiv r^2 a^{r_i} \pmod m, \qquad 0 \le b_i < m$$

인 b_i 를 계산하고 또 b_i 를 b 로 놓고 $i-1$ 을 i 로 놓는다.

그리고, $i = 0$ 이면, b 로 돌아가서 끝낸다.

보기 7.1.5 오른쪽 표는 알고리즘 7.1.12 에 따라

$b \equiv 9726^{3533} \pmod{1413}$,

$0 \le b < 1413$

인 정수 b를 계산하는 과정을 보여 주고 있다.

여기서,

$m = [\log_2 3533] = 11$,

$3533 = 110111001101_{(2)}$

i	r_i	b
11	1	$1^2 \cdot 9726 \equiv 9726 \pmod{11413}$
10	1	$9726^2 \cdot 9726 \equiv 2659 \pmod{11413}$
9	0	$2659^2 \equiv 5634 \pmod{11413}$
8	1	$5634^2 \cdot 9726 \equiv 9167 \pmod{11413}$
7	1	$9167^2 \cdot 9726 \equiv 4958 \pmod{11413}$
6	1	$4958^2 \cdot 9726 \equiv 7783 \pmod{11413}$
5	0	$7783^2 \equiv 6298 \pmod{11413}$
4	0	$6298^2 \equiv 4629 \pmod{11413}$
3	1	$4629^2 \cdot 9726 \equiv 1085 \pmod{11413}$
2	1	$1085^2 \cdot 9726 \equiv 105 \pmod{11413}$
1	0	$105^2 \equiv 11025 \pmod{11413}$
0	1	$11025^2 \cdot 9726 \equiv 5761 \pmod{11413}$

다음은 알고리즘 7.1.4 를 합동식에 관한 알고리즘으로 고쳐 쓴 것이다.

알고리즘 7.1.13 이 알고리즘은 정수를 계수로 가지는 n 차의 다항식

$$f(x) = a_0 + a_1x + \cdots + a_nx^n$$

과 정수 a 에 대하여

$$b \equiv f(a) \pmod{m}, \quad 0 \le b < m$$

인 정수 b 를 구하는 알고리즘이다.

단계 1 : 먼저

$$c \equiv a_n \pmod{m}, \quad 0 \le c < m$$

인 정수 c 를 구하고 이것을 새로 b 로 놓는다.

단계 2 : $i = 1$ 에서 $i = n$ 까지에 대하여

$$c \equiv a_{n-i} + b \cdot a \pmod{m}, \quad 0 \le c < m$$

인 정수 c 를 구하고 이것을 다시 b 로 바꾸어 놓는다.

단계 3 : b 를 출력한다.

보기 7.1.6 Honor 의 알고리즘에 따라

$$f(x) = 1 + 2x - 3x^2 + 4x^3$$

에 대하여 다음과 같이

$$b \equiv f(-1) \pmod{3}, \quad 0 \le b < 3$$

의 값을 계산하면 $f(-1) = -8$ 이다.

단계 1 : $c \equiv a_3 \equiv 4 \equiv 1 \pmod{3}$ 이므로 $b = 1$ 로 놓는다.

단계 2 : $i = 1$ 일 때,

$$c \equiv a_2 + b \cdot (-1) \equiv -3 + 1 \cdot (-1) \equiv 2 \pmod{3}$$

이므로 $b = 2$ 로 놓는다.

$i = 2$ 일 때, $c \equiv a_1 + b \cdot (-1) \equiv 2 + 2 \cdot (-1) \equiv 0 \pmod{3}$

이므로 $b = 0$ 으로 놓는다.

$i = 3$ 일 때, $c \equiv a_0 + b \cdot (-1) \equiv 1 + 0 \cdot (-1) \equiv 1 \pmod{3}$

이므로 $b = 1$ 로 놓는다.

단계 3 : $b = 1$ 을 출력한다.

연 습 문 제 (7.1)

1. Honor 의 알고리즘을 이용하여 다항식

$$f(x) = 3x^4 - 2x^3 + 5x + 2$$

에 대하여 $f(2)$ 를 구하는 경우에 단계별로 S 의 값을 구하여라.

2. 정수 $a_1, a_2, \cdots, a_n$ 의 평균을 구하는 알고리즘을 말하여라.

3. 양의 정수 b 에 대하여 양의 정수 a 를

$$a = r_m r_{m-1} \cdots r_1 r_{0\ (b)}$$

와 같이 b 진법으로 나타내는 알고리즘을 말하여라(정리 2.5.1 참조).

4. 나눗셈 알고리즘(정리 2.1.1) 을 이용하여 양의 정수 a 를 다음과 같이 나타내는 알고리즘을 말하여라(정리 2.5.2 참조).

$$a = c_m m! + c_{m-1}(m-1)! + \cdots + c_2 2! + c_1 1!$$

$$m \geq 1,\ 1 \leq c_m \leq m,\ \ 0 \leq c_i \leq i \quad (0 \leq i < m)$$

5. 두 자연수의 곱을 아래 표와 같은 절차에 따라 구할 수도 있다.

19 × 123			18 × 123 (지움)	
19	123		~~18~~	~~123~~
9	246		9	246
~~4~~	~~492~~		~~4~~	~~492~~
~~2~~	~~984~~		~~2~~	~~984~~
1	1968		1	1968
	2337			2214

위의 각 표에서 왼쪽의 수는 바로 위의 수를 2 로 나누었을 때의 몫이고 오른쪽의 수는 바로 위의 수를 2 배한 것이며, 이러한 절차를 왼쪽의 수가 1 이 될 때까지 되풀이하고 마지막으로 왼쪽의 수가 짝수인 줄은 없앤 후에 오른쪽 수를 모두 합하면 구하는 곱을 얻는다.

이 계산 방법이 옳음을 설명하여라.

§7.2 검색 알고리즘과 정렬 알고리즘

목록에 있는 수나 또는 낱말 중에서 특정한 성질을 가진 대상을 검색하는 알고리즘을 **검색 알고리즘**(檢索, search algorithm)이라고 한다.

알고리즘 7.2.1 (선형 검색 알고리즘(線型 檢索, linear search algorithm))
주어진 목록

$$L: \qquad a_1,\ a_2,\ a_3,\ \cdots,\ a_n$$

에서 다음 절차에 따라 주어진 x를 검색한다.

$i = 1$ 에서 $i = n$ 까지에 대하여

$x = a_i$ 이면, '참' 이라고 출력하고 $i = 2n$ 으로 놓는다.

$i \neq 2n$ 이면, '거짓' 이라고 출력한다.

다음 보기에서 알 수 있는 바와 같이 알고리즘은 최악의 경우에 루프는 n 번 실행되고 이 알고리즘은 $n+1$ 번 비교하게 된다.

보기 7.2.1 목록

$$a_1 = 4,\ \ a_2 = 2,\ \ a_3 = -2,\ \ a_4 = 1$$

를 입력하고, 이 목록에서 $x = -2$ 를 검색해 보자.

먼저 $i = 1$ 일 때 $x \neq 4 = a_1$ 임을 결정하고 $i = 2$ 라고 놓는다.

그리고, $x \neq 2 = a_2$ 이므로 $i = 3$ 으로 놓는다.

다음에 $x = -2 = a_3$ 이므로 '참' 이라고 출력하고 $i = 2n = 8$ 이라고 놓는다. 이제 i는 1과 4 사이에 없으므로, 루프는 멈추고 $i = 2n$ 이므로 알고리즘은 x 를 찾았음을 알게 되어 '거짓' 을 출력하지 않는다.

한편, 위의 목록에 없는 $x = 3$ 을 찾는다면, 이 알고리즘은

$$x \neq 4 = a_1,\ \ x \neq 2 = a_2,\ \ x \neq -2 = a_3,\ \ x \neq 1 = a_4$$

임을 결정하고 마지막 단계에서 $i = 4 \neq 8 = 2n$ 이므로 '거짓'을 출력한다.

알고리즘 7.2.2 이진 검색(二進 檢索) 알고리즘(binary search algorithm)

정렬된 목록

$L: \quad a_1, a_2, a_3, \cdots, a_n$

에서 x를 다음 절차에 따라 검색한다.

while $n > 0$

$n = 1$일 때,

$x = a_1$이면, '참'이라고 출력하고 $n = 0$으로 놓는다.

$x \neq a_1$이면, '거짓'이라 출력하고 $n = 0$으로 놓는다.

$n > 1$인 경우에 $m = \left[\frac{n}{2}\right]$이라고 놓는다.

$x \leq a_m$이면, 현재의 목록을 $a_1, a_2, \cdots, a_m$으로 바꾸어 놓고 n을 다시 m으로 놓는다.

$x > a_m$이면, 현재의 목록을 $a_{m+1}, a_{m+2}, \cdots, a_n$으로 바꾸어 놓고 n을 $n-m$으로 바꾸어 놓는다.

end while

여기서 n이 짝수이면 $\left[\frac{n}{2}\right] = \frac{n}{2}$이고, n이 홀수이면 $\left[\frac{n}{2}\right] = \frac{n-1}{2}$이다(정의 2.1.5). 이 알고리즘에서 while 은 검색해야 할 목록이 존재하는 한 ($n > 0$인 경우에) 목록의 어느 반쪽에서 x를 검색할 것인지를 결정하여 본래의 목록을 이 반쪽으로 바꾸고 이와 같은 과정을 되풀이하면 결국 검색해야 할 범위가 $\frac{1}{2}$씩 줄어들게 된다.

위의 알고리즘에서 $n = 2^k$인 경우에 while과 end while 사이의 지시를 많아야 k번 시행하여 $3k$번 비교하고($n > 0$?, $n = 1$?, $x \leq a_m$) 또한 $n = 1$일 때 1번 비교하므로($x = a_1$?), 결국 $3k+1$번 비교하는 셈이다.

그리고, $2^{k-1} < n < 2^k$인 경우에는 목록 L에 a_n을 $2^k - n$번 추가해 놓고 알고리즘을 시행하면 많아야 $3k+1$번 비교함을 알 수 있다.

보기 7.2.2 목록

$$a_1 = 4,\quad a_2 = 5,\quad a_3 = 6,\quad a_4 = 10,\quad a_5 = 11,$$
$$a_6 = 12,\ a_7 = 14,\ a_8 = 15,\ a_9 = 17,\ a_{10} = 18$$

를 입력하고, 이 목록에서 $x = 12$ 를 검색해 보자.

먼저 $n = 10 \neq 1$ 이므로 $m = \left[\frac{10}{2}\right] = 5$ 로 놓는다.

그리고, $x > 11 = a_5 = a_m$ 이므로 $n - m = 5$ 를 이 값을 n 으로 바꾸어 놓고 또 본래의 목록을 첨자도 바꾸어

$$a_1 = 12,\quad a_2 = 14,\quad a_3 = 15,\quad a_4 = 17,\quad a_5 = 18$$

으로 바꾸어 놓는다. 여기서, $n > 0$ 이므로 위의 과정을 되풀이한다.

먼저 $n = 5 \neq 1$ 이므로 $m = \left[\frac{5}{2}\right] = 2$ 라고 놓는다.

그리고, $x \leq 14 = a_2 = a_m$ 이므로 현재의 목록을 $a_1 = 12$, $a_2 = 14$ 로 바꾸어 놓고 $n = m = 2$ 로 놓는다.

그런데, $n = 2 \neq 1$ 이므로 $m = \left[\frac{2}{2}\right] = 1$ 이라고 놓는다.

그리고, $x \leq 12 = a_1 = a_m$ 이므로 현재의 목록을 $a_1 = 12$ 로 바꾸어 놓고 $n = m = 1$ 로 놓는다.

이제 $n = 1$ 이고 $x = a_1$ 이므로 '참' 이라 출력하고 $n = 0$ 으로 놓는다.

이와 같이 하여 알고리즘은 끝나게 된다.

전자계산기를 이용하여 목록에 있는 수들을 크기가 증가하는 순서로 정렬하거나 또는 목록에 있는 한글 낱말을 가나다순으로 정렬하거나 또는 영문 낱말을 알파벳순으로 정렬하는 데 이용되는 알고리즘을 **정렬**(整列) **알고리즘**(sorting algorithm)이라고 한다.

예를 들어, 다음 알고리즘에서와 같이 목록에 들어있는 수를 처음부터 둘씩 차례로 비교하면서 서로 바꾸는 일을 되풀이하여 목록에 있는 수 중에서 가장 큰 수를 맨 뒤의 자리로 옮겨 놓고 또 마찬가지 방법으로 마지막 수를 제외한 수 중에서 가장 큰 수를 맨 뒤의 두 번째 자리에 옮겨 놓는다. 이와 같은 과정을 여러 번 되풀이하면, 크기순으로 정렬된 목록을 얻게 된다.

알고리즘 7.2.3 (정렬 알고리즘) 다음은 정수 $a_1, a_2, \cdots, a_n$ 에 대하여 이들 중에서 가장 큰 정수 max 를 출력하는 알고리즘이다.

단계 1 : a_1 을 출력한다.

단계 2 : $n = 1$ 이면, 멈춘다.

$n > 1$ 인 경우에 $i = 2$ 에서 $i = n$ 까지에 대하여 max $< a_i$ 이면 max 를 a_i 로 바꾸어 놓는다.

단계 3 : max 를 출력한다.

보기 7.2.3 다음 목록을 크기순으로 정렬하는 방법을 생각해 보자.

$$6,\ 3,\ 1,\ 4,\ 9,\ 2$$

먼저 두 수 6, 3 의 크기를 비교하여 6 과 3 을 서로 바꾸어 크기순으로 놓으면 3, 6, 1, 4, 9, 2 로 되고, 다시 6, 1 을 비교하여 6 과 1 을 서로 바꾸어 놓으면 3, 1, 6, 4, 9, 2 로 되며 이러한 과정을 되풀이하여 목록 3, 1, 4, 6, 2, 9 를 얻고, 이 과정을 되풀이하면 본래의 목록은

$$1,\ 2,\ 3,\ 4,\ 6,\ 9$$

와 같이 크기순으로 정렬된 목록을 얻는다.

$$\begin{aligned} 6,\ 3,\ 1,\ 4,\ 9,\ 2 &\longrightarrow 3,\ 1,\ 4,\ 6,\ 2,\ 9 \\ &\longrightarrow 1,\ 3,\ 4,\ 2,\ 6,\ 9 \\ &\longrightarrow 1,\ 3,\ 2,\ 4,\ 6,\ 9 \\ &\longrightarrow 1,\ 2,\ 3,\ 4,\ 6,\ 9 \end{aligned}$$

다음 알고리즘에서 예를 들어 $a = 5,\ b = 2$ 일 때 a 와 b 를 서로 맞바꾸어 놓는다는 말은 $a = 2,\ b = 5$ 로 놓는다는 것을 뜻한다.

알고리즘 7.2.4 (정렬 알고리즘) 목록 $a_1,\ a_2,\ a_3,\ \cdots,\ a_n$ 을 다음 절차에 따라 크기순으로 정렬한다.

$i = n-1$ 에서 $i = 1$ 까지에 대하여, 그리고 $j = 1$ 에서 $j = i$ 까지에 대하여 $a_j > a_{j+1}$ 이면, a_j 와 a_{j+1} 를 서로 맞바꾸어 놓는다.

보기 7.2.4 알고리즘 7.2.4를 이용하여

$$a_1 = 3, \quad a_2 = 0, \quad a_3 = 4, \quad a_4 = 1$$

을 크기순으로 정렬해 보자. 여기서, $n = 4$ 이다.

먼저 $i = n-1 = 3$ 일 때 $j = 1$ 부터 $j = 3$ 까지 내부 루프를 실행한다. 그런데, $j = 1$ 일 때 $a_1 = 3 > 0 = a_2$ 이므로 a_1 과 a_2 를 서로 맞바꾸어 놓으면 다음 목록을 얻는다.

$$a_1 = 0, \quad a_2 = 3, \quad a_3 = 4, \quad a_4 = 1$$

그리고 $j = 2$ 일 때 $a_2 > a_3$ 가 아니므로 그대로 넘어가고, 또 $j = 3$ 일 때 $a_3 > a_4$ 이므로 a_3 와 a_4 를 서로 맞바꾸어 다음 목록을 얻는다.

$$a_1 = 0, \quad a_2 = 3, \quad a_3 = 1, \quad a_4 = 4$$

이제 내부 루프가 완성되었으므로 밖으로 나와서 $i = n-2 = 2$ 로 놓고 $j = 1$ 부터 $j = 2$ 까지 내부 루프를 실행한다.

먼저 $j = 1$ 일 때 $a_1 > a_2$ 가 아니므로 그대로 넘어가고 $j = 2$ 일 때 $a_2 > a_3$ 이므로 a_2 와 a_3 를 서로 맞바꾸어 다음 목록을 얻는다.

$$a_1 = 0, \quad a_2 = 1, \quad a_3 = 3, \quad a_4 = 4$$

다시 내부 루프로부터 밖으로 나와 $i = n-3 = 1$ 로 놓고 $j = 1$ 에 대하여 내부 루프를 실행한다. 그런데, $a_1 > a_2$ 가 아니므로 그대로 넘어간다.

이와 같이 하여 알고리즘은 끝나고 구하는 목록은 위의 목록이다.

알고리즘 7.2.4를 이용하여 목록을 정렬할 때, $i = n-1$ 인 경우에 내부 루프는 $n-1$ 번 실행하여 $n-1$ 번 비교하고, 마찬가지로 $i = n-2$ 인 경우에 $n-2$ 번 비교한다. 그리고, $i = 1$ 인 경우에 1 번 비교한다.

따라서 이 알고리즘에서 비교하는 횟수는 다음과 같다(보기 1.2.1).

$$(n-1) + (n-2) + \cdots + 2 + 1 = \frac{n(n-1)}{2}$$

다음에는 정렬된 두 목록을 한 데 합쳐 새로 정렬하는 알고리즘에 대하여 생각하기로 한다.

알고리즘 7.2.5 (정렬된 두 목록을 한 데 합쳐 정렬하기)

크기 순으로 정렬된 두 목록

$$L_1 : \quad a_1, a_2, a_3, \cdots, a_s$$

$$L_2 : \quad b_1, b_2, b_3, \cdots, b_t$$

을 다음 절차에 따라 한 데 합쳐 새로 정렬한다.

단 계 1 : $L_3 = \varnothing$ 으로 놓는다.

단 계 2 : $L_1 = \varnothing$ 이면, $L_3 = L_2$ 로 놓고, 멈춘다.

$L_2 = \varnothing$ 이면, $L_3 = L_1$ 으로 놓고, 멈춘다.

단 계 3 : $a_1 \le b_1$ 이면, L_1 에서 a_1 을 제거하고 이것을 L_3 에 등록한다.

이 때, L_1 이 $\varnothing$ 으로 되면, L_2 의 원소를 모두 L_3 에 등록하고 멈춘다. 그리고, L_1 에 $r\ (\ge 1)$ 개의 원소가 남아 있으면, 이들 원소를 새로이 크기순으로 $a_1, a_2, \cdots, a_r$ 로 정렬하고 단계 3을 되풀이한다.

한편, $a_1 > b_1$ 이면, L_2 에서 b_1 을 제거하고 이것을 L_3 에 등록한다. 이 때, L_2 가 $\varnothing$ 으로 되면, L_1 의 원소를 모두 L_3 에 등록하고 멈춘다.

또, L_2 에 $r\ (\ge 1)$ 개의 원소가 남아 있으면, 이들 원소를 새로 크기순으로 $b_1, b_2, \cdots, b_r$ 로 정렬하고 단계 3을 되풀이한다.

보기 7.2.5 크기순으로 정렬된 두 목록

$$L_1 : \quad a_1 = 3, \quad a_2 = 5, \quad a_3 = 8$$

$$L_2 : \quad b_1 = 1, \quad b_2 = 7, \quad b_3 = 8$$

을 한 데 합쳐 크기순으로 정렬된 새로운 목록 L_3 를 만들어 보자.

먼저 a_1 과 b_1 을 비교하여 $a_1 = 3 > 1 = b_1$ 이므로, 새로운 목록

$$L_3 : \quad c_1 = 1$$

을 등록하고 L_2 에서 7, 8 을 새로 b_1, b_2 이라고 놓으면 다음과 같이 된다.

$$L_1: \quad a_1 = 3, \quad a_2 = 5, \quad a_3 = 8$$
$$L_2: \quad b_1 = 7, \quad b_2 = 8$$
$$L_3: \quad c_1 = 1$$

다시 $a_1 = 3 < 7 = b_1$ 이므로, 목록 L_3 에 새로이 $c_2 = 3$ 을 등록하고 L_1 에서 5, 8 을 새로 a_1, a_2 이라고 놓으면 다음 결과를 얻는다.

$$L_1: \quad a_1 = 5, \quad a_2 = 8$$
$$L_2: \quad b_1 = 7, \quad b_2 = 8$$
$$L_3: \quad c_1 = 1, \quad c_2 = 3$$

이와 같은 과정을 되풀이하면, L_1, L_2, L_3 는 다음과 같이 된다.

L_1	L_2	L_3
3, 5, 8	1, 7, 8	
3, 5, 8	7, 8	1
5, 8	7, 8	1, 3
8	7, 8	1, 3, 5
8	8	1, 3, 5, 7
	8	1, 3, 5, 7, 8
		1, 3, 5, 7, 8, 8

따라서 L_1, L_2 을 한 데 합쳐 정렬시킨 목록은 다음과 같다.

$$L_3: \ 1, 3, 5, 7, 8. 8$$

알고리즘 7.2.5 를 이용하여 길이가 각각 s, t 인 정렬된 두 목록을 한 데 합쳐 새로 정렬하여 길이가 $s+t$ 인 목록을 만들 때, 많아야 $s+t-1$ 번의 비교를 행하게 된다.

다음에 논할 알고리즘은 목록

$$L: \quad a_1, a_2, a_3, \cdots, a_n$$

을 n 개의 목록

$$L_1: a_1, \quad L_2: a_2, \quad \cdots, \quad L_n: a_n$$

으로 나누어놓고 알고리즘 7.2.5 를 이용하여 한 데 합쳐 정렬한다.

알고리즘 7.2.6 (병합 정렬 알고리즘(倂合 整列, merge sort algorithm))

목록

$L: \quad a_1, a_2, a_3, \cdots, a_n$

를 다음 절차에 따라 크기순으로 정렬한다.

단 계 1 : $F = 0$ 으로 놓는다.

단 계 2 : $i = 1$ 에서 $i = n$ 까지에 대하여 목록 L_i 를

$$L_i : a_i$$

이라고 놓는다.

단 계 3 :

while $F = 0$

$n = 1$ 이면, $F = 1$ 로 놓고 L_1 을 출력한다.

$n = 2m \geq 2$ 이면,

$i = 1$ 에서 $i = m$ 까지에 대하여

알고리즘 7.2.4 를 이용하여 정렬된 두 목록 L_{2i-1}, L_{2i} 를 한 데 합쳐 새로 정렬된 목록 L_i 를 만든다.

그리고, $n = m$ 으로 놓는다.

$n = 2m + 1 \geq 3$ 이면,

$i = 1$ 에서 $i = m$ 까지에 대하여

알고리즘 7.2.4 를 이용하여 정렬된 두 목록 L_{2i-1}, L_{2i} 를 한 데 합쳐 새로 정렬된 목록 L_i 를 만든다.

그리고, $L_{m+1} = L_n$ 으로 놓는다.

또, $n = m$ 으로 놓는다.

end while

위의 알고리즘에서 F 는 루프를 빠르게 종결시키기 위하여 도입된 매개변수로서, 한 데 합쳐 새로 정렬하는 일이 끝나자마자 while 이라는 루프로부터 빠져 나오게 된다.

보기 7.2.6 다음 목록을 생각해 보자(보기 7.2.3 참조).

$$L: \quad 6,\ 3,\ 1,\ 4,\ 9,\ 2$$

먼저 $F=0$ 으로 놓고, 목록 $L_1, L_2, \cdots, L_6$ 을 다음과 같이 정하자.

$$L_1: 6,\ L_2: 3,\ L_3: 1,\ L_4: 4,\ L_5: 9,\ L_6: 2$$

단계 3 에서, $F=0$ 이고 $n=6=2\cdot 3$, $m=3$ 이므로, 위의 목록을 차례로 둘씩 한 데 합쳐 정렬하여 다음과 같은 새로운 목록 L_1, L_2, L_3 를 만든다.

$$L_1: 3,\ 6, \qquad L_2: 1,\ 4, \qquad L_3: 2,\ 9$$

그리고, n 을 $m=3$ 으로 바꾸어 놓고, 또 단계 3 을 되풀이한다.

이 때, $n=1\cdot 2+1$, $m=1$ 이므로 처음 두 목록을 한 데 합쳐 정렬하여 얻은 새로운 목록을 L_1 으로 놓고, 또 L_3 를 새로 L_2 로 놓는다.

$$L_1: 1,\ 3,\ 4,\ 6, \qquad L_2: 2,\ 9$$

다음에 n 을 $m=1+1=2$ 로 바꾸어 놓고, 또 단계 3 을 되풀이한다.

이 때, $n=1\cdot 2$, $m=1$ 이므로 위의 두 목록을 한 데 합쳐 정렬하여 얻은 새로운 목록을 L_1 이라고 하자.

$$L_1: 1,\ 2,\ 3,\ 4,\ 6,\ 9$$

이 때, n 을 $m=1$ 으로 바꾸어 놓고 단계 3 을 되풀이한다.

그런데, $n=1$ 이므로 $F=1$ 로 놓고, 구하려는 목록 L_1 을 출력한 다음에 멈춘다.

연 습 문 제 (7.2)

1. 보기 7.2.2 와 마찬가지 방법으로, 목록

$$a_1=4,\ a_2=5,\ a_3=6,\ a_4=10,\ a_5=11,$$
$$a_6=12,\ a_7=14,\ a_8=15,\ a_9=17,\ a_{10}=18$$

에서 $x=14$ 를 검색하여라.

2. 목록 1, 2, 3, 4, 5, 6, 7, 8, 9 에서 $x = 2$ 를 검색하려고 할 때, 다음 물음에 답하여라.
   (1) 이진 검색 알고리즘을 이용하는 경우에, x 와 목록에 있는 수를 비교하는 횟수를 말하여라.
   (2) 선형 검색 알고리즘을 이용하는 경우에, x 와 목록에 있는 수를 비교하는 횟수를 말하여라.

3. 크기순으로 정렬된 두 목록이 다음과 같을 때, 보기 7.2.4 와 같은 절차에 따라 이들 두 목록을 한 데 합쳐 정렬시킨 목록을 구하여라.

$$L_1: \quad a_1 = 2, \quad a_2 = 4, \quad a_3 = 6, \quad a_5 = 8$$
$$L_2: \quad b_1 = 1, \quad b_2 = 3, \quad b_3 = 5$$

4. 크기순으로 정렬된 두 목록이 다음과 같을 때, 보기 7.2.4 와 같은 절차에 따라 이들 두 목록을 한 데 합쳐 정렬시킨 목록을 구하여라.

$$L_1: \quad a_1 = 1, \quad a_2 = 3$$
$$L_2: \quad b_1 = 2, \quad b_2 = 4, \quad b_3 = 6, \quad b_4 = 8, \quad b_5 = 9$$

5. 정렬된 두 목록의 길이가 각각 s, t 일 때, 다음 각 경우에 대하여 이들 두 목록을 한 데 합쳐 정렬할 수 있는 보기를 들어라.
   (1) $s = 1, t = 3$ 일 때, 한 번 비교
   (2) $s = 1, t = 3$ 일 때, t 번 비교
   (3) $s = t = 3$ 일 때, $s + t - 1$ 번 비교

6. 목록

$$3, \ 1, \ 7, \ 2, \ 5, \ 4$$

를 다음 방법을 써서 크기 순으로 정렬하여라.
   (1) 보기 7.2.3 과 같은 방법
   (2) 보기 7.2.5 와 같은 방법

7. 실수 $a_1, a_2, \cdots, a_n$ 에 대하여 $a_1 \le a_2 \le \cdots \le a_n$ 일 때, 여기에 실수 x 를 첨가하여 $n+1$ 개의 실수를 크기순으로 출력하는 알고리즘을 말하여라.

§7.3 순열과 조합의 정렬 알고리즘

양의 정수 $1, 2, \cdots, n$ 을 일렬로 늘어놓은 순열 전체의 개수는 $n!$ 이다.
여기서,

$$2! = 2, \quad 3! = 6, \quad 4! = 24, \quad 5! = 120$$

이고, $n \geq 4$ 일 때 $n! > 2^n$ 이므로

$$15! > 2^{15} = 32768, \qquad 30! > 2^{30} \fallingdotseq 10^9$$

와 같이 n 의 값이 커지면 $n!$ 의 값은 대단히 빨리 커진다(문제 2.3.3).

이제 $1, 2, \cdots, n$ 을 일렬로 늘어놓은 순열 전체를 일정한 방식에 따라 각 순열에 순번을 정하여 늘어놓는 방법을 생각해 보자.

여기서 n 이 상당히 큰 양의 정수이면, $n!$ 은 대단히 큰 수이므로 $n!$ 개의 순열을 늘어놓는 일은 대단히 지루하고 쉽지 않은 일이므로 전자계산기를 이용하여 실행해야 하고 이 일을 위한 알고리즘이 필요하다.

보기 7.3.1 다음 표는 1, 2, 3, 4 를 일렬로 늘어놓은 순열 전체를 사전식 순서(辭典式 順序, lexicograhic order)에 따라 늘어놓은 것이다.

여기서, 숫자 사이의 쉼표는 생략하기로 한다.

1 2 3 4, 1 2 4 3, 1 3 2 4, 1 3 4 2, 1 4 2 3, 1 4 3 2,
2 1 3 4, 2 1 4 3, 2 3 1 4, 2 3 4 1, 2 4 1 3, 2 4 3 1,
3 1 2 4, 3 1 4 2, 3 2 1 4, 3 2 4 1, 3 4 1 2, 3 4 2 1,
4 1 2 3, 4 1 3 2, 4 2 1 3, 4 2 3 1, 4 3 1 2, 4 3 2 1

순열 4, 2, 3, 1 에 나타난 숫자를 왼쪽에서 오른쪽으로 두 개씩 묶어 읽을 때, 처음으로 크기 순으로 나열되어 있는 쌍은 2, 3 이고 2 다음에 나타난 3, 1 에서 2 보다 큰 숫자만을 생각하여 이 중에서 가장 작은 숫자를 택하면 3 이다. 이제 순열 4, 2, 3, 1 에서 2 를 3 으로 바꾸어 놓고 이어서 나머지 숫자 2, 1 를 크기순으로 늘어놓으면 이 순열 바로 다음에 나타나는 순열 4, 3, 1, 2 를 얻는다.

$$4, 2, 3, 1 \longrightarrow 4, 3, \square, \square \longrightarrow 4, 3, 1, 2$$

정리 7.3.1 양의 정수 $1, 2, \cdots, n$을 일렬로 늘어놓은 순열 전체를 사전식으로 나열할 때 다음이 성립한다.

(1) 맨 처음에 놓이는 순열은 $1, 2, \cdots, n$이다.

(2) 순열 $\sigma : j_1, j_2, \cdots, j_n$에 대하여 이 순열 바로 다음에 오는 순열 τ는 다음과 같이 정해진다.

(i) 순열 σ에 나타난 숫자를 오른쪽에서부터 왼쪽으로 읽는다.

(ii) 연이은 두 숫자 j_i, j_{i+1}에 대하여 처음으로 $j_i < j_{i+1}$인 경우에, $j_{i+1}, j_{i+2}, \cdots, j_n$ 중에서 j_i보다 큰 숫자를 생각하고 이러한 숫자 중에서 가장 작은 것이 m이면, σ에서 j_i를 m으로 바꾸어 놓고 또 $j_i, j_{i+1}, j_{i+2}, \cdots, j_n$에서 m을 제외한 숫자를 크기순으로 늘어놓은 것을 $k_1, \cdots, k_{n-i}$라고 하면 τ는 다음과 같다.

$$\tau : j_1, j_2, \cdots, j_{i-1}, m, k_1, \cdots, k_{n-i}$$

다음 알고리즘은 위의 결과를 근거로 한 것이다.

알고리즘 7.3.1 (순열의 정렬) 양의 정수 $1, 2, \cdots, n$을 일렬로 늘어놓은 순열 전체를 다음과 절차에 따라 사전식으로 나열한다.

단 계 1 : $t = 1$로 놓고, 순열 $\sigma(1) : 1, 2, \cdots, n$을 출력한다. 그리고 $n = 1$이면, 멈춘다.

단 계 2 : $t = 1$에서 $t = n! - 1$까지에 대하여, 주어진 순열

$$\sigma(t) : j_1, j_2, \cdots, j_n$$

의 바로 다음에 오는 순열 $\sigma(t+1)$을 아래와 같이 정한다.

(i) $j_i < j_{i+1}$인 가장 큰 j를 구한다.

(ii) $m = \min\{j_l \mid l > i, j_i < j_l\}$이라고 한다.

(iii) $S = \{1, 2, \cdots, n\} - \{j_1, \cdots, j_{i-1}, m\}$이라고 한다.

(iv) S의 원소를 크기순으로 정렬한 것을 $k_1, k_2, \cdots, k_{n-i}$이라고 놓는다.

(v) $\sigma(t+1) : j_1, j_2, \cdots, j_{i-1}, m, k_1, \cdots, k_{n-i}$를 출력한다.

보기 7.3.2 보기 7.3.1 의 표는 1, 2, 3, 4 를 일렬로 늘어놓은 순열 전체를 알고리즘 7.3.1 에 따라 사전식으로 나열한 것이다.

다음은 1, 2, 3 을 일렬로 늘어놓은 순열 전체를 사전식으로 나열한 것이다.

$$1,\ 2,\ 3,\quad 1,\ 3,\ 2,\quad 2,\ 1,\ 3,\quad 2,\ 3,\ 1,\quad 3,\ 1,\ 2,\quad 3,\ 2,\ 1$$

양의 정수 n 에 대하여 $1, 2, \cdots, n$ 중에서 서로 다른 r 개의 숫자를 택하여 만든 조합 전체의 개수는 $\binom{n}{r}$ 이다. 이제 이러한 조합 전체를 사전식으로 나열하는 알고리즘을 알아보기 전에 다음 보기를 생각해 보자.

보기 7.3.3 다음은 1, 2, 3, 4, 5 중에서 서로 다른 3 개의 숫자를 택하여 만든 조합 전체를 사전식으로 나열한 것이다.

$$\{1,2,3\},\ \{1,2,4\},\ \{1,2,5\},\ \{1,3,4\},\ \{1,3,5\},$$
$$\{1,4,5\},\ \{2,3,4\},\ \{2,3,5\},\ \{2,4,5\},\ \{3,4,5\}$$

조합 $\{1,2,5\}$ 에서 2 와 5 사이에 3 과 4 가 있으며, 이 조합에서 2 를 $2+1=3$ 으로 바꾸어 놓아 1, 3, □ 로 놓은 다음에 □ 안에 $3+1=4$ 를 놓으면, $\{1,2,5\}$ 의 바로 다음에 나타나는 조합 $\{1,3,4\}$ 를 얻는다.

정리 7.3.2 양의 정수 $1, 2, \cdots, n$ 중에서 서로 다른 r 개를 택하여 만든 조합 전체를 사전식으로 나열할 때 다음이 성립한다.

(1) 맨 처음에 놓이는 조합은 $\{1, 2, \cdots, r\}$ 이다.

(2) 조합 $A = \{j_1,\ j_2,\ \cdots,\ j_r\}$, $j_1 < j_2 < \cdots < j_r$ 에 대하여 이 조합 바로 다음에 나타나는 조합 B 는 다음과 같이 정해진다.

(i) 조합 A 에 나타난 숫자를 오른쪽에서부터 왼쪽으로 읽는다.

(ii) 연이은 두 숫자 $j_i,\ j_{i+1}$ 에 대하여 처음으로 $j_i < j_i+1 < j_{i+1}$ 인 경우에, j_i 를 j_i+1 로 바꾸어 놓는다.

(iii) $j_1, \cdots, j_{i-1}$ 은 그대로 두고 $j_i+1,\ j_i+2,\ \cdots,\ j_i+r-i+1$ 를 차례로 늘어놓으면, $B = \{j_1, \cdots, j_{i-1}, j_i+1, j_i+2, \cdots, j_i+r-i+1\}$ 를 얻는다.

앞의 정리로부터 다음 알고리즘을 얻는다.

알고리즘 7.3.2 (조합의 정렬) 양의 정수 $1, 2, \cdots, n$ 중에서 서로 다른 r개를 택하여 만든 조합 전체를 다음 절차에 따라 사전식으로 나열한다.

단계 1 : $t = 1$로 놓고, 조합 $A(1) = \{1, 2, \cdots, r\}$를 출력한다.
그리고 $r = n$인 경우에는 멈춘다.

단계 2 : $t = 1$에서 $t = \binom{n}{r} - 1$까지에 대하여 주어진 조합

$$A(t) = \{j_1, j_2, \cdots, j_r\}, \quad j_1 < j_2 < \cdots < j_r$$

의 다음에 나타나는 조합 $A(t+1)$을 다음과 같이 결정한다.

(i) $j_i < n - r + i$인 가장 큰 정수 i를 찾는다.

(ii) 조합

$$A(t+1) = \{j_1, \cdots, j_{i-1}, j_i+1, j_i+2, \cdots, j_i+r-i+1\}$$

를 출력한다.

보기 7.3.4 아래 표는 1, 2, 3, 4, 5, 6 중에서 서로 다른 4개를 택하여 만든 조합 전체를 사전식으로 나열한 것이다.

$$\{1,2,3,4\},\quad \{1,2,3,5\},\quad \{1,2,3,6\},$$
$$\{1,2,4,5\},\quad \{1,2,4,6\},\quad \{1,2,5,6\},$$
$$\{1,3,4,5\},\quad \{1,3,4,6\},\quad \{1,3,5,6\},$$
$$\{1,4,5,6\},\quad \{2,3,4,5\},\quad \{2,3,4,6\},$$
$$\{2,3,5,6\},\quad \{2,4,5,6\},\quad \{3,4,5,6\}$$

정리 7.3.2와 알고리즘 7.3.1을 이용하면, 양의 정수 $1, 2, \cdots, n$ 중에서 서로 다른 r개를 택하여 일렬로 늘어놓은 r-순열 전체를 나열하는 알고리즘을 얻는다.

여기서 이 나열 방법은 사전식이 아닐 수도 있다(문제 6 참조).

연 습 문 제 (7.3)

1. 양의 정수 1, 2, 3, 4 를 일렬로 늘어놓은 순열을 사전식으로 나열할 때, 순열 4, 1, 2, 3 다음에 오는 순열을 모두 구하여라.

2. 양의 정수 1, 2, 3, 4, 5 를 일렬로 늘어놓은 순열을 사전식으로 나열할 때, 순열 4, 3, 2, 5, 1 다음에 오는 순열을 다섯 개만 구하여라.

3. 양의 정수 1, 2, 3, 4, 5, 6 중에서 서로 다른 2 개를 택하여 만든 조합 전체를 사전식으로 나열하여라.

   그리고, 1, 2, 3, 4, 5, 6 중에서 서로 다른 3 개를 택하여 만든 조합 전체를 사전식으로 나열하여라.

4. 양의 정수 1, 2, 3, 4, 5, 6, 7, 8 중에서 서로 다른 6 개를 택하여 만든 조합 진체를 사진식으로 나열하여라.

5. 양의 정수 1, 2, …, n 중에서 서로 다른 r 개를 택하여 만든 조합 전체를 사전식으로 나열할 때, 조합

$$\{a_1, a_2, \cdots, a_r\}, \qquad a_1 < a_2 < \cdots < a_r$$

   에 대하여 다음 물음에 답하여라.

   (1) a_r 가 택할 수 있는 값 중에서 가장 큰 값을 구하여라.

   (2) $1 \le i \le n$ 인 정수 i 에 대하여 a_i 가 택할 수 있는 값 중에서 가장 큰 값을 구하여라.

6. 양의 정수 1, 2, …, n 중에서 서로 다른 r 개를 택하여 만든 조합 전체를 나열하는 알고리즘을 설명하여라.

7. 양의 정수 1, 2, 3, 4, 5, 6, 7 중에서 서로 다른 2 개를 택하여 만든 조합 전체를 사전식으로 나열하여라.

   그리고, 이 결과를 이용하여 1, 2, 3, 4, 5, 6, 7 중에서 서로 다른 2 개를 택하여 일렬로 늘어놓은 순열을 나열하여라.

§7.4 알고리즘의 시간 복잡도

전자계산기를 이용하여 주어진 문제에 대한 알고리즘을 써서 문제를 해결할 때, 이 알고리즘의 효율성(效率性, efficiency)은 계산하는 데 걸리는 시간과 기억 장치가 가지고 있는 공간에 좌우된다. 알고리즘을 실행할 때 걸리는 시간은 덧셈, 뺄셈, 곱셈, 나눗셈과 같은 기본적인 산술적인 연산의 개수에 비례한다.

주어진 알고리즘에 대하여 입력(input)의 크기가 n일 때 이 알고리즘을 실행하는 데 필요한 연산의 개수를 $f(n)$으로 나타내면, 양의 정수 전체의 집합 $\mathbb{N}$에서 실수 전체의 집합 $\mathbb{R}$로의 함수 $f: \mathbb{N} \longrightarrow \mathbb{R}$가 정의된다.

이 함수를 주어진 알고리즘의 **시간 복잡도**(時間 複雜度,times complexity)라고 한다.

보기 7.4.1 십진법으로 나타낸 n자리의 두 정수

$$a = a_{n-1} \cdots a_1 a_{0\ (10)},$$
$$b = b_{n-1} \cdots b_1 b_{0\ (10)}$$

$$\begin{array}{r} 1\ \ 8\ \ 7 \\ +\ \ 4_1\ 5_1\ 6 \\ \hline 6\ \ 4\ \ 3 \end{array}$$

의 합 $a+b$를 구하는 문제를 생각해 보자.

한 자리의 두 정수를 더하는 일을 기본으로 생각할 때, 입력은 $2n$개의 $a_0, a_1, \cdots, a_{n-1}$, $b_0, b_1, \cdots, b_{n-1}$이고, 이에 따라 각 자리의 수 $a_i + b_i$를 구하고 받아올림이 일어나는 경우가 있으므로 기본 연산을 행하는 횟수는

$$1 + 2(n-1) \quad 즉 \quad 2n-1$$

이하이다.

보기 7.4.2 유클리드 공간에서, 주어진 두 점

$$\mathrm{A}(a_1, a_2, \cdots, a_n), \quad \mathrm{B}(b_1, b_2, \cdots, b_n)$$

에 대하여 두 점 사이의 거리

$$d = \sqrt{(a_1 - b_1)^2 + (a_2 - b_2)^2 + \cdots + (a_n - b_n)^2}$$

를 구하는 문제를 생각해 보자.

입력은 $2n$ 개의 $a_1, a_2, \cdots, a_n, b_1, b_2, \cdots, b_n$ 이고 이에 따라 d를 구하는 데에는 빼기 n 번, 제곱하기 n 번, 더하기 $n-1$ 번, 제곱근 구하기 1 번을 해야 하므로 $n+n+(n-1)+1 = 3n$ (번) 의 연산이 필요하다.

주어진 알고리즘의 시간 복잡도 $f(n)$ 을 계산할 때에는 흔히 $f(n)$ 의 상계(上界, upper bound)를 택하며 이때 다음에 논할 기호를 이용하면 편리하다.

앞으로, 양의 실수 전체의 집합 $\mathbb{R}^+$ 에서 실수 전체의 집합 $\mathbb{R}$ 로의 함수 또는 양의 정수 전체의 집합 $\mathbb{N}$ 에서 실수 전체의 집합 $\mathbb{R}$ 로의 함수

$$f: \mathbb{R}^+ \longrightarrow \mathbb{R},\ y = f(x), \qquad g: \mathbb{N} \longrightarrow \mathbb{R},\ y = g(n)$$

를 간단히 $f(x)$, $g(n)$ 으로 나타낸다.

정의 7.4.1 두 함수 $f(x)$, $g(x)$ 에 대하여, 적당한 양의 실수 M 과 c 가 존재하여

$$x \geq c \Longrightarrow |f(x)| \leq M|g(x)|$$

일 때, 이 사실을

$$f(x) = O(g(x))$$

로 나타내고 이것을

'$f(x)$ 는 $g(x)$ 의 big-oh'

라고 읽는다.

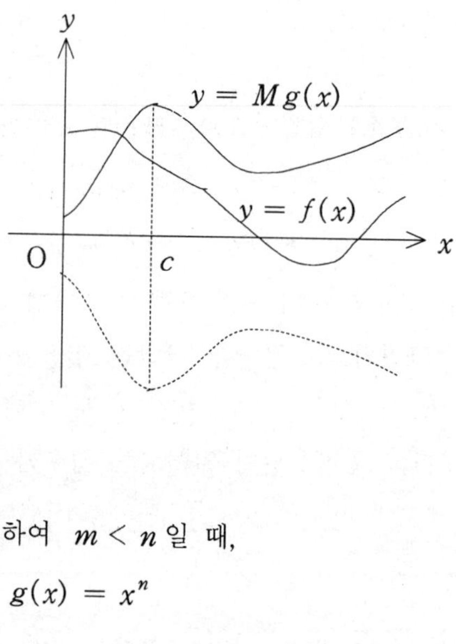

보기 7.4.3 두 양의 정수 m, n 에 대하여 $m < n$ 일 때,

$$f(x) = x^m, \qquad g(x) = x^n$$

이라고 하면, 다음이 성립한다.

$$f(x) = O(g(x)), \quad g(x) \neq O(f(x))$$

실제로

$$x \geq 1 \Longrightarrow x^m \leq x^m \cdot x^{n-m} = x^n \quad \text{즉} \quad |f(x)| \leq |g(x)|$$

이므로 $f(x) = O(g(x))$ 이다.

한편, $g(x) = O(f(x))$ 이라 가정하면, 적당한 양의 실수 M, c 에 대하여

$$x \geq c \Rightarrow x^n \leq Mx^m \quad \text{즉} \quad x^{n-m} \leq M$$

이어야 하나, 이와 같이 될 수는 없다. 따라서 $g(x) \neq O(f(x))$ 이다.

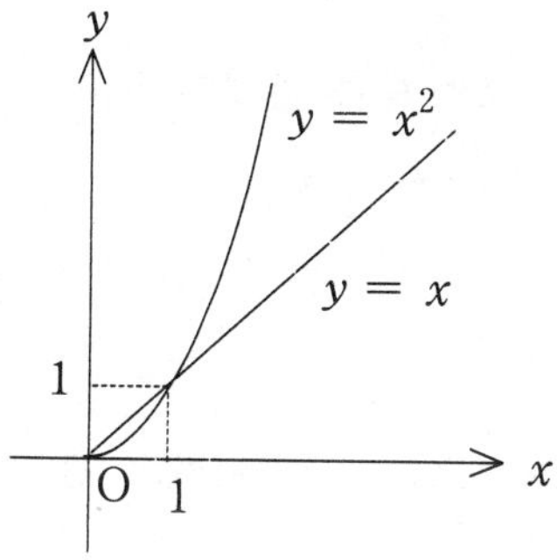

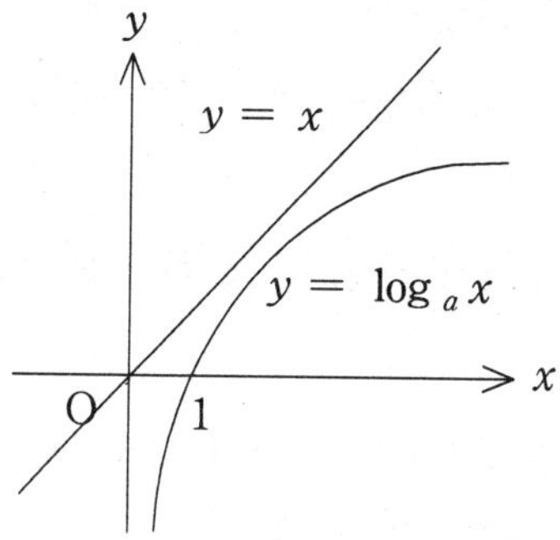

보기 7.4.4 양의 정수 n과 $a > 1$인 실수 a에 대하여

$$x \geq 1 \Rightarrow \log_a x < x \leq x^n$$

이므로 $\log_a x = O(x^n)$ 이다. 특히, Euler 상수 e ($\fallingdotseq 2.7.1.8$) 에 대하여 $\ln x = \log_e x = O(x^n)$ 이다(보기 1.3.3 참조).

보기 7.4.5 모든 양의 정수 n에 대하여 다음이 성립한다.

$$n < 2^n, \qquad n! = 1 \cdot 2 \cdot \cdots \cdot n \leq n\, n \cdots n = n^n$$

이로부터 다음 결과를 얻는다(문제 5.3.1, 보기 1.3.3 참조).

(1) $n \geq 1 \Rightarrow n \leq 2^n$ 이므로 $n = O(2^n)$ 이다.

$n \geq 1 \Rightarrow n! \leq n^n$ 이므로 $n! = O(n^n)$ 이다.

(2) $n \geq 1 \Rightarrow \log_2 n \leq n$ 이므로 $\log_2 n = O(n)$ 이다.

(3) a가 1보다 큰 실수일 때,

$$n \geq 1 \Rightarrow \log_a n = \frac{\log_2 n}{\log_2 a} \leq \frac{1}{\log_2 a}\, n$$

이므로 $\log_a n = O(n)$ 이고, 또

$$n \geq 1 \Rightarrow \log_a n! \leq \log_a n^n = n \log_a n$$

이므로 $\log_a n = O(n \log_a n)$ 이다.

정의 7.4.2 함수 $f(x)$ 에서, 임의의 양의 정수 M에 대하여 적당한 $c > 0$ 가 존재하여

$$x \geq c \Longrightarrow f(x) \geq M$$

일 때, $\lim_{x \to \infty} f(x) = \infty$ 이라고 한다.

그리고, 임의의 $\varepsilon > 0$ 에 대하여 적당한 $\delta > 0$ 가 존재하여

$$x \geq \delta \Longrightarrow |f(x) - L| < \varepsilon$$

일 때, $\lim_{x \to \infty} f(x) = L$ 이라고 한다.

보기 7.4.6 모든 양의 정수 n에 대하여 $f(x) = x^n$ 이라고 할 때, 임의의 양의 정수 M에 대하여

$$x \geq \sqrt[n]{M} \Longrightarrow f(x) = x^n \geq M$$

이므로 $\lim_{x \to \infty} f(x) = \infty$ 이다.

정리 7.4.3 두 함수 $f(x)$, $g(x)$ 에 대하여 다음이 성립한다.

(1) $\lim_{x \to \infty} \left| \frac{f(x)}{g(x)} \right| = \infty$ 이면, $g(x) = O(f(x))$, $f(x) \neq O(g(x))$ 이다.

(2) $\lim_{x \to \infty} \left| \frac{f(x)}{g(x)} \right| = 0$ 이면, $f(x) = O(g(x))$, $g(x) \neq O(f(x))$ 이다.

(3) $\lim_{x \to \infty} \left| \frac{f(x)}{g(x)} \right| = L > 0$ 이면, $f(x) = O(g(x))$, $g(x) = O(f(x))$ 이다.

증 명 (1) 먼저 $\lim_{x \to \infty} \left| \frac{f(x)}{g(x)} \right| = \infty$ 이면, 임의의 양의 실수 M 에 대하여 적당한 양의 실수 c가 존재하여

$$x \geq c \Longrightarrow \left| \frac{f(x)}{g(x)} \right| \geq M$$

이므로

$$x \geq c \Longrightarrow |g(x)| \leq \frac{1}{M} |f(x)|$$

이고 따라서 $g(x) = O(f(x))$ 이다.

다음에 $f(x) = O(g(x))$ 이라고 가정하면, 적당한 두 양의 실수 M, c가 존재하여

$$x \geq c \Longrightarrow |f(x)| \leq M|g(x)| \quad \text{즉} \quad \left|\frac{f(x)}{g(x)}\right| \leq M$$

이므로 $\lim_{x\to\infty}\left|\frac{f(x)}{g(x)}\right| \leq M$ 이다.

따라서 $\lim_{x\to\infty}\left|\frac{f(x)}{g(x)}\right| = \infty$ 이면, $f(x) \neq O(g(x))$ 이다.

(2) $\lim_{x\to\infty}\left|\frac{f(x)}{g(x)}\right| = 0$ 이면, $\lim_{x\to\infty}\left|\frac{g(x)}{f(x)}\right| = \infty$ 이므로 (1) 에 의하여 $f(x) = O(g(x))$, $g(x) \neq O(f(x))$ 이다.

(3) 먼저 $\lim_{x\to\infty}\left|\frac{f(x)}{g(x)}\right| = L > 0$ 이면, 적당한 양의 실수 c 가 존재하여

$$x \geq c \Longrightarrow \left|\frac{f(x)}{g(x)}\right| \leq L+1$$

즉

$$x \geq c \Longrightarrow |f(x)| \leq (L+1)|g(x)|$$

이므로 $f(x) = O(g(x))$ 이다.

그리고, $\lim_{x\to\infty}\left|\frac{f(x)}{g(x)}\right| = L > 0$ 이면, $\lim_{x\to\infty}\left|\frac{g(x)}{f(x)}\right| = \frac{1}{L} > 0$ 이므로 위의 결과에 의하여 $g(x) = O(f(x))$ 이다.

정리 7.4.4 양의 정수 m 과 실수 $a\ (>1)$ 에 대하여 다음이 성립한다.

(1) $f(x) = a_m x^m + a_{m-1}x^{m-1} + \cdots + a_1 x + a_0 \quad (a_m \neq 0)$ 일 때,

$$f(x) = O(x^m), \quad x^m = O(f(x))$$

(2) $\log_a x = O(x^m)$, $x^m \neq O(\log_a x)$,

$$x^m = O(a^x), \quad a^x \neq O(x^m)$$

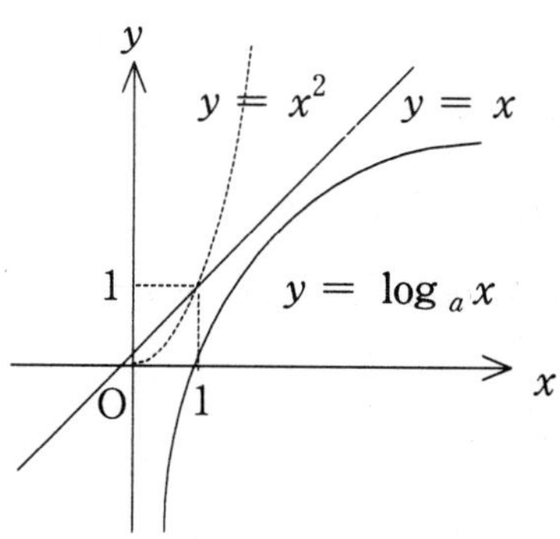

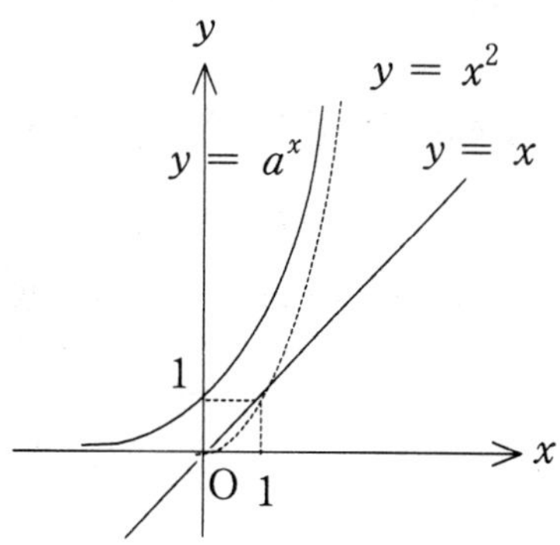

증 명 (1) 이제 $g(x) = x^m$ 이라고 하면,

$$\frac{f(x)}{g(x)} = a^m + \frac{a_{m-1}}{x} + \cdots + \frac{a_1}{x^{m-1}} + \frac{a_0}{x^m}$$

이므로

$$\lim_{x \to \infty} \left| \frac{f(x)}{g(x)} \right| = \lim_{x \to \infty} \left| a^m + \frac{a_{m-1}}{x} + \cdots + \frac{a_1}{x^{m-1}} + \frac{a_0}{x^m} \right|$$
$$= |a_m| > 0$$

이고, 따라서 정리 7.4.3 에 의하여 다음 결과를 얻는다.

$$f(x) = O(g(x)), \quad g(x) = O(f(x))$$

(2) $\log_a x = \log_a e \cdot \log_e x$ 이므로

$$\frac{d \log_a x}{dx} = \frac{\log_a e}{x}$$

이고, 따라서 로피탈(l'Hospital) 의 정리에 의하여 다음이 성립한다.

$$\lim_{x \to \infty} \frac{\log_a x}{x^m} = \lim_{x \to \infty} \frac{\log_a e}{x \cdot m x^{m-1}} = \lim_{x \to \infty} \frac{\log_a e}{m x^m} = 0$$

따라서 정리 7.4.3 에 의하여 $\log_a x = O(x^m)$, $x^m \neq O(\log_a x)$ 이다.

그리고, $a^x = e^{x \log_e a}$ 이므로 $\dfrac{d a^x}{dx} = (\log_e a)\, a^x$ 이고 따라서 l'Hospital 의 정리에 의하여

$$\lim_{x \to \infty} \frac{a^x}{x^m} = \lim_{x \to \infty} \frac{a^x \log_e a}{m x^{m-1}} = \lim_{x \to \infty} \frac{a^x (\log_e a)^2}{m(m-1) x^{m-2}}$$
$$= \cdots = \lim_{x \to \infty} \frac{a^x (\log_e a)^m}{m!} = \infty$$

이므로 정리 7.4.3 에 의하여 $x^m = O(a^x)$, $a^x \neq O(x^m)$ 이다.

정의 7.4.5 두 함수 $f(x)$, $g(x)$ 에 대하여

$$f(x) = O(g(x)), \quad g(x) = O(f(x))$$

일 때, $f(x)$ 와 $g(x)$ 는 동일한 **위수**(位數, order)를 가진 함수라고 말하고 이 사실을

$$f(x) \asymp g(x)$$

로 나타낸다.

보기 7.4.7 두 함수 $f(x)$, $g(x)$ 에 대하여

$$f(x) = kg(x) \qquad (k \neq 0)$$

이라고 하자. 이 때,

$$x \geq 0 \Longrightarrow |f(x)| \leq |k||g(x)|,$$

$$x \geq 0 \Longrightarrow |g(x)| \leq \frac{1}{|k|}|f(x)|$$

이므로 $f(x) \asymp g(x)$ 이다.

정리 7.4.6 두 함수 $f(x)$, $g(x)$ 에 대하여 $f(x) = O(g(x))$ 일 때,

$$f(x) + g(x) = O(g(x))$$

이고 또 실수 $c\ (\neq 0)$ 에 대하여 다음이 성립한다.

$$f(x) = O(cg(x)), \quad cf(x) = O(g(x))$$

증 명 가정에 의하여 적당한 양의 실수 M, a 에 대하여

$$x \geq a \Longrightarrow |f(x)| \leq M|g(x)|$$

이므로 $x \geq a$ 일 때

$$|f(x) + g(x)| \leq |f(x)| + |g(x)| \leq (M+1)|g(x)|$$

이고 따라서 $f(x) + g(x) = O(g(x))$ 이다.

그리고, $x \geq a$ 일 때,

$$|f(x)| \leq M|g(x)| = \frac{M}{|c|}|cg(x)|$$

$$|cf(x)| = |c||f(x)| \leq |c|M|g(x)|$$

이므로 $f(x) = O(cg(x))$, $cf(x) = O(g(x))$ 이다.

보기 7.4.8 양의 정수 m 과 1 보다 큰 실수 a 에 대하여

$$\log_a x = O(x^m)$$

이고 따라서 실수 $c \neq 0$ 에 대하여 다음이 성립한다(정리 7.4.4, 정리 7.4.6).

(1) $x^m + \log_a x = O(x^m)$

(2) $\log_a x = O(cx^m)$, $\qquad c\log_a x = O(x^m)$

정리 7.4.7 세 함수 $f(x)$, $g(x)$, $h(x)$ 에 대하여

$$f(x) = O(g(x)), \quad g(x) = O(h(x))$$

이면, $f(x) = O(h(x))$ 이다.

증 명 이제 $f(x) = O(g(x))$, $g(x) = O(h(x))$ 이라고 하자.
이 때, 적당한 양의 실수 M, a 와 적당한 양의 실수 N, b 에 대하여

$$x \geq c \Rightarrow |f(x)| \leq M|g(x)|,$$
$$x \geq d \Rightarrow |g(x)| \leq N|h(x)|$$

이고 따라서 $b = \max\{c, d\}$ 이라고 하면,

$$x \geq b \Rightarrow |f(x)| \leq M|g(x)| \leq MN|h(x)|$$

이므로 $f(x) = O(h(x))$ 이다.

정리 7.4.8 네 함수 $f_1(x)$, $f_2(x)$, $g_1(x)$, $g_2(x)$ 에 대하여

$$f_1(x) = O(g_1(x)), \quad f_2(x) = O(g_2(x))$$

이라고 할 때, 함수 $g(x)$ 를 $g(x) = \max\{|g_1(x)|, |g_2(x)|\}$ 로 정의하면 $f_1(x) + f_2(x) = O(g(x))$ 이다.

증 명 네 함수 $f_1(x)$, $f_2(x)$, $g_1(x)$, $g_2(x)$ 에 대하여

$$f_1(x) = O(g_1(x)), \ f_2(x) = O(g_2(x))$$

이면, 적당한 양의 실수 M_1, M_2, a_1, a_2 에 대하여 다음이 성립한다.

$$x \geq a_1 \Rightarrow |f_1(x)| \leq M_1|g_1(x)|,$$
$$x \geq a_2 \Rightarrow |f_2(x)| \leq M_2|g_2(x)|$$

이 때, $a = \text{Max}\{a_1, a_2\}$ 이라고 하면, $x \geq a$ 인 모든 x 에 대하여

$$\begin{aligned} |f_1(x)+f_2(x)| &\leq |f_1(x)| + |f_2(x)| \\ &\leq M_1|g_1(x)| + M_2|g_{2(x)}| \\ &\leq M_1|g(x)| + M_2|g(x)| \\ &\leq (M_1+M_2)|g(x)| \end{aligned}$$

이므로 $f_1(x) + f_2(x) = O(g(x))$ 이다.

앞의 정리로부터 다음 따름정리를 얻는다.

따름정리 7.4.9 세 함수 $f_1(x)$, $f_2(x)$, $g(x)$ 에 대하여

$$f_1(x) = O(g(x)), \quad f_2(x) = O(g(x))$$

이면, $f_1(x) + f_2(x) = O(g(x))$ 이다.

정리 7.4.10 네 함수 $f_1(x)$, $f_2(x)$, $g_1(x)$, $g_2(x)$ 에 대하여

$$f_1(x) = O(g_1(x)), \quad f_2(x) = O(g_2(x))$$

이면, 다음이 성립한다.

(1) $f_1(x) + f_2(x) = O(g_1(x) + g_2(x))$,

(2) $f_1(x) f_2(x) = O(g_1(x) g_2(x))$

증 명 네 함수 $f_1(x)$, $f_2(x)$, $g_1(x)$, $g_2(x)$ 에 대하여

$$f_1(x) = O(g_1(x)), \quad f_2(x) = O(g_2(x))$$

이면, 적당한 양의 실수 M_1, M_2, a_1, a_2 에 대하여 다음이 성립한다.

$$x \geq a_1 \implies |f_1(x)| \leq M_1 |g_1(x)|,$$
$$x \geq a_2 \implies |f_2(x)| \leq M_2 |g_2(x)|$$

이 때, $a = \text{Max}\{a_1, a_2\}$ 이라고 하면, $x \geq a$ 인 모든 x 에 대하여

$$\begin{aligned} |f_1(x) + f_2(x)| &\leq |f_1(x)| + |f_2(x)| \\ &\leq M_1 |g_1(x)| + M_2 |g_2(x)| \\ &\leq (M_1 + M_2) |g_1(x) + g_2(x)|, \end{aligned}$$

$$\begin{aligned} |f_1(x) f_2(x)| &= |f_1(x)||f_2(x)| \\ &\leq M_1 M_2 |g_1(x) g_2(x)| \end{aligned}$$

이므로 다음이 성립한다.

$$f_1(x) + f_2(x) = O(g_{1(x)} + g_2(x)),$$
$$f_1(x) f_2(x) = O(g_1(x) g_2(x))$$

보기 7.4.9 정리 7.4.4 에 의하여

$$x+3 = O(x), \qquad x^2 + x+3 = O(x^2)$$

이므로 다음이 성립한다(정리 7.4.10).

$$(x+3)(x^2 + x+3) = O(x^3)$$

그리고, 양의 정수 m과 1 보다 큰 실수 a에 대하여

$$\log_a x = O(x^m)$$

이므로 $x \log_a x = O(x^{m+1})$ 이다(정리 7.4.4, 정리 7.4.10).

알고리즘의 시간 복잡도는 그 입력의 크기 n의 함수이다. 두 알고리즘에서 입력이 n일 때의 시간 복잡도가 각각 $f(n)$, $g(n)$ 일 때, $f(n) \asymp g(n)$ 인 경우에 이 두 알고리즘은 효율 면에서 대단히 비슷하다고 생각한다.

특히, 적당한 양의 정수 m에 대하여

$$f(n) \asymp n^m$$

일 때, 이 알고리즘을 **다항 시간**(多項時間, polynomial time) **알고리즘**이라고 한다. 그리고, 1 보다 큰 실수 a에 대하여

$$f(n) \asymp \log_a n$$

일 때 이 알고리즘을 **로그 시간 알고리즘**(logarithm algorithm)이라 하고,

$$f(n) \asymp a^n$$

일 때 이 알고리즘을 **지수 시간**(指數時間, exponential time) **알고리즘**이라고 한다. 정리 7.4.4 에 의하여 다음이 성립한다.

$$\log_a n = O(n^m), \quad a^n = O(n^m)$$

한 문제에 대한 알고리즘이 로그 시간 알고리즘이거나 다항 시간 알고리즘일 때 이 알고리즘은 효율적인 알고리즘으로 생각한다. 또, 주어진 문제를 해결하는 데 이용되는 알고리즘이 모두 지수 시간 알고리즘인 경우에 이 문제는 해결하기 어려운 문제로 판단한다.

문제에 따라서는 그 입력의 크기 n이 작은 경우에 지수 시간 알고리즘이 다항 시간 알고리즘보다 더 좋을 수도 있으나, 일반적으로 입력의 크기가 큰 경우에는 다항 알고리즘이 더 좋다.

보기 7.4.10 두 양의 정수 a, b에 대하여 $a > b$일 때, $r_0 = a$, $r_1 = b$ 라 하고 또 다음이 성립한다고 하자.

$$
\begin{aligned}
r_0 &= a_0 r_1 + r_2, & 0 < r_2 < r_1 \\
r_1 &= a_1 r_2 + r_3, & 0 < r_3 < r_2 \\
r_2 &= a_2 r_3 + r_4, & 0 < r_4 < r_3 \\
&\vdots & \vdots \\
r_{m-1} &= a_{m-1} r_m + r_{m+1}, & 0 < r_{m+1} < r_m \\
r_m &= a_m r_{m+1}
\end{aligned}
$$

a_0	r_0	r_1	a_1
	$a_0 r_1$	$a_1 r_2$	
	$\vdots$	$\vdots$	
a_{m-1}	r_{m-1}	r_m	a_m
	$a_{m-1} r_m$	$a_m r_{m+1}$	
	r_{m+1}	0	

이 때, a와 b의 최대공약수는 r_{m+1}이다(정리 2.2.4). 또, 위에서 나눗셈 알고리즘(정리 2.1.1)을 행한 횟수를 n이라고 하면, $n = m+1$이다.

한편, $0 < r_{m+1} < r_m$이므로 $a_m \geq 2$이고, 또 $a > b$이므로 $a_0 \geq 1$이므로 모든 i $(0 \leq i \leq m-1)$에 대하여 $a_i \geq 1$이므로 다음이 성립한다.

$$
\begin{aligned}
& r_{m+1} \geq 1 \\
& r_m = a_m r_{m+1} \geq 2 r_{m+1} \geq 2 \\
& r_{m-1} \geq r_m + r_{m+1} \geq 2 + 1 = 3 \\
& \quad \vdots \\
& r_2 \geq r_3 + r_4 \\
& b = r_1 \geq r_2 + r_3
\end{aligned}
$$

따라서 1, r_{m+1}, r_m, $\cdots$, r_2, $r_1 = b$의 각 항은 Fibonacci 수열

$\{f_n\}$: $1, 1, 2, 3, 5, 8, 13, 21, 34, 55, 89, 144, 233, \cdots$

의 대응하는 항과 같거나 크다.

그러므로, b는 Fibonacci 수열의 $m+2$번째 항 f_{m+2}보다 작지 않으므로, 정리 2.5.7에 의하여 다음이 성립한다.

$$
b \geq f_{m+2} = \frac{1}{\sqrt{5}} \left\{ \left(\frac{1+\sqrt{5}}{2} \right)^{m+2} - \left(\frac{1-\sqrt{5}}{2} \right)^{n+2} \right\}
$$

한편, f_{m+2}은 무리수 $\dfrac{1}{\sqrt{5}} \left(\dfrac{1+\sqrt{5}}{2} \right)^{m+2}$에 가장 가까운 양의 정수이므로

$$b \geq \frac{1}{\sqrt{5}}\left(\frac{1+\sqrt{5}}{2}\right)^{m+2} - 1 = \frac{1+\sqrt{5}}{2\sqrt{5}}\left(\frac{1+\sqrt{5}}{2}\right)^{m+1} - 1$$

이고 따라서 다음 부등식이 성립한다.

$$\left(\frac{1+\sqrt{5}}{2}\right)^{m+1} \leq \frac{5-\sqrt{5}}{2}(b+1)$$

이제 $A = \frac{1+\sqrt{5}}{2}$, $B = \frac{5-\sqrt{5}}{2}$ 이라고 하면, $n = m+1$ 이므로 위의 부등식에 의하여

$$A^n = A^{m+1} \leq B(b+1)$$

이고 따라서 c가 1 보다 큰 실수일 때 다음이 성립한다.

$$\log_c A^n \leq \log_c B(b+1), \quad n \log_c A \leq \log_c B(b+1)$$

그런데 $b \geq 2$ 일 때, $B < 2 \leq b$, $b+1 \leq b^2$ 이므로

$$\begin{aligned} n &\leq \frac{1}{\log_c A} \log_c B(b+1) \\ &\leq \frac{1}{\log_c A} \log_c b^3 = \frac{3}{\log_c A} \log_c b \end{aligned}$$

이고, 따라서 $n = O(\log_c b)$ 이다.

그러므로 유클리드 알고리즘은 대단히 유효한 알고리즘이다.

보기 7.4.11 선형 검색 알고리즘(알고리즘 7.2.1) 을 이용하여 길이가 n 인 목록에서 한 자료를 검색하는 경우에, 입력은 n 이고 이에 대하여 많아야 $n+1$ 번의 비교를 행하며 $n+1 = O(n)$ 이다(정리 7.4.5).

한편, 이진 검색 알고리즘(알고리즘 7.2.2)을 이용하여 길이가 n 인 정렬된 목록에서 한 자료를 검색할 때, $2^{k-1} < n \leq 2^k$ 이면 많아야 $3k+1$ 번 비교한다. 이 때, $k-1 < \log_2 n$ 이므로

$$3k+1 < 4 + 3\log_2 n$$

이고, 특히 $n \geq 2^4$ 이면, $\log_2 n \geq 4$ 이므로

$$3k+1 < 4 + 3\log_2 n \leq 4\log_2 n$$

이고 따라서 $3k+1 = O(\log_2 n)$ 이다.

보기 7.4.12 알고리즘 7.2.3과 알고리즘 7.2.4를 이용하여 길이 n인 목록

$$a_1,\ a_2,\ a_3,\ \cdots,\ a_n$$

을 정렬하는 경우에 비교하는 횟수를 $f(n)$ 이라고 하면,

$$f(n) = \frac{n(n-1)}{2}$$

이 때, $f(n) \le \frac{1}{n^2}$ 이므로 $f(n) = O(n^2)$ 이다.

한편, 알고리즘 7.2.5를 이용하여 길이가 n인 목록을 크기순으로 정렬하는 경우에 비교하는 횟수를 $g(n)$ 이라고 하면,

$$g(n) = O(n \log_2 n)$$

이라는 사실이 알려져 있다(증명 생략).

그런데, 보기 7.4.9에 의하여

$$n \log_2 n = O(n^2)$$

이므로 알고리즘 7.2.5가 알고리즘 7.2.3보다 더 효율적이다

연 습 문 제 (7.4)

1. 다음 두 함수 $f(x)$, $g(x)$ 에 대하여 $f(x) = O(g(x))$ 임을 정의에 따라 증명하여라.

    (1) $f(x) = 4x,\ \ g(x) = x^3$

    (2) $f(x) = \log_2 x^7,\ \ g(x) = x$

2. 두 함수 $f(x) = \sin x,\ g(x) = \cos x$에 대하여 $f(x) = O(1)$ 이고 또 $g(x) = O(1)$ 임을 밝혀라.

3. 두 실수 a, b에 대하여 $1 < a < b$일 때, $\log_a x = \log_a b \cdot \log_b x$ 임을 이용하여 $\log_a x \asymp \log_b x$ 임을 증명하여라.

4. 두 실수 a, b에 대하여 $1 < a < b$일 때, $a^x = O(b^x)$, $b^x \neq O(a^x)$ 임을 증명하여라.

5. 두 함수

$$f(x) = x \ln x, \quad g(x) = x^2$$

에 대하여 $g(x) \neq O(f(x))$ 임을 증명하여라.

여기서, $\ln x$ 는 자연로그이다.

6. 실수 x 와 양의 정수 n 에 대하여 다음 두 알고리즘은 x^{2^n} 를 계산하는 데 이용되는 알고리즘이다.

알고리즘 A

단계 1 : $a = 1$ 로 놓는다.

단계 2 : $i = 1$ 에서 $i = 2^n$ 까지에 대하여 a 를 xa 로 바꾸어 놓는다.

단계 3 : a 를 출력한다.

알고리즘 B

단계 1 : $a = x$ 로 놓는다.

단계 2 : $i = 1$ 에서 $i = n$ 까지에 대하여 a 를 a^2 으로 바꾸어 놓는다.

단계 3 : a 를 출력한다.

알고리즘 A 와 알고리즘 B 를 이용하여 x^{2^n} 을 계산하는 경우에 실행되는 곱셈의 횟수를 각각 $f(n)$, $g(n)$ 이라고 할 때, $f(n)$ 과 $g(n)$ 을 구하고 또 알고리즘 B 가 알고리즘 A 보다 더 효과적인 알고리즘임을 설명하여라.

제 8 장

행 렬

이 장에서는, 행렬과 행렬에 관한 연산에 대하여 논하고 정사각행렬의 연산과 관련된 여러 가지 사항에 대하여 논한다.

행렬에 기본 행 변형과 기약 행 사다리꼴 행렬로 변형하는 방법과 정칙행렬의 역행렬을 구하는 방법과 연립일차방정식의 해를 구하는 방법에 대해서는 §11.1 과 §11.2 에서 논한다.

행렬, 연립일차방정식과 선형대수학에 대한 사항은 다음 책을 참고하기 바란다.

박승안, 신판 선형대수학, 경문사, 2020 년

박승안, 선형대수학 개론, 경문사, 2020 년

§8.1 행 렬

체 F 의 mn 개의 원소 a_{ij} $(1 \le i \le m,\ 1 \le j \le n)$ 를 아래와 같이 직사각형 모양으로 늘어놓아 괄호로 한 데 묶어놓은 것을 체 F 위의 **$m \times n$ 행렬**(行列, matrix) 또는 **크기가 $m \times n$ 인 행렬**이라고 한다.

$$A = \begin{bmatrix} a_{11} & a_{12} & \cdots & a_{1n} \\ a_{21} & a_{22} & \cdots & a_{2n} \\ \vdots & \vdots & \cdots & \vdots \\ a_{m1} & a_{m2} & \cdots & a_{mn} \end{bmatrix}$$

그리고, 위의 행렬을 간단히 $A = [a_{ij}]_{m \times n}$ 으로 나타낸다.

행렬 $A = [a_{ij}]_{m \times n}$ 에서 a_{ij} 를 A 의 (i, j) **성분**(成分, component, entry)이라고 하며,

$$\begin{bmatrix} a_{11} & a_{12} & \cdots & a_{1j} & \cdots & a_{1n} \\ \vdots & \vdots & \cdots & & \cdots & \vdots \\ a_{i1} & a_{i2} & \cdots & a_{ij} & \cdots & a_{in} \\ \vdots & \vdots & \cdots & & \cdots & \vdots \\ a_{m1} & a_{m2} & \cdots & a_{mj} & \cdots & a_{mn} \end{bmatrix}$$

$a_{i1},\ a_{i2},\ \cdots,\ a_{in} \quad (1 \le i \le m)$

$a_{1j},\ a_{2j},\ \cdots,\ a_{mj} \quad (1 \le j \le n)$

는 각각 행렬 A 의

제 i 행(行, row),

제 j 열(列, column)

을 이룬다. 특히, 모든 성분이 0 인 $m \times n$ 행렬을 **영행렬**(零行列, zero matrix)이라 하고, $m \times n$ 영행렬을 $O_{m \times n}$ 또는 O 로 나타낸다.

그리고, 한 개의 원소 a 로 이루어진 1×1 행렬 $[a]$ 는 원소 a 와 동일시(同一視, identify)한다.

체 F 위의 $m \times n$ 행렬 전체의 집합을 $\mathrm{Mat}_{m \times n}(F)$ 로 나타낸다. 즉,

$$\mathrm{Mat}_{m \times n}(F) = \{[a_{ij}]_{m \times n} \mid a_{ij} \in F,\ 1 \le i \le m,\ 1 \le j \le n\}$$

집합 $\mathrm{Mat}_{m \times n}(F)$ 에 속하는 두 행렬에 대하여 상등관계, 합, 차 그리고 원소 $a \in F$ 에 의한 스칼라 배를 다음과 같이 정의한다.

$$[a_{ij}]_{m\times n} = [b_{ij}]_{m\times n} \Longleftrightarrow a_{ij} = b_{ij} \quad (1 \le i \le m,\ 1 \le j \le n)$$

$$[a_{ij}]_{m\times n} + [b_{ij}]_{m\times n} = [a_{ij} + b_{ij}]_{m\times n},$$

$$[a_{ij}]_{m\times n} - [b_{ij}]_{m\times n} = [a_{ij} - b_{ij}]_{m\times n}$$

$$a[a_{ij}]_{m\times n} = [a\, a_{ij}]_{m\times n}$$

$$-[a_{ij}]_{m\times n} = (-1)[a_{ij}]_{m\times n} = [-a\, a_{ij}]_{m\times n}$$

$$A \pm B = \begin{bmatrix} a_{11}\pm b_{11} & a_{12}\pm b_{12} & \cdots & a_{1n}\pm b_{1n} \\ a_{21}\pm b_{21} & a_{22}\pm b_{22} & \cdots & a_{2n}\pm b_{2n} \\ \vdots & \vdots & \cdots & \vdots \\ a_{m1}\pm b_{m1} & a_{m2}\pm b_{m2} & \cdots & a_{mn}\pm b_{mn} \end{bmatrix},$$

$$aA = \begin{bmatrix} a\,a_{11} & a\,a_{12} & \cdots & a\,a_{1n} \\ a\,a_{21} & a\,a_{22} & \cdots & a\,a_{2n} \\ \vdots & \vdots & \cdots & \vdots \\ a\,a_{m1} & a\,a_{m2} & \cdots & a\,a_{mn} \end{bmatrix}$$

보기 8.1.1 집합 $\text{Mat}_{3\times 2}(\mathbb{R})$ 에서 다음이 성립한다.

$$\begin{bmatrix} 1 & 2 \\ 3 & 4 \\ 4 & 5 \end{bmatrix} + \begin{bmatrix} 2 & 0 \\ 1 & 2 \\ 3 & 4 \end{bmatrix} = \begin{bmatrix} 3 & 2 \\ 4 & 6 \\ 7 & 9 \end{bmatrix}, \quad 3\begin{bmatrix} 1 & 2 \\ 3 & 4 \\ 4 & 5 \end{bmatrix} = \begin{bmatrix} 3 & 6 \\ 9 & 12 \\ 12 & 15 \end{bmatrix}$$

$$\begin{bmatrix} 1 & 2 \\ 3 & 4 \\ 4 & 5 \end{bmatrix} - \begin{bmatrix} 2 & 0 \\ 1 & 2 \\ 3 & 4 \end{bmatrix} = \begin{bmatrix} -1 & 2 \\ 2 & 2 \\ 1 & 1 \end{bmatrix}$$

보기 8.1.2 집합 $\text{Mat}_{2\times 3}(\mathbb{R})$에서 다음이 성립한다.

$$\begin{bmatrix} 1 & 2 & 3 \\ 4 & 5 & 6 \end{bmatrix} + \begin{bmatrix} 0 & 1 & 4 \\ 1 & -3 & 2 \end{bmatrix} = \begin{bmatrix} 1 & 3 & 7 \\ 5 & 2 & 8 \end{bmatrix},$$

$$2\begin{bmatrix} 1 & 2 & 3 \\ 4 & 5 & 6 \end{bmatrix} = \begin{bmatrix} 2 & 4 & 6 \\ 8 & 10 & 12 \end{bmatrix}$$

다음 정리가 성립함을 쉽게 알 수 있다.

정리 8.1.1 체 F 위의 $m\times n$ 행렬 전체의 집합 $\mathrm{Mat}_{m\times n}(F)$ 에서 임의의 A, B, C 와 $a, b\in F$ 에 대하여 다음이 성립한다.

A.1 : $(A+B)+C=A+(B+C)$

A.2 : $A+B=B+A$

A.3 : $A+O_{m\times n}=O_{m\times n}+A=A$

A.4 : $A+(-A)=(-A)+A=O_{m\times n}$

SM : $a(A+B)=aA+aB,\quad (a+b)A=aA+bA,$

$(ab)A=a(bA),\quad 1A=A$

정의 8.1.2 체 F 위의 $m\times n$ 행렬 $A=[a_{ij}]_{m\times n}$ 에 대하여 각 (i, j) 성분이 a_{ji} 인 $n\times m$ 행렬을 A 의 **전치행렬**(轉置行列, transpose)이라 하고 이 행렬을 A^T 로 나타낸다. 즉,

$$A^T=[a_{ij}']_{n\times m},$$

$$a_{ij}'=a_{ji}\quad(1\le i\le n,\ 1\le j\le m)$$

$$A^T=\begin{bmatrix} a_{11} & a_{21} & \cdots & a_{m1} \\ a_{12} & a_{22} & \cdots & a_{m2} \\ \vdots & \vdots & \cdots & \vdots \\ a_{1n} & a_{2n} & \cdots & a_{mn} \end{bmatrix}$$

정의에 의하여 분명히 다음 정리가 성립한다.

정리 8.1.3 체 F 위의 두 $m\times n$ 행렬 A, B 와 $a\in F$ 에 대하여 다음이 성립한다.

(1) $(A^T)^T=A$

(2) $(A+B)^T=A^T+B^T,\quad (aA)^T=aA^T$

보기 8.1.3 집합 $\mathrm{Mat}_{2\times 3}(\mathbb{R})$ 와 $\mathrm{Mat}_{3\times 2}(\mathbb{R})$ 에서 다음 등식이 성립한다.

$$\begin{bmatrix} 1 & 2 & 3 \\ 4 & 5 & 6 \end{bmatrix}+\begin{bmatrix} 0 & 1 & 4 \\ 1 & 3 & 2 \end{bmatrix}=\begin{bmatrix} 1 & 3 & 7 \\ 5 & 8 & 8 \end{bmatrix},\quad 3\begin{bmatrix} 1 & 2 & 3 \\ 0 & 1 & 2 \end{bmatrix}=\begin{bmatrix} 3 & 6 & 9 \\ 0 & 3 & 6 \end{bmatrix}$$

$$\begin{bmatrix} 1 & 4 \\ 2 & 5 \\ 3 & 6 \end{bmatrix}+\begin{bmatrix} 0 & 1 \\ 1 & 3 \\ 4 & 2 \end{bmatrix}=\begin{bmatrix} 1 & 5 \\ 3 & 8 \\ 7 & 8 \end{bmatrix},\qquad 3\begin{bmatrix} 1 & 0 \\ 2 & 1 \\ 3 & 2 \end{bmatrix}=\begin{bmatrix} 3 & 0 \\ 6 & 3 \\ 9 & 6 \end{bmatrix}$$

정의 8.1.4 체 F 위의 $m\times n$ 행렬 $A=[a_{ij}]_{m\times n}$ 와 그리고 $n\times r$ 행렬 $B=[b_{ij}]_{n\times r}$ 의 곱 $AB=[c_{ij}]_{m\times r}$ 는 다음과 같이 정의된 $m\times r$ 행렬이다.

$$c_{ij}=\sum_{k=1}^{n} a_{ik}b_{kj}=a_{i1}b_{1j}+a_{i2}b_{2j}+\cdots+a_{in}b_{nj}$$

$$(1\le i\le m,\ 1\le j\le r)$$

$$\begin{bmatrix} a_{11} & \cdots & a_{1j} & \cdots & a_{1n} \\ \vdots & \cdots & \vdots & & \vdots \\ a_{i1} & \cdots & a_{ij} & \cdots & a_{in} \\ \vdots & \cdots & \vdots & \cdots & \vdots \\ a_{m1} & \cdots & a_{nj} & \cdots & a_{mn} \end{bmatrix} \begin{bmatrix} b_{11} & \cdots & b_{1j} & \cdots & b_{1r} \\ b_{2} & \cdots & b_{2j} & \cdots & b_{2r} \\ \vdots & \cdots & \vdots & \cdots & \vdots \\ b_{i1} & \cdots & b_{ij} & \cdots & b_{ir} \\ \vdots & \cdots & \vdots & \cdots & \vdots \\ b_{n1} & \cdots & b_{nj} & \cdots & b_{nr} \end{bmatrix} = \begin{bmatrix} c_{11} & c_{12} & \cdots & c_{1r} \\ c_{21} & c_{22} & \cdots & c_{2r} \\ \vdots & \vdots & \cdots & \vdots \\ c_{m1} & c_{m2} & \cdots & c_{mr} \end{bmatrix}$$

보기 8.1.4 실수체 $\mathbb{R}$ 위에서 다음이 성립한다

(1) (2×2 행렬) · (2×2 행렬) = (2×2 행렬)

$$\begin{bmatrix} 1 & 1 \\ 2 & 0 \end{bmatrix}\begin{bmatrix} 1 & 3 \\ 2 & 4 \end{bmatrix}=\begin{bmatrix} 3 & 7 \\ 2 & 6 \end{bmatrix},\quad \begin{bmatrix} 1 & 3 \\ 2 & 4 \end{bmatrix}\begin{bmatrix} 1 & 1 \\ 2 & 0 \end{bmatrix}=\begin{bmatrix} 7 & 1 \\ 10 & 2 \end{bmatrix}$$

(2) (2×2 행렬) · (2×3 행렬) = (2×3 행렬)

$$\begin{bmatrix} 0 & 1 \\ 1 & 0 \end{bmatrix}\begin{bmatrix} 1 & 3 & 5 \\ 2 & 4 & 6 \end{bmatrix}=\begin{bmatrix} 2 & 4 & 6 \\ 1 & 3 & 5 \end{bmatrix}$$

(3) (2×1 행렬) · (1×3 행렬) = (2×3 행렬)

$$\begin{bmatrix} 1 \\ 2 \end{bmatrix}[\,2\quad 3\quad 4\,]=\begin{bmatrix} 2 & 3 & 4 \\ 4 & 6 & 8 \end{bmatrix}$$

(4) ($1\times n$ 행렬) · ($n\times k$ 행렬) = ($1\times k$ 행렬)

$$[\,1\quad 2\quad 3\,]\begin{bmatrix} x \\ y \\ z \end{bmatrix}=x+2y+3z$$

$$[\,1\quad 2\quad 3\quad 4\,]\begin{bmatrix} a & x \\ b & y \\ c & s \\ d & u \end{bmatrix}=[\,a+2b+3c+4d\quad x+2y+3z+4u\,]$$

정리 8.1.5 체 F 위의 행렬 $A=[a_{ij}]_{m\times n}$, $B=[b_{ij}]_{n\times r}$, $C=[c_{ij}]_{r\times s}$, $D=[d_{ij}]_{n\times r}$ 와 $a\in F$ 에 대하여 다음이 성립한다.

(1) $(AB)C=A(BC)$

(2) $A(B+D)=AB+AD, \quad (B+D)C=BC+DC$

(3) $a(AB)=(aA)B=A(aB)$

(4) $AO_{n\times r}=O_{m\times r}, \quad O_{r\times m}A=O_{r\times n}$

(5) $(AB)^T=B^TA^T$

증 명 (1) 행렬 $(AB)C$ 와 행렬 $A(BC)$ 의 (i, j) 성분은

$$\sum_{s=1}^{r}\left(\sum_{k=1}^{n} a_{ik}b_{ks}\right)c_{sj}, \qquad \sum_{k=1}^{n} a_{ik}\left(\sum_{s=1}^{r} b_{ks}c_{sj}\right)$$

이고 이 두 성분은 서로 같다. 따라서 $(AB)C=A(BC)$ 이다.

(2) 행렬 $A(B+D)$ 와 행렬 $AB+AD$ 의 (i, j) 성분은 각각

$$\sum_{k=1}^{n} a_{ik}(b_{kj}+d_{kj}), \qquad \sum_{k=1}^{n} a_{ik}b_{kj}+\sum_{k=1}^{n} a_{ik}d_{kj}$$

이고 이 두 성분은 같으므로 $A(B+D)=AB+AD$ 이다.

마찬가지로, $(B+D)C=BC+DC$ 이다.

(3) 세 행렬 $a(AB)$, $(aA)B$, $A(aB)$ 의 (i, j) 성분은 각각

$$a\sum_{k=1}^{n} a_{ik}b_{kj}, \quad \sum_{k=1}^{n}(a\,a_{ik})\,b_{kja}, \quad \sum_{k=1}^{n} a_{ik}(a\,b_{kj})$$

이고 이들은 모두 서로 같으므로 $a(AB)=(aA)B=A(aB)$ 이다.

(4) 분명히 (4) 가 성립한다.

(5) $(AB)^T$ 의 (i, j) 성분은 AB 의 (j, i) 성분인 $\sum_{k=1}^{n} a_{jk}b_{ki}$ 와 같다.

그리고,

$$A^T=[a_{ij}']_{n\times m}, \qquad B^T=[b_{ij}']_{r\times n}$$

이라고 하면, B^TA^T 는 $r\times m$ 행렬이고 그 (i, j) 성분은

$$\sum_{k=1}^{n} b_{ik}'a_{kj}'=\sum_{k=1}^{n} b_{ki}a_{jk}=\sum_{k=1}^{n} a_{jk}b_{ki}$$

이므로 $(AB)^T$ 의 (i, j) 성분과 동일하다. 따라서 $(AB)^T=B^TA^T$ 이다.

보기 8.1.5 실수체 $\mathbb{R}$ 위의 두 행렬

$$A=\begin{bmatrix}1 & 2\\ 1 & 1\end{bmatrix},\qquad B=\begin{bmatrix}1 & 0 & 3\\ 1 & 1 & 0\end{bmatrix}$$

에 대하여 다음이 성립한다.

$$AB=\begin{bmatrix}3 & 2 & 3\\ 2 & 1 & 3\end{bmatrix},\qquad (AB)^T=\begin{bmatrix}3 & 2\\ 2 & 1\\ 3 & 3\end{bmatrix},$$

$$A^T=\begin{bmatrix}1 & 1\\ 2 & 1\end{bmatrix},\qquad B^TA^T=\begin{bmatrix}3 & 2\\ 2 & 1\\ 3 & 3\end{bmatrix}$$

따라서 $(AB)^T = B^TA^T$ 이다.

그런데, A^T 와 B^T 는 각각 2×2 행렬, 3×2 행렬이므로 A^T 와 B^T 의 곱 A^TB^T 는 정의조차 되지 않는다.

알고리즘 8.1.1 (두 행렬의 곱) 정수를 성분으로 가지는 두 $n\times n$ 행렬 $A=[a_{ij}]_{n\times n}$, $B=[b_{ij}]_{n\times n}$ 의 곱 $AB=[c_{ij}]_{n\times n}$ 는 다음 단계에 따라 구한다.

단 계 1 : $i=1$ 부터 n 까지

$j=1$ 부터 r 까지

$c_{ij}=0$ 으로 놓는다.

$k=1$ 부터 n 까지 $d_{ij}=c_{ij}+a_{ik}b_{kj}$ 를 구하고

d_{ij} 를 다시 c_{ij} 로 놓는다.

단 계 2 : $C=[c_{ij}]_{n\times n}$ 를 출력한다.

위의 알고리즘을 이용하여 곱 AB 를 구할 때, AB 에는 n^2 개의 성분이 있고 각 성분을 구하려면 n 번의 곱과 $n-1$ 번의 합을 계산하여야 한다. 따라서 AB 를 구하려면 n^4 번의 곱과 $n^2(n-1)$ 번의 합을 계산해야 한다. 그러므로, 두 $n\times n$ 행렬의 곱을 구하는 데 필요한 계산 횟수를 $f(n)$ 이라고 하면, $f(n)=n^4+n^2(n-1)$ 이다.

정의 8.1.6 행렬

$$A = [a_{ij}]_{m\times n},\quad B = [b_{ij}]_{m\times r},\ C = [c_{ij}]_{s\times n},\quad D = [d_{ij}]_{s\times r}$$

에 대하여 아래와 같이 이들 행렬의 대응하는 열과 또는 행을 차례로 연이어 놓아 만든 행렬을 **덧붙인 행렬**(augmented matrix)이라고 한다.

$$[A\,|\,B] = \left[\begin{array}{ccc|ccc} a_{11} & \cdots & a_{1n} & b_{11} & \cdots & b_{1r} \\ a_{21} & \cdots & a_{2n} & b_{21} & \cdots & b_{2r} \\ \vdots & \vdots & \vdots & \vdots & \vdots & \vdots \\ a_{m1} & \cdots & a_{mn} & b_{m1} & \cdots & b_{mr} \end{array}\right],$$

$$\begin{bmatrix} A \\ C \end{bmatrix} = \left[\begin{array}{ccc} a_{11} & \cdots & a_{1n} \\ a_{21} & \cdots & a_{2n} \\ \vdots & \vdots & \vdots \\ a_{m1} & \cdots & a_{mn} \\ \hline c_{11} & \cdots & c_{1n} \\ c_{21} & \cdots & c_{2n} \\ \vdots & \vdots & \vdots \\ c_{s1} & \cdots & c_{sn} \end{array}\right],\quad \begin{bmatrix} A & B \\ C & D \end{bmatrix} = \left[\begin{array}{ccc|ccc} a_{11} & \cdots & a_{1n} & b_{11} & \cdots & b_{1r} \\ a_{21} & \cdots & a_{2n} & b_{21} & \cdots & b_{2r} \\ \vdots & \vdots & \vdots & \vdots & \vdots & \vdots \\ a_{m1} & \cdots & a_{mn} & b_{m1} & \cdots & b_{mr} \\ \hline c_{11} & \cdots & c_{1n} & d_{11} & \cdots & d_{1r} \\ c_{21} & \cdots & c_{2n} & d_{21} & \cdots & d_{2r} \\ \vdots & \vdots & \vdots & \vdots & \vdots & \vdots \\ c_{s1} & \cdots & c_{sn} & d_{s1} & \cdots & d_{sr} \end{array}\right]$$

이와는 반대로, 한 행렬 M을 위에서와 같은 모양으로 여러 개의 행렬로 나누어 놓은 것을 **분할**(分割, partition) 이라고 한다.

보기 8.1.6 실수체 $\mathbb{R}$ 위에서 다음 두 행렬의 곱을 생각해 보자.

$$A = \begin{bmatrix} 1 & 2 & 3 & 0 \\ 2 & 3 & 4 & 5 \\ 0 & 2 & 4 & 6 \end{bmatrix},\quad B = \begin{bmatrix} 1 & 0 \\ 2 & 1 \\ 3 & 1 \\ 1 & 2 \end{bmatrix}$$

먼저 위의 두 행렬을 아래와 같이 크기에 맞추어 분할한다.

$$A = \left[\begin{array}{ccc|c} 1 & 2 & 3 & 0 \\ 2 & 3 & 4 & 5 \\ \hline 0 & 2 & 4 & 6 \end{array}\right] = \begin{bmatrix} A_{11} & A_{12} \\ A_{21} & A_{22} \end{bmatrix},$$

$$B = \left[\begin{array}{cc} 1 & 0 \\ 2 & 1 \\ 3 & 1 \\ \hline 1 & 2 \end{array}\right] = \begin{bmatrix} B_{11} \\ B_{21} \end{bmatrix}$$

다음에 분할을 이용하여 곱 AB를 계산하면 다음 결과를 얻는다.

$$AB = \begin{bmatrix} A_{11}B_{11} + A_{12}B_{21} \\ A_{21}B_{11} + A_{22}B_{21} \end{bmatrix} = \begin{bmatrix} 14 & 5 \\ 25 & 17 \\ 17 & 18 \end{bmatrix}$$

실제로, 다음과 같이 계산하여 AB를 얻는다.

$$A_{11}B_{11} + A_{12}B_{21} = \begin{bmatrix} 1 & 2 & 3 \\ 2 & 3 & 4 \end{bmatrix}\begin{bmatrix} 1 & 0 \\ 2 & 1 \\ 3 & 1 \end{bmatrix} + \begin{bmatrix} 0 \\ 5 \end{bmatrix}[\,1 \quad 2\,]$$

$$= \begin{bmatrix} 14 & 5 \\ 20 & 7 \end{bmatrix} + \begin{bmatrix} 0 & 0 \\ 5 & 10 \end{bmatrix} = \begin{bmatrix} 14 & 5 \\ 25 & 17 \end{bmatrix}$$

$$A_{21}B_{11} + A_{22}B_{21} = [\,0 \quad 2 \quad 4\,]\begin{bmatrix} 1 & 0 \\ 2 & 1 \\ 3 & 1 \end{bmatrix} + [\,6\,][\,1 \quad 2\,]$$

$$= [\,11 \quad 6\,] + [\,6 \quad 12\,] = [\,17 \quad 18\,]$$

보기 8.1.7 체 F 위에서 다음 등식이 성립한다.

$$\begin{bmatrix} a_{11} & a_{12} & \cdots & a_{1n} \\ a_{21} & a_{22} & \cdots & a_{2n} \\ \vdots & \vdots & \cdots & \vdots \\ a_{m1} & a_{m2} & \cdots & a_{mn} \end{bmatrix}\begin{bmatrix} x_1 \\ x_2 \\ \vdots \\ x_n \end{bmatrix} = x_1\begin{bmatrix} a_{11} \\ a_{21} \\ \vdots \\ a_{m1} \end{bmatrix} + x_2\begin{bmatrix} a_{12} \\ a_{22} \\ \vdots \\ a_{m2} \end{bmatrix} + \cdots + x_n\begin{bmatrix} a_{1n} \\ a_{2n} \\ \vdots \\ a_{mn} \end{bmatrix}$$

보기 8.1.8 다음은 체 F 위에서 두 행렬

$$A = \left[\begin{array}{c|c|c} a_{11} & a_{12} & a_{13} \\ a_{21} & a_{22} & a_{23} \\ a_{31} & a_{32} & a_{33} \\ a_{41} & a_{42} & a_{43} \end{array}\right] \qquad B = \left[\begin{array}{cc} b_{11} & b_{12} \\ \hline b_{21} & b_{22} \\ \hline b_{31} & b_{32} \end{array}\right]$$

의 곱 AB를 구하는 방법을 보여준다.

$$AB = \begin{bmatrix} a_{11} \\ a_{21} \\ a_{31} \\ a_{41} \end{bmatrix}[\,b_{11} \quad b_{12}\,] + \begin{bmatrix} a_{12} \\ a_{22} \\ a_{32} \\ a_{42} \end{bmatrix}[\,b_{21} \quad b_{22}\,] + \begin{bmatrix} a_{13} \\ a_{23} \\ a_{33} \\ a_{43} \end{bmatrix}[\,b_{31} \quad b_{32}\,]$$

연 습 문 제 (8.1)

1. 실수체 $\mathbb{R}$ 위에서 다음을 구하여라.

(1) $\begin{bmatrix} 2 & 5 & 3 \\ 1 & 0 & 7 \end{bmatrix} + \begin{bmatrix} 4 & 2 & 5 \\ 5 & 3 & 2 \end{bmatrix}$ (2) $2\begin{bmatrix} 1 & 2 & 3 \\ 5 & 0 & 8 \end{bmatrix} - 3\begin{bmatrix} 0 & 2 & 1 \\ 2 & 4 & 5 \end{bmatrix}$

2. 실수체 $\mathbb{R}$ 위에서 다음을 구하여라.

(1) $\begin{bmatrix} 2 & -3 \\ 0 & -1 \end{bmatrix}\begin{bmatrix} 2 \\ 1 \end{bmatrix}$ (2) $\begin{bmatrix} 1 & 1 & 1 \\ 1 & 1 & 1 \end{bmatrix}\begin{bmatrix} 1 & 2 \\ 0 & 4 \\ 3 & 0 \end{bmatrix}$

3. 실수체 $\mathbb{R}$ 위에서 다음을 구하여라.

(1) $\begin{bmatrix} 2 & 0 & 3 & 3 \\ 0 & 4 & 1 & 2 \end{bmatrix}\begin{bmatrix} 1 \\ 0 \\ 2 \\ 1 \end{bmatrix}$ (2) $\begin{bmatrix} 1 & 0 \\ 0 & 1 \\ 1 & 2 \\ 1 & 1 \end{bmatrix}\begin{bmatrix} 1 & 2 \\ 3 & 4 \end{bmatrix}$

4. 실수체 $\mathbb{R}$ 위의 행렬

$$A = \begin{bmatrix} 1 & 0 \\ 3 & 1 \end{bmatrix}, \quad B = \begin{bmatrix} 1 & 2 & 0 \\ 2 & 1 & 3 \end{bmatrix}, \quad C = \begin{bmatrix} -1 & 0 & 2 \\ 0 & 2 & 1 \end{bmatrix}$$

에 대하여 $AB + AC$와 $A(B+C)$ 를 비교하여라.

5. 실수체 $\mathbb{R}$ 위에서 두 행렬

$$A = \begin{bmatrix} 1 & 0 \\ 1 & 1 \end{bmatrix}, \qquad B = \begin{bmatrix} 1 & 2 \\ 3 & 4 \end{bmatrix}$$

에 대하여 $(AB)^T$와 $A^T B^T$, $B^T A^T$를 비교하여라.

6. 실수체 $\mathbb{R}$ 위에서 행렬에 관한 다음 세 등식을 한 등식으로 나타내어라.

$$A\begin{bmatrix} 1 \\ 2 \\ 3 \end{bmatrix} = \begin{bmatrix} 0 \\ 3 \end{bmatrix}, \quad A\begin{bmatrix} 4 \\ 5 \\ 6 \end{bmatrix} = \begin{bmatrix} 1 \\ 4 \end{bmatrix}, \quad A\begin{bmatrix} 7 \\ 8 \\ 9 \end{bmatrix} = \begin{bmatrix} 2 \\ 5 \end{bmatrix}$$

§8.2 정사각행렬

체 F 위의 행렬 중에서 $n \times n$ 행렬

$$A = \begin{bmatrix} a_{11} & a_{12} & \cdots & a_{1n} \\ a_{21} & a_{22} & \cdots & a_{2n} \\ \vdots & \vdots & \cdots & \vdots \\ a_{n1} & a_{n2} & \cdots & a_{nn} \end{bmatrix} = [a_{ij}]_{n \times n}$$

을 **n 차의 정사각행렬**(正四角行列, square matrix) 또는 **n 차의 행렬**이라 하고, 체 F 위의 n 차의 행렬 전체의 집합을 $\mathrm{Mat}_n(F)$ 로 나타낸다. 즉,

$$\mathrm{Mat}_n(F) = \mathrm{Mat}_{n \times n}(F) = \{[a_{ij}]_{n \times n} \mid a_{ij} \in F,\ 1 \leq i, j \leq n\}$$

특히, n 차의 행렬 중에서 주대각선(主對角線, main diagonal) 위의 성분은 모두 1 이고 그 밖의 성분은 모두 0 인 행렬을 n 차의 **항등행렬**(恒等行列, identity matrix) 또는 **단위행렬**

$$I_n = \begin{bmatrix} 1 & 0 & \cdots & 0 \\ 0 & 1 & \cdots & 0 \\ \vdots & \vdots & \ddots & \vdots \\ 0 & 0 & \cdots & 1 \end{bmatrix}$$

(單位行列, unit matrix, 독어 Einheit)이라 하고 단위행렬을 I_n, I, E_n, E 등으로 나타낸다. 그리고, n 차의 영행렬을 O_n 또는 O 로 나타낸다.

집합 $\mathrm{Mat}_n(F)$ 위에서 상등관계와 연산은 다음과 같이 정의된다.

$$[a_{ij}]_{n \times n} = [b_{ij}]_{n \times n} \Leftrightarrow a_{ij} = b_{ij} \quad (1 \leq i, j \leq n)$$

$$[a_{ij}]_{n \times n} + [b_{ij}]_{n \times n} = [a_{ij} + b_{ij}]_{n \times n},$$

$$[a_{ij}]_{n \times n}[b_{ij}]_{n \times n} = [c_{ij}]_{n \times n},$$

$$c_{ij} = \sum_{k=1}^{n} a_{ik} b_{kj} \quad (1 \leq i, j \leq n)$$

$$a[a_{ij}]_{n \times n} = [a\,a_{ij}]_{n \times n}$$

$$-[a_{ij}]_{n \times n} = (-1)[a_{ij}]_{n \times n} = [-a_{ij}]_{n \times n}$$

다음 정리는 §8.1 에서 논한 결과를 다시 쓴 것이다.

정리 8.2.1 체 F 위의 n 차의 행렬 전체의 집합 $\mathrm{Mat}_n(F)$ 에서 임의의 행렬 $A, B, C \in \mathrm{Mat}_n(F)$ 와 $a, b \in F$ 에 대하여 다음이 성립한다.

A.1 : $(A+B)+C = A+(B+C)$

A.2 : $A+B = B+A$

A.3 : $A+O_n = O_n+A = A$

A.4 : $A+(-A) = (-A)+A = O_n$

M.1 : $(AB)C = A(BC)$

M.2 : $AI_n = I_nA = A$

D : $A(B+C) = AB+AC, \qquad (A+B)C = AC+BC$

SM : $a(A+B) = aA+aB, \qquad (a+b)A = aA+bA$

$(ab)A = a(bA), \qquad 1A = A$

SM.M : $a(AB) = (aA)B = A(aB)$

보기 8.2.1 체 F 위의 두 n 차의 행렬 A, B 에 대하여 $AB \neq BA$ 일 수 있다. 예를 들면,

$$A = \begin{bmatrix} 1 & 0 \\ 0 & 0 \end{bmatrix}, \quad B = \begin{bmatrix} 0 & 1 \\ 0 & 0 \end{bmatrix}$$

에 대하여 다음이 성립한다.

$$AB = \begin{bmatrix} 0 & 1 \\ 0 & 0 \end{bmatrix}, \quad BA = \begin{bmatrix} 0 & 0 \\ 0 & 0 \end{bmatrix}, \quad AB \neq BA$$

정사각행렬 $A = [a_{ij}]_{n\times n}$ 에 대하여 A 의 전치행렬 $A^T = [a_{ji}]_{n\times n}$ 도 n 차의 행렬이다. 그리고, 다음이 성립한다(정리 8.1.3, 정리 8.1.5 참조).

정리 8.2.2 체 F 위의 n 차의 행렬 A, B 와 $a \in F$ 에 대하여 다음이 성립한다.

(1) $(A^T)^T = A$

(2) $(A+B)^T = A^T + B^T, \qquad (aA)^T = aA^T$

(3) $(AB)^T = B^TA^T$

정의 8.2.3 체 F 위의 행렬 $A \in \mathrm{Mat}_n(F)$ 와 양의 정수 m 에 대하여 A^m 을 다음과 같이 귀납적으로 정한다.

$$A^1 = A, \quad A^2 = AA, \quad \cdots. \quad A^m = A^{m-1}A$$

수학적 귀납법을 이용하여 다음 정리가 성립함을 밝힐 수 있다.

정리 8.2.4 체 F 위의 n 차의 행렬 A 와 양의 정수 m, k 에 대하여 다음 등식이 성립한다.

$$A^m A^k = A^{m+k}, \quad (A^m)^k = A^{mk}, \quad (A^T)^m = (A^m)^T$$

보기 8.2.2 체 F 위의 n 차의 행렬 A, B 에 대하여 $AB = BA$ 일 때, 양의 정수 n 에 대하여 다음이 성립한다(정리 5.3.8 의 증명 참조).

$$\begin{aligned}(A+B)^m &= \sum_{r=0}^{m} \binom{m}{r} A^{m-r}B^r = \sum_{r=0}^{m} \binom{m}{r} A^r B^{m-r} \\ &= A^m + \binom{m}{1} A^{m-1}B + \cdots + \binom{m}{r} A^{m-r}B^r + \cdots + B^m\end{aligned}$$

특히, $AB = BA$ 일 때, 다음이 성립한다.

$$(A+B)^2 = A^2 + 2AB + B^2$$
$$(A+B)(A-B) = A^2 - AB + BA - B^2 = A^2 - B^2$$

정의 8.2.5 체 F 위의 행렬 $A \in \mathrm{Mat}_n(F)$ 에 대하여 $AB = BA = I_n$ 인 $B \in \mathrm{Mat}_n(F)$ 가 존재할 때, A 를 **정칙행렬**(正則行列, nonsingular matrix)이라 하며 B 를 A 의 **역행렬**(逆行列, inverse)이라 하고 A^{-1} 로 나타낸다. 즉,

$$AA^{-1} = A^{-1}A = I_n$$

행렬 A 가 정칙행렬일 때, $A \neq O_n$ 이고 A 의 역행렬은 단 하나뿐이다. 실제로, $B, C \in \mathrm{Mat}_n(F)$ 에 대하여

$$AB = BA = I_n, \quad AC = CA = I_n$$

이라고 가정하면, $B = BI_n = B(AC) = (BA)C = I_nC = C$ 이다.

정의 8.2.6 체 F 위의 n 차의 행렬 $A\ (\neq O_n)$ 에 대하여

$$AB = O_n \quad \text{또는} \quad BA = O_n$$

인 행렬 $B \in \mathrm{Mat}_n(F)$, $B \neq O_n$ 가 존재할 때, A 를 **영인자**(零因子, zero-divisor)라고 한다.

정의 8.2.7 체 F 위에서 2 차의 행렬

$$A = \begin{bmatrix} a & b \\ c & d \end{bmatrix}$$

에 대하여

$$\det A = \begin{vmatrix} a & b \\ c & d \end{vmatrix} = ad - bc$$

를 A 의 **행렬식**(行列式, determinant) 이라고 한다.

위의 정의에서 $A \neq O_2$ 일 때,

$$\begin{bmatrix} a & b \\ c & d \end{bmatrix}\begin{bmatrix} d & -b \\ -c & a \end{bmatrix} = \begin{bmatrix} d & -b \\ -c & a \end{bmatrix}\begin{bmatrix} a & b \\ c & d \end{bmatrix} = (\det A)\, I_2$$

이므로 $\det A \neq 0$ 이면 A 는 정칙행렬이고 그 역행렬은 다음과 같다.

$$A^{-1} = \frac{1}{\det A}\begin{bmatrix} d & -b \\ -c & a \end{bmatrix} = \begin{bmatrix} \dfrac{d}{\det A} & \dfrac{-b}{\det A} \\ \dfrac{-c}{\det A} & \dfrac{a}{\det A} \end{bmatrix}$$

한편, $\det A = 0$ 이면, A 는 영인자이다.

보기 8.2.3 실수체 $\mathbb{R}$ 위 2 차의 행렬

$$A = \begin{bmatrix} 1 & 4 \\ 2 & 6 \end{bmatrix}$$

에 대하여 $\det A = 1 \cdot 6 - 4 \cdot 2 = -2 \neq 0$ 이므로 A 는 정칙행렬이다.

정리 8.2.8 체 F 위의 n 차의 행렬 A, B 에 대하여 다음이 성립한다.

(1) A, B 가 정칙행렬이면, AB 도 정칙행렬이고 $(AB)^{-1} = B^{-1}A^{-1}$ 이다.

(2) 항등행렬 I_n 은 정칙행렬이고 $I_n^{-1} = I_n$ 이다.

(3) A 가 정칙행렬이면, A^{-1} 는 정칙행렬이고 $(A^{-1})^{-1} = A$ 이다.

(4) A 가 정칙행렬이면, A^T 는 정칙행렬이고 $(A^T)^{-1} = (A^{-1})^T$ 이다.

증 명 (1) 행렬 A, B 가 정칙행렬이면, 역행렬 A^{-1} 와 B^{-1} 가 존재하고

$$(AB)(B^{-1}A^{-1}) = A(BB^{-1})A^{-1} = AI_nA^{-1} = AA^{-1} = I_n,$$

$$(B^{-1}A^{-1})(AB) = B^{-1}(A^{-1}A)B = B^{-1}I_nB = B^{-1}B = I_n$$

이므로 AB 는 정칙행렬이고 $(AB)^{-1} = B^{-1}A^{-1}$ 이다.

(2) 분명히 $I_n I_n = I_n$ 이므로 I_n 은 정칙행렬이고 $I_n^{-1} = I_n$ 이다.

(3) 행렬 A 가 정칙행렬이면,

$$AA^{-1} = A^{-1}A = I_n$$

이므로 정의에 의하여 A^{-1} 는 정칙행렬이고 $(A^{-1})^{-1} = A$ 이다.

(4) 행렬 A 가 정칙행렬이면, $AA^{-1} = A^{-1}A = I_n$ 이므로

$$(AA^{-1})^T = (A^{-1}A)^T = I_n^T$$

즉

$$(A^{-1})^T A^T = A^T (A^{-1})^T = I_n$$

이므로 A^T 는 정칙행렬이고 $(A^T)^{-1} = (A^{-1})^T$ 이다.

보기 8.2.4 실수체 $\mathbb{R}$ 위에서 2 차의 정칙행렬

$$A = \begin{bmatrix} 1 & 2 \\ 0 & 1 \end{bmatrix}, \qquad B = \begin{bmatrix} 1 & 3 \\ 2 & 5 \end{bmatrix}$$

에 대하여 다음이 성립한다.

$$A^{-1} = \begin{bmatrix} 1 & -2 \\ 0 & 1 \end{bmatrix}, \quad B^{-1} = \begin{bmatrix} -5 & 3 \\ 2 & -1 \end{bmatrix},$$

$$AB = \begin{bmatrix} 5 & 13 \\ 2 & 5 \end{bmatrix}, \qquad (AB)^{-1} = \begin{bmatrix} -5 & 13 \\ 2 & -5 \end{bmatrix} = B^{-1}A^{-1}$$

보기 8.2.5 체 F 위의 정사각행렬 A 에서 한 행 또는 한 열의 성분이 모두 0 이면, A 는 정칙행렬이 아니다(문제 6 참조).

$$A = \begin{bmatrix} a_{11} & a_{12} & \cdots & a_{1n} \\ a_{21} & a_{22} & \cdots & a_{2n} \\ \vdots & \vdots & \cdots & \vdots \\ 0 & 0 & \cdots & 0 \end{bmatrix}, \quad B = \begin{bmatrix} 0 & a_{12} & \cdots & a_{1n} \\ 0 & a_{22} & \cdots & a_{2n} \\ \vdots & \vdots & \cdots & \vdots \\ 0 & a_{n2} & \cdots & a_{nn} \end{bmatrix}$$

정칙행렬의 역행렬을 구하는 방법에 대해서는 §11.1 에서 논하기로 한다.

정의 8.2.9 체 F 위의 n 차의 행렬 $A = [a_{ij}]_{n\times n}$ 에서 A 의 주대각선 위의 성분의 합을 A 의 **트레이스**(trace)라 하고 이것을 $\mathrm{tr}\,A$로 나타낸다. 즉,

$$\mathrm{tr}\,A = \sum_{i=1}^{n} a_{ii} = a_{11} + a_{22} + \cdots + a_{nn}$$

정리 8.2.10 체 F 위의 n 차의 두 행렬 $A = [a_{ij}]_{n\times n}$, $B = [b_{ij}]_{n\times n}$ 와 원소 $a \in F$ 에 대하여 다음이 성립한다.

(1) $\mathrm{tr}\,A^T = \mathrm{tr}\,A$

(2) $\mathrm{tr}\,(A+B) = \mathrm{tr}\,A + \mathrm{tr}\,B, \quad \mathrm{tr}\,(a A) = a\,\mathrm{tr} A$

(3) $\mathrm{tr}\,(AB) = \mathrm{tr}\,(BA)$

증 명 (1) 전치행렬 A^T 의 주대각선 위의 성분은 $a_{11}, a_{22}, \cdots, a_{nn}$ 이므로 $\mathrm{tr}\,A^T = a_{11} + \cdots + a_{nn} = \mathrm{tr}\,A$ 이다.

(2) 행렬 $A+B$ 와 행렬 aA 의 주대각선 위의 성분은 각각

$$a_{11}+b_{11},\ a_{22}+b_{22},\ \cdots,\ a_{nn}+b_{nn}, \quad a a_{11},\ a a_{22},\ \cdots,\ a a_{nn}$$

이므로 다음이 성립한다.

$$\begin{aligned} \mathrm{tr}\,(A+B) &= (a_{11}+b_{11}) + \cdots + (a_{nn}+b_{nn}) \\ &= (a_{11}+\cdots+a_{nn}) + (b_{11}+\cdots+b_{nn}) = \mathrm{tr}\,A + \mathrm{tr}\,B, \end{aligned}$$

$$\mathrm{tr}\,(a A) = a a_{11} + \cdots + a a_{nn} = a(a_{11}+\cdots+a_{nn}) = a\,\mathrm{tr}\,A$$

(3) 행렬 AB 의 (i, i) 성분과 행렬 BA 의 (i, i) 성분은 각각

$$\sum_{k=1}^{n} a_{ik}b_{ki}, \qquad \sum_{k=1}^{n} b_{ik}a_{ki} \qquad\qquad (1 \leq i \leq n)$$

이므로

$$\operatorname{tr}(AB) = \sum_{i=1}^{n}\Big(\sum_{k=1}^{n} a_{ik}b_{ki}\Big),$$

$$\operatorname{tr}(BA) = \sum_{i=1}^{n}\Big(\sum_{k=1}^{n} b_{ik}a_{ki}\Big) = \sum_{i=1}^{n}\Big(\sum_{k=1}^{n} a_{ki}b_{ik}\Big) = \sum_{k=1}^{n}\Big(\sum_{i=1}^{n} a_{ik}b_{ki}\Big)$$

이고 따라서 $\operatorname{tr}(AB) = \operatorname{tr}(BA)$ 이다.

보기 8.2.6 실수체 $\mathbb{R}$ 위의 두 2 차의 행렬

$$A = \begin{bmatrix} 1 & 2 \\ 3 & 4 \end{bmatrix}, \qquad B = \begin{bmatrix} -1 & 0 \\ 1 & 2 \end{bmatrix}$$

에 대하여 다음이 성립한다.

$$AB = \begin{bmatrix} 1 & 4 \\ 1 & 8 \end{bmatrix}, \qquad BA = \begin{bmatrix} -1 & -2 \\ 7 & 10 \end{bmatrix}$$

$$\operatorname{tr}(AB) = 1 + 8 = 9, \quad \operatorname{tr}(BA) = -1 + 10 = 9$$

보기 8.2.7 체 F 위의 정사각행렬 A 가 다음과 같이 분할되어 있다고 하자.

$$A = \begin{bmatrix} A_{11} & A_{12} \\ O_{m\times n} & A_{22} \end{bmatrix}$$

여기서, A_{11} 은 n 차의 행렬이고 A_{22} 는 m 차의 행렬이다.

이 때, A 가 정칙행렬이라고 가정하고

$$\begin{bmatrix} A_{11} & A_{12} \\ O_{m\times n} & A_{22} \end{bmatrix}\begin{bmatrix} B_{11} & B_{12} \\ B_{21} & B_{22} \end{bmatrix} = \begin{bmatrix} I_n & O_{n\times m} \\ O_{m\times n} & I_m \end{bmatrix}$$

이라고 하면,

$$A_{11}B_{11} + A_{12}B_{21} = I_n, \quad A_{11}B_{12} + A_{12}B_{22} = O_{n\times m},$$

$$A_{22}B_{21} = O_{m\times n}, \qquad A_{22}B_{22} = I_m$$

이고 따라서 A_{22} 는 정칙행렬이고 다음이 성립한다.

$$B_{22} = A_{22}^{-1},\quad B_{21} = O_{m\times n},\quad A_{11}B_{11} = I_n,\quad B_{11} = A_{11}^{-1}$$

$$A_{11}B_{12} = -A_{12}B_{22} = -A_{12}A_{22}^{-1},\quad B_{12} = -A_{11}^{-1}A_{12}A_{22}^{-1}$$

역으로, A_{11}과 A_{22}가 정칙행렬이면, A는 정칙행렬이고 A^{-1}는 오른쪽 행렬과 같다.

$$A^{-1} = \begin{bmatrix} A_{11}^{-1} & -A_{11}^{-1}A_{12}A_{22}^{-1} \\ O_{m\times n} & A_{22}^{-1} \end{bmatrix}$$

정의 8.2.11 정사각행렬 $A = [a_{ij}]_{n\times n}$에서

$$A^T = A \text{ 즉 } a_{ji} = a_{ij} \quad (1 \le i, j \le n)$$

일 때 A를 **대칭행렬**(對稱行列, symmetric matrix)이라고 한다.

$$A = \begin{bmatrix} a_{11} & a & \cdots & b \\ a & a_{22} & \cdots & c \\ \vdots & \vdots & \ddots & \vdots \\ b & c & \cdots & a_{nn} \end{bmatrix}$$

그리고, 정사각행렬 $A = [a_{ij}]_{n\times n}$에서

$$A^T = -A \text{ 즉 } a_{ji} = -a_{ij} \quad (1 \le i, j \le n)$$

일 때 A를 **교대행렬**(交代行列, alternating matrix) 이라고 한다.

$$A = \begin{bmatrix} a_{11} & a & \cdots & b \\ -a & a_{22} & \cdots & c \\ \vdots & \vdots & \ddots & \vdots \\ -b & -c & \cdots & a_{nn} \end{bmatrix}$$

정의 8.2.12 정사각행렬 $A = [a_{ij}]_{n\times n}$에서 주대각선 아래쪽 [윗쪽]에 있는 성분이 모두 0인 경우에 A를 **상[하] 삼각행렬**(三角行列 triangular matrix)이라 하고 이들 두 종류의 행렬을 통틀어 **삼각행렬**이라고 한다.

$$A = \begin{bmatrix} a_{11} & a_{12} & \cdots & a_{1n} \\ 0 & a_{22} & \cdots & a_{2n} \\ \vdots & \vdots & \ddots & \vdots \\ 0 & 0 & \cdots & a_{nn} \end{bmatrix}$$

정사각행렬 $D = [d_{ij}]_{n\times n}$에서 주대각선 위의 성분 $d_{11}, d_{22}, \cdots, d_{nn}$을 제외한 성분이 모두 0일 때, D를 **대각행렬**(對角行列, diagonal matrix)이라 하고 이 행렬을

$$D = \operatorname{diag}\{d_{11}, d_{22}, \cdots, d_{nn}\}$$

으로 나타낸다. 특히, $a \in F$에 대하여

$$aI_n = \operatorname{diag}\{a, a, \cdots, a\}$$

를 **스칼라 행렬**(scalar matrix)이라고 한다.

$$D = \begin{bmatrix} d_{11} & 0 & \cdots & 0 \\ 0 & d_{22} & \cdots & 0 \\ \vdots & \vdots & \ddots & \vdots \\ 0 & 0 & \cdots & d_{nn} \end{bmatrix}$$

$$aI_n = \begin{bmatrix} a & 0 & \cdots & 0 \\ 0 & a & \cdots & 0 \\ \vdots & \vdots & \ddots & \vdots \\ 0 & 0 & \cdots & a \end{bmatrix}$$

연 습 문 제 (8.2)

1. 임의의 실수 a에 대하여

$$A_a = \begin{bmatrix} 1 & 0 \\ a & 1 \end{bmatrix}$$

이라고 할 때, 실수 a, b와 양의 정수 m에 대하여 다음이 성립함을 밝혀라.

(1) $A_a A_b = A_{a+b}$　　　(2) $(A_a)^m = A_{ma}$

2. 실수체 $\mathbb{R}$ 위에서 다음과 같은 행렬 A와 양의 정수 m에 대하여 mA, A^m을 구하여라.

(1) $A = \begin{bmatrix} 0 & 0 & 0 \\ 1 & 0 & 0 \\ 0 & 1 & 0 \end{bmatrix}$　　　(2) $A = \begin{bmatrix} 0 & 0 & 1 \\ 0 & 1 & 0 \\ 1 & 0 & 0 \end{bmatrix}$

3. 다음과 같은 실수체 $\mathbb{R}$ 위의 행렬 A와 양의 정수 m에 대하여 mA, A^m을 구하여라.

(1) $A = \begin{bmatrix} a & 0 & 0 \\ 0 & b & 0 \\ 0 & 0 & c \end{bmatrix}$　　　(2) $A = \begin{bmatrix} 0 & 0 & 0 \\ a & 0 & 0 \\ 0 & b & 0 \end{bmatrix}$

4. 체 F 위에서 다음 행렬이 정칙행렬이기 위한 필요충분조건을 구하고 또 이 행렬이 정칙행렬인 경우에 그 역행렬을 구하여라.

(1) $A = \begin{bmatrix} a & 0 & 0 \\ 0 & b & 0 \\ 0 & 0 & c \end{bmatrix}$　　　(2) $A = \begin{bmatrix} 0 & 0 & a \\ 0 & b & 0 \\ c & 0 & 0 \end{bmatrix}$

5. 체 F 위에서 다음 행렬이 정칙행렬이기 위한 필요충분조건을 구하고 또 이 행렬이 정칙행렬인 경우에 그 역행렬을 구하여라.

(1) $A = \begin{bmatrix} 1 & 0 & 0 \\ a & 1 & 0 \\ 0 & a & 1 \end{bmatrix}$　　　(2) $A = \begin{bmatrix} a & 1 & 0 \\ 0 & a & 1 \\ 0 & 0 & a \end{bmatrix}$

6. 보기 8.2.5의 두 행렬이 정칙행렬이 아님을 밝혀라.

7. 체 F 위의 n 차의 행렬 A 에 대하여 다음이 성립함을 밝혀라.

(1) A 가 대칭행렬이고 정칙행렬이면, A^{-1} 도 대칭행렬이다.

(2) A 가 교대행렬이고 정칙행렬이면, A^{-1} 도 교대행렬이다.

8. 체 F 위의 n 차의 행렬 A 가 정칙행렬일 때 다음이 성립함을 밝혀라.

(1) 체 F 위의 $n\times r$ 행렬 [$r\times m$ 행렬] B, C 에 대하여

$$AB = AC \Rightarrow B = C \qquad [BA = CA \Rightarrow B = C]$$

(2) 체 F 위의 $n\times r$ 행렬 [$r\times m$ 행렬] X, B 에 대하여

$$AX = B \Rightarrow X = A^{-1}B \qquad [XA = B \Rightarrow X = BA^{-1}]$$

(3) 체 F 위의 n 차의 행렬 X 에 대하여

$$AX = A \Rightarrow X = I_n \qquad [XA = A \Rightarrow X = I_n]$$

9. 실수체 $\mathbb{R}$ 또는 복소수체 $\mathbb{C}$ 위의 n 차의 행렬 A 는 단 한 가지 방법으로

$$A = B + C \quad (B\text{는 대칭행렬, } C\text{는 교대행렬})$$

와 같은 꼴로 나타내어짐을 밝혀라.

10. 대각행렬 $D = \operatorname{diag}\{d_{11}, d_{22}, \cdots, d_{nn}\}$ 가 정칙행렬이기 위한 필요충분조건을 구하고, 또 D 가 정칙행렬인 경우에 그 역행렬을 구하여라.

11. 체 F 위의 임의의 n 차의 행렬 A, B 에 대하여 $2n$ 차의 행렬

$$X = \begin{bmatrix} I_n & O_n \\ A & I_n \end{bmatrix}, \qquad Y = \begin{bmatrix} A & O_n \\ O_n & B \end{bmatrix}$$

에서 X, Y 가 정칙행렬일 때, 그 역행렬을 구하여라.

12. 체 F 위에서 n 차의 행렬 B_{11} 이 정칙행렬일 때, 다음 등식을 만족시키는 n 차의 행렬 X, Y, D_{22} 를 $B_{11}, \cdots, B_{32}$ 에 관한 식으로 나타내어라.

$$\begin{bmatrix} I_n & O_n & O_n \\ X & I_n & O_n \\ Y & O_n & I_n \end{bmatrix}\begin{bmatrix} B_{11} & B_{12} \\ B_{21} & B_{22} \\ B_{31} & B_{32} \end{bmatrix} = \begin{bmatrix} D_{11} & D_{12} \\ O_n & D_{22} \\ O_n & D_{32} \end{bmatrix}$$

제 9 장

그 래 프

이 장에서는, 그래프와 다중그래프, 유향 그래프의 특성과 그 응용에 대하여 논하고, 또 가중 그래프의 최단거리에 대한 알고리즘에 대하여 논한다.

실제로, 그래프에 대한 용어와 여러 가지 유형의 그래프에 대하여 논하고 그래프의 인접행렬과 결합행렬, 동형사상, 경로와 회로, 연결그래프, Euler 회로, Hamilton 회로에 대하여 논하며, 평면그래프와 정다면체, 색칠하기, 가중 그래프에서의 최단경로와 최단거리에 대한 알고리즘에 대하여 논한다.

수형도에 대해서는 제 10 장에서 다룬다.

§9.1 그래프

쾨니히스버그(Königsberg)는 18 세기 당시 동부 프러시아의 수도이었다. 이 도시를 지나는 프레겔(Pregel) 강은 그 가운데에 있는 섬을 주위로 하여 두 지류로 나뉘어 흐르고 이 도시는 네 구역으로 구획되어 있다.

이 도시는 제2차 세계대전 동안에 완전히 파괴되어 현재 칼리닌그라드(Kaliningrad)라고 부르며 러시아의 서부 도시이다.

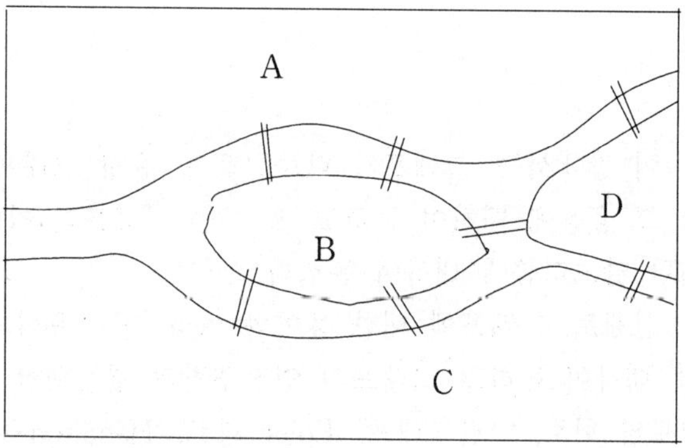

이 도시에 7 개의 다리가 설치되어 강을 건너 네 구역 A, B, C, D를 왕래할 수 있었다. 그 당시 사람들은 한 구역에서 출발하여 7 개의 다리를 꼭 한 번씩 건너 다시 출발점으로 되돌아 올 수 있는지 알고 싶어했다.

오일러(Leonhard Euler, 1707~1783)는 이 문제를 해결하기 위하여 아래 그림과 같이 핵심적인 부분만을 살려 네 구역은 점으로 나타내고 7 개의 다리는 선(직선 또는 곡선)으로 나타내고 강은 무시하였다.

이와 같이 점과 선으로 이루어진 것을 그래프라고 한다면, 본래의 문제는 이 그래프에서 적당한 한 점을 택하여 이 점으로부터 출발하여 7 개의 선을 한 번씩 모두 거쳐 출발점으로 되돌아 올 수 있는지를 묻는 문제로 바뀐다.

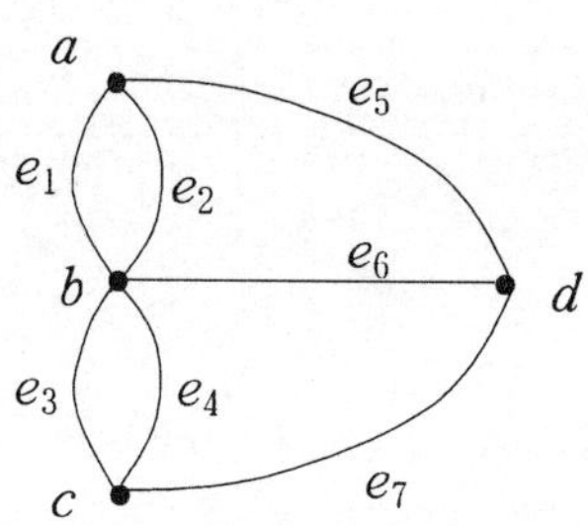

이제 그래프를 엄밀히 정의하고 몇 가지 용어를 소개하기로 한다.

정의 9.1.1 두 집합에 대하여 다음 nen 조건이 성립할 때, $G=(V, E)$를 **그래프**(graph, undirected graph)라고 한다.

(i) V는 공집합이 아닌 유한집합이다.

(ii) E는 $\{v, w\}$ $(v, w \in V)$ 들로 이루어진 유한집합이다.

여기서, V의 원소를 **꼭지점**(vertex) 또는 **마디**(node)라 하고, E의 원소 $\{v, w\}$를 **모서리**(edge) 또는 **선**(線, line) 또는 **가지**(branch)라고 한다.

모서리 $\{v, w\}$를 두 꼭지점 v, w를 이은 **모서리**라 하고 또 v, w를 이 모서리의 **끝점**(terminal vertex, end vertex)이라고 한다.

모서리 $\{v, w\}$에서 $\{v, w\} = \{w, v\}$이며, $v = w$인 모서리를 **고리**(loop)라고 한다. 그리고, 모서리 $\{v, w\}$가 E에 두 개 이상 존재할 수 있으며 이러한 모서리를 **다중**(多重)**모서리**(multiple edges)라고 한다.

보기 9.1.1 다음과 같이 정의된 $G=(V, E)$는 그래프이다.

$$V = \{v_1, v_2, v_3, v_4\}, \qquad E = \{e_1, e_2, e_3, e_4\}$$

$e_1 = \{v_1, v_2\}$, $e_2 = \{v_1, v_3\}$,

$e_3 = \{v_1, v_3\}$, $e_4 = \{v_3, v_3\}$

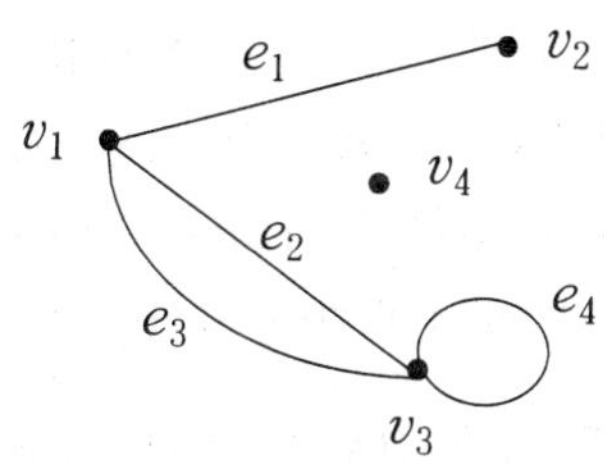

여기서, e_2와 e_3는 두 꼭지점 v_1, v_3를 이은 모서리이고 e_4는 v_3를 끝점으로 가지는 고리이다.

정의 9.1.2 그래프에서 꼭지점과 모서리가 모두 유한 개뿐일 때, 이러한 그래프를 **유한**(有限) **그래프**(finite graph)라고 한다.

그리고, 고리도 없고 다중모서리도 없는 그래프를 **단순**(單純)**그래프**(simple graph)라고 한다.

고리는 없지만 다중모서리가 있는 그래프를 **다중**(多重) **그래프**(multigraph)라 하고, 또 고리가 있을 수 있고 다중모서리도 있을 수 있는 그래프를 **의사**(擬似)**그래프**(pseudograph)라고 한다.

보기 9.1.2 다음과 같이 정의된 그래프 $G=(V, E)$ 는 단순그래프이다.

$$V=\{v_1, v_2, v_3, v_4, v_5\},$$
$$E=\{e_1, e_2, e_3, e_4\},$$
$$e_1=\{v_1, v_2\}, \quad e_2=\{v_2, v_3\},$$
$$e_3=\{v_1, v_4\}, \quad e_4=\{v_4, v_5\}$$

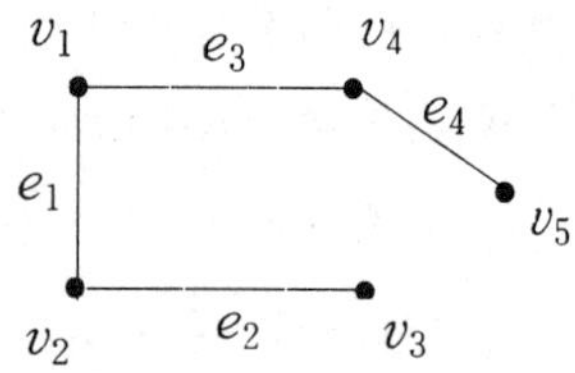

오른쪽 그림의 그래프에는 모서리마다 화살표가 그려져 있다. 예를 들면, 모서리 e 에는 꼭지점 v_1 에서 꼭지점 v_4 의 방향으로 화살표가 그려져 있다. 이러한 사실을 명시하기 위하여 모서리 e 를 순서쌍 (v_1, v_4) 로 나타내기로 한다.

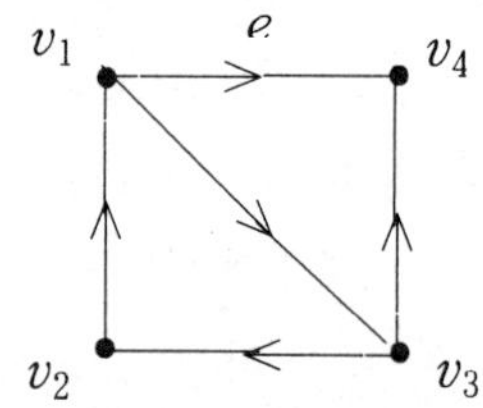

정의 9.1.3 그래프 $D=(V, E)$ 가 다음 두 조건을 만족시킬 때 D 를 **유향**(有向) **그래프**(directed graph, digraph)라고 한다.

(i) V 는 공집합이 아닌 집합이다.

(ii) E 의 원소는 두 원소 $v, w \in V$ 로 이루어진 순서쌍 (v, w) 이다.

여기서, V 의 각 원소를 **꼭지점**이라 하고, E 의 각 원소를 **호**(弧, arc)라고 한다. 또, 호 (v, w) 에서 v 와 w 를 각각 이 호의 **시점**(始點, initial vertex), **종점**(終點, terminal vertex)이라고 한다.

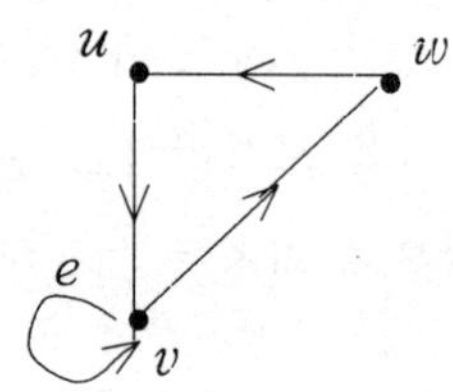

오른쪽 위의 그림의 유향 그래프에서 $e=(v, v)$ 와 같이 호의 시점과 종점이 일치할 때 이 호를 **루프**(loop)라고 한다.

그리고, 오른쪽 그림이 나타내는 유향 그래프에서 두 호 e_1, e_2 와 같이 시점과 종점이 동일한 호가 두 개 이상 있을 때, 이 호를 **다중 호**(多重弧, multiple arcs)라고 한다.

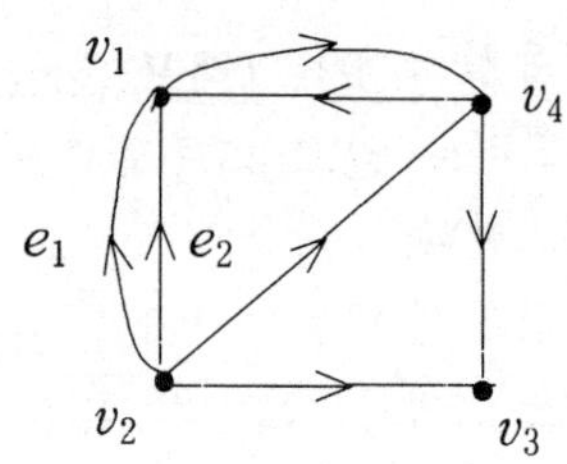

정의 9.1.4 유향 그래프에서 꼭지점과 모서리가 모두 유한 개뿐일 때, 이러한 그래프를 **유한**(有限) **유향 그래프**(finite digraph)라고 한다.

그리고, 고리도 없고 다중 호도 없는 유향 그래프를 **유향 단순**(有向 單純) **그래프**(simple digraph)라고 한다.

한편, 고리는 없지만 다중 호가 있는 유향 그래프를 **유향 다중**(有向 多重) **그래프**(directed multigraph)라고 한다.

정의 9.1.5 그래프 $G = (V, E)$ 에서 두 꼭지점 v, w 를 이은 모서리 $\{v, w\} \in E$ 가 존재할 때 v 와 w 를 서로 **인접한**(隣接한, adjacent) **꼭지점** 또는 **이웃한 꼭지점**(neighbors)이라고 한다.

그리고, 꼭지점 $v \in V$ 에 대하여 v 를 끝점으로 가지는 모서리의 개수를 v 의 **차수**(次數, degree)라 하고 이것을 $\deg v$ 로 나타낸다.

보기 9.1.3 아래 그림이 나타내는 다중그래프 $G = (V, E)$ 에 대하여 다음 표를 얻는다.

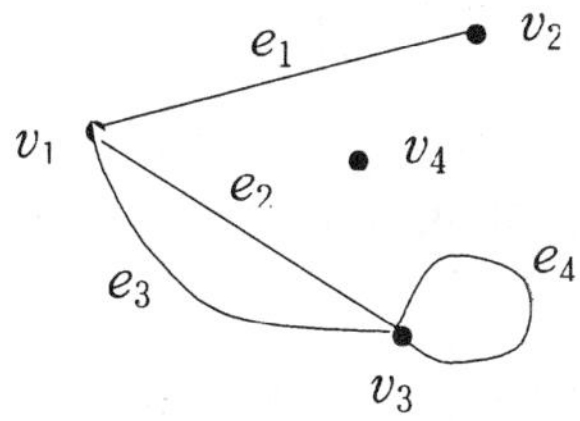

꼭지점		인접한 꼭지점
v_1	3	v_2, v_3
v_2	1	v_1
v_3	3	v_1, v_3
v_4	0	

모서리	끝점의 개수	끝점
e_1	2	v_1, v_2
e_2	2	v_1, v_3
e_3	2	v_1, v_3
e_4	1	v_3

정의 9.1.6 그래프 $G = (V, E)$ 에서 꼭지점 v 의 차수 $\deg v$ 가 짝수일 때 v 를 **짝수점**(even vertex)이라 하고 또 $\deg v$ 가 홀수일 때 v 를 **홀수점**(odd vertex)이라고 한다.

특히, $\deg v = 1$ 일 때 v 를 **매달린 꼭지점**(pendant vertex)이라 하고, $\deg v = 0$ 일 때 v 를 **고립점**(孤立點, isolated vertex)이라고 한다.

보기 9.1.4 오른쪽 그림이 나타내는 다중 그래프 $G=(V, E)$ 에서 v_3 는 짝수점이고 또 v_1, v_2 는 홀수점이다. 특히, v_2 는 매달린 꼭지점이고 v_4 는 고립점이다.

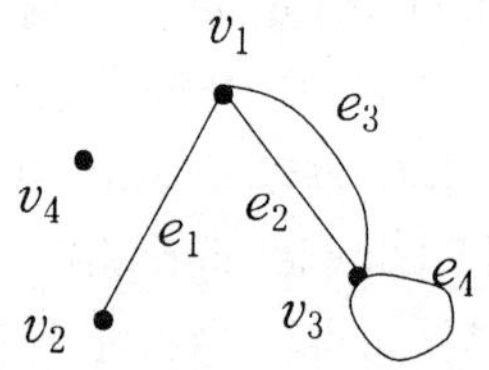

정리 9.1.7 (Euler 의 정리) 그래프 $G=(V, E)$에서 모든 꼭지점에 대한 차수 전체의 합은 모서리의 개수의 두 배이다. 즉, 다음 등식이 성립한다.

$$\sum_{v \in V} \deg v = 2|E|$$

증 명 다음 집합의 원소의 개수를 두 가지 방법으로 계산한다.

$$S=\{(v, e) \in V \times E \mid v \in e\}$$

먼저 각 꼭지점 $v \in V$ 에 대하여 v를 끝점으로 가지는 모서리의 개수는 $\deg v$ 이므로 $|S| = \sum_{v \in V} \deg v$ 이다.

한편, 각 모서리 $e \in E$ 에 대하여 e의 끝점인 꼭지점의 개수는 2이므로 $|S| = 2|E|$ 이다. 따라서 정리의 등식이 성립한다.

따름정리 9.1.8 그래프 $G=(V, E)$에서 홀수점 전체의 개수는 짝수이다(0을 포함하여).

증 명 홀수점 전체로 이루어진 집합과 짝수점 전체로 이루어진 집합을 각각 V_1, V_2 라고 하면, $V=V_1 \cup V_2$, $V_1 \cap V_2 = \emptyset$ 이므로 정리 9.1.5에 의하여 다음 등식이 성립한다.

$$\sum_{v \in V_1} \deg v + \sum_{w \in V_2} \deg w = 2|E|$$

한편, 모든 $w \in V_2$ 에 대하여 $\deg w$ 는 짝수이므로 $\sum_{w \in V_2} \deg w$ 는 짝수이고 따라서 위의 등식에 의하여 $\sum_{v \in V_1} \deg v$ 는 짝수이다.

그런데, 모든 $v \in V_1$ 에 대하여 $\deg v$ 는 홀수이므로 $|V_1|$은 짝수이어야 하고 따라서 홀수점의 개수는 짝수이다.

보기 9.1.5 어떤 모임에 참가하게 되면 마주치는 사람과 악수를 하거나 또는 그냥 스쳐 지나가거나 한다. 이러한 모임에서, 홀수 번 악수한 사람의 수는 반드시 짝수이다(0 을 포함하여).

실제로, 사람을 꼭지점이라 생각하고 두 사람이 악수하는 것을 모서리라고 생각하면, 따름정리 9.1.6 에 의하여 이 결과를 얻는다.

정의 9.1.9 그래프 $G = (V, E)$ 에서 모든 꼭지점의 차수가 같을 때, G를 **정칙**(正則)**그래프**(regular graph)라 하고, 특히 모든 꼭지점의 차수가 r일 때 G를 $\boldsymbol{r}$**차의 정칙그래프**라고 한다.

보기 9.1.6 다음 그래프는 모두 정칙그래프이다.

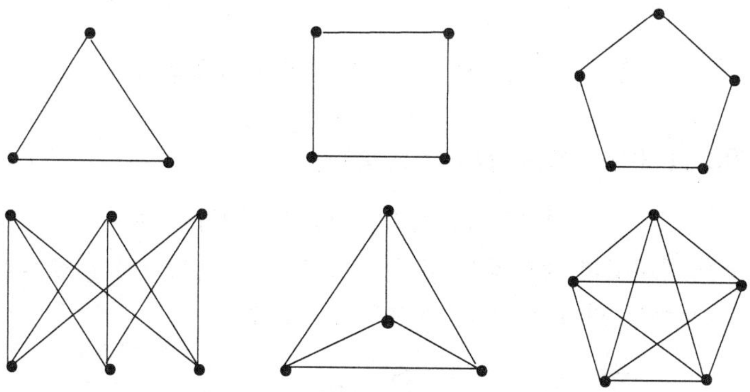

위의 세 그래프는 모두 2 차의 정칙그래프이다.

그리고 넷째 그래프와 다섯째 그래프는 3 차의 정칙그래프이고 여섯째 그래프는 4 차의 정칙그래프이다.

정의 9.1.10 유향그래프 $D = (V, E)$ 에서 두 꼭지점 v, w를 이은 모서리 $(v, w) \in E$ 가 존재할 때 v와 w를 서로 **인접한 꼭지점** 또는 **이웃한 꼭지점**이라고 한다.

그리고, 꼭지점 $v \in V$에 대하여 v를 시점으로 가지는 호의 개수를 v의 **출력차수**(出力次數, outdegree)라 하고 이것을 outdeg v 로 나타내며, v 를 종점으로 가지는 호의 개수를 v 의 **입력차수**(入力次數, indegree)라 하고 이것을 indeg v 로 나타낸다.

보기 9.1.7 아래 그림이 나타내는 유향그래프에서 다음이 성립한다.

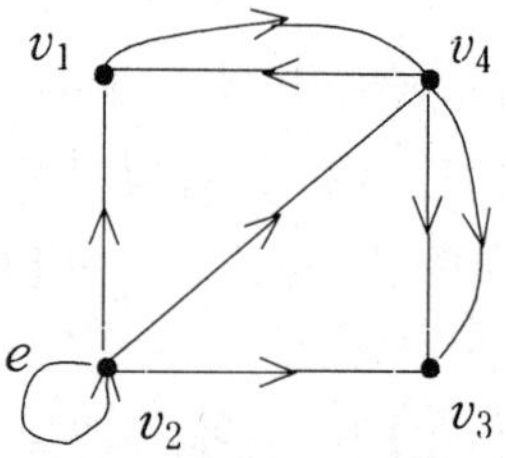

outdeg $v_1 = 1$,　indeg $v_1 = 2$,

outdeg $v_2 = 4$,　indeg $v_2 = 1$,

outdeg $v_3 = 0$,　indeg $v_3 = 3$,

outdeg $v_4 = 3$,　indeg $v_4 = 2$

여기서, 호 e는 루프이므로 v_2는 e의 종점인 동시에 시점이다. 따라서 v_2를 시점으로 가지는 호는 4개 있고 v_2를 종점으로 가지는 호는 1개 있다. 그리고

$$1 + 4 + 0 + 3 = 8, \qquad 2 + 1 + 3 + 2 = 8$$

이고 또 8은 호 전체의 개수와 일치한다.

일반적으로, 유향그래프에 대하여 다음 정리가 성립한다.

정리 9.1.11 유향그래프 $D = (V, E)$에서,

$$V = \{v_1, v_2, \cdots, v_n\}, \quad |V| = n$$

일 때, 모든 꼭지점의 출력차수 전체의 합과 모든 꼭지점의 입력차수 전체의 합은 일치하고 이 값은 호의 개수와 같다. 즉,

$$\sum_{i=1}^{n} \text{outdeg } v_i = \sum_{i=1}^{n} \text{indeg } v_i = |E|$$

증 명 각 호 e에는 두 끝점이 있고 이 두 끝점 중에 하나는 e의 시점이고 다른 하나는 e의 종점이다.

따라서 D의 모든 꼭지점의 출력차수 전체의 합과 모든 꼭지점의 입력차수 전체의 합은 일치하고 이 값은 호의 개수와 같다.

그래프는 여러 방면에 응용된다. 최근에 와서 소셜 통신망(social network), 통신망(通信網, communication network), 정보통신망(情報通信網, information network), 소프트웨어 디자인(software design), 교통망(交通網, transportation network), 생물학적 통신망(生物學的 通信網, biolological network), 의미론 통신망(意味論 通信網, semantic network) 등에 이용된다.

연 습 문 제 (9.1)

1. 다음 그림이 나타내는 그래프가 다중 모서리를 가지고 있는지, 루프를 가지고 있는지를 확인하고 유향그래프인지를 확인하여라.

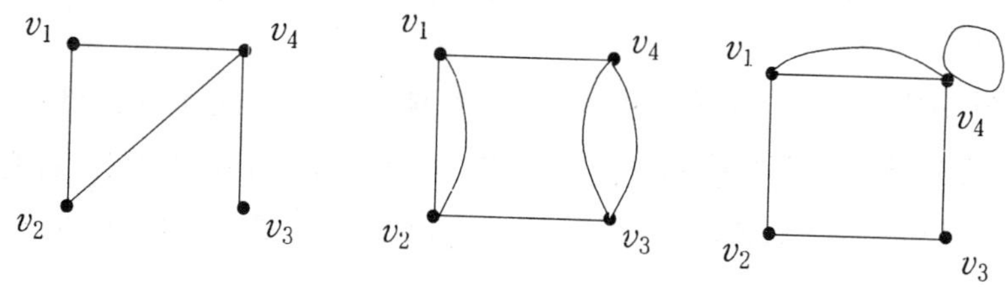

2. 오른쪽 그림이 나타내는 그래프 G 에 대하여 다음 물음에 답하여라.

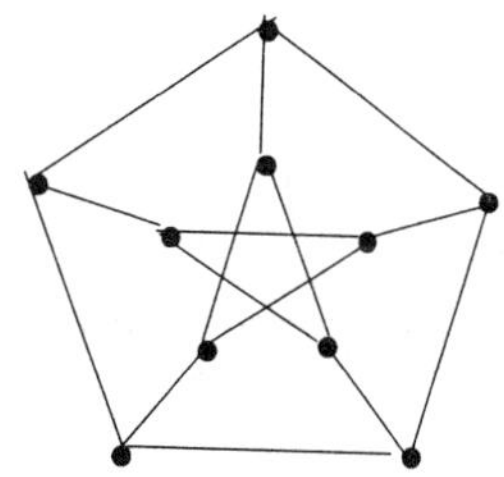

(1) G의 꼭지점의 개수와 모서리의 개수를 구하여라.

(2) 각 꼭지점의 次數를 말하여라.

(3) G가 정칙그래프인지를 판정하여라.

3. 오른쪽 그림이 나타내는 그래프에 짝수점과 홀수점인 꼭지점은 각각 몇 개씩 있는지 말하여라.

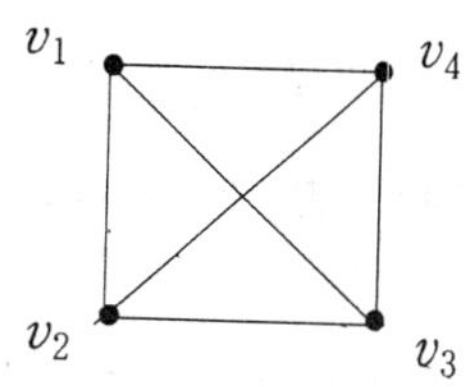

4. 다음 그림이 나타내는 유향 그래프의 각 꼭지점의 출력 차수와 입력 차수를 구하여라.

(1)

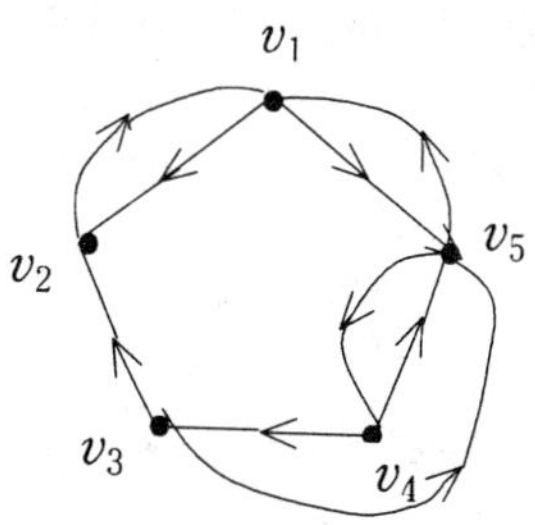

(2)

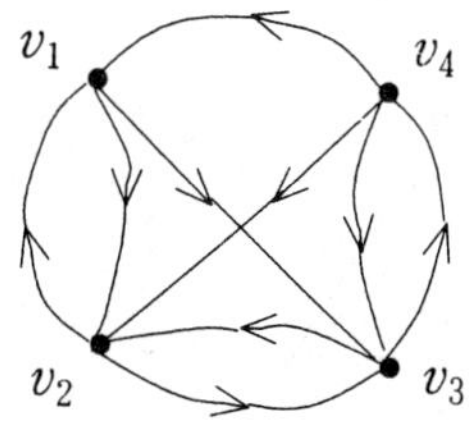

§9.2 특수한 단순그래프

이 절에서는, 여러 가지 유형의 단순그래프에 대하여 알아보기로 한다.

정의 9.2.1 단순그래프에서, 꼭지점 전체의 개수가 n (≥ 1)이고 임의의 서로 다른 두 꼭지점을 이은 모서리가 꼭 한 개씩 존재할 때, G를 **완전**(完全) **그래프**(complete graph)라 하고 이것을 K_n으로 나타낸다.

K_1 K_2 K_3

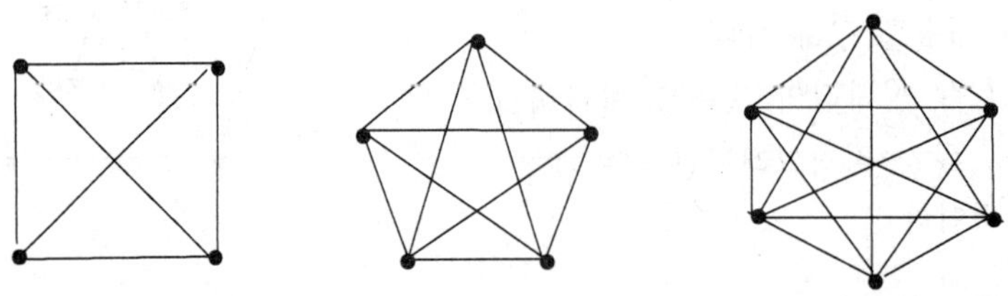

K_4 K_5 K_6

완전그래프 K_n는 $n-1$ 차의 정칙그래프이다(정의 9.1.9 참조).

정의 9.2.2 단순그래프가 n (≥ 3) 개의 꼭지점 $v_1, v_2, \cdots, v_n$과 n 개의 모서리 $\{v_1, v_2\}, \{v_2, v_3\}, \cdots, \{v_{n-1}, v_n\}, \{v_n, v_1\}$으로 이루어져 있을 때, 이 그래프를 **순환**(循環)**그래프**(cycle graph)라 하고 또 이것을 C_n으로 나타낸다

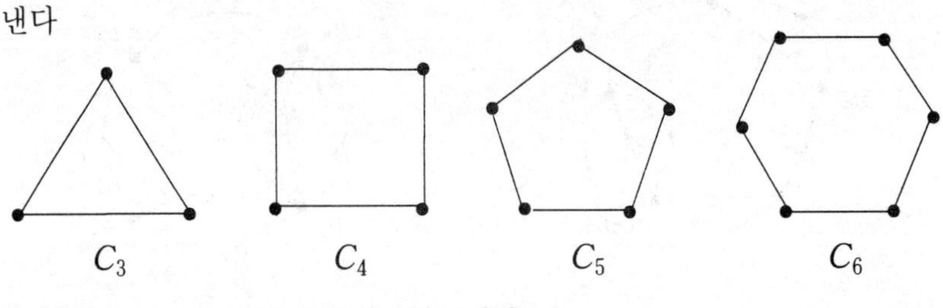

C_3 C_4 C_5 C_6

순환그래프 C_n은 2 차의 정칙그래프이다.

정의 9.2.3 집합 $\mathbb{B} = \{0, 1\}$ 와 양의 정수 n 에 대하여

$$\mathbb{B}^n = \{(b_1, \cdots, b_n) \mid b_1, \cdots, b_n \in \mathbb{B}\}$$

이라 하고, 집합 $\mathbb{B}^n$ 의 원소 $(b_1, \cdots, b_n)$ 를 $b_1 \cdots b_n$ 으로 나타내자.

이 때, $\mathbb{B}^n$ 의 모든 원소를 꼭지점으로 하고, 또 서로 다른 두 꼭지점의 성분 중에서 단 한 개의 성분만이 다를 때에만 이들 두 꼭지점을 한 개의 모서리로 이은 단순그래프를 ***n* 차원 정육면체**(正六面體, n-cube, n-dimentional hypercube)라 하고 이 그래프를 Q_n 으로 나타낸다.

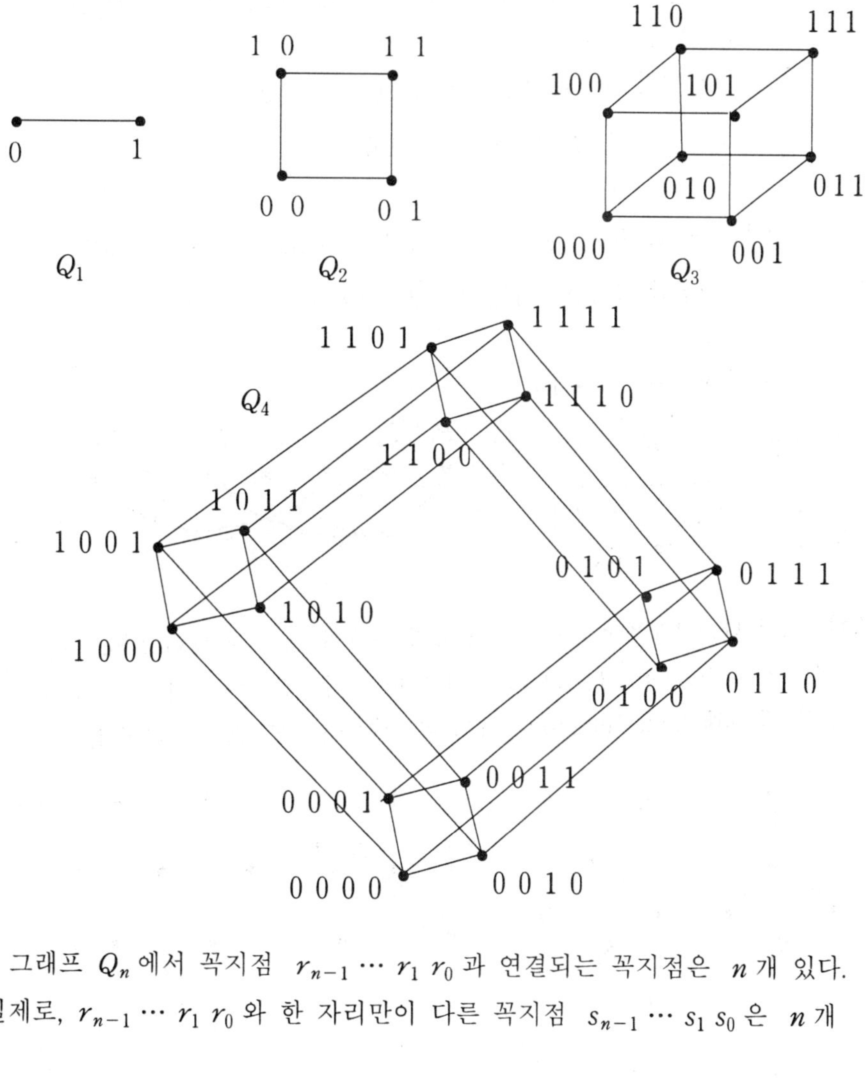

그래프 Q_n 에서 꼭지점 $r_{n-1} \cdots r_1 r_0$ 과 연결되는 꼭지점은 n 개 있다. 실제로, $r_{n-1} \cdots r_1 r_0$ 와 한 자리만이 다른 꼭지점 $s_{n-1} \cdots s_1 s_0$ 은 n 개

있으므로 한 꼭지점과 연결된 모서리는 꼭 n개 있다. 즉, 각 꼭지점 v에 대하여 $\deg v = n$이다. 그리고, 그래프 Q_n에서 $|V| = 2^n$이고

$$\sum_{v \in V} \deg v = 2|E|$$

이므로 $|E| = 2^{n-1}n$이다.

그래프 Q_n에서 2^n개의 꼭지점 $r_{n-1} \cdots r_1 r_0$을 이진법으로 나타낸 것이

$$i = r_{n-1} \cdots r_1 r_{0\,(2)}$$

이면 $0 \le i \le 2^n - 1$이고, 따라서 2^n개의 꼭지점을 $P_0, P_1, \cdots, P_{2^n-1}$와 같이 순서를 정할 수 있다.

예를 들면, Q_3에서 꼭지점 100과 인접한 꼭지점은

$$000,\ 101,\ 110$$

뿐이고

$$100_{(2)} = 4,\quad 000_{(2)} = 0,\quad 101_{(2)} = 5,\quad 110_{(2)} = 6$$

이므로 P_4의 인접한 꼭지점은 P_0, P_5, P_6 뿐이다.

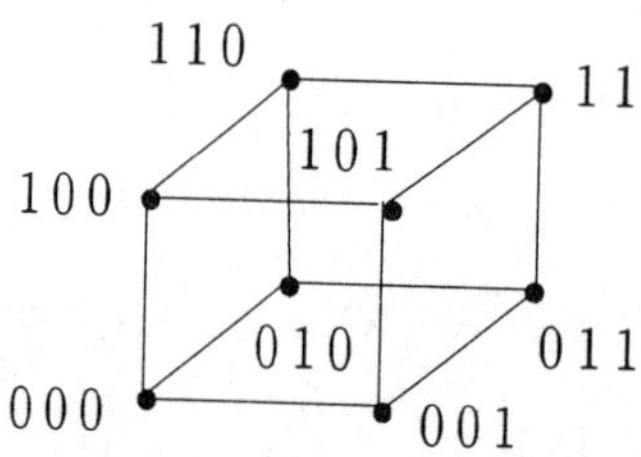

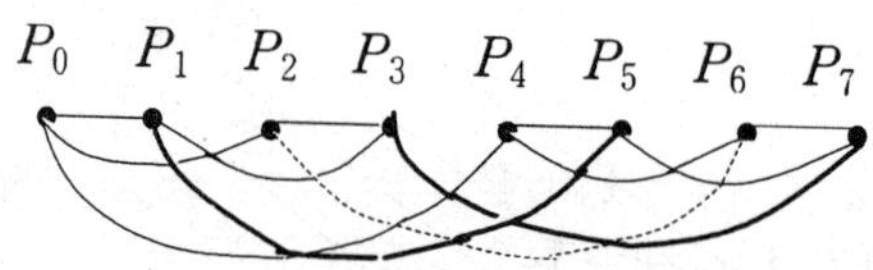

정의 9.2.4 단순그래프에서 꼭지점 전체의 개수가 $n\ (\ge 3)$이고 또 특정한 꼭지점의 차수는 $n-1$이고 그 밖의 나머지 꼭지점의 차수가 모두 1일 때, G를 **별 그래프**(star graph)라 하고 이 그래프를 S_n으로 나타낸다.

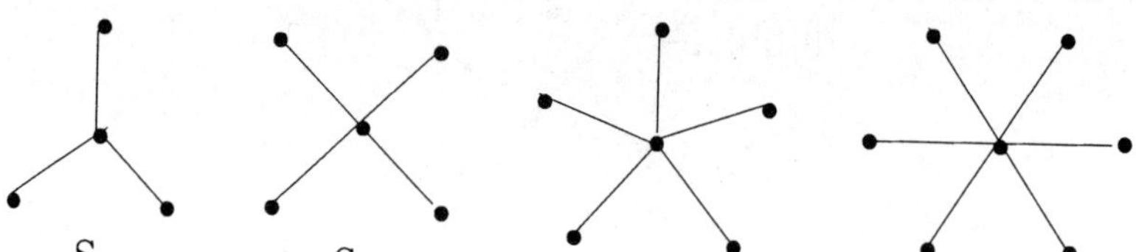

S_4 S_5 S_6 S_7

정의 9.2.5 단순그래프에서 꼭지점 전체의 개수가 $n\ (\geq 4)$ 이고 특정한 꼭지점의 차수는 $n-1$ 이고 그 밖의 나머지 꼭지점의 차수가 모두 3 일 때 이 그래프를 **바퀴 그래프**(wheel graph) 라 하고 이것을 W_n 으로 나타낸다.

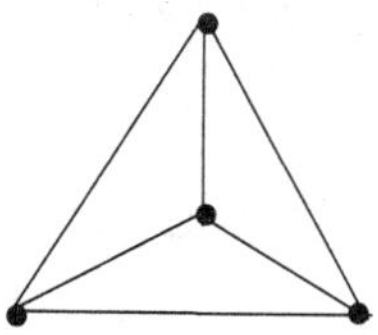

W_4

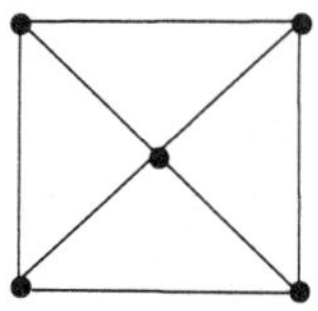

W_5

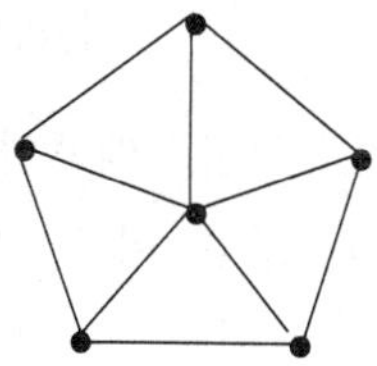

W_6

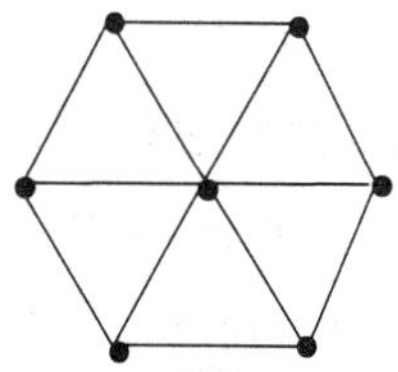

W_7

정의 9.2.6 단순그래프 $G=(V, E)$ 에서 V가 다음 두 조건을 만족시키는 두 부분집합 V_1, V_2 의 합집합으로 분할될 때, 이 그래프를 **이분**(二分) **그래프**(bipartite graph) 라 하고 (V_1, V_2) 를 **이분분할**(二分分割, bipartition) 이라고 한다.

(i) $V = V_1 \cup V_2$, $\quad V_1 \cap V_2 = \varnothing \quad (V_1 \neq \varnothing,\ V_2 \neq \varnothing)$

(ii) 모든 모서리의 한 끝점은 V_1 에 속하고 다른 한 끝점은 V_2 에 속한다.

더욱이 이분그래프 $G=(V, E)$ 에서 (V_1, V_2) 가 이분분할일 때, 임의의 꼭지점 $w \in V_1$, $u \in V_2$ 에 대하여 w, u 를 끝점으로 가지는 모서리 $\{w, u\}$ 가 꼭 한 개씩 존재하는 경우에 G 를 **완전 이분**(完全二分)**그래프**(complete bipartite)라 하고 특히 $|V_1| = m$, $|V_2| = n$ 일 때 이 완전 이분그래프를 $K_{m,n}$ 또는 $K_{n,m}$ 으로 나타낸다.

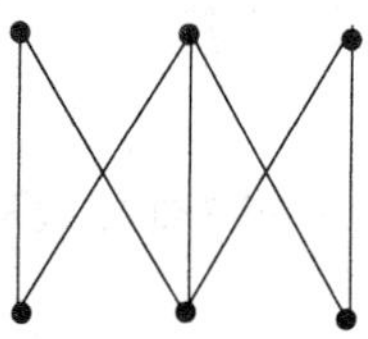

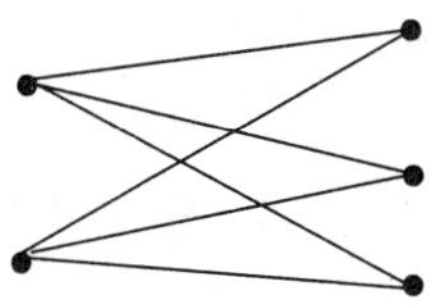

$K_{2,3}$

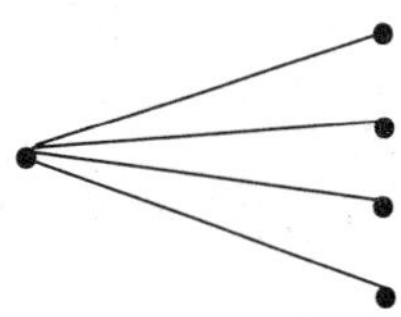

$K_{1,4}$

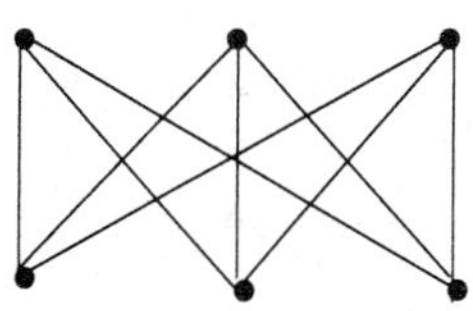

$K_{3,3}$

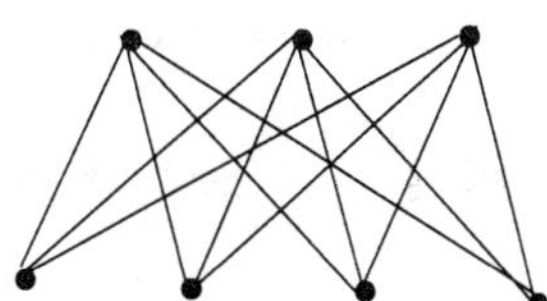

$K_{3,4}$

보기 9.2.1 아래의 왼쪽 그림이 나타내는 그래프 $G=(V, E)$ 에서 V를 두 부분집합 $V_1=\{a, b, c\}$, $V_2=\{d, e\}$ 의 합집합으로 분할하면, 이 그래프의 모든 모서리는

$$\{w, u\} \qquad (w \in V_1,\ u \in V_2)$$

와 같은 꼴이므로 G는 이분그래프이다.

그러나, 두 꼭지점 c, d를 이은 모서리가 없으므로 이 이분그래프는 완전 이분그래프가 아니다.

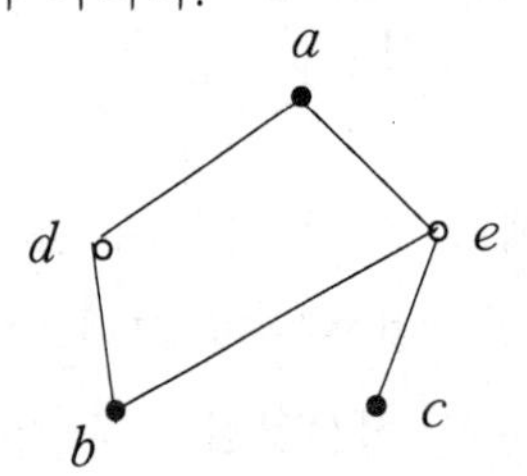

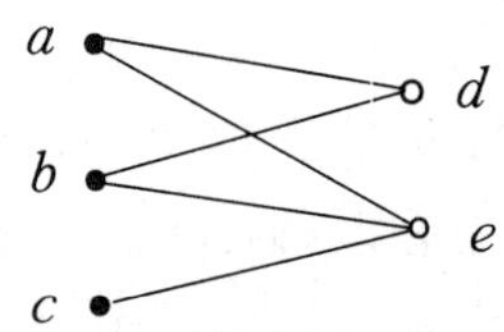

보기 9.2.2 아래의 왼쪽 그림이 나타내는 그래프에서 꼭지점 1, 3, 5, 7 에 검은 색을 칠하고 나머지 꼭지점 2, 4, 6, 8 에 흰색을 칠하면, 이 그래프가 이분그래프임을 알 수 있다.

그러나, 이 그래프는 완전 이분그래프는 아니다.

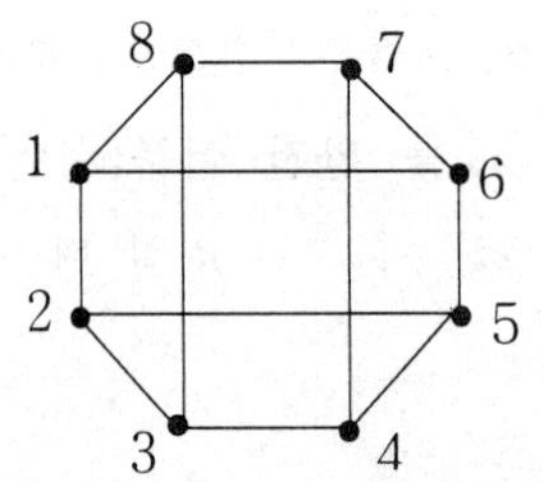

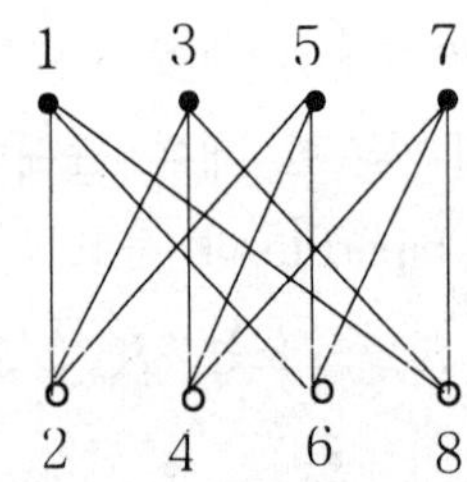

보기 9.2.3 다음 그림에서 알 수 있는 바와 같이 순환그래프 C_6 는 이분 그래프이지만 완전 이분 그래프는 아니다.

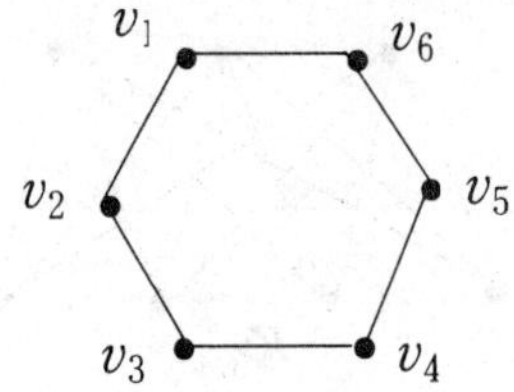

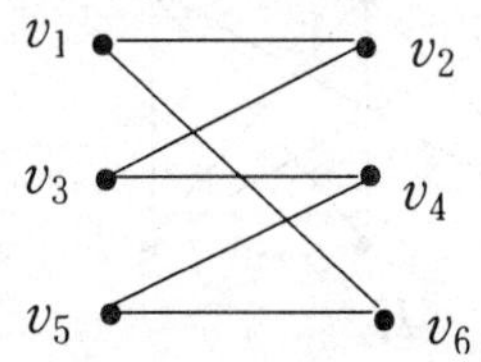

정의 9.2.7 단순그래프 $G=(V, E)$ 에서 $|V| = mn$ 일 때, 아래 그림과 같이 mn 개의 꼭지점이 m 개의 행과 n 개의 열로 배열되어 있고 모서리가 격자 모양으로 되어 있는 경우에 이 그래프를 $G_{m,n}$ 또는 $G_{n,m}$ 으로 나타낸다.

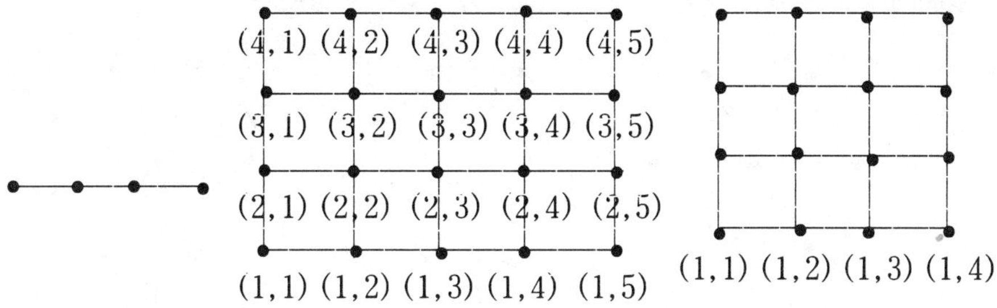

$G_{1,4}$ $G_{5,4}$ $G_{4,4}$

그래프 $G_{m,n}$ 의 꼭지점의 개수는 mn 이고 모서리의 개수는 다음과 같다.

$$(m-1)n + m(n-1) = 2mn - (m+n)$$

그래프 $G_{m,n}$ 는 이분그래프이지만 완전 이분그래프는 아니다.

예를 들어, 위의 그림에서와 같이 각 꼭지점에 좌표

$$(i, j) \qquad (1 \le i \le m, \ 1 \le j \le n)$$

를 정할 때, $i+j$ 가 짝수인 꼭지점 전체의 집합을 V_1 이라 하고 $i+j$ 가 홀수인 꼭지점 전체의 집합을 V_2 라고 하면, $G_{m,n}$ 은 (V_1, V_2) 가 이분분할인 이분그래프이다.

이분그래프는 여러 방면에 이용된다.

직장을 구하려는 대학생이 m 명 있고 택할 수 있는 직업의 수가 n 개 있다고 하고, 각 사람은 적어도 한 개 이상의 직업을 택한다고 하자. 여기서, $m \ge n$ 이다. 이제 직장을 구하려는 사람 전체의 집합을 V_1 이라 하고 직업 전체의 집합 V_2 라고 하면 $V_1 \cap V_2 = \varnothing$ 이고, 또 직업을 구하려는 대학생과 이 대학생이 택한 직업을 모서리로 연결하여 이러한 모서리 전체의 집합을 E 라 하고 $V = V_1 \cup V_2$ 라고 하면 $G=(V, E)$ 는 이분그래프이다.

어느 외딴 섬에 결혼을 희망하고 있는 남성과 여성이 각각 m 명, n 명이 살고 있다고 하자.

이 때, 결혼을 희망하는 남성 전체와 여성 전체를 각각 V_1, V_2 라 하고 또 서로 결혼하고 싶어 하는 남녀를 모서리로 연결하고 이러한 모서리 전체를 E 라고 할 때, $V = V_1 \cup V_2$ 라고 하면 $G = (V, E)$ 는 이분그래프이다.

그리고, 지역 통신망에는 S_n, C_n, W_n 등이 이용된다.

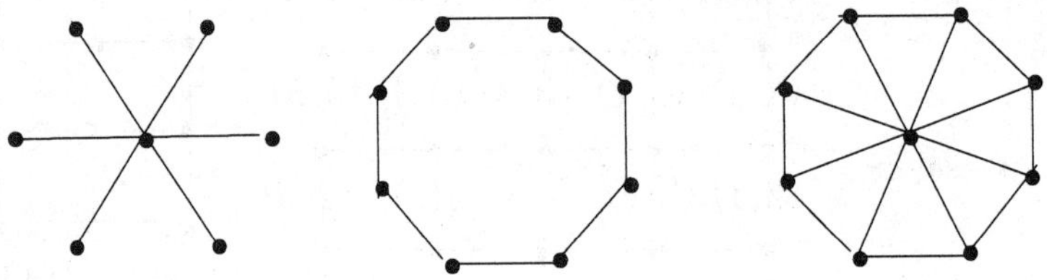

S_6 C_8 W_8

정의 9.2.8 그래프 $G = (V, E)$ 에 대하여, 다음과 같이 정의된 그래프 $G' = (V', E')$ 를 G 의 **부분**(部分) **그래프**(subgraph)라고 한다.

(i) $\emptyset \neq V' \subseteq V, \quad \emptyset \neq E' \subseteq E$

(ii) E' 에 속하는 모서리의 끝점은 모두 V' 에 속한다.

보기 9.2.4 오른쪽 그림이 나타내는 그래프를 $G = (V, E)$ 라고 할 때, 아래의 세 그림이 나타내는 그래프는 모두 $G = (V, E)$ 의 부분그래프이다.

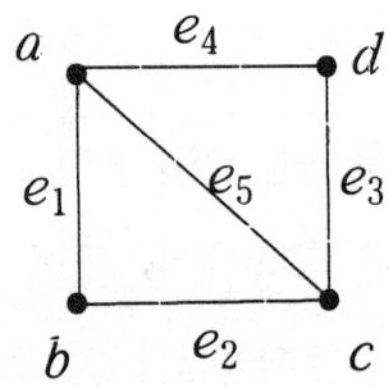

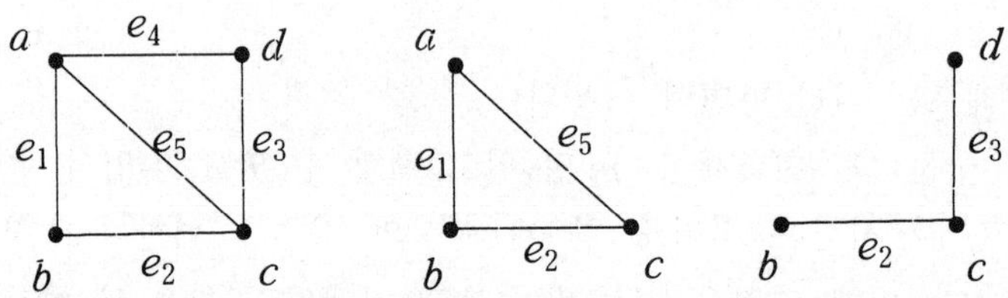

그래프 $G = (V, E)$ 자신은 G 의 부분그래프이다. 그리고, 위의 보기에서와 같이, 그래프 G 에서 몇 개의 모서리를 제거하면 G 의 부분그래프를 얻는다. 또한, 그래프 $G = (V, E)$ 에서 몇 개의 꼭지점을 제거하고 또 이들 꼭지점을 끝점으로 가지는 모서리도 제거하면 G 의 부분그래프를 얻는다.

보기 9.2.5 그래프 $G = (V, E)$ 에서 $V' \subseteq V$ 일 때, V' 에 속해 있는 꼭지점을 이은 모서리 전체의 집합을 E' 이라고 하면 $G' = (V', E')$ 은 G 의 부분그래프이다.

이와 같은 부분그래프 G' 을 V' 에 의하여 **유도된**(誘導, induced) 부분그래프라고 한다(아래 둘째 그림 참조).

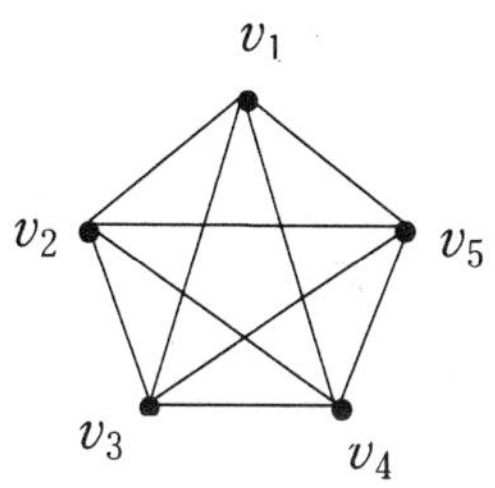

$V = \{v_1, v_2, v_3, v_4, v_5\}$

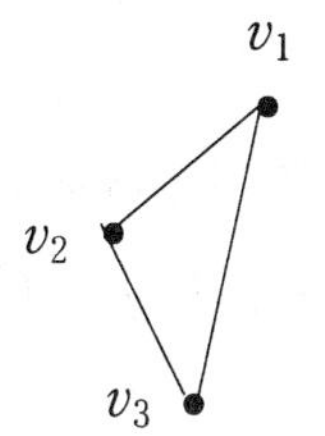

$V' = \{v_1, v_2, v_3\}$

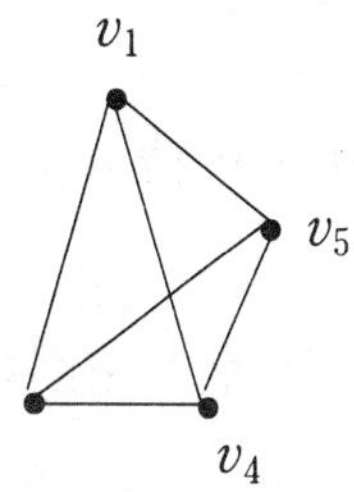

$V_1 = \{v_2\}$

또, 그래프 $G = (V, E)$ 에서 $V_1 \subset V$ 일 때,

$$V' = V - V_1$$

이라 하고 또 V_1 에 속해 있는 꼭지점을 끝점으로 가지는 모서리를 모두 제외시켜 남는 모서리 전체의 집합을 E' 이라고 하면 $G' = (V', E')$ 는 G 의 부분그래프이다(위의 마지막 그림 참조).

보기 9.2.6 그래프 $G = (V, E)$ 에서 $E_1 \subseteq E$ 일 때,

$$E' = E - E_1$$

이라고 하면 $G' = (V, E')$ 는 G 의 부분그래프이다. 이 부분그래프는 G 에서 E_1 에 속해 있는 모서리를 모두 제거한 그래프이다.

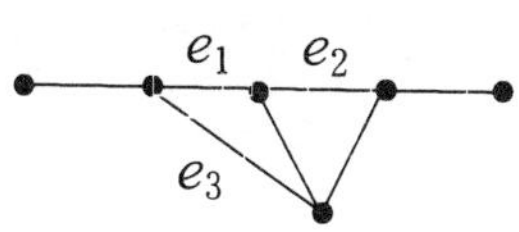

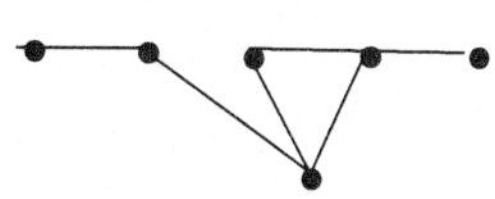

$E' = E - \{e_1\}$

$E' = E - \{e_1, e_2\}$

$E' = E - \{e_1, e_2, e_3\}$

정의 9.2.9 두 단순그래프 $G_1 = (V_1, E_1)$, $G_2 = (V_2, E_2)$에 대하여

$$V = V_1 \cup V_2, \qquad E = E_1 \cup E_2$$

이라고 하면, $G = (V, E)$는 단순그래프이다.

이 단순그래프 G를 G_1과 G_2의 **합**(合, union)이라 하고 이 그래프를 $G_1 \cup G_2$로 나타낸다.

보기 9.2.7 아래의 두 그림은 단순그래프

$$G_1 = (V_1, E_1), \quad G_2 = (V_2, E_2)$$

을 나타낸 그림이다.

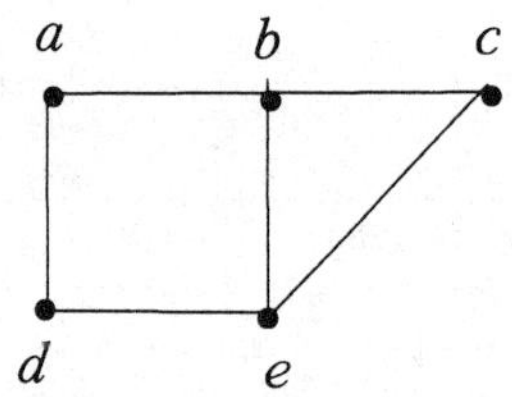

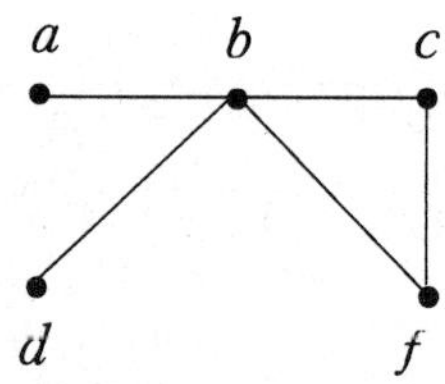

다음 그림은 두 그래프 G_1, G_2의 합 $G_1 \cup G_2$을 나타낸 그림이다.

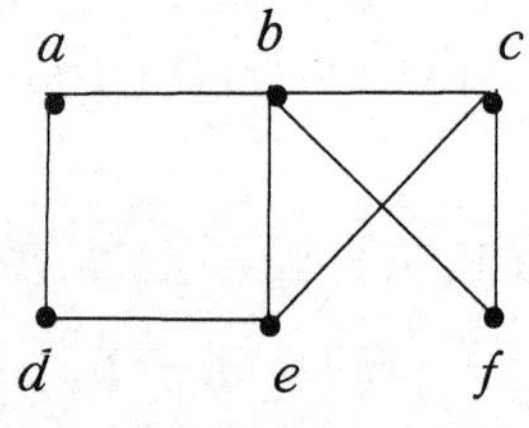

연 습 문 제 (9.2)

1. 다음 명제가 참인지 거짓인지를 판정하여라.

(1) 완전그래프 K_n 은 n 개의 꼭지점과 $\binom{n}{2}$ 개의 모서리로 이루어져 있다.

(2) 순환그래프 C_n 은 n 개의 꼭지점과 n 개의 모서리로 이루어져 있다.

(3) 그래프 W_n 은 n 개의 꼭지점과 $2(n-1)$ 개의 모서리로 이루어져 있다.

(4) 별그래프 S_n 은 n 개의 꼭지점과 $n-1$ 개의 모서리로 이루어져 있다.

(5) 그래프 $K_{m,n}$ 은 $m+n$ 개의 꼭지점과 mn 개의 모서리로 이루어져 있다.

2. 아래 그림이 나타내는 그래프가 이분그래프인지 또는 완전 이분그래프인지를 판정하여라.

(1)

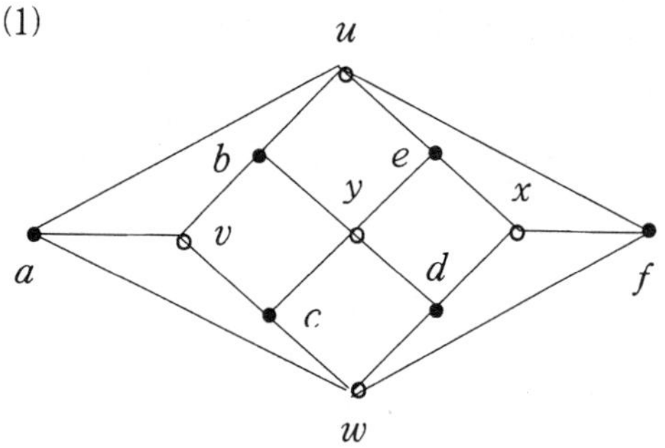

(2)

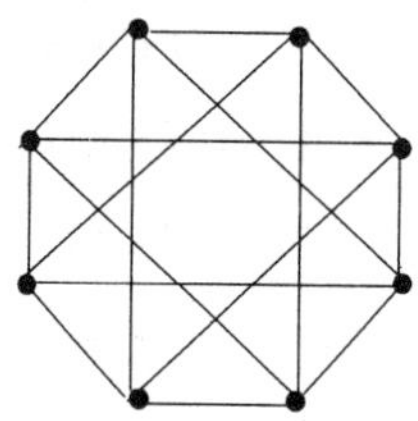

3. 오른쪽 그림이 나타내는 그래프는 학생 사이의 친분관계를 나타내는 그래프이다.
학생 사이의 친분관계를 말하여라.

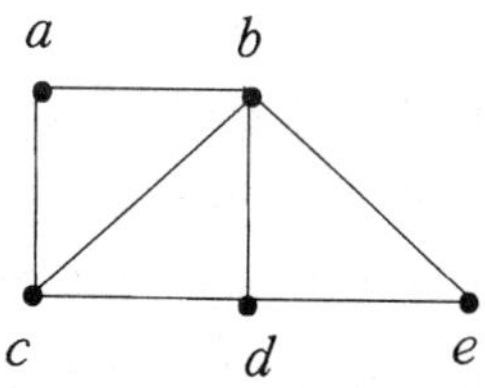

4. 오른쪽 그림이 나타내는 그래프는 어느 사람이 누구에게 정신적 영향을 끼치는지를 나타내는 그래프이다.
어느 누구로부터도 영향도 받지 않는 사람은 누구인가 ?

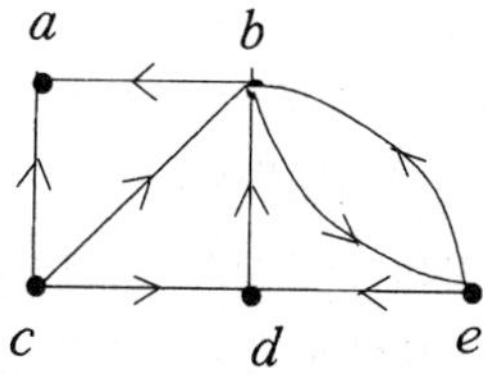

5. 집합 $A_1, A_2, \cdots, A_n$을 꼭지점으로 하고 $A_i \cap A_j \neq \varnothing$인 A_i, A_j를 한 모서리로 이은 그래프 $G = (V, E)$를 $A_1, A_2, \cdots, A_n$의 **교집합 그래프**(交集合 그래프, intersection graph)라고 한다. 즉,

$$V = \{A_1, A_2, \cdots, A_n\},$$
$$E = \{\{A_i, A_j\} \mid A_i \cap A_j \neq \varnothing,\ 1 \leq i \neq \leq j \leq n\}$$

다음 각 경우에 대하여 교집합 그래프를 그림으로 나타내어라.

(1) $A_1 = \{0, 2, 4, 6, 8\}$, $A_2 = \{0, 1, 2, 3, 4\}$,
$A_3 = \{0, 1, 8, 9\}$, $A_4 = \{5, 6, 7, 8, 9\}$, $A_5 = \{1, 3, 5, 7\}$

(2) $A_1 = \{\cdots, -4, -3, -2, -1, 0\}$,
$A_2 = \{\cdots, -2, -1, 0, 1, 2, 3, \cdots\}$,
$A_3 = \{\cdots, -6, -4, -2, 0, 2, 4, 6, \cdots\}$,
$A_4 = \{\cdots, -5, -3, -1, 1, 3, 5, \cdots\}$,
$A_5 = \{\cdots, -6, -3, 0, 3, 6, 9, \cdots\}$

(3) $A_1 = \{x \in \mathbb{R} \mid x < 0\}$,
$A_2 = \{x \in \mathbb{R} \mid -1 < x < 0\}$,
$A_3 = \{x \in \mathbb{R} \mid 0 < x < 0\}$,
$A_4 = \{x \in \mathbb{R} \mid -1 < x < 1\}$,
$A_5 = \{x \in \mathbb{R} \mid x > -1\}$,
$A_6 = \mathbb{R}$

6. 여러 팀이 상대하는 경기에서 각 팀이 나머지 팀과 한 번씩 상대하여 승패를 결정하는 경기 운영 방식을

round-robin 토너먼트(tournament)

라고 한다.

오른쪽 그림이 나타내는 그래프를 보고 다음 물음에 답하여라.

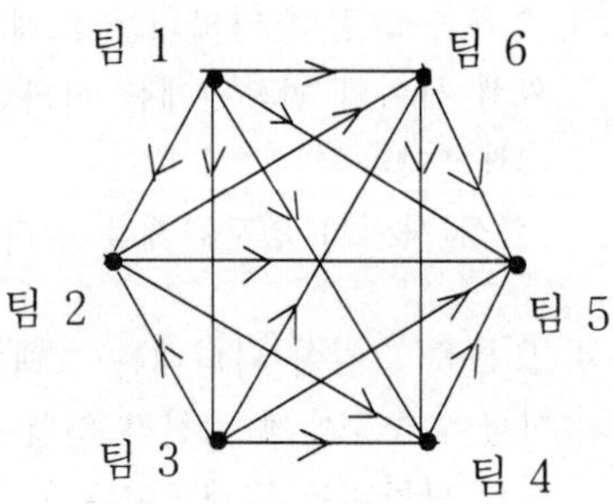

(1) 상대팀에 모두 이긴 팀을 찾아라.

(2) 상대팀에 모두 진 팀을 찾아라.

§9.3 인접행렬과 동형사상

그래프의 특성을 나타내는 방법 중에서 특히 행렬을 이용하여 나타내는 방법이 유용하게 이용된다.

정의 9.3.1 그래프 $G=(V, E)$ 에서 $V=\{v_1, v_2, \cdots, v_n\}$, $|V|=n$ 일 때, 다음과 같이 정의된 n차의 행렬 $A=[a_{ij}]_{n\times n}$를 G의 **인접행렬**(隣接行列, adjacency matrix)이라고 한다.

$$A=\begin{bmatrix} a_{11} & a_{12} & \cdots & a_{1n} \\ a_{21} & a_{22} & \cdots & a_{2n} \\ \vdots & \vdots & \cdots & \vdots \\ a_{n1} & a_{n2} & \cdots & a_{nn} \end{bmatrix}$$

$$a_{ij}=(v_i, v_j \text{를 이은 모서리의 개수})$$

정의에 의하여, 그래프 G의 인접행렬 $A=[a_{ij}]_{n\times n}$ 에서

$$a_{ij}=a_{ji} \qquad (1\le i, j\le n)$$

이므로 A는 대칭행렬이고(정의 8.2.11), 또 다음 등식이 성립한다.

$$a_{i1}+a_{i2}+\cdots+a_{in}=\deg v_i \qquad (1\le i\le n)$$

특히, G가 단순그래프인 경우에는

$$a_{ij}=\begin{cases} 1 & (\{v_i, v_j\}\in E \text{ 일 때}) \\ 0 & (\{v_i, v_j\}\notin E \text{ 일 때}) \end{cases}$$

이고 또 고리가 없으므로 다음이 성립한다.

$$a_{ij}^2=a_{ij}, \quad a_{ii}=0 \qquad (1\le i, j\le n)$$

그래프 $G=(V, E)$ 에서 $V=\{v_1, v_2, \cdots, v_n\}$ 일 때 n개의 꼭지점에 번호를 매겨 일렬로 늘어놓는 방법은 $n!$ 가지가 있고 이 순서에 따라 G의 인접행렬은 달라진다.

보기 9.3.1 오른쪽 그림이 나타내는 그래프 $G = (V, E)$의 인접행렬 A는 아래와 같은 6차의 행렬이다.

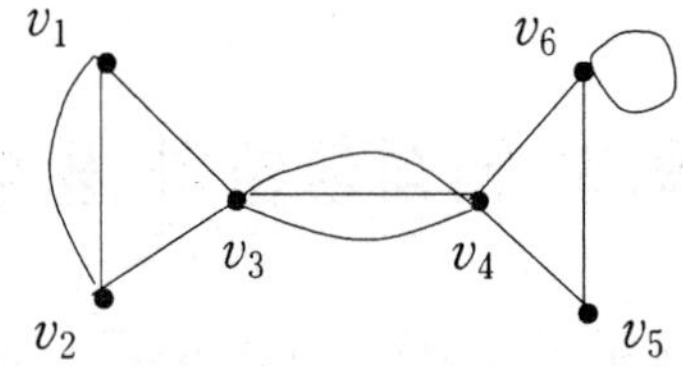

여기서 두 꼭지점 v_1, v_2를 이은 모서리는 2개 있으므로

$$a_{12} = a_{21} = 2$$

이고 v_6를 끝점으로 가지는 고리가 있으므로 $a_{66} = 2$이다.

$$A = \begin{bmatrix} 0 & 2 & 1 & 0 & 0 & 0 \\ 2 & 0 & 1 & 0 & 0 & 0 \\ 1 & 1 & 0 & 3 & 0 & 0 \\ 0 & 0 & 3 & 0 & 1 & 1 \\ 0 & 0 & 0 & 1 & 0 & 1 \\ 0 & 0 & 0 & 1 & 1 & 2 \end{bmatrix}$$

보기 9.3.2 오른쪽 그림이 나타내는 단순그래프 $G = (V, E)$의 인접행렬 A는 아래와 같은 6차의 행렬이고 이로부터 다음 사실을 얻는다.

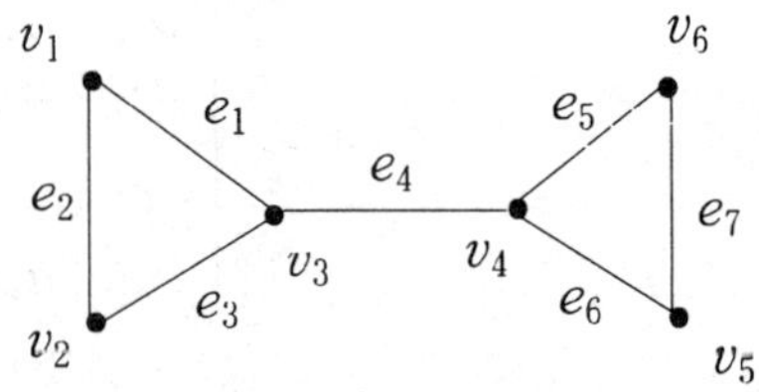

$$\deg v_1 = 1 + 1 = 2,$$
$$\deg v_2 = 1 + 1 = 2,$$
$$\deg v_3 = 1 + 1 + 1 = 3,$$
$$\deg v_6 = 1 + 1 = 2$$

$$A = \begin{bmatrix} 0 & 1 & 1 & 0 & 0 & 0 \\ 1 & 0 & 1 & 0 & 0 & 0 \\ 1 & 1 & 0 & 1 & 0 & 0 \\ 0 & 0 & 1 & 0 & 1 & 1 \\ 0 & 0 & 0 & 1 & 0 & 1 \\ 0 & 0 & 0 & 1 & 1 & 0 \end{bmatrix}$$

보기 9.3.3 오른쪽 그림이 나타내는 완전 이분그래프 $K_{2,3}$에서 꼭지점 전체의 집합을

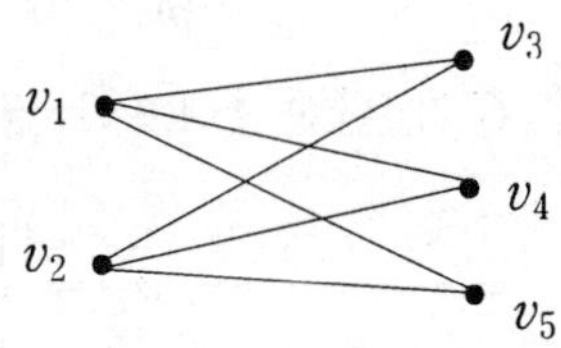

$$V = \{v_1, v_2, v_3, v_4, v_5\}$$

라고 할 때, 이 그래프의 인접행렬 A는 오른쪽 행렬과 같고 또 다음이 성립한다.

$$\deg v_1 = 1+1+1 = 3,$$
$$\deg v_3 = 1 + 1 = 2$$

$$A = \begin{bmatrix} 0 & 0 & 1 & 1 & 1 \\ 0 & 0 & 1 & 1 & 1 \\ 1 & 1 & 0 & 0 & 0 \\ 1 & 1 & 0 & 0 & 0 \\ 1 & 1 & 0 & 0 & 0 \end{bmatrix}$$

정의 9.3.2 유향 그래프 $D = (V, E)$ 에서

$$V = \{v_1, v_2, \cdots, v_n\}, \qquad |V| = n$$

일 때, 다음과 같이 정의된 n차의 행렬 $A = [a_{ij}]_{n\times n}$ 를 D 의 **인접행렬**(隣接行列, adjacency matrix)이라고 한다.

$$A = \begin{bmatrix} a_{11} & a_{12} & \cdots & a_{1n} \\ a_{21} & a_{22} & \cdots & a_{2n} \\ \vdots & \vdots & \cdots & \vdots \\ a_{n1} & a_{n2} & \cdots & a_{nn} \end{bmatrix}$$

$$a_{ij} = (\text{시점이 } v_i \text{ 이고 종점이 } v_j \text{인 호의 개수})$$

위의 정의에서 D가 유향 단순그래프인 경우에는

$$a_{ij} = \begin{cases} 1 & (\text{시점이 } v_i \text{ 이고 종점이 } v_j \text{가 호가 있을 때}) \\ 0 & (\text{시점이 } v_i \text{ 이고 종점이 } v_j \text{가 호가 없을 때}) \end{cases}$$

이고 또 고리가 없으므로 모든 $i = 1, 2, \cdots, n$ 에 대하여 $a_{ii} = 0$ 이다.

그리고 위의 정의와 정리 9.1.9 에 의하여 다음이 성립한다.

$$a_{i1} + a_{i2} + \cdots + a_{in} = \text{outdeg } v_i \qquad (1 \le i \le n)$$

$$a_{1j} + a_{2j} + \cdots + a_{nj} = \text{intdeg } v_j \qquad (1 \le j \le n)$$

보기 9.3.4 오른쪽 그림이 나타내는 유향 그래프 $D_1 = (V_1, E_1)$, $D_2 = (V_2, E_2)$ 의 인접행렬은 각각 다음과 같다.

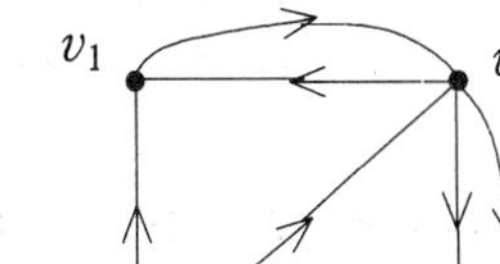

$$A_1 = \begin{bmatrix} 0 & 1 & 0 & 1 \\ 0 & 0 & 0 & 1 \\ 0 & 1 & 0 & 0 \\ 0 & 0 & 1 & 0 \end{bmatrix},$$

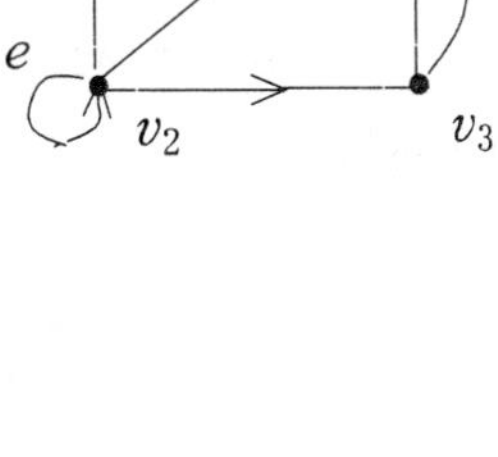

$$A_2 = \begin{bmatrix} 0 & 0 & 0 & 1 \\ 1 & 1 & 1 & 1 \\ 0 & 0 & 0 & 0 \\ 1 & 0 & 2 & 0 \end{bmatrix}$$

정의 9.3.3 그래프 $G = (V, E)$ 에서

$$V = \{v_1, v_2, \cdots, v_n\}, \quad |V| = n$$

$$E = \{e_1, e_2, \cdots, e_n\}, \quad |E| = m$$

일 때, 다음과 같이 정의된 $n \times m$ 행렬 $M = [b_{ij}]_{n \times m}$ 를 G의 **결합행렬**(結合行列, incidence matrix)이라고 한다.

$$M = \begin{bmatrix} b_{11} & b_{12} & \cdots & b_{1m} \\ b_{21} & b_{22} & \cdots & b_{2m} \\ \vdots & \vdots & \cdots & \vdots \\ b_{n1} & b_{n2} & \cdots & b_{nm} \end{bmatrix} \qquad b_{ij} = \begin{cases} 1, & (v_i \in e_j \text{일 때}) \\ 0, & (v_i \notin e_j \text{일 때}) \end{cases}$$

인접행렬과는 달리 결합행렬의 성분은 0 또는 1 이다.

보기 9.3.5 오른쪽 그림이 나타내는 그래프 $G = (V, E)$ 의 결합행렬은 아래 행렬과 같다.

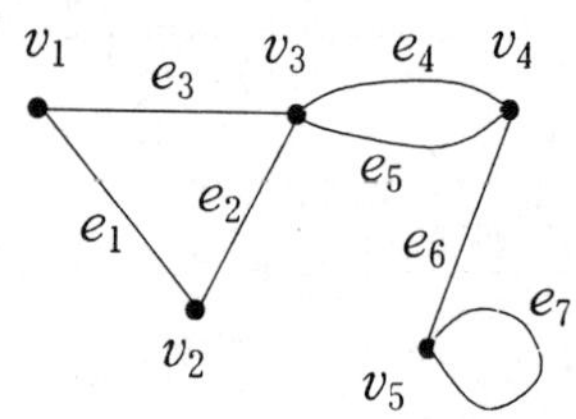

$$M = \begin{bmatrix} 1 & 0 & 1 & 0 & 0 & 0 & 0 \\ 1 & 1 & 0 & 0 & 0 & 0 & 0 \\ 0 & 1 & 1 & 1 & 1 & 0 & 0 \\ 0 & 0 & 0 & 1 & 1 & 1 & 0 \\ 0 & 0 & 0 & 0 & 0 & 1 & 1 \end{bmatrix}$$

보기 9.3.6 오른쪽 그림이 나타내는 단순그래프 $G = (V, E)$ 의 결합행렬은 아래 행렬과 같다.

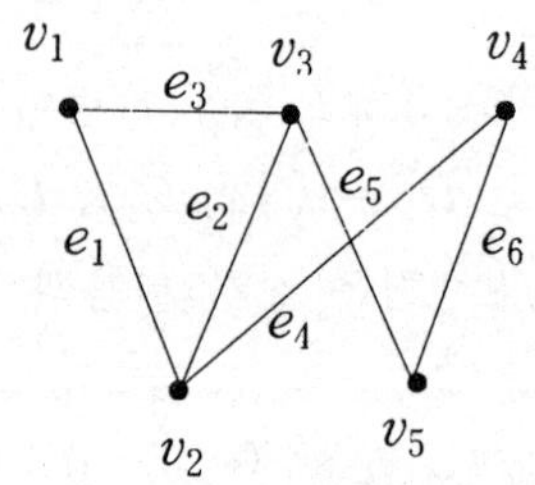

$$M = \begin{bmatrix} 1 & 0 & 1 & 0 & 0 & 0 \\ 1 & 1 & 0 & 1 & 0 & 0 \\ 0 & 1 & 1 & 0 & 1 & 0 \\ 0 & 0 & 0 & 1 & 0 & 1 \\ 0 & 0 & 0 & 0 & 1 & 1 \end{bmatrix}$$

다음 그림이 나타내는 그래프 $G_1 = (V_1, E_2)$, $G_2 = (V_2, E_2)$ 에서

$$V_1 = \{v_1, v_2, v_3, v_4\}, \quad V_2 = \{w_1, w_2, w_3, w_4\}$$

이라고 하자.

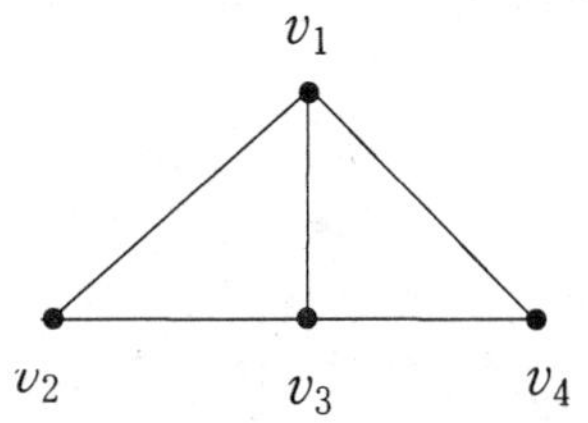

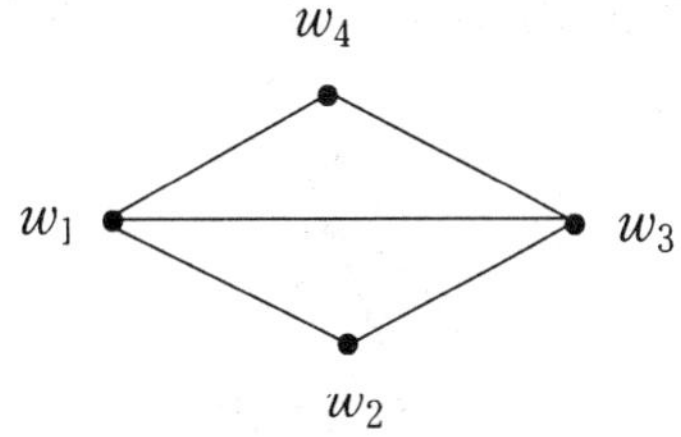

이 때, 사상 $\phi : V_1 \longrightarrow V_2$ 를

$$\phi(v_i) = w_i \qquad (i = 1, 2, 3, 4)$$

으로 정의하면 ϕ 는 분명히 일대일 대응이다(정의 1.3.1).

그리고, 그래프 G_1 의 임의의 모서리 $\{v_i, v_j\}$ 에 대하여

$$\{\phi(v_i), \phi(v_j)\} = \{w_i, w_j\}$$

는 그래프 G_2 의 모서리이고 또 다음이 성립한다

$$\deg v_1 = 3 = \deg w_1, \quad \deg v_2 = 2 = \deg w_2$$
$$\deg v_3 = 3 = \deg w_3, \quad \deg v_4 = 2 = \deg w_4$$

정의 9.3.4 두 그래프 $G_1 = (V_1, E_1)$, $G_2 = (V_2, E_2)$ 에 대하여 다음 두 조건 (i), (ii) 를 만족시키는 사상 $\phi : V_1 \longrightarrow V_2$ 를 **동형사상**(同型寫像, isomorphism)이라고 한다.

(i) ϕ 는 일대일 대응이다.

(ii) $\{v_i, v_j\} \in E_1$ 일 때 그리고 이때에만 $\{\phi(v_i), \phi(v_j)\} \in E_2$ 이다.

그리고, 이와 같은 동형사상 $\phi : V_1 \longrightarrow V_2$ 가 존재할 때, G_1 과 G_2 는 서로 **동형인**(同型인) **그래프**(isomorphic graphs)라고 한다.

보기 9.3.7 다음 그림이 나타내는 두 그래프는 서로 동형이다.

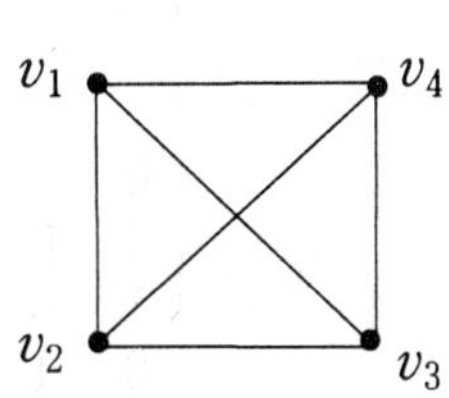

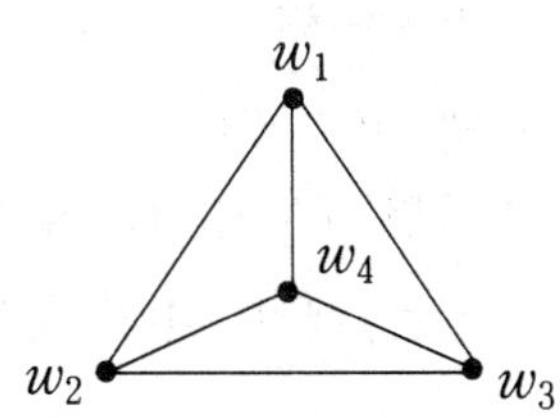

보기 9.3.8 다음 그림이 나타내는 두 그래프는 서로 동형이다.

(1)

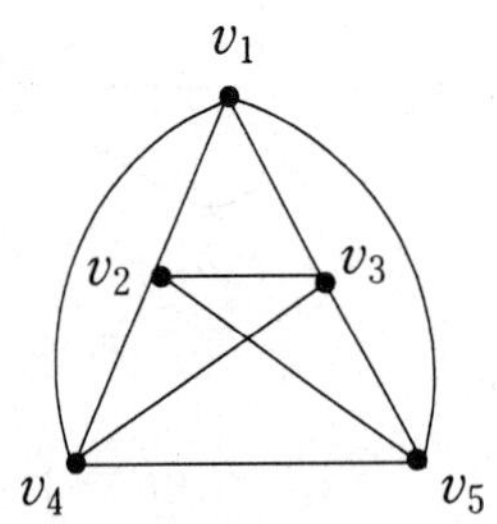

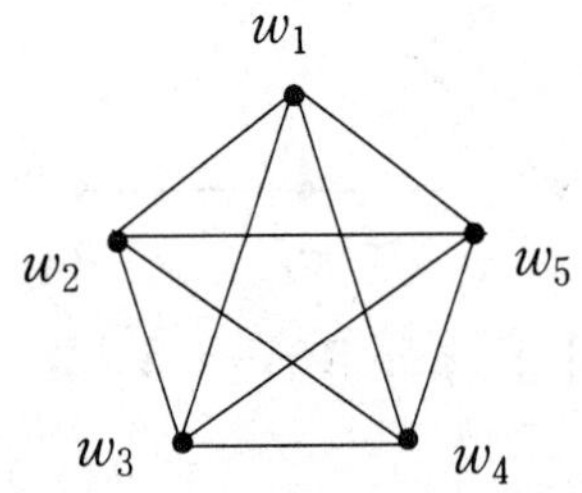

(2)

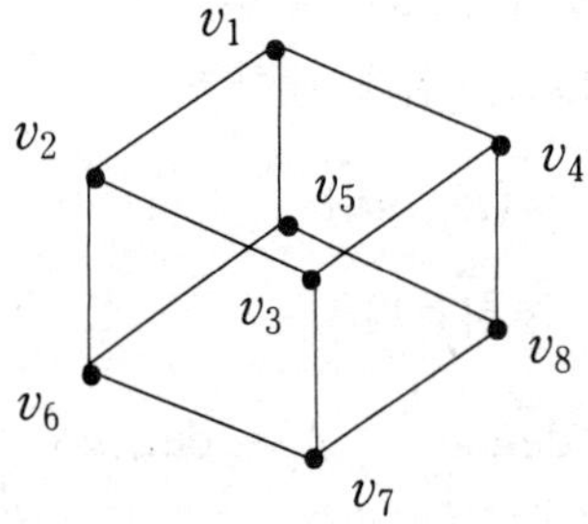

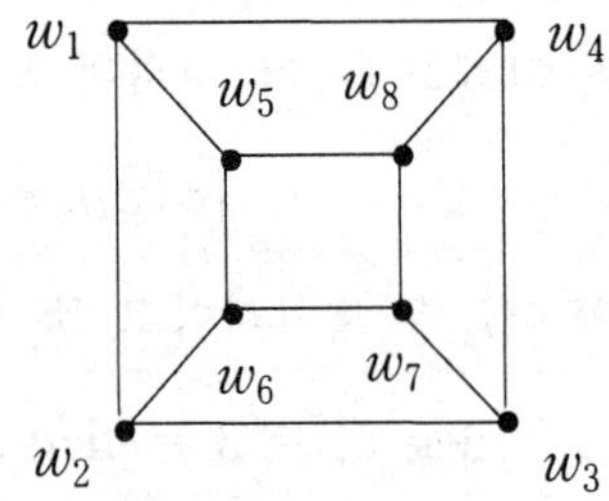

보기 9.3.9 오른쪽 그림이 나타내는 두 그래프

$$G_1 = (V_1, E_1), \quad V_1 = \{v_1, v_2, v_3, v_4\},$$

$$G_2 = (V_2, E_2), \quad V_2 = \{w_1, w_2, w_3, w_4\}$$

는 서로 동형이다.

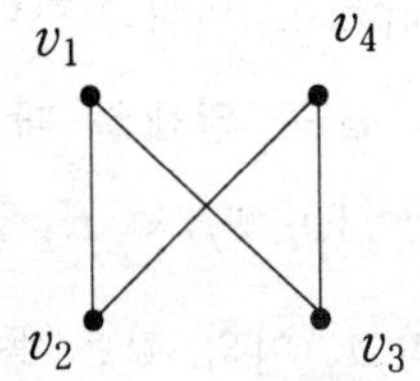

실제로, $\phi: V_1 \longrightarrow V_2$ 를

$$\phi(v_1) = w_1, \phi(v_2) = w_2,$$

$$\phi(v_3) = w_4, \phi(v_4) = w_3$$

으로 정의하면 ϕ 는 동형사상이다.

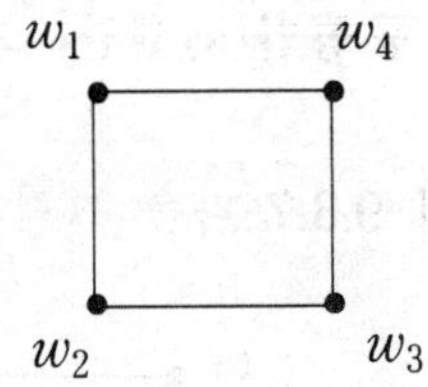

그리고, G_1 과 G_2 의 꼭지점을 각각

v_1, v_2, v_3, v_4

w_1, w_2, w_4, w_3

으로 순서를 정하면 G_1 과 G_2 의 인접 행렬은 모두 오른쪽 행렬 A 와 동일하다.

$$A = \begin{bmatrix} 0 & 1 & 1 & 0 \\ 1 & 0 & 0 & 1 \\ 1 & 0 & 0 & 1 \\ 0 & 1 & 1 & 0 \end{bmatrix}$$

정의 9.3.5 그래프 $G = (V, E)$ 에서, 모든 꼭지점의 차수를 큰 것부터 차례로 늘어놓은 유한수열을 G 의 **차수수열**(次數數列, degree sequence)이라고 한다.

Euler 의 정리(정리 9.1.7) 에 의하여 그래프 $G = (V, E)$ 에서

$$\sum_{v \in V} \deg v = 2|E|$$

이므로 G 의 차수수열의 합은 짝수이다.

보기 9.3.10 오른쪽 그림이 나타내는 그래프 $G = (V, E)$ 에서

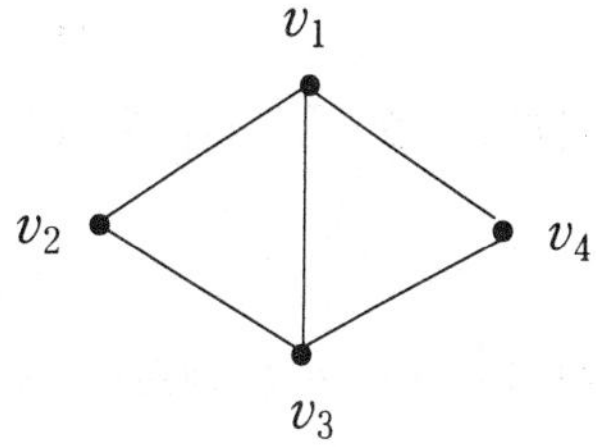

$$\deg v_1 = 3, \quad \deg v_2 = 2,$$
$$\deg v_3 = 3, \quad \deg v_4 = 2$$

이므로 G 의 차수수열은 다음과 같다.

$$3,\ 3,\ 2,\ 2$$

정의 9.3.4 와 정의 9.3.5 에 의하여 다음 정리가 성립한다.

정리 9.3.6 두 그래프 $G_1 = (V_1, E_1)$, $G_2 = (V_2, E_2)$ 가 동형일 때, 사상 $\phi : V_1 \longrightarrow V_2$ 를 동형사상이라고 하면 다음이 성립한다.

(1) G_1, G_2 의 꼭지점의 개수는 서로 같고 또 G_1, G_2 의 모서리의 개수는 서로 같다. 즉, $|V_1| = |V_2|$, $|E_1| = |E_2|$ 이다.

(2) 각 $v_i \in V$ 에 대하여 $\deg v_i = \deg \phi(v_i)$ 이다.

(3) G_1 의 차수수열과 G_2 의 차수수열은 일치한다.

동형인 그래프는 본질적으로 같다고 생각할 수 있다.

위의 정리에 의하여 두 그래프 G_1, G_2 의 차수수열이 다르면, G_1 과 G_2 는 동형이 아니다. 한편, 두 그래프 G_1, G_2 의 차수수열이 일치하더라도 G_1, G_2 가 동형이 아닐 수 있다.

보기 9.3.11 아래 그림이 나타내는 두 그래프는 서로 동형이고, 또 이 두 그래프의 차수 수열은 모두 3, 2, 2, 1, 1, 1 이다.

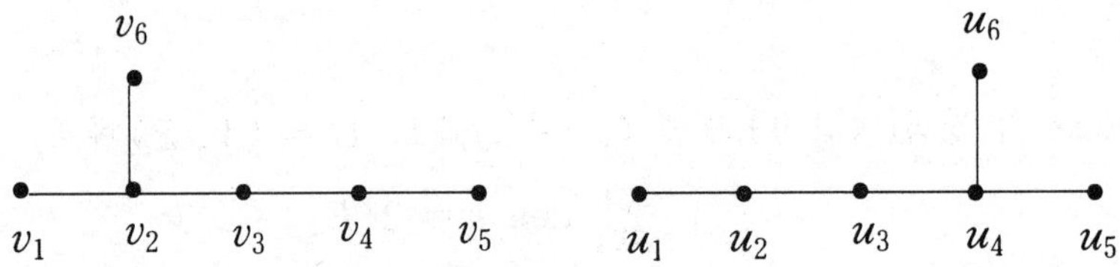

보기 9.3.12 다음 두 그림이 나타내는 두 그래프를

$$G_1 = (V_1, E_1), \quad G_2 = (V_2, E_2)$$

이라고 할 때, G_1 과 G_2 의 차수수열은 모두

$$3, 2, 2, 1, 1, 1$$

이지만 이 두 그래프는 동형이 아니다.

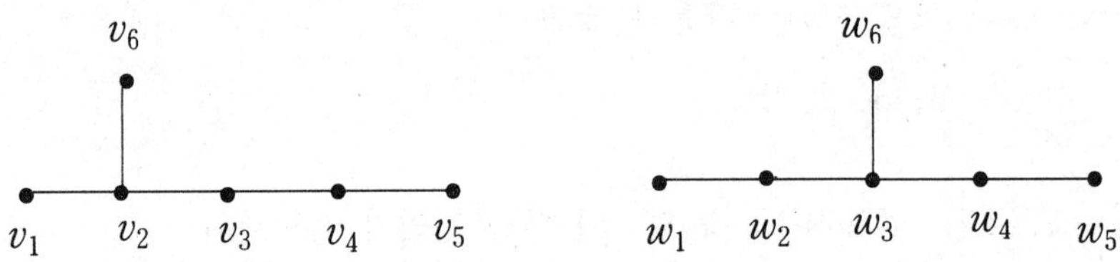

실제로, $\phi : V_1 \longrightarrow V_2$ 를 동형사상이라고 하면, 정리 9.3.6 에 의하여

$$\deg \phi(v_2) = \deg v_2 = 3$$

이므로 $\phi(v_2) = w_3$ 이어야 하고 또 $\{v_1, v_2\} \in E_1$, $\{v_6, v_2\} \in E_1$ 이므로

$$\{\phi(v_1), w_3\} \in E_2, \quad \{\phi(v_6), w_2)\} \in E_2$$

이고 따라서 $\phi(v_1), \phi(v_6) \in \{w_2, w_4, w_6\}$ 이다.

그런데, $\deg v_1 = \deg v_6 = 1$ 이지만

$$\deg w_2 = \deg w_4 = 2, \quad \deg w_6 = 1$$

이므로 모순이 생긴다.

연 습 문 제 (9.3)

1. 다음 그림이 나타내는 그래프 중에서 서로 동형인 그래프를 짝지어라.

(1)
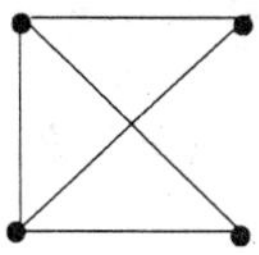
(2)
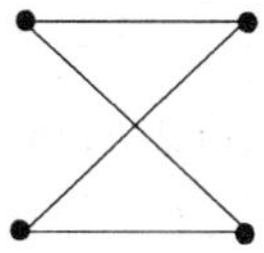
(3)
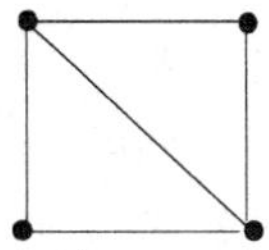
(4)
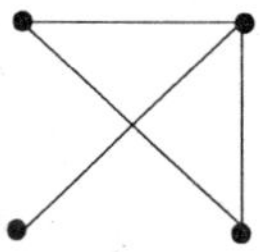
(5)
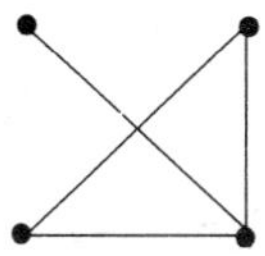
(6)
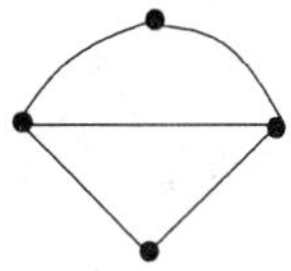

2. 다음 그림이 나타내는 네 그래프는 꼭지점의 개수가 3이고 서로 동형이 아닌 단순그래프이다. 이들 네 그래프의 차수수열을 구하여라.

(1)

(2)
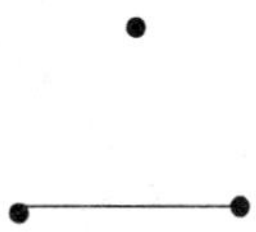
(3)
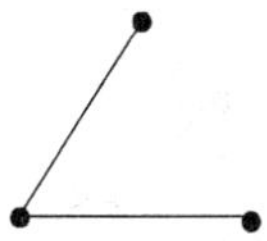
(4)

3. 다음 그래프의 인접행렬을 구하여라.

(1)
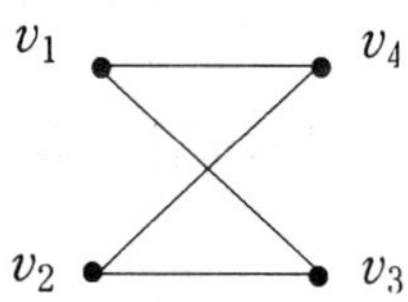

(2)
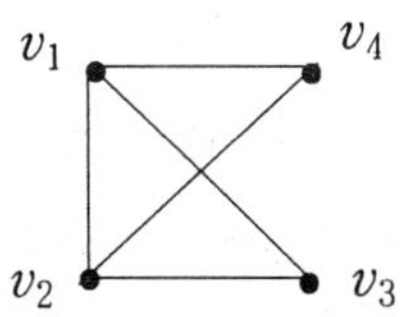

4. 다음 그림이 나타내는 그래프의 인접행렬 A를 구하여라.

(1)
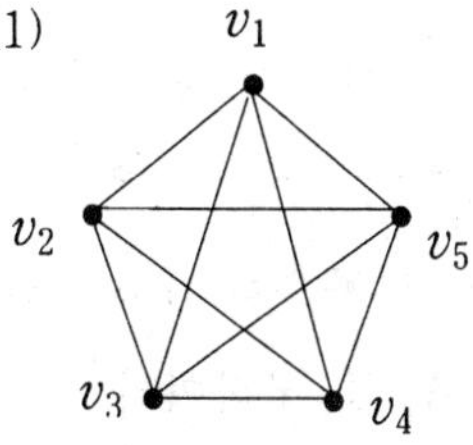

(2)
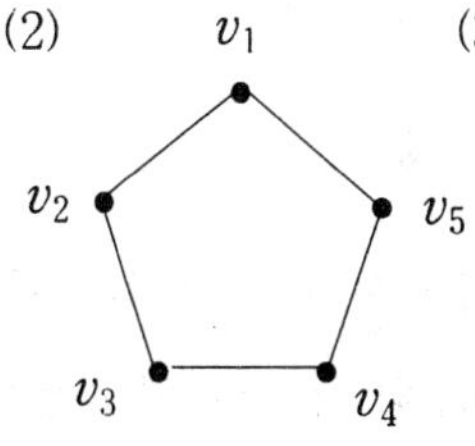

(3)
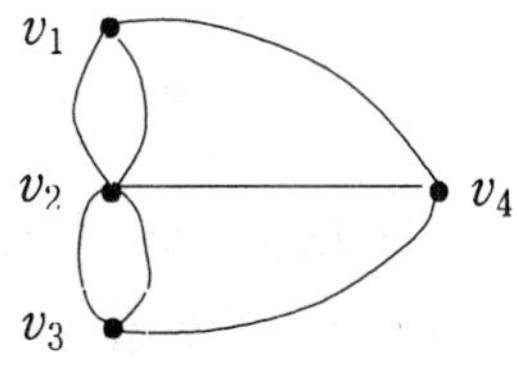

5. 오른쪽 그림이 나타내는 그래프가 완전그래프 $K_{4,4}$ 와 동형인지 아닌지를 판정하여라.

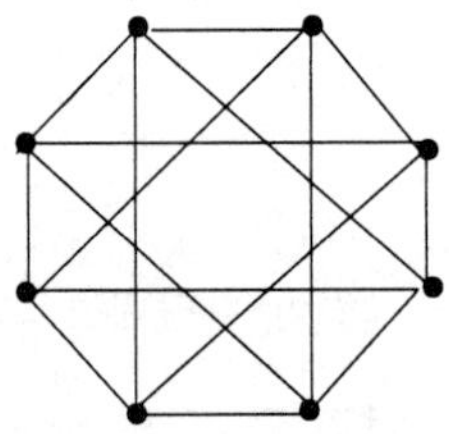

6. 다음 그림이 나타내는 두 그래프 $G=(V, E)$, $G'=(V', E')$ 이 서로 동형인 경우에 동형사상 $\phi: V \longrightarrow V'$ 를 정의하여라.

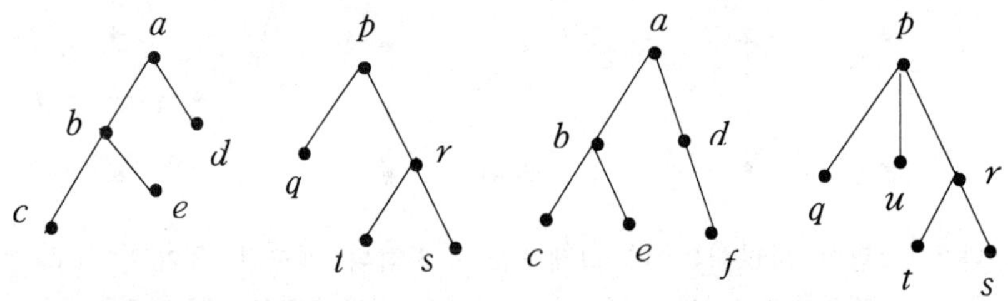

7. 아래 두 그림이 나타내는 그래프는 서로 동형이 아님을 밝혀라.

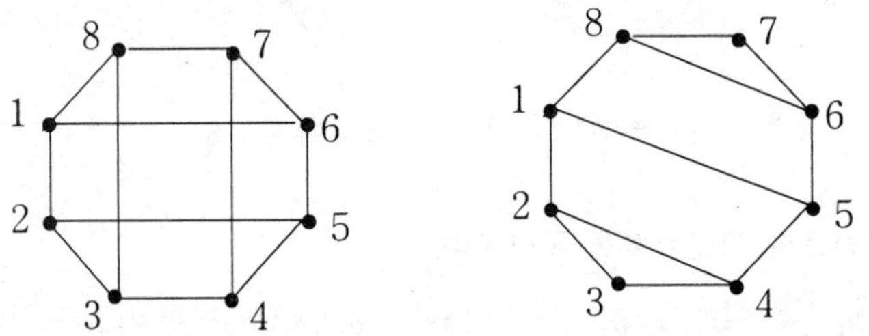

8. 다음 두 그림이 나타내는 유향 그래프 $D_1=(V_1, E_1)$, $D_2=(V_2, E_2)$ 에 대하여 아래 물음에 답하여라.

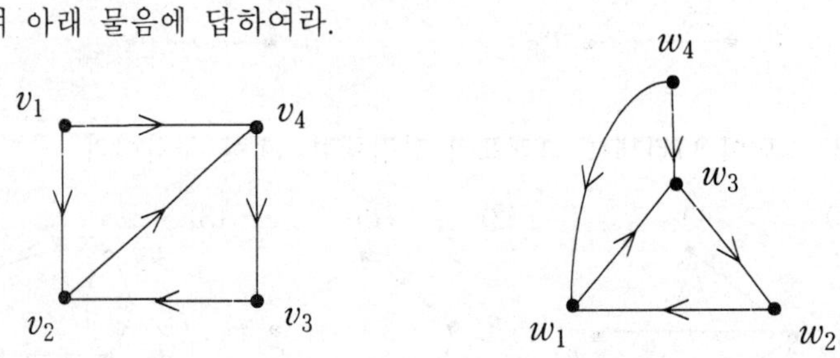

(1) D_1 과 D_2 의 각 꼭지점의 출력 차수와 입력 차수를 구하여라.

(2) D_1 의 인접행렬 A_1 와 D_2 의 인접행렬 A_2 를 구하여라.

(3) 동형사상 $\phi: V_1 \longrightarrow V_2$ 를 정의하여라.

§9.4 연결그래프

이 절에서는, 그래프의 연결성에 대하여 논하기로 한다.

정의 9.4.1 그래프 $G = (V, E)$ 에서

(*) $\{v_0, v_1\}, \ \{v_1, v_2\}, \ \{v_2, v_3\}, \ \cdots, \ \{v_{k-1}, v_k\} \qquad (k \geq 1)$

와 같이 꼭지점 v_0 에서 꼭지점 v_k 까지 k 개의 연이은 모서리로 이루어진 열을 v_0 에서 v_k 까지의 **길이**(length) k 인 **경로**(經路, path)라 하고 v_0, v_k 를 이 경로의 **끝점**이라고 한다. 또, 경로 (*) 에서 k 개의 모서리가 모두 서로 다를 때 (*) 를 **단순경로**(單純 經路, simple path)라고 한다.

경로 (*) 에서 $v_0 = v_k$ 일 때, (*) 를 **회로**(回路, circuit)라 하고 v_0 를 이 회로의 **끝점**이라고 한다. 그리고, 회로 (*) 에서 k 개의 모서리가 모두 서로 다를 때 이 회로를 **단순회로**(單純回路, simple circuit)라고 한다.

경로 (*) 는 꼭지점 $v_0, v_1, v_2, \cdots, v_k$ 를 **지난다**(pass through)고 하고 또

$$\{v_0, v_1\}, \ \{v_1, v_2\}, \ \{v_2, v_3\}, \ \cdots, \ \{v_{k-1}, v_k\}$$

를 **횡단한다**(traverse)고 한다.

책에 따라서는 경로를 **길**(walk)이라고 하기도 한다.

보기 9.4.1 아래 그림이 나타내는 그래프에서 생각해 보자.

(1) e_1, e_3 와 e_2 는 모두 v_1 에서 v_3 까지의 경로이다.

(2) e_1, e_3, e_2 는 끝점이 v_1 인 단순회로이다. 한편, e_1, e_3, e_4, e_5, e_2 는 끝점이 v_1 인 회로이지만 단순회로는 아니다.

(3) e_4, e_5 는 끝점이 v_3 인 회로이다.

(4) 고리 e_6 는 끝점이 v_4 인 회로이다.

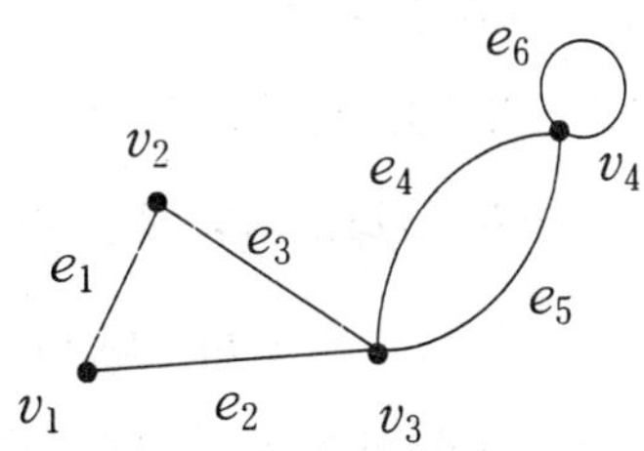

정의 9.4.2 그래프 $G = (V, E)$ 가 단순그래프이거나 또는 다중모서리가 없는 그래프일 때, 임의의 두 꼭지점를 이은 모서리는 유일하게 결정되므로 경로

$$(*) \qquad \{v_0, v_1\},\ \{v_1, v_2\},\ \{v_2, v_3\},\ \cdots,\ \{v_{k-1}, v_k\} \qquad (k \geq 1)$$

를 간단히

$$v_0\ v_1\ v_2\ \cdots\ v_k$$

로 나타낸다.

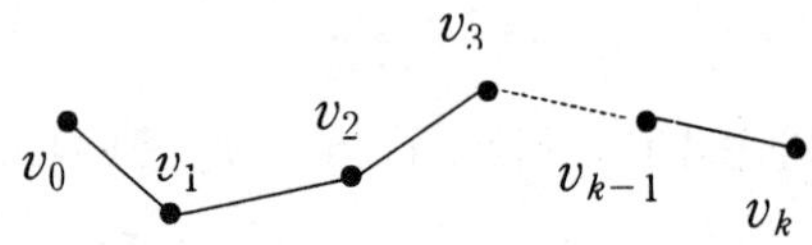

보기 9.4.2 오른쪽 그림이 나타내는 그래프에서 다음이 성립한다.

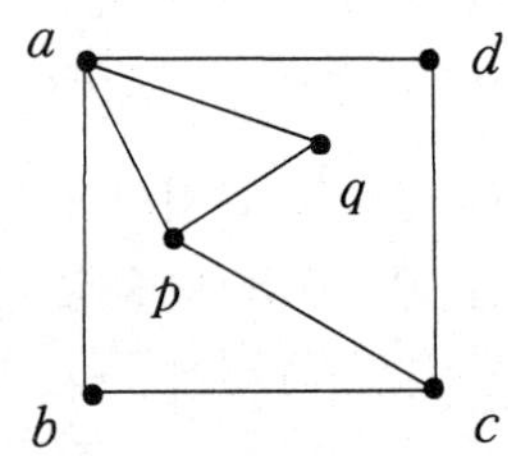

(1) $a\ b\ c\ d$ 는 a 에서 d 까지의 경로이다.

(2) $a\ p\ q\ a$ 와 $a\ b\ c\ d\ a$ 는 단순 회로이다.

(3) $a\ p\ c\ d\ a$ 는 단순 회로이다.

(4) $a\ b\ c\ d\ a\ p\ q\ a$ 는 회로이다.

보기 9.4.3 아래 그림이 나타내는 두 그래프

$$G_1 = (V_1, E_1), \quad G_2 = (V_2, E_2)$$

가 동형인지를 판정해 보자.

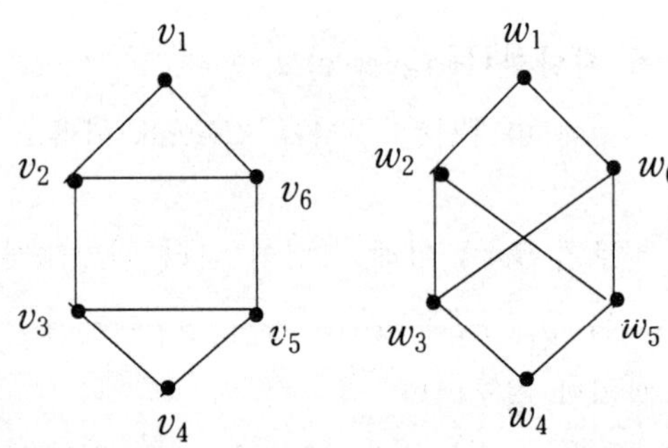

먼저

$$|V_1| = |V_2| = 6,$$

$$|E_1| = |E_2| = 8$$

이고, 두 그래프의 차수수열은 모두 다음과 같다.

$$3,\ 3,\ 3,\ 3,\ 2,\ 2$$

그런데, 그래프 G_1 에는 길이가 3 인 단순회로가

$$v_1\ \ v_2\ \ v_6\ \ v_1; \qquad v_3\ \ v_4\ \ v_5\ \ v_3$$

등 두 개가 있으나, 그래프 G_2 에는 길이 3 인 단순회로는 없다.

따라서 G_1 과 G_2 는 동형이 아니다(정리 9.3.6).

정의 9.4.3 유향그래프 $D = (V, E)$ 에서

(*) $$(v_0, v_1),\ (v_1, v_2),\ (v_2, v_3),\ \cdots,\ (v_{k-1}, v_k) \qquad (k \geq 1)$$

와 같이 꼭지점 v_0 에서 꼭지점 v_k 까지 k 개의 연이은 모서리로 이루어진 열을 v_0 에서 v_k 까지의 **길이**(length) k 인 **경로**(經路, path)라 하고 v_0, v_k 를 이 경로의 **끝점**이라고 한다.

특히, D 가 단순 유향그래프이거나 또는 다중모서리가 없는 유향그래프인 경우에는 경로 (*) 를 간단히 $v_0, v_1, v_2, \cdots, v_k$ 로 나타낸다.

보기 9.4.4 오른쪽 그림이 나타내는 유향 그래프 $D = (V, E)$ 를 생각해 보자.

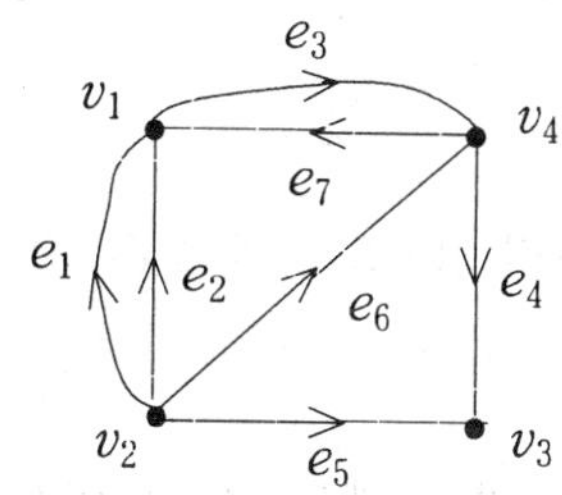

먼저 v_1 에서 v_2 까지의 경로는 없다.

그리고, 다음 세 가지 경로는 v_2 에서 v_4 까지의 경로이다.

$$e_1\ e_3\ e_4; \qquad e_2\ e_3\ e_4; \qquad e_6\ e_4$$

정의 9.4.4 그래프 $G = (V, E)$ 에서 서로 다른 두 꼭지점 v, w 에 대하여 v 에서 w 까지의 경로

$$v\ v_1\ v_2\ \cdots\ v_{k-1}\ w$$

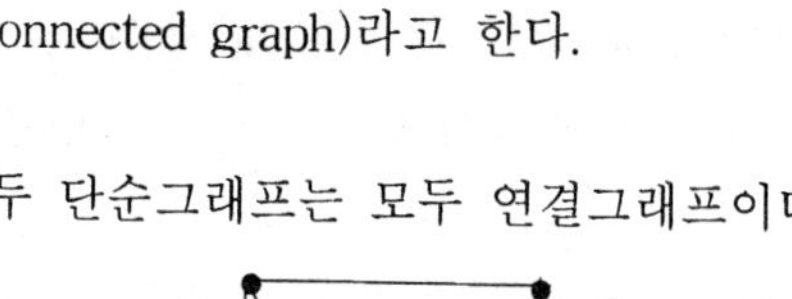

가 존재할 때 v 와 w 는 **연결된다**(connected)고 한다.

또, 그래프 G 에서 $|V| = 1$ 이거나 또는 임의의 서로 다른 두 꼭지점이 연결될 때 G 를 **연결**(連結) **그래프**(connected graph)라고 한다.

보기 9.4.5 아래 그림이 나타내는 두 단순그래프는 모두 연결그래프이다.

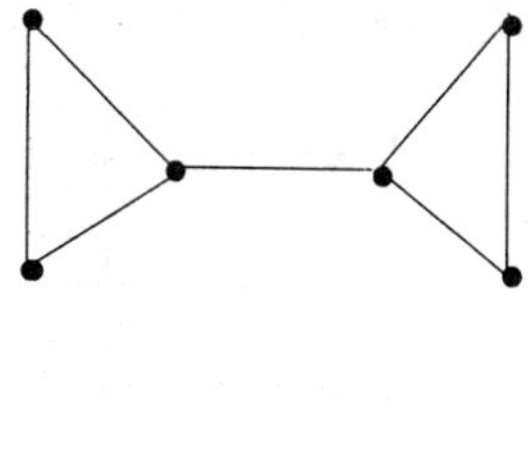

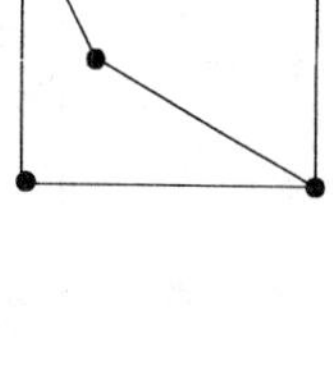

그래프 $G = (V, E)$ 가 연결그래프일 때, $|V| \geq 2$ 이면 각 꼭지점 v 에 대하여 $\deg v \geq 1$ 이다(정의 9.1.5). 그리고, 완전그래프 K_n, 순환그래프 C_n, 바퀴그래프 W_n, 별 그래프 S_n, 이분그래프와 완전 이분그래프 $K_{m,n}$ 은 모두 연결그래프이다(§9.2 참조)

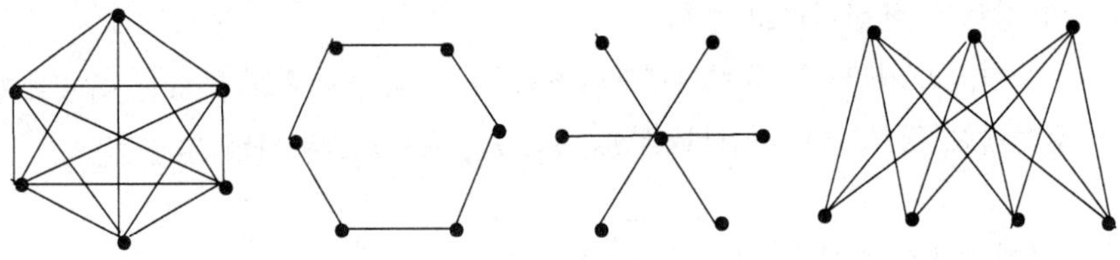

K_6　　　C_6　　　S_7　　　$K_{3,4}$

정리 9.4.5 그래프 $G = (V, E)$ 가 연결그래프이면, 임의의 서로 다른 두 꼭지점 v, w 에 대하여 이 두 꼭지점을 연결하는 단순경로가 존재한다.

증 명 그래프 G는 연결그래프이므로 v 에서 w 까지의 경로가 존재한다. 이러한 경로 중에서 그 길이가 가장 짧은 경로를

$$(*) \qquad v_0 \ v_1 \ v_2 \ \cdots \ v_{k-1} \ v_k \qquad (v_0 = v, \ \ v_k = w)$$

이라고 하면, (*) 는 v 와 w 를 연결하는 단순경로이다.

실제로, 경로 (*) 가 단순경로가 아니면, 동일한 모서리가 적어도 두 개 있으므로 적당한 $0 \leq i < j \leq k$ 에 대하여 $v_i = v_j$ 이고 따라서 (*) 보다 길이가 더 짧은 경로 $v_0 \ v_1 \ \cdots \ v_{i-1} \ v_j \ \cdots \ v_k$ 를 얻게 되어 모순이 생긴다.

정리 9.4.6 유향그래프 $D = (V, E)$ 에서 임의의 두 꼭지점 v, w 에 대하여 v 에서 w 로의 경로와 w 에서 v 로의 경로가 존재할 때, D를 **강 연결**(强 連結) **유향그래프**(strongly connected digraph)라고 한다.

보기 9.4.6 아래의 왼쪽 그림이 나타내는 그래프는 강 연결 유향그래프이다.

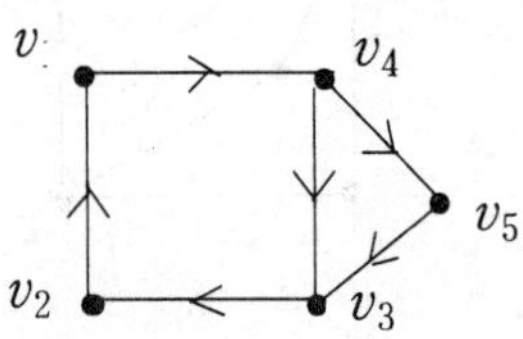

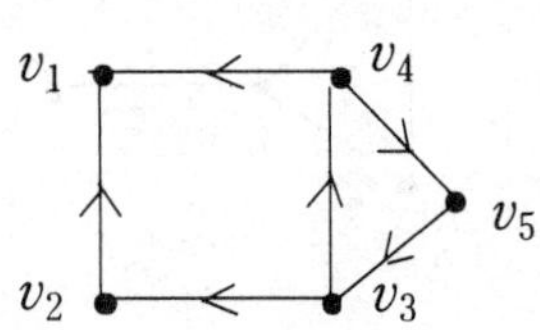

실제로, 왼쪽 그림에서 $v_1\ v_4\ v_3\ v_2$는 v_1에서 v_2로의 경로이고 $v_2\ v_1$는 v_2에서 v_1으로의 경로이다. 그리고, $v_4\ v_5$는 v_4에서 v_5로의 경로이고 $v_5\ v_3\ v_2\ v_1\ v_4$는 v_5에서 v_4로의 경로이다.

한편, 둘째 그림이 나타내는 그래프는 강 연결 유향그래프가 아니다.

정리 9.4.7 그래프 $G=(V, E)$에서 $V=\{v_1, v_2, \cdots, v_n\}$, $|V|=n$이라 하고 $A=[a_{ij}]_{n\times n}$를 G의 인접행렬이라고 하자. 여기서, 그래프 G에 다중모서리와 고리가 존재하여도 좋다.

이 때, 임의의 양의 정수 m에 대하여 꼭지점 v_i에서 꼭지점 v_j까지의 길이 m인 경로 전체의 개수는 행렬 A^m의 (i, j) 성분과 일치한다.

증 명 행렬 $A=[a_{ij}]_{n\times n}$는 그래프 G의 인접행렬이므로

$$a_{ij}=(v_i, v_j \text{를 이은 모서리의 개수})$$

이고 따라서 a_{ij}는 v_i에서 v_j까지의 길이 1인 경로 전체의 개수와 일치한다(정의 9.3.1). 그러므로, $m=1$일 때 정리가 성립한다.

이제 m일 때 정리가 성립한다고 가정하자.

이 때, $A^m=[b_{ij}]_{n\times n}$, $A^{m+1}=AA^m=[c_{ij}]_{n\times n}$이라고 하면,

$$c_{ij}=a_{i1}b_{1j}+a_{i2}b_{2j}+\cdots+a_{in}b_{nj}=\sum_{k=1}^{n}a_{ik}b_{kj}$$

이고 가정에 의하여 b_{kj}는 꼭지점 v_k에 꼭지점 v_j까지의 길이 m인 경로 전체의 개수이다. 한편, v_i에서 v_j까지의 길이 $m+1$인 경로는 각 꼭지점 v_k $(1\leq k\leq n)$에 대하여

v_i에서 v_k까지의 모서리($a_{ik}\geq 1$인 경우)에 이어서
v_k에서 v_j까지의 길이 m인 경로를 지나는 경로이고

이와 같은 경로는 각각 a_{ik}개, b_{kj}개씩 있으므로 길이 $m+1$인 경로 전체의 개수는 $\sum_{k=1}^{n}a_{ik}b_{kj}$ 즉 c_{ij}이다.

그러므로, 모든 양의 정수 m에 대하여 정리가 성립한다.

보기 9.4.7 아래 그림이 나타내는 그래프 $G=(V,E)$의 인접행렬을 A라고 하자.

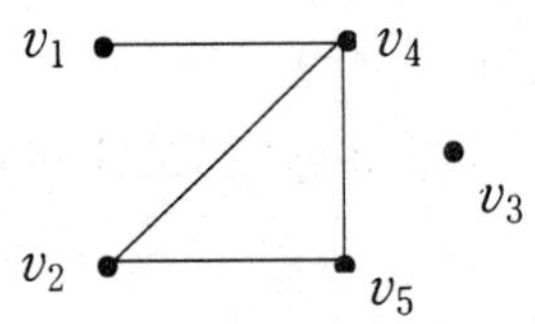

$$A=\begin{bmatrix}0&0&0&1&0\\0&0&0&1&1\\0&0&0&0&0\\1&1&0&0&1\\0&1&0&1&0\end{bmatrix}$$

먼저 행렬 A^2의 $(2,4)$ 성분은

$$0\cdot1+0\cdot1+0\cdot0+1\cdot0+1\cdot1=1$$

이므로 v_2에서 v_4까지의 길이 2인 경로는 1개뿐이다.

실제로, v_2에서 v_4까지의 길이 2인 경로는 $v_2\ v_5\ v_4$이다.

$$A^2=\begin{bmatrix}1&1&0&0&1\\1&2&0&1&1\\0&0&0&0&0\\0&1&0&3&1\\1&1&0&1&2\end{bmatrix},\qquad A^3=\begin{bmatrix}0&1&0&3&1\\1&2&0&4&3\\0&0&0&0&0\\3&4&0&2&4\\1&3&0&4&2\end{bmatrix}$$

또, A^2의 $(4,4)$성분은 3이고 이는 $\deg v_4=3$임을 뜻한다.

그리고, $A^2=[b_{ij}]_{5\times5}$, $A_3=[c_{ij}]_{5\times5}$이라고 할 때,

$$a_{21}=a_{22}=a_3=0,\quad a_{24}=a_{25}=1,$$
$$b_{45}=1,\quad b_{55}=2$$

이므로

$$c_{25}=\sum_{k=1}^{5}a_{2k}b_{k5}=1\cdot1+1\cdot2=3$$

이고 따라서 v_2에서 v_5까지의 길이 3인 경로는 다음과 같은 3가지 경로뿐이다.

(1) $v_2\ v_4\ v_2\ v_5$

(2) $v_2\ v_5\ v_2\ v_5$

(3) $v_2\ v_5\ v_4\ v_5$

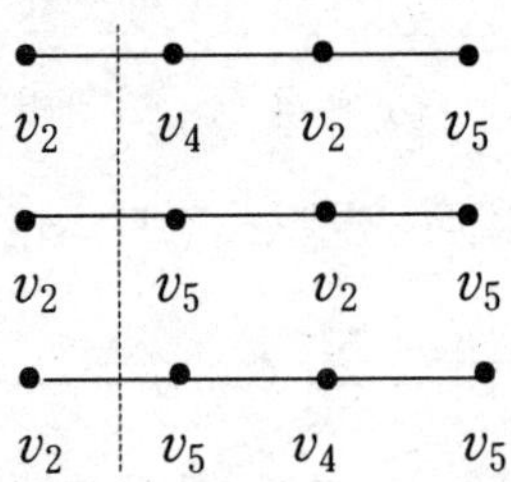

연 습 문 제 (9.4)

1. 아래 그림이 나타내는 연결그래프 $G = (V, E)$에 대하여 다음 물음에 답하여라.

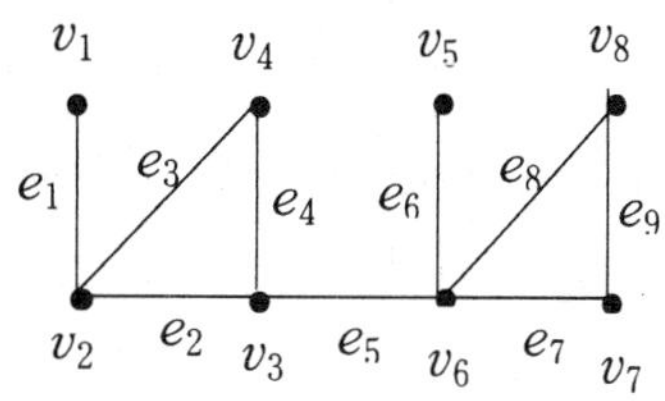

(1) 적당한 한 꼭지점과 이 꼭지점을 끝점으로 가지는 모서리를 모두 제거했을 때 생기는 부분그래프가 연결그래프가 되지 않도록 하여라.

(2) 적당한 한 모서리를 제거했을 때 생기는 부분그래프가 연결그래프가 되지 않도록 하여라.

2. 아래 그림이 나타내는 연결그래프 $G = (V, E)$에 대하여 다음 물음에 답하여라.

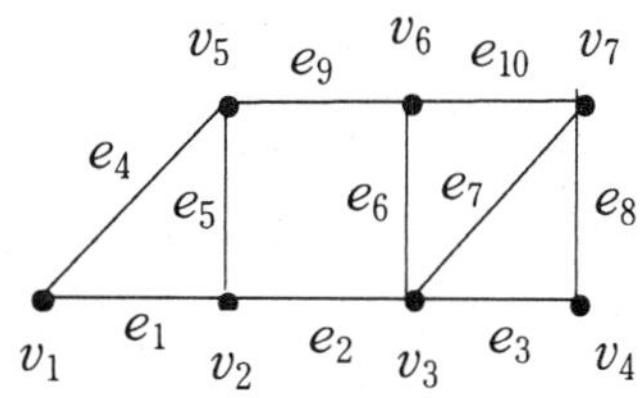

(1) 적당한 한 꼭지점과 이 꼭지점을 끝점으로 가지는 모서리를 모두 제거했을 때 생기는 부분그래프가 연결그래프가 되지 않도록 할 수 있는지 확인하여라.

(2) 적당한 두 꼭지점과 이들 꼭지점을 끝점으로 가지는 모서리를 모두 제거했을 때 생기는 부분그래프가 연결그래프가 되지 않도록 하여라.

3. 아래 그림이 나타내는 그래프 $G = (V, E)$에 대하여 다음 물음에 답하여라.

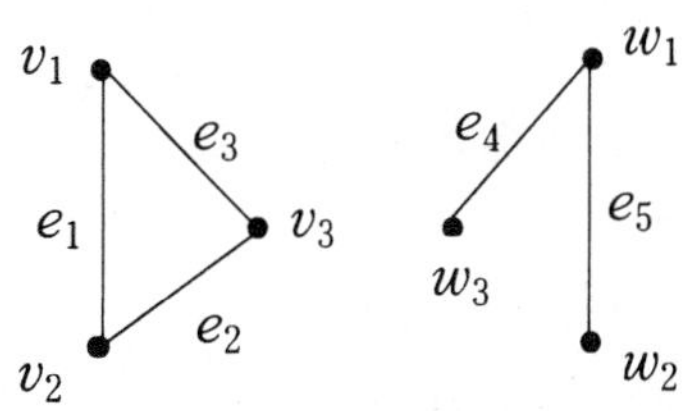

(1) G는 연결그래프가 아니다. 그 이유를 말하여라.

(2) G를 두 부분그래프로 나누어 이 두 부분그래프가 모두 연결그래프가 되도록 할 수 있는지 확인하여라.

4. 완전 이분그래프 $K_{2,3}$ 의 꼭지점을 아래 그림과 같이 정할 때, 이 그래프의 인접행렬 A 는 아래 오른쪽 행렬과 같다.

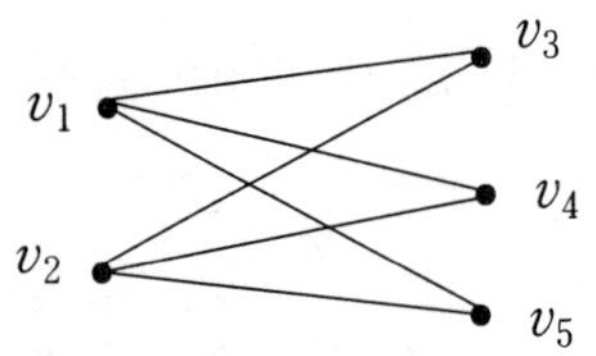

$$A = \begin{bmatrix} 0 & 0 & 1 & 1 & 1 \\ 0 & 0 & 1 & 1 & 1 \\ 1 & 1 & 0 & 0 & 0 \\ 1 & 1 & 0 & 0 & 0 \\ 1 & 1 & 0 & 0 & 0 \end{bmatrix}$$

이 때, 다음 물음에 답하여라.

(1) 꼭지점 v_1 에서 v_2 까지의 길이가 2 인 길을 모두 구하여라.

(2) 꼭지점 v_1 에서 v_4 까지의 길이가 3 인 길을 모두 구하여라.

5. 오른쪽 그림이 나타내는 그래프 $G = (V, E)$ 에 대하여 다음 물음에 답하여라.

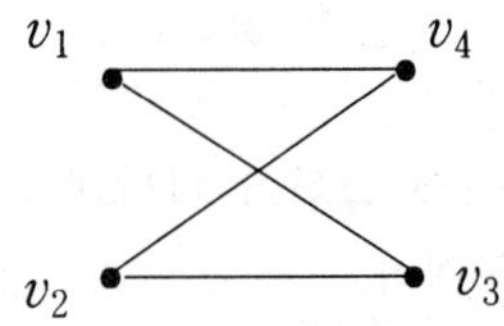

(1) 꼭지점 v_1 에서 꼭지점 v_2 까지의 길이가 2 인 경로는 모두 몇 가지가 있는지 말하고 그 방법을 모두 구하여라.

(2) 꼭지점 v_1 에서 꼭지점 v_3 까지의 길이가 3 인 경로는 몇 가지가 있는지 말하고 그 방법을 모두 구하여라.

(3) 꼭지점 v_1 에서 꼭지점 v_3 까지의 길이가 4 인 경로는 몇 가지가 있는지 말하고 그 방법을 모두 구하여라.

6. 완전그래프 K_4 에서 서로 다른 두 꼭지점 사이의 길이가 2, 3, 4, 5 인 경로는 각각 몇 가지가 있는지 말하여라.

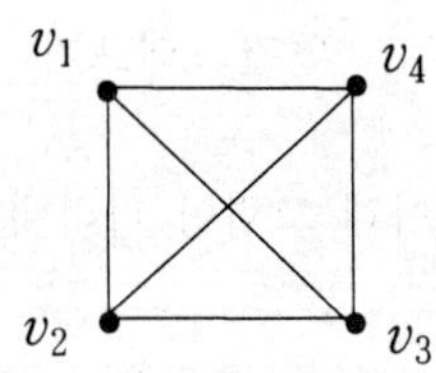

7. 완전 이분그래프 $K_{3,3}$ 에 대하여 다음 물음에 답하여라.

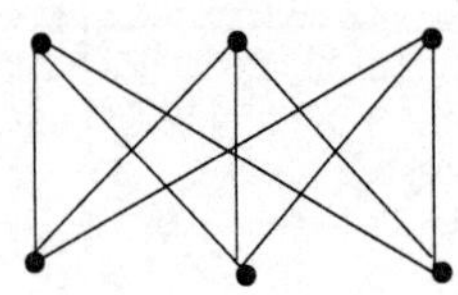

(1) 서로 이웃하는 두 꼭지점 사이의 길이가 2, 3, 4, 5 인 경로는 각각 몇 가지가 있는지 말하여라.

(2) 서로 이웃하지 않는 두 꼭지점 사이의 길이가 2, 3, 4, 5 인 경로는 각각 몇 가지가 있는지 말하여라.

§9.5 Euler 회로와 Hamilton 회로

이 절에서는, 이른바 Euler 회로와 Hamiton 회로의 특성과 그 응용에 대하여 논하기로 한다(정의 9.4.1 참조).

정의 9.5.1 그래프 $G=(V, E)$ 에서 G의 모든 모서리를 한 번씩 횡단하는 단순경로

$$v_0 \ v_1 \ v_2 \ \cdots \ v_{k-1} \ v_k$$

가 존재하는 경우에, 이 단순경로를 G에서의 **오일러 경로**(Euler path)라고 한다. 그리고, G의 모든 모서리를 한 번씩 횡단하는 단순회로

$$v_0 \ v_1 \ v_2 \ \cdots \ v_{k-1} \ v_k \qquad (v_0 = v_k)$$

가 존재하는 경우에 이 단순회로를 **Euler 회로**(Euler circuit)라고 한다.

여기서, Euler 경로와 Euler 회로는 한 꼭지점을 여러 번 지나도 좋다.

보기 9.5.1 오른쪽 그림이 나타내는 그래프에서

$$a \ b \ c \ a \ d \ c$$

는 a에서 c까지의 Euler 경로이지만 Euler 회로는 아니다. 그리고,

$$a \ b \ c \ d \ a$$

는 끝점이 a인 회로이지만 Euler 회로는 아니다.

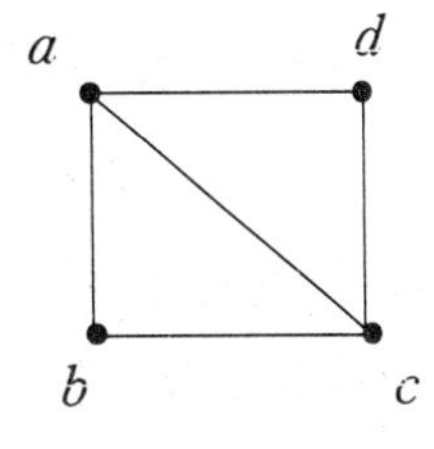

보기 9.5.2 아래 그림이 나타내는 연결그래프에는 Euler 회로가 존재하지 않는다.

실제로, a를 출발한 회로는 모서리 $\{a, b\}$를 다시 지나지 않고서는 a로 되돌아 올 수 없으며, a가 아닌 다른 꼭지점을 출발점으로 한 회로가 모든 모서리를 포함하려면 결국 b를 지나 모서리 $\{b, a\}$를 거쳐 a를 지난 다음에 다시 $\{a, b\}$를 지나지 않고서는 출발점으로 되돌아 올 수가 없다.

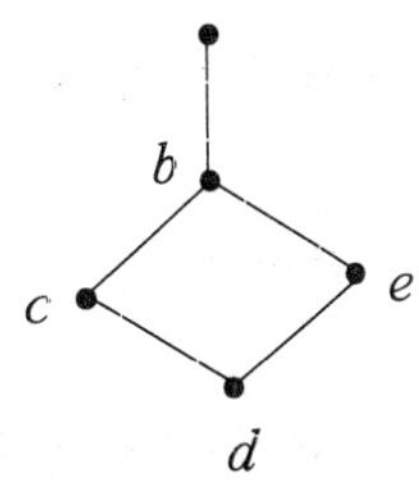

연결그래프 $G=(V, E)$ 에 Euler 회로가 존재한다고 가정하자. 이 때, 각 꼭지점 v 에서는 고리를 거쳐 v 로 돌아오거나 또는 고리가 아닌 모서리를 거쳐 다른 꼭지점 w 로 간 다음에 w 를 끝점으로 가지는 모서리를 지나 다시 v 로 되돌아오게 되므로 각 꼭지점 v 의 차수는 짝수이고 따라서 짝수점이다(정의 9.1.6). 일반적으로, 다음 정리가 성립한다.

정리 9.5.2 연결그래프 $G=(V, E)$, $|V| \geq 2$ 에서 다음이 성립한다.

(1) G 에 Euler 회로가 존재하기 위한 필요충분조건은 G 의 모든 꼭지점이 짝수점인 것이다.

(2) G 의 서로 다른 두 꼭지점 v, w 에 대하여 v 에서 w 까지의 Euler 경로가 존재하기 위한 필요충분조건은 v, w 는 홀수점이고 나머지 꼭지점은 모두 짝수점인 것이다.

보기 9.5.3 오른쪽 그림이 나타내는 그래프 G 는 연결그래프이고 꼭지점은 모두 짝수점이다.

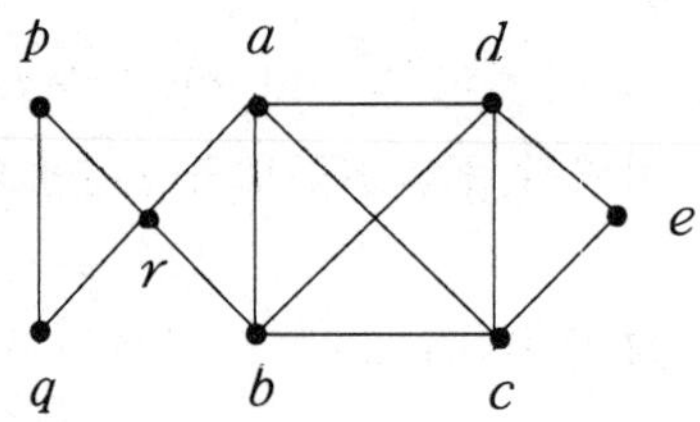

먼저 a 를 출발점으로 한 회로

$$a\ d\ e\ c\ b\ r\ a$$

를 생각하고, 이 회로의 모든 모서리와 꼭지점 e 를 제외시키면 오른쪽 그림이 나타내는 그래프를 얻으며 $r\ q\ p\ r$ 는 이 그래프의 회로이다.

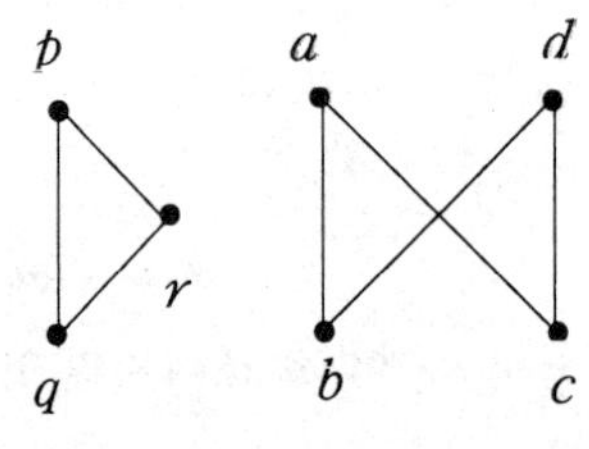

그리고, 꼭지점 a 를 출발점으로 하여 $a\ d\ e\ c\ b\ r$ 를 거쳐 r 까지 간 다음에 이어서 다시 $r\ q\ p\ r\ a$ 를 거치면 회로

$$a\ d\ e\ c\ b\ r\ q\ p\ r\ a$$

를 얻고 이에 $a\ c\ d\ b\ a$ 를 연결하면 다음과 같은 Euler 회로를 얻는다.

$$a\ d\ e\ c\ b\ r\ q\ p\ r\ a\ c\ d\ b\ a$$

한편,

$$a\ d\ e\ c\ b\ r\ q\ p\ r\ a$$

는 끝점이 a 인 회로이고 모든 꼭지점을 포함하지만, Euler 회로는 아니다.

보기 9.5.4 §9.1 에서 논한 쾨니히스버그의 다리 문제는 오른쪽 그림이 나타내는 그래프에 Euler 회로가 존재하는지를 판정하는 문제와 동일하다.

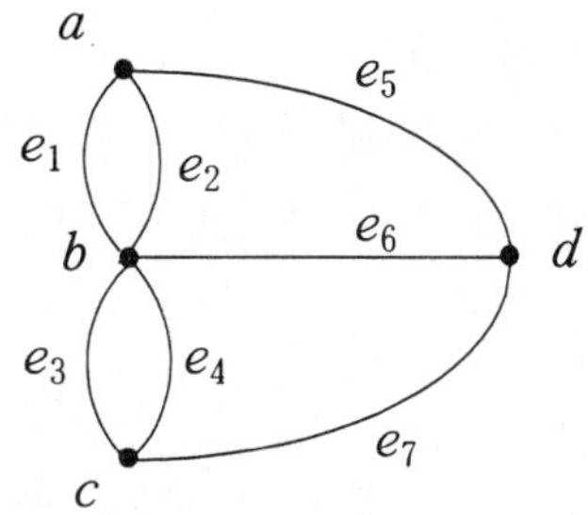

이 그래프의 네 꼭지점은 모두 홀수점이므로 이 그래프에는 Euler 회로가 존재하지 않는다.

보기 9.5.5 완전그래프 K_n 에서 모든 꼭지점의 차수는 $n-1$ 이다.

따라서 $n \geq 3$ 일 때, n 이 홀수이면 K_n 에는 Euler 회로가 존재하고 n 이 짝수이면 K_n 에는 Euler 회로가 존재하지 않는다.

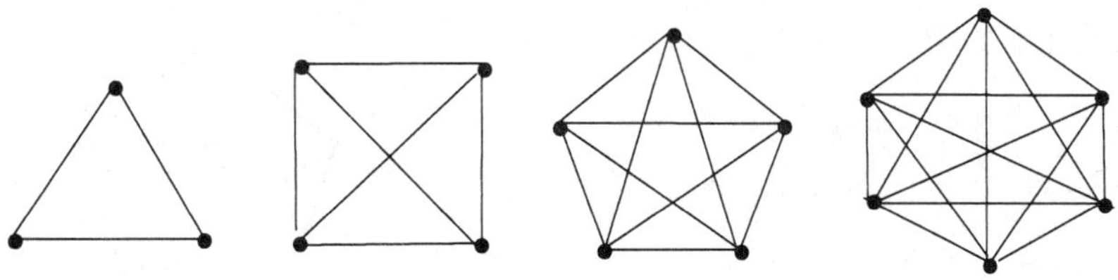

보기 9.5.6 아래 그림이 나타내는 그래프는 연결그래프이다.

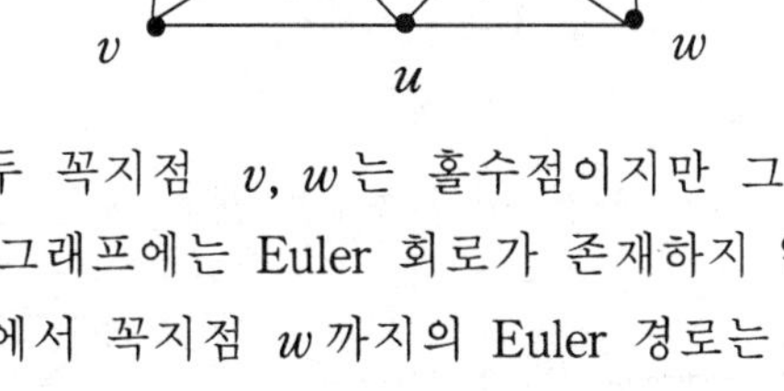

이 연결그래프의 두 꼭지점 v, w 는 홀수점이지만 그밖의 꼭지점은 모두 짝수점이므로 이 그래프에는 Euler 회로가 존재하지 않는다.

그러나, 꼭지점 v 에서 꼭지점 w 까지의 Euler 경로는 존재한다.

실제로,

$$v\ a\ b\ q\ p\ a\ s\ b\ c\ q\ r\ d\ c\ t\ d\ w\ u\ v\ p\ u\ r\ w$$

는 v 에서 w 까지의 Euler 경로이다.

정의 9.5.3 그래프 $G=(V, E)$ 에서 모든 꼭지점을 꼭 한 번씩 지나는 단순경로가 존재할 때 이 단순경로를 **Hamilton 경로**(Hamilton path)라고 한다. 그리고, 그래프 $G=(V, E)$ 에서 모든 꼭지점을 꼭 한 번씩 지나는 단순회로

$$v_0\ v_1\ v_2\ \cdots\ v_{n-1}\ v_0 \qquad (n=|V|)$$

가 존재할 때 이 단순회로를 **Hamilton 회로**(Hamilton circuit)라고 한다.

그래프에 Hamilton 경로와 Hamilton 회로가 존재하는 경우에 이러한 경로와 회로에 속하는 모서리는 모두 서로 다르고 이 경로 또는 회로가 지나는 꼭지점도 모두 서로 다르며 $|V| \geq 3$ 이다(정의 9.4.1 참조).

보기 9.5.7 완전그래프 K_n 에서 $n \geq 3$ 이고 꼭지점 전체의 집합이 $V=\{v_1, v_2, \cdots, v_n\}$ 일 때,

$$v_1\ v_2\ \cdots\ v_{n-1}\ v_n\ v_1$$

는 K_n 의 Hamilton 회로이다.

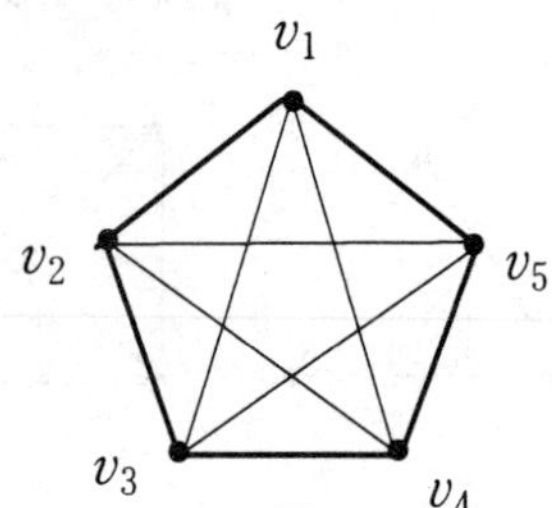

K_5

또, 순환그래프 C_n 과 바퀴그래프 W_n 에는 Hamilton 회로 존재한다.

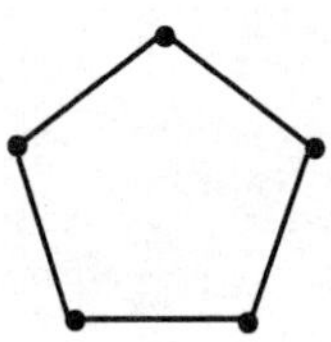
C_5

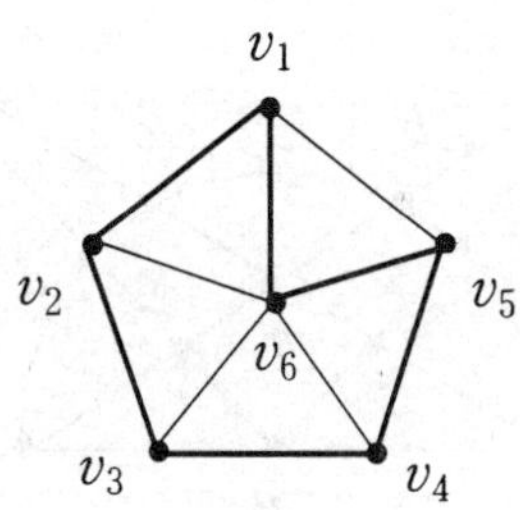

S_5

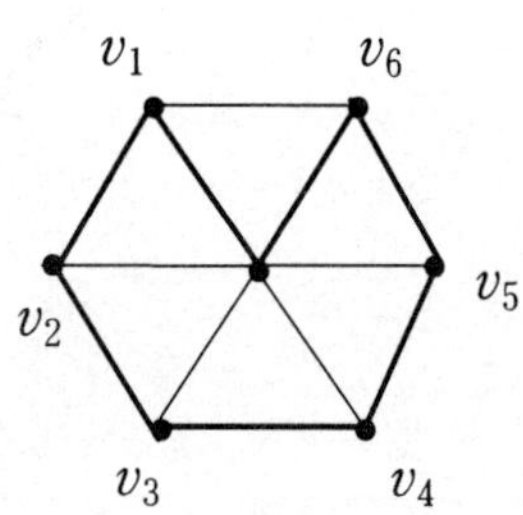

S_6

그리고, $n \geq 2$ 일 때, 완전 이분그래프 $K_{n,n}$ 에는 Hamilton 회로가 존재한다.

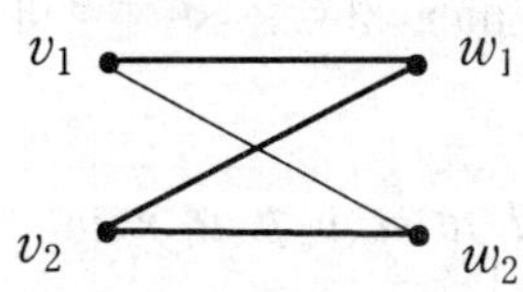

$K_{2,2}$

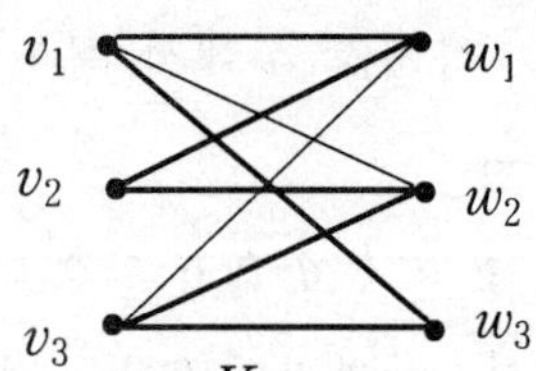

$K_{3,3}$

보기 9.5.8 아래 오른쪽 그림은 정 12 면체의 한 면을 제거시켰을 때 생긴 구멍 주위로 입체도형을 늘려서 찌그러뜨려 평면에 펼쳐 놓아 얻는 그래프이다. 이 그래프에는 Hamiton 회로가 존재한다.

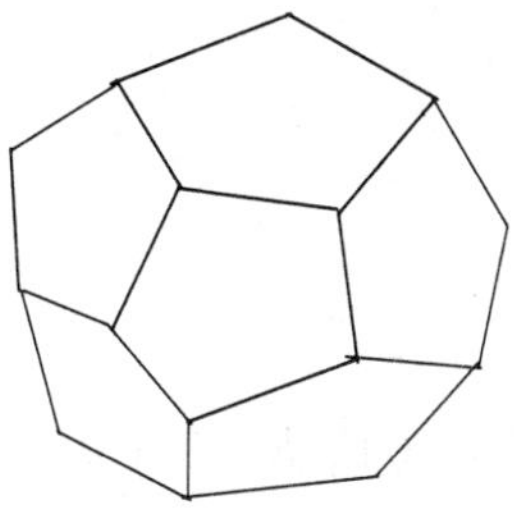

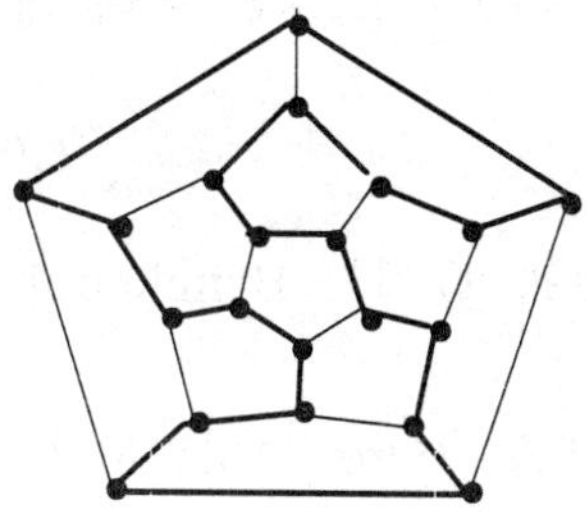

보기 9.5.9 오른쪽 그림이 나타내는 그래프에는 Hamilton 회로가 존재하지 않는다.

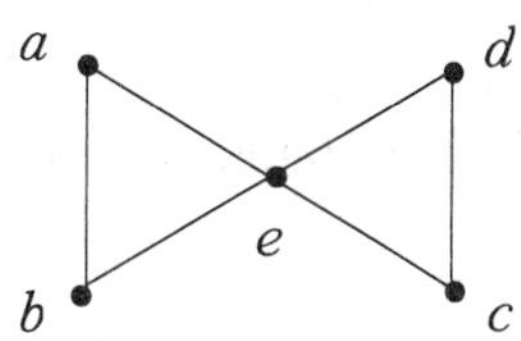

이 그래프에 Hamilton 회로가 존재한다고 가정하자. 이 때, 이 회로는 a를 포함하며 $\deg a = 2$ 이므로 a를 끝점으로 가지는 모서리는 $\{a, b\}$ 와 $\{a, e\}$ 뿐이고 따라서 이 두 모서리도 이 회로에 포함된다.

마찬가지로, $\{b, e\}$, $\{c, e\}$, $\{d, e\}$ 는 모두 이 회로에 포함된다.

그러나, Hamilton 회로에는 출발점을 제외한 모든 꼭지점을 한 번씩 지나므로 e를 끝점으로 가지는 모서리는 두 개만이 이 회로에 속해야 한다.

보기 9.5.10 $n \geq 2$ 일 때, 그래프 Q_n 에는 Hamilton 회로가 존재한다.

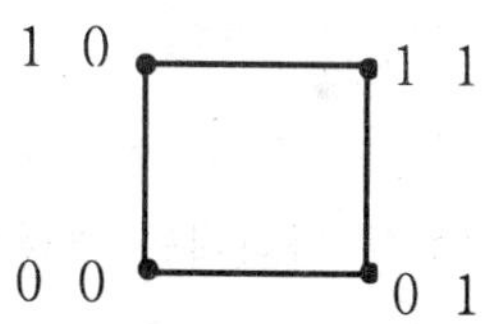

예를 들어, Q_2 에서

0 0, 0 1, 1 1, 1 0, 0 0

은 Hamilton 회로이다.

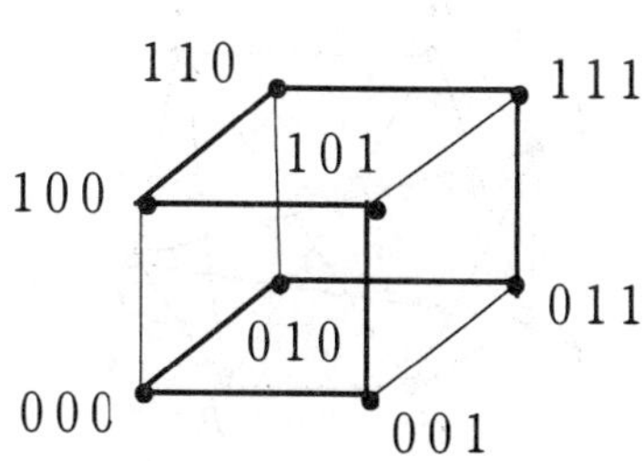

그리고, Q_3 에서

0 0 0, 0 1 0, 0 1 1, 1 1 1,

1 1 0, 1 0 0, 1 0 1, 0 0 1, 0 0 0

은 Hamilton 회로이다.

다음 두 정리의 증명은 생략한다.

정리 9.5.4 (Dirac의 정리) 단순그래프 $G=(V, E)$에서 $n=|V|\geq 3$일 때, 모든 꼭지점 $v\in V$에 대하여

$$\deg v \geq \frac{n}{2}$$

이면 그래프 G에는 Hamilton 회로가 존재한다.

정리 9.5.5 (Ore의 정리) 단순그래프 $G=(V, E)$에서 $n=|V|\geq 3$일 때, 서로 인접하지 않은 임의의 두 꼭지점 v, w에 대하여

$$\deg v+\deg w \geq n$$

이면 G에는 Hamilton 회로가 존재한다.

연 습 문 제 (9.5)

1. 다음 그림이 나타내는 그래프에 Euler 회로가 존재하는지 판정하여라.

(1)

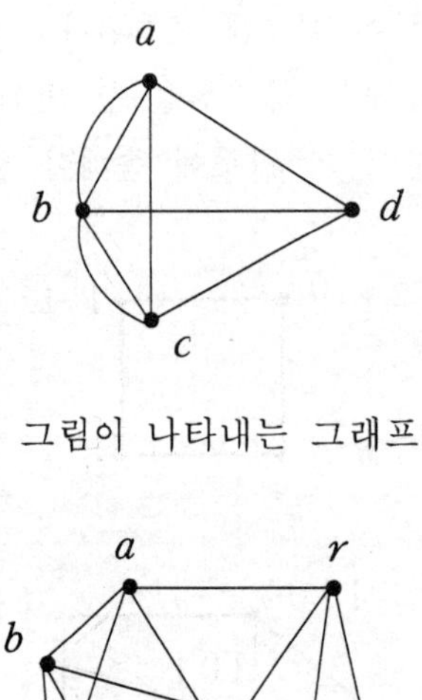

(2)

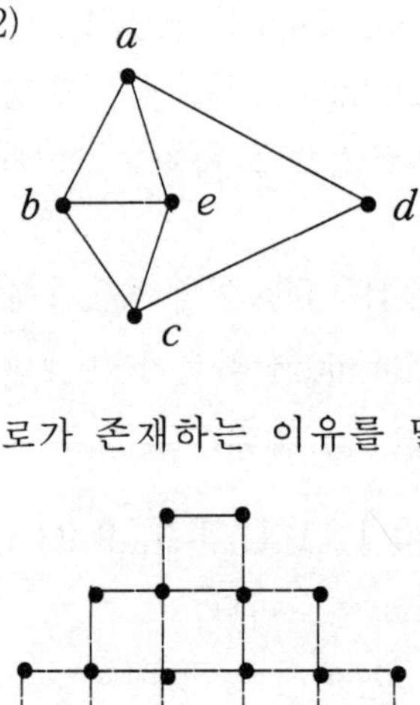

2. 다음 그림이 나타내는 그래프에 Euler 회로가 존재하는 이유를 말하여라.

(1)

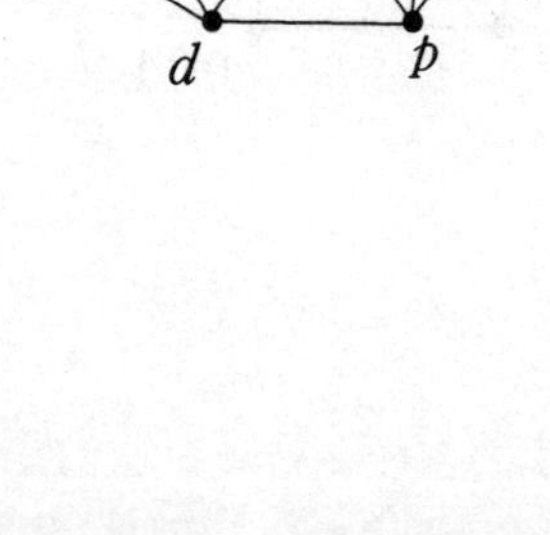

(2)

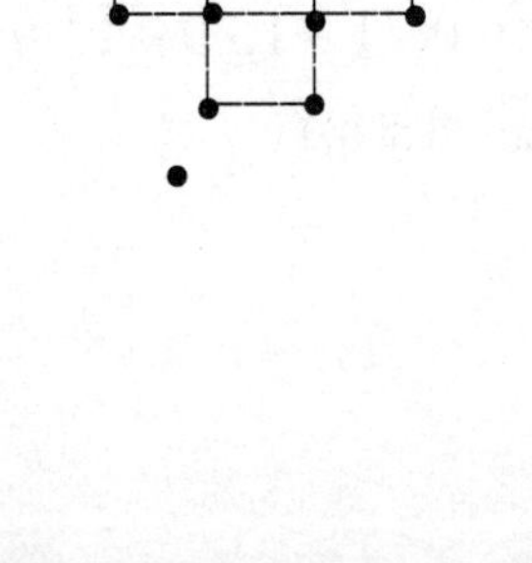

3. 완전 이분그래프 $K_{2,3}$ 에는 Hamilton 순환로가 존재하지 않음을 밝혀라.

4. 아래 그림이 나타내는 그래프에서 꼭지점 a 로부터 출발하여 모든 꼭지점을 꼭 한 번씩만 지나는 방법을 말하여라.

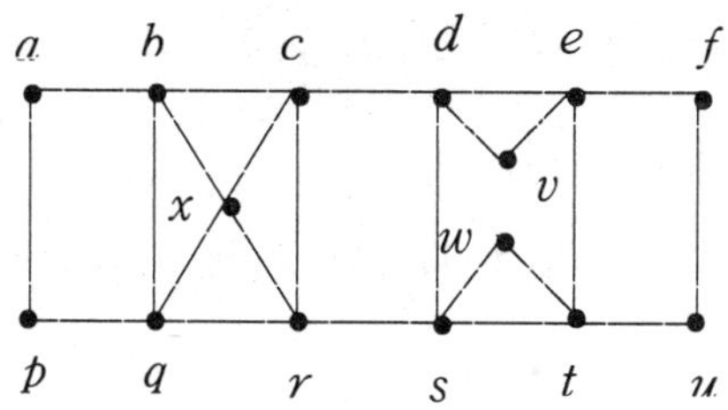

5. 오른쪽 그림은 단층 건물의 여러 방과 방 사이의 출입구를 그려놓은 평면도이다. 이 건물 밖에서 출발하여 건물 안으로 들어와 모든 방을 한 번씩 둘러 본 후에 건물 밖으로 나갈 수 있는지를 판정하여라.

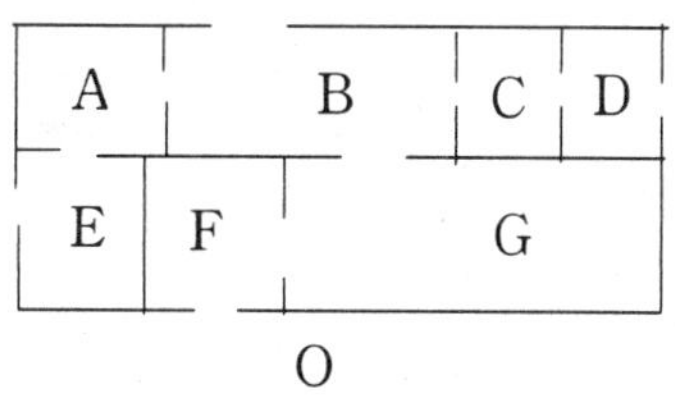

6. 보기 9.5.9 에서와 마찬가지 방법으로, $n \geq 4$ 일 때 별그래프 S_n 에는 Hamilton 순환로가 존재하지 않음을 밝혀라.

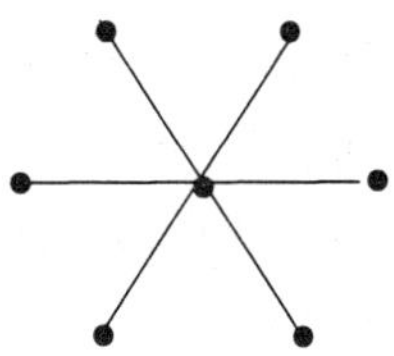

7. 그래프 Q_3 의 Hamilton 순환로를 이용하여, 그래프 Q_4 의 Hamilton 순환로를 구하여라.

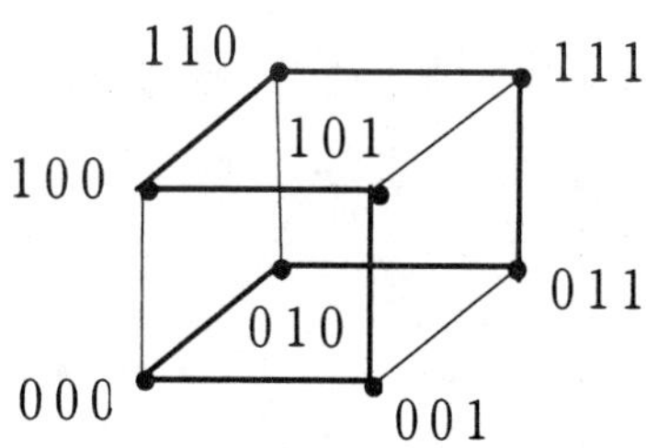

8. 연결그래프 $G = (V, E)$ 에서 $|V| \geq 2$ 일 때, 다음이 성립함을 밝혀라.

(1) 차수가 1 인 꼭지점이 존재하지 않으면, $|E| \geq |V|$ 이다.

(2) $|E| \geq |V| - 1$

§9.6 평면그래프와 정다면체

다음 그래프 $G = (V, E)$를 생각해 보자.

$$V = \{v_1, v_2, v_3, v_4\},$$

$$E = \{\{v_1, v_2\}, \{v_1, v_3\}, \{v_1, v_4\}, \{v_2, v_4\}, \{v_3, v_4\}\}$$

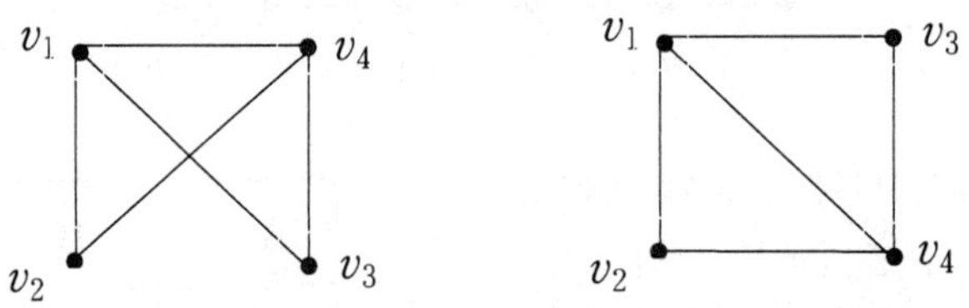

이 그래프를 나타낸 첫째 그림에서 두 모서리 $\{v_1, v_3\}$, $\{v_2, v_4\}$는 꼭지점이 아닌 점에서 교차하지만 둘째 그림에는 서로 교차하는 모서리가 없다.

정의 9.6.1 그래프 $G = (V, E)$를 평면 위에 어느 두 모서리도 꼭지점이 아닌 점에서 교차하지 않도록 그릴 수 있을 때, G를 **평면**(平面) **그래프**(planar graph)라 하고 이와 같이 그린 그림을 **평면 표현**(平面表現, planar representation)이라고 한다.

보기 9.6.1 완전그래프 K_2, K_3, K_4와 순환그래프 C_n, 별그래프 S_n, 바퀴그래프 W_n은 모두 평면그래프이다

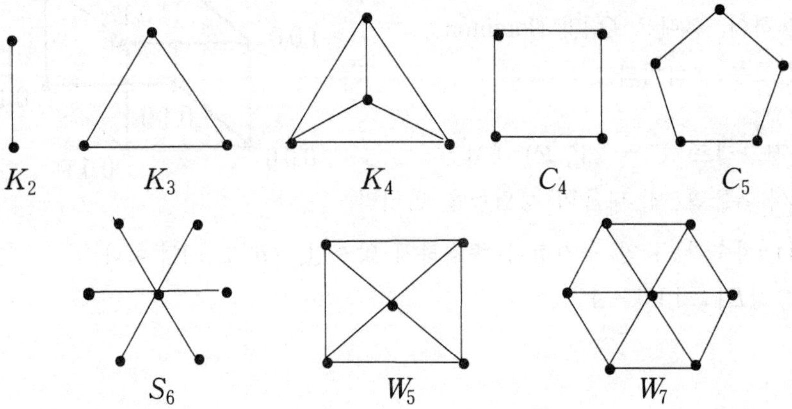

보기 9.6.2 아래 그림에서 둘째 그림은 각각 그래프 K_4 와 그래프 Q_3 가 평면그래프임을 보여 준다.

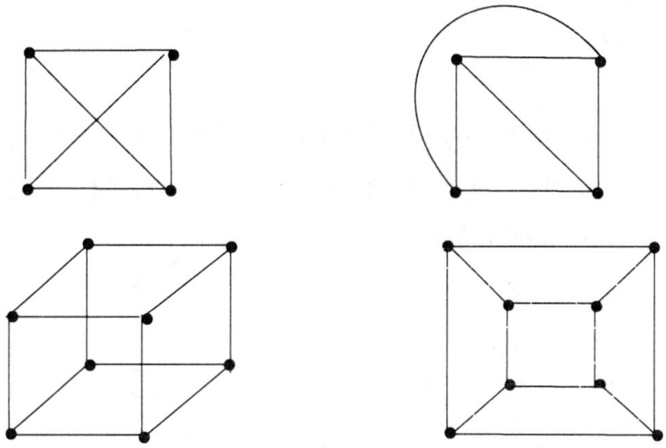

오른쪽 그림이 나타내는 그래프는 평면그래프이다. 실제로, 이 그래프는 다음과 같이 평면 위에 어느 두 모서리도 꼭지점이 아닌 점에서 교차하지 않도록 둥근 선 또는 곧은 선으로 그릴 수 있다.

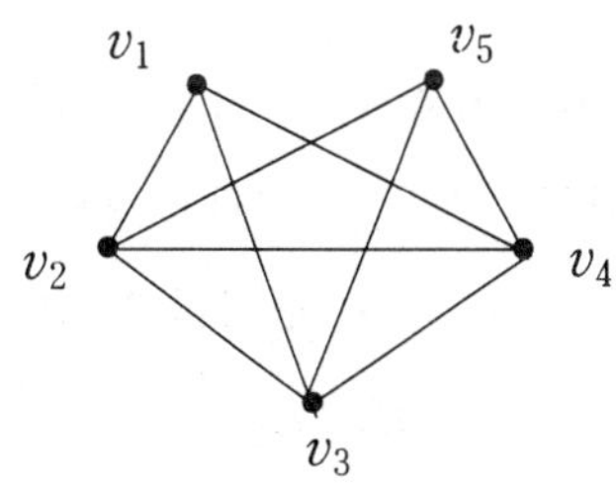

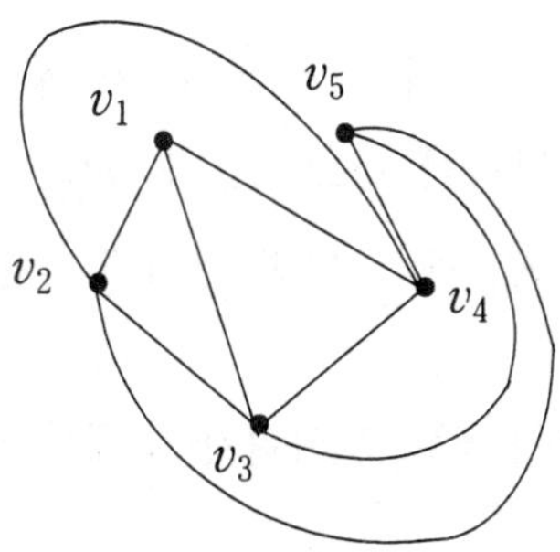

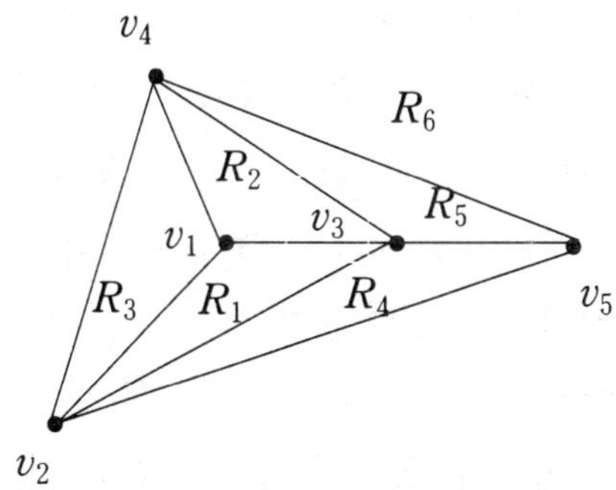

일반적으로, 평면그래프를 이와 같이 평면 위에 그리면, 평면은 모서리를 경계(境界, boundary)로 하여 여러 개의 **내부 영역**(內部領域, interior region)과 한 개의 **외부 영역**(外部領域, exterior region)으로 분할된다. 예를 들면, 위의 그림에서 평면은 6 개의 영역으로 분할되며 여기서 R_1, R_2, R_3, R_4, R_5 는 내부 영역이고 R_6 는 외부 영역이다. 또, $\{v_1, v_2\}$, $\{v_2, v_3\}$, $\{v_3, v_1\}$ 은

내부 영역 R_1 의 경계를 이루며 세 모서리 $\{v_4, v_2\}$, $\{v_2, v_5\}$, $\{v_5, v_4\}$ 는 외부 영역 R_6 의 경계를 이룬다. 그리고, 각 모서리는 반드시 어느 한 영역의 경계의 일부이다.

보기 9.6.3 아래 첫째 그림이 나타내는 그래프에서 모서리 e 는 내부 영역 R 의 경계의 일부이다. 한편, 아래 둘째 그림이 나타내는 그래프에서 모서리 e 는 외부 영역의 경계의 일부이다.

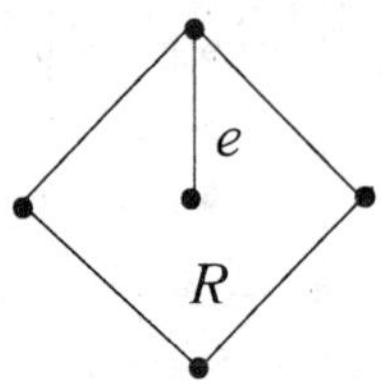

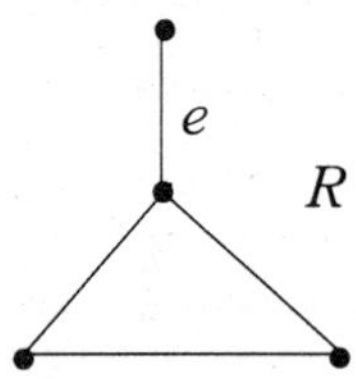

보기 9.6.4 완전 이분그래프 $K_{3,3}$ 는 평면그래프가 아니다.

실제로, $K_{3,3}$ 를 어떤 방법으로 평면 위에 그리더라도 v_1 와 v_2 는 각각 v_4, v_5 둘 다와 모서리로 연결되어야 하고 이러한 네 개의 모서리는 평면을 두 영역 R_1, R_2 로 나눈다(둘째 그림 참조).

먼저 v_3 가 R_2 안에 있다고 하자. 이 때, 모서리 $\{v_3, v_4\}$ 와 $\{v_3, v_5\}$ 에 의하여 R_2 는 두 영역 R_{21}, R_{22} 로 분리된다. 그런데, 꼭지점 v_6 가 영역 R_1 에 있다면 모서리 $\{v_6, v_3\}$ 는 R_1 의 경계와 만나야 하고 v_6 가 R_{21} 에 있다면 모서리 $\{v_6, v_2\}$ 는 경계와 만나고 v_6 가 R_{22} 에 있다면 모서리 $\{v_6, v_1\}$ 는 경계와 만나게 된다.

마찬가지로, 꼭지점 v_3 가 R_1 안에 있는 경우에도 모서리가 경계와 만나게 된다. 따라서 $K_{3,3}$ 은 평면그래프가 아니다.

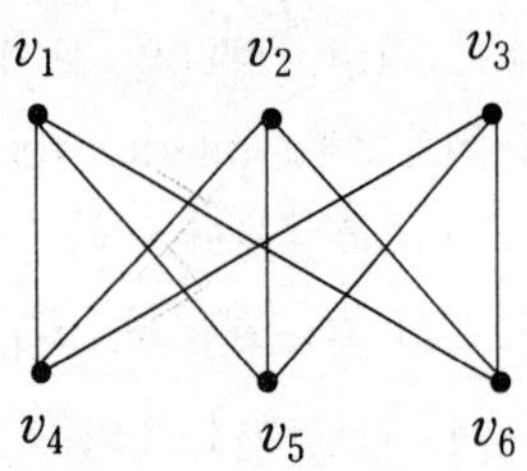

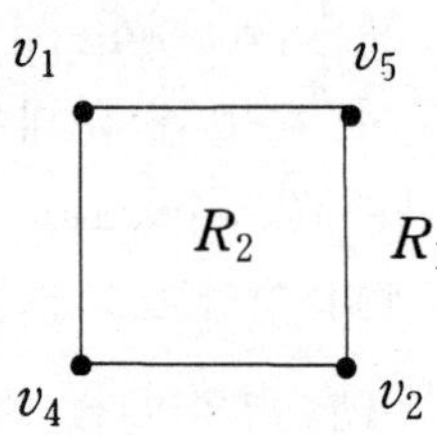

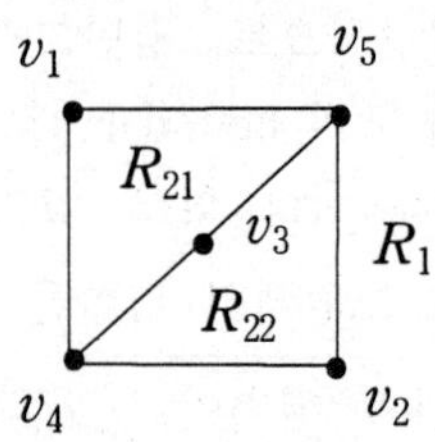

정리 9.6.2 (Euler 의 정리) 단순연결그래프 $G=(V, E)$ 가 평면그래프일 때, 이 그래프를 평면 위에 어느 두 모서리도 서로 교차하지 않도록 그렸을 때 생기는 면의 개수를 f 라고 하면 다음 등식이 성립한다.

$$|V|-|E|+f=2$$

증 명 이 정리를 모서리의 개수 $|E|$ 에 관한 귀납법으로 증명한다.

먼저 $|E|=1$ 이면,

$$|V|=2, \; f=1$$

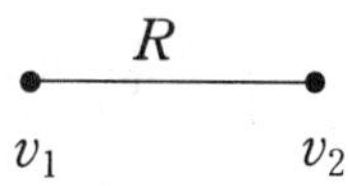

이므로 $|V|-|E|+f=2$ 이다.

이제 단순연결그래프이면서 모서리의 개수가 n 개인 평면그래프에 대하여 정리가 성립한다고 가정하고, 단순연결그래프 $G=(V, E)$ 를 모서리의 개수가 $n+1$ 인 평면그래프이라고 하자.

먼저 G 에 단순회로가 존재하지 않는 경우를 생각해 보자.

이 경우에 한 꼭지점 v 를 택하여 v 로부터 출발하여 경로를 만들어가면 단순회로가 없으므로 결국 차수가 1 인 꼭지점 u 에 다다른다.

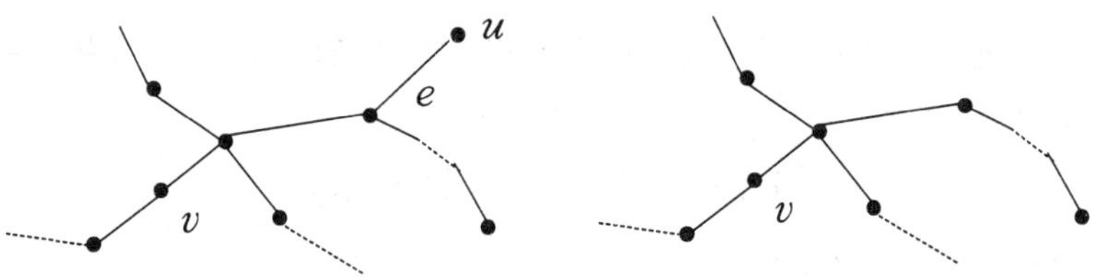

그래프 G 에서 꼭지점 u 를 제거하고 u 를 끝점으로 가지는 모서리 e 를 제거하면, 단순연결그래프

$$G'=(V', E'), \quad V'=V-\{u\}, \; E'=E-\{e\}$$

를 얻는데, 이 그래프는 평면그래프이고 $|E'|=|E|-1=n$ 이므로 귀납법 가정에 의하여

$$|V'|-|E'|+f=2, \quad |V'|=|V|-1$$

이고 따라서 $|V|-|E|+f=2$ 이다.

다음에 G 에 단순회로

$$v_0 \;\; v_1 \;\; v_2 \;\; \cdots \;\; v_{k-1} \;\; v_k \qquad\qquad (v_0=v_k)$$

이 존재한다고 하자.

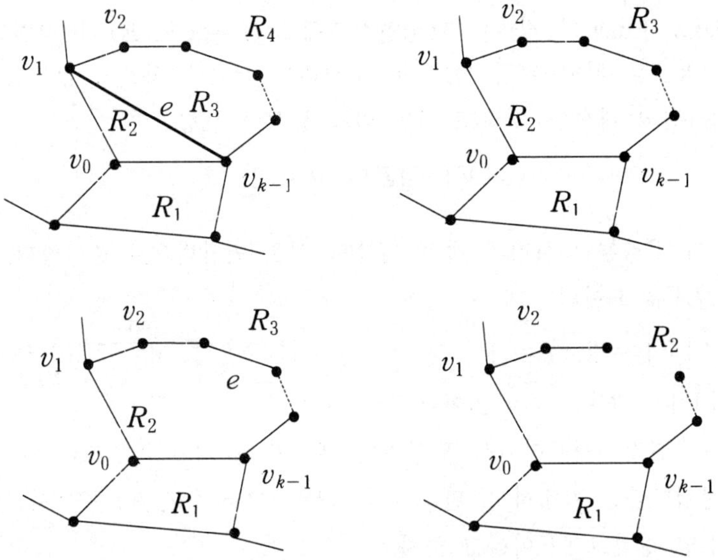

이 때, G에서 모서리 e만을 제거하고 두 끝점은 그대로 두면, 면의 개수가 $f-1$인 단순연결그래프

$$G' = (V, E'), \quad E' = E - \{e\}$$

를 얻는데, 이 그래프는 평면그래프이고 $|E'| = |E| - 1 = n$이므로 귀납법 가정에 의하여

$$|V| - |E'| + (f-1) = 2$$

이고 따라서 $|V| - |E| + f = 2$ 이다.

보기 9.6.5 완전 이분그래프 $K_{3,3}$는 평면그래프가 아니다.

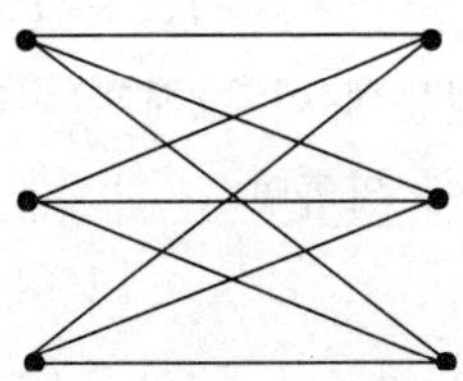

실제로, 그래프 $K_{3,3}$은 6 개의 모서리와 9 개의 모서리로 이루어진 단순 연결그래프이다. 이제 $K_{3,3}$가 평면그래프라고 가정하고, 또 이 그래프를 평면 위에 어느 두 모서리도 서로 교차하지 않도록 그렸을 때 생기는 면의 개수를 f라고 하면, 정리 9.6.2 에 의하여 $6-9+f=2$ 이므로 $f=5$ 이다. 또, 경계를 이루는 모서리 전체의 개수를 m이라고 하면, 각 모서리는 2 번 이상 중복되지 않으므로 $m \le 2 \cdot 9 = 18$ 이고 $K_{3,3}$는 이분그래프이므로 그 부분그래프 중에 K_3 와 동형인 것이 없으므로 각 영역의 경계는 4 개 이상의 모서리로 이루어져 있고 따라서

$$m \geq 4f \geq 4 \cdot 5 = 20$$

이므로 모순이 생긴다. 그러므로, $K_{3,3}$ 는 평면그래프가 아니다.

보기 9.6.6 오른쪽 그림과 같이 세 가정집이 일렬로 늘어서 있을 때 이 세 집에 수도, 전기, 전화를 모두 가설하는 경우에 정리 9.6.3 에 의하여 수도관, 전선, 전화선을 서로 교차하지 않도록 가설할 수는 없다.

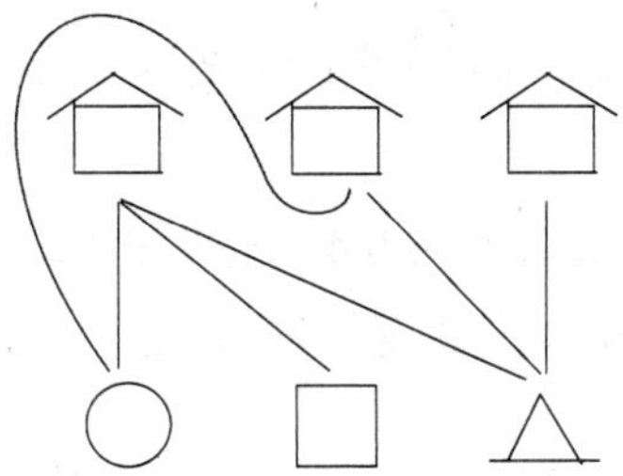

정리 9.6.3 단순 연결그래프 $G = (V, E)$ 가 평면그래프일 때, $|V| \geq 3$ 이면 $|E| \leq 3|V| - 6$ 이다.

증 명 먼저 $|V| = 3$ 이면, 분명히 $|E| \leq 3$ 이므로 다음이 성립한다.

$$|E| \leq 3 = 3 \cdot 3 - 6 = 3|V| - 6$$

이제 $|V| \geq 3$ 이라고 하자. 이 때,

$$3|V| - 6 \geq 3 \cdot 3 - 6 = 3$$

이므로 $|E| \leq 2$ 이면 $|E| \leq 3|V| - 6$ 이다.

다음에 $|E| \geq 3$ 인 경우에 이 그래프를 평면 위에 어느 두 모서리도 서로 교차하지 않도록 그렸을 때 생기는 면의 개수를 f 라 하고, 또 경계를 이루는 모서리 전체의 개수를 m 이라고 하자. 이 때, 각 모서리는 1 개 또는 2 개의 면의 경계에 속하므로 $m \leq 2|E|$ 이다. 그런데, 각 경계는 적어도 3 개의 모서리로 이루어져 있으므로 $m \geq 3f$ 이고 따라서 $3f \leq m \leq 2|E|$ 이다.

한편, 정리 9.6.2 에 의하여 $|V| - |E| + f = 2$ 이므로

$$\begin{aligned} 6 &= 3|V| - 3|E| + 3f \\ &\leq 3|V| - 3|E| + 2|E| = 3|V| - |E| \end{aligned}$$

이고, 따라서 $|E| \leq 3|V| - 6$ 이다.

보기 9.6.7 완전그래프 K_5 는 평면그래프가 아니다.

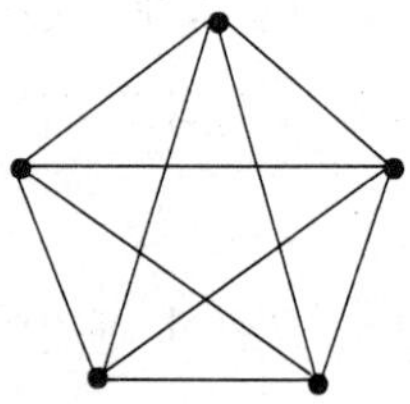

실제로, 그래프 K_5 는 5 개의 꼭지점과 10 개의 모서리로 이루어진 단순 연결그래프이고 또

$$\begin{aligned} 3|V| - 6 &= 3 \cdot 5 - 6 \\ &= 9 < 10 = |E| \end{aligned}$$

이므로, 정리 9.6.4 에 의하여 K_5 는 평면그래프가 아니다.

따름정리 9.6.4 단순 연결그래프 $G = (V, E)$ 가 평면그래프이면, 그래프 G 의 꼭지점 중에는 $\deg v \leq 5$ 인 꼭지점 v 가 적어도 하나 존재한다.

증 명 모든 $v \in V$ 에 대하여 $\deg v \geq 6$ 이면, 정리 9.1.5 에 의하여

$$2|E| = \sum_{v \in V} \deg v \geq 6|V|$$

이므로

$$|E| \geq 3|V| > 3|V| - 6$$

이고 이것은 정리 9.6.4 에 모순된다.

따라서 G 에는 $\deg v \leq 5$ 인 꼭지점 v 가 적어도 하나 존재한다.

아래 그림이 나타내는 그래프를 Petersen 그래프라고 한다.

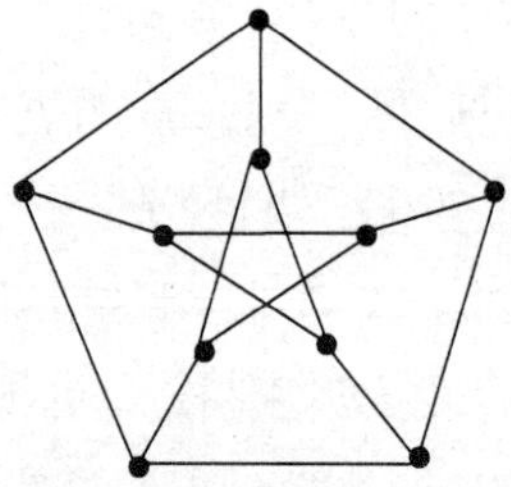

Petersen 은 1891 년에 이 그래프가 평면그래프가 아님을 증명하였다.

다면체(多面體, polyhedron) 는 꼭지점, 모서리와 면으로 이루어진 입체도형(立體圖形, solid figure)이며 다면체 중에서 그 면이 모두 서로 합동인 정다각형인 다면체를 **정다면체**(正多面體, regular polyhedron)라고 한다.

정다면체에서 면은 모두 서로 합동이므로 각 면을 둘러싸고 있는 모서리의 개수는 같다. 또, 정다면체에서 한 면을 제거시킨 후에 이때 생긴 구멍 주위를 늘려서 찌그러뜨려 평면에 펼쳐 놓으면 평면그래프를 얻게 되는데, 이때 남아 있는 면은 그래프의 내부 영역에 대응하고 또 제거된 면은 이 그래프의 외부 영역에 대응하며 각 꼭지점의 차수는 일정하다(정의 9.1.5).

정리 9.6.5 정다면체는 다음과 같은 다섯 가지 종류가 있다.

정다면체	v	e	f	꼭지점의 차수	면의 모양
정사면체	4	6	4	3	삼각형
정육면체	8	12	6	3	사각형
정팔면체	6	12	8	4	사각형
정십이면체	20	30	12	3	오각형
정이십면체	12	30	20	5	삼각형

증 명 정다면체의 꼭지점의 개수, 모서리의 개수, 면의 갯수가 각각 v, e, f 일 때 $v-e+f=2$ 임을 이용하여 정리를 증명한다.

이제 각 꼭지점의 차수를 d 라고 하면 Euler 의 정리(정리 9.1.7)에 의하여 $vd=2e$ 이고 또 각 면을 정 b 각형이라고 하면 $f\cdot b=2e$ 이다.

그런데, $f=e-v+2$ 이므로 다음이 성립한다.

$$\frac{2e}{b}=e-\frac{2e}{d}-2 \text{ 즉 } \quad \frac{1}{b}+\frac{1}{d}=\frac{1}{2}+\frac{1}{e}$$

한편, $b\geq 3$, $d\geq 3$ 이어야 하고, 또 b 와 d 가 상당히 크면 위의 등식의 좌변은 $\frac{1}{2}$ 이하가 되어 등식이 성립하지 않는다. 그런데 $b=d=4$ 일 때에도 등식이 성립하지 않으므로 다음 결과를 얻는다.

$b=3$ 인 경우 : $d=3,\ e=6,\ v=4,\ f=4$

$d=4,\ e=12,\ v=6,\ f=8$

$d=5,\ e=30,\ v=12,\ f=20$

$b=4$ 인 경우 : $d=3,\ e=12,\ v=8,\ f=6$

$b=5$ 인 경우 : $d=3,\ e=30,\ v=20,\ f=12$

다섯 가지 종류의 정다면체를 흔히 **플라톤의 입체**(立體, Platonic solid)라고 한다.

정사면체

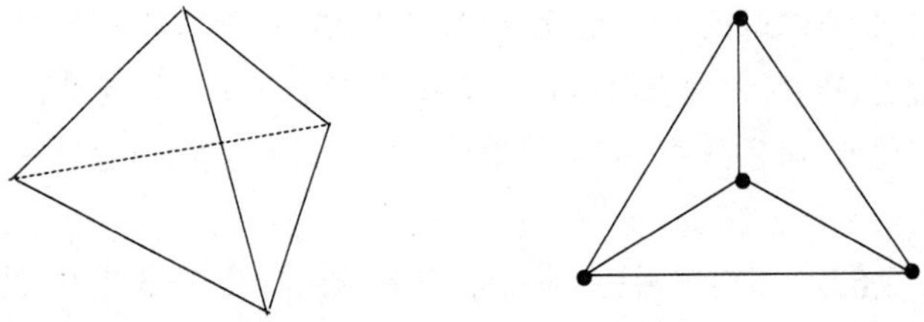

정육면체

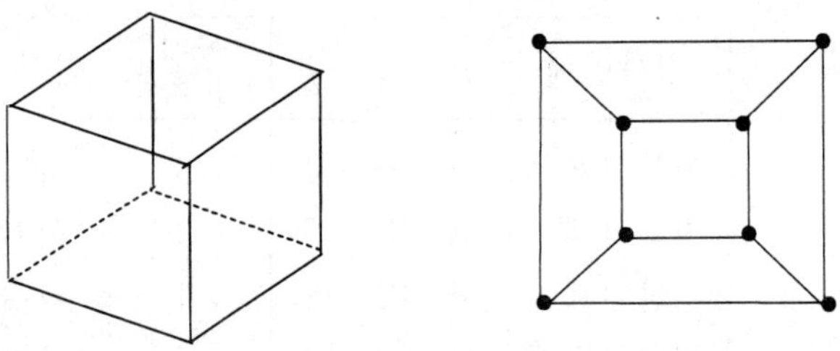

정팔면체

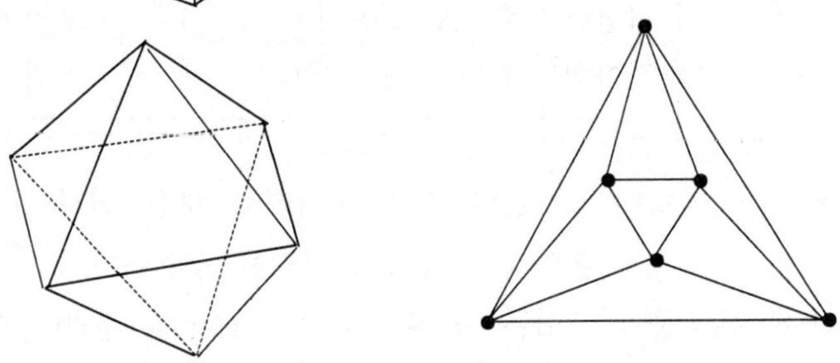

정십이면체

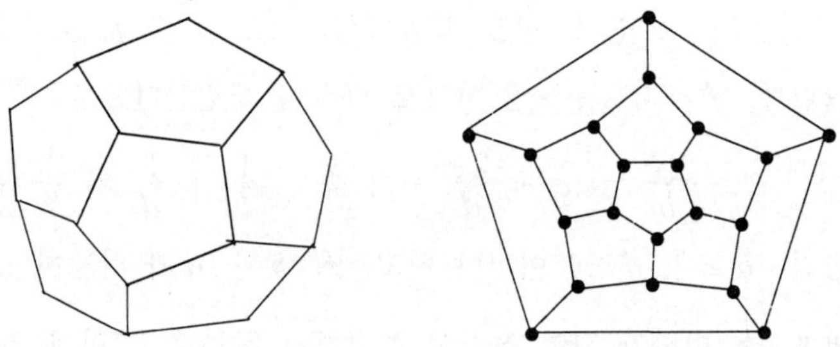

정이십면체

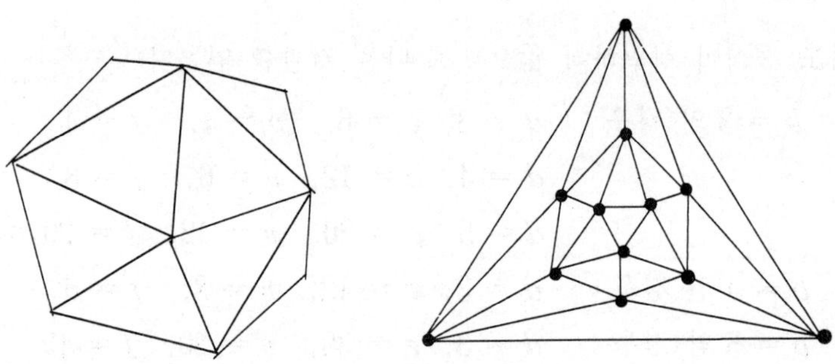

연 습 문 제 (9.6)

1. 아래 그림이 나타내는 그래프는 평면그래프인지를 판정하여라.

이 그래프가 평면그래프인 경우에는 이 그래프를 어느 모서리도 서로 교차하지 않는 그림으로 나타내어라.

(1)

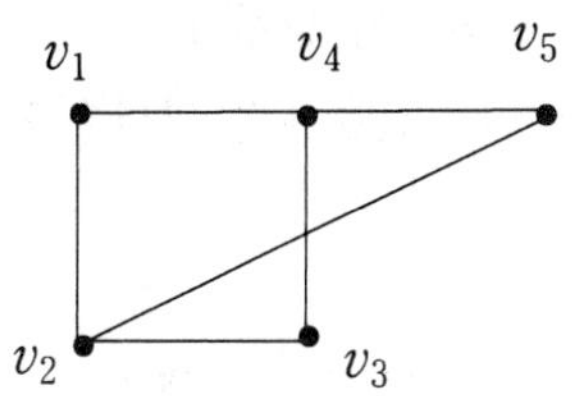

(2)

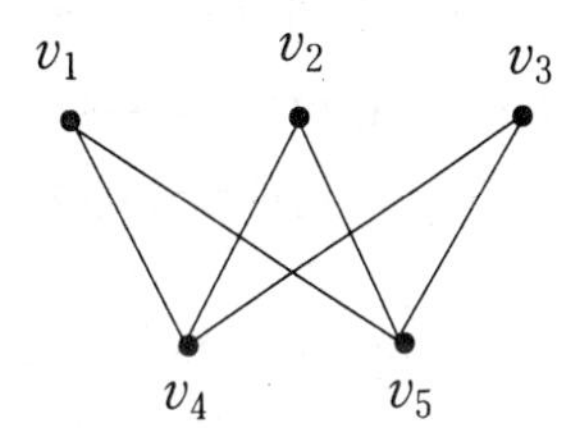

(3)

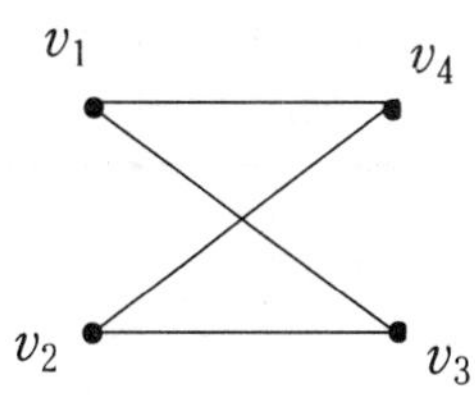

(4)

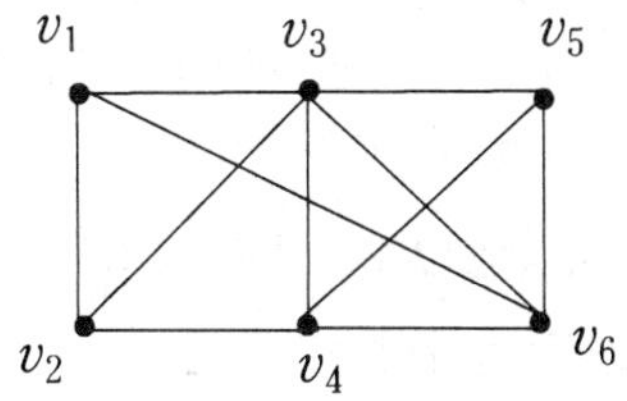

2. 아래 그림이 나타내는 그래프는 평면그래프인지를 판정하여라.

이 그래프가 평면그래프인 경우에는 이 그래프를 어느 모서리도 서로 교차하지 않는 그림으로 나타내어라.

(1)

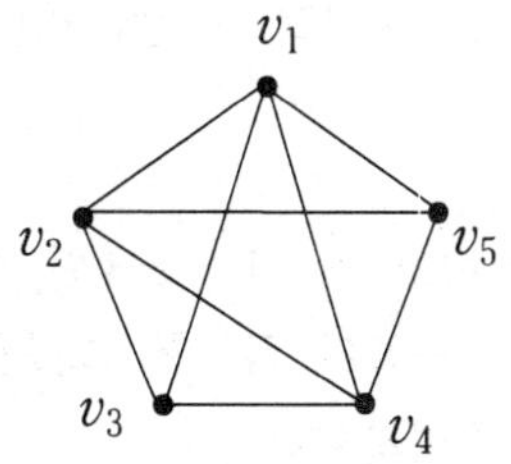

(2)

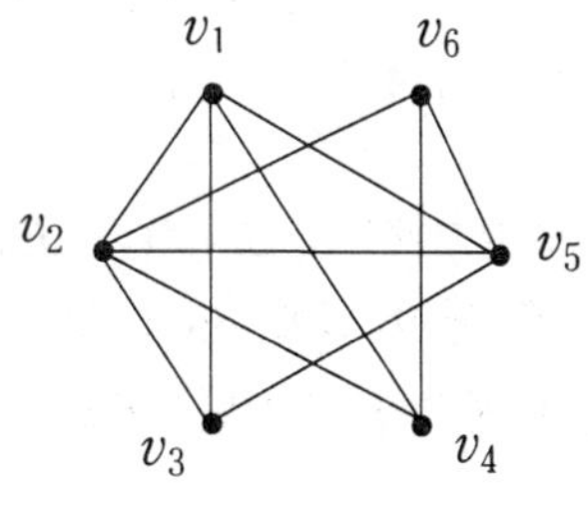

(3)

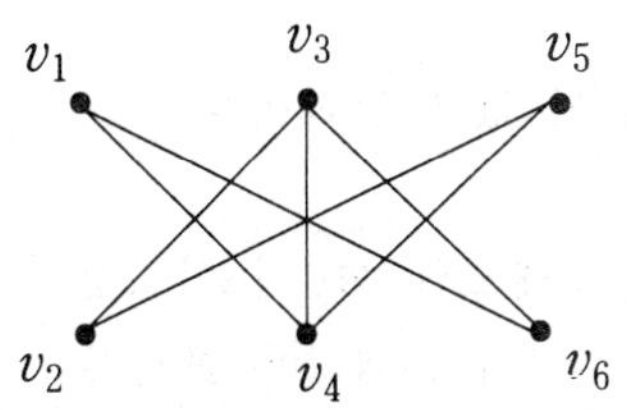

3. 그래프 Q_3 가 평면그래프인지를 판정하여라(정의 9.2.3 참조).

4. 단순 연결그래프 $G=(V, E)$가 평면그래프일 때, $|V|=20$이고 각 꼭지점 $v \in V$에 대하여 $\deg v=3$이면 그래프 G에 의하여 평면은 12개의 영역으로 분할됨을 증명하여라.

5. 단순 연결그래프 $G=(V, E)$가 평면그래프일 때 다음 물음에 답하여라.
   (1) $|V|=8$이고 각 꼭지점 $v \in V$에 대하여 $\deg v=3$일 때, 그래프 G에 의하여 평면은 몇 개의 영역으로 분할되는지 밝혀라.
   (2) $|E|=30$이고 그래프 G에 의하여 평면이 20개의 영역으로 분할될 때, $|V|$는 얼마인지 말하여라.

6. 오른쪽 그림이 나타내는 그래프 $G=(V, E)$에서 모든 면의 경계를 이루는 모서리 전체의 개수를 m이라고 할 때,

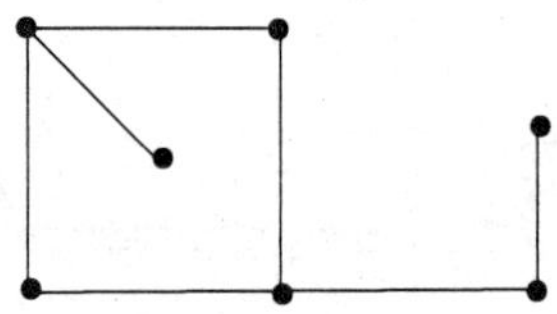

$$m<2|E|, \quad |E|<3|V|-6$$

임을 증명하여라.

7. 그래프 $G=(V, E)$가 완전 그래프 K_3일 때, G는 단순 연결그래프이고 또 평면그래프이며 또 $|E|=3|V|-6$임을 밝혀라.

8. 단순 연결그래프 $G=(V, E)$가 평면그래프일 때, $|V|=20$이면 $|E| \leq 54$임을 증명하여라.

9. 단순 연결그래프 $G=(V, E)$가 평면그래프이고 또 $|V| \geq 3$인 경우에 이 그래프를 평면 위에 어느 두 모서리도 서로 교차하지 않도록 그렸을 때 생기는 면의 개수가 f이면 $f \leq 2|V|-4$임을 증명하여라.

10. 완전그래프 K_n이 평면그래프일 때, n의 값을 말하여라.

11. 단순 연결그래프 $G=(V, E)$가 평면그래프일 때, $|V| \geq 2$이면 꼭지점 중에서 $\deg v \leq 5$인 꼭지점이 적어도 두 개 존재함을 밝혀라.

§9.7 색칠하기

지도를 네 가지 색만을 써서 색칠하되 국경을 공유하는 나라는 다른 색을 칠하여 구별할 수 있는지를 생각해 보자. 이 四色문제(Four-Color problem)는 1852년 영국의 수학자 Francis Guthrie가 제기한 이래 100여년이 지난 후에 Kenneth Appel과 Wolfgang Haken이 Koch의 도움을 받아 IBM 360 전자계산기를 1200시간 이상 써서 2000여 가지의 도형을 조사하여 1976년에 이 문제에 대한 긍정적인 해답을 얻었다.

그 후 1996년에 Robertson, Sanders와 Seymour, Thomas는 전자계산기를 써서 633가지의 도형을 조사하여 이 문제를 해결할 수 있음을 밝혔다. 그러나, 이 문제를 전자계산기를 사용하지 않고 이론적으로 해결한 수학자는 없다.

어떠한 모양의 지도에 대해서도 이 지도의 나라(또는 지역)는 꼭지점으로 나타내고 국경(또는 경계선)을 공유하는 나라(또는 지역)에 대응하는 꼭지점은 모서리로 이어 그래프를 만들면, 지도에 대응하는 평면그래프를 얻는다. 이와 같이 지도에 평면그래프를 대응시키면, 지도의 모든 나라에 색칠하되 국경을 공유하는 나라는 다른 색을 칠하는 문제는 결국 그래프의 모든 꼭지점에 색칠하되 서로 이웃하는 꼭지점은 다른 색을 칠하는 문제와 마찬가지이다.

아래 그림은 가상적인 지도와 이에 대응하는 평면그래프를 그린 것이다.

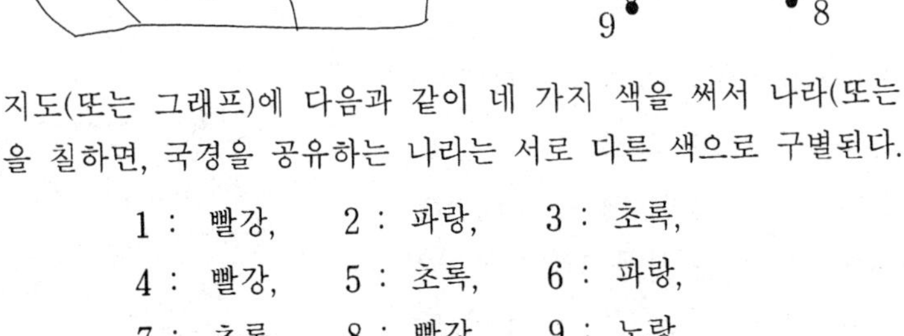

이 지도(또는 그래프)에 다음과 같이 네 가지 색을 써서 나라(또는 꼭지점)에 색을 칠하면, 국경을 공유하는 나라는 서로 다른 색으로 구별된다.

1 : 빨강, 2 : 파랑, 3 : 초록,
4 : 빨강, 5 : 초록, 6 : 파랑,
7 : 초록, 8 : 빨강, 9 : 노랑

정의 9.7.1 그래프 $G = (V, E)$ 에서 각 꼭지점마다 색을 지정하되 서로 이웃하는 꼭지점에 다른 색이 지정되도록 하는 것을 **색칠하기**(coloring)라고 한다. 그리고, 그래프 G 의 색칠하기에 사용되는 색의 최소 개수를 그래프 G 의 **색의 개수**(chromatic number)라 하고, 이것을 $\chi(G)$ 로 나타낸다.

보기 9.7.1 완전 그래프 K_n 에 대하여 $\chi(K_n) = n$ 이다(정의 9.2.1 참조).

실제로, K_n 의 n 개의 서로 다른 꼭지점은 모두 서로 이웃하므로 n 개의 꼭지점에 서로 다른 색을 지정해야 하고 따라서 $\chi(K_n) = n$ 이다.

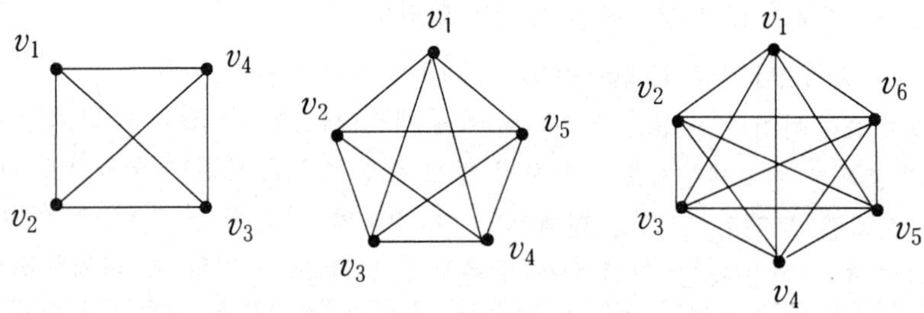

보기 9.7.2 순환그래프 C_n 에 대하여 다음이 성립한다(정의 9.2.2).

$$\chi(C_n) = \begin{cases} 2 & (n \text{ 이 짝수일 때}) \\ 3 & (n \text{ 이 홀수일 때}) \end{cases}$$

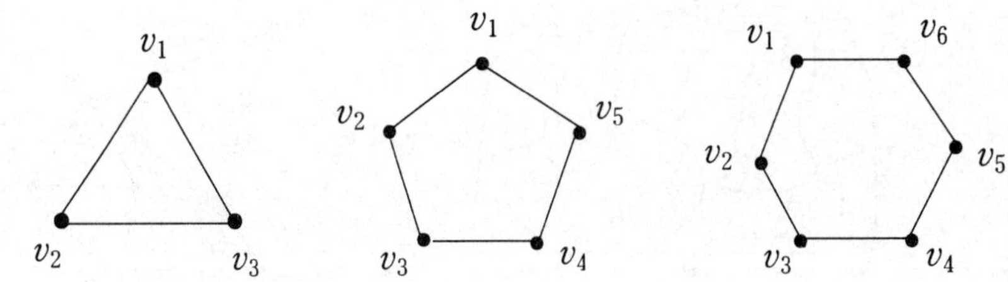

보기 9.7.3 오른쪽 그림이 나타내는 그래프 G 를 생각해 보자.

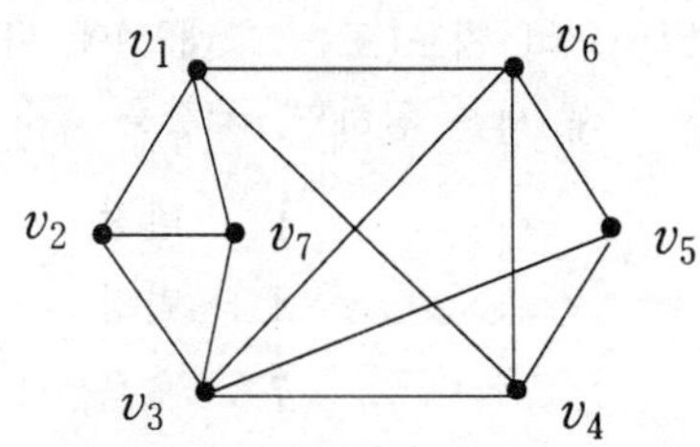

그래프의 네 꼭지점 v_3, v_4, v_5, v_6 에 의하여 결정되는 부분그래프는 완전 그래프 K_4 이고 또 $\chi(K_4) = 4$ 이므로 $\chi(G) \geq 4$ 이다.

한편, 예를 들어 각 꼭지점에 오른쪽 표와 같이 네 가지 색을 지정하면, 서로 이웃하는 꼭지점에 다른 색이 지정된다. 따라서 $\chi(G) = 4$ 이다.

v_1	빨강,	v_2	파랑,
v_3	빨강,	v_4	노랑,
v_5	빨강,	v_6	파랑,
v_7	노랑		

보기 9.7.4 아래의 첫째 그림이 나타내는 그래프 G를 생각해 보자.

아래의 둘째 그림에서 보는 바와 같이 그래프 G의 세 꼭지점 a, b, c에 의하여 결정되는 부분그래프는 완전그래프 K_3 이고 또 $\chi(K_3) = 3$ 이므로 $\chi(G) \geq 3$ 이다. 그런데, 나머지 세 꼭지점 u, v, w 에 대해서는 a, b, c 에 지정한 색을 사용해도 좋으므로, $\chi(G) = 3$ 이다.

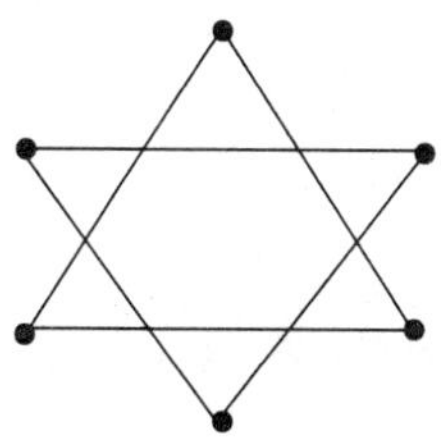

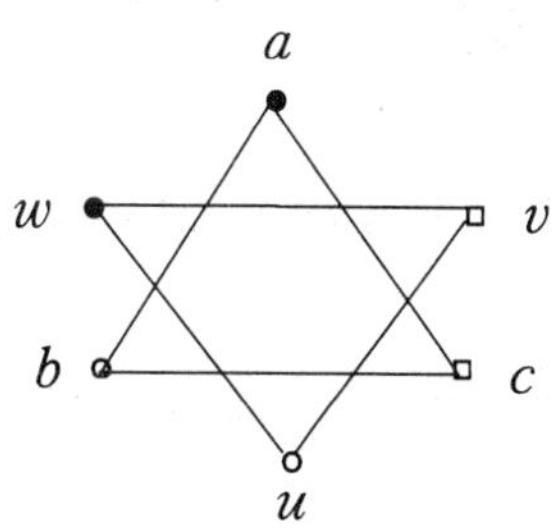

정리 9.7.2 그래프 $G = (V, E)$가 이분그래프이면, $\chi(G) = 2$ 이다. 특히, 완전 이분그래프 $K_{m,n}$에 대하여 $\chi(K_{m,n}) = 2$ 이다.

증 명 가정에 의하여 V에는 다음과 같은 두 조건을 만족시키는 공집합이 아닌 두 부분집합 V_1, V_2가 존재한다.

(i) $V = V_1 \cup V_2, \quad V_1 \cap V_2 = \emptyset$

(ii) 모든 모서리의 한 끝점은 V_1에 속하고 다른 한 끝점은 V_2에 속한다.

이 때, V_1에 속하는 모든 꼭지점에 한 색을 지정하고 V_2에 속하는 모든 꼭지점에 다른 한 색을 지정하면 되므로 $\chi(G) \leq 2$ 이다.

한편, 한 모서리의 두 끝점이 각각 $v \in V_1$, $w \in V_2$ 이면, 이 두 끝점에 서로 다른 색을 지정해야 하므로 $\chi(G) = 2$ 이다.

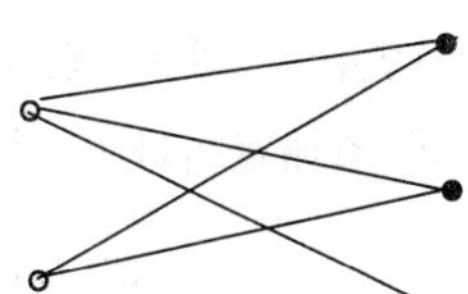

$K_{2,3}$

보기 9.7.5 오른쪽 그림이 나타내는 그래프 G를 생각해 보자.

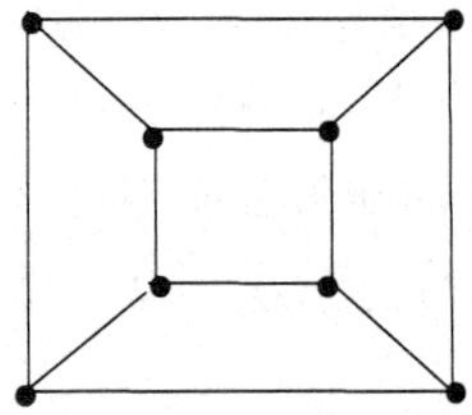

이 그래프의 꼭지점을 아래 그림과 같이 두 가지로 구분하면 G가 이분그래프 $K_{4,4}$ 임을 알 수 있다.

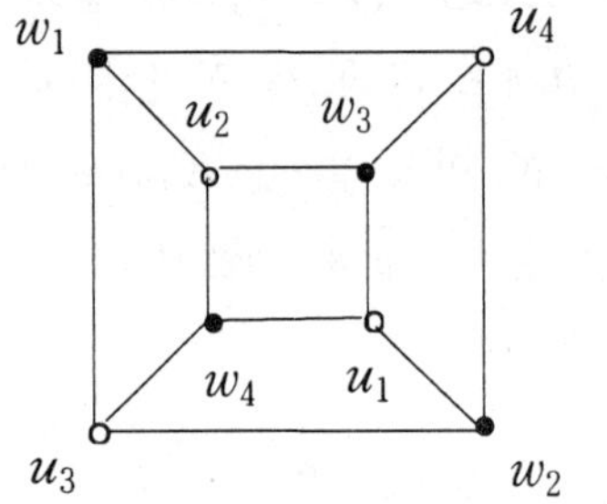

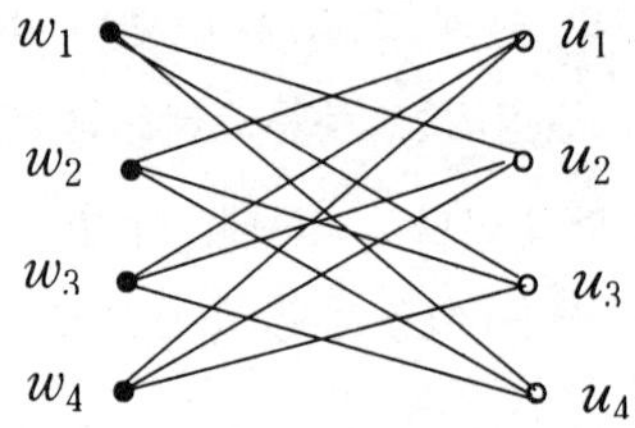

따라서 정리 9.7.2 에 의하여 $\chi(G) = 2$ 이다.

앞에서 논한 사색 문제는 다음 성리로 표현할 수 있다.

정리 9.7.3 (사색 정리(四色 定理, The four color theorem))
임의의 평면그래프 G에 대하여 $\chi(G) \leq 4$ 이다.

사색 정리는 1850 년대부터 예측되어 왔고 수많은 수학자가 틀린 증명을 제시하였으나 1976 년에 미국의 수학자 Kenneth Appel 과 Wolfgang Haken 에 의하여 증명되었다. 이들은 2000 여 가지의 반례(反例, counterexample) 를 제시하고 전자계산기를 이용하여 이러한 반례가 없음을 증명하였다.
아직까지 전자계산기를 이용하지 않은 증명은 발표되지 않았다.

다음 정리는 그래프의 색의 개수와 꼭지점의 차수와의 관계를 말해 준다.

정리 9.7.4 그래프 $G = (V, E)$ 에서 $\Delta(G)$ 를 G의 꼭지점 전체에 대한 차수의 최대값이라고 하자. 즉,

$$\Delta(G) = \max \{ \deg v \mid v \in V \}$$

이 때, $\chi(G) \leq 1 + \Delta(G)$ 이다.

증 명 꼭지점의 개수 $|V|$에 대한 귀납법으로 이 정리를 증명한다.

먼저 $|V| = 1$일 때, 분명히 $\Delta(G) = 0$, $\chi(G) = 1$이므로 이 경우에 $\chi(G) = 1 + \Delta(G)$이다.

다음에 k가 양의 정수일 때, 꼭지점의 개수가 k인 모든 그래프에 대하여 정리가 성립한다고 가정하고, $G = (V, E)$를 $|V| = k+1$인 그래프라고 하자. 이 때, 임의의 꼭지점 $v \in V$에 대하여 v와 이 꼭지점을 끝점으로 가지는 모서리를 모두 제거시켜 얻는 부분그래프를 $G' = (V - \{v\}, E')$이라고 하면, $\Delta(G') \leq \Delta(G)$이고 G'의 꼭지점 전체의 개수는 k이므로 귀납법 가정에 의하여

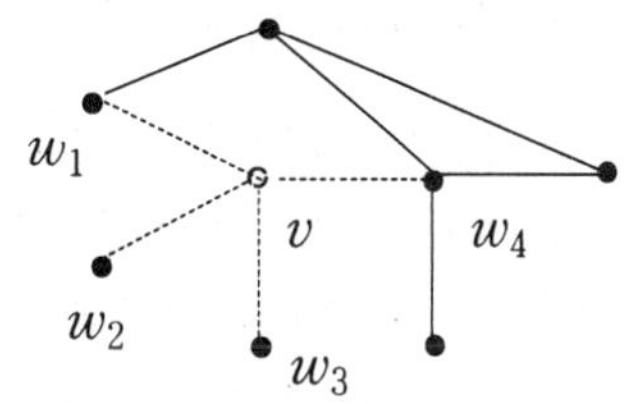

$$\chi(G') \leq 1 + \Delta(G')$$

이고 따라서

$$\chi(G') \leq 1 + \Delta(G)$$

이므로 G'의 모든 꼭지점에 $1 + \Delta(G)$개 이하의 색을 지정하여 구별할 수 있다. 한편, $\deg v \leq \Delta(G)$이므로 v와 이웃하는 꼭지점의 개수는 $\Delta(G)$ 이하이고 따라서 $1 + \Delta(G)$개 이하의 색 중의 하나를 v에 지정하여 G의 모든 꼭지점을 구별할 수 있다.

그러므로 $\chi(G) \leq 1 + \Delta(G)$이다.

보기 9.7.6 완전그래프 K_n에 대하여 $\chi(K_n) = n$이다(보기 9.7.1).

또, K_n의 각 꼭지점 v에 대하여 $\deg v = n-1$이므로 정리 9.7.4에 의하여 $\Delta(K_n) = n-1$이고 따라서 다음이 성립한다.

$$\chi(K_n) = n = 1 + \Delta(K_n)$$

보기 9.7.7 순환그래프 C_n에서 모든 꼭지점의 차수는 2이므로 다음이 성립한다.

$$\Delta(C_n) = 2$$

특히, n이 홀수이면, $\chi(C_n) = 3$이므로 $\chi(C_n) = 1 + \Delta(C_n)$이다.

한편, n이 짝수이면, $\chi(C_n) = 2$이므로 $\chi(C_n) < 1 + \Delta(C_n)$이다.

보기 9.7.8 어느 대학교 한 신입생이 다음과 같은 계열에 따라 수강하고 있다고 하자.

(1) 국 어, 수 학, 물리학, 화 학
(2) 국 어, 수 학, 전산학, 영 어
(3) 국 어, 전산학, 심리학, 국 사
(4) 물리학, 생물학, 영 어, 심리학
(5) 물리학, 전산학, 국 사, 프랑스어
(6) 물리학, 화 학, 심리학, 프랑스어
(7) 생물학, 심리학, 영 어, 국 사

이들 10 개 과목의 시험 날자를 어떻게 배정하여야 같은 시일에 둘 이상의 과목이 겹치지 않도록 하면서 가장 짧은 기간 안에 시험을 마칠 수 있는지를 알아보려면 다음과 같이 그래프를 이용한다.

먼저 모든 과목을 꼭지점으로 나타내고, 같은 날자에 배정하지 말아야 할 과목을 모서리로 이으면, 아래와 같은 그림을 얻는다.

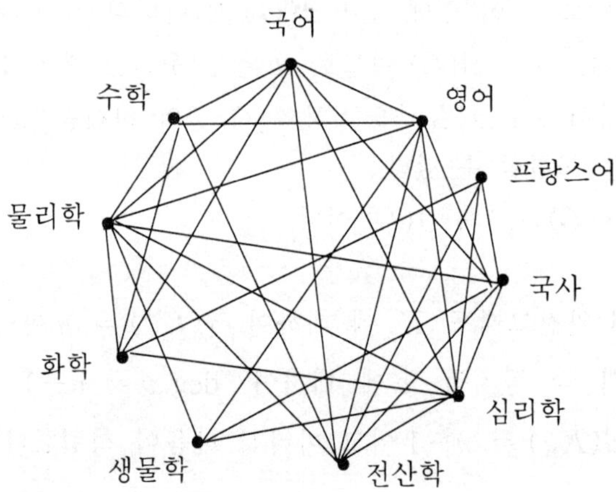

위의 그림이 나타내는 그래프를 G 라고 할 때, 가장 짧은 시험 기간은 $\chi(G)$ 와 같다. 한편, 이 그래프에서

'국어', '수학', '물리학', '전산학', '영어'

로 결정되는 부분그래프는 K_5 이고 또 $\chi(K_5) = 5$ 이다. 그리고, '심리학', '국사' 는 서로 이웃하는 꼭지점이고 이 두 꼭지점은 모두

'국어', '물리학', '전산학', '영어'

와도 서로 이웃하므로 $\chi(G) = 6$ 이다. 따라서 가장 짧은 시험기간은 6 일이며, 아래 표는 시험 시간표 중의 한 예이다.

제 1 일 : 수학, 심리학
제 2 일 : 국어, 프랑스어
제 3 일 : 물리학
제 4 일 : 화학, 영어
제 5 일 : 생물학, 전산학
제 6 일 : 국사

이 절의 내용과 관련이 있는 회로판에 대하여 [해설907] 에서 간단히 소개하기로 한다.

연 습 문 제 (9.7)

1. 아래의 지도에 대응하는 그래프를 G 라고 할 때, G를 꼭지점과 모서리로 이루어진 그림으로 나타내어라.

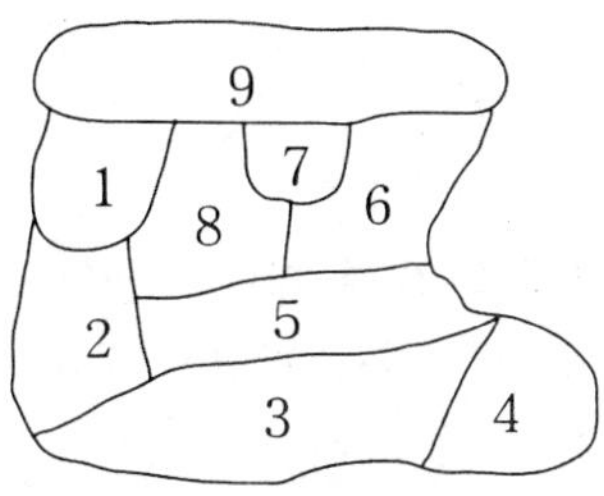

그리고, 이 지도를 그리는 데 몇 가지 색깔이 필요한지를 말하고, $\chi(G)$ 를 구하여라.

2. 그래프 G에 대한 다음 명제 중에서 참인 것을 찾아라.
   (1) G가 완전 그래프 K_3 이면, $\chi(G) = 3$ 이다.
   (2) G가 K_3 를 부분그래프로 포함하면, $\chi(G) \geq 3$ 이다.
   (3) G가 순환그래프 C_5 이면, $\chi(G) = 3$ 이다.
   (4) G가 C_5 를 부분그래프로 포함하면, $\chi(G) \geq 3$ 이다.

3. 그래프 G에 대한 다음 명제가 참인지 거짓인지를 판정하여라

(1) Hamilton 회로가 존재하고 $\chi(G) = 2$ 이면, G는 평면그래프이다.

(2) Euler 회로와 Hamilton 회로가 존재하면, $\chi(G) \leq 6$ 이다.

4. 아래 그림이 나타내는 단순그래프 $G = (V, E)$ 에 대하여 $\chi(G) = 3$ 임을 설명하여라.

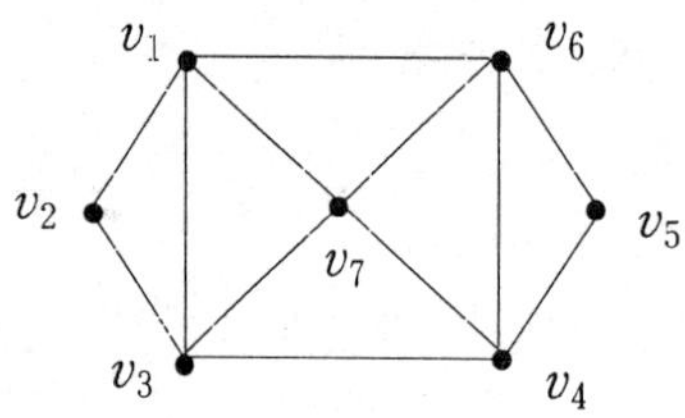

v_1 빨강, v_2 파랑,
v_3 노랑, v_4 빨강,
v_5 파랑, v_6 노랑,
v_7 파랑

5. 아래 그림이 나타내는 단순그래프 $G = (V, E)$ 에 대하여 $\chi(G) = 4$ 임을 설명하여라.

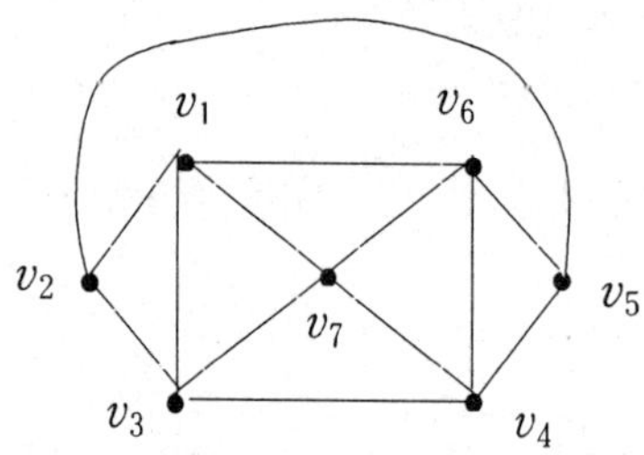

v_1 빨강, v_2 파랑,
v_3 노랑, v_4 빨강,
v_5 초록, v_6 노랑,
v_7 파랑

6. 아래 그림이 나타내는 그래프 G에 대하여 $\chi(G)$ 를 구하여라.
그리고, $\chi(G)$ 개의 색으로 색칠하는 방법을 말하여라.

(1)

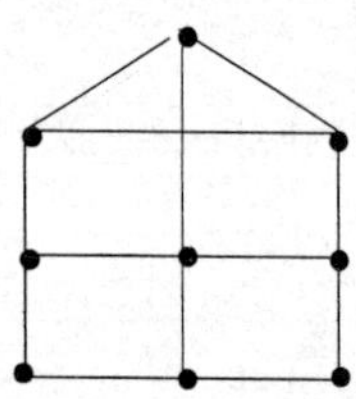

(2)

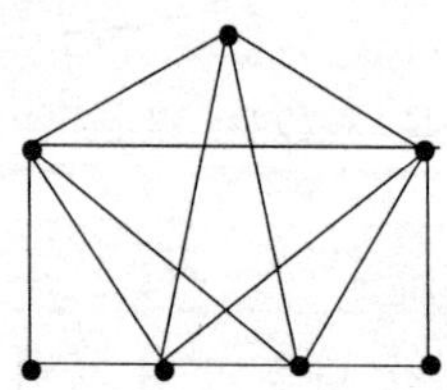

§9.8 가중 그래프와 최단거리

그래프 중에는 오른쪽 그림이 나타내는 그래프와 같이 각 모서리마다 시간, 거리, 비용, 이익, 용량과 같은 수치가 붙어 있는 경우가 있다.

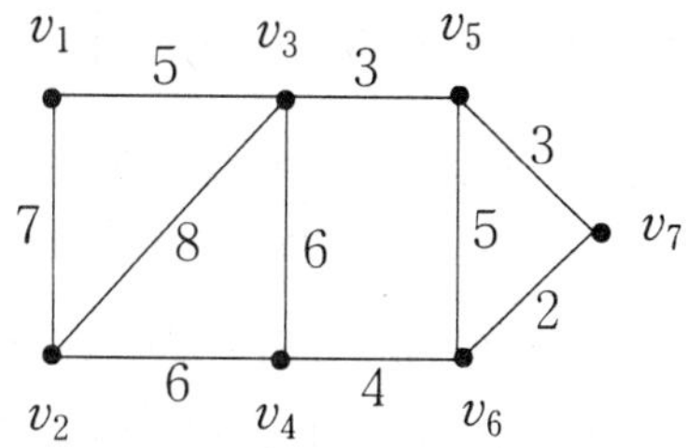

정의 9.8.1 그래프 $G = (V, E)$ 에서 각 모서리 e 에 음이 아닌 실수 $w(e)$ 가 지정되어 있을 때, 이 그래프 G 를 **가중 그래프**(加重 그래프, weighted graph)라 하고 $w(e)$ 를 모서리 e 의 **무게**(weight)라고 한다.

가중 그래프에서 각 모서리의 무게가 거리를 나타내는 경우에, 특정한 꼭지점 v_1 과 꼭지점 v 를 연결하는 경로 중에서 그 거리의 합이 가장 작은 경로를 v_1 에서 v 까지의 **최단경로**(最短 經路, the shortest path)라 하고 그 거리의 합을 **최단거리**(最短距離, the shortest distance)라고 한다.

이 절에서는, 두 꼭지점 u, v 를 이은 모서리 $\{u, v\}$ 를 $u\,v$ 로 나타내고 그 무게를 $w(u\,v)$ 로 나타내기로 하고, 최단 경로와 최단 거리를 구하는 알고리즘에 대하여 논하기로 한다.

다음에 소개할 알고리즘은 Dijkstra 가 1956 년에 개발한 알고리즘이다.

이 알고리즘에서 출발점 v_1 에는 순서쌍 $(-, 0)$ 을 지정하고, 또 v_1 에서 v 까지의 최단경로가

$$v_1\ v_2\ \cdots\ u\ v$$

이고 그 최단거리가 t 인 경우에 v 에 순서쌍 (u, t) 를 지정한다. 여기서 모서리 $u\,v$ 는 v_1 에서 v 까지의 최단경로의 마지막 모서리이다.

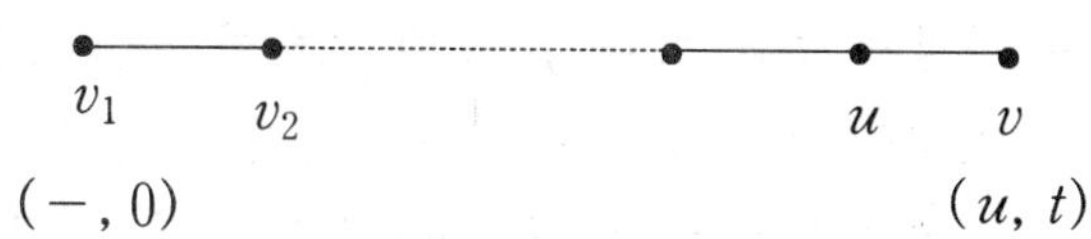

알고리즘 9.8.1 (Dijkstra의 최단 경로 알고리즘) 가중 단순그래프에서, 다음 절차에 따라 꼭지점 v_1에서 꼭지점 v까지의 최단경로와 최단거리를 구한다.

단계 1 : 꼭지점 v_1에 순서쌍 $(-, 0)$을 지정한다.

단계 2 : 꼭지점 v에 순서쌍이 지정되어 있거나 또는 더 이상 순서쌍을 지정할 수 없을 때까지 다음 과정을 되풀이한다.

(i) 꼭지점 u에 순서쌍 (x, d)가 지정되어 있을 때, u와 이웃하는 꼭지점 중에서 순서쌍이 지정되지 않은 각 꼭지점 u'에 대하여 $d + w(e)$를 계산한다. 여기서 $e = uu'$이다.

(ii) 위의 (i)에서 구한 모든 $d + w(e)$의 값 중에서 최소값 d'을 구한다.

(iii) 위의 (ii)에서 구한 d'에 대하여 u'가 $d' = d + w(uu')$인 꼭지점이면, u'에 순서쌍 (u, d')을 지정한다. 이러한 꼭지점 u'이 여러 개 있을 때에는 이들을 모두 택한다.

보기 9.8.1 오른쪽 그림이 나타내는 가중 단순그래프에서, 꼭지점 p에서 각 꼭지점까지의 최단경로와 그 최단 거리를 알고리즘 9.8.1에 따라 구해 보자.

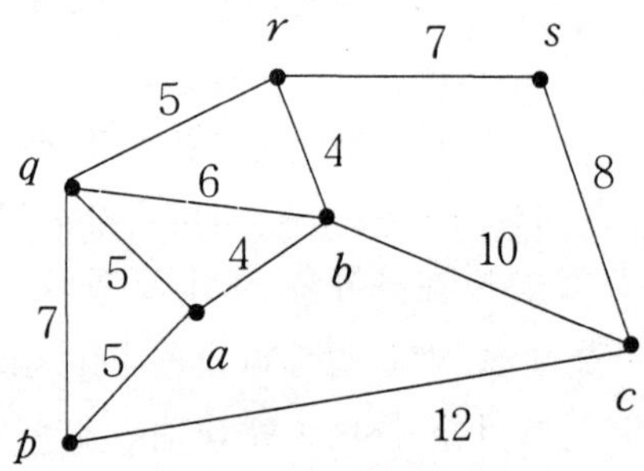

먼저 p에 순서쌍 $(-, 0)$을 지정한다. 꼭지점 p에 이웃하는 꼭지점은 a, q, c뿐이고 이들에 대한 $d + w(e)$의 값은 각각 다음과 같다.

$$0 + 5 = 5, \quad 0 + 7 = 7, \quad 0 + 12 = 12$$

그런데, 이들 세 값 5, 7, 12 중에서 최소값은 5이고 $e = pa$이므로 꼭지점 a에 순서쌍 $(p, 5)$를 지정한다.

이제 순서쌍이 지정된 두 꼭지점 p, a에 대하여 단계 2를 되풀이한다.

꼭지점 p에 이웃하는 꼭지점 중에서 순서쌍이 지정되지 않은 꼭지점은 q, c 뿐이고 이 두 꼭지점에 대한 $d + w(e)$의 값은 각각 다음과 같다.

$$0+7=7, \qquad 0+12=12$$

그리고, a에 이웃하는 꼭지점 중에서 순서쌍이 지정되지 않은 꼭지점은 q, b뿐이고 이들 두 꼭지점에 대한 $d+w(e)$의 값은 각각 다음과 같다.

$$5+5=10, \qquad 5+4=9$$

한편, 이들 네 값 7, 12, 10, 9 중에서 최소값은 7이고 이 값은 모서리 $e=pq$에 대응하므로 q에 순서쌍 $(p, 7)$을 지정한다.

다시 순서쌍이 지정된 꼭지점 p, a, q에 대하여 단계 2를 되풀이한다.

먼저 p에 이웃하는 꼭지점 중에서 순서쌍이 지정되지 않은 것은 c뿐이고 이에 대한 $d+w(e)$의 값은

$$0+12=12$$

이며, a에 이웃하는 꼭지점 중에서 순서쌍이 지정되지 않은 것은 b뿐이고 이에 대한 $d+w(e)$의 값은 다음과 같다.

$$5+4=9$$

그리고, q에 이웃하는 꼭지점 중에서 순서쌍이 지정되지 않은 것은 r, b뿐이고 이들 꼭지점에 대한 $d+w(e)$의 값은 각각 다음과 같다.

$$7+5=12, \quad 7+6=13$$

그런데, 이들 네 값 중에서 최소값은 9이고 이 값은 모서리 $e=ab$에 대응하므로 b에 순서쌍 $(a, 9)$를 지정한다.

또, 순서쌍이 지정된 꼭지점 p, a, q, b에 대하여 단계 2를 되풀이한다.

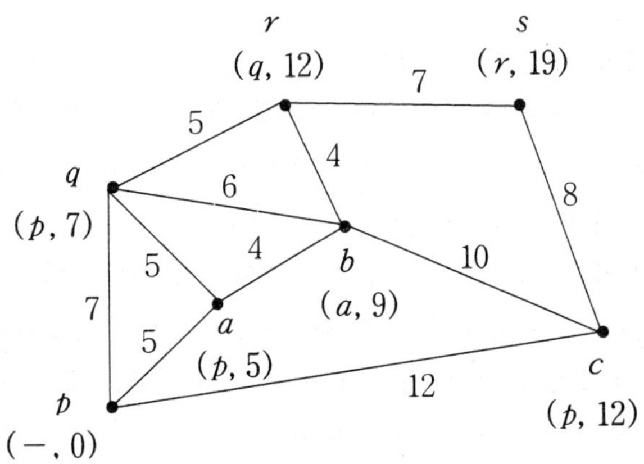

먼저 p에 이웃하는 꼭지점 중에서 순서쌍이 지정되지 않은 꼭지점은 c 뿐이고 이에 대한 $d+w(e)$ 의 값은

$$0+12=12$$

이고, a에 이웃하는 꼭지점에 대해서는 순서쌍이 지정되어 있다. 그리고, 꼭지점 q에 이웃하는 꼭지점 중에서 순서쌍이 지정되지 않은 것은 r 뿐이고 이에 대한 $d+w(e)$ 의 값은

$$7+5=12$$

이며, b에 이웃하는 꼭지점 중에서 순서쌍이 지정되지 않은 것은 r, c 뿐이고 이들에 대한 $d+w(e)$ 의 값은 각각 다음과 같다.

$$9+4=13, \qquad 9+10=19$$

이들 네 값 12, 12, 13, 19 중에서 최소값은 12 이고 또 이 값은 모서리 $e=pc$와 $e=qr$에 대응하므로 c에 순서쌍 $(p, 12)$ 를 지정하고 r에 순서쌍 $(q, 12)$ 를 지정한다.

마찬가지 방법으로, 꼭지점 s에 순서쌍 $(r, 19)$ 를 지정한다.

이제 꼭지점 p에서 각 꼭지점까지의 최단 경로와 이 최단 거리를 알 수 있다. 예를 들면, r에 지정된 순서쌍은 $(q, 12)$ 이고 q에 지정된 순서쌍은 $(p, 7)$ 이므로, p에서 r까지의 최단 경로는

$$p\ q\ r$$

이고 최단 거리는 12 이다.

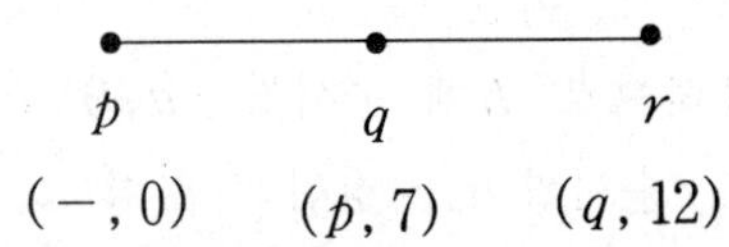

다음에 소개할 알고리즘은 앞의 알고리즘을 약간 변형한 것이다. 꼭지점 v_1에서 꼭지점 v까지의 최단거리를 구할 때, 먼저 출발점인 꼭지점 v_1에 0 를 지정한다. 그 밖의 꼭지점에 처음에는 ∞ 를 임시로 지정하고 과정이 되풀이할 때마다 임시로 지정한 수는 감소하거나 변하지 않으며, 꼭지점 u에 확정적으로 지정된 수가 v_1에서 u까지의 최단거리이다.

이러한 절차는 각 꼭지점 v에 확정적인 수가 지정되거나 또는 임시로 지정된 수가 변하지 않을 때까지 계속된다. 한편, 임시로 지정된 수가 변하지 않는 경우에는 v_1에서 v까지의 최단경로가 없음을 뜻한다.

알고리즘 9.8.2 (Dijkstra의 최단 거리 알고리즘) 가중 단순그래프에서 다음 절차에 따라 꼭지점 v_1에서 꼭지점 v까지의 최단 거리를 구한다.

단계 1 : 꼭지점 v_1에 0을 지정하고, 나머지 모든 꼭지점에는 ∞를 임시로 지정한다.

여기서, 모든 실수 a에 대하여 $a < \infty$이라고 생각한다.

단계 2 : 꼭지점 v에 확정적인 수가 지정되거나 또는 임시로 지정된 ∞가 아래의 (a), (b)에서 변하지 않을 때까지 다음 과정을 되풀이한다.

(a) 가장 마지막으로 확정적인 수 d가 지정된 꼭지점 v_i를 택하고 v_i에 이웃하는 꼭지점 중에서 확정적인 수가 지정되어 있지 않은 꼭지점 u에 대하여 현재 u에 임시로 지정된 수가 t일 때

$$d + w(v_i u) < t$$

이면 u에 t 대신에 $d + w(e)$를 임시로 지정한다.

(b) 모든 꼭지점 중에서 임시로 지정된 수가 가장 작은 꼭지점 u를 택하여 $v_{i+1} = u$로 놓고, 그 임시로 지정된 수를 v_{i+1}에 확정적으로 지정한다.

여기서, 임시로 지정된 수가 최소인 꼭지점 u가 여러 개 있는 경우에는 이들을 모두 택한다.

보기 9.8.2 오른쪽 그림과 같은 가중 단순그래프에 대하여 알고리즘 9.8.2에 따라 지정된 꼭지점 p에서 그 밖의 다른 꼭지점까지의 최단 거리를 구해 보자.

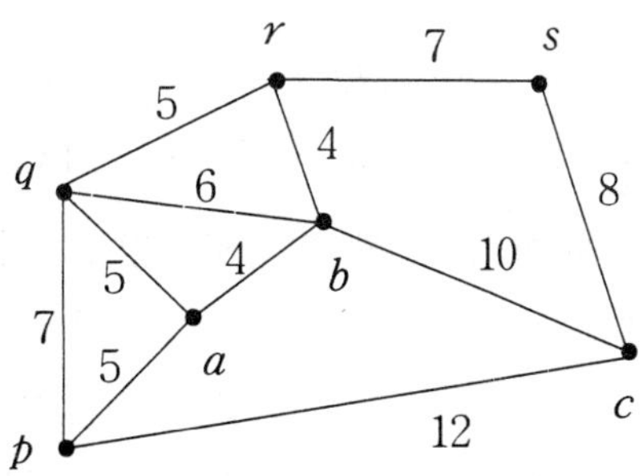

먼저 $v_1 = p$로 놓고 또 v_1에 0을 지정하고, 나머지 꼭지점에는 ∞를 임시로 지정한다.

그런데, 꼭지점 v_1에 이웃하는 꼭지점은 q, a, c 뿐이고, 이들 꼭지점에 대하여

$$d + w(v_1 q) = 0 + 7 = 7 < \infty,$$
$$d + w(v_1 a) = 0 + 5 = 5 < \infty,$$
$$d + w(v_1 c) = 0 + 12 = 12 < \infty$$

q : $\infty \to 7$
a : $\infty \to 5$ (확정)
c : $\infty \to 12$

이므로 q, a, c 에 ∞ 대신에 각각 7, 5, 12 를 지정하고, 나머지 꼭지점에는 ∞ 를 그대로 지정한다. 이 때, 임시로 지정된 수 7, 5, 12 중에서 최소값은 5 이므로 $v_2 = a$ 로 놓고 v_2 에 5 를 확정적으로 지정한다.

다음에 꼭지점 $v_2 = a$ 에 이웃하는 꼭지점 중에서 확정적인 수가 지정되지 않은 꼭지점은 q, b 뿐이고 또 이들 꼭지점에 각각 7, ∞ 가 임시로 지정되어 있으므로

$$d + w(v_2 q) = 5 + 5 = 10 > 7,$$
$$d + w(v_2 b) = 5 + 4 = 9 < \infty$$

q : 7 (확정)
a : 5 (확정)
c : 12
b : $\infty \to 9$

이고, 따라서 b 에 9 를 임시로 지정하고 나머지 꼭지점에 지정된 수는 그대로 둔다. 현재 임시로 지정된 수 7, 9, 12 중에서 최소값은 7 이므로, $v_3 = q$ 로 놓고 v_3 에 7 을 확정적으로 지정한다.

또, 꼭지점 $v_3 = q$ 에 이웃하는 꼭지점 중에서 확정적인 수가 지정되지 않은 꼭지점은 r, b 뿐이고 이들 꼭지점에 임시로 각각 ∞, 9 가 지정되어 있으므로

$$d + w(v_3 r) = 7 + 5 = 12 < \infty,$$
$$d + w(v_3 b) = 7 + 6 = 13 > 9$$

q : 7 (확정)
c : 12
b : 9 (확정)
r : $\infty \to 12$

이고 따라서 r 에 임시로 12 를 지정하고 나머지 꼭지점에 지정된 수는 그대로 둔다. 현재 임시로 지정된 수 12, 9, 12 중에서 최소값은 9 이므로, $v_4 = b$ 로 놓고 v_4 에 9 를 확정적으로 지정한다.

다음에 꼭지점 $v_4 = b$ 에 이웃하는 꼭지점 중에서 확정적인 수가 지정되지 않은 꼭지점은 r, c 뿐이고 이들 꼭지점에 임시로 12, 12 가 지정되어 있으므로

c : 12 (확정)
b : 9 (확정)
r : 12 (확정)

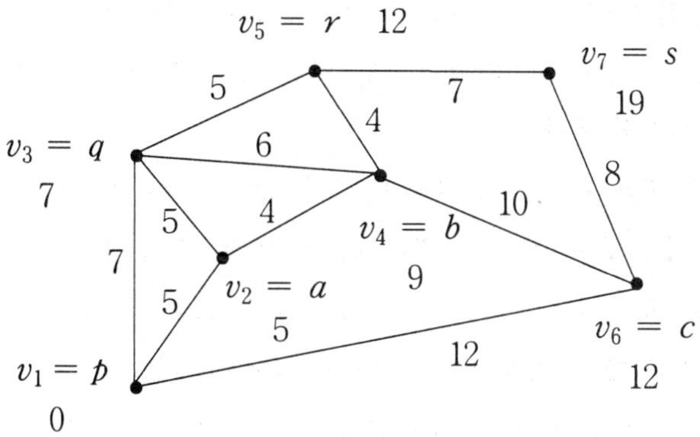

$$d + w(v_4 r) = 9 + 4 = 13 > 12,$$

$$d + w(v_4 c) = 9 + 10 = 19 > 12$$

이고 따라서 r, c에 지정된 수 12, 12는 그대로 둔다.

현재 임시로 지정된 수 12, 12 중에서 최소값은 12이므로 $v_5 = r$, $v_6 = c$로 놓고 v_5, v_6에 각각 12, 12를 확정적으로 지정한다.

마지막으로, $v_5 = r$에 이웃하는 꼭지점 중에서 확정적인 수가 지정되어 있지 않은 꼭지점은 s뿐이고 s에
임시로 ∞가 지정되어 있으므로

$$d + w(v_5 s) = 12 + 7 \qquad s : \infty \longrightarrow 19 \text{ (확정)}$$

$$= 19 < \infty$$

이고 따라서 $v_7 = s$로 놓고 v_7에 19를 확정적으로 지정한다.

이로써 꼭지점 p에서 임의의 꼭지점까지의 최단거리를 알 수 있고, 이 결과는 보기 9.8.1에서 얻은 결과와 일치한다.

한편, 알고리즘 9.8.2를 이용하면, 꼭지점 v_1에서 꼭지점 v까지의 최단거리를 알 수 있으나 v_1에서 v까지의 최단경로를 직접 알 수는 없다. 그러나, 이 경우에도 v_1에서 v까지의 최단거리를 구할 때의 과정을 역으로 추적하면, 그 최단경로도 구할 수 있다.

다음에 소개할 알고리즘은 임의의 두 꼭지점 사이의 최단거리를 구할 때 이용되는 알고리즘이다.

알고리즘 9.8.3 (Floyd-Warshall 알고리즘) 가중 단순그래프에 n 개의 꼭지점 $v_1, v_2, \cdots, v_n$ 이 존재할 때, 다음 절차에 따라 임의의 두 꼭지점 사이의 최단거리를 구한다.

단계 1 : 각 $i = 1, 2, \cdots, n$ 에 대하여 $d(i, i) = 0$ 으로 놓는다.
또, $1 \leq i \neq j \leq n$ 일 때, v_i 와 v_j 를 이은 모서리 $v_i v_j$ 가 존재하는 경우에는 $d(i, j)$ 를 모서리 $v_i v_j$ 의 무게 $w(v_i v_j)$ 로 놓고 그렇지 않은 경우에는 $d(i, j) = \infty$ 로 놓는다.

단계 2 : $k = 1$ 에서 $k = n$ 까지에 대하여
$i = 1$ 에서 $i = n$ 까지와 $j = 1$ 에서 $j = n$ 까지에 대하여

$$d(i, j), \qquad d(i, k) + d(k, j)$$

중에서 가장 작은 값을 새로 $d(i, j)$ 로 놓는다.

여기서, $d(i, j)$ 의 마지막 값이 v_i 에서 v_j 사이의 최단거리이다.

이 알고리즘에서 v_i 와 v_j 를 이은 모서리 $v_i v_j$ 가 존재하는 경우에 이 두 꼭지점 사이의 최단거리는 $d(v_i, v_j) = w(v_i v_j)$ 이다. 또, 단계 2 에서 처음($k = 1$) 되풀이 과정이 끝난 이후에 모서리 $v_i v_j$ 와 경로 $v_i\, v_1\, v_j$ 가 존재하면 v_i 와 v_j 사이의 최단 거리는

$$d(v_i, v_j), \quad d(v_i, v_1) + d(v_1, v_j)$$

중에서 가장 작은 값이다.

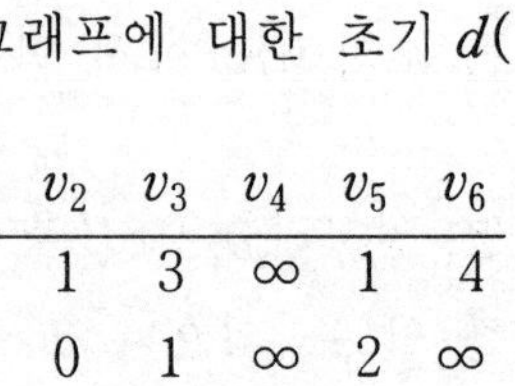

보기 9.8.3 아래 그림이 나타내는 가중 단순그래프에 대한 초기 $d(i, j)$ 의 값은 아래 오른쪽 표와 같다

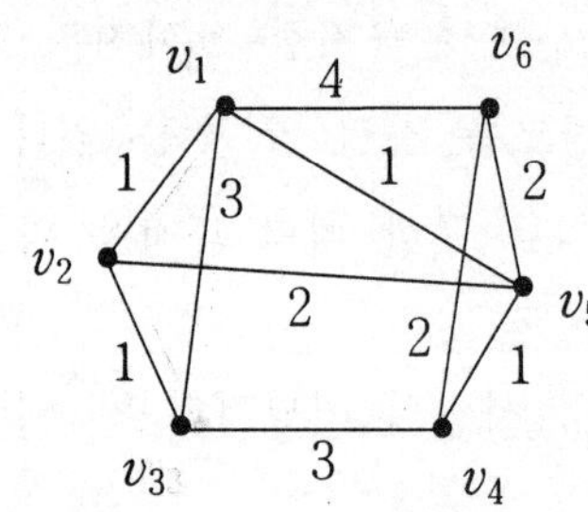

	v_1	v_2	v_3	v_4	v_5	v_6
v_1	0	1	3	∞	1	4
v_2	1	0	1	∞	2	∞
v_3	3	1	0	3	∞	∞
v_4	∞	∞	3	0	1	2
v_5	1	2	∞	1	0	2
v_6	4	∞	∞	2	2	0

알고리즘 9.8.3에 따라 실행하는 경우에 단계 2에서 $k=1, 2, 3, \cdots, 6$ 이후의 $d(i, j)$의 값은 다음 표와 같다.

마지막 표로부터 두 꼭지점 사이의 최단 거리를 얻을 수 있다.

$k=1$ 이후

	v_1	v_2	v_3	v_4	v_5	v_6
v_1	0	1	3	∞	1	4
v_2	1	0	1	∞	2	5
v_3	3	1	0	3	4	7
v_4	∞	∞	3	0	1	2
v_5	1	2	4	1	0	2
v_6	4	5	7	2	2	0

$k=2$ 이후

	v_1	v_2	v_3	v_4	v_5	v_6
v_1	0	1	2	∞	1	4
v_2	1	0	1	∞	2	5
v_3	2	1	0	3	3	6
v_4	∞	∞	3	0	1	2
v_5	1	2	3	1	0	2
v_6	4	5	6	2	2	0

$k=3$ 이후

	v_1	v_2	v_3	v_4	v_5	v_6
v_1	0	1	2	5	1	4
v_2	1	0	1	4	2	5
v_3	2	1	0	3	3	6
v_4	5	4	3	0	1	2
v_5	1	2	3	1	0	2
v_6	4	5	6	2	2	0

$k=4$ 이후

	v_1	v_2	v_3	v_4	v_5	v_6
v_1	0	1	2	5	1	4
v_2	1	0	1	4	2	5
v_3	2	1	0	3	3	5
v_4	5	4	3	0	1	2
v_5	1	2	3	1	0	2
v_6	4	5	5	2	2	0

$k=5$ 이후

	v_1	v_2	v_3	v_4	v_5	v_6
v_1	0	1	2	2	1	3
v_2	1	0	1	3	2	4
v_3	2	1	0	3	3	5
v_4	2	3	3	0	1	2
v_5	1	2	3	1	0	2
v_6	3	4	5	2	2	0

$k=6$ 이후

	v_1	v_2	v_3	v_4	v_5	v_6
v_1	0	1	2	2	1	3
v_2	1	0	1	3	2	4
v_3	2	1	0	3	3	5
v_4	2	3	3	0	1	2
v_5	1	2	3	1	0	2
v_6	3	4	5	2	2	0

연 습 문 제 (9.8)

1. 다음 그림이 나타내는 가중 그래프에 대하여 알고리즘 9.8.2 를 따라 꼭지점 p 에서 다른 꼭지점까지의 최단 경로를 구하여라.

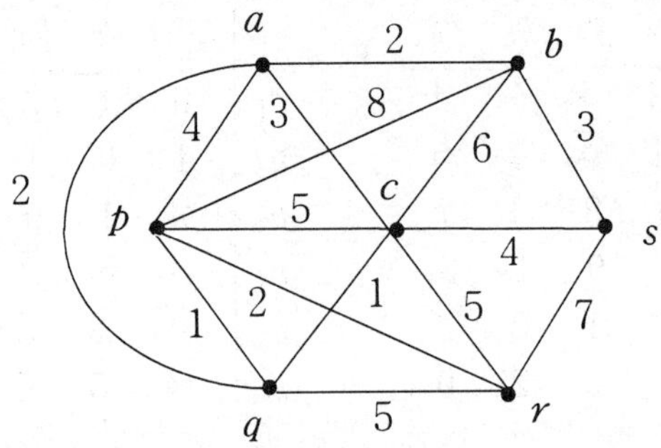

2. 위의 그림이 나타내는 가중 그래프에 대하여 알고리즘 9.8.3 을 따라 꼭지점 p 에서 다른 꼭지점까지의 최단 거리를 구하여라.

3. 다음 그림이 나타내는 가중 그래프에 대하여 알고리즘 9.8.2 를 따라 꼭지점 v_1 에서 다른 꼭지점까지의 최단 경로를 구하여라.

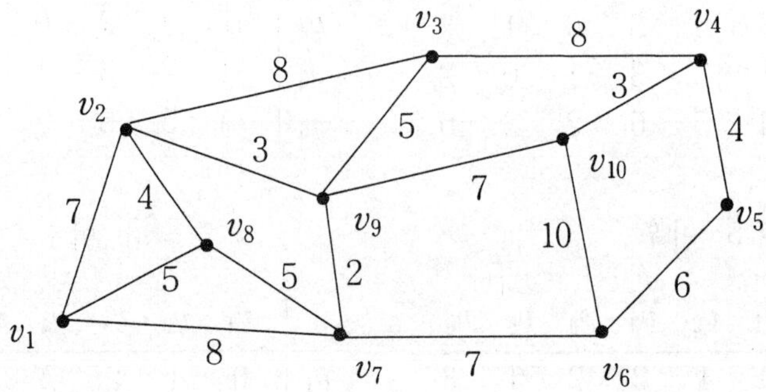

4. 위의 그림이 나타내는 가중 그래프의 꼭지점 v_1, v_2, $\cdots$, v_9, v_{10} 에 대하여 알고리즘 9.8.3 을 적용할 때, 다음 물음에 답하여라.

   (1) $d(1,1)$, $d(1,2)$, $\cdots$, $d(1,10)$ 의 마지막 값을 구하여라.

   (2) $k=4$ 이후의 $d(1,5)$, $d(1,6)$, $d(3,4)$, $d(8,5)$ 의 값을 구하여라.

   (3) $d(2,5)$ 의 초기값을 구하고, 또 $k=1,2,\cdots,10$ 이후의 $d(2,5)$ 의 값을 구하여라.

제 10 장

수 형 도

이 장에서는, 수형도의 특성과 생성수형도에 대하여 논하고 가중 연결그래프의 최소 생성수형도를 구하는 알고리즘과 이에 대한 구체적인 보기를 논한다.

그리고, 문제에서 가중 연결그래프의 최대 생성수형도를 구하는 알고리즘과 이에 관하여 논한다.

§ 10.1 수형도

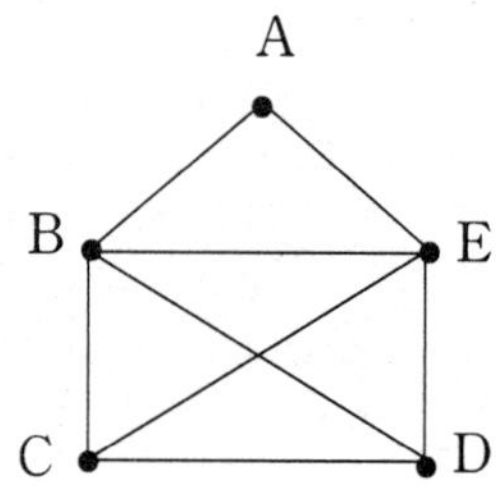

오른쪽 그림이 나타내는 그래프에서 꼭지점은 지역을 나타내고 또 모서리는 도로를 나타낸다고 할 때, 외판매원이 A 지역을 출발하여 모든 지역을 한 번씩 만 방문한 후에 다시 A 지역으로 되돌아올 수 있는 방법은 모두 4 가지가 있음을 다음 그림으로부터 알 수 있다.

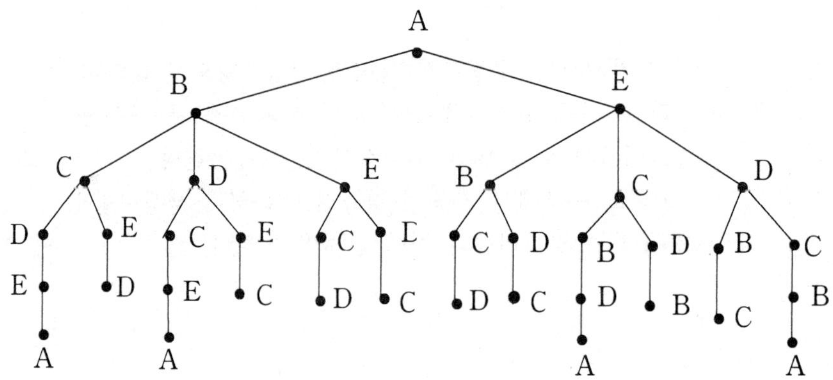

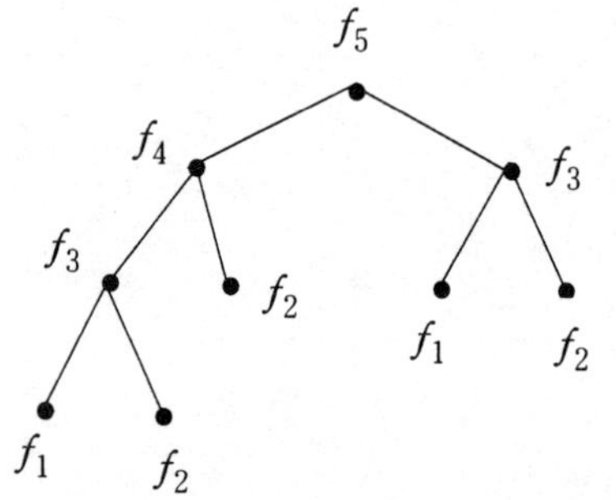

오른쪽 그림은 Fibonacci 수 f_5 를 구하는 방법을 보여 준다(정의 2.5.3).

$$f_1 = 1, \quad f_2 = 1,$$
$$f_3 = f_1 + f_2 = 2,$$
$$f_4 = f_2 + f_3 = 3,$$
$$f_5 = f_3 + f_4 = 5$$

정의 10.1.1 그래프 $G = (V, E)$ 가 연결그래프인 동시에 단순회로가 없을 때 G 를 **수형도**(樹型圖, tree)라고 한다.

위의 두 그림이 나타내는 그래프는 모두 수형도이다.

수형도에는 단순회로가 없으므로 다중모서리나 고리가 존재하지 않으며 따라서 수형도는 단순그래프이다(정의 9.1.2).

보기 10.1.1 별그래프 S_n은 n개의 꼭지점과 $n-1$개의 모서리로 이루어진 수형도이다(정의 9.2.4).

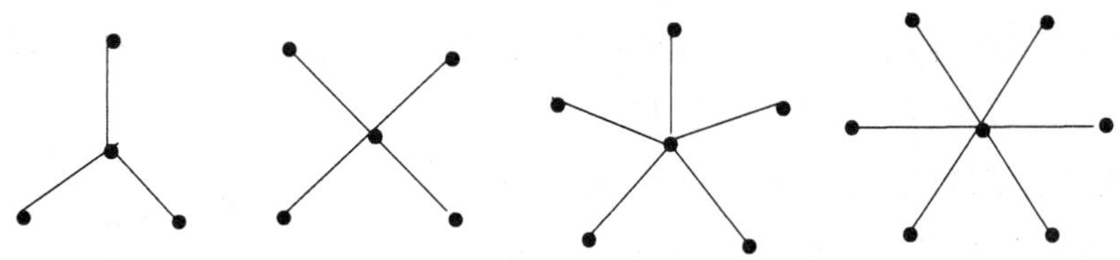

그리고, 완전 이분그래프 $K_{1,n}$은 $n+1$개의 꼭지점과 n개의 모서리로 이루어진 수형도이다(정의 9.2.6).

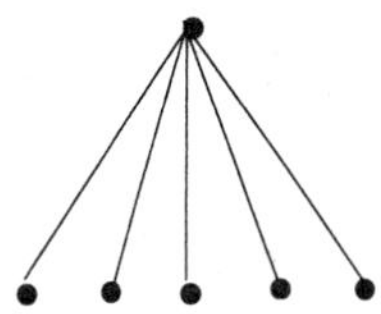

보기 10.1.2 오른쪽 그림이 나타내는 그래프는 연결그래프이지만, 단순회로

$$v_1 \ v_2 \ v_5 \ v_4 \ v_1$$

가 존재하므로 이 그래프는 수형도가 아니다.

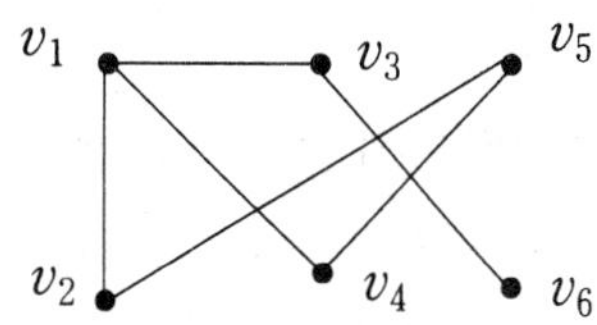

그리고, 오른쪽 그림이 나타내는 그래프는 분명히 연결그래프가 아니므로 이 그래프는 수형도가 아니다.

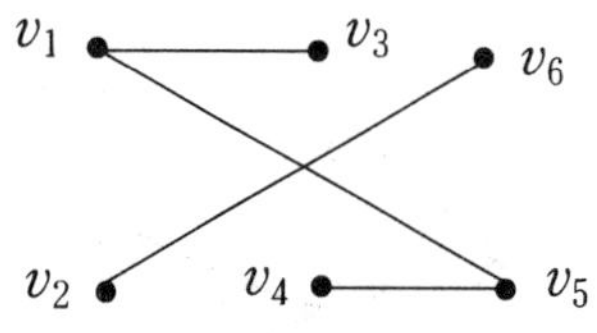

정리 10.1.2 단순그래프 G에 대하여 다음 두 조건은 서로 동치이다.

(1) G는 수형도이다.

(2) 임의의 서로 다른 두 꼭지점 v, w에 대하여 v에서 w까지의 경로가 하나 그리고 단 하나 존재한다.

증 명 (1) $\Longrightarrow$ (2) 단순그래프 G가 수형도라 하고 v, w를 서로 다른 두 꼭지점이라고 하자. 이 때, G는 연결그래프이므로 v에서 w까지의 경로가 존재한다(정의 8.4.4). 그리고, v 에서 w 까지의 경로가 두 개 존재한다면, G 에 단순회로가 존재하게 되어 G 가 수형도라는 사실에 모순된다. 따라서 v 에서 w 까지의 경로는 단 하나 존재한다.

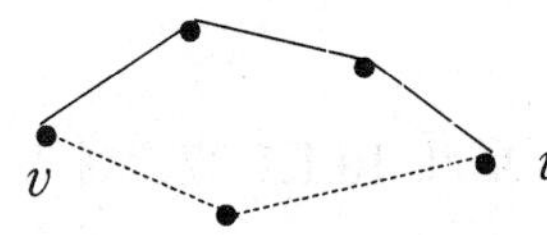

(2) $\Longrightarrow$ (1) 조건 (2) 가 성립한다고 하자.

가정에 의하여 G 는 연결그래프이고 G 에는 다중모서리와 고리가 없다. 그러므로, G 에 단순회로가 존재한다면, 이 단순회로는 적어도 3 개의 꼭지점 u, v, w 를 포함하고 이때 u 에서 w 까지의 경로는 2 개가 있게 되어 모순이 생긴다.

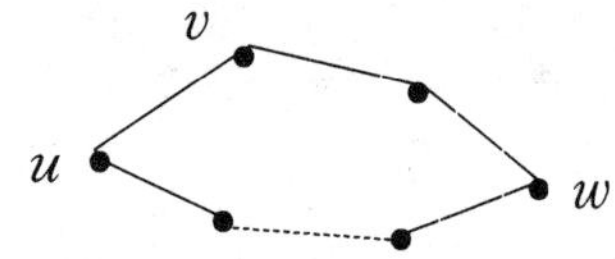

그러므로, G 는 수형도이다.

정의 10.1.3 수형도에서 특정한 한 꼭지점 v_0 를 지정하여 논하는 경우에 이 수형도를 **뿌리**(root) $\boldsymbol{v_0}$ **를 가진 수형도**(rooted tree)라고 한다.

수형도에서 뿌리 v_0 에서 다른 꼭지점 v 까지의 경로는 유일하게 결정되므로 뿌리로부터 시작하여 각 모서리에 방향을 정하여 유향그래프로 나타낼 수 있다. 아래의 첫째 그림이 나타내는 수형도는 뿌리 v_1 을 가진 수형도와 뿌리 v_3 를 가진 수형도로 나타낼 수 있다.

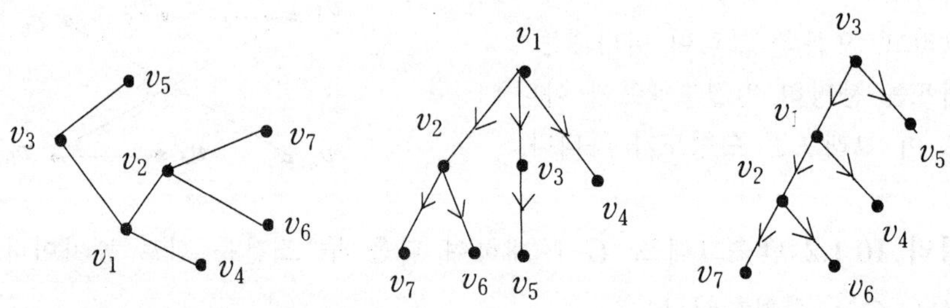

뿌리 v_0 를 가진 수형도를 유향그래프로 생각할 때, 꼭지점 v 를 시점으로 하는 모서리가 존재하는 경우에 v 를 **내부 꼭지점**(internal vertex)이라고 한다. 앞의 두 그림에서 v_1, v_2, v_3 는 내부 꼭지점이고 v_4, v_5, v_6, v_7 은 매달린 꼭지점이다(정의 9.1.6).

정의 10.1.4 뿌리를 가진 수형도를 유향그래프로 생각하는 경우에 모든 내부 꼭지점 v에 대하여 v를 시점으로 하는 꼭지점이 꼭 m개씩 존재할 때, 이 수형도를 **완전 $\boldsymbol{m}$진 수형도**(fully m-ary tree)라고 한다.

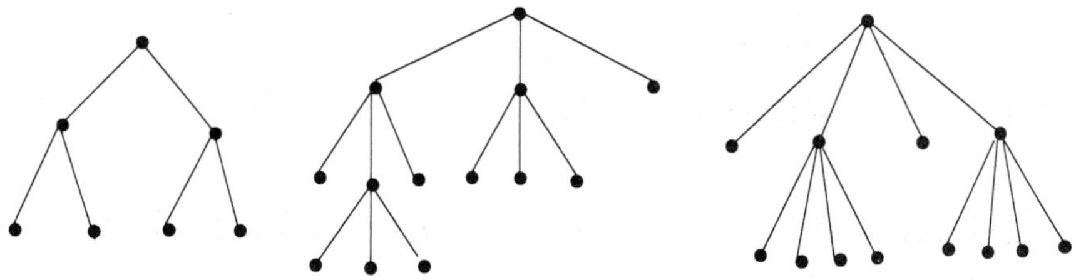

보기 10.1.3 꼭지점에 문자를 붙이지 않은 경우에 5개의 꼭지점을 가진 수형도는 다음 그림이 나타내는 3개의 수형도 뿐이다.

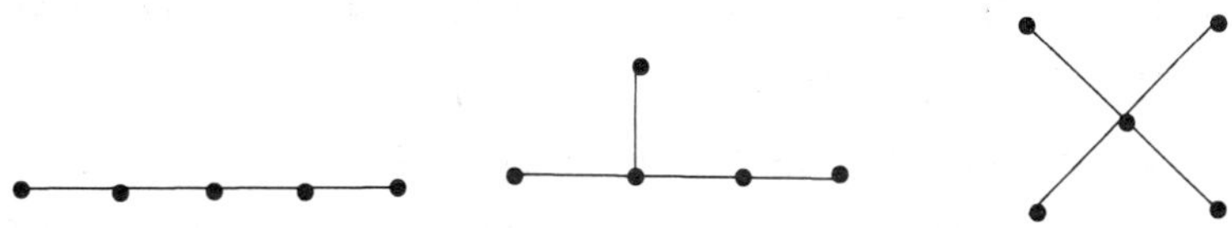

한편, 5개의 꼭지점을 가지면서 특정한 꼭지점이 뿌리인 수형도는 다음 그림이 나타내는 9개뿐이다.

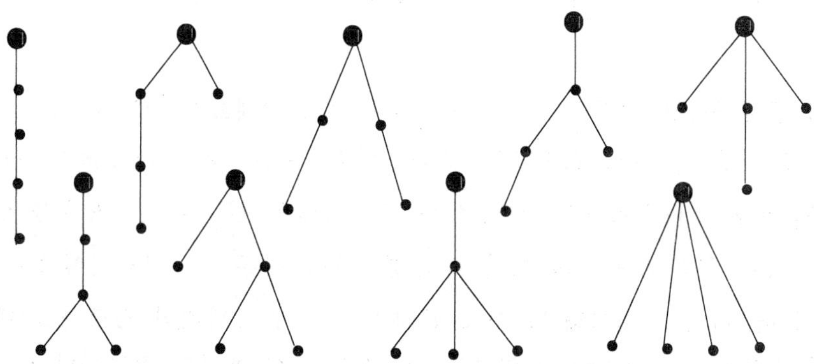

정의 10.1.5 그래프 G가 뿌리 v_0를 가진 수형도일 때, v_0와는 다른 꼭지점 v에 대하여 v_0에서 v까지의 경로

$$v_0\ v_1\ v_2 \cdots v_{k-1}\ v \qquad\qquad (k \geq 1)$$

가 단 하나 존재한다(정리 10.1.2). 이 경로의 길이 k를 v의 **수준**(水準, level) 또는 **깊이**(depth)라고 한다.

보기 10.1.4 오른쪽 그림이 나타내는 수형도에서 꼭지점 v_0를 뿌리로 택할 때, v_0에서 꼭지점 v까지의 경로는

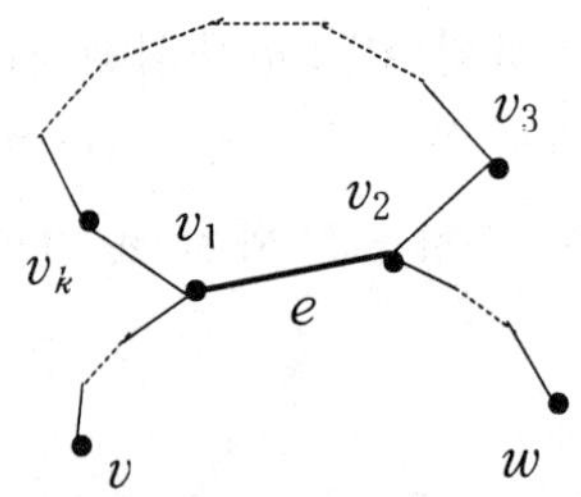

$$v_0 \; v_1 \; v_2 \; v$$

뿐이고 따라서 v의 깊이는 3이다.

정리 10.1.6 단순연결그래프 $G = (V, E)$가 수형도일 때 그리고 이때에만 $|E| = |V| - 1$이다.

증 명 먼저 G가 수형도라 하고 한 꼭지점 v_0를 뿌리로 택하면, v_0가 아닌 꼭지점 v에 대하여 v의 깊이가 결정된다. 그리고, G에는 고리가 없으므로 각 모서리의 끝점은 2개 있다.

이제 각 모서리 $e \in E$에 대하여 이 모서리의 두 끝점 중에서 그 깊이가 큰 꼭지점을 대응시키면, 이 대응은 E에서 $V - \{v_0\}$로의 일대일 대응이고 따라서 $|E| = |V| - 1$이다.

역으로, $|E| = |V| - 1$일 때, G에 단순회로

$$v_1 \; v_2 \; \cdots \; v_k \; v_1$$

이 존재한다고 가정하자. 이 때, G는 단순그래프이므로 G에는 고리도 없고 다중모서리도 없으므로 $k \geq 3$이다. 또한, $e = \{v_1, v_2\}$이라 하고 $E_1 = E - \{e\}$이라고 하면, G의 부분그래프 $G_1 = (V, E_1)$을 얻는다.

이제 부분그래프 G_1에서 v, w를 서로 다른 두 꼭지점이라고 하자. 이 때, G는 연결그래프이므로 G에는 v에서 w까지의 경로가 존재한다. 이 경로가 e를 포함하지 않으면, 이 경로는 G_1에서의 경로이다.

한편, 이 경로가 e를 포함하면 e를

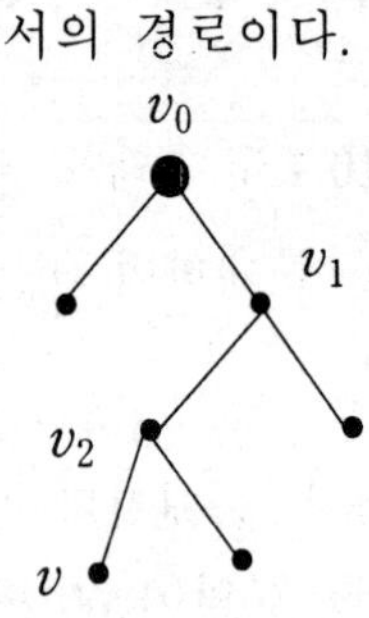

$$v_1 \; v_k \; v_{k-1} \; \cdots \; v_3 \; v_2$$

로 바꾸어 놓아 만든 경로는 G_1에서의 v에서 w까지의 경로이다.

따라서 G_1은 단순연결그래프이고

단순회로 $v_1\, v_2\, \cdots\, v_k\, v_1$ 를 포함하지 않으며 다음 등식이 성립한다.

$$|E_1| = |E| - 1 = |V| - 2 < |V| - 1$$

이와 같이 그래프 G 에서 꼭지점은 그대로 둔 채 단순회로의 모서리를 모두 제거하여 얻은 G 의 부분그래프를 $G' = (V, E')$ 이라고 하면, G' 은 단순연결그래프이고 따라서 G' 은 수형도이고 또 $|E'| < |V| - 1$ 로 되어 모순이 생긴다.

그러므로, G 에는 단순회로가 없으므로 G 는 수형도이다.

정리 10.1.6 을 이용하여, 수형도 $G = (V, E)$ 가 평면그래프임을 증명할 수 있다(정의 9.6.1, 문제 9 참조).

그리고, 정리 9.6.2 에 의하여 수형도 G 에서

$$f = |E| - |V| + 2 = |V| - 1 - |V| + 2 = 1$$

이므로 G 의 면은 하나뿐이고 모든 모서리는 이 면의 경계를 이룬다.

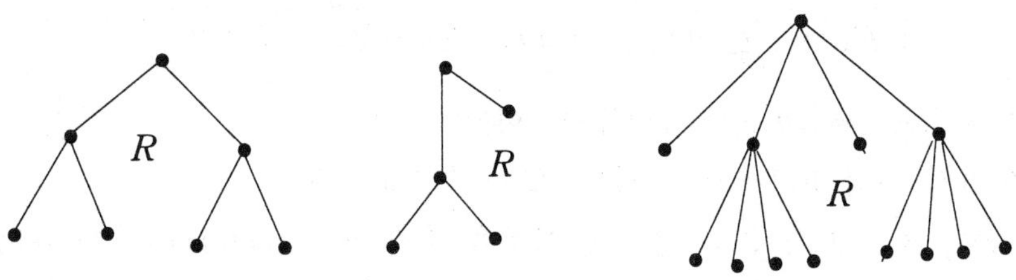

따름정리 10.1.7 수형도 $G = (V, E)$ 에서 인접하지 않은 두 꼭지점을 모서리로 이으면 단순회로가 생긴다.

증 명 수형도 G 에서 인접하지 않은 두 꼭지점 v, w 에 모서리 e 를 추가하여 $E' = E \cup \{e\}$ 이라고 하면, $G' = (V, E')$ 은 단순연결그래프이다. 한편, 정리 10.1.5 에 의하여

$$|E| = |V| - 1$$

이므로

$$|E'| = |E| + 1 = |V|$$

이고, 따라서 G' 은 수형도가 아니므로 G' 에 단순회로가 존재한다.

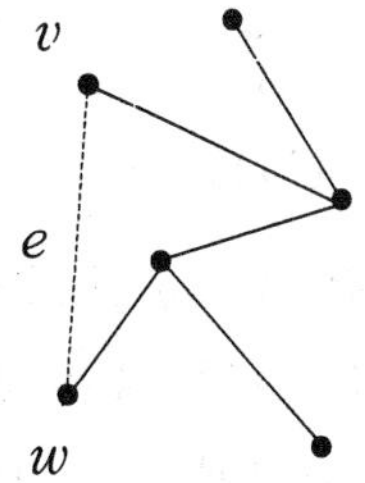

수형도가 그래프 중에서도 중요하다는 것을 인식하게 한 사람은 영국의 수학자이자 법률가인 Arthur Cayley(1821 ~ 1895) 이다.

화합물 C_kH_{2k+2} 를 파라핀(paraffin)이라고 한다. 한 분자 C_kH_{2k+2}에는 k개의 탄소 원자와 $2k+2$ 개의 수소 원자가 들어 있으며, 각 탄소 원자는 4 개의 수소와 결합하거나 또는 1 개의 탄소 원자와 3 개의 수소 원자와 결합한다.

분자 C_kH_{2k+2} 에 들어 있는 k개의 탄소 원자와 $2k+2$ 개의 수소 원자를 꼭지점으로 생각하고 또 이들 원자의 결합 관계를 모서리로 나타낼 때, C_kH_{2k+2} 에 대응하는 그래프를 $G = (V, E)$ 이라고 하면

$$|V| = k + 2k + 2 = 3k + 2$$

이고 k개의 탄소 원자에 대응하는 꼭지점의 차수는 4 이며 $2k+2$ 개의 수소 원자에 대응하는 꼭지점의 차수는 1 이다.

그리고 G는 단순연결그래프이고, 정리 9.1.7 에 의하여

$$2|E| = \sum_{v\in V} \deg v = 4k + 2k + 2 = 6k + 2$$

이므로 $|E| = 3k + 1 = |V| - 1$ 이다.

따라서 정리 10.1.5 에 의하여 G는 수형도이다.

특히, $k = 1, 2, 3$ 인 경우에 이것을 각각 메탄(methane), 에탄(ethane), 프로판(propane)이라고 하는데, 이들에 대응하는 수형도는 각각 다음과 같은 단 한 가지뿐이다.

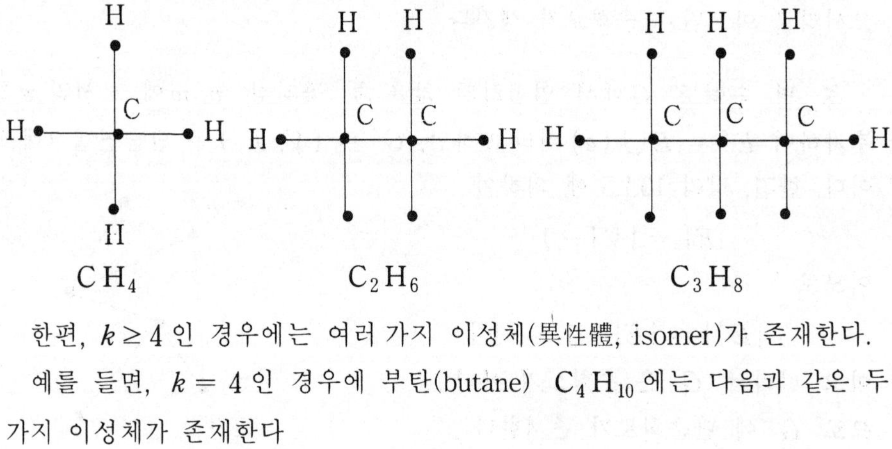

CH_4 C_2H_6 C_3H_8

한편, $k \geq 4$ 인 경우에는 여러 가지 이성체(異性體, isomer)가 존재한다.

예를 들면, $k = 4$ 인 경우에 부탄(butane) C_4H_{10} 에는 다음과 같은 두 가지 이성체가 존재한다

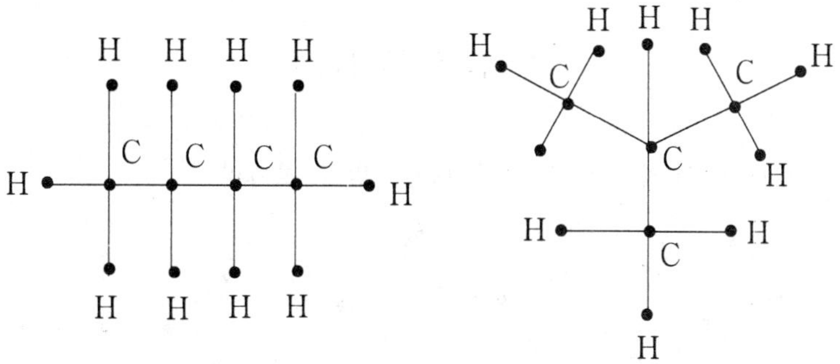

이소부탄

예를 들어 대형 기관의 구조는 뿌리를 가진 수형도로 나타낼 수 있다.

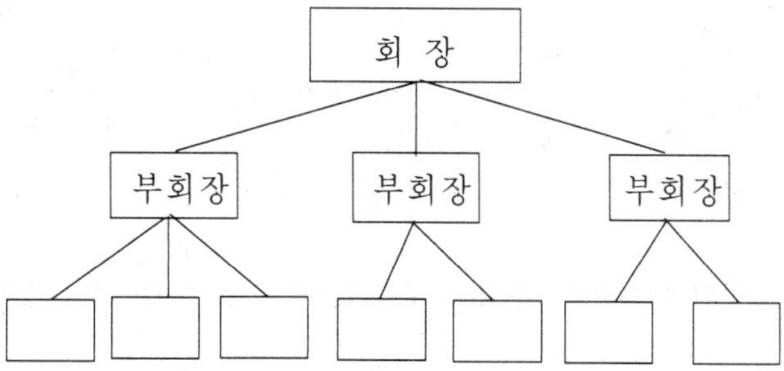

그리고, 컴퓨터 메모리에 있는 파일(file)은 목록(directory)에 분류되어 보관된다. 각 목록에는 파일과 자료방(subdirectory)을 포함하고 있다.

파일 체계(file system) 전체는 뿌리를 가진 수형도로 나타낼 수 있다. 이 때, 뿌리는 뿌리 목록(root directory)이고 내부 꼭지점은 자료방을 나타내며 내부 꼭지점이 아닌 꼭지점은 보통 파일 또는 비어 있는 자료방을 나타낸다.

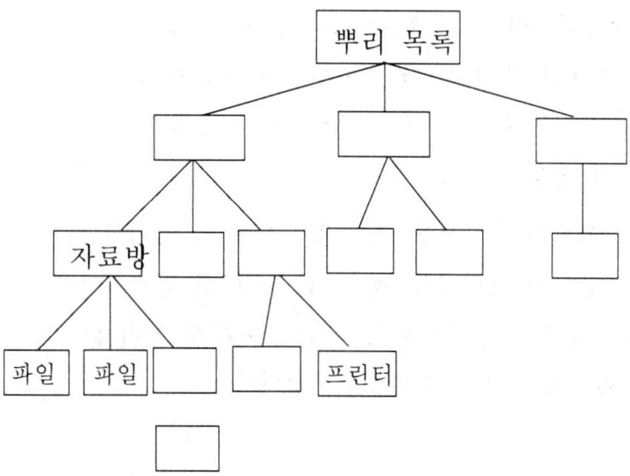

연습문제 (10.1)

1. 다음 그림 중에서 수형도를 나타내는 그림을 찾아라.

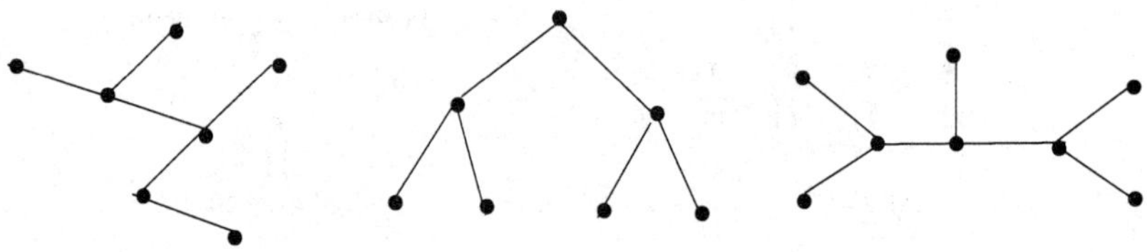

2. 다음 그림 중에서 수형도를 나타내는 그림을 찾아라.

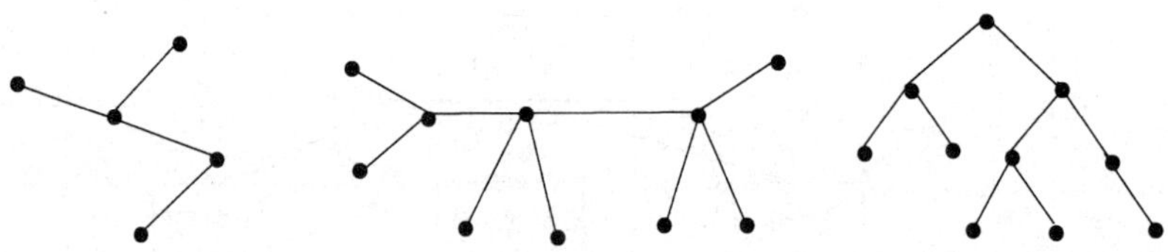

3. 다음 세 그림이 나타내는 수형도 G, G', G'' 은 모두 서로 동형이다.

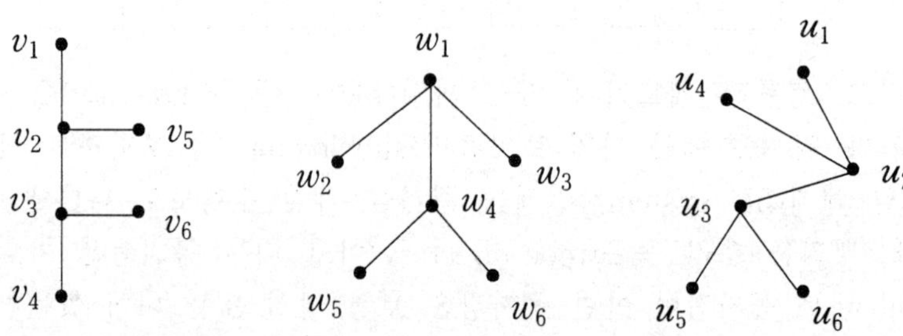

이제

$$G = (V, E), \qquad V = \{v_1, v_2, \cdots, v_6\},$$
$$G' = (W, E'), \qquad W = \{w_1, w_2, \cdots, w_6\},$$
$$G'' = (U, E''), \qquad U = \{u_1, u_2, \cdots, u_6\}$$

이라고 할 때, 다음 물음에 답하여라.

(1) G 에서 G' 위로의 동형사상 $\phi_1 : V \longrightarrow W$ 을 정의하여라.

(2) G 에서 G'' 위로의 동형사상 $\phi_2 : V \longrightarrow U$ 를 정의하여라.

(3) G' 에서 G'' 위로의 동형사상 $\psi : W \longrightarrow U$ 를 정의하여라.

(4) 수형도 G, G', G'' 의 인접행렬을 구하여라.

4. 다음 그림이 나타내는 수형도 중에서 서로 동형인 것이 있는지 판정하여라.

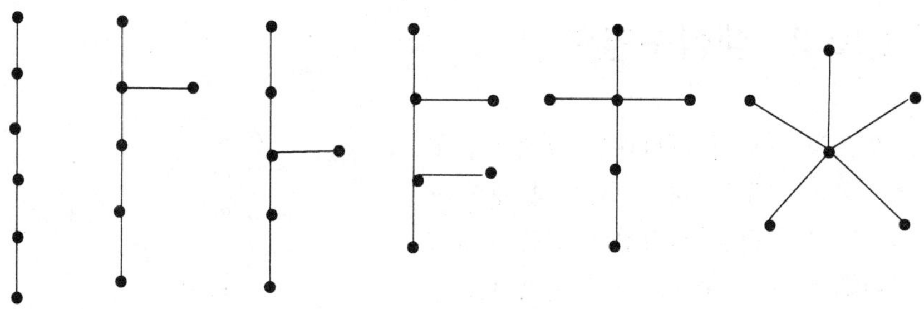

5. 다섯 사람의 성이 각각 김, 이, 박, 최, 정일 때, 이들 중에서 세 사람을 뽑아 소위원회를 구성하는 방법은 모두 몇 가지가 있는가 ?
그리고, 이와 같이 소위원회를 구성하는 방법 전체를 수형도로 나타내어라.

6. 연결그래프 $G=(V,E)$, $|V|\geq 2$ 에서 $|E|<|V|$ 이면 G 는 수형도임을 증명하여라(문제 9.3.8 참조).

7. 그래프 $G=(V,E)$ 의 꼭지점은 어느 한 나라의 여러 도시를 나타내고 또 모서리는 두 도시 사이의 직행 항로를 나낸다고 할 때, $\dfrac{|E|}{|V|}<1$ 인 경우에 이 나라에서의 항공 여행에 대하여 무어라고 말할 수 있는가 ?

8. 수형도 $G=(V,E)$ 에서 $|V|\geq 2$ 일 때, G 에는 차수가 1 인 꼭지점이 2 개 이상 존재함을 증명하여라.

9. 수형도는 모두 평면그래프임을 증명하여라.

10. 완전 이분그래프 $K_{m,n}$ 이 수형도이면, $m=1$ 또는 $n=1$ 임을 밝혀라.

11. 수형도 $G=(V,E)$ 에서 $|V|\geq 2$ 일 때, 수형도 G 는 이분그래프이고 또 $\chi(G)=2$ 임을 증명하여라.

12. 수형도 $G=(V,E)$ 에서 한 모서리 $e\in E$ 에 대하여 $E'=E-\{e\}$ 라고 할 때, G 의 부분그래프 $G'=(V,E')$ 은 연결그래프가 아님을 증명하여라.

§10.2 생성수형도

오른쪽 그림이 나타내는 그래프에서 꼭지점은 모두 그대로 두고 몇 개의 적당한 모서리를 제거하여 얻은 부분 그래프 중에는 수형도인 것이 있다.

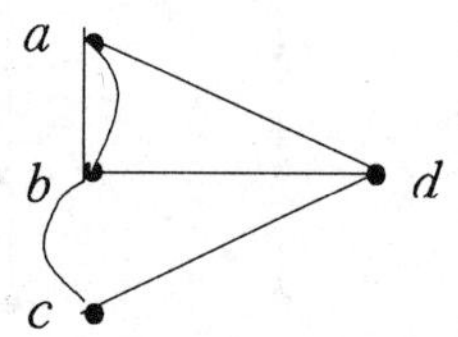

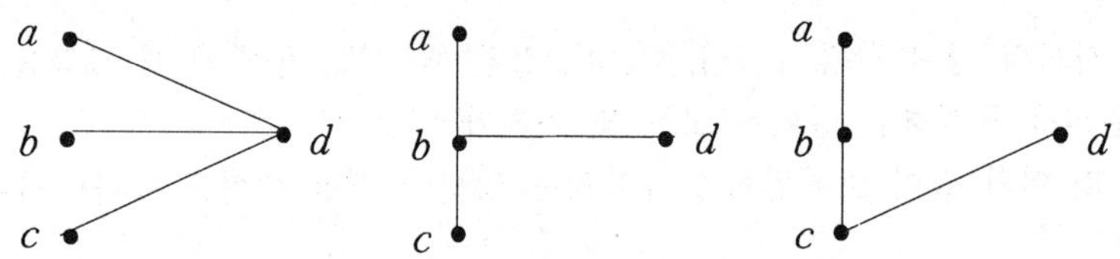

정의 10.2.1 그래프 $G=(V,E)$ 에서 꼭지점은 그대로 둔채 몇 개의 적당한 모서리를 제거하여 수형도 $G'=(V,E')$ 을 얻을 수 있을 때 G' 을 G 의 **생성수형도**(生成 樹型圖, spanning tree)라고 한다.

그래프 G 에 생성수형도 G' 가 존재하면, G' 은 연결그래프이므로 G 도 또한 연결그래프이다.

정리 10.2.2 연결그래프 $G=(V,E)$ 에는 생성수형도 $G'=(V,E')$ 가 존재하고 이때 $|E'|=|V|-1$ 이다.

증 명 연결그래프 G 에서 꼭지점은 모두 그대로 둔 채 고리가 존재한다면 고리를 모두 제거하고 또 서로 다른 두 꼭지점을 이은 다중모서리가 존재한다면 이들 모서리 중에서 하나만 남기고 나머지를 모두 제거하여 얻은 G 의 부분그래프를 $G_1=(V,E_1)$ 이라고 하면 G_1 은 단순 연결그래프이다.

먼저 G_1 에 단순회로가 존재하지 않으면, G_1 은 수형도이므로 G_1 은 G 의 생성 수형도이다(정의 10.1.1).

이제 부분그래프 G_1 에 다음과 같은 단순회로가 존재한다고 가정하자.

$$v_1\ v_2\ \cdots\ v_k\ v_1$$

이제 $e = \{v_1, v_2\}$ 이라 하고 $E_2 = E_1 - \{e\}$이라고 할 때, 그래프 G_1 에서 꼭지점은 그대로 둔 채 모서리 e 만을 제거하여 얻은 부분그래프 $G_2 = (V, E_2)$ 는 연결그래프이고 또 단순회로

$$v_1\ v_2\ \cdots\ v_k\ v_1$$

를 포함하지 않는다(정리 10.1.5 의 증명 참조).

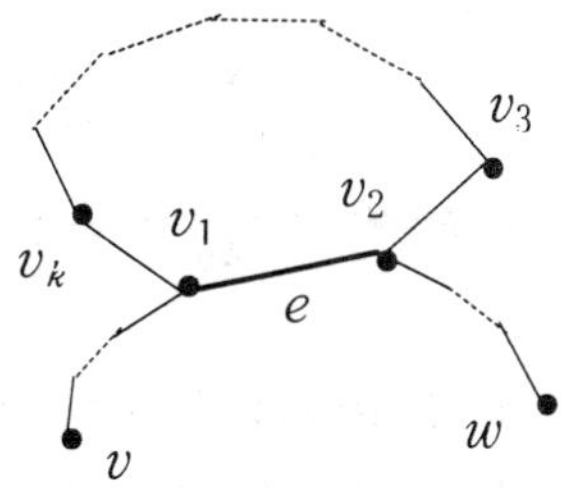

이와 같이 G_1 에서 꼭지점은 그대로 둔 채 단순회로의 모서리를 모두 제거하여 얻은 부분그래프를 $G' = (V, E')$ 이라고 하면, G' 은 연결그래프이므로 G' 은 수형도이다.

따라서 G' 은 G 의 생성수형도이다.

그리고, 정리 10.1.5 에 의하여 $|E'| = |V| - 1$ 이다.

보기 10.2.1 꼭지점을 구별하지 않는 경우에 꼭지점 3 개를 가진 수형도는 한 가지뿐이다.

한편, 세 꼭지점에 v_1, v_2, v_3 와 같은 문자를 붙여 꼭지점을 구별하는 경우에 꼭지점 3 개를 가진 수형도는 다음 그림이 나타내는 3 가지가 있다.

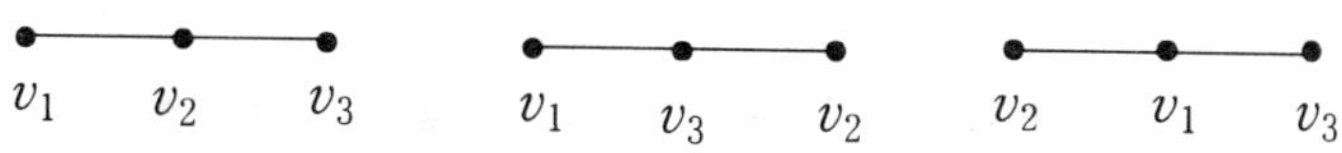

여기서 아래 두 그림이 나타내는 수형도는 동일한 수형도이다.

앞으로, 꼭지점의 개수가 n 인 수형도를 생각하는 경우에는 그래프의 각 꼭지점에 v_1, v_2, $\cdots$, v_n 과 같은 문자를 붙여 꼭지점을 구별하기로 한다.

보기 10.2.2 오른쪽 그림이 나타내는 그래프는 단순 연결그래프이다.

이 그래프의 생성수형도는 아래의 그림이 나타내는 세 그래프뿐이다.

여기서 처음 두 수형도는 동형이다.

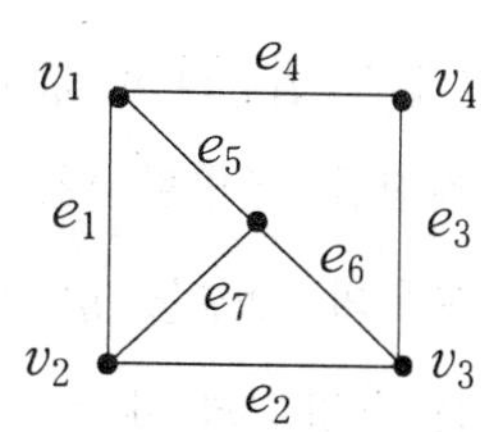

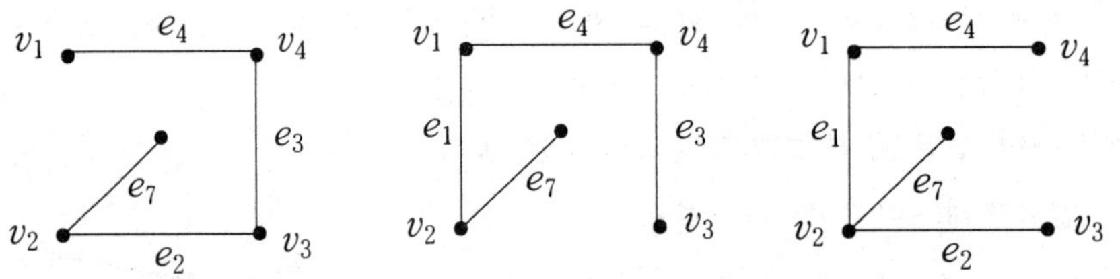

보기 10.2.3 오른쪽 그림이 나타내는 단순 연결그래프에 대하여 다음과 같은 8 개의 서로 다른 생성수형도가 존재하며 이들 생성 수형도는 4 개의 꼭지점과 3 개의 모서리로 이루어져 있다.

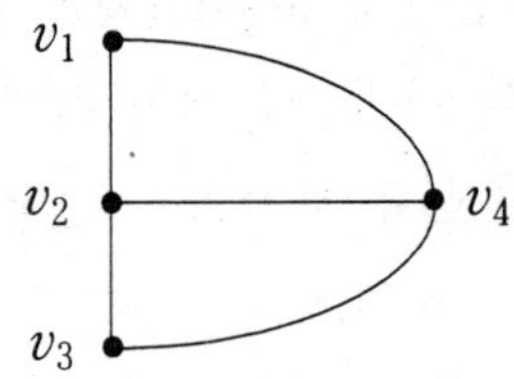

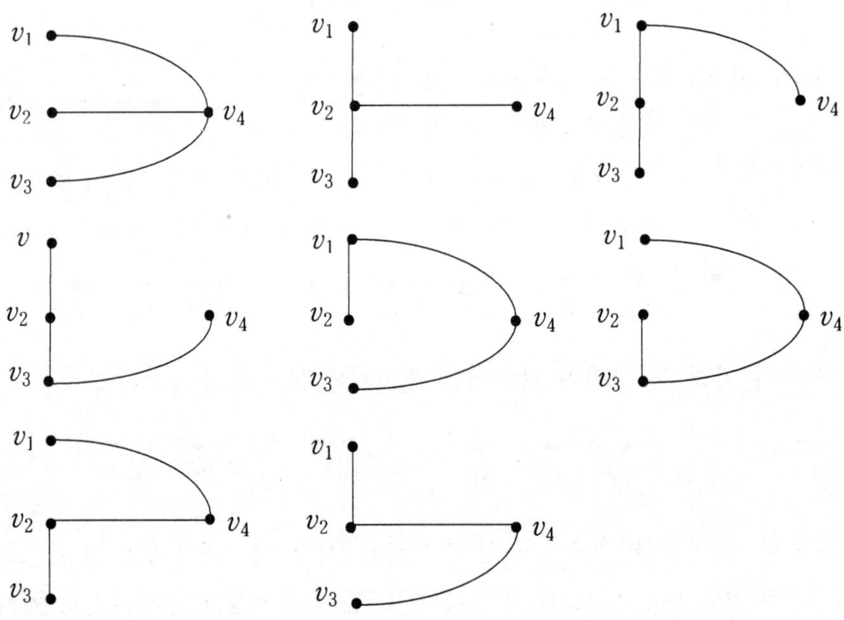

완전그래프 K_n 의 n 개의 꼭지점에 $v_1, v_2, \cdots, v_n$ 과 같은 문자를 붙여 이들 꼭지점을 구별할 때, $n \geq 3$ 인 경우에 완전그래프 K_n 의 서로 다른 생성 수형도의 개수는 n^{n-2} 이고, 또 n 개의 꼭지점 $v_1, v_2, \cdots, v_n$ 을 가진 서로 다른 수형도의 개수는 n^{n-2} 임을 증명할 수 있다([해설 1002] 참조).

보기 10.2.4 오른쪽 그림이 나타내는 완전그래프 K_4 에 대하여 K_4 의 서로 다른 생성수형도는 4^2 개 존재한다.

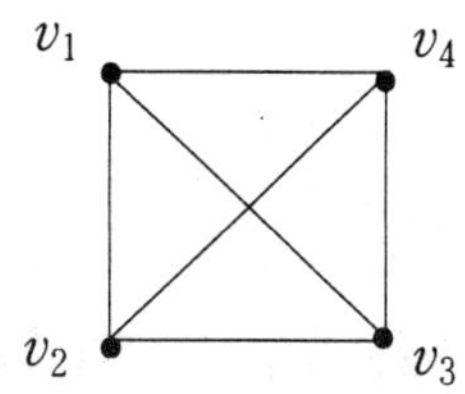

다음 그림은 이들 16 개의 생성수형도를 보여주고 있다.

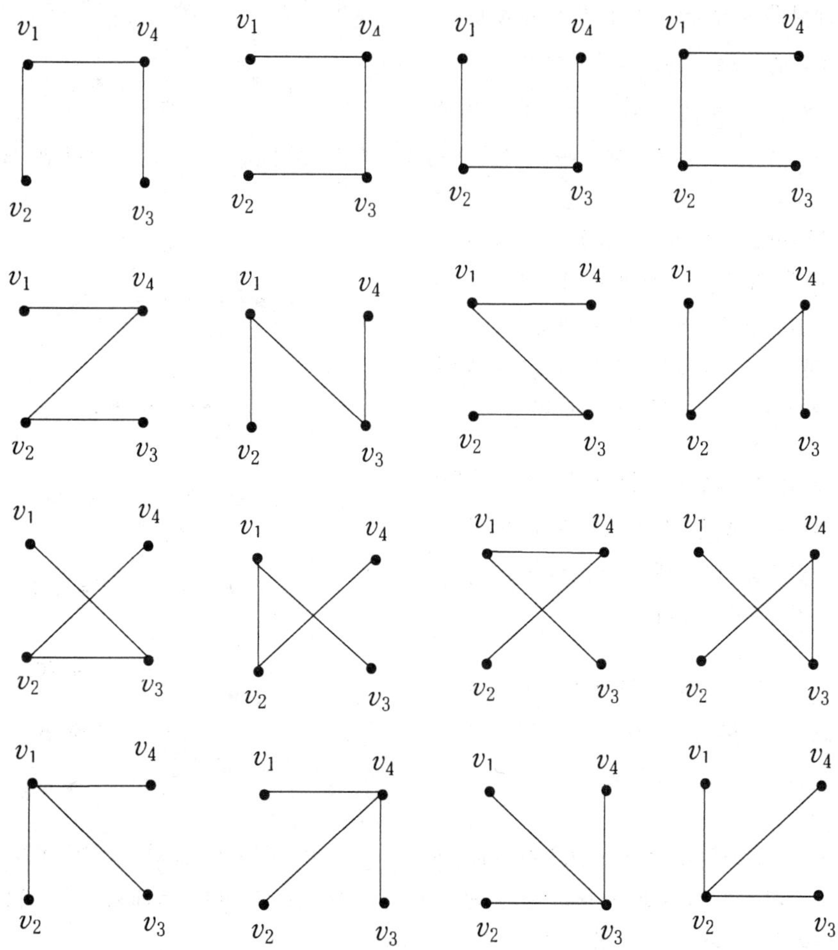

단순 연결그래프의 생성수형도의 개수에 대한 Kirchoff 의 정리에 대해서는 [해설1002] 에서 논하기로 한다.

연 습 문 제 (10.2)

1. 오른쪽 그림이 나타내는 그래프 G 에서 세 모서리 e_2, e_4, e_5 를 모두 제거하여 얻은 G 의 생성 수형도 G' 을 그림으로 나타내어라.

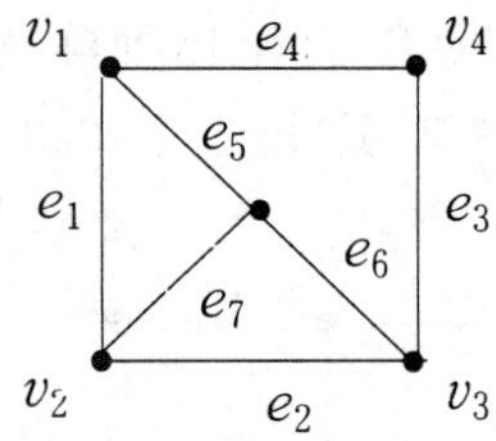

또, G' 에 모서리 e_2 를 첨가한 후에 e_6 또는 e_7 를 제거하여 얻은 G 의 생성수형도를 그림으로 나타내어라.

2. 오른쪽 그림이 나타내는 그래프 G 에서 적당한 모서리를 제거하여 얻은 G 의 생성수형도를 세 개만 구하되, 한 생성수형도는 다른 생성수형도와 동형이 되지 않도록 하여라.

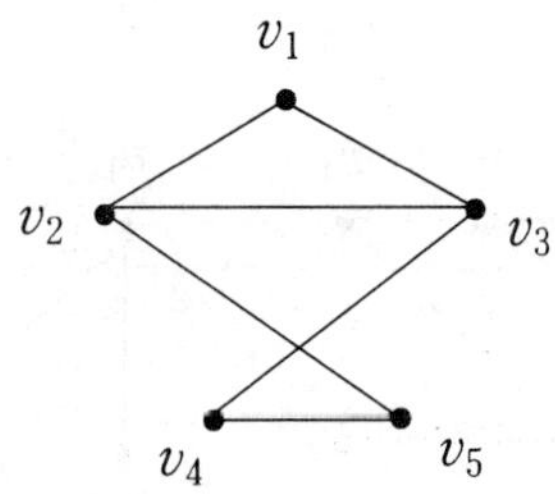

3. 오른쪽 그림이 나타내는 완전 이분 그래프 $K_{2,2}$ 의 생성수형도를 모두 그림으로 나타내고, 또 이들이 동형인지 판정하여라.

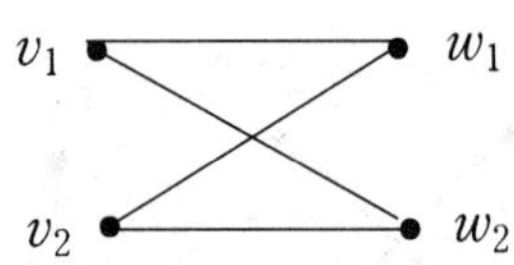

4. 오른쪽 그림이 나타내는 완전 이분 그래프 $K_{2,3}$ 의 생성수형도를 모두 그림으로 나타내어라.

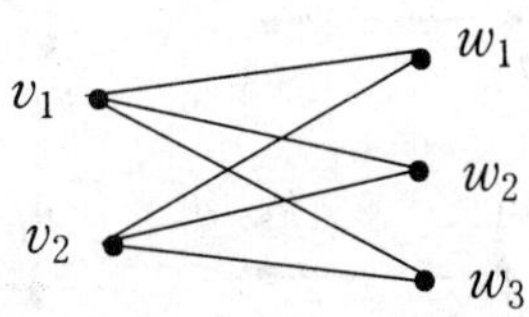

5. 연결그래프 $G = (V, E)$ 에 대하여 $G' = (V, E')$ 가 G 의 생성수형도일 때, G' 에 적당한 모서리 $e \in E - E'$ 를 첨가하여 얻는 그래프 G'' 에는 순환로가 존재함을 밝혀라.

6. 단순 연결그래프 $G = (V, E)$ 에서 $|V| = |E| \geq 3$ 이면, $\chi(G) \leq 3$ 임을 증명하여라.

§10.3 가중 연결그래프의 최소 생성수형도

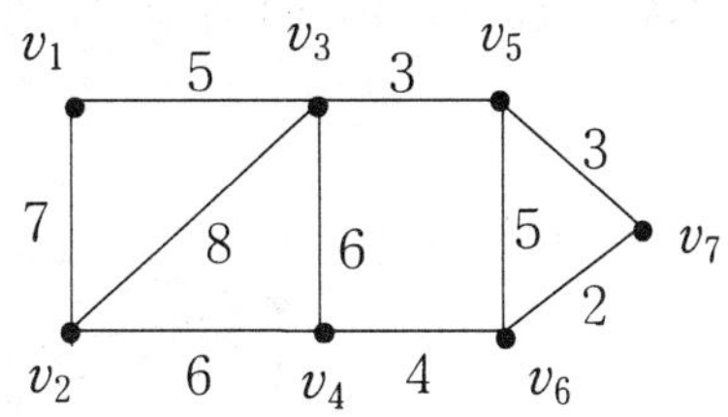

그래프 $G = (V, E)$ 에서 각 모서리 e 에 음이 아닌 실수 $w(e)$ 가 지정되어 있을 때, 이 그래프 G 를 가중 그래프라 하고 $w(e)$ 를 모서리 e 의 무게라고 한다(정의 9.8.1)

그리고, 가중 그래프에서 각 모서리의 무게가 거리를 나타내는 경우에, 특정한 꼭지점 v_1 과 꼭지점 v 를 연결하는 경로 중에서 그 거리의 합이 가장 작은 경로를 v_1 에서 v 까지의 **최단경로**라 하고 그 거리의 합을 **최단거리**라고 한다. 연결그래프에는 생성수형도가 존재한다(정리 10.2.2).

정의 10.3.1 가중 연결그래프 $G = (V, E)$ 에 생성수형도 중에서 그 모든 모서리의 무게 전체의 합이 가장 작은 생성수형도를 G 의 **최소 생성수형도**(最小 生成樹型圖, minimum spanning tee) 라고 한다.

알고리즘 10.3.1 (Prim 의 알고리즘) 가중 연결그래프 $G = (V, E)$ 에서 $|V| = n$ 일 때, 다음 단계를 시행한다.

단 계 1 : G 에서 무게가 가장 작은 모서리 $e_0 = \{v_0, w_0\}$ 를 택하고, 모서리 e_0 와 두 끝점으로 이루어진 그래프를 $T = (\{v_0, w_0\}, \{e_0\})$ 로 놓는다.

단 계 2 : $i = 1$ 부터 $i = n-2$ 까지 T 에 속하는 꼭지점 w 를 끝점으로 가진 모서리 중에서 그 무게가 가장 작은 모서리 $e_i = \{w, u\}$ 를 택하되 이 모서리를 추가했을 때 단순회로가 생기지 않도록 한다.

다음에 T 에 모서리 e_i 와 그 한 끝점 u 를 추가한 것을 다시 T 로 놓는다.

단 계 3 : T 로 돌아온다. 이 때, T 는 G 의 최소 생성수형도이고, 또한 최소무게는 $w(e_0) + w(e_1) + \cdots + w(e_{n-2})$ 이다.

Prim 의 알고리즘의 타당성에 대한 증명은 생략하기로 한다.

보기 10.3.1 Prim 의 알고리즘을 이용하여 아래 그림이 나타내는 가중 연결 그래프 $G = (V, E)$ 의 최소 생성수형도를 구해 보자.

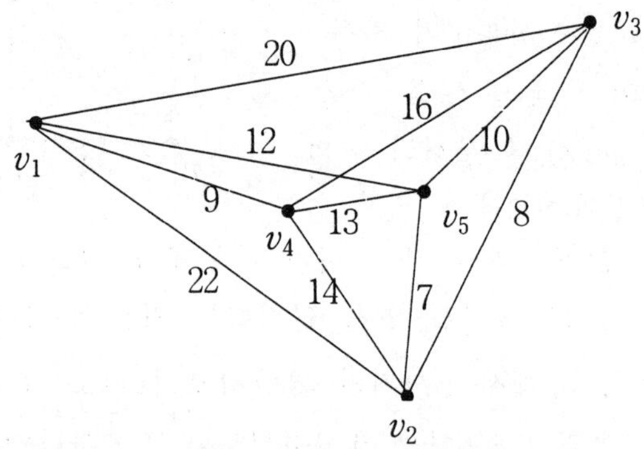

(1) 무게가 가장 작은 모서리 $e_0 = \{v_2, v_5\}$ 를 택한다. 이 때,

$$w(e_0) = 7, \quad T = (\{v_2, v_5\}, \{e_0\})$$

(2) 꼭지점 v_2 또는 v_5 를 끝점으로 가지는 모서리 중에서 그 무게가 가장 작은 모서리 $e_1 = \{v_2, v_3\}$ 를 택한다. 이 때,

$$w(e_1) = 8, \ T = (\{v_2, v_3, v_5\}, \{e_0, e_1\})$$

(3) 꼭지점 v_2, v_3, v_5 중의 어느 한 꼭지점을 끝점으로 가지는 모서리 중에서 그 무게가 가장 작은 모서리 $e_2 = \{v_1, v_5\}$ 를 택한다. 이 때,

$$w(e_2) = 12, \quad T = (\{v_1, v_2, v_3, v_5\}, \{e_0, e_1, e_2\})$$

한편, 무게가 10 인 모서리 $\{v_5, v_3\}$ 를 택하면 단순회로 $v_5 \ v_2 \ v_3$ 를 얻게 된다.

(4) 꼭지점 v_1, v_2, v_3, v_5 중의 어느 한 꼭지점을 끝점으로 가지는 모서리 중에서 무게가 가장 작은 모서리 $e_3 = \{v_1, v_4\}$ 를 택한다. 이 때,

$$w(e_3) = 9, \quad T = (V, \{e_0, e_1, e_2, e_3\})$$

따라서

$$T = (V, \{e_0, e_1, e_2, e_3\})$$

는 G 의 최소 생성수형도이고 최소무게는 다음과 같다.

$$7 + 8 + 12 + 9 = 36$$

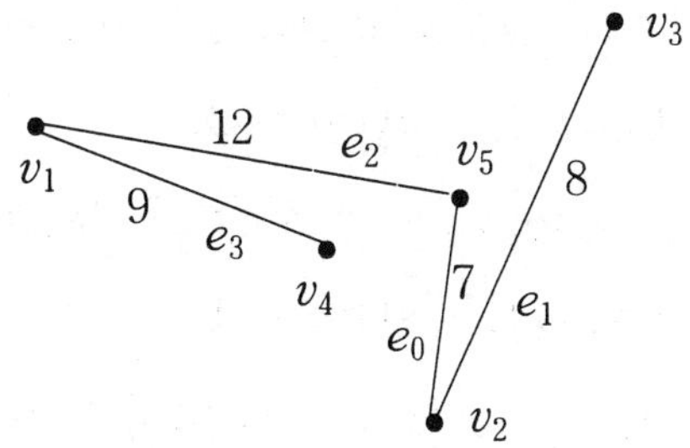

보기 10.3.2 Prim의 알고리즘을 이용하여 아래 그림이 나타내는 가중 연결 그래프 $G = (V, E)$의 최소 생성수형도를 구해 보자.

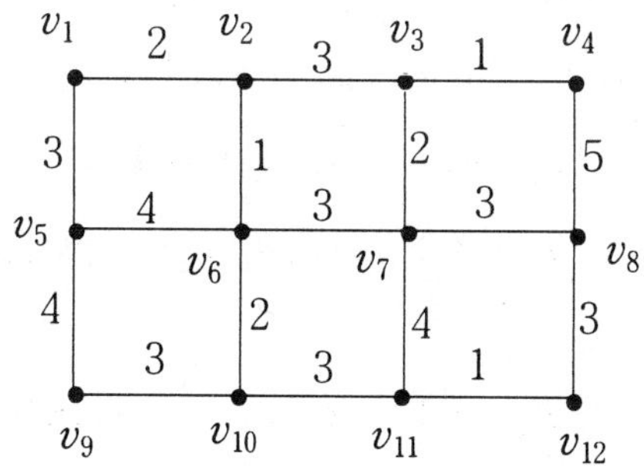

(1) 모서리 $e_0 = \{v_2, v_6\}$, $w(e_0) = 1$,

$$T = (\{v_2, v_6\}, \{e_0\})$$

(2) 모서리 $e_1 = \{v_1, v_2\}$, $w(e_1) = 2$,

$$T = (\{v_1, v_2, v_6\}, \{e_0, e_1\})$$

(3) 모서리 $e_2 = \{v_6, v_{10}\}$, $w(e_2) = 2$,

$$T = (\{v_1, v_2, v_6, v_{10}\}, \{e_0, e_1, e_2\})$$

(4) 모서리 $e_3 = \{v_1, v_5\}$, $w(e_3) = 3$,

$$T = (\{v_1, v_2, v_5, v_6, v_{10}\}, \{e_0, e_1, e_2, e_3\})$$

(5) 모서리 $e_4 = \{v_9, v_{10}\}$, $w(e_4) = 3$,

$$T = (\{v_1, v_2, v_5, v_6, v_9, v_{10}\}, \{e_0, e_1, e_2, e_3, e_4\})$$

(6) 모서리 $e_5 = \{v_6, v_7\}$, $w(e_5) = 3$,

$$T = (\{v_1, v_2, v_5, v_6, v_7, v_9, v_{10}\}, \{e_0, e_1, e_2, e_3, e_4, e_5\})$$

(7) 모서리 $e_6 = \{v_3, v_7\}$, $w(e_6) = 2$,

$$T = (\{v_1, v_2, v_3, v_5, v_6, v_7, v_9, v_{10}\}, \{e_0, e_1, e_2, \cdots, e_5, e_6\})$$

(8) 모서리 $e_7 = \{v_3, v_4\}$, $w(e_7) = 1$,

$$T = (\{v_1, v_2, v_3, v_4, v_5, v_6, v_7, v_9, v_{10}\}, \{e_0, e_1, e_2, \cdots, e_6, e_7\})$$

(9) 모서리 $e_8 = \{v_7, v_8\}$, $w(e_8) = 3$,

$$T = (\{v_1, v_2, \cdots, v_7, v_8, v_9, v_{10}\}, \{e_0, e_1, e_2, \cdots, e_7, e_8\})$$

(10) 모서리 $e_9 = \{v_8, v_{12}\}$, $w(e_9) = 3$,

$$T = (\{v_1, v_2, \cdots, v_9, v_{10}, v_{12}\}, \{e_0, e_1, e_2, \cdots, e_8, e_9\})$$

(11) 모서리 $e_{10} = \{v_{11}, v_{12}\}$, $w(e_{10}) = 1$,

$$T = (V, \{e_0, e_1, e_2, \cdots, e_9, e_{10}\})$$

그러므로,

$$T = (V, \{e_0, e_1, \cdots, e_9, e_{10}\})$$

는 G의 최소 생성수형도이고 최소무게는 다음과 같다.

$$1+2+2+3+3+3+2+1+3+3+1 = 24$$

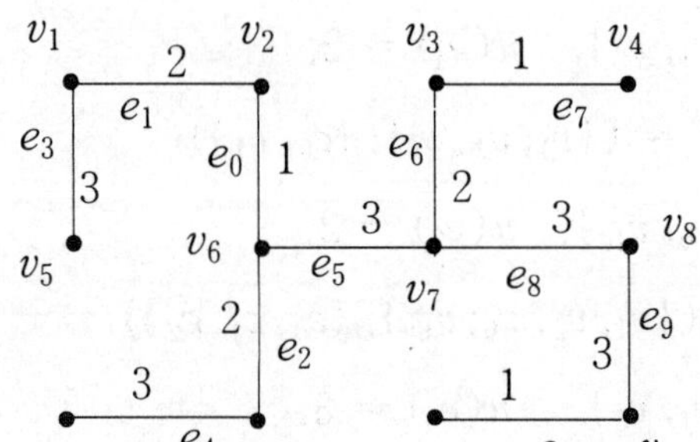

다음에 소개할 최소 생성수형도에 관한 Kruskal의 알고리즘의 타당성에 대한 증명도 생략하기로 한다.

알고리즘 10.3.2 (Kruskal 의 알고리즘) 가중 연결그래프 $G = (V, E)$ 에서 $|V| = n \geq 2$ 일 때, 다음 단계를 시행한다.

단 계 1 : $T = \emptyset$ 으로 놓는다.

단 계 2 : $i = 1$ 부터 $i = n-1$ 까지 G에 속해 있는 모서리 중에서 그 무게가 가장 작은 모서리 $e_i = \{w, u\}$를 택하되 이 모서리를 추가했을 때 단순회로가 생기지 않도록 한다.

다음에 T에 모서리 e_i 와 두 끝점 w, u를 추가한 것을 다시 T로 놓는다.

단 계 3 : T로 돌아온다. 이 때, T는 G의 최소 생성수형도이고, 또한 최소무게는 $w(e_1) + w(e_2) + \cdots + w(e_{n-1})$ 이다.

보기 10.3.3 Kruskal 의 알고리즘을 이용하여 보기 10.3.2 에서 논한 가중 연결그래프 $G = (V, E)$ 의 최소 생성수형도를 구해 보자.

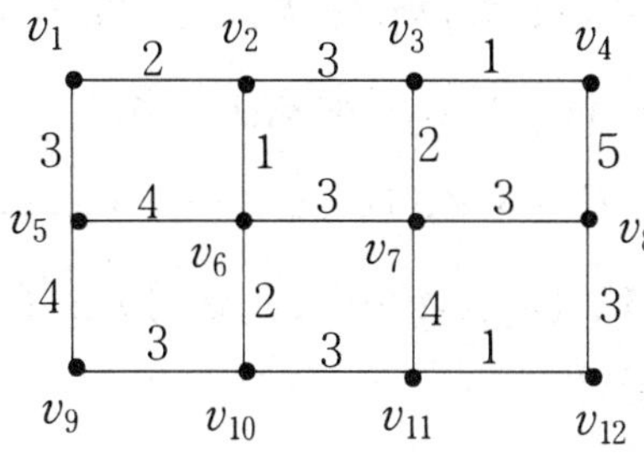

(1) 모서리 $e_1 = \{v_3, v_4\}$, $w(e_1) = 1$,

$$T = (\{v_3, v_4\}, \{e_1\})$$

(2) 모서리 $e_2 = \{v_{11}, v_{12}\}$, $w(e_2) = 1$,

$$T = (\{v_3, v_4, v_{11}, v_{12}\}, \{e_1, e_2\})$$

(3) 모서리 $e_3 = \{v_2, v_6\}$, $w(e_3) = 1$,

$$T = (\{v_2, v_3, v_4, v_6, v_{11}, v_{12}\}, \{e_1, e_2, e_3\})$$

(4) 모서리 $e_4 = \{v_3, v_7\}$, $w(e_3) = 2$,

$$T = (\{v_2, v_3, v_4, v_6, v_7, v_{11}, v_{12}\}, \{e_1, e_2, e_3, e_4\})$$

(5) 모서리 $e_5 = \{v_1, v_2\}$, $w(e_5) = 3$,

$$T = (\{v_1, v_2, v_3, v_4, v_6, v_7, v_{11}, v_{12}\}, \{e_1, e_2, e_3, e_4, e_5\})$$

(6) 모서리 $e_6 = \{v_6, v_{10}\}$, $w(e_6) = 2$,

$$T = (\{v_1, v_2, v_3, v_4, v_6, v_7, v_{10}, v_{11}, v_{12}\}, \{e_1, e_2, e_3, e_4, e_5, e_6\})$$

(7) 모서리 $e_7 = \{v_2, v_3\}$, $w(e_7) = 3$,

$$T = (\{v_1, v_2, v_3, v_4, v_6, v_7, v_{10}, v_{11}, v_{12}\}, \{e_1, e_2, \cdots, e_6, e_7\})$$

(8) 모서리 $e_8 = \{v_{10}, v_{11}\}$, $w(e_8) = 3$,

$$T = (\{v_1, v_2, v_3, v_4, v_6, v_7, v_{10}, v_{11}, v_{12}\}, \{e_1, e_2, \cdots, e_7, e_8\})$$

(9) 모서리 $e_9 = \{v_7, v_{11}\}$, $w(e_9) = 4$,

$$T = (\{v_1, v_2, v_3, v_4, v_6, v_7, v_{10}, v_{11}, v_{12}\}, \{e_1, e_2, \cdots, e_8, e_9\})$$

(10) 모서리 $e_{10} = \{v_9, v_{10}\}$, $w(e_{10}) = 3$,

$$T = (\{v_1, v_2, v_3, v_4, v_6, v_7, v_9, v_{10}, v_{11}, v_{12}\}, \{e_1, e_2, \cdots, e_9, e_{10}\})$$

(11) 모서리 $e_{11} = \{v_1, v_5\}$, $w(e_{11}) = 3$,

$$T = (V, \{e_1, e_2, \cdots, , e_{10}, e_{11}\})$$

그러므로, $T = (V, \{e_1, e_2, \cdots, e_{10}, e_{11}\})$는 G의 최소 생성수형도이고 최소무게는 다음과 같다.

$$1 + 1 + 1 + 2 + 2 + 2 + 3 + 3 + 3 + 3 + 3 = 24$$

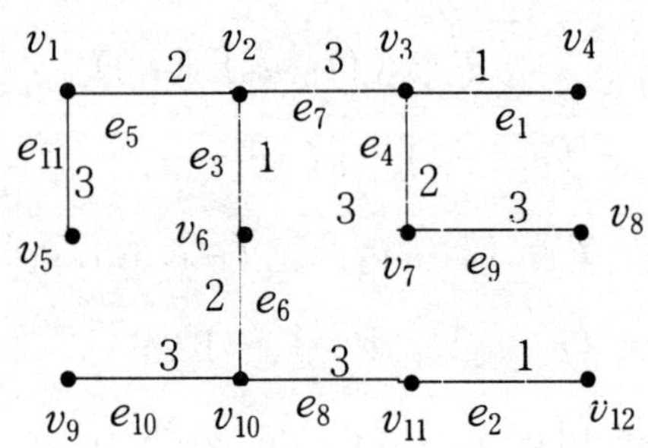

연 습 문 제 (10.3)

1. Kruskal 의 알고리즘을 이용하여 아래 그림이 나타내는 가중 연결그래프 $G=(V, E)$ 의 최소 생성수형도를 구하여라.

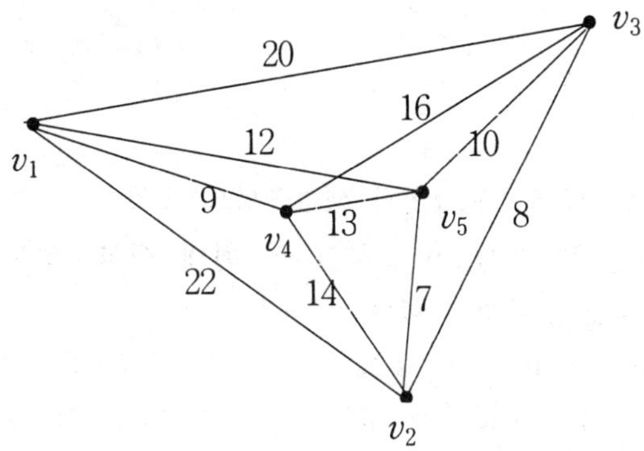

2. 아래 그림이 나타내는 가중 연결그래프 $G=(V, E)$ 의 최소 생성수형도를 세 가지 구하여라.

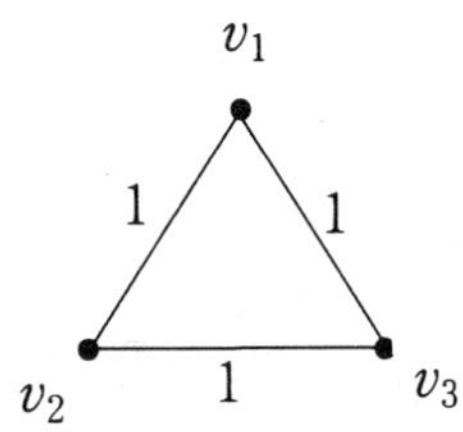

3. Prim 의 알고리즘을 이용하여 아래의 그림 (1), (2) 가 나타내는 가중 연결그래프 $G=(V, E)$ 의 최소 생성수형도를 구하여라.

(1)

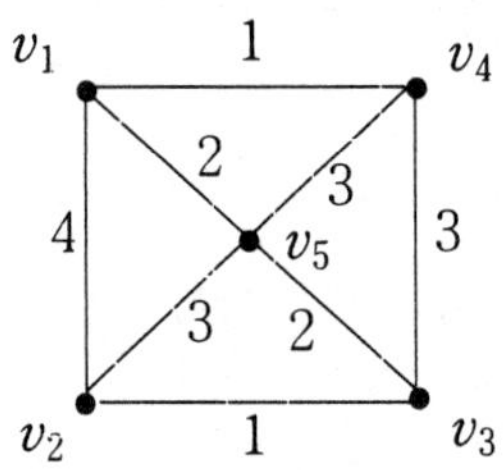

(2)

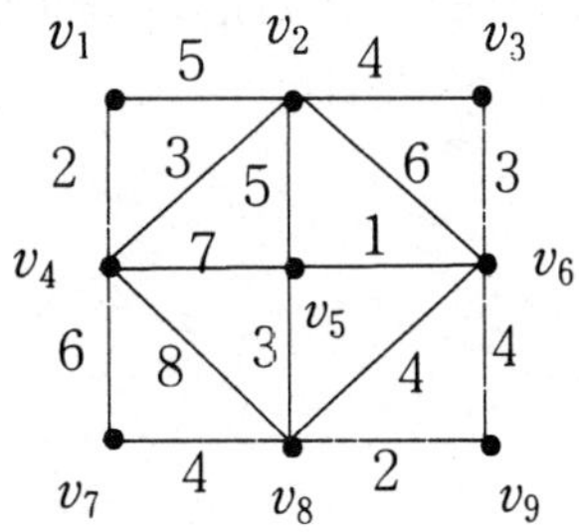

4. Prim 의 알고리즘과 Kruskal 의 알고리즘을 이용하여 다음 그림이 나타내는 가중 연결그래프 $G = (V, E)$ 의 최소 생성수형도를 구하여라.

(1)

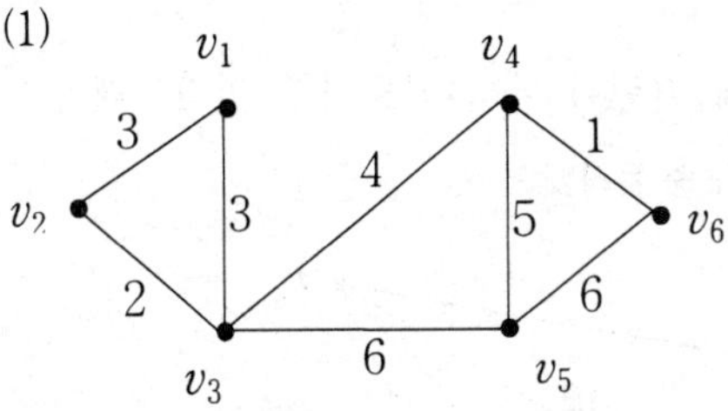

(2)

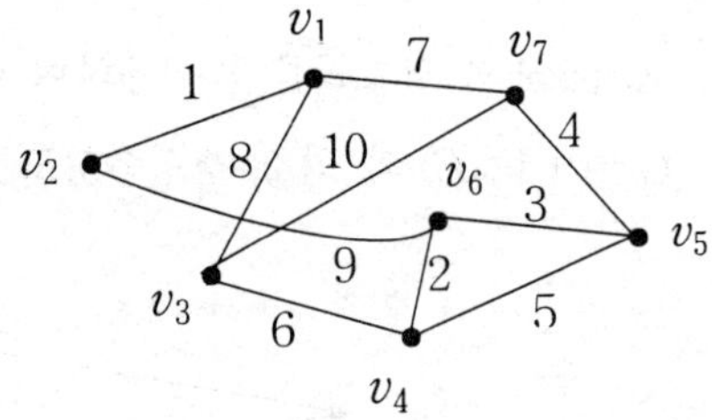

5. 가중 연결그래프 $G = (V, E)$ 의 생성수형도 중에서 그 모든 모서리의 무게 전체의 합이 가장 큰 생성수형도를 G 의 **최대 생성수형도**(最大 生成樹型圖, maximum spanning tree)라고 한다.

가중 연결그래프의 최대 생성수형도를 구하는 알고리즘으로서 Prim 의 알고리즘과 Kruskal 의 알고리즘에 대응하는 알고리즘을 서술하여라.

6. Prim 의 알고리즘과 Kruskal 의 알고리즘에 대응하는 알고리즘을 이용하여 아래 그림이 나타내는 가중 연결그래프 $G = (V, E)$ 의 최대 생성수형도를 구하여라.

(1)

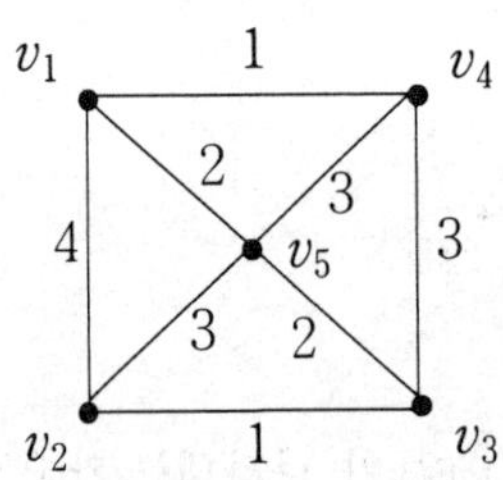

(2)

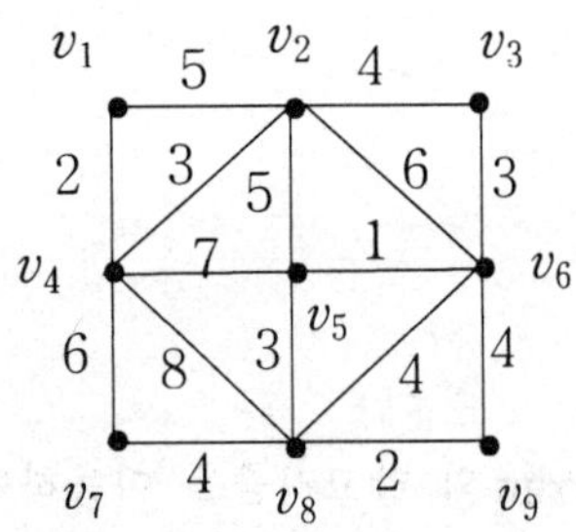

7. Prim 의 알고리즘과 Kruskal 의 알고리즘에 대응하는 알고리즘을 이용하여 문제 4 의 두 그림 (1), (2) 가 나타내는 가중 연결그래프 $G = (V, E)$ 의 최대 생성수형도를 구하여라.

제 11 장

부호 이론

부호이론은 1948 년에 Shannon 에 의하여 시작되어 1960 년대에 이르러 활발하게 연구되면서 1965 년 화성 착륙선 Mariner 4 호가 화성의 사진을 지구로 전송하는 데 이용되었다.

현대 사회가 정보 전달의 중요성이 강조되면서 부호이론에 대한 연구가 빠른 속도로 진척되었으며 대수학뿐만 아니라 암호학, 정보이론과 관련되어 있다.

이 장에서는, 먼저 행렬의 기본변형, 연립일차방정식의 해공간, 벡터공간과 부분공간에 대하여 논하고 선형부호, Hamming 거리와 Hamming 무게, 선형부호의 복호와 오류 수정, 이진 Hamming 부호에 대하여 논한다.

부호이론에 대해서는 다음 책을 참조하기 바란다.

박 승 안, 암호학과 부호이론, 제 2 판 경문사, 2008 년

박승안, 선형대수학 개론, 경문사, 2020 년

§11.1 행렬의 기본변형

부호와 부호어에 대하여 논하기에 앞서 행렬의 기본변형과 연립일차방정식에 대하여 논하기로 한다. 이 절에서는, 행렬의 기본변형에 대하여 논한다.

정의 11.1.1 체 F 위의 $m\times n$ 행렬 A 에 대하여 행에 관한 다음과 같은 변형을 **기본 행 변형**(基本行變形, elementary row operation)이라고 한다. 여기서, $i\neq j$, $a\in F$, $a\neq 0$ 이다.

제 I 변형 : A 의 제 i 행과 제 j 행을 서로 맞바꾼다.

제 II 변형 : A 의 제 i 행을 a 배 한다.

제 III 변형 : A 의 제 i 행에 제 j 행의 a 배를 더한다.

그리고, 다음과 같이 n 차의 항등행렬 I_n 에 기본 행 변형 I, II, III 을 시행하여 얻은 행렬을 n 차의 **기본행렬**(基本行列, elementary matrix)이라고 한다.

$$C_{ij}=\begin{bmatrix} 1 & \cdots & 0 & \cdots & 0 & \cdots & 0 \\ \vdots & & \vdots & & \vdots & & \vdots \\ 0 & \cdots & 0 & \cdots & 1 & \cdots & 0 \\ \vdots & & \vdots & & \vdots & & \vdots \\ 0 & \cdots & 1 & \cdots & 0 & \cdots & 0 \\ \vdots & & \vdots & & \vdots & & \vdots \\ 0 & \cdots & 0 & \cdots & 0 & \cdots & 1 \end{bmatrix}\begin{matrix} \\ \\ i \\ \\ j \\ \\ \\ \end{matrix}$$

$$D_{ii}(a)=\begin{bmatrix} 1 & \cdots & 0 & \cdots & 0 & \cdots & 0 \\ \vdots & & \vdots & & \vdots & & \vdots \\ 0 & \cdots & a & \cdots & 0 & \cdots & 0 \\ \vdots & & \vdots & & \vdots & & \vdots \\ 0 & \cdots & 0 & \cdots & 1 & \cdots & 0 \\ \vdots & & \vdots & & \vdots & & \vdots \\ 0 & \cdots & 0 & \cdots & 0 & \cdots & 1 \end{bmatrix}\begin{matrix} \\ \\ i \\ \\ \\ \\ \\ \end{matrix}$$

$$E_{ij}(a)=\begin{bmatrix} 1 & \cdots & 0 & \cdots & 0 & \cdots & 0 \\ \vdots & & \vdots & & \vdots & & \vdots \\ 0 & \cdots & 1 & \cdots & a & \cdots & 0 \\ \vdots & & \vdots & & \vdots & & \vdots \\ 0 & \cdots & 0 & \cdots & 1 & \cdots & 0 \\ \vdots & & \vdots & & \vdots & & \vdots \\ 0 & \cdots & 0 & \cdots & 0 & \cdots & 1 \end{bmatrix}\begin{matrix} \\ \\ i \\ \\ j \\ \\ \\ \end{matrix}$$

보기 11.1.1 집합 $\text{Mat}_2(F)$ 에서 다음 등식이 성립한다($a \neq 0$, $b \neq 0$).

$$C_{12} = \begin{bmatrix} 0 & 1 \\ 1 & 0 \end{bmatrix} = C_{21}, \quad {C_{12}}^T = \begin{bmatrix} 0 & 1 \\ 1 & 0 \end{bmatrix} = {C_{12}}^{-1} = C_{12},$$

$$D_{22}(a) = \begin{bmatrix} 1 & 0 \\ 0 & a \end{bmatrix}, \quad {D_{22}}^T = \begin{bmatrix} 1 & 0 \\ 0 & a \end{bmatrix} = D_{22}(a),$$

$$D_{22}(a)^{-1} = \begin{bmatrix} 1 & 0 \\ 0 & a^{-1} \end{bmatrix} = D_{22}(a^{-1}),$$

$$E_{12}(a) = \begin{bmatrix} 1 & a \\ 0 & 1 \end{bmatrix}, \quad E_{12}(a)^T = \begin{bmatrix} 1 & 0 \\ a & 1 \end{bmatrix} = E_{21}(a),$$

$$E_{12}(a)^{-1} = \begin{bmatrix} 1 & -a \\ 0 & 1 \end{bmatrix} = E_{12}(-a)$$

보기 11.1.2 집합 $\text{Mat}_3(F)$ 에서 다음 등식이 성립한다($a \neq 0$, $b \neq 0$).

$$C_{12} = \begin{bmatrix} 0 & 1 & 0 \\ 1 & 0 & 0 \\ 0 & 0 & 1 \end{bmatrix} = C_{21}, \quad {C_{12}}^T = \begin{bmatrix} 0 & 1 & 0 \\ 1 & 0 & 0 \\ 0 & 0 & 1 \end{bmatrix} = {C_{12}}^{-1} = C_{12},$$

$$D_{33}(a) = \begin{bmatrix} 1 & 0 & 0 \\ 0 & 1 & 0 \\ 0 & 0 & a \end{bmatrix}, \quad D_{33}(a)^T = \begin{bmatrix} 1 & 0 & 0 \\ 0 & 1 & 0 \\ 0 & 0 & a \end{bmatrix} = D_{33}(a),$$

$$D_{33}(a)^{-1} = \begin{bmatrix} 1 & 0 & 0 \\ 0 & 1 & 0 \\ 0 & 0 & a^{-1} \end{bmatrix} = D_{33}(a^{-1}),$$

$$E_{21}(a) = \begin{bmatrix} 1 & 0 & 0 \\ a & 1 & 0 \\ 0 & 0 & 1 \end{bmatrix}, \quad E_{21}(a)^T = \begin{bmatrix} 1 & a & 0 \\ 0 & 1 & 0 \\ 0 & 0 & 1 \end{bmatrix} = E_{12}(a),$$

$$E_{21}(a)^{-1} = \begin{bmatrix} 1 & 0 & 0 \\ -a & 1 & 0 \\ 0 & 0 & 1 \end{bmatrix} = E_{21}(-a)$$

위의 두 보기에서 본 바와 같이, 다음 정리가 성립함을 쉽게 알 수 있다.

정리 11.1.2 체 F 위의 n차의 행렬 E가 기본행렬이면, E는 정칙행렬이고 또 E^T와 E^{-1}도 또한 E와 동일한 유형의 기본행렬이다. 즉,

$$C_{ij}{}^T = C_{ji} = C_{ij}, \qquad C_{ij}{}^{-1} = C_{ji} = C_{ij},$$
$$D_{ii}(a)^T = D_{ii}(a), \qquad D_{ii}(a)^{-1} = D_{ii}(a^{-1}),$$
$$E_{ij}(a)^T = E_{ji}(a), \qquad E_{ij}(a)^{-1} = E_{ij}(-a)$$

보기 11.1.3 체 F 위에서 다음이 성립한다($a \neq 0,\ b \neq 0$).

(1) $$C_{23}\begin{bmatrix} x_1 & y_1 \\ x_2 & y_2 \\ x_3 & y_3 \end{bmatrix} = \begin{bmatrix} 1 & 0 & 0 \\ 0 & 0 & 1 \\ 0 & 1 & 0 \end{bmatrix}\begin{bmatrix} x_1 & y_1 \\ x_2 & y_2 \\ x_3 & y_3 \end{bmatrix} = \begin{bmatrix} x_1 & y_1 \\ x_3 & y_3 \\ x_2 & y_2 \end{bmatrix},$$

$$\begin{bmatrix} x_1 & x_2 & x_3 \\ y_1 & y_2 & y_3 \end{bmatrix} C_{23} = \begin{bmatrix} x_1 & x_3 & x_2 \\ y_1 & y_3 & y_2 \end{bmatrix}$$

(2) $$D_{22}(a)\begin{bmatrix} x_1 \\ x_2 \\ x_3 \end{bmatrix} = \begin{bmatrix} 1 & 0 & 0 \\ 0 & a & 0 \\ 0 & 0 & 1 \end{bmatrix}\begin{bmatrix} x_1 \\ x_2 \\ x_3 \end{bmatrix} = \begin{bmatrix} x_1 \\ ax_2 \\ x_3 \end{bmatrix},$$

$$\begin{bmatrix} x_1 & x_2 & x_3 \\ y_1 & y_2 & y_3 \end{bmatrix} D_{22}(a) = \begin{bmatrix} x_1 & ax_2 & x_3 \\ y_1 & ay_2 & y_3 \end{bmatrix}$$

(3) $$E_{23}(b)\begin{bmatrix} x_1 \\ x_2 \\ x_3 \end{bmatrix} = \begin{bmatrix} 1 & 0 & 0 \\ 0 & 1 & b \\ 0 & 0 & 1 \end{bmatrix}\begin{bmatrix} x_1 \\ x_2 \\ x_3 \end{bmatrix} = \begin{bmatrix} x_1 \\ x_2 + bx_3 \\ x_3 \end{bmatrix},$$

$$\begin{bmatrix} x_1 & x_2 & x_3 \\ y_1 & y_2 & y_3 \end{bmatrix} E_{23}(b) = \begin{bmatrix} x_1 & x_2 & x_3 + bx_2 \\ y_1 & y_2 & y_3 + by_2 \end{bmatrix}$$

위의 보기에서와 같이 체 F 위의 $m \times n$ 행렬 $A = [a_{ij}]_{m\times n}$에 기본 행변형 I, II, III를 한 번 시행할 때, 이들 기본변형에 대응하는 m차의 기본행렬을 각각 C_{ij}, $D_{ii}(a)$, $E_{ij}(b)$ 라고 하면, A는 각각

$$C_{ij}A,\ D_{ii}(a)A,\ E_{ij}(b)A$$

으로 변형된다.

이 사실로부터 다음 정리가 성립함을 알 수 있다.

정리 11.1.3 체 F 위의 $m\times n$ 행렬 A에 기본 행 변형을 유한 번 시행하여 얻은 행렬을 B라고 할 때, 이러한 기본변형에 대응하는 m차의 기본행렬을 차례로 $E_1, E_2, \cdots, E_s$라고 하면

$$B = E_s \cdots E_2 E_1 A$$

이고 또 행렬 $P = E_s \cdots E_2 E_1$는 정칙행렬이다.

보기 11.1.4 다음은 실수체 $\mathbb{R}$ 위의 행렬 A에 기본 행 변형을 유한 번 시행하여 행렬 B를 얻는 과정을 보여 주고 있다.

$$A = \begin{bmatrix} 2 & 6 & 16 \\ 3 & 8 & 22 \end{bmatrix} \longrightarrow \begin{bmatrix} 2 & 6 & 16 \\ 1 & 2 & 6 \end{bmatrix} \longrightarrow \begin{bmatrix} 1 & 2 & 6 \\ 2 & 6 & 16 \end{bmatrix}$$

$$\longrightarrow \begin{bmatrix} 1 & 2 & 6 \\ 0 & 2 & 4 \end{bmatrix} \longrightarrow \begin{bmatrix} 1 & 2 & 6 \\ 0 & 1 & 2 \end{bmatrix} \longrightarrow \begin{bmatrix} 1 & 0 & 2 \\ 0 & 1 & 2 \end{bmatrix} = B$$

$$B = E_{12}(-2)\, D_{22}(2^{-1})\, E_{21}(-2)\, C_{12} E_{21}(-1)\, A$$

정의 11.1.4 다음 두 조건 (i), (ii)를 만족시키는 행렬을 **행 사다리꼴 행렬**(matrix in row-echelon form)이라 하고, 세 조건 (i), (ii), (iii)를 만족시키는 행렬을 **기약**(旣約) **행 사다리꼴 행렬**(matrix in reduced row-echelon form)이라고 한다. 또, 영행렬도 기약 행 사다리꼴 행렬이라고 생각하기로 한다.

(i) 행 중에서 0 만으로 이루어진 행은 아래쪽에 놓여 있다.

(ii) 각 행에서 선두 성분(先頭成分, leading component) 즉 처음으로 0 이 아닌 성분은 1 이고, 이러한 1 은 행의 번호가 커질수록 오른쪽으로 더 치우쳐 놓여 있다.

(iii) 각 행의 선두성분 1 을 포함하는 열의 나머지 성분은 모두 0 이다.

$$A = \begin{bmatrix} 1 & * & 0 & * & \cdots & * & 0 & * & \cdots & * \\ 0 & 0 & 1 & * & \cdots & * & 0 & * & \cdots & * \\ \vdots & & & \vdots & & \vdots & \vdots & \vdots & & \vdots \\ 0 & 0 & 0 & 0 & \cdots & 0 & 1 & * & \cdots & * \\ 0 & 0 & 0 & 0 & \cdots & 0 & 0 & 0 & \cdots & 0 \\ \vdots & & & \vdots & & \vdots & \vdots & \vdots & & \vdots \\ 0 & 0 & 0 & 0 & \cdots & 0 & 0 & 0 & \cdots & 0 \end{bmatrix}$$

보기 11.1.5 다음 행렬은 모두 행 사다리꼴 행렬이고, 또 마지막 행렬을 제외한 행렬은 모두 기약 행 사다리꼴 행렬이다.

$$\begin{bmatrix} \mathbf{1} & \mathbf{0} & 2 \\ 0 & \mathbf{1} & 3 \end{bmatrix} \qquad \begin{bmatrix} \mathbf{1} & 2 & \mathbf{0} & 0 & 3 \\ 0 & 0 & \mathbf{1} & 0 & 4 \end{bmatrix} \qquad \begin{bmatrix} 0 & \mathbf{1} & \mathbf{0} & 2 & 3 \\ 0 & 0 & \mathbf{1} & 0 & 4 \end{bmatrix}$$

$$\begin{bmatrix} \mathbf{1} & \mathbf{0} & 4 \\ 0 & \mathbf{1} & 2 \\ 0 & 0 & 0 \end{bmatrix} \qquad \begin{bmatrix} \mathbf{1} & 2 & \mathbf{0} & 4 & 3 \\ 0 & 0 & \mathbf{1} & 0 & 3 \\ 0 & 0 & 0 & 0 & 0 \end{bmatrix} \qquad \begin{bmatrix} \mathbf{1} & \mathbf{0} & 2 & \mathbf{3} \\ 0 & \mathbf{1} & 4 & \mathbf{5} \\ 0 & 0 & 0 & \mathbf{1} \end{bmatrix}$$

체 F 위의 행렬 A에 기본 행 변형을 유한 번 시행하여 기약 행 사다리꼴 행렬 A'으로 변형시키는 방법은 여러 가지가 있으나, 변형시키는 방법에 관계없이 A'은 유일하게 결정된다(증명 생략).

보기 11.1.6 다음은 실수체 $\mathbb{R}$ 위의 행렬 A에 적당한 기본 행 변형을 시행하여 A를 기약 행 사다리꼴 행렬 A'으로 변형시키는 과정을 보여 준다.

$$A = \begin{bmatrix} 1 & 3 & -2 & 0 \\ 2 & 6 & -3 & 4 \\ 3 & 9 & -4 & 8 \end{bmatrix} \longrightarrow \begin{bmatrix} 1 & 3 & -2 & 0 \\ \mathbf{0} & \mathbf{0} & 1 & 4 \\ 3 & 9 & -4 & 8 \end{bmatrix} \longrightarrow \begin{bmatrix} 1 & 3 & -2 & 0 \\ \mathbf{0} & \mathbf{0} & 1 & 4 \\ \mathbf{0} & \mathbf{0} & 2 & 8 \end{bmatrix}$$

$$\longrightarrow \begin{bmatrix} 1 & 3 & -2 & 0 \\ \mathbf{0} & \mathbf{0} & 1 & 4 \\ \mathbf{0} & \mathbf{0} & \mathbf{0} & \mathbf{0} \end{bmatrix} \longrightarrow \begin{bmatrix} 1 & 3 & \mathbf{0} & \mathbf{8} \\ \mathbf{0} & \mathbf{0} & 1 & 4 \\ \mathbf{0} & \mathbf{0} & \mathbf{0} & \mathbf{0} \end{bmatrix} = A'$$

정리 11.1.3 에 의하여 다음 정리가 성립한다.

정리 11.1.5 체 F 위의 $m \times n$ 행렬 A에 기본 행 변형을 유한 번 시행하여 얻은 기약 행 사다리꼴 행렬을 A'이라고 할 때, 이들 기본 행 변형에 대응하는 m차의 기본행렬을 차례로 $E_1, E_2, \cdots, E_s$라고 하면

$$A' = E_s \cdots E_2 E_1 A$$

이고 또 $P = E_s \cdots E_2 E_1$는 정칙행렬이다.

위의 정리에서 $m \times n$ 행렬 A와 m차의 항등행렬 I_m은 각각

$$A \longrightarrow E_1 A \longrightarrow E_2 E_1 A \longrightarrow \cdots \longrightarrow E_s \cdots E_2 E_1 A = A'$$

$$I_m \longrightarrow E_1 \longrightarrow E_2 E_1 \longrightarrow \cdots \longrightarrow E_s \cdots E_2 E_1 = P$$

와 같이 변형되며 이들 변형을 덧붙인 행렬 $[A \mid I_m]$ 을 써서 하나로 나타내면, $[A \mid I_m]$ 은 다음과 같은 덧붙인 행렬로 변형된다(정의 8.1.6 참조).

$$[A \mid I_m] \longrightarrow [E_1A \mid E_1] \longrightarrow [E_2E_1A \mid E_2E_1] \longrightarrow \cdots \longrightarrow [A' \mid P]$$

여기서 $A' = PA$ 이고, P 는 정칙행렬이다.

보기 11.1.7 실수체 $\mathbb{R}$ 위에서 다음과 같은 행렬을 생각해 보자.

$$A = \begin{bmatrix} 1 & 3 & 2 & 0 \\ 2 & 6 & 5 & 4 \\ 3 & 9 & 8 & 8 \end{bmatrix}$$

덧붙인 행렬 $[A \mid I_3]$ 는 기본 행 변형에 의하여 다음과 같이 변형된다.

$$[A \mid I_3] = \left[\begin{array}{cccc|ccc} 1 & 3 & 2 & 0 & 1 & 0 & 0 \\ 2 & 6 & 5 & 4 & 0 & 1 & 0 \\ 3 & 9 & 8 & 8 & 0 & 0 & 1 \end{array}\right] \longrightarrow \left[\begin{array}{cccc|ccc} 1 & 3 & 2 & 0 & 1 & 0 & 0 \\ 0 & 0 & 1 & 4 & -2 & 1 & 0 \\ 0 & 0 & 2 & 8 & -3 & 0 & 1 \end{array}\right]$$

$$\longrightarrow \left[\begin{array}{cccc|ccc} 1 & 3 & 0 & -8 & 5 & -2 & 0 \\ 0 & 0 & 1 & 4 & -2 & 1 & 0 \\ 0 & 0 & 0 & 0 & 1 & -2 & 1 \end{array}\right] = [A' \mid P]$$

$$A' = \begin{bmatrix} 1 & 3 & 0 & -8 \\ 0 & 0 & 1 & 4 \\ 0 & 0 & 0 & 0 \end{bmatrix}, \qquad P = \begin{bmatrix} 5 & -2 & 0 \\ -2 & 1 & 0 \\ 1 & -2 & 1 \end{bmatrix}$$

여기서, $A' = PA$ 이고 P 는 정칙행렬이며 $r(A) = r(A') = 2$ 이다.

정의 11.1.6 체 F 위의 $m \times n$ 행렬 $A\ (\neq O_{m\times n})$ 에 기본 행 변형을 유한 번 시행하여 얻은 기약 행 사다리꼴 행렬 A' 에서 선두성분 1 이 들어 있는 행의 개수를 A 의 **계급수**(階級數, rank) 라 하고 이것을 $r(A)$ 로 나타낸다.

$$A' = \begin{bmatrix} 1 & * & 0 & * & \cdots & * & 0 & * & \cdots & * \\ 0 & 0 & 1 & * & \cdots & * & 0 & * & \cdots & * \\ \vdots & & & \vdots & & \vdots & \vdots & \vdots & & \vdots \\ 0 & 0 & 0 & 0 & \cdots & 0 & 1 & * & \cdots & * \\ 0 & 0 & 0 & 0 & \cdots & 0 & 0 & 0 & \cdots & 0 \\ \vdots & & & \vdots & & \vdots & \vdots & \vdots & & \vdots \\ 0 & 0 & 0 & 0 & \cdots & 0 & 0 & 0 & \cdots & 0 \end{bmatrix} r$$

$$r(A) = r(A'), \quad 0 \leq r(A) \leq m, \quad 0 \leq r(A) \leq n$$

그리고, 영행렬의 계급수는 0 으로 정한다.

정리 11.1.7 체 F 위의 n 차의 행렬 $A = [a_{ij}]_{n \times n}$ 에 기본 행 변형을 유한 번 시행하여 얻은 기약 행 사다리꼴 행렬을 A' 이라고 할 때, 다음 네 조건은 서로 동치이다.

(1) A 는 정칙행렬이다.

(2) $A' = I_n$

(3) $r(A) = n$

(4) A 는 유한 개의 기본행렬의 곱으로 나타내어진다.

증 명 정리 11.1.5 에 의하면, 적당한 n 차의 기본행렬 $E_1, E_2, \cdots, E_s$ 에 대하여 $A' = E_s \cdots E_2 E_1 A$ 이고 이때 $P = E_s \cdots E_2 E_1$ 는 정칙행렬이다.

(1) $\Longrightarrow$ (2) A 가 정칙행렬이면, $A' = PA$ 는 정칙행렬이고(정리 8.2.8) 따라서 A' 에는 0 만으로 이루어진 행은 없으므로 $A' = I_n$ 이다(보기 8.2.5).

(2) $\Longleftrightarrow$ (3) $A' = I_n$ 일 때 그리고 이때에만 $r(A) = r(A') = n$ 이다.

(2) $\Longrightarrow$ (4) 소건 (2) 가 성립하년, $E_s \cdots E_2 E_1 A = A' = I_n$ 이므로

$$A = (E_s \cdots E_2 E_1)^{-1} = E_1^{-1} E_2^{-1} \cdots E_s^{-1}$$

이고 또 $E_1^{-1}, E_2^{-1}, \cdots, E_s^{-1}$ 는 기본행렬이다(정리 8.2.8, 정리 11.1.2).

(4) $\Longrightarrow$ (1) 기본행렬 $E_1, E_2, \cdots, E_s$ 에 대하여 $A = E_1 E_2 \cdots E_s$ 일 때, 기본행렬은 정칙행렬이므로 A 는 정칙행렬이다(정리 11.1.2, 정리 8.2.8).

체 F 위의 n 차의 행렬 A 에 적당한 기본 행 변형을 유한 번 시행하여 얻은 기약 행 사다리꼴 행렬이 A' 일 때, 이러한 기본 행 변형에 대응하는 기본행렬을 차례로 $E_1, E_2, \cdots, E_s$ 라고 하면 A 와 항등행렬 I_n 의 덧붙인 행렬 $[A \mid I_n]$ 은 이러한 변형에 의하여

$$[A \mid I_n] \longrightarrow [E_1 A \mid E_1] \longrightarrow [E_2 E_1 A \mid E_1] \longrightarrow \cdots \longrightarrow [A' \mid P]$$

로 변형되고 또 정리 11.1.7 에 의하여 A 가 정칙행렬일 때 그리고 이때에만 $A' = I_n$ 이다. 그리고, A 가 정칙행렬이면,

$$PA = A' = I_n, \ P = A^{-1}$$

이고 따라서 덧붙인 행렬 $[A \mid I_n]$ 은 다음과 같이 변형된다.

$$[A \mid I_n] \longrightarrow [E_1 A \mid E_1] \longrightarrow [E_2 E_1 A \mid E_1] \longrightarrow \cdots \longrightarrow [I_n \mid A^{-1}]$$

또, n 차의 행렬 A 가 정칙행렬이면, $n \times m$ 행렬 B 에 대하여 $[A \mid B]$ 는

$$[A \mid B] \longrightarrow [E_1 A \mid E_1 B] \longrightarrow \cdots \longrightarrow [I_n \mid A^{-1}B]$$

로 변형되고, 등식 $AX = B$ 를 만족시키는 행렬 X 는 $X = A^{-1}B$ 이므로 덧붙인 행렬 $[A \mid B]$ 에 기본 행 변형을 시행하여 X 를 구할 수 있다.

보기 11.1.8 실수체 $\mathbb{R}$ 위에서 다음 두 행렬을 생각해 보자.

$$A = \begin{bmatrix} 1 & 2 & 1 \\ 2 & 5 & 1 \\ 2 & 4 & 1 \end{bmatrix}$$

덧붙인 행렬 $[A \mid I_3]$ 는 다음과 같이 변형된다.

$$[A \mid I_3] = \left[\begin{array}{ccc|ccc} 1 & 2 & 1 & 1 & 0 & 0 \\ 2 & 5 & 1 & 0 & 1 & 0 \\ 2 & 4 & 1 & 0 & 0 & 1 \end{array}\right] \longrightarrow \left[\begin{array}{ccc|ccc} 1 & 2 & 1 & 1 & 0 & 0 \\ 0 & 1 & -1 & -2 & 1 & 0 \\ 0 & 0 & -1 & -2 & 0 & 1 \end{array}\right]$$

$$\longrightarrow \left[\begin{array}{ccc|ccc} 1 & 2 & 1 & 1 & 0 & 0 \\ 0 & 1 & -1 & -2 & 1 & 0 \\ 0 & 0 & 1 & 2 & 0 & -1 \end{array}\right] \longrightarrow \left[\begin{array}{ccc|ccc} 1 & 2 & 0 & -1 & 0 & 1 \\ 0 & 1 & 0 & 0 & 1 & -1 \\ 0 & 0 & 1 & 2 & 0 & -1 \end{array}\right]$$

$$\longrightarrow \left[\begin{array}{ccc|ccc} 1 & 0 & 0 & -1 & -2 & 3 \\ 0 & 1 & 0 & 0 & 1 & -1 \\ 0 & 0 & 1 & 2 & 0 & -1 \end{array}\right] = [I_3 \mid A^{-1}]$$

따라서 A 는 정칙행렬이고 A^{-1} 는 다음과 같다.

$$A^{-1} = \begin{bmatrix} -1 & -2 & 3 \\ 0 & 1 & -1 \\ 2 & 0 & -1 \end{bmatrix}$$

그리고, $r(A) = r(A') = 3$ 이다.

보기 11.1.9 실수체 $\mathbb{R}$ 위에서 다음 두 행렬

$$A = \begin{bmatrix} 1 & 2 & 1 \\ 2 & 5 & 1 \\ 2 & 4 & 1 \end{bmatrix}, \quad B = \begin{bmatrix} 2 & -1 \\ 1 & 3 \\ 0 & 2 \end{bmatrix}$$

에 대하여 $AX = B$ 인 행렬 X 를 구할 수 있는지 알아보자.

덧붙인 행렬 $[A \mid B]$ 에 기본 행 변형을 시행하면 다음과 같이 변형된다.

$$[A \mid B] = \left[\begin{array}{ccc|cc} 1 & 2 & 1 & 2 & -1 \\ 2 & 5 & 1 & 1 & 3 \\ 2 & 4 & 1 & 0 & 2 \end{array}\right] \longrightarrow \left[\begin{array}{ccc|cc} 1 & 2 & 1 & 2 & -1 \\ 0 & 1 & -1 & -3 & 5 \\ 0 & 0 & -1 & -4 & 4 \end{array}\right]$$

$$\longrightarrow \left[\begin{array}{ccc|cc} 1 & 2 & 1 & 2 & -1 \\ 0 & 1 & -1 & -3 & 5 \\ 0 & 0 & 1 & 4 & -4 \end{array}\right] \longrightarrow \left[\begin{array}{ccc|cc} 1 & 2 & 0 & -2 & 3 \\ 0 & 1 & 0 & 1 & 1 \\ 0 & 0 & 1 & 4 & -4 \end{array}\right]$$

$$\longrightarrow \left[\begin{array}{ccc|cc} 1 & 0 & 0 & -4 & 1 \\ 0 & 1 & 0 & 1 & 1 \\ 0 & 0 & 1 & 4 & -4 \end{array}\right] = [I_3 \mid A^{-1}B]$$

따라서 A 는 정칙행렬이고 $AX = B$ 인 행렬 X 는 다음과 같다.

$$X = A^{-1}B = \begin{bmatrix} -4 & 1 \\ 1 & 1 \\ 4 & -4 \end{bmatrix}$$

보기 11.1.10 실수체 $\mathbb{R}$ 위에서 다음과 같은 행렬을 생각해 보자.

$$A = \begin{bmatrix} 1 & 4 & 6 \\ 2 & -1 & 4 \\ 1 & 4 & 6 \end{bmatrix}$$

덧붙인 행렬 $[A \mid I_3]$ 는 기본 행 변형에 의하여 오른쪽 행렬과 같이 변형되므로 A 는 정칙행렬이 아니다.

$$\left[\begin{array}{ccc|ccc} 1 & 4 & 6 & 1 & 0 & 0 \\ 0 & -9 & -8 & -2 & 1 & 0 \\ 0 & 0 & 0 & -1 & 0 & 1 \end{array}\right]$$

연 습 문 제 (11.1)

1. 다음 기호를 $\mathrm{Mat}_4(\mathbb{R})$ 의 행렬로 나타내고 그 역행렬을 기호로 나타내어라.

   (1) C_{24} (2) $D_{33}(5)$ (3) $E_{14}(2)$ (4) $E_{41}(2)$

2. 실수체 $\mathbb{R}$ 위에서 다음 행렬 A 에 유한 번의 기본 행 변형을 시행하여 A 를 기약 행 사다리꼴 행렬 A' 으로 변형하고 또 $A' = PA$ 인 정칙행렬 P 를 구하여라.

   (1) $A = \begin{bmatrix} 2 & -1 & 1 \\ 1 & 2 & 3 \end{bmatrix}$ (2) $A = \begin{bmatrix} 1 & 1 \\ 2 & 2 \end{bmatrix}$

3. 실수체 $\mathbb{R}$ 위에서 다음 행렬 A에 유한 번의 기본 행 변형을 시행하여 A를 를 기약 행 사다리꼴 행렬 A'으로 변형하고 $A' = PA$인 정칙행렬 P를 구하여라.

(1) $A = \begin{bmatrix} 1 & 4 & 1 & 3 \\ 2 & 8 & 3 & 5 \\ 1 & 4 & 2 & 7 \end{bmatrix}$ (2) $A = \begin{bmatrix} 1 & 2 & 4 & 3 \\ 2 & 4 & 3 & 5 \\ 3 & 4 & 2 & 0 \\ 1 & 3 & 0 & 2 \end{bmatrix}$

4. 실수체 $\mathbb{R}$ 위에서 다음 정칙행렬을 기본행렬의 곱으로 나타내어라.

(1) $A = \begin{bmatrix} 0 & 3 \\ 5 & 10 \end{bmatrix}$ (2) $A = \begin{bmatrix} 2 & 1 \\ 3 & 2 \end{bmatrix}$

5. 실수체 $\mathbb{R}$ 위에서 다음 정칙행렬을 기본행렬의 곱으로 나타내어라.

(1) $A = \begin{bmatrix} 0 & 1 & 0 \\ 0 & 0 & 2 \\ 3 & 0 & 0 \end{bmatrix}$ (2) $A = \begin{bmatrix} 2 & 1 & 1 \\ 0 & 1 & 1 \\ 1 & 0 & 1 \end{bmatrix}$

6. 실수체 $\mathbb{R}$ 위에서 다음 행렬 A가 정칙행렬인 경우에 A에 기본 행 변형을 시행하여 역행렬 A^{-1}를 구하여라.

(1) $A = \begin{bmatrix} 1 & 0 & 0 \\ 2 & 1 & 0 \\ 3 & 2 & 1 \end{bmatrix}$ (2) $A = \begin{bmatrix} 0 & 2 & 0 \\ 0 & 1 & 0 \\ 1 & 0 & 0 \end{bmatrix}$

7. 실수체 $\mathbb{R}$ 위에서 다음 행렬 A가 정칙행렬인 경우에 행렬 A에 기본 행 변형을 시행하여 A^{-1}를 구하여라.

(1) $A = \begin{bmatrix} 2 & 1 & 2 \\ 4 & 0 & 1 \\ 2 & 3 & 4 \end{bmatrix}$ (2) $A = \begin{bmatrix} 0 & 0 & 1 \\ 0 & 1 & 2 \\ 1 & 3 & 4 \end{bmatrix}$

8. 실수체 $\mathbb{R}$ 위에서 다음 행렬 A가 정칙행렬인 경우에 행렬 A에 기본 행 변형을 시행하여 A^{-1}를 구하여라.

(1) $A = \begin{bmatrix} 6 & 2 & 3 \\ 1 & 1 & 0 \\ 8 & 4 & 3 \end{bmatrix}$ (2) $A = \begin{bmatrix} 1 & 1 & 0 & 1 \\ 0 & 1 & 1 & 0 \\ 1 & 1 & 0 & 0 \\ 1 & 1 & 1 & 1 \end{bmatrix}$

§11.2 연립일차방정식

체 F 위의 미지수 $x_1, x_2, \cdots, x_n$ 에 관한 m 개의 일차방정식으로 이루어진 연립방정식

$$(*) \qquad \begin{cases} a_{11}x_1 + a_{12}x_2 + \cdots + a_{1n}x_n = b_1 \\ a_{21}x_1 + a_{22}x_2 + \cdots + a_{2n}x_n = b_1 \\ \vdots \qquad \vdots \qquad \cdots \qquad \vdots \qquad \vdots \\ a_{m1}x_1 + a_{m2}x_2 + \cdots + a_{mn}x_n = b_n \end{cases} \qquad (a_{ij}, b_j \in F)$$

을 체 F 위의 $x_1, x_2, \cdots, x_n$ 에 관한 **연립일차방정식**(聯立一次方程式, system of linear equations)이라고 한다($m = 1$ 인 경우도 포함하여). 여기서,

$$A = \begin{bmatrix} a_{11} & a_{12} & \cdots & a_{1n} \\ a_{21} & a_{22} & \cdots & a_{2n} \\ \vdots & \vdots & \cdots & \vdots \\ a_{m1} & a_{m2} & \cdots & a_{mn} \end{bmatrix}, \quad X = \begin{bmatrix} x_1 \\ x_2 \\ \vdots \\ x_n \end{bmatrix}, \quad B = \begin{bmatrix} b_1 \\ b_2 \\ \vdots \\ b_m \end{bmatrix}$$

이라고 하면, $A \neq O_{m\times n}$ 이고 연립일차방정식 (∗) 는

$$\begin{bmatrix} a_{11} & a_{12} & \cdots & a_{1n} \\ a_{21} & a_{22} & \cdots & a_{2n} \\ \vdots & \vdots & \cdots & \vdots \\ a_{m1} & a_{m2} & \cdots & a_{mn} \end{bmatrix} \begin{bmatrix} x_1 \\ x_2 \\ \vdots \\ x_n \end{bmatrix} = \begin{bmatrix} b_1 \\ b_2 \\ \vdots \\ b_m \end{bmatrix}$$

즉

$$AX = B$$

로 나타내어진다. 여기서, $m\times n$ 행렬 $A = [a_{ij}]_{m\times n}$ 를 연립일차방정식 (∗) 의 **계수행렬**(係數行列, coefficient matrix)이라 하고

$$[A \mid B] = \left[\begin{array}{cccc|c} a_{11} & a_{12} & \cdots & a_{1n} & b_1 \\ a_{21} & a_{22} & \cdots & a_{2n} & b_2 \\ \vdots & \vdots & \cdots & \vdots & \vdots \\ a_{m1} & a_{m2} & \cdots & a_{mn} & b_m \end{array}\right]$$

를 연립일차방정식 (∗) 의 **덧붙인 행렬**(augmented matrix)이라고 한다.

체 F의 원소 $c_1, \cdots, c_n$에 대하여 $x_1 = c_1, \cdots, x_n = c_n$가 주어진 연립일차방정식 의 모든 일차방정식을 동시에 만족시킬 때, 즉

$$A\begin{bmatrix} c_1 \\ c_2 \\ \vdots \\ c_n \end{bmatrix} = \begin{bmatrix} b_1 \\ b_2 \\ \vdots \\ b_m \end{bmatrix}$$

일 때, $(c_1, \cdots, c_n) \in F^n$ 을 이 연립일차방정식의 **해**(解, solution)라 하고 이 해를 다음과 같이 나타낸다.

$$\begin{cases} x_1 = c_1 \\ \vdots \\ x_n = c_n \end{cases} \text{ 또는 } \begin{bmatrix} x_1 \\ x_2 \\ \vdots \\ x_n \end{bmatrix} = \begin{bmatrix} c_1 \\ c_2 \\ \vdots \\ c_n \end{bmatrix} \text{ 또는 } (x_1, \cdots, x_n) = (c_1, \cdots, c_n)$$

연립일차방정식의 해 전체의 집합을 이 연립일차방정식의 **해집합**(解集合, solution set)이라 하고, 또 주어진 연립일차방정식의 해집합을 구하는 것을 이 연립일차방정식을 푼다(solve)고 한다.

두 연립일차방정식의 해집합이 일치할 때, 이 두 연립일차방정식은 **동치**(同値, equivalent)라고 한다. 연립일차방정식을 풀 때에는, 다음과 같은 유형의 기본 변형을 유한 번 시행하여 동치인 연립일차방정식으로 고친다.

(1) 서로 다른 두 방정식을 맞바꾸어 놓는다.

(2) 한 방정식을 a 배한다($a \in F$, $a \neq 0$).

(3) 한 방정식에 다른 방정식의 a 배를 더한다($a \in F$, $a \neq 0$).

그런데, 연립일차방정식

$$AX = B$$

에 기본변형 (1), (2), (3) 을 시행한다는 사실은 덧붙인 행렬 $[A \mid B]$ 에 기본행 변형 I, II, III 를 시행한다는 것과 마찬가지이다(정의 11.1.1).

보기 11.2.1 실수체 $\mathbb{R}$ 에서 다음 연립일차방정식의 해를 구해 보자.

$$(*) \qquad \begin{cases} 3x_1 + 4x_2 + 2x_3 = 8 \\ 2x_1 + 3x_2 + x_3 = 5 \end{cases}$$

이 연립일차방정식의 계수행렬과 덧붙인 행렬을 각각 A, $[A \mid B]$ 라고 할

때, $[A \mid B]$ 는 기본 행 변형에 의하여 오른쪽과 같이 기약 행 사다리꼴 행렬로 변형된다.

$$[A \mid B] = \begin{bmatrix} 3 & 4 & 2 & \vdots & 8 \\ 2 & 3 & 1 & \vdots & 5 \end{bmatrix} \longrightarrow \begin{bmatrix} 1 & 1 & 1 & \vdots & 3 \\ 2 & 3 & 1 & \vdots & 5 \end{bmatrix} \longrightarrow \begin{bmatrix} 1 & 0 & 2 & \vdots & 4 \\ 0 & 1 & -1 & \vdots & -1 \end{bmatrix} \longrightarrow \begin{bmatrix} 1 & 1 & 1 & \vdots & 3 \\ 0 & 1 & -1 & \vdots & -1 \end{bmatrix}$$

따라서

$$r([A \mid B]) = r(A) = 2$$

이고 이 기약 행 사다리꼴 행렬에 대응하는 연립일차방정식은 다음과 같다.

$$\begin{cases} x_1 + 2x_3 = \ \ 4 \\ x_2 - \ \ x_3 = -1 \end{cases} \quad \text{즉} \quad \begin{cases} x_1 = \ \ \ 4 - 2x_3 \\ x_2 = -1 + \ \ x_3 \end{cases}$$

그러므로, 연립일차방정식 (*)는 위의 연립일차방정식과 동치이고, 임의의 실수 t 에 대하여 $x_3 = t$ 라고 하면 이에 따라 결정되는 x_1, x_2, x_3 는 (*)의 해이므로 주어진 연립일차방정식의 해 전체는 다음과 같이 나타내어진다.

$$\begin{cases} x_1 = \ \ \ 4 - 2t \\ x_2 = -1 + \ \ t \\ x_3 = \qquad\ \ t \end{cases} \quad \text{즉} \quad \begin{bmatrix} x_1 \\ x_2 \\ x_3 \end{bmatrix} = \begin{bmatrix} 4 \\ -1 \\ 0 \end{bmatrix} + t \begin{bmatrix} 2 \\ 1 \\ 1 \end{bmatrix} \qquad (t \in \mathbb{R})$$

$$(x_1, x_2, x_3) = (4, -1, 0) + t(-2, 1, 1) \qquad (t \in \mathbb{R})$$

여기서, t 를 **매개변수**(媒介變數, parameter)라고 한다.

보기 11.2.2 실수체 $\mathbb{R}$ 에서 다음 연립일차방정식의 해를 구해 보자.

$$(*) \qquad \begin{cases} x_1 - 3x_2 - 2x_3 \qquad\quad = 1 \\ 2x_1 - 6x_2 - 3x_3 + 4x_4 = 4 \\ 3x_1 - 9x_2 - 4x_3 + 8x_4 = 7 \end{cases}$$

위의 연립일차방정식의 계수행렬과 덧붙인 행렬을 각각 A, $[A \mid B]$ 라고 하면, $[A \mid B]$는 기본 행 변형에 의하여 오른쪽과 같이 기약 행 사다리꼴 행렬로 변형되므로

$$[A \mid B] = \begin{bmatrix} 1 & -3 & -2 & 0 & \vdots & 1 \\ 2 & -6 & -3 & 4 & \vdots & 4 \\ 3 & -9 & -4 & 8 & \vdots & 7 \end{bmatrix} \longrightarrow \begin{bmatrix} 1 & -3 & -2 & 0 & \vdots & 1 \\ 0 & 0 & 1 & 4 & \vdots & 2 \\ 0 & 0 & 2 & 8 & \vdots & 4 \end{bmatrix} \longrightarrow \begin{bmatrix} 1 & -3 & 0 & 8 & \vdots & 5 \\ 0 & 0 & 1 & 4 & \vdots & 2 \\ 0 & 0 & 0 & 0 & \vdots & 0 \end{bmatrix}$$

$$r([A \mid B]) = r(A) = 2$$

이고 (*)는 다음과 동치이다.

$$\begin{cases} x_1 - 3x_2 \quad + 8x_4 = 5 \\ \qquad\qquad x_3 + 4x_4 = 2 \end{cases} \quad \text{즉} \quad \begin{cases} x_1 = 5 + 3x_2 - 8x_4 \\ x_3 = 2 \qquad\quad - 4x_4 \end{cases}$$

따라서 두 매개변수 t_1, t_2 를 도입하여 연립일차방정식 (*) 의 해 전체를 다음과 같이 나타낼 수 있다.

$$\begin{cases} x_1 = 5 + 3t_1 - 8t_2 \\ x_2 = \qquad t_1 \\ x_3 = 2 \qquad\quad - 4t_2 \\ x_4 = \qquad\qquad t_2 \end{cases} \qquad (t_1, t_2 \in \mathbb{R})$$

$$\begin{bmatrix} x_1 \\ x_2 \\ x_3 \\ x_4 \end{bmatrix} = \begin{bmatrix} 5 \\ 0 \\ 2 \\ 0 \end{bmatrix} + t_1 \begin{bmatrix} 3 \\ 1 \\ 0 \\ 0 \end{bmatrix} + t_2 \begin{bmatrix} -8 \\ 0 \\ -4 \\ 1 \end{bmatrix} \qquad (t_1, t_2 \in \mathbb{R})$$

$$(x_1, x_2, x_3, x_4) = (5, 0, 2, 0) + t_1(3, 1, 0, 0) + t_2(-8, 0, -4, 1) \qquad (t_1, t_2 \in \mathbb{R})$$

보기 11.2.3 실수체 $\mathbb{R}$ 에서 다음 연립일차방정식의 해를 구해 보자.

$$\begin{cases} 3x_1 + 4x_2 - 2x_3 = 4 \\ 2x_1 + 3x_2 + 2x_3 = 1 \\ 4x_1 + 5x_2 - 6x_3 = 8 \end{cases}$$

위의 연립일차방정식의 계수행렬과 덧붙인 행렬을 각각 A, $[A \mid B]$ 이라 고 하면, $[A \mid B]$ 는 기본 행 변형에 의하여 오른쪽과 같이 기약 행 사다리꼴 행렬로 변형되므로

$$r([A \mid B]) = 3 \neq 2 = r(A)$$

이고 이에 대응하는 연립일차방정식은

$$\begin{cases} x_1 \qquad - 14x_3 = 0 \\ \qquad x_2 + 10x_3 = 0 \\ \qquad\qquad 0x_3 = 1 \end{cases}$$

$$[A \mid B] = \begin{bmatrix} 3 & 4 & -2 & 4 \\ 2 & 3 & 2 & 1 \\ 4 & 5 & -6 & 8 \end{bmatrix} \longrightarrow \begin{bmatrix} 1 & 1 & -4 & 3 \\ 2 & 3 & 2 & 1 \\ 4 & 5 & -6 & 8 \end{bmatrix} \longrightarrow \begin{bmatrix} 1 & 1 & -4 & 3 \\ 0 & 1 & 10 & -5 \\ 0 & 1 & 10 & -4 \end{bmatrix} \longrightarrow \begin{bmatrix} 1 & 0 & -14 & 8 \\ 0 & 1 & 10 & -5 \\ 0 & 0 & 0 & 1 \end{bmatrix}$$

이므로 주어진 연립일차방정식의 해는 존재하지 않는다.

덧붙인 행렬 $[A|B]$에 기본 행 변형을 시행하여 기약 행 사다리꼴 행렬로 변형하여 연립일차방정식의 해를 구하는 방법을 **가우스-조르당 소거법**(消去法, Gauss-Jordan ellimination method)이라고 한다.

체 F 위에서 n 개의 미지수에 관한 다음과 같은 꼴의 방정식을 **동차 일차 방정식**(同次 一次方程式, homogeneous linear equation)이라고 한다.

$$a_1x_1 + a_2x_2 + \cdots + a_nx_n = 0$$

$$(a_1, a_2, \cdots, a_n \in F \text{ 중에서 적어도 하나는 } \neq 0)$$

그리고, 체 F 위의 n 개의 미지수 $x_1, \cdots, x_n$ 에 관한 m 개의 동차 일차 방정식으로 이루어진 연립일차방정식

$$\begin{cases} a_{11}x_1 + a_{12}x_2 + \cdots + a_{1n}x_n = 0 \\ a_{21}x_1 + a_{22}x_2 + \cdots + a_{2n}x_n = 0 \\ \quad \vdots \qquad\quad \vdots \qquad \cdots \qquad \vdots \qquad \vdots \\ a_{m1}x_1 + a_{m2}x_2 + \cdots + a_{mn}x_n = 0 \end{cases} \qquad (a_{ij} \in F)$$

을 체 F 위의 **동차 연립일차방정식**(同次 聯立一次方程式, homogeneous system of linear equations)이라고 한다($m = 1$ 인 경우도 포함하여).

위의 동차 연립일차방정식의 계수행렬을 $A = [a_{ij}]_{m\times n}$ 이라고 하면, 이 동차 연립일차방정식은 다음과 같이 나타낼 수 있다.

$$A\begin{bmatrix} x_1 \\ \\ \vdots \\ x_n \end{bmatrix} = \begin{bmatrix} 0 \\ 0 \\ \vdots \\ 0 \end{bmatrix}$$

이 동차 연립일차방정식은 적어도 한 개의 해 $(0, 0, \cdots, 0)$ 을 가진다.

이 해 $(0, 0, \cdots, 0)$을 동차 연립일차방정식의 **자명한 해**(自明한 解, trivial solution)라고 한다.

다음 보기에서 보는 바와 같이 소거법을 써서 동차 연립일차방정식을 풀 때에는 덧붙인 행렬을 생각할 필요 없이 계수행렬 $A = [a_{ij}]_{m\times n}$에 기본 행 변형을 시행하여 기약 행 사다리꼴 행렬으로 변형시켜 이 동차 연립일차방정식의 해를 구할 수 있다.

보기 11.2.4 실수체 $\mathbb{R}$에서 다음 동차 연립일차방정식의 해를 구해 보자.

$$\begin{cases} x_1 - 2x_2 + x_3 + 2x_4 + \ \ x_5 = 0 \\ 2x_1 - 3x_2 \qquad + 4x_4 - 2x_5 = 0 \\ 3x_1 - 5x_2 + x_3 + 6x_4 - \ \ x_5 = 0 \end{cases}$$

이 동차 연립일차방정식의 계수 행렬을 A라고 하면, A는 기본 행 변형에 의하여 오른쪽과 같이 기약 행 사다리꼴 행렬 A'으로 변형되므로

$$r(A) = r(A') = 2$$

이고, 주어진 동차 연립일차방정식은 다음 연립일차방정식과 동치이다.

$$A = \begin{bmatrix} 1 & -2 & 1 & 2 & 1 \\ 2 & -3 & 0 & 4 & -2 \\ 3 & -5 & 1 & 6 & -1 \end{bmatrix} \longrightarrow \begin{bmatrix} 1 & -2 & 1 & 2 & 1 \\ 0 & 1 & -2 & 0 & -4 \\ 0 & 1 & -2 & 0 & -4 \end{bmatrix} \longrightarrow \begin{bmatrix} 1 & 0 & -3 & 2 & 1 \\ 0 & 1 & -2 & 0 & -4 \\ 0 & 0 & 0 & 0 & 0 \end{bmatrix} = A'$$

$$\begin{cases} x_1 \qquad - 3x_3 + 2x_4 + \ \ x_5 = 0 \\ \qquad x_2 - 2x_3 \qquad - 4x_5 = 0 \end{cases}$$

즉 $$\begin{cases} x_1 = 3x_3 - 2x_4 - \ \ x_5 \\ x_2 = 2x_3 \qquad + 4x_5 \end{cases}$$

그런데, $5 - r(A) = 3$이므로 3개의 매개변수 t_1, t_2, t_3를 도입하여 주어진 동차 연립일차방정식의 해 전체를 다음과 같이 나타낼 수 있다.

$$\begin{cases} x_1 = 3t_1 - 2t_2 - \ \ t_3 \\ x_2 = 2t_1 \qquad + 4t_3 \\ x_3 = \ \ t_1 \\ x_4 = \qquad t_2 \\ x_5 = \qquad\qquad t_3 \end{cases} \qquad (t_1, t_2, t_3 \in \mathbb{R})$$

$$(x_1, x_2, x_3, x_4, x_5) = t_1(3,2,1,0,0) + t_2(-2,0,0,1,0) + t_3(-1,4,0,0,1) \qquad (t_1, t_2, t_3 \in \mathbb{R})$$

위의 보기에서 알아본 바와 같이, 동차 연립일차방정식의 해 전체에 대해서는 다음 정리가 성립한다.

정리 11.2.1 체 F 위의 n개의 미지수 $x_1, \cdots, x_n$에 관한 m개의 동차 일차방정식으로 이루어진 동차 연립일차방정식

$$\begin{cases} a_{11}x_1 + a_{12}x_2 + \cdots + a_{1n}x_n = 0 \\ a_{21}x_1 + a_{22}x_2 + \cdots + a_{2n}x_n = 0 \\ \vdots \quad \vdots \quad \cdots \quad \vdots \quad \vdots \\ a_{m1}x_1 + a_{m2}x_2 + \cdots + a_{mn}x_n = 0 \end{cases} \qquad (a_{ij} \in F)$$

의 계수행렬을 $A = [a_{ij}]_{m\times n}$이라고 할 때, $r(A) = r$이면 (*)의 해 전체는 $n-r$개의 매개변수 $t_1, \cdots, t_{n-r}$에 관하여

$$(x_1, x_2, \cdots, x_n) = t_1 v_1 + \cdots + t_{n-r} v_{n-r} \qquad (t_1, \cdots, t_{n-r} \in F)$$

의 꼴로 나타내어진다.

정리 11.2.2 체 F 위의 n개의 미지수에 관한 n개의 일차방정식으로 이루어진 연립일차방정식

$$\begin{cases} a_{11}x_1 + a_{12}x_2 + \cdots + a_{1n}x_n = b_1 \\ a_{21}x_1 + a_{22}x_2 + \cdots + a_{2n}x_n = b_2 \\ \vdots \quad \vdots \quad \cdots \quad \vdots \quad \vdots \\ a_{n1}x_1 + a_{n2}x_2 + \cdots + a_{nn}x_n = b_n \end{cases} \qquad (a_{ij} \in F)$$

에서 계수행렬 $A = [a_{ij}]_{n\times n}$가 정칙행렬이면, 위의 연립일차방정식은 단 한 개의 해를 가진다.

증 명 위의 연립일차방정식은

$$A\begin{bmatrix} x_1 \\ \vdots \\ x_n \end{bmatrix} = \begin{bmatrix} b \\ \vdots \\ b_n \end{bmatrix}$$

으로 고쳐 쓸 수 있고 이 연립일차방정식은 단 하나의 해는 다음과 같다.

$$\begin{bmatrix} x_1 \\ \vdots \\ x_n \end{bmatrix} = A^{-1}\begin{bmatrix} b_1 \\ \vdots \\ b_n \end{bmatrix} = \begin{bmatrix} c_1 \\ \vdots \\ c_n \end{bmatrix}$$

일반적인 행렬식과 그 응용에 대해서는 [해설 1102]에 논하기로 한다.

연 습 문 제 (11.2)

1. 실수체 $\mathbb{R}$ 위에서 다음 연립일차방정식을 풀어라.

(1) $\begin{cases} x_1 + x_2 + x_3 = -1 \\ 2x_1 + x_2 - 2x_3 = 2 \end{cases}$ (2) $\begin{cases} 5x_1 + x_2 + x_3 = 7 \\ 3x_1 + x_2 - 2x_3 = 2 \end{cases}$

2. 실수체 $\mathbb{R}$ 위에서 다음 연립일차방정식을 풀어라.

(1) $\begin{cases} x_1 + x_2 = 2 \\ 3x_1 - x_2 = 2 \\ x_1 - x_2 = 0 \end{cases}$ (2) $\begin{cases} x_1 + 2x_2 + x_3 = 0 \\ x_1 - x_2 - x_3 = 0 \end{cases}$

3. 실수체 $\mathbb{R}$ 위에서 다음 연립일차방정식을 풀어라.

$$\begin{cases} x_1 + x_2 + x_3 + x_4 = 0 \\ 2x_1 + 3x_2 + 2x_3 + x_4 = 0 \\ 3x_1 + 4x_2 + 3x_3 + 2x_4 = 0 \end{cases}$$

4. 실수체 $\mathbb{R}$ 위에서 다음 연립일차방정식의 해를 구하여라.

$$\begin{cases} x_1 + 2x_2 - x_3 + 2x_4 + x_5 = 2 \\ -x_1 - 2x_2 + x_3 + 2x_4 + 3x_5 = 6 \\ 2x_1 + 4x_2 - 3x_3 + 2x_4 = 3 \\ -3x_1 - 6x_2 + 2x_3 + 3x_5 = 9 \end{cases}$$

5. 실수체 $\mathbb{R}$ 위의 행렬

$$A = \begin{bmatrix} 3 & 1 & -1 \\ 2 & 2 & -1 \\ 2 & 2 & 0 \end{bmatrix}, \quad X = \begin{bmatrix} x_1 \\ x_2 \\ x_3 \end{bmatrix}$$

에 대하여 다음 물음에 답하여라.

(1) 등식 $AX = X$를 만족시키는 X를 구하여라.

(2) 등식 $(2I_3 - A)X = O_3$를 만족시키는 X를 구하여라.

§11.3 벡터공간

이 절에서는, 이 장에서 이용되는 사항에 대하여 간단히 논한다.

정의 11.3.1 체 F와 집합 $V(\neq \emptyset)$에 대하여 다음이 성립할 때, V를 체 F 위의 **벡터공간**(벡터空間, vector space) 또는 ***F*-벡터공간**이라고 한다.

A : V 위에 덧셈이 정의되어 있고, 덧셈에 관하여 덧셈군을 이룬다.
즉, 임의의 원소 $v, w, u \in V$에 대하여 다음이 성립한다.

A.1 : $(v+w)+u = v+(w+u)$

A.2 : $v+w = w+v$

A.3 : $v+\mathbf{0} = \mathbf{0}+v = v$ 인 $\mathbf{0} \in V$가 존재한다.

A.4 : $v+(-v) = (-v)+v = \mathbf{0}$

SM : 스칼라 곱셈(scalar multiplication)이 정의되어 있고, 또 임의의 원소 $v, w \in V$ 와 원소 $a, b \in F$에 대하여 다음이 성립한다.

SM.1 : $a(v+w) = av+aw$　SM.2 : $(a+b)v = av+bw$

SM.3 : $(ab)v = a(bv)$:　SM.4 : $1v = v$

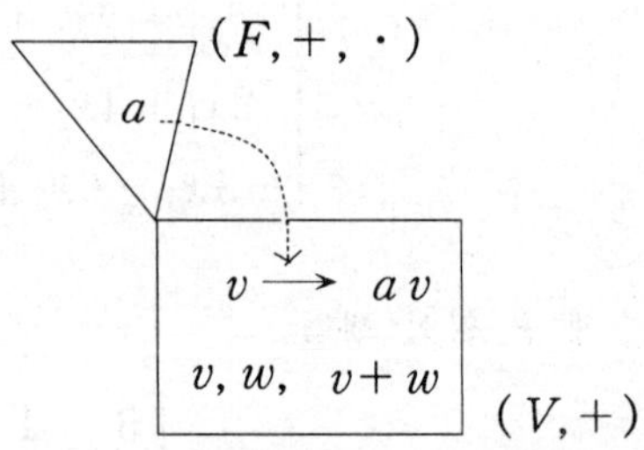

위의 정의에서 다음이 성립한다.

$$0v = \mathbf{0}, \quad (-1)v = -v$$

벡터공간 V의 각 원소를 **벡터**(vector)라 하고, 특히 영원 $\mathbf{0}$을 **영벡터**라고 한다. 그리고, 체 F를 벡터공간 V의 **기초체**(基礎體, ground field)라 하고 또 체 F의 원소를 **스칼라**(scalar)라 하며 av를 a에 의한 v의 **스칼라 배**(scalar multiple)라고 한다.

벡터공간이란 위의 정의의 조건을 만족시키는 집합이고, 또 벡터는 이러한 벡터공간의 원소일 뿐이지 어떤 물리적인 의미를 가진 대상일 필요는 없다.

보기 11.3.1 체 F 에 대하여 다음 집합은 모두 체 F 위의 벡터공간이다.

(1) $F^n = \{(a_1, a_2, \cdots, a_n) \mid a_1, a_2, \cdots, a_n \in F\}$ (정리 4.1.3)

(2) $F[x]$: 체 F 위의 다항식 전체의 집합 (정리 4.1.4)

(3) F^ω : 체 F 위의 무한수열 전체의 집합 (정리 4.2.2)

(4) $F[[x]]$: 체 F 위 형식적 멱급수 전체의 집합 (정리 4.2.7)

(5) $\text{Mat}_{m\times n}(F) = \{[a_{ij}]_{m\times n} \mid a_{ij} \in F,\ 1 \le i \le m,\ 1 \le j \le n\}$ (정리 8.1.1)

정의 11.3.2 체 F 위의 벡터공간 V 에서 V 의 부부집합 $W\ (\neq \varnothing)$ 가 V 와 동일한 덧셈과 스칼라 곱셈에 관하여 체 F 위의 벡터공간을 이룰 때, W 를 벡터공간 V 의 **부분공간**(部分空間, subspace)이라고 한다.

정리 11.3.3 체 F 위의 벡터공간 V 의 부부집합 $W\ (\neq \varnothing)$ 에 대하여 다음 조건은 서로 동치이다.

(1) W 는 V 의 부분공간이다.

(2) 임의의 벡터 $v, w \in W$ 와 $a \in F$ 에 대하여 $v + w,\ av \in W$ 이다.

증 명 먼저 W 가 V 의 부분공간이면, 분명히 (2) 가 성립한다.

역으로, (2) 가 성립한다고 가정하자. 이 때, V 에서의 조건 A.1, A2, SM 은 W 에서도 그대로 성립한다. 또, SM 에 의하면, 임의의 $v \in W$ 에 대하여

$$\mathbf{0} = 0\,v \in W, \quad -v = (-1)\,v \in W$$

이므로 W 에서도 A.3, A.4 가 성립한다.

따라서 W 는 V 의 부분공간이다.

정리 11.3.4 체 F 위의 벡터공간 V 에서 벡터 $v_1, \cdots, v_m$ 에 대하여

$$\langle v_1, \cdots, v_m \rangle = \{a_1 v_1 + \cdots + a_m v_m \mid a_1, \cdots, a_m \in F\}$$

이라고 할 때, $W = \langle v_1, \cdots, v_m \rangle$ 은 V 의 부분공간이다.

여기서, 부분공간 $\langle v_1, \cdots, v_m \rangle$ 을 $v_1, \cdots, v_m$ 에 의하여 **생성**(生成)**된 부분공간**이라고 한다.

증 명 임의의 벡터 $v, w \in W$ 와 임의의 $a \in F$ 에 대하여 v, w 는

$$v = a_1 v_1 + \cdots + a_m v_m \qquad (a_1, \cdots, a_m \in F)$$
$$w = b_1 v_1 + \cdots + b_m v_m \qquad (b_1, \cdots, b_m \in F)$$

와 같은 꼴이고 이때

$$v + w = (a_1 + b_1) v_1 + \cdots + (a_m + b_m) v_m \in W,$$
$$a v = (a a_1) v_1 + \cdots + (a a_m) v_m \in W$$

이므로 정리 11.3.3 에 의하여 W는 벡터공간 V의 부분공간이다.

앞의 정리에서 $v = a_1 v_1 + \cdots + a_m v_m \ (a_1, \cdots, a_m \in F)$ 와 같은 꼴의 벡터를 벡터 $v_1, \cdots, v_m$ 의 **일차결합**(一次結合, linear combination)이라고 한다.

정의 11.3.5 체 F 위의 $m \times n$ 행렬 $A = [a_{ij}]_{m \times n}$ 에 대하여 벡터공간 F^n 의 m 개의 벡터

$$v_i = (a_{i1}, a_{i2}, \cdots, a_{in}) \qquad (1 \le i \le m)$$

를 A 의 **행벡터**(行벡터, row vector)라고 한다.

그리고, 벡터공간 F^n 에서 A 의 행벡터 $v_1, v_2, \cdots, v_m$ 에 의하여 생성된 부분공간 $W = \langle v_1, \cdots, v_m \rangle$ 을 A 의 **행공간**(行空間, row space)이라 하고 또 행렬 A 를 행공간 W 의 **생성행렬**(生成行列, generator matrix)이라고 한다.

행렬 A 의 행공간에 속하는 벡터는

$$v = a_1 v_1 + \cdots + a_m v_m \qquad (a_1, \cdots, a_m \in F)$$

와 같은 꼴이고, 여기서 $v = (x_1, x_2, \cdots, x_n)$ 이라고 하면 위의 등식은 다음과 같이 쓸 수 있다.

$$\begin{aligned}(x_1, x_2, \cdots, x_n) = \ & a_1 (a_{11}, a_{12}, \cdots, a_{1n}) \\ & + a_2 (a_{21}, a_{22}, \cdots, a_{2n}) \\ & \vdots \\ & + a_m (a_{m1}, a_{m2}, \cdots, a_{mn}) \quad (a_1, \cdots, a_m \in F)\end{aligned}$$

즉 $$[x_1 \ x_2 \ \cdots \ x_n] = [a_1 \ a_2 \ \cdots \ a_m] A \qquad (a_1, \cdots, a_m \in F)$$

정리 11.3.6 체 F 위의 $m\times n$ 행렬 $A=[a_{ij}]_{m\times n}$ 에 기본 행 변형을 유한 번 시행하여

$$A \longrightarrow E_1A \longrightarrow E_2E_1A \longrightarrow \cdots \longrightarrow E_s\cdots E_2E_1A = A'$$

과 같이 기약 행 사다리꼴 행렬 A' 으로 변형되었다고 하면 다음이 성립한다.

$$(A \text{ 의 행공간}) = (E_1A \text{ 의 행공간}) = \cdots = (A' \text{ 의 행공간})$$

증 명 벡터공간 F^n 에서 행렬 A 의 행공간은 다음과 같이 결정되는 벡터 $(x_1, x_2, \cdots, x_n)$ 전체로 이루어진 부분공간이다.

$$[x_1\ x_2\ \cdots\ x_n] = [a_1\ a_2\ \cdots\ a_m]A \qquad (a_1, \cdots, a_m \in F)$$

이제 E를 m 차의 기본행렬이라고 하면, E는 정칙행렬이고(정리 6.4.2), 또 임의의 $a_1, \cdots, a_m \in F$ 에 대하여

$$[a_1\ a_2\ \cdots\ a_m]E = [b_1\ b_2\ \cdots\ b_m]$$

이라고 하면, 다음이 성립한다.

$$\begin{aligned}[x_1\ x_2\ \cdots\ x_n] &= [a_1\ a_2\ \cdots\ a_m]EA \\ &= ([a_1\ a_2\ \cdots\ a_m]E)A \\ &= [b_1\ b_2\ \cdots\ b_m]A\end{aligned}$$

그러므로, 행렬 EA 의 행공간은

$$[x_1\ x_2\ \cdots\ x_n] = [b_1\ b_2\ \cdots\ b_m]A$$

으로 결정되는 벡터 $(x_1, x_2, \cdots, x_n) \in F^n$ 전체로 이루어진 부분공간이고 따라서 다음이 성립한다.

$$(EA \text{ 의 행공간}) \subseteq (A \text{ 의 행공간})$$

그리고, $A = E^{-1}(EA)$ 이므로 위의 결과에 의하여

$$(A \text{ 의 행공간}) \subseteq (EA \text{ 의 행공간})$$

이므로 $(A$ 의 행공간$) = (EA$ 의 행공간$)$ 이다.

그리고, 기본 행 변형에 대응하는 기본행렬 $E_1, E_2, \cdots, E_s$ 는 모두 정칙행렬이므로 위의 결과에 의하여 다음이 성립한다.

$$(A \text{ 의 행공간}) = (E_1A \text{ 의 행공간}) = \cdots = (A' \text{ 의 행공간})$$

정리 11.3.7 체 F 위의 n개의 미지수 $x_1, x_2, \cdots, x_n$에 관한 m개의 동차 일차방정식으로 이루어진 동차 연립일차방정식

$$(*)\qquad \begin{cases} a_{11}x_1 + a_{12}x_2 + \cdots + a_{1n}x_n = 0 \\ a_{21}x_1 + a_{22}x_2 + \cdots + a_{2n}x_n = 0 \\ \vdots \qquad \vdots \qquad \cdots \qquad \vdots \qquad \vdots \\ a_{m1}x_1 + a_{m2}x_2 + \cdots + a_{mn}x_n = 0 \end{cases}$$

의 해 전체의 집합을 W이라고 하면, W는 벡터공간 F^n의 부분공간이다. 이 부분공간을 (*)의 **해공간**(解空間, solution space)이라고 한다.

증 명 동차 연립일차방정식 (*)의 계수행렬을 $A = [a_{ij}]_{m\times n}$이라 하고 또 $v = (c_1, \cdots, c_n) \in W$, $w = (d_1, \cdots, d_n) \in W$ 이라고 하자. 이 때,

$$A\begin{bmatrix} c_1 \\ \vdots \\ c_n \end{bmatrix} = \begin{bmatrix} 0 \\ \vdots \\ 0 \end{bmatrix}, \quad A\begin{bmatrix} d_1 \\ \vdots \\ d_n \end{bmatrix} = \begin{bmatrix} 0 \\ \vdots \\ 0 \end{bmatrix}$$

이므로

$$A\begin{bmatrix} c_1 + d_1 \\ \vdots \\ c_n + d_n \end{bmatrix} = A\begin{bmatrix} c_1 \\ \vdots \\ c_n \end{bmatrix} + A\begin{bmatrix} d_1 \\ \vdots \\ d_n \end{bmatrix} = \begin{bmatrix} 0 \\ \vdots \\ 0 \end{bmatrix} + \begin{bmatrix} 0 \\ \vdots \\ 0 \end{bmatrix} = \begin{bmatrix} 0 \\ \vdots \\ 0 \end{bmatrix},$$

$$A\begin{bmatrix} a c_1 \\ \vdots \\ a c_n \end{bmatrix} = aA\begin{bmatrix} c_1 \\ \vdots \\ c_n \end{bmatrix} = a\begin{bmatrix} 0 \\ \vdots \\ 0 \end{bmatrix} = \begin{bmatrix} 0 \\ \vdots \\ 0 \end{bmatrix}$$

이고 따라서 $v + w \in W$, $av \in W$ 이다.

그러므로, W는 벡터공간 F^n의 부분공간이다(정리 11.3.3).

위의 정리에서 $r(A) = r$ 라고 할 때 다음이 성립한다(보기 11.2.5 참조).

(1) $r = n$이면, (*)의 해는 자명한 해 $(0, 0, \cdots, 0)$ 뿐이다.

(2) $1 \le r < n$일 때, $k = n - r$라고 하면 (*)의 해는

$$(x_1, \cdots, x_n) = t_1(c_1, \cdots, c_n) + \cdots + t_k(d_1, \cdots, d_n)$$

와 같이 k개의 매개변수를 써서 나타내어진다.

동차 연립일차 방방정식의 해공간에 대해서도 행렬의 행공간에 대한 정리인 정리 11.3.6 과 유사한 정리가 성립한다.

정리 11.3.8 체 F 위의 $m\times n$ 행렬 $H=[h_{ij}]_{m\times n}$ 에 기본 행 변형을 유한번 시행하여

$$H \longrightarrow E_1H \longrightarrow E_2E_1H \longrightarrow \cdots \longrightarrow E_s\cdots E_2E_1H = H'$$

과 같이 기약 행 사다리꼴 행렬 H' 으로 변형되었을 때, 동차 연립일차방정식

$$H\begin{bmatrix} x_1 \\ \vdots \\ x_n \end{bmatrix} = \begin{bmatrix} 0 \\ \vdots \\ 0 \end{bmatrix},\quad E_1H\begin{bmatrix} x_1 \\ \vdots \\ x_n \end{bmatrix} = \begin{bmatrix} 0 \\ \vdots \\ 0 \end{bmatrix},\quad \cdots,\quad H'\begin{bmatrix} x_1 \\ \vdots \\ x_n \end{bmatrix} = \begin{bmatrix} 0 \\ \vdots \\ 0 \end{bmatrix}$$

의 해공간은 모두 일치한다.

증 명 행렬 E 를 m 차의 기본행렬이라고 하면, E 는 정칙행렬이므로 $H_1 = EH$ 일 때, $H = E^{-1}H_1$ 이다.

따라서 두 동차 연립일차방정식

$$H\begin{bmatrix} x_1 \\ \vdots \\ x_n \end{bmatrix} = \begin{bmatrix} 0 \\ \vdots \\ 0 \end{bmatrix},\qquad EH\begin{bmatrix} x_1 \\ \vdots \\ x_n \end{bmatrix} = \begin{bmatrix} 0 \\ \vdots \\ 0 \end{bmatrix}$$

는 서로 동치이므로 그 해공간은 일치한다.

기본 행 변형에 대응하는 기본행렬 $E_1, E_2, \cdots, E_s$ 는 모두 정칙행렬이므로 위의 결과에 의하여 동차 연립일차방정식

$$H\begin{bmatrix} x_1 \\ \vdots \\ x_n \end{bmatrix} = \begin{bmatrix} 0 \\ \vdots \\ 0 \end{bmatrix},\quad E_1H\begin{bmatrix} x_1 \\ \vdots \\ x_n \end{bmatrix} = \begin{bmatrix} 0 \\ \vdots \\ 0 \end{bmatrix},\quad \cdots,\quad H'\begin{bmatrix} x_1 \\ \vdots \\ x_n \end{bmatrix} = \begin{bmatrix} 0 \\ \vdots \\ 0 \end{bmatrix}$$

의 해공간은 모두 일치한다.

§11.4 선형부호

전달해야 할 통신문을 통신로를 통하여 전달할 때 이 통신문을 통신로가 인식할 수 있도록 일정한 **기호**(記號, symbol)로 바꾸는 것을 부호화(符號化, encoding)라고 하며 통신문을 전환하는 장치를 **부호기**(符號機, encoder)라고 한다. 또, 부호화된 언어를 **부호어**(符號語, codeword)라 하고 한 전달 체계에 속하는 부호어 전체의 집합을 **부호**(符號, code)라고 한다.

통신로를 통하여 부호어가 송신되면 이를 수신하여 이해할 수 있는 언어로 바꾸어 본래의 통신문의 내용을 알게 된다. 이 때, 수신된 내용을 이해할 수 있는 언어로 전환시키는 과정을 **복호**(復號, decoding)라 하고 이와 같이 전환시키는 장치를 **복호기**(復號機, decoder)라고 한다.

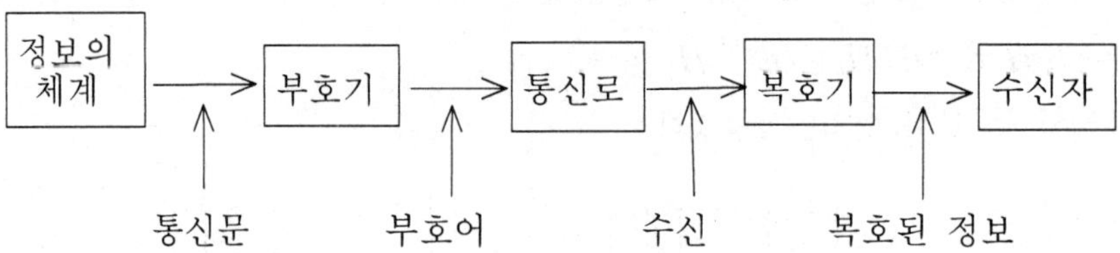

통신문이나 부호어를 만들 때에는 먼저 q 개의 기호로 이루어진 집합 F를 생각하여 통신문은 F 에 속하는 k 개의 기호를 차례로 늘어놓아

$$(a_1, a_2, \cdots, a_k) \quad \text{또는} \quad a_1 \, a_2 \cdots a_k$$

로 나타내고 부호어는 F 에 속하는 n $(n \geq k)$ 개의 기호를 늘어놓아

$$(x_1, x_2, \cdots, x_n) \quad \text{또는} \quad x_1 \, x_2 \cdots x_n$$

으로 나타낸다. 이 때, 전달할 통신문을 체계적으로 부호화하고 복호하려면 F를 q 개의 원소로 이루어진 **유한체**(有限體, finite field)로 택하여 대수학에 대한 지식을 활용하여 수학적으로 체계화하는 것이 바람직하다.

체 F가 유한체이면, 적당한 素數 p와 적당한 양의 정수 m에 대하여 $|F| = p^m$이고, 임의의 素數 p와 임의의 양의 정수 m에 대하여 $q = p^m$이라고 할 때 q개의 원소를 가진 유한체는 본질적으로 단 하나 존재한다 ([1], §5.8 참조).

이와 같이 q개의 원소를 가진 유한체를 **갈루아 체**(Galois field)라 하고 이 체를 $\mathbb{F}_q$로 나타낸다. 특히, 임의의 素數 p에 대하여

$$\mathbb{F}_p = \mathbb{Z}_p = \{0, 1, \cdots, p-1\}$$

는 다음과 같이 정의된 덧셈과 곱셈에 관하여 체를 이룬다(보기 3.5.7 참조).

$$a + b = r \quad (r\text{는 합 } a+b\text{를 } p\text{로 나누었을 때의 나머지})$$
$$a \cdot b = s \quad (s\text{는 곱 } ab\text{를 } p\text{로 나누었을 때의 나머지})$$

예를 들면, 체 $\mathbb{F}_2 = \mathbb{Z}_2 = \{0, 1\}$의 덧셈표와 곱셈표는 다음과 같다.

+	0	1
0	0	1
1	1	0

·	0	1
0	0	0
1	0	1

$1+1=0, \quad -1=1,$
$1\cdot 1=1, \quad 1^{-1}=1$

그리고, 체 $\mathbb{F}_3 = \mathbb{Z}_3 = \{0, 1, 2\}$의 덧셈표와 곱셈표는 다음과 같다.

+	0	1	2
0	0	1	2
1	1	2	0
2	2	0	1

·	0	1	2
0	0	0	0
1	0	1	2
2	0	2	1

$-1=2, \quad -2=1,$
$1\cdot 1=1, \quad 1^{-1}=1,$
$2\cdot 2=1, \quad 2^{-1}=2$

체 $\mathbb{F}_p = \{0, 1, \cdots, p-1\}$와 양의 정수 n에 대하여 집합

$$\mathbb{F}_p^{\,n} = \{(x_1, x_2, \cdots, x_n) \mid x_1, x_2, \cdots, x_n \in \mathbb{F}_p\}$$

는 다음과 같이 정의된 덧셈과 스칼라 곱셈에 관하여 체 $\mathbb{F}_p$ 위의 벡터공간을 이루고 $|\mathbb{F}_p^{\,n}| = p^n$이다(정리 4.1.3).

$$(a_1, \cdots, a_n) + (b_1, \cdots, b_n) = (a_1+b_1, \cdots, a_n+b_n)$$
$$a(a_1, \cdots, a_n) = (a\,a_1, \cdots, a\,a_n)$$

보기 11.4.1 체 $\mathbb{F}_3$ 위의 벡터공간 $\mathbb{F}_3^{\,3} = \{(x_1, x_2, x_3) \mid x_1, x_2, x_3 \in \mathbb{F}_3\}$에서 다음이 성립한다.

$$(0, 2, 1) + (1, 1, 1) = (1, 0, 2), \quad 2(0, 2, 1) = (0, 1, 2),$$
$$(0, 2, 1) - (1, 1, 2) = (-1, 1, -1) = (2, 1, 2)$$

보기 11.4.2 벡터공간 $\mathbb{F}_2{}^3 = \{(x_1, x_2, x_3) \mid x_1, x_2, x_3 \in \mathbb{F}_2\}$ 에서

$$C = \{(0,0,0), (0,1,1), (1,0,1), (1,1,0)\}$$

는 벡터공간 $\mathbb{F}_2{}^3$ 의 부분공간이고 $|C| = 2^2$ 이다(정의 11.3.2 참조).

$$(0,1,1) + (1,0,1) = (1,1,0) \in C,$$
$$(0,1,1) + (1,1,0) = (1,0,1) \in C,$$
$$(1,0,1) + (1,1,0) = (0,1,1) \in C$$

보기 11.4.3 체 $\mathbb{F}_2 = \{0,1\}$ 의 원소를 기호로 사용하여, 두 가지 정보 '예' 와 '아니오' 로 이루어진 정보 체계를 나타내어 보자.

(1) '예'와 '아니오' 를 각각 0, 1 로 나타내기로 하면, 0 과 1 은 부호어이고 이들 부호어 전체로 이루어진 부호는 $C_1 = \{0, 1\} = \mathbb{F}_2$ 이다.

(2) '예' 와 '아니오' 를 각각 $(0, 0)$ 과 $(1, 1)$ 로 나타내기로 하면, 0 0 과 1 1은 부호어이고 이들 부호어로 이루어진 부호는

$$C_2 = \{(0, 0), (1, 1)\} \subset \mathbb{F}_2{}^2, \qquad |C_2| = 2$$

이고 C 는 벡터공간 $\mathbb{F}_2{}^2$ 의 부분공간이다. 여기서,

$$(1, 1) + (1, 1) = (1+1, 1+1) = (0, 0) \text{ 즉 } -(1, 1) = (1, 1)$$

보기 11.4.4 체 $\mathbb{F}_2 = \{0,1\}$ 의 두 원소를 기호로 사용하여, 네 가지 정보 '동', '서', '남', '북' 으로 이루어진 정보 체계를 나타내어 보자.

(1) '동', '서', '남', '북' 을 각각 부호어 $(0,0)$, $(0,1)$, $(1,0)$, $(1,1)$ 로 나타내면, 이들 네 부호어로 이루어진 부호는 다음과 같다.

$$C_1 = \{(0, 0), (0, 1), (1, 0), (1, 1)\} = \mathbb{F}_2{}^2, \qquad |C_1| = 2^2$$

(2) '동', '서', '남', '북' 을 각각 부호어

$$(0,0,0),\ (0,1,1),\ (1,0,1),\ (1,1,0)$$

으로 나타내기로 하면, 이들 네 부호어로 이루어진 부호는

$$C_2 = \{(0,0,0), (0,1,1), (1,0,1), (1,1,0)\} \subset \mathbb{F}_3{}^2, \quad |C_2| = 2^2$$

이고 C_2 는 벡터공간 $\mathbb{F}_2{}^3$ 의 부분공간이다.

앞의 보기를 근거로 하여 부호어와 부호를 다음과 같이 새로 정의한다.

정의 11.4.1 체 $\mathbb{F}_p = \{0, 1, \cdots, p-1\}$ 위의 벡터공간 $\mathbb{F}_p{}^n$ 의 부분공간 $C\ (\neq \{\mathbf{0}\})$ 를 체 $\mathbb{F}_p$ 위의 길이 n 인 **선형부호**(線型符號, linear code) 라고 하고 부호 C 의 각 원소를 **부호어**(符號語, codeword)라고 한다. 그리고,

$$|C| = p^k \quad (1 \le k \le n)$$

일 때, C를 체 $\mathbb{F}_p$ 위의 **선형 (n, k) 부호**라고 한다.

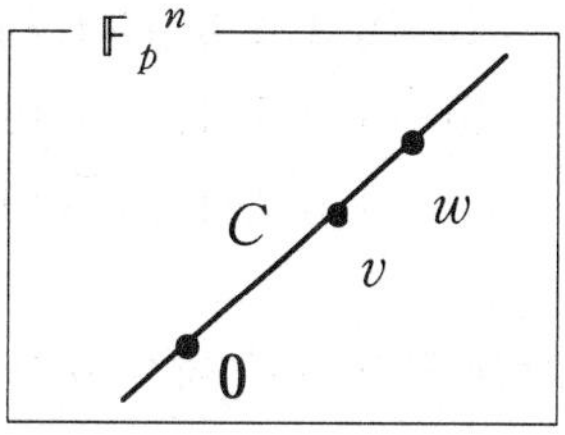

특히, 체 $\mathbb{F}_2$ 위의 부호와 부호어를 각각 **이진부호**(二進符號, binary code), **이진부호어**(二進符號語)라고 한다.

보기 11.4.5 체 $\mathbb{F}_2 = \{0, 1\}$ 위의 벡터공간 $\mathbb{F}_2{}^2$ 에서

$$C_2 = \{(0, 0, 0), (0, 1, 1), (1, 0, 1), (1, 1, 0)\}, \quad |C_2| = 2^2$$

는 $\mathbb{F}_2{}^2$ 의 부분공간이다(보기 11.4.4).

따라서 C는 이진 선형 (3, 2) 부호이다.

보기 11.4.6 벡터공간 $\mathbb{F}_3{}^3 = \{(x_1, x_2, x_3) \mid x_1, x_2, x_3 \in \mathbb{F}_3\}$ 에서

$$C = \langle (0, 1, 1), (1, 0, 1) \rangle = \{a(0, 1, 1) + b(1, 0, 1) \mid a, b \in \mathbb{F}_3\}$$

는 벡터공간 $\mathbb{F}_3{}^3$ 의 부분공간이고 $|C| = 3^2$ 이다. 실제로 다음이 성립한다.

$$C = \{(0, 0, 0), (0, 1, 1), (0, 2, 2), (1, 0, 1), (2, 0, 2), (1, 1, 2), (2, 1, 0), (1, 2, 0), (2, 2, 1)\}$$

$$(0, 1, 1) + (1, 0, 1) = (1, 1, 2) \in C,$$
$$(0, 1, 1) + (1, 1, 2) = (1, 2, 0) \in C,$$
$$(1, 0, 1) - (2, 1, 0) = (2, 2, 1) \in C$$

따라서 C는 체 $\mathbb{F}_3$ 위의 선형 (3, 2) 부호이다.

연 습 문 제 (11.4)

1. 벡터공간 $\mathbb{F}_2{}^5$ 에서 다음이 성립하는지 판정하여라.

(1) $(0,1,1,0,1)+(1,0,1,1,0)=(1,1,0,1,1)$,

(2) $(0,1,1,0,1)+(1,1,0,1,1)=(1,0,1,1,0)$

(3) $(1,0,1,1,0)+(1,1,0,1,1)=(0,1,1,0,1)$

(4) $(1,0,1,1,0)-(1,1,0,1,1)=(0,1,1,0,1)$

2. 벡터공간 $\mathbb{F}_2{}^6$ 에서 부분공간

$$C=\langle(0,0,1,1,1,0),(0,1,0,1,0,1),(1,0,0,0,1,1)\rangle$$

에 속하는 벡터를 모두 구하여라.

그리고, C가 어떤 유형의 이진 선형부호인지 말하여라.

3. 벡터공간 $\mathbb{F}_3{}^4=\{(x_1,x_2,x_3,x_4)\mid x_1,x_2,x_3,x_4\in\mathbb{F}_3\}$ 에 대하여 다음 물음에 답하여라.

(1) 부분공간

$$C=\langle(1,0,2,1)\rangle=\{k(1,0,2,1),\ k\in\mathbb{F}_3\}$$

에 속하는 벡터를 모두 구하여라.

그리고, C가 어떤 유형의 선형부호인지 말하여라.

(2) 부분공간

$$C=\langle(1,0,2,1),(1,1,1,2)\rangle$$

에 속하는 벡터를 모두 구하여라.

그리고, C가 어떤 유형의 선형부호인지 말하여라.

§11.5 생성행렬과 홀짝 검사행렬

체 $\mathbb{F}_p = \{0, 1, \cdots, p-1\}$ 위의 벡터공간 $\mathbb{F}_p{}^n$ 에서 벡터 $(x_1, x_2, \cdots, x_n)$ 를 간단히 $x_1\, x_2 \cdots x_n$ 으로도 나타내기로 한다.

정의 11.5.1 체 $\mathbb{F}_p = \{0, 1, \cdots, p-1\}$ 위의 선형 (n, k) 부호 C가 체 $\mathbb{F}_p$ 위의 $m \times n$ 행렬 $G = [a_{ij}]_{m \times n}$ 에 대하여

$$C = (\, G\text{의 행공간}\,)$$

일 때, G를 부호 C의 **생성행렬**(生成行列, generator matrix)이라고 한다.
즉, 선형부호 C는 행렬 G의 m 개의 행벡터

$$v_i = (a_{i1}, a_{i2}, \cdots, a_{in}) \in \mathbb{F}_p{}^n \qquad (1 \le i \le m)$$

에 의하여 생성된 벡터공간 $\mathbb{F}_p{}^n$ 의 부분공간이다(정의 11.3.5). 즉,

$$C = \langle v_1, \cdots, v_m \rangle = \{a_1 v_1 + \cdots + a_m v_m \mid a_1, \cdots, a_m \in \mathbb{F}_p\}$$

여기서, $k = r(G)$ 이고 $|C| = p^k$ 이다.

보기 11.5.1 체 $\mathbb{F}_3 = \{0, 1, 2\}$ 위의 2×5 행렬

$$G = \begin{bmatrix} 1 & 0 & 1 & 0 & 1 \\ 0 & 1 & 2 & 2 & 0 \end{bmatrix}$$

에 대하여 G를 생성행렬로 가지는 부호를 C라고 하자. 이 때,

$$\begin{aligned} C &= (\,G\text{의 행공간}) = \langle (1,0,1,0,1), (0,1,2,2,0) \rangle \\ &= \{a_1(1,0,1,0,1) + a_2(0,1,2,2,0) \mid a_1, a_2 \in \mathbb{F}_3\} \\ &= \{(0,0,0,0,0), (1,0,1,0,1), (2,0,2,0,2), \\ &\qquad (0,1,2,2,0), (0,2,1,1,0), (1,1,0,2,1), \\ &\qquad (2,1,1,2,2), (1,2,2,1,1), (2,2,0,1,2)\} \end{aligned}$$

이고 $r(G) = 2$ 이므로 C는 체 $\mathbb{F}_3$ 위의 선형 $(5, 2)$ 부호이다.

보기 11.5.2 체 $\mathbb{F}_2 = \{0, 1\}$ 위의 3×5 행렬

$$G = \begin{bmatrix} 1 & 0 & 1 & 0 & 1 \\ 0 & 1 & 1 & 1 & 0 \\ 1 & 1 & 0 & 1 & 0 \end{bmatrix}$$

에 대하여 G를 생성행렬로 가지는 이진 선형부호를 C라고 하자. 즉,

$$C = (\,G\text{의 행공간})$$

이 때, G는 기본 행 변형에 의하여 기약 행 사다리꼴 행렬 G'으로 변형되므로

$$G = \begin{bmatrix} 1 & 0 & 1 & 0 & 1 \\ 0 & 1 & 1 & 1 & 0 \\ 1 & 1 & 0 & 1 & 0 \end{bmatrix} \longrightarrow \begin{bmatrix} 1 & 0 & 1 & 0 & 1 \\ 0 & 1 & 1 & 1 & 0 \\ 0 & 1 & 1 & 1 & 1 \end{bmatrix} \longrightarrow \begin{bmatrix} 1 & 0 & 1 & 0 & 1 \\ 0 & 1 & 1 & 1 & 0 \\ 0 & 0 & 0 & 0 & 0 \end{bmatrix} = G'$$

$$\begin{aligned} C &= (\,G\text{의 행공간}\,) = (\,G'\text{의 행공간}\,) \\ &= \langle (1,0,1,0,1), (0,1,1,1,0) \rangle \\ &= \{a_1(1,0,1,0,1) + a_2(0,1,1,1,0) \mid a_1, a_2 \in \mathbb{F}_2\} \end{aligned}$$

이고 따라서 다음이 성립한다(정리 11.1.6 참조).

$$C = \{(0,0,0,0,0), (1,0,1,0,1), (0,1,1,1,0), (1,1,0,1,1)\}$$

그리고, $r(G) = r(G') = 2$이므로 부호 C는 이진 선형 $(5, 2)$ 부호이고 위의 세 행렬은 모두 C의 생성행렬이다.

정의 11.5.2 체 $\mathbb{F}_p = \{0, 1, \cdots, p-1\}$ 위의 $m\times n$ 행렬 $H = [h_{ij}]_{m\times n}$에 대하여 H를 계수행렬로 가지는 체 $\mathbb{F}_p$ 위의 동차 연립일차방정식

$$H\begin{bmatrix} x_1 \\ \vdots \\ x_n \end{bmatrix} = \begin{bmatrix} 0 \\ \vdots \\ 0 \end{bmatrix}$$

의 해공간을 C라고 하면, C는 체 $\mathbb{F}_p$ 위의 선형부호이다(정리 11.3.7).

이 때, H를 선형부호 C의 **홀짝 검사행렬**(檢査行列, parity-check matrix)이라고 한다.

여기서 $r(H) = r$일 때, $k = n - r$라고 하면 $|C| = p^k$이고 C는 체 $\mathbb{F}_p$ 위의 선형 $(n, n-r)$ 부호이다.

보기 11.5.3 체 $\mathbb{F}_2 = \{0, 1\}$ 위의 3×7 행렬

$$H = \begin{bmatrix} 1 & 1 & 0 & 1 & 1 & 0 & 0 \\ 1 & 1 & 1 & 0 & 0 & 1 & 0 \\ 1 & 0 & 1 & 1 & 0 & 0 & 1 \end{bmatrix}$$

를 계수행렬로 가지는 동차 연립일차방정식은 다음과 같다.

$$\begin{cases} x_1 + x_2 + x_4 + x_5 = 0 \\ x_1 + x_2 + x_3 + x_6 = 0 \\ x_1 + x_3 + x_4 + x_7 = 0 \end{cases}$$

체 $\mathbb{F}_2$ 에서 $-1 = 1$ 이므로 위의 연립일차방정식은 다음과 같이 고쳐 쓸 수 있다.

$$\begin{cases} x_5 = x_1 + x_2 + x_4 \\ x_6 = x_1 + x_2 + x_3 \\ x_7 = x_1 + x_3 + x_4 \end{cases}$$

따라서 4 개의 매개변수 t_1, t_2, t_3, t_4 를 도입하여 이 연립일차방적식의 해 $(x_1, x_2, x_3, x_4, x_5, x_6, x_7)$ 를 다음과 같이 나타낼 수 있다.

$$\begin{cases} x_1 = t_1 \\ x_2 = t_2 \\ x_3 = t_3 \\ x_4 = t_4 & (t_1, t_2, t_3, t_4 \in \mathbb{F}_2) \\ x_5 = t_1 + t_2 + t_4 \\ x_6 = t_1 + t_2 + t_3 \\ x_7 = t_1 + t_3 + t_4 \end{cases}$$

그러므로, 벡터공간 $\mathbb{F}_2{}^7$ 에서 위의 동차 연립일차방정식의 해공간을 C 라고 하면, C 는 $t_1, t_2, t_3, t_4 \in \mathbb{F}_2$ 의 값에 따라 다음과 같은 2^4 개의 벡터 전체로 이루어진 해공간이다.

0 0 0 0 0 0 0, 0 0 0 1 1 0 1, 0 0 1 0 0 1 1, 0 0 1 1 1 1 0,
0 1 0 0 1 1 0, 0 1 0 1 0 1 1, 0 1 1 0 1 0 1, 0 1 1 1 0 0 0,
1 0 0 0 1 1 1, 1 0 0 1 0 1 0, 1 0 1 0 1 0 0, 1 0 1 1 0 0 1,
1 1 0 0 0 0 1, 1 1 0 1 1 0 0, 1 1 1 0 0 1 0, 1 1 1 1 1 1 1

여기서, $r(H) = 3$, $7-3 = 4$ 이고 $|C| = 2^4$ 이다. 따라서 H 를 홀짝 검사행렬로 가지는 부호 C 는 이진 선형 $(7, 4)$ 부호이다.

보기 11.5.4 (반복 부호) 체 $\mathbb{F}_2 = \{0, 1\}$ 위의 $(n-1)\times n$ 행렬

$$H = \begin{bmatrix} 1 & 1 & 0 & \cdots & 0 \\ 1 & 0 & 1 & \cdots & 0 \\ \\ \vdots & \vdots & \vdots & \ddots & 0 \\ 1 & 0 & 0 & \cdots & 1 \end{bmatrix} \quad \text{(각 행에 1 이 두 개)}$$

를 홀짝 검사행렬로 가지는 선형부호를 C 라고 하자.

이 때, 임의의 $(x_1, x_2, \cdots, x_n) \in \mathbb{F}_2{}^n$ 에 대하여 다음이 성립한다.

$$(x_1, x_2, \cdots, x_n) \in C \Leftrightarrow H\begin{bmatrix} x_1 \\ x_2 \\ \\ \vdots \\ x_n \end{bmatrix} = \begin{bmatrix} 0 \\ 0 \\ \\ \vdots \\ 0 \end{bmatrix}$$

$$\Leftrightarrow x_1 + x_2 = 0, \ \cdots, \ x_1 + x_n = 0$$

$$\Leftrightarrow x_2 = x_1, \ \ \cdots, \ \ x_n = x_1$$

따라서

$$C = \{(0, 0, \cdots, 0), (1, 1, \cdots, 1)\}$$

이고 C 는 이진 선형 $(n, 1)$ 부호이다.

보기 11.5.5 체 $\mathbb{F}_2 = \{0, 1\}$ 위의 3×4 행렬

$$H = \begin{bmatrix} 0 & 1 & 1 & 1 \\ 1 & 0 & 1 & 0 \\ 1 & 1 & 0 & 1 \end{bmatrix}$$

는 기본 행 변형에 의하여 다음과 같이 기약 행 사다리꼴 행렬로 변형된다.

$$H = \begin{bmatrix} 0 & 1 & 1 & 1 \\ 1 & 0 & 1 & 0 \\ 1 & 1 & 0 & 1 \end{bmatrix} \longrightarrow \begin{bmatrix} 1 & 0 & 1 & 0 \\ 0 & 1 & 1 & 1 \\ 1 & 1 & 0 & 1 \end{bmatrix} \longrightarrow \begin{bmatrix} 1 & 0 & 1 & 0 \\ 0 & 1 & 1 & 1 \\ 0 & 0 & 0 & 0 \end{bmatrix} = H'$$

따라서 H 를 홀짝 검사행렬로 가지는 선형부호를 C 라고 하면, C 는 다음 동차 연립일차방정식의 해공간이다(정리 11.3.8).

$$\begin{cases} x_1 \quad + x_3 \quad = 0 \\ x_2 + x_3 + x_4 = 0 \end{cases}$$

따라서 2개의 매개변수 t_1, t_2를 도입하여 위의 동차 연립일차방적식의 해 (x_1, x_2, x_3, x_4)를 다음과 같이 나타낼 수 있다.

$$\begin{cases} x_1 = t_1 \\ x_2 = t_1 + t_2 \end{cases} \qquad (t_1, t_2 \in \mathbb{F}_2)$$

그러므로,

$$C = \{(0,0,0,0), (1,1,1,0), (0,1,0,1), (1,0,1,1)\}, \quad |C| = 2^2$$

이므로 C는 이진 선형 (4, 2) 부호이다.

행렬 H, H'은 모두 C의 홀짝 검사행렬이고 $r(H) = r(H') = 2$이다.

일반적으로, $m \times n$ 행렬 H가 기본 행 변형에 의하여 기약 사다리꼴 행렬 H'으로 변형될 때 두 동차 연립일차방정식

$$H\begin{bmatrix} x_1 \\ \vdots \\ x_n \end{bmatrix} = \begin{bmatrix} 0 \\ \vdots \\ 0 \end{bmatrix}, \qquad H'\begin{bmatrix} x_1 \\ \vdots \\ x_n \end{bmatrix} = \begin{bmatrix} 0 \\ \vdots \\ 0 \end{bmatrix}$$

의 해공간은 일치한다. 또, $r(H) = r(H') = r$일 때, $k = n - r$ 이라고 하면 부호 C는 이진 선형 (n, k) 부호이다.

정리 11.5.3 체 $\mathbb{F}_p = \{0, 1, \cdots, p-1\}$ 위의 $r \times n$ 행렬 $G = [a_{ij}]_{r \times n}$와 $m \times n$ 행렬 H에 대하여

$$r(G) = k, \ r(H) = n - k, \ HG^T = O_{m \times r} \text{ 즉 } GH^T = O_{r \times m}$$

일 때, 다음이 성립한다.

(1) 부호 C가 행렬 G를 생성행렬로 가지는 부호이면, C는 체 $\mathbb{F}_p$ 위의 선형 (n, k) 부호이고 또 H는 C의 홀짝 검사행렬이다.

(2) 부호 C가 행렬 H를 홀짝 검사행렬로 가지는 부호이면, C는 체 $\mathbb{F}_p$ 위의 선형 (n, k) 부호이고 또 G는 C의 생성행렬이다.

증 명 행렬 G의 r개의 행벡터를 $v_1, v_2, \cdots, v_r$라 하고

$$C_1 = \langle v_1, v_2, \cdots, v_r \rangle,$$

$$C_2 = \{(x_1, \cdots, x_n) \in \mathbb{F}_q{}^n \mid H \begin{bmatrix} x_1 \\ x_2 \\ \vdots \\ x_n \end{bmatrix} = \begin{bmatrix} 0 \\ \vdots \\ 0 \end{bmatrix} \}$$

이라고 하자. 이 때, G는 부호 C_1의 생성행렬이고 H는 부호 C_2의 홀짝 검사행렬이다. 그런데, $r(G) = k$, $r(H) = n-k$이므로 $|C_1| = p^k$ 이고 $|C_2| = p^k$ 이다. 그리고, $HG^T = O_{m \times r}$ 이므로

$$H \begin{bmatrix} a_{11} \\ a_{12} \\ \vdots \\ a_{1n} \end{bmatrix} = \begin{bmatrix} 0 \\ \vdots \\ 0 \end{bmatrix}, \ H \begin{bmatrix} a_{21} \\ a_{22} \\ \vdots \\ a_{2n} \end{bmatrix} = \begin{bmatrix} 0 \\ \vdots \\ 0 \end{bmatrix}, \cdots, \ H \begin{bmatrix} a_{r1} \\ a_{r2} \\ \vdots \\ a_{rn} \end{bmatrix} = \begin{bmatrix} 0 \\ \vdots \\ 0 \end{bmatrix}$$

이고, 따라서 $v_1, v_2, \cdots, v_r \in C_2$ 이므로 $C_1 = \langle v_1, v_2, \cdots, v_r \rangle \subseteq C_2$ 이다.

그러므로, $C_1 = C_2$ 이고 따라서 정리가 성립한다.

정리 11.5.4 체 $\mathbb{F}_p = \{0, 1, \cdots, p-1\}$ 위의 부호 C가 체 $\mathbb{F}_p$ 위의 $k \times n$ 행렬

$$G = [I_k \mid D] = \left[\begin{array}{cccc|cccc} 1 & 0 & \cdots & 0 & d_{11} & d_{12} & \cdots & d_{1\,n-k} \\ 0 & 1 & \cdots & 0 & d_{21} & d_{22} & \cdots & d_{2\,n-k} \\ \vdots & \vdots & \ddots & \vdots & \vdots & \vdots & \cdots & \vdots \\ 0 & 0 & \cdots & 1 & d_{k1} & d_{k2} & \cdots & d_{k\,n-k} \end{array}\right]$$

를 생성행렬로 가지는 부호이면, C는 체 $\mathbb{F}_p$ 위의 선형 (n, k) 부호이고 또

$$H = [-D^T \mid I_{n-k}] = \left[\begin{array}{ccc|cccc} -d_{11} & \cdots & -d_{k1} & 1 & 0 & \cdots & 0 \\ -d_{12} & \cdots & -d_{k2} & 0 & 1 & \cdots & 0 \\ \vdots & \cdots & \vdots & \vdots & \vdots & \ddots & \vdots \\ -d_{1\,n-k} & \cdots & -d_{k\,n-k} & 0 & 0 & \cdots & 1 \end{array}\right]$$

는 C의 홀짝 검사행렬이다.

여기서, G를 부호 C의 **표준 생성행렬**(標準 生成行列)이라고 한다.

증 명 (1) 이 때, $r(G) = k$ 이므로 C는 체 $\mathbb{F}_p$위의 선형 (n, k) 부호이고,

$$\begin{aligned} GH^T &= [\,I_k \mid D\,]\begin{bmatrix} -D \\ \\ I_{n-k} \end{bmatrix} \\ &= I_k(-D) + DI_{n-k} \\ &= -D + D = O_{k\times(n-k)} \end{aligned}$$

이므로 정리 11.5.3 에 의하여 H는 C의 홀짝 검사행렬이다.

앞의 정리와 마찬가지로, 다음 정리가 성립한다.

정리 11.5.5 체 $\mathbb{F}_p = \{0, 1, \cdots, p-1\}$ 위의 부호 C가 체 $\mathbb{F}_p$ 위의 $(n-k)\times n$ 행렬

$$H = [\,D \mid I_{n-k}\,] = \left[\begin{array}{ccc|cccc} d_{11} & \cdots & d_{k1} & 1 & 0 & \cdots & 0 \\ d_{12} & \cdots & d_{k2} & 0 & 1 & \cdots & 0 \\ \vdots & \cdots & \vdots & \vdots & \vdots & \ddots & \vdots \\ d_{1\,n-k} & \cdots & d_{k\,n-k} & 0 & 0 & \cdots & 1 \end{array}\right]$$

를 홀짝 검사행렬로 가지는 부호이면, C는 체 $\mathbb{F}_p$ 위의 선형 (n, k) 부호이고

$$G = [\,I_k \mid -D^T\,] = \left[\begin{array}{cccc|cccc} 1 & 0 & \cdots & 0 & -d_{11} & -d_{12} & \cdots & -d_{1\,n-k} \\ 0 & 1 & \cdots & 0 & -d_{21} & -d_{22} & \cdots & d-_{2\,n-k} \\ \vdots & \vdots & \ddots & \vdots & \vdots & \vdots & \cdots & \vdots \\ 0 & 0 & \cdots & 1 & -d_{k1} & -d_{k2} & \cdots & -d_{k\,n-k} \end{array}\right]$$

는 C의 생성행렬이다.

여기서, H를 C의 **표준 홀짝 검사행렬**이라고 한다.

보기 11.5.6 체 $\mathbb{F}_2 = \{0, 1\}$ 위의 3×7 행렬

$$G = \left[\begin{array}{ccc|cccc} 1 & 0 & 0 & 1 & 1 & 0 & 1 \\ 0 & 1 & 0 & 1 & 0 & 1 & 1 \\ 0 & 0 & 1 & 0 & 1 & 1 & 1 \end{array}\right]$$

를 생성행렬로 가지는 부호를 C라고 하자.

이 때, $r(G) = 3$ 이므로 C는 이진 선형 $(7, 3)$ 부호이다.

그리고, 체 $\mathbb{F}_2$ 위의 4×7 행렬

$$H=\left[\begin{array}{ccc|cccc}1&1&0&1&0&0&0\\1&0&1&0&1&0&0\\0&1&1&0&0&1&0\\1&1&1&0&0&0&1\end{array}\right]$$

는 부호 C 의 홀짝 검사행렬이다.

보기 11.5.7 체 $\mathbb{F}_3=\{0,1,2\}$ 위의 4×7 행렬

$$H=\left[\begin{array}{ccc|cccc}1&2&0&1&0&0&0\\2&0&2&0&1&0&0\\0&1&0&0&0&1&0\\0&2&0&0&0&0&1\end{array}\right]$$

에 대하여 C 가 H 를 홀짝 검사행렬로 가지는 부호라고 하자.

이 때, C 는 체 $\mathbb{F}_3$ 위의 선형 $(7,3)$ 부호이고, 체 $\mathbb{F}_3$ 위의 3×7 행렬

$$G=\left[\begin{array}{ccc|cccc}1&0&0&-1&-2&0&0\\0&1&0&-2&0&-1&-2\\0&0&1&0&-2&0&0\end{array}\right]=\left[\begin{array}{ccc|cccc}1&0&0&2&1&0&0\\0&1&0&1&0&2&1\\0&0&1&0&1&0&0\end{array}\right]$$

는 C 의 생성행렬이다.

연 습 문 제 (11.5)

1. 다음과 같은 체 $\mathbb{F}_2=\{0,1\}$ 위의 행렬 G 를 생성행렬로 가지는 이진부호 C 에 속해 있는 부호어를 모두 구하여라.

(1) $G=\begin{bmatrix}1&0&1&0&1\\ \\0&1&1&1&0\end{bmatrix}$ (2) $G=\begin{bmatrix}1&0&0&1&0\\0&1&0&1&1\\0&0&1&0&1\end{bmatrix}$

2. 체 $\mathbb{F}_2=\{0,1\}$ 위의 3×7 행렬

$$G=\begin{bmatrix}1&0&0&1&1&0&1\\0&1&0&1&0&1&1\\0&0&1&0&1&1&1\end{bmatrix}$$

를 생성행렬로 가지는 이진부호 C 에 속하는 부호어를 모두 구하여라.

3. 체 $\mathbb{F}_2 = \{0, 1\}$ 위의 4×7 행렬

$$G = \begin{bmatrix} 1 & 0 & 0 & 0 & 1 & 0 & 1 \\ 0 & 1 & 0 & 0 & 1 & 1 & 1 \\ 0 & 0 & 1 & 0 & 1 & 1 & 0 \\ 0 & 0 & 0 & 1 & 0 & 1 & 1 \end{bmatrix}$$

를 이용하여 통신문 $u = (a_1, a_2, a_3, a_4) \in {\mathbb{F}_2}^4$ 를

$$[x_1\ x_2\ x_3\ x_4\ x_5\ x_6\ x_7] = [a_1\ a_2\ a_3\ a_4]\,G$$

으로 결정되는 부호어 $v = (x_1, x_2, x_3, x_4, x_5, x_6, x_7) \in {\mathbb{F}_2}^7$ 로 변환할 때, 통신문 $(1, 0, 1, 0)$, $(1, 0, 1, 1)$ 은 어떤 부호어로 변환되는지 말하여라.

4. 체 $\mathbb{F}_2$ 위의 4×7 행렬

$$H = \begin{bmatrix} 1 & 1 & 0 & 1 & 0 & 0 & 0 \\ 1 & 0 & 1 & 0 & 1 & 0 & 0 \\ 0 & 1 & 1 & 0 & 0 & 1 & 0 \\ 1 & 1 & 1 & 0 & 0 & 0 & 1 \end{bmatrix}$$

를 홀짝 검사행렬로 가지는 이진부호를 C 라고 할 때, C 에 속하는 부호어를 모두 구하고 C 가 어떤 유형의 선형부호인지를 말하여라.

5. 체 $\mathbb{F}_3 = \{0, 1, 2\}$ 위의 3×5 행렬

$$H = \begin{bmatrix} 0 & 1 & 1 & 0 & 0 \\ 2 & 1 & 0 & 1 & 0 \\ 2 & 0 & 0 & 0 & 1 \end{bmatrix}$$

를 홀짝 검사행렬로 가지는 부호를 C 라고 할 때, C 는 어떤 유형의 선형부호인지 말하고 또 C 의 한 생성행렬 G 를 구하여라.

6. 체 $\mathbb{F}_3 = \{0, 1, 2\}$ 위의 4×7 행렬

$$H = \begin{bmatrix} 1 & 2 & 0 & 1 & 0 & 0 & 0 \\ 2 & 0 & 2 & 0 & 1 & 0 & 0 \\ 0 & 1 & 0 & 0 & 0 & 1 & 0 \\ 0 & 2 & 0 & 0 & 0 & 0 & 1 \end{bmatrix}$$

를 홀짝 검사행렬로 가지는 부호를 C 라고 할 때, C 는 어떤 유형의 선형부호인지를 말하고 또 C 의 한 생성행렬 G 를 구하여라.

§11.6 Hamming 거리와 Hamming 무게

이 절에서는, 체 $\mathbb{F}_p = \{0, 1, \cdots, p-1\}$ 위의 벡터공간

$$\mathbb{F}_p{}^n = \{(x_1, x_2, \cdots, x_n) \mid x_1, x_2, \cdots, x_n \in \mathbb{F}_p\}$$

에 대하여 논한다.

정의 11.6.1 체 $\mathbb{F}_p = \{0, 1, \cdots, p-1\}$ 위의 벡터공간 $\mathbb{F}_p{}^n$ 에서 두 벡터

$$v = (a_1, \cdots, a_n), \quad w = (b_1, \cdots, b_n)$$

에서 서로 다른 성분의 개수를 v, w 의 **Hamming 거리**(Hamming distance)라 하고 이것을 $d(v, w)$ 로 나타낸다. 즉,

$$d(v, w) = |\{i \mid a_i \neq b_i,\ 1 \leq i \leq n\}|$$

그리고, v 의 성분 중에서 0 이 아닌 성분의 개수를 v 의 **Hamming 무게**(Hamming weight)라 하고 이것을 $wt(v)$ 또는 $w(v)$ 로 나타낸다. 즉,

$$wt(v) = d(\mathbf{0}, v) = |\{i \mid a_i \neq 0,\ 1 \leq i \leq n\}|$$

정리 11.6.2 체 $\mathbb{F}_p = \{0, 1, \cdots, p-1\}$ 위의 벡터공간 $\mathbb{F}_p{}^n$ 에서 벡터 $v, w, u \in \mathbb{F}_p{}^n$ 에 대하여 다음이 성립한다.

D.1 : $0 \leq d(v, w) \leq n$ 특히, $d(v, w) = 0 \Leftrightarrow v = w$ 이다.

D.2 : $d(v, w) = d(w, v)$

D.3 : $d(v, u) \leq d(v, w) + d(w, u)$

N0 : $wt(v) = d(\mathbf{0}, v)$,

$d(v, w) = d(\mathbf{0}, w - v) = wt(w - v)$

N.1 : $0 \leq wt(v) \leq n$

특히, $wt(v) = 0 \Leftrightarrow v = \mathbf{0}$ 이다.

N.2 : $wt(v) = wt(-v)$

N.3 : $wt(v + w) \leq wt(v) + wt(w)$

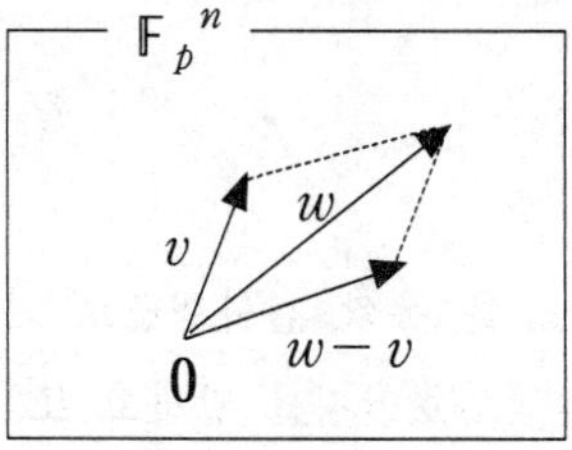

증명 D.1 ~ D.3 : 정의에 의하여 분명히 D.1, D.2 가 성립한다. 그리고,

$$v = (a_1, \cdots, a_n), \quad w = (b_1, \cdots, b_n), \quad u = (c_1, \cdots, c_n)$$

이라고 할 때, 각 i $(1 \le i \le n)$ 에 대하여

$a_i = c_i$ 이면

$$b_i = a_i = c_i \quad \text{또는} \quad b_i \ne a_i, \ b_i \ne c_i$$

이고, 또 $a_i \ne c_i$ 이면

$$b_i \ne c_i \quad \text{또는} \quad b_i \ne a_i$$

이므로 $d(v, u) \le d(v, w) + d(w, u)$ 이다.

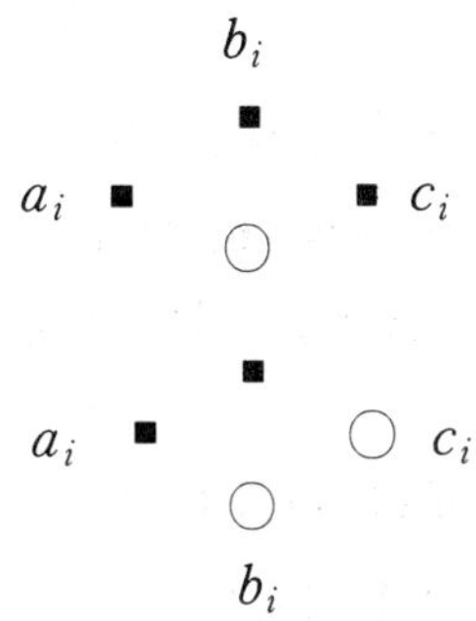

N.0 ~ N.3 : 정의에 의하여 N.0 이 성립하고 D.1, D.2 에 의하여 N.1, N.2 가 성립한다. 그리고, D.3 와 N.0 에 의하여 다음이 성립한다.

$$\begin{aligned} wt(v+w) &= d(\mathbf{0}, v+w) \le d(\mathbf{0}, v) + d(v, v+w) \\ &= d(\mathbf{0}, v) + d(\mathbf{0}, w) = wt(v) + wt(w) \end{aligned}$$

보기 11.6.1 벡터공간 $\mathbb{F}_2^{\,4}$ 의 벡터

$$v = (0, 1, 1, 0), \quad w = (1, 1, 0, 1), \quad u = (1, 1, 1, 1)$$

에 대하여 $d(v, w) = 3$, $d(v, u) = 2$, $d(u, w) = 1$, $wt(v) = 2$ 이다.

앞으로, 체 $\mathbb{F}_p$ 위의 선형 (n, k) 부호 C를 논할 때에는 $\{\mathbf{0}\} \subsetneq C \subsetneq \mathbb{F}_p^{\,n}$ 즉 $1 \le k \le n-1$ 이라고 가정하기로 한다.

정의 11.6.3 체 $\mathbb{F}_p = \{0, 1, \cdots, p-1\}$ 위의 선형 (n, k) 부호 C 에 대하여

$$d(C) = \min\{d(v, w) \mid v, w \in C, \ v \ne w\}$$

를 부호 C 의 **최소거리**(最小距離, minimum distance)라 하고, $d(C) = d$ 일 때 부호 C를 **선형 (n, k, d) 부호**라고 한다. 그리고,

$$wt(C) = \min\{wt(v) \mid v \in C, \ v \ne \mathbf{0}\}$$

를 부호 C 의 **최소무게**(minimum weight)라고 한다.

보기 11.6.2 다음은 이진 (6.3.3) 선형부호이다.

$$C = \{000000,\ 011011,\ 110110,\ 001110,\ 101101,\ 010101,\ 111000,\ 100011\}$$

실제로, C는 벡터공간 $\mathbb{F}_2{}^6$의 부분공간이고 $|C| = 2^3$이므로 부호 C는 이진 선형 (6, 3) 부호이다. 또, C에 속하는 000000을 제외한 부호어의 Hamming 무게는 각각 4, 4, 3, 4, 3, 3, 3 이므로 $d(C) = 3$ 이다.

정리 11.6.4 체 $\mathbb{F}_p = \{0, 1, \cdots, p-1\}$ 위의 선형 (n, k) 부호 C의 최소거리와 최소무게는 일치한다. 즉, $d(C) = wt(C)$ 이고 $1 \le d(C) \le n$ 이다.

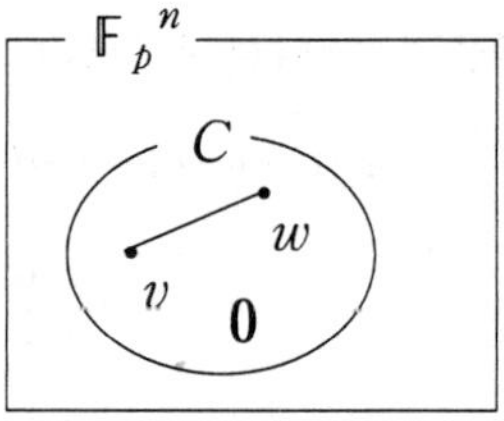

증명 먼저 $\mathbf{0} \in C$이고 임의의 $v \in C$에 대하여 $d(C) \le d(\mathbf{0}, v) = wt(v)$ 이므로 $d(C) \le wt(C)$ 이다. 또, 부호 C는 $\mathbb{F}_p{}^n$의 부분공간이므로 임의의 $v, w \in C, v \neq w$에 대하여 $v - w \in C$, $v - w \neq \mathbf{0}$ 이고 따라서 $wt(C) \le wt(v-w) = d(v, w)$ 이므로 $wt(C) \le d(C)$ 이다.

그러므로 $d(C) = wt(C)$ 이다. 그리고, 서로 다른 두 부호어 $v, w \in C$에 대하여 $1 \le d(v, w) \le n$ 이므로 $1 \le d(C) \le n$ 이다(정리 11.6.2 D.1).

정의 11.6.5 체 $\mathbb{F}_p = \{0, 1, \cdots, p-1\}$ 위의 벡터공간 $\mathbb{F}_p{}^n$에서 벡터 v와 정수 $r\ (\ge 0)$에 대하여 $S_r(v) = \{w \in \mathbb{F}_p{}^n \mid d(v, w) \le r\}$를 **중심**(中心, center)이 v이고 **반지름**의 길이가 r인 **구**(球, sphere)라고 한다.

정리 11.6.6 체 $\mathbb{F}_p$ 위의 벡터공간 $\mathbb{F}_p{}^n$의 벡터 v와 정수 $r\ (r \ge 0)$에 대하여 다음이 성립한다.

(1) $S_0(v) = \{v\}$ 이고, 또 $r \ge n$ 이면 $S_r(v) = S_n(v)$ 이다.

(2) $S_r(\mathbf{0}) = \{w \in \mathbb{F}_p{}^n \mid 0 \le wt(w) \le r\}$

(3) $S_r(v) = \{v + u \mid u \in S_r(\mathbf{0})\}$

증명 (1), (2) 분명히 (1) 이 성립하고, 또 $d(\mathbf{0}, w) = wt(w)$ 이므로 (2) 가 성립한다

(3) 임의의 벡터 $w \in S_r(v)$ 에 대하여 $u = w - v$ 라고 하면,

$$w = v + (w - v) = v + u,$$

$$d(\mathbf{0}, u) = d(v, w) \le r$$

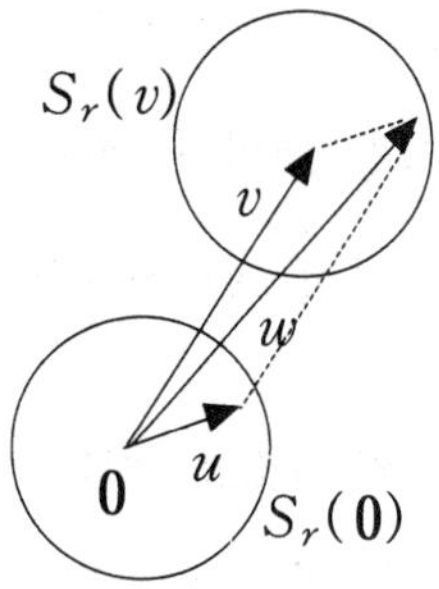

이므로 $u \in S_r(\mathbf{0})$ 이다(정리 11.6.2 참조).

한편, 임의의 $u \in S_r(\mathbf{0})$ 에 대하여

$$d(v, v+u) = d(\mathbf{0}, u) = wt(u) \le r$$

이므로 $v + u \in S_r(v)$ 이다(정리 11.6.2 참조).

따라서 $S_r(v) = \{v + u \mid u \in S_r(\mathbf{0})\}$ 이다.

정리 11.6.7 체 $\mathbb{F}_p = \{0, 1, \cdots, p-1\}$ 위의 벡터공간 $\mathbb{F}_p{}^n$ 에서 임의의 벡터 v 와 정수 r $(1 \le r \le n)$ 에 대하여 다음이 성립한다.

(1) $|S_r(v)| = |S_r(\mathbf{0})|$

(2) Hamming 무게가 r 이하인 원소의 개수는 다음과 같다.

$$|S_r(\mathbf{0})| = 1 + \binom{n}{1}(p-1) + \cdots + \binom{n}{r}(p-1)^r$$

증 명 (1) 정리 11.6.6 에 의하여

$$S_r(v) = \{v + u \mid u \in S_r(\mathbf{0})\}$$

이므로 $|S_r(v)| = |S_r(\mathbf{0})|$ 이다.

(2) Hamming 무게가 r 이하인 원소의 개수는 $|S_r(\mathbf{0})|$ 과 같다.

그런데, $\mathbb{F}_p{}^n$ 의 벡터 중에서 Hamming 무게가 0 인 벡터는 $\mathbf{0}$ 하나뿐이고 Hamming 무게가 1 인 벡터는 영이 아닌 $c_1, c_2, \cdots, c_n \in \mathbb{F}_p$ 에 대하여

$$(c_1, 0, \cdots, 0, 0), \quad (0, c_2, \cdots, 0, 0), \quad \cdots, \quad (0, 0, \cdots, 0, c_n)$$

와 같은 꼴의 $\binom{n}{1}(p-1)$ 개 즉 $n(p-1)$ 개의 벡터뿐이다.

마찬가지로, 각 정수 m $(1 \le m \le r)$에 대하여 $\mathbb{F}_p{}^n$의 벡터 중에서 그 Hamming 무게가 m 인 벡터는 n 개의 성분 중에서 m 개의 성분만이 0 이 아닌 벡터이므로 이러한 벡터의 개수는 $\binom{n}{m}(p-1)^m$ 이다.

$$\begin{array}{c} c_1,\ c_2,\ 0,\ \cdots,\ 0,\ 0 \\ c_1,\ 0,\ c_2,\ \cdots,\ 0,\ 0 \\ \vdots \\ 0,\ 0,\ 0,\ \cdots,\ c_1,\ c_2 \end{array}$$

따라서 정리의 (2) 가 성립한다.

보기 11.6.3 벡터공간 $\mathbb{F}_2{}^4$의 벡터 중에서 Hamming 무게가 1 인 것은 $\binom{4}{1}$ 개 존재하며 이러한 벡터는 다음과 같다.

$$1000,\ 0100,\ 0010,\ 0001$$

한편, $\mathbb{F}_2{}^4$의 벡터 중에서 Hamming 무게가 2 인 것은 $\binom{4}{2}$ 개 존재하며 이러한 벡터는 다음과 같다.

$$1100,\ 1010,\ 1001,\ 0110,\ 0101,\ 0011$$

정리 11.6.8 체 $\mathbb{F}_p = \{0, 1, \cdots, p-1\}$ 위의 선형 (n, k, d) 부호 C에서 $t = \left[\dfrac{d-1}{2}\right]$, $t \ge 1$ 이라고 할 때 다음이 성립한다.

(1) 서로 다른 부호어 $v, v' \in C$ 에 대하여 $S_t(v) \cap S_t(v') = \varnothing$ 이다. 특히, 각 부호어 $v \in C$ 에 대하여 $S_t(v)$ 에 속하는 부호어는 v 뿐이다.

(2) (Hamming 의 상계(上界, upper bound))

$$p^k \left\{1 + \binom{n}{1}(p-1) + \cdots + \binom{n}{t}(p-1)^t\right\} \le p^n$$

또, 위의 부등식에서 등호가 성립하는 경우는

$$\mathbb{F}_p{}^n = \bigcup \{S_t(v) \mid v \in C\}$$

일 때 그리고 이때뿐이다.

증 명 분명히 $t \le \dfrac{d-1}{2} \le t+1$ 이므로 $2t+1 \le d \le 2t+2$ 이다.

(1) 서로 다른 두 부호어 $v, v' \in C$에 대하여 $S_t(v) \cap S_t(v') \neq \emptyset$ 이라고 가정하고 $w \in S_t(v) \cap S_t(v')$ 이라고 하자. 이 때,

$$d(v, w) \le t, \ d(v', w) \le t$$

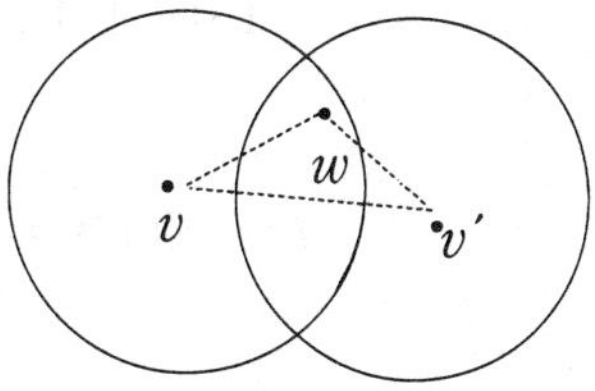

이므로

$$d(v, v') \le d(v, w) + d(v', w) \le t + t = 2t$$

이고 이것은

$$d(v, v') \ge d(C) = d \ge 2t+1$$

이라는 사실에 모순된다. 따라서 $S_t(v) \cap S_t(v') = \emptyset$ 이다.

(2) 서로 다른 부호어 $v, v' \in C$ 에 대하여 $S_t(v) \cap S_t(v') = \emptyset$ 이고,

$$|C| = 2^k, \quad |\mathbb{F}_2{}^n| = 2^n, \quad \bigcup\{S_t(v) \mid v \in C\} \subseteq \mathbb{F}_2{}^n$$

이므로 $|\bigcup\{S_t(v) \mid v \in C\}| \le |\mathbb{F}_p{}^n| = p^n$ 이고 정리 12.4.7 에 의하여 다음이 성립한다.

$$|\bigcup\{S_t(v) \mid v \in C\}|$$

$$= p^k |S_t(\mathbf{0})| = p^k\left\{1 + \binom{n}{1}(p-1) + \cdots + \binom{n}{t}(p-1)^t\right\}$$

위의 두 결과에 의하여 다음 부등식이 성립한다.

$$p^k\left\{1 + \binom{n}{1}(p-1) + \cdots + \binom{n}{t}(p-1)^t\right\} \le p^n$$

또, $\bigcup\{S_t(v) \mid v \in C\} = \mathbb{F}_p{}^n$일 때 그리고 이때에만 등호가 성립한다.

정의 11.6.9 체 $\mathbb{F}_p = \{0, 1, \cdots, p-1\}$ 위의 선형 (n, k, d) 부호 C에서 $t = \left[\dfrac{d-1}{2}\right]$, $t \ge 1$ 이라고 하자. 부호 C에 대하여

$$p^k\left\{1 + \binom{n}{1}(p-1) + \cdots + \binom{n}{t}(p-1)^t\right\} = p^n$$

일 때, 즉 $\bigcup\{S_t(v) \mid v \in C\} = \mathbb{F}_p{}^n$일 때 부호 C를 **완전부호**(完全符號, perfect code)라고 한다.

보기 11.6.4 체 $\mathbb{F}_2 = \{0, 1\}$ 위의 선형 (6, 3, 3) 부호

$$C = \{0\,0\,0\,0\,0\,0,\ 0\,1\,1\,0\,1\,1,\ 1\,1\,0\,1\,1\,0,\ 0\,0\,1\,1\,1\,0,\\ 1\,0\,1\,1\,0\,1,\ 0\,1\,0\,1\,0\,1,\ 1\,1\,1\,0\,0\,0,\ 1\,0\,0\,0\,1\,1\}$$

에서

$$d = d(C) = 3,\quad n = 6,\quad k = 3,\quad t = \left[\frac{3-1}{2}\right] = 1$$

이므로

$$2^3 \times \left\{1 + \binom{6}{1}(2-1)\right\} = 56 < 64 = 2^6$$

이고, 따라서 C 는 완전부호가 아니다.

보기 11.6.5 다음 부호는 체 $\mathbb{F}_2 = \{0, 1\}$ 위의 선형 (5, 1) 부호이다.

$$C = \{0\,0\,0\,0\,0,\ 1\,1\,1\,1\,1\}$$

그런데 1 1 1 1 1 의 Hamming 무게가 5 이므로 $d = d(C) = 5$ 이고, 따라서 C 는 이진 선형 (5, 1, 5) 부호이다.

그리고

$$n = 5,\quad k = 1,\quad t = \left[\frac{5-1}{2}\right] = 2$$

이므로

$$\begin{aligned} 2^1 \times \left\{1 + \binom{5}{1} + \binom{5}{2}\right\} &= 2 \cdot (1 + 5 + 10) \\ &= 2 \cdot 2^4 = 2^5 \end{aligned}$$

이고, 따라서 C 는 완전부호이다.

일반적으로, 이진 선형 (n, k) 부호 C 에서 다음 중 하나가 성립한다.

(1) C 의 모든 부호어의 Hamming 무게가 짝수이다.

(2) C 에 속하는 부호어 중에서 절반은 Hamming 무게가 짝수이고 절반은 Hamming 무게가 홀수이다.

연 습 문 제 (11.6)

1. 이진 선형 (5, 2) 부호

$$C = \{0\,0\,0\,0\,0,\ 1\,0\,1\,1\,1,\ 1\,1\,0\,1\,0,\ 0\,1\,1\,0\,1\}$$

의 최소거리와 최소무게를 구하고, 또 C가 완전부호인지를 판정하여라.

2. 이진 선형 (4, 1) 부호 $C = \{0\,0\,0\,0,\ 1\,1\,1\,1\}$의 최소거리와 최소무게를 구하고, 또 C가 완전부호인지를 판정하여라.

3. 이진 선형 $(n, 1, n)$ 부호 $C = \{(0,0,\cdots,0,0),\ (1,1,\cdots,1,1)\}$에서 $n = 2k+1 \geq 3$일 때, C가 완전부호임을 증명하여라.

4. 벡터공간 $\mathbb{F}_2{}^5$에서 이진 선형부호

$$C = \langle (1,0,1,1,1),\ (0,1,1,1,0),\ (0,1,0,1,0) \rangle$$

의 최소거리를 구하고, 또 C가 완전부호인지를 판정하여라.

5. 다음 부호가 완전부호인지를 판정하여라.

(1) 이진 선형 (15, 11, 3) 부호 (2) 이진 선형 (31, 26, 3) 부호

6. 체 $\mathbb{F}_2$ 위의 4×7 행렬

$$G = \begin{bmatrix} 1 & 0 & 0 & 0 & 1 & 0 & 1 \\ 0 & 1 & 0 & 0 & 1 & 1 & 1 \\ 0 & 0 & 1 & 0 & 1 & 1 & 0 \\ 0 & 0 & 0 & 1 & 0 & 1 & 1 \end{bmatrix}$$

를 생성행렬로 가지는 부호를 C라고 할 때, C에 속하는 부호어를 모두 구하고 $d(C)$를 구하여라. 또, C가 체 $\mathbb{F}_2$ 위의 완전부호임을 밝혀라.

7. 체 $\mathbb{F}_3 = \{0,1,2\}$ 위의 2×4 행렬

$$G = \begin{bmatrix} 1 & 0 & 1 & 1 \\ 0 & 1 & 1 & 2 \end{bmatrix}$$

를 생성행렬로 가지는 부호를 C라고 할 때, $d(C)$를 구하여라. 그리고, C가 체 $\mathbb{F}_3$ 위의 완전부호인지를 판정하여라.

§11.7 선형부호의 복호

체 $\mathbb{F}_p = \{0, 1, \cdots, p-1\}$ 위의 선형 (n, k, d) 부호 C에 대하여 C에 속해 있는 부호어 $v = (x_1, \cdots, x_n) \in C$가 통신로를 통하여

$$w = (y_1, \cdots, y_n) \in \mathbb{F}_p^n$$

으로 수신될 때, 여러 가지 이유로 오류가 발생하여 $w \neq v$일 수 있다. 이 때, w를 수신된 벡터라 하고

$$e = w - v$$

를 **오류벡터**(誤謬벡터, error vector)라고 하자. 이와 같은 경우에 부호 C의 특성을 이용하여 수신된 벡터 w로부터 오류벡터 e를 구한 다음에 w의 오류를 수정하여 본래의 부호어 v로 복호(復號, decode)하여야 한다.

수신된 벡터 w로부터 본래의 부호어로 복호하는 방법 중에서 가장 좋은 방법은, w와 모든 부호어 $v \in C$와 Hamming 거리 $d(w, v)$를 비교하여 이러한 Hamming 거리 중에서 그 값이 가장 작은 부호어 v가 단 하나 존재하면 w를 부호어 v로 복호하는 방법이다.

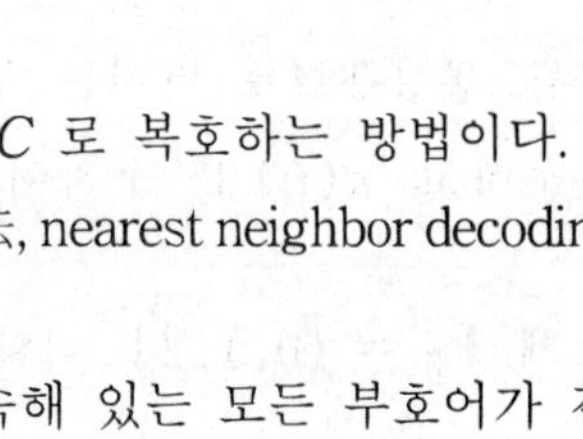

그런데, 모든 부호어 $v \in C$에 대하여

$$d(w, v) = wt(w - v)$$

이므로 이 복호방법은 모든 부호어 $v \in C$에 대하여 $e = w - v$의 Hamming 무게 $wt(e)$를 비교하여 그 값이 가장 작은 e를 구하고 이로부터 w를 부호어 $v = w - e \in C$로 복호하는 방법이다. 이러한 복호 방법을 **최근방 복호법**(最近傍 復號法, nearest neighbor decoding)이라고 한다.

여기서, 수신된 벡터 w에 대하여 부호 C에 속해 있는 모든 부호어가 같은 정도로(equally likely) w로 송신된다고 가정하고 또 체 $\mathbb{F}_p$에 속하는 p개의 기호 $0, 1, \cdots, p-1$ 하나 하나가 잘못 송신될 확률이 각각 $\frac{1}{p}$이라고 가정한다.

이러한 가정 아래에서 최근방 복호법은 수신된 벡터를 잘못 복호할 확률을 최소화할 수 있다.

한편, $|C| = p^k$ 이므로 k가 상당히 큰 경우에 모든 부호어와의 거리를 구하기가 대단히 어렵다.

보기 11.7.1 다음과 같은 이진 선형 $(5, 2)$ 부호를 생각해 보자.

$$C = \{(0,0,0,0,0),\ (0,1,1,0,1),\ (1,0,1,1,0),\ (1,1,0,1,1)\}$$

먼저 $(0,0,0,0,0)$ 을 제외한 부호어의 Hamming 무게는 $3, 3, 4$ 이므로 $d(C) = 3$ 이고 따라서 C는 이진 선형 $(5, 2, 3)$ 부호이다.

그러므로,

$$n = 5,\quad k = 2,\quad t = \left[\frac{3-1}{2}\right] = 1$$

이므로

$$2^2 \times \left\{1 + \binom{5}{1}\right\} = 24 < 32 = 2^5$$

이고, 따라서 C 는 완전부호가 아니다.

이제 C에 속하는 한 부호어가 통신로를 통하여 전송되었다고 하자.

그런데, 수신된 벡터가 $w = (1,0,1,1,1)$ 이면, C에 속해 있는 부호어와 w 와의 Hamming 거리는 각각

$$4,\ 3,\ 1,\ 2$$

이므로 w 와 Hamming 거리가 가장 작은 부호어는 $v = (1,0,1,1,0)$ 이다. 따라서 네 부호어 중에서 w 로 전송되었을 확률이 가장 큰 부호어는 $v = (1,0,1,1,0)$ 이므로 수신된 벡터 w 에서 한 개의 오류를 수정하여 부호어 $v = (1,0,1,1,0)$ 으로 복호한다. 여기서, 오류벡터는

$$e = w - v = (0,0,0,0,1)$$

이고 $v = w - e$ 이다.

한편, 수신된 벡터가 $u = (1,1,0,0,0)$ 이면, C의 부호어와 u 사이의 Hamming 거리는 각각 $2,\ 3,\ 3,\ 2$ 이므로 $(0,0,0,0,0)$ 이 전송되었을 확률과 $(1,1,0,1,1)$ 이 전송되었을 확률은 같으므로 u 를 부호어로 복호할 수 없다.

정의 11.7.1 체 $\mathbb{F}_p = \{0, 1, \cdots, p-1\}$ 위의 선형 (n, k, d) 부호 C에서

$$t = \left[\frac{d-1}{2}\right], \quad t \geq 1$$

이라고 하자. 부호 C에 속하는 한 부호어가 송신되어 벡터 w가 수신되었을 때, C에 속해 있는 부호어 중에서 t개 또는 그 이하의 성분만이 w의 성분과 다른 부호어 $v \in C$가 단 하나 뿐일 때, 최근방 복호법에 따라 w의 t개 또는 그 이하의 성분을 수정하여 부호어 v로 복호할 수 있다.

이와 같이, 수신된 벡터 w에 대하여

$$d(v, w) \leq t \quad \text{즉} \quad v \in S_t(w)$$

인 부호어 $v \in C$가 단 하나 존재하는 경우에 C는 수신된 벡터의 성분 중에서 t개까지의 **오류를 수정**(修正)**할 수 있다**고 말한다.

정리 11.7.2 체 $\mathbb{F}_p = \{0, 1, \cdots, p-1\}$ 위의 선형 (n, k, d) 부호 C에서

$$t = \left[\frac{d-1}{2}\right], \quad t \geq 1$$

일 때, 부호 C는 t개까지의 오류를 수정할 수 있다.

특히, C가 완전부호이면, 모든 수신된 벡터 w에 대하여 w의 성분 중에서 t개까지의 오류를 수정하여 부호어로 복호할 수 있다.

증 명 수신된 벡터 w에 대하여 $d(v, w) \leq t$, $d(v', w) \leq t$인 서로 다른 두 부호어 $v, v' \in C$가 존재한다고 가정하자. 이 때,

$$\begin{aligned} d(v, v') &\leq d(v, w) + d(v', w) \\ &\leq t + t = 2t \end{aligned}$$

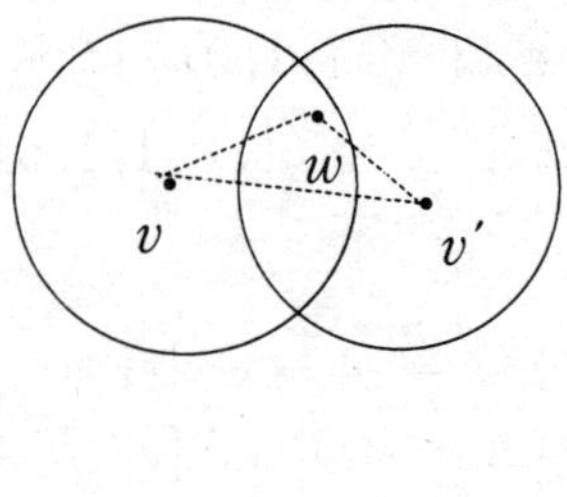

이고, 이것은

$$d(v, v') \geq d(C) = d \geq 2t+1$$

이라는 사실에 모순된다.

따라서 $d(v, w) \leq t$인 부호어 $v \in C$가 단 하나 존재하므로 C는 t개까지의 오류를 수정할 수 있다.

한편, 정리 11.6.7과 정리 11.6.8에 의하면, 각 부호어 $v \in C$에 대하여

$$|S_t(v)| = \left\{1 + \binom{n}{1}(p-1) + \cdots + \binom{n}{t}(p-1)^t\right\}$$

이고 서로 다른 두 부호어 $v, v' \in C$ 에 대하여 $S_t(v) \cap S_t(v') = \varnothing$ 이다. 그러므로, 수신된 벡터의 성분 중에서 t 개까지의 오류를 수정하여 부호어로 복호할 수 있는 벡터의 개수는 다음과 같다.

$$p^k\left\{1 + \binom{n}{1}(p-1) + \cdots + \binom{n}{t}(p-1)^t\right\}$$

특히, 부호 C 가 완전부호이면, $\mathbb{F}_p{}^n = \bigcup\{S_t(v) \mid v \in C\}$ 이므로

$$p^k\left\{1 + \binom{n}{1}(p-1) + \cdots + \binom{n}{t}(p-1)^t\right\} = p^n$$

이고 따라서 모든 수신된 벡터 w 에 대하여 $w \in S_t(v)$ 인 부호어 $v \in C$ 가 단 하나 존재하므로 w 의 성분 중에서 t 개까지의 오류를 수정하여 w 를 부호어 v 로 복호할 수 있다(정의 11.7.1 참조).

보기 11.7.2 다음은 이진 선형 $(6, 3, 3)$ 부호이다.

$$C = \{000000,\ 011011,\ 110110,\ 001110,\ 101101,\ 010101,\ 111000,\ 100011\}$$

여기서 $n = 6,\ k = 3,\ t = 1$ 이므로

$$2^3 \times \left\{1 + \binom{6}{1}\right\} = 56 < 2^6 = 64$$

이므로 C 는 완전부호가 아니다.

그리고, 56 개의 수신된 벡터에 대하여 1 개까지의 오류를 수정할 수 있다.

체 $\mathbb{F}_p = \{0, 1, \cdots, p-1\}$ 위의 선형 (n, k) 부호 C 에 대하여 체 $\mathbb{F}_p$ 위의 $m \times n$ 행렬 $H = [h_{ij}]_{m \times n}$ 를 홀짝 검사행렬로 가지는 부호이면, C 는 다음 동차 연립일차방정식의 해공간이다(정의 11.3.2).

$$H\begin{bmatrix} x_1 \\ x_2 \\ \vdots \\ x_n \end{bmatrix} = \begin{bmatrix} 0 \\ 0 \\ \vdots \\ 0 \end{bmatrix}$$

정의 11.7.3 체 $\mathbb{F}_p = \{0, 1, \cdots, p-1\}$ 위의 선형 (n, k) 부호 C에 대하여 체 $\mathbb{F}_p$ 위의 $m \times n$ 행렬 $H = [h_{ij}]_{m\times n}$가 C의 홀짝 검사행렬일 때, 임의의 벡터 $v = (x_1, x_2, \cdots, x_n) \in \mathbb{F}_p{}^n$ 에 대하여 $m \times 1$ 행렬

$$S(v) = H \begin{bmatrix} x_1 \\ x_2 \\ \vdots \\ x_n \end{bmatrix}$$

를 v의 **신드롬**(syndrome)이라고 한다.

정리 11.7.4 체 $\mathbb{F}_p = \{0, 1, \cdots, p-1\}$ 위의 선형 (n, k) 부호 C에 대하여 체 $\mathbb{F}_p$ 위의 $m \times n$ 행렬 $H = [h_{ij}]_{m\times n}$가 C의 홀짝 검사행렬일 때, 임의의 두 벡 $v, w \in \mathbb{F}_p{}^n$ 와 $a \in \mathbb{F}_p$에 대하여 다음이 성립한다.

(1) $S(v+w) = S(v) + S(w), \quad S(v-w) - S(v) - S(w)$
$S(a\,v) = a\,S(v)$

(2) $v \in C \Longleftrightarrow S(v) = \begin{bmatrix} 0 \\ 0 \\ \vdots \\ 0 \end{bmatrix}$

(3) $S(v) = S(w) \Longleftrightarrow v - w \in C$

증 명 (1), (2) 이제 $v = (a_1 n, \cdots, a_n)$, $w = (b_1, \cdots, b_n)$ 이라고 하면 다음이 성립한다.

$$\begin{aligned} S(v \pm w) = H \begin{bmatrix} a_1 \pm b_1 \\ \vdots \\ a_n \pm b_n \end{bmatrix} &= H \begin{bmatrix} a_1 \\ \vdots \\ a_n \end{bmatrix} \pm H \begin{bmatrix} b_1 \\ \vdots \\ b_n \end{bmatrix} \\ &= S(v) \pm S(w), \end{aligned}$$

$$S(a\,v) = H \begin{bmatrix} a\,a_1 \\ \vdots \\ a\,a_n \end{bmatrix} = a\,H \begin{bmatrix} a_1 \\ \vdots \\ a_n \end{bmatrix} = a\,S(v)$$

$$v \in C \Leftrightarrow H\begin{bmatrix} a_1 \\ \vdots \\ a_n \end{bmatrix} = \begin{bmatrix} 0 \\ 0 \\ \vdots \\ 0 \end{bmatrix} \Leftrightarrow S(v) = \begin{bmatrix} 0 \\ 0 \\ \vdots \\ 0 \end{bmatrix}$$

(3) 위의 (1), (2) 에 의하여 다음이 성립한다.

$$S(v) = S(w) \Leftrightarrow S(v) - S(w) = \begin{bmatrix} 0 \\ 0 \\ \vdots \\ 0 \end{bmatrix}$$

$$\Leftrightarrow S(v-w) = \begin{bmatrix} 0 \\ 0 \\ \vdots \\ 0 \end{bmatrix} \Leftrightarrow v - w \in C$$

체 $\mathbb{F}_p = \{0, 1, \cdots, p-1\}$ 위의 선형 (n, k, d) 부호 C 에서

$$t = \left[\frac{d-1}{2}\right], \quad t \geq 1$$

일 때, 앞의 정리를 이용하면 수신된 벡터에 대하여 t 개까지의 오류를 수정할 수 있다. 실제로, 수신된 벡터가 w 일 때,

$$S(w) = S(e), \quad wt(e) \leq t$$

인 벡터 e 가 존재하면 $w - e \in C$ 이므로 부호어 $v = w - e \in C$ 가 존재하고 따라서 w 를 부호어 $v = w - e$ 로 복호한다.

한편, 벡터공간 $\mathbb{F}_p^{\,n}$ 에서 Hamming 무게가 t 이하인 벡터 전체의 개수는

$$N = 1 + \binom{n}{1}(p-1) + \cdots + \binom{n}{t}(p-1)^t$$

이고 $e_1 = (1, 0, 0, \cdots, 0)$, $e_2 = (0, 1, 0, \cdots, 0)$, $\cdots$, $e_n = (0, 0, \cdots, 0, 1)$ 의 Hamming 무게는 모두 1 이고 각 j $(1 \leq j \leq n)$ 에 대하여 e_j 의 신드롬 $S(e_j)$ 는 $H = [h_{ij}]_{m \times n}$ 의 제 j 열을 나타낸다. 즉,

$$S(e_j) = H\begin{bmatrix} 0 \\ \vdots \\ 1 \\ \vdots \\ 0 \end{bmatrix} = \begin{bmatrix} h_{1j} \\ h_{2j} \\ \vdots \\ h_{mj} \end{bmatrix} \qquad (1 \leq j \leq n)$$

보기 11.7.3 체 $\mathbb{F}_2$ 위의 4×7 행렬

$$G = \begin{bmatrix} 1 & 0 & 0 & 0 & 1 & 0 & 1 \\ 0 & 1 & 0 & 0 & 1 & 1 & 1 \\ 0 & 0 & 1 & 0 & 1 & 1 & 0 \\ 0 & 0 & 0 & 1 & 0 & 1 & 1 \end{bmatrix}$$

를 생성행렬로 가지는 부호 C 는 완전 $(7,4,3)$ 부호이다(문제 11.6.6).

따라서 모든 수신된 벡터에 대하여 1 개까지의 오류를 수정할 수 있다. 그런데, 벡터공간 $\mathbb{F}_2{}^7$ 에서 Hamming 무게가 1 인 벡터는

$$e_1 = (1,0,0,0,0,0,0),\ \cdots,\ e_7 = (0,0,0,0,0,0,1)$$

뿐이다. 한편, 정리 12.3.4 에 의하여 체 $\mathbb{F}_2$ 위의 3×7 행렬

$$H = \begin{bmatrix} 1 & 1 & 1 & 0 & 1 & 0 & 0 \\ 0 & 1 & 1 & 1 & 0 & 1 & 0 \\ 1 & 1 & 0 & 1 & 0 & 0 & 1 \end{bmatrix}$$

는 C 의 홀짝 검사행렬이고, 7 개의 $e_1, e_2, \cdots, e_7$ 의 신드롬

$$S(e_1) = \begin{bmatrix} 1 \\ 0 \\ 1 \end{bmatrix},\ S(e_2) = \begin{bmatrix} 1 \\ 1 \\ 1 \end{bmatrix},\ S(e_3) = \begin{bmatrix} 1 \\ 1 \\ 0 \end{bmatrix},\ S(e_4) = \begin{bmatrix} 0 \\ 1 \\ 1 \end{bmatrix},$$

$$S(e_5) = \begin{bmatrix} 1 \\ 0 \\ 0 \end{bmatrix},\ S(e_6) = \begin{bmatrix} 0 \\ 1 \\ 0 \end{bmatrix},\ S(e_7) = \begin{bmatrix} 0 \\ 0 \\ 1 \end{bmatrix}$$

은 각각 H 의 제 1 열, 제 2 열, $\cdots$, 제 7 열을 나타낸다.

예를 들어, 수신된 벡터가 $w = 1\,1\,1\,1\,0\,0\,0$ 이면,

$$S(w) = H \begin{bmatrix} 1 \\ 1 \\ 1 \\ 1 \\ 0 \\ 0 \\ 0 \end{bmatrix} = \begin{bmatrix} 1 \\ 1 \\ 1 \end{bmatrix} = H \begin{bmatrix} 0 \\ 1 \\ 0 \\ 0 \\ 0 \\ 0 \\ 0 \end{bmatrix} = S(e_2)$$

이므로 오류벡터는 e_2 이고

$$v = w - e_2 = 1\,1\,1\,1\,0\,0\,0 - 0\,1\,0\,0\,0\,0\,0 = 1\,0\,1\,1\,0\,0\,0$$

이므로 w 는 부호어 $v = 1\,0\,1\,1\,0\,0\,0$ 으로 복호된다.

보기 11.7.4 체 $\mathbb{F}_5 = \{0, 1, 2, 3, 4\}$ 위의 2×6 행렬

$$H = \begin{bmatrix} 0 & 1 & 1 & 1 & 1 & 1 \\ 1 & 0 & 1 & 2 & 3 & 4 \end{bmatrix}$$

를 홀짝 검사행렬로 가지는 선형부호를 C 라고 하자.

이 때, $r(H) = 2$ 이므로 C 는 체 $\mathbb{F}_5$ 위의 선형 $(6, 4)$ 부호이다.

그리고 $d(C) = 3$ 이므로, C 는 체 $\mathbb{F}_5$ 위의 선형 $(6, 4, 3)$ 부호이고, 또

$$5^4\left\{1 + \binom{6}{1}(5-1)\right\} = 5^6$$

이므로 C 는 완전부호이다(정의 11.6.9).

특히, 벡터공간 ${\mathbb{F}_5}^6$ 에서

$$e_1 = (1, 0, 0, 0, 0, 0),\ \cdots,\ e_6 = (0, 0, 0, 0, 0, 1)$$

의 신드름은 각각 H 의 제 1 열, 제 2 열, …, 제 6 열을 나타낸다.

예를 들어, 수신된 벡터가 $w = 203031$ 이면,

$$S(w) = H\begin{bmatrix} 2 \\ 0 \\ 3 \\ 0 \\ 3 \\ 1 \end{bmatrix} = \begin{bmatrix} 2 \\ 3 \end{bmatrix} = 2\begin{bmatrix} 1 \\ 4 \end{bmatrix} = 2\,S(e_6)$$

이므로 오류벡터는 $2\,e_6$ 이고 이 사실은 w 의 6 번째 기호에 2 만큼의 오류가 발생했음을 뜻한다. 그런데,

$$v = w - 000002 = 203031 - 000002 = 203034$$

이므로 w 를 부호어

$$v = 203034$$

로 복호한다.

연 습 문 제 (11.7)

1. 보기 11.5.3 에서 논한 이진 선형부호 C 에 대하여 다음 물음에 답하여라.

   (1) C 의 최소거리를 구하고 또 C 가 완전부호인지를 판정하여라.

   (2) C 에 속하는 한 부호어가 통신로를 통하여 전송되어 수신된 벡터가

   $$w = 1\ 1\ 1\ 1\ 0\ 0\ 0$$

   일 때, 이 수신된 벡터와 Hamming 거리가 가장 작은 부호어 $v \in C$ 를 구하여라.

   (3) C 에 속하는 한 부호어가 통신로를 통하여 전송되어 수신된 벡터가

   $$w = 1\ 1\ 0\ 1\ 1\ 1\ 1$$

   일 때, 이 수신된 벡터와 Hamming 거리가 가장 작은 부호어 $v \in C$ 를 구하여라.

2. 체 $\mathbb{F}_2 = \{0, 1\}$ 위의 부호 C 에 대하여 체 $\mathbb{F}_2$ 위의 행렬

$$G = \begin{bmatrix} 1 & 0 & 0 & 1 & 0 & 1 \\ 0 & 1 & 0 & 1 & 1 & 1 \\ 0 & 0 & 1 & 0 & 1 & 1 \end{bmatrix}$$

가 C 의 생성행렬일 때, C 의 표준 홀짝 검사행렬 H 를 구하여라.
또, 수신된 벡터가

$$w = (1, 0, 1, 0, 1, 0)$$

일 때, w 의 신드롬을 구하여 w 를 부호어로 복호하여라.

3. 체 $\mathbb{F}_2$ 위의 선형부호 C 에 대하여 체 $\mathbb{F}_2$ 위의 두 행렬

$$G = \begin{bmatrix} 1 & 0 & 1 & 1 & 0 \\ \\ 0 & 1 & 0 & 1 & 1 \end{bmatrix}, \qquad H = \begin{bmatrix} 1 & 0 & 1 & 0 & 0 \\ 1 & 1 & 0 & 1 & 0 \\ 0 & 1 & 0 & 0 & 1 \end{bmatrix}$$

가 각각 C 의 생성행렬, 홀짝 검사행렬이라고 할 때, 다음 물음에 답하여라.

   (1) 부호 C 에 속해 있는 부호어를 모두 구하여라.

   (2) 부호 C 가 이진 선형 $(5, 2, 3)$ 부호임을 확인하여라.

   (3) 수신된 벡터가 $w = (1, 1, 1, 1, 0)$ 일 때, w 의 신드롬을 구하여 w 를 부호어 v 로 복호하여라.

4. 체 $\mathbb{F}_2$ 위의 행렬

$$H = \begin{bmatrix} 0 & 0 & 0 & 1 & 1 & 1 & 1 \\ 0 & 1 & 1 & 0 & 0 & 1 & 1 \\ 1 & 0 & 1 & 0 & 1 & 0 & 1 \end{bmatrix}$$

를 홀짝 검사행렬로 가지는 선형부호를 C 라고 할 때, 부호 C는 체 $\mathbb{F}_2$ 위의 선형 $(7, 4, 3)$ 부호이다.

수신된 벡터가

$$w = (1, 0, 0, 0, 0, 0, 1)$$

일 때, w의 신드롬을 구하여 w를 부호어로 복호하여라.

5. 체 $\mathbb{F}_2 = \{0, 1\}$ 위의 부호 C에 대하여 체 $\mathbb{F}_2$ 위의 행렬

$$G = \left[\begin{array}{ccc|ccc} 1 & 0 & 0 & 1 & 0 & 1 \\ 0 & 1 & 0 & 1 & 1 & 1 \\ 0 & 0 & 1 & 0 & 1 & 1 \end{array}\right]$$

가 C의 생성행렬일 때, C의 표준 홀짝 검사행렬 H를 구하여라.

또, 수신된 벡터가 $w = (1, 0, 1, 0, 1, 0)$ 일 때, w의 신드롬을 구하여 w를 부호어로 복호하여라.

6. 체 $\mathbb{F}_3 = \{0, 1, 2\}$ 위의 행렬

$$G = \begin{bmatrix} 1 & 0 & 1 & 1 \\ 0 & 1 & 1 & 2 \end{bmatrix}$$

를 생성행렬로 가지는 부호를 C라고 할 때, 다음 물음에 답하여라.

(1) 부호 C의 홀짝 검사행렬 H를 구하여라.

(2) 수신된 벡터가 $w = (1, 1, 1, 0)$ 일 때, w의 신드롬을 구하고 또 w를 부호어 v로 복호하여라.

(3) 수신된 벡터가 $w = (0, 0, 1, 1)$ 일 때, w의 신드롬을 구하고 또 w를 부호어 v로 복호하여라.

§11.8 이진 Hamming 부호

벡터공간 $\mathbb{F}_2^{\,3}$ 에서 $\mathbf{0} = (0,0,0)$ 을 제외한 2^3-1 개의 벡터

$$(0,0,1),\ (0,1,0),\ (0,1,1),\ (1,0,0),$$
$$(1,0,1),\ (1,1,0),\ (1,1,1)$$

를 아래와 같이 모두 적당한 순서로 열에 배열하면, 체 $\mathbb{F}_2$ 위의 3×7 행렬을 얻는다.

$$H = \begin{bmatrix} 0 & 0 & 0 & 1 & 1 & 1 & 1 \\ 0 & 1 & 1 & 0 & 0 & 1 & 1 \\ 1 & 0 & 1 & 0 & 1 & 0 & 1 \end{bmatrix},\quad H' = \begin{bmatrix} 1 & 1 & 0 & 1 & 1 & 0 & 0 \\ 1 & 1 & 1 & 0 & 0 & 1 & 0 \\ 1 & 0 & 1 & 1 & 0 & 0 & 1 \end{bmatrix}$$

이제 행렬 H를 계수행렬로 가지는 동차 연립일차방정식

$$H\begin{bmatrix} x_1 \\ x_2 \\ \vdots \\ x_7 \end{bmatrix} = \begin{bmatrix} 0 \\ 0 \\ 0 \end{bmatrix} \quad \text{즉} \quad \begin{cases} x_4 + x_5 + x_6 + x_7 = 0 \\ x_2 + x_3 + x_6 + x_7 = 0 \\ x_1 + x_3 + x_5 + x_7 = 0 \end{cases}$$

의 해공간을 C라고 하자(정리 11.3.7).

이 때, 체 $\mathbb{F}_2$ 에서 $-1 = 1$ 이므로 위의 동차 연립일차방정식은

$$\begin{cases} x_4 = \phantom{x_3 +{}} x_5 + x_6 + x_7 \\ x_2 = x_3 \phantom{{}+x_5} + x_6 + x_7 \\ x_1 = x_3 + x_5 \phantom{{}+x_6} + x_7 \end{cases}$$

으로 고쳐 쓸 수 있다. 따라서 임의의 원소 $t_1, t_2, t_3, t_4 \in \mathbb{F}_2$ 에 대하여

$$x_3 = t_1,\ x_5 = t_2,\ x_6 = t_3,\ x_7 = t_4 \quad (t_1, t_2, t_3, t_4 \in \mathbb{F}_2)$$

이라고 하면 다음이 성립한다.

$$\begin{aligned} &(x_1, x_2, x_3, x_4, x_5, x_6, x_7) \\ &= (t_1+t_2+t_4,\ t_1+t_3+t_4,\ t_1,\ t_2+t_3+t_4,\ t_2,\ t_3,\ t_4) \\ &\hfill (t_1, t_2, t_3, t_4 \in \mathbb{F}_2) \end{aligned}$$

그러므로, 벡터공간 $\mathbb{F}_2{}^7$ 에서 위의 동차 연립일차방정식의 해공간을 C 라고 하면, C는 $t_1, t_2, t_3, t_4 \in \mathbb{F}_2$ 의 값에 따라 2^4 개의 벡터 전체로 이루어진 해공간이다. 해공간 C는 벡터공간 $\mathbb{F}_2{}^7$ 의 부분공간이므로 C는 이진 선형부호이고 또 $|C| = 2^4$ 이므로 C 는 이진 선형 $(7, 4)$ 부호이다.

그리고, 부호 C에 속하는 $0\,0\,0\,0\,0\,0\,0$을 제외한 부호어의 Hamming 무게는 4, 3, 7 이므로 $d(C) = 3$ 이므로 C는 이진 선형 $(7, 4, 3)$ 부호이다.

그런데, $n = 7$, $k = 4$, $t = \left[\dfrac{3-1}{2}\right] = 1$ 이고

$$2^4 \times \left\{1 + \binom{7}{1}\right\} = 2^7$$

이고, 따라서 C 는 완전부호이다(정의 11.6.9).

정의 11.8.1 정수 $m\ (\geq 2)$ 에 대하여 벡터공간 $\mathbb{F}_2{}^m$ 의 원소 중에서 $(0, \cdots, 0)$ 을 제외한 $n = 2^m - 1$ 개의 벡터를 적당한 순서로 열에 배열하여 만든 $m \times n$ 행렬을 H라고 할 때, 동차 연립일차방정식

$$H \begin{bmatrix} x_1 \\ x_2 \\ \\ \vdots \\ x_n \end{bmatrix} = \begin{bmatrix} 0 \\ 0 \\ \vdots \\ 0 \end{bmatrix}$$

의 해공간은 이진 선형부호이다. 이 부호를 **이진 Hamming 부호**(binary Hamming code)라 하고 이것을 Ham $(m, 2)$로 나타낸다.

여기서, H는 Ham $(m, 2)$ 의 홀짝 검사행렬이다(정의 11.5.2).

앞의 정의에서 H는 여러 가지가 있으나, 이러한 선형부호는 본질적으로 동일하다. 예를 들면, 앞에서 논한 이진 선형부호 C와 보기 11.3.3 에서 논한 이진 선형부호는 각각 체 $\mathbb{F}_2 = \{0, 1\}$ 위의 3×7 행렬

$$H = \begin{bmatrix} 0 & 0 & 0 & 1 & 1 & 1 & 1 \\ 0 & 1 & 1 & 0 & 0 & 1 & 1 \\ 1 & 0 & 1 & 0 & 1 & 0 & 1 \end{bmatrix}, \quad H' = \begin{bmatrix} 1 & 1 & 0 & 1 & 1 & 0 & 0 \\ 1 & 1 & 1 & 0 & 0 & 1 & 0 \\ 1 & 0 & 1 & 1 & 0 & 0 & 1 \end{bmatrix}$$

를 홀짝 검사행렬로 가지는 이진 선형 $(7.4.3)$ 부호이다.

정리 11.8.2 양의 정수 m에 대하여 $n = 2^m - 1 \geq 3$이라고 할 때, 이진 Hamming 부호 Ham$(m, 2)$는 이진 선형 $(n, n-m, 3)$ 부호이고 또 완전 부호이다.

증 명 다음과 같은 행렬 H를 Ham$(m, 2)$의 홀짝 검사행렬로 택하자.

$$H = \begin{bmatrix} 0 & 0 & 0 & 0 & \cdots & \cdots & 1 \\ 0 & 0 & 0 & 0 & \cdots & \cdots & 1 \\ \vdots & \vdots & \vdots & \vdots & \cdots & \cdots & \vdots \\ 0 & 0 & 0 & 1 & \cdots & \cdots & 1 \\ 0 & 1 & 1 & 0 & \cdots & \cdots & 1 \\ 1 & 0 & 1 & 0 & \cdots & \cdots & 1 \end{bmatrix}$$

위의 행렬 H는 양의 정수 $1, 2, 3, \cdots, 2^m-1$을 2진법으로 나타냈을 때 생기는 0과 1을 차례대로 세로로 늘어놓아 만든 행렬이다(앞 부분에 0을 허용하여, 정리 2.5.1). 이 때, $r(H) = m$이고 따라서 Ham$(m, 2)$는 이진 선형 $(n, n-m)$ 부호이다(증명 생략). 그리고, Ham$(m, 2)$는 다음과 같은 체 $\mathbb{F}_2$ 위의 동차 연립일차방정식의 해공간이다.

$$(*) \qquad H\begin{bmatrix} x_1 \\ x_2 \\ \vdots \\ x_n \end{bmatrix} = \begin{bmatrix} 0 \\ \vdots \\ 0 \end{bmatrix}$$

그런데, 행렬 $H = [a_{ij}]_{m \times n}$에서

$$w_j = (a_{1j}, a_{2j}, \cdots, a_{nj}) \qquad (1 \leq j \leq n)$$

이라고 하면, $(*)$는 다음과 같이 나타내어진다(보기 8.1.7).

$$x_1 w_1 + x_2 w_2 + \cdots + x_n w_n = (0, 0, \cdots, 0)$$

따라서 $(x_1, x_2, \cdots, x_n) \in \mathbb{F}_2{}^n$에 대하여 다음이 성립한다.

$$(**) \qquad (x_1, x_2, \cdots, x_n) \in \text{Ham}(m, 2)$$

$$\Leftrightarrow x_1 w_1 + x_2 w_2 + \cdots + x_n w_n = (0, 0, \cdots, 0)$$

먼저 $1\,w_1 + 1\,w_2 + 1\,w_3 + 0\,w_4 + \cdots + 0\,w_n = (0, \cdots, 0, 0)$이므로 위의

(**) 에 의하여 $v=(1,1,1,0,\cdots,0)$ 은 부호어이고 $wt(v)=3$이다.

따라서 Ham $(m, 2)$ 에는 Hamming 무게가 3 인 부호어가 존재한다.

한편, Ham $(m, 2)$ 에는 Hamming 무게 1 인 부호어와 Hamming 무게 2 인 부호어는 존재하지 않는다.

실제로, Hamming 무게 1 인 부호어 $v=(x_1, x_2, \cdots, x_n)$ 가 존재한다고 가정하고 s $(1 \le s \le n)$ 에 대해서만 $x_s=1$ 이라고 하면, (**) 에 의하여

$$1\,w_s=(0,0,\cdots,0)$$

으로 되어 $w_s \ne (0,0,\cdots,0)$ 이라는 사실에 모순된다.

그리고, Hamming 무게 2 인 부호어 $v=(x_1, x_2, \cdots, x_n)$ 가 존재한다고 가정하고 r, s $(1 \le r \ne s \le n)$ 에 대해서만 $x_r=1,\ x_s=1$이라고 하면,

$$1\,w_r+1\,w_s=(0,0,\cdots,0) \quad \text{즉} \quad w_r=w_s$$

이므로 $w_r \ne w_s$ 이라는 사실에 모순된다.

그러므로, Ham $(m, 2)$ 의 최소거리는 $d=3$ 이다(정리 11.6.3). 그리고,

$$n=2^m-1,\ \ k=n-m=2^m-1-m,\ \ t=\left[\frac{d-1}{2}\right]=1$$

이므로

$$2^k\left\{1+\binom{n}{1}\right\}=2^{n-m}(1+n)=2^{n-m}2^m=2^n$$

이고, 따라서 Ham $(m, 2)$ 는 완전부호이다(정의 11.6.9 참조).

Hamming 부호 Ham $(m, 2)$ 는 수신된 벡터의 성분 중에서 1 개까지의 오류를 수정하여 본래의 부호어로 복호할 수 있다(정리 11.7.2).

보기 11.8.1 체 $\mathbb{F}_2$ 위의 3×7 행렬

$$H=\begin{bmatrix} 0 & 0 & 0 & 1 & 1 & 1 & 1 \\ 0 & 1 & 1 & 0 & 0 & 1 & 1 \\ 1 & 0 & 1 & 0 & 1 & 0 & 1 \end{bmatrix}$$

를 Ham $(2, 2)$ 의 홀짝 검사행렬로 택한 경우를 생각해 보자.

이 때, 한 부호어가 송신되어 $w=(1,1,1,0,1,0,0)$ 로 수신되었다면,

$$S(w) = \begin{bmatrix} 1 \\ 0 \\ 1 \end{bmatrix} = S(e_5)$$

이므로 w 는 다음과 같은 부호어 v 로 복호된다.

$$v = w - e_5 = 1110100 - 0000100 = 1110000$$

연 습 문 제 (11.8)

1. 체 $\mathbb{F}_2 = \{0, 1\}$ 위의 3×7 행렬

$$H = \begin{bmatrix} 1 & 1 & 0 & 1 & 1 & 0 & 0 \\ 1 & 1 & 1 & 0 & 0 & 1 & 0 \\ 1 & 0 & 1 & 1 & 0 & 0 & 1 \end{bmatrix}$$

를 부호 Ham (3, 2) 의 홀짝검사행렬로 택할 때, 다음 물음에 답하여라.

(1) Ham (3, 2) 에 속하는 부호어를 모두 구하여라.

(2) 수신된 벡터가 $w = 1111000$, $u = 1101111$ 일 때, w 와 u 를 부호어로 복호하여라.

2. 이진 Hamming 부호 Ham (3, 2) 의 홀짝 검사행렬로서 체 $\mathbb{F}_2 = \{0, 1\}$ 위의 3×7 행렬

$$H = \begin{bmatrix} 0 & 0 & 1 & 0 & 1 & 1 & 1 \\ 1 & 1 & 0 & 0 & 0 & 1 & 1 \\ 1 & 0 & 0 & 1 & 1 & 0 & 1 \end{bmatrix}$$

를 택한 경우에 Ham (3, 2) 에 속하는 부호어를 모두 구하여라.

3. 이진 Hamming 부호 Ham (2, 2) 의 홀짝 검사행렬로서 체 $\mathbb{F}_2$ 위의 행렬

$$H = \begin{bmatrix} 0 & 1 & 1 \\ 1 & 0 & 1 \end{bmatrix}$$

를 택한 경우에 Ham (2, 2) 에 속하는 부호어를 모두 구하여라,

4. 벡터공간 $\mathbb{F}_2^{\,4}$ 의 모든 원소를 구하여 이진 Hamming 부호 Ham (4, 2) 의 홀짝 검사행렬을 하나만 구하여라.

제 12 장

사영평면과 타원곡선

이 장에서는, 아핀평면과 사영평면 그리고 이들 사이의 관계를 논하고 타원곡선의 특성과 타원곡선을 이용한 몇 가지 암호체계에 대하여 논한다.

이 장의 내용은 정보과학, 부호이론과 암호학 등에 이용되며, 또 아핀평면과 사영평면에 관한 사항은 제 17 장에서 이용된다.

타원곡선을 이용한 암호체계에 대한 좀더 상세한 내용은 다음 책을 참조하기 바란다.

박승안, 사영평면 디자인, 경문사, 2003 년

박승안, 암호학과 부호이론, 제 2 판, 경문사, 2008년

§12.1 아핀평면

이제 $\mathscr{P}$ 를 공집합이 아닌 집합이라 하고 $\mathscr{L}$ 을 $\mathscr{P}$의 특정한 부분집합들로 이루어진 집합이라고 할 때, $p \in \mathscr{P}$ 와 $L \in \mathscr{L}$ 사이에 포함관계 $\in$ 에 관하여 특정한 성질을 만족시키는 경우에 $\sigma = (\mathscr{P}, \mathscr{L})$ 를 **결합구조**(結合構造, incidence structure)라고 한다.

여기서 집합 $\mathscr{P}$ 의 각 원소를 **점**(點, point) 또는 **꼭지점**(vertex)이라 하고 $\mathscr{L}$ 의 각 원소를 **직선**(直線, line) 또는 **블록**(block)이라고 한다. 그리고, 점 p 와 직선 L 에 대하여 $p \in L$ 일 때, 이 사실을

'점 p 는 직선 L 위에 있다.', '직선 L 은 점 p 를 지난다.'

고 말한다. 특히, 결합구조 $\sigma = (\mathscr{P}, \mathscr{L})$ 에서 $\mathscr{P}$ 와 $\mathscr{L}$ 이 모두 유한집합일 때, σ 를 **유한 결합구조**((有限 結合構造, finite incidence structure)라고 한다.

보기 12.1.1 다음과 같은 유한 결합구조 $\sigma = (\mathscr{P}, \mathscr{L})$ 를 생각해 보자.

$$\mathscr{P} = \{p_1, p_2, p_3\}, \quad \mathscr{L} = \{L_1, L_2, L_3\}$$

$$L_1 = \{p_1, p_2\},\ L_2 = \{p_2, p_3\},\ L_3 = \{p_1, p_3\}$$

이 결합구조에서 각 직선 위에 꼭 2 개의 점이 있고 각 점을 지나는 직선은 꼭 2 개 있다.

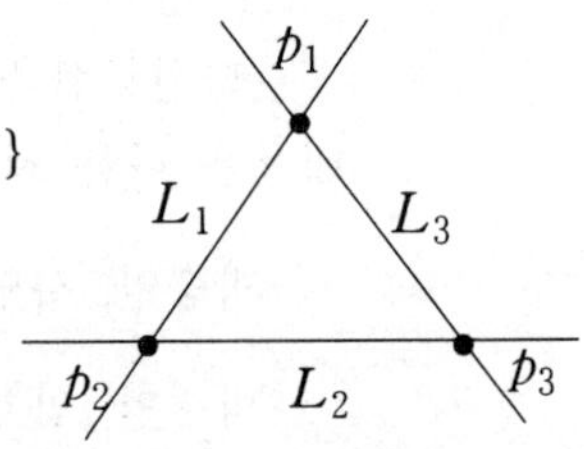

정의 12.1.1 유한 결합구조 $\sigma = (\mathscr{P}, \mathscr{L})$ 에서

$$\mathscr{P} = \{p_1, p_2, \cdots, p_v\}, \quad |\mathscr{P}| = v,$$

$$\mathscr{L} = \{L_1, L_2, \cdots, L_b\}, \quad |\mathscr{L}| = b$$

일 때, 다음과 같은 $v \times b$ 행렬을 σ 의 **결합행렬**(結合行列, incidence matrix)이라고 한다.

$$A = \begin{bmatrix} a_{11} & a_{12} & \cdots & a_{1b} \\ a_{21} & a_{22} & \cdots & a_{2b} \\ \vdots & \vdots & \cdots & \vdots \\ a_{v1} & a_{v2} & \cdots & a_{vb} \end{bmatrix}, \qquad a_{ij} = \begin{cases} 1 & (p_i \in L_j \text{ 인 경우}) \\ 0 & (p_i \notin L_j \text{ 인 경우}) \end{cases}$$

여기서, 각 i $(1 \le i \le v)$ 와 j $(1 \le j \le b)$ 에 대하여 다음이 성립한다.

$$a_{i1} + a_{i2} + \cdots + a_{ib} = (\text{점 } p_i \text{ 를 지나는 직선의 개수})$$

$$a_{1j} + a_{2j} + \cdots + a_{vj} = (\text{직선 } L_j \text{ 위에 있는 점의 개수})$$

결합행렬은 점의 순서와 직선의 순서를 정하는 방법에 따라 달라진다.

보기 12.1.2 다음과 같은 유한 결합구조 $\sigma = (\mathscr{P}, \mathscr{L})$를 생각해 보자.

$$\mathscr{P} = \{p_1, p_2, p_3, p_4\}, \quad \mathscr{L} = \{L_1, L_2, L_3, L_4, L_5, L_6\}$$

$$L_1 = \{p_1, p_2\}, \quad L_2 = \{p_2, p_3\}, \quad L_3 = \{p_3, p_4\},$$

$$L_4 = \{p_4, p_1\}, \quad L_5 = \{p_1, p_3\}, \quad L_6 = \{p_2, p_4\}$$

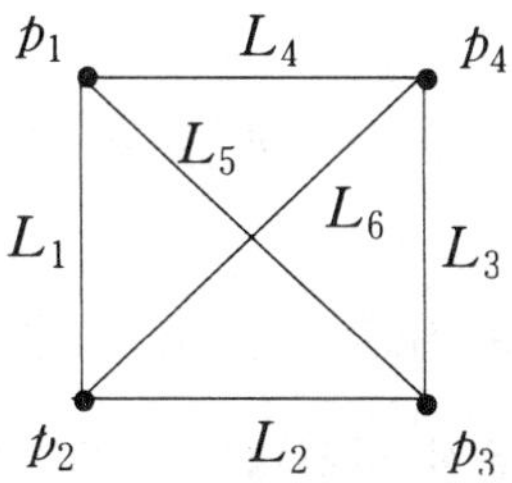

$$A = \begin{bmatrix} 1 & 0 & 0 & 1 & 1 & 0 \\ 1 & 1 & 0 & 0 & 0 & 1 \\ 0 & 1 & 1 & 0 & 1 & 0 \\ 0 & 0 & 1 & 1 & 0 & 1 \end{bmatrix}$$

이 결합구조에서 각 직선 위에는 꼭 2 개의 점이 있고 각 점을 지나는 직선은 꼭 3 개 있다. 위의 행렬 A 는 결합구조 σ의 결합행렬이다.

정의 12.1.2 결합구조 $\sigma = (\mathscr{P}, \mathscr{L})$ 에서, 서로 다른 두 점 p, q 에 대하여 이 두 점을 지나는 직선 L 이 단 하나 존재할 때, 이 사실을

$$L = p \vee q$$

로 나타내고 두 점 p, q 는 직선 L 을 **결정한다**고 한다. 또, 서로 다른 두 직선 직선 L, M 에 대하여 $L \cap M = \{p\}$ 일 때, 두 직선 L, M 은 점 p 에서 **만난다** (meet)고 하고 또 점 p 를 L, M 의 **교점** (交點, intersection)이라고 하며 이 사실을

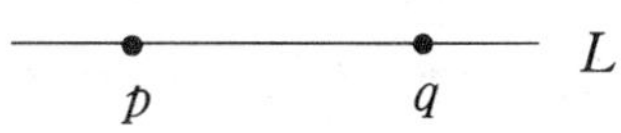

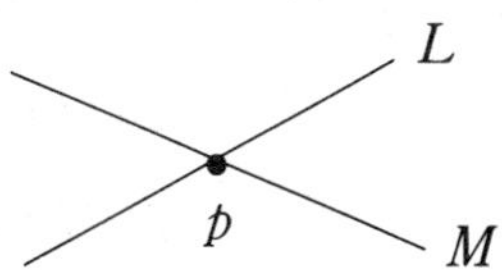

$$p = L \wedge M$$

으로 나타낸다.

또, 두 직선 L, M 에 대하여

$$L = M \quad \text{또는} \quad L \cap M = \varnothing$$

일 때, L 과 M은 서로 **평행**(平行) **하다**(perallel)고 하고 이 사실을

$$L // M$$

으로 나타낸다.

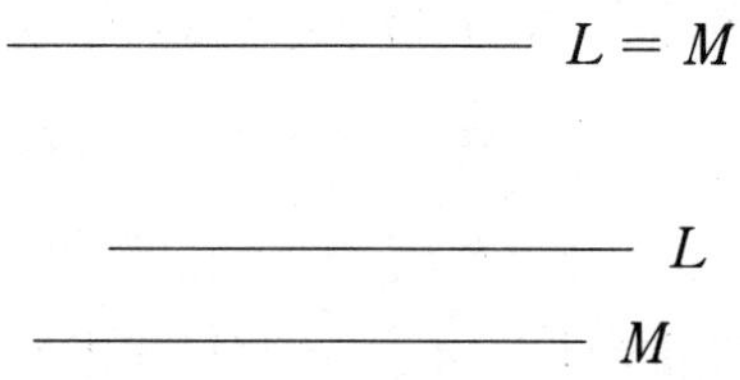

정의 12.1.3 결합구조 $\alpha = (\mathscr{P}, \mathscr{L})$가 다음 네 조건을 만족시킬 때, α 를 **아핀평면**(아핀平面, affine plane)이라고도 한다.

A.1 : 임의의 서로 다른 두 점 p, q에 대하여 두 점 p, q를 지나는 직선이 단 하나 존재한다.

A.2 : 점 p가 직선 L 위에 있지 않을 때, 점 p를 지나 직선 L에 평행한 직선이 단 하나 존재한다.

A : α 에는 한 직선 위에 있지 않은 서로 다른 세 점이 존재한다.

특히, $\mathscr{P}$와 $\mathscr{L}$이 유한집합일 때, α를 **유한 아핀평면**이라고 한다.

보기 12.1.3 다음과 같은 결합구조 $\alpha = (\mathscr{P}, \mathscr{L})$ 는 유한 아핀평면이다.

$$\mathscr{P} = \{p_1, p_2, p_3, p_4\},$$

$$\mathscr{L} = \{L_1, L_2, L_3, L_4, L_5, L_6\}$$

$$L_1 = \{p_1, p_2\}, \quad L_2 = \{p_2, p_3\},$$

$$L_3 = \{p_3, p_4\}, \quad L_4 = \{p_4, p_1\},$$

$$L_5 = \{p_1, p_3\}, \quad L_6 = \{p_2, p_4\}$$

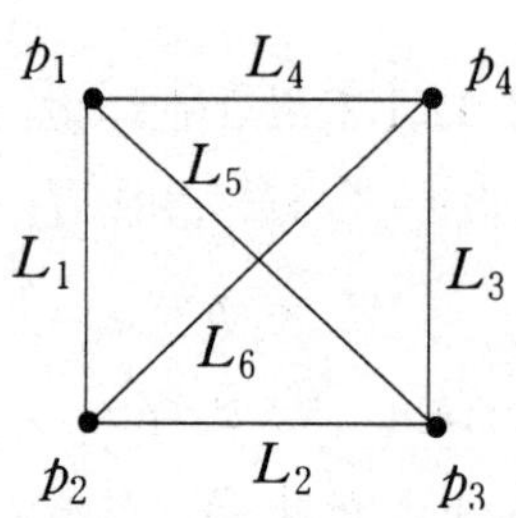

이 유한 아핀평면은 4 개의 점과 6 개의 직선으로 이루어져 있으며 다음이 성립한다.

$$L_1 // L_1,\ L_1 // L_3,\ L_2 // L_2,$$

$$L_2 // L_4,\ L_5 // L_5,\ L_5 // L_6$$

정의 12.1.3 을 이용하여 다음이 성립함을 증명할 수 있다(문제 3 참조).

정리 12.1.4 아핀평면 $\alpha = (\mathscr{P}, \mathscr{L})$에서 다음이 성립한다.

(1) 임의의 두 직선 L, M은 평행하거나 또는 한 점에서 만난다.

(2) 두 직선 L, M이 평행할 때, 직선 N이 L과 한 점에서 만나면 N은 M과도 한 점에서 만난다.

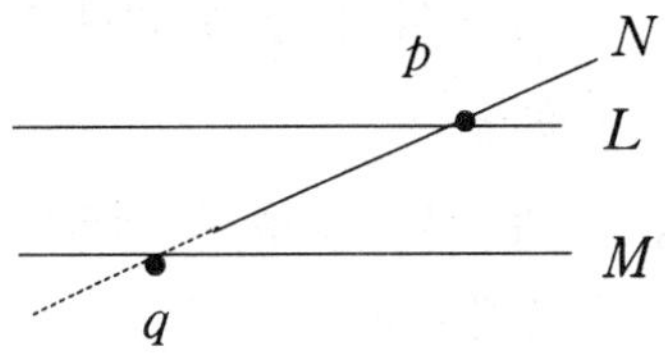

정리 12.1.5 아핀평면 $\alpha = (\mathscr{P}, \mathscr{L})$에서 다음이 성립한다.

A.3 : 임의의 직선 L에 대하여 L 위에 적어도 두 점이 존재한다.

A.4 : 임의의 직선 L에 대하여 L 위에 있지 않은 점이 적어도 하나 존재한다.

증 명 먼저 A에 의하여 동일한 직선 위에 있지 않은 서로 다른 세 점 p, q, r가 존재한다. 이제 L을 임의의 직선이라고 하자. 이 때, 세 점 p, q, r중에서 적어도 한 점은 L 위에 있지 않으므로 A.4가 성립한다.

이제 예를 들어, $p \notin L$이라고 하자. 이 때, 두 직선 $p \vee q$, $q \vee r$가 L과 만나면, L 위에는 서로 다른 두 점

$$s = L \wedge (p \vee q), \quad t = L \wedge (p \vee r)$$

가 존재하므로 A.3가 성립한다.

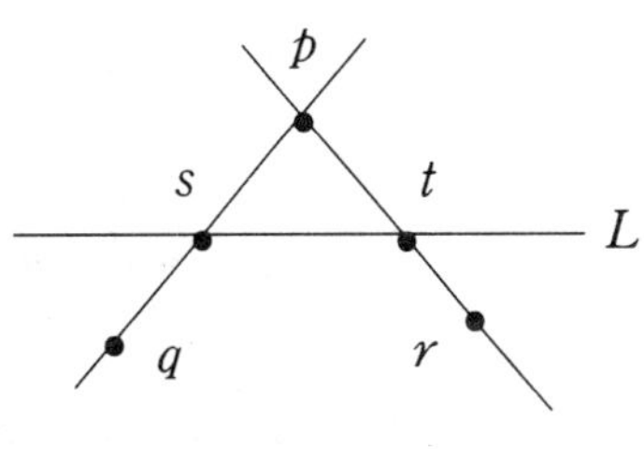

한편, 두 직선 $p \vee q$, $q \vee r$ 중에서 예를 들어 $p \vee q$가 직선 L과 평행하면, $p \vee r$는 직선 L과 한 점 s에서 만나고 또 A_2에 의하여 점 q를 지나 $p \vee r$에 평행한 직선 M이 존재하며 두 직선 L, M은 한 점 t에서 만난다(정리 12.1.4).

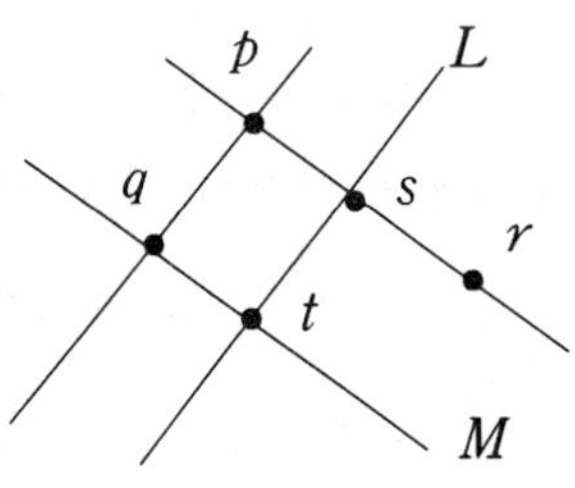

여기서 s, t는 L 위의 서로 다른 두 점이므로 A.3가 성립한다.

위의 정리를 이용하여 다음 정리를 증명할 수 있다(문제 5 참조).

정리 12.1.6 아핀평면 $\alpha = (\mathscr{P}, \mathscr{L})$ 에서 다음이 성립한다.

$\mathrm{A}_3{}^d$: 임의의 점 p 에 대하여 점 p 를 지나는 직선이 적어도 두 개 존재한다.

$\mathrm{A}_4{}^d$: 임의의 점 p 에 대하여 점 p 를 지나지 않는 직선이 적어도 하나 존재한다.

정리 12.1.7 유한 아핀평면 $\alpha = (\mathscr{P}, \mathscr{L})$ 에서, 한 직선 L 위에 꼭 n 개의 점이 있을 때, α 의 임의의 직선 M 에 대하여 M 위에는 꼭 $n+1$ 개의 점이 있다.

증 명 이제 M 이 L 과 다른 직선이라고 하자. 이 때, L 위에 있는 점 중에는 M 위에 있지 않은 점 p_1 이 존재하고 또 직선 M 위의 점 중에는 L 위에 있지 않은 점 q_1 이 존재한다.

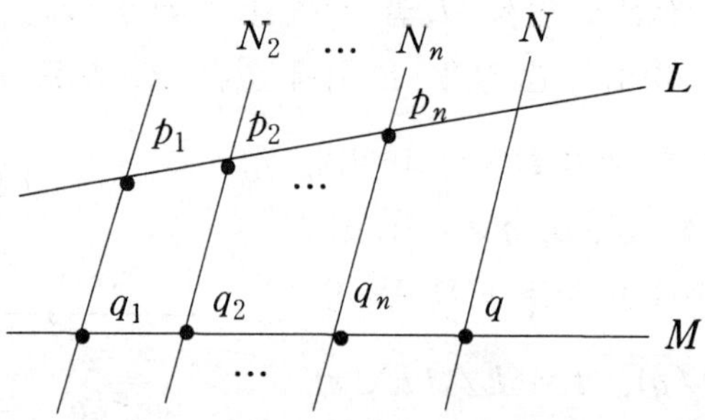

이제 $L = \{p_1, p_2, \cdots, p_n\}$ 이라고 하자. 이 때, A.2 에 의하여 n 개의 점 $p_2, \cdots, p_n$ 을 지나 직선 $p_1 \vee q_1$ 에 평행한 직선 $N_2, \cdots, N_n$ 이 존재하고 정리 12.1.4 에 의하여 이들 직선은 M 과 한 점에서 만나며

$$q_2 = M \wedge N_2, \quad \cdots, \quad q_n = M \wedge N_n$$

이라고 하면, 점 $q_1, q_2, \cdots, q_n$ 은 M 위에 있고 모두 서로 다르다.

한편, q 가 M 위의 점으로서 $q \neq q_1$ 일 때, q 를 지나 $p_1 \vee q_1$ 에 평행한 직선을 N 이라고 하면, 적당한 i $(2 \leq i \leq n)$ 에 대하여 $L \wedge N = p_i$ 이고 이때 $q = M \wedge N = q_i$ 이다.

따라서 $M = \{q_1, q_2, \cdots, q_n\}$ 이고 $|M| = n$ 이다.

정의 12.1.8 유한 아핀평면 $\alpha = (\mathscr{P}, \mathscr{L})$ 에서 한 직선(따라서 모든 직선) 위에 꼭 n 개의 점이 있을 때, n 을 아핀평면 α 의 **위수**(位數, order)라고 한다.

정리 12.1.9 유한 아핀평면 $\alpha = (\mathscr{P}, \mathscr{L})$ 의 위수가 n 일 때, 다음이 성립한다.

(1) $n \geq 2$

(2) 임의의 직선 L 에 대하여, L 위에는 꼭 n 개의 점이 있고 또 L 과 평행한 직선은 꼭 n 개 있다.

(3) 임의의 점 p 에 대하여, p 를 지나는 직선은 꼭 $n+1$ 개 있다.

(4) α 에는 꼭 n^2 개의 점과 꼭 n^2+n 개의 직선이 있다. 즉,

$$|\mathscr{P}| = n^2, \quad |\mathscr{L}| = n^2 + n$$

증 명 (1) A.3 에 의하여 $n \geq 2$ 이다.

(2) 정리 12.1.6 에 의하여 임의의 직선 L 에 대하여 $|L| = n$ 이다.

그리고 A.3, A.4 에 의하여 L 위에 있는 점 p 와 L 위에 있지 않은 점 q 가 존재한다.

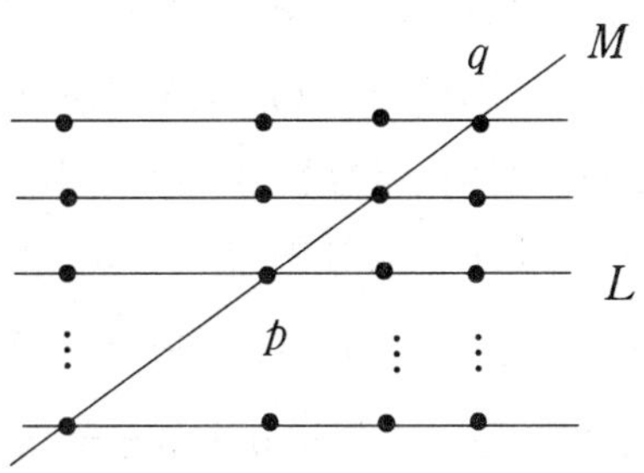

이제 $M = p \vee q$ 라고 하면, M 위의 n 개의 점 하나 하나에 대하여 이 점을 지나 L 에 평행한 직선이 존재한다. 한편, 이들 평행한 직선은 모두 다르고 직선 M 과 단 한 점에서 만난다(정리 12.1.4). 따라서 L 과 평행한 직선은 꼭 n 개 존재한다.

(3) 먼저 $A_4{}^d$ 에 의하여 점 p 를 지나지 않는 직선 L 이 존재하고, A_2 에 의하여 점 p 를 지나 L 에 평행한 직선 N 이 존재한다. 이제 $L = \{p_1, p_2, \cdots, p_n\}$ 이라고 하면,

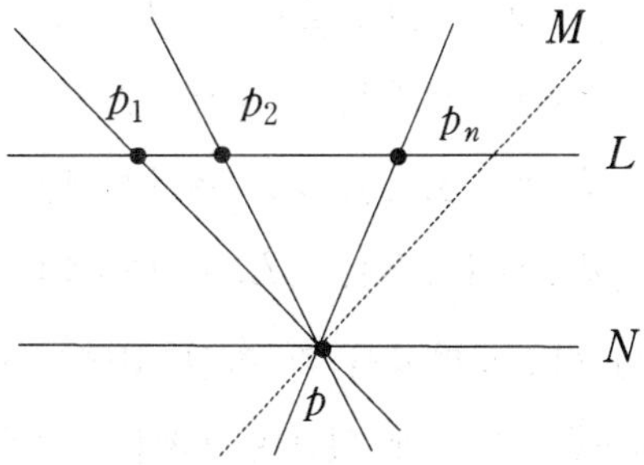

$$p \vee p_1, \ p \vee p_2, \ \cdots, \ p \vee p_n$$

은 점 p를 지나고 모두 서로 다르다.

한편, 점 p를 지나면서 N과 다른 직선을 M이라고 하면, 직선 M은 L과 한 점에서 만나므로 적당한 i $(1 \le i \le n)$에 대하여 $M \wedge L = p_i$ 이고 이때 $M = p \vee p_i$이다. 따라서 p를 지나는 직선은 $n+1$개의 직선

$$p \vee p_1,\ p \vee p_2,\ \cdots,\ p \vee p_n,\ N$$

뿐이다.

(4) 먼저 한 직선 L을 택하고 L 위의 n개의 점을

$$p_1,\ p_2,\ \cdots,\ p_n$$

이라고 하자.

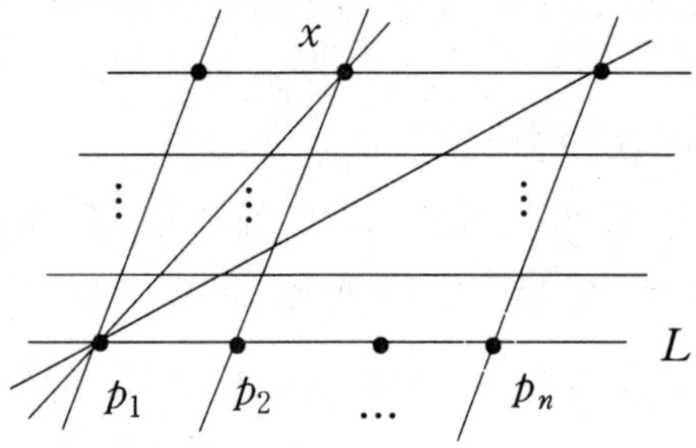

임의의 점 $x \notin L$에 대하여 x는 직선 $x \vee p_1$ 위에 있으므로 아핀평면 α의 모든 점은 p_1을 지나는 직선 위에 있다. 그런데, 점 p_1을 지나는 직선은 L을 제외하고 꼭 n개 있고 또 각 직선 위에는 꼭 n개의 점이 있다.

따라서 $|\mathscr{P}| = n(n-1) + n = n^2$ 이다.

한편, L과 평행한 직선은 L을 포함하여 꼭 n개 있으며, 이들 n개를 제외한 나머지 직선은 L과 $p_1, p_2, \cdots, p_n$ 중의 어느 한 점에서 만난다. 그런데 $p_1, p_2, \cdots, p_n$을 지나는 직선은 각각 꼭 n개씩 존재하므로 직선 전체의 개수는 $|\mathscr{L}| = n + nn = n^2 + n$ 이다.

보기 12.1.4 다음과 같은 아핀평면 $\alpha = (\mathscr{P}, \mathscr{L})$는 위수 2인 유한 아핀평면이다(보기 12.1.3 참조).

$$\mathscr{P} = \{1, 2, 3, 4\},$$
$$\mathscr{L} = \{L_1, L_2, L_3, L_4, L_5, L_6\}$$
$$L_1 = \{1, 2\}, \quad L_2 = \{2, 3\},$$
$$L_3 = \{3, 4\}, \quad L_4 = \{1, 4\},$$
$$L_5 = \{1, 3\}, \quad L_6 = \{2, 4\}$$

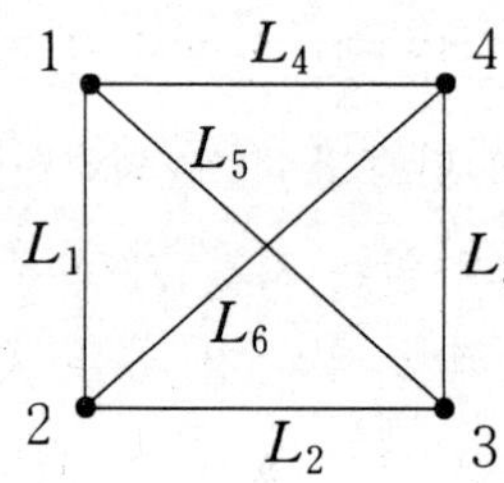

이 아핀평면에서 각 직선 위에는 꼭 2개의 점이 있고 또 각 점을 지나는 직선은 꼭 3개 있으며 $|\mathscr{P}| = 2^2$, $|\mathscr{L}| = 2^2+2$ 이다.

연 습 문 제 (12.1)

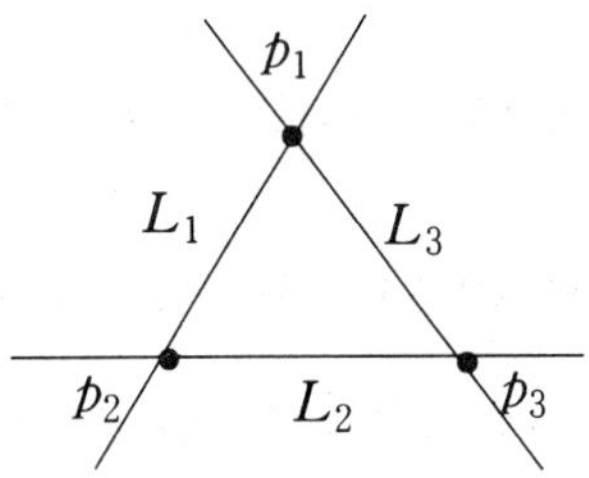

1. 오른쪽 그림이 나타내는 결합구조 σ 에 대하여 다음 물음에 답하여라.

   (1) $p_1 \vee p_2$, $p_1 \vee p_3$ 를 구하여라.

   (2) $L_1 \wedge L_2$, $L_1 \wedge L_3$ 를 구하여라.

   (3) σ 가 아핀평면이 아닌 이유를 밝혀라.

   (4) σ 의 결합행렬을 구하여라.

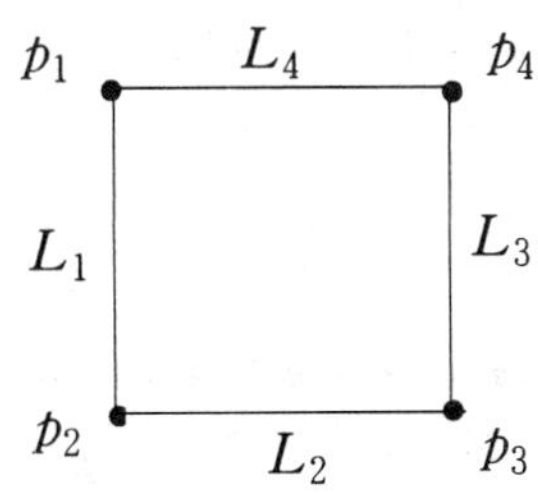

2. 오른쪽 그림이 나타내는 결합구조 σ 에 대하여 다음 물음에 답하여라.

   (1) $L_1 \wedge L_2$, $L_1 \wedge L_4$ 를 구하여라.

   (2) L_1 과 평행한 직선을 모두 구하여라.

   (3) σ 가 아핀평면이 아닌 이유를 밝혀라.

   (4) σ 의 결합행렬을 구하여라.

3. 정의 12.1.3 을 이용하여 정리 12.1.4 를 증명하여라.

4. 아핀평면 $\sigma = (\mathscr{P}, \mathscr{L})$ 에서 세 직선 L, M, N 에 대하여 다음이 성립함을 증명하여라.

   (1) $L // L$

   (2) $L // M$ 이면, $M // L$ 이다.

   (3) $L // M$, $M // N$ 이면, $L // N$ 이다.

5. 정리 12.1.5 를 이용하여 정리 12.1.6 을 증명하여라.

§12.2 사영평면

먼저 다음 정의를 생각해 보자.

정의 12.2.1 결합구조 σ에서 공선점과 공점선을 다음과 같이 정의한다.

두 개 이상의 점 $p_1, p_2, \cdots, p_n$이 모두 한 직선 위에 있을 때, 이들 점을 **공선점**(共線點, collinear points)이라고 한다.

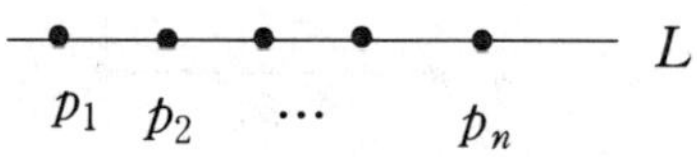

두 개 이상의 직선 $L_1, L_2, \cdots, L_n$이 모두 한 점을 지날 때, 이들 직선을 **공점선**(共點線, concurrent lines)이라고 한다.

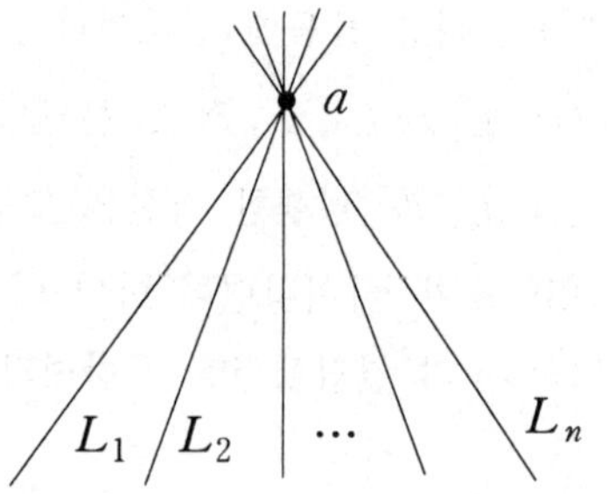

서로 다른 네 점 p_1, p_2, p_3, p_4 중에서 어느 세 점을 택하더라도 이들 세 점이 공선점이 아닐 때,

$$\{p_1, p_2, p_3, p_4\}$$

를 **사점도형**(四點圖形, four-point)이라고 한다.

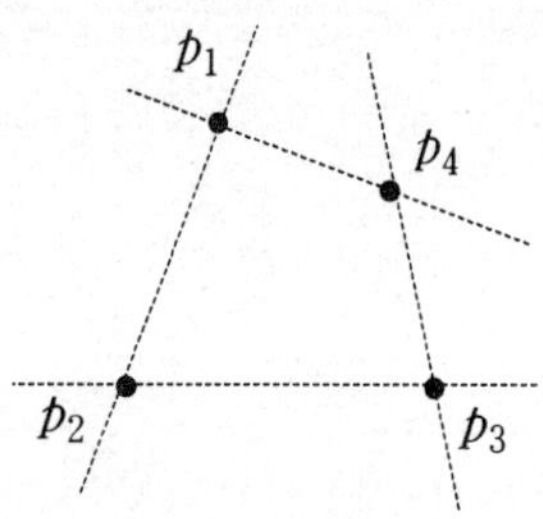

서로 다른 네 직선 L_1, L_2, L_3, L_4 중에서 어느 세 직선을 택하더라도 이들 세 직선이 공점선이 아닐 때,

$$\{L_1, L_2, L_3, L_4\}$$

를 **사선도형**(四線圖形, four-line)이라고 한다.

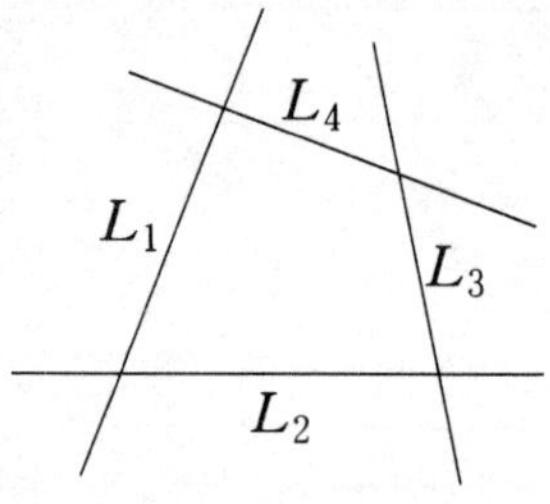

정의 12.2.2 결합구조 $\pi=(\mathscr{P}, \mathscr{L})$가 다음 세 조건을 만족시킬 때, π를 **사영평면**(射影平面, projective plane)이라고 한다.

P.1 : 임의의 서로 다른 두 점 p, q에 대하여, 두 점 p, q를 지나는 직선이 단 하나 존재한다.

P.2 : 임의의 서로 다른 두 직선 L, M에 대하여, 두 직선 L, M은 단 한 점에서 만난다.

P : π에는 사점도형이 적어도 하나 존재한다.

특히, $\mathscr{P}$와 $\mathscr{L}$이 모두 유한집합일 때, 사영평면 π를 **유한 사영평면**(有限射影平面, finite projective plane)이라고 한다.

보기 12.2.1 다음과 같은 결합구조 $\pi=(\mathscr{P}, \mathscr{L})$는 유한 사영평면이다.

$$\mathscr{P}=\{p_1, p_2, p_3, p_4, p_5, p_6, p_7\},$$

$$\mathscr{L}=\{L_1, L_2, L_3, L_4, L_5, L_6, L_7\}$$

$$L_1=\{p_1, p_2, p_4\},\quad L_2=\{p_2, p_3, p_5\},\quad L_3=\{p_1, p_3, p_6\},$$

$$L_4=\{p_1, p_5, p_7\},\quad L_5=\{p_2, p_6, p_7\},\quad L_6=\{p_3, p_4, p_7\},$$

$$L_7=\{p_4, p_5, p_6\}$$

이 사영평면을 흔히 **Fano 의 평면**이라고 한다. 이 사영평면은 7개의 점과 7개의 직선으로 이루어져 있으며, 각 직선 위에는 3개의 점이 있고 각 점을 지나는 직선은 3개 있으며, 서로 다른 두 직선은 한 점에서 만난다.

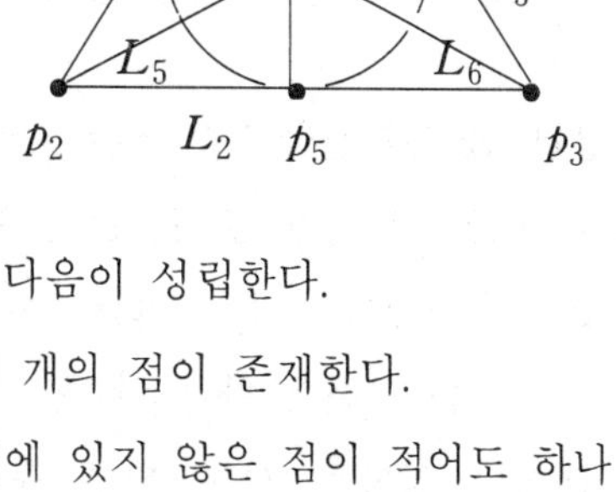

정리 12.2.3 사영평면 $\pi=(\mathscr{P}, \mathscr{L})$에서 다음이 성립한다.

P.3 : 임의의 직선 L 위에 적어도 세 개의 점이 존재한다.

P.4 : 임의의 직선 L에 대하여 L 위에 있지 않은 점이 적어도 하나 존재한다.

증 명 사영평면 π에는 사점도형 $\{p_1, p_2, p_3, p_4\}$가 존재한다.

이제 L 을 임의의 직선이라고 하자.

이 때, 세 점 p_1, p_2, p_3 는 한 직선 위에 있지 않으므로, 이들 세 점 중에서 적어도 한 점은 L 위에 있지 않으며 따라서 P.4 가 성립한다.

다음에 예를 들어 $p_1 \notin L$ 이라 가정하고 P.3 가 성립함을 증명하자.

먼저 P.1 에 의하여 서로 다른 세 직선

$$p_1 \vee p_2, \quad p_1 \vee p_3, \quad p_1 \vee p_4$$

가 결정되고 P.2 에 의하여 이들 세 직선은 L 과 각각 점 q_2, q_3, q_4 에서 만난다. 한편, 세 점 q_2, q_3, q_4 는 직선 L 위에 있는 서로 다른 점이므로 P.3 가 성립한다.

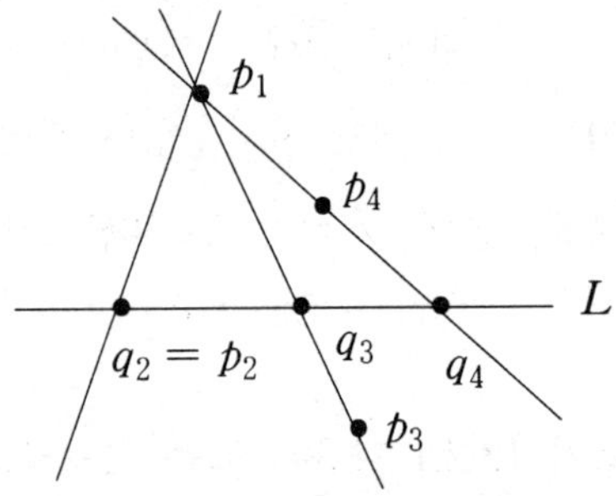

여기서, q_2, q_3, q_4 는 p_2, p_3, p_4 중의 어느 한 점과 일치할 수도 있다.

정의 12.2.4 결합구조 $\sigma = (\mathscr{P}, \mathscr{L})$ 에 관한 명제 S 에 대하여

'점' 과 '직선' 그리고 '… 을 지난다' 와 '… 위에 있다'

를 서로 맞바꾸어 놓은 명제를 S 의 **쌍대명제**(雙對命題, dual statement) 라 하고 S 의 쌍대명제를 S^d 로 나타낸다.

결합구조에서 사점도형과 사선도형은 서로 쌍대적인 개념이다.

그리고, 사영평면에 대한 공리 중에서 $\text{P.1}^d = \text{P.2}$, $\text{P.2}^d = \text{P.1}$ 이다.

정리 12.2.5 결합구조 $\pi = (\mathscr{P}, \mathscr{L})$ 가 사영평면이기 위한 필요충분조건은 π 가 다음 세 조건 P.1, P.2, P^d 를 만족시키는 것이다.

P.1 : 임의의 서로 다른 두 점 p, q 에 대하여, 두 점 p, q 를 지나는 직선은 단 하나 존재한다.

P.2 : 임의의 서로 다른 두 직선 L, M 에 대하여, 두 직선 L, M 은 단 한 점에서 만난다.

P^d : π 에 사선도형이 적어도 하나 존재한다.

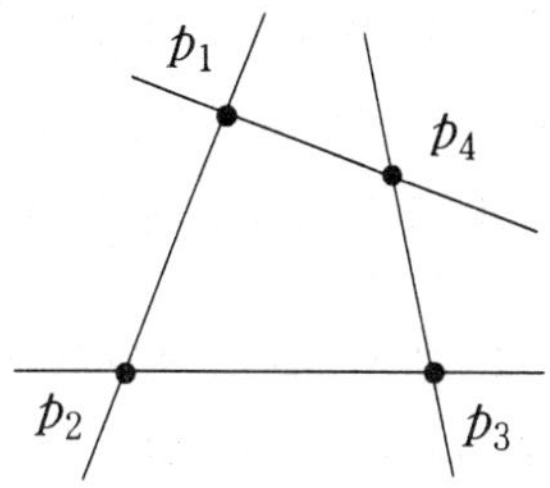

증 명 먼저 π 가 사영평면이라고 하자. 이 때, P.1, P.2 가 성립하고 사점도형 $\{p_1, p_2, p_3, p_4\}$ 가 존재하며 네 직선

$$L_1 = p_1 \vee p_2, \quad L_2 = p_2 \vee p_3,$$
$$L_3 = p_3 \vee p_4, \quad L_4 = p_4 \vee p_1$$

는 사선도형을 이루므로 P^d 가 성립한다.

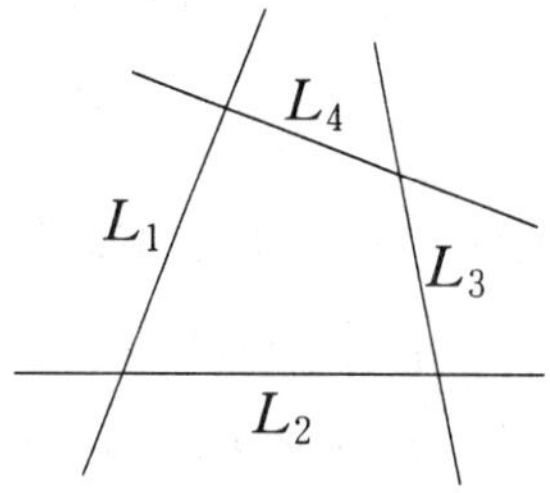

역으로, π 가 세 조건 P.1, P.2, P^d 를 만족시킨다고 하자. 이 때, 사선도형 $\{L_1, L_2, L_3, L_4\}$ 가 존재하고, 네 점

$$p_1 = L_4 \wedge L_1, \quad p_2 = L_1 \wedge L_2,$$
$$p_3 = L_2 \wedge L_3, \quad p_4 = L_3 \wedge L_4$$

는 사점도형을 이룬다. 따라서 P가 성립하므로 π 는 사영평면이다.

정리 12.2.5 에서 P.1, P.2, P 의 쌍대명제는 각각 P_2, P_1, P^d 이다. 따라서 사영평면에 관한 명제 S 가 모든 사영평면에 대하여 참일 때, S 에 대한 증명 과정에서 '점' 과 '직선' 을 맞바꾸고 또 P.1, P.2, P 대신에 각각 P.2, P.1, P^d 를 이용하면, 명제 S 의 쌍대명제 S^d 가 참임을 증명할 수 있다. 이 사실로부터 다음과 같은 쌍대성의 원리(雙對性 原理)를 얻는다.

정리 12.2.6 (쌍대성의 원리, principle of duality) 한 명제 S 가 모든 사영평면에 대하여 참이면, S 의 쌍대명제 S^d 도 모든 사영평면에 대하여 참이다.

위의 정리와 정리 12.2.3 에 의하여 다음 정리가 성립한다(문제 1 참조).

정리 12.2.7 사영평면 $\pi = (\mathscr{P}, \mathscr{L})$ 에서 다음이 성립한다.

$\mathrm{P.3}^d$: 임의의 점 p 에 대하여, 점 p 를 지나는 직선이 적어도 세 개 존재한다.

$\mathrm{P.4}^d$: 임의의 점 p 에 대하여, 점 p 를 지나지 않는 직선이 적어도 하나 존재한다.

정리 12.2.8 유한 사영평면 $\pi = (\mathscr{P}, \mathscr{L})$ 에서, 한 직선 L 위에 있는 점 전체의 개수가 $n+1$ 이라고 할 때, $n \geq 2$ 이고 임의의 직선 M 에 대하여 M 위에 있는 점 전체의 개수는 $n+1$ 이다.

증 명 먼저 P.3 에 의하여 $n+1 \geq 3$ 이므로 $n \geq 2$ 이다.

이제 M 이 L 과 다른 직선이라고 하자.

이 때, P.2 에 의하여 L, M 은 한 점에서 만나므로

$$L \wedge M = p_1, \qquad L = \{p_1, p_2, \cdots, p_n, p_{n+1}\}$$

이라고 하자. 그리고, $P.3^d$ 에 의하여 점 p_1 을 지나는 직선은 L, M 이외에 직선 N 이 존재하고 또 P.3 에 의하여 N 위에는 p 가 아닌 점 c 가 존재한다. 이 때, $c \notin L$, $c \notin M$ 이다.

이제 $n+1$ 개의 서로 다른 직선

$$c \vee p_1,\ c \vee p_2,\ \cdots,\ c \vee p_n,\ c \vee p_{n+1}$$

과 M 과의 교점을 각각

$$q_1,\ q_2,\ \cdots,\ q_n,\ q_{n+1}$$

이라고 하면, $q_1 = p_1$ 이고 이들 $n+1$ 개의 점은 모두 직선 M 위에 있고 서로 다르다. 그리고, q 를 M 위의 임의의 점이라고 하면, 두 직선 $c \vee q$, L 은 서로 다르므로 적당한 점 p_i 에 대하여

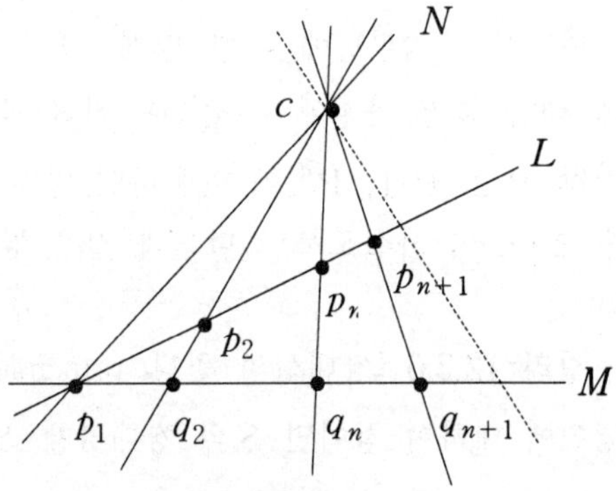

$$L \wedge (c \vee q) = p_i$$

이고 따라서 $q = q_i$ 이다.

그러므로, $M = \{q_1, q_2, \cdots, q_n, q_{n+1}\}$ 이고 $|M| = n+1$ 이다.

정의 12.3.9 유한 사영평면 $\pi = (\mathscr{P}, \mathscr{L})$ 에서 한 직선(따라서 모든 직선) 위에 꼭 $n+1$ 개의 점이 있을 때, n 을 사영평면 π 의 **위수**(位數, order)라고 한다.

정리 12.2.10 유한 사영평면 $\pi = (\mathscr{P}, \mathscr{L})$ 의 위수가 n 이면, $n \geq 2$ 이고 또 다음이 성립한다.

(1) 임의의 직선 L 에 대하여 L 위에는 꼭 $n+1$ 개의 점이 있다.

(2) 임의의 점 p 에 대하여 p 를 지나는 직선은 꼭 $n+1$ 개 있다.

(3) π 에는 꼭 n^2+n+1 개의 점과 꼭 n^2+n+1 개의 직선이 있다.

증 명 (1) 정리 12.2.8 에 의하여 $n \geq 2$ 이고 또 (1) 이 성립한다.

(2) 이제 p 를 임의의 점이라고 하자.

이 때, $P_3{}^d$ 에 의하여 p 를 지나지 않는 직선 L 이 존재한다.

이제

$$L = \{p_1, \cdots, p_n, p_{n+1}\}$$

이라고 하면, $n+1$ 개의 직선

$$p \vee p_1, \cdots, p \vee p_n, p \vee p_{n+1}$$

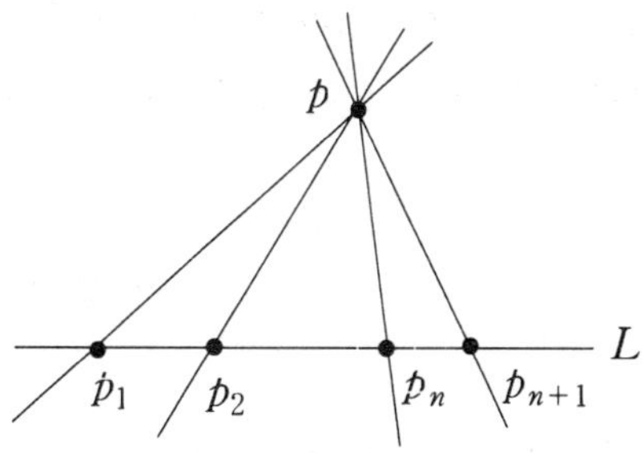

은 모두 서로 다르고 점 p 를 지난다. 그런데, 직선 M 을 점 p 를 지나는 직선이라고 하면, 점 $M \wedge L$ 은 L 위의 점이므로 적당한 정수 i $(1 \leq i \leq n+1)$ 에 대하여 $M \wedge L = p_i$ 이고 이때 $M = p \vee p_i$ 이다.

따라서 점 p 를 지나는 직선의 개수는 $n+1$ 이다.

(3) 특정한 점 p 를 택하여 사영평면 π 의 점 전체의 개수를 계산한다.

사영평면 π 의 임의의 점 x 는 점 p 를 지나는 직선 $p \vee x$ 위에 있으므로 사영평면 π 의 모든 점은 p 를 지나는 직선 위에 있다.

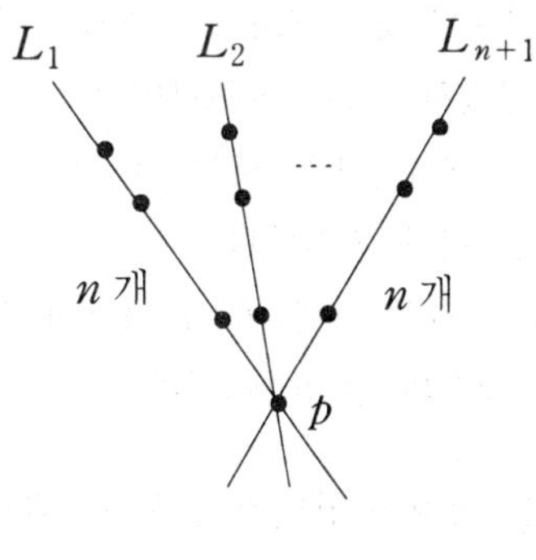

그런데, (2) 에 의하여 점 p 를 지나는 직선은 모두 $n+1$ 개 있으며, (1) 에 의하여 이들 각 직선 위에는 점 p 를 제외하고 꼭 n 개의 점이 있으므로 다음이 성립한다.

$$|\mathscr{P}| = n(n+1) + 1 = n^2+n+1$$

그리고, 위의 증명에서

'점'과 '직선'

'… 를 지난다'와 '… 위에 있다'

를 서로 맞바꾸어

$$|\mathscr{L}| = n^2 + n + 1$$

임을 증명할 수 있다.

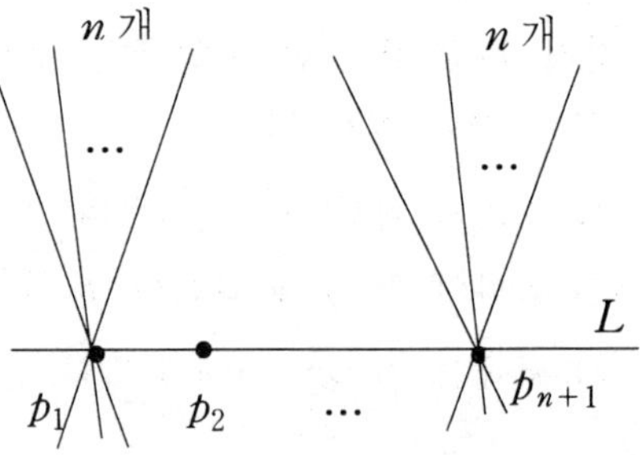

보기 12.2.2 보기 12.2.1 에서 논한 Fano 의 평면은 위수 2 인 사영평면이다. 이 사영평면에는 $2^2 + 2 + 1$ 개의 점과 $2^2 + 2 + 1$ 의 직선이 있다.

모든 정수 n 에 대하여 위수 n 인 아핀평면과 사영평면이 존재하는 것은 아니다. 사실 위수 6 과 위수 10 인 아핀평면과 사영평면은 존재하지 않는다.

연 습 문 제 (12.2)

1. 사영평면 $\pi = (\mathscr{P}, \mathscr{L})$ 에서 정리 12.2.7 이 성립함을 증명하여라.

2. 사영평면 π 에서 임의의 서로 다른 두 점 p, q 에 대하여, 서로 다른 두 점 r, s 를 택하여 $\{p, q, r, s\}$ 가 사점도형을 이루도록 할 수 있음을 밝혀라.

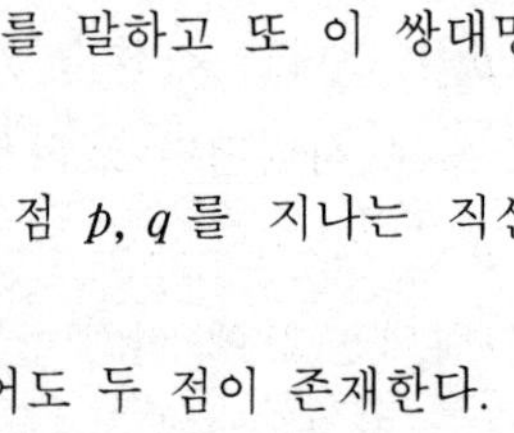

3. 아핀평면 $\alpha = (\mathscr{P}, \mathscr{L})$ 에서 다음 명제의 쌍대명제를 말하고 또 이 쌍대명제가 성립하는지를 확인하여라.
   (1) 임의의 서로 다른 두 점 p, q 에 대하여, 두 점 p, q 를 지나는 직선은 단 하나 존재한다.
   (2) 임의의 직선 L 에 대하여, 직선 L 위에는 적어도 두 점이 존재한다.
   (3) 임의의 점 p 에 대하 p 를 지나지 않는 직선이 적어도 하나 존재한다.

4. 다음 명제가 참인지 판정하여라.
   (1) 사영평면에는 한 직선 위에 있지 않은 서로 다른 세 점이 존재한다.
   (2) 모든 아핀평면은 P 를 만족시킨다.

§12.3 체 위의 아핀평면

체 F 에 대하여 집합 $F^2 = \{(x, y) \mid x, y \in F\}$ 의 속해 있는 원소 (x, y) 를 '점'이라고 하자. 그리고, 동차 일차방정식

$$ax + by + c = 0 \qquad (a, b, c \in F,\ a \neq 0 \text{ 또는 } b \neq 0)$$

을 만족시키는 점 $(x, y) \in F^2$ 전체의 집합

$$L_{a,b,c} = \{(x, y) \in F^2 \mid ax + by + c = 0\}$$

을 '직선'이라 하고 $ax + by + c = 0$ 을 직선 $L_{a,b,c}$ 의 **방정식**이라고 하자.

정리 12.3.1 체 F 위에서 다음과 같이 정의된 결합구조 $\alpha = (\mathscr{P}, \mathscr{L})$ 는 아핀평면이다.

$$\mathscr{P} = F^2 = \{(x, y) \mid x, y \in F\},$$
$$\mathscr{L} = \{L_{a,b,c} \mid a, b, c \in F,\ a \neq 0 \text{ 또는 } b \neq 0\}$$
$$(x, y) \in L_{a,b,c} \Longleftrightarrow ax + by + c = 0$$

실제로, 다음이 성립한다.

(1) 서로 다른 두 점 (x_1, y_1), (x_2, y_2) 에 대하여, 이들 두 점을 지나는 직선은 단 하나 존재하고 그 방정식은 다음과 같다.

$$(y_1 - y_2)x + (x_2 - x_1)y + (x_1 y_2 - x_2 y_1) = 0$$

(2) 두 직선 $L_{a,b,c}$, $L_{a',b',c'}$ 은 단 한 점에서 만나거나 또는 서로 평행하다. 실제로, $ab' \neq a'b$ 이면 이 두 직선은 한 점

$$(x_0, y_0) = \left(\frac{bc' - cb'}{ab' - ba'}, \frac{ca' - ac'}{ab' - ba'}\right)$$

에서 만나고, $ab' = a'b$ 이면 이 두 직선은 서로 평행하다.

(3) 점 (x_0, y_0) 가 직선 $L_{a,b,c}$ 위에 있지 않을 때, 점 (x_0, y_0) 를 지나 $L_{a,b,c}$ 에 평행한 직선은 단 하나 존재하고 그 방정식은 다음과 같다.

$$ax + by - (ax_0 + by_0) = 0$$

(4) 세 점 $(0, 0)$, $(1, 0)$, $(0, 1)$ 은 한 직선 위에 있지 않다.

증 명 (1) 이제 (x_1, y_1), (x_2, y_2) 가 서로 다른 두 점이면, $x_1 \neq x_2$ 또는 $y_1 \neq y_2$ 이므로 방정식

$$(y_1 - y_2)x + (x_2 - x_1)y + (x_1 y_2 - x_2 y_1) = 0$$

는 x, y 에 관한 일차방정식이고 이 두 점은 위의 방정식을 만족시키므로 이 방정식은 이들 두 점을 지나는 직선의 방정식이다.

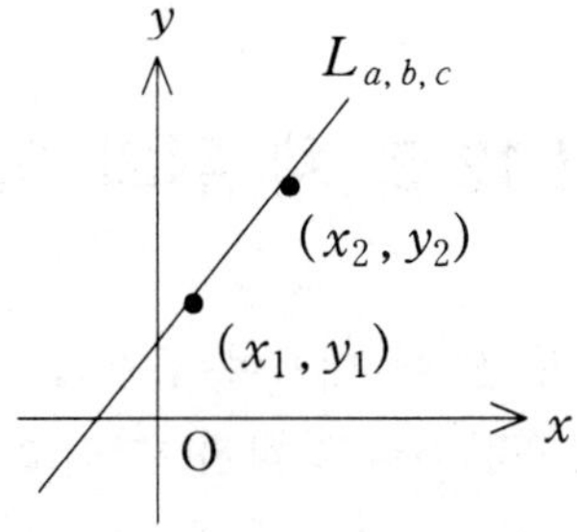

(2) 두 직선 $L_{a,b,c}$, $L_{a',b',c'}$ 에 대하여 다음 연립일차방정식을 생각해 보자.

$$(*) \qquad \begin{cases} a\,x + \,b\,y + \,c = 0 \\ a'x + b'y + c' = 0 \end{cases}$$

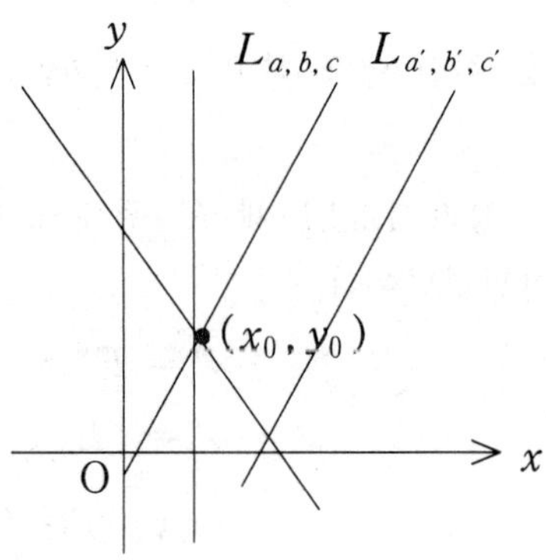

이 연립일차방정식의 계수행렬을

$$A = \begin{bmatrix} a & b \\ a' & b' \end{bmatrix}$$

이라고 하면, 이 연립일차방정식은

$$A \begin{bmatrix} x \\ y \end{bmatrix} = \begin{bmatrix} -c \\ -c' \end{bmatrix}$$

으로 고쳐 쓸 수 있고, 다음 결과가 성립한다(정의 8.2.7 참조).

먼저 $\det A = a\,b' - a'\,b \neq 0$ 즉 $\dfrac{a'}{a} \neq \dfrac{b'}{b}$ 이면, A 는 정칙행렬이고

$$\begin{bmatrix} x \\ y \end{bmatrix} = A^{-1} \begin{bmatrix} -c \\ -c' \end{bmatrix}, \qquad A^{-1} = \frac{1}{\det A} \begin{bmatrix} b & -b \\ -a & a \end{bmatrix}$$

이므로 (*) 는 다음과 같은 단 한 개의 해를 가진다.

$$x_0 = \frac{b\,c' - c\,b'}{a\,b' - b\,a'}, \quad y_0 = \frac{c\,a' - a\,c'}{a\,b' - b\,a'}$$

따라서 이 경우에 $L_{a,b,c} \cap L_{a',b',c'} = \{(x_0, y_0)\}$ 이다.

한편, $\det A = a\,b' - a'\,b = 0$ 즉 $\dfrac{a'}{a} = \dfrac{b'}{b}$ 이면, 두 일차방정식은 일치하거나 또는 (*) 의 해는 존재하지 않으므로 $L_{a,b,c} \,//\, L_{a',b',c'}$ 이다.

(3) 점 (x_0, y_0) 가 $L_{a,b,c}$ 위에 있지 않을 때, $(ax_0 + by_0) \neq -c$ 이고 점 (x_0, y_0) 는 x, y 에 관한 일차방정식

$$ax + by - (ax_0 + by_0) = 0$$

을 만족시키므로 위의 일차방정식이 나타내는 직선은 $L_{a,b,c}$ 와 평행하다.

역으로, 점 (x_0, y_0) 를 지나 직선 $L_{a,b,c}$ 에 평행한 직선의 방정식을

$$a'x + b'y + c' = 0$$

이라고 하면, $a'x_0 + b'y_0 + c' = 0$ 이고 위의 (2) 에 의하여 $ab' = ba'$ 이므로 적당한 $k \in F - \{0\}$ 에 대하여 $a' = ka$, $b' = kb$ 이고 이때

$$c' = -a'x_0 - b'y_0 = -k(ax_0 + by_0)$$

이므로 일차방정식 $a'x + b'y + c' = 0$ 은 다음과 같이 변형된다.

$$kax + kby - k(ax_0 + by_0) = 0$$

즉, $$ax + by - (ax_0 + by_0) = 0$$

(4) 세 점 $(0, 0)$, $(1, 0)$, $(0, 1)$ 이 한 직선 위에 있다고 가정하고 이 세 점을 지나는 직선의 방정식을 $ax + by + c = 0$ 이라고 하면,

$$c = 0, \quad a + c = 0, \quad b + c = 0$$

이므로 $a = b = 0$ 으로 되어 모순이 생긴다.

따라서 결합구조 $\alpha = (\mathscr{P}, \mathscr{L})$ 는 아핀평면이다(정의 12.1.3).

정의 12.3.2 정리 12.3.1 에서와 같이 정의된 아핀평면 $\alpha = (\mathscr{P}, \mathscr{L})$ 를 체 F 위의 **아핀평면**(affine plane over F)이라 하고, 또 이것을 $\mathrm{AG}(2, F)$ 로 나타낸다. 여기서 $\mathrm{AG}(2, F) = (\mathscr{P}, \mathscr{L})$ 일 때, $\mathscr{P}, \mathscr{L}$ 는 다음과 같다.

$$\mathscr{P} = F^2 = \{(x, y) \mid x, y \in F\},$$
$$\mathscr{L} = \{L_{a,b,c} \mid a, b, c \in F,\ a \neq 0 \text{ 또는 } b \neq 0\}$$
$$(x, y) \in L_{a,b,c} \Leftrightarrow ax + by + c = 0$$

특히, 실수체 $\mathbb{R}$ 위의 아핀평면 $\mathrm{AG}(2, \mathbb{R})$를 **실**(實) **아핀평면**(real affine plane) 또는 **유클리드 평면**(Euclidean plane)이라 하고, 복소수체 $\mathbb{C}$ 위의 아핀평면 $\mathrm{AG}(2, \mathbb{C})$를 **복소**(複素) **아핀평면**(complex affine plane)이라고 한다.

아핀평면 AG$(2, F)$에서 직선 $L_{a,b,c}$의 방정식 $ax+by+c=0$은 임의의 $k\in F$, $k\neq 0$에 대하여 일차방정식 $kax+kby+kc=0$과 동치이므로

$$L_{a,b,c}=L_{ka,kb,kc} \qquad (k\in F,\ k\neq 0)$$

이고, $L_{a,b,c}$의 방정식은 단 한 가지 방법으로 다음과 같이 나타낼 수 있다.

(a) $x=k \quad (k\in F)$

(b) $y=mx+n \quad (m, n\in F)$

정리 12.3.3 임의의 素數 p에 대하여 체 $\mathbb{F}_p=\{0,1,\cdots,p-1\}$ 위의 아핀평면 AG$(2, \mathbb{F}_p)=(\mathscr{P},\mathscr{L})$는 위수 p인 유한 아핀평면이다.

$$\mathscr{P}=\mathbb{F}_p{}^2=\{(x, y)\mid x, y\in \mathbb{F}_p\},$$

$$\mathscr{L}=\{L_{a,b,c}\mid a, b, c\in \mathbb{F}_p,\ a\neq 0 \text{ 또는 } b\neq 0\}$$

$$(x, y)\in L_{a,b,c} \Leftrightarrow ax+by+c=0$$

실제로, 다음이 성립한다.

(1) 임의의 직선 L에 대하여 L 위에는 꼭 p개의 점이 존재한다.

(2) 임의의 직선 L에 대하여 L과 평행한 직선은 꼭 p개 존재한다.

(3) 임의의 점에 대하여 이 점을 지나는 직선은 꼭 $p+1$개 존재한다.

(4) $|\mathscr{P}|=p^2,\ |\mathscr{L}|=p^2+p$

증 명 먼저 직선 L의 방정식이

$$x=k \quad (k\in \mathbb{F}_p)$$

일 때, 각 원소 $b\in \mathbb{F}_p$에 대하여 L 위의 점 (k, b)가 단 하나 결정되므로 L 위에 p개의 점이 존재한다.

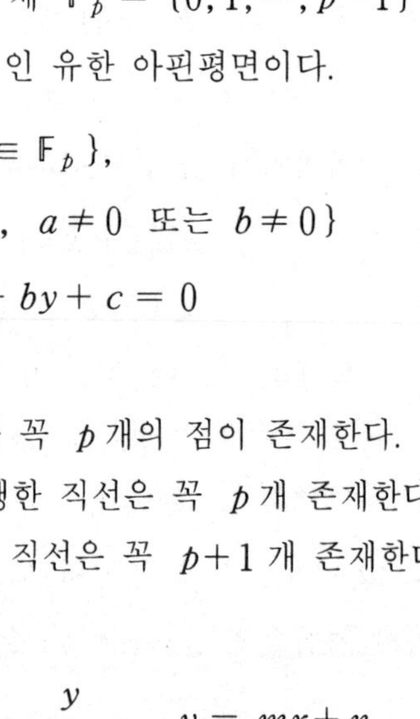

다음에 직선 L의 방정식이

$$y=mx+n \quad (m, n\in \mathbb{F}_p)$$

일 때, 각 원소 $a\in \mathbb{F}_p$에 대하여 L 위의 점 $(a, ma+n)$가 단 하나 결정되므로 L 위에는 꼭 p개의 점이 존재한다.

따라서 아핀평면 AG$(2, \mathbb{F}_p)$는 위수 p 인 유한 아핀평면이다.

그러므로, 정리 12.1.9에 의하여 정리가 성립한다.

물론 (4)를 직접 증명할 수도 있다.

예를 들면, $\mathscr{P} = \mathbb{F}_p{}^2$ 이므로 $|\mathscr{P}| = |\mathbb{F}_p{}^2| = p^2$ 이다. 그리고, 각 직선의 방정식은 단 한 가지 방법으로

$$\text{(a)}\ \ x = k \quad (k \in \mathbb{F}_p) \qquad \text{(b)}\ \ y = mx + n \quad (m, n \in \mathbb{F}_p)$$

의 꼴로 나타내어지므로 $|\mathscr{L}| = p + p^2$ 이다.

보기 12.3.1 체 $\mathbb{F}_2 = \{0, 1\}$ 위의 아핀평면 AG$(2, \mathbb{F}_2) = (\mathscr{P}, \mathscr{L})$는 다음과 같다.

$$\mathscr{P} = \mathbb{F}_2{}^2 = \{(0, 0), (0, 1), (1, 0), (1, 1)\}$$

$$\mathscr{L} = \{L_{1,0,0},\ L_{1,0,1},\ L_{0,1,0},\ L_{0,1,1},\ L_{1,1,0},\ L_{1,1,1}\}$$

$$L_{a,b,c} = \{(x, y) \in \mathbb{F}_2{}^2 \mid ax + by + c = 0\}$$

$$L_{1,0,0} = \{(0, 0), (0, 1)\}, \qquad x = 0$$

$$L_{1,0,1} = \{(1, 0), (1, 1)\}, \qquad x + 1 = 0 \ \text{ 즉 } \ x = 1$$

$$L_{0,1,0} = \{(0, 0), (1, 0)\}, \qquad y = 0$$

$$L_{0,1,1} = \{(0, 1), (1, 1)\}, \qquad y + 1 = 0 \ \text{ 즉 } \ y = 1$$

$$L_{1,1,0} = \{(0, 0), (1, 1)\}, \qquad x + y = 0 \ \text{ 즉 } \ y = x$$

$$L_{1,1,1} = \{(0, 1), (1, 0)\}, \qquad x + y + 1 = 0 \ \text{ 즉 } \ y = x + 1$$

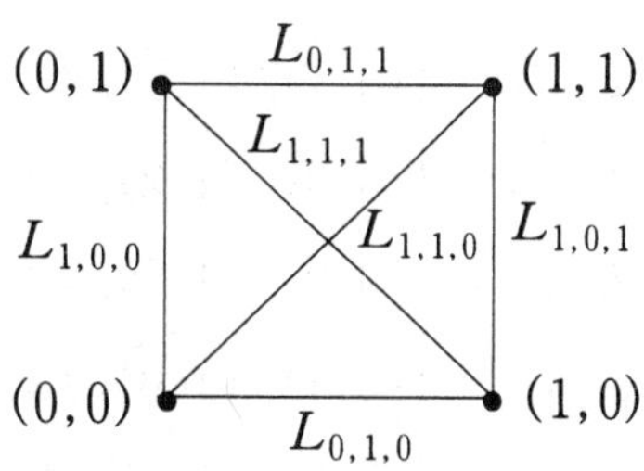

아핀평면 AG$(2, \mathbb{F}_2)$는 보기 12.1.3의 아핀평면과 본질적으로 동일하다.

아핀평면 AG$(2, \mathbb{F}_2)$는 위수 2인 아핀평면이며 2^2 개의 점과 2^2+2 개의 직선으로 이루어져 있다. 두 직선 $L_{1,0,1}$, $L_{1,1,1}$의 교점은 $(1, 0)$이다.

실제로, 체 $\mathbb{F}_2$ 위에서 두 일차방정식 $x + 1 = 0$, $x + y + 1 = 0$으로 이루어진 연립일차방정식의 해를 구하면 $x = 1$, $y = 0$ 이다.

보기 12.3.2 체 $\mathbb{F}_3 = \{0, 1, 2\}$ 위의 아핀평면 $AG(2, \mathbb{F}_3) = (\mathscr{P}, \mathscr{L})$는 다음과 같다.

$$\mathscr{P} = \mathbb{F}_3{}^2 = \{(0,0), (0,1), (0,2), (1,0), (1,1), (1,2), (2,0), (2,1), (2,2)\}$$

$$\mathscr{L} = \{L_{1,0,0}, L_{1,0,1}, L_{1,0,2}, L_{0,1,0}, L_{0,1,1}, L_{0,1,2}, L_{1,1,0}, L_{1,1,1}, L_{1,1,2}, L_{1,2,0}, L_{1,2,1}, L_{1,2,2}\}$$

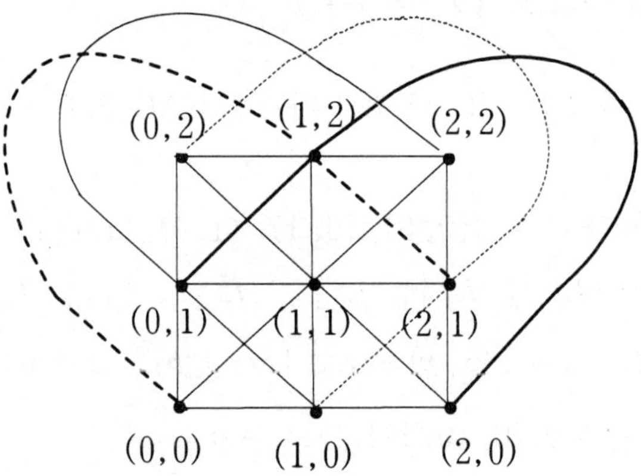

$L_{1,0,0} = \{(0,0), (0,1), (0,2)\}$, $x = 0$

$L_{1,0,1} = \{(2,0), (2,1), (2,2)\}$, $x+1 = 0$ 즉 $x = 2$

$L_{1,0,2} = \{(1,0), (1,1), (1,2)\}$, $x+2 = 0$ 즉 $x = 1$

$L_{0,1,0} = \{(0,0), (1,0), (2,0)\}$, $y = 0$

$L_{0,1,1} = \{(0,2), (1,2), (2,2)\}$, $y+1 = 0$ 즉 $y = 2$

$L_{0,1,2} = \{(0,1), (1,1), (2,1)\}$, $y+2 = 0$ 즉 $y = 1$

$L_{1,1,0} = \{(0,0), (1,2), (2,1)\}$, $x+y = 0$ 즉 $y = 2x$

$L_{1,1,1} = \{(0,2), (1,1), (2,0)\}$, $x+y+1 = 0$ 즉 $y = 2x+2$

$L_{1,1,2} = \{(0,1), (1,0), (2,2)\}$, $x+y+2 = 0$ 즉 $y = 2x+1$

$L_{1,2,0} = \{(0,0), (1,1), (2,2)\}$, $x+2y = 0$ 즉 $y = x$

$L_{1,2,1} = \{(0,1), (1,2), (2,0)\}$, $x+2y+1 = 0$ 즉 $y = x+1$

$L_{1,2,2} = \{(0,2), (1,0), (2,1)\}$, $x+2y+2 = 0$ 즉 $y = x+2$

아핀평면 $AG(2, \mathbb{F}_3)$ 에서 $L_{a,b,c} = L_{2a,2b,2c}$ 이다. 즉,

$$L_{1,0,0} = L_{2,0,0}, \quad L_{1,0,1} = L_{2,0,2}, \quad L_{1,0,2} = L_{2,0,1},$$
$$L_{0,1,0} = L_{0,2,0}, \quad L_{0,1,1} = L_{0,2,2}, \quad L_{0,1,2} = L_{0,2,1}$$

아핀평면 $AG(2, \mathbb{F}_3)$ 는 위수 3 인 아핀평면이다(정리 12.3.3 참조).

아핀평면 $AG(2, \mathbb{F}_3)$ 는 3^2 개의 점과 3^2+3 개의 직선으로 이루어져 있으며 각 직선 위에는 3 개의 점이 있고 각 점을 지나는 직선은 4 개 있다.

아핀평면 $AG(2, \mathbb{F}_3)$ 에서 점 $(0,0)$ 을 지나는 직선은

$$L_{1,0,0}, \quad L_{0,1,0}, \quad L_{1,1,0}, \quad L_{1,2,0}$$

이고, 이들 직선의 방정식은 각각 다음과 같다.

$$x = 0, \quad y = 0, \quad x + y = 0, \quad x + 2y = 0$$

그리고, 두 직선

$$L_{1,1,1} = \{(0,2), (1,1), (2,0)\},$$
$$L_{1,2,2} = \{(0,2), (1,0), (2,1)\}$$

의 교점은 $(0, 2)$ 이다. 실제로, 이들 두 직선의 방정식은 각각

$$x + y + 1 = 0,$$
$$x + 2y + 2 = 0$$

이고, 체 $\mathbb{F}_3 = \{0, 1, 2\}$ 에서

$$-1 = 2, \quad -2 = 1, \quad 2 \cdot 1 = 2, \quad 2 \cdot 2 = 1$$

이므로, 이들 두 일차방정식을 연립하여 얻은 체 $\mathbb{F}_3$ 위의 연립일차방정식의 해는 $x = 0, \ y = 2$ 이다.

연 습 문 제 (12.3)

1. 체 F 위의 아핀평면 $AG(2, F)$ 에서 한 점 (x_0, y_0) 를 지나는 직선의 방정식을 구하여라.

2. 유클리드 평면 위에서 다음 물음에 답하여라.
   (1) 두 점 $(1, 2)$, $(3, 4)$ 를 지나는 직선의 방정식을 구하여라.
   (2) 점 $(1, 2)$ 를 지나는 직선의 방정식을 모두 구하여라.

3. 유클리드 평면 위에서 다음 두 직선의 교점을 구하여라.
   (1) $2x + 3y + 5 = 0, \quad x + 2y - 1 = 0$
   (2) $4x + 3y + 2 = 0, \quad 3x + 2y + 3 = 0$

4. 유클리드 평면 위에서 다음 두 직선이 평행한지를 판정하여라.
   (1) $2x + 3y + 5 = 0, \quad 4x + 6y - 1 = 0$
   (2) $x + 3y + 2 = 0, \quad 3x + y - 1 = 0$

5. 체 $\mathbb{F}_2 = \{0, 1\}$ 위의 아핀평면 $AG(2, \mathbb{F}_2)$ 에 대하여 다음 물음에 답하여라.
   (1) 점 $(1, 1)$ 을 지나는 직선과 그 방정식을 모두 구하여라.
   (2) 직선 $x + y + 1 = 0$ 위에 있는 점을 모두 구하여라.

6. 체 $\mathbb{F}_3$ 위의 아핀평면 $AG(2, \mathbb{F}_3)$ 에 대하여 다음 물음에 답하여라.
   (1) 점 $(1, 1)$ 를 지나는 직선과 그 방정식을 모두 구하여라.
   (2) 두 점 $(1, 2)$, $(2, 1)$ 을 지나는 직선의 방정식을 구하여라.
   (3) 두 직선 $2x + y + 1 = 0$, $x + y + 1 = 0$ 의 교점을 구하여라.

7. 체 $\mathbb{F}_5$ 위의 아핀평면 $AG(2, \mathbb{F}_5)$ 에 대하여 다음 물음에 답하여라.
   (1) 등식 $4x + 3y + 1 = 0$ 을 $y = mx + n$ 의 꼴로 나타내어라.
   (2) 두 점 $(1, 3)$, $(3, 2)$ 를 지나는 직선의 방정식을 구하여라.
   (3) 두 직선 $2x + 3y + 4 = 0$, $3x + y + 4 = 0$ 의 교점을 구하여라.

§12.4 체 위의 사영평면

체 F 위의 벡터공간 $F^3 = \{(x_1, x_2, x_3) \mid x_1, x_2, x_3 \in F\}$ 에서 영벡터가 아닌 벡터 $(a_1, a_2, a_3) \in F^3$ 에 대하여

$$\langle (a_1, a_2, a_3) \rangle = \{k(a_1, a_2, a_3) \mid k \in F\}$$

는 벡터공간 F^3 의 부분공간이다(정리 12.3.4).

그리고, 영벡터가 아닌 벡터 $(a_1, a_2, a_3) \in F^3$ 에 대하여 동차일차방정식

$$a_1x_1 + a_2x_2 + a_3x_3 = 0$$

의 해공간

$$[(a_1, a_2, a_3)] = \{(x_1, x_2, x_3) \in F^3 \mid a_1x_1 + a_2x_2 + a_3x_3 = 0\}$$

는 벡터공간 F^3 의 부분공간이다(정리 12.3.7).

이제 영벡터가 아닌 벡터 $(x_1, x_2, x_3) \in F^3$ 에 대하여 $\langle (x_1, x_2, x_3) \rangle$ 를 새로이 '점' 으로 생각하고 이 점을

$$\langle x_1, x_2, x_3 \rangle$$

로 나타내자.

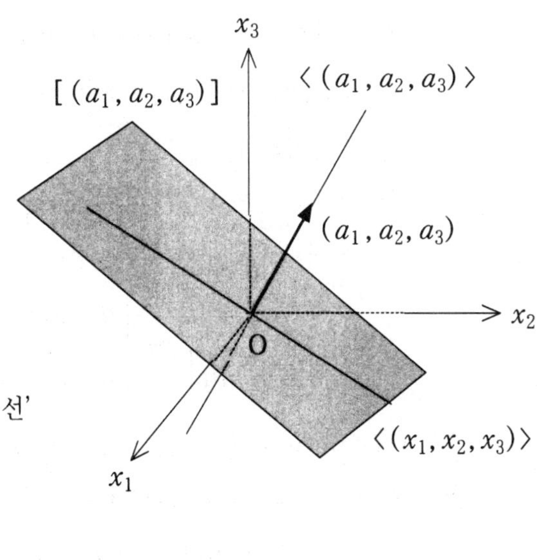

그리고, 영벡터가 아닌 벡터 $(a_1, a_2, a_3) \in F^3$ 에 대하여 $[(a_1, a_2, a_3)]$ 를 새로이 '직선' 으로 생각하여 이것을

$$[a_1, a_2, a_3]$$

로 나타내고 또 동차 일차방정식

$$a_1x_1 + a_2x_2 + a_3x_3 = 0$$

을 이 '직선' 의 **방정식**이라고 하자. 그리고, $\mathscr{P}$ 와 $\mathscr{L}$ 을 다음과 같이 정하자.

$$\mathscr{P} = \{ \langle x_1, x_2, x_3 \rangle \mid (x_1, x_2, x_3) \in F^3 - \{(0,0,0)\} \},$$

$$\mathscr{L} = \{ [a_1, a_2, a_3] \mid (a_1, a_2, a_3) \in F^3 - \{(0,0,0)\} \}$$

$$[a_1, a_2, a_3] = \{ \langle x_1, x_2, x_3 \rangle \in \mathscr{P} \mid a_1x_1 + a_2x_2 + a_3x_3 = 0 \}$$

$$\langle x_1, x_2, x_3 \rangle \in [a_1, a_2, a_3] \iff a_1x_1 + a_2x_2 + a_3x_3 = 0$$

정의에 의하여 영벡터가 아닌 두 벡터 $(a_1, a_2, a_3), (b_1, b_2, b_3) \in F^3$ 에 대하여 다음이 성립한다.

$$\begin{aligned} & \langle a_1, a_2, a_3 \rangle = \langle b_1, b_2, b_3 \rangle \\ \iff & (b_1, b_2, b_3) = k(a_1, a_2, a_3) \quad (k \in F,\ k \neq 0) \\ \iff & [a_1, a_2, a_3] = [b_1, b_2, b_3] \end{aligned}$$

다음 정리의 증명은 생략하기로 한다([9], 정리 2.5.2 참조).

정리 12.4.1 체 F 에 대하여 다음 결합구조 $\pi = (\mathscr{P}, \mathscr{L})$ 는 사영평면이다.

$$\mathscr{P} = \{ \langle x_1, x_2, x_3 \rangle \mid (x_1, x_2, x_3) \in F^3 - \{(0,0,0)\} \},$$

$$\mathscr{L} = \{ [a_1, a_2, a_3] \mid (a_1, a_2, a_3) \in F^3 - \{(0,0,0)\} \}$$

$$\langle x_1, x_2, x_3 \rangle \in [a_1, a_2, a_3] \iff a_1x_1 + a_2x_2 + a_3x_3 = 0$$

실제로, 다음이 성립한다.

(1) 서로 다른 두 점 $\langle a_1, a_2, a_3 \rangle$, $\langle b_1, b_2, b_3 \rangle$ 에 대하여 이 두 점을 지나는 직선은 단 하나 존재하고 이 직선은 다음과 같다.

$$\left[\begin{vmatrix} a_2 & a_3 \\ b_2 & b_3 \end{vmatrix}, -\begin{vmatrix} a_1 & a_3 \\ b_1 & b_3 \end{vmatrix}, \begin{vmatrix} a_1 & a_2 \\ b_1 & b_2 \end{vmatrix} \right]$$

(2) 서로 다른 두 직선 $[a_1, a_2, a_3]$, $[b_1, b_2, b_3]$ 에 대하여 이 두 직선은 단 한 점에서 만나고 그 교점은 다음과 같다.

$$\left\langle \begin{vmatrix} a_2 & a_3 \\ b_2 & b_3 \end{vmatrix}, -\begin{vmatrix} a_1 & a_3 \\ b_1 & b_3 \end{vmatrix}, \begin{vmatrix} a_1 & a_2 \\ b_1 & b_2 \end{vmatrix} \right\rangle$$

(3) $\{ \langle 1,0,0 \rangle, \langle 0,1,0 \rangle, \langle 0,0,1 \rangle, \langle 1,1,1 \rangle \}$ 은 사점도형이다.

정의 12.4.2 정리 12.4.1 에서와 같이 정한 사영평면 $\pi = (\mathscr{P}, \mathscr{L})$ 를 체 F 위의 **사영평면**(射影平面, projective plane over F)이라 하고, 이 사영평면을 PG(2, F) 로 나타낸다.

특히, 실수체 $\mathbb{R}$ 위의 사영평면 PG(2, $\mathbb{R}$) 를 **실 사영평면**(實 射影平面, real projective plane)이라 하고, 또 복소수체 $\mathbb{C}$ 위의 사영평면 PG(2, $\mathbb{C}$) 를 **복소 사영평면**(複素 射影平面, complex projective plane)이라고 한다.

보기 12.4.1 사영평면 PG(2, $\mathbb{R}$) 에서

$$3 \cdot 2 + 4 \cdot (-2) + 2 \cdot 1 = 0$$

이므로 다음이 성립한다.

$$\langle 3, 4, 2 \rangle \in [2, -2, 1],$$
$$\langle 2, -2, 1 \rangle \in [3, 4, 2]$$

서로 다른 두 점 $\langle 1,1,1 \rangle$, $\langle 2,3,4 \rangle$ 을 지나는 직선은 $[1, -2, 1]$ 이고 이 직선의 방정식은 $x_1 - 2x_2 + x_3 = 0$ 이다. 즉,

$$\left[\begin{vmatrix} 1 & 1 \\ 3 & 4 \end{vmatrix}, -\begin{vmatrix} 1 & 1 \\ 2 & 4 \end{vmatrix}, \begin{vmatrix} 1 & 1 \\ 2 & 3 \end{vmatrix}\right] = [1, -2, 1]$$

실제로, 두 직선의 방정식

$$x_1 + x_2 + x_3 = 0,$$
$$2x_1 + 3x_2 + 4x_3 = 0$$

을 연립한 연립방정식의 해는 다음과 같다.

$$\begin{bmatrix} 1 & 1 & 1 \\ 2 & 3 & 4 \end{bmatrix} \to \begin{bmatrix} 1 & 1 & 1 \\ 0 & 1 & 2 \end{bmatrix} \to \begin{bmatrix} 1 & 0 & -1 \\ 0 & 1 & 2 \end{bmatrix}$$

$$\begin{cases} x_1 = t \\ x_2 = -2t \qquad (t \in \mathbb{R}) \\ x_3 = t \end{cases}$$

$$(x_1, x_2, x_3) = t(1, -2, 1) \quad (t \in \mathbb{R})$$

따라서 구하는 점은 $\langle 1, -2, 1 \rangle$ 이다.

그리고, 두 직선 $[1,1,1]$, $[2,3,4]$ 의 교점은 $\langle 1, -2, 1 \rangle$ 이다. 즉,

$$\left\langle \begin{vmatrix} 1 & 1 \\ 3 & 4 \end{vmatrix}, -\begin{vmatrix} 1 & 1 \\ 2 & 4 \end{vmatrix}, \begin{vmatrix} 1 & 1 \\ 2 & 3 \end{vmatrix} \right\rangle = \langle 1, -2, 1 \rangle$$

체 F 위의 사영평면 $\mathrm{PG}(2, F) = (\mathscr{P}, \mathscr{L})$ 에서 점 $\langle x_1, x_2, x_3 \rangle$ 에 대하여 다음이 성립한다.

$$\langle x_1, x_2, x_3 \rangle = \begin{cases} \langle \dfrac{x_1}{x_3}, \dfrac{x_2}{x_3}, 1 \rangle & (x_3 \neq 0 \text{ 인 경우}) \\ \langle \dfrac{x_1}{x_2}, 1, 0 \rangle & (x_3 = 0,\ x_2 \neq 0 \text{ 인 경우}) \\ \langle 1, 0, 0 \rangle & (x_3 = x_2 = 0,\ x_1 \neq 0 \text{ 인 경우}) \end{cases}$$

그러므로,

$$\mathscr{P} = \{ \langle x, y, 1 \rangle \mid x, y \in F \} \cup \{ \langle x, 1, 0 \rangle \mid x \in F \} \cup \{ \langle 1, 0, 0 \rangle \}$$

이고, 마찬가지로 다음이 성립한다.

$$\mathscr{L} = \{ [a, 1, c] \mid a, c \in F \} \cup \{ [1, 0, c] \mid c \in F \} \cup \{ [0, 0, 1] \}$$
$$[0, 0, 1] = \{ \langle x, 1, 0 \rangle \mid x \in F \} \cup \{ \langle 1, 0, 0 \rangle \}$$

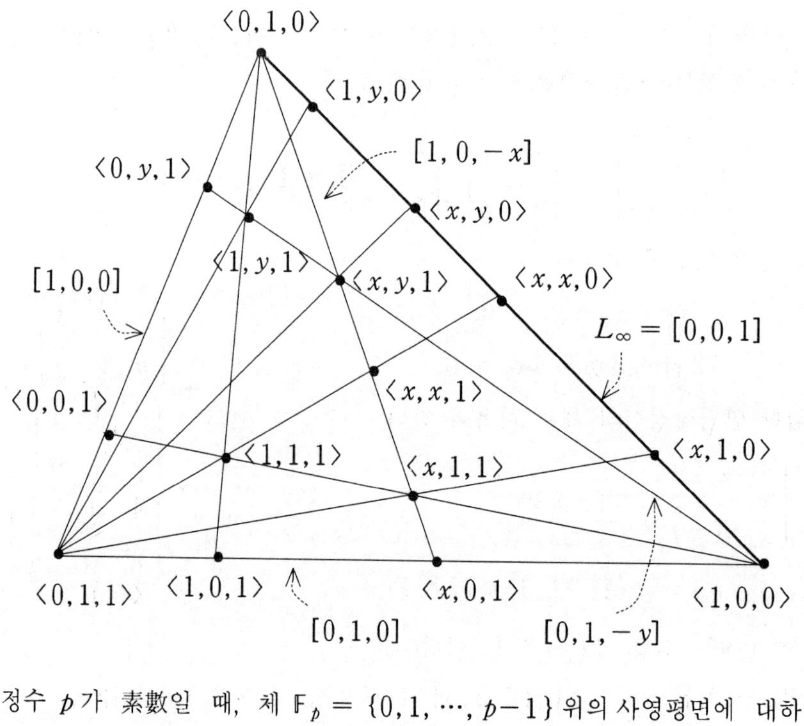

정수 p가 素數일 때, 체 $\mathbb{F}_p = \{0, 1, \cdots, p-1\}$ 위의 사영평면에 대하여 다음 정리가 성립한다.

정리 12.4.3 정수 p가 素數일 때, 체 $\mathbb{F}_p = \{0, 1, \cdots, p-1\}$ 위의 사영평면 $\mathrm{PG}(2, \mathbb{F}_p) = (\mathscr{P}, \mathscr{L})$는 위수 p인 유한 사영평면이다.

실제로, 다음이 성립한다.

(1) 임의의 직선 L에 대하여 L 위에는 꼭 $p+1$개의 점이 존재한다.

(2) 임의의 점에 대하여 이 점을 지나는 직선은 꼭 $p+1$개 존재한다.

(3) $|\mathscr{P}| = p^2+p+1$, $|\mathscr{L}| = p^2+p+1$

증 명 직선 $L_\infty = [0,0,1]$을 생각하면,

$$[0,0,1] = \{\langle x,1,0\rangle \mid x \in \mathbb{F}_p\} \cup \{\langle 1,0,0\rangle\}$$

이므로 $|L_\infty| = |\mathbb{F}_p| + 1 = p+1$이다.

그러므로, 정리 12.2.8에 의하여 사영평면 $\mathrm{PG}(2, \mathbb{F}_p)$의 위수는 p이고 따라서 정리 12.2.10에 의하여 정리가 성립한다.

물론 (2), (3)을 직접 증명할 수도 있다. 예를 들면,

$$\mathscr{P} = \{\langle x,y,1\rangle \mid x,y \in \mathbb{F}_p\} \cup \{\langle x,1,0\rangle \mid x \in \mathbb{F}_p\} \cup \{\langle 1,0,0\rangle\}$$

$$\mathscr{L} = \{[a,1,c] \mid a,c \in \mathbb{F}_p\} \cup \{[1,0,c] \mid c \in \mathbb{F}_p\} \cup \{[0,0,1]\}$$

이므로 다음이 성립한다.

$$|\mathscr{P}| = |\mathbb{F}_p|^2 + |\mathbb{F}_p| + 1 = p^2+p+1,$$

$$|\mathscr{L}| = |\mathbb{F}_p|^2 + |\mathbb{F}_p| + 1 = p^2+p+1$$

보기 12.4.2 체 $\mathbb{F}_2$ 위의 사영평면 $\mathrm{PG}(2, \mathbb{F}_2) = (\mathscr{P}, \mathscr{L})$는 다음과 같다.

$$\mathscr{P} = \{\langle 0,0,1\rangle, \langle 1,0,1\rangle, \langle 0,1,1\rangle, \langle 1,1,1\rangle, \langle 1,0,0\rangle, \langle 0,1,0\rangle, \langle 1,1,0\rangle\}$$

$$\mathscr{L} = \{[1,0,0], [1,1,0], [1,1,0], [0,1,0], [0,1,1], [1,1,1], [0,0,1]\}$$

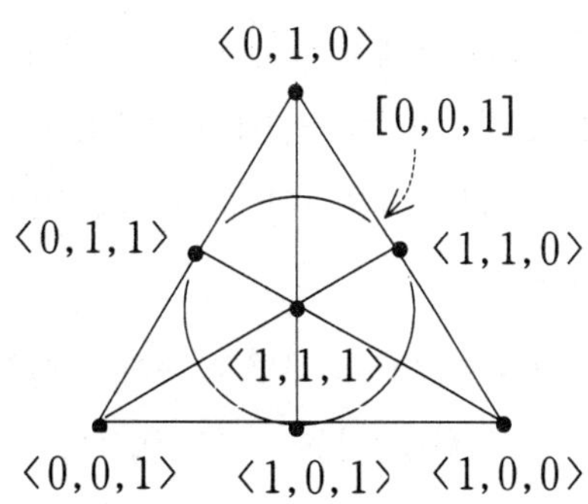

$$[1,0,0] = \{\langle 0,0,1\rangle, \langle 0,1,1\rangle, \langle 0,1,0\rangle\}, \quad x_1 = 0$$

$$[1,1,0] = \{\langle 0,0,1\rangle, \langle 1,1,1\rangle, \langle 1,1,0\rangle\}, \quad x_1 + x_2 = 0$$

$$[1,0,1] = \{\langle 1,0,1\rangle, \langle 1,1,1\rangle, \langle 0,1,0\rangle\}, \quad x_1 + x_3 = 0$$

$$[0,1,0] = \{\langle 0,0,1\rangle, \langle 1,0,1\rangle, \langle 1,0,0\rangle\}, \quad x_2 = 0$$

$$[0,1,1] = \{\langle 0,1,1\rangle, \langle 1,1,1\rangle, \langle 1,0,0\rangle\}, \quad x_2 + x_3 = 0$$

$$[1,1,1] = \{\langle 1,0,1\rangle, \langle 0,1,1\rangle, \langle 1,1,0\rangle\}, \quad x_1 + x_2 + x_3 = 0$$

$$[0,0,1] = \{\langle 0,1,0\rangle, \langle 1,0,0\rangle, \langle 1,1,0\rangle\}, \quad x_3 = 0$$

체 $\mathbb{F}_2$ 위의 사영평면 $PG(2, \mathbb{F}_2)$는 위수 2 인 사영평면이다. 이 사영평면은 7 개의 점과 7 개의 직선으로 이루어져 있고 또 각 직선 위에는 꼭 3 개의 점이 있다(보기 12.2.1 참조).

보기 12.4.3 체 $\mathbb{F}_3 = \{0, 1, 2\}$ 위의 사영평면 $PG(2, \mathbb{F}_3) = (\mathscr{P}, \mathscr{L})$는 다음과 같다.

$$\begin{aligned}\mathscr{P} = \{&\langle 0,0,1\rangle, \langle 0,1,1\rangle, \langle 0,2,1\rangle, \langle 1,0,1\rangle, \langle 1,1,1\rangle,\\ &\langle 1,2,1\rangle, \langle 2,0,1\rangle, \langle 2,1,1\rangle, \langle 2,2,1\rangle,\\ &\langle 0,1,0\rangle, \langle 1,0,0\rangle, \langle 1,1,0\rangle, \langle 1,2,0\rangle\}\end{aligned}$$

$$\begin{aligned}\mathscr{L} = \{&[0,0,1], [0,1,1], [0,2,1], [1,0,1], [1,1,1],\\ &[1,2,1], [2,0,1], [2,1,1], [2,2,1],\\ &[0,1,0], [1,0,0], [1,1,0], [1,2,0]\}\end{aligned}$$

$$[1,0,0] = [2,0,0] = \{\langle 0,0,1\rangle, \langle 0,1,1\rangle, \langle 0,2,1\rangle, \langle 0,1,0\rangle\},$$

$$[1,1,1] = [2,2,2] = \{\langle 2,0,1\rangle, \langle 1,1,1\rangle, \langle 0,2,1\rangle, \langle 2,1,0\rangle\}$$

$$[0,1,0] = [0,2,0] = \{\langle 0,0,1\rangle, \langle 1,0,1\rangle, \langle 2,0,1\rangle, \langle 1,0,0\rangle\}$$

$$[1,2,1] = [2,1,2] = \{\langle 2,0,1\rangle, \langle 0,1,1\rangle, \langle 1,2,1\rangle, \langle 1,1,0\rangle\}$$

여기서,

$$\langle x_1, x_2, x_3\rangle = \langle 2x_1, 2x_2, 2x_3\rangle, \quad [a_1, a_2, a_3] = [2a_1, 2a_2, 2a_3]$$

$$\langle 0,0,1\rangle = \langle 0,0,2\rangle, \qquad \langle 1,0,1\rangle = \langle 2,0,2\rangle,$$

$$[0,0,1] = [0,0,2], \qquad [1,0,1] = [2,0,2]$$

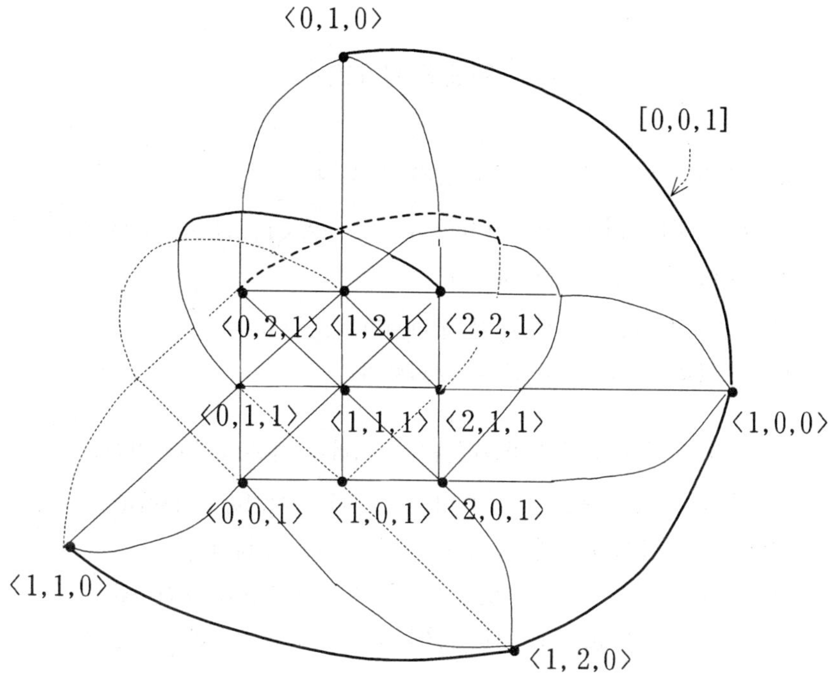

위의 그림에서 굵은 선으로 나타낸 직선은 다음과 같다.▮

$$[0,0,1] = [0,0,2] = \{\langle 1,0,0\rangle, \langle 0,1,0\rangle, \langle 1,1,0\rangle, \langle 1,2,0\rangle\}$$

사영평면 $PG(2, \mathbb{F}_3)$는 위수 3 인 사영평면으로서 13 개의 점과 13 개의 직선으로 이루어져 있으며, 각 직선 위에는 꼭 4 개의 점이 있고 각 점을 지나는 직선은 꼭 4 개 있다.

사영평면 $PG(2, \mathbb{F}_3)$에서 점 $\langle 0,1,0\rangle$을 지나는 직선은

$$[0,0,1],\ [1,0,1],\ [2,0,1],\ [1,0,0]$$

의 4 개 뿐이다. 또, 두 점 $\langle 1,2,1\rangle$, $\langle 2,1,1\rangle$을 지나는 직선의 방정식은 다음과 같다.

$$\begin{vmatrix} 2 & 1 \\ 1 & 1 \end{vmatrix} x_1 - \begin{vmatrix} 1 & 1 \\ 2 & 1 \end{vmatrix} x_2 + \begin{vmatrix} 1 & 2 \\ 2 & 1 \end{vmatrix} x_3 = 0 \quad \text{즉} \quad x_1 + x_2 = 0$$

따라서 $\langle 1,2,1\rangle$, $\langle 2,1,1\rangle$을 지나는 직선은 $[1, 1, 0]$이다.

연습문제 (12.4)

1. 실수체 $\mathbb{R}$ 위의 사영평면 $PG(2,\mathbb{R})$ 에서 네 점

$$a = \langle 1,0,1 \rangle, \quad b = \langle 0,1,1 \rangle, \quad c = \langle 1,1,0 \rangle, \quad d = \langle 1,1,1 \rangle$$

에 대하여 다음 물음에 답하여라.

(1) 두 직선 $a \vee b,\ c \vee d$ 를 구하여라.

(2) 점 $(a \vee b) \wedge (c \vee d)$ 를 구하여라.

2. 실수체 $\mathbb{R}$ 위의 사영평면 $PG(2,\mathbb{R})$ 에 대하여 다음 물음에 답하여라.

(1) 두 점 $\langle 1, 0, -2 \rangle$, $\langle 1, 0, 0 \rangle$ 을 지나는 직선을 구하여라.

(2) 두 직선 $[1, 0, -2]$, $[1, 0, 0]$ 의 교점을 구하여라.

(3) 두 점 $\langle 1, 0, -2 \rangle$, $\langle 0, 1, 0 \rangle$ 을 지나는 직선을 구하여라.

(4) 두 직선 $[1, 0, -2]$, $[0, 1, 0]$ 의 교점을 구하여라.

3. 체 $\mathbb{F}_3$ 위의 사영평면 $PG(2, \mathbb{F}_3)$ 에 대하여 다음 물음에 답하여라.

(1) 점 $\langle 1,2,1 \rangle$ 을 지나는 직선을 모두 구하여라.
그리고, 직선 $[1,2,1]$ 위에 있는 점을 모두 구하여라.

(2) 두 점 $\langle 1,2,1 \rangle$, $\langle 2,1,1 \rangle$ 을 지나는 직선을 구하여라.
그리고, 두 직선 $[1,2,1]$, $[2,1,1]$ 의 교점을 구하여라.

4. 체 $\mathbb{F}_5$ 위의 사영평면 $PG(2, \mathbb{F}_5)$ 에 대하여 다음 물음에 답하여라.

(1) 두 점 $\langle 1,4,1 \rangle$, $\langle 2,3,0 \rangle$ 을 지나는 직선을 구하여라.

(2) 두 직선 $[1,4,1]$, $[2,3,0]$ 의 교점을 구하여라.

5. 체 $\mathbb{F}_5$ 위의 사영평면 $PG(2, \mathbb{F}_5)$ 에 대하여 다음 물음에 답하여라.

(1) 점 전체의 개수와 직선 전체의 개수를 구하여라.

(2) 직선 $[1,2,1]$ 위의 점을 모두 구하여라.

(3) 점 $\langle 1,2,1 \rangle$ 을 지나는 직선을 모두 구하여라.

6. 사영평면 중에서 41 개의 점을 가진 사영평면은 존재하는지 판정하여라.

§ 12.5 아핀평면과 사영평면

다음과 같은 사영평면 $\pi = (\mathscr{P}, \mathscr{L})$는 위수 2 인 유한 사영평면이다.

$$\mathscr{P} = \{1, 2, 3, 4, p, q, r\},$$

$$\mathscr{L} = \{L_1, L_2, L_3, L_4, L_5, L_6, L_7\}$$

$L_1 = \{1, 2, p\}$, $L_2 = \{2, 3, r\}$,

$L_3 = \{3, 4, p\}$, $L_4 = \{1, 4, r\}$,

$L_5 = \{1, 3, q\}$, $L_6 = \{2, 4, q\}$,

$L_\infty = \{p, q, r\}$

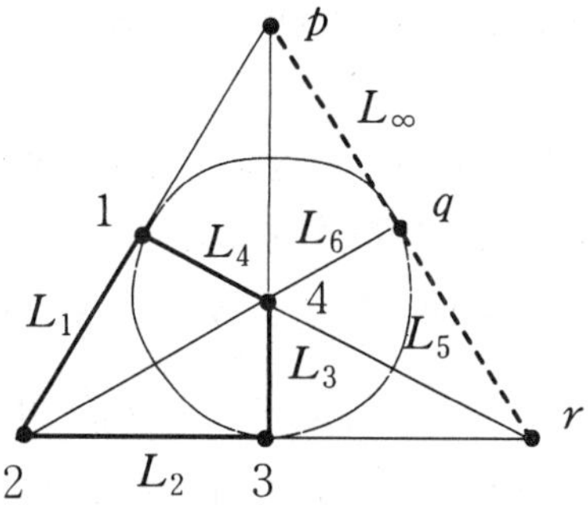

위의 사영평면 $\pi = (\mathscr{P}, \mathscr{L})$ 에서 먼저 직선 L_∞를 제외시키고 나머지 6 개의 직선 $L_1, L_2, \cdots, L_6$ 로부터 이들 각 직선과 L_∞ 와의 교점을 제외시켜서 얻는 새로운 직선을 각각 $M_1, M_2, \cdots, M_6$ 라고 하면, 다음과 같은 위수 2 인 아핀평면 $\alpha = (\mathscr{P}', \mathscr{L}')$ 를 얻는다.

$\mathscr{P}' = \{1, 2, 3, 4\}$,

$\mathscr{L}' = \{M_1, M_2, M_3, M_4, M_5, M_6\}$

$M_1 = \{1, 2\}$, $M_2 = \{2, 3\}$,

$M_3 = \{3, 4\}$, $M_4 = \{1, 4\}$,

$M_5 = \{1, 3\}$, $M_6 = \{2, 4\}$

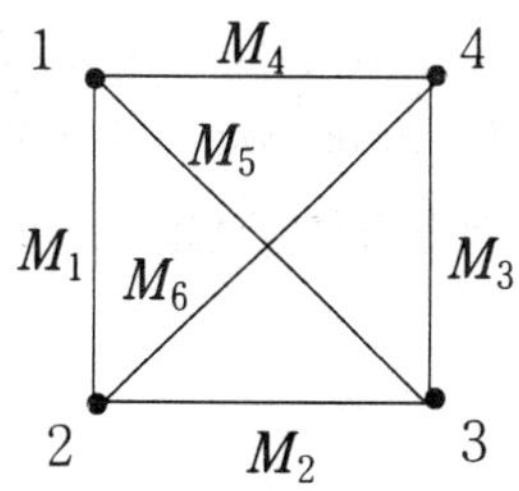

반대로, 아핀평면 $\alpha = (\mathscr{P}', \mathscr{L}')$ 에 새로운 점 p, q, r 와 이들 세 점으로 이루어진 직선 $L_\infty = \{p, q, r\}$ 를 도입하여 직선 $M_1, M_2, \cdots, M_6$ 에 각각 한 점씩 첨가하되 평행한 직선이 한 점에서 만나도록 만든 새로운 직선을 각각 $L_1, L_2, \cdots, L_6$ 라고 하면 사영평면 $\pi = (\mathscr{P}, \mathscr{L})$를 얻는다.

일반적으로, 다음 두 정리가 성립한다.

정리 12.5.1 사영평면 $\pi = (\mathscr{P}, \mathscr{L})$ 에서 특정한 직선 $L \in \mathscr{L}$ 에 대하여 다음과 같이 정의된 결합구조 $\pi^L = (\mathscr{P}^L, \mathscr{L}^L)$ 은 아핀평면이다.

(i) $\mathscr{P}^L = \mathscr{P} - L = \{x \in \mathscr{P} \mid x \not\in L\}$

(ii) $\mathscr{L}^L = \{M^L \mid M \in \mathscr{L},\ M \neq L\}$,

$$M^L = M - \{M \wedge L\}$$

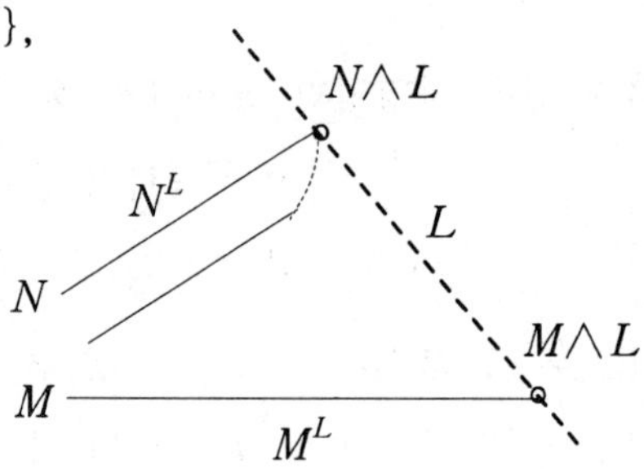

이와 같이 정의된 아핀평면

$$\pi^L = (\mathscr{P}^L, \mathscr{L}^L)$$

을 L 에 관하여 사영평면 π 에 대응하는 아핀평면이라고 한다.

정리 12.5.2 아핀평면 $\alpha = (\mathscr{P}, \mathscr{L})$ 에서 각 직선 L 에 대하여 새로운 점 ∞_L 을 추가하여 새로운 직선 $L' = L \cup \{\infty_L\}$ 을 생각하고 새로운 직선 $L_\infty = \{\infty_L \mid L \in \mathscr{L}\}$ 을 도입하되

$$L // M \Longleftrightarrow \infty_L = \infty_M$$

이 성립하도록 하면 다음과 같은 결합구조 $\pi = (\mathscr{P}', \mathscr{L}')$ 는 사영평면이다.

$$\mathscr{P}' = \mathscr{P} \cup \{\infty_L \mid L \in \mathscr{L}\},$$

$$\mathscr{L}' = \{L' \mid L \in \mathscr{L}\} \cup \{L_\infty\}$$

이와 같이 얻은 사영평면을 아핀평면 α 에 대응하는 사영평면이라고 한다. 그리고, 새로 도입된 점을 **무한원점**(無限遠點, point at infinity) 또는 **이상점**(理想點, ideal point) 이라 하고, L_∞ 를 **무한원선**(無限遠線, line at infinity) 또는 **이상직선**(理想直線, ideal line) 이라고 한다.

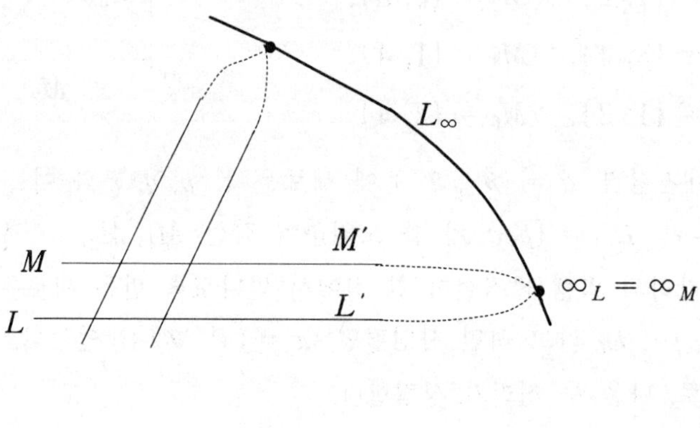

평면 π 가 위수 n 인 유한 사영평면일 때, 한 직선 L 에 관한 π 에 대응하는 아핀평면 π^L 은 위수 n 인 유한 아핀평면이다. 그리고, 아핀평면 α 가 위수 n 인 유한 아핀평면일 때, α 에 대응하는 사영평면 π 는 위수 n 인 유한 사영평면이다. 따라서 다음 정리가 성립한다.

정리 12.5.3 위수 n 인 유한 사영평면이 존재할 때 그리고 이때에만 위수 n 인 유한 아핀평면이 존재한다.

체 F 위의 사영평면 $\mathrm{PG}(2, F) = (\mathscr{P}, \mathscr{L})$ 에서 $L_\infty = [0, 0, 1]$ 이라고 할 때, 다음이 성립한다.

$$\begin{aligned} L_\infty &= \{\langle x_1, x_2, 0\rangle \in \mathscr{P} \mid (x_1, x_2) \in F^2 - \{(0,0)\}\} \\ &= \{\langle x, 1, 0\rangle \mid x \in F\} \cup \{\langle 1, 0, 0\rangle\}, \\ \mathscr{P} &= \{\langle x_1, x_2, x_3\rangle \mid x_1, x_2, x_3 \in F,\ x_3 \neq 0\} \\ &\qquad \cup \{\langle x_1, x_2, 0\rangle \in F^2 - \{(0,0)\}\} \\ &= \{\langle x, y, 1\rangle \mid x, y \in F\} \cup \{\langle x, 1, 0\rangle \mid x \in F\} \cup \{\langle 1, 0, 0\rangle\} \end{aligned}$$

이제 $\langle x_1, x_2, x_3\rangle \notin L_\infty$ 이라고 하자. 이 때, $x_3 \neq 0$ 이므로

$$x = \frac{x_1}{x_3}, \quad y = \frac{x_2}{x_3}$$

이라고 하면, $\langle x_1, x_2, x_3\rangle = \langle x, y, 1\rangle$ 이다. 또, 사영평면 $\mathrm{PG}(2, F)$ 에 $[a, b, c] \neq L_\infty$ 이면, $a \neq 0$ 또는 $b \neq 0$이고 정리 12.4.1 에 의하여

$$[a, b, c] \wedge L_\infty = \left\langle \begin{vmatrix} b & c \\ 0 & 1 \end{vmatrix}, -\begin{vmatrix} a & c \\ 0 & 1 \end{vmatrix}, \begin{vmatrix} a & b \\ 0 & 0 \end{vmatrix} \right\rangle = \langle b, -a, 0\rangle$$

이고, 이 직선 위의 점 $\langle x_1, x_2, x_3\rangle$ 가 $\langle b, -a, 0\rangle$ 이 아닐 때 $x_3 \neq 0$ 이므로 $x = \dfrac{x_1}{x_3}$, $y = \dfrac{x_2}{x_3}$ 이라고 하면 이 직선의 방정식 $ax_1 + bx_2 + cx_3 = 0$ 은 $ax + by + c = 0$ 으로 변형된다.

따라서 직선 $[a, b, c] \neq L_\infty$ 에서 한 점 $\langle b, -a, 0\rangle$ 을 제외시킨 집합을 $[a, b, c]'$ 이라고 하면, 즉 $[a, b, c]' = [a, b, c] - \{\langle b, -a, 0\rangle\}$ 이면,

$$[a, b, c]' = \{\langle x, y, 1\rangle \in \mathscr{P} \mid ax + by + c = 0\}$$

이고, 또 L_∞ 이 아닌 두 직선 $[a, b, c]$, $[a', b', c']$ 에 대하여 다음이 성립한다(정리 12.3.1).

$$\begin{aligned} & [a, b, c] \wedge L_\infty = [a', b', c'] \wedge L_\infty \\ \Leftrightarrow\ & \langle b, -a, 0\rangle = \langle b', -a', 0\rangle \\ \Leftrightarrow\ & L_{a, b, c} \,//\, L_{a', b', c'} \end{aligned}$$

이제 다음과 같은 결합구조 $\alpha = (\mathscr{P}', \mathscr{L}')$ 를 생각해 보자.

$$\begin{aligned} \mathscr{P}' &= \mathscr{P} - \{\langle x_1, x_2, 0\rangle \mid (x_1, x_2) \in F^2 - \{(0,0)\}\}, \\ &= \{\langle x, y, 1\rangle \mid x, y \in F\}, \\ \mathscr{L}' &= \{[a, b, c]' \mid a, b, c \in F,\ a \neq 0 \text{ 또는 } b \neq 0\} \end{aligned}$$

$$\langle x, y, 1\rangle \in [a, b, c]' \Leftrightarrow ax + by + c = 0$$

간단히 말하면, 결합구조 $\alpha = (\mathscr{P}', \mathscr{L}')$는 사영평면 $PG(2, F) = (\mathscr{P}, \mathscr{L})$에서 직선 $L_\infty = [0, 0, 1]$ 과 이 직선 위의 점을 모두 제외시킨 것이다.

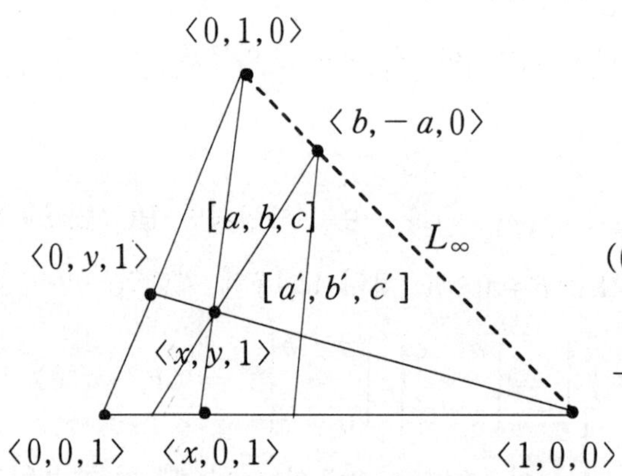

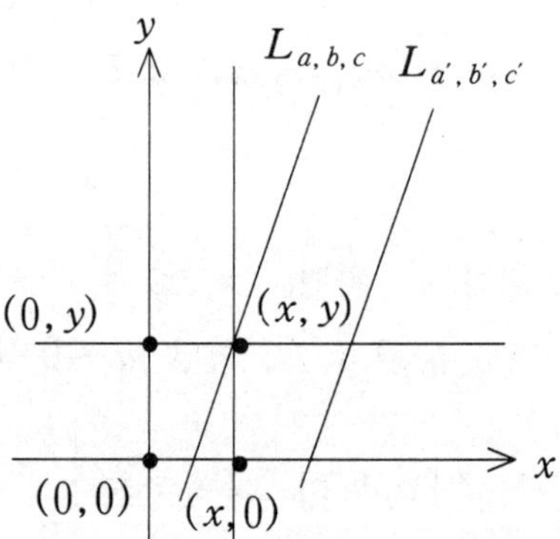

이제 다음과 같은 체 F 위의 아핀평면 $AG(2, F) = (\mathscr{P}'', \mathscr{L}'')$를 생각해 보자.

$$\begin{aligned} \mathscr{P}'' &= \{(x, y) \mid x, y \in F\}, \\ \mathscr{L}'' &= \{L_{a, b, c} \mid a, b, c \in F,\ a \neq 0 \text{ 또는 } b \neq 0\} \end{aligned}$$

$$(x, y) \in L_{a, b, c} \Leftrightarrow ax + by + c = 0$$

아핀평면 AG(2, F) 의

$$\text{점 } (x, y, 1) \in \mathscr{P}\text{''과 직선 } L_{a,b,c} \in \mathscr{L}\text{''}$$

을 각각 결합구조 $\alpha = (\mathscr{P}', \mathscr{L}')$ 에 속해 있는

$$\langle x, y, 1\rangle \in \mathscr{P}'\text{와 } [a, b, c]' \in \mathscr{L}'$$

과 동일시하면, 아핀평면 AG(2, F) 을 사영평면 PG(2, F) 안에서 생각할 수 있다.

앞에서 논한 바와 마찬가지 방법으로, 체 F 위의 아핀평면 AG(2, F) 에 대하여 이 아핀평면 AG(2, F) 를 포함하는 사영평면 PG(2, F) 를 구성할 수 있다(연습문제 풀이 참조).

보기 12.5.1 체 $\mathbb{F}_3 = \{0, 1, 2\}$ 위의 사영평면 PG(2, $\mathbb{F}_3$) = $(\mathscr{P}, \mathscr{L})$ 는 다음과 같다(보기 12.4.3).

$$\mathscr{P} = \{\langle 0,0,1\rangle, \langle 0,1,1\rangle, \langle 0,2,1\rangle, \langle 1,0,1\rangle, \langle 1,1,1\rangle, \langle 1,2,1\rangle, \langle 2,0,1\rangle, \langle 2,1,1\rangle, \langle 2,2,1\rangle, \langle 0,1,0\rangle, \langle 1,1,0\rangle, \langle 2,1,0\rangle, \langle 1,0,0\rangle\}$$

$$\mathscr{L} = \{[0,0,1], [0,1,1], [0,2,1], [1,0,1], [1,1,1], [1,2,1], [2,0,1], [2,1,1], [2,2,1], [0,1,0], [1,1,0], [2,1,0], [1,0,0]\}$$

사영평면 PG(2, $\mathbb{F}_3$) 에서 직선 [0,0,1] 과 이 직선의 위의 네 점

$$\langle 0, 1, 0\rangle, \langle 1, 0, 0\rangle, \langle 1, 1, 0\rangle, \langle 1, 2, 0\rangle$$

을 제외시키면, $\mathscr{P}$ 와 $\mathscr{L}$ 로부터 다음을 얻는다.

$$\mathscr{P}' = \{\langle 0,0,1\rangle, \langle 1,0,1\rangle, \langle 2,0,1\rangle, \langle 0,1,1\rangle, \langle 1,1,1\rangle, \langle 2,1,1\rangle, \langle 0,2,1\rangle, \langle 1,2,1\rangle, \langle 2,2,1\rangle\},$$

$$\mathscr{L}' = \{[1,0,0]', [1,0,1]', [1,0,2]', [0.1.0]', [0,1,1]', [0,1,2]', [1,1,0]', [1,1,1]', [1,1,2]', [1,2,0]', [1,2,1]', [1,2,2]'\}$$

여기서, $[a, b, c]' = [a, b, c] - \{\langle b, -a, 0\rangle\}$ 이다.

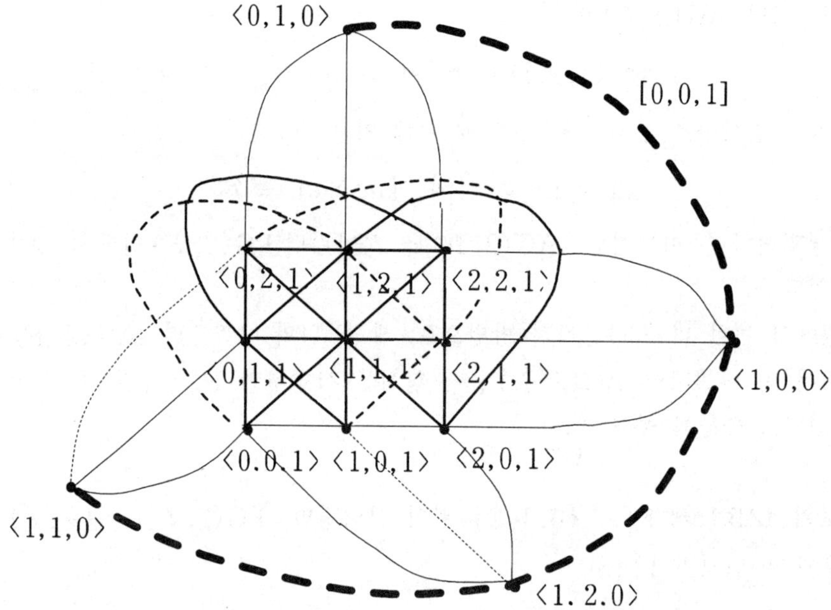

이제 아핀평면 $AG(2, \mathbb{F}_3)$ 의

$$\mathscr{P}'' = \{(0,0),\ (0,1),\ (0,2),\ (1,0),\ (1,1),\ (1,2),\ (2,0),\ (2,1),\ (2,2)\},$$

$$\mathscr{L}'' = \{L_{1,0,0},\ L_{1,0,1},\ L_{1,0,2},\ L_{0,1,0},\ L_{0,1,1},\ L_{0,1,2},\ L_{1,1,0},\ L_{1,1,1},\ L_{1,1,2},\ L_{1,2,0},\ L_{1,2,1},\ L_{1,2,2}\}$$

을 각각 $\mathscr{P}'$, $\mathscr{L}'$ 과 동일시할 수 있다.

연 습 문 제 (12.5)

1. 체 F 위의 사영평면 $PG(2, F)$ 에서 다음이 성립함을 밝혀라.

(1) $[0,1,0] = \{\langle x,0,1\rangle \mid x \in F\} \cup \{\langle 1,0,0\rangle\}$

(2) $[1,0,0] = \{\langle 0,y,1\rangle \mid y \in F\} \cup \{\langle 0,1,0\rangle\}$

(3) $[a, 1, c] = \{\langle x, -ax-c, 1\rangle \mid x \in F\} \cup \{\langle 1, -a, 0\rangle\}$

§12.6 타원곡선

체 F 위의 아핀평면 $\mathrm{AG}(2, F) = (\mathscr{P}, \mathscr{L})$는 다음과 같이 정의된 아핀평면이다(정리 12.3.1 참조).

$$\mathscr{P} = F^2 = \{(x, y) \mid x, y \in F\},$$
$$\mathscr{L} = \{L_{a,b,c} \mid a, b, c \in F,\ a \neq 0 \text{ 또는 } b \neq 0\}$$
$$L_{a,b,c} = \{(x, y) \in F^2 \mid ax + by + c = 0\}$$
$$(x, y) \in L_{a,b,c} \Longleftrightarrow ax + by + c = 0$$

체 F 위의 아핀평면 $\mathrm{AG}(2, F)$에서 x, y에 관한 방정식 $f(x, y) = 0$을 만족시키는 점 (x, y) 전체로 이루어진 집합

$$\{(x, y) \in F^2 \mid f(x, y) = 0\}$$

을 아핀평면 $\mathrm{AG}(2, F)$ 위의 **곡선**이라고 한다. 그리고, 방정식 $f(x, y) = 0$을 이 곡선의 방정식이라 하고 이 곡선을 간단히 '곡선 $f(x, y) = 0$'이라고 한다. 특히, 아핀평면 $\mathrm{AG}(2, F)$에서 Weierstrass의 방정식

$$E : \quad y^2 + dxy + ey = x^3 + ax^2 + bx + c$$

를 만족시키는 점 $(x, y) \in F^2$ 전체로 이루어진 집합

$$(*) \qquad \{(x, y) \in F^2 \mid y^2 + dxy + ey = x^3 + ax^2 + bx + c\}$$

를 체 F 위에서의 **타원곡선**(楕圓曲線, elliptic curve)이라고 한다.

이제 아핀평면 $\mathrm{AG}(2, F)$에 무한원점 O를 새로 도입하여 모든 직선

$$x = k \qquad (k \in F)$$

가 점 O를 지난다고 생각하면, 임의의 서로 다른 $k_1, k_2 \in F$에 대하여 두 직선

$$x = k_1, \quad x = k_2$$

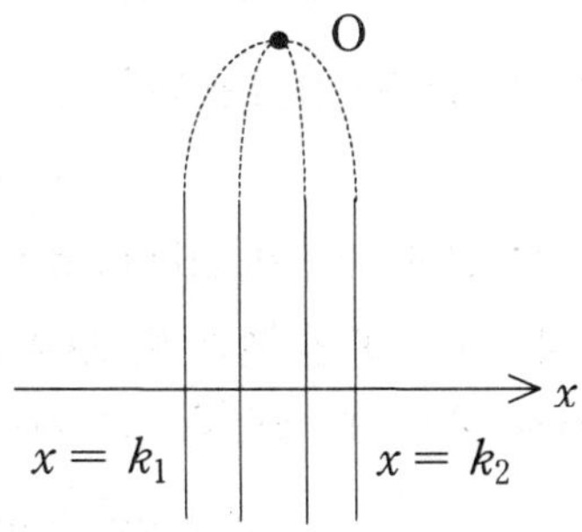

는 O에서 만난다. 이제 $(*)$에 O를 추가한 집합을 $G(E, F)$라고 하자. 즉,

$$G(E,F) = \{(x, y) \in F^2 \mid y^2 + dxy + ey = x^3 + ax^2 + bx + c\} \cup \{O\}$$

사실 이는 아핀평면 AF$(2, F)$를 사영평면 PG$(2, F)$ 안에서 생각하고 있음을 의미한다(§12.5 참조).

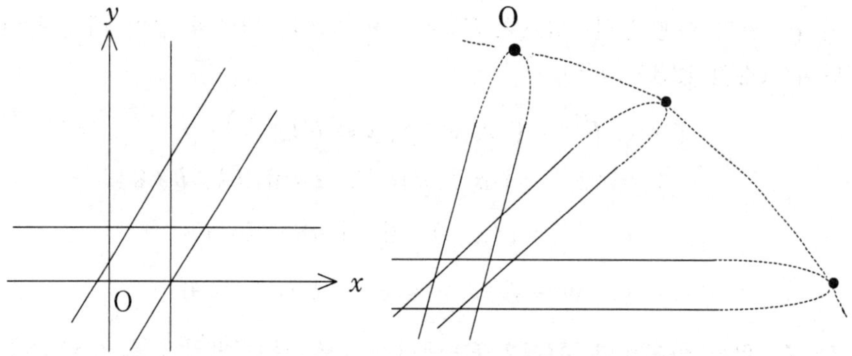

이제 체 F 위에서 다음과 같은 꼴의 타원곡선을 생각해 보자.

$$E : \quad y^2 = x^3 + ax^2 + bx + c$$

삼차방정식 $x^3 + ax^2 + bx + c = 0$ 이 체 F 안에서 중복을 허락하여 세 근 α, β, γ를 가진다고 할 때,

$$x^3 + ax^2 + bx + c = (x-\alpha)(x-\beta)(x-\gamma)$$

이므로

$$\alpha + \beta + \gamma = -a, \quad \alpha\beta + \alpha\gamma + \beta\gamma = b, \quad \alpha\beta\gamma = -c$$

이고 따라서 $D = \{(\alpha-\beta)(\alpha-\gamma)(\beta-\gamma)\}^2$ 이라고 하면 D는 다음과 같이 a, b, c에 관한 식으로 나타내어진다([1], 정리 4.6.4 참조).

$$D = -27c^2 - 4a^3c - 4b^3 + a^2b^2 + 18abc$$

여기서, D를 삼차방정식 $x^3 + ax^2 + bx + c = 0$ 과 타원곡선

$$y^2 = x^3 + ax^2 + bx + c$$

의 **판별식**(判別式, discriminant)이라고 한다.

특히, $F = \mathbb{R}$인 경우에 $D \neq 0$ 이면, 삼차방정식 $x^3 + ax^2 + bx + c = 0$ 은 서로 다른 세 실근을 가지거나 또는 한 실근과 두 허근을 가지며 이때

$$y = x^3 + ax^2 + bx + c, \quad y^2 = x^3 + ax^2 + bx + c$$

의 그래프는 각각 다음과 같다.

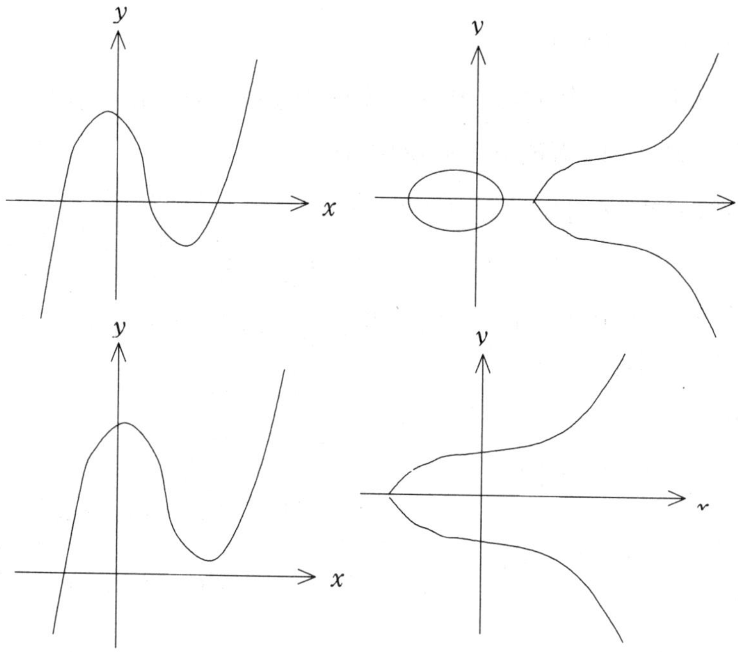

이제 타원곡선 E 위의 서로 다른 두 점 $\mathrm{P} = (x_1, y_1)$, $\mathrm{Q} = (x_2, y_2)$ 에 대하여 다음과 같이 정의하자.

$\phi(\mathrm{O}, \mathrm{P}) = \phi(\mathrm{P}, \mathrm{O}) =$ (사영평면 안에서 O, P 를 지나는 직선이 타원곡선 E 와 새로 만나는 점)

$\phi(\mathrm{P}, \mathrm{Q}) = \phi(\mathrm{Q}, \mathrm{P}) =$ (사영평면 안에서 P, Q 를 지나는 직선이 타원곡선 E 와 새로 만나는 점)

먼저 점 $\mathrm{P} = (x_1, y_1)$ 를 지나는 직선의 방정식 $x = x_1$ 을 타원곡선 E 의 방정식 $y^2 = x^3 + ax^2 + bx + c$ 에 대입하면

$$y^2 = x_1^{\ 3} + ax_1^{\ 2} + bx_1 + c = y_1^{\ 2}$$

즉 $(y - y_1)(y + y_2) = 0$

이므로 $y = y_1$ 또는 $y = -y_1$ 이고 따라서 직선 $x = x_1$ 과 타원곡선 E 와의 교점은

$$\mathrm{P} = (x_1, y_1), \quad \mathrm{P}' = (x_1, -y_1)$$

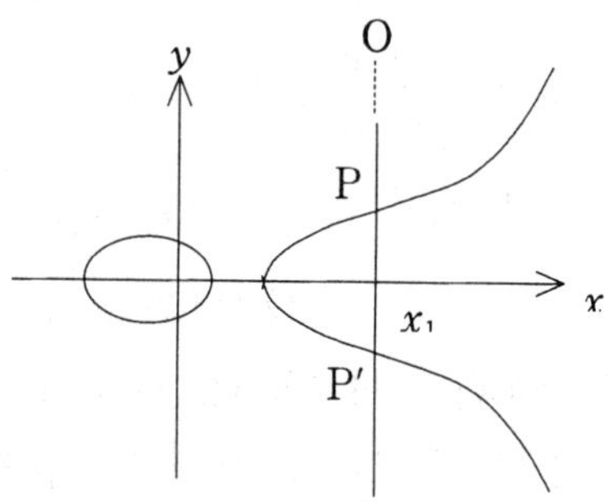

뿐이고, 또 다음이 성립한다.

(1) $\phi(\mathrm{O}, \mathrm{P}) = \phi(\mathrm{P}, \mathrm{O}) = \mathrm{P}'$, $\quad \phi(\mathrm{O}, \mathrm{P}') = \phi(\mathrm{P}', \mathrm{O}) = \mathrm{P}$

$\mathrm{P} \neq \mathrm{P}'$ 이면, $\phi(\mathrm{P}, \mathrm{P}') = \phi(\mathrm{P}', \mathrm{P}) = \mathrm{O}$ 이다.

다음에 타원곡선 E 위의 서로 다른 두 점

$$\mathrm{P} = (x_1, y_1), \quad \mathrm{Q} = (x_2, y_2), \quad x_2 \neq x_1$$

에 대하여 $\mathrm{R} = \phi(\mathrm{P}, \mathrm{Q})$, $\mathrm{R}' = \phi(\mathrm{O}, \mathrm{R}) = (x_3, y_3)$ 이라고 하자.

이 때, (1) 에 의하여

$$\mathrm{R} = (x_3, -y_3)$$

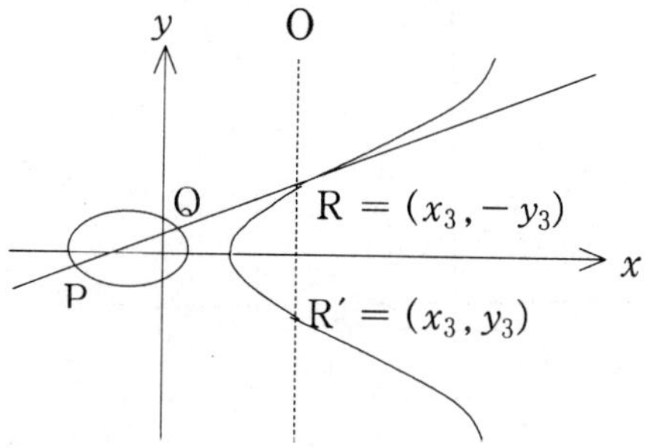

이고, 또 직선 PQ 의 기울기는

$$k = \frac{y_2 - y_1}{x_2 - x_1}$$

이므로 이 직선의 방정식은

$$y = k(x - x_1) + y_1$$

이다. 그리고, 방정식 $y = k(x - x_1) + y_1$ 을 $y^2 = x^3 + ax^2 + bx + c$ 에 대입하여 정리하면, 삼차방정식

$$x^3 + (a - k^2)x^2 + (b + 2k^2x_1 - 2ky_1)x + c - k^2{x_1}^2 + kx_1y_1 - {y_1}^2 = 0$$

을 얻고 x_1, x_2, x_3 는 이 방정식의 근이므로 $x_1 + x_2 + x_3 = -(a - k^2)$ 이고

$$k = \frac{y_1 - (-y_3)}{x_1 - x_3} = \frac{y_1 + y_3}{x_1 - x_3}$$

이므로 다음 결과를 얻는다.

(2) $k = \dfrac{y_2 - y_1}{x_2 - x_1}$, $\quad x_3 = k^2 - a - (x_1 + x_2)$, $\quad y_3 = k(x_1 - x_3) - y_1$

타원곡선 위의 점 $\mathrm{P} = (x_1, y_1)$ 에 대하여, 타원곡선 위의 점

$$\mathrm{Q} = (x_2, y_2), \quad x_2 \neq x_1, \ y_2 \neq -y_1$$

를 택하여 Q 가 타원곡선을 따라 P 에 한없이 접근할 때 직선 PQ 가 한없이 접근하는 직선을 점 P 에서의 **접선**이라 하고 또 다음과 같이 정의하자.

$$\phi(\mathrm{P}, \mathrm{P}) = (\text{사영평면 } PG(2, F) \text{ 안에서 } \mathrm{P} \text{ 에서의 접선이 타원곡선과 새로 만나는 점})$$

이 때, 직선 PQ 의 기울기를 m 이라고 하면, $m(x_2 - x_1) = y_2 - y_1$ 이고 이 직선의 방정식은 $y = m(x - x_1) + y_1$ 이다. 그런데,

$$m(x_2 - x_1)(y_2 + y_1) = y_2{}^2 - y_1{}^2, \qquad y_2 + y_1 \neq 0$$

$$\begin{aligned} y_2{}^2 - y_1{}^2 &= x_2{}^3 - x_1{}^3 + a(x_2{}^2 - x_1{}^2) + b(x_2 - x_1) \\ &= (x_2 - x_1)\{(x_2{}^2 + x_1x_2 + x_1{}^2) + a(x_2 + x_1) + b\} \end{aligned}$$

이므로 다음이 성립한다.

(3) $\qquad m(y_1 + y_2) = x_2{}^2 + x_1x_2 + x_1{}^2 + a(x_2 + x_1) + b$

먼저 $y_1 \neq 0$ 인 경우를 생각해 보자. 이 경우에 점 Q 가 타원곡선을 따라 점 P 에 한없이 접근할 때의 m 의 값을 k 라고 하면, (3) 에서 x_2, y_2 는 각각 x_1, y_1 에 한없이 접근하므로 다음 결과를 얻는다.

(4) $\qquad 2y_1 k = 3x_1{}^2 + 2ax_1 + b, \quad k = \dfrac{3x_1{}^2 + 2ax_1 + b}{2y_1}$

그러므로 $y_1 \neq 0$ 일 때,

$$\mathrm{R} = \phi(\mathrm{P}, \mathrm{P}),$$

$$\mathrm{R}' = \phi(\mathrm{O}, \mathrm{R}) = (x_3, y_3)$$

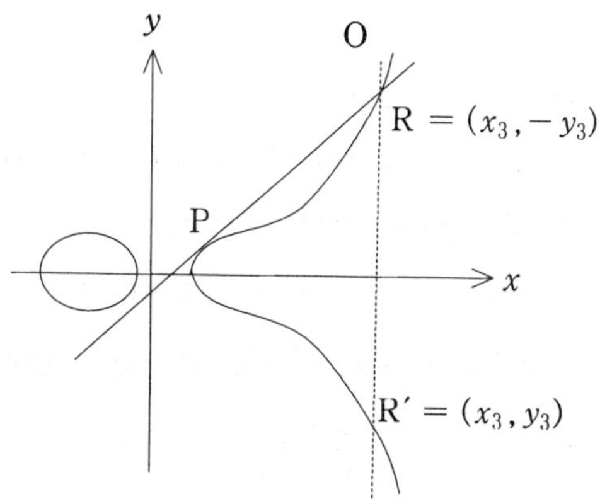

이라고 하면, (1) 에 의하여

$$\mathrm{R} = (x_3, -y_3)$$

이고 또 (2) 에 의하여 다음이 성립한다.

(5) $\qquad \begin{aligned} x_3 &= k^2 - a - 2x_1, \\ y_3 &= k(x_1 - x_3) - y_1 \end{aligned}$

다음에 $y_1 = 0$ 인 경우를 생각해 보자.

이 때, $3x_1{}^2 + 2ax_1 + b \neq 0$ 이다. 실제로, $3x_1{}^2 + 2ax_1 + b = 0$ 이라고 가정하면 $x_1{}^3 + ax_1{}^2 + bx_1 + c = 0$ 이므로

$$\begin{aligned} & x^3 + ax^2 + bx + c \\ &= (x - x_1)\{x^2 + (x_1 + a)x + x_1{}^2 + ax_1 + b\} \\ &= (x - x_1)^2(x + 2x_1 + a) \end{aligned}$$

이고, 이것은 삼차방정식 $x^3 + ax^2 + bx + c = 0$ 이 중근 $x = x_1$ 을 가진다는 것을 뜻하므로 $D \neq 0$ 에 모순된다. 그러므로, $3x_1{}^2 + 2ax_1 + b \neq 0$ 이다.

따라서 점 Q 가 타원곡선을 따라 점 P 에 한없이 접근할 때, 등식

$$m(y_1 + y_2) = x_2{}^2 + x_1x_2 + x_1{}^2 + a(x_2 + x_1) + b$$

에서 좌변은 0 에 접근하고 우변은 $3x_1^2 + 2ax_1 + b \neq 0$ 에 접근하므로 이 경우에 m 의 값은 정해지지 않는다.

그러므로 이 경우에 점 P 에서의 접선의 방정식은 $x = x_1$ 이고, 이 접선은 타원곡선과 P 에서만 만나므로, 점 P 에서의 접선이 타원곡선과 새로 만나는 점은 O 이다. 즉, $\mathrm{P} = (x_1, 0)$ 일 때, $\phi(\mathrm{P}, \mathrm{P}) = \mathrm{O}$ 이다. 이제 집합

$$G(E, F) = \{(x, y) \in F^2 \mid y^2 = x^3 + ax^2 + bx + c\} \cup \{\mathrm{O}\}$$

의 임의의 원소 $\mathrm{P} = (x_1, y_1)$, $\mathrm{Q} = (x_2, y_2)$ 와 O 에 대하여 덧셈을 다음과 같이 정의하자.

(1) $\mathrm{O} + \mathrm{O} = \mathrm{O}$

(2) $\mathrm{O} + \mathrm{P} = \mathrm{P} + \mathrm{O} = \phi(\mathrm{O}, \phi(\mathrm{O}, \mathrm{P})) = P,$

(3) $\mathrm{P} + \mathrm{Q} = \phi(\mathrm{O}, \phi(\mathrm{P}, \mathrm{Q}))$

(3-1) $-\mathrm{P} = (x_1, -y_1)$ 이라면 하면, $P + (-\mathrm{P}) = \mathrm{O}$ 이다.

(3-2) $x_2 \neq x_1$ 일 때, $\mathrm{P} + \mathrm{Q} = \mathrm{Q} + \mathrm{P} = (x_3, y_3)$ 이다. 여기서

$$k = \frac{y_2 - y_1}{x_2 - x_1},$$

$$x_3 = k^2 - a - (x_1 + x_2), \quad y_3 = k(x_1 - x_3) - y_1$$

(3-3) $y_1 \neq 0$ 일 때, $\mathrm{P} + \mathrm{P} = (x_3, y_3)$ 이다. 여기서

$$k = \frac{3x_1{}^2 + 2ax_1 + b}{2y_1},$$

$$x_3 = k^2 - a - 2x_1, \quad y_3 = k(x_1 - x_3) - y_1$$

이제까지 얻은 결과에 의하여 다음 정리가 성립한다.

정리 12.6.1 홀수인 素數 p에 대하여 $F = \mathbb{F}_p = \{0, 1, 2, \cdots, p-1\}$ 또는 $F = \mathbb{R}$ 일 때, 체 F 위의 타원곡선

$$E: \quad y^2 = x^3 + ax^2 + bx + c$$

에 대하여 D를 타원곡선 E의 판별식이라고 하면

$$G(E, F) = \{(x, y) \in F^2 \mid y^2 = x^3 + ax^2 + bx + c\} \cup \{O\}$$

는 앞에서 정의한 덧셈에 관하여 덧셈군을 이룬다(정의 3.4.1).

위의 정리에서 $F = \mathbb{F}_p$인 경우에

$$D = -27c^2 - 4a^3c - 4b^3 + a^2b^2 + 18abc$$

는 素數 p에 따라 다음과 같음을 의미한다.

$$p = 3 \text{ 일 때, } D = 2a^3c + 2b^3 + a^2b^2$$

$$q = 5 \text{ 일 때, } D = 3c^2 + a^3c + b^3 + a^2b^2 + 3abc$$

$$q = 7 \text{ 일 때, } D = c^2 + 3a^3c + 3b^3 + a^2b^2 + 4abc$$

보기 12.6.1 실수체 $\mathbb{R}$ 에서 다음과 같은 타원곡선을 생각해 보자.

$$E: \quad y^2 = x^3 + 1$$

먼저 $D = -27 \neq 0$ 이고 또 덧셈군 $G(E, \mathbb{R})$ 에서 다음이 성립한다.

(1) $\mathrm{P} = (-1, 0)$ 일 때, $\mathrm{P} + \mathrm{P} = \mathrm{O}$ 이다. 즉,

$$-\mathrm{P} = \mathrm{P} = (-1, 0)$$

(2) 타원곡선 E 위의 두 점

$$\mathrm{P} = (x_1, y_1) = (-1, 0), \qquad \mathrm{Q} = (x_2, y_2) = (0, 1)$$

에 대하여 직선 PQ의 방정식은 $y = x + 1$ 이고, 또 이 직선이 E와 새로 만나는 점은 $\mathrm{R} = (2, 3)$ 이므로 $\mathrm{P} + \mathrm{Q}$ 는 다음과 같다.

$$\mathrm{P} + \mathrm{Q} = (2, -3)$$

실제로,

$$\mathrm{P}+\mathrm{Q} = (x_3, y_3)$$

이라고 할 때, 다음이 성립한다.

$$k = \frac{y_2 - y_1}{x_2 - x_1} = \frac{1-0}{0+1} = 1,$$

$$x_3 = k^2 - a - (x_1 + x_2)$$

$$= 1 - 0 - (-1+0) = 2,$$

$$y_3 = k(x_1 - x_3) - y_1$$

$$= (-1-2) - 0 = -3$$

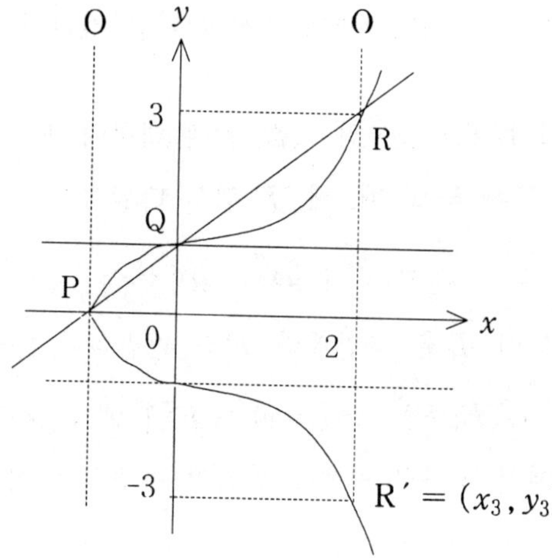

(3) 타원곡선 위의 점 $\mathrm{Q} = (0, 1)$ 에서의 접선의 기울기는 $k = \dfrac{3{x_1}^2}{2y_1} = 0$ 이므로 접선의 방정식은 $y = 1$ 이다.

또, $y = 1$ 을 $y^2 = x^3 + 1$ 에 대입하여 얻은 방정식 $x^3 = 0$ 은 삼중근 $x = 0$ 을 가지므로 접선과 타원곡선과의 교점은 $\mathrm{Q} = (0, 1)$ 이고, 따라서 $2\mathrm{Q} = \mathrm{Q} + \mathrm{Q} = (0, -1)$ 이다.

보기 12.6.2 체 $\mathbb{F}_5 = \{0, 1, 2, 3, 4\}$ 위에서의 타원곡선

$$E: \quad y^2 = x^3 + 1$$

에 대하여 $D = 3c^2 + a^3c + b^3 + a^2b^2 + 3abc = 3 \neq 0$ 이다.

그리고, 체 $\mathbb{F}_5$ 에서

$$0^2 = 0, \quad (\pm 1)^2 = 1, \quad (\pm 2)^2 = 4$$

이므로 (x, y) 가 이 타원곡선 위의 점일 때 다음이 성립한다.

$x = 0$ 일 때 $y^2 = 0^3 + 1 = 1$ 이므로 $y = 1$, $y = -1 = 4$ 이다.

$x = 1$ 일 때 $y^2 = 1^3 + 1 = 2$ 이고 이러한 y 는 존재하지 않는다.

$x = 2$ 일 때 $y^2 = 2^3 + 1 = 4$ 이므로 $y = 2$, $y = -2 = 3$ 이다.

$x = 3$ 일 때 $y^2 = 3^3 + 1 = 3$ 이고 이러한 y 는 존재하지 않는다.

$x = 4 = -1$ 일 때 $y^2 = (-1)^3 + 1 = 0$ 이므로 $y = 0$ 이다.

따라서 $G(E, \mathbb{F}_5)$는 다음과 같은 덧셈군이다.

$$G(E, \mathbb{F}_5) = \{(0, 1), (0, 4), (2, 2), (2, 3), (4, 0), O\}$$

그리고, 다음이 성립한다.

(1) $P = (4, 0)$ 이면, $-P = P$ 이다.

(2) $P = (2, 3)$, $Q = (4, 0)$ 일 때, $P + Q = (x_3, y_3)$ 이라고 하면 다음이 성립한다

$$k = \frac{y_2 - y_1}{x_2 - x_1} = \frac{-3}{2} = 2 \cdot 2^{-1} = 2 \cdot 3 = 1,$$

$$x_3 = k^2 - (x_1 + x_2) = 1^2 - (2+4) = 1 - 1 = 0,$$

$$y_3 = k(x_1 - x_3) - y_1 = 2 - 3 = -1 = 4$$

따라서 $P + Q = (0, 4)$ 이다.

(3) $P = (2,3)$ 일 때, $2P = P + P = (x_3, y_3)$ 이라고 하면 다음이 성립한다.

$$k = \frac{3{x_1}^2}{2y_1} = \frac{3 \cdot 2^2}{2 \cdot 3} = \frac{2}{1} = 2,$$

$$x_3 = k^2 - 2x_1 = 0,$$

$$y_3 = k(x_1 - x_3) - y_1 = 1$$

따라서 $2P = (0, 1)$ 이다.

(4) 마찬가지로,

$$3P = 2P + P = (4, 0), \qquad 4P = 3P + P = (0, 4),$$

$$5P = 4P + P = (2, 2), \qquad 6P = 5P + P = O$$

이고, 따라서 다음이 성립한다

$$G(E, \mathbb{F}_5) = \{O, P, 2P, 3P, 4P, 5P\}, \qquad 6P = O$$

일반적인 Galois 체 $\mathbb{F}_q$ 위의 타원곡선 E에 대한 덧셈군 $G(E, \mathbb{F}_q)$에 대해서는 [6]의 §4.4 를 참조하기 바란다.

연 습 문 제 (12.6)

1. 실수체 $\mathbb{R}$ 위에서의 타원곡선 $y^2 = x^3 - x^2 - 4x + 8$ 위의 세 점

$$\mathrm{P} = (1, 2), \quad \mathrm{Q} = (-2, 2), \quad \mathrm{R} = (2, 2)$$

에 대하여 다음이 성립함을 증명하여라.

(1) $\mathrm{P} + \mathrm{Q} = (2, -2)$ (2) $2\mathrm{R} = (-2, 2) = \mathrm{Q}$

2. 실수체 $\mathbb{R}$ 위에서의 타원곡선 $y^2 = x^3 + x^2 + 4x + 4$ 위의 점 $\mathrm{P} = (4, 10)$ 에 대하여 $2\mathrm{P}$, $3\mathrm{P}$, $4\mathrm{P}$ 를 구하여라.

3. 실수체 $\mathbb{R}$ 위에서의 타원곡선 $y^2 = x^3 + x^2 + 2x$ 위의 두 점 $\mathrm{P} = (0, 0)$, $\mathrm{Q} = (1, 2)$ 에 대하여 $2\mathrm{P}$, $\mathrm{P} + \mathrm{Q}$ 를 구하여라.

4. 체 $\mathbb{F}_7 = \{0, 1, 2, 3, 4, 5, 6\}$ 위에서의 타원곡선

$$E : \quad y^2 = x^3 + 3$$

에 대하여 다음이 성립함을 증명하여라.

(1) $G(E, \mathbb{F}_7) = \{(1, 2), (1, 5), (2, 2), (2, 5), (3, 3), (3, 4),$
$(4, 2), (4, 5), (5, 3), (5, 4), (6, 3), (6, 4), \mathrm{O}\}$

(2) $\mathrm{P} = (1, 2)$ 일 때, $2\mathrm{P} = \mathrm{P} + \mathrm{P} = (6, 3)$, $3\mathrm{P} = (2, 2)$ 이다.

5. 체 $\mathbb{F}_{11} = \{0, 1, \cdots, 9, 10\}$ 위에서의 타원곡선

$$E : \quad y^2 = x^3 + x + 6$$

에 대하여 다음이 성립함을 확인하여라.

(1) $G(E, \mathbb{F}_{11}) = \{(2, 4), (2, 7), (3, 5), (3, 6), (5, 2), (5, 9),$
$(7, 2), (7, 9), (8, 3), (8, 8), (10, 2), (10, 9), \mathrm{O}\}$

(2) $\mathrm{P} = (2, 4)$ 일 때, $2\mathrm{P} = (5, 9)$, $3\mathrm{P} = (8, 8)$, $6\mathrm{P} = (7, 2)$ 이다.

6. 체 $\mathbb{F}_5$ 위에서 $G = \{(x, y) \in {\mathbb{F}_5}^2 \mid x^2 + y^2 = 1\}$ 의 원소를 결정하여라.

§12.7 타원곡선을 이용한 암호체계

타원곡선에 대한 이론은 오래 전부터 광범위하게 연구되어 왔으나, 최근에 이르러 타원곡선을 이용한 암호체계와 타원곡선을 이용한 정수의 인수분해 알고리즘에 대한 연구가 활발히 진행되고 있다.

이 절에서는, 타원곡선을 이용한 여러 가지 공개 열쇠 암호체계에 대하여 간단히 논하기로 한다. 타원곡선을 이용한 정수의 인수분해 알고리즘에 대해서는 [해설1207]을 참조하기 바란다.

정수 p가 홀수인 素數일 때, 체 $\mathbb{F}_p = \{0, 1, \cdots, p-1\}$ 위에서 타원곡선

$$E: \quad y^2 = x^3 + ax^2 + bx + c$$

에 대하여 덧셈군 $G(E, \mathbb{F}_p)$이 정의된다(정리 12.6.1). 그리고, 이 덧셈군의 원소의 개수가 N이면, 이 덧셈군의 모든 원소 P에 대하여 다음이 성립한다.

$$N\mathrm{P} = \mathrm{P} + \cdots + \mathrm{P} = O \qquad (\text{P가 } N\text{개})$$

다음은 타원곡선의 특성을 이용하여 비밀 열쇠를 교환하는 프로토콜(通信規約, protocol)을 제시해 주고 있다.

[1] 열쇠 교환

두 사용자 A, B가 동일한 비밀 열쇠를 서로 교환하기 위하여, 먼저 적당한 체 $\mathbb{F}_p$와 적당한 타원곡선 E를 정하고 덧셈군 $G(E, \mathbb{F}_p)$의 원소 중에서 한 원소 P를 정하여 $\mathbb{F}_p, E$, P를 공개한다.

(1) 사용자 A는 양의 정수 r를 임의로 택하여 $\mathrm{Q}_1 = r\mathrm{P}$인 Q_1을 구하고 이것을 B에게 보낸다.

(2) 사용자 B는 양의 정수 s를 임의로 택하여 $\mathrm{Q}_2 = s\mathrm{P}$인 Q_2를 구하고 이것을 A에게 보낸다.

(3) 사용자 A는 $\mathrm{R} = r\mathrm{Q}_2$인 R를 구하여 R를 열쇠로 사용한다.

(4) 사용자 B는 $\mathrm{R} = s\mathrm{Q}_1$인 R를 구하여 R를 열쇠로 사용한다.

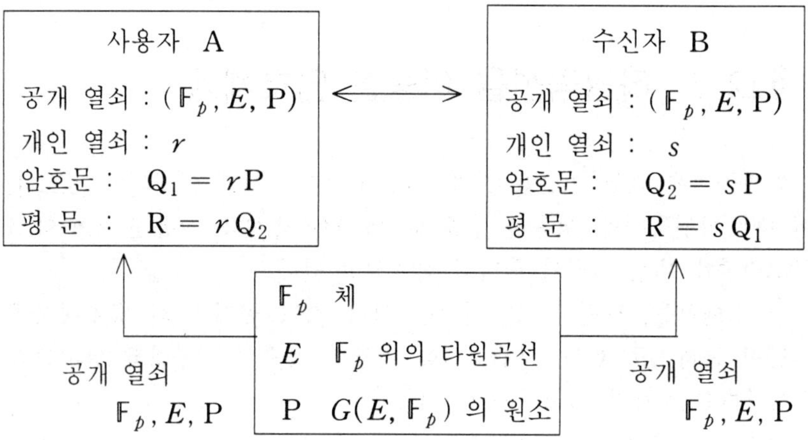

앞의 단계 (3) 과 단계 (4) 에서

$$rQ_2 = r(sP) = rsP = s(rP) = sQ_1$$

이므로, 이 두 단계에서 구한 R 는 일치한다.

그리고 $\mathbb{F}_p$, E 와 P 를 적절히 택하면, 공격자가 Q_1, Q_2 를 탐지하더라도 열쇠 R 를 알아낼 수는 없다. 실제로, R 를 구하려면 r 또는 s 의 값을 알아야 하는데, Q_1, Q_2 를 이용하여 합당한 시간 안에 r 또는 s 의 값을 구하기가 대단히 어렵다.

보기 12.7.1 체 $\mathbb{F}_{11} = \{0, 1, 2, \cdots, 9, 10\}$ 위에서의 타원곡선

$$E : \quad y^2 = x^3 + x + 6$$

에 대하여 $G(E, \mathbb{F}_{11})$ 은 다음과 같은 덧셈군이다(문제 12.6.5).

$$G(E, \mathbb{F}_{11}) = \{(2,4), (2,7), (3,5), (3,6), (5,2), (5,9), (7,2), (7,9), (8,3), (8,8), (10,2), (10,9)\} \cup \{O\}$$

그리고, $P = (2, 4)$ 에 대하여 다음이 성립한다.

$$G(E, \mathbb{F}_{11}) = \{P, 2P, \cdots, 12P, O\}, \quad 13P = O$$

이제 두 사용자 A, B 가 같은 비밀 열쇠를 서로 교환하기 위하여 덧셈군 $G(E, \mathbb{F}_{11})$ 의 원소 중에서 $P = (2, 4)$ 를 택하고 $\mathbb{F}_{11}$, E, P 를 공개한다.

(1) 사용자 A 는 $r = 2$ 를 택하여

$$Q_1 = rP = 2(2, 4)$$

를 구하면 $Q_1 = (5, 9)$ 이고, 이것을 B 에게 보낸다.

(2) 사용자 B 는 $s = 3$ 를 택하여

$$Q_2 = sP = 3(2, 4)$$

를 구하면 $Q_2 = (8, 8)$ 이고, 이것을 A 에게 보낸다.

(3) 사용자 A 는

$$R = rQ_2 = 2(8, 8) = (7, 2)$$

를 구하여 R 를 열쇠로 사용한다.

(4) 사용자 B 는

$$R = sQ_1 = 3(5, 9) = (7, 2)$$

를 구하여 R 를 열쇠로 사용한다.

위의 (1) 과 (2) 에서 Q_1, Q_2 는 다음과 같이 구한다(정리 12.6.1).

(1) $Q_1 = rP = 2P = P + P$

$$k = \frac{3x_1{}^2 + 2ax_1 + b}{2y_1} = \frac{3 \cdot 2^2 + 1}{2 \cdot 4} = 2 \cdot 8^{-1} = 2 \cdot 7 = 3,$$

$$x_3 = k^2 - a - 2x_1 = 3^2 - 2 \cdot 2 = 9 - 4 = 5,$$

$$y_3 = k(x_1 - x_3) - y_1 = 3(2-5) - 4 = -9 - 4 = 9$$

$$Q_1 = rP = 2P = P + P = (5, 9)$$

(2) $Q_2 = sP = 3P = P + 2P$

$$k = \frac{y_2 - y_1}{x_2 - x_1} = \frac{9-4}{5-2} = 5 \cdot 3^{-1} = 5 \cdot 4 = 9,$$

$$x_3 = k^2 - a - (x_1 + x_2) = 9^2 - (2+5) = 4 - 7 = 8,$$

$$y_3 = k(x_1 - x_3) - y_1 = 9(2-8) - 4 = 9 \cdot 5 - 4 = 1 - 4 = 8$$

$$Q_2 = 3(2, 4) = P + 2P = (2, 4) + (5, 9) = (8, 8)$$

다음 프로토콜은 §3.8 에서 논한 ElGamal 암호체계를 덧셈군 $G(E, \mathbb{F}_p)$ 를 이용한 프로토콜로 바꾸어 놓은 것이다.

[2] ElGamal 암호체계

(1) 수신자 A 는 적당한 체 $\mathbb{F}_p = \{0, 1, \cdots, p-1\}$와 이 체 위에서의 적당한 타원곡선 E를 정하고 덧셈군 $G(E, \mathbb{F}_p)$의 원소 중에서 적당한 원소 P 를 정한다.

그리고, 양의 정수 r를 임의로(randomly) 택하고 $\mathrm{Q} = r\mathrm{P}$를 구하여 $\mathbb{F}_p, E$, P, Q 는 공개하고 r는 공개하지 않는다.

즉, 사용자 A 의 공개 열쇠는 $\mathbb{F}_p$, E, P, Q 이고 비밀 열쇠는 r이다.

(2) 송신자 U 는 사용자 A 에게 전송할 평문을 덧셈군 $G(E, \mathbb{F}_p)$의 원소 R 로 나타낸다.

(3) 송신자 U 는 양의 정수 s를 임의로 택하고, 평문 R 에 대한 암호문

$$(s\mathrm{P},\ \mathrm{R} + s\mathrm{Q})$$

를 구하고 이것을 A 에게 전송한다.

(4) 수신자 A 는 자신의 비밀 열쇠 r를 이용하여

$$(\mathrm{R} + s\mathrm{Q}) - r(s\mathrm{P}) = \mathrm{R} + sr\mathrm{P} - rs\mathrm{P} = \mathrm{R}$$

를 구하고 이로부터 평문 R 를 얻는다.

여기서 $\mathbb{F}_p$, E, P, r, Q 는 A 에 따라 달라지고 s는 U 에 따라 달라진다.

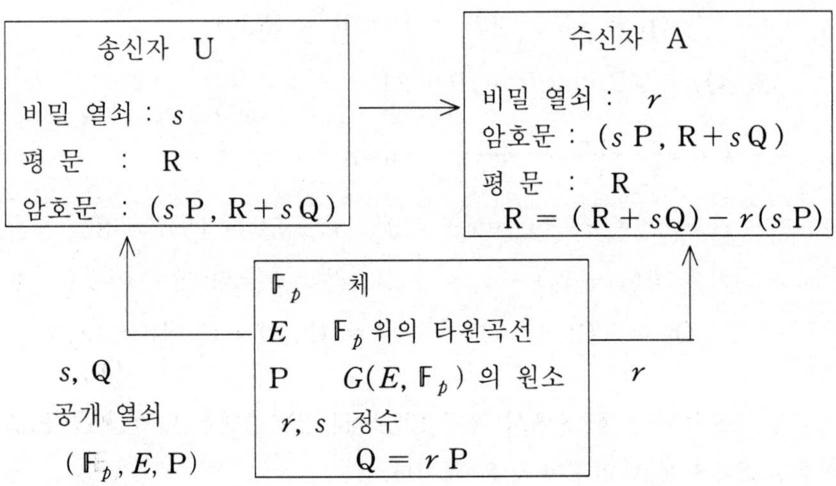

이 암호체계에서 공격자가 $s\mathrm{P}$, $rs\mathrm{P}$ 를 알고 있더라도

$$rs\mathrm{P} = r(s\mathrm{P})$$

로부터 r 를 구하려면 타원곡선에 대한 문제를 해결해야 한다.

이 암호체계는 실용적인 면에서 대단히 유용하다.

보기 12.7.2 체 $\mathbb{F}_{11} = \{0, 1, 2, \cdots, 9, 10\}$ 에서의 타원곡선

$$E:\ y^2 = x^3 + x + 6$$

에 대하여 덧셈군 $G(E, \mathbb{F}_{11})$ 은 다음과 같다(문제 12.6.5 참조).

$$G(E, \mathbb{F}_{11}) = \{(2,4), (2,7), (3,5), (3,6), (5,2), (5,9), (7,2), (7,9), (8,3), (8,8), (10,2), (10,9)\} \cup \{\mathrm{O}\}$$

수신자 A 는 덧셈군 $G(E, \mathbb{F}_{11})$ 의 원소 중에서 $\mathrm{P} = (2, 4)$ 를 택하고 또 $\mathbb{F}_{11}$, E, P 를 공개한다. 그리고, $r = 5$ 를 택하고

$$\mathrm{Q} = r\mathrm{P} = 5(2, 4) = (3, 5)$$

를 구하여 Q 는 공개하고 r 는 공개하지 않는다.

송신자 U 가 수신자 A 에게 전송할 평문이

$$\mathrm{R} = (8, 3)$$

일 때, 송신자 U 는 $s = 3$ 를 택하여

$$s\mathrm{P} = 3(2, 4) = (8, 8),$$

$$\mathrm{R} + s\mathrm{Q} = (8, 3) + 3(3, 5) = (8, 3) + (5, 9) = (2, 7)$$

를 계산하고 암호문 $(s\mathrm{P}, \mathrm{R} + s\mathrm{Q})$ 를 A 에게 전송한다.

수신자 A 는 자신의 비밀 열쇠 $r = 5$ 를 이용하여

$$(\mathrm{R} + s\mathrm{Q}) - r(s\mathrm{P}) = (2, 7) - 5(8, 8)$$

를 구하고 이로부터 평문 $\mathrm{R} = (8, 3)$ 를 얻는다.

다음에 소개할 Massey-Omura 암호체계는 덧셈군 $G(E, \mathbb{F}_p)$ 의 특성에 근거를 두고 있다(§3.8 참조).

[3] Massey-Omura 암호체계

송신자 U 가 수신자 A 에게 비밀 전문을 보내려면, 먼저 적당한 素數 p 에 대한 체 $\mathbb{F}_p = \{0, 1, \cdots, p-1\}$를 택하여 $\mathbb{F}_p$를 공개하고 다음 여섯 단계의 절차를 밟는다.

(1) 수신자 A 는 적당한 체 $\mathbb{F}_p$ 위의 적당한 타원곡선 E 를 정하여 $\mathbb{F}_p$, E 와 덧셈군 $G(E, \mathbb{F}_p)$ 의 원소의 개수 N 을 공개한다. 그리고,

$$\gcd(e_A, N) = 1, \qquad 1 \le e_A < N$$

인 정수 e_A 를 택하고

$$e_A d_A \equiv 1 \pmod{N}, \qquad 1 \le d_A < N$$

인 정수 d_A 를 구하여 e_A 와 d_A 는 공개하지 않는다.

(2) 송신자 U 는

$$\gcd(e_U, N) = 1, \qquad 1 \le e_U < N$$

인 정수 e_U 를 택하고

$$e_U d_U \equiv 1 \pmod{N}, \qquad 1 \le d_U < N$$

인 정수 d_U 를 구하여 e_U 와 d_U 는 공개하지 않는다.

(3) 송신자 U 는 A 에게 보내려는 평문을 $G(E, \mathbb{F}_p)$ 의 원소 P 로 나타내고, e_U 를 이용하여 $e_U \mathrm{P}$ 를 계산하여 이 결과를 A 에게 보낸다.

(4) 수신자 A 는 수신한 $e_U \mathrm{P}$ 와 자신의 비밀 열쇠 e_A 를 이용하여

$$\mathrm{Q} = e_A (e_U \mathrm{P})$$

를 구하고 Q 를 U 에게 보낸다.

(5) 송신자 U 는 수신한 Q 와 자신의 비밀 열쇠 d_U 를 이용하여

$$\mathrm{R} = d_U \mathrm{Q}$$

를 계산하고 R 를 A 에게 보낸다.

(6) 수신자 A 는 수신한 R 와 비밀 열쇠 d_A 를 이용하여

$$d_A \mathrm{R} = d_A e_A \mathrm{P} = \mathrm{P}$$

를 구하고 이로부터 평문 P 를 얻는다.

앞의 두 단계 (5), (6) 에서

$$d_{\mathrm{U}} e_{\mathrm{U}} \equiv 1 \pmod{N},$$
$$d_{\mathrm{A}} e_{\mathrm{A}} \equiv 1 \pmod{N}$$

이고 또 $N\mathrm{P} = \mathrm{O}$ 이다. 따라서

$$(d_{\mathrm{U}} e_{\mathrm{U}})\mathrm{P} = \mathrm{P}, \quad (d_{\mathrm{A}} e_{\mathrm{A}})\mathrm{P} = \mathrm{P},$$
$$\mathrm{Q} = e_{\mathrm{A}}(e_{\mathrm{U}}\mathrm{P})$$

이므로 다음이 성립한다.

$$\begin{aligned} \mathrm{R} = d_{\mathrm{U}}\mathrm{Q} &= d_{\mathrm{U}} e_{\mathrm{A}}(e_{\mathrm{U}}\mathrm{P}) \\ &= e_{\mathrm{A}}(d_{\mathrm{U}} e_{\mathrm{U}})\mathrm{P} = e_{\mathrm{A}}\mathrm{P}, \end{aligned}$$
$$d_{\mathrm{A}}\mathrm{R} = d_{\mathrm{A}} e_{\mathrm{A}}\mathrm{P} = \mathrm{P}$$

이 프로토콜에서 공격자가

$$e_{\mathrm{U}}\mathrm{P}, \quad e_{\mathrm{A}}\mathrm{P}, \quad e_{\mathrm{A}} e_{\mathrm{U}}\mathrm{P}$$

를 알고 있을 때, 등식

$$(e_{\mathrm{A}} e_{\mathrm{U}})\mathrm{P} = e_{\mathrm{A}}(e_{\mathrm{U}}\mathrm{P}),$$
$$(e_{\mathrm{A}} e_{\mathrm{U}})\mathrm{P} = e_{\mathrm{U}}(e_{\mathrm{A}}\mathrm{P})$$

를 이용하여 비밀 열쇠 e_{A}, e_{U} 의 값을 얻으려면, 타원곡선에 대한 문제를 풀어야 한다.

또, 이 암호체계를 이용하려면 먼저 유한 덧셈군 $G(E, \mathbb{F}_p)$ 의 원소의 개수 N 을 결정하여야 하는데, 이 문제는 일반적으로 어렵다.

연 습 문 제 (12.7)

1. 사용자 A 가 체 $\mathbb{F}_{11} = \{0, 1, 2, \cdots, 9, 10\}$ 위의 타원곡선

$$E : \; y^2 = x^3 + x + 6$$

에 대하여 덧셈군 $G(E, \mathbb{F}_{11})$ 의 원소의 개수가 13 임을 공개하고 또 사용자 A 와 U 가 각각

$$e_{\mathrm{A}} = 3, \quad e_{\mathrm{U}} = 5$$

를 택할 때 다음이 성립함을 확인하여라.

(1) 두 정수 d_{A}, d_{U} 를 각각

$$e_{\mathrm{A}} d_{\mathrm{A}} \equiv 1 \pmod{13}, \qquad 1 \le d_{\mathrm{A}} \le 12,$$
$$e_{\mathrm{U}} d_{\mathrm{U}} \equiv 1 \pmod{13}, \qquad 1 \le d_{\mathrm{U}} \le 12$$

인 정수라고 할 때, $d_{\mathrm{A}} = 9$, $d_{\mathrm{U}} = 8$ 이다.

(2) $\mathrm{P} = (2, 4)$ 일 때,

$$e_{\mathrm{U}}\,\mathrm{P} = (3, 5)$$

이고 또 $\mathrm{Q} = e_{\mathrm{A}}(e_{\mathrm{U}}\,\mathrm{P})$ 이라고 하면 $\mathrm{Q} = (5, 9)$ 이다.

(3) $\mathrm{Q} = (5, 9)$ 일 때, $\mathrm{R} = d_{\mathrm{U}}\,\mathrm{Q}$ 라고 하면 $\mathrm{R} = (8, 8)$ 이다.

(4) $\mathrm{R} = (8, 8)$ 일 때, $d_{\mathrm{A}}\,\mathrm{R} = (2, 4)$ 이다.

제 13 장

관계와 반순서

이 장에서는, 관계, 관계의 합성, 관계의 행렬 표현, 동치 관계, 동치관계에 의한 분할에 대하여 논하고 또 반순서와 반순서 집합과 격자의 특성에 대하여 논한다.

이 장의 논하는 관계의 행렬 표현과 격자에 대해서는 제 14 장에서도 다시 논한다.

§13.1 관 계

이 절에서는, 두 집합의 원소 사이의 관계에 대하여 논한다.

정의 13.1.1 공집합이 아닌 두 집합 A, B에 대하여 곱집합

$$A \times B = \{(a,\ b) \mid a \in A,\ b \in B\}$$

의 부분집합 R를 A에서 B로의 **이항관계**(二項關係, binary relation) 또는 간단히 **관계**(關係, relation)라고 한다.

그리고, $(a,\ b) \in R$일 때, 'a는 b에 관계 있다.' 고 말하고 이 사실을

$$a\,R\,b$$

로 나타낸다. 한편, $(a,\ b) \notin R$일 때 이 사실을 $a \not R\, b$로 나타낸다.

보기 13.1.1 두 집합 $A = \{1, 2\}$, $B = \{1, 2, 3\}$에 대하여 곱집합

$$A \times B = \{(1,\ 1),\ (1,\ 2),\ (1,\ 3),\ (2,\ 1),\ (2,\ 2),\ (2,\ 3)\}$$

의 부분집합

$$R = \{(a,\ b) \in A \times B \mid a < b\},$$
$$S = \{(a,\ b) \in A \times B \mid a \mid b\}$$

는 모두 A에서 B로의 관계이다. 그런데,

$$1 \not< 1,\ \ 1 < 2,\ \ 1\ \ 3,\ \ 2 \not< 1,\ \ 2 \not< 2,\ \ 2 < 3$$
$$1 \mid 1,\ \ 1 \mid 2,\ \ 1 \mid 3,\ \ 2 \nmid 1,\ \ 2 \mid 2,\ \ 2 \nmid 3$$

이므로 R와 S는 다음과 같다.

$$R = \{(1,\ 2),\ (1,\ 3),\ (2,\ 3)\},$$
$$S = \{(1,\ 1),\ (1,\ 2),\ (1,\ 3),\ (2,\ 2)\}$$

보기 13.1.2 함수 $f: A \longrightarrow B$에 대하여

$$R = \{(a,\ f(a)) \mid a \in A\}$$

는 집합 A에서 집합 B로의 관계이다.

앞의 정의에서 $U = A \times B$ 라고 할 때, A 에서 B 로의 관계 전체의 집합은 U 의 멱집합 $\mathscr{P}(U)$ 와 일치한다. 따라서 A 에서 B 로의 관계 R, S 에 대하여 $R \cup S$ 와 $R \cap S$ 는 A 에서 B 로의 관계이다.

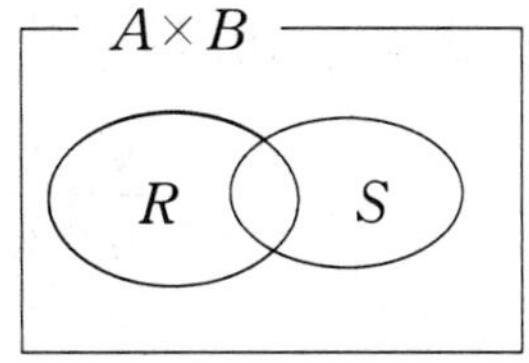

보기 13.1.3 집합 $A = \{1, 2, 3, 4\}$ 에서 집합 $B = \{1, 2, 3\}$ 로의 관계

$$R_1 = \{(1,1), (2,2), (3,3), (4,1)\},$$
$$R_2 = \{(1,1), (2,2), (4,3)\}$$

에 대하여 다음 집합은 모두 A 에서 B 로의 관계이다.

$$R_1 \cup R_2 = \{(1,1), (2,2), (3,3), (4,1), (4,3)\},$$
$$R_1 \cap R_2 = \{(1,1), (2,2)\}, \ R_1 - R_2 = \{(3,3), (4,1)\}$$

정의 13.1.2 관계 R 가 A 에서 B 로의 관계일 때,

$$R^T = \{(b, a) \in B \times A \mid (a, b) \in R\}$$

는 B 에서 A 로의 관계이다.

관계 R^T 를 관계 R 의 **전치관계**(轉置關係, transpose)라고 한다.

유한집합 A 에서 유한집합 B 로의 관계는 A, B 의 원소를 꼭지점으로 가지는 유향 그래프로 나타낼 수 있다(정의 9.1.3 참조).

보기 13.1.4 집합 $A = \{1, 2, 3\}$ 에서 집합 $B = \{b, c\}$ 로의 관계

$$R = \{(1, b), (1, c), (2, b), (3, c)\}$$

의 전치관계는 다음과 같다.

$$R^T = \{(b, 1), (c, 1), (b, 2), (c, 3)\}$$

오른쪽 그림은 위의 그림에서 화살표의 방향을 바꾸어 놓은 것이다.

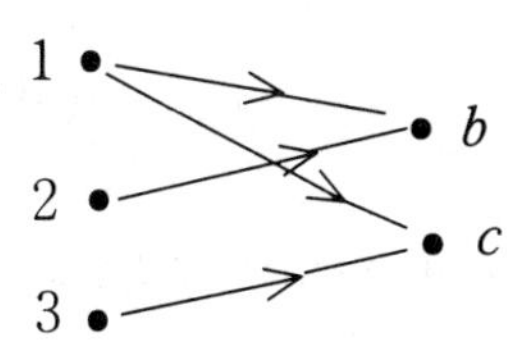

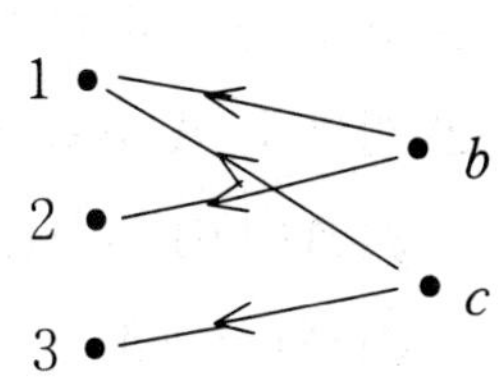

집합 $\mathbb{B} = \{0, 1\}$ 위에 두 연산 $\vee, \wedge$ 을 다음과 같이 정의하자.

$\vee$	0	1
0	0	1
1	1	1

$\wedge$	0	1
0	0	0
1	0	1

$$0 \vee 0 = 0, \quad 0 \vee 1 = 1 \vee 0 = 1 \vee 1 = 1,$$
$$0 \wedge 0 = 0 \wedge 1 = 1 \wedge 0 = 0, \quad 1 \wedge 1 = 1$$

또, 양의 정수 n 에 대하여 집합 $\mathbb{B}^n = \{(b_1, \cdots, b_n) \mid b_1, \cdots, b_n \in \mathbb{B}\}$ 위에 두 연산 $\vee, \wedge$ 을 다음과 같이 정의하자.

$$(b_1, \cdots, b_n) \vee (c_1, \cdots, c_n) = (b_1 \vee c_1, \cdots, b_n \vee c_n),$$
$$(b_1, \cdots, b_n) \wedge (c_1, \cdots, c_n) = (b_1 \wedge c_1, \cdots, b_n \wedge c_n)$$

보기 13.1.5 집합 $\mathbb{B}^3$ 에서 다음이 성립한다.

$$(1,1,0) \vee (0,1,1) = (1 \vee 0, 1 \vee 1, 0 \vee 1) = (1,1,1),$$
$$(0,1,0) \vee (1,0,0) = (0 \vee 1, 1 \vee 0, 0 \vee 0) = (1,1,0),$$
$$(0,1,0) \wedge (1,0,0) = (0 \wedge 1, 1 \wedge 0, 0 \wedge 0) = (0,0,0)$$

유한집합에 대하여 다음이 성립함을 쉽게 확인할 수 있다.

정리 13.1.3 유한집합 U 에 대하여 $U = \{x_1, \cdots, x_n\}$, $|U| = n$ 이라고 할 때, 사상 $\phi : \mathscr{P}(U) \longrightarrow \mathbb{B}^n$ 를 다음과 같이 정의하자.

$$\phi(A) = (b_1, \cdots, b_n), \quad b_i = \begin{cases} 0 & (x_i \notin A \text{ 일 때}) \\ 1 & (x_i \in A \text{ 일 때}) \end{cases}$$

이 때, 다음이 성립한다.

(1) ϕ 는 일대일 대응이다. 특히, $|\mathscr{P}(U)| = |\mathbb{B}^n| = 2^n$ 이다.

(2) 임의의 $A, B \in \mathscr{P}(U)$ 에 대하여 다음 등식이 성립한다.

$$\phi(A \cup B) = \phi(A) \vee \phi(B), \quad \phi(A \cap B) = \phi(A) \wedge \phi(B),$$
$$\phi(\varnothing) = (0, \cdots, 0), \quad \phi(U) = (1, \cdots, 1)$$

보기 13.1.6 집합 $U = \{a, b\}$ 의 멱집합 $\mathscr{P}(U)$ 에 대하여 정리 13.1.3 에서와 같이 사상 $\phi : \mathscr{P}(U) \longrightarrow \mathbb{B}^2$ 를 정의하면 다음이 성립한다.

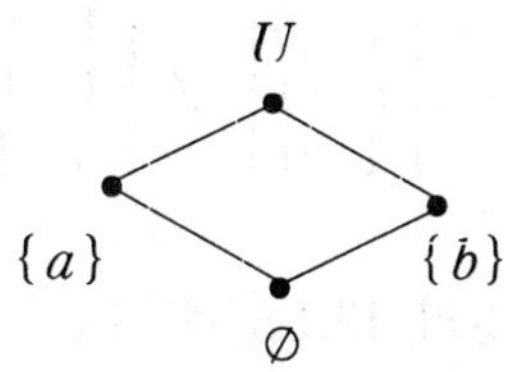

$$\phi(U) = (1,1),$$
$$\phi(\{a\}) = (1,0), \quad \phi(\{b\}) = (0,1),$$
$$\phi(\varnothing) = (0,0)$$
$$\phi(\{a\} \cup \{b\}) = \phi(U) = (1,1),$$
$$\phi(\{a\}) \vee \phi(\{b\}) = (1,0) \vee (0,1) = (1,1)$$
$$\phi(\{a\} \cap \{b\}) = \phi(\varnothing) = (0,0),$$
$$\phi(\{a\}) \wedge \phi(\{b\}) = (1,0) \wedge (0,1) = (0,0)$$

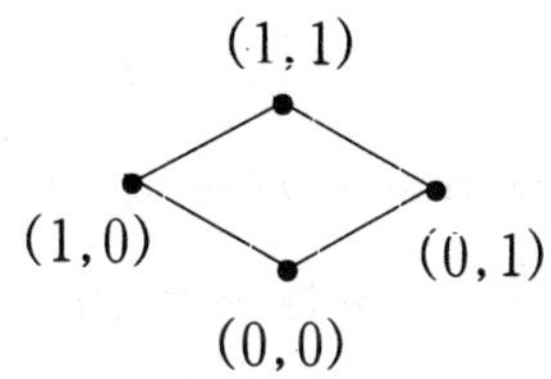

정의 13.1.4 집합 $\mathbb{B} = \{0, 1\}$ 의 원소를 성분으로 가지는 행렬

$$\begin{bmatrix} r_{11} & r_{12} & \cdots & r_{1n} \\ r_{21} & r_{22} & \cdots & r_{2n} \\ \vdots & \cdots & \vdots & \\ r_{m1} & r_{m2} & \cdots & r_{mn} \end{bmatrix} \qquad (r_{ij} \in \mathbb{B})$$

을 $\mathbb{B}$ 위의 $m \times n$ 행렬이라 하고 이것을 간단히 $[r_{ij}]_{m \times n}$ 으로 나타낸다.

그리고, $\mathbb{B}$ 위의 $m \times n$ 행렬 전체의 집합을 $\mathrm{Mat}_{m \times n}(\mathbb{B})$ 로 나타내고, 또 이 집합 위에 두 연산 $\vee$, $\wedge$ 을 다음과 같이 정의하자.

$$[r_{ij}]_{m \times n} \vee [s_{ij}]_{m \times n} = [r_{ij} \vee s_{ij}]_{m \times n}$$
$$= \begin{bmatrix} r_{11} \vee s_{11} & \cdots & r_{1n} \vee s_{1n} \\ r_{21} \vee s_{21} & \cdots & r_{2n} \vee s_{2n} \\ \vdots & \cdots & \vdots \\ r_{m1} \vee s_{m1} & \cdots & r_{mn} \vee s_{mn} \end{bmatrix},$$

$$[r_{ij}]_{m \times n} \wedge [s_{ij}]_{m \times n} = [r_{ij} \wedge s_{ij}]_{m \times n}$$
$$= \begin{bmatrix} r_{11} \wedge s_{11} & \cdots & r_{1n} \wedge s_{1n} \\ r_{21} \wedge s_{21} & \cdots & r_{2n} \wedge s_{2n} \\ \vdots & \cdots & \vdots \\ r_{m1} \wedge s_{m1} & \cdots & r_{mn} \wedge s_{mn} \end{bmatrix}$$

보기 13.1.7 집합 $\mathrm{Mat}_{3\times 2}(\mathbb{B})$ 에서 다음이 성립한다.

$$\begin{bmatrix}1&0\\0&1\\1&1\end{bmatrix}\vee\begin{bmatrix}1&0\\1&0\\0&1\end{bmatrix}=\begin{bmatrix}1&0\\1&1\\1&1\end{bmatrix},\quad \begin{bmatrix}1&0\\0&1\\1&1\end{bmatrix}\wedge\begin{bmatrix}1&0\\1&0\\0&1\end{bmatrix}=\begin{bmatrix}1&0\\0&0\\0&1\end{bmatrix}$$

정리 13.1.5 두 유한집합

$$A = \{a_1, a_2, \cdots, a_m\}, \quad |A| = m,$$
$$B = \{b_1, b_2, \cdots, b_n\}, \quad |B| = n$$

에 대하여 $U = A\times B$ 이라 하고 또 U의 각 부분집합 R에 대하여 M_R를 다음과 같은 $\mathbb{B} = \{0, 1\}$ 위의 $m\times n$ 행렬이라고 하자.

$$M_R = [\, r_{ij}\,]_{m\times n}, \qquad r_{ij} = \begin{cases} 1, & (a_i, b_j) \in R\text{일 때} \\ 0, & (a_i, b_j) \notin R\text{일 때} \end{cases}$$

이 때, 사상

$$\phi : \mathscr{P}(U) \longrightarrow \mathrm{Mat}_{m\times n}(\mathbb{B}), \ \phi(R) = M_R$$

에 대하여 다음이 성립한다.

(1) ϕ 는 일대일 대응이다.

(2) 임의의 $R, S \in \mathscr{P}(U)$ 에 대하여 다음 등식이 성립한다.

$$\phi(R\cup S) = \phi(R)\vee\phi(S), \quad \phi(R\cap S) = \phi(R)\wedge\phi(S),$$
$$\phi(\varnothing) = [\,0\,]_{m\times n}, \quad \phi(U) = [\,1\,]_{m\times n}$$

위의 정리에서 M_R을 R의 **행렬 표현**(行列表現, matrix representation)이라고 한다. 이 정리가 성립함을 쉽게 확인할 수 있다.

다음 중 하나가 성립할 때 그리고 이때에만 $(a, b) \in R\cup S$ 이다.

(i) $(a, b) \in R$, $(a, b) \notin S$ 즉 $1\vee 0 = 1$

(ii) $(a, b) \notin R$, $(a, b) \in S$ 즉 $0\vee 1 = 1$

(iii) $(a, b) \in R$, $(a, b) \in S$ 즉 $1\vee 1 = 1$

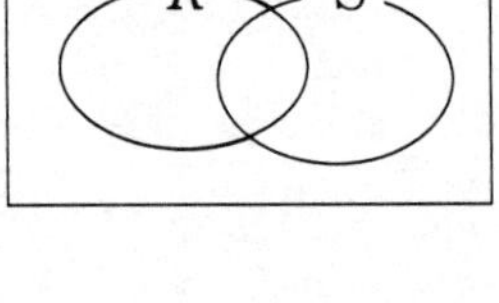

한편, $(a, b) \in R\cap S$ 일 때 그리고 이때에만 $(a, b) \in R$, $(a, b) \in S$ 이고, $1\wedge 1 = 1$ 이다.

보기 13.1.8 두 유한집합

$$A = \{1,2\}, \quad B = \{1,2,3\}$$

에 대하여 $U = A \times B$라고 할 때, U의 두 부분집합

$$R = \{(1,1),(1,2),(2,1),(2,3)\},$$
$$S = \{(1,1),(1,3),(2,1)\}$$

는 모두 A에서 B로의 관계이다. 그리고,

$$R \cup S = \{(1,1),(1,2),(1,3),(2,1),(2,3)\},$$
$$R \cap S = \{(1,1),(2,1)\}$$

는 모두 A에서 B로의 관계이고 다음이 성립한다.

$$\phi(R) = \begin{bmatrix} 1 & 1 & 0 \\ 1 & 0 & 1 \end{bmatrix}, \quad \phi(S) = \begin{bmatrix} 1 & 0 & 1 \\ 1 & 0 & 0 \end{bmatrix},$$

$$\phi(R \cup S) = \begin{bmatrix} 1 & 1 & 1 \\ 1 & 0 & 1 \end{bmatrix}, \quad \phi(R \cap S) = \begin{bmatrix} 1 & 0 & 0 \\ 1 & 0 & 0 \end{bmatrix},$$

$$\phi(R) \vee \phi(S) = \begin{bmatrix} 1\vee 1 & 1\vee 0 & 0\vee 1 \\ 1\vee 1 & 0\vee 0 & 1\vee 0 \end{bmatrix} = \begin{bmatrix} 1 & 1 & 1 \\ 1 & 0 & 1 \end{bmatrix},$$

$$\phi(R) \wedge \phi(S) = \begin{bmatrix} 1\wedge 1 & 1\wedge 0 & 0\wedge 1 \\ 1\wedge 1 & 0\wedge 0 & 1\wedge 0 \end{bmatrix} = \begin{bmatrix} 1 & 0 & 0 \\ 1 & 0 & 0 \end{bmatrix}$$

이 결과로부터 다음 등식이 성립함을 알 수 있다.

$$\phi(R \cup S) = \phi(R) \vee \phi(S), \quad \phi(R \cap S) = \phi(R) \wedge \phi(S)$$

정의 13.1.6 집합 A에서 집합 B로의 관계 R와 집합 B에서 집합 C로의 관계 S에 대하여 다음과 같이 정의된 A에서 C로의 관계 $S \circ R$를 R, S의 **합성**(合成, composite)이라고 한다.

$$A \xrightarrow{R} B \xrightarrow{S} C$$

$$(a, c) \in S \circ R \iff \text{적당한 원소 } b \in B \text{에 대하여 } (a, b) \in R, \ (b, c) \in S$$

보기 13.1.9 집합 $A = \{1,2,3\}$ 에서 집합 $B = \{a, b\}$ 로의 관계

$$R = \{(1, a), (2, b), (3, a), (3, b)\}$$

과 집합 $B = \{a, b\}$ 에서 집합 $C = \{4,5,6\}$ 로의 관계

$$S = \{(a, 4), (a, 5), (b, 5), (b, 6)\}$$

에 대하여 합성 $S \circ R$는 다음과 같이 정의된 A 에서 C 로의 관계이다.

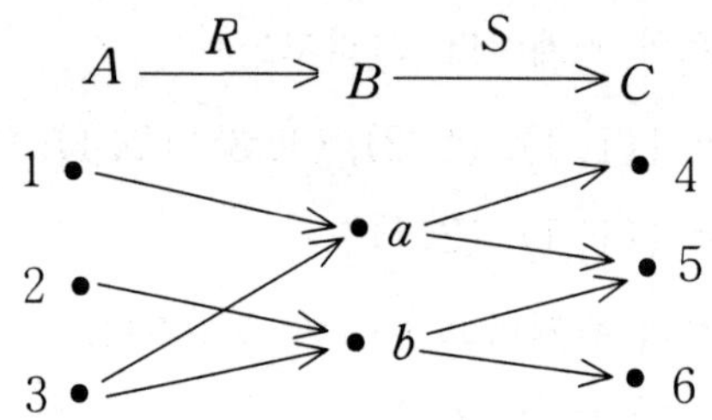

$$1 \longrightarrow a \longrightarrow 4$$
$$1 \longrightarrow a \longrightarrow 5$$
$$2 \longrightarrow b \longrightarrow 5$$
$$2 \longrightarrow b \longrightarrow 6$$
$$3 \longrightarrow a \longrightarrow 4$$
$$3 \longrightarrow a \longrightarrow 5$$
$$3 \longrightarrow b \longrightarrow 5$$
$$3 \longrightarrow b \longrightarrow 6$$

따라서 합성 $S \circ R$는 다음과 같다.

$$S \circ R = \{(1, 4), (1, 5), (2, 5), (2, 6), (3, 4), (3, 5), (3, 6)\}$$

정의 13.1.7 집합 $\mathbb{B}$ 위의 $m \times n$ 행렬 $[r_{ij}]_{m \times n}$ 와 $n \times r$ 행렬 $[s_{ij}]_{n \times k}$ 에 대하여 곱 $[r_{ij}]_{m \times n} * [s_{ij}]_{n \times k}$ 는 다음과 같이 정의된 $\mathbb{B}$ 위의 $m \times k$ 행렬이다.

$$[r_{ij}]_{m \times n} * [s_{ij}]_{n \times k} = [t_{ij}]_{m \times k},$$

여기서,

$$t_{ij} = (r_{i1} \wedge s_{1j}) \vee (r_{i2} \wedge s_{2j}) \vee \cdots \vee (r_{in} \wedge s_{nj})$$
$$(1 \leq i \leq m, \ \ 1 \leq j \leq k)$$

보기 13.1.10 보기 13.1.9 에서 논한 관계 $R, S, S \circ R$ 의 행렬표현은 각각

$$\begin{bmatrix} 1 & 0 \\ 0 & 1 \\ 1 & 1 \end{bmatrix}, \quad \begin{bmatrix} 1 & 1 & 0 \\ 0 & 1 & 1 \end{bmatrix}, \quad \begin{bmatrix} 1 & 1 & 0 \\ 0 & 1 & 1 \\ 1 & 1 & 1 \end{bmatrix}$$

이고 앞의 두 행렬의 곱은 마지막 행렬과 같다. 즉,

$$\begin{bmatrix} 1 & 0 \\ 0 & 1 \\ 1 & 1 \end{bmatrix} * \begin{bmatrix} 1 & 1 & 0 \\ 0 & 1 & 1 \end{bmatrix} = \begin{bmatrix} 1 & 1 & 0 \\ 0 & 1 & 1 \\ 1 & 1 & 1 \end{bmatrix}$$

예를 들어, 곱의 제 1 행은 다음과 같이 계산한다.

$$(1 \wedge 1) \vee (0 \wedge 0) = 1 \vee 0 = 1,$$
$$(1 \wedge 1) \vee (0 \wedge 1) = 1 \vee 0 = 1,$$
$$(1 \wedge 0) \vee (0 \wedge 1) = 0 \vee 0 = 0$$

그리고, 곱의 제 2 행은 다음과 같이 계산한다.

$$(0 \wedge 1) \vee (1 \wedge 0) = 0 \vee 0 = 0,$$
$$(0 \wedge 1) \vee (1 \wedge 1) = 0 \vee 1 = 1,$$
$$(0 \wedge 0) \vee (1 \wedge 1) = 0 \vee 1 = 1$$

끝으로, 곱의 제 3 행은 다음과 같이 계산한다.

$$(1 \wedge 1) \vee (1 \wedge 0) = 1 \vee 0 = 1,$$
$$(1 \wedge 1) \vee (1 \wedge 1) = 1 \vee 1 = 1, \text{ (그림 확인)}$$
$$(1 \wedge 0) \vee (1 \wedge 1) = 0 \vee 1 = 1$$

위의 보기에서 알아본 바와 다음 정리가 성립한다.

정리 13.1.8 세 유한집합 A, B, C 에 대하여

$$A = \{a_1, \cdots, a_m\}, \quad B = \{b_1, \cdots, b_n\}, \quad C = \{c_1, \cdots, c_r\}$$

이라고 할 때, A 에서 B 로의 관계 R 와 B 에서 C 로의 관계 S 의 행렬표현이 각각 $[r_{ij}]_{m \times n}$, $[s_{ij}]_{n \times r}$ 이면 두 관계 R, S 의 합성 $S \circ R$ 의 행렬표현은 다음과 같다.

$$[r_{ij}]_{m \times n} * [s_{ij}]_{n \times r}$$

연 습 문 제 (13.1)

1. Boole 다원환 $\mathbb{B}^4$ 에서 다음을 구하여라.

(1) $(1,0,1,1) \vee (1,1,0,0)$ (2) $(1,0,0,1) \wedge (1,0,1,0)$

(3) $(1,1,1,1) \vee (1,1,0,0)$ (4) $(1,1,1,1) \wedge (1,0,1,0)$

2. 집합 $U = \{a, b, c, d\}$ 에서 $A = \{b, c, d\}$, $B = \{a, c, d\}$ 이라고 할 때, 사상 $\phi : \mathscr{P}(U) \longrightarrow \mathbb{B}^4$ 에 대하여 다음이 성립함을 확인하여라.

$$\phi(A \cup B) = \phi(A) \vee \phi(B), \quad \phi(A \cap B) = \phi(A) \wedge \phi(B)$$

3. 집합 $A = \{1, 2\}$ 에서 집합 $B = \{a, b, c\}$ 로의 관계 R, S 에 대하여

$$\phi(R) = M_R = \begin{bmatrix} 1 & 0 & 1 \\ 1 & 1 & 0 \end{bmatrix}, \quad \phi(S) = M_S = \begin{bmatrix} 1 & 1 & 0 \\ 1 & 0 & 1 \end{bmatrix}$$

일 때, $R, S, R \cup S, R \cap S$ 을 구하고 다음 등식이 성립함을 확인하여라.

$$\phi(R \cup S) = \phi(R) \vee \phi(S), \quad \phi(R \cap S) = \phi(R) \wedge \phi(S),$$

4 .집합 $A = \{1, 2, 3\}$, $B = \{a, b, c, d\}$, $C = \{4, 5, 6\}$ 에 대하여 관계

$$R = \{(1, a), (1, d), (2, c), (3, a), (3, d)\} \subset A \times B,$$
$$S = \{(a, 4), (b, 4), (c, 5), (c, 6), (d, 5)\} \subset B \times C$$

에 대하여 다음 물음에 답하여라.

(1) 관계 R 의 행렬표현 M_R 와 관계 S 의 행렬표현 M_S 를 구하여라.

(2) 관계 $S \circ R$ 를 구하고 $S \circ R$ 의 행렬표현과 $M_R * M_S$ 를 비교하여라.

5. 양의 정수 n 에 대하여 0 부터 2^{n-1} 까지의 정수 a 는

$$a = r_1 r_2 \cdots r_{n\,(2)} \qquad \text{(앞의 0 을 허용하여)}$$

와 같이 2 진법으로 나타낼 수 있다(정리 2.5.1). 이 사실과 정리 13.1.3 을 이용하여 집합 $U = \{x_1, x_2, \cdots, x_n\}$, $|U| = n$ 에 대하여 U 의 모든 부분 집합을 출력하는 알고리즘을 말하여라.

§13.2 동치관계

집합 $A\ (\neq \emptyset)$ 의 곱집합 $A \times A = \{(a, b) \mid a, b \in A\}$ 의 부분집합을 A 위의 **이항관계**(二項關係, binary relation) 또는 간단히 **관계**라고 한다.

그리고, 집합 A 위의 관계 R 를 $\sim$ 와 같은 기호를 사용하여 $(a, b) \in R$ 를 $a \sim b$ 로 나타내고 $\sim$ 를 **관계**라고 한다.

보기 13.2.1 집합 $A = \{1, 2, 3\}$ 위의 관계

$$R = \{(1, 2), (2, 2), (2, 3), (3, 1)\}$$

를 다음과 같이 ~를 써서 나타낼 수 있다.

$$1 \sim 2,\quad 2 \sim 2,\quad 2 \sim 3,\quad 3 \sim 1$$

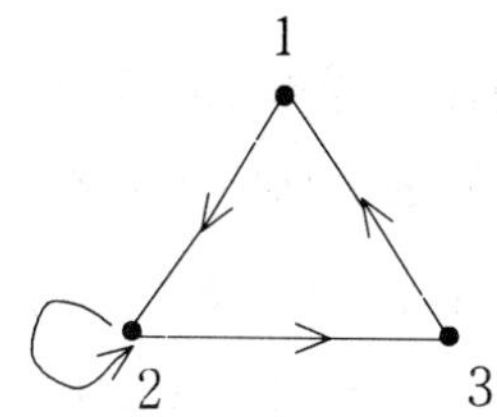

정의 13.2.1 집합 $A\ (\neq \emptyset)$ 위에 관계 $\sim$ 가 정의되어 있다고 하자.

(1) 모든 원소 $a \in A$ 에 대하여 $a \sim a$ 일 때, 관계 $\sim$ 는 **반사적**(反射的, reflexive)이라고 한다.

(2) 임의의 원소 $a, b \in A$ 에 대하여 $a \sim b$ 이면 $b \sim a$ 일 때, 관계 $\sim$ 는 **대칭적**(對稱的, symmetric) 이라고 한다.

(3) 임의의 원소 $a, b \in A$ 에 대하여 $a \sim b,\ b \sim a$ 이면 $a = b$ 일 때, 관계 $\sim$ 는 **반대칭적**(反對稱的, antisymmetric) 이라고 한다.

(4) 임의의 원소 $a, b, c \in A$ 에 대하여 $a \sim b,\ b \sim c$ 이면 $a \sim c$ 일 때, 관계 $\sim$ 는 **추이적**(推移的, transitive) 이라고 한다.

보기 13.2.2 정수 전체의 집합 $\mathbb{Z}$ 위에 정의된 대소관계 $\leq$ 를 생각해 보자.

(1) 임의의 정수 $a \in \mathbb{Z}$ 에 대하여 $a \leq a$ 이므로 이 관계는 반사적이다.

(2) 분명히 $1 \leq 2$ 이지만 $2 \leq 1$ 은 아니므로 이 관계는 대칭적이 아니다.
한편, $a \leq b,\ b \leq a$ 이면 $a = b$ 이므로 이 관계는 반대칭적이다.

(3) 임의의 $a, b, c \in \mathbb{Z}$ 에 대하여 $a \leq b,\ b \leq c$ 이면 $a \leq c$ 이므로 이 관계는 추이적이다.

유한집합 $A = \{a_1, a_2, \cdots, a_n\}$, $|A| = n$ 에 대하여 $U = A \times A$ 이라고 하면, U의 멱집합 $\mathscr{P}(U)$ 는 A 위의 관계 전체의 집합과 일치한다. 또, $\mathscr{P}(U)$ 의 각 부분집합 R에 대하여 $\mathbb{B} = \{0, 1\}$ 위의 n차의 행렬 M_R을

$$M_R = [\, r_{ij} \,]_{n \times n}, \quad r_{ij} = \begin{cases} 1, & (a_i, a_j) \in R \text{일 때} \\ 0, & (a_i, a_j) \notin R \text{일 때} \end{cases}$$

으로 정의하면, 사상

$$\phi : \mathscr{P}(U) \longrightarrow \mathrm{Mat}_{n \times n}(\mathbb{B}), \ \ \phi(R) = M_R$$

에 대하여 정리 13.1.5 가 성립한다.

관계 R가 반사적이라는 말은

$$(a_i, a_i) \in R \qquad (1 \leq i \leq n)$$

임을 뜻하고 따라서 행렬 $\phi(R)$ 의 주대각선 위의 원소가 모두 1 임을 뜻이다.

$$\begin{bmatrix} 1 & * & \cdots & * \\ * & 1 & \cdots & * \\ \vdots & \vdots & \ddots & \vdots \\ * & * & \cdots & 1 \end{bmatrix}$$

관계 R가 대칭적이라는 말은

$$(a_i, a_j) \in R \Longleftrightarrow (a_j, a_i) \in R$$

임을 뜻하고 따라서 $\phi(R)^T = \phi(R)$ 즉 $\phi(R)$ 이 대칭행렬임을 뜻한다.

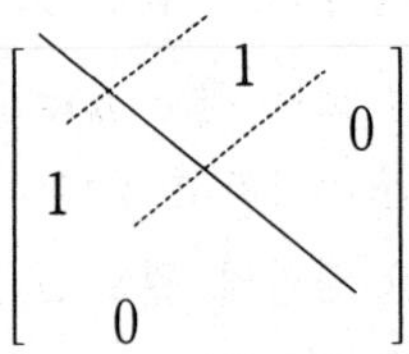

또, 관계 R가 반대칭적이라는 말은

$$(a_i, a_j), (a_j, a_i) \in R \text{이면 } a_i = a_j$$

임을 뜻하고 따라서 행렬 $\phi(R)$ 에서

$$i \neq j \text{일 때 } r_{ij} = 0 \text{ 또는 } r_{ji} = 0$$

임을 뜻한다(위의 행렬 참조).

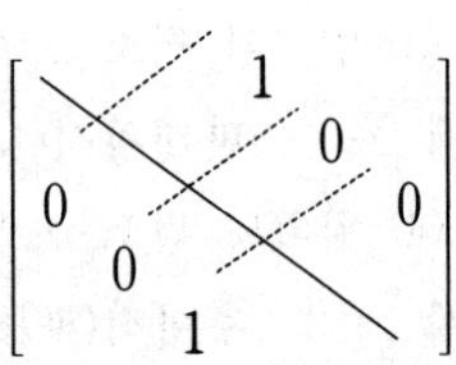

보기 13.2.3 집합 $A = \{1, 2, 3\}$ 위의 관계 R의 행렬표현이

$$\phi(R) = \begin{bmatrix} 1 & 1 & 0 \\ 1 & 1 & 1 \\ 0 & 1 & 1 \end{bmatrix}$$

일 때, R는 반사적이고, 대칭적이지만, 반대칭적은 아니다.

보기 13.2.4 집합 $A = \{a, b, c\}$ 위의 관계 R의 행렬표현이

$$M_R = \begin{bmatrix} 0 & 1 & 0 \\ 0 & 1 & 1 \\ 1 & 0 & 0 \end{bmatrix}$$

일 때,

$$M_R * M_R = \begin{bmatrix} 0 & 1 & 0 \\ 0 & 1 & 1 \\ 1 & 0 & 0 \end{bmatrix} * \begin{bmatrix} 0 & 1 & 0 \\ 0 & 1 & 1 \\ 1 & 0 & 0 \end{bmatrix} = \begin{bmatrix} 0 & 1 & 1 \\ 1 & 1 & 1 \\ 0 & 1 & 0 \end{bmatrix}$$

이므로 다음이 성립한다.

$$R = \{(a, b), (b, b), (b, c), (c, a)\},$$

$$R \circ R = \{(a, b), (a, c), (b, a), (b, b), (b, c), (c, b)\}$$

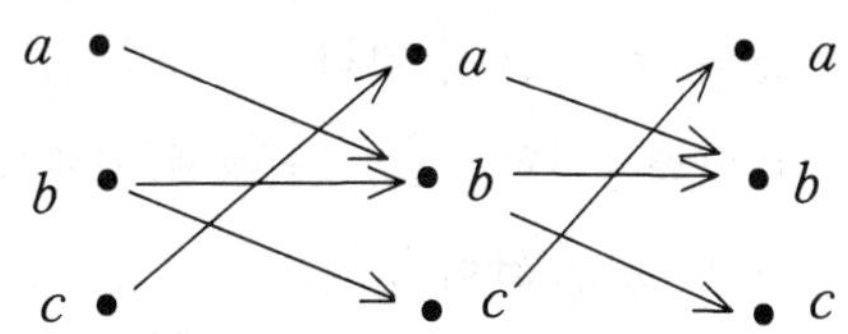

정의 13.2.2 집합 $A\ (\neq \varnothing)$ 위에 정의된 관계 $\sim$ 가 다음 세 조건을 만족시킬 때, $\sim$ 를 A 위의 **동치관계**(동치관계, equivalence relation)라고 한다.

E.1 : 관계 $\sim$ 는 **반사적**(反射的, reflexive) 이다.

즉, 모든 $a \in A$ 에 대하여 $a \sim a$ 이다.

E.2 : 관계 $\sim$ 는 **대칭적**(對稱的, symmetric) 이다.

즉, 임의의 $a, b \in A$ 에 대하여 $a \sim b$ 이면, $b \sim a$ 이다.

E.3 : 관계 $\sim$ 는 **추이적**(推移적, transitive) 이다.

즉, 임의의 $a, b, c \in A$ 에 대하여 $a \sim b,\ b \sim c$ 이면, $a \sim c$ 이다.

그리고, 집합 A 위에 동치관계 $\sim$ 가 정의되어 있을 때, $a \sim b$ 인 경우에 a 와 b 는 서로 **동치인**(同値인, equivalent) 원소라고 한다.

집합 A 에서 원소 a 와 동치인 원소 전체의 집합을 a 를 포함한 **동치류**(同値類, equivalence class)라 하고 이것을 $\overline{a}$ 로 나타낸다. 즉,

$$\overline{a} = \{x \in A \mid x \sim a\} = \{x \in A \mid a \sim x\}$$

보기 13.2.5 집합 $A = \{1,2,3,4,5,6\}$ 위에서 다음과 같은 관계 $\sim$ 는 동치관계이다.

$$1\sim1,\ 2\sim2,\ 3\sim3,\quad 5\sim4,\ 4\sim6,\ 6\sim4,$$
$$2\sim3,\ 3\sim2,\ 4\sim5,\quad 5\sim6,\ 6\sim5$$
$$4\sim4,\ 5\sim5,\ 6\sim6,$$

이 동치관계의 동치류는 다음과 같다.

$$\overline{1} = \{1\},\quad \overline{2} = \{2,3\} = \overline{3},\quad \overline{4} = \{4,5,6\} = \overline{5} = \overline{6}$$

보기 13.2.6 어느 학부의 학생 전체의 집합에서, 다음과 같이 정의된 관계 $\sim$ 는 동치관계이다.

(1) $a \sim b \Leftrightarrow$ a 와 b 는 性이 같다.

이 관계에서 a 가 여학생이면, $\overline{a}$ 는 여학생 전체의 집합이다.

(2) $a \sim b \Leftrightarrow$ a 와 b 는 姓이 같다.

이 관계에서 a 의 성이 박씨이면, $\overline{a}$ 는 박씨 성를 가진 학생 전체이다.

정리 13.2.3 집합 $A\ (\neq \varnothing)$ 위에 동치관계 $\sim$ 가 정의되어 있는 경우에 각 원소 a 를 포함하는 동치류를 $\overline{a}$ 라고 할 때, 임의의 원소 $a, b \in A$ 에 대하여 다음이 성립한다.

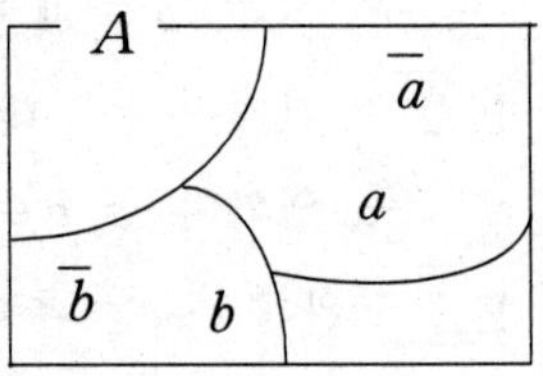

(1) $\overline{a} = \overline{b} \Leftrightarrow a \sim b$

(2) $a \in \overline{b} \Leftrightarrow \overline{a} = \overline{b} \Leftrightarrow b \in \overline{a}$

(3) 각 원소 $a \in A$ 에 대하여 $a \in \overline{a}$

이고, 또 임의의 원소 $a, b \in A$ 에 대하여
다음 중에서 하나 그리고 단 하나가 성립한다.

(i) $\overline{a} \cap \overline{b} = \varnothing$ (ii) $\overline{a} = \overline{b}$

증 명 (1) 먼저 $\overline{a} = \overline{b}$ 이면, $a \in \overline{a} = \overline{b}$ 이므로 $a \sim b$ 이다.

역으로, $a \sim b$ 라고 하자. 이 때, 임의의 $x \in \overline{a}$ 에 대하여 $x \sim a$ 이고 또 $a \sim b$ 이므로 E.3 에 의하여 $x \sim b$ 즉 $x \in \overline{b}$ 이고 따라서 $\overline{a} \subseteq \overline{b}$ 이다.

한편, E.2 에 의하여 $b \sim a$ 이므로, 위의 증명에서 a와 b의 역할을 바꾸어 생각하면 $\overline{b} \subseteq \overline{a}$를 얻고 따라서 이 두 결과에 의하여 $\overline{a} = \overline{b}$이다.

(2) 먼저 $a \in \overline{b}$이면, $a \sim b$ 이므로 (1) 에 의하여 $\overline{a} = \overline{b}$이다.

역으로, $\overline{a} = \overline{b}$이면, $a \in \overline{a} = \overline{b}$이므로 $a \in \overline{b}$ 이다.

마찬가지로, $\overline{a} = \overline{b} \Leftrightarrow b \in \overline{a}$이다.

(3) 각 $a \in A$에 대하여 $a \sim a$이므로 $a \in \overline{a}$이다.

다음에 $\overline{a} \cap \overline{b} \neq \varnothing$일 때, $c \in \overline{a} \cap \overline{b}$이라고 하면 $c \in \overline{a}$, $c \in \overline{b}$이므로 위의 (2) 에 의하여 $\overline{a} = \overline{c}$, $\overline{b} = \overline{c}$ 이고 따라서 $\overline{a} = \overline{b}$이다.

그러므로, (3) 이 성립한다.

보기 13.2.7 정수 전체의 집합 $\mathbb{Z}$ 위에 정의된 합동관계 $a \equiv b \pmod{m}$는 동치관계이다. 즉, 다음이 성립한다(정리 3.1.3 참조).

C.1 : $a \equiv a \pmod{m}$

C.2 : $a \equiv b \pmod{m}$ 이면, $b \equiv a \pmod{m}$ 이다.

C.3 : $a \equiv b \pmod{m}$, $b \equiv c \pmod{m}$ 이면, $a \equiv c \pmod{m}$ 이다.

합동관계 $a \equiv b \pmod{m}$에 의하여 결정되는 동치류를 법 m에 관한 **잉여류**(剩餘類, residue class)라고 한다. 법 m에 관하여 정수 a를 포함하는 잉여류는 다음과 같다.

$$\begin{aligned}\overline{a} &= \{x \in \mathbb{Z} \mid x \equiv a \pmod{m}\} \\ &= \{a, a \pm m, a \pm 2m, a \pm 3m, \cdots\}\end{aligned}$$

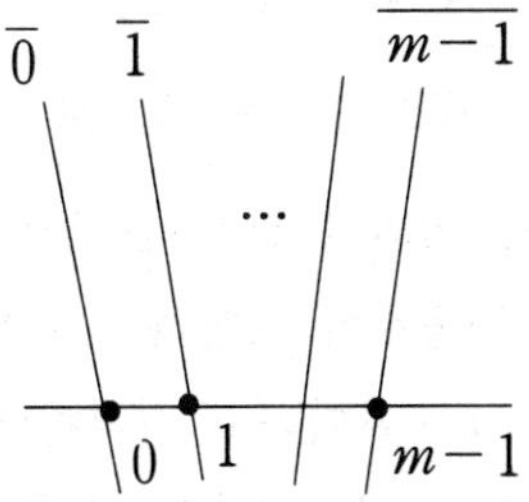

정리 3.1.7 에 의하면, 임의의 정수는 $\mathbb{Z}_m = \{0, 1, \cdots, m-1\}$에 속하는 단 하나의 정수와 법 m에 관하여 합동이다. 그러므로, 정수 전체의 집합 $\mathbb{Z}$의 법 m에 관한 합동관계에 의한 잉여류 전체의 집합은 $\overline{\mathbb{Z}}_m = \{\overline{0}, \overline{1}, \cdots, \overline{m-1}\}$ 이고 $\mathbb{Z}$ 는 m개의 잉여류 $\overline{0}$, $\overline{1}$, $\cdots$, $\overline{m-1}$로 분할된다(정의 5.1.4). 즉,

$$\overline{0} = \{0, \pm m, \pm 2m, \pm 3m, \cdots\},$$
$$\overline{1} = \{1, 1\pm m, 1\pm 2m, 1\pm 3m, \cdots\},$$
$$\vdots$$
$$\overline{m-1} = \{m-1, m-1\pm m, m-1\pm 2m, \cdots\}$$
$$\mathbb{Z} = \overline{0} \cup \overline{1} \cup \cdots \cup \overline{m-1}, \quad \overline{i} \cap \overline{j} = \varnothing \quad (0 \le i \ne j \le m-1)$$

보기 13.2.8 법 3 에 관한 잉여류 전체의 집합은 $\overline{\mathbb{Z}}_3 = \{\overline{0}, \overline{1}, \overline{2}\}$ 이다.

$$\overline{0} = \{\cdots, -6, -3, 0, 3, 6, 9, \cdots\},$$
$$\overline{1} = \{\cdots, -5, -2, 1, 4, 7, \cdots, \},$$
$$\overline{2} = \{\cdots, -4, -1, 2, 5, 8, \cdots\}$$

보기 13.2.9 정수 전체의 집합 $\mathbb{Z}$ 위의 관계 $=$ 는 동치관계이다.
실제로, 임의의 $a, b, c \in \mathbb{Z}$ 에 대하여 다음이 성립한다.

(1) $a = a$

(2) $a = b$ 이면, $b = a$ 이다.

(3) $a = b$, $b = c$ 이면, $a = c$ 이다.

그리고, 각 정수 $a \in \mathbb{Z}$ 를 포함하는 동치류는 $\overline{a} = \{a\}$ 이다.

보기 13.2.10 집합 A 가 n 개의 부분집합 $A_1, A_2, \cdots, A_n$ 에 의하여 분할되어 있다고 하자(정의 5.1.4). 즉,

(i) $A = A_1 \cup A_2 \cup \cdots \cup A_n$

(ii) $A_i \cap A_j = \varnothing \quad (1 \le i \ne j \le n)$

이 때, 임의의 원소 $a, b \in A$ 에 대하여 a, b 를 동시에 포함하는 부분집합이 존재할 때 $a \sim b$ 이라고 정의하면, $\sim$ 는 집합 A 위의 동치관계이고 이 동치관계에 의한 동치류는 $A_1, A_2, \cdots, A_n$ 이다.

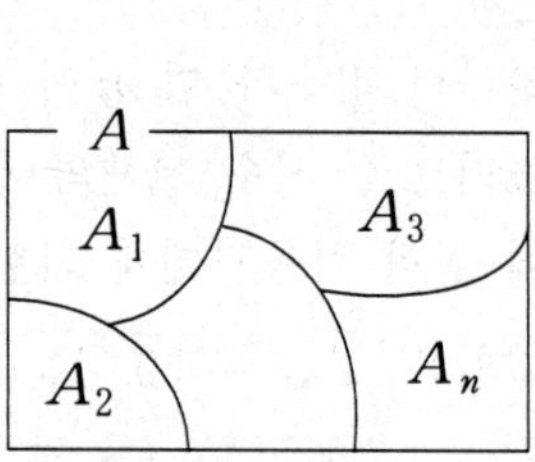

실제로, 임의의 원소 $a \in A$ 에 대하여 a 를 포함하는 부분집합은 존재하므로 $a \sim a$ 이다. 그리고, $a \sim b$ 이면 a, b 는 동일한 부분집합에 포함되므로 $b \sim a$ 이고, 또한 $a \sim b,\ b \sim c$ 이면, 세 원소 a, b, c 는 모두 동일한 부분집합에 포함되므로 $a \sim c$ 이다.

그러므로, $\sim$ 는 집합 A 위의 동치관계이고 이 동치관계에 의한 동치류는 분명히 $A_1, A_2, \cdots, A_n$ 이다.

연 습 문 제 (13.2)

1. 실수 전체의 집합 $\mathbb{R}$ 에서 다음 중에서 동치관계인 것을 찾아라.

   (1) $a = b$ (2) $a < b$ (3) $a \leq b$

2. 집합 $A = \{1, 2, 3\}$ 에서

$$R = \{(1, 1), (1, 2), (2, 1), (2, 2), (3, 3)\}$$

는 A 위의 동치관계인지를 판정하여라.

3. 정수 전체의 집합 $\mathbb{Z}$ 에 대하여

$$D = \{(a, b) \mid a, b \in \mathbb{Z},\ b \neq 0\}$$

이라 하고, D 의 두 원소 $(a, b), (c, d)$ 에 대하여

$$(a, b) \sim (c, d) \Leftrightarrow ad = bc$$

으로 정할 때, 관계 $\sim$ 는 집합 D 위의 동치관계임을 증명하여라.

4. 집합 $A = \{1, 2, 3, 4, 5, 6\}$ 에서

$$A_1 = \{1, 3\}, \quad A_2 = \{2, 4, 5\}, \quad A_3 = \{6\}$$

이라고 하면, $\{A_1, A_2, A_3\}$ 는 A 의 분할이다.

집합 A 위의 동치관계를 정의하여 A_1, A_2, A_3 가 이 동치관계에 관한 동치류 전체가 되도록 하여라.

§13.3 반순서 집합과 격자

이 절에서는, 실수 전체의 집합 $\mathbb{R}$ 에서 대소관계 $\leq$ 를 일반화하여 다음과 같은 집합에 대하여 논한다.

정의 13.3.1 집합 A 위에 정의된 관계 $\leqslant$ 가 다음 세 조건을 만족시킬 때, $\leqslant$ 를 A 위의 **반순서**(半順序, partial order)라고 한다.

P.1 : 관계 $\leqslant$ 는 **반사적**(反射的, reflexive)이다.
즉, 모든 $a \in A$ 에 대하여 $a \leqslant a$ 이다.

P.2 : 관계 $\leqslant$ 는 **반대칭적**(反對稱的, asymmetric)이다.
즉, 임의의 $a, b \in A$ 에 대하여 $a \leqslant b,\ b \leqslant a$ 이면, $a = b$ 이다.

P.3 : 관계 $\leqslant$ 는 **추이적**(推移的, transitive)이다.
즉, 임의의 $a, b, c \in A$ 에 대하여 $a \leqslant b,\ b \leqslant c$ 이면, $a \leqslant c$ 이다.

집합 A 위에 반순서 $\leqslant$ 가 정의되어 있일 때, A 를 $\leq$ 에 관한 **반순서 집합**(半順序 集合, poset, partially ordered set)이라 하고 $(A, \leqslant)$ 를 반순서 집합이라고도 한다. 그리고, $a \leqslant b,\ a \neq b$ 일 때 이것을 $a < b$ 로 나타낸다.

보기 13.3.1 정수 전체의 집합 $\mathbb{Z}$ 와 실수 전체의 집합 $\mathbb{R}$ 는 대소관계 $\leq$ 에 관한 반순서 집합이다. 실제로, 임의의 실수 $a, b, c \in \mathbb{R}$ 에 대하여 다음이 성립한다.

(i) $a \leq a$

(ii) $a \leq b,\ b \leq a$ 이면, $a = b$ 이다.

(iii) $a \leq b,\ b \leq c$ 이면, $a \leq c$ 이다.

집합 U 의 부분집합 전체로 이루어진 멱집합 $\mathscr{P}(U)$ 는 포함관계 $\subseteq$ 에 관한 반순서 집합이다. 실제로, $A, B, C \in \mathscr{P}(U)$ 에 대하여 다음이 성립한다.

(i) $A \subseteq A$

(ii) $A \subseteq B,\ B \subseteq A$ 이면, $A = B$ 이다.

(iii) $A \subseteq B,\ B \subseteq C$ 이면, $A \subseteq C$ 이다.

반순서 집합 $(A, \leqslant)$ 는 다음과 같은 **Hasse 다이어그램**(Hasse diagram)으로 나타낼 수 있다. 핫세(Helmut Hasse, 1898 ~ 1979)는 독일 수학자이다.

(i) 집합 A 의 각 원소를 평면 위의 점으로 나타내고, $a < b$ 이면 b 를 나타내는 점은 a 를 나타내는 점보다 위에 그린다.

(ii) $a < b$ 인 동시에 $a < c < b$ 인 원소 c 가 없을 때 그리고 이때에만 a 와 b 를 선으로 잇는다.

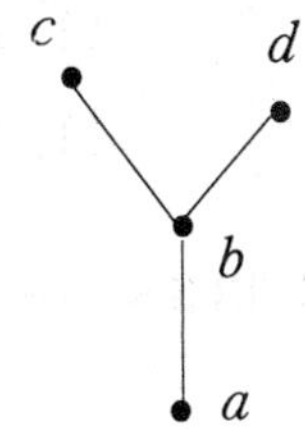

보기 13.3.2 집합 $U = \{a, b\}$ 의 멱집합 $\mathscr{P}(U) = \{U, \{a\}, \{b\}, \varnothing\}$ 는 포함관계 $\subseteq$ 에 관하여 반순서 집합이고 그 Hasse 다이어그램은 아래 왼쪽 그림과 같다.

마찬가지로, 집합 $U = \{a, b, c\}$ 의 멱집합 $\mathscr{P}(U)$ 는 포함관계 $\subseteq$ 에 관하여 반순서 집합이고 그 Hasse 다이어그램은 아래 오른쪽 그림과 같다.

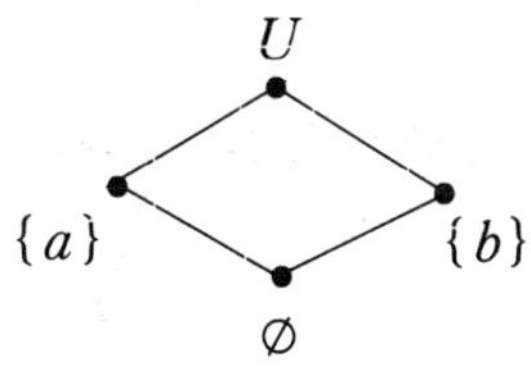

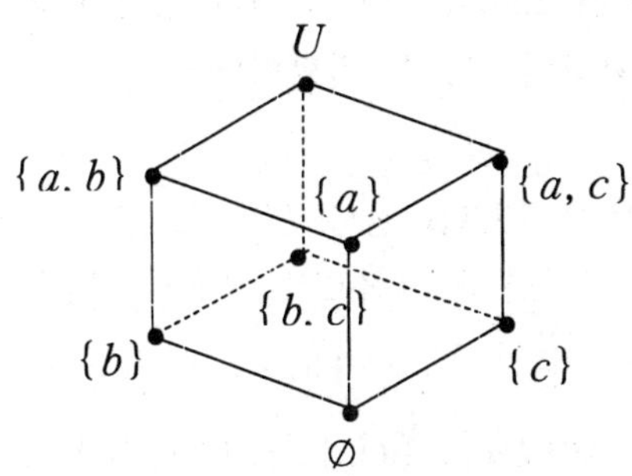

정의 13.3.2 반순서 집합 $(A_1, \leqslant_1)$, $(A_1, \leqslant_2)$ 에 대하여 곱집합

$$A_1 \times A_2 = \{(a_1, a_2) \mid a_1 \in A_1,\ a_2 \in A_2\}$$

에 다음과 같이 정의된 반순서 $\leqslant$ 를 곱집합 $A_1 \times A_2$ 위의 **사전식 반순서**(辭典式 半順序, lexicograhic ordering)라고 한다.

$$(a_1, a_2) = (b_1, b_2) \iff a_1 = b_1,\ a_2 = b_2$$

$$(a_1, a_2) < (b_1, b_2) \iff \begin{cases} a_1 = b_1,\ a_2 \leqslant_2 b_2 \\ \text{또는} \\ a_1 <_1 b_1 \end{cases}$$

보기 13.3.3 반순서집합 $(\mathbb{Z}, \leq)$에 대하여 곱집합 $\mathbb{Z}\times\mathbb{Z}$ 위에 정의된 사전식 반순서 $\preccurlyeq$ 에 대하여 다음이 성립한다.

$$(1, 1) \preccurlyeq (1, 2) \preccurlyeq (1, 3) \preccurlyeq (1, 4) \preccurlyeq (1, 5),$$
$$(1, 1) \preccurlyeq (2, 1) \preccurlyeq (3, 1) \preccurlyeq (4, 1) \preccurlyeq (5, 1)$$

정의 13.3.3 반순서 집합 $(A, \preccurlyeq)$에서 두 원소 $a, b\in A$에 대하여

$$a \preccurlyeq b \quad \text{또는} \quad b \preccurlyeq a$$

일 때, a와 b는 **양립가능하다**(兩立可能, comparable)고 한다.

그리고, 반순서 집합 $(A, \preccurlyeq)$에서 임의의 두 원소 $a, b\in A$가 양립가능할 때, $\preccurlyeq$를 A 위의 **전순서**(全順序, total order) 또는 **선형순서**(線型順序, linear order)라 하고 $(A, \preccurlyeq)$를 **전순서 집합**(totally ordered set), **선형순서 집합**(linearly ordered set) 또는 **연쇄**(chain)라고도 한다.

보기 13.3.4 정수 전체의 집합 $\mathbb{Z}$와 실수 전체의 집합 $\mathbb{R}$는 대소관계 $\leq$에 관하여 전순서 집합이다.

보기 13.3.5 집합 U의 멱집합 $\mathscr{P}(U)$는 포함관계 $\subseteq$에 관한 반순서 집합이지만, 일반적으로 전순서 집합은 아니다.

예를 들면, $U = \{a, b\}$의 멱집합

$$\mathscr{P}(U) = \{U, \{a\}, \{b\}, \varnothing\}$$

에서 $\{a\}$와 $\{b\}$는 비교가능하지 않다.

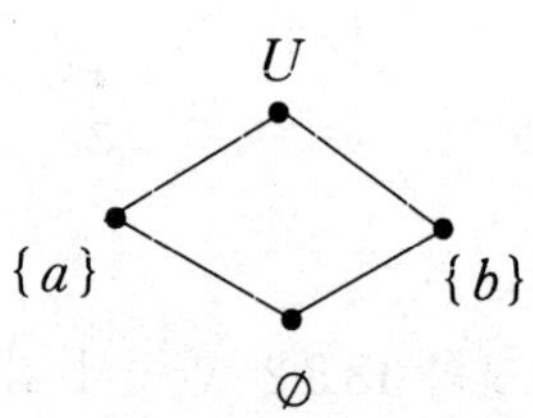

보기 13.3.6 양의 정수 전체의 집합 $\mathbb{N}$은 약수 관계에 관하여 반순서 집합이다. 실제로, 양의 정수 a, b, c에 대하여 다음이 성립한다(정리 2.1.3).

(1) $a \mid a$

(2) $a \mid b,\ b \mid a$ 이면, $a = b$ 이다.

(3) $a \mid b,\ b \mid c$ 이면, $a \mid c$ 이다.

그러나, $(\mathbb{N}, \preccurlyeq)$는 전순서 집합은 아니다.

예를 들어, $2 \nmid 3,\ 3 \nmid 2$ 이므로 2와 3은 양립가능하지 않다.

정의 13.3.4 반순서 집합 $(A, \leqslant)$ 에서

(1) 모든 $a \in A$ 에 대하여 $a \leqslant u$ 인 원소 $u \in A$ 가 존재할 때, u 를 A 의 **최대원소**(最大元素, the greatest element)라고 한다.

또, 모든 $a \in A$ 에 대하여 $l \leqslant a$ 인 원소 $l \in A$ 이 존재할 때, l 을 A 의 **최소원소**(最小元素, the least element)라고 한다.

(2) 원소 $t \in A$ 가 모든 원소 $a \in A$ 에 대하여 $t \nleqslant a$ 일 때, t 를 A 의 **극대원소**(極大元素, maximal element)라고 한다.

또, 원소 $s \in A$ 가 모든 원소 $a \in A$ 에 대하여 $a \nleqslant s$ 일 때, s 를 A 의 **극소원소**(極小元素, minimal element)라고 한다.

최대원소는 극대원소이기도 하고 최소원소는 극소원소이기도 하지만, 극대원소 [극소원소] 중에는 최대원소 [최소원소] 가 아닌 것이 있을 수 있다.

보기 13.3.7 오른쪽 그림은 반순서 집합의 Hasse 다이어그램을 나타낸다.

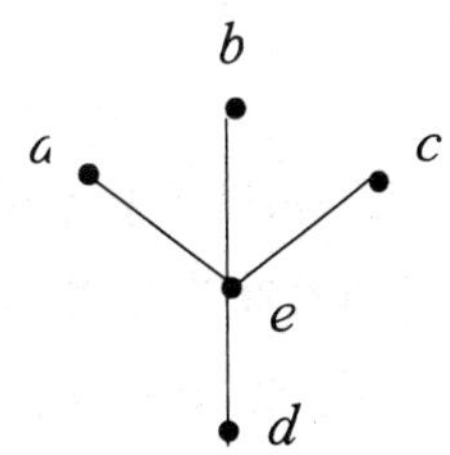

이 집합에서 최대원소는 존재하지 않으나, 극대원소는 a, b, c 뿐이다. 또, 최소원소는 d 뿐이고 이 원소는 극소원소이기도 하다.

보기 13.3.8 다음 그림은 반순서 집합의 Hasse 다이어그램을 나타낸다.

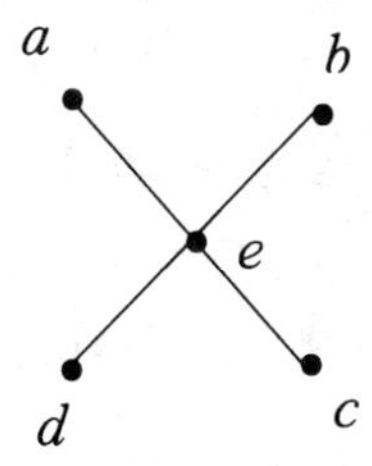

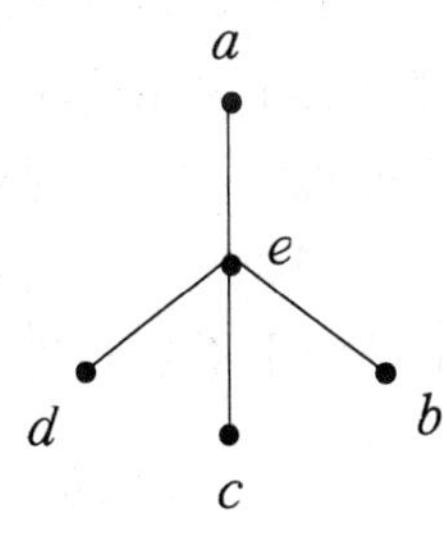

첫째 그림 에서 최대원소는 존재하지 않으나, 극대원소는 a, b 뿐이다. 그리고, 최소원소는 c, d 뿐이고 이들 원소는 극소원소이기도 하다.

한편, 둘째 그림에서 최대원소는 a 뿐이고 이 원소는 극대원소이기도 하다 그리고, 최소원소는 존재하지 않으나, 극소원소는 b, c, d 뿐이다.

보기 13.3.9 집합 U 의 멱집합 $\mathscr{P}(U)$ 는 포함관계 $\subseteq$ 에 관한 반순서집합이고, 모든 $A \in \mathscr{P}(U)$ 에 대하여

$$\varnothing \subseteq A \subseteq U$$

이므로 $\mathscr{P}(U)$ 의 최대원소와 극대원소는 U 뿐이고 최소원소와 극소원소는 $\varnothing$ 뿐이다.

정리 13.3.5 반순서 집합 $(A, \leqslant)$ 에서 다음이 성립한다.

(1) 최대원소가 존재하는 경우에 최대원소는 단 하나 뿐이다.

(2) 최소원소가 존재하는 경우에 최소원소는 단 하나 뿐이다.

(3) A 가 유한집합일 때, 극대원소가 적어도 하나 존재한다.

(4) A 가 유한집합일 때, 극소원소가 적어도 하나 존재한다.

증 명 (1) 원소 u, v 가 A 의 최대원소라고 하면, 정의 10.3.3 에 의하여

$$v \leqslant u, \quad u \leqslant v$$

이고 따라서 P.2 에 의하여 $u = v$ 이다. 따라서 최대원소는 단 하나 뿐이다.

마찬가지 방법으로, (2) 가 성립함을 증명할 수 있다.

(3) 한 원소 $a_1 \in A$ 를 택했을 때, a_1 이 극대원소가 아니면 $a_2 \leqslant a_1$ 인 $a_2 \in A$ 가 존재하고 a_2 가 극대원소가 아니면 $a_3 \leqslant a_2$ 인 $a_3 \in A$ 가 존재한다.

그런데, A 는 유한집합이므로 이러한 절차는 끝이 있고 따라서 A 에는 적어도 한 극대원소가 존재한다.

마찬가지 방법으로, (4) 가 성립함을 증명할 수 있다.

정리 13.3.6 반순서 집합 $(A, \leqslant)$ 에서 새로 정의된 전순서 $\leqslant_t$ 에 대하여

$$a \leqslant b \text{ 이면 언제나 } a \leqslant_t b$$

일 때, 전순서 $\leqslant_t$ 는 반순서 $\leqslant$ 와 **양립가능하다**(兩立, comparable)고 한다.

그리고, 반순서 집합 $(A, \leqslant)$ 에서 반순서 $\leqslant$ 와 양립가능한 전순서 $\leqslant_t$ 를 구성하는 것을 A 의 **위상적 정렬**(位相的 整列, topologicla sorting)이라고 한다.

반순서 집합 $(A, \leqslant)$ 에서 A 가 n 개의 원소로 이루어진 유한집합이라고 하자. 이 때, 정리 13.3.5 에 의하여 A 의 극소원소 a_1 가 존재하고 유한집합 $A-\{a_1\}$ 는 본래의 반순서 $\leqslant$ 에 관하여 반순서 집합이므로 정리 13.3.5 에 의하여 $A-\{a_1\}$ 의 극소원소 a_2 가 존재한다.

마찬가지로, $A-\{a_1, a_2\}$ 는 본래의 반순서 $\leqslant$ 에 관하여 반순서 집합이므로 극소원소 a_2 가 존재한다.

이러한 절차를 되풀이하면, 다음과 같은 A 의 전순서 $\leqslant_t$ 를 얻는다.

$$a_1 \leqslant_t a_2 \leqslant_t \cdots \leqslant_t a_n$$

보기 13.3.10 아래의 첫째 그림은 반순서집합 $(A, \leqslant)$ 나타내고 있는 Hasse 다이어그램이다. 여기서 $A = \{a, b, c, d, e, p\}$ 는 유한집합이다.

위의 설명과 같은 절차를 밟으면, 다음과 같은 전순서 $\leqslant_t$ 를 얻게 된다.

$$a \leqslant_t c \leqslant_t b \leqslant_t d \leqslant_t \leqslant_t e \leqslant_t p$$

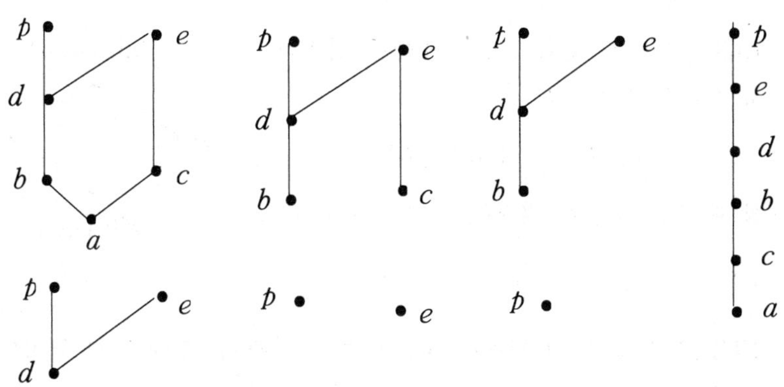

정의 13.3.7 반순서 집합 $(A, \leqslant)$ 의 원소 $a_1, a_2, \cdots, a_n \in A$ 에 대하여 다음 두 조건을 만족시키는 원소 $g \in A$ 가 존재할 때, g 를 $a_1, a_2, \cdots, a_n$ 의 **최대하계**(最大下界, the greatest lower bound) 또는 **하한**(下限, infimum)이라 하고 g 를 glb$\{a_1, a_2, \cdots, a_n\}$ 으로 나타낸다.

(i) $g \leqslant a_i \quad (1 \leq i \leq n)$

(ii) 원소 $e \in A$ 에 대하여 $e \leqslant a_i \quad (1 \leq i \leq n)$ 이면, $e \leqslant g$ 이다.

정의 13.3.8 반순서 집합 $(A, \leqslant)$ 의 원소 $a_1, a_2, \cdots, a_n \in A$ 에 대하여 다음 두 조건을 만족시키는 원소 $l \in A$ 이 존재할 때, l 을 $a_1, a_2, \cdots, a_n$ 의 **최소상계**(最小上界, the least upper bound) 또는 **상한**(上限, supremum)이라 하고 l 을 $\text{lub}\{a_1, a_2, \cdots, a_n\}$ 으로 나타낸다.

(i) $a_i \leqslant l \quad (1 \leq i \leq n)$

(ii) 원소 $c \in A$ 에 대하여 $a_i \leqslant c \quad (1 \leq i \leq n)$ 이면, $l \leqslant c$ 이다.

보기 13.3.11 반순서 집합 $(A, \leqslant)$ 의 Hasse 다이어그램이 아래 그림과 같을 때 다음이 성립한다.

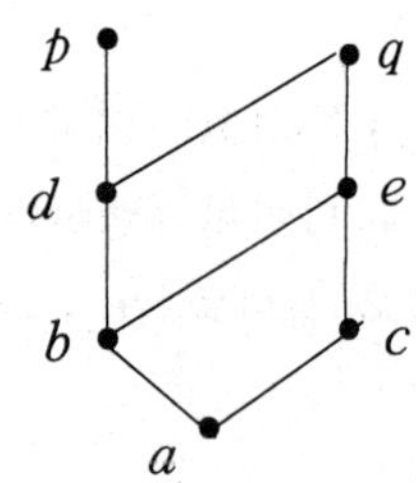

(1) $\text{glb}\{a, b, c\} = a, \quad \text{lub}\{a, b, c\} = e$

(2) $\text{glb}\{d, e\} = b, \quad \text{lub}\{d, e\} = q$

(3) $\text{glb}\{p, q\} = d$ 이지만 $\text{lub}\{p, q\}$ 는 없다.

(4) 최대원소는 없으나, 최소원소는 a 이다.

정의 13.3.9 반순서 집합 $(L, \leqslant)$ 에서 임의의 두 원소 $a, b \in L$ 에 대하여

$$\text{glb}\{a, b\}, \qquad \text{lub}\{a, b\}$$

가 존재할 때, $(L, \leqslant)$ 을 **격자**(格子, lattice)라고 한다.

lub $\{a, b\}$

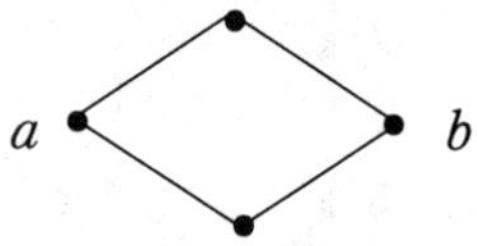

glb $\{a, b\}$

보기 13.3.12 집합 U 의 멱집합 $\mathscr{P}(U)$ 는 포함관계 $\subseteq$ 에 관한 격자이다. 실제로, 임의의 두 부분집합 $A, B \in \mathscr{P}(U)$ 에 대하여 다음이 성립한다.

$$\text{glb}\{A, B\} = A \cap B, \quad \text{lub}\{A, B\} = A \cup B$$

위의 결과는 다음 사실에 그 근거를 두고 있다.

(1) $A \subseteq (A \cup B), \quad B \subseteq (A \cup B)$

임의의 $C \in \mathscr{P}(U)$ 에 대하여 $A \subseteq C,\ B \subseteq C$ 이면, $(A \cup B) \subseteq C$ 이다.

(2) $(A \cap B) \subseteq A, \quad (A \cap B) \subseteq B$

임의의 $C \in \mathscr{P}(U)$ 에 대하여 $C \subseteq A,\ C \subseteq B$ 이면, $C \subseteq (A \cap B)$ 이다.

보기 13.3.13 양의 정수 전체의 집합 ℕ 은 약수 관계 $|$에 관하여 반순서 집합이다(보기 13.3.6). 더욱이, $(\mathbb{N}, |)$는 격자이다

실제로, 임의의 $a, b \in \mathbb{N}$ 에 대하여 $d = \gcd(a, b)$, $l = \operatorname{lcm}(a, b)$ 이라고 하면, 정의 2.2.1 에 의하여

(i) $d \mid a,\ d \mid b$ (i)‘ $a \mid l,\ b \mid l$

(ii) $e \mid a,\ e \mid b$ 이면, $e \mid d$ 이다. (ii)‘ $a \mid c,\ b \mid c$ 이면, $l \mid c$ 이다.

이고, 따라서 $\operatorname{glb}\{a, b\} = \gcd(a, b)$, $\operatorname{lub}\{a, b\} = \operatorname{lcm}(a, b)$ 이다.

보기 13.3.14 아래의 처음 두 그림이 나타내는 반순서 집합은 격자이다.

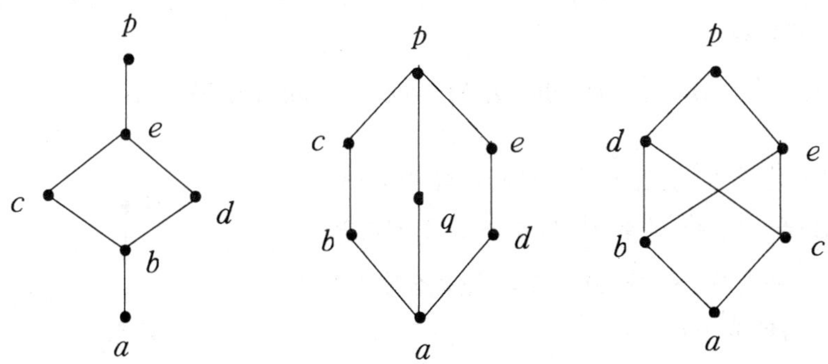

한편, 위의 마지막 그림이 나타내는 반순서 집합에서 $\operatorname{lub}\{b, c\}$는 존재하지 않으므로, 이 반순서 집합은 격자가 아니다. 실제로,

$$b \leqslant d,\ c \leqslant d, \qquad b \leqslant e,\ c \leqslant e$$

이지만 d, e 는 비교가능하지 않으므로 $\operatorname{lub}\{b, c\}$ 는 존재하지 않는다.

연 습 문 제 (13.3)

1. 반순서 집합 $(A, \leqslant)$ 의 Hasse 다이어그램이 오른쪽 그림과 같을 때, $\leqslant$ 를 $A \times A$ 의 부분 집합으로 나타내고 $\operatorname{glb}\{a, c\}$ 와 $\operatorname{lub}\{a, c\}$ 를 구하여라.

   그리고, $(A, \leqslant)$ 가 격자인지를 판정하여라.

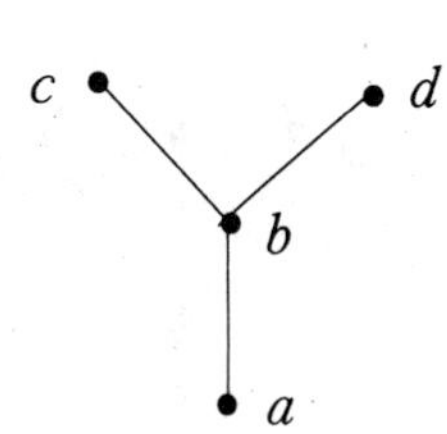

2. 집합 $A = \{1, 2, 3, 4.6, 8\}$ 위에서 $\leqslant$ 를

$$a \leqslant b \Longleftrightarrow a \mid b$$

으로 정의할 때, 반순서 집합 $(A, \leqslant)$ 의 Hasse 다이어그램은 오른쪽 그림과 같음을 확인하고 다음 물음에 답하여라.

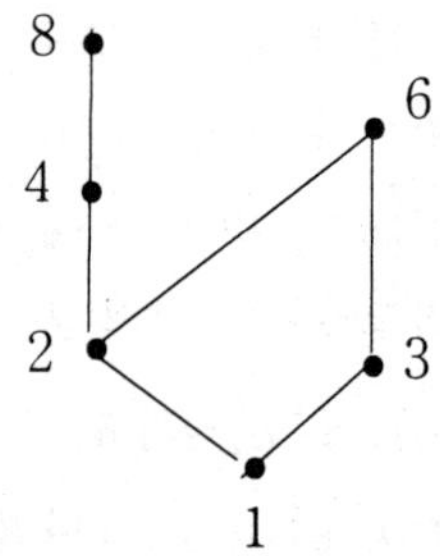

(1) $(A, \leqslant)$ 는 전순서 집합이 아님을 밝혀라.

(2) A 의 최대원소와 최소원소가 존재하는지 확인하여라.

(3) A 의 극대원소와 극소원소를 말하여라.

3. 반순서 집합 $(A, \leqslant)$ 에서 두 원소 $a, b \in A$ 에 대하여 다음이 성립함을 밝혀라.

$$a \leqslant b \Longleftrightarrow \text{glb}\{a, b\} = a \Longleftrightarrow \text{lub}\{a, b\} = b$$

4. 반순서 집합 $(A, \leqslant)$ 의 Hasse 다이어그램이 오른쪽 그림과 같을 때, 다음 물음에 답하여라.

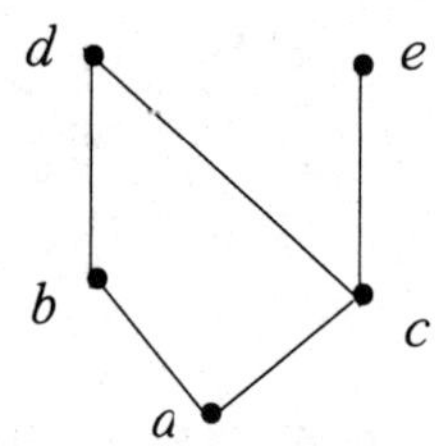

(1) 반순서 $\leqslant$ 를 $A \times A$ 의 부분집합으로 나타내어라.

(2) A 의 최대원소와 최소원소가 존재하는지 판정하여라.

(3) $\text{glb}\{b, c\}$ 와 $\text{lub}\{b, c\}$ 를 구하여라.

(4) $(A, \leqslant)$ 가 격자인지를 판정하여라.

5. 다음 그림은 반순서 집합의 Hasse 다이어그램이다. 이들 반순서 집합 중에서 격자인 것을 찾아라.

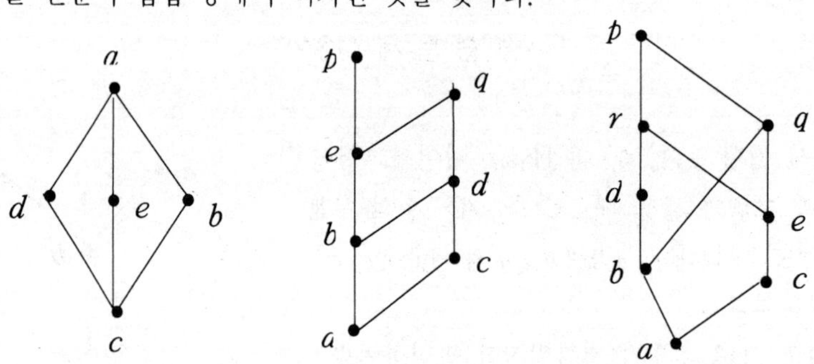

제 14 장

Boole 다원환과 Boole 함수

이 장에서는, 멱집합의 특성을 일반화하여 Boole 다원환의 특성과 Boole 환의 특성에 대하여 논하고 Boole 함수와 조합회로에 대하여 논한다.

실제로, 전체집합 U 의 부분집합 전체로 이루어진 멱집합 $\mathscr{P}(U)$ 의 연산 $\cup, \cap, \oplus$ 에 관한 여러 가지 성질을 일반화하여 Boole 다원환과 Boole 환의 특성을 논하고 또 이를 바탕으로 하여 Boole 함수와 조합회로에 대하여 논한다.

§14.1 전체집합과 멱집합

이 절에서는, 전체집합 U 의 부분집합 전체로 이루어진 멱집합 $\mathscr{P}(U)$ 의 특성에 대하여 논한다.

정리 14.1.1 전체집합 U 의 멱집합 $\mathscr{P}(U)$ 위에는 두 이항연산 $\cup, \cap$ 과 일항연산 $'$ 이 정의되어 있고, 즉

$$A, B \in \mathscr{P}(U) \implies A \cup B,\ A \cap B,\ A' \in \mathscr{P}(U)$$

이고, 또 임의의 $A, B, C \in \mathscr{P}(U)$ 에 대하여 다음이 성립한다.

B.1 : $(A \cup B) \cup C = A \cup (B \cup C)$, $(A \cap B) \cap C = A \cap (B \cap C)$ (결합법칙)

B.2 : $A \cup B = B \cup A$, $A \cap B = B \cap A$ (교환법칙)

B.3 : $A \cup (A \cap B) = A$, $A \cap (A \cup B) = A$ (흡수법칙)

B.4 : $A \cap (B \cup C) = (A \cap B) \cup (A \cap C)$, $A \cup (B \cap C) = (A \cup B) \cap (A \cup C)$ (분배법칙)

B.5 : $A \cup \varnothing = \varnothing \cup A = A$, $A \cap U = U \cap A = A$

$A \cup U = U \cup A = U$, $A \cap \varnothing = \varnothing \cap A = \varnothing$

B.6 : $A \cup A' = A' \cup A = U$, $A \cap A' = A' \cap A = \varnothing$

B.7 : $(A')' = A$, $\varnothing' = U$, $U' = \varnothing$

B.8 : $A \cup A = A$, $A \cap A = A$

B.9 : $A \cap (A' \cup B) = A \cap B$, $A \cup (A' \cap B) = A \cup B$

B.10 : $(A \cup B)' = A' \cap B'$, $(A \cap B)' = A' \cup B'$ (De Morgan 의 법칙)

증 명 정리 1.1.2 에 의하여 B.1 ~ B.8 이 성립한다.

B.9 :

$$\begin{aligned} A \cap (A' \cup B) &= (A \cap A') \cup (A \cap B) && \text{B.4} \\ &= \varnothing \cup (A \cap B) = A \cap B && \text{B.6, B.5} \end{aligned}$$

$$A \cup (A' \cap B) = (A \cup A') \cap (A \cup B) \qquad \text{B.4}$$
$$= U \cap (A \cup B) = A \cup B \qquad \text{B.6, B.5}$$

B.10 : 원소 $x \in U$에 대하여 다음이 성립한다.

$$x \in (A \cup B)' \iff x \notin A \cup B$$
$$\iff x \notin A \text{ 이고 } x \notin B$$
$$\iff x \in A' \text{ 이고 } x \in B'$$
$$\iff x \in A' \cap B'$$

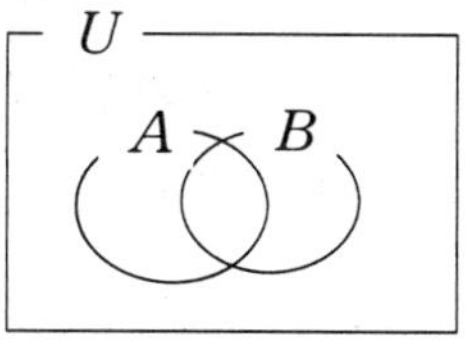

따라서 $(A \cup B)' = A' \cap B'$ 이다.

마찬가지 방법으로, $(A \cap B)' = A' \cup B'$ 임을 증명할 수 있다.

집합 U 의 부분집합에 관한 명제에서 $\cup$ 와 $\cap$ 를 서로 바꾸어 놓고 또 $\varnothing$ 와 U를 서로 바꾸어 놓은 명제를 본래의 명제의 **쌍대명제**(雙對命題, dual proposition)라고 한다. 정리 14.1.1 에서 각 항의 두 명제는 서로 쌍대명제이므로 멱집합 $\mathscr{P}(U)$ 에 관한 명제가 참인 경우에 이 명제를 증명할 때 사용한 $\cup, \cap, \varnothing, U$를 각각 $\cap, \cup, U, \varnothing$ 로 바꾸어 놓으면 이 명제의 쌍대명제에 대한 증명을 얻으므로 쌍대명제도 참이다.

이러한 사실을 **쌍대성의 원리**(雙對性 原理, principle of duality)라고 한다.

정리 14.1.2 집합 U 의 멱집합 $\mathscr{P}(U)$ 에서 다음 등식이 성립한다.

B.11 : $(A' \cup B) \cap (A \cup B') = (A \cap B) \cup (A' \cap B')$,
$(A' \cap B) \cup (A \cap B') = (A \cup B) \cap (A' \cup B')$

B.12 : $(A \cup B) \cup (A' \cap C) = A \cup B \cup C$,
$(A \cap B) \cap (A' \cup C) = A \cap B \cap C$

증 명 먼저 B.11, B.12 의 첫째 등식을 증명한다.

B.11 : $(A' \cup B) \cap (A \cup B')$

$$= [(A' \cup B) \cap A] \cup [(A' \cup B) \cap B'] \qquad \text{B.4}$$
$$= [A \cap (A' \cup B)] \cup [B' \cap ((B')' \cup A')] \qquad \text{B.2, B.7}$$
$$= (A \cap B) \cup (B' \cap A') \qquad \text{B.9}$$
$$= (A \cap B) \cup (A' \cap B') \qquad \text{B.2}$$

B.12 : $(A \cup B) \cup (A' \cap C)$

$= A \cup (B \cup (A' \cap C))$ B.1

$= [A \cup (A' \cap C)] \cup B$ B.2, B.1,

$= (A \cup C) \cup B = A \cup (C \cup B)$ B.9, B.1

$= A \cup (B \cup C) = A \cup B \cup C$ B.2

그리고, 쌍대성의 원리에 의하여 B.11, B.12 의 둘째 등식이 성립한다.

정리 14.1.1 을 이용하여 다음 정리가 성립함을 증명할 수 있다.(문제 3).

정리 14.1.3 집합 U의 멱집합 $\mathscr{P}(U)$ 에서 다음이 성립한다.

(1) $A \cup B = A \cup C$, $A \cap B = A \cap C$ 이면, $B = C$ 이다.

(2) $(A \cup B) \cap (A \cup B') = A$, $(A \cap B) \cup (A \cap B') = A$

(3) $A \cup (B \cap (A \cup C)) = (A \cup B) \cap (A \cup C)$,

$A \cap (B \cup (A \cap C)) = (A \cap B) \cup (A \cap C)$

정의 14.1.4 집합 U의 두 부분집합 A, B 에 대하여

$$A \oplus B = (A \cap B') \cup (A' \cap B)$$

를 A 와 B 의 **대칭 차집합**(對稱 差集合, symmetric difference)이라고 한다.

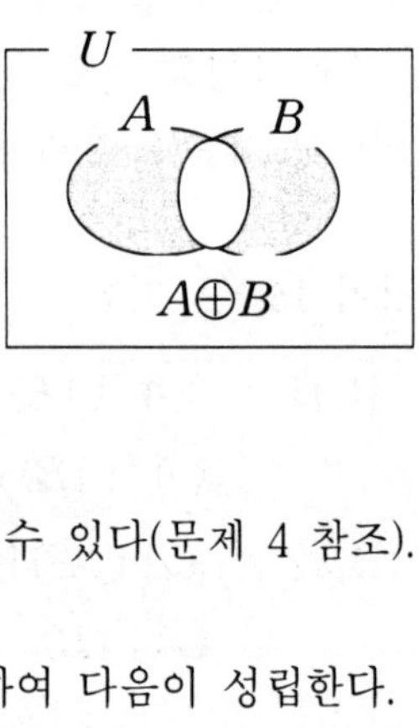

Venn 다이어그램을 이용하여 다음 정리를 확인할 수 있다(문제 4 참조).

정리 14.1.5 집합 U의 두 부분집합 A, B에 대하여 다음이 성립한다.

(1) $A \cap B' = A - B$

(2) $A \oplus B = (A - B) \cup (B - A)$

(3) $A \oplus B = (A \cup B) \cap (A \cap B)'$,

$A \oplus B = (A \cup B) - (A \cap B)$

(4) $A \cup B = (A \oplus B) \cup (A \cap B)$

(5) $A \cap B = \varnothing$ 이면, $A \oplus B = A \cup B$ 이다.

정리 14.1.6 집합 U의 멱집합 $\mathscr{P}(U)$ 위에 두 이항연산 $\oplus$, $\cdot$ 를

$$A \oplus B = (A \cap B') \cup (A' \cap B), \quad A \cdot B = A \cap B$$

으로 정의하면, 이 두 연산에 관하여 다음이 성립한다.

A.1 : $(A \oplus B) \oplus C = A \oplus (B \oplus C)$

A.2 : $A \oplus B = B \oplus A$

A.3 : $A \oplus \varnothing = \varnothing \oplus A = A$

A.4 : $A \oplus A = \varnothing$

M.1 : $(A \cdot B) \cdot C = A \cdot (B \cdot C)$

M.2 : $A \cdot B = B \cdot A$

M.3 : $A \cdot U = U \cdot A = A, \quad A \cdot \varnothing = \varnothing \cdot A = \varnothing$

D : $A \cdot (B \oplus C) = (A \cdot B) \oplus (A \cdot C)$

이 정리가 성립한다는 의미에서, $\mathscr{P}(U)$를 연산 $\oplus$, $\cdot$ 에 관한 **Boole 환**(불環, Boolean ring)이라고 한다.

증 명 A.2 :
$$\begin{aligned} A \oplus B &= (A \cap B') \cup (A' \cap B) \\ &= (A' \cap B) \cup (A \cap B') && \text{B.2} \\ &= (B \cap A') \cup (B' \cap A) = B \oplus A && \text{B.2} \end{aligned}$$

A.1 : $(A \oplus B) \oplus C = [(A \oplus B) \cap C'] \cup [(A \oplus B)' \cap C]$ 이고 또 다음 두 등식이 성립한다.

$$\begin{aligned} (A \oplus B) \cap C' &= \{(A \cap B') \cup (A' \cap B)\} \cap C' \\ &= \{(A \cap B') \cap C'\} \cup \{(A' \cap B) \cap C'\} && \text{B.4} \\ &= (A \cap B' \cap C') \cup (A' \cap B \cap C') \end{aligned}$$

$$\begin{aligned} (A \oplus B)' \cap C &= \{(A \cap B') \cup (A' \cap B)\}' \cap C \\ &= \{(A \cap B')' \cap (A' \cap B)'\} \cap C && \text{B.10} \\ &= \{(A' \cup B) \cap (A \cup B')\} \cap C && \text{B.10, B.7} \\ &= \{(A \cap B) \cup (A' \cap B')\} \cap C && \text{B.11} \\ &= \{(A \cap B) \cap C\} \cup \{A' \cap B') \cap C\} && \text{B.4} \\ &= (A \cap B \cap C) \cup (A' \cap B' \cap C) \end{aligned}$$

그러므로,

$$(A\oplus B)\oplus C = (A\cap B'\cap C')\cup(A'\cap B\cap C')$$
$$\cup(A'\cap B'\cap C)\cup(A\cap B\cap C)$$

이고, 따라서 (2) 와 앞의 결과에 의하여 다음이 성립한다.

$$A\oplus(B\oplus C) = (B\oplus C)\oplus A$$
$$= (B\cap C'\cap A')\cup(B'\cap C\cap A')\cup(B'\cap C'\cap A)\cup(B\cap C\cap A)$$
$$= (A\oplus B)\oplus C$$

A.3 : 앞의 A.2 에 의하여 $A\oplus\varnothing = \varnothing\oplus A$ 이고, 또 다음이 성립한다.

$$A\oplus\varnothing = (A\cap\varnothing')\cup(A'\cap\varnothing)$$
$$= (A\cap U)\cup(A'\cap\varnothing) = A\cup\varnothing = A$$

A.4 : $A\oplus A = (A\cap A')\cup(A'\cap A) = \varnothing\cup\varnothing = \varnothing$

M.1, M.2, M.3 : B.2, B.5 에 의하여 M.1, M.2, M.3 가 성립한다.

D : $A\cdot(B\oplus C)$

$$= A\cap\{(B\cap C')\cup(B'\cap C)\}$$
$$= [A\cap(B\cap C')]\cup[A\cap(B'\cap C)] \qquad \text{B.4}$$
$$= (A\cap B\cap C')\cup(A\cap B'\cap C)$$

$$(A\cdot B)\oplus(A\cdot C) = (A\cap B)\oplus(A\cap C)$$
$$= \{(A\cap B)\cap(A\cap C)'\}\cup\{(A\cap B)'\cap(A\cap C)\}$$
$$= \{(A\cap B)\cap(A'\cup C')\}\cup\{(A'\cup B')\cap(A\cap C)\} \qquad \text{B.10}$$
$$= \{(A\cap B)\cap(A'\cup C')\}\cup\{(A\cap C)\cup(A'\cup B')\}$$
$$= (A\cap B\cap C')\cup(A\cap C\cap B')$$
$$= (A\cap B\cap C')\cup(A\cap B'\cap C)$$

위의 두 등식에 의하여 $A\cdot(B\oplus C) = (A\cdot B)\oplus(A\cdot C)$ 이다.

정리 14.1.7 집합 U의 멱집합 $\mathscr{P}(U)$ 에서 다음이 성립한다.

(1) $A\oplus B = A\oplus C$ 이면, $B = C$ 이다.

(2) $A\oplus U = U\oplus A = A'$, $\quad A'\oplus U = U\oplus A' = A$

(3) $(A\oplus B)' = A\oplus B' = A'\oplus B$

(4) $A\oplus B = \varnothing \Leftrightarrow A = B$, $\quad A\oplus B = U \Leftrightarrow A = B'$

증 명 (1) 이제 $A \oplus B = A \oplus C$이라고 하자. 이 때,

$$A \oplus (A \oplus B) = A \oplus (A \oplus C),$$
$$(A \oplus A) \oplus B = (A \oplus A) \oplus C,$$
$$\varnothing \oplus B = \varnothing \oplus C$$

이고 따라서 $B = C$ 이다(정리 14.1.6 참조).

(2) 정리 14.1.6 에 의하여 $A \oplus U = U \oplus A$ 이고 또 다음이 성립한다.

$$\begin{aligned} A \oplus U &= (A \cap U') \cup (A' \cap U) \\ &= (A \cap \varnothing) \cup (A' \cap U) \\ &= \varnothing \cup A' = A' \end{aligned}$$

그리고, 이 결과에 의하여 $A' \oplus U = U \oplus A' = (A')' = A$ 이다.

(3) 위의 (2) 와 정리 14.1.6 에 의하여 다음이 성립한다.

$$(A \oplus B)' = (A \oplus B) \oplus U = A \oplus (B \oplus U) = A \oplus B',$$
$$(A \oplus B)' = U \oplus (A \oplus B) = (U \oplus A) \oplus = A' \oplus B$$

(4) 먼저 $A = B$ 이면, 정리 14.1.6 에 의하여 다음이 성립한다.

$$A \oplus B = A \oplus A = \varnothing$$

역으로, $A \oplus B = \varnothing$ 이면, 정리 14.1.6 에 의하여

$$(A \oplus B) \oplus B = \varnothing \oplus B,$$
$$A \oplus (B \oplus B) = B,$$
$$A \oplus \varnothing = B$$

이고 따라서 $A = B$ 이다.

그리고, (3) 과 위의 결과에 의하여 다음이 성립한다.

$$\begin{aligned} A \oplus B = U &\Leftrightarrow (A \oplus B)' = \varnothing \\ &\Leftrightarrow A \oplus B' = \varnothing \\ &\Leftrightarrow A = B' \end{aligned}$$

연 습 문 제 (14.1)

1. 집합 U의 부분집합 A, B, C에 대하여 다음이 성립하는지 판정하여라.
   (1) $A \subseteq B$일 때 그리고 이때에만 $A \cup B = B$이다.
   (2) $A \subseteq B$일 때 그리고 이때에만 $A \cap B = A$이다.
   (3) $A \cup B = A \cup C$이면, $B = C$이다.
   (4) $A \cap B = A \cap C$이면, $B = C$이다.

2. 집합 U의 멱집합 $\mathscr{P}(U)$에서 다음 명제의 쌍대명제를 말하여라.
   (1) $A \cup B = \varnothing$ 이면, $A = \varnothing$ 이고 $B = \varnothing$ 이다.
   (2) $B \subseteq A$ 일 때 그리고 이때에만 $A \cap B' = \varnothing$ 이다.
   (3) $A \cap B' = \varnothing$, $B \cap C' = \varnothing$ 이면, $A \cap C' = \varnothing$ 이다.
   (4) $A \cup B = U$, $A \cap B = \varnothing$ 이면, $B = A'$ 이다.

3. 정리 14.1.1 을 이용하여 정리 14.1.3 을 증명하여라.

4. 정리 14.1.1 을 이용하여 정리 14.1.5 를 증명하여라.

5. 유한집합 U의 두 부분집합 A, B에 대하여 다음이 성립함을 밝혀라.
   (1) $|A \oplus B| = |A| + |B| - 2|A \cap B|$
   (2) $|A \oplus B| = |A - B| + |B - A|$

6. 유한집합 U의 부분집합 A, B, C에 대하여 다음이 성립함을 밝혀라
   (1) $|(A \oplus B) \cap C| = |A \cap C| + |B \cap C| - 2|A \cap B \cap C|$
   (2) $|A \cap (B \cup C)'| = |A| - |A \cap B| - |A \cap C| + |A \cap B \cap C|$
   (3) $|A \oplus B \oplus C| = |A| + |B| + |C| - 2|A \cap B|$
   $\qquad - 2|A \cap C| - 2|B \cap C| + 4|A \cap B \cap C|$

§14.2 Boole 다원환과 Boole 환

이 절에서는, §14.1 에서 논한 멱집합 $\mathscr{P}(U)$ 의 성질을 일반화하기로 한다.

정의 14.2.1 집합 B 위에 두 이항연산 $\vee$, $\wedge$ 가 정의되어 있고, 다음이 성립할 때, B 를 **Boole 다원환**(불 多元環, Boolean algebra)이라고 한다

B.1 : $(a \vee b) \vee c = a \vee (b \vee c)$,
$(a \wedge b) \wedge c = a \wedge (b \wedge c)$ (결합법칙)

B.2 : $a \vee b = b \vee a$, $a \wedge b = b \wedge a$ (교환법칙)

B.3 : $a \vee (a \wedge b) = a$, $a \wedge (a \vee b) = a$ (흡수법칙)

B.4 : $a \wedge (b \vee c) = (a \wedge b) \vee (a \wedge c)$,
$a \vee (b \wedge c) = (a \vee b) \wedge (a \vee c)$ (분배법칙)

B.5 : 특정한 원소 $0, 1 \in B$ 이 존재하여 모든 $a \in B$ 에 대하여 다음이 성립한다.

$$a \vee 0 = a, \quad a \wedge 1 = a, \quad a \vee 1 = 1, \quad a \wedge 0 = 0$$

B.6 : 각 $a \in B$ 에 대하여 $a \vee b = 1$, $a \wedge b = 0$ 인 원소 $b \in B$ 가 단 하나 존재한다. 이 원소 b 를 a' 또는 $\bar{a}$ 로 나타내고 이것을 a 의 **여원소**(餘元素, complement)라고 한다. 즉,

$$a \vee a' = 1, \qquad a \wedge a' = 0$$

부울(George Boole, 1815 ~ 1864) 은 영국의 수학자이다.

Boole 다원환 B 에서 임의의 원소 $a, b, c \in B$ 에 대하여 B.1 이 성립하므로 이 두 원소를 각각 $a \vee b \vee c$, $a \wedge b \wedge c$ 로 나타낸다.

보기 14.2.1 집합 U 의 멱집합 $\mathscr{P}(U)$ 는 두 이항연산 $\cup$, $\cap$ 에 관하여 Boole 다원환을 이루며 $A' = U - A$ 이다(정리 14.1.1 참조).

그리고, $\mathscr{P}(U)$ 는 포함관계 $\subseteq$ 에 관하여 반순서 집합이고 그 최대원소와 최소원소는 각각 $\varnothing$, U 이다(보기 13.3.5).

보기 14.2.2 집합 $\mathbb{B} = \{0, 1\}$ 는 다음과 같이 정의된 두 이항연산 $\vee$, $\wedge$ 에 관하여 Boole 다원환을 이룬다.

$\vee$	0	1
0	0	1
1	1	1

$\wedge$	0	1
0	0	0
1	0	1

$0' = 1$

$1' = 0$

$$0 \vee 0 = 0,\ \ 0 \vee 1 = 1 \vee 0 = 1 \vee 1 = 1,$$

$$0 \wedge 0 = 0 \wedge 1 = 1 \wedge 0 = 0,\ \ 1 \wedge 1 = 1$$

Boole 다원환에 관한 명제에서 $\vee$ 와 $\wedge$ 를 서로 바꾸고 놓고 0 과 1 을 서로 바꾸어 놓은 명제를 본래 명제의 **쌍대명제**(雙對命題, dual proposition)라고 한다. 정의 14.2.1 의 각 항의 두 명제는 서로 쌍대명제이다. 따라서 Boole 다원환 B 에 관한 명제가 참인 경우에 이 명제를 증명할 때 이용한 $\vee$, $\wedge$, 0, 1 대신에 각각 $\wedge$, $\vee$, 1, 0 으로 바꾸어 놓으면 이 명제의 쌍대명제에 대한 증명을 얻으므로 쌍대명제도 참이다.

이 사실을 **쌍대성의 원리**(雙對性의 原理, principle of duality)라고 한다.

정리 14.2.2 Boole 다원환 B 에서 다음이 성립한다.

B.7 : $(a')' = a,\quad 0' = 1,\quad 1' = 0$

B.8 : $a \vee a = a,\qquad a \wedge a = a$

B.9 : $a \vee (a' \wedge b) = a \vee b,\qquad a \wedge (a' \vee b) = a \wedge b$

B.10 : $(a \vee b)' = a' \wedge b',$
$(a \wedge b)' = a' \vee b'$ (De Morgan 의 법칙)

B.11 : $(a' \vee b) \wedge (a \vee b') = (a \wedge b) \vee (a' \wedge b'),$
$(a' \wedge b) \vee (a \wedge b') = (a \vee b) \wedge (a' \vee b')$

B.12 : $(a \vee b) \vee (a' \wedge c) = a \vee b \vee c,$
$(a \wedge b) \wedge (a' \vee c) = a \wedge b \wedge c$

증 명 B.7 : 조건 B.6 에 의하여 $a \vee a' = 1$, $a \wedge a' = 0$ 이므로 $(a')' = a$ 이다. 그리고, B.5, B.6 에 의하여 $0' = 1$, $1' = 0$ 이다.

B.8 : 조건 B.3 에 의하여 다음이 성립한다.

$$a \vee a = a \vee (a \wedge (a \vee a)) = a,$$
$$a \wedge a = a \wedge (a \vee (a \wedge a)) = a$$

B.9 : $a \vee (a' \wedge b) = (a \vee a') \wedge (a \vee b)$　B.4

$= 1 \wedge (a \vee b) = a \vee b$　B.6, B.5

그리고, 쌍대성의 원리에 의하여 $a \wedge (a' \vee b) = a \wedge b$ 이다.

B.10 : 다음 두 등식이 성립한다.

$(a \vee b) \wedge (a' \wedge b') = [a \wedge (a' \wedge b')] \vee [b \wedge (a' \wedge b')]$　B.4

$= [(a \wedge a') \wedge b'] \vee [(b \wedge b') \wedge a')]$　B.2

$= (0 \wedge b') \vee (0 \wedge a') = 0 \vee 0 = 0$　B.6, B.5

$(a \vee b) \vee (a' \wedge b') = [(a \vee b) \vee a'] \wedge [(a \vee b) \vee b']$　B.4

$= [(a \vee a') \vee b] \wedge [a \vee (b \vee b')]$　B.1, B.2

$= (1 \vee b] \wedge (a \vee 1) = 1 \wedge 1 = 1$　B.6, B.5

따라서 B.6 에 의하여 $(a \vee b)' = a' \wedge b'$ 이다.

그리고, 쌍대성의 원리에 의하여 $(a \wedge b)' = a' \vee b'$ 이다.

B.11 : $(a' \vee b) \wedge (a \vee b')$

$= [(a' \vee b) \wedge a] \vee [(a' \vee b) \wedge b']$　B.4

$= [a \wedge (a' \vee b)] \vee [b' \wedge ((b')' \vee a')]$　B.2, B.7

$= (a \wedge b) \vee (b' \wedge a')$　B.9

$= (a \wedge b) \vee (a' \wedge b')$　B.2

그리고, 쌍대성의 원리에 의하여 둘째 등식이 성립한다.

B.12 : $(a \vee b) \vee (a' \wedge c)$

$= [a \vee (a' \wedge c)] \vee b$　B.1, B.2

$= (a \vee c) \vee b$　B.9

$= a \vee (c \vee b)$　B.1

$= a \vee (b \vee c) = a \vee b \vee c$　B.2

그리고, 쌍대성의 원리에 의하여 둘째 등식이 성립한다.

다음 정리가 성립함을 쉽게 증명할 수 있다(정리 14.1.3, 문제 1 참조).

정리 14.2.3 Boole 다원환 B에서 다음이 성립함을 증명하여라.

(1) $a\vee b = a\vee c$, $a\wedge b = a\wedge c$ 이면, $b = c$ 이다. (소약법칙)

(2) $(a\vee b)\wedge(a\vee b') = a$, $(a\wedge b)\vee(a\wedge b') = a$

(3) $a\vee(b\wedge(a\vee c)) = (a\vee b)\wedge(a\vee c)$,

$a\wedge(b\vee(a\wedge c)) = (a\wedge b)\vee(a\wedge c)$

정리 14.2.1, 정리 14.2.2를 이용하여 정리 14.1.6의 증명과 마찬가지 방법으로 다음 정리를 증명할 수 있다(문제 2).

정리 14.2.4 Boole 다원환 B에서 임의의 두 원소 a, b에 대하여

$$a\oplus b = (a\wedge b')\vee(a'\wedge b), \quad a\,b = a\wedge b$$

이라고 정의하면, 두 연산 $\oplus$, $\cdot$ 에 관하여 다음이 성립한다.

A.1 : $(a\oplus b)\oplus c = a\oplus(b\oplus c)$

A.2 : $a\oplus b = b\oplus a$

A.3 : $a\oplus 0 = 0\oplus a = a$

A.4 : $a\oplus a = 0$

M.1 : $(a\,b)\,c = a\,(b\,c)$

M.2 : $a\,b = b\,a$

M.4 : $a\,1 = 1\,a = a$, $a\,0 = 0\,a = 0$

D : $a\,(b\oplus c) = (a\,b)\oplus(a\,c)$, $(b\oplus c)\,a = (b\,a)\oplus(c\,a)$

이 정리가 성립한다는 의미에서, B를 두 연산 $\oplus$, $\cdot$ 에 관한 **Boole 환**(環, Boolean ring)이라고 한다.

그리고, $(a\oplus b)\oplus c$, $a\oplus(b\oplus c)$를 $a\oplus b\oplus c$로 나타낸다.

보기 14.2.3 Boole 환 $\mathbb{B} = \{0, 1\}$의 두 연산 $\oplus$, $\cdot$ 에 관한 연산표는 체 $\mathbb{F}_2 = \{0, 1\}$의 두 연산 $+$, $\cdot$ 에 관한 연산표와 본질적으로 동일하다.

$\oplus$	0	1
0	0	1
1	1	0

$\cdot$	0	1
0	0	0
1	0	1

정리 14.1.7 의 증명과 마찬가지 방법으로 다음을 증명할 수 있다(문제 3).

정리 14.2.5 Boole 다원환 B 에서 다음이 성립한다.

(1) $a \oplus b = a \oplus c$ 이면, $b = c$ 이다.

(2) $a \oplus 1 = 1 \oplus a = a'$, $\quad a' \oplus 1 = 1 \oplus a' = a$

(3) $(a \oplus b)' = a \oplus b' = a' \oplus b$

(4) $a \oplus b = 0 \Leftrightarrow a = b$, $\quad a \oplus b = 1 \Leftrightarrow a = b'$

정리 14.2.6 Boole 다원환 B 에서 다음이 성립한다.

(1) $a \oplus b = (a \vee b)(a\ b)'$

(2) $a \vee b = (a \oplus b) \vee a b$

(3) $a b = 0$ 이면, $a \oplus b = a \vee b$ 이다.

증 명 (1) $(a \vee b)(a\ b)'$

$$
\begin{aligned}
&= (a \vee b) \wedge (a \wedge b)' \\
&= [a \wedge (a \wedge b)'] \vee [b \wedge (a \wedge b)'] && \text{B.4} \\
&= [a \wedge (a' \vee b')] \vee [b \wedge (a' \vee b')] && \text{B.10} \\
&= [a \wedge (a' \vee b')] \vee [b \wedge (b' \vee a')] && \text{B.2} \\
&= (a \wedge b') \vee (b \wedge a') && \text{B.9} \\
&= (a \wedge b') \vee (a' \wedge b) = a \oplus b && \text{B.2}
\end{aligned}
$$

(2) 위의 (1) 을 이용하여 (2) 를 증명한다.

$$
\begin{aligned}
(a \oplus b)\ a b\ &= ((a \vee b)(a\ b)') \vee a b \\
&= a b \vee ((a b')(a \vee b)) && \text{B.2} \\
&= a b \vee (a \vee b) = (a \vee b) \vee a b && \text{B.9, B.2} \\
&= ((a \vee b) \vee a)((a \vee b) \vee b) && \text{B.4} \\
&= (a \vee b)(a \vee b) = a \vee b && \text{B.8}
\end{aligned}
$$

(3) 위의 (1) 에 의하여 $a \oplus b = (a \vee b)\ (a\ b)'$ 이므로 $a\ b = 0$ 이면 다음이 성립한다.

$$
\begin{aligned}
a \oplus b &= (a \vee b)\ (a\ b)' \\
&= (a \vee b)\ 0' = (a \vee b)\ 1 = a \vee b
\end{aligned}
$$

Boole 다원환 B 에서 원소 $a_1, a_2, \cdots, a_n$ $(n \geq 2)$ 에 대하여

$$a_1 \vee a_2 \vee \cdots \vee a_n = (a_1 \vee a_2 \vee \cdots \vee a_{n-1}) \vee a_n,$$
$$a_1 \oplus a_2 \oplus \cdots \oplus a_n = (a_1 \oplus a_2 \oplus \cdots \oplus a_{n-1}) \oplus a_n$$

으로 정의하면 다음 정리가 성립한다.

정리 14.2.7 Boole 다원환 B 의 원소 $a_1, a_2, \cdots, a_n$ $(n \geq 2)$ 에 대하여

$$a_i a_j = 0 \qquad (1 \leq i \neq j \leq n)$$

이면, $a_1 \oplus a_2 \oplus \cdots \oplus a_n = a_1 \vee a_2 \vee \cdots \vee a_n$ 이다.

증 명 먼저 $a_1 a_2 = 0$ 이므로 $a_1 \oplus a_2 = a_1 \vee a_2$ 이다(정리 14.2.6).

이제 $n = k$ 일 때 정리가 성립한다고 가정하자. 이 때,

$$a_1 \oplus a_2 \oplus \cdots \oplus a_k = a_1 \vee a_2 \vee \cdots \vee a_k$$

이고, 또 정리 14.2.4 와 가정에 의하여 다음이 성립한다.

$$(a_1 \oplus a_2 \oplus \cdots \oplus a_k) a_{k+1}$$
$$= (a_1 a_{k+1}) \oplus (a_2 a_{k+1}) \oplus \cdots \oplus (a_k a_{k+1}) = 0 \oplus \cdots \oplus 0 = 0$$

그러므로, 정리 14.2.6 에 의하여 다음이 성립한다.

$$a_1 \oplus a_2 \oplus \cdots \oplus a_k \oplus a_{k+1} = (a_1 \oplus a_2 \oplus \cdots \oplus a_k) \oplus a_{k+1}$$
$$= (a_1 \vee a_2 \vee \cdots \vee a_k) \vee a_{k+1} = a_1 \vee a_2 \vee \cdots \vee a_k \vee a_{k+1}$$

따라서 모든 정수 $n (\geq 2)$ 에 대하여 정리가 성립한다.

연 습 문 제 (14.2)

1. 정리 14.1.3 의 증명 방법과 마찬가지 방법으로 정리 14.2.3 을 증명하여라.

2. 정의 14.1.6 의 증명 방법과 마찬가지 방법으로 정리 14.2.4 를 증명하여라.

3. 정리 14.1.7 의 증명 방법과 마찬가지 방법으로 정리 14.2.5 를 증명하여라.

§14.3 Boole 다원환과 격자

Boole 다원환은 적당한 관계 $\leqslant$ 에 관하여 격자임을 증명한다(정의 13.3.9).

정리 14.3.1 Boole 다원환 B 위에 관계 $\leqslant$ 를 다음과 같이 정의하자.

$$a \leqslant b \Leftrightarrow a \vee b = b$$

이 때, $(B, \leq)$ 는 격자이고 임의의 $a, b \in B$ 에 대하여 다음이 성립한다.

$$a \leqslant b \Leftrightarrow a \vee b = b \Leftrightarrow a \wedge b = a$$

$$0 \leqslant a \leqslant 1$$

증 명 임의의 원소 $a, b, c \in B$ 에 대하여 다음이 성립한다.

(i) B.8 에 의하여 $a \vee a = a$ 이므로 $a \leq a$ 이다.

(ii) $a \leqslant b,\ b \leqslant a$ 이면, $a \vee b = b,\ b \vee a = a$ 이므로 B.2 에 의하여 $a = b \vee a = a \vee b = b$ 이다.

(iii) $a \leqslant b,\ b \leqslant c$ 이면, $a \vee b = b,\ b \vee c = c$ 이므로 B.1 에 의하여

$$a \vee c = a \vee (b \vee c) = (a \vee b) \vee c = b \vee c = c$$

이고 따라서 $a \leqslant c$ 이다.

위의 (i), (ii), (iii) 에 의하여 $(B, \leqslant)$ 는 반순서 집합이다(정의 13.3.1).

그리고, B.3, B.2 에 의하여

$$a \wedge (a \vee b) = a, \quad b \wedge (a \vee b) = b \wedge (b \vee a) = b$$

이므로 위의 결과에 의하여 $a \leqslant (a \vee b),\ b \leqslant (a \vee b)$ 이다.

그리고, $a \leqslant c,\ b \leqslant c$ 이라고 가정하면, $a \vee c = c,\ b \vee c = c$ 이므로

$$(a \vee b) \vee c = a \vee (b \vee c) = a \vee c = c$$

이고 따라서 $(a \vee b) \leqslant c$ 이다. 그러므로, $a \vee b = \text{lub}\{a, b\}$ 이다.

마찬가지로, $a \wedge b = \text{glb}\{a, b\}$ 임을 증명할 수 있다.

따라서 $(L, \leqslant)$ 은 격자이다.

다음에 $a \vee b = b$ 이면, B.3 에 의하여

$$a \wedge b = a \wedge (a \vee b) = a$$

이고, 역으로 $a \wedge b = a$ 이면 B.2, B.3 에 의하여

$$a \vee b = b \vee a = b \vee (a \wedge b) = b \vee (b \wedge a) = b$$

이므로 다음이 성립한다.

$$a \leqslant b \Leftrightarrow a \vee b = b \Leftrightarrow a \wedge b = a$$

또, B.5 에 의하면 모든 $a \in B$ 에 대하여 $0 \vee a = a$, $a \vee 1 = 1$ 이므로 $0 \leqslant a \leqslant 1$ 이고 따라서 1 과 0 은 각각 B 의 최대원소, 최소원소이다.

정리 14.3.2 Boole 다원환 B 와 양의 정수 n 에 대하여 곱집합

$$B^n = \{(a_1, \cdots, a_n) \mid a_1, \cdots, a_n \in B\}$$

는 다음과 같이 정의된 두 연산 $\vee$, $\wedge$ 에 관하여 Boole 다원환을 이룬다.

$$(a_1, \cdots, a_n) \vee (b_1, \cdots, b_n) = (a_1 \vee b_1, \cdots, a_n \vee b_n)$$

$$(a_1, \cdots, a_n) \wedge (b_1, \cdots, b_n) = (a_1 \wedge b_1, \cdots, a_n \wedge b_n)$$

여기서, $(b_1, \cdots, b_n)' = (b_1{}', \cdots, b_n{}')$ 이다.

그리고, B 와 B^n 위의 관계 $\leqslant$ 를 각각

$$a \leqslant b \Leftrightarrow a \vee b = b,$$

$$(a_1, \cdots, a_n) \leqslant (b_1, \cdots, b_n) \Leftrightarrow a_1 \leqslant b_1, \cdots, a_n \leqslant b_1$$

으로 정의하면, $(B^n, \leqslant)$ 는 격자이고 다음이 성립한다.

$$(0, 0, \cdots, 0) \leqslant (a_1, \cdots, a_n) \leqslant (1, 1, \cdots, 1)$$

증 명 먼저 $(B^n, \vee, \wedge)$ 이 Boole 다원환임을 쉽게 증명할 수 있다. 또,

$$(a_1, \cdots, a_n) \vee (b_1, \cdots, b_n) = (b_1, \cdots, b_n)$$

$$\Leftrightarrow (a_1 \vee b_1, \cdots, a_n \vee b_n) = (b_1, \cdots, b_n)$$

$$\Leftrightarrow a_1 \vee b_1 = b_1, \cdots, a_n \vee b_n = b_n$$

이므로 관계 $\leqslant$ 를 정리에서와 같이 정하면 정리 14.3.1 에 의하여 $(B^n, \leqslant)$ 는 격자이다.

보기 14.3.1 집합 $\mathbb{B} = \{0, 1\}$ 는 다음과 같이 정의된 두 이항연산 $\vee$, $\wedge$ 에 관하여 Boole 다원환을 이룬다.

$\vee$	0	1
0	0	1
1	1	1

$\wedge$	0	1
0	0	0
1	0	1

$0' = 1$
$1' = 0$

따라서 양의 정수 n 에 대하여 $\mathbb{B}^n = \{(a_1, \cdots, a_n) \mid a_1, \cdots, a_n \in \mathbb{B}\}$ 는 다음과 같이 정의된 두 연산 $\vee$, $\wedge$ 에 관하여 Boole 다원환을 이룬다.

$$(a_1, \cdots, a_n) \vee (b_1, \cdots, b_n) = (a_1 \vee b_1, \cdots, a_n \vee b_n)$$
$$(a_1, \cdots, a_n) \wedge (b_1, \cdots, b_n) = (a_1 \wedge b_1, \cdots, a_n \wedge b_n)$$

여기서 $(a_1, \cdots, a_n)' = (a_1', \cdots, a_n')$ 이다.

그리고, Boole 다원환 $\mathbb{B} = \{0, 1\}$ 에서

$$0 \vee 0 = 0, \quad 0 \vee 1 = 1, \quad 1 \vee 1 = 1$$

이므로 $\mathbb{B}$ 에서

$$0 \leqslant 0, \quad 0 \leqslant 1, \quad 1 \leqslant 1$$

로 정의하면, $(\mathbb{B}, \leqslant)$ 는 격자이고 따라서 $\mathbb{B}^n$ 은 다음과 같이 정의된 관계 $\leqslant$ 에 관하여 격자를 이룬다.

$$(a_1, \cdots, a_n) \leqslant (b_1, \cdots, b_n) \Leftrightarrow a_1 \leqslant b_1, \cdots, a_n \leqslant b_1$$

보기 13.1.5 는 Boole 다원환 $\mathbb{B}^3$ 에서의 연산을 보여 주고 있다.

격자 $(\mathbb{B}, \leqslant)$, $(\mathbb{B}^2, \leqslant)$, $(\mathbb{B}^3, \leqslant)$ 의 Hasse 다이어그램은 다음 그림과 같다.

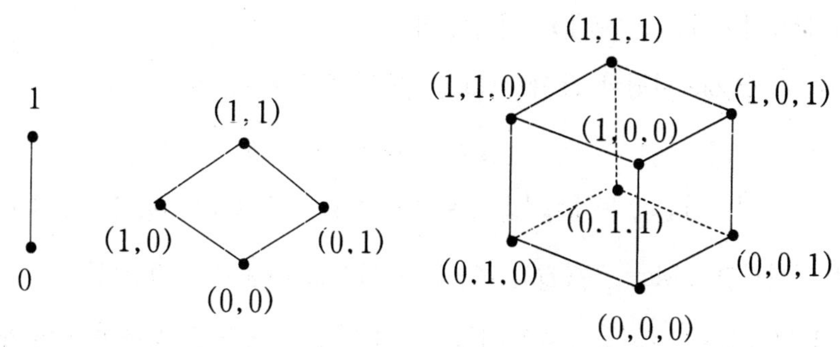

정리 14.3.2 와 마찬가지로 다음 정리가 성립한다(정의 13.1.4 참조).

정리 14.3.3 Boole 다원환 B 의 원소 r_{ij} $(1 \le i \le m,\ 1 \le j \le n)$ 를 성분으로 가지는 행렬

$$\begin{bmatrix} r_{11} & r_{12} & \cdots & r_{1n} \\ r_{21} & r_{22} & \cdots & r_{2n} \\ \vdots & \cdots & \vdots & \\ r_{m1} & r_{m2} & \cdots & r_{mn} \end{bmatrix}$$

을 B 위의 $m \times n$ 행렬이라 하고 이것을 간단히 $[\, r_{ij}]_{m \times n}$ 으로 나타낸다.

그리고, B 위의 $m \times n$ 행렬 전체의 집합을 $\mathrm{Mat}_{m \times n}(B)$ 로 나타내고, 이 집합 위에 두 연산 $\vee$, $\wedge$ 을 다음과 같이 정의하자.

$$[\, r_{ij}]_{m \times n} \vee [\, s_{ij}]_{m \times n} = [\, r_{ij} \vee s_{ij}]_{m \times n}$$

$$= \begin{bmatrix} r_{11} \vee s_{11} & \cdots & r_{1n} \vee s_{1n} \\ r_{21} \vee s_{21} & \cdots & r_{2n} \vee s_{2n} \\ \vdots & \cdots & \vdots \\ r_{m1} \vee s_{m1} & \cdots & r_{mn} \vee s_{mn} \end{bmatrix},$$

$$[\, r_{ij}]_{m \times n} \wedge [\, s_{ij}]_{m \times n} = [\, r_{ij} \wedge s_{ij}]_{m \times n}$$

$$= \begin{bmatrix} r_{11} \wedge s_{11} & \cdots & r_{1n} \wedge s_{1n} \\ r_{21} \wedge s_{21} & \cdots & r_{2n} \wedge s_{2n} \\ \vdots & \cdots & \vdots \\ r_{m1} \wedge s_{m1} & \cdots & r_{mn} \wedge s_{mn} \end{bmatrix}$$

이 때, $\mathrm{Mat}_{m \times n}(B)$ 는 두 연산 $\vee$, $\wedge$ 에 관하여 Boole 다원환을 이룬다. 여기서, $[\, r_{ij}]_{m \times n}{}' = [\, r_{ij}{}']_{m \times n}$ 이다.

그리고, Boole 다원환 B 와 $\mathrm{Mat}_{m \times n}(B)$ 위의 관계 $\leqslant$ 를 각각

$$a \leqslant b \iff a \vee b = b$$

$$[\, r_{ij}]_{m \times n} \leqslant [\, s_{ij}]_{m \times n} \iff r_{ij} \leqslant s_{ij} \quad (1 \le i \le m,\ 1 \le j \le n)$$

으로 정의하면, $(\mathrm{Mat}_{m \times n}(B),\ \leqslant)$ 는 격자이고 다음이 성립한다.

$$[\, 0\,]_{m \times n} \leqslant [\, r_{ij}]_{m \times n} \leqslant [\, 1\,]_{m \times n} \quad (\,[\, 1\,]_{m \times n} \text{는 모든 성분이 1 인 행렬})$$

정의 14.3.4 두 Boole 다원환 B, C에 대하여 사상 $\phi : B \longrightarrow C$가 다음 두 조건을 만족시킬 때, ϕ를 **Boole 다원환 동형사상**(同型寫像, Boolean algebra isomorphism) 이라고 한다.

(i) ϕ는 일대일 사상이다.

(ii) 임의의 원소 $a, b \in B_1$에 대하여 다음 등식이 성립한다.

$$\phi(a \vee b) = \phi(a) \vee \phi(b), \quad \phi(a \wedge b) = \phi(a) \wedge \phi(b)$$

정리 13.1.3과 정리 13.1.5에 의하여 다음 두 정리가 성립한다.

정리 14.3.5 유한집합

$$U = \{x_1, x_2, \cdots, x_n\}, \quad |U| = n$$

에 대하여 Boole 다원환 $(\mathscr{P}(U), \cup, \cap)$ 에서 Boole 다원환 $(\mathbb{B}^n, \vee, \wedge)$ 으로의 사상 $\phi : \mathscr{P}(U) \longrightarrow \mathbb{B}^n$를 다음과 같이 정의하자,

$$\phi(A) = (b_1, \cdots, b_n), \quad b_i = \begin{cases} 0 & (x_i \notin A \text{ 일 때}) \\ 1 & (x_i \in A \text{ 일 때}) \end{cases}$$

이 때, ϕ는 Boole 다원환 동형사상이고 또 다음이 성립한다.

$$A \subseteq B \iff \phi(A) \leqslant \phi(B)$$

정리 14.3.6 두 유한집합

$$A = \{a_1, a_2, \cdots, a_m\}, \quad |A| = m,$$
$$B = \{b_1, b_2, \cdots, b_n\}, \quad |B| = n$$

에 대하여 $U = A \times B$이라 하고 Boole 다원환 $(\mathscr{P}(U), \cup, \cap)$에서 Boole 다원환 $(\mathrm{Mat}_{m\times n}(\mathbb{B}), \vee, \wedge)$ 으로의 사상 $\phi : \mathscr{P}(U) \longrightarrow \mathrm{Mat}_{m\times n}(\mathbb{B})$를 다음과 같이 정의하자.

$$\phi(R) = [r_{ij}]_{m\times n}, \quad r_{ij} = \begin{cases} 1 & ((a_i, b_j) \in R \text{일 때}) \\ 0 & ((a_i, b_j) \notin R \text{일 때}) \end{cases}$$

이 때, ϕ는 Boole 다원환 동형사상이고 또 다음이 성립한다.

$$R \subseteq S \iff \phi(R) \leqslant \phi(S)$$

연 습 문 제 (14.3)

1. 집합 $U = \{x_1, x_2, x_3\}$ 에서

$$A = \{x_1, x_2\},\ \ B = \{x_1, x_3\},\ C = \{x_2, x_3\},$$
$$D = \{x_1\},\ \ E = \{x_2\},\ \ F = \{x_3\}$$

이라고 할 때, $\mathscr{P}(U)$ 를 정하여라. 그리고, 사상

$$\phi : \mathscr{P}(U) \longrightarrow \mathbb{B}^3$$

를 정리 14.3.5 에서 정의한 Boole 다원환 동형사상이라고 할 때, U의 각 부분집합의 ϕ에 의한 상을 결정하여라.

그리고, 다음이 성립함을 확인하여라.

$$\phi(A \cup B) = \phi(A) \vee \phi(B),\ \ \phi(A \cap B) = \phi(A) \wedge \phi(B)$$

2. 두 집합 $A = \{1, 2, 3\}$, $B = \{1, 2\}$ 에 대하여 $U = A \times B$ 이라 하고

$$\phi : \mathscr{P}(U) \longrightarrow \mathrm{Mat}_{3\times 2}(\mathbb{B})$$

를 정리 14.3.6 에서 정의한 Boole 다원환 동형사상이라고 할 때,

$$R = \{(1, 1), (2, 2), (3, 2)\},\ \ S = \{(1, 1), (2, 1), (3, 1)\}$$

의 상 $\phi(R)$, $\phi(S)$ 를 구하고 또

$$\phi(R \cup S) = \phi(R) \vee \phi(S),\ \ \phi(R \cap S) = \phi(R) \wedge \phi(S)$$

임을 확인하여라.

§14.4 Boole 함수

이 절에서, Boole 다원환 B의 두 연산 $\vee$, $\wedge$을 각각 $+$, $\cdot$ 으로 나타내어

$$a + b = a \vee b, \quad a\, b = a \cdot b = a \wedge b$$

으로 쓰기로 하고, $a + b$, $a\, b$를 각각 a와 b의 **Boole 합**, **Boole 곱**이라 하고 이것을 각각 a OR b, a AND b 라고 읽는다.

Boole 다원환에서 다음이 성립한다(정리 14.2.1 ~ 정리 14.2.6 참조).

B.1 : $(a+b) + c = a + (b+c)$, $(a\, b)\, c = a\, (b\, c)$

B.2 : $a + b = b + a$, $a\, b = b\, a$

B.3 : $a + (a\, b) = a$, $a\, (a+b) = a$

B.4 : $a\, (b+c) = a\, b + a\, c$, $a + b\, c = (a+b)\, (a+c)$

B.5 : $a + 0 = 0 + a = a$, $a \cdot 1 = 1 \cdot a = a$

$a + 1 = 1 + a = 1$ $a \cdot 0 = 0 \cdot a = 0$

B.6 : $a + a' = 1$, $a\, a' = 0$

B.7 : $(a')' = a$, $0' = 1$, $1' = 0$

B.8 : $a + a = a$, $a\, a = a$

B.9 : $a + (a'\, b) = a + b$, $a\, (a' + b) = a\, b$

B.10 : $(a + b)' = a'\, b'$, $(a\, b)' = a' + b'$

그리고, $a \oplus b = a\, b' + a'\, b$라고 하면, 다음이 성립한다.

$$a \oplus b = (a + b)\, (a\, b)', \quad a \oplus 1 = a'$$

보기 14.4.1 Boole 다원환 $\mathbb{B} = \{0, 1\}$의 연산표는 다음과 같다.

$+$	0	1
0	0	1
1	1	1

$\cdot$	0	1
0	0	0
1	0	1

$\oplus$	0	1
0	0	1
1	1	0

$0' = 1$, $1' = 0$

$$0 + 0 = 0,\ 0 + 1 = 1 + 0 = 1 + 1 = 1,$$
$$0 \oplus 0 = 0,\ 0 \oplus 1 = 1 \oplus 0 = 1,\ 1 \oplus 1 = 0$$

정의 14.4.1 Boole 다원환 $\mathbb{B} = \{0, 1\}$ 에 대하여 함수

$$F : \mathbb{B}^n \longrightarrow \mathbb{B}, \quad y = F(x_1, x_2, \cdots, x_n)$$

를 n 개의 변수 $x_1, \cdots, x_n$ 를 가진 **Boole 함수**(Boolean function) 또는 **스위칭 함수**(switching function) 또는 **출력함수**(出力函數, output function)라고 한다.

Boole 함수 $F : \mathbb{B}^n \longrightarrow \mathbb{B}$ 에서 n 개의 변수 $x_1, x_2, \cdots, x_n$ 는 $\mathbb{B}$ 의 원소 0 또는 1 을 택하면서 변하고 그 함수값도 $\mathbb{B}$ 의 원소 0 또는 1 이다.

Boole 함수 $F : \mathbb{B}^n \longrightarrow \mathbb{B}$ 전체의 개수는 2^{2^n} 이다(정리 5.1.7). 여기서, $n = 1, 2, 3, 4, 5$ 일 때의 2^{2^n} 의 값은 4, 16, 256, 65536, 4294967296 이다.

보기 14.4.2 함수 $F : \mathbb{B}^3 \longrightarrow \mathbb{B}$ 가

$$F(x_1, x_2, x_3) = x_1 + x_2{}' x_3$$

으로 정의된 Boole 함수일 때, 그 함수값은 오른쪽 표와 같다.

x_0	x_1	x_2	$F(x_1, x_2, x_3)$
0	0	0	0
0	0	1	1
0	1	0	0
0	1	1	0
1	0	0	1
1	0	1	1
1	1	0	1
1	1	1	1

$$F(0,0,0) = 0 + 1 \cdot 0 = 0 + 0 = 0,$$
$$F(0,0,1) = 0 + 1 \cdot 1 = 0 + 1 = 1,$$
$$F(1,0,1) = 1 + 1 \cdot 1 = 1 + 1 = 1,$$
$$F(1,1,1) = 1 + 0 \cdot 1 = 1 + 0 = 1$$

정의 14.4.2 두 Boole 함수 $F : \mathbb{B}^n \longrightarrow \mathbb{B}$, $G : \mathbb{B}^n \longrightarrow \mathbb{B}$ 에 대하여

$$F + G : \mathbb{B}^n \longrightarrow \mathbb{B}, \qquad FG : \mathbb{B}^n \longrightarrow \mathbb{B},$$
$$F' : \mathbb{B}^n \longrightarrow \mathbb{B}, \qquad F \oplus G : \mathbb{B}^n \longrightarrow \mathbb{B}$$

는 각각 다음과 같이 정의된 Boole 함수이다.

$$(F + G)(x_1, \cdots, x_n) = F(x_1, \cdots, x_n) + G(x_1, \cdots, x_n),$$
$$(F\,G)(x_1, \cdots, x_n) = F(x_1, \cdots, x_n)\, G(x_1, \cdots, x_n),$$
$$F'(x_1, \cdots, x_n) = F(x_1, \cdots, x_n)'$$
$$(F \oplus G)(x_1, x_2, \cdots, x_n) = F(x_1, x_2, \cdots, x_n) \oplus G(x_1, x_2, \cdots, x_n)$$

정의 14.4.3 Boole 다원환 $\mathbb{B} = \{0, 1\}$ 의 원소 x 에 대하여

$$x^1 = x, \quad x^0 = x' \qquad (0' = 1,\ 1' = 0)$$

으로 정하고, 또 양의 정수 n 과 정수 i $(0 \le i \le 2^n - 1)$ 에 대하여 i 를 이진법으로 나타낸 것이 $i = e_1 e_2 \cdots e_{n\,(2)}$ 일 때,

$$P_i : \mathbb{B}^n \longrightarrow \mathbb{B}, \quad S_i : \mathbb{B}^n \longrightarrow \mathbb{B}, \quad \pi_i : \mathbb{B}^n \longrightarrow \mathbb{B}$$

는 다음과 같이 정의된 Boole 함수이다.

$$P_i(x_1, x_2, \cdots, x_n) = x_1^{e_1} x_2^{e_2} \cdots x_n^{e_n},$$

$$S_i(x_1, x_2, \cdots, x_n) = x_1^{e_1'} + x_2^{e_2'} + \cdots + x_n^{e_n'}$$

$$= (x_1^{e_1} x_2^{e_2} \cdots x_n^{e_n})' = P_i(x_1, x_2, \cdots, x_n)'$$

$$\pi_i(x_1, x_2, \cdots, x_n) = (\, x_1^{e_1} x_2^{e_2} \cdots x_n^{e_n} \text{ 에서 } e_k = 0 \text{ 이면 } x_k^{e_k} \text{ 를 삭제한 식})$$

$$= (\, P_i(x_1, x_2, \cdots, x_n) \text{ 에서 } x_1', x_2', \cdots, x_n' \text{ 을 없앤 식})$$

특히, P_i, S_i 를 각각 **최소 다항함수**(最小多項函數, miniterm), **최대 다항함수**(maxterm)라고 한다. 여기서, $(a + b)' = a'\,b'$, $(a\,b)' = a' + b'$ 이다.

위의 정의에서, i 가 0 부터 $2^n - 1$ 까지의 정수를 택하면서 변하면, 이에 대한 $(e_1, e_2, \cdots, e_n)$ 은 $\mathbb{B}^n$ 의 모든 원소를 택하면서 변한다(정리 2.4.1).

보기 14.4.3 Boole 함수

$$P_i : \mathbb{B}^2 \longrightarrow \mathbb{B}, \quad S_i : \mathbb{B}^2 \longrightarrow \mathbb{B}, \quad \pi_i : \mathbb{B}^2 \longrightarrow \mathbb{B} \quad (0 \le i \le 2^2 - 1)$$

는 다음 표와 같이 정의된 함수이다($i = e_1\, e_{2\,(2)}$).

i	e_1 e_2	$P_i(x_1, x_2)$	$S_i(x_1, x_2)$	$\pi_i(x_1, x_2)$
0	0 0	$x_1' x_2'$	$x_1 + x_2$	1
1	0 1	$x_1' x_2$	$x_1 + x_2'$	x_2
2	1 0	$x_1 x_2'$	$x_1' + x_2$	x_1
3	1 1	$x_1 x_2$	$x_1' + x_2'$	$x_1 x_2$

예를 들면, $2 = 10_{(2)}$ 이므로 P_2, S_2, π_2 는 다음과 같이 정의된다.

$$P_2(x_1, x_2) = x_1 x_2',$$
$$S_2(x_1, x_2) = x_1' + x_2 = (x_1\ x_2')' = P(x_1, x_2)'$$
$$\pi_2(x_1, x_2) = x_1$$

보기 14.4.4 Boole 함수

$$P_i : \mathbb{B}^3 \longrightarrow \mathbb{B},\ S_i : \mathbb{B}^3 \longrightarrow \mathbb{B},\ \pi_i : \mathbb{B}^3 \longrightarrow \mathbb{B} \quad (0 \le i \le 2^3 - 1)$$

는 다음 표와 같이 정의된 함수이다($i = e_1 e_2 e_{3\,(2)}$).

i	$e_1\ e_2\ e_3$	$P_i(x_1, x_2, x_3)$	$S_i(x_1, x_2, x_3)$	$\pi_i(x_1, x_2, x_3)$
0	0 0 0	$x_1' x_2' x_3'$	$x_1 + x_2 + x_3$	1
1	0 0 1	$x_1' x_2' x_3$	$x_1 + x_2 + x_3'$	x_3
2	0 1 0	$x_1' x_2 x_3'$	$x_1 + x_2' + x_3$	x_2
3	0 1 1	$x_1' x_2 x_3$	$x_1 + x_2' + x_3'$	$x_2 x_3$
4	1 0 0	$x_1 x_2' x_3'$	$x_1' + x_2 + x_3$	x_1
5	1 0 1	$x_1 x_2' x_3$	$x_1' + x_2 + x_3'$	$x_1 x_3$
6	1 1 0	$x_1 x_2 x_3'$	$x_1' + x_2' + x_3$	$x_1 x_2$
7	1 1 1	$x_1 x_2 x_3$	$x_1' + x_2' + x_3'$	$x_1 x_2 x_3$

예를 들면, $5 = 101_{(2)}$ 이므로 다음 결과를 얻는다.

$$P_5(x_1, x_2, x_3) = x_1 x_2' x_3,$$
$$S_5(x_1, x_2, x_3) = x_1' + x_2 + x_3' = P_5(x_1, x_2, x_3)'$$
$$\pi_5(x_1, x_2, x_3) = x_1 x_3$$

그리고, 다음이 성립한다.

$$P_5(x_1, x_2, x_3) = 1$$
$$\Leftrightarrow x_1 x_2' x_3 = 1$$
$$\Leftrightarrow x_1 = x_2' = x_3 = 1$$
$$\Leftrightarrow x_1 = 1,\ x_2 = 0,\ x_3 = 1$$

$x_1\ x_2\ x_3$	$P_5(x_1, x_2, x_3)$	$S_5(x_1, x_2, x_3)$
0 0 0	0	1
0 0 1	0	1
0 1 0	0	1
0 1 1	0	1
1 0 0	0	1
1 0 1	1	0
1 1 0	0	1
1 1 1	0	1

앞의 표에 의하여 다음 사실을 얻는다.

$$(x_1, x_2, x_3) = (1, 0, 1) \iff P_5(x_1, x_2, x_3) = 1$$

$$(x_1, x_2, x_3) = (1, 0, 1) \iff S_5(x_1, x_2, x_3) = 0$$

정리 14.4.4 정수 i $(0 \le i \le 2^n - 1)$ 에 대하여 $i = e_1 e_2 \cdots e_{n\,(2)}$ 일 때, Boole 함수

$$P_i : \mathbb{B}^n \longrightarrow \mathbb{B}, \quad S_i : \mathbb{B}^n \longrightarrow \mathbb{B}$$

에 대하여 다음이 성립한다.

(1) 모든 $(x_1, x_2, \cdots, x_n) \in \mathbb{B}^n$ 에 대하여

$$S_i(x_1, x_2, \cdots, x_n) = P_i(x_1, x_2, \cdots, x_n)',$$

$$P_i(x_1, x_2, \cdots, x_n) = S_i(x_1, x_2, \cdots, x_n)'$$

이고 따라서 $S_i = P_i'$, $P_i = S_i'$ 이다.

(2) $P_i(x_1, x_2, \cdots, x_n) = 1 \iff (x_1, x_2, \cdots, x_n) = (e_1, e_2, \cdots, e_n)$

$S_i(x_1, x_2, \cdots, x_n) = 0 \iff (x_1, x_2, \cdots, x_n) = (e_1, e_2, \cdots, e_n)$

(3) 정수 i_1, i_2, $\cdots$, i_k가 $0, 1, 2, \cdots, 2^n - 1$ 중에서 서로 다른 정수이면, 모든 원소 $(x_1, x_2, \cdots, x_n) \in \mathbb{B}^n$ 에 대하여

$$P_{i_1}(x_1, x_2, \cdots, x_n) + P_{i_2}(x_1, x_2, \cdots, x_n) + \cdots + P_{i_k}(x_1, x_2, \cdots, x_n)$$

$$= P_{i_1}(x_1, x_2, \cdots, x_n) \oplus P_{i_2}(x_1, x_2, \cdots, x_n) \oplus \cdots \oplus P_{i_k}(x_1, x_2, \cdots, x_n)$$

이고, 따라서 $P_{i_1} + P_{i_2} + \cdots + P_{i_k} = P_{i_1} \oplus P_{i_2} \oplus \cdots \oplus P_{i_k}$ 이다.

증 명 (1) 정의 14.4.3 과 B.7 에 의하여 (1) 이 성립한다.

(2) 정의에 의하여 $0^1 = 0$, $1^1 = 1$, $0^0 = 0' = 1$, $1^0 = 1' = 0$ 이므로 다음이 성립한다.

$$P_i(x_1, x_2, \cdots, x_n) = 1 \iff x_1^{e_1} x_2^{e_2} \cdots x_n^{e_n} = 1$$

$$\iff x_1^{e_1} = x_2^{e_2} = \cdots = x_n^{e_n} = 1$$

$$\iff x_1 = e_1,\ x_2 = e_2,\ \cdots,\ x_n = e_n$$

$$S_i(x_1, x_2, \cdots, x_n) = 0 \Longleftrightarrow P_i(x_1, x_2, \cdots, x_n) = 1$$

따라서 (2) 가 성립한다.

(3) 먼저 $i = e_1 e_2 \cdots e_{n\,(2)}$, $j = d_1 d_2 \cdots d_{n\,(2)}$ 이라고 하면

$$P_i(x_1, x_2, \cdots, x_n) = x_1^{e_1} x_2^{e_2} \cdots x_n^{e_n},$$
$$P_j(x_1, x_2, \cdots, x_n) = x_1^{d_1} x_2^{d_2} \cdots x_n^{d_n}$$

이고, $i \neq j$ 이면 적당한 s $(1 \leq s \leq n)$ 에 대하여 $e_s \neq d_s$ 이므로 B.6 에 의하여 $x_s^{e_s} x_s^{d_s} = x_s x_s' = 0$ 이다.

그러므로 $i \neq j$ 일 때, 모든 원소 $(x_1, x_2, \cdots, x_n) \in \mathbb{B}^n$ 에 대하여

$$P_i(x_1, x_2, \cdots, x_n) P_j(x_1, x_2, \cdots, x_n) = 0$$

이고 따라서 $i_1, i_2, \cdots, i_k$ 가 $0, 1, 2, \cdots, 2^n - 1$ 중에서 서로 다른 정수이면, 다음이 성립한다(정리 14.2.7).

$$P_{i_1}(x_1, x_2, \cdots, x_n) + P_{i_2}(x_1, x_2, \cdots, x_n) + \cdots + P_{i_s}(x_1, x_2, \cdots, x_n)$$
$$= P_{i_1}(x_1, x_2, \cdots, x_n) \oplus P_{i_2}(x_1, x_2, \cdots, x_n) \oplus \cdots \oplus P_{i_s}(x_1, x_2, \cdots, x_n)$$

그러므로, $P_{i_1} + P_{i_2} + \cdots + P_{i_k} = P_{i_1} \oplus P_{i_2} \oplus \cdots \oplus P_{i_k}$ 이다.

보기 14.4.5 Boole 함수 $F : \mathbb{B}^2 \longrightarrow \mathbb{B}$ 의 함수값이 오른쪽 표와 같다고 하자.

i	x_1 x_2	$F(x_1, x_2)$
0	0 0	**1**
1	0 1	0
2	1 0	**1**
3	1 1	0

먼저 (x_1, x_2) 가 $(0,0)$, $(1,0)$ 일 때 그리고 이때에만 $F(x_1, x_2) = 1$ 이다.

또, $0\,0_{(2)} = 0$, $1\,0_{(2)} = 2$ 이므로 모든 원소 $(x_1, x_2) \in \mathbb{B}^2$ 에 대하여

$$\begin{aligned} F(x_1, x_2) &= P_0(x_1, x_2) + P_2(x_1, x_2) \\ &= P_0(x_1, x_2) \oplus P_2(x_1, x_2) \\ &= x_1' x_2' + x_1 x_2' = x_1' x_2' \oplus x_1 x_2' \end{aligned}$$

이고, 따라서 $F = P_0 + P_2 = P_0 \oplus P_2$ 이다(보기 14.4.3 참조).

한편, Boole 함수 $F' : \mathbb{B}^2 \longrightarrow \mathbb{B}$ 의 함수값은 아래 표와 같다.

i	$x_1\ x_2$	$F'(x_1, x_2)$
0	0 0	0
1	0 1	**1**
2	1 0	0
3	1 1	**1**

따라서 (x_1, x_2) 가 $(0,1)$, $(1,1)$ 일 때 그리고 이때에만 $F'(x_1, x_2) = 1$ 이다.

또, $0\,1_{(2)} = 1$, $1\,1_{(2)} = 3$ 이므로 모든 $(x_1, x_2) \in \mathbb{B}^2$ 에 대하여

$$F'(x_1, x_2) = P_1(x_1, x_2) + P_3(x_1, x_2),$$

$$F(x_1, x_2) = P_1(x_1, x_2)'\, P_3(x_1, x_2)' = S_1(x_1, x_2)\, S_3(x_1, x_2)$$
$$= (x_1 + x_2')(x_1' + x_2')$$

이고, 따라서 $F = S_1 S_3$ 이다(보기 14.4.3 참조).

앞의 보기와 마찬가지로 다음 정리가 성립한다.

정리 14.4.5 Boole 함수 $F : \mathbb{B}^n \longrightarrow \mathbb{B}$ 에 대하여 정수 i $(0 \le i \le 2^n - 1)$ 를 이진법으로 나타낸 것이 $i = e_1 e_2 \cdots e_{n\,(2)}$ 일 때

$$F(i) = F(e_1, e_2, \cdots, e_n)$$

이라고 하자. 이 때, $0, 1, 2, \cdots, 2^n - 1$ 중에서 $F(i) = 1$ 인 정수 i 전체가 $i_1, i_2, \cdots, i_k$ 이고 또 $F(i) = 0$ 인 정수 i 전체가 $j_1, j_2, \cdots, j_l$ 이면, 모든 $(x_1, x_2, \cdots, x_n) \in \mathbb{B}^n$ 에 대하여 $F(x_1, x_2, \cdots, x_n)$ 은 다음과 같이 나타내어진다.

(1) $F(x_1, x_2, \cdots, x_n) = P_{i_1}(x_1, x_2, \cdots, x_n) + \cdots + P_{i_k}(x_1, x_2, \cdots, x_n)$
$$= P_{i_1}(x_1, x_2, \cdots, x_n) \oplus \cdots \oplus P_{i_k}(x_1, x_2, \cdots, x_n)$$

즉, $F = P_{i_1} + P_{i_2} + \cdots + P_{i_k} = P_{i_1} \oplus P_{i_2} \oplus \cdots \oplus P_{i_k}$

(2) $F'(x_1, x_2, \cdots, x_n) = P_{j_1}(x_1, x_2, \cdots, x_n) + \cdots + P_{j_l}(x_1, x_2, \cdots, x_n)$

$$F(x_1, x_2, \cdots, x_n) = P_{j_1}(x_1, x_2, \cdots, x_n)' \cdots P_{j_l}(x_1, x_2, \cdots, x_n)'$$
$$= S_{j_1}(x_1, x_2, \cdots, x_n) \cdots S_{j_l}(x_1, x_2, \cdots, x_n)$$

즉, $F = S_{j_1} S_{j_2} \cdots S_{j_l}$

Boole 함수 $F: \mathbb{B}^n \longrightarrow \mathbb{B}$ 를 앞의 정리의 (1), (2) 에서와 같이 나타낸 것을 각각 F 의 **이접 표준형**(離接 標準型, disjunctive normal form), **접합 표준형**(接合 標準型, conjunctive normal form)이라고 한다.

보기 14.4.6 다음 표는 16 개의 Boole 함수

$$F_i : \mathbb{B}^2 \longrightarrow \mathbb{B} \qquad (1 \leq i \leq 16)$$

의 함수값을 보여 주고 있다.

x_1	x_2	F_1	F_2	F_3	F_4	F_5	F_6	F_7	F_8	F_9	F_{10}	F_{11}	F_{12}	F_{13}	F_{14}	F_{15}	F_{16}
0	0	0	1	0	1	0	1	0	1	0	1	0	1	0	1	0	1
0	1	0	0	1	1	0	0	1	1	0	0	1	1	0	0	1	1
1	0	0	0	0	0	1	1	1	1	0	0	0	0	1	1	1	1
1	1	0	0	0	0	0	0	0	0	1	1	1	1	1	1	1	1

Boole 함수 $F_6 : \mathbb{B}^2 \longrightarrow \mathbb{B}$ 는 다음과 같다(보기 14.4.5).

$$F_6 = P_0 + P_2 = P_0 \oplus P_2, \quad F_6 = S_1 S_3$$

즉,

$$F_6(x_1, x_2) = x_1' x_2' + x_1 x_2' = x_1' x_2' \oplus x_1 x_2'$$

$$F_6(x_1, x_2) = (x_1 + x_2')(x_1' + x_2')$$

마찬가지로, 다음 결과를 얻는다.

$$F_1 = 0 = S_0 S_1 S_2 S_3, \qquad F_2 = P_0 = S_1 S_2 S_3,$$

$$F_3 = P_1 = S_0 S_2 S_3, \qquad F_4 = P_0 + P_1 = S_2 S_3,$$

$$F_5 = P_2 = S_0 S_1 S_3, \qquad F_6 = P_0 + P_2 = S_1 S_3,$$

$$F_7 = P_1 + P_2 = S_0 S_3, \qquad F_8 = P_0 + P_1 + P_2 = S_3,$$

$$F_9 = P_3 = S_0 S_1 S_2, \qquad F_{10} = P_0 + P_3 = S_1 S_2,$$

$$F_{11} = P_1 + P_3 = S_0 S_2, \qquad F_{12} = P_0 + P_1 + P_3 = S_2,$$

$$F_{13} = P_2 + P_3 = S_0 S_1, \qquad F_{14} = P_0 + P_2 + P_3 = S_1,$$

$$F_{15} = P_1 + P_2 + P_3 = S_0, \qquad F_{16} = 1 = P_0 + P_1 + P_2 + P_3$$

한편, 이들 Boole 함수는 좀더 간단히 나타낼 수 있다.

예를 들어 $F_4 = S_2 S_3$ 이므로 다음이 성립한다(보기 14.4.3 참조).

$$\begin{aligned} F_4(x_1, x_2) &= S_2(x_1, x_2)\, S_3(x_1, x_2) \\ &= (x_1{}' + x_2)(x_1{}' + x_2{}') \\ &= x_1{}' x_1{}' + x_1{}' x_2{}' + x_2(x_2{}' + x_1{}') && \text{B.4, B.2} \\ &= x_1{}' + x_1{}' x_2{}' + x_2 x_1{}' && \text{B.8, B.9} \\ &= x_1{}' + x_1{}'(x_2{}' + x_2) && \text{B.2, B.4} \\ &= x_1{}' + x_1{}' = x_1{}' && \text{B.6, B.5} \end{aligned}$$

마찬가지로, 다음이 성립함을 알 수 있다.

$$\begin{aligned} &F_1(x_1, x_2) = 0 && F_2(x_1, x_2) = x_1{}' x_2{}' \\ &F_3(x_1, x_2) = x_1{}' x_2 && F_4(x_1, x_2) = x_1{}' \\ &F_5(x_1, x_2) = x_1 x_2{}' && F_6(x_1, x_2) = x_2{}' \\ &F_7(x_1, x_2) = x_1 x_2{}' + x_1{}' x_2 && F_8(x_1, x_2) = x_1{}' + x_2{}' \\ &F_9(x_1, x_2) = x_1 x_2 && F_{10}(x_1, x_2) = x_1 x_2 + x_1{}' x_2{}' \\ &F_{11}(x_1, x_2) = x_2 && F_{12}(x_1, x_2) = x_1{}' + x_2 \\ &F_{13}(x_1, x_2) = x_1 && F_{14}(x_1, x_2) = x_1 + x_2{}' \\ &F_{15}(x_1, x_2) = x_1 + x_2 && F_{16}(x_1, x_2) = 1 \end{aligned}$$

보기 14.4.7 Boole 함수 $F : \mathbb{B}^3 \longrightarrow \mathbb{B}$ 의 함수값이 다음 표와 같다고 하자.

x_0 x_1 x_2	$F(x_1, x_2, x_3)$
0 0 0	0
0 0 1	1
0 1 0	1
0 1 1	0
1 0 0	0
1 0 1	0
1 1 0	0
1 1 1	1

이 때, (x_1, x_2, x_3) 가

$$(0,0,1),\ (0,1,0),\ (1,1,1)$$

일 때 그리고 이때에만 $F(x_1, x_2, x_3) = 1$ 이고, 또

$$001_{(2)} = 1,\ 010_{(2)} = 2,\ 111_{(2)} = 7$$

이므로 다음이 성립한다(보기 14.4.4 참조).

$$F = P_1 + P_2 + P_7 = P_1 \oplus P_2 \oplus P_7,$$
$$F = S_0\, S_3\, S_4\, S_5\, S_6$$

즉, 다음이 성립한다.

$$\begin{aligned} F(x_1, x_2, x_3) &= x_1'\,x_2'\,x_3 + x_1'\,x_2\,x_3' + x_1\,x_2\,x_3 \\ &= x_1'\,x_2'\,x_3 \oplus x_1'\,x_2\,x_3' \oplus x_1\,x_2\,x_3 \end{aligned}$$

$$\begin{aligned} F(x_1, x_2, x_3) = &(x_1 + x_2 + x_3)(x_1 + x_2' + x_3')(x_1' + x_2 + x_3) \\ &(x_1' + x_2 + x_3')(x_1' + x_2' + x_3) \end{aligned}$$

정리 14.4.5 에 의하면, Boole 함수 $F : \mathbb{B}^n \longrightarrow \mathbb{B}$ 는 다음과 같은 꼴로 나타내어진다.

$$F = P_{i_1} \oplus P_{i_2} \oplus \cdots \oplus P_{i_k}$$

그리고, 정리 14.2.4 에 의하여 임의의 원소 $a \in \mathbb{B}$ 에 대하여

$$a' = a \oplus 1, \quad a \oplus a = 0$$

이므로 정리 14.2.3 과 정리 14.2.4 를 이용하여 다음 정리를 증명할 수 있다.

정리 14.4.6 Boole 함수 $F : \mathbb{B}^n \longrightarrow \mathbb{B}$ 는 다음과 같은 꼴로 나타내어진다.

$$F = \pi_{k_1} \oplus \pi_{k_2} \oplus \cdots \oplus \pi_{k_m} \qquad \text{(표준형, normal form)}$$

보기 14.4.8 Boole 함수 $F : \mathbb{B}^3 \longrightarrow \mathbb{B}$ 에 대하여

$$F = P_7 \oplus P_6 \oplus P_5 \oplus P_3$$

일 때, 모든 $(x_1, x_2, x_3) \in \mathbb{B}^3$ 에 대하여 다음이 성립한다.

$$\begin{aligned} &F(x_1, x_2, x_3) \\ &= x_1x_2x_3 \oplus x_1x_2x_3' \oplus x_1x_2'x_3 \oplus x_1'x_2x_3 \\ &= x_1x_2x_3 \oplus x_1x_2(x_3 \oplus 1) \oplus x_1(x_2 \oplus 1)x_3 \oplus (x_1 \oplus 1)x_2x_3 \\ &= x_1x_2x_3 \oplus x_1x_2x_3 \oplus x_1x_2 \oplus x_1x_2x_3 \oplus x_1x_3 \oplus x_1x_2x_3 \oplus x_2x_3 \\ &= x_1x_2 \oplus x_1x_3 \oplus x_2x_3 \end{aligned}$$

따라서 아래 표에 의하여 $F = \pi_6 \oplus \pi_5 \oplus \pi_3$ 이다(보기 14.4.4 참조)

i	$e_1\ e_2\ e_3$	$P_i(x_1, x_2, x_3)$	$S_i(x_1, x_2, x_3)$	$\pi_i(x_1, x_2, x_3)$
0	0 0 0	$x_1' x_2' x_3'$	$x_1 + x_2 + x_3$	1
1	0 0 1	$x_1' x_2' x_3$	$x_1 + x_2 + x_3'$	x_3
2	0 1 0	$x_1' x_2 x_3'$	$x_1 + x_2' + x_3$	x_2
3	0 1 1	$x_1' x_2 x_3$	$x_1 + x_2' + x_3'$	$x_2 x_3$
4	1 0 0	$x_1 x_2' x_3'$	$x_1' + x_2 + x_3$	x_1
5	1 0 1	$x_1 x_2' x_3$	$x_1' + x_2 + x_3'$	$x_1 x_3$
6	1 1 0	$x_1 x_2 x_3'$	$x_1' + x_2' + x_3$	$x_1 x_2$
7	1 1 1	$x_1 x_2 x_3$	$x_1' + x_2' + x_3'$	$x_1 x_2 x_3$

정리 14.4.7 Boole 함수 $F : \mathbb{B}^n \rightarrow \mathbb{B}$ 에서 임의의 $(x_1, x_2, \cdots, x_n) \in \mathbb{B}^n$ 에 대하여 $F(x_1, x_2, \cdots, x_n)$ 을 다음과 같이 나타낼 수 있다.

$$F(x_1, x_2, \cdots, x_n)$$
$$= \sum F(e_1, e_2, \cdots, e_n)(x_1 \oplus e_1')(x_2 \oplus e_2') \cdots (x_n \oplus e_n')$$

여기서, $\sum$ 는 모든 $(e_1, e_2, \cdots, e_n) \in \mathbb{B}^n$ 에 대한 총합을 나타낸다.

증 명 정리 14.2.4 에 의하면 임의의 원소 $a, e \in \mathbb{B}$ 에 대하여

$$a \oplus e' = 0 \Leftrightarrow a = e',$$
$$a \oplus e' = 1 \Leftrightarrow a = (e')' = e$$

이고, 따라서 위의 등식의 우변을 $G(x_1, x_2, \cdots, x_n)$ 이라고 놓으면 임의의 원소 $(a_1, a_2, \cdots, a_n) \in \mathbb{B}^n$ 에 대하여 다음이 성립한다.

$$G(a_1, a_2, \cdots, a_n)$$
$$= \sum F(e_1, e_2, \cdots, e_n)(a_1 \oplus e_1')(a_2 \oplus e_2') \cdots (a_n \oplus e_n')$$
$$= F(a_1, a_2, \cdots, a_n)$$

따라서 $F(x_1, x_2, \cdots, x_n) = G(x_1, x_2, \cdots, x_n)$ 이다.

x_1 x_2 x_3	$F(x_1, x_2, x_3)$
0 0 0	0
0 0 1	0
0 1 0	1
0 1 1	1
1 0 0	1
1 0 1	1
1 1 0	0
1 1 1	0

보기 14.4.9 Boole 함수

$$F : \mathbb{B}^3 \longrightarrow \mathbb{B}$$

의 함수값이 오른쪽 표와 같을 때, 다음이 성립한다.

$$F(x_1, x_2, x_3) = x_1 \oplus x_2$$

실제로, 다음과 같이 정리 14.2.4 를 이용하여 위의 등식을 증명할 수 있다.

$$\begin{aligned} F(x_1, x_2, x_3) &= (x_1 \oplus 1)\, x_2\, (x_3 \oplus 1) \oplus (x_1 \oplus 1)\, x_2\, x_3 \\ &\quad \oplus x_1 (x_2 \oplus 1)\, (x_3 \oplus 1) \oplus x_1\, (x_2 \oplus 1)\, x_3 \\ &= x_1 x_2 x_3 \oplus x_1 x_2 \oplus x_2 x_3 \oplus x_2 \oplus x_1 x_2 x_3 \\ &\quad \oplus x_2 x_3 \oplus x_1 x_2 x_3 \oplus x_1 x_2 \oplus x_1 x_3 \oplus x_1 \\ &\quad \oplus x_1 x_2 x_3 \oplus x_1 x_3 \\ &= x_1 \oplus x_2 \end{aligned}$$

따라서 아래 표에 의하여 $F = \pi_4 \oplus \pi_2$ 이다(보기 14.4.4 참조).

i	e_1 e_2 e_3	$P_i(x_1, x_2, x_3)$	$S_i(x_1, x_2, x_3)$	$\pi_i(x_1, x_2, x_3)$
0	0 0 0	$x_1' x_2' x_3'$	$x_1 + x_2 + x_3$	1
1	0 0 1	$x_1' x_2' x_3$	$x_1 + x_2 + x_3'$	x_3
2	0 1 0	$x_1' x_2 x_3'$	$x_1 + x_2' + x_3$	x_2
3	0 1 1	$x_1' x_2 x_3$	$x_1 + x_2' + x_3'$	$x_2 x_3$
4	1 0 0	$x_1 x_2' x_3'$	$x_1' + x_2 + x_3$	x_1
5	1 0 1	$x_1 x_2' x_3$	$x_1' + x_2 + x_3'$	$x_1 x_3$
6	1 1 0	$x_1 x_2 x_3'$	$x_1' + x_2' + x_3$	$x_1 x_2$
7	1 1 1	$x_1 x_2 x_3$	$x_1' + x_2' + x_3'$	$x_1 x_2 x_3$

연습문제 (14.4)

1. 각 정수 i $(0 \le i \le 15)$에 대하여 정의된 함수

$$P_i : \mathbb{B}^4 \longrightarrow \mathbb{B}, \quad S_i : \mathbb{B}^4 \longrightarrow \mathbb{B}, \quad \pi_i : \mathbb{B}^4 \longrightarrow \mathbb{B}$$

중에서 다음을 $x_1, x_2, x_3, x_4, x_1', x_2', x_3', x_4'$에 관한 식으로 나타내어라.

(1) $P_4(x_1, x_2, x_3, x_4)$, $S_4(x_1, x_2, x_3, x_4)$

(2) $P_{10}(x_1, x_2, x_3, x_4)$, $S_{10}(x_1, x_2, x_3, x_4)$

(3) $\pi_4(x_1, x_2, x_3, x_4)$, $\pi_{10}(x_1, x_2, x_3, x_4)$

2. Boole 함수 $F : \mathbb{B}^4 \longrightarrow \mathbb{B}$가

$$F(x_1, x_2, x_3, x_4) = x_1'x_2 + x_2'x_3 + x_3'x_4 + x_4'x_1$$

으로 정의된 함수일 때, 다음이 성립함을 밝혀라.

(1) $F'(x_1, x_2, x_3, x_4) = x_1x_2x_3x_4 + x_1'x_2'x_3'x_4'$

(2) $F(x_1, x_2, x_3, x_4) = (x_1x_2x_3x_4)'(x_1 + x_2 + x_3 + x_4)$

3. 아래 표에서 다음이 성립함을 밝혀라(보기 14.4.6 참조).

(1) $F_{13} = P_2 + P_3 = S_0S_1$, $F_{13}(x_1, x_2) = x_1$

(2) $F_{14} = P_0 + P_2 + P_3 = S_1$, $F_{14}(x_1, x_2) = x_1 + x_2'$

(3) $F_{15} = P_1 + P_2 + P_3 = S_0$, $F_{15}(x_1, x_2) = x_1 + x_2$

x_1	x_2	F_1	F_2	F_3	F_4	F_5	F_6	F_7	F_8	F_9	F_{10}	F_{11}	F_{12}	F_{13}	F_{14}	F_{15}	F_{16}
0	0	0	1	0	1	0	1	0	1	0	1	0	1	0	1	0	1
0	1	0	0	1	1	0	0	1	1	0	0	1	1	0	0	1	1
1	0	0	0	0	0	1	1	1	1	0	0	0	0	1	1	1	1
1	1	0	0	0	0	0	0	0	0	1	1	1	1	1	1	1	1

4. Boole 함수 $F : \mathbb{B}^2 \longrightarrow \mathbb{B}$의 함수값이 오른쪽 표와 같을 때, $F(x_1, x_2)$를

이합표준형, 접합표준형, 표준형

으로 나타내어라.

i	x_1	x_2	$F(x_1, x_2)$
0	0	0	1
1	0	1	1
2	1	0	0
3	1	1	1

5. Boole 함수 $F: \mathbb{B}^3 \longrightarrow \mathbb{B}$ 의 함수값이 오른쪽 표와 같을 때, 다음 물음에 답하여라.

i	$x_1\ x_2\ x_3$	$F(x_1, x_2, x_3)$
0	0 0 0	1
1	0 0 1	1
2	0 1 0	0
3	0 1 1	1
4	1 0 0	0
5	1 0 1	0
6	1 1 0	1
7	1 1 1	0

(1) $F(x_1, x_2, x_3)$ 를

이합표준형과 접합표준형

으로 나타내어라.

(2) $F(x_1, x_2, x_3)$ 를 표준형으로 나타내어라.

6. Boole 함수 $F: \mathbb{B}^2 \longrightarrow \mathbb{B}$ 가

$$F(x_1, x_2) = x_1 x_2 + x_1 x_2' + x_1' x_2$$

로 정의된 함수일 때, $F(x_1, x_2)$ 를 표준형으로 나타내어라.

7. Boole 함수 $F: \mathbb{B}^3 \longrightarrow \mathbb{B}$ 가

$$F(x_1, x_2, x_3) = (x_1 + x_2')(x_2' + x_3')$$

으로 정의된 함수일 때, 다음 물음에 답하여라.

(1) $F(x_1, x_2, x_3) = x_1 x_3' + x_2'$ 임을 밝혀라.

(2) 두 등식 $x_2 + x_2' = 1$, $x_3 + x_3' = 1$ 을 이용하여 다음을 증명하여라.

$$F(x_1, x_2, x_3) = x_1 x_2 x_3' + x_1 x_2' x_3' + x_1 x_2' x_3 + x_1' x_2' x_3 + x_1' x_2' x_3'$$

즉, $F = P_0 + P_1 + P_4 + P_5 + P_6 = P_0 \oplus P_1 \oplus P_4 \oplus P_5 \oplus P_6$

(3) 두 등식 $x_3 x_3' = 0$, $x_1 x_1' = 0$ 을 이용하여 다음을 증명하여라.

$$\begin{aligned} F(x_1, x_2, x_3) &= (x_1 + x_2')(x_2' + x_3') \\ &= (x_1 + x_2' + x_3)(x_1 + x_2' + x_3')(x_1' + x_2' + x_3') \end{aligned}$$

즉, $F = S_2 S_3 S_7$

§14.5 조합 회로

집합 $\mathbb{B} = \{0, 1\}$ 는 다음과 같이 정의된 두 연산 $+$, $\cdot$ 에 관하여 Boole 다원환을 이루고, 또 $\mathbb{B}$ 는 두 연산 $\oplus$, $\cdot$ 에 관하여 Boole 환을 이룬다(정리 14.2.1, 정리 14.2.4, 보기 14.2.3 참조).

$$a + b = a \vee b, \qquad a \cdot b = a\,b = a \wedge b,$$

$$a \oplus b = a\,b' + a'\,b = (a + b)\,(a\,b)'$$

$+$	0	1
0	0	1
1	1	1

$\cdot$	0	1
0	0	0
1	0	1

$\oplus$	0	1
0	0	1
1	1	0

$$0' = 1, \qquad 1' = 0$$

전자계산기와 그 밖의 전자 장치는 일련의 회로(回路, circuit)로 구성되어 있고, 각 회로의 입력과 출력은 Boole 다원환 $\mathbb{B} = \{0, 1\}$ 의 원소라고 생각할 수 있다.

다음과 같이 회로의 기본적인 요소를 gate 라고 하며, 각 유형의 gate 는 Boole 다원환의 연산을 실행한다.

NOTgate 또는 변환장치(inverter)

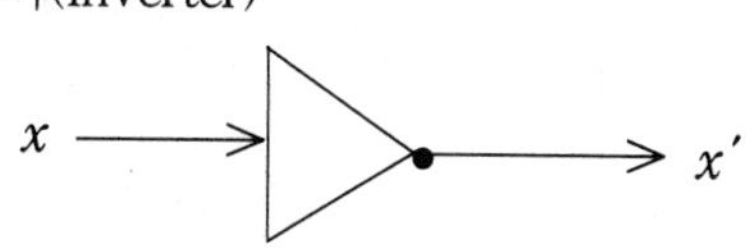

OR gate

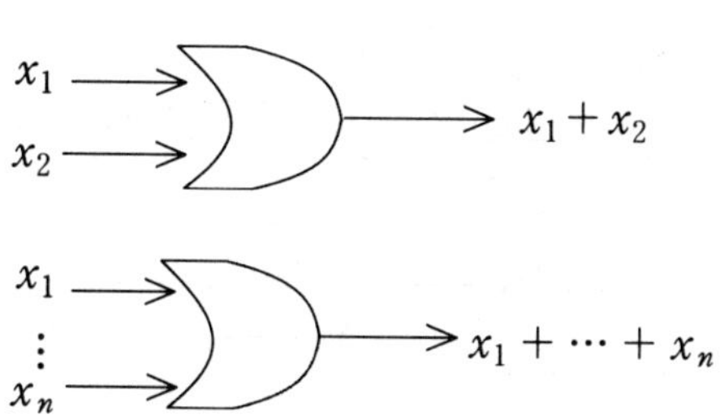

AND gate

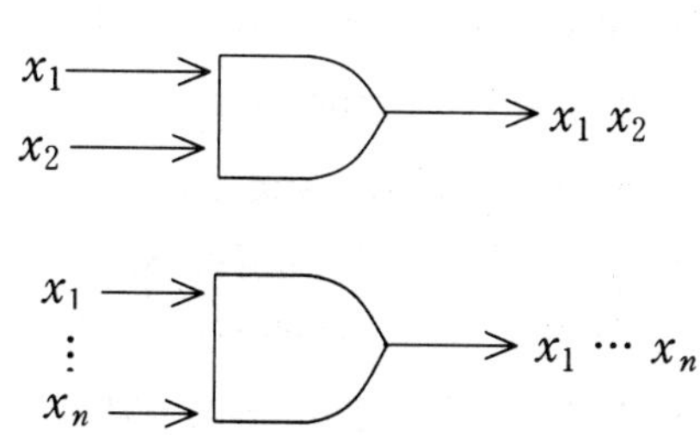

Exclusive-OR gate

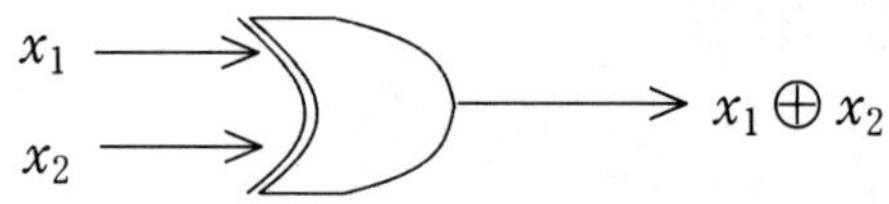

회로의 출력이 현재 상태와는 관계없이 입력에 의해서만 결정되는 회로를 **조합회로**(組合回路, combinational circuit)라고 한다. 즉, 기억소자(記憶素子)를 사용하지 않는 회로를 조합회로라고 하며 조합회로는

항등 gate, NOT gate, OR gate, AND gate, Exclusive OR gate

등과 같은 기본 gate 를 적절히 연결시켜 조립한 것으로 설계된다.

조합회로에서 입력 0 또는 1 은 전력의 형태로 입력 도선을 통하여 여러 유형의 gate 에 작용하고 gate 는 이 전력을 처리하여 출력 0 또는 1 을 생성하고 이 출력은 다시 전력의 형태로 출력 도선에 나타나게 된다.

앞의 여러 그림에서

$$+, \quad \cdot, \quad ', \quad \oplus$$

와 같은 연산기호를 흔히 **연결 기호**(連結記號, connective)라고 한다. 그리고, 그림에서 왼쪽의 변수 $x, x_1, x_2, \cdots, x_n$ 은 입력 0 또는 1 을 택하면서 변하고, 이에 따라서 오른쪽의 변수에 관한 식의 값은 출력 0 또는 1 을 택한다.

예를 들어, NOT gate 에서 입력 도선 위의 전력이 1 이면 NOT gate 의 출력 도선 위의 전력은 0 이고 입력 도선 위의 전력이 0 이면 NOT gate 의 출력 도선 위의 전력은 1 이다.

그리고, 두 변수 x_1, x_2 를 가진 OR gate 의 두 입력 도선 중에서 적어도 한 입력 도선 위의 전력이 1 일 때 그리고 이때에만 출력 도선 위에 전력 1 이 일어난다. 그리고, And gate 의 두 입력 도선 위의 전력이 모두 1 일 때 그리고 이때에만 출력 도선 위에 전력 1 이 일어난다.

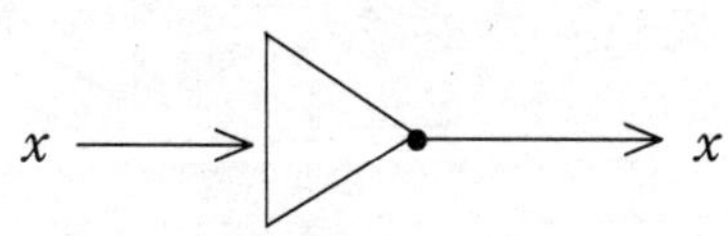

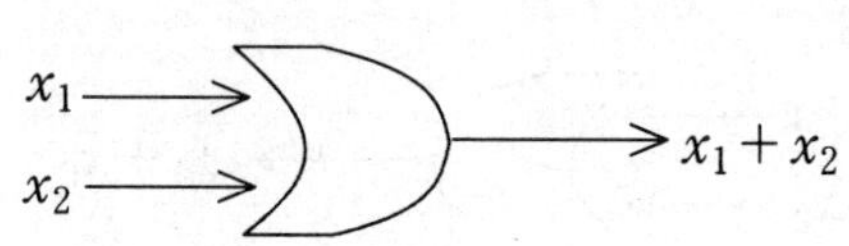

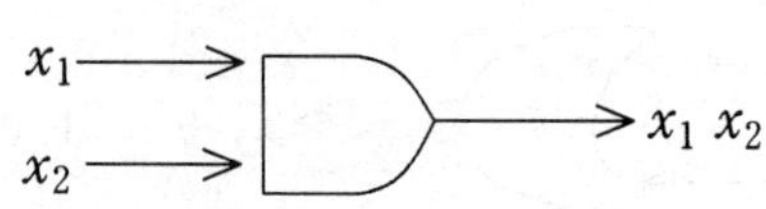

여러 유형의 gate가 적절히 연결된 조합회로에서, 입력을 나타내는 변수가 $x_1, x_2, \cdots, x_n$ 이고 출력이 $F(x_1, x_2, \cdots, x_n)$ 일 때, 이 조합회로에 대하여 Boole 함수

$$F: \mathbb{B}^n \longrightarrow \mathbb{B}, \quad y = F(x_1, x_2, \cdots, x_n)$$

가 대응하고 입력 변수의 값 $x_1 = a_1, x_2 = a_2, \cdots, x_n = a_n$ 에 대응하는 입력 전력에 의하여 결정되는 회로의 출력 전력은 $F(a_1, \cdots, a_n)$ 이다.

보기 14.5.1 다음 두 그림이 나타내는 조합회로를 생각해 보자.

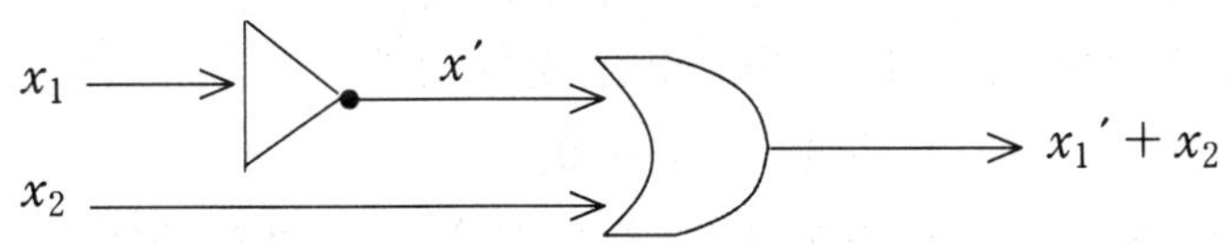

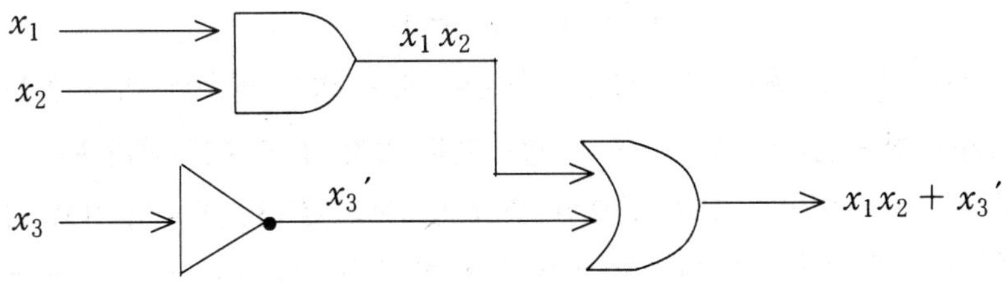

이 두 조합회로에 대응하는 Boole 함수는 각각 다음과 같다.

$$F: \mathbb{B}^2 \longrightarrow \mathbb{B}, \ F(x_1, x_2) = x_1' + x_2$$

$$G: \mathbb{B}^3 \longrightarrow \mathbb{B}, \ G(x_1, x_2, x_3) = x_1 x_2 + x_3'$$

보기 14.5.2 다음 그림이 나타내는 조합회로를 생각해 보자.

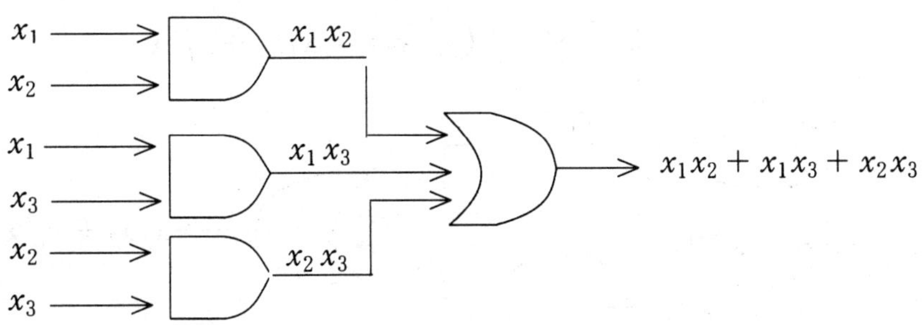

이 조합회로에 대응하는 Boole 함수는 다음과 같다.

$$F: \mathbb{B}^3 \longrightarrow \mathbb{B},\ F(x_1, x_2, x_3) = x_1 x_2 + x_2 x_3 + x_1 x_3$$

예를 들어,어느 안건에 대하여 세 사람 중에서 적어도 두 사람이 찬성하면 통과시키기로 정하고 찬성과 반대를 각각 1, 0 으로 나타내기로 할 때, 위의 회로는 이 안건의 통과 여부를 결정해 준다.

보기 14.5.3 한 방에 두 스위치를 설치하여 이 중에서 어느 한 스위치의 단추를 누르면 전등불이 꺼져 있는 상태에서는 불이 켜지고 불이 켜져 있는 상태에서는 불이 꺼지도록 회로를 설치한다고 하자.

첫째 스위치가 닫혀 있는 것과 열려 있는 것을 각각

$$x_1 = 1, \quad x_1 = 0$$

으로 나타내고 둘째 스위치가 닫혀 있는 것과 열려 있는 것을 각각

$$x_2 = 1, \quad x_2 = 0$$

으로 나타내기로 하자. 그리고, 전등불이 켜져 있는 경우와 꺼져 있는 경우의 Boole 함수 $F: \mathbb{B}^2 \longrightarrow \mathbb{B}$ 의 함수값을 각각 1, 0 으로 나타내자.

이 때, 두 스위치가 닫혀 있으면 불이 켜지므로 $F(1,1) = 1$ 이고 이 상태에서 어느 한 스위치의 단추를 누르면 불은 꺼지므로

$$F(0,1) = F(1,0) = 0$$

이며 이 상태에서 다시 어느 한 스위치의 단추를 누르면 불은 켜지므로

$$F(0,0) = 1$$

이고 따라서 이 회로에 대응하는 Boole 함수는 다음과 같다(보기 14.4.5 참조).

x_1 x_2	$F(x_1, x_2)$
0 0	1
0 1	0
1 0	0
1 1	1

$$F: \mathbb{B}^2 \longrightarrow \mathbb{B},\ F(x_1, x_2) = x_1 x_2 + x_1' x_2'$$

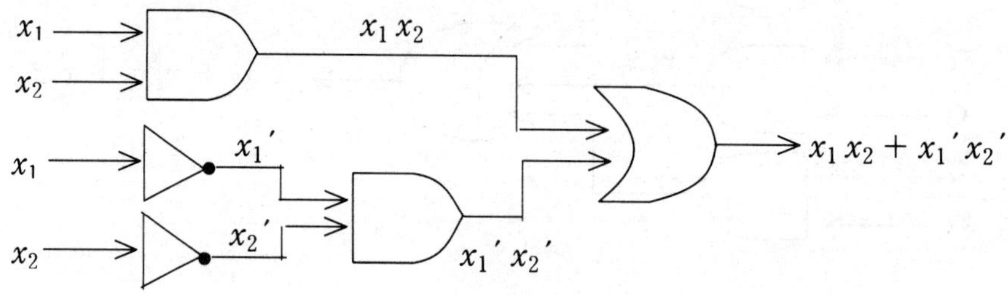

보기 14.5.4 Boole 함수 $F: \mathbb{B}^3 \longrightarrow \mathbb{B}$ 의 함수값이 오른쪽 표와 같다고 하자.

x_0 x_1 x_2	$F(x_1, x_2, x_3)$
0 0 0	0
0 0 1	0
0 1 0	0
0 1 1	0
1 0 0	0
1 0 1	1
1 1 0	0
1 1 1	1

이 때, (x_1, x_2, x_3) 가

$$(1,0,1), \quad (1,1,1)$$

일 때 그리고 이때에만

$$F(x_1, x_2, x_3) = 1$$

이고 $1\,0\,1_{(2)} = 5$, $1\,1\,1_{(2)} = 7$ 이다.

따라서 모든 $(x_1, x_2, x_3) \in \mathbb{B}^3$ 에 대하여 다음이 성립한다(보기 14.4.6).

$$\begin{aligned} F(x_1, x_2, x_3) &= P_5(x_1, x_2, x_3) + P_7(x_1, x_2, x_3) \\ &= x_1 x_2' x_3 + x_1 x_2 x_3 \end{aligned}$$

따라서 F에 대응하는 조합 회로는 다음과 같다.

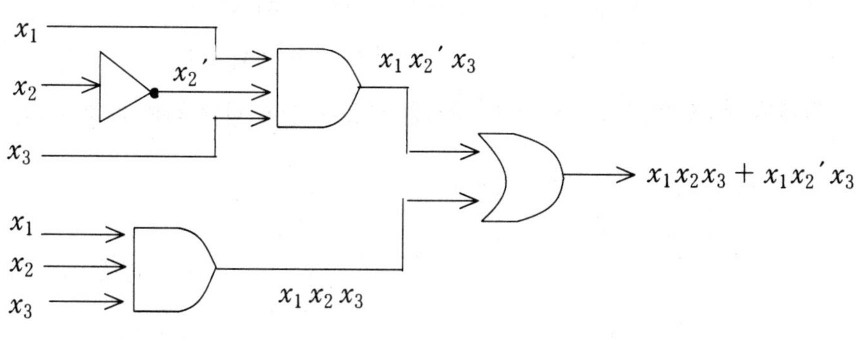

한편, B.6 에 의하여

$$x_2 + x_2' = 1$$

이므로

$$F(x_1, x_2, x_3) = x_1 x_3 (x_2 + x_2') = x_1 x_3$$

이고, 따라서 Boole 함수 F에 대응하는 조합회로는 아래 그림과 같이 나타낼 수도 있다.

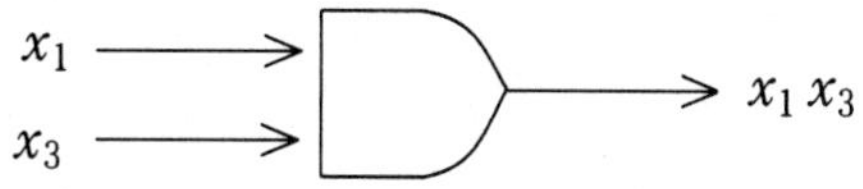

보기 14.5.5 다음 두 Boole 함수를 생각해 보자.

$$F: \mathbb{B}^2 \longrightarrow \mathbb{B},\ F(x_1, x_2) = x_1 \oplus x_2$$

$$G: \mathbb{B}^2 \longrightarrow \mathbb{B},\ G(x_1, x_2) = x_1 x_2$$

이 두 Boole 함수의 함수값은 오른쪽 표와 같다.

x_1	x_2	$F(x_1, x_2)$	$G(x_1, x_2)$
0	0	0	0
0	1	1	0
1	0	1	0
1	1	0	1

그리고, Boole 함수 F에 대응하는 조합회로를 그림으로 나타내면 아래 그림과 같다.

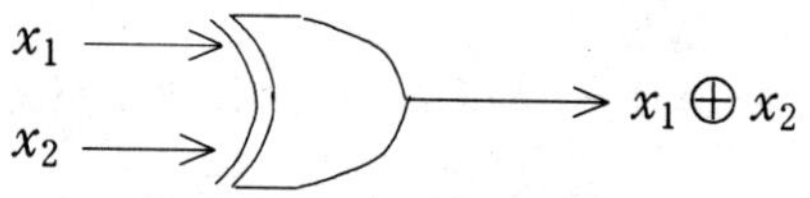

그런데, 정리 14.3.5 에 의하여

$$F(x_1, x_2) = x_1 \oplus x_2 = x_1 x_2{}' + x_1{}' x_2 = (x_1 + x_2)(x_1 x_2)'$$

이므로 F, G에 대응하는 조합 회로를 다음과 같이 함께 나타낼 수 있다.

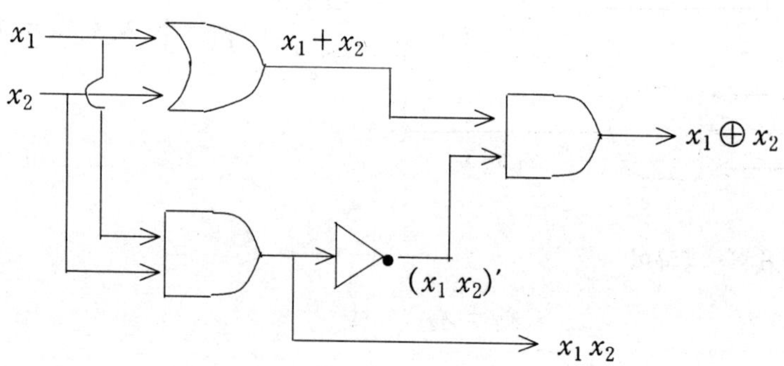

연 습 문 제 (14.5)

1. 다음 그림과 같은 조합회로에 대응하는 Boole 함수를 구하여라.

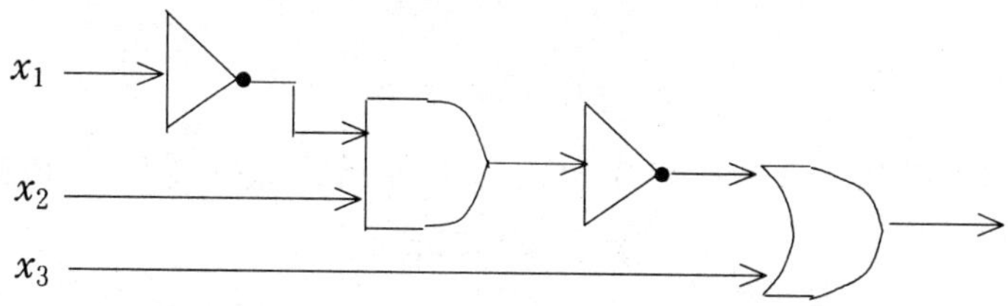

2. 다음 그림과 같은 조합회로에 대응하는 Boole 함수를 구하여라.

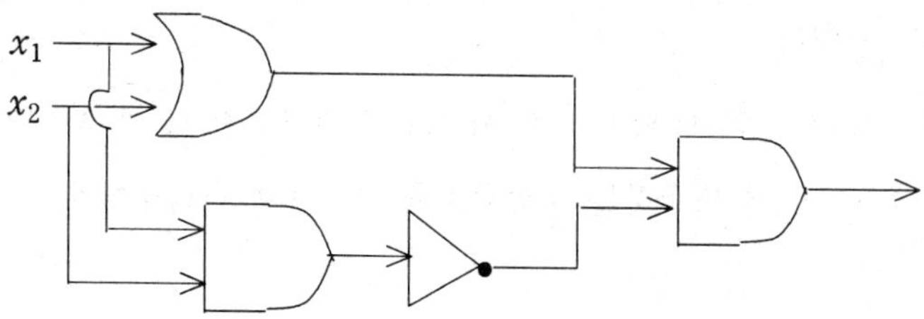

3. 조합회로에 대응하는 Boole 함수 $F: \mathbb{B}^4 \longrightarrow \mathbb{B}$ 가 다음과 같이 정의된 함수일 때, 이 조합 회로를 그림으로 나타내어라.

(1) $F(x_1, x_2, x_3, x_4) = x_1{}'x_2 + x_2{}'x_3 + x_3{}'x_4 + x_4{}'x_1$

(2) $F(x_1, x_2, x_3, x_4) = (x_1 + x_2 + x_3 + x_4)(x_1 x_2 x_3 x_4)'$

4. 다음 그림과 같은 조합 회로에 대응하는 Boole 함수를 구하여라.

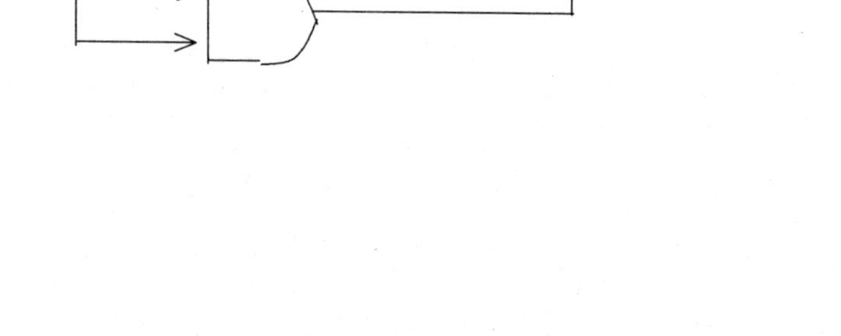

5. 한 거실에 3개의 스위치를 설치하여 이들 중에서 어느 한 스위치의 단추를 누르면 전등불이 꺼져 있는 상태에서는 불이 켜지고 불이 켜져 있는 상태에서는 불이 꺼지도록 회로를 설치한다고 하자.

각 $i = 1, 2, 3$ 에 대하여 제 i 번째 스위치가 닫혀 있는 것과 열려 있는 것을 각각

$$x_i = 1, \quad x_i = 0$$

으로 나타내고 또 전등불이 켜져 있는 경우와 꺼져 있는 경우의 Boole 함수

$$F : \mathbb{B}^3 \longrightarrow \mathbb{B}$$

의 함수값을 각각 1, 0 으로 나타내기로 할 때, 다음 물음에 답하여라.

(1) 이 회로에 대응하는 Boole 함수 $F : \mathbb{B}^3 \longrightarrow \mathbb{B}$ 는 다음과 같이 정의된 함수임을 밝혀라.

$$F(x_1, x_2, x_3) = x_1 x_2 x_3 + x_1 x_2' x_3' + + x_1' x_2 x_3' + x_1' x_2' x_3$$

(2) Boole 함수 F 에 대응하는 조합회로를 그림으로 나타내어라.

제 15 장

유한상태 자동장치

이 장에서는 형식적 언어와 문법과 유한상태 기계, 유한상태 자동장치, 언어 인식에 대하여 논한다.

특히 결정적 유한상태 자동장치와 비 결정적 유한상태 자동장치의 특성을 논하고 유한상태 자동장치에 의하여 인식되는 언어에 대하여 논한다.

§15.1 형식적 언어

국어와 영어 등과 같은 자연 언어의 단어는 한글의 자음(子音)과 모음(母音) 그리고 영어의 알파벳을 여러 가지 방법으로 결합한 것이고 국어와 영어에 대한 문법(文法, grammar)은 여러 개의 단어로 이루어진 문장(文章, sentence)이 올바른지를 판정해 주며, 자연 언어의 구문(口文, syntax)은 대단히 복잡하다.

한편, Pascal, Fortran, Java, C 와 같은 프로그래밍 언어는 체계적으로 정의된 규칙에 따라 결정되는 언어이다. 이러한 언어를 **형식적 언어**(形式的 言語, formal language)라고 한다.

형식적 언어에는 잘 정의된 구문 법칙이 있으며 이 법칙에 따라 문자열들이 정확한 단어 또는 문장을 이루고 있는지를 판정한다.

정의 15.1.1 언어를 구성하는 기본적인 요소를 **기호**(記號, symbol)라 하고, 이러한 기호 전체의 집합 V를 **어휘**(語彙, vocabulary) 또는 **알파벳**(alphabet)이라고 하며, 또 V에 속해 있는 유한 개의 기호 $x_1, x_2, \cdots, x_k$로 이루어진 **문자열**(文字列, string)

$$x_1 x_2 \cdots x_k$$

를 V 위의 **길이 k**인 **단어**(單語, word) 또는 **문장**(文章, sentence)이라고 한다.

기호를 포함하지 않는 **공 문자열**(空 文字列, empty string, null string) 도 단어로 생각하고 이것을 λ로 나타내기로 한다.

그리고, V 위의 단어 전체의 집합을 V^*로 나타내고, 또 V^*의 부분집합을 V 위의 **언어**(言語, language)라고 한다.

위의 정의에서 λ는 기호를 포함하지 않는 공 문자열이고 공집합 $\varnothing$ 과는 다르다. 그리고, $\{\lambda\}$는 공 문자열 λ를 포함하는 집합이다.

언어는 몇 개의 단어들로 구성되어 있으므로 언어는 이 안에 있는 단어를 모두 나열하여 나타낼 수 있고, 또 이 언어에 속하는 특정한 성질을 제시함으로써 나타낼 수도 있다.

보기 15.1.1 $V=\{a, b, c\}$ 일 때, a, b, c 는 기호이고 또

$$\lambda,\ a,\ b,\ c,\ a\,a,\ a\,b,\ a\,c,\ b\,a,\ b\,b,\ b\,c,\ c\,a,\ c\,b,\ c\,c,$$
$$a\,a\,a,\ a\,a\,b,\ a\,a\,c,\ a\,b\,a,\ a\,b\,b,\ a\,b\,c,\ b\,a\,a,\ b\,a\,b,\ \cdots$$

등은 모두 V^* 에 속해 있는 단어이다.

여기서, $a\,b\,c,\ a\,a\,b,\ b\,a\,b$ 는 모두 길이가 3 인 단어이다.

정의 15.1.2 어휘 V 에서의 두 단어

$$x = x_1 x_2 \cdots x_k, \quad y = y_1 y_2 \cdots y_l$$

에 대하여 단어

$$x\,y = x_1 x_2 \cdots x_k y_1 y_2 \cdots y_l \in V^*$$

를 x 와 y 의 **접합**(接合, concatenation)이라고 한다. 또, 단어 $x \in V^*$ 와 정수 $n = 0, 1, 2, \cdots$ 에 대하여 $x^n \in V^*$ 을 다음과 같이 정의한다.

$$x^0 = \lambda, \quad x^1 = x, \quad x^{n+1} = x^n x$$

그리고, 어휘 V 위의 두 언어 $A, B \subseteq V^*$ 에 대하여 언어

$$A\,B = \{x\,y \mid x \in A,\ y \in B\} \subseteq V^*$$

를 A, B 의 **접합**이라고 한다. 또, 언어 $A \subseteq V^*$ 와 정수 $n = 0, 1, 2, \cdots$ 에 대하여 $A^n \subseteq V^*$ 을 다음과 같이 정의한다.

$$A^0 = \{\lambda\}, \quad A^1 = A, \quad A^{n+1} = A^n A$$

그리고, 단어 x 와 언어 A 에 대하여 다음과 같이 정한다.

$$\lambda\lambda = \lambda, \qquad \lambda x = x\lambda = x,$$
$$\{\lambda\}\{\lambda\} = \{\lambda\}, \quad \{\lambda\}A = A\{\lambda\} = A$$

보기 15.1.2 어휘 $V = \{a, b, c\}$ 위의 단어에 대하여 다음이 성립한다.

(1) $(a\,b\,c)(a\,b) = a\,b\,c\,a\,b, \qquad (a\,b)(a\,b\,c) = a\,b\,a\,b\,c$

(2) $(a\,c)^2 = a\,c\,a\,c, \quad (a^2)^2 = (a\,a)^2 = a\,a\,a\,a = a^4$

(3) $(a\,b\,a)^2(a\,c) = a\,b\,a\,a\,b\,a\,a\,c, \ (a\,b\,a)(a\,c)^2 = a\,b\,a\,a\,c\,a\,c$

보기 15.1.3 어휘 $V = \{0, 1\}$ 위의 두 언어

$$A = \{0,\ 01\},\quad B = \{11,\ 100\}$$

에 대하여 AB, BA, A^2 은 각각 다음과 같으며 $AB \neq BA$ 이다.

$$AB = \{011,\ 0100,\ 0111,\ 01100\},$$
$$BA = \{110,\ 1101,\ 1000,\ 10001\}$$
$$A^2 = \{00,\ 001,\ 010,\ 0101\}$$

정의 15.1.3 어휘 V 위의 언어 $A \subseteq V^*$ 에 대하여 합집합

$$A^* = \bigcup_{k=0}^{\infty} A^k = A^0 \cup A^1 \cup A^2 \cup \cdots \cup A^n \cup \cdots$$

를 A 의 **Kleene 폐포**(閉包, Kleene closure)라고 한다.

보기 15.1.4 어휘 $V = \{0, 1\}$ 위의 언어

$$A = \{1\},\ B = \{01\},\ C = \{11\}$$

에 대하여 A^*, B^*, C^* 는 다음과 같다.

$$A^* = \{1^n \mid n = 0, 1, 2, 3, \cdots\} = \{\lambda,\ 1,\ 11,\ 111,\ \cdots\},$$
$$B^* = \{\lambda,\ 01,\ 0101,\ 010101,\ \cdots\},$$
$$C^* = \{\lambda,\ 11,\ 1111,\ 111111,\ \cdots\}$$

예를 들어, 문장 '착실한 청년은 열심히 일한다.' 는 다음과 같은 구조를 가지고 있다.

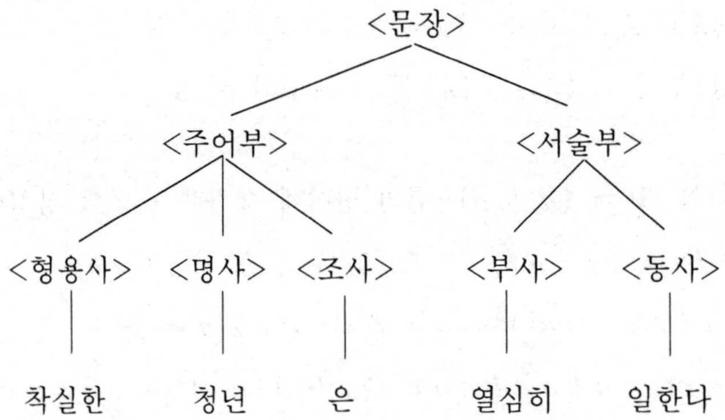

여기서, <문장>으로부터 시작하여 <주어부> 와 <서술부> 로 나뉘어지고 이들은 다시

<형용사>, <명사>, <조사>, <부사>, <동사>

로 나뉘어지며, 다음과 같은 규칙에 따라 이들을 단어로 바꾸어 모아 놓으면 문장 '착실한 소년은 열심히 일한다.' 를 얻는다.

<문장>				
<주어부>	<서술부>			
<형용사>	<명사>	<조사>	<부사>	<동사>
착실한	<명사>	<조사>	<부사>	<동사>
착실한	청년	<조사>	<부사>	<동사>
착실한	청년	은	<부사>	<동사>
착실한	청년	은	열심히	<동사>
착실한	청년	은	열심히	일한다

일반 언어와 마찬가지로 형식적인 언어에는 엄밀한 문법이 있다.

정의 15.1.4 다음과 같은 유한집합 V, T, P와 기호 S로 이루어진 체계

$$G = (V,\ T, S, P)$$

를 **구문 구조 문법**(句文 構造 文法, phrase structure grammar)이라고 한다.

V : 어 휘

T : $T \subseteq V$이고, T의 각 원소를 **단말 기호**(端末 記號, terminal symbol)이라고 한다.

S : $S \in V$이고 S를 **시작 기호**(始作記號, start symbol)라고 한다.

$N = V - T$: N의 각 원소를 **비단말기호**(非端末記號, nonterminal symbol)이라고 한다.

P : 유한집합 P의 각 원소를 **생성 규칙**(生成 規則, production)이라고 한다. 그리고, P에 속하는 생성 규칙은

$$A \longrightarrow a$$

와 같은 꼴로 나타내어지며 A에는 N에 속하는 기호가 적어도 하나 들어 있다.

보기 15.1.5 다음 구문 구조문법 $G = (V, T, S, P)$를 생각해 보자.

$V = \{a, b, A, B, S\}$, $T = \{a, b\}$,

S는 시작기호

$P = \{S \to ABa,\ AB \to b,\ B \to ab,\ A \to BB\}$

여기서, 비 단말기호 전체의 집합은

$$N = V - T = \{A, B, S\}$$

이고, P에 속하는 생성 규칙의 좌변에는 N에 속하는 기호가 들어 있다.

그런데, 예를 들어 생성 규칙 $S \to ABa$에 의하여 시작기호 S로부터 ABa가 유도되고, 생성 규칙 $AB \to b$에 의하여 $ABa \to ba$가 유도된다. 여기서 유도되는 사실을 $\Rightarrow$를 써서 나타내면,

$$S \Rightarrow ABa \qquad (\text{생성 규칙 } S \to ABa)$$

$$ABa \Rightarrow ba \qquad (\text{생성 규칙 } AB \to b)$$

이므로, S로부터 시작하여 생성 규칙에 따라 ba가 유도된다.

이제 T에 속하는 단말기호 만으로 이루어진 문자열 전체의 집합을 T^*로 나타내면, $ba \in T^*$이다. 마찬가지로, S로부터 $abababa \in T^*$가 유도된다(문제 4 참조).

정의 15.1.5 구문 구조 문법 $G = (V, T, S, P)$에서, 시작기호 S로부터 시작하여 P에 속하는 생성 규칙에 따라 유도되는 문자열 중에서 T에 속하는 단말기호 만으로 이루어진 문자열 $w \in T^*$ 전체의 집합을 $L(G)$로 나타내고 이 집합을 G에 의하여 **생성된 언어** 또는 G의 **언어**(言語, language)라고 한다. 즉,

$$L(G) = \{w \in T^* \mid S \Rightarrow w\}$$

보기 15.1.6 다음과 같은 구문 구조 문법 $G = (V, T, S, P)$에서

$V = \{0, 1, S\}$, $T = \{0, 1\}$, S는 시작 기호

$P = \{S \to 0,\ S \to 11S\}$

이라고 할 때 다음이 성립한다.

$S \Rightarrow 0$ (생성 규칙 $S \rightarrow 0$)

$S \Rightarrow 11S$ (생성 규칙 $S \rightarrow 11S$)

$11S \Rightarrow 110$ (생성 규칙 $S \rightarrow 0$)

$11S \Rightarrow 1111S$ (생성 규칙 $S \rightarrow 11S$)

$1111S \Rightarrow 11110$ (생성 규칙 $S \rightarrow 0$)

$1111S \Rightarrow 111111S$ (생성 규칙 $S \rightarrow 11S$)

따라서 $L(G)$ 는 0 그리고 짝수 개의 1 로 시작하여 0 으로 끝나는 문자열 전체로 이루어진 집합이다. 즉,

$$L(G) = \{0,\ 110,\ 11110,\ 1111110,\ \cdots\}$$

보기 15.1.7 다음과 같은 구문 구조 문법 $G = (V,\ T, S, P)$ 에서

$V = \{0, 1, S\}$, $T = \{0, 1\}$,

S는 시작기호

$P = \{S \rightarrow 0S1,\ S \rightarrow \lambda\}$

이라고 할 때, 다음이 성립한다.

$S \Rightarrow \lambda$ (생성 규칙 $S \rightarrow \lambda$)

$S \Rightarrow 0S1$ (생성 규칙 $S \rightarrow 0S1$)

$0S1 \Rightarrow 01$ (생성 규칙 $S \rightarrow \lambda$)

$0S1 \Rightarrow 00S11$ (생성 규칙 $S \rightarrow 0S1$)

$00S11 \Rightarrow 0011$ (생성 규칙 $S \rightarrow \lambda$)

$00S11 \Rightarrow 000S111$ (생성 규칙 $S \rightarrow 0S1$)

따라서 G의 언어 $L(G)$ 는 다음과 같다.

$$L(G) = \{\lambda,\ 01,\ 0011,\ 000111,\ \cdots\} = \{0^n 1^n \mid n = 0,1,2,\cdots\}$$

연습문제 (15.1)

1. $V = \{0, 1\}$ 위의 언어 $A = \{0, 1\,1\}$, $B = \{0\,0, 0\,1\}$ 에 대하여 다음을 구하여라.

   (1) AB (2) BA (3) A^2 (4) B^3

2. $V = \{0, 1\}$ 위의 언어 A가 다음과 같을 때, A^*를 구하여라.

   (1) $A = \{1\,0\}$ (2) $A = \{1\,1\,1\}$

   (3) $A = \{0, 0\,1\}$ (4) $A = \{1, 1\,0\,1\}$

3. $V = \{0, 1\}$ 위에서 다음과 같은 언어 A에 대하여

$$1\,1\,1\,0\,1 \in A$$

   인지를 판정하여라.

   (1) $A = \{1\,1, 0\}\{0\,0, 1\,0\,1\}$ (2) $A = \{0, 1\}^*$

   (3) $A = \{1\,1\}^*\{0\,1\}^*$ (4) $A = \{1\}^*\{0\}^*\{1\}^*$

4. 보기 15.1.5에서 $a\,b\,a\,b\,a\,b\,a \in L(G)$ 임을 밝혀라.

5. 다음과 같은 구문 구조 문법 $G = (V, T, S, P)$의 언어 $L(G)$를 구하여라.

   $V = \{a, b, S, A\}$, $T = \{a, b\}$,

   S는 시작 기호

   $P = \{S \longrightarrow aA,\ S \longrightarrow b,\ A \longrightarrow a\,a\}$

6. 다음과 같은 구문 구조 문법 $G = (V, T, S, P)$에서

   $V = \{0, 1, S, A, B\}$, $T = \{0, 1\}$,

   S는 시작 기호

   $P = \{S \longrightarrow 0\,A,\ S \longrightarrow 1\,A,\ A \longrightarrow 0\,B,\ B \longrightarrow 1\,A,\ B \longrightarrow 1\}$

   일 때, 다음이 성립함을 밝혀라.

   (1) $1\,0\,1\,0\,1 \in L(G)$

   (2) $1\,0\,1\,1\,0 \notin L(G)$

7. 다음과 같은 구문 구조 문법 $G = (V, T, S, P)$ 에서

$V = \{0, 1, S\}$, $T = \{0, 1\}$,

S는 시작 기호

$P = \{S \longrightarrow 0\,S,\ S \longrightarrow S\,1,\ S \longrightarrow \lambda\}$

일 때, 다음이 성립함을 밝혀라.

(1) $0^m \in L(G) \qquad (m \geq 0)$

(2) $1^n \in L(G) \qquad (n \geq 0)$

(3) $0^m 1^n \in L(G) \qquad (m \geq 0,\ n \geq 0)$

8. 구문 구조 문법 $G = (V, T, S, P)$ 에서

$V = \{0, 1, S, A\}$, $T = \{0, 1\}$,

S는 시작 기호

$P = \{S \longrightarrow 0\,S,\ S \longrightarrow 1\,A,\ S \longrightarrow 1,\ A \longrightarrow 1\,A,$
$A \longrightarrow 1,\ S \longrightarrow \lambda\}$

일 때, 다음이 성립함을 증명하여라.

$$0^m 1^n \in L(G) \qquad (m \geq 0,\ n \geq 0)$$

§15.2 유한상태 기계

전자계산기의 부품을 포함하여 여러 종류의 디지털 장치를 모형화하는 데에는 다음과 같이 출력이 있는 기계가 널리 이용된다.

정의 15.2.1 다음과 같은 공집합이 아닌 유한집합 S, I, O 와 두 함수 f, g 및 초기상태 s_0 로 이루어진 체계 $M=(S, I, O, f, g, s_0)$ 을 **출력**이 있는 **유한상태 기계**(有限狀態 機械, finite state machine)라고 한다.

S : 유한집합이고, S 의 각 원소를 **상태**(狀態, state)라고 한다.

I : 유한집합이고, I 의 각 원소를 **입력**(input)이라고 한다.

O : 유한집합이고, O 의 각 원소를 **출력**(output)이라고 한다.

f : $S\times I \longrightarrow S$

각 상태 $s\in S$ 와 입력 $x\in I$ 에 대하여 새로운 상태 $f(s, x)\in S$ 를 지정해 주는 **전이함수**(轉移函數, transition function)

g : $S\times I \longrightarrow O$

각 상태 $s\in S$ 와 입력 $x\in I$ 에 대하여 출력 $g(s, x)\in O$ 를 지정해 주는 **출력함수**(output function)

s_0 : **초기상태**(初期狀態, initial stae)

보기 15.2.1 아래 표는 유한상태 기계 $M=(S, I, O, f, g, s_0)$ 를 나타낸다. 여기서,

$$S=\{s_0, s_1, s_2, s_3\},$$
$$I=\{0,1\},$$
$$O=\{0,1\}$$

이고 또 다음이 성립한다.

$$f(s_0, 0)=s_1, \quad f(s_0, 1)=s_0$$
$$g(s_0, 1)=0, \quad g(s_1, 1)=1$$

상태	f		g	
	입 력		입 력	
	0	1	0	1
s_0	s_1	s_0	1	0
s_1	s_3	s_0	1	1
s_2	s_1	s_2	0	1
s_3	s_2	s_1	0	1

앞의 보기 15.2.1 에서와 같이 유한상태 기계 $M = (S, I, O, f, g, s_0)$ 의 상태 s 에서의 입력 x 에 대한 새로운 상태 $f(s, x)$ 와 출력 $g(s, x)$ 를 표로 나타낸 것을 M 의 **상태표**(狀態表, state table)라고 한다.

다음 그림은 보기 15.2.1 의 유한상태 기계 M 을 그림으로 나타낸 것이다.

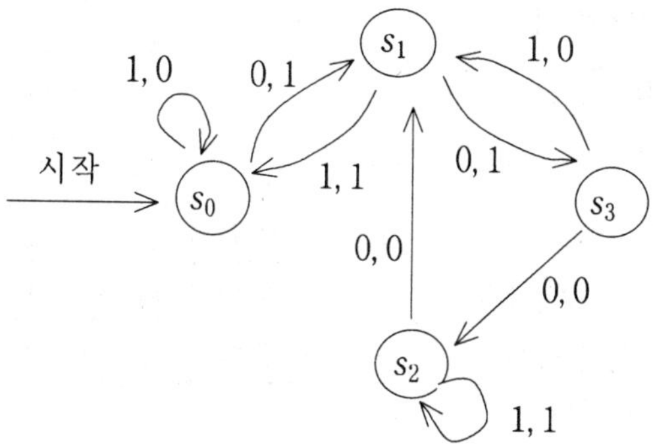

위의 그림과 같이, 유한상태 기계 $M = (S, I, f, g, s_0)$ 에 대하여 각 상태는 원으로 나타내고 각 상태 s 에서의 입력이 x 일 때 상태 s 에서 상태 $f(s, x)$, $g(s, x)$ 로 변하는 것을 화살표로 나타내며 이 화살표 밑에 써넣은 첫째 입력과 둘째 입력은 각각 f, g 의 입력을 나타낸다. 위의 그림과 같은 유향 그래프를 M 의 **상태 다이어그램**(state diagram)이라고 한다.

유한상태 기계 M 의 상태 s 에서의 입력의 열 $x = x_1 x_2 \cdots x_k$ 에 대하여

$$s_1 = f(s, x_1),\ s_2 = f(s_1, x_2),\ \cdots,\ s_k = f(s_{k-1}, x_k)$$

$$y_1 = g(s, x_1),\ y_2 = g(s_1, x_2),\ \cdots,\ y_k = g(s_{k-1}, x_k)$$

일 때, 출력의 열을

$$y = y_1 y_2 \cdots y_k$$

로 나타내고 위의 결과를 다음과 같이 쓰기로 한다(정의 15.2.1 참조)

$$f(s, x) = f(s, x_1 x_2 \cdots x_k) = s_k,$$

$$g(s, x) = g(s, x_1 x_2 \cdots x_k) = y_1 y_2 \cdots y_k = y$$

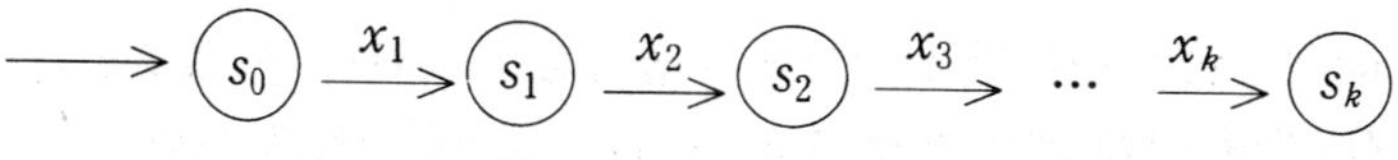

보기 15.2.2 유한상태 기계

$M = (S, I, O, f, g, s_0)$

의 상태 다이어그램이 오른쪽 그림과 같다고 하자. 이 때, 초기상태 s_0 에서 시작하여 차례로 입력이 0, 0, 1, 1 일 때, 상태는 차례로

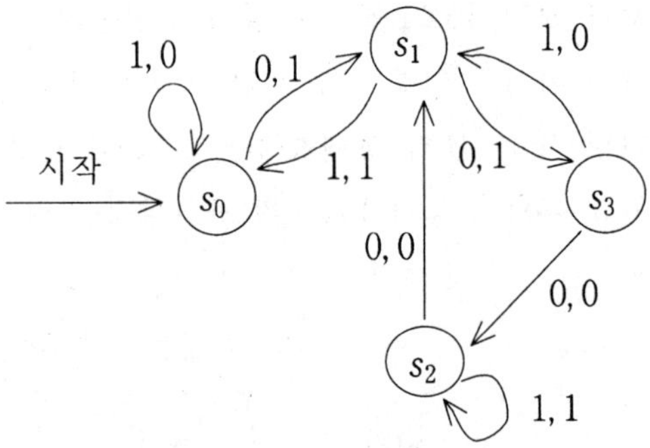

s_1, s_3, s_1, s_0

로 변하고 s_0, s_1, s_3, s_1 에서의 출력은 각각 1, 1, 0, 1 이다.

입력	0	0	1	1	…
상태	s_1	s_3	s_1	s_0	…
출력	1	1	0	1	…

따라서 다음이 성립한다.

$$f(s_0, 0\,0) = s_3, \qquad g(s_0, 0\,0) = 1\,1$$
$$f(s_0, 0\,0\,1) = s_1, \qquad g(s_0, 0\,0\,1) = 1\,1\,0$$
$$f(s_0, 0\,0\,1\,1) = s_0, \qquad g(s_0, 0\,0\,1\,1) = 1\,1\,0\,1$$

보기 15.2.3 유한상태 기계 $M = (S, I, O, f, g, s_0)$ 의 상태 다이어그램이 아래 그림과 같다고 하자.

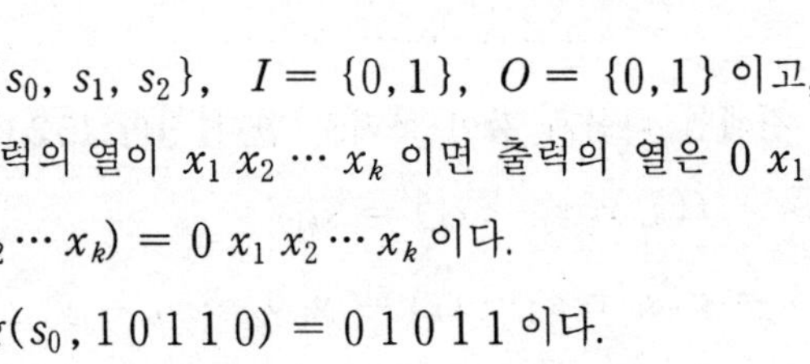

이 때, $S = \{s_0, s_1, s_2\}$, $I = \{0, 1\}$, $O = \{0, 1\}$ 이고, 초기상태 s_0 에서 시작하여 입력의 열이 $x_1\, x_2 \cdots x_k$ 이면 출력의 열은 $0\, x_1\, x_2 \cdots x_{k-1}$ 이다. 즉, $g(s_0, x_1 x_2 \cdots x_k) = 0\, x_1\, x_2 \cdots x_k$ 이다.

예를 들면, $g(s_0, 1\,0\,1\,1\,0) = 0\,1\,0\,1\,1$ 이다.

이것은 입력이 단위시각 만큼 지연되어 출력됨을 뜻한다. 이 유한상태 기계를 **단위시각 지연 기계**(遲延 機械, Unit-Delay machine)라고 한다.

보기 15.2.4 유한상태 기계 $M = (S, I, O, f, g, s_0)$ 의 상태 다이어그램이 아래 그림과 같다고 하자.

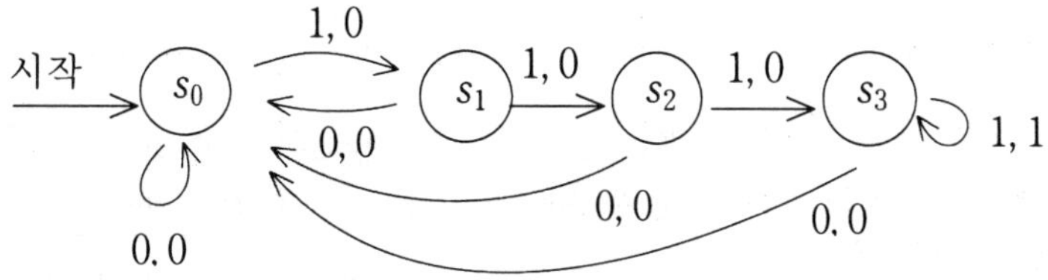

이 때,

$$f(s_0, 1) = s_0, \quad f(s_1, 1) = s_2, \quad f(s_2, 1) = s_3, \quad f(s_3, 1) = s_3$$

$$g(s_0, 1) = 0, \quad g(s_1, 1) = 0, \quad g(s_2, 1) = 0, \quad g(s_3, 1) = 1$$

이므로, 초기상태 s_0 에서 시작하여 입력의 열이 1 1 1 1 이면 마지막 출력은 1 이고 그 밖의 경우의 출력은 0 이다.

입력	1 1 1 1 1 …
상태	s_0 s_1 s_2 s_3 s_3
출력	0 0 0 1 1 …

그리고, 어느 상태에서도 입력의 열이

$$\bigcirc \cdots \bigcirc 1 1 1 1$$

이면 마지막 출력은 1 이다.

그러므로 유한상태 기계 M은 1 1 1 1 로 끝나는 입력의 열을 인식하는 (recognize) 기계이다.

정의 15.2.2 유한상태 기계 $M = (S, I, O, f, g, s_0)$ 에서 언어 $L \subseteq I^*$ 에 대하여

$$x = x_1 x_2 \cdots x_k \in L$$

일 때 그리고 이때에만 마지막 출력이 1 인 경우에 유한상태 기계 M은 언어 L 을 **인식**(認識)**한다**(recognize) 또는 **받아들인다**(accept)고 한다

이제까지 논한 유한상태 기계에서 출력은 한 상태에서 다른 상태로의 변환에 대응한다. 이러한 유형의 유한상태 기계를 **Mealey 기계**라고 한다.

한편, 유한상태 기계에서 출력이 상태에 의해서만 결정되는 유한상태 기계를 **Moore 기계**라고 한다.

연 습 문 제 (15.2)

1. 유한상태 기계

$$M = (S, I, O, f, g, s_0)$$

의 상태표가 오른쪽 표와 같을 때, 다음 물음에 답하여라.

상태	f		g	
	입 력		입 력	
	0	1	0	1
s_0	s_1	s_0	0	0
s_1	s_2	s_0	1	1
s_2	s_0	s_3	0	1
s_3	s_1	s_2	1	0

(1) M의 상태 다이어그램을 그려라.

(2) $f(s_0, 1\,1\,0)$과 $g(s_0, 1\,1\,0)$을 구하여라.

(3) $f(s_0, 1\,1\,0\,1)$과 $g(s_0, 1\,1\,0\,1)$을 구하여라.

2. 유한상태 기계

$$M = (S, I, O, f, g, s_0)$$

의 상태 다이어그램이 오른쪽 그림과 같을 때, M의 상태표를 만들어라.

그리고,

$f(s_0, 1\,1\,0\,1)$,

$g(s_0, 1\,1\,0\,1)$

을 구하여라.

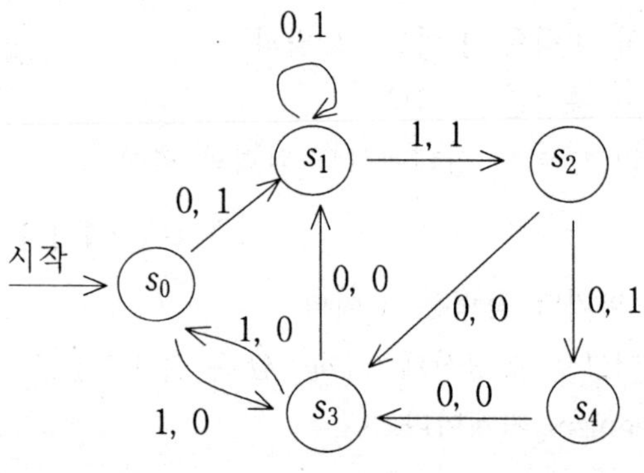

3. 유한상태 기계

$$M = (S, I, O, f, g, s_0)$$

의 상태표가 오른쪽 표와 같을 때, M의 상태 다이어그램을 그려라.

상태	f		g	
	입 력		입 력	
	0	1	0	1
s_0	s_0	s_4	1	1
s_1	s_0	s_3	0	1
s_2	s_0	s_2	0	0
s_3	s_1	s_1	1	1
s_4	s_1	s_0	1	0

4. 유한상태 기계 $M = (S, I, O, f, g, s_0)$ 의 상태 다이어그램이 아래 그림과 같을 때, M의 상태표를 구하여라.

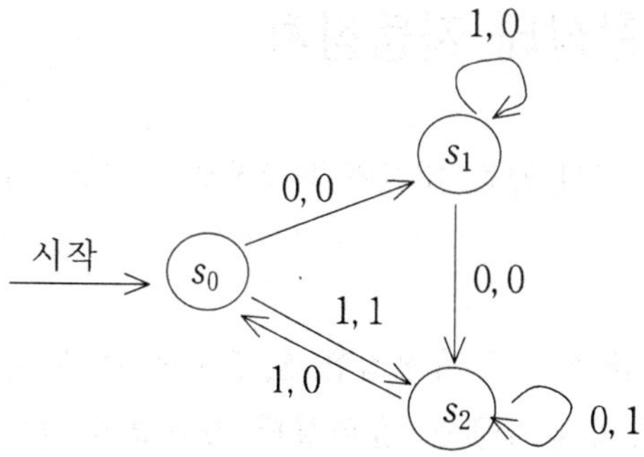

5. 유한상태 기계 $M = (S, I, O, f, g, s_0)$ 의 상태 다이어그램이 아래 그림과 같을 때, M의 상태표를 구하여라.

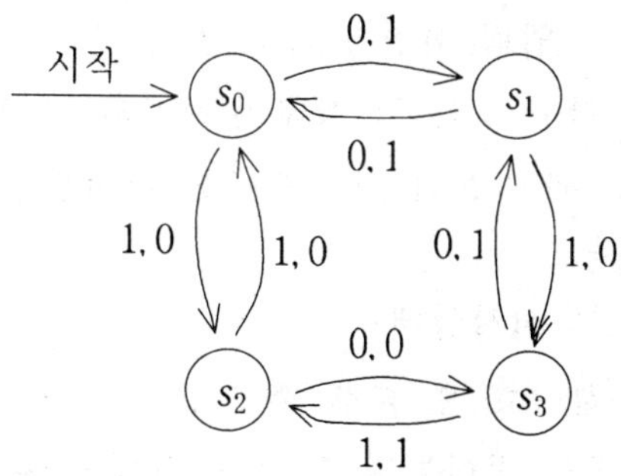

6. 유한상태 기계 $M = (S, I, O, f, g, s_0)$ 의 상태 다이어그램이 아래 그림과 같을 때, 다음 물음에 답하여라.

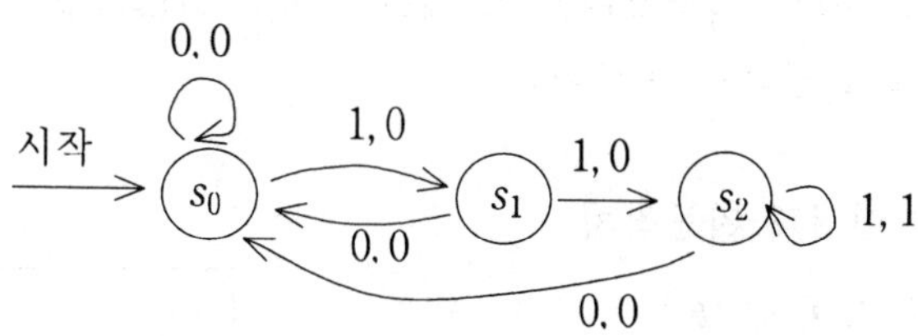

(1) $f(s_0, 1\,1\,1)$ 과 $g(s_0, 1\,1\,1)$ 을 구하여라.

(2) 초기상태 s_0 에서의 입력의 열이 0 1 1 1 일 때의 마지막 출력을 구하고, 또 입력의 열이 1 1 1 1 일 때의 마지막 출력을 구하여라.

§15.3 유한상태 자동장치

이 절에서는, 출력이 없는 대신에 최종상태가 있는 유한상태 기계에 대하여 논한다.

정의 15.3.1 다음과 같은 유한집합 S, I와 함수 f 및 집합 F로 이루어진 체계 $M = (S, I, f, s_0, F)$ 를 **유한상태 자동장치**(自動裝置, automaton)라 하고 이것을 흔히 **오토마타**(automata, automaton의 복수형)라고 한다.

S : S는 유한집합이고, S의 각 원소를 **상태**라고 한다.

I : 유한집합 I를 **입력 어휘**라 하고, I의 각 원소를 **기호**라고 한다.

f : $S \times I \longrightarrow S$ 함수 f는 각 상태 $s \in S$와 각 입력 $x \in I$에 대하여 새 상태 $f(s, x) \in S$를 지정해 주는 **전이함수**(轉移函數, transition function)이다.

s_0 : **초기상태** 또는 **시작상태**

F : S의 부분집합이고, 또 F에 속해 있는 상태를 **최종상태**(最終狀態, final state) 또는 **받아들일 수 있는 상태**(acceptable state)라고 한다.

유한상태 자동장치도 역시 상태 다이어그램 또는 상태표로 나타낸다.

상태 다이어그램에서 최종상태는 두 개의 원으로 나타내고 화살표 밑에는 한 개 또는 두 개의 입력을 표시한다.

보기 15.3.1 유한상태 자동장치

$$M = (S, I, f, s_0, F)$$

의 상태표가 오른쪽 표와 같을 때, 다음이 성립한다.

상태	f	
	입력 어휘	
	0	1
s_0	s_0	s_1
s_1	s_0	s_2
s_2	s_0	s_0
s_3	s_2	s_1

$$S = \{s_0, s_1, s_2, s_3\}, \quad I = \{0, 1\}$$

$$f(s_0, 0) = s_0, \quad f(s_0, 1) = s_1$$

$$f(s_1, 0) = s_0, \quad f(s_1, 1) = s_2$$

그리고, $F = \{s_0, s_3\}$ 일 때, M의 상태 다이어그램은 다음 그림과 같다.

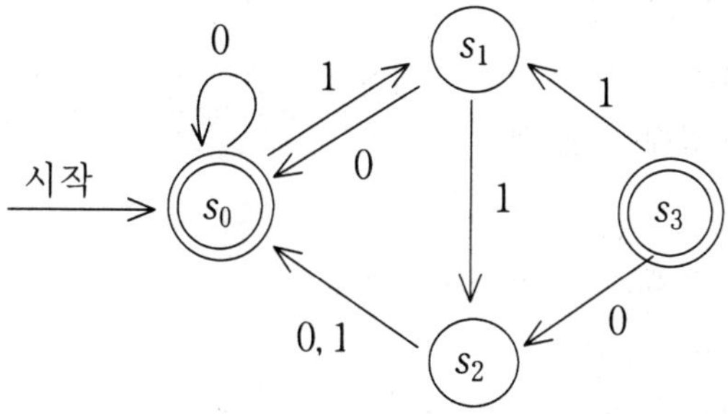

유한상태 자동장치 $M = (S, I, f, s_0, F)$ 에서 전이함수 $f : S \times I \longrightarrow S$ 의 정의역 $S \times I$ 를 다음과 같이 $S \times I^*$ 로 확장한다.

(i) $f(s, \lambda) = s$ $\qquad (s \in S,\ \lambda \in I^*)$

(ii) $f(s, xa) = f(f(s, x), a)$ $\qquad (s \in S,\ x \in I^*,\ a \in I)$

보기 15.3.2 앞의 보기 15.3.1 에서 다음이 성립한다.

$$f(s_0, 1\,0) = f(f(s_0, 1), 0) = f(s_1, 0) = s_0,$$
$$f(s_0, 1\,1) = f(f(s_0, 1), 1) = f(s_1, 1) = s_2,$$
$$f(s_0, 1\,1\,0) = s_0, \qquad f(s_0, 1\,1\,1) = s_0$$

정의 15.3.2 유한상태 자동장치 $M = (S, I, f, s_0, F)$ 에서 초기상태 s_0 와 $x = x_1 x_2 \cdots x_k \in I^*$ 에 대하여 $f(s_0, x) \in F$ 일 때, M은 x 를 **인식한다**(recognize) 또는 **받아들인다**(accept)고 한다.

유한상태 자동장치 M이 인식하는 언어 $x \in I^*$ 전체로 이루어진 집합을 $L(M)$ 으로 나타낸다(정의 15.1.5 참조).

그리고, 두 유한 상태 자동장치 M, M' 에 대하여 $L(M) = L(M')$ 일 때, M과 M' 은 **동치**(同値, equivalent)라고 한다.

유한상태 기계와 유한상태 자동장치는 언어 인식에 응용되며, 이 응용은 프로그래밍 언어에 대한 컴파일러(compiler)를 설계하고 구축하는 데 기본적인 역할을 한다.

보기 15.3.3 유한상태 자동장치 M의 상태 다이어그램이 오른쪽 그림과 같다고 하자.

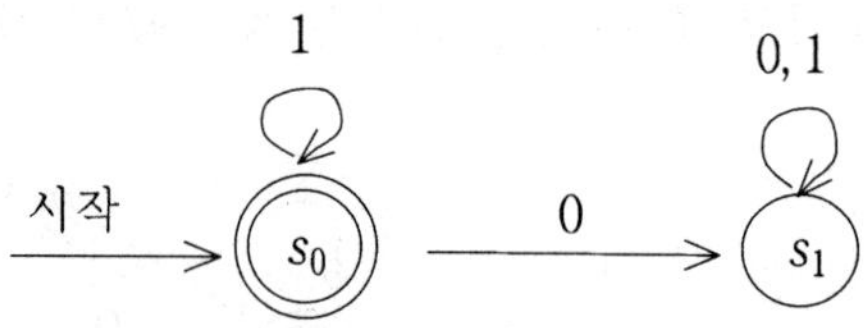

이 때, M의 최종상태는 s_0 뿐이고, 또

$$f(s_0, \lambda) = s_0, \quad f(s_0, 0) = s_1,$$
$$f(s_0, 1) = s_0,$$
$$f(s_0, 1\,1) = f(f(s_0, 1), 1) = f(s_0, 1) = s_0,$$
$$f(s_0, 1\,1\,1) = f(f(s_0, 1\,1), 1) = f(s_0, 1) = s_0, \cdots$$

이므로 $L(M)$ 은 다음과 같다.

$$L(M) = \{1^n \mid n = 0, 1, 2, 3, \cdots\} = \{\lambda, 1, 1\,1, 1\,1\,1, \cdots\}$$

보기 15.3.4 두 유한상태 자동장치 M, M_2 의 상태 다이어그램이 아래 그림과 같다고 하자.

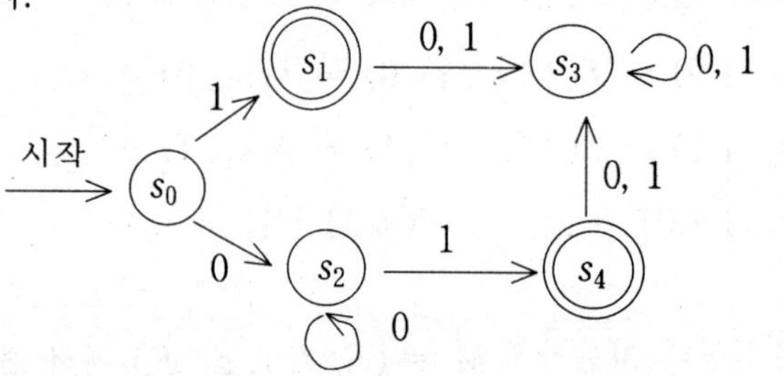

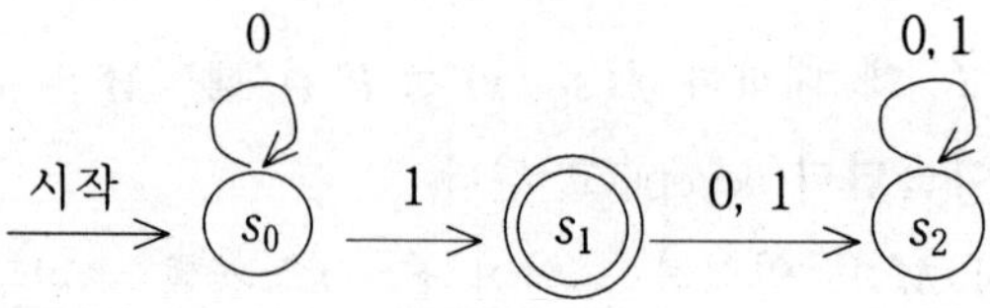

이 때, M_1 의 최종상태는 s_1, s_4 뿐이고

$$f(s_0, 1) = s_1, \quad f(s_0, 0) = s_2,$$
$$f(s_0, 0\,0) = f(f(s_0, 0), 0) = f(s_2, 0) = s_2, \cdots$$
$$f(s_0, 0\,1) = f(f(s_0, 0), 1) = f(s_2, 1) = s_4,$$
$$f(s_0, 0\,0\,1) = f(f(s_0, 0\,0), 1) = f(s_2, 1) = s_4, \cdots$$

이므로 $L(M_1)$ 은 다음과 같다.

$$L(M_1) = \{1,\ 0\,1,\ 0\,0\,1,\ 0\,0\,0\,0\,1,\ \cdots\}$$

한편, M_2 의 최종상태는 s_1 뿐이고

$$f(s_0, 0) = s_0, \quad f(s_0, 1) = s_1,$$
$$f(s_0, 0\,0) = f(f(s_0, 0), 0) = f(s_0, 0) = s_0,$$
$$f(s_0, 0\,0\,0) = f(f(s_0, 0\,0), 0) = f(s_0, 0) = s_0, \cdots$$
$$f(s_0, 0\,1) = f(f(s_0, 0), 1) = f(s_0, 1) = s_1,$$
$$f(s_0, 0\,0\,1) = f(f(s_0, 0\,0), 1) = f(s_0, 1) = s_1,$$
$$f(s_0, 0\,0\,0\,1) = f(f(s_0, 0\,0\,0), 1) = f(s_0, 1) = s_1, \cdots$$

이므로 $L(M_2)$ 는 다음과 같다.

$$L(M_2) = \{1,\ 0\,1,\ 0\,0\,1,\ 0\,0\,0\,0\,1,\ \cdots\}$$

따라서 $L(M_1) = L(M_2)$ 이므로 M_1 과 M_2 는 서로 동치이다.

보기 15.3.5 유한상태 자동장치 M 의 상태 다이어그램이 다음 그림과 같다고 하자.

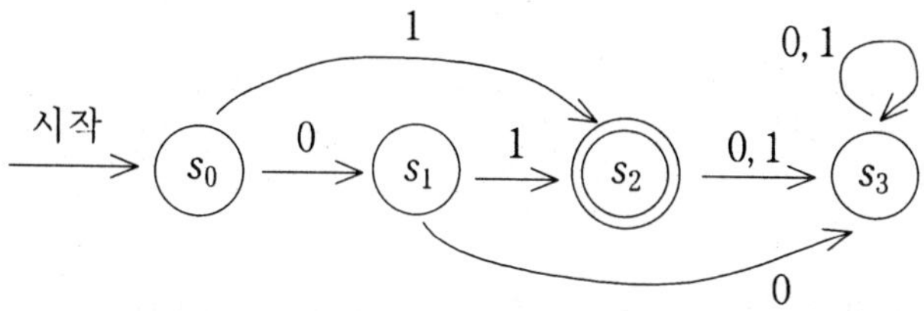

이 때, M 의 최종상태는 s_2 뿐이고

$$f(s_0, 1) = s_2,$$
$$f(s_1, 1) = s_2$$
$$f(s_2, 0) = f(s_2, 1) = s_3,$$
$$f(s_3, 0) = f(s_3, 1) = s_3,$$
$$f(s_0, 0\,1) = f(f(s_0, 0), 1) = f(s_1, 1) = s_2$$

이므로 M 은 1 과 0 1 을 인식하고, 또 $L(M) = \{1,\ 0\,1\}$ 이다.

보기 15.3.6 유한상태 자동장치 M의 상태 다이어그램이 아래 그림과 같을 때, M은 연이은 두 개의 0을 포함하는 문자열을 인식한다.

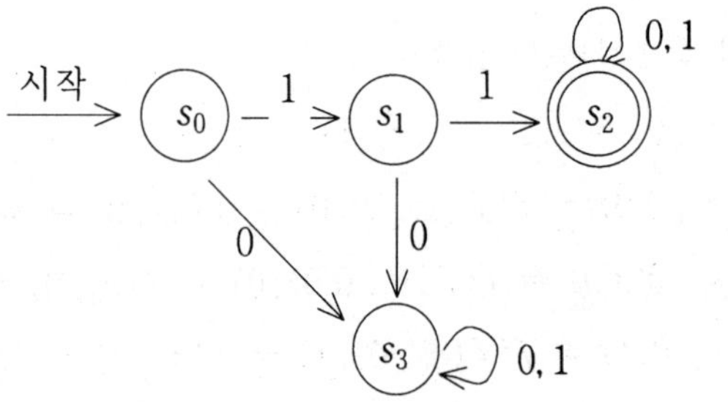

보기 15.3.7 유한상태 자동장치 중에서 1 1로 시작하는 문자열 인식하는 유한상태 자동장치를 생각해 보자.

초기상태 s_0 이외에 최종상태가 아닌 상태 s_1을 첨가하여 첫 문자가 1이면 s_0에서 s_1으로 간다. 다음에 최종상태 s_2를 첨가하여 둘째 문자가 1이면 s_1에서 s_2로 간다. 그리고, s_2에 다다르면, 처음 두 문자는 1, 1이므로 어떤 문자이던 관계없이 s_2에 머물러 있어야 한다.

따라서 구하는 유한상태 자동장치의 상태 다이어그램은 아래 그림과 같다.

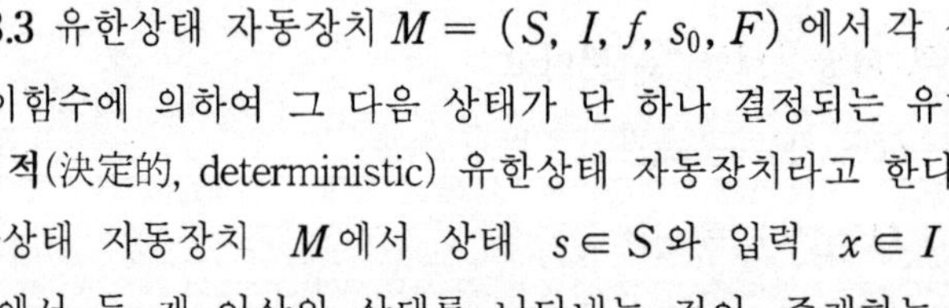

정의 15.3.3 유한상태 자동장치 $M = (S, I, f, s_0, F)$에서 각 상태와 입력에 따라 전이함수에 의하여 그 다음 상태가 단 하나 결정되는 유한상태 자동장치를 **결정적**(決定的, deterministic) 유한상태 자동장치라고 한다.

한편, 유한상태 자동장치 M에서 상태 $s \in S$와 입력 $x \in I$에 대한 값 $f(s, x)$ 중에서 두 개 이상의 상태를 나타내는 것이 존재하는 경우에 M을 **비결정적**(非決定的, nondeterministic) 유한상태 자동장치라고 한다.

이제까지 논한 유한상태 자동장치는 모두 결정적 유한상태 자동장치이다. 다음에 비 결정적 유한상태 자동장치를 생각해 보자.

보기 15.3.8 상태표가 아래의 왼쪽 표와 같은 비결정적 유한상태 자동장치 M의 상태 다이어그램은 아래 오른쪽 그림과 같다.

상태	f	
	입력 어휘	
	0	1
s_0	s_0, s_1	s_3
s_1	s_0	s_1, s_3
s_2		s_0, s_2
s_3	s_0, s_1, s_2	s_1

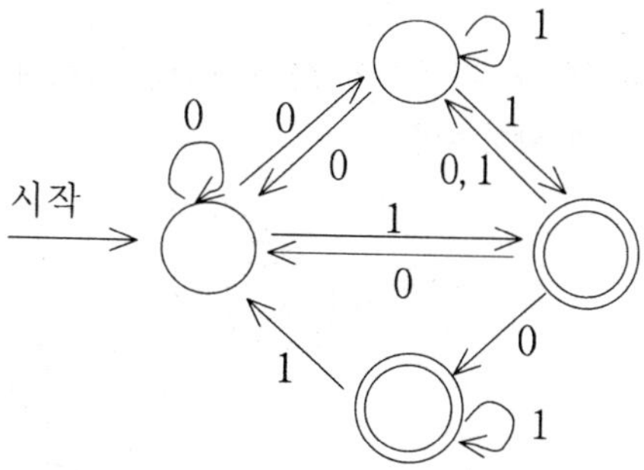

여기서 $f(s_0, 0) = s_0$ 또는 $f(s_0, 0) = s_1$ 이므로 M은 비결정적 유한 상태 자동장치이다.

보기 15.3.9 상태 다이어그램이 아래 왼쪽 그림과 같은 비결정적 유한상태 자동장치 M의 상태표는 아래 오른쪽 표와 같다.

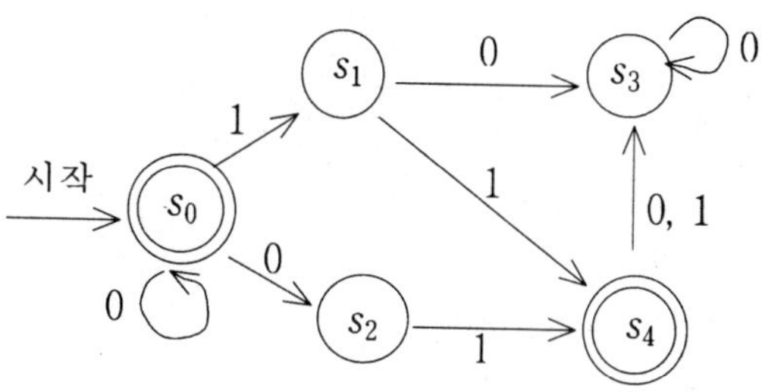

상태	f	
	입력 어휘	
	0	1
s_0	s_0, s_2	s_1
s_1	s_3	s_4
s_2		s_4
s_3	s_3	
s_4	s_3	s_3

여기서, s_0는 최종상태이므로 s_0에서 0이 입력인 경우에 자기 자신으로 옮겨지고 자동장치는 0 또는 연이은 000… 을 인식한다. 또한, s_4는 최종상태이므로 M은 s_0에서 s_4까지 이르는 데 필요한 문자열을 모두 인식한다. 그런데, 이와 같은 문자열은 0과 000… 01 또는 000… 11 이다.

그런데, 최종상태는 s_0, s_4 뿐이므로 M이 인식하는 언어는 다음 뿐이다.

$$0^n, \quad 0^n01, \quad 0^n11 \qquad (n \geq 0)$$

연습문제 (15.3)

1. 유한상태 자동장치 M의 상태 다이어그램이 아래 그림과 같을 때, 다음 물음에 답하여라.

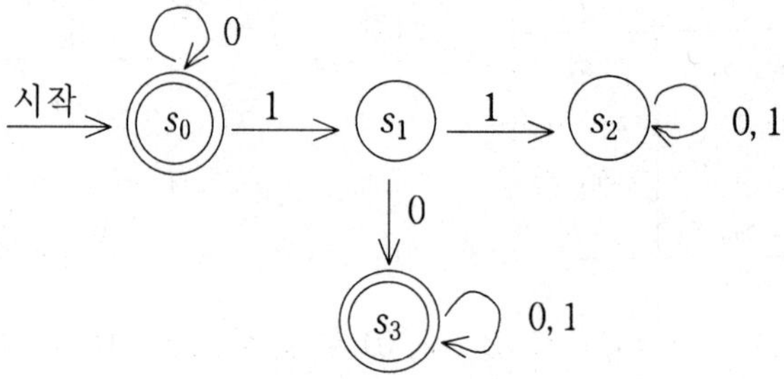

(1) $f(s_0, 0\,0\,0)$과 $f(s_0, 0\,0\,1\,0)$을 구하여라.

(2) $L(M)$을 구하여라.

2. 유한상태 자동장치 M의 상태 다이어그램이 아래 그림과 같을 때, 다음 물음에 답하여라.

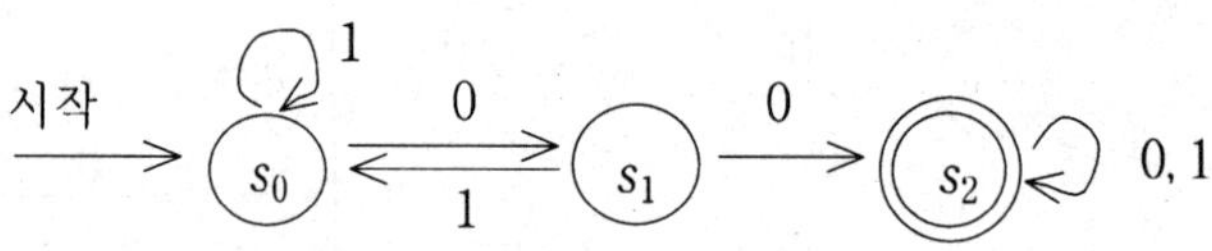

(1) M은 $1\,0\,0\,1$을 인식함을 밝혀라.

(2) M은 $1\,0\,1\,0\,0\,1$을 인식하는지를 판정하여라.

(3) M은 어떠한 문자열을 인식하는지를 말하여라.

3. 유한상태 자동장치 M의 상태 다이어그램이 아래 그림과 같을 때, 다음 물음에 답하여라.

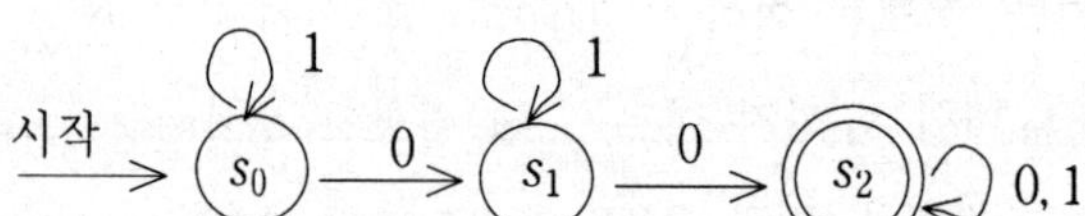

(1) M은 $1\,0\,1\,0$을 인식하는지를 판정하여라.

(2) M은 $1\,0\,1\,0\,0\,1$을 인식하는지를 판정하여라.

(3) M은 어떠한 문자열을 인식하는지를 말하여라.

4. 유한상태 자동장치 M의 상태 다이어그램이 아래 그림과 같을 때, 다음 물음에 답하여라.

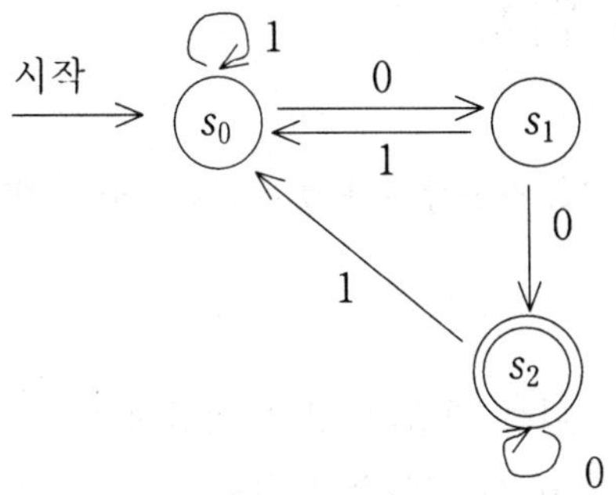

(1) M은 1 1 0 0 을 인식함을 밝혀라.

(2) M은 1 0 1 1 0 0 을 인식하는지를 판정하여라.

(3) M은 어떤 문자열을 인식하는지를 말하여라.

5. 유한상태 자동장치 M의 상태 다이어그램이 아래 그림과 같을 때, 다음 물음에 답하여라.

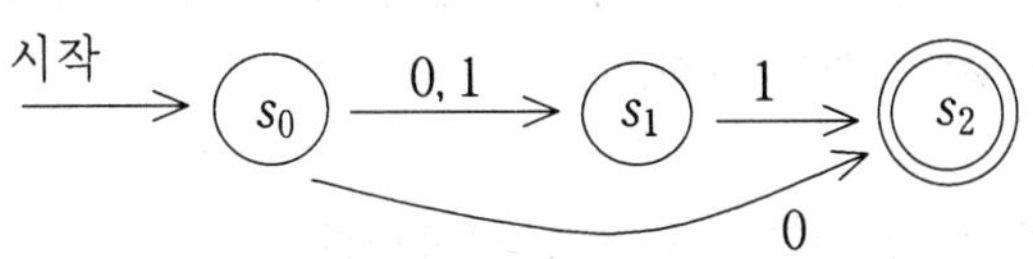

(1) M은 비결정적 유한상태 자동장치임을 밝혀라.

(2) M의 상태표를 만들어라.

(3) M이 인식하는 문자열을 모두 구하여라.

6. 유한상태 자동장치 M의 상태 다이어그램이 아래 그림과 같을 때, 다음 물음에 답하여라.

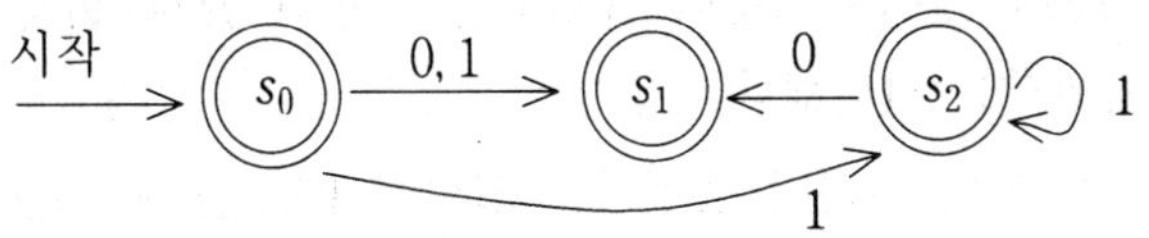

(1) M은 비결정적 유한상태 자동장치임을 밝혀라.

(2) M의 상태표를 만들어라.

(3) M이 인식하는 문자열을 모두 구하여라.

§15.4 언어 인식

이 절에서는, 유한상태 자동장치가 인식하는 언어 인식에 대하여 간단히 논하기로 한다.

정의 15.4.1 집합 I 위에 다음과 같이 귀납적으로 정의된 것을 **정칙 표현**(正則 表現, regular expression)이라고 한다.

(i) 기호 $\emptyset$ 은 정칙 표현이다.

(ii) 기호 λ 는 정칙 표현이다.

(iii) $x \in I$ 이면, 기호 x 가 정칙 표현이다.

(iv) A, B 가 정칙 표현이면, 기호 AB, $A \cup B$, A^* 는 정칙 표현이다.

그리고, 정칙 표현으로 나타내어지는 언어 전체의 집합을 **정칙 집합**(正則集合, regular set)이라고 한다.

위의 정의에서 각 기호는 다음을 나타낸다.

(1) $\emptyset$ 는 공집합을 나타낸다. 즉, $\emptyset$ 는 문자열이 없음을 나타낸다.

(2) λ 는 공 문자열을 포함하는 집합 $\{\lambda\}$ 를 나타낸다.

(3) x 는 한 개의 문자열 x 를 포함하는 집합 $\{x\}$ 를 나타낸다.

(4) AB 는 A 에 의하여 표현되는 집합과 B 에 의하여 표현되는 집합의 접합(接合)을 나타낸다(정의 15.1.2)

(5) $A \cup B$ 는 A 에 의하여 표현되는 집합과 B 에 의하여 표현되는 집합의 합집합을 나타낸다.

(6) A^* 는 A 에 의하여 표현되는 집합의 Kleene 폐포(closure)를 나타낸다(정의 15.1.3 참조).

앞으로, 정칙 집합 A 라고 말할 때에는 정칙 표현 A 에 의하여 나타내어지는 정칙 집합을 의미한다.

다음 보기를 생각해 보자.

보기 15.4.1 정칙 표현 10^*, $(10)^*$, $0\cup01$, $0(0\cup1)^*$, $(0^*1)^*$ 에 의하여 정해지는 정칙 집합에 속하는 문자열을 구해 보자.

10^* : 1, 10, 100, 1000, 10000, ……

$(10)^*$: λ, 10, 1010, 101010, 10101010, ……

$0\cup01$: 0 또는 01

$0(0\cup1)^*$: 0 으로 시작하는 문자열 전체

$(0^*1)^*$: 0 을 끝나지 않는 문자열 전체

보기 15.4.2 다음 집합을 나타내는 정칙 표현을 알아 보자.

(1) 길이가 짝수인 문자열 전체로 이루어진 집합

$$(00\cup01\cup10\cup11)^*$$

(2) 0 으로 끝나되 11 을 포함하지 않는 문자열 전체로 이루어진 집합

$$(0\cup10)^*(0\cup10)$$

정리 15.4.2 (Kleene 의 정리) 모든 정칙 집합은 적당한 유한상태 자동장치 $M=(S, I, f, s_0, F)$ 에 의하여 인식된다.

역으로, 유한상태 자동장치에 의하여 인식되는 집합은 정칙 집합이다.

증 명 여기서는 첫째 명제만을 증명하기로 한다.

이를 위하여 아래의 (1) ~ (5) 를 증명하면 된다.

(1) $\varnothing$ 은 적당한 유한상태 자동장치에 의하여 인식된다.

(2) $\{\lambda\}$ 은 적당한 유한상태 자동장치에 의하여 인식된다.

(3) a 가 I 에 속하는 기호이면, $\{a\}$ 는 적당한 유한상태 자동장치에 의하여 인식된다.

(4) 언어 A 와 언어 B 가 유한상태 자동장치에 의하여 인식되면, AB 는 적당한 유한상태 자동장치에 의하여 인식된다.

(5) 언어 A 와 언어 B 가 유한상태 자동장치에 의하여 인식되면, $A\cup B$ 는 적당한 유한상태 자동장치에 의하여 인식된다.

(6) 언어 A 가 유한상태 자동장치에 의하여 인식되면, A^* 는 적당한 유한상태 자동장치에 의하여 인식된다.

(1) 유한상태 자동장치는 ∅ 를 인식된다.

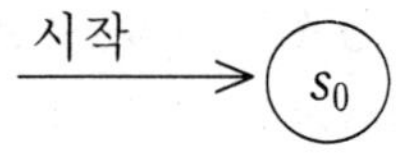

실제로, 오른쪽 그림과 같이 최종 상태가 없는 자동장치는 ∅ 를 인식한다.

(2) 오른쪽 그림과 같이 시작 상태 s_0

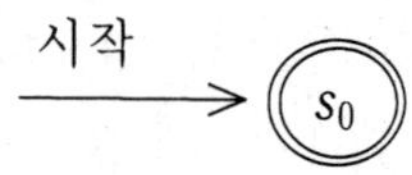

를 최종상태로 가지면서 전이(轉移)가 없는 유한상태 자동장치는 λ를 인식한다.

(3) 오른쪽 그림과 같이 시작 상태

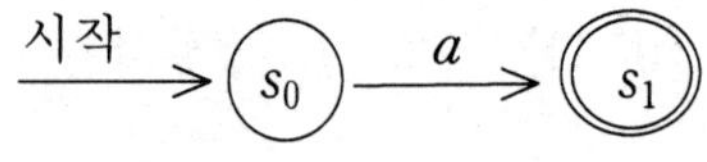

가 s_0 인 동시에 최종상태가 s_1 이면서 전이가 없는 유한 상태 자동장치는 $a \in I$가 입력되면 $\{a\}$를 인식한다.

(4), (5) 유한상태 자동장치

$$M_A = (S_A, I, f_A, s_{A,} F_A), \quad M_B = (S_B, I, f_B, s_{B,} F_B)$$

가 각각 언어 A, B를 인식한다고 하자.

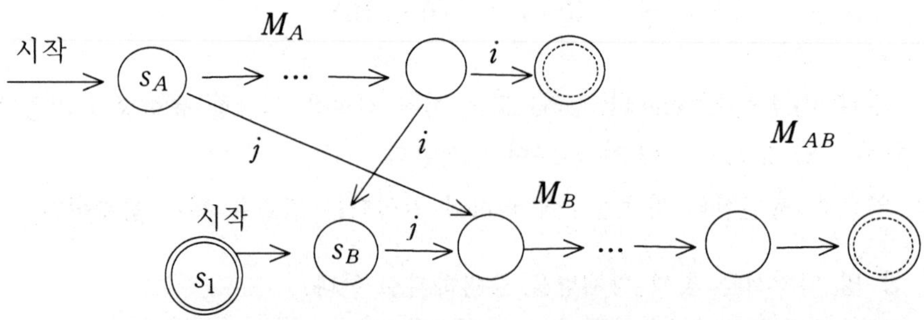

이 때, $M_{AB} = (S_{AB}, I, f_{AB}, s_{AB}, F_{AB})$는 위의 그림과 같고, 여기서 상태 전체의 집합은 $S_{SB} = S_A \cup S_B$ 이고 시작 상태는 $s_{AB} = s_A$ 이다.

그리고, $M_{AcupB} = (S_{A\cup B}, I, f_{A\cup B}, s_{A\cup B}, F_{A\cup B})$는 아래 그림과 같다.

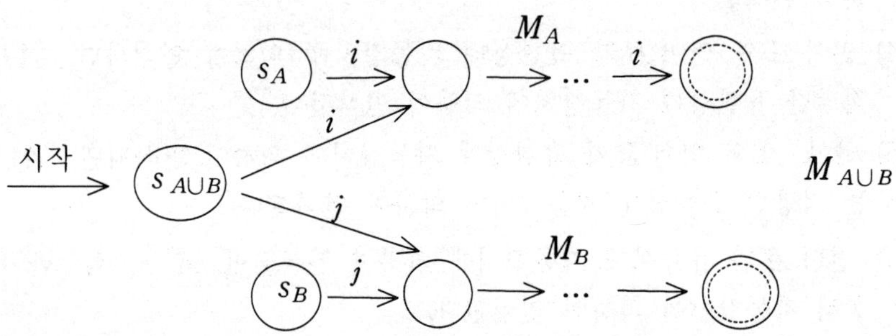

(6) 유한상태 자동장치 $M_A = (S_A, I, f_A, s_A, F_A)$ 가 언어 A 를 인식할 때, 아래 그림의 유한상태 자동장치 $M_{A^*} = (S_{A^*}, I, f_{A^*}, s_{A^*}, F_{A^*})$ 는 언어 A^* 를 인식한다.

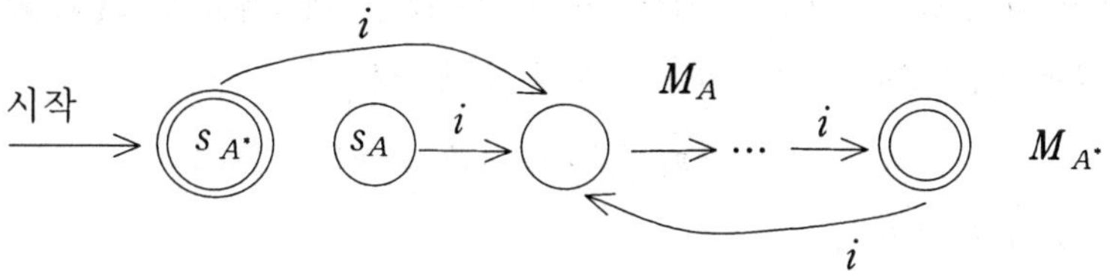

보기 15.4.3 다음 그림의 유한상태 자동장치 $M_A = (S_A, I, f_A, s_A, F_A)$ 는 정칙 집합 $1^* \cup 01$ 을 인식한다.

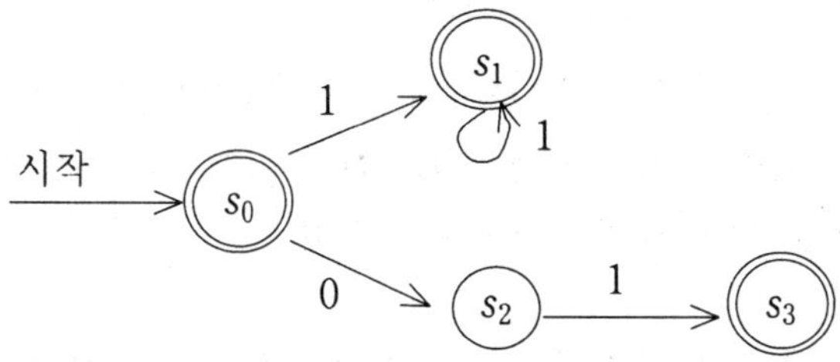

정의 15.4.3 정의 15.1.4 에서 논한 구문 구조 문법

$$G = (V, T, S, P)$$

을 다음과 같은 유형의 생성 규칙만이 존재할 때, G 를 **정칙 문법**(正則 文法, regular grammer) 또는 **제 3 유형의 문법**이라고 한다.

(i) $S \longrightarrow \lambda$

(ii) $A \longrightarrow a$ (A 는 비 단말기호, a 는 단말기호)

(iii) $A \longrightarrow aB$ (A, B 는 비 단말기호, a 는 단말기호)

정리 15.4.4 구문 구조 문법 $G = (V, T, S, P)$ 가 정칙 문법일 때, G 에 의하여 생성된 언어 $L(G)$ 는 정칙 집합이다.

역으로, G 에 의하여 생성된 언어 $L(G)$ 가 정칙 집합이면, G 는 정칙 문법이다.

증 명 여기서는 첫째 명제만을 증명하기로 한다(정의 15.1.5 참조).

정칙 문법 G에 의하여 생성된 언어 $L(G)$가 정칙 집합임을 증명하기 위해서는 $L(G)$를 인식하는 유한상태 자동장치 $M = (S, I, f, s_0, F)$를 구성하기만 하면 된다(정의 15.3.3 참조).

먼저 비 단말기호 전체의 집합 $N = V - T$를 생각하고 각 $A \in N$에 대하여 상태 s_A를 대응시키고 또 최종상태 s_F를 택하여

$$S = \{s_0\} \cup \{s_A \mid A \in N\} \cup \{s_F\}$$

이라고 하자. 그리고,

$A \longrightarrow a$가 생성 규칙이면 $f(s_A, a) = s_F$이라 하고

$A \longrightarrow aB$가 생성 규칙이면 $f(s_A, a) = s_B$이라고 하면,

M은 비 결정적 유한상태 자동장치이다.

끝으로, $S \longrightarrow \lambda$가 생성 규칙이면 s_0도 최종상태로 택한다.

이 때, M에 의하여 인식되는 언어 $L(M)$는 G에 의하여 생성되는 언어 $L(G)$와 일치함을 쉽게 알 수 있다(정의 15.3.2).

보기 15.4.4 다음과 같은 구문 구조 문법 $G = (V, T, S, P)$를 생각해 보자.

$V = \{0, 1, 1, A, S\}, \quad T = \{0, 1\}$,

S는 시작기호

$$P = \{S \longrightarrow 1A,\ S \longrightarrow 0,\ S \longrightarrow \lambda,$$
$$A \longrightarrow 0A,\ A \longrightarrow 1A, A \longrightarrow 1\}$$

다음 그림은 정리 15.4.4의 증명 절차에 따라 구성한 $L(G)$를 인식하는 비 결정적 유한상태 자동장치 $M = (S, I, f, s_0, F)$를 나타낸다. 여기서, s_0는 S에 대응하는 상태이고 s_1은 A에 대응하는 상태이며 s_2는 최종 상태이다.

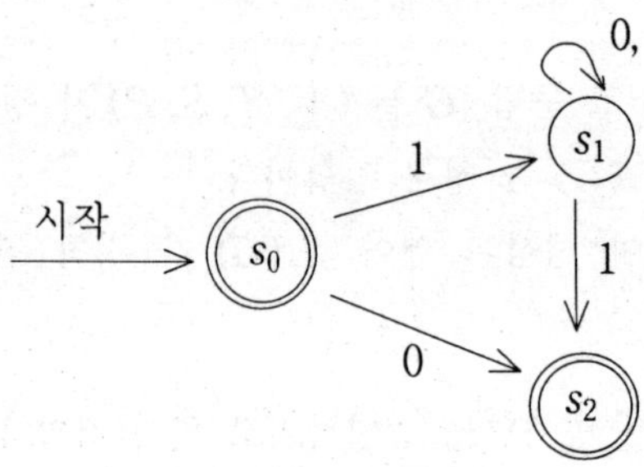

연습문제 (15.4)

1. 다음 문자열을 문장으로 표현하여라.

(1) 1^*0　　(2) 1^*00^*

(3) $111 \cup 001$　　(4) $(1 \cup 00)^*$

(5) $(00^*1)^*$　　(6) $(0 \cup 1)(0 \cup 1)^*00$

2. 다음 문자열에 0101 이 속해 있는지 판정하여라.

(1) 01^*0^*　　(2) $0(11)^*(01)^*$

(3) $0(10)^*1^*$　　(4) $0^*10(0 \cup 1)$

(5) $(01)^*(11)^*$　　(6) $0^*(10 \cup 11)^*$

3. 다음 집합을 정칙 표현을 써서 나타내어라.

(1) 문자열 0, 11, 010 으로 이루어진 집합

(2) 길이가 홀수인 문자열 전체의 집합

(3) 꼭 한 개의 1 이 들어 있는 문자열 전체의 집합

4. 다음 집합을 정칙 표현을 써서 나타내어라.

(1) 한 개 이상의 0 이 들어 있고 마지막에 1 로 끝나는 문자열 전체의 집합

(2) 두 개 이상의 0 또는 1 이 들어 있고 마지막에 세 개 이상의 0 으로 끝나는 문자열 전체의 집합

(3) 마지막에 1 로 끝나고 000 이 들어 있지 않은 문자열 전체의 집합

5. 다음 비 결정적 유한상태 자동장치는 어떤 문자열을 인식하는지 말하여라.

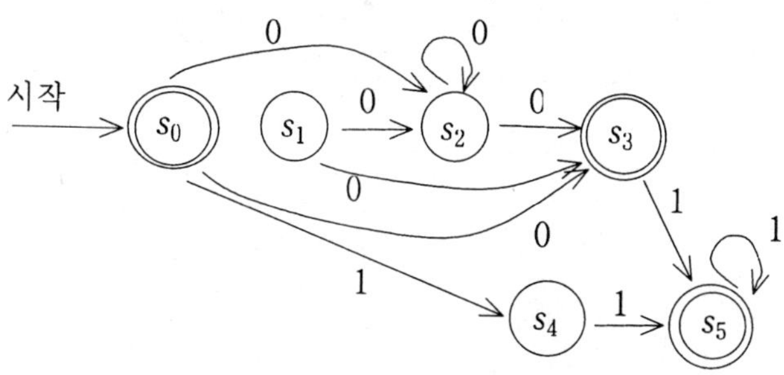

6. 다음 유한 생성 자동장치가 인식하는 언어를 생성하는 정칙 문법

$$G = (V, T, S, P)$$

에서 생성 규칙을 구하여라.

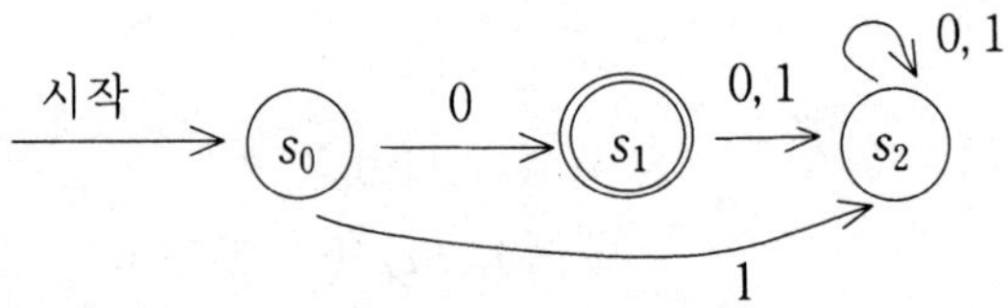

7. 다음 유한 생성 자동장치가 인식하는 언어를 생성하는 정칙 문법

$$G = (V, T, S, P)$$

에서 생성 규칙을 구하여라.

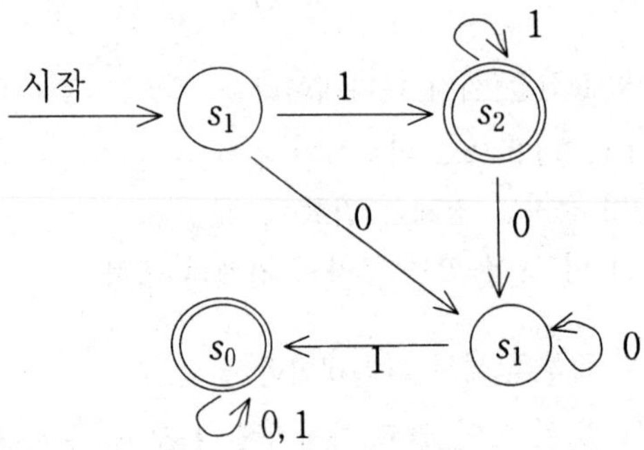

제 16 장

게임 이론

이 장에서는, 게임과 영합 게임, $m \times n$ 게임의 전략과 이득, 맥시민값, 미니맥스값, 최적 전략, 게임의 값, 결정적 게임에 대하여 논하고 또 비결정적 게임의 맥시민전략과 미니맥스전략, 최적전략, 게임의 값, 게임의 축약에 대하여 논한다.

그리고, Nim 의 게임을 정의하고, 또 Nim 덧셈을 이용하여 Nim 의 게임의 수학적 특성을 밝힌다.

§ 16.1 게 임

게임(game)은 그 내용을 정해주는 규칙과 규정으로 이루어져 있다. 게임에 참여하는 사람은 자기 차례가 되면 게임 규칙이 허용하는 범위 안에서 적당한 대상을 택하게 되고 이러한 일련의 선택 행위에 의하여 게임이 진행된다.

게임을 진행해 나가는 차례의 개수가 유한이고 각 차례에서의 선택 대상의 개수가 유한인 게임을 **유한 게임**(finite game)이라 하고, 그렇지 않은 게임을 **무한 게임**(infinite game)이라고 한다. 그리고, 게임에 참여하는 사람의 수가 n 일 때 이 게임을 **n 人 게임**(n-person game)이라고 한다.

여기서, 이해 관계가 같은 사람은 한 사람으로 생각한다. 예를 들어, 임금 협상은 많은 사람이 참여하지만 실제 노동조합과 사용자라는 두 단체가 벌이는 게임이므로 임금 협상이라는 게임은 2 人 게임이다.

게임의 각 참여자의 이해 관계는 서로 상반된다. 게임을 행할 때마다 그 결과에 따라 각 참여자는 게임 규정에 의해 정해진 일정한 점수 또는 금액을 받게 되는데 이러한 점수 또는 금액을 **이득**(利得, payoff)이라고 한다. 이 때, 이득이 양수이면 받는 금액을 뜻하고, 반대로 이득이 음수이면 잃는 금액을 뜻한다.

게임을 행할 때마다 모든 참여자가 얻게 되는 이득의 총액이 항상 일정한 게임을 **상수합**(常數合) **게임**(constant-sum game)이라고 한다. 상수합 게임 중에서도 이득의 총액이 0 인 게임을 특히 **영합**(零合) **게임**(zero-sum game)이라고 한다.

예를 들어, 게임에 진 사람이 이긴 사람에게 일정한 금액의 돈을 지불하는 게임은 영합 게임이다.

보기 16.1.1 참여자가 P_1, P_2 인 2 인 게임에서 참여자 P_1 은 1, 2, 3 이라고 쓴 카드 세 장을 가지고 있고 P_2 는 1, 2, 3, 4 라고 쓴 카드 네 장을 가지고 있으며 일정한 신호가 나면 P_1, P_2 가 동시에 카드 한 장을 꺼내 보이고 그 결과에 따라 P_1 이 P_2 로부터 다음 표와 같은 금액의 돈을 받기로 하는 게임 규칙을 정했다고 하자.

P_1 \ P_2	1	2	3	4
1	1	3	−5	6
2	−3	0	2	−4
3	−2	2	1	0

이 게임에서 P_1, P_2가 각각 전략 2, 전략 3을 택하는 경우에 P_1은 이득 2를 얻게 된다.

정의 16.1.1 참여자 P_1, P_2가 각각 m개의 전략과 n개의 전략을 택할 수 있는 零合 2人 게임을 $\boldsymbol{m\times n}$ **직사각 게임**($m\times n$ rectangular game) 또는 $\boldsymbol{m\times n}$ **게임**이라 하고, 다음 표를 이 게임의 **이득표**(利得表, payoff table)라고 한다

P_1 \ P_2	1	2	$\cdots$	n
1	a_{11}	a_{12}	$\cdots$	a_{1n}
2	a_{21}	a_{22}	$\cdots$	a_{2n}
$\vdots$	$\vdots$	$\vdots$	$\cdots$	$\vdots$
m	a_{m1}	a_{m2}	$\cdots$	a_{mn}

여기서, 왼쪽에 있는 숫자 1, 2, $\cdots$, m은 P_1의 전략 번호이고 위 줄에 있는 숫자 1, 2, $\cdots$, n은 P_2의 전략 번호이다. 그리고, 이 게임에서 P_1이 전략 i를 택하고 P_2가 전략 j를 택하는 경우에 P_1의 이득은 a_{ij}이고 P_2의 이득은 $-a_{ij}$이다. 위의 표로부터 만든 $m\times n$행렬 $A=[a_{ij}]_{m\times n}$를 이 게임의 **이득행렬**(利得行列, payoff matrix)이라고 한다.

영합 2人게임의 두 참여자는 이 게임을 행할 때마다 가장 유리한 전략을 써서 가능한 한 최대의 이득을 얻으려고 하므로 각 참여자의 이득은 자기 자신의 전략뿐만 아니라 상대방의 전략에 따라 변한다.

앞으로, 게임에 대하여 논할 때에는 각 참여자가 상대방 전략을 예측하지 못하면서 자기가 얻을 수 있는 이득을 가능한 한 최대가 되게 하려는 의도를 가지고 있다고 가정한다. 그리고, 각 참여자가 투기적인 전략은 쓰지 않으면서 상대방이 자신에게 가장 불리한 전략을 쓰는 경우에 대처하여 일어날

수 있는 손해를 가능한 한 최소가 되게 하려는 데 더 많은 관심을 쏟아 확실히 얻을 수 있는 이득을 가능한 한 최대가 되게 하려 한다고 가정한다.

P_1 \ P_2	1	2	3
1	4	3	6
2	5	-1	-2

오른쪽 표와 같은 이득표를 가진 게임에서 P_1 이 전략 1 을 택하는 경우에는 P_2 가 어떠한 전략을 택하더라도 P_1 은 적어도 제 1 행의 최소값인 3 을 확실히 얻을 수 있고, P_1 이 전략 2 를 택하는 경우에는 P_2 가 어떠한 전략을 택하더라도 적어도 제 2 행의 최소값인 -2 를 확실히 얻을 수 있다.

P_1 \ P_2	1	2	3	행의 최소값
1	4	(3)	6	3
2	5	-1	-2	-2
열의 최대값	5	3	6	3

한편, 각 행의 최소값 3, -2 중에서 최대인 값은 3 이므로, P_1 이 전략 1 을 택하기만 하면 P_2 가 어떤 전략을 택하더라도 적어도 3 을 확실히 얻을 수 있으나, P_1 이 전략 2 를 택하면 3 보다 작은 이득을 얻을 가능성이 있다. 그런데, P_2 의 관점에서 생각하면, 이득표는 P_2 의 손해를 나타내므로 P_2 가 이득을 최대로 하려면 P_1 의 이득을 되도록 최소가 되게 하여야 한다.

이제 P_2 가 전략 1 을 택하면 P_1 은 많아야 5 를 얻고, P_2 가 전략 2 를 택하면 P_1 은 많아야 3 을 얻으며 P_2 가 전략 3 을 택하면 P_1 은 많아야 6 을 얻는다. 여기서, 5, 3, 6 은 각각 제 1 열, 제 2 열, 제 3 열의 최대값이고 5, 3, 6 중에서 최소인 값은 3 이므로 P_2 가 전략 2 를 택하기만 하면 P_1 이 어떠한 전략을 택하더라도 P_1 은 많아야 3 을 확실히 얻을 수 있으나, P_2 가 전략 1 또는 전략 3 을 택하면 P_1 은 3 보다 많은 이득을 얻을 수 있다.

따라서 P_1 의 전략 1 은 P_1 이 이득 3 을 확실히 얻을 수 있게 하는 전략이고 또 P_2 의 전략 2 는 P_1 이 3 보다 많은 이득을 얻게 되는 것을 확실히 막을 수 있는 전략이다.

정의 16.1.2 이득표가 아래와 같은 $m \times n$ 게임에서 각 행의 최소값을 $b_1, b_2, \cdots, b_m$ 이라 하고 이 중에서 최대인 값을 v_1 이라고 할 때, v_1 을 이 게임의 **맥시민값**(maximin)이라 하고 이것을 **maximin** 으로 나타낸다. 즉,

$$b_i = \min\{a_{i1}, a_{i2}, \cdots, a_{in}\} \qquad (1 \le i \le m)$$

$$v_1 = \max\{b_1, b_2, \cdots, b_m\} = \text{maximin}$$

P_1 \ P_2	1	2	$\cdots$	n	행의 최소값
1	a_{11}	a_{12}	$\cdots$	a_{1n}	b_1
2	a_{21}	a_{22}	$\cdots$	a_{2n}	b_2
$\vdots$	$\vdots$	$\vdots$	$\cdots$	$\vdots$	$\vdots$
m	a_{m1}	a_{m2}	$\cdots$	a_{mn}	b_m
열의 최대값	c_1	c_2	$\cdots$	c_n	

그리고, 각 열의 최대값을 $c_1, c_2, \cdots, c_n$ 이라 하고 이 중에서 최소인 값을 v_2 이라고 할 때, v_2 를 이 게임의 **미니맥스값** (minimax)이라 하고 이것을 **minimax** 로 나타낸다. 즉,

$$c_j = \max\{a_{1j}, a_{2j}, \cdots, a_{nj}\} \qquad (1 \le j \le n)$$

$$v_2 = \min\{c_1, c_2, \cdots, c_n\} = \text{minimax}$$

위의 정의에서 $v_1 = b_k$, $v_2 = c_l$ 이라고 하면 다음이 성립한다.

$$\begin{aligned} v_1 = b_k &= \min\{a_{k1}, a_{k2}, \cdots, a_{kl}, \cdots, a_{kn}\} \le a_{kl} \\ &\le \max\{a_{1l}, a_{2l}, \cdots, a_{kl}, \cdots, a_{ml}\} = c_l = v_2 \end{aligned}$$

정의 16.1.3 이득행렬이 $A = [a_{ij}]_{m \times n}$ 인 $m \times n$ 게임에서

$$v_1 = \text{maximin} = \text{minimax} = v_2$$

인 경우에 이 게임을 **결정적**(決定的) **게임**(strictly determined game)이라고 하며 $v = v_1 = v_2$ 를 이 **게임의 값**이라 하고 또 v 가 속해 있는 행의 번호와 열의 번호를 각각 P_1, P_2 의 **최적전략**(最適戰略, optimal strategy)이라고 한다.

한편, 결정적이 아닌 게임을 **非決定的**(非決定的) **게임**이라고 한다.

보기 16.1.2 이득표가 오른쪽 표와 같은 2×3 게임은 결정적 게임이고 이 게임의 값은 $v = 3$ 이다.

P_1 \ P_2	1	2	3
1	4	(3)	6
2	5	−1	−2

여기서, P_1 의 최적전략은 전략 1 이고 P_2 의 최적전략은 전략 2 이다.

보기 16.1.3 이득표가 오른쪽 표와 같은 3×2 게임에서

P_1 \ P_2	1	2	행의 최소값
1	1	-1	-1
2	(2)	5	2
3	0	4	0
열의 최대값	2	5	2

$$\text{maximin} = \text{minimax} = 2$$

이므로 이 게임 결정적인 게임이고 이 게임의 값은 2 이다.

그리고, P_1 의 최적전략은 전략 2 이고 P_2 의 최적전략은 전략 1 이다.

보기 16.1.4 이득표가 오른쪽 표와 같은 2×2 게임에서

P_1 \ P_2	1	2	행의 최소값
1	4	1	1
2	2	3	2
열의 최대값	4	3	

$$v_1 = \text{maximin} = 2,$$

$$v_2 = \text{minimax} = 3$$

이므로 이 게임은 비결정적 게임이다.

정의 16.1.4 행렬 $A = [a_{ij}]_{m\times n}$ 에서 A 의 한 원소 a_{kl} 이 제 k 행에 속해 있는 원소 중에서 최소이고 제 l 열에 속해 있는 원소 중에서 최대인 경우에 a_{kl} 을 행렬 A 의 **안장점**(按狀點, saddle point)이라고 한다.

정의에 의하여 다음 정리가 성립한다.

정리 16.1.5 $m\times n$ 게임의 이득행렬이 $A = [a_{ij}]_{m\times n}$ 일 때, 이 게임이 결정적이기 위한 필요충분조건은 A 가 안장점을 가지는 것이다.

그리고, A 가 안장점 a_{kl} 을 가질 때, 이 게임의 값은 a_{kl} 이고 P_1, P_2 의 최적전략은 각각 전략 k, 전략 l 이다.

보기 16.1.5 행렬

$$A = \begin{bmatrix} \textcircled{2} & 5 & \textcircled{2} \\ 1 & 4 & -1 \end{bmatrix}$$

의 (1, 1) 성분 2 와 (1, 3) 성분 2 는 안장점이다.

따라서 이득행렬이 A 인 2×3 게임은 결정적인 게임이고 이 게임의 값은 2 이다. 그리고, P_1 의 최적전략은 전략 1 이고 P_2 의 최적전략은 전략 1 또는 전략 3 이다.

일반적으로, 2×2 게임에 대하여 다음이 성립함을 쉽게 밝힐 수 있다.

정리 16.1.6 이득행렬이

$$A = \begin{bmatrix} a_{11} & a_{12} \\ a_{21} & a_{22} \end{bmatrix}$$

인 2×2 게임이 비결정적 게임이기 위한 필요충분조건은 다음 중에서 하나가 성립하는 것이다.

(1) $a_{11} > a_{12}$, $a_{11} > a_{21}$,

$a_{22} > a_{12}$, $a_{22} > a_{21}$

이 경우에 $a_{11} + a_{22} - a_{12} - a_{21} > 0$ 이다.

$$\begin{bmatrix} a_{11} & > a_{12} \\ \vee & \wedge \\ a_{21} & < a_{22} \end{bmatrix}$$

(2) $a_{11} < a_{12}$, $a_{11} < a_{21}$,

$a_{22} < a_{12}$, $a_{22} < a_{21}$

이 경우에 $a_{11} + a_{22} - a_{12} - a_{21} < 0$ 이다.

$$\begin{bmatrix} a_{11} & < a_{12} \\ \wedge & \vee \\ a_{21} & > a_{22} \end{bmatrix}$$

보기 16.1.6 두 행렬

$$A = \begin{bmatrix} 4 & 1 \\ 2 & 3 \end{bmatrix}, \quad B = \begin{bmatrix} 3 & 4 \\ 5 & 2 \end{bmatrix}$$

는 안장점을 가지지 않는다.

따라서 이득행렬이 A, B 인 게임은 모두 비결정적인 게임이다.

다음과 같은 이득표를 가진 3×3 게임을 생각해 보자.

P_1 \ P_2	1	2	3	행의 최소값
1	4	3	7	3
2	8	1	1	1
3	6	⑤	7	5
열의 최대값	8	5	7	5

$$v_1 = v_2 = 5$$

이 게임은 결정적 게임이고, 이 게임의 값은 $v = 5$ 이다. 그리고, P_1 의 최적전략은 전략 3이고 P_2 의 최적전략은 전략 2 이다.

그런데, 위의 표에서 제 3 행의 원소 6, 5, 7 은 각각 제 1 행의 대응하는 원소 4, 3, 7 보다 크거나 같으므로, P_1 은 전략 3 을 택하는 편이 전략 1 을 택하는 것보다 유리하거나 또는 적어도 불리하지 않다. 이러한 의미에서 P_1 의 전략 3 (제 3 행) 은 전략 1 (제 1 행)보다 **우월**(優越)**하다**(dominate)고 한다.

그리고, 제 2 열의 원소 3, 1, 5 는 각각 제 3 열의 대응하는 원소 7, 1, 7 보다 작거나 같으므로, P_2 는 전략 2 를 택하는 편이 전략 3 을 택하는 것보다 유리하거나 또는 적어도 불리하지 않다. 이러한 의미에서 P_2 의 전략 2 (제 2 열)는 전략 3 (제 3 열) 보다 우월하다고 말한다.

위의 이득표에서 우월하지 않은 행과 열, 즉 제 1 행과 제 3 열을 없애면 아래 표와 같은 이득표를 가진 2×2 게임을 얻는다.

P_1 \ P_2	1	2
2	8	1
3	6	⑤

이 게임의 값은 5 이고 P_1, P_2 의 최적전략은 각각 전략 3, 전략 2 이다.

이와 같이 $m \times n$ 게임의 이득표에서 우월하지 않은 행과 열을 없애어 게임의 크기를 작게 만드는 것을 게임의 **축약**(縮約, contraction)이라고 한다.

일반적으로, 본래의 게임을 축약하여 얻은 게임이 결정적인 게임일 때, 본래의 게임도 결정적 게임이고 이 두 게임의 값과 최적전략은 일치한다.

연 습 문 제 (16.1)

1. 두 사람 P_1, P_2가 손가락을 하나 또는 둘을 내보여서 내보인 손가락 수의 합이 짝수이면 P_1이 그 합만큼 얻고 홀수이면 P_2가 그 합만큼 얻는다고 할 때, 이 게임의 이득표와 이득행렬을 구하여라.

2. 이득표가 다음과 같은 게임이 결정적 게임인지를 판정하여라.
또, 결정적 게임인 경우에 이 게임의 값과 P_1, P_2의 최적전략을 구하여라.

(1)

P_1 \ P_2	1	2	3
1	1	-3	5
2	-1	0	4
3	2	1	2

(2)

P_1 \ P_2	1	2	3	4
1	3	5	4	7
2	-2	8	0	-9
3	6	12	1	3

(3)

P_1 \ P_2	1	2	3
1	1	0	2
2	0	3	2

(4)

P_1 \ P_2	1	2	3
1	4	0	1
2	5	3	8

3. 이득행렬이 다음 행렬과 같은 게임 중에서 결정적 게임을 찾아라.
또, 결정적 게임인 경우에 게임의 값과 P_1, P_2의 최적전략을 구하여라.

(1) $A = \begin{bmatrix} 0 & 2 \\ -1 & 4 \end{bmatrix}$ (2) $A = \begin{bmatrix} 5 & 0 \\ 0 & 7 \end{bmatrix}$

(3) $A = \begin{bmatrix} 6 & 0 & 7 \\ 3 & 1 & 6 \\ 5 & 4 & 2 \end{bmatrix}$ (4) $A = \begin{bmatrix} 4 & 3 & 7 \\ 6 & 5 & 7 \\ 8 & 1 & 1 \end{bmatrix}$

4. 다음 게임을 축약하여라.

(1)

P_1 \ P_2	1	2	3
1	3	4	2
2	1	2	-1
3	2	5	-3

(2)

P_1 \ P_2	1	2	3
1	-1	4	3
2	1	2	1
3	3	-1	-1

§ 16.2 비결정적 게임

$P_1 \backslash P_2$	1	2
1	4	1
2	2	3

오른쪽 표와 같은 이득표를 가진 게임은 비결정적 게임이다. 이 게임에서 P_1 이 맥시민값 2 를 얻으려면 전략 2 를 택해야 하고 P_2 가 미니맥스값 3 을 얻으려면 전략 2 를 택해야 한다. 한편, P_1, P_2 가 이와 같은 전략을 택하면, P_1 의 실제 이득은 기대한 값 2 보다 더 많은 3 이 되므로 게임을 행할 때마다 항상 전략 2 를 택한다면 이를 눈치챈 P_2 는 전략 2 대신에 전략 1 을 택하여 P_1 의 이득을 2 로 줄이려고 할 것이다. 반대로, P_2 가 항상 전략 1 만을 택한다면, P_1 은 전략 2 대신에 전략 1 을 택하여 보다 많은 이득 4 를 얻으려 할 것이다.

결국 게임을 행할 때마다 항상 같은 전략을 택하면 상대방이 유리하게 되므로 P_1 과 P_2 는 전략을 일정한 비율로 혼합하여 택하는 것이 바람직하다.

정의 16.2.1 이득행렬이 $A = [a_{ij}]_{m\times n}$ 인 $m\times n$ 게임에서 본래의 전략을 **순수전략**(純粹戰略, pure strategy) 이라 하고, 아래와 같이 일정한 확률로 몇 가지 순수전략을 석어서 택하는 전략을 **혼합전략**(混合戰略, mixed strategy) 이라고 한다.

(1) P_1 이 전략 1, 전략 2, ⋯, 전략 m 을 각각 확률 $x_1, x_2, \cdots, x_m$ 으로 택하는 혼합전략 X 를 다음과 같이 나타낸다.

$$X = [\,x_1\ x_2\ \cdots\ x_m\,], \qquad 0 \le x_i \le 1\ \ (1 \le i \le m),$$
$$x_1 + x_2 + \cdots + x_m = 1$$

(2) P_2 가 전략 1, 전략 2, ⋯, 전략 n 을 각각 확률 $y_1, y_2, \cdots, y_n$ 으로 택하는 혼합전략 Y 를 다음과 같이 나타낸다.

$$Y = \begin{bmatrix} y_1 \\ y_2 \\ \vdots \\ y_n \end{bmatrix}, \qquad 0 \le y_j \le 1\ \ (1 \le j \le n),$$
$$y_1 + y_2 + \cdots + y_n = 1$$

앞의 정의에서 P_1, P_2 가 각각 혼합전략 X, Y를 택하는 경우에 P_1 이 얻으리라고 기대되는 이득을 $E(X, Y)$ 로 나타내고 이것을 혼합전략 X, Y 에 대한 P_1 의 **기대이득**(期待利得, expected payoff)이라고 한다.

각 $i, j\ (1 \leq i \leq m,\ 1 \leq j \leq n)$ 에 대하여 P_1 의 이득이 a_{ij} 일 확률은 $x_i y_j$ 이므로 P_1 의 기대이득 $E(X, Y)$ 는 다음과 같다.

$$E(X, Y) = \sum_{i=1}^{m} \sum_{j=1}^{n} a_{ij} x_i y_j = [\, x_1\ x_2\ \cdots\ x_m\,] A \begin{bmatrix} y_1 \\ y_2 \\ \vdots \\ y_n \end{bmatrix} = XAY$$

정의 16.2.2 이득행렬이 $A = [a_{ij}]_{m\times n}$ 인 $m\times n$ 게임에서 X를 P_1 의 고정된 혼합전략이라고 할 때, P_2 의 모든 혼합전략 Y에 대하여 P_1 의 기대이득 $E(X, Y)$ 중에서 최소인 값을 $\overline{E}(X)$ 이라고 하자. 그리고, P_1 의 모든 혼합전략 X에 대한 $\overline{E}(X)$ 중에서 최대인 값을 v_1 이라 하고 $X = \overline{X}$ 일 때 $\overline{E}(X)$ 가 최대값 $v_1 = \overline{E}(\overline{X})$를 가진다고 하자. 즉,

$$\overline{E}(X) = \min_{Y} E(X, Y) \qquad ①$$

$$v_1 = \max_{X} \overline{E}(X) = \max_{X} \min_{Y} E(X, Y) \qquad ②$$

$$v_1 = \overline{E}(\overline{X}) = \min_{Y} E(\overline{X}, Y) \qquad ③$$

또, Y가 P_2 의 고정된 혼합전략일 때, P_1 의 모든 혼합전략 X에 대하여 P_1 의 기대이득 $E(X, Y)$ 중에서 최대인 값을 $\overline{\overline{E}}(Y)$ 이라고 하자. 그리고, P_2 의 모든 혼합전략 Y에 대한 $\overline{\overline{E}}(Y)$ 중에서 최소인 값을 v_2 이라 하고 $Y = \overline{Y}$ 일 때 $\overline{\overline{E}}(Y)$ 가 최소값 $v_2 = \overline{\overline{E}}(\overline{Y})$ 를 가진다고 하자. 즉,

$$\overline{\overline{E}}(Y) = \max_{X} E(X, Y) \qquad ④$$

$$v_2 = \min_{Y} \overline{\overline{E}}(Y) = \min_{Y} \max_{X} E(X, Y) \qquad ⑤$$

$$v_2 = \overline{\overline{E}}(\overline{Y}) = \max_{X} E(X, \overline{Y}) \qquad ⑥$$

여기서, v_1 을 이 게임의 **맥시민값**(maximin)이라 하고 혼합전략 $\overline{X}$를 P_1의 **맥시민전략**(maximin strategy)이라고 하며, v_2 를 이 게임의 **미니맥스값**(minimax)이라 하고 혼합전략 $\overline{Y}$를 P_2 의 **미니맥스전략**(minimax strategy)이라고 한다.

정의에 의하여 P_1 이 맥시민전략 $\overline{X}$를 택한다면, P_2 의 전략에 관계없이 P_1은 적어도 v_1 을 확실하게 얻고, P_2 가 미니맥스전략 $\overline{Y}$ 를 택한다면, P_1 의 전략에 관계없이 P_1 의 기대이득이 v_2 보다 크게 되는 것을 확실하게 막을 수 있다.

그리고, 등식 ③, ⑥ 에 의하여 다음이 성립한다.

$$v_1 = \min_{Y} E(\overline{X}, Y) \leq E(\overline{X}, \overline{Y}) \leq \max_{X} E(X, \overline{Y}) = v_2 \qquad ⑦$$

실제로, $v_1 = v_2$ 임을 밝힐 수 있고 따라서 다음 정리가 성립한다.

정리 16.2.3 $m \times n$ 게임에서 다음 등식이 성립한다.

$$\begin{aligned}\max_{X} \min_{Y} E(X, Y) &= E(\overline{X}, \overline{Y}) \\ &= \min_{Y} \max_{X} E(X, Y)\end{aligned}$$

위의 정리와 ⑦ 에 의하여 다음이 성립한다.

$$v_1 = \min_{Y} E(\overline{X}, Y) = E(\overline{X}, \overline{Y}) = \max_{X} E(X, \overline{Y}) = v_2$$

$$\begin{aligned}E(X, \overline{Y}) \leq \max_{X} E(X, \overline{Y}) &= E(\overline{X}, \overline{Y}) \\ &= \min_{Y} E(\overline{X}, Y) \leq E(\overline{X}, Y)\end{aligned}$$

따라서 P_1 의 맥시민전략 $\overline{X}$는 P_2 가 $\overline{Y}$를 택할 경우를 대비하여 P_1 이 택할 수 있는 최선의 전략이고, 또 P_2 의 미니맥스 전략 $\overline{Y}$는 P_1 이 $\overline{X}$를 택할 경우를 대비하여 P_2 가 택할 수 있는 최선의 전략이다.

이러한 의미에서 $\overline{X}$, $\overline{Y}$를 각각 P_1, P_2 의 **최적전략**(最適戰略, optimal strategy)라 하고 $v = E(\overline{X}, \overline{Y})$ 를 이 **게임의 값**이라고 한다.

이것은 이 게임을 충분히 많이 되풀이할 때, P_1 이 $\overline{X}$ 를 택하고 P_2 가 $\overline{Y}$ 를 택한다면 P_1 의 이득은 v 에 한없이 가까워진다는 뜻이다.

보기 16.2.1 비결정적인 2×2 게임의 이득행렬이 아래와 같다고 하자.

$$A = \begin{bmatrix} a_{11} & a_{12} \\ a_{21} & a_{22} \end{bmatrix}$$

이 때,

$$a = a_{11} + a_{22} - a_{12} - a_{21}$$

이라고 하자. 이 때, 정리 11.1.6 에 의하여 다음 중 하나가 성립한다.

(1) $a > 0, \quad 0 < a_{22} - a_{12} < a, \quad 0 < a_{22} - a_{21} < a$

(2) $a < 0, \quad a < a_{22} - a_{12} < 0, \quad a < a_{22} - a_{21} < 0$

따라서

$$b = \frac{a_{22} - a_{21}}{a}, \quad c = \frac{a_{22} - a_{12}}{a}, \quad d = \frac{a_{11}a_{22} - a_{12}a_{21}}{a}$$

이라고 놓으면 $0 < b < 1, \ 0 < c < 1$ 이다.

그리고, P_1, P_2 의 혼합전략이 각각

$$X = [x \ \ 1-x], \quad Y = \begin{bmatrix} y \\ 1-y \end{bmatrix} \quad (0 \le x \le 1, \ 0 \le y \le 1)$$

일 때, P_1 의 기대이득은 다음과 같다.

$$E(X, Y) = [x \ \ 1-x]\, A \begin{bmatrix} y \\ 1-y \end{bmatrix}$$

$$= a_{11}xy + a_{12}x(1-y) + a_{21}(1-x)y + a_{22}(1-x)(1-y)$$

$$= (a_{11} + a_{22} - a_{12} - a_{21})xy - (a_{22} - a_{12})x - (a_{22} - a_{21})y + a_{22}$$

$$= axy - acx - aby + a_{22}$$

$$= a\{x(y-c) - b(y-c)\} - abc + a_{22}$$

$$= a(x-b)(y-c) + d$$

즉, $$E(X, Y) = a(x-b)(y-c)+d$$

따라서 $a > 0$ 인 경우에 다음이 성립한다.

$0 \le x < b$ 일 때,

$$\overline{E}(X) = \min_{Y} E(X, Y) = a(x-b)(1-c)+d < d$$

$b < x \le 1$ 일 때,

$$\overline{E}(X) = \min_{Y} E(X, Y) = a(x-b)(-c)+d < d$$

$x = b$ 일 때,

$$\overline{E}(X) = \min_{Y} E(X, Y) = d$$

$0 \le y < c$ 일 때,

$$\overline{\overline{E}}(Y) = \max_{X} E(X, Y) = a(-b)(y-c)+d > d$$

$c < y \le 1$ 일 때,

$$\overline{\overline{E}}(Y) = \max_{X} E(X, Y) = a(1-b)(y-c)+d > d$$

$y = c$ 일 때,

$$\overline{\overline{E}}(Y) = \max_{X} E(X, Y) = d$$

따라서 다음 결과를 얻는다.

$$v_1 = \max_{X} \overline{E}(X) = d,$$

$$v_2 = \min_{Y} \overline{\overline{E}}(Y) = d$$

마찬가지로, $a < 0$ 인 경우에도

$$v_1 = v_2 = d$$

임을 알 수 있다.

그러므로, 어느 경우에나 이 게임의 값은 $v = d$ 이고 P_1 과 P_2 의 최적 전략은 다음과 같다.

$$\overline{X} = [\,b \quad 1-b\,], \quad \overline{Y} = \begin{bmatrix} c \\ 1-c \end{bmatrix}$$

보기 16.2.2 이득표가 아래와 같은 게임에서 P_1, P_2의 혼합전략이 각각

$$X = [x \quad 1-x] \quad (0 \le x \le 1),$$

$$Y = \begin{bmatrix} y \\ 1-y \end{bmatrix} \quad (0 \le y \le 1)$$

P_1 \ P_2	1	2
1	4	1
2	2	3

일 때, P_1의 기대이득은 다음과 같다.

$$\begin{aligned} E(X, Y) &= [x \quad 1-x]\begin{bmatrix} 4 & 1 \\ 2 & 3 \end{bmatrix}\begin{bmatrix} y \\ 1-y \end{bmatrix} \\ &= 4xy + x(1-y) + 2(1-x)y + 3(1-x)(1-y) \\ &= 4xy - 2x - y + 3 = 4x(y - \frac{1}{2}) - (y - \frac{1}{2}) + \frac{5}{2} \\ &= 4(x - \frac{1}{4})(y - \frac{1}{2}) + \frac{5}{2} \end{aligned}$$

따라서 이 게임의 값은 $v = \dfrac{5}{2}$ 이고, P_1의 최적전략과 P_2의 최적전략은 각각 다음과 같다.

$$\overline{X} = \begin{bmatrix} \frac{1}{4} & \frac{3}{4} \end{bmatrix}, \quad \overline{Y} = \begin{bmatrix} \frac{1}{2} \\ \frac{1}{2} \end{bmatrix}$$

이득행렬이 $A = [a_{ij}]_{m \times n}$ 인 $m \times n$ 게임에서

$$X_1 = [1, 0, \cdots, 0], \quad X_2 = [0, 1, \cdots, 0], \quad \cdots, \quad X_m = [0, 0, \cdots, 1]$$

는 각각 P_1의 순수전략인 전략 1, 전략 2, …, 전략 m을 나타내고

$$Y_1 = \begin{bmatrix} 1 \\ 0 \\ \vdots \\ 0 \end{bmatrix}, \quad Y_2 = \begin{bmatrix} 0 \\ 1 \\ \vdots \\ 0 \end{bmatrix}, \quad \cdots, \quad Y_n = \begin{bmatrix} 0 \\ 0 \\ \vdots \\ 1 \end{bmatrix}$$

은 각각 P_2의 순수전략인 전략 1, 전략 2, …, 전략 n을 나타낸다.

이 때, P_1의 혼합전략

$$X = [x_1 \ x_2 \ \cdots \ x_m], \quad \sum_{i=1}^{m} x_i = 1, \quad 0 \le x_i \le 1 \quad (1 \le i \le m)$$

와 P_2 의 혼합전략

$$Y = \begin{bmatrix} y_1 \\ y_2 \\ \vdots \\ y_n \end{bmatrix}, \quad \sum_{j=1}^{n} y_j = 1, \; 0 \le y_j \le 1 \; (1 \le j \le n)$$

에 대하여 다음이 성립한다. 여기서, $1 \le i \le m, \; 1 \le j \le n$ 이다.

$$E(X_i, Y) = X_i A Y = [\, a_{i1} \; a_{i2} \; \cdots \; a_{in} \,] \begin{bmatrix} y_1 \\ y_2 \\ \vdots \\ y_n \end{bmatrix}$$

$$= a_{i1} y_1 + a_{i2} y_2 + \cdots + a_{in} y_n$$

$$E(X, Y_j) = X A Y_j = [\, x_1 \; x_2 \; \cdots \; x_m \,] \begin{bmatrix} a_{1j} \\ a_{2j} \\ \vdots \\ a_{mj} \end{bmatrix}$$

$$= a_{1j} x_1 + a_{2j} x_2 + \cdots + a_{mj} x_m$$

보기 16.2.3 이득표가 오른쪽 표와 같은 2×2 게임을 생각해 보자.

P_1 \ P_2	1	2
1	4	1
2	2	3

먼저 P_1 의 혼합전략을

$$X = [\, x \;\; 1-x \,] \qquad (0 \le x \le 1)$$

이라 하고 이 게임의 값을 v 라고 하면 다음이 성립한다.

$$E(X, Y_1) = [\, x \;\; 1-x \,] \begin{bmatrix} 4 \\ 2 \end{bmatrix} = 2x + 2,$$

$$E(X, Y_2) = [\, x \;\; 1-x \,] \begin{bmatrix} 1 \\ 3 \end{bmatrix} = -2x + 3,$$

$$v = \max_{X} \min \{E(X, Y_1), E(X, Y_2)\}$$

그런데, 두 함수

$$f_1(x) = 2x + 2 \quad (0 \le x \le 1),$$

$$f_2(x) = -2x + 3 \quad (0 \le x \le 1)$$

의 그래프는 오른쪽 그림의 선분을 나타낸다.

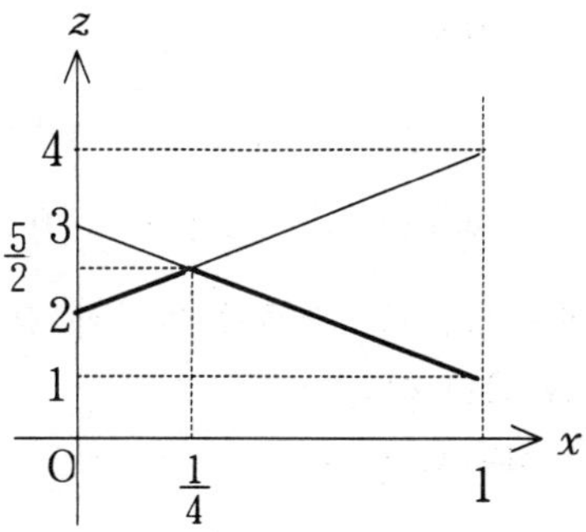

따라서 함수

$$f(x) = \min_{0 \le x \le 1} \{f_1(x), f_2(x)\}$$

$$= \min_{0 \le x \le 1} \{2x + 2, \ -2x + 3\}$$

의 그래프는 위의 그림의 굵은 선을 나타내고 또 정의에 의하여

$$v = \max_{0 \le x \le 1} f(x)$$

이므로 v 는 함수 $f(x)$ 의 최대값이다.

한편, 방정식

$$2x + 2 = -2x + 3$$

의 근은 $x = \frac{1}{4}$ 이므로, P_1 의 최적전략 $\overline{X}$ 와 v 는 다음과 같다.

$$\overline{X} = \begin{bmatrix} \frac{1}{4} & \frac{3}{4} \end{bmatrix}, \qquad v = 2 \cdot \frac{1}{4} + 2 = \frac{5}{2}$$

마찬가지로, P_2 의 혼합전략을

$$Y = \begin{bmatrix} y \\ 1-y \end{bmatrix} \qquad (0 \le y \le 1)$$

이라고 하면 다음이 성립한다.

$$E(X_1, Y) = \begin{bmatrix} 4 & 1 \end{bmatrix} \begin{bmatrix} y \\ 1-y \end{bmatrix} = 3y + 1,$$

$$E(X_2, Y) = \begin{bmatrix} 2 & 3 \end{bmatrix} \begin{bmatrix} y \\ 1-y \end{bmatrix} = -y + 3,$$

$$v = \min_{Y} \max \{E(X_1, Y), E(X_2, Y)\}$$

그런데, 두 함수

$$g_1(y) = 3y+1 \qquad (0 \le y \le 1)$$

$$g_2(y) = -y+3 \qquad (0 \le y \le 1)$$

의 그래프는 오른쪽 그림과 같은 선분을 나타낸다.

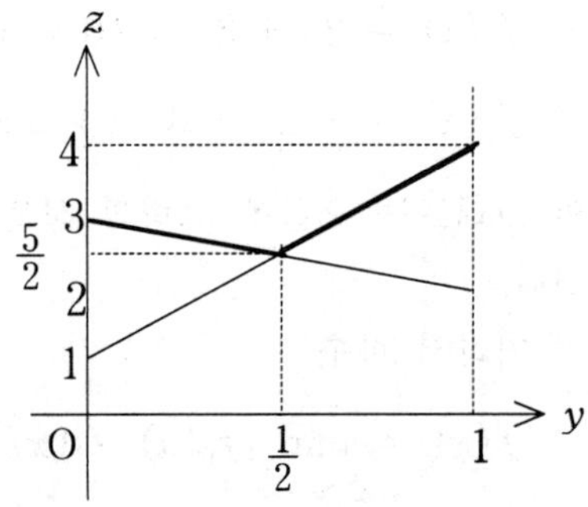

따라서 함수

$$g(y) = \max_{0 \le y \le 1} \{g_1(y),\ g_2(y)\}$$

$$= \max_{0 \le y \le 1} \{3y+1,\ -y+3\}$$

의 그래프는 앞의 그림의 굵은 선을 나타내며

$$v = \min_{0 \le y \le 1} g(x)$$

이므로 v는 함수 $g(y)$의 최소값이다.

한편, 방정식 $3y+1 = -y+3$의 근은 $y = \frac{1}{2}$ 이다.

따라서 P_2의 최적전략은 다음과 같다.

$$\overline{Y} = \begin{bmatrix} \frac{1}{2} \\ \frac{1}{2} \end{bmatrix}$$

다음 두 정리의 증명은 생략하기로 한다.

정리 16.2.4 $m \times n$ 게임에서 게임의 값 v에 대하여 다음이 성립한다.

(1) $v = \max\limits_X \min\limits_Y E(X, Y) = \max\limits_X \min \{E(X, Y_1), \cdots, E(X, Y_n)\}$

$$v = \overline{E}(\overline{X}) = \min_Y E(\overline{X}, Y) = \min \{E(\overline{X}, Y_1), \cdots, E(\overline{X}, Y_n)\}$$

(2) $v = \min\limits_Y \max\limits_X E(X, Y) = \min\limits_Y \max \{E(X_1, Y), \cdots, E(X_m, Y)\}$

$$v = \overline{\overline{E}}(\overline{Y}) = \max_X E(X, \overline{Y}) = \max \{E(X_1, \overline{Y}), \cdots, E(X_m, \overline{Y})\}$$

정리 16.2.5 $m\times n$ 게임에서 P_1, P_2의 최적전략이 각각

$$\overline{X}=[\overline{x_1}\ \ \overline{x_2}\ \cdots\ \overline{x_m}],\qquad \overline{Y}=\begin{bmatrix}\overline{y_1}\\ \overline{y_2}\\ \vdots\\ \overline{y_n}\end{bmatrix}$$

이라 하고 이 게임의 값을 v 라고 할 때, 다음이 성립한다.

(1) $E(\overline{X},\ Y_j)\geq v\quad(1\leq j\leq n)$

(2) $E(\overline{X},\ Y_j)>v$ 이면 $\overline{y_j}=0$ 이고, $\overline{y_j}>0$ 이면 $E(\overline{X},\ Y_j)=v$ 이다.

(3) $E(X_i,\ \overline{Y})\leq v\quad(1\leq i\leq m)$

(4) $E(X_i,\overline{Y})<v$ 이면 $\overline{x_i}=0$ 이고, $\overline{x_i}>0$ 이면 $E(X_i,\ \overline{Y})=v$ 이다.

보기 16.2.4 이득행렬이 다음과 같은 2×4 게임을 생각해 보자.

$$A=\begin{bmatrix}-1 & 2 & 3 & 0\\ 2 & 1 & -1 & 3\end{bmatrix}$$

이 게임의 값을 v 라 하고 P_1 이 혼합전략을

$$X=[x\ \ 1-x]\qquad\qquad (0\leq x\leq 1)$$

라고 하면 다음이 성립한다.

$$E(X,\ Y_1)=[x\ \ 1-x]\begin{bmatrix}-1\\ 2\end{bmatrix}=-3x+2,$$

$$E(X,\ Y_2)=[x\ \ 1-x]\begin{bmatrix}2\\ 1\end{bmatrix}=x+1,$$

$$E(X,\ Y_3)=[x\ \ 1-x]\begin{bmatrix}3\\ -1\end{bmatrix}=4x-1,$$

$$E(X,\ Y_4)=[x\ \ 1-x]\begin{bmatrix}0\\ 3\end{bmatrix}=-3x+2$$

$$v=\max_X\ \min\{E(X,Y_1),\ E(X,Y_2),\ E(X,Y_3),\ E(X,Y_4)\}$$

그런데, 함수

$$f_1(x) = -3x + 2 \quad (0 \le x \le 1)$$

$$f_2(x) = x + 1 \qquad (0 \le x \le 1)$$

$$f_3(x) = 4x - 1 \qquad (0 \le x \le 1)$$

$$f_4(x) = -3x + 2 \quad (0 \le x \le 1)$$

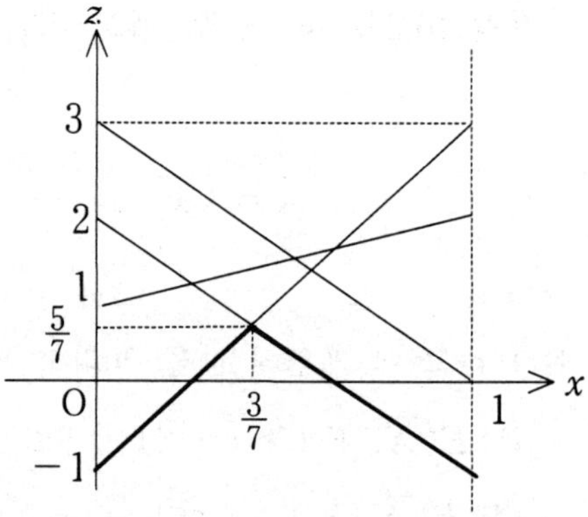

의 그래프는 오른쪽 그림과 같은 선분을 나타내므로 함수

$$f(x) = \max\{f_1(x),\ f_2(x),\ f_3(x),\ f_4(x)\} \qquad (0 \le x \le 1)$$

의 그래프는 위의 그림에서 굵은 선을 나타내고 v는 이 함수의 최대값이다.

한편, 방정식 $4x - 1 = -3x + 2$의 근은 $x = \dfrac{3}{7}$ 이므로 P_1 의 최적전략은 $\overline{X} = \begin{bmatrix} \frac{3}{7} & \frac{4}{7} \end{bmatrix}$ 이고 이 게임의 값은 $v = 4 \cdot \dfrac{3}{7} - 1 = \dfrac{5}{7}$ 이다.

그리고,

$$E(\overline{X}, Y_1) = (-3) \cdot \frac{3}{7} + 2 = \frac{5}{7} = v,$$

$$E(\overline{X}, Y_2) = \frac{3}{7} + 1 = \frac{10}{7} > v,$$

$$E(\overline{X}, Y_3) = 4 \cdot \frac{3}{7} - 1 = \frac{5}{7} = v,$$

$$E(\overline{X}, Y_4) = (-3) \cdot \frac{3}{7} + 3 = \frac{12}{7} > v$$

이므로 P_2 의 최적전략을

$$\overline{Y} = \begin{bmatrix} \overline{y_1} \\ \overline{y_2} \\ \overline{y_3} \\ \overline{y_4} \end{bmatrix}$$

이라고 하면, 정리 11.2.5 에 의하여 $\overline{y_2} = \overline{y_4} = 0$ 이고 또 다음이 성립한다.

$$E(X_1, \overline{Y}) = X_1 A \overline{Y} = v, \quad E(X_2, \overline{Y}) = X_1 A \overline{Y} = v$$

따라서

$$[-1\ \ 2\ \ 3\ \ 0]\begin{bmatrix}\overline{y_1}\\\overline{y_2}\\\overline{y_3}\\\overline{y_4}\end{bmatrix}=\frac{5}{7} \quad \text{즉} \quad -\overline{y_1}+3\overline{y_3}=\frac{5}{7}$$

$$[2\ \ 1\ \ -1\ \ 3]\begin{bmatrix}\overline{y_1}\\\overline{y_2}\\\overline{y_3}\\\overline{y_4}\end{bmatrix}=\frac{5}{7} \quad \text{즉} \quad 2\overline{y_1}-\overline{y_3}=\frac{5}{7}$$

이므로 $\overline{y_1}=\frac{4}{7}$, $\overline{y_3}=\frac{3}{7}$ 이고 P_2 의 최적전략은 $\overline{Y}=\begin{bmatrix}\frac{4}{7}\\0\\\frac{3}{7}\\0\end{bmatrix}$ 이다.

보기 16.2.5 오른쪽 표와 같은 이득표를 가진 게임에서 이득표의 제 1 행은 제 2 행보다 우월하므로, 제 2 행을 없애면 아래의 왼쪽 표와 같은 이득표를 얻는다.

P_1 \ P_2	1	2	3
1	5	4	1
2	2	3	-1
3	3	2	3

또, 이 이득표에서 제 2 열이 제 1 열보다 우월하므로, 제 1 열을 없애면 아래의 오른쪽 표와 같은 이득표를 얻는다.

P_1 \ P_2	1	2	3
1	5	4	1
3	3	2	3

P_1 \ P_2	2	3
1	4	1
3	2	3

한편, 보기 16.2.2 에 의하여 이 게임의 값과 최적전략은 각각 다음과 같다.

$$v=\frac{5}{2},\quad \overline{X}=\left[\frac{1}{4}\ \ \frac{3}{4}\right],\quad \overline{Y}=\begin{bmatrix}\frac{1}{2}\\\frac{1}{2}\end{bmatrix}$$

따라서 본래의 게임의 값과 P_1, P_2 의 최적전략은 각각 다음과 같다.

$$v=\frac{5}{2},\quad \overline{X}=\left[\frac{1}{4}\ \ 0\ \ \frac{3}{4}\right],\quad \overline{Y}=\begin{bmatrix}0\\\frac{1}{2}\\\frac{1}{2}\end{bmatrix}$$

보기 16.2.6 오른쪽 표와 같은 이득표를 가진 2×4 게임을 생각해 보자.

P_1 \ P_2	1	2	3	4
1	1	-1	2	-3
2	-1	1	0	1

이득표에서 제 1 열은 제 3 열보다 우월하고 또 제 4 열은 제 2 열보다 우월하므로 제 3 열과 제 2 열을 없애면 오른쪽의 표와 같은 이득표를 가진 게임을 얻는다.

P_1 \ P_2	1	4
1	1	-3
2	-1	1

한편, 보기 16.2.1 에 의하여 이 게임의 값과 최적전략은 각각 다음과 같다.

$$v = -\frac{1}{3}, \quad \overline{X} = \begin{bmatrix} \frac{1}{3} & \frac{2}{3} \end{bmatrix}, \quad \overline{Y} = \begin{bmatrix} \frac{2}{3} \\ \frac{1}{3} \end{bmatrix}$$

이므로, 본래의 게임의 값과 P_1, P_2 의 최적전략은 각각 다음과 같다.

$$v = -\frac{1}{3}, \quad \overline{X} = \begin{bmatrix} \frac{1}{3} & \frac{2}{3} \end{bmatrix}, \quad \overline{Y} = \begin{bmatrix} \frac{2}{3} \\ 0 \\ 0 \\ \frac{1}{3} \end{bmatrix}$$

연 습 문 제 (16.2)

1. 이득표가 다음과 같은 2×2 게임에 대하여 게임의 값을 구하고 또 P_1, P_2 의 최적전략을 구하여라.

(1)

P_1 \ P_2	1	2
1	1	0
2	-1	2

(2)

P_1 \ P_2	1	2
1	7	-6
2	5	8

(3)

P_1 \ P_2	1	2
1	1	2
2	3	4

(4)

P_1 \ P_2	1	2
1	15	3
2	-1	2

2. 두 사람 P_1, P_2 가 각각 손가락 한 개 또는 두 개를 동시에 내보여서 내보인 손가락의 개수의 합이 짝수이면 P_1 이 그 합만큼 얻고 홀수이면 P_2 이면 그 합만큼 얻는 게임의 이득표를 만들고 이 게임의 값과 P_1, P_2 의 최적전략을 구하여라.

3. 이득표가 다음과 같은 게임에 대하여 게임의 값을 구하고 또 P_1, P_2 의 최적전략을 구하여라.

(1)

P_1 \ P_2	1	2
1	7	5
2	2	9

(2)

P_1 \ P_2	1	2	3
1	2	-3	1
2	-1	4	2

4. 이득표가 다음과 같은 게임에 대하여 게임의 값을 구하고 또 P_1, P_2 의 최적전략을 구하여라.

(1)

P_1 \ P_2	1	2	3
1	5	7	2
2	0	-1	8

(2)

P_1 \ P_2	1	2	3	4
1	-1	2	3	-3
2	1	-1	-2	5

5. 다음 게임을 축약하여 그 게임의 값과 P_1, P_2 의 최적전략을 구하여라.

(1)

P_1 \ P_2	1	2	3
1	1	0	2
2	0	3	2

(2)

P_1 \ P_2	1	2	3	4
1	5	-1	-2	8
2	-6	0	8	9

(3)

P_1 \ P_2	1	2
1	0	2
2	1	3
3	-1	0
4	2	0

(4)

P_1 \ P_2	1	2
1	0	15
2	-10	20
3	10	12

§ 16.3 Nim의 게임

아래 그림과 같이 동전, 바둑알, 성냥개비와 같은 물건을 여러 묶음으로 쌓아놓고 A, B 두 사람이 이 순서대로 한 사람씩 이들 묶음 중에서 단 한 개의 묶음을 택하고 이 묶음에 들어있는 물건의 전부 또는 일부를 제거하는 일을 행하고 이와 같은 과정을 되풀이하여 마지막으로 모든 묶음에서 모든 물건을 제거한 사람이 이기는 게임을 생각해 보자.

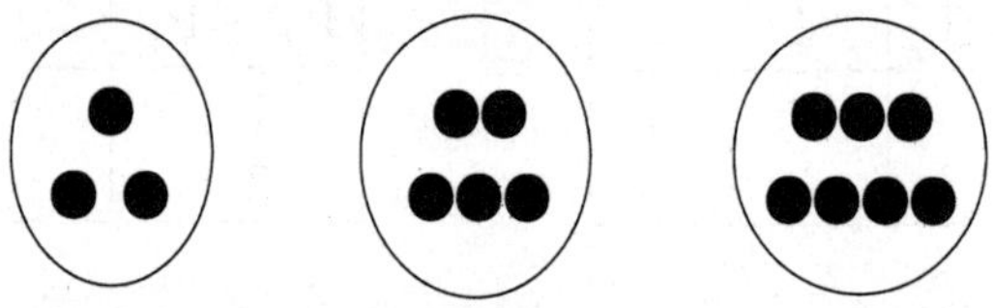

이와 같은 게임을 **Nim의 게임**이라고 한다. 여기서, nim은 '덜어내다(take away), 훔치다(steal)' 라는 뜻의 고어(古語)이며 이 게임은 미국의 수학자 Charles Bouton이 1901년에 고안해낸 게임이다.

일반적으로, n_1개, n_2개, $\cdots$, n_t개의 물건이 들어 있는 t개의 묶음을

$$[n_1,\ n_2,\ \cdots,\ n_t]$$

로 나타낼 때, 이 게임의 전략은 이들 묶음 중에서 s번째 묶음에서 전부 또는 일부를 제거하여 m_s $(0 \leq m_s < n_s)$의 물건이 남도록 하는 것이며 이 전략을 쓴 사람은 위의 묶음을 $[n_1,\ n_2,\ \cdots,\ m_s,\ \cdots,\ n_t]$로 만들게 되고 이러한 과정을 되풀이하여 본래의 묶음을

$$[0,\ 0,\ \cdots,\ \cdots,\ 0]$$

이 되도록 하는 사람이 이 게임에 이긴다.

예를 들어, 최초의 묶음이 [3, 5, 7]일 때, 다음과 같이 행한다고 하자.

횟수	A	B
1	[3, 4, 7]	[3, 4, 5]
2	[2, 4, 5]	[1, 4, 5]
3	[1, 2, 5]	[1, 2, 3]
4	[1, 2, 2]	[0, 2, 2]
5	[0, 2, 0]	[0, 0, 0]

앞의 표에서 제 1 회에 A 는 최초의 묶음 [3, 5, 7] 의 둘째 묶음에서 1 개를 제거하는 전략을 써서 [3, 4, 7] 을 만들고 B 는 이 묶음의 셋째 묶음에서 2 개를 제거하여 [3, 4, 5] 를 만든다. 그리고, 마지막 회에서 A 는 [0, 2, 2] 의 셋째 묶음에서 2 개를 제거하여 [0, 2, 0] 을 만들고 B 는 이 묶음의 둘째 묶음에서 2 개를 제거하여 [0, 0, 0] 을 만든다.

이와 같이 행하면, 결국 B 는 이 게임에 이긴다.

Nim 의 게임에 대한 수학적 이론을 생각해 보자.

음이 아닌 정수 a 는 단 한 가지 방법으로 다음과 같은 꼴로 나타내어진다.

$$a = r_m 2^m + r_{m-1} 2^{m-1} + \cdots + r_1 2 + r_0$$

$$r_i = 1 \text{ 또는 } r_i = 0 \qquad (0 \le i \le m)$$

이 때, 위의 식을 a 의 2 진법에 관한 전개식이라 하고 이것을

$$a = r_m \, r_{m-1} \cdots r_1 \, r_{0\,(2)}$$

으로 나타낸다(정리 2.5.1 참조).

정의 16.3.1 음이 아닌 정수 전체의 집합을 W 라고 하자.

두 원소 $a, b \in W$ 에 대하여

$$a = r_m 2^m + r_{m-1} 2^{m-1} + \cdots + r_1 2 + r_0 = r_m \, r_{m-1} \cdots r_1 \, r_{0\,(2)},$$

$$b = s_m 2^m + s_{m-1} 2^{m-1} + \cdots + s_1 2 + s_0 = s_m \, s_{m-1} \cdots s_1 \, s_{0\,(2)}$$

$$r_i = 0 \text{ 또는 } 1, \quad s_i = 0 \text{ 또는 } 1 \quad (0 \le i \le m)$$

일 때, 새로운 합 $a \dot{+} b$를 다음과 같이 정한다.

$$a \dot{+} b = v_m 2^m + v_{m-1} 2^{m-1} + \cdots + v_1 2 + v_0 = v_m \, v_{m-1} \cdots v_1 \, v_{0\,(2)}$$

여기서, 각 i $(0 \le i \le m)$ 에 대하여

$r_i = s_i = 0$ 또는 $r_i = s_i = 1$ 이면 $v_i = 0$ 이고,

$r_i = 0,\ s_i = 1$ 또는 $r_i = 1,\ s_i = 0$ 이면 $v_i = 1$ 이다.

이와 같이 정의된 W 위의 덧셈을 **Nim 덧셈**(Nim-addition)이라 하고 또 $a \dot{+} b$를 a 와 b 의 **Nim 합**(Nim-sum)이라고 한다.

보기 16.3.1 세 정수 3, 5, 7 에 대하여 다음이 성립한다.

$$
\begin{aligned}
3 &= 0 \cdot 2^2 + 1 \cdot 2^1 + 1 = 0\,1\,1_{(2)} \\
5 &= 1 \cdot 2^2 + 0 \cdot 2^1 + 1 = 1\,0\,1_{(2)} \\
7 &= 1 \cdot 2^2 + 1 \cdot 2^1 + 1 = 1\,1\,1_{(2)} \\
3 \dotplus 5 &= 1 \cdot 2^2 + 1 \cdot 2^1 + 0 = 1\,1\,0_{(2)} = 6 \\
3 \dotplus 7 &= 1 \cdot 2^2 + 0 \cdot 2^1 + 0 = 1\,0\,0_{(2)} = 4 \\
5 \dotplus 7 &= 0 \cdot 2^2 + 1 \cdot 2^1 + 0 = 0\,1\,0_{(2)} = 2 \\
5 \dotplus 5 &= 0 \cdot 2^2 + 0 \cdot 2^0 + 0 = 0\,0\,0_{(2)} = 0
\end{aligned}
$$

정의에 의하여 다음 정리가 성립한다.

정리 16.3.2 음이 아닌 원소 a, b, c 에 대하여 다음이 성립한다.

(1) $a \dotplus b = b \dotplus a$

(2) $(a \dotplus b) \dotplus c = a \dotplus (b \dotplus c)$

(3) $0 \dotplus a = a \dotplus 0 = a$

(4) 서로 다른 음이 아닌 정수 i, j 에 대하여 $2^i \dotplus 2^j = 2^i + 2^j$ 이고, 또 $2^i \dotplus 2^i = 0$ 이다.

(5) $a \dotplus a = 0$

보기 16.3.2 다음이 성립한다.

$$
\begin{array}{rl}
3 = 0\,1\,1_{(2)} \\
5 = 1\,0\,1_{(2)} \\
7 = 1\,1\,1_{(2)} \\
\hline
3 \dotplus 5 \dotplus 7 = 0\,0\,1_{(2)} = 1,
\end{array}
\qquad
\begin{array}{rl}
3 = 0\,1\,1_{(2)} \\
4 = 1\,0\,0_{(2)} \\
7 = 1\,1\,1_{(2)} \\
\hline
3 \dotplus 4 \dotplus 7 = 0\,0\,0_{(2)} = 0
\end{array}
$$

$$
\begin{array}{rl}
1 = 0\,0\,1_{(2)} \\
4 = 1\,0\,0_{(2)} \\
5 = 1\,0\,1_{(2)} \\
\hline
1 \dotplus 4 \dotplus 5 = 0\,0\,0_{(2)} = 0,
\end{array}
\qquad
\begin{array}{rl}
1 = 0\,0\,1_{(2)} \\
2 = 0\,1\,0_{(2)} \\
3 = 0\,1\,1_{(2)} \\
\hline
1 \dotplus 2 \dotplus 3 = 0\,0\,0_{(2)} = 0
\end{array}
$$

보기 16.3.3 다음이 성립한다.

(1) $1 \dotplus 2 \dotplus 4 \dotplus 8 \dotplus 16 = 1 + 2 + 4 + 8 + 16 = 31$

(2) $1 \dotplus 2 + 4 \dotplus 8 \dotplus 15 = (1 \dotplus 2 + 4 \dotplus 8) \dotplus (1 \dotplus 2 + 4 \dotplus 8) = 0$

Nim의 게임에서 각 단계를 분석하는 열쇠는 그 단계에 대한 Nim 합이다.

보기 16.3.4 Nim 의 게임에서 다음과 같은 경우를 생각해 보자.

(1) A가 $[0, 0, 0, \cdots, 0]$을 만든 경우

이 경우에 Nim 합은 0이고, 이 게임에서 A가 이긴다.

(2) A가 $[n, 0, 0, \cdots, 0]$을 만든 경우 $(n \geq 1)$.

이 경우에 Nim 합은 0이 아니며, B가 첫째 묶음의 n개 전부를 제거하여 $[0, 0, 0, \cdots, 0]$을 만들면 이 게임에서 B는 이기게 된다.

한편, $n \geq 2$일 때, B가 첫째 묶음에서 n개 미만의 물건을 제거하여

$$[m, 0, 0, \cdots, 0], \quad 1 \leq m < n$$

을 만들면, 이에 이어 A가 첫째 묶음에서 나머지 물건을 모두 제거하여 $[0, 0, 0, \cdots, 0]$을 만들 수 있으므로 A가 이기게 된다.

(3) A가 $[n, n, 0, 0, \cdots, 0]$을 만든 경우 $(n \geq 1)$.

이 경우에 Nim 합은 0이며, B가 첫째 묶음에서 r $(1 \leq r \leq n)$개를 제거하면 A도 둘째 묶음에서 r개를 제거하고 이와 같은 과정을 되풀이하면 결국 A는 $[0, 0, \cdots, 0]$을 만들 수 있으므로 A는 이길 수 있다.

(4) A가 $[n, m, 0, 0, \cdots, 0]$을 만든 경우 $(1 \leq m < n)$

이 경우에 Nim합은 0이 아니며, B가 첫째 묶음에서 $n-m$개를 제거하여 $[m, m, 0, 0, \cdots, 0]$으로 만들 수 있으므로 (3)에 의하여 B가 이길 수 있다.

보기 16.3.5 Nim의 게임에서 한 단계의 결과가 $[2, 2, 3]$이라고 하자. 이 때, $2 \dotplus 2 \dotplus 3 = 3 \neq 0$이다. 그리고, 이 경우에 다음 사람이 택할 수 있는 전략에 의하여 얻게 되는 결과와 그 Nim 합은 다음 7가지가 있다.

(1) [1, 2, 3], $1 \dotplus 2 \dotplus 3 = 0$ (2) [0, 2, 3], $0 \dotplus 2 \dotplus 3 = 1$

(3) [2, 1, 3], $2 \dotplus 1 \dotplus 3 = 0$ (4) [2, 0, 3], $2 \dotplus 0 \dotplus 3 = 1$

(5) [2, 2, 2], $2 \dotplus 2 \dotplus 2 = 2$ (6) [2, 2, 1], $2 \dotplus 2 \dotplus 1 = 1$

(7) [2, 2, 0], $2 \dotplus 2 \dotplus 0 = 0$

따라서 Nim 합이 0, 1, 2 인 경우는 각각 3, 3, 1 가지이고, Nim 합이 3 이상인 경우는 없다.

보기 16.3.6 Nim 의 게임에서 한 단계의 결과가 [2, 3, 5] 이라고 하자.

이 때, $2 \dotplus 3 \dotplus 5 = 4 \neq 0$ 이다. 그리고, 이 경우에 다음 사람이 택할 수 있는 전략에 의하여 얻게 되는 결과와 그 Nim 합은 다음 10 가지가 있다.

(1) [1, 3, 5], 7 (2) [0, 3, 5], 6 (3) [2, 2, 5], 5

(4) [2, 1, 5], 6 (5) [2, 0, 5], 7 (6) [2, 3, 4], 5

(7) [2, 3, 3], 2 (8) [2, 3, 2], 3 (9) [2, 3, 1], 0

(10) [2, 3, 0], 1

그리고, Nim 합이 0, 1, 2, 3 인 경우는 각각 1 가지씩 있고, Nim 합이 5, 6, 7 인 경우는 각각 2 가지씩 있다. 한편, Nim 합이 4 인 경우는 없다.

보기 16.3.7 Nim 의 게임에서 한 단계의 결과가 [8, 7, 5, 12] 라고 하자.

이 때, $8 \dotplus 7 \dotplus 5 \dotplus 12 = 6 \neq 0$ 이다.

$$
\begin{array}{r}
8 = 1\ 0\ 0\ 0_{(2)} \\
7 = 0\ 1\ 1\ 1_{(2)} \\
5 = 0\ 1\ 0\ 1_{(2)} \\
12 = 1\ 1\ 0\ 0_{(2)} \\
\hline
8 \dotplus 7 \dotplus 5 \dotplus 12 = 0\ 1\ 1\ 0_{(2)} = 6
\end{array}
$$

(1) 다음 단계에서 그 Nim 합이 3 이 되도록 하는 방법을 생각해 보자.

먼저 6 과 3 의 2 진법에 관한 전개식은 2^2 의 자리의 수와 1 의 자리의 수가 다르다.

$$
\begin{array}{r}
6 = 0\ 1\ 1\ 0_{(2)} \\
3 = 0\ 0\ 1\ 1_{(2)} \\
\uparrow\ \ \ \uparrow\ \ \
\end{array}
$$

따라서 Nim 합 6을 3으로 바꾸려면, 8, 7, 5, 12 중의 한 정수를 택하여 이 정수의 2진법에 관한 전개식에서 2^2의 자리의 수와 1의 자리의 수 0, 1을 각각 1, 0로 바꾸어 놓아 본래의 정수보다 작게 하여야 한다. 한편, $8 = 1\,0\,0\,0_{(2)}$에서 2^2의 자리의 수가 0이므로 이와 같이 바꾸면,

$$1\,1\,0\,1_{(2)} = 13$$

로 되어 8보다 큰 정수 13을 얻게 된다.

$$\begin{aligned} 8 &= 1\,0\,0\,0_{(2)} \\ 7 &= 0\,1\,1\,1_{(2)} \\ 5 &= 0\,1\,0\,1_{(2)} \\ 12 &= 1\,1\,0\,0_{(2)} \\ & \quad\;\;\uparrow\;\;\;\uparrow \end{aligned}$$

한편, 7, 5, 12에 대하여 이와 같이 바꾸면,

$$0\,0\,1\,0_{(2)} = 2$$

$$0\,0\,0\,0_{(2)} = 0$$

$$1\,0\,0\,1_{(2)} = 9$$

로 되므로 그 Nim 합이 3이 되도록 하는 방법은 다음 3가지뿐이다.

[8, 2, 5, 12], [8, 7, 0, 12], [8, 7, 5, 9]

(2) 다음 단계에서 그 Nim 합이 0이 되도록 하는 방법을 생각해 보자.

먼저 6과 0의 2진법에 관한 전개식은 2^2의 자리의 수와 2의 자리의 수가 다르다. 따라서 Nim 합 6을 0으로 바꾸려면, 8, 7, 5, 12 중의 한 정수를 택하여 이 정수의 2진법에 관한 전개식에서 2^2의 자리의 수와 2의 자리의 수 0, 1을 각각 1, 0으로 바꾸어 본래의 정수보다 작게 하여야 한다.

$$\begin{aligned} 6 &= 0\,1\,1\,0_{(2)} \\ 0 &= 0\,0\,0\,0_{(2)} \\ & \quad\;\uparrow\uparrow \end{aligned}$$

그런데, $8 = 1\,0\,0\,0_{(2)}$의 2^2의 자리의 수는 0이므로 이와 같이 바꾸면 8보다 큰 정수를 얻게 된다. 한편, 7, 5, 12에 대하여 이와 같이 바꾸면,

$$0\,0\,0\,1_{(2)} = 1,$$

$$0\,0\,1\,1_{(2)} = 3,$$

$$1\,0\,1\,0_{(2)} = 10$$

$$\begin{aligned} 7 &= 0\,1\,1\,1_{(2)} \\ 5 &= 0\,1\,0\,1_{(2)} \\ 12 &= 1\,1\,0\,0_{(2)} \\ & \quad\;\uparrow\uparrow \end{aligned}$$

으로 되므로 구하는 방법은 다음 3가지뿐이다.

[8, 1, 5, 12], [8, 7, 3, 12], [8, 7, 5, 10]

보기 16.3.8 Nim 의 게임에서 한 단계의 결과가 [3, 4, 8, 9] 이라고 하자.

이 때, $3 \dot{+} 4 \dot{+} 8 \dot{+} 9 = 6 \neq 0$ 이다.

$$
\begin{array}{rl}
3 = 0\,0\,1\,1_{(2)} & \qquad 6 = 0\,1\,1\,0_{(2)} \\
4 = 0\,1\,0\,0_{(2)} & \qquad 0 = 0\,0\,0\,0_{(2)} \\
8 = 1\,0\,0\,0_{(2)} & \qquad \quad\ \ \uparrow\,\uparrow \\
9 = 1\,0\,0\,1_{(2)} & \\
\hline
3 \dot{+} 4 \dot{+} 8 \dot{+} 9 = 0\,1\,1\,0_{(2)} = 6 &
\end{array}
$$

이제 Nim 합 6 을 0 으로 바꾸려면, 3, 4, 8, 9 중의 한 정수를 택하여 이 정수의 2 진법에 관한 전개식에서 2^2 의 자리의 수와 2 의 자리의 수 0, 1 을 각각 1, 0 으로 바꾸어 본래의 정수보다 작게 하여야 한다.

그런데, 4 에 대해서만 이와 같이 바꿀 수 있고 이때

$$0\,0\,1\,0_{(2)} = 2$$

이므로 Nim 합 6 을 0 으로 바꾸는 방법은 [3, 2, 8, 9] 뿐이다.

정리 16.3.3 Nim 의 게임에서 한 단계의 결과가 $[n_1, n_2, \cdots, n_t]$ 이고 그 Nim 합이 n 일 때 다음이 성립한다.

(1) 그 다음 단계에서 가능한 모든 전략에 의하여 얻게 되는 결과의 Nim 합은 모두 n 과 다르다.

(2) 그 다음 단계에서 가능한 모든 전략에 의하여 얻게 되는 결과의 Nim 합 중에는 반드시 $0, 1, \cdots, n-1$ 이 홀수 개씩 나타난다.

증 명 이제 $[n_1, n_2, \cdots, n_t]$ 에 대하여 다음이 성립한다고 하자.

$$
\begin{array}{c}
n_1 = r_{1m}\ r_{1m-1} \cdots r_{1k} \cdots r_{11}\ r_{10\,(2)} \\
n_2 = r_{2m}\ r_{2m-1} \cdots r_{2k} \cdots r_{21}\ r_{20\,(2)} \\
\vdots \\
n_t = r_{tm}\ r_{tm-1} \cdots r_{tk} \cdots r_{t1}\ r_{t0\,(2)} \\
\hline
n_1 \dot{+} n_2 \dot{+} \cdots \dot{+} n_t = v_m\ v_{m-1} \cdots v_k \cdots v_1\ v_{0\,(2)} = n
\end{array}
$$

(1) 이 때, $1 \le s \le t$인 s에 대하여 n_s 보다 작은 정수 m_s를 택할 때,

$$m_s = r_{sm}{}' \, r_{sm-1}{}' \cdots r_{sk}{}' \cdots r_{s1}{}' \, r_{s0} \, {}_{(2)}$$

$$n_1 \dot{+} n_2 \dot{+} \cdots \dot{+} m_s \dot{+} \cdots \dot{+} n_t = u_m \, u_{m-1} \cdots u_k \cdots u_1 \, u_0 \, {}_{(2)}$$

이라고 하면, 적어도 한 k에 대하여 $r_{sk} \neq r_{sk}{}'$ 이고 이때 r_{sk}가 0, 1 임에 따라 $r_{sk}{}'$ 은 1, 0 이므로 다음이 성립한다.

$v_k = 0$

$\Leftrightarrow$ $r_{1k}, r_{2k}, \cdots, r_{sk}, \cdots, r_{tk}$ 중에서 1 인 것이 짝수 개 있다.

$\Leftrightarrow$ $r_{1k}, r_{2k}, \cdots, r_{sk}{}', \cdots, r_{tk}$ 중에서 1 인 것이 홀수 개 있다.

$\Leftrightarrow u_k = 1$

$v_k = 1$

$\Leftrightarrow$ $r_{1k}, r_{2k}, \cdots, r_{sk}, \cdots, r_{tk}$ 중에서 1 인 것이 홀수 개 있다.

$\Leftrightarrow$ $r_{1k}, r_{2k}, \cdots, r_{sk}{}', \cdots, r_{tk}$ 중에서 1 인 것이 짝수 개 있다.

$\Leftrightarrow u_k = 0$

따라서 결과를 얻는다(보기 16.3.5, 보기 16.3.6 참조).

$$n_1 \dot{+} n_2 \dot{+} \cdots \dot{+} m_s \dot{+} \cdots \dot{+} n_t \neq n_1 \dot{+} n_2 \dot{+} \cdots \dot{+} n_s \dot{+} \cdots \dot{+} n_t$$

(2) 이제 $0 \le n' < n$인 정수 n'에 대하여

$$n = v_m \, v_{m-1} \cdots v_k \cdots v_1 \, v_0 \, {}_{(2)}$$

$$n' = v_m{}' \, v_{m-1}{}' \cdots v_k{}' \cdots v_1{}' \, v_0{}' \, {}_{(2)}$$

이라 하고 $D = \{ k \mid m \ge k \ge 0, \; v_k \neq v_k{}' \}$ 이라고 하자.

이 때, $n' < n$ 이므로 $D \neq \varnothing$ 이고, 또

$D = \{k, \cdots, l\}$, $\qquad n = v_m \, v_{m-1} \cdots v_k \cdots v_l \cdots v_1 \, v_0 \, {}_{(2)}$

$m \ge k > \cdots > l > 0 \qquad n' = v_m{}' \, v_{m-1}{}' \cdots v_k{}' \cdots v_l{}' \cdots v_1{}' \, v_0{}' \, {}_{(2)}$

$\qquad\qquad\qquad\qquad\qquad\qquad \uparrow \qquad \uparrow$

이라고 하면

$v_k = 1, \; v_k{}' = 0$

이다(보기 16.3.7, 보기 16.3.8 참조).

그런데, $v_k = 1$ 이므로 $r_{1k}, r_{2k}, \cdots, r_{tk}$ 중에서 1 인 것은 홀수 개 존재한다. 그리고, 정수 i $(1 \leq i \leq t)$ 에 대하여

$$n_i = r_{im}\ r_{im-1} \cdots r_{ik} \cdots r_{il} \cdots r_{i1}\ r_{i0\,(2)}$$

에서 $r_{ik}, \cdots, r_{il}$ 이 0, 1 임에 따라 이를 1, 0 으로 바꾸어 놓은 것을

$$n_i{}' = r_{im}\ r_{im-1} \cdots r_{ik}{}' \cdots r_{il}{}' \cdots r_{i1}\ r_{i0\,(2)}$$

이라고 할 때, $r_{ik} = 1$ 이면 $n_i{}'$ 은 n_i 보다 작고 이때 다음이 성립한다.

$$n_1 \dot{+} n_2 \dot{+} \cdots \dot{+} n_i{}' \dot{+} \cdots \dot{+} n_t = n'$$

앞의 정리에 의하여 다음 따름정리가 성립한다.

따름정리 16.3.4 Nim 의 게임에서 다음이 성립한다.

(1) 한 단계의 결과에 대한 Nim 합이 0 일 때, 그 다음 단계에서 어떠한 전략을 쓰더라도 이에 의한 결과의 Nim 합은 0 이 아니다.

(2) 한 단계의 결과에 대한 Nim 합이 0 이 아닐 때, 그 다음 단계에서 적당한 전략을 행하면 이에 의한 결과의 Nim 합이 0 이 되도록 할 수 있다.

먼저 두 사람 A, B 가 행하는 Nim 의 게임에서 한 단계의 결과에 대한 Nim 합이 0 일 때, A 가 그 다음 단계를 시행한다고 하자.

이 때, A 가 어떠한 전략을 쓰더라도 그 결과의 Nim 합은 0 이 아니고, A 에 이어 B 는 적당한 전략을 행하여 그 결과의 Nim 합이 0 이 되도록 할 수 있다.

Nim 합이 0 인 경우

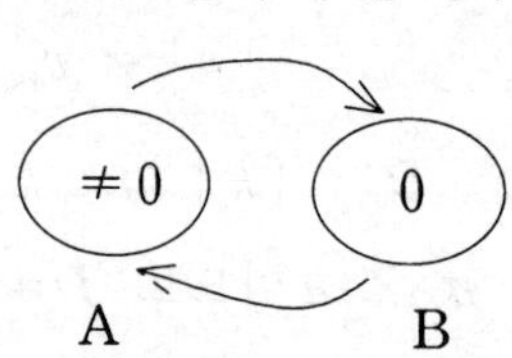

이와 같은 과정을 되풀이하면, B 는

$$[0,\ 0,\ 0,\ \cdots,\ 0]$$

으로 만들어 이 게임에 이길 수 있다.

다음에 Nim 의 게임에서 한 단계에 대한 Nim 합이 0 이 아닐 때, A 가 그 다음 단계를 시행한다고 하자. 이 때, A 가 적당한 전략을 택하여 그 결과의 Nim 합을 0 이 되도록 할 수 있고, 또 A 에 이어 B 가 어떠한 전략을

택하더라도 그 결과의 Nim 합은 0 이 아니며 이러한 과정을 되풀이하여 A 는

$$[0,\ 0,\ 0,\ \cdots,\ 0]$$

으로 만들어 이길 수 있다.

Nim 합이 $\neq 0$ 인 경우

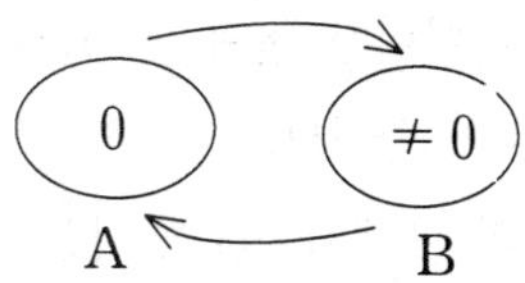

결국 Nim의 게임에서 전략을 올바로 행하는 경우에 다음이 성립한다.

한 단계에서 Nim 합이 0 이면, 두 번째로 행하는 사람이 이긴다.

한 단계에서 Nim 합이 0 이 아니면, 첫 번째로 행하는 사람이 이긴다.

위의 결론을 알고 있는 사람은 그렇지 못한 상대방을 항상 이길 수 있고 또 이 결론을 알고 있는 사람과는 대등한 게임을 할 수 있다.

보기 16.3.9 Nim 게임의 최초 묶음이 [3, 5, 7] 일 때, A, B 두 사람이 다음과 같이 행하였다고 하자.

횟수	A	B
1	[3, 4, 7]	[3, 4, 5]
2	[2, 4, 5]	[1, 4, 5]
3	[1, 2, 5]	[1, 2, 3]
4	[1, 2, 2]	[0, 2, 2]
5	[0, 2, 0]	[0, 0, 0]

(1-1) [3, 5, 7] 에 대한 Nim 합은 $3 \dotplus 5 \dotplus 7 = 1$ 이다(보기 10.3.2).

$$3 = 0\ 1\ 1_{(2)}$$
$$5 = 1\ 0\ 1_{(2)}$$
$$7 = 1\ 1\ 1_{(2)}$$

$$1 = 0\ 0\ 1_{(2)}$$
$$0 = 0\ 0\ 0_{(2)}$$
$$\uparrow$$

그런데, 3, 5, 7 의 2 진법에 관한 전개식에서 1 의 자리의 수 0, 1 을 각각 1, 0 을 바꾸면, 이들 세 정수는 각각 2, 4, 6 으로 된다. 그러므로, A 가 [3, 5, 7] 로부터 그 Nim 합이 0 이 되도록 하는 방법은

$$0\ 1\ 0_{(2)} = 2$$
$$1\ 0\ 0_{(2)} = 4$$
$$1\ 1\ 0_{(2)} = 6$$

[2, 5, 7], [3, 4, 7], [3, 5, 6] 의 3 가지뿐이다.

위의 표는 A 가 이들 중에서 [3, 4, 7] 을 만들었음을 보여 준다.

(1-2) [3, 4, 7] 에 대한 Nim 합은 0 이므로 B 가 어떠한 전략을 쓰더라도 그 결과의 Nim 합은 0 이 아니다.

$$1\ 1\ 1_{(2)} = 7 > 1$$
$$1\ 0\ 0_{(2)} = 4 > 2$$
$$0\ 1\ 1_{(2)} = 3$$

앞의 표에서 B 는 [3, 4, 5] 를 만들었고 $3 \dotplus 4 \dotplus 5 = 2 \neq 0$ 이다.

$$3 = 0\ 1\ 1_{(2)}$$
$$4 = 1\ 0\ 0_{(2)}$$
$$5 = 1\ 0\ 1_{(2)}$$

$$2 = 0\ 1\ 0_{(2)}$$
$$0 = 0\ 0\ 0_{(2)}$$
$$\qquad\ \ \uparrow$$

(2-1) A 가 [3, 4, 5] 로부터 그 Nim 합이 0 이 되도록 하는 방법은 [1, 4, 5] 뿐이다.

$$0\ 0\ 1_{(2)} = 1$$
$$1\ 1\ 1_{(2)} = 7 > 4$$
$$1\ 1\ 0_{(2)} = 6 > 5$$

앞의 표는 A 가 이와 같이 만드는 전략을 쓰지 못하고 전략을 잘못 택하여 [2, 4, 5] 를 만들었음을 보여 주며, 이에 대한 Nim 합은 $2 \dotplus 4 \dotplus 5 = 3 \neq 0$ 이다.

$$2 = 0\ 1\ 0_{(2)}$$
$$4 = 1\ 0\ 0_{(2)}$$
$$5 = 1\ 0\ 1_{(2)}$$

$$3 = 0\ 1\ 1_{(2)}$$
$$0 = 0\ 0\ 0_{(2)}$$
$$\qquad\ \ \uparrow\ \uparrow$$

(2-2) B 가 [2, 4, 5] 로부터 그 Nim 합이 0 이 되도록 하는 방법은 [1, 4, 5] 뿐이다.

앞의 표는 B 가 올바른 전략을 택하였음을 보여준다.

$$0\ 0\ 1_{(2)} = 1$$
$$1\ 1\ 0_{(2)} = 6 > 4$$
$$1\ 1\ 1_{(2)} = 7 > 5$$

(3-1) [1, 4, 5] 에 대한 Nim 합은 0 이므로 A 가 어떤 전략을 쓰더라도 그 결과의 Nim 합은 0 이 아니다.

앞의 표에서 A 는 [1, 2, 5] 을 택하였고 $1 \dotplus 2 \dotplus 5 = 6 \neq 0$ 이다.

$$1 = 0\ 0\ 1_{(2)}$$
$$2 = 0\ 1\ 0_{(2)}$$
$$5 = 1\ 0\ 1_{(2)}$$

$$6 = 1\ 1\ 0_{(2)}$$
$$0 = 0\ 0\ 0_{(2)}$$
$$\qquad\ \ \uparrow\ \uparrow$$

(3-2) B 가 [1, 2, 5] 로부터 그 Nim 합이 0 이 되도록 하는 방법은 [1, 2, 3] 뿐이다.

앞의 표는 B 가 올바른 전략을 택하였음을 보여 준다.

(4-1) [1, 2, 3] 에 대한 Nim 합은 0 이므로 A 가 어떤 전략을 쓰더라도 그 결과의 Nim 합은 0 이 아니다.

앞의 표에서 A 는 [1, 2, 2] 을 택하였고 $1 \dot{+} 2 \dot{+} 2 = 1 \neq 0$ 이다.

(4-2) B 가 [1, 2, 2] 로부터 그 Nim 합이 0 이 되도록 하는 방법은 [0, 2, 2] 뿐이다. 앞의 표는 B 가 올바른 전략을 택하였음을 보여 준다.

(5-1) [0, 2, 2] 에 대한 Nim 합은 0 이므로 A 가 어떤 전략을 쓰더라도 그 결과의 Nim 합은 0 이 아니다.

앞의 표에서 A 는 [0, 2, 0] 을 택하였고 $0 \dot{+} 2 \dot{+} 0 = 2 \neq 0$ 이다.

(5-2) B 가 [0, 2, 0] 으로부터 그 Nim 합이 0 이 되도록 하는 방법은 [0, 0, 0] 뿐이다. 앞의 표는 B 가 이 게임에서 이겼음을 보여 준다.

앞의 보기에서 [3, 5, 7] 에 대한 Nim 합은 $3 \dot{+} 5 \dot{+} 7 = 1 \neq 0$ 이므로 A 가 올바른 전략만을 썼더라면 이 게임을 이길 수 있었으나, 제 2 회에서 전략을 잘못 택한 결과로 게임에 졌음을 알 수 있다.

그리고, Nim 의 게임에서 다음이 성립함을 알 수 있다

(1) A 가 [1, 2, 3, 0, ⋯, 0] 을 만든 경우

이 경우에 Nim 합은 0 이다. 그리고, B 가 어떤 전술을 택하더라도 A 는 올바른 전략을 택하여 이 게임에 이길 수 있다.

(2) A 가 [1, 4, 5, 0, ⋯, 0] 을 만든 경우

이 경우에 Nim 합은 0 이다. 그리고, B 가 어떤 전술을 택하더라도 A 는 올바른 전략을 택하여 이 게임에 이길 수 있다.

연 습 문 제 (16.3)

1. 다음 Nim 합을 구하여라.

(1) $17 \dot{+} 5 \dot{+} 13 \dot{+} 4$ (2) $100 \dot{+} 1000$

(3) $11 \dot{+} 9 \dot{+} 10 \dot{+} 8$ (4) $11 \dot{+} 22 \dot{+} 44$

(5) $1 \dot{+} 2 \dot{+} 4 \dot{+} 8 \dot{+} 16 \dot{+} 31$ (6) $1 \dot{+} 2 \dot{+} 4 \dot{+} 8 \dot{+} 16 \dot{+} 32 \dot{+} 63$

2. 음이 아닌 정수 a, b, c 에 대하여 다음이 성립함을 밝혀라.

   (1) $a \dot{+} b = 0$ 일 때 그리고 이때에만 $a = b$ 이다.

   (2) $a \dot{+} b = c$ 일 때 그리고 이때에만 $a = b \dot{+} c$ 이다.

3. Nim 의 게임에서 [3, 1, 4] 에 대한 Nim 합을 구하여라.
   또, [3, 1, 4] 에 전략을 택하여 얻을 수 있는 Nim 합을 모두 구하여라.

4. Nim 의 게임에서 [8, 3, 17] 에 대한 Nim합을 구하여라.
   그리고, 다음 물음에 답하여라.

   (1) [8, 3, 17] 로 부터 그 Nim 합이 8 이 되도록 하여라.

   (2) [8, 3, 17] 로 부터 그 Nim 합이 0 이 되도록 하여라.

5. Nim 의 게임에서 한 단계의 결과가 [11, 9, 10, 8] 일 때, 다음 단계에서 그 Nim 합이 9 가 되도록 하여라.

6. Nim 의 게임에서 한 단계의 결과가 다음과 같다고 할 때, 다음 단계에서 그 Nim 합이 0 이 되도록 하여라.

   (1) [8, 10, 7, 1] (2) [9, 25, 49] (3) [6, 5, 3, 1]

7. Nim 의 게임에서 $n \geq 1$ 일 때 $[1,\ 2,\ 2^2,\ \cdots,\ 2^n]$ 에 대한 Nim 합을 구하고 $[1,\ 2,\ 2^2,\ \cdots,\ 2^n]$ 의 다음 단계에서 올바른 전략을 써서 그 Nim 합이 0 이 되도록 하여라.

8. Nim의 게임의 최초 묶음이 [17, 5, 13, 4] 일 때, A, B 두 사람이 다음 표와 같이 전략을 택하였다고 하자.

	A	B
1	[12, 5, 13, 4]	[11, 5, 13, 4]
2	[11, 5, 13, 3]	[11, 5, 12, 3]
3	[11, 5, 11, 3]	[11, 3, 11, 3]
4	기 권	

이 때, A 와 B 의 전략이 올바른 전략인지를 판정하고, 마지막 단계에서 A 가 기권한 이유를 설명하여라.

제 17 장

디 자 인

이 장에서는, 여러 가지 유형의 디자인의 특성과 디자인을 구성하는 방법에 대하여 논하고 특히 유한 덧셈군 위의 등차집합으로부터 얻는 디자인에 대하여 논한다.

특히, 제 12 장에서 논한 바 있는 유한 아핀평면과 유한 사영평면을 2-디자인이라는 관점에서 재음미한다. 또, 디자인과 관련이 있는 Latin 방진과 Euler 방진에 대해서는 [해설1705] 를 참조하기 바란다.

디자인에 대한 이론은 부호이론, 암호학, 정보과학 등에 이용된다.

§ 17.1 디자인

다음 세 조건을 만족시키는 유한 결합구조를 구해 보자(§ 12.1 참조).

$$\mathscr{P} = \{1, 2, 3, 4, 5, 6, 7, 8, 9\},$$
$$\mathscr{B} = \{B_1, B_2, \cdots, B_{10}, B_{11}, B_{12}\}$$

R.1 : 각 부분집합 $B \in \mathscr{B}$ 에 대하여 $|B| = 3$ 이다.

R.2^d : 임의의 서로 다른 두 원소 $i, j \in \mathscr{P}$ 에 대하여 i, j 를 동시에 포함하는 부분집합 $B \in \mathscr{B}$ 는 꼭 1 개 존재한다.

R.1^d : 임의의 원소 $i \in \mathscr{P}$ 에 대하여 i 를 포함하는 부분집합 $B \in \mathscr{B}$ 는 꼭 4 개 존재한다.

먼저 집합 $\mathscr{P}$ 의 부분집합 중에서 3 개의 원소를 가진 부분집합의 개수는 다음과 같다.

$$\binom{9}{3} = \frac{9 \cdot 8 \cdot 7}{3 \cdot 2 \cdot 1} = 84$$

이러한 84 개의 부분집합 중에서 위의 세 조건을 만족시키는 12 개의 부분집합을 구하는 방법 중의 하나는 많은 시행착오를 거쳐가면서 부분집합 하나하나를 차례로 찾아가는 방법이 있다. 예를 들면, 처음에 세 부분집합

$$B_1 = \{1, 2, 3\}, \quad B_2 = \{4, 5, 6\}, \quad B_3 = \{7, 8, 9\}$$

를 택한 후에 조건에 맞는 부분집합을 하나씩 추가해 가는 방법이 있다.

한편, 다음과 같은 위수 2 인 아핀평면 $\alpha = (\mathscr{P}, \mathscr{B})$ 가 문제의 답을 제공해 준다는 것을 알 수 있다(보기 12.3.2 참조).

$$\mathscr{P} = \{1, 2, 3, 4, 5, 6, 7, 8, 9\},$$
$$\mathscr{B} = \{B_1, B_2, \cdots, B_{10}, B_{11}, B_{12}\}$$

$$\begin{aligned}
&B_1 = \{1, 2, 3\}, && B_2 = \{4, 5, 6\}, && B_3 = \{7, 8, 9\},\\
&B_4 = \{1, 4, 7\}, && B_5 = \{2, 5, 8\}, && B_6 = \{3, 6, 9\},\\
&B_7 = \{1, 5, 9\}, && B_8 = \{2, 6, 7\}, && B_9 = \{3, 4, 8\},\\
&B_{10} = \{1, 6, 8\}, && B_{11} = \{2, 4, 9\}, && B_{12} = \{3, 5, 7\}
\end{aligned}$$

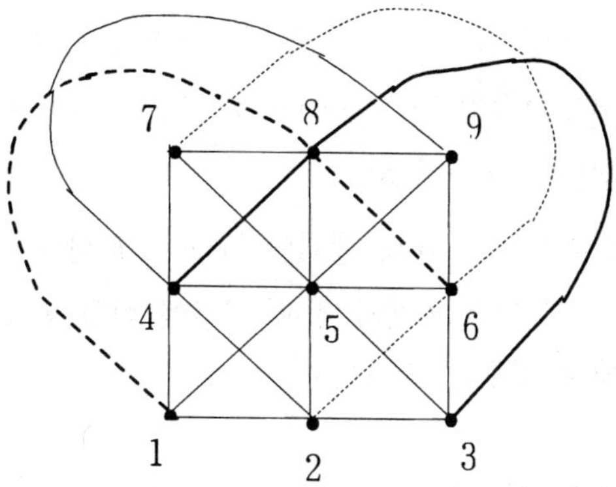

앞으로, 유한 결합구조 $\sigma = (\mathscr{P}, \mathscr{B})$ 에서 $\mathscr{B}$ 의 원소 B 를 **블록**(block)이라 하고, 또 이 결합구조의 점 전체의 개수와 블록 전체의 개수를 각각 v, b 로 나타내기로 한다. 즉, $v = |\mathscr{P}|$, $b = |\mathscr{B}|$ 이다.

그리고,

$$\mathscr{P} = \{p_1, p_2, \cdots, p_v\}, \qquad \mathscr{L} = \{B_1, B_2, \cdots, B_b\}$$

일 때, σ 의 결합행렬은 다음과 같은 $v \times b$ 행렬이다(정의 12.1.1).

$$A = \begin{bmatrix} a_{11} & a_{12} & \cdots & a_{1b} \\ a_{21} & a_{22} & \cdots & a_{2b} \\ \vdots & \vdots & \cdots & \vdots \\ a_{v1} & a_{v2} & \cdots & a_{vb} \end{bmatrix}, \qquad a_{ij} = \begin{cases} 1 & (p_i \in B_j) \\ 0 & (p_i \notin B_j) \end{cases}$$

정의 17.1.1 유한 결합구조 $\sigma = (\mathscr{P}, \mathscr{B})$ 가 다음 두 조건을 만족시킬 때, σ 를 ***t*-디자인**(design)이라고 한다(여기서, $1 \leq t \leq v$).

R.1 : 각 블록에 속하는 점의 개수는 일정하다.

R.t^d : 임의의 서로 다른 t 개의 점에 대하여 이들 t 개의 점을 동시에 포함하는 블록의 개수는 일정하다.

특히, 유한 결합구조 σ 가 1-디자인일 때, 즉 σ 가 다음 두 조건을 만족시킬 때, σ 를 **전술적 배치**(戰術的 配置, tactical configuration) 이라고 한다.

R.1 : 각 블록에 속하는 점의 개수는 일정하다.

R.1^d : 임의의 점에 대하여 이 점을 포함하는 블록의 개수는 일정하다.

정의 17.1.2 t-디자인 $\sigma = (\mathscr{P}, \mathscr{B})$ 에 대하여 다음 세 조건이 성립할 때, σ 를 **t-(v, k, λ) 디자인**이라고 한다(여기서, $1 \leq t \leq k \leq v$).

(i) $v = |\mathscr{P}|, \quad b = |\mathscr{B}|$

(ii) 임의의 블록 $B \in \mathscr{B}$ 에 대하여 $|B| = k$ 이다.

(iii) 임의의 서로 다른 t 개의 점에 대하여 이들 t 개의 점을 동시에 포함하는 블록의 개수는 λ 이다.

보기 17.1.1 다음 결합구조 $\sigma = (\mathscr{P}, \mathscr{L})$는 2-(4, 2, 1) 디자인이다.

$$\mathscr{P} = \{1, 2, 3, 4\}, \quad \mathscr{L} = \{B_1, B_2, B_3, B_4, B_5, B_6\}$$

$B_1 = \{1, 2\}, \quad B_2 = \{2, 3\},$

$B_3 = \{3, 4\}, \quad B_4 = \{1, 4\},$

$B_5 = \{1, 3\}, \quad B_6 = \{2, 4\}$

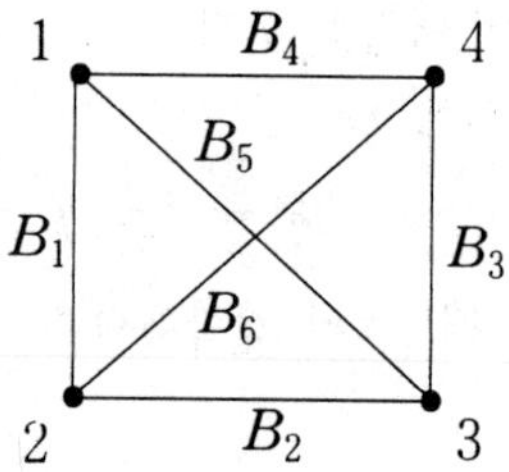

여기서,

$$v = 4, \ b = 6, \ k = 2$$

이고, σ 는 1-(4, 2, 3) 디자인이기도 하다.

이 디자인은 위수 2 인 아핀평면이다(보기 12.1.4).

보기 17.1.2 다음 결합구조 $\sigma = (\mathscr{P}, \mathscr{B})$ 는 2-(7, 3, 1) 디자인이다.

$$\mathscr{P} = \{0, 1, 2, 3, 4, 5, 6\}, \quad \mathscr{B} = \{B_0, B_1, B_2, B_3, B_4, B_5, B_6\}$$

$B_0 = \{1, 2, 4\}, \quad B_1 = \{2, 3, 5\},$

$B_2 = \{3, 4, 6\}, \quad B_3 = \{4, 5, 0\},$

$B_4 = \{5, 6, 1\}, \quad B_5 = \{6, 0, 2\},$

$B_6 = \{0, 1, 3\}$

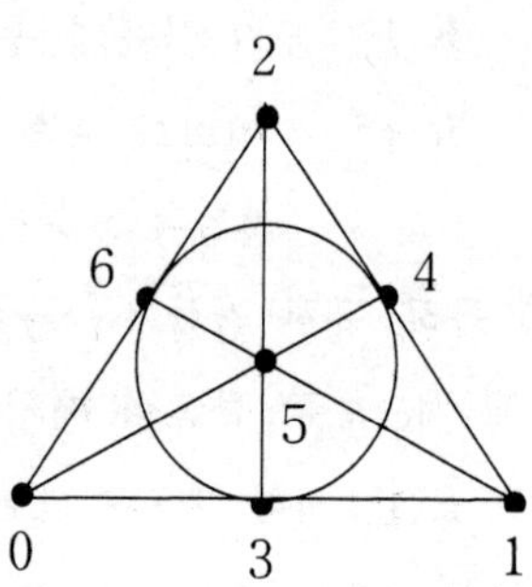

여기서,

$$v = 7, \ b = 7, \ k = 3$$

이고, σ 는 1-(7, 3, 3) 디자인이기도 하다.

이 디자인은 위수 2 인 사영평면이다(보기 12.2.1).

보기 17.1.3 다음 결합구조 $\sigma = (\mathscr{P}, \mathscr{B})$는 2-(7, 3, 2) 디자인이다.

$$\mathscr{P} = \{0, 1, 2, 3, 4, 5, 6\},$$
$$\mathscr{B} = \{B_0, B_1, \cdots, B_6, D_0, D_1, \cdots, D_6\}$$

$B_0 = \{1, 2, 4\},\quad B_1 = \{2, 3, 5\},\quad B_2 = \{3, 4, 6\},$
$B_3 = \{4, 5, 0\},\quad B_4 = \{5, 6, 1\},\quad B_5 = \{6, 0, 2\},$
$B_6 = \{0, 1, 3\}$
$D_0 = \{1, 3, 4\},\quad D_1 = \{2, 4, 5\},\quad D_2 = \{3, 5, 6\},$
$D_3 = \{4, 6, 0\},\quad D_4 = \{5, 0, 1\},\quad D_5 = \{6, 1, 2\},$
$D_6 = \{0, 2, 3\}$

여기서, $v = 7$, $b = 14$, $k = 3$ 이고, 이 디자인에서 임의의 두 점을 동시에 포함하는 블록은 꼭 2 개 있으며 서로 다른 두 블록은 꼭 1 개의 점에서 만난다. 그리고, σ 에서 임의의 한 점을 포함하는 블록은 꼭 6 개 있으므로, 이 디자인은 1-(7, 3, 6) 디자인이기도 하다.

그러나, 이 디자인은 아핀평면도 아니고 사영평면도 아니다.

보기 17.1.4 다음 결합구조 $\sigma = (\mathscr{P}, \mathscr{B})$는 2-(7, 4, 2) 디자인이다.

$$\mathscr{P} = \{0, 1, 2, 3, 4, 5, 6\},\quad \mathscr{B} = \{D_0, D_1, D_2, D_3, D_4, D_5, D_6\}$$

$D_0 = \{0, 3, 5, 6\},\quad D_1 = \{1, 4, 6, 0\},\quad D_2 = \{2, 5, 0, 1\},$
$D_3 = \{3, 6, 1, 2\},\quad D_4 = \{4, 0, 2, 3\},\quad D_5 = \{5, 1, 3, 4\},$
$D_6 = \{6, 2, 4, 5\}$

여기서, $v = b = 7$, $k = 4$ 이고, 이 디자인에서 임의의 두 점을 동시에 포함하는 블록은 꼭 2 개 있으며 임의의 서로 다른 두 블록은 꼭 2 개의 점에서 만난다. 한편, 이 디자인은 1-(7, 4, 4) 디자인이기도 하다.

보기 17.1.5 다음 결합구조 $\sigma = (\mathscr{P}, \mathscr{B})$는 3-(8, 4, 1) 디자인이다.

$$\mathscr{P} = \{0, 1, 2, 3, 4, 5, 6, 7\},$$
$$\mathscr{B} = \{D_0, \cdots, D_6, E_0, \cdots, E_6\}$$

$$D_0 = \{0, 3, 5, 6\}, \quad D_1 = \{0, 1, 4, 6\}, \quad D_2 = \{0, 1, 2, 5\},$$
$$D_3 = \{1, 2, 3, 6\}, \quad D_4 = \{0, 2, 3, 4\}, \quad D_5 = \{1, 3, 4, 5\},$$
$$D_6 = \{2, 4, 5, 6\}$$
$$E_0 = \{1, 2, 4, 7\}, \quad E_1 = \{2, 3, 5, 7\}, \quad E_2 = \{3, 4, 6, 7\},$$
$$E_3 = \{4, 5, 0, 7\}, \quad E_4 = \{5, 6, 1, 7\}, \quad E_5 = \{6, 0, 2, 7\},$$
$$E_6 = \{0, 1, 3, 7\}$$

여기서, 각 D_i 는 보기 17.1.4 에서와 같으며 각 E_i 는 보기 17.1.3 에서의 B_i 에 7 을 첨가한 집합이다. 이 디자인에서 $v = 8$, $b = 14$, $k = 4$ 이다. 이 디자인은 2 - (8, 4, 3) 디자인이고 1 - (8, 4, 7) 디자인이기도 하다.

책에 따라서 t- (v, k, λ) 디자인을 $S_\lambda(t, k, v)$ 로 나타내며, 특히 t- $(v, k, 1)$ 디자인을 $S(t, k, v)$ 로 나타내고 **슈타이너 체계**(Steiner system) 라고 한다.

연 습 문 제 (17.1)

1. 다음과 같은 결합구조 $\sigma = (\mathscr{P}, \mathscr{B})$ 는 2 - (3, 2, 1) 디자인이다.

$$\mathscr{P} = \{1, 2, 3\}, \quad \mathscr{B} = \{B_1, B_2, B_3\},$$
$$B_1 = \{2, 3\}, \quad B_2 = \{1, 3\}, \quad B_3 = \{1, 3\}$$

이 디자인 σ를 그림으로 나타내고 v, b, k, λ 의 값을 구하여라.

2. 아래 그림이 나타내는 결합구조는 1 - (v, k, λ) 디자인이다. 이 디자인에 대하여 v, b, k, λ 의 값을 구하고, 또 σ가 2-디자인인지를 판정하여라.

(1)

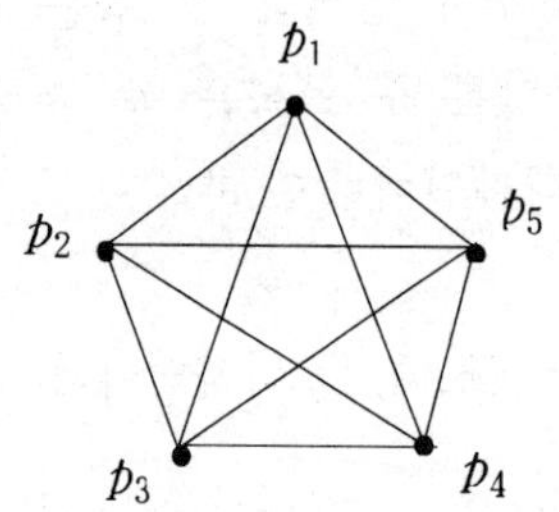

(2)

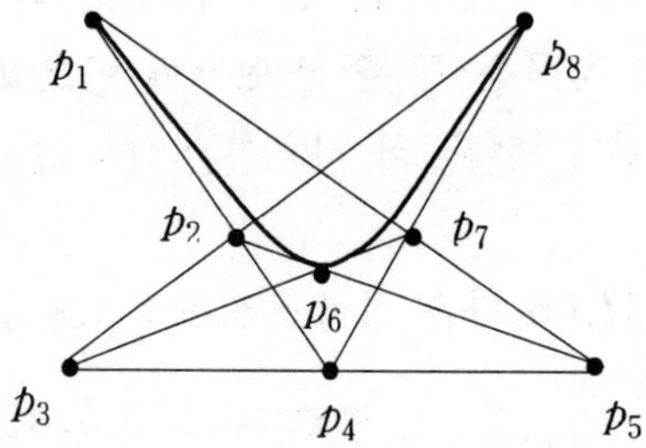

§ 17.2 2-디자인

이 절에서는, 2-디자인에 대하여 논한다(정의 17.1.1 참조).

정리 17.2.1 2-디자인 $\sigma = (\mathscr{P}, \mathscr{B})$에 대하여 다음이 성립한다고 하자.

(i) $v = |\mathscr{P}| \geq 2, \quad b = |\mathscr{B}|$

(ii) 임의의 $B \in \mathscr{B}$ 에 대하여 $|B| = k \geq 2$ 이다.

(iii) 임의의 서로 다른 두 점에 대하여 이 두 점을 동시에 포함하는 블록의 개수는 λ 이다.

이 때, 한 점을 포함하는 블록의 개수를 r라고 하면 다음이 성립한다.

(1) $\lambda(v-1) = r(k-1), \quad r = \dfrac{\lambda(v-1)}{k-1}$

(2) 임의의 점에 대하여 이 점을 포함하는 블록의 개수는 r이다.

그리고, σ는 세 조건 R.1, R.1^d, R.2^d를 만족시키는 2-디자인이고, 또 σ는 2-(v, k, λ) 디자인인 동시에 1-(v, k, r) 디자인이다.

(3) $\lambda v(v-1) = bk(k-1), \quad b = \dfrac{\lambda v(v-1)}{k(k-1)}$

(4) $vr = bk, \quad b = \dfrac{vr}{k} = \dfrac{\lambda v(v-1)}{k(k-1)}, \quad v \geq k, \quad b \geq r$

증 명 (1), (2), (3) 한 점 p를 택하고 다음과 같은 집합을 생각해 보자.

$$S = \{(q, B) \mid q \in \mathscr{P} - \{p\}, \ \{p, q\} \subseteq B \in \mathscr{B}\}$$

먼저 $|\mathscr{P} - \{p\}| = v-1$ 이므로 집합 $\mathscr{P} - \{p\}$ 에서 점 q를 택하는 방법은 $v-1$ 가지가 있고, 또 이러한 방법 하나 하나에 대하여 서로 다른 두 점 p, q를 동시에 포함하는 블록 $B \in \mathscr{B}$ 의 개수는 λ 이므로 $|S| = \lambda(v-1)$ 이다.

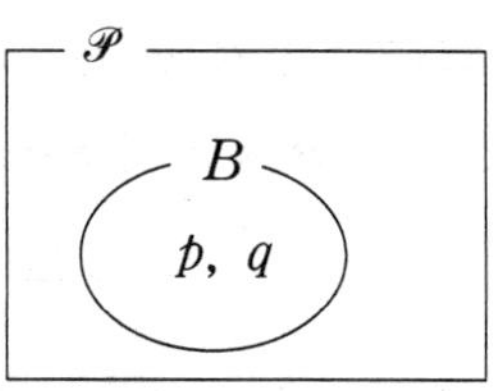

한편, 점 p를 포함하는 블록은 r개 있고, p를 포함하는 블록 B 에 대하여 $B - \{p\}$ 에서 점 q를 택하는 방법은 $k-1$ 가지가

있으므로 $|S| = r(k-1)$ 이다. 위의 두 결과로부터 다음 결과를 얻는다.

$$\lambda(v-1) = r(k-1), \quad r = \frac{\lambda(v-1)}{k-1}$$

그런데, 위의 등식에서 r 는 점 p 의 선택에 관계없이 일정하다.

따라서 (1), (2), (3) 이 성립한다

(4) 다음과 같은 집합을 생각해 보자.

$$T = \{ (\{p, q\}, B) \mid p, q \in \mathscr{P},\ p \neq q,\ \{p, q\} \subseteq B \in \mathscr{B} \}$$

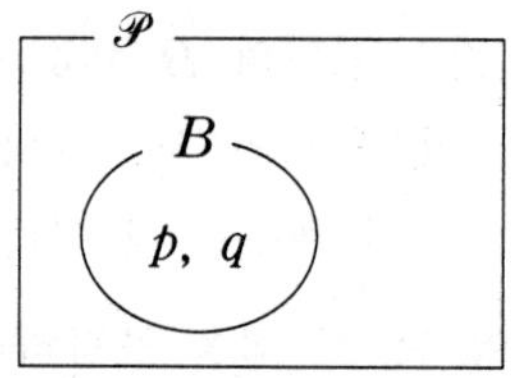

먼저 $|\mathscr{P}| = v$ 이므로 $\mathscr{P}$ 에서 서로 다른 두 점을 p, q 를 택하는 방법은 $\binom{v}{2}$ 가지가 있고, 또 이와 같은 방법 하나 하나에 대하여 이들 두 점 p, q 를 동시에 포함하는 블록의 개수는 λ 이므로 $|T| = \binom{v}{2}\lambda$ 이다.

한편, σ 의 블록 전체의 개수는 $|\mathscr{B}| = b$ 이고, 각 블록 $B \in \mathscr{B}$ 에 대하여 $|B| = k$ 이고 B 에서 서로 다른 두 점 p, q 를 택하는 방법은 $\binom{k}{2}$ 가지가 있으므로, $|T| = b\binom{k}{2}$ 이다. 따라서

$$\binom{v}{2}\lambda = b\binom{k}{2} \quad \text{즉} \quad \lambda\frac{v(v-1)}{2} = b\frac{k(k-1)}{2}$$

이므로 다음이 성립한다.

$$\lambda v(v-1) = bk(k-1), \quad b = \frac{\lambda v(v-1)}{k(k-1)}$$

(5) 다음과 같은 집합을 생각해 보자.

$$X = \{(p, B) \in \mathscr{P} \times \mathscr{B} \mid p \in B\}$$

먼저 (2) 에 의하여 임의의 점 $p \in \mathscr{P}$ 에 대하여 점 p 를 포함하는 블록의 개수는 r 이므로 $|X| = |\mathscr{P}|r = vr$ 이다.

그리고, 각 블록 $B \in \mathscr{B}$ 에 대하여 B 에 포함되는 점의 개수는 k 이므로 $|X| = |\mathscr{B}|k = bk$ 이고, 따라서 다음이 성립한다.

$$vr = bk \quad \text{즉} \quad b = \frac{vr}{k} = \frac{\lambda v(v-1)}{k(k-1)}$$

그리고, $v = |\mathscr{P}| \geq k$, $b = |\mathscr{B}| \geq r$ 이다.

정의 17.2.2 유한 결합구조 $\sigma = (\mathscr{P}, \mathscr{B})$ 가 2-디자인일 때, 다음과 같이 정의된 v, b, r, k, λ 를 σ 의 **파라미터**(parameter) 라고 한다.

$v = |\mathscr{P}| \geq 2$

$b = |\mathscr{B}|$

$r =$ (임의의 $p \in \mathscr{P}$에 대하여 p를 포함하는 블록의 개수)

$k =$ (임의의 $B \in \mathscr{B}$에 대하여 B에 포함되는 점의 개수)

$\lambda =$ (임의의 서로 다른 두 점에 대하여 이들 두 점을 동시에 포함하는 블록의 개수)

그리고, σ를 2-$(v, k. \lambda)$ 디자인이라 하고 $n = r - \lambda$을 σ의 **위수**(位數, order)라고 한다..

정리 17.2.1 에 의하여

$$r = \frac{\lambda(v-1)}{k-1}, \quad b = \frac{vr}{k} = \frac{\lambda v(v-1)}{k(k-1)}$$

이므로, r와 b는 v, k, λ 에 의하여 결정된다.

앞으로, 2-$(v, k. \lambda)$ 디자인을 논할 때에는 다음과 같은 경우만을 논한다.

$$v > k \geq 2, \quad b > r$$

이 경우에 2-(v, k, λ) 를 **균형 비완비**(均衡 非完備) **블록 디자인**(BIBD, balandced incomplete block design) 이라고 한다.

보기 17.2.1 위수 n인 아핀평면 $\alpha = (\mathscr{P}, \mathscr{B})$는 2-$(n^2, n, 1)$ 디자인이고 그 파라미터는 다음과 같다(정리 12.1.9).

$$v = n^2, \quad b = n^2 + n, \quad r = n+1, \quad k = n, \quad \lambda = 1$$

예를 들면, 오른쪽 그림이 나타내는 아핀평면

$$\alpha = (\mathscr{P}, \mathscr{B}),$$

$$\mathscr{P} = \{p_1, p_2, p_3, p_4\},$$

$$\mathscr{B} = \{B_1, B_2, B_3, B_4, B_5, B_6\}$$

는 $2-(4, 2, 1)$ 디자인이고 또 그 파라미터는

$v = 4, \ b = 6, \ r = 3, \ k = 2, \ \lambda = 1$ 이다.

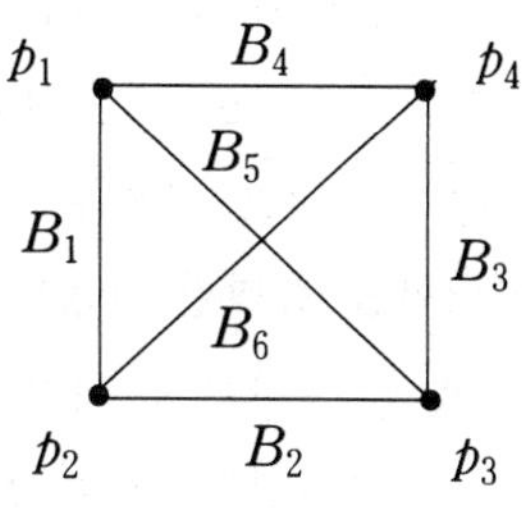

보기 17.2.2 위수 n 인 사영평면은 $2-(n^2+n+1,\ n+1,1)$ 디자인이고 그 파라미터는 다음과 같다(정리 12.2.10).

$$v = b = n^2+n+1, \quad r = k = n+1, \quad \lambda = 1$$

다음 정리의 증명은 생략하기로 한다([9], 정리 3.3.3).

정리 17.2.3 (Fisher의 부등식) 2-디자인 σ의 파라미터가 v, b, r, k, λ 일 때, $v \leq b,\ r \geq k$ 이다.

보기 17.2.3 $2-(16, 6, 1)$ 디자인은 존재하지 않는다(정리 17.2.1 참조).

실제로, 이와 같은 디자인이 존재한다면, $v = 16,\ k = 6,\ \lambda = 1$ 이므로,

$$r = \frac{\lambda(v-1)}{k-1} = \frac{15}{5} = 3 < k, \quad b = \frac{vr}{k} = \frac{16 \cdot 3}{6} = 8 < v$$

으로 되어 $v \leq b,\ r \geq k$ 이라는 사실에 모순된다.

정리 17.2.4 유한 결합구조 $\alpha = (\mathscr{P}, \mathscr{B})$ 에 대하여 다음 두 조건은 서로 동치이다(여기서, $n \geq 2$).

(1) α 는 위수 n 인 아핀평면이다.

(2) α 는 $2-(n^2, n, 1)$ 디자인이다.

증 명 (1) $\Longrightarrow$ (2) 결합구조 α 가 위수 n 인 아핀평면이라고 하자.

이 때, 정리 12.1.9 에 의하여 임의의 직선 L 에 대하여 $|L| = n$ 이고 또 임의의 점 p에 대하여 p를 지나는 직선은 꼭 $n+1$ 개 있다. 그리고

$$|\mathscr{P}| = n^2, \quad |\mathscr{B}| = n^2+n$$

이고, 임의의 서로 다른 두 점을 지나는 직선은 단 하나 존재한다.

그러므로, α는 $2-(n^2, n, 1)$ 디자인이다.

(2) $\Longrightarrow$ (1) 결합구조 $\alpha = (\mathscr{P}, \mathscr{B})$ 가 $2-(n^2, n, 1)$ 디자인일 때, 다음이 성립함을 증명한다(정의 12.1.3 참조).

A.1 : 임의의 서로 다른 두 점 x, y에 대하여, 두 점 x, y를 지나는 직선이 단 하나 존재한다.

A.2 : 점 x가 직선 L 위에 있지 않을 때, 점 x를 지나 직선 L에 평행한 직선이 단 하나 존재한다.

A : α 에는 한 직선 위에 있지 않은 세 점이 존재한다.

먼저 $\lambda = 1$ 이므로 A.1 이 성립한다. 그리고, $v = n^2$, $k = n$, $\lambda = 1$ 이고, 또 정리 17.2.1 에 의하여 $r(k-1) = \lambda(v-1)$ 이므로

$$r(n-1) = n^2 - 1 = (n+1)(n-1)$$

이고 따라서 $r = n+1$ 이다.

이제 $x \notin L$ 이라고 하자. 이 때, $k = n$ 이므로 L 위에는 n 개의 점이 존재하며 이들 점을 $p_1, p_2, \cdots, p_n$ 이라고 하면 n 개의 직선

$x \vee p_1,\ x \vee p_2,\ \cdots,\ x \vee p_n$

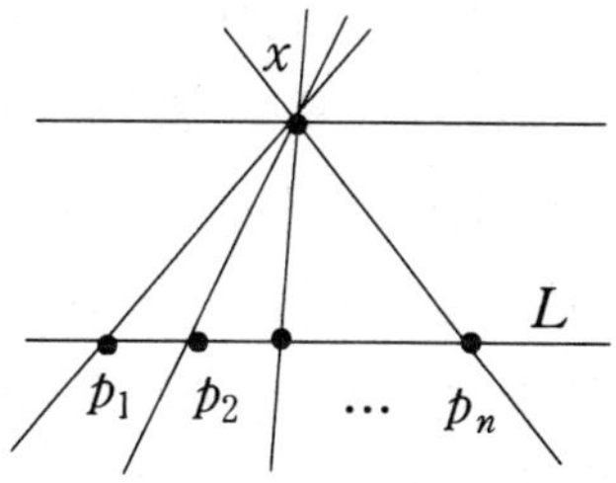

은 x를 지나 L과 만나는 직선 전체이다. 그런데, x를 지나는 직선의 개수는 $r = n+1$ 이므로 x를 지나 L에 평행한 직선은 단 하나 존재한다.

따라서 A.2 가 성립한다.

그리고, $|\mathscr{P}| = v = n^2 \geq 2^2$ 이므로 서로 다른 두 점 x, y 가 존재한다. 그런데, $k = n$ 이므로 직선 $x \vee y$ 위에는 꼭 n 개의 점이 존재하고, 또한 $v = n^2 > n$ 이므로 직선 $x \vee y$ 위에 있지 않은 점 c 가 존재한다. 그런데 세 점 x, y, c 는 공선점이 아니므로 A 가 성립한다.

그러므로, α 는 아핀평면이고, $r - \lambda = n$ 이므로 α 의 위수는 n 이다.

정리 17.2.5 2-(v, k, λ) 디자인 $\sigma = (\mathscr{P}, \mathscr{B})$ 의 파라미터가 v, b, r, k, λ 일 때, 유한 결합구조 $\sigma' = (\mathscr{P}', \mathscr{B}')$ 을 다음과 같이 정의하자.

$$\mathscr{P}' = \mathscr{P}, \qquad \mathscr{B}' = \{B' \mid B \in \mathscr{B}\},\ \ B' = \mathscr{P} - B$$

이 때, σ' 은 2-디자인이고 그 파라미터는 다음과 같다.

$$v' = v,\ b' = b,\ r' = b - r,\ k' = v - k,\ \lambda' = b - 2r + \lambda$$

이와 같이 정의된 2-디자인 $\sigma' = (\mathscr{P}', \mathscr{B}')$ 을 σ 의 **보 디자인**(補 디자인, complementary design) 이라고 한다.

증 명 먼저 $|\mathscr{P}'| = |\mathscr{P}| = v$ 이고, 또 각 블록 $B \in \mathscr{B}$ 에 대하여 B 의 여집합 $B' = \mathscr{P} - B \in \mathscr{B}'$ 이 일대일로 대응하므로 다음이 성립한다.

$$|\mathscr{B}'| = |\mathscr{B}| = b$$

그리고, 2-디자인 $\sigma = (\mathscr{P}, \mathscr{B})$ 에서 각 점 $p \in \mathscr{P}$ 에 대하여 p 를 포함하는 블록의 개수는 r 이므로, p 를 포함하지 않는 블록 $B \in \mathscr{B}$ 의 개수는 $b-r$ 이다. 그런데, 결합구조 $\sigma' = (\mathscr{P}', \mathscr{B}')$ 에서 각 점 $p \in \mathscr{P}'$ 에 대하여

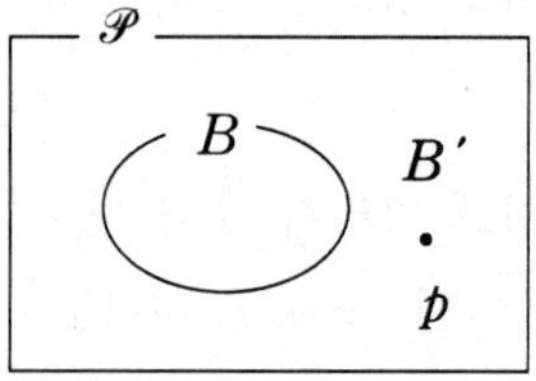

$$p \in B' \iff p \notin B$$

이므로 점 p 를 포함하는 블록 $B' \in \mathscr{B}'$ 의 개수는 $b-r$ 이다.

그리고, 각 블록 $B' \in \mathscr{B}'$ 에 대하여 $B' = \mathscr{P} - B$ 인 $B \in \mathscr{B}$ 가 존재하므로 $|B'| = |\mathscr{P}| - |B| = v - k$ 이다.

이제 결합구조 $\sigma' = (\mathscr{P}', \mathscr{B}')$ 에서 $p, q \in \mathscr{P}'$ 를 서로 다른 두 점이라고 하자. 이 때, p, q 를 동시에 포함하는 블록 $B' \in \mathscr{B}'$ 전체의 개수는 $\mathscr{B}$ 에 속해 있는 블록 중에서 p, q 모두를 포함하지 않는 블록 $B \in \mathscr{B}$ 전체의 개수와 일치한다. 한편, $\mathscr{B}$ 에 속해 있는 블록 중에서

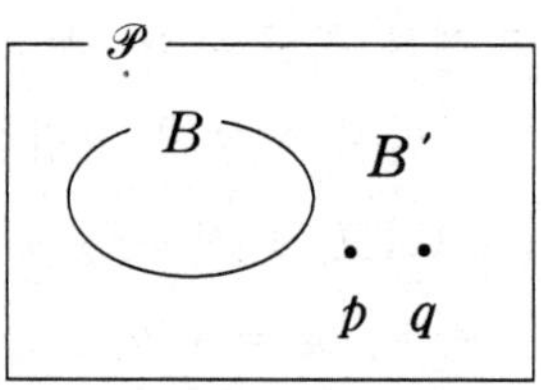

점 p 를 포함하는 블록 전체의 개수는 r,
점 q 를 포함하는 블록 전체의 개수는 r,
두 점 p, q 모두를 포함하는 블록 전체의 개수는 λ

이므로, 두 점 p, q 모두를 포함하지 않는 블록 $B \in \mathscr{B}$ 전체의 개수는

$$b - (r + r - \lambda) = b - 2r + \lambda$$

이고 따라서 두 점 p, q 를 동시에 포함하는 블록 $B' \in \mathscr{B}'$ 전체의 개수는 $b - 2r + \lambda$ 이다.

그러므로, σ' 은 2-디자인이고 그 파라미터가 다음과 같다.

$$v' = v, \quad b' = b, \quad r' = b-r,$$
$$k' = v-k, \quad \lambda' = b-2r+\lambda$$

보기 17.2.4 다음과 같은 결합구조 $\sigma = (\mathscr{P}, \mathscr{B})$는 2-디자인이다.

$$\mathscr{P} = \{1, 2, 3, 4, 5\}, \quad \mathscr{B} = \{B_1, B_2, \cdots, B_9, B_{10}\}$$

$$B_1 = \{1, 2, 3\}, \quad B_2 = \{1, 2, 4\}, \quad B_3 = \{1, 2, 5\},$$
$$B_4 = \{1, 3, 4\}, \quad B_5 = \{1, 3, 5\}, \quad B_6 = \{1, 4, 5\},$$
$$B_7 = \{2, 3, 4\}, \quad B_8 = \{2, 3, 5\}, \quad B_9 = \{2, 4, 5\},$$
$$B_{10} = \{3, 4, 5\}$$

이 디자인의 파라미터는 $v = 5$, $b = 10$, $r = 6$, $k = 3$, $\lambda = 3$ 이다.
그리고, σ의 補 디자인 $\sigma' = (\mathscr{P}', \mathscr{B}')$는 다음과 같다.

$$\mathscr{P}' = \mathscr{P} = \{1, 2, 3, 4, 5\}, \quad \mathscr{B}'' = \{B_1', B_2', \cdots, B_9', B_{10}'\}$$

$$B_1' = \{4, 5\}, \quad B_2' = \{3, 5\}, \quad B_3' = \{3, 4\},$$
$$B_4' = \{2, 5\}, \quad B_5' = \{2, 4\}, \quad B_6' = \{2, 3\},$$
$$B_7' = \{1, 5\}, \quad B_8' = \{1, 4\}, \quad B_9' = \{1, 3\},$$
$$B_{10}' = \{1, 2\}$$

디자인 σ'은 2-디자인이고 그 파라미터는 다음과 같다.

$$v' = 5, \quad b' = 10, \quad r' = 4, \quad k' = 2, \quad \lambda' = 1$$

연 습 문 제 (17.2)

1. 다음과 같은 결합구조 $\sigma = (\mathscr{P}, \mathscr{B})$ 에 대한 물음에 답하여라.

$$\mathscr{P} = \{1, 2, 3, 4, 5\}, \quad \mathscr{B} = \{B_1, B_2, \cdots, B_{10}\}$$

여기서 각 B_i는 서로 다른 세 숫자로 이루어진 집합이다.

이 결합구조는 3-(5, 3, 1) 디자인인 동시에 2-(5, 3, 3) 디자인임을 확인하고, 또 2-디자인 σ의 파라미터를 말하여라.

2. 다음 유한 아핀평면 $\alpha = (\mathscr{P}, \mathscr{B})$는 어떤 유형의 2-디자인인지 말하여라. 그리고, 이 2-디자인의 파라미터 v, b, r, k, λ의 값을 말하여라.

(1) 위수 7 인 아핀평면 (2) 위수 2^5 인 아핀평면

3. 다음 2-디자인 $\sigma = (\mathscr{P}, \mathscr{B})$의 파라미터 v, b, r, k, λ를 구하여라.

$$\mathscr{P} = \{0, 1, 2, \cdots, 11, 12\}, \quad \mathscr{B} = \{B_1, B_1, \cdots, B_{25}, B_{26}\}$$

$$\begin{array}{lll} B_1 = \{1, 3, 9\}, & B_2 = \{2, 4, 10\}, & B_3 = \{3, 5, 11\}, \\ B_4 = \{4, 6, 12\}, & B_5 = \{0, 5, 7\}, & B_6 = \{1, 6, 8\}, \\ B_7 = \{2, 7, 9\}, & B_8 = \{3, 8, 10\}, & B_9 = \{4, 9, 11\}, \\ B_{10} = \{5, 10, 12\}, & B_{11} = \{0, 6, 11\}, & B_{12} = \{1, 7, 12\}, \\ B_{13} = \{0, 2, 8\}, & B_{14} = \{2, 5, 6\}, & B_{15} = \{3, 6, 7\}, \\ B_{16} = \{4, 7, 8\}, & B_{17} = \{5, 8, 9\}, & B_{18} = \{6, 9, 10\}, \\ B_{19} = \{7, 10, 11\}, & B_{20} = \{8, 11, 12\}, & B_{21} = \{0, 9, 12\}, \\ B_{22} = \{0, 1, 10\}, & B_{23} = \{1, 2, 11\}, & B_{24} = \{2, 3, 12\}, \\ B_{25} = \{0, 3, 4\}, & B_{26} = \{1, 4, 5\} & \end{array}$$

그리고, σ의 補 디자인 σ'를 구하고 그 파라미터를 구하여라.

4. 보기 17.1.5의 2-$(8, 4, 3)$ 디자인 $\sigma = (\mathscr{P}, \mathscr{B})$의 補 디자인 σ'을 정의하고, 또 σ'의 파라미터를 구하여라.

5. 다음과 같은 2-디자인 $\sigma = (\mathscr{P}, \mathscr{B})$의 補 디자인 $\sigma' = (\mathscr{P}', \mathscr{B}')$을 정의하고, 또 σ'의 파라미터를 구하여라.

(1) 보기 17.1.1의 2-$(4, 2, 1)$ 디자인

(2) 보기 17.1.2의 2-$(7, 3, 1)$ 디자인

6. 유한 결합구조 σ가 2-$(15, 3, 1)$ 디자인일 때, σ의 파라미터 v, b, r, k, λ의 값을 구하여라.

§17.3 대칭 2-디자인

정리 17.2.1 과 정의 17.2.2 에 의하여 2-디자인의 파라미터가 v, b, r, k, λ 일 때 다음이 성립한다.

$$\lambda v(v-1) = bk(k-1), \quad vr = bk, \quad v \le b, \quad r \ge k$$

정의 17.3.1 파라미터가 v, b, r, k, λ 인 2-디자인에서

$$v = b \quad 즉 \quad r = k$$

일 때, 이 디자인을 **대칭**(對稱) **2-디자인**(symmetric 2-design)이라고 한다.

보기 17.3.1 다음 결합구조 $\sigma = (\mathscr{P}, \mathscr{B})$는 대칭 2-(16, 6, 2) 디자인이다.

$$\mathscr{P} = \{1, 2, 3, \cdots, 15, 16\},$$

$$\mathscr{B} = \{B_1, B_2, B_3, \cdots, B_{15}, B_{16}\}$$

1	2	3	4
5	6	7	8
9	10	11	12
13	14	15	16

여기서, 각 B_j는 오른쪽 표에서 j를 포함하는 행과 열에 들어 있는 정수 중에서 j를 제외한 정수 전체로 이루어진 집합이다.

$$B_1 = \{2, 3, 4, 5, 9, 13\}, \qquad B_2 = \{1, 3, 4, 6, 10, 14\},$$

$$B_3 = \{1, 2, 4, 7, 11, 15\}, \qquad B_4 = \{1, 2, 3, 8, 12, 16\},$$

$$B_5 = \{6, 7, 8, 1, 9, 13\}, \qquad B_6 = \{5, 7, 8, 2, 10, 14\},$$

$$\vdots \qquad\qquad \vdots$$

$$B_{13} = \{14, 15, 16, 1, 5, 9\}, \qquad B_{14} = \{13, 15, 16, 2, 6, 10\},$$

$$B_{15} = \{13, 14, 16, 3, 7, 11\}, \qquad B_{16} = \{13, 14, 15, 4, 8, 12\}$$

이 디자인의 파라미터는 다음과 같다.

$$v = b = 16, \quad r = k = 6, \quad \lambda = 2$$

여기서 2-디자인 σ의 서로 다른 두 점을 동시에 포함하는 블록은 꼭 2 개 있고, 또 서로 다른 두 블록에 동시에 포함되는 점은 꼭 2 개 있다.

보기 17.3.2 위수 n 인 사영평면은 대칭 2-$(n^2+n+1, n+1, 1)$ 디자인이고 그 파라미터는 다음과 같다(보기 17.2.2).

$$v = b = n^2+n+1, \quad r = k = n+1, \quad \lambda = 1$$

예를 들어, 위수 2 인 사영평면은 대칭 $2-(7,3,1)$ 디자인이고, 그 파라미터는 다음과 같다(보기 17.1.2).

$$v = b = 7, \quad r = k = 3, \quad \lambda = 1$$

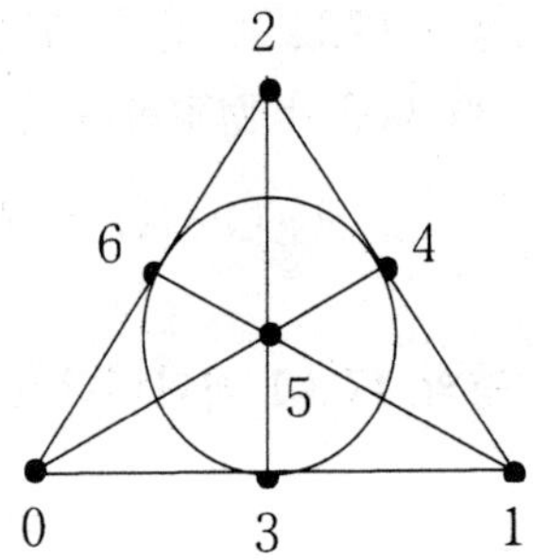

그리고, 위수 3 인 사영평면은 대칭 2-$(13, 4, 1)$ 디자인이고, 그 파라미터는 다음과 같다.

$$v = b = 13, \quad r = k = 4, \quad \lambda = 1$$

다음 정리의 증명은 생략하기로 한다.

정리 17.3.2 대칭 2-디자인 σ의 파라미터가 v, b, r, k, λ 일 때, 다음이 성립한다.

(1) $v = b,\ \ r = k,\ \ k(k-1) = \lambda(v-1)$

(2) σ는 다음 네 조건 R.1, R.2, R.1^d, R.2^d 를 만족시킨다.

R.1 : 각 블록에 속하는 점의 개수는 k이다.

R.2 : 임의의 서로 다른 두 블록에 동시에 있는 점의 개수는 λ이다.

R.1^d : 임의의 점에 대하여 이 점을 포함하는 블록의 개수는 r이다.

R.2^d : 임의의 서로 다른 두 점에 대하여, 이 두 점을 동시에 포함하는 블록의 개수는 λ이다.

정리 17.3.3 유한 결합구조 $\pi = (\mathscr{P}, \mathscr{B})$에 대하여 다음 세 조건은 서로 동치이다(여기서, $n \geq 2$).

(1) π 는 위수 n인 사영평면이다.

(2) π 는 $2-(n^2+n+1, n+1, 1)$ 디자인이다.

(3) π 는 위수 n인 대칭 2-디자인이고 $\lambda = 1$ 이다.

증 명 (1) ⟹ (2) 정리 12.2.10 에 의하여 (1) ⟹ (2) 이다.

(2) ⟹ (3) π 가 $2-(n^2+n+1, n+1, 1)$ 디자인이라고 하자. 이 때,

$$v = n^2+n+1,\ \ k = n+1,\ \ \lambda = 1$$

이고 또 정리 17.2.1 에 의하여

$$r(k-1) = \lambda(v-1) = v-1$$

이므로

$$rn = r(k-1) = v-1 = n^2+n = (n+1)n$$

이고, 따라서 $r = n+1 = k$ 이므로 σ 는 대칭 2-디자인이다(정의 17.3.1).

그리고, $r-\lambda = r-1 = n$ 이므로, σ 는 위수 n 인 대칭 2-디자인이다.

(3) ⟹ (1) 이제 π 가 위수 n 인 대칭 2-디자인이고 $\lambda = 1$ 이라고 할 때, 다음이 성립함을 증명한다(정의 12.2.2 참조).

P.1 : 임의의 서로 다른 두 점에 대하여 이들 두 점을 지나는 직선이 단 하나 존재한다.

P.2 : 임의의 서로 다른 두 직선에 대하여, 이들 두 직선은 단 한 점에서 만난다.

P : π 에는 사점도형이 적어도 하나 존재한다.

먼저 $\lambda = 1$ 이므로 P.1 이 성립한다. 그리고, σ 는 대칭 2-디자인이므로 정리 16.6.2 에 의하여 네 조건 R.1, R.2, $\mathrm{R}.1^d$, $\mathrm{R}.2^d$ 가 성립하고, 따라서 P.1 의 쌍대명제 P.2 가 성립한다.

또, 정의 17.3.1, 정의 17.2.2 에 의하여 $r = k$, $n = r-\lambda$ 이고 $\lambda = 1$ 이므로 $k = r = n+1$ 이고, 또 정리 17.2.1 에 의하여 $\lambda(v-1) = r(k-1)$ 이므로 다음이 성립한다.

$$v-1 = (n+1)n \quad 즉 \quad v = n^2+n+1$$

그런데, $n \geq 2$ 이므로

$$v = n^2+n+1 \geq 2^2+2+1 = 7$$

이고, 따라서 서로 다른 두 점 x, y 가 존재한다. 그리고, $k = n+1$ 이므로 각 직선 위에 꼭 $n+1$ 개의 점이 존재하므로 특히 직선 $x \vee y$ 위에는 꼭 $n+1$ 개의 점이 존재하고, 또

$$v = n^2 + n + 1 > n + 1$$

이므로 $x \vee y$ 위에 있지 않은 점 c가 존재한다.

한편, 서로 다른 세 직선 $x \vee y$, $x \vee c$, $y \vee c$ 위에 있는 점 전체의 개수는 $3(n+1) - 3 = 3n$ 이므로

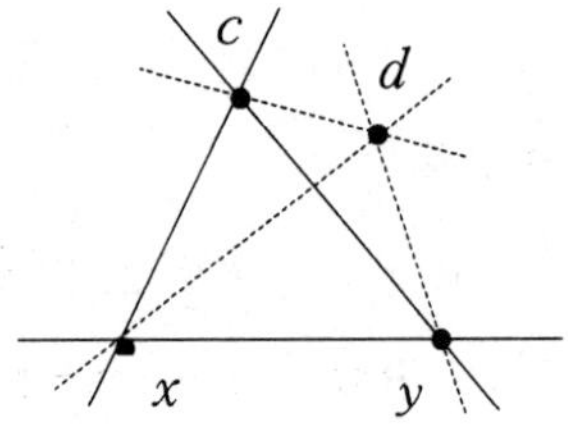

$$\begin{aligned} v - 3n &= n^2 + n + 1 - 3n \\ &= n^2 - 2n + 1 \\ &= (n-1)^2 \geq (2-1)^2 = 1 \end{aligned}$$

이고 따라서 이들 세 직선 중의 어느 직선 위에도 있지 않은 점 d가 존재한다. 이 때, 분명히 $\{x, y, c, d\}$는 사점도형이다. 따라서 π에서 P가 성립한다.

그러므로, π는 위수 n인 사영평면이다.

결합구조 $\sigma = (\mathscr{P}, \mathscr{B})$가 대칭 2-(v, k, λ) 디자인이면, $v = b$, $r = k$이므로 σ의 補 디자인 σ'은 다음과 같은 디자인이다(정리 17.2.5).

정리 17.3.4 유한 결합구조 $\sigma = (\mathscr{P}, \mathscr{B})$가 대칭 2-(v, k, λ) 디자인일 때, σ의 補 디자인 $\sigma' = (\mathscr{P}', \mathscr{B}')$은 대칭 2-$(v, v-k, v-2k+\lambda)$ 디자인이다.

보기 17.3.3 위수 2인 사영평면 $\sigma = (\mathscr{P}, \mathscr{B})$는 대칭 2-$(7, 3, 1)$ 디자인이다. 여기서,

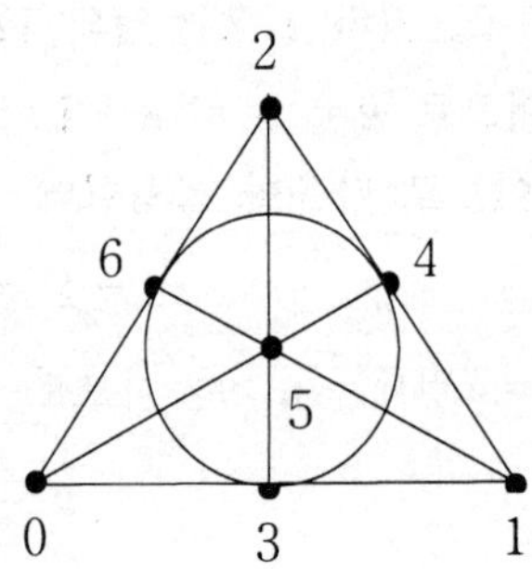

$$\mathscr{P} = \{0, 1, 2, 3, 4, 5, 6\},$$
$$\mathscr{B} = \{B_0, B_1, B_2, B_3, B_4, B_5, B_6\}$$

$$B_0 = \{1, 2, 4\}, \quad B_1 = \{2, 3, 5\},$$
$$B_2 = \{3, 4, 6\}, \quad B_3 = \{4, 5, 0\},$$
$$B_4 = \{5, 6, 1\}, \quad B_5 = \{6, 0, 2\},$$
$$B_6 = \{0, 1, 3\}$$

따라서 σ의 補 디자인 $\sigma' = (\mathscr{P}', \mathscr{B}')$은 다음과 같은 대칭 2-$(7, 4, 2)$ 디자인이다.

$$\mathscr{P}' = \{0,1,2,3,4,5,6\}, \quad \mathscr{B}' = \{B_0', B_1', \cdots, B_6'\}$$

$$B_0' = \{0,3,5,6\}, \quad B_1' = \{1,4,6,0\}, \quad B_2' = \{2,5,0,1\},$$

$$B_3' = \{3,6,1,2\}, \quad B_4' = \{4,0,2,3\}, \quad B_5' = \{5,1,3,4\},$$

$$B_6' = \{6,2,4,5\}$$

정리 17.3.5 유한 결합구조 $\sigma = (\mathscr{P}, \mathscr{B})$가 대칭 2-(v, k, λ) 디자인일 때, 한 블록 $B_0 \in \mathscr{B}$에 대하여 결합구조 $\overline{\sigma} = (\overline{\mathscr{P}}, \overline{\mathscr{B}})$를 다음과 같이 정하자.

$$\overline{\mathscr{P}} = B_0,$$

$$\overline{\mathscr{B}} = \{\overline{B} \mid B \in \mathscr{B},\ B \neq B_0\}, \quad \overline{B} = B \cap B_0$$

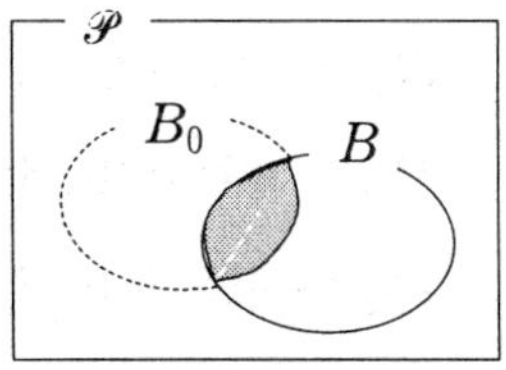

이 때, 결합구조 $\overline{\sigma}$는 2-디자인이고 또 그 파라미터를 $\overline{v}, \overline{b}, \overline{r}, \overline{k}, \overline{\lambda}$라고 하면 다음이 성립한다.

$$\overline{v} = k, \quad \overline{b} = v-1, \quad \overline{r} = k-1,$$

$$\overline{k} = \lambda, \quad \overline{\lambda} = \lambda - 1$$

증 명 먼저 σ는 대칭 2-(v, k, λ) 디자인이므로

$$|\mathscr{P}| = |\mathscr{B}| = v, \quad |B_0| = k$$

이고 따라서 다음이 성립한다.

$$|\overline{\mathscr{P}}| = |B_0| = k, \qquad |\overline{\mathscr{B}}| = |\mathscr{B}| - 1 = v-1$$

그리고, σ에서 각 $B \in \mathscr{B}$에 대하여 $|B| = k$이고 각 점 $x \in \mathscr{P}$에 대하여 이 점을 포함하는 블록 $B \in \mathscr{B}$의 개수는 k이다. 또, σ에서 서로 다른 두 점을 동시에 포함하는 블록 $B \in \mathscr{B}$의 개수는 λ이고, 서로 다른 두 블록 B, B_0에 대하여 $|B \cap B_0| = \lambda$이다(정리 17.3.2 참조).

따라서 $\overline{\sigma}$에서 임의의 점 $x \in \overline{\mathscr{P}} = B_0$에 대하여 $\overline{\mathscr{B}}$에 속해 있는 블록 중에서 x를 포함하는 블록의 개수는 $k-1$이고 또 $\overline{B} \in \overline{\mathscr{B}}$에 속하는 점의 개수는 λ이다. 그리고, 결합구조 σ에서 서로 다른 두 점을 포함하는 블록의 개수는 λ이므로 결합구조 $\overline{\sigma}$에서 서로 다른 두 점 $x, y \in \overline{\mathscr{P}} = B_0$를 포함하는 블록 $\overline{B} \in \overline{\mathscr{B}}$의 개수는 $\lambda - 1$이다.

그러므로 $\overline{\sigma}$는 2-디자인이고 그 파라미터는 다음과 같다.

$$\overline{v} = k,\ \overline{b} = v-1,\ \overline{r} = k-1,\ \overline{k} = \lambda,\ \overline{\lambda} = \lambda-1$$

보기 17.3.4 다음과 같은 유한 결합구조 $\sigma = (\mathscr{P}, \mathscr{B})$를 생각해 보자.

$$\mathscr{P} = \{0, 1, \cdots, 13, 14\},\quad \mathscr{B} = \{B_0, B_1, \cdots, B_{13}, B_{14}\}$$

$$\begin{aligned}
&B_0 = \{0, 1, 2, 3, 4, 5, 6\}, && B_1 = \{0, 1, 2, 7, 8, 9, 10\},\\
&B_2 = \{0, 1, 2, 11, 12, 13, 14\}, && B_3 = \{0, 3, 4, 7, 8, 11, 12\},\\
&B_4 = \{0, 3, 4, 9, 10, 13, 14\}, && B_5 = \{0, 5, 6, 7, 8, 13, 14\},\\
&B_6 = \{0, 5, 6, 9, 10, 11, 12\}, && B_7 = \{1, 3, 5, 7, 9, 11, 13\},\\
&B_8 = \{1, 3, 6, 7, 10, 12, 14\}, && B_9 = \{1, 4, 5, 8, 10, 11, 14\},\\
&B_{10} = \{1, 4, 6, 8, 9, 12, 13\}, && B_{11} = \{2, 3, 5, 8, 10, 12, 13\},\\
&B_{12} = \{2, 3, 6, 8, 9, 11, 14\}, && B_{13} = \{2, 4, 5, 7, 9, 12, 14\},\\
&B_{14} = \{2, 4, 6, 7, 10, 11, 13\}
\end{aligned}$$

먼저 σ는 대칭 2-(15, 7, 3) 디자인이고 그 파라미터는 다음과 같다.

$$v = b = 15,\quad r = k = 7,\quad \lambda = 3$$

이제 B_0를 택하여 다음과 같이 정한 $\overline{\sigma} = (\overline{\mathscr{P}}, \overline{\mathscr{B}})$는 2-디자인이다.

$$\begin{aligned}
&\overline{\mathscr{P}} = B_0 = \{0, 1, 2, 3, 4, 5, 6\},\\
&\overline{\mathscr{B}} = \{\overline{B_i} \mid 1 \le i \le 14\},\quad \overline{B}_i = B_i \cap B_0\ \ (1 \le i \le 14)
\end{aligned}$$

$$\begin{aligned}
&\overline{B}_1 = \{0, 1, 2\}, && \overline{B}_2 = \{0, 1, 2\}, && \overline{B}_3 = \{0, 3, 4\},\\
&\overline{B}_4 = \{0, 3, 4\}, && \overline{B}_5 = \{0, 5, 6\}, && \overline{B}_6 = \{0, 5, 6\},\\
&\overline{B}_7 = \{1, 3, 5\}, && \overline{B}_8 = \{1, 3, 6\}, && \overline{B}_9 = \{1, 4, 5\},\\
&\overline{B}_{10} = \{1, 4, 6\}, && \overline{B}_{11} = \{2, 3, 5\}, && \overline{B}_{12} = \{2, 3, 6\},\\
&\overline{B}_{13} = \{2, 4, 5\}, && \overline{B}_{14} = \{2, 4, 6\}
\end{aligned}$$

이 디자인의 파라미터는 다음과 같다.

$$\overline{v} = 7,\ \overline{b} = 14,\ \overline{r} = 6,\ \overline{k} = 3,\ \overline{\lambda} = 2$$

정리 17.3.6 대칭 2-(v, k, λ) 디자인 $\sigma = (\mathscr{P}, \mathscr{B})$에서 한 블록 B_0를 택하여

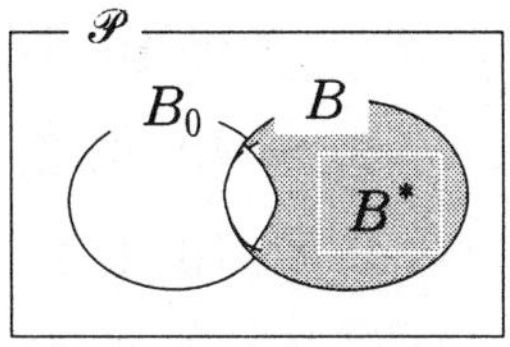

$$\mathscr{P}^* = \mathscr{P} - B_0,$$
$$\mathscr{B}^* = \{B^* \mid B \in \mathscr{B},\ B \neq B_0\},$$
$$B^* = B - B_0$$

이라고 하면, $\sigma^* = (\mathscr{P}^*, \mathscr{B}^*)$는 2-디자인이다.

그리고, σ^*의 파라미터를 v^*, b^*, r^*, k^*, λ^*라고 하면 다음이 성립한다.

$$v^* = v-k,\ \ b^* = v-1,\ \ r^* = k,$$
$$k^* = k-\lambda,\ \ \lambda^* = \lambda$$

증 명 먼저 σ는 2-(v, k, λ) 디자인이므로 $|\mathscr{P}| = v$, $|B_0| = k$이고 따라서 다음이 성립한다.

$$|\mathscr{P}^*| = v-k,\quad |\mathscr{B}^*| = |\mathscr{B}| - 1 = b-1 = v-1$$

이제 $x \in \mathscr{P}^*$이라고 하자.

이 때, 디자인 σ에서 x를 포함하는 블록의 개수는 $r = k$이고, $x \notin B_0$이므로 σ^*에서 x를 포함하는 블록의 개수도 k이다.

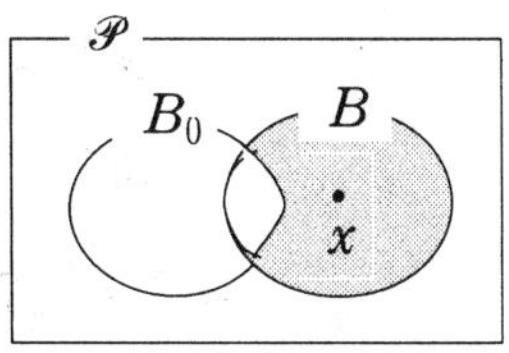

또, $B^* \in \mathscr{B}^*$이라고 하면, $B^* = B - B_0$이고 $|B \cap B_0| = \lambda$이므로 다음이 성립한다.

$$|B^*| = |B - B_0| = |B| - |B \cap B_0| = k - \lambda$$

이제 $x, y \in \mathscr{P}^* = \mathscr{P} - B_0$를 서로 다른 두 점이라고 하자.

이 때, 디자인 σ에서 $B \in \mathscr{B}$가 서로 다른 두 점 x, y를 포함하는 블록이라고 하면, $x, y \notin B_0$이므로 $B \neq B_0$이고 따라서 $x, y \in B^* = B - B_0$이다.

따라서 σ^*에서 서로 다른 두 점 x, y를 포함하는 블록의 개수는 λ이다.

그러므로, σ^*는 2-디자인이고, 그 파라미터는 다음과 같다.

$$v^* = v-k,\ \ b^* = v-1,\ \ r^* = k,\ \ k^* = k-\lambda,\ \ \lambda^* = \lambda$$

보기 17.3.5 다음 결합구조 $\sigma = (\mathscr{P}, \mathscr{B})$는 대칭 2 - (15, 7, 3) 디자인이다.

$$\mathscr{P} = \{0, 1, \cdots, 13, 14\}, \quad \mathscr{B} = \{B_0, B_1, \cdots, B_{13}, B_{14}\}$$

$$B_0 = \{0, 1, 2, 3, 4, 5, 6\}, \quad B_1 = \{0, 1, 2, 7, 8, 9, 10\},$$
$$B_2 = \{0, 1, 2, 11, 12, 13, 14\}, \quad B_3 = \{0, 3, 4, 7, 8, 11, 12\},$$
$$B_4 = \{0, 3, 4, 9, 10, 13, 14\}, \quad B_5 = \{0, 5, 6, 7, 8, 13, 14\},$$
$$B_6 = \{0, 5, 6, 9, 10, 11, 12\}, \quad B_7 = \{1, 3, 5, 7, 9, 11, 13\},$$
$$B_8 = \{1, 3, 6, 7, 10, 12, 14\}, \quad B_9 = \{1, 4, 5, 8, 10, 11, 14\},$$
$$B_{10} = \{1, 4, 6, 8, 9, 12, 13\}, \quad B_{11} = \{2, 3, 5, 8, 10, 12, 13\},$$
$$B_{12} = \{2, 3, 6, 8, 9, 11, 14\}, \quad B_{13} = \{2, 4, 5, 7, 9, 12, 14\},$$
$$B_{14} = \{2, 4, 6, 7, 10, 11, 13\}$$

그리고, σ의 파라미터는 $v = b = 15, \ r = k = 7, \ \lambda = 3$ 이다.

이제 σ에서 $B_0 = \{0, 1, 2, 3, 4, 5, 6\}$를 택하여 정리 17.3.6 에서와 같이 정의된 2-디자인 $\sigma^* = (\mathscr{P}^*, \mathscr{B}^*)$는 다음과 같은 2- (8, 4, 3) 디자인이다.

$$\mathscr{P}^* = \mathscr{P} - B_0 = \{7, 8, 9, 10, 11, 12, 13, 14\},$$
$$\mathscr{B}^* = \{B^* \mid B \in \mathscr{B}, B \neq B_0\}, \qquad B^* = B - B_0$$

$$B_1^* = \{7, 8, 9, 10\}, \quad B_2^* = \{11, 12, 13, 14\},$$
$$B_3^* = \{7, 8, 11, 12\}, \quad B_4^* = \{9, 10, 13, 14\},$$
$$B_5^* = \{7, 8, 13, 14\}, \quad B_6^* = \{9, 10, 11, 12\},$$
$$B_7^* = \{7, 9, 11, 13\}, \quad B_8^* = \{7, 10, 12, 14\},$$
$$B_9^* = \{8, 10, 11, 14\}, \quad B_{10}^* = \{8, 9, 12, 13\},$$
$$B_{11}^* = \{8, 10, 12, 13\}, \quad B_{12}^* = \{8, 9, 11, 14\},$$
$$B_{13}^* = \{7, 9, 12, 14\}, \quad B_{14}^* = \{7, 10, 11, 13\}$$

그리고, σ^*의 파라미터는 다음과 같다.

$$v^* = 8, \ b^* = 14, \ r^* = 7, \ k^* = 4, \ \lambda^* = 3$$

연 습 문 제 (17.3)

1. 다음과 같은 유형의 2-디자인의 파라미터를 구하여라.

(1) 2-(13, 4, 1) 디자인

(2) 2-(31, 6, 1) 디자인

2. 다음과 같은 유한 사영평면 $\pi = (\mathscr{P}, \mathscr{B})$ 는 어떤 유형의 2-디자인인지 말하여라. 또, 이 2-디자인의 파라미터 v, b, r, k, λ 를 구하여라.

(1) 위수 7 인 사영평면

(2) 위수 11 인 사영평면

3. 다음과 같이 정의된 2-디자인 σ 는 대칭 2-(7, 4, 2) 디자인이다.

$$\mathscr{P} = \{0,1,2,3,4,5,6\}, \quad \mathscr{B} = \{B_0, B_1, \cdots, B_6\}$$

$$B_0 = \{0,3,4,6\}, \quad B_1 = \{0,2,4,5\},$$

$$B_2 = \{2,3,5,6\}, \quad B_3 = \{1,4,5,6\},$$

$$B_4 = \{0,1,3,5\}, \quad B_5 = \{0,1,2,6\},$$

$$B_6 = \{1,2,3,4\}$$

(1) σ 의 補 디자인 $\sigma' = (\mathscr{P}', \mathscr{B}')$ 을 정하고 그 파라미터를 구하여라.

(2) σ 의 블록 B_0 를 택하여 정리 17.3.5 에서와 같이 디자인 $\overline{\sigma} = (\overline{\mathscr{P}}, \overline{\mathscr{B}})$ 를 정하고 그 파라미터를 구하여라.

(3) σ 의 블록 B_0 를 택하여 정리 17.3.6 에서와 같이 디자인 $\sigma^* = (\mathscr{P}^*, \mathscr{B}^*)$ 를 정하고 그 파라미터를 구하여라.

§17.4 등차집합과 대칭 2-디자인

집합 A 위에 덧셈 $+$ 가 정의되어 있고 이 덧셈에 관하여 좋은 성질을 가질 때, A를 덧셈군(additive group)이라고 한다(정의 3.4.1). 그리고, A가 유한집합인 경우에 $|A|$를 덧셈군 A의 **위수**(位數, order)라고 한다.

보기 17.4.1 양의 정수 m에 대하여 집합 $\mathbb{Z}_m = \{0, 1, \cdots, m-1\}$는 다음과 같이 정의된 덧셈 관하여 덧셈군을 이룬다(정리 3.4.2).

$$a + b = r \quad (r\text{는 합 } a+b\text{를 } m\text{으로 나누었을 때의 나머지})$$

정의 17.4.1 위수 v인 덧셈군 A에서 A의 부분집합

$$D = \{d_1, d_2, \cdots, d_k\}, \quad |D| = k, \quad 2 \le k < v$$

에 대하여 각 원소 $a \in A,\ a \neq 0$가 꼭 λ가지 방법으로

$$a = d_i - d_j \qquad (d_i, d_j \in D)$$

와 같은 꼴로 나타내어질 때, D를 덧셈군 A에서의 (v, k, λ)**-등차집합**(等差集合, difference set)이라고 한다.

보기 17.4.2 덧셈군 $\mathbb{Z}_7 = \{0, 1, 2, 3, 4, 5, 6\}$에서 다음이 성립한다.

$$1 + 6 = 0, \quad 2 + 5 = 0, \quad 3 + 4 = 0,$$

$$1 = -6,\ 6 = -1,\ 2 = -5,\ 5 = -2,\ 3 = -4,\ 4 = -3$$

덧셈군 $\mathbb{Z}_7$에서 집합 $D = \{1, 2, 4\}$는 $(7, 3, 1)$-등차집합이다.

실제로, $\mathbb{Z}_7$의 원소 $1, 2, 3, 4, 5, 6$은 다음과 같이 꼭 한 가지 방법으로 D의 두 원소의 차로 나타내어진다.

$$\begin{aligned} 1 &= 2 - 1, & 6 &= -1 = 1 - 2, \\ 2 &= 4 - 2, & 5 &= -2 = 2 - 4, \\ 3 &= 4 - 1, & 4 &= -3 = 1 - 4 \end{aligned}$$

정리 17.4.2 위수 v인 덧셈군 A에서 (v, k, λ)-등차집합 D가 존재하면 $\lambda(v-1) = k(k-1)$이다.

증 명 덧셈군 A에서 0이 아닌 원소는 $v-1$개 있고, 부분집합 D의 k개의 원소 중에서 서로 다른 두 원소를 택하여 만들 수 있는 차의 개수는 $k(k-1)$이다. 그런데 D는 덧셈군 A에서의 (v, k, λ)-등차집합이므로 이들 $k(k-1)$개의 차는 $v-1$개의 원소 하나 하나를 λ번씩 나타낸다.

따라서 $\lambda(v-1) = k(k-1)$이다.

정리 17.4.3 위수 v인 덧셈군 A에서 부분집합 $D = \{d_1, d_2, \cdots, d_k\}$가 (v, k, λ)-등차집합이면, 각 원소 $t \in A$에 대하여

$$D_t = \{d_1 + t, d_2 + t, \cdots, d_k + t\}$$

는 A에서의 (v, k, λ)-등차집합이다.

증 명 각 $t \in A$에 대하여 $|D_t| = |D| = k$이다.

그리고, 각 $a \in A$, $a \neq 0$에 대하여

$$a = d_i - d_j \Longleftrightarrow a = (d_i + t) - (d_j + t)$$

이므로 정의 17.4.1에 의하여 정리가 성립한다.

정리 17.4.4 위수 v인 덧셈군 A에서 부분집합

$$D = \{d_1, d_2, \cdots, d_k\} \qquad (2 \le k < v)$$

와 각 원소 $t \in A$에 대하여 $D_t = \{d_1 + t, d_2 + t, \cdots, d_k + t\}$이라 하고

$$\mathscr{P} = A, \quad \mathscr{B} = \{D_t \mid t \in A\},$$

이라고 할 때, 다음 두 조건은 서로 동치이다.

(1) D는 덧셈군 A에서의 (v, k, λ)-등차집합이다.

(2) $\sigma = (\mathscr{P}, \mathscr{B})$는 위수 $k-\lambda$인 대칭 $2-(v, k, \lambda)$ 디자인이다.

증 명 (1) $\Longrightarrow$ (2) 집합 D가 A에서 (v, k, λ)-등차집합일 때, σ가 두 조건 (R.1), $(R.2)^d$를 만족시킨다는 것을 밝힌다(정의 17.1.1).

먼저 각 $t \in A$ 에 대하여 $|D_t| = |D| = k$ 이므로, σ 는 조건 (R.1) 을 만족시킨다.

이제 $x, y \in A$, $x \neq y$ 라고 하자. 이 때, $x - y \neq 0$ 이므로 가정에 의하여

$$(*) \qquad x - y = d_i - d_j \qquad (d_i, d_j \in D)$$

인 순서쌍 (d_i, d_j) 의 개수는 λ 이다. 그런데, 등식 (*) 가 성립할 때,

$$x - d_i = y - d_j$$

이므로 $t = x - d_i$ 이라고 놓으면

$$x = d_i + t \in D_t, \qquad y = d_j + t \in D_t$$

이고, 역으로 적당한 원소 $t \in A$ 에 대하여 위의 등식이 성립하면, 등식 (*) 가 성립한다. 그러므로 x, y 를 포함하는 블록의 개수는 λ 이고, 따라서 σ 는 $\mathrm{R.2}^d$ 를 만족시킨다. 그러므로, σ 는 2-(v, k, λ) 디자인이다.

다음에 $|\mathscr{B}| = b$ 이라고 하면, $b = |\mathscr{B}| \leq |A| = v$ 이고 σ 는 2-디자인이므로 Fisher 의 부등식(정리 17.2.3) 에 의하여 $v \leq b$ 이다.

그러므로, $b = v$, $r = k$ 이므로 σ 는 대칭 2-(v, k, λ) 디자인이고 또 그 위수는 $n = r - \lambda = k - \lambda$ 이다.

(2) $\Longrightarrow$ (1) σ 가 위수 $k - \lambda$ 인 대칭 2-(v, k, λ) 디자인이라고 하자.

먼저 각 $x \in A$, $x \neq 0$ 에 대하여 두 원소 x, 0 을 동시에 지나는 블록 D_t 의 개수는 λ 이고 또 이와 같은 D_t 에 대하여

$$x = d_i + t, \qquad 0 = d_j + t \qquad (d_i, d_j \in D)$$

이므로, 위의 등식을 만족시키는 순서쌍 (d_i, d_j) 의 개수는 λ 개이고 이때 $x = d_i - d_j$ 이다.

역으로, $x = d_i - d_j$ $(d_i, d_j \in D)$ 일 때, $t = -d_j$ 이라고 하면 위의 두 등식이 성립한다. 따라서 각 $x \in A$, $x \neq 0$ 에 대하여

$$x = d_i - d_j$$

인 원소 $d_i, d_j \in D$ 로 이루어진 순서쌍 (d_i, d_j) 전체의 개수는 λ 이다.

그러므로, D 는 (v, k, λ) 등차집합이다.

앞의 정리 17.4.4 와 정리 17.3.3 에 의하여 다음 정리가 성립한다.

정리 17.4.5 위수 v 인 덧셈군 A 에서 $D = \{d_1, d_2, \cdots, d_k\}$ 를 k 개의 원소로 이루어진 부분집합이라고 하자(단, $v > k \geq 3$). 이 때,

$$\mathscr{P} = A, \quad \mathscr{B} = \{D_t \mid t \in A\}$$

$$D_t = \{d_1 + t, d_2 + t, \cdots, d_k + t\} \qquad (t \in A)$$

이라고 하면 다음 세 조건은 서로 동치이다.

(1) D 는 $(v, k, 1)$-등차집합이다.

(2) $\sigma = (\mathscr{P}, \mathscr{B})$ 는 위수 $k-1$ 인 대칭 2-$(v, k, 1)$ 디자인이다.

(3) $\sigma = (\mathscr{P}, \mathscr{B})$ 는 위수 $k-1$ 인 사영평면이고 $v = k^2 - k + 1$ 이다.

보기 17.4.3 덧셈군 $\mathbb{Z}_7 = \{0, 1, 2, 3, 4, 5, 6\}$ 에서, 집합 $D = \{1, 2, 4\}$ 는 $(7, 3, 1)$ 등차집합이다(보기 17.4.2). 따라서 다음과 같이 정의된 결합구조 $\sigma = (\mathscr{P}, \mathscr{B})$ 는 위수 2 인 대칭 2-$(7, 3, 1)$ 디자인이다.

$$\mathscr{P} = \mathbb{Z}_7, \quad \mathscr{B} = \{D_0, D_1, D_2, D_3, D_4, D_5, D_6\}$$

$D_0 = \{1, 2, 4\} = D$,

$D_1 = \{2, 3, 5\}$, $\quad D_2 = \{3, 4, 6\}$,

$D_3 = \{4, 5, 0\}$, $\quad D_4 = \{5, 6, 1\}$,

$D_5 = \{6, 0, 2\}$, $\quad D_6 = \{0, 1, 3\}$

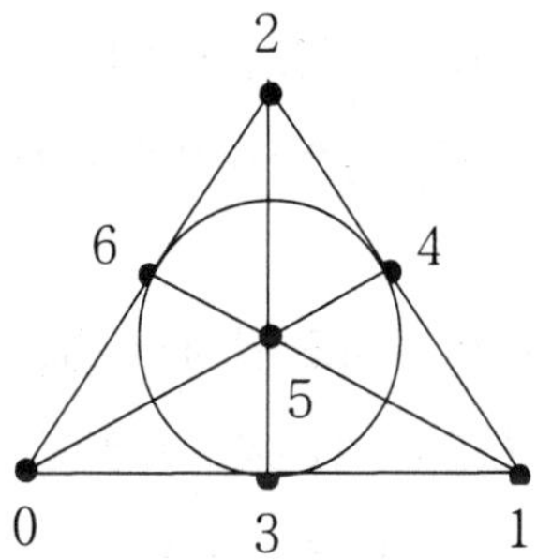

결합구조 σ는 위수 2 인 사영평면이고 본질적으로 체 $\mathbb{F}_2$ 위의 사영평면 $\mathrm{PG}(2, \mathbb{F}_2)$ 과 동일하다(보기 12.4.2).

또, $\mathbb{Z}_7$ 에서 $D' = \{0, 3, 5, 6\}$ 은 $(7, 4, 2)$ 등차집합이다(문제 1). 따라서 다음 결합구조 $\sigma' = (\mathscr{P}', \mathscr{B}')$ 는 위수 2 인 대칭 $2-(7, 4, 2)$ 디자인이다

$$\mathscr{P} = \mathbb{Z}_7, \quad \mathscr{B} = \{D_0', D_1', D_2', D_3', D_4', D_5', D_6'\}$$

$D_0' = \{0, 3, 5, 6\} = D'$,

$D_1' = \{1, 4, 6, 0\}$, $\quad D_2' = \{2, 5, 0, 1\}$, $\quad D_3' = \{3, 6, 1, 2\}$,

$D_4' = \{4, 0, 2, 3\}$, $\quad D_5' = \{5, 1, 3, 4\}$, $\quad D_6' = \{6, 2, 4, 5\}$

보기 17.4.4 덧셈군 $\mathbb{Z}_{13} = \{0, 1, 2, 3, \cdots, 12\}$ 에서 집합 $D = \{0, 1, 3, 9\}$ 는 $(13, 4, 1)$ 등차집합이다. 실제로, 덧셈군 $\mathbb{Z}_{13}$ 의 0 이 아닌 원소는 다음과 같이 꼭 한 가지 방법으로 D 의 두 원소의 차로 나타내어진다.

$$1 = 1-0,\quad 2 = 3-1,\quad 3 = 3-0,\quad 4 = 0-9,$$
$$5 = 1-9.\quad 6 = 9-3,\quad 7 = 3-9,\quad 8 = 9-1,$$
$$9 = 9-0,\quad 10 = 0-3,\quad 11 = 1-3,\quad 12 = 0-1$$

그러므로 다음과 같이 정의된 유한 결합구조 $\sigma = (\mathscr{P}, \mathscr{B})$ 는 위수 3 인 대칭 2- $(13, 4, 1)$ 디자인이다.

$$\mathscr{P} = \mathbb{Z}_{13} = \{0, 1, 2, 3, 4, 5, 6, 7, 8, 9, 10, 11, 12\},$$
$$\mathscr{B} = \{D_0, D_1, D_2, \cdots, D_{12}\},\qquad D_t = \{t,\ 1+t,\ 3+t,\ 9+t\}$$
$$D_0 = \{0, 1, 3, 9\},\quad D_1 = \{1, 2, 4, 10\},\quad D_2 = \{2, 3, 5, 11\},$$
$$D_3 = \{3, 4, 6, 12\},\quad D_4 = \{4, 5, 7, 0\},\quad D_5 = \{5, 6, 8, 1\},$$
$$D_6 = \{6, 7, 9, 2\},\quad D_7 = \{7, 8, 10, 3\},\quad D_8 = \{8, 9, 11, 4\},$$
$$D_9 = \{9, 10, 12, 5\},\quad D_{10} = \{10, 11, 0, 6\},\quad D_{11} = \{11, 12, 1, 7\},$$
$$D_{12} = \{12, 0, 2, 8\}$$

이 디자인은 사영평면 $PG(2, \mathbb{F}_3)$과 본질적으로 동일하다(보기 12.4.3).

보기 17.4.5 덧셈군 $\mathbb{Z}_{15} = \{0, 1, \cdots, 14\}$ 에서 $D = \{0, 1, 2, 4, 5, 8, 10\}$ 는 $(15, 7, 3)$-차집합이다. 실제로, $\mathbb{Z}_{15}$ 에서

$$1 = 1 - 0,\quad 1 = 2 - 1,\quad 1 = 5 - 4,$$
$$2 = 2 - 0,\quad 2 = 2 - 0,\quad 2 = 4 - 2,$$
$$3 = 4 - 1,\quad 3 = 5 - 2,\quad 3 = 8 - 5,$$
$$4 = 4 - 0,\quad 4 = 5 - 1,\quad 4 = 8 - 4,$$
$$5 = 5 - 0,\quad 5 = 10 - 5,\quad 5 = -10 = 0 - 10$$
$$6 = 8 - 2,\quad 6 = 10 - 4,\quad 6 = -9 = 1 - 10,$$
$$7 = 8 - 1,\quad 7 = -8 = 2 - 10,\quad 7 = -8 = 2 - 10$$
$$8 = -7,\ 9 = -6,\ 10 = -5,\ \cdots,\ 13 = -2,\ 14 = -1$$

이므로 $\mathbb{Z}_{15}$ 의 0 이 아닌 원소는 꼭 3 가지 방법으로 D 의 두 원소의 차로

나타내어진다. 따라서 다음과 같이 정의된 결합구조 $\sigma = (\mathscr{P}, \mathscr{B})$ 는 위수 4 인 대칭 2-(15, 7, 3) 디자인이다.

$$\mathscr{P} = \mathbb{Z}_{15}, \quad \mathscr{B} = \{D_0, D_1, D_2, \cdots, D_{14}\},$$

$$D_t = \{t, 1+t, 2+t, 4+t, 5+t, 8+t, 10+t\} \quad (t \in \mathbb{Z}_{15})$$

각 $t \in \mathbb{Z}_{15}$에 대하여 다음과 같이 정의된 $\sigma_t = (D_t, L_t)$ 는 사영평면 $\mathrm{PG}(2, \mathbb{F}_2)$ 와 본질적으로 동일하다(보기 12.4.2).

$$D_t = \{t, 1+t, 2+t, 4+t, 5+t, 8+t, 10+t\}$$

$$L_t = \{L_{t0}, L_{t1}, L_{t2}, L_{t3}, L_{t4}, L_{t5}, L_{t6}\}$$

$$L_{t0} = \{t, 1+t, 4+t\}, \qquad L_{t1} = \{1+t, 2+t, 5+t\},$$

$$L_{t2} = \{2+t, 4+t, 10+t\}, \quad L_{t3} = \{4+t, 5+t, 8+t\},$$

$$L_{t4} = \{5+t, 10+t, t\}, \qquad L_{t5} = \{10+t, 8+t, 1+t\},$$

$$L_{t6} = \{8+t, t, 2+t\}$$

정리 17.4.6 위수 v 인 덧셈군 A 에서 부분집합 $D = \{d_1, d_2, \cdots, d_k\}$ 가 (v, k, λ) 등차집합일 때, $D' = A - D$ 이라고 하면 다음이 성립한다. 여기서, $v > k \geq 2$ 이다.

(1) 각 $x \in A$, $x \neq 0$ 는 λ 가지 방법으로 다음과 같이 나타내어진다.

$$x = d - e \qquad (d \in D, \ e \in D')$$

(2) 각 $x \in A$, $x \neq 0$ 는 $k - \lambda$ 가지 방법으로 다음과 같이 나타내어진다.

$$x = d - d' \qquad (d \in D, \ d' \in D')$$

(3) 각 $x \in A$, $x \neq 0$ 는 $k - \lambda$ 가지 방법으로 다음과 같이 나타내어진다.

$$x = d' - d \qquad (d' \in D', \ d \in D)$$

(4) 각 $x \in A$, $x \neq 0$ 는 $v - 2k + \lambda$ 가지 방법으로

$$x = d' - e' \qquad (d' \in D', \ e' \in D')$$

과 같이 나타내어진다.

증 명 (1) 등차집합의 정의에 의하여 (1) 이 성립한다.

(2) 각 원소 $x \in A$, $x \neq 0$ 는 각 $d \in D$ 에 대하여 단 한 가지 방법으로

$$x = d - (d - x)$$

와 같은 꼴로 나타내어진다. 그런데, 앞의 (1) 에 의하여 꼭 λ개의 $d \in D$ 에 대해서는 $d - x \in D$이고 또 $|D| = k$이다. 따라서 꼭 $k-\lambda$개의 원소 $d \in D$ 에 대하여 $d - x \in D'$ 이므로 (2)가 성립한다.

(3) 위의 (2) 와 마찬가지 방법으로 (3) 이 성립함을 증명할 수 있다.

(4) 각 $x \in A,\ x \neq 0$ 는 v개의 원소 $a_1 \in A$ 에 대하여

$$x = a_1 - (a_1 - x) \qquad (a_1 \in A,\ a_1 - x \in A)$$

와 같이 꼭 v가지 방법으로 차로 나타내어진다.

이제 x가 꼭 N가지 방법으로

$$x = d' - e' \qquad (d' \in D',\ e' \in D')$$

와 같이 나타내어진다고 하면, 앞의 (1), (2), (3) 에 의하여

$$v = \lambda + (k-\lambda) + (k-\lambda) + N$$

이고 따라서 $N = v - 2k + \lambda$이다.

정리 17.4.7 위수 v 인 덧셈군 A 에서 집합 D가 (v, k, λ) 등차집합일 때,

$$D' = A - D = \{d' \in A \mid d' \notin D\}$$

이라 하고 다음과 같이 $\sigma' = (\mathscr{P}', \mathscr{B}')$ 을 정하자(단, $v > k \geq 2$).

$$\mathscr{P}' = A,$$
$$\mathscr{B}' = \{D_t' \mid t \in A\}, \quad D_t' = \{d' + t \mid d' \in D'\}$$

이 때, 다음이 성립한다.

(1) 집합 D' 은 덧셈군 A 에서 $(v, v-k, v-2k+\lambda)$ 등차집합이다.

(2) 결합구조 σ' 는 대칭 2-$(v, v-k, v-2k+\lambda)$ 디자인이다.

(3) $\sigma = (\mathscr{P}, \mathscr{B})$를 아래와 같이 정의된 대칭 2-(v, k, λ) 디자인이라고 하면, σ' 은 σ 의 補 디자인이다.

$$\mathscr{P} = A, \quad \mathscr{B} = \{D_t \mid t \in A\}, \quad D_t = \{d + t \mid d \in D\} \qquad (t \in A)$$

집합 D' 을 D의 **보 등차집합**(補 等差集合, complementary difference set) 이라고 한다.

증 명 정리 17.4.6 (4) 에 의하여 (1) 이 성립하고, 또 정리 17.4.5 에 의하여 (2) 가 성립한다. 그리고, A 는 덧셈군이므로 각 원소 $t \in A$ 에 대하여

$$A = \{a + t \mid a \in A\}$$

이고 또 $D' = A - D$ 이므로

$$D_t' = \{d' + t \mid d' \in A - D\} = A - D_t$$

이고, 따라서 σ' 는 σ 의 補 디자인이다(정리 17.4.6).

보기 17.4.6 덧셈군 $\mathbb{Z}_7 = \{0, 1, 2, 3, 4, 5, 6\}$ 에서 집합 $D = \{1, 2, 4\}$ 는 $(7, 3, 1)$ 등차집합이고 따라서 다음과 같이 정의된 결합구조 $\sigma = (\mathscr{P}, \mathscr{B})$ 는 대칭 2 - $(7, 3, 1)$ 디자인이다(보기 17.3.3 참조).

$$\mathscr{P} = \mathbb{Z}_7, \quad \mathscr{B} = \{D_0, D_1, D_2, D_3, D_4, D_5, D_6\}$$

$$D_0 = \{1, 2, 4\} = D,$$
$$D_1 = \{2, 3, 5\}, \quad D_2 = \{3, 4, 6\}, \quad D_3 = \{4, 5, 0\},$$
$$D_4 = \{5, 6, 1\}, \quad D_5 = \{6, 0, 2\}, \quad D_6 = \{0, 1, 3\}$$

그런데,

$$v - k = 7 - 3 = 4, \qquad v - 2k + \lambda = 7 - 6 + 1 = 2$$

이므로 $\mathbb{Z}_7$ 에서 $D' = \mathbb{Z}_7 - D = \{0, 3, 5, 6\}$ 는 $(7, 4, 2)$ 등차집합이다.

그러므로, 다음과 같은 결합구조 $\sigma' = (\mathscr{P}', \mathscr{B}')$ 은 대칭 2 - $(7, 4, 2)$ 디자인이고 또 σ 의 補 디자인이다(보기 17.3.3 참조).

$$\mathscr{P}' = \mathbb{Z}_7,$$
$$\mathscr{B}' = \{D_0', D_1', D_2', D_3', D_4', D_5', D_6'\}$$

$$D_0' = \{0, 3, 5, 6\} = D',$$
$$D_1' = \{1, 4, 6, 0\}, \quad D_2' = \{2, 5, 0, 1\}, \quad D_3' = \{3, 6, 1, 2\},$$
$$D_4' = \{4, 0, 2, 3\}, \quad D_5' = \{5, 1, 3, 4\}, \quad D_6' = \{6, 2, 4, 5\}$$

디자인과 관련이 있는 라틴 방진(方陣, Latin square)과 오일러 방진(Euler square)에 대해서는 [해설1704] 에서 논하기로 한다.

연 습 문 제 (17.4)

1. 덧셈군 $\mathbb{Z}_7$ 에서 $D = \{0,3,5,6\}$ 는 $(7,4,2)$-등차집합임을 증명하여라.

2. 덧셈군 $\mathbb{Z}_{11} = \{0,1,2,\cdots,9,10\}$ 에서 $D = \{1,3,4,5,9\}$ 는 $(11,5.2)$ 등차집합임을 확인하고, 또 다음 물음에 답하여라.
   (1) 등차집합 D를 이용하여 대칭 2-$(11,5,2)$ 디자인을 만들어라.
   (2) 덧셈군 $\mathbb{Z}_{11}$ 에서 $D' = \mathbb{Z}_{11} - D = \{0,2,6,7,8,10\}$는 $(11,6,3)$ 등차집합임을 확인하여라.
   그리고, D' 을 이용하여 2-$(11,6,3)$ 디자인을 구하여라.

3. 덧셈군 $\mathbb{Z}_{13} = \{0,1,2,\cdots,12\}$ 에서 $D = \{1,2,4,10\}$ 가 $(13,4,1)$ 등차집합임을 확인하고, 또 다음 물음에 답하여라.
   (1) 등차집합 D를 이용하여 대칭 2-$(13,4,1)$ 디자인을 만들어라.
   (2) 덧셈군 $\mathbb{Z}_{13}$ 에서 집합 $D' = \mathbb{Z}_{13} - D = \{0,3,5,6,7,8,9,11,12\}$ 가 $(13,9,6)$ 등차집합임을 밝혀라.
   그리고, 이 사실을 이용하여 대칭 2-$(13,9,6)$ 디자인을 구하여라.

4. 덧셈군 $\mathbb{Z}_{13} = \{0,1,2,\cdots,12\}$ 에서 $D = \{0,4,5,7\}$ 가 $(13,4,1)$등차집합임을 확인하고, 이를 이용하여 대칭 2-$(13,4,1)$ 디자인을 구하여라.

5. 덧셈군 $\mathbb{Z}_{21} = \{0,1,2,3,\cdots,19,20\}$ 에서 집합 $D = \{1,2,5,15,17\}$ 가 $(21,5,1)$ 등차집합임을 확인하여라.
   또, 덧셈군 $\mathbb{Z}_{21}$ 에서 D의 補 등차집합 D' 를 구하고 그 유형을 말하여라.

6. 덧셈군 $\mathbb{Z}_{31} = \{0,1,2,\cdots,29,30\}$ 에서 집합 $D = \{1,2,7,19,23,30\}$ 가 $(31,6,1)$ 등차집합임을 확인하여라.
   또, 덧셈군 $\mathbb{Z}_{31}$ 에서 D의 補 등차집합 D' 을 구하고 그 유형을 말하여라.

참고 문헌

1. 박승안 · 김응태, 현대대수학, 제 9 판, 경문사, 2019

2. 박승안· 김응태, 정수론, 제 9 판, 경문사, 2019

3. 박승안, 신판 선형대수학, 경문사, 2020

4. 박승안, 선형대수학 개론, 경문사, 2020

5. 박승안, 대수학과 암호학, 경문사, 1999

6. 박승안, 암호학과 부호이론, 제 2 판, 경문사, 2008

7. 박승안, 이산수학, 제 3 판, 경문사, 2012

8. 박승안, 유한군의 표현론, 경문사, 2004

9. 박승안, 사영평면과 디자인, 제 3 판, 경문사, 2012

10. Agnarsson, Greenlaw, Graph Theory : Modeling, Application and Algorithms, Prentice Hall, Englewood Cliffs, 2006

11. Albert, Nowakowski and Wolfe, Lessions in Play : An Introduction to

12. Anderson, I., Combinatorial designs and tournaments, Clarendon Press, Oxford, 1997

13. Anderson, J., Discrete mathematics with combinatorics, 2nd ed. Combinatorial Game Theory, A.K. Peters, 2007

14. Anderson, I., Combinatorial designs and tournaments, Clarendon Press, Oxford, 1997

15. Beker, H. and F. Piper, Cipher systems, the protection of communications, John-Wiley & Sons, Inc, New York, 1982

16. Berlekamp Elwyn, John Conway and Richard Guy, Winning ways for your mathematical plays, 2nd ed., A K Peters, MA, 2001, 2003

17. Blauhut, R.E., Algebraic codes for data transmission, Cambridge Univ. Press, Cambridge, United Kingdom, 2003

18. Bona, M., Enumerative Combinatorics, 3 rd edition, MacGraw-Hill, 2007

19. Bondy, J.A. and Murty U.S.R., Graph Theory with Applications, Springer, 2010

20. Cameron, P.J., Combinatorics : Topics, Techniques, Algorithms, Cambridge University Press, London, 1994

21. Cameron, P.J. and J.H. van Lint, Designs, graphs, codes and their links, Cambridge Univ. Press, 1991

22. Cormen, T.H., Leierson, Rivest and Stein, Introduction to Algoritms, 3rd edition. MIT Press, 2009

23. Colbourn, C.J. and J.H. Dinitz, The CRC handbook of combinatorial designs, 1996, CRC Press, New York, 1996

24. Diestel, R., Graph theory, Springer-Verlag, New York, 1997

25. Epp, S.S, Discrete Mathematics with Applications, 5 th edition, Cengage Learning, Inc., 2020

26. Erickson, M.J., Introduction to combinatorics, Wiley Interscience series in discrete mathematics and optimization, Wiley, 1996

27. Goodaire E.G. and M.M. Parmenter, Discrete mathematics with graph theory, 3 rd ed., Pearson Education, Inc. Upper Saddle River, New Jersey, 2006

28. Gossett, E., Discrete mathematics with proof, Pearson education, Inc, Upper Saddle River, New Jersey, 2003

29. Grimaldi, R.P., Discrete and Combinatorial Mathematics, 5th edition, Addison-Wesley, Reading, 2003

30. Hopcroft, J.E., Motwani and Ullman, Introduction to Automata Theory, Language and Computation, 3 rd edition, Addison-Wesley, 2006

31. Johnsonbaugh, R., Discrete mathematics, 8 th ed. Pearson Education Limited, 2019

32. Kelly, D., Automata and formal language : An introduction, Prentice Hall, 1995

33. Koblitz, N., Algebraic aspects of cryptography, Algorithms and Computation in Mathematics, Springer-Verlag, New York, 1998

34. Kumanduri, R. and C. Remero, Number theory with computer applications, Prentice Hall, 1998

35. Lidl, R. and H. Niederreiter, Finite fields, Encyclopedia of Math. and its application, Vol. 20, Addison-Wesley, Reading Mass. 1983

36. Lidl, R. and G. Pilz, Applied abstract algebra, 2nd ed. Springer Verlag, New York, 1998

37. Lint J.H and R.M. Wilson, A course in combinatorics, Cambridge, 1996

38. McEliece R. J., R. B. Ash and C. Ash, Introduction to discrete mathematics, 1989, McGraw-Hill Book. Co.

39. Owen, G., Game theory, 3rd ed., Emerald Group Pub., 1995

40. Rosen, K.H., Elementary number theory and its applications, third ed., Addison-Wesley, Reading, Mass., 1993

41. Rosen, K.H., Discrete mathematics and its applications, 8th ed., McGraw-Hill Education 2019

42. Rosen, K.H, Michaels J.G. Gross J.L. Grossman J.W. and D.R. Shier , editors, Handbook of discrete and combinatorial mathematics, CRC Press Inc., 2000

43. Rosen, K.H., Elementary Number Theory and nits Applications, 6th edition, Pearson, 2010

44. Stinson, D.R., Cryptography, Theory and Practice, 3rd edition, Chapman and Hall, 2005

45. Tucker, A., Applied combinatorics, 3rd ed., Wiley, 1995

46. Washburn, S., Marlowe, T. and C.T. Ryan, Discrete mathematics, Adison-Wesley, 2000

찾아보기

(ㅇ)

(ㅈ)

□ 박 승 안 □

서울대학교 사범대학 수학과 졸업 이학사
서울대학교 대학원 수학과 졸업 이학석사
University of Illinois at Urbana-Champaign 대학원 수학과
이학석사, 이학박사
서강대학교 이과대학 수학과 교수
University of Illinois at Urbana-Champaign 수학과 객원교수

현재 : 서강대학교 명예교수

저서 : 현대대수학, 제 9 판(공저), 정수론, 제 9 판(공저),
유한군의 표현론, 대수학과 암호학,
신판 선형대수학, 선형대수학 개론,
이산수학, 제 3 판, 수학교사와 대수학, 제 2 판,
암호학과 부호이론, 제 2 판, 사영평면과 디자인, 제 2 판

이산수학과 응용

2021 년 11 월 10 일 발행

저 자 : 박승안
펴낸이 : 조경희
펴낸곳 : 경문사
서울특별시 마포구 와우산로 174
전화 : (02) 332-2004
FAX : (02) 336-5193
등록 : 1979. 11. 9. 제 1979-000023 호
가격 : 32,000원
ISBN : 979-11-6073-504-8
www.kyungmoon.com

해설과 연습문제 풀이, 보충문제 풀이를
북이오(https://buk.io/@kc5876)에서
구매할 수 있습니다.